시작하라.

그 자체가 천재성이고,
힘이며, 마력이다.

– 요한 볼프강 폰 괴테(Johann Wolfgang von Goethe)

에듀윌과 함께 시작하면,
당신도 합격할 수 있습니다!

새로운 시작을 위해
열심히 자격증을 준비하는 비전공자

공부할 시간이 없어
단기간 합격을 원하는 직장인

퇴직 후 제2의 인생을 위해
책이 다 닳도록 공부하는 엄마

누구나 합격할 수 있습니다.
시작하겠다는 '다짐' 하나면 충분합니다.

마지막 페이지를 덮으면,

**에듀윌과 함께
뷰티 자격증 합격이 시작됩니다.**

eduwill

합격스토리로 증명한
에듀윌 뷰티 교재

한○영 합격생

역시 에듀윌! 1주 만에 메이크업 필기 합격!

메이크업 필기책으로 에듀윌을 선택한 건 어찌 보면 당연한 일이었어요. 작년에도 네일 미용사를 에듀윌 책으로 한 번에 합격했기 때문이에요. 사실 메이크업 필기 공부는 일주일도 못했는데 기출문제랑 예상문제 위주로 풀었더니 수월하게 합격했어요. 주변 지인들에게도 꼭 에듀윌 책으로 공부하라고 적극 추천하고 있답니다. 에듀윌 항상 고마워요!

가○ 합격생

네일 미용사 필기가 걱정된다면 에듀윌을 적극 추천할게요.

일을 그만두고 나서 네일아트를 배워보려고 학원을 등록했는데 학원에서는 이론 수업이 없더라고요. 필기는 독학으로 시험을 봐야 한다고 해서 너무 당황스러웠죠. 그래서 제일 믿음이 가는 에듀윌 책을 선택했고 제 선택은 틀리지 않았습니다. 딱 일주일 공부하고 합격했어요. 요점 정리가 너무 잘 되어 있고, 챕터별로 문제가 마련되어 있어서 훨씬 이해하기 쉽더라고요. 처음에는 혼자 필기를 공부해야 하니 걱정이 가득이었지만, 에듀윌 덕에 높은 점수로 합격했습니다. 다 에듀윌 덕분입니다!

유○영 합격생

첫 도전이었던 맞춤형화장품 조제관리사, 한 번에 합격!

퇴직 후 새로운 도전을 해보고 싶었습니다. 우연히 맞춤형화장품 조제관리사 자격증을 알게 되었고, 에듀윌의 맞춤형화장품 조제관리사 도서명이 마음에 들어 구입을 했습니다. 책 이름처럼 한 권으로 이 자격증을 마스터할 수 있기를 바라면서요. 제가 비전공자라 초반에는 낯선 용어가 너무 많이 나와 겁을 먹었지만, 타 교재에 비해 책이 두껍지 않아서 쉽게 입문할 수 있었습니다. 무료 특강 덕에 헷갈렸던 부분도 해결하고 암기팁도 얻을 수 있어 좋았습니다. 가장 좋았던 건 모의고사 자동 채점 시스템입니다. 문제를 풀고 QR 코드를 찍어 답안을 기록하면 다른 사람들과의 점수 비교도 가능해서 제가 어느 위치까지 있는지도 알 수 있어서 많은 도움이 되었습니다. 첫 도전이시라면 이 교재를 꼭 추천드리고 싶습니다.

다음 합격의 주인공은 당신입니다!

나에게 맞추어 계획하는
DIY PLANNER

_____ 일 목표

No.	날짜	학습 내용	점검
1	/		
2	/		
3	/		
4	/		
5	/		
6	/		
7	/		
8	/		
9	/		
10	/		
11	/		
12	/		
13	/		
14	/		
15	/		
16	/		
17	/		
18	/		
19	/		
20	/		

No.	날짜	학습 내용	점검
21	/		
22	/		
23	/		
24	/		
25	/		
26	/		
27	/		
28	/		
29	/		
30	/		
31	/		
32	/		
33	/		
34	/		
35	/		
36	/		
37	/		
38	/		
39	/		
40	/		

No.	날짜	학습 내용	점검
41	/		
42	/		
43	/		
44	/		
45	/		
46	/		
47	/		
48	/		
49	/		
50	/		

No.	날짜	학습 내용	점검
51	/		
52	/		
53	/		
54	/		
55	/		
56	/		
57	/		
58	/		
59	/		
60	/		

8회분 모의고사
점수 변화 그래프

모의고사 풀이 후 해당 회차의 점수를 아래 빈칸에 기입한 후, 점수만큼 그래프에 ●으로 표시하여 자신의 점수 변화를 직접 확인해 보세요.

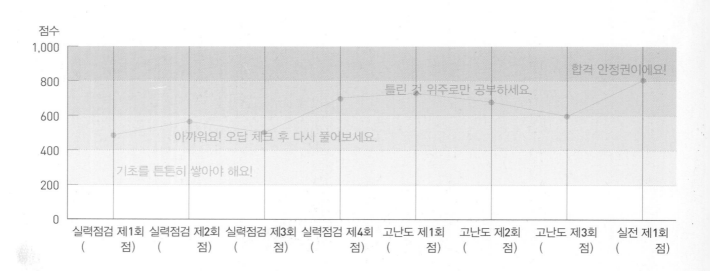

2025

에듀윌
맞춤형화장품
조제관리사

한권끝장

저자의 메시지 &
시험 분석 및 전략

화장품 분야 전문 집필진

저자 | 이은주

연성대학교 뷰티스타일리스트과 스킨케어 전공 전임교수
중앙대학교 약학대학 천연물 전공 약학 박사
중앙대학교 의약식품대학원 향장학 석사
'화해' 애플리케이션 자문 교수
'겟잇뷰티 2018~2019' 고정 패널 출연
「대한민국 화장품의 비밀」 저자

저자 | 유선희

건양대학교 글로벌의료뷰티학과 전임교수
전) 연성대학교 뷰티스타일리스트과 스킨케어 전공 전임교수
건국대학교, 동남보건대학교, 삼육보건대학교 다수 출강
건국대학교 생물공학과 이학 박사
(주)오즈바이오텍 선임연구원
앤아이씨랩 대표

미개척 시장의 선두주자가 될, 맞춤형화장품 조제관리사

한국 화장품 시장은 피부 빅데이터, 정밀한 피부 측정, 이를 해석하고 조제할 수 있는 전문가, 그리고 소분된 원료의 판매 등 해결해야 할 부분이 너무 많았다.

'맞춤형화장품 조제관리사' 자격 시험은 현 화장품 시장의 문제를 보완하고, 한국을 세계 3대 화장품 수출국으로 성장시키는 데 이바지할 인재를 길러내는 중요한 시험으로 자리 잡을 것이다.

맞춤형화장품 시장은 아직 완성되지 않은 미개척 시장이다. 피부 측정을 기반으로 한다면 국가 또는 인종의 한계도 없어질 시장이기도 하다.

잠재력이 큰 이 시장의 선두 주자가 될 수험자에게 첫 번째 자격 조건인 '맞춤형화장품 조제관리사'라는 전문성을 선물하려고 한다. 본 수험서를 통해 좋은 결과가 함께하길 진심으로 기원한다.

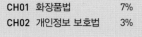

과년도 기출 시험 분석

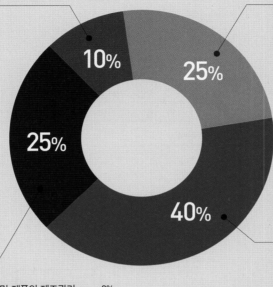

PART 01
화장품법의 이해

| CH01 화장품법 | 7% |
| CH02 개인정보 보호법 | 3% |

PART 02
화장품 제조 및 품질관리

CH01 화장품 원료의 종류와 특성 및 제품의 제조관리	8%
CH02 화장품의 기능과 품질	2.5%
CH03 화장품 사용제한 원료	5.5%
CH04 화장품관리	5%
CH05 위해 사례 판단 및 보고	4%

PART 03
유통화장품 안전관리

CH01 작업장 위생관리	4%
CH02 작업자 위생관리	3.5%
CH03 설비 및 기구관리	6%
CH04 내용물 및 원료관리	7.5%
CH05 포장재의 관리	4%

PART 04
맞춤형화장품의 이해

CH01 맞춤형화장품 개요	6%
CH02 피부 및 모발의 생리구조	8.5%
CH03 관능평가 방법과 절차	2%
CH04 제품 상담	6%
CH05 제품 안내	8%
CH06 혼합 및 소분	4.5%
CH07 충진 및 포장	3.5%
CH08 재고관리	1.5%

저자의 시험 예측 · 전략

PART 01 화장품법의 이해

① 출제된 부분과 유사한 문항 출제 확률 높음
② 영업별 법령 구분 및 행정처분 암기, 개인정보 유출 내용 집중 학습

출제 키워드 정의 및 목적, 유형별 종류, 영업 등록 및 신고, 결격 사유, 행정처분, 벌칙 및 과태료, 개인정보 용어, 개인정보 수집, 개인정보 유출 시 대응

PART 02 화장품 제조 및 품질관리

① 원료의 종류, 함량의 구분 관련 출제 확률 높음
② 부록, 브로마이드 및 강의 적극 활용 및 복습

출제 키워드 원료의 종류, 색소, 자료 제출 생략 기능성화장품 고시 성분, 천연·유기농화장품, 사용제한/사용금지 원료, 알레르기 유발 성분, 주의사항

PART 03 유통화장품 안전관리

① 작업장·작업자의 위생, 소독, 내용물 및 원료관리 관련 출제 확률 높음
② 위생관리부터 출고 및 폐기까지의 흐름 이해 필요

출제 키워드 시설 기준, 원료 및 포장재의 관리, 안전관리 시험 방법, 기준 일탈

PART 04 맞춤형화장품의 이해

① 피부·모발 생리구조, 맞춤형화장품 관련 규정 출제 확률 높음
② 배점이 가장 높으므로 복습 시간 충분히 확보, 부록 적극 활용

출제 키워드 맞춤형화장품, 피부, 모발, 안전성, 영·유아용, 포장 기재·표시, 관능평가, 포장재 종류, 충진, 재고관리

도넛 차트: 10%, 25%, 25%, 40%

한권끝장 완벽 구성

보기만 해도 자동암기!

이론 암기를 돕는
최적의 부가자료!

※ 참고 이미지

원패스 테마 특강

각 파트별로 중요한 내용을 저자와 함께
공부해보세요.

휴대용 암기 브로마이드

반드시 외워야 하는 핵심 이론을 언제
어디서나 암기하세요.

■ 활용법: 벽에 붙이기, 돌돌 말아 휴대하기

이론 + 단원별 연습문제

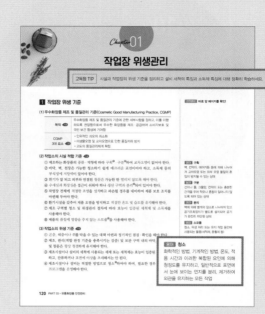

고득점 TIP

단기합격을 위해 각 챕터에서 중
점적으로 학습해야 할 내용을 제
시하였습니다.

쉬운 이해 장치

보조단에 생소한 용어의 정의,
참고, 그림 등을 제시하여 보다 더
효율적으로 공부할 수 있도록 하
였습니다.

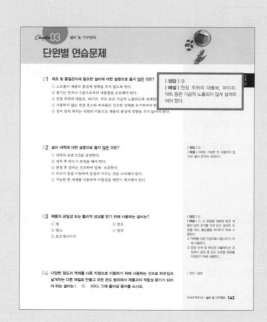

문제 풀이와
동시에 이론 복습

정답 및 해설을 바로 옆에 두어
문제를 풀면서도 이론을 학습할
수 있도록 하였습니다.

2nd step

실력점검 + 고난도 + 실전 모의고사

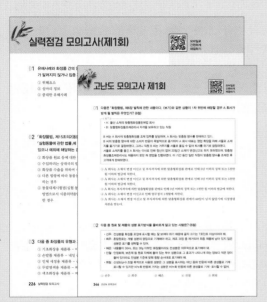

실력점검 모의고사(4회분)

기출 변형 문제를 제시하였습니다. 정답은 하단에 두어 문제풀이에 집중할 수 있도록 하였습니다.

고난도 모의고사(3회분)

난도가 높은 실제 시험에 대비할 수 있도록 고난도 모의고사를 수록하였습니다.

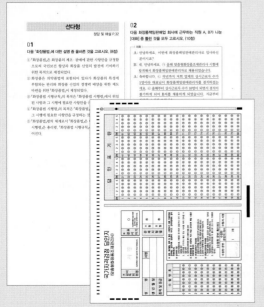

실전 모의고사(1회분)

최신 출제유형을 압축 수록하였습니다. 실물 시험지 디자인, 연습용 OMR 카드로 실전 감각을 극대화해보시기 바랍니다.

딱 찍고 분석 끝!

모바일 OMR로 답안만 체크하면, 자동채점 & 성적분석이 한 번에!

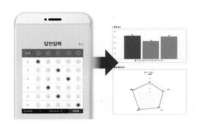

모바일 OMR 자동채점 서비스

모바일 OMR에 답안만 입력하면 자동으로 채점 & 성적분석이 되어 점수 산출 시간을 아낄 수 있고, 약점파악을 쉽게 할 수 있습니다.

QR코드 스캔 – 로그인 – 답안 입력

| QR코드 스캔방법 |
① [네이버앱] – 그린닷 – 렌즈
② [카카오톡] – 더보기 – 코드스캔
③ 스마트폰 내장 카메라 또는 Google play 또는 App store에서 QR코드 스캔 앱 설치 후 스캔

시험 안내

시험 소개

맞춤형화장품 판매업소에서 화장품 원료의 혼합·소분 업무 등 맞춤형화장품의 품질과 안전 관리 역할을 전문적으로 담당하는 전문 인력을 양성하는 화장품분야 유일한 국가전문자격시험 입니다.

맞춤형화장품 조제관리사가 되려는 사람은 화장품과 원료 등에 대하여 식품의약품안전처장이 실시하는 자격시험에 합격하여야 함.(「화장품법」 제3조의4)

- 주관처: 식품의약품안전처
- 시행처: 대한상공회의소

응시 자격 및 응시료

- 응시자격: 제한 없음
  * 단, 아래의 결격사유에 해당하는 자는 자격 취득을 할 수 없음.(「화장품법」 제3조의5)
  1. 「정신건강증진 및 정신질환자 복지서비스 지원에 관한 법률」 제3조제1호에 따른 정신질환 자 (다만, 전문의가 맞춤형화장품조제관리사로서 적합하다고 인정하는 사람은 예외)
  2. 「마약류 관리에 관한 법률」 제2조제1호에 따른 마약류의 중독자
  3. 피성년후견인
  4. 「화장품법」 또는 「보건범죄 단속에 관한 특별조치법」을 위반하여 금고 이상의 형을 선고받 고 그 집행이 끝나지 아니 하거나 그 집행을 받지 아니하기로 확정되지 아니한 자
  5. 「화장품법」 제3조의8에 따라 맞춤형화장품조제관리사의 자격이 취소된 날부터 3년이 지나 지 아니한 자
- 응시료: 100,000원

시험 영역

과목명	주요 내용	
화장품법의 이해	1.1. 화장품법	1.2. 개인정보 보호법
화장품 제조 및 품질관리	2.1. 화장품 원료의 종류와 특성 및 제품의 제조관리	
	2.2. 화장품의 기능과 품질	2.4. 화장품관리
	2.3. 화장품 사용제한 원료	2.5. 위해 사례 판단 및 보고
유통화장품의 안전관리	3.1. 작업장 위생관리	3.4. 내용물 및 원료관리
	3.2. 작업자 위생관리	3.5. 포장재의 관리
	3.3. 설비 및 기구관리	
맞춤형화장품의 이해	4.1. 맞춤형화장품 개요	4.5. 제품 안내
	4.2. 피부 및 모발의 생리구조	4.6. 혼합 및 소분
	4.3. 관능평가 방법과 절차	4.7. 충진 및 포장
	4.4. 제품 상담	

문항 유형 및 배점

과목명	문항 유형	과목별 총점	시험 방법
화장품법의 이해 (화장품 관련 법령 및 제도 등에 관한 사항)	선다형 7문항 단답형 3문항	100점	필기 시험 (120분)
화장품 제조 및 품질관리 (화장품의 제조 및 품질관리와 원료의 사용 기준 등에 관한 사항)	선다형 20문항 단답형 5문항	250점	
유통화장품의 안전관리 (화장품의 유통 및 안전관리 등에 관한 사항)	선다형 25문항	250점	
맞춤형화장품의 이해 (맞춤형화장품의 특성ㆍ내용 및 관리 등에 관한 사항)	선다형 28문항 단답형 12문항	400점	

* 문항별 배점은 난이도별로 상이하며, 시험 당일 문제에 표기하여 공개됩니다.

시험 일정

구분		등급	접수기간	시행일	발표일
1회	필기	단일	05.01~05.07	05.24	06.24
2회	필기	단일	08.28~09.03	09.20	10.21

합격자 기준

전 과목 총점(1,000점)의 60%(600점) 이상을 득점하고, 각 과목 만점의 40% 이상을 득점한 자

차례

출제비중에 따라
중요한 PART부터 학습 가능!

보기만 해도 자동암기!

자동암기 브로마이드

- 본 도서 맨 앞에 위치
- 활용법: 벽에 붙이기, 돌돌 말아 휴대하기

PART 01

화장품법의 이해

Chapter 01 화장품법

Chapter 02 개인정보 보호법

선다형 7개	단답형 3개

원패스 테마 특강

- 경로: [에듀윌 도서몰] – [동영상강의실]
- 활용법: 파트별 학습 전후로 강의 활용하기

출제비중 **10%**

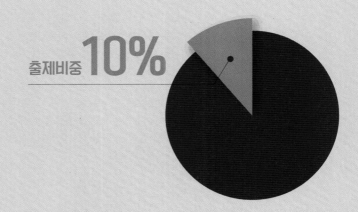

Chapter 01

화장품법

고득점 TIP 화장품법은 PART 2, 3, 4에서 중복하여 출제되기에 놓치면 안 되는 중요한 부분이에요.

1 화장품법의 입법 취지(목적)

강의영상 바로 앞 페이지를 확인!

「화장품법」은 1999년 9월 「약사법」에서 분리되어 2000년 7월 시행되었다. 현재 식품의약품안전처가 관리·감독하고 있으며, 다음과 같은 목적으로 법령 체계를 갖추고 있다.

구분	입법 취지(목적)
「화장품법」 (법률) 기출	화장품의 제조·수입·판매 및 수출 등에 관한 사항을 규정함으로써 국민 보건 향상과 화장품 산업의 발전에 기여함을 목적으로 함
「화장품법 시행령」 (대통령령)	「화장품법」에서 위임된 사항과 그 시행에 필요한 사항을 규정하는 것을 목적으로 함
「화장품법 시행규칙」 (총리령)	「화장품법」 및 「화장품법 시행령」에서 위임된 사항과 그 시행에 필요한 사항을 규정하는 것을 목적으로 함
고시 (행정규칙)	기능성화장품 기준 및 시험 방법, 기능성화장품 심사에 관한 규정, 우수 화장품 제조 및 품질관리 기준 등을 고시하는 것을 목적으로 함

2 화장품의 정의 및 유형 기출

종류	정의 및 유형
화장품 기출	인체를 청결·미화하여 매력을 더하고 용모를 밝게 변화시키거나 피부·모발의 건강을 유지 또는 증진하기 위해 인체에 바르고 문지르거나 뿌리는 등 이와 유사한 방법으로 사용되는 물품으로서 인체에 대한 작용이 경미한 것을 말함(단, 의약품, 의약외품 제외)
기능성 화장품 기출	화장품 중에서 다음 어느 하나에 해당되는 것으로서 총리령으로 정하는 화장품 • 피부의 미백에 도움을 주는 제품 • 피부의 주름 개선에 도움을 주는 제품 • 피부를 곱게 태워주거나 자외선으로부터 피부를 보호하는 데에 도움을 주는 제품 • 모발의 색상 변화·제거 또는 영양 공급에 도움을 주는 제품 • 피부나 모발의 기능 약화로 인한 건조함, 갈라짐, 빠짐, 각질화 등을 방지하거나 개선하는 데에 도움을 주는 제품 총리령으로 정하는 화장품은 아래 11가지 효능·효과에 대한 심사를 완료한 화장품을 말함

	• 피부에 멜라닌색소가 침착하는 것을 방지하여 기미·주근깨 등의 생성을 억제함으로써 피부 미백에 도움을 주는 기능을 가진 화장품 • 피부에 침착된 멜라닌색소의 색을 엷게 하여 피부 미백에 도움을 주는 기능을 가진 화장품 • 피부에 탄력을 주어 피부의 주름을 완화 또는 개선하는 기능을 가진 화장품 • 강한 햇볕을 방지하여 피부를 곱게 태워주는 기능을 가진 화장품 • 자외선을 차단 또는 산란시켜 자외선으로부터 피부를 보호하는 기능을 가진 화장품❓ • 모발의 색상을 변화(탈염·탈색을 포함)시키는 기능을 가진 화장품(단, 일시적으로 모발의 색상을 변화시키는 제품은 제외 예 헤어 틴트) • 체모를 제거하는 기능을 가진 화장품(단, 물리적으로 체모를 제거하는 제품은 제외 예 제모 왁스) • 탈모 증상의 완화에 도움을 주는 화장품(단, 코팅 등 물리적으로 모발을 굵게 보이게 하는 제품은 제외 예 흑채) • 여드름성 피부를 완화하는 데 도움을 주는 화장품(단, 인체 세정용 제품류로 한정, 여드름 크림은 기능성화장품이 아님) • 피부장벽(피부의 가장 바깥쪽에 존재하는 각질층의 표피)의 기능을 회복하여 가려움 등의 개선에 도움을 주는 화장품 • 튼살로 인한 붉은 선을 엷게 하는 데 도움을 주는 화장품 * 상기 '탈모 증상의 완화, 여드름성 피부의 완화, 피부장벽 기능의 회복, 튼살로 인한 붉은 선을 엷게 하는 데 도움을 주는 화장품'에는 '질병의 예방 및 치료를 위한 의약품이 아님'이라는 문구를 표시해야 함 기출
영유아 또는 어린이 사용 화장품 기출	• 영유아(3세 이하), 어린이(4세 이상~13세 이하)가 사용할 수 있는 화장품 • 이를 표시·광고하려는 경우 다음의 자료를 작성 및 보관해야 함 – 제품 및 제조 방법에 대한 설명 자료 – 화장품의 안전성 평가 자료 – 제품의 효능·효과에 대한 증명 자료
천연화장품	• 동물성 및 그 유래 원료 등을 함유한 화장품으로 식품의약품안전처장이 정하는 기준에 맞는 화장품 • 천연(물+천연 원료+천연 유래 원료) 함량이 전체 제품의 95% 이상
유기농 화장품❓ 기출	• 유기농 원료, 동식물 및 그 유래 원료 등을 함유한 화장품으로 식품의약품안전처장이 정하는 기준에 맞는 화장품 • 유기농 함량이 전체 제품에서 10% 이상, 유기농 함량을 포함한 천연 함량이 전체 제품의 95% 이상
맞춤형 화장품 기출	• 제조 또는 수입된 화장품의 내용물에 다른 화장품의 내용물이나 식품의약품안전처장이 정하는 원료를 추가하여 혼합한 화장품 • 제조 또는 수입된 화장품의 내용물을 소분(小分)한 화장품(다만, 고형비누 등 화장품의 내용물을 단순 소분한 화장품은 제외)

참고 **자외선 차단 기능성화장품**
자외선 차단지수의 측정값이 −20% 이하의 범위에 있는 경우 같은 효능·효과로 봄

참고 **천연화장품 및 유기농화장품에 대한 인증** 기출
• 화장품제조업자, 화장품책임판매업자 또는 총리령으로 정하는 대학·연구소 등은 식품의약품안전처장에게 인증을 신청함
• 거짓이나 부정한 방법으로 인증받았거나 인증 기준에 부적합한 경우 인증을 취소하여야 함
• 인증의 유효기간은 인증을 받은 날로부터 3년
• 인증의 유효기간을 연장받으려는 자는 유효기간 만료 90일 전에 연장 신청

3 화장품의 유형별 특성

유형	설명 및 제품 종류
영유아용 제품류	3세 이하 영유아를 대상으로 하는 샴푸 · 린스 · 로션 등의 제품<hr>• 영유아용 샴푸 · 린스 • 영유아용 로션 · 크림 • 영유아용 오일 • 영유아 인체 세정용 제품 • 영유아 목욕용 제품
목욕용 제품류 (기출)	샤워, 목욕 시 전신에 사용 후 씻어내는 제품으로 욕조 투입 또는 몸에 향취를 주기 위한 제품<hr>• 목욕용 오일 · 정제 · 캡슐 • 목욕용 소금류 • 버블배스 • 그 밖의 목욕용 제품류
인체 세정용 제품류	손, 얼굴에 사용하고, 사용 후 바로 씻어내는 제품<hr>• 폼 클렌저 • 보디 클렌저 • 액체비누 • 화장비누(고형 형태의 세안용 비누) • 외음부 세정제 • 물휴지❓ • 그 밖의 인체 세정용 제품
기초화장용 제품류 (기출)	피부의 보습, 수렴, 유연(에몰리언트), 영양 공급, 세정 등에 사용되는 스킨케어 제품<hr>• 수렴 · 유연 · 영양 화장수 • 마사지 크림 • 에센스, 오일 • 파우더 • 보디 제품 • 팩, 마스크 • 눈 주위 제품 • 로션, 크림 • 손 · 발의 피부연화 제품 • 클렌징 워터, 클렌징 오일, 클렌징 로션, 클렌징 크림 등 메이크업 리무버 • 그 밖의 기초화장용 제품류
손발톱용 제품류	손톱과 발톱의 관리 및 메이크업에 사용하는 제품<hr>• 베이스코트, 언더코트 • 네일 폴리시, 네일 에나멜 • 네일 크림 · 로션 · 에센스 · 오일 • 탑코트 • 네일 폴리시 · 네일 에나멜 리무버 • 그 밖의 손발톱용 제품류
눈화장용 제품류	눈 주위(눈썹, 눈꺼풀, 속눈썹 등)의 미화, 청결을 위해 사용하는 메이크업 제품<hr>• 아이브로제품 • 아이라이너 • 아이섀도 • 마스카라 • 아이메이크업 리무버 • 그 밖의 눈화장용 제품류
색조화장용 제품류	얼굴과 신체에 매력을 더하기 위해 사용하는 메이크업 제품<hr>• 볼연지 • 페이스 파우더 • 메이크업 베이스 • 리퀴드 · 크림 · 케이크 파운데이션 • 메이크업 픽서티브 • 립스틱, 립라이너 • 립글로스, 립밤 • 보디페인팅, 페이스페인팅, 분장용 제품 • 그 밖의 색조화장용 제품류
두발염색용 제품류	두발의 색을 변화시키거나(염모), 탈색시키는(탈염) 제품<hr>• 헤어 틴트 • 헤어 컬러스프레이 • 염모제 • 탈염 · 탈색용 제품(기능성화장품) • 그 밖의 두발염색용 제품류

참고 **물휴지의 범위**
식품접객업의 영업소에서 손을 닦는 용도 등으로 사용할 수 있도록 포장된 물티슈, 장례식장 또는 의료기관 등에서 시체를 닦는 용도로 사용되는 것은 제외함

두발용 제품류	모발 세정, 컨디셔닝, 정발, 웨이브 형성, 스트레이팅, 증모 효과에 사용되는 제품
	• 헤어 컨디셔너 · 트리트먼트 · 팩, 린스 • 헤어 토닉 · 에센스 • 포마드, 헤어 스프레이 · 무스 · 왁스 · 젤, 그루밍 에이드 • 헤어 크림 · 로션　　　　　　　　• 헤어 오일 • 샴푸　　　　　　　　　　　　　• 헤어 스트레이트너 • 퍼머넌트 웨이브　　　　　　　　• 흑채 • 그 밖의 두발용 제품류
면도용 제품류	면도할 때와 면도 후에 피부 보호 및 피부 진정 등에 사용하는 제품
	• 프리셰이브 로션　　　　　　　　• 애프터셰이브 로션 • 셰이빙 크림　　　　　　　　　　• 셰이빙 폼 • 그 밖의 면도용 제품류
체모제거용 제품류 (기출)	몸에 난 털을 제거할 때 사용하는 제품
	• 제모제(기능성화장품)　　　　　　• 제모왁스 • 그 밖의 체모제거용 제품류
체취방지용 제품류 (기출)	몸에서 나는 냄새를 제거하거나 줄여주는 제품
	• 데오도런트　　　　　　　　　　• 그 밖의 체취방지용 제품류
방향용 제품류	향을 몸에 지니거나 뿌리는 제품
	• 향수　　　　　　　　　　　　　• 콜로뉴(Cologne) • 그 밖의 방향용 제품류

> [참고] 공산품에서 화장품으로 변경된 품목
> 화장비누, 흑채, 제모왁스

4 화장품법에 따른 영업의 종류

(1) 영업의 종류

구분	종류
화장품 제조업	화장품의 전부 또는 일부를 제조(2차 포장 또는 표시만의 공정은 제외)하는 영업 • 화장품을 직접 제조하는 영업 • 화장품 제조를 위탁받아 제조하는 영업 • 화장품을 포장(1차 포장만 해당)하는 영업
화장품 책임 판매업	취급하는 화장품의 품질 및 안전 등을 관리하면서 이를 유통·판매하거나 수입대행형 거래를 목적으로 알선·수여하는 영업 • 화장품제조업자가 화장품을 직접 제조하여 유통·판매하는 영업 • 화장품제조업자에게 위탁하여 제조된 화장품을 유통·판매하는 영업 • 수입된 화장품을 유통·판매하는 영업 • 수입대행형 거래(전자상거래만 해당)를 목적으로 화장품을 알선·수여하는 영업
맞춤형 화장품 판매업	맞춤형화장품을 판매하는 영업 • 제조 또는 수입된 화장품의 내용물에 다른 화장품의 내용물이나 식품의약품안전처장이 정하여 고시하는 원료를 추가하여 혼합한 화장품을 판매하는 영업 • 제조 또는 수입된 화장품의 내용물을 소분(小分)한 화장품을 판매하는 영업 • 소분 판매를 목적으로 제조 또는 수입된 화장비누(고체 형태의 세안용 비누)의 내용물을 단순 소분하여 판매하는 경우는 맞춤형화장품판매업 범위에서 제외

(2) 영업 등록 및 신고(소재지 관할 지방식품의약품안전청장에게 제출)

종류	영업	필요 서류
화장품 제조업	등록	• 등록신청서 • 대표자의 건강진단서(정신질환자, 마약류의 중독자가 아님을 증명) • 등기사항증명서(법인의 경우) • 시설명세서
화장품 책임 판매업	등록	• 등록신청서 • 등기사항증명서(법인의 경우) • 책임판매관리자의 자격 확인 서류 • 화장품의 품질관리 및 책임판매 후 안전관리에 적합한 기준에 관한 규정
맞춤형 화장품 판매업	신고	• 맞춤형화장품판매업 신고서 • 맞춤형화장품조제관리사 자격증 사본과 시설명세서 • 등기사항증명서(법인의 경우) * 맞춤형화장품조제관리사가 2명 이상의 경우: 대표 1명만 제출 가능하며 매년 교육 이수 필수 * 맞춤형화장품판매업을 신고하려는 자는 총리령으로 정하는 시설기준을 갖추어야 하며, 맞춤형화장품의 혼합·소분 등 품질·안전 관리 업무에 종사하는 자(맞춤형화장품조제관리사)를 두어야 함

* 제출 서류는 전자문서를 포함함

① 등록 및 신고대장 포함사항

화장품제조업 등록대장	• 등록번호 및 등록연월일 • 화장품제조업자(화장품제조업을 등록한 자)의 성명 및 주민등록번호 또는 외국인등록번호(법인인 경우에는 대표자의 성명 및 주민등록번호 등) • 화장품제조업자의 상호(법인인 경우에는 법인의 명칭) • 제조소의 소재지 • 제조 유형
화장품책임판매업 등록대장	• 등록번호 및 등록연월일 • 화장품책임판매업자(화장품책임판매업을 등록한 자)의 성명 및 주민등록번호(법인인 경우에는 대표자의 성명 및 주민등록번호 등) • 화장품책임판매업자의 상호(법인인 경우에는 법인의 명칭) • 화장품책임판매업소의 소재지 • 책임판매관리자의 성명 및 주민등록번호 등 • 책임판매 유형
맞춤형화장품판매업 신고대장	• 신고번호 및 신고연월일 • 맞춤형화장품판매업자의 성명 및 주민등록번호(법인인 경우에는 대표자의 성명 및 주민등록번호 등) • 맞춤형화장품판매업자의 상호 및 소재지 • 맞춤형화장품판매업소의 상호 및 소재지 • 맞춤형화장품조제관리사의 성명, 주민등록번호 및 자격증 번호 • 영업의 기간(맞춤형화장품판매업자가 판매업소로 신고한 소재지 외의 장소에서 1개월의 범위에서 한시적으로 같은 영업을 하려는 경우만 해당함) • 맞춤형화장품조제관리사는 해당 맞춤형화장품판매업소의 맞춤형화장품조제관리사 업무에 종사하지 않게 된 경우에는 관리업무 비종사신고서에 그 사유서를 첨부하여 해당 맞춤형화장품판매업소의 소재지를 관할하는 지방식품의약품안전처장에게 제출할 수 있다.

참고 **등록필증의 재발급 범위**
• 화장품제조업 등록필증
• 화장품책임판매업 등록필증
• 기능성화장품 심사결과통지서

재발급 시 필요 서류
• 등록필증 등이 오염, 훼손 등으로 못 쓰게 된 경우: 등록필증 등
• 등록필증 등을 잃어버린 경우: 분실 사유서

참고 **맞춤형화장품판매업자가 맞춤형화장품조제관리사 자격시험에 합격한 경우**
해당 맞춤형화장품판매업자의 판매업소 중 하나의 판매업소에서 맞춤형화장품조제관리사 업무를 수행할 수 있으며, 해당 판매업소에는 맞춤형화장품조제관리사를 둔 것으로 봄

참고 **맞춤형화장품조제관리사 자격증 재발급 서류**
• 자격증 재발급 신청서
• 자격증을 잃어버린 경우: 분실 사유서
• 자격증을 못 쓰게 된 경우: 자격증 원본

참고 **한시적으로 같은 영업을 하려는 경우의 필요 서류**
맞춤형화장품판매업 신고필증 사본과 맞춤형화장품조제관리사 자격증 사본을 첨부 및 제출해야 함

② **화장품제조업의 등록을 위한 시설 기준 등** 기출
- 제조 작업을 하는 다음 시설을 갖춘 작업소
  - 쥐·해충 및 먼지 등을 막을 수 있는 시설
  - 작업대 등 제조에 필요한 시설 및 기구
  - 가루가 날리는 작업실은 가루를 제거하는 시설
- 원료·자재 및 제품을 보관하는 보관소
- 원료·자재 및 제품의 품질검사를 위해 필요한 시험실
- 품질검사에 필요한 시설 및 기구
- 시설 기준의 면제 사유
  - 일부 공정만 제조하는 경우 및 품질검사를 위탁❼하는 경우는 해당 공정에 필요한 시설 및 기구만 있어도 가능
  - 화장품 외 물품 제조도 가능(단, 제품 상호 간 오염의 우려가 있으면 안 됨)

③ **화장품책임판매업의 등록을 위한 품질관리 기준 및 책임판매 후 안전관리 기준**
화장품책임판매업을 등록하려는 자는 화장품의 품질관리 및 책임판매 후 안전관리에 관한 기준을 갖추어야 하며, 이를 관리할 수 있는 관리자를 두어야 한다.❽

참고 **품질검사 위탁 기관** 기출
- 보건환경연구원
- 시험실을 갖춘 제조업자
- 「식품·의약품 분야 시험·검사 등에 관한 법률」에 따른 화장품시험·검사 기관
- 한국의약품수출입협회

참고 상시근로자 수가 10명 이하인 화장품책임판매업을 경영하는 자가 책임판매관리자 자격 기준에 해당한다면, 책임판매관리자를 둔 것으로 봄(책임판매관리자로서의 직무 수행도 가능)

책임판매관리자의 자격 기준
- 의사 또는 약사
- 이공계 학과 또는 향장학·화장품과학·한의학·한약학·간호학·간호과학·건강간호학 등을 전공하여 학사 이상의 학위를 취득(법령에서 이와 같은 수준 이상의 학력이 있다고 인정하는 경우를 포함)한 사람
- 화학·생물학·화학공학·생물공학·미생물학·생화학·생명과학·생명공학·유전공학·향장학·화장품과학·한의학·한약학·간호학·간호과학·건강간호학 등 화장품 관련 분야를 전공하여 전문학사 학위를 취득(법령에서 이와 같은 수준 이상의 학력이 있다고 인정하는 경우를 포함)한 후 화장품 제조 또는 품질관리 업무에 1년 이상 종사한 경력이 있는 사람
- 식품의약품안전처장이 정하여 고시하는 전문 교육과정을 이수한 사람(식품의약품안전처장이 고시한 품목만 해당)
- 맞춤형화장품조제관리사 자격시험에 합격한 사람
- 화장품 제조 또는 품질관리 업무에 2년 이상 종사한 경력이 있는 사람

- 관련 용어

품질관리	화장품 책임판매 시 제품의 품질을 확보하기 위해 실시하는 것으로, 화장품제조업자 및 제조에 관계된 업무(시험·검사 등의 업무 포함)에 대한 관리·감독 및 화장품의 시장 출하에 관한 관리, 그 밖에 제품의 품질관리에 필요한 업무
시장출하	화장품책임판매업자가 제조(타인에게 위탁 제조 또는 검사하는 경우 포함, 타인으로부터 수탁 제조 또는 검사하는 것은 비포함)하거나 수입한 화장품의 판매를 위해 출하하는 것
안전관리 정보	화장품의 품질, 안전성·유효성, 그 외 적정 사용을 위한 정보
안전확보 업무	화장품 책임판매 후 안전관리 업무 중 정보 수집, 검토 및 그 결과에 따른 필요한 조치에 관한 업무

• 품질관리 기준

화장품 책임 판매업자	품질관리 업무 절차서 작성 · 보관	다음 사항이 포함된 품질관리 업무 절차서를 작성 · 보관해야 함 • 적정한 제조 관리 및 품질관리 확보에 관한 절차 • 품질 등에 관한 정보 및 품질 불량 등의 처리 절차 • 회수처리 절차 • 교육 · 훈련에 관한 절차 • 문서 및 기록의 관리 절차 • 시장출하에 관한 기록 절차 • 그 밖에 품질관리 업무에 필요한 절차
	품질관리 업무 절차서에 따른 수행업무	• 적정한 제조였음을 확인하고 기록 • 품질에 대한 정보가 인체에 영향을 미치는 경우 원인을 밝히고, 개선이 필요할 시 개선 조치하고 기록 • 제품의 품질이 불량하거나 품질이 불량할 우려가 있는 경우 회수 등 신속한 조치를 하고 기록 • 시장출하에 관하여 기록 • 제조별 품질검사 후 기록(단, 화장품제조업자와 화장품책임판매업자가 같은 경우, 화장품제조업자 또는 식품의약품안전처장이 지시한 위탁검사기관의 품질검사 결과가 있는 경우 제외) • 그 밖에 품질관리에 관한 업무를 수행
	원본 보관	책임판매관리자가 업무를 수행하는 장소에 품질관리 업무 절차서 원본을 보관하고, 그 외의 장소에는 원본과 대조를 마친 사본을 보관해야 함
책임 판매 관리자	품질관리 업무 절차서에 따른 수행업무	• 품질관리 업무를 총괄 • 품질관리 업무가 적정하고 원활하게 수행되는 것을 확인 • 품질관리 업무의 수행을 위하여 필요하다고 인정할 때에는 화장품책임판매업자에게 문서로 보고 • 품질관리 업무 시 필요에 따라 화장품제조업자, 맞춤형화장품판매업자 등 그 밖의 관계자에게 문서로 연락하거나 지시 • 품질관리에 관한 기록 및 화장품제조업자의 관리에 관한 기록을 작성하고, 3년간 보존
	회수처리	• 회수한 화장품은 구분하여 일정 기간 보관 후 폐기 등 작성한 방법으로 처리 • 회수 내용을 적은 기록을 작성하고, 화장품책임판매업자에게 문서로 보고
	교육 · 훈련	• 품질관리 업무 종사자를 위한 교육 · 훈련의 정기적 실시 후 기록 작성 및 보관 • 책임판매관리자 외 사람이 교육 · 훈련을 할 때 실시 상황을 화장품책임판매업자에게 문서로 보고
	문서 및 기록의 정리	• 문서 작성 또는 개정 시 품질관리 업무 절차서에 따라 해당 문서의 승인, 배포, 보관 • 절차서 작성 또는 개정 시 절차서에 그 날짜를 적고 개정 내용 보관

- 안전관리 기준 기출

화장품 책임 판매업자	조직 및 인원 구성	화장품책임판매업자는 책임판매관리자를 두어야 하며, 안전확보 업무를 적정하고 원활하게 수행할 능력을 갖춘 인원을 충분히 갖추어야 함
책임 판매 관리자❷	안전관리 정보 수집	화장품책임판매업자는 책임판매관리자에게 학회, 문헌, 그 밖의 연구보고 등에서 안전관리 정보를 수집·기록하도록 함
	안전확보 조치	• 안전관리 정보를 신속히 검토·기록 • 수집한 안전관리 정보의 검토 결과 조치가 필요하다고 판단될 경우 회수, 폐기, 판매정지 또는 첨부문서의 개정, 식품의약품 안전처장에게 보고 등 안전확보 조치 • 안전확보 조치계획을 화장품책임판매업자에게 문서로 보고한 후 그 사본을 보관
	안전확보 실시	• 안전확보 조치 계획을 적정하게 평가하여 안전확보 조치를 결정 하고 이를 기록·보관 • 안전확보 조치를 수행할 경우 문서로 지시하고 이를 보관하고 그 결과를 화장품책임판매업자에게 문서로 보고
	업무	• 안전확보 업무를 총괄하여 업무가 적정하고 원활하게 수행되 는 것을 확인하고 기록·보관 • 안전확보 업무의 수행을 위하여 필요하다고 인정할 때에는 화장품책임판매업자에게 문서로 보고한 후 보관할 것

참고 책임판매관리자의 직무

책임판매관리자는 해당 화장품책임판매업소의 책임판매관리자 업무에 종사하지 않게 된 경우에는 관리업무 비종사 신고서에 그 사유서를 첨부하여 해당 화장품책임판매업소의 소재지를 관할하는 지방식품의약품안전청장에게 제출

(3) 영업 등록 및 신고의 결격사유 기출

결격사유	화장품 제조업	화장품 책임판매업	맞춤형 화장품판매업
정신질환자(전문의가 적합하다고 인정 하는 사람은 제외)	○	×	×
마약류의 중독자	○	×	×
피성년후견인❷ 또는 파산선고를 받고 복권되지 않은 자	○	○	○
「화장품법」, 「보건범죄 단속에 관한 특별 조치법」을 위반하여 금고 이상의 형을 선고받고 집행이 끝나지 않았거나 집행 을 받지 않기로 확정되지 않은 자	○	○	○
등록 취소 또는 영업소가 폐쇄된 날부터 1년이 지나지 않은 자	○	○	○

용어 피성년후견인

질병, 장애, 노령, 그 밖의 사유로 인한 정신적 제약으로 사무를 처리할 능력이 지속적으로 결여되어 가정법원으로부터 성년후견 개시의 심판을 받은 사람

(4) 맞춤형화장품조제관리사의 결격사유 기출

① 정신질환자(전문의가 적합하다고 인정하는 사람은 제외)

② 피성년후견인

③ 마약류의 중독자

④ 「화장품법」 또는 「보건범죄 단속에 관한 특별조치법」을 위반하여 금고 이상의 형을 선고받고 그 집행이 끝나지 않았거나 그 집행을 받지 않기로 확정되지 않은 자

⑤ 맞춤형화장품조제관리사의 자격이 취소된 날부터 3년이 지나지 않은 자

(5) 영업자의 의무사항 [기출]

화장품 제조업자	제조와 관련된 기록·시설·기구 등 관리 방법, 원료·자재·완제품 등에 대한 시험·검사·검정 실시 방법 및 의무에 관한 사항 준수
화장품 책임판매업자	• 품질관리 기준, 책임판매 후 안전관리 기준, 품질검사 방법 및 실시 의무, 안전성·유효성 관련 정보사항 등의 보고 및 안전대책 마련 의무에 관한 사항 준수 • 지난해의 생산실적 또는 수입실적[?], 화장품의 제조 과정에 사용된 원료의 목록[?] 등을 유통·판매 전에 식품의약품안전처장에게 보고 • 책임판매관리자는 화장품 안전성 확보 및 품질관리 교육 매년 이수 의무[?]
맞춤형 화장품판매업자	• 소비자에게 유통·판매되는 화장품을 임의로 혼합·소분하여서는 안 됨 • 맞춤형화장품에 사용된 모든 원료의 목록을 매년 1회 식품의약품안전처장에게 보고해야 함 • 판매장 시설·기구의 관리 방법, 혼합·소분 안전관리 기준의 준수 의무, 혼합·소분되는 내용물 및 원료에 대한 설명 의무, 안전성 관련 사항 보고 의무에 관한 사항 준수 • 맞춤형화장품조제관리사는 화장품 안전성 확보 및 품질관리 교육 매년 이수 의무

* 식품의약품안전처장은 국민 건강상 위해를 방지하기 위하여 필요하다고 인정하면 화장품제조업자, 화장품책임판매업자 및 맞춤형화장품판매업자에게 화장품 관련 법령 및 제도(화장품의 안전성 확보 및 품질관리에 관한 내용을 포함)에 관한 교육을 받을 것을 명할 수 있음
* 교육을 받아야 하는 자가 둘 이상의 장소에서 영업하는 경우에는 종업원 중에서 총리령으로 정하는 자를 책임자로 지정하여 교육을 받게 할 수 있음

(6) 변경 등록 및 신고[?](소재지 관할 지방식품의약품안전청장에게 제출)

화장품제조업자 또는 화장품책임판매업자는 변경 사유가 발생한 날로부터 30일(행정구역 개편에 따른 소재지 변경의 경우에는 90일) 이내에 해당 서류를 제출해야 하며, 맞춤형화장품판매업자는 변경신고를 하려면 관련 서류를 제출해야 한다. 단, 폐업은 3가지 유형을 모두 신고해야 한다.

종류	변경	변경 사유
화장품 제조업	등록	• 화장품제조업자의 변경(법인은 대표자 변경) • 화장품제조업자의 상호 변경(법인은 법인 명칭 변경) • 제조소의 소재지 변경 • 제조 유형 변경
화장품 책임판매업	등록	• 화장품책임판매업자의 변경(법인은 대표자 변경) • 화장품책임판매업자의 상호 변경(법인은 법인 명칭 변경) • 화장품책임판매업소의 소재지 변경 • 책임판매관리자의 변경 • 책임판매 유형 변경
맞춤형 화장품판매업	신고	• 맞춤형화장품판매업자의 변경(법인은 대표자 변경) • 맞춤형화장품판매업소의 상호 변경(법인은 법인 명칭 변경) • 맞춤형화장품판매업소의 소재지 변경 • 맞춤형화장품조제관리사의 변경

[참고] **생산 또는 수입실적 보고**
매년 2월 말까지

[참고] **원료의 목록 보고**
유통·판매 전까지

[참고] **화장품 안전성 확보 및 품질관리 교육**
• 교육대상: 책임판매관리자, 맞춤형화장품조제관리사
• 최초교육: 종사한 날부터 6개월 이내(단, 자격시험에 합격한 날이 종사한 날 이전 1년 이내이면 제외)
• 보수교육: 교육을 받은 날을 기준으로 매년 1회
• 교육시간: 4시간 이상, 8시간 이하

[참고] **소재지 변경 위반 행정처분**

구분	제조소	화장품 책임판매 업소	맞춤형 화장품 판매업소
1차	업무정지 1개월		
2차	업무정지 3개월	업무정지 2개월	
3차	업무정지 6개월	업무정지 3개월	
4차	등록취소	업무정지 4개월	

(7) 승계의 진행

영업자의 지위 승계	영업자의 사망 또는 영업 양도, 법인 영업자의 합병의 경우 상속인, 영업을 양수한 자 또는 합병 후 존속 법인이나 합병에 따라 설립되는 법인이 영업자의 의무 및 지위 승계
행정제재처분 효과 승계	• 행정제재처분 기간이 끝난 날부터 1년간 해당 영업자의 지위를 승계한 자에게 승계 • 행정제재처분 진행 중에는 영업자의 지위를 승계한 자에 대해 절차를 계속 진행(단, 승계자가 처분, 위반 사실을 알지 못하였음을 증명하는 경우는 제외)

(8) 행정처분의 일반 기준 기출

① 위반행위가 둘 이상인 경우로서 각각의 처분 기준이 다른 경우에는 그 중 무거운 처분 기준을 따른다. 다만, 둘 이상의 처분 기준이 업무정지인 경우에는 가장 무거운 처분의 업무정지 기간에 나머지 각각의 업무정지 기간의 2분의 1을 더하여 처분하며, 이 경우 그 최대 기간은 12개월로 한다.

② 위반행위가 둘 이상인 경우로서 업무정지와 품목 업무정지에 해당하는 경우, 그 업무정지 기간이 품목업무정지 기간보다 길거나 같을 때에는 업무정지 처분을 하고, 업무정지 기간이 품목업무정지 기간보다 짧을 때에는 업무정지 처분과 품목 업무정지 처분을 병과(併科)한다.

③ 위반행위의 횟수에 따른 행정처분의 기준은 최근 1년간 같은 위반행위로 행정처분을 받은 경우 적용한다. 기준의 적용일은 최근에 실제 행정처분을 받은 날(업무정지 처분을 갈음하여 과징금을 부과하는 경우에는 최근에 과징금 처분을 통보받은 날)과 다시 같은 위반행위를 적발한 날을 기준으로 하되, 품목 업무정지의 경우 품목이 다를 때에는 이 기준을 적용하지 않는다.

④ 행정처분 절차가 진행되는 기간 중에 반복하여 같은 위반행위를 한 경우 진행 중인 사항의 행정처분 기준의 2분의 1씩을 더하여 처분하며, 그 최대 기간은 12개월로 한다.

⑤ 같은 위반행위의 횟수가 3차 이상인 경우에는 과징금 부과 대상에서 제외한다.

⑥ 화장품제조업자가 등록한 소재지에 그 시설이 전혀 없는 경우 등록을 취소한다.

⑦ 수입대행형 거래를 목적으로 화장품을 알선·수여하는 화장품책임판매업을 등록한 자에 대하여 개별 기준을 적용하는 경우 '판매금지'는 '수입대행금지'로, '판매업무정지'는 '수입대행 업무정지'로 한다.

⑧ 다음의 경우는 처분을 2분의 1까지 감경하거나 면제할 수 있다.
  • 국민보건, 수요·공급, 그 밖에 공익상 필요하다고 인정된 경우
  • 해당 위반사항에 관하여 검사로부터 기소유예의 처분을 받거나 법원으로부터 선고유예의 판결을 받은 경우
  • 광고주의 의사와 관계없이 광고회사 또는 광고매체에서 무단 광고한 경우

⑨ 다음의 경우는 처분을 2분의 1까지 감경할 수 있다.
  • 기능성화장품으로서 그 효능·효과를 나타내는 원료의 함량 미달의 원인이 유통 중 보관 상태 불량 등으로 인한 성분의 변화 때문이라고 인정된 경우
  • 비병원성 일반세균에 오염된 경우로서 인체에 직접적인 위해가 없으며, 유통 중 보관 상태 불량에 의한 오염으로 인정된 경우

(9) 행정처분의 개별 기준 [?] 기출

① 등록 취소 처분이 가능한 경우

1차 위반 시 등록취소	• 업무정지 기간 중에 해당 업무를 한 경우(광고 업무에 한정하여 정지를 명한 경우는 제외) • 화장품제조업 또는 화장품책임판매업의 등록이나 맞춤형화장품판매업 의 결격사유에 어느 하나에 해당하는 경우
2차 위반 시 등록취소	–
3차 위반 시 등록취소	• 화장품제조업자가 제조 또는 품질검사에 필요한 시설 및 기구의 전부 가 없는 경우 • 심사를 받지 않거나 거짓으로 보고하고 기능성화장품을 판매한 경우
4차 위반 시 등록취소	• 제조소 및 화장품책임판매업소의 소재지 변경 • 국민보건에 위해를 끼쳤거나 끼칠 우려가 있는 화장품을 제조·수입한 경우 • 품질관리 업무 절차서를 작성하지 않거나 거짓으로 작성한 경우 • 회수 대상 화장품을 회수하지 않거나 회수하는 데 필요한 조치를 하지 않은 경우 • 회수계획을 보고하지 않거나 거짓으로 보고한 경우 • 식품의약품안전처장이 고시한 화장품의 제조 등에 사용할 수 없는 원 료를 사용한 화장품 • 검사·질문·수거 등을 거부하거나 방해한 경우 • 시정명령·검사명령·개수명령·회수명령·폐기명령 또는 공표명령 등 을 이행하지 않은 경우

② 영업금지 기출

다음에 해당하는 화장품을 판매(수입대행형 거래를 목적으로 하는 알선·수여를 포함)하거나 판매할 목적으로 제조·수입·보관 또는 진열을 금지한다.

- 심사를 받지 않았거나 보고서를 제출하지 않은 기능성화장품
- 전부 또는 일부가 변패된 화장품
- 병원미생물에 오염된 화장품
- 이물이 혼입되었거나 부착된 화장품
- 화장품에 사용할 수 없는 원료를 사용하였거나, 유통화장품 안전관리 기준에 부적합한 화장품
- 코뿔소 뿔 또는 호랑이 뼈와 그 추출물을 사용한 화장품
- 보건위생상 위해가 발생할 우려가 있는 비위생적인 조건 또는 시설 기준에 부적합한 시설에서 제조된 화장품
- 용기나 포장이 불량하여 화장품이 보건위생상 위해를 발생시킬 우려가 있는 경우
- 사용기한 또는 개봉 후 사용기간(제조연월일을 포함)을 위조·변조한 화장품
- 식품의 형태·냄새·색깔·크기·용기 및 포장 등을 모방하여 섭취 등 식품으로 오용될 우려가 있는 화장품 [?]

> **식품 모방 화장품 위반 우려 사례**
> - 용기·포장을 제거하고 내용물만으로 사용하는 제품류
> - 용기·포장을 포함한 제품 특징이 식품을 모방하고 있으며, 내용물 섭취 우려가 있는 제품류
>
> **식품과 협업이 가능한 사례**
> - 식품으로 오인될 우려 없이 단순히 특정 식품의 상표, 브랜드명 또는 디자인 등을 사용한 경우(다만, 내용물을 오인 섭취할 우려가 있는 경우는 제외)
> - 제품 용기·포장은 식품 또는 특정 식품브랜드 형태 등을 모방했으나, 사용 방식이 식품과 다르고 섭취도 어려운 경우(다만, 내용물을 오인 섭취할 우려가 있는 경우는 제외)

참고	식품 모방 화장품 위반 적발 시
회수	회수 대상 화장품
행정 처분	해당 품목 제조 또는 판매업무 정지(위반 적발 제품은 동일한 용기·포장 등으로는 지속 판매가 불가함)
벌칙	3년 이하의 징역 또는 3천만 원 이하의 벌금

③ 판매금지 [기출]

다음에 해당하는 화장품을 판매하거나 판매할 목적으로 보관 또는 진열을 금지한다.

- 영업의 등록을 하지 않은 자가 제조한 화장품 또는 제조·수입하여 유통·판매한 화장품
- 맞춤형화장품판매업을 신고하지 않은 자가 판매한 맞춤형화장품
- 맞춤형화장품조제관리사를 두지 않고 판매한 맞춤형화장품
- 화장품 기재사항, 가격표시, 기재·표시상의 주의를 위반하여 화장품 또는 의약품으로 잘못 인식할 우려가 있게 기재·표시된 화장품
- 판매의 목적이 아닌 제품의 홍보·판매 촉진 등을 위해 미리 소비자가 시험·사용하도록 제조 또는 수입된 화장품(소비자에게 판매하는 화장품에 한함)
- 화장품의 포장 및 기재·표시사항을 훼손(맞춤형화장품 판매를 위해 필요한 경우는 제외) 또는 위조·변조한 화장품
- 화장품의 용기에 담은 내용물을 나누어 판매하는 행위(맞춤형화장품조제관리사를 통하여 판매하는 맞춤형화장품판매업자 및 소분 판매를 목적으로 제조된 화장품의 판매자는 제외)
- 화장품책임판매업자 및 맞춤형화장품판매업자는 동물실험을 실시한 화장품 또는 원료를 사용하여 제조 또는 수입한 화장품은 유통·판매 금지
  (단, 아래에 해당하는 경우는 제외)
  - 보존제, 색소, 자외선 차단제 등 특별히 사용상의 제한이 필요한 원료에 대하여 그 사용 기준을 지정하거나 국민보건상 위해 우려가 제기되는 화장품 원료 등에 대한 위해 평가를 하기 위하여 필요한 경우
  - 동물대체시험법(동물을 사용하지 않는 실험 방법, 사용하더라도 그 사용되는 동물의 개체 수를 감소하거나 고통을 경감시킬 수 있는 실험 방법으로서 식품의약품안전처장이 인정한 것)이 존재하지 않아 동물실험이 필요한 경우
  - 화장품 수출을 위하여 수출 상대국의 법령에 따라 동물실험이 필요한 경우
  - 수입하려는 상대국의 법령에 따라 제품 개발에 동물실험이 필요한 경우
  - 다른 법령에 따라 동물실험을 실시하여 개발된 원료를 화장품의 제조 등에 사용하는 경우
  - 그 밖에 동물실험을 대체할 수 있는 실험을 실시하기 곤란한 경우로서 식품의약품안전처장이 정하는 경우

실험동물에 관한 법률		
목적		실험동물 및 동물실험의 적절한 관리를 통하여 동물실험에 대한 윤리성 및 신뢰성을 높여 생명과학 발전과 국민보건 향상에 이바지함
용어의 정의	동물실험	교육·시험·연구 및 생물학적 제제의 생산 등 과학적 목적을 위하여 실험동물을 대상으로 실시하는 실험 또는 그 과학적 절차
	실험동물	동물실험을 목적으로 사용 또는 사육되는 척추동물
용어의 정의	재해	동물실험으로 인한 사람과 동물의 감염, 전염병 발생, 유해물질 노출 및 환경오염 등
	동물실험 시설	동물실험 또는 이를 위하여 실험동물을 사육하는 시설로서 대통령령으로 정하는 것
	실험동물 생산시설	실험동물을 생산 및 사육하는 시설
	운영자	동물실험시설 혹은 실험동물생산시설을 운영하는 자

④ 폐업 등의 신고 `기출`

- 다음 중 어느 하나에 해당하는 경우는 식품의약품안전처장에게 신고하여야 한다. (단, 휴업기간이 1개월 미만이거나 그 기간 동안 다시 업을 재개하는 경우는 제외)
  - 폐업 또는 휴업하려는 경우
  - 휴업 후 그 업을 재개하려는 경우
- 식품의약품안전처장은 화장품제조업자 또는 화장품책임판매업자가 「부가가치세법」에 따라 관할 세무서장에게 폐업신고를 하거나 사업자등록을 말소당한 경우 등록을 취소할 수 있다.
- 식품의약품안전처장은 등록 취소를 위해 관할 세무서장에게 폐업 여부에 대한 정보를 요청할 수 있다.
- 식품의약품안전처장은 폐업 및 휴업신고를 받은 날부터 7일 이내에 신고수리 여부를 신고인에게 통지해야 한다.
- 식품의약품안전처장이 기간 내에 처리기간 연장을 통지하지 않았다면 기간 종료 다음 날 신고를 수리한 것으로 본다.

⑽ 벌칙 및 과태료 `기출`

① 벌칙

3년 이하 징역 또는 3천만 원 이하 벌금 (징역형과 벌금형 함께 부과 가능)	• 화장품제조업 또는 화장품책임판매업에 필요한 등록과 변경사항 등록을 위반한 자 • 맞춤형화장품판매업에 필요한 신고와 변경사항 신고를 위반한 자 • 맞춤형화장품조제관리사를 두지 않은 맞춤형화장품판매업자 • 기능성화장품에 대한 심사나 보고서 제출, 이에 대한 변경을 위반한 자 • 천연화장품 및 유기농화장품을 거짓이나 부정한 방법으로 인증받은 자 • 천연화장품 및 유기농화장품에 대한 인증을 받지 않고 인증표시나 유사한 표시를 한 자 • 영업금지 조항을 위반한 자 • 등록하지 않은 자가 제조한 화장품 또는 제조·수입하여 유통·판매한 자 • 화장품 포장 및 기재·표시사항을 훼손(맞춤형화장품 판매를 위하여 필요한 경우 제외), 위·변조한 자

1년 이하 징역 또는 1천만 원 이하 벌금 (징역형과 벌금형 함께 부과 가능)	• 영유아 또는 어린이 사용 화장품임을 표시·광고하기 위한 안전과 품질 입증 자료 작성·보관을 위반한 자 • 안전용기·포장의 기준을 위반한 자 • 의약품으로 잘못 인식할 수 있게 표시 또는 광고를 한 자 • 기능성화장품으로 잘못 인식할 수 있거나 안전성·유효성 심사 결과와 다른 내용의 표시·광고를 한 자 • 천연화장품 또는 유기농화장품으로 잘못 인식할 우려가 있는 표시·광고를 한 자 • 소비자를 속이거나 소비자가 잘못 인식하도록 할 우려가 있는 표시·광고를 하거나 판매한 자 • 화장품의 기재사항, 가격표시, 기재·표시상의 주의를 위반한 화장품 또는 의약품으로 잘못 인식할 수 있게 기재·표시된 화장품을 판매한 자 • 판매 목적이 아닌 제품의 홍보·판매 촉진 등을 위해 미리 소비자가 시험·사용하도록 제조 또는 수입된 화장품을 판매하거나 판매할 목적으로 보관·진열한 자 • 화장품의 용기에 담은 내용물을 나누어 판매한 자(맞춤형화장품 조제관리사를 통해 판매하는 맞춤형화장품판매업자는 제외) • 실증 자료 제출 요청을 받고도 제출하지 않은 채 계속 표시·광고를 하여 내린 중지명령을 따르지 않은 자
200만 원 이하 벌금	• 영업자의 의무사항❷을 위반한 자 • 위해화장품의 회수 및 회수 계획 보고를 위반한 자 • 1, 2차 포장에 기재해야 되는 사항을 위반한 자(가격표시는 제외) • 천연·유기농화장품 인증 유효기간(3년)이 지났으나 인증표시를 계속 표기한 자 • 식품의약품안전처장이 인정한 보고와 검사, 시정명령, 검사명령, 개수명령, 회수·폐기명령을 위반하거나 관계 공무원의 검사·수거 또는 처분을 거부·방해하거나 기피한 자

참고 **영업자의 의무사항**
본문 p.22

② 과태료

100만 원	• 맞춤형화장품조제관리사 또는 이와 유사한 명칭을 사용한 자 • 기능성화장품에 대해 제출한 보고서나 심사받은 사항을 변경할 때 변경심사를 받지 않은 자 • 동물실험을 실시한 화장품 또는 원료를 사용하여 제조(위탁제조 포함) 또는 수입한 화장품을 유통·판매한 자 • 보고와 검사 등❷의 명령을 위반하여 보고하지 않은 자
50만 원	• 화장품의 생산실적 또는 수입실적 또는 화장품 원료의 목록 등을 보고하지 않은 자 • 맞춤형화장품 원료의 목록을 보고하지 않은 자 • 책임판매관리자 및 맞춤형화장품조제관리사가 매년 화장품의 안전성 확보 및 품질관리에 관한 교육을 받지 않는 경우 • 식품의약품안전처장이 필요 시 영업자❷에게 화장품 관련 법령 및 제도에 관한 교육을 명할 시 그 명령을 위반한 자 • 폐업신고를 하지 않은 자 • 화장품의 판매가격을 표시하지 않은 자

참고 **보고와 검사 등**
• 식품의약품안전처장은 필요하면 영업자·판매자 또는 화장품을 업무상 취급하는 자에 대해 필요한 보고를 명하거나, 관계 공무원이 화장품 제조장소·영업소·창고·판매장소, 화장품을 취급하는 장소에 출입하여 그 시설 또는 관계 장부나 서류, 물건의 검사 또는 관계인에 대한 질문을 할 수 있음
• 식품의약품안전처장은 화장품의 품질 또는 안전 기준, 포장 등의 기재·표시사항 등이 적합한지 여부를 검사하기 위해 필요한 최소 분량을 수거하여 검사할 수 있음
• 식품의약품안전처장은 총리령으로 정하는 바에 따라 제품의 판매에 대한 모니터링 제도를 운영할 수 있음

참고 **의무 명령 위반 시 50만 원의 과태료가 부과되는 영업자**
화장품제조업자, 화장품책임판매업자 및 맞춤형화장품판매업자

(11) 과징금 처분

① 식품의약품안전처장은 등록의 취소 등에 따라 영업자에게 업무정지 처분을 하여야
할 경우에는 그 업무정지 처분을 갈음하여 10억 원 이하의 과징금을 부과할 수 있다.

② 과징금을 부과하는 위반행위의 종류와 위반 정도 등에 따른 과징금의 금액과 그 밖
에 필요한 사항은 대통령령으로 정한다.

③ 식품의약품안전처장은 과징금을 부과하기 위하여 필요한 경우에는 다음의 사항을
적은 문서로 관할 세무관서의 장에게 과세 정보 제공을 요청할 수 있다.

• 납세자의 인적 사항
• 과세 정보의 사용 목적
• 과징금 부과기준이 되는 매출금액

④ 식품의약품안전처장은 과징금을 내야 할 자가 납부기한까지 과징금을 내지 아니하면
대통령령으로 정하는 바에 따라 과징금 부과 처분을 취소하고 등록의 취소에 따른 업
무정지 처분을 하거나 국세체납 처분의 예에 따라 이를 징수한다(폐업 등으로 등록의
취소에 따른 업무정지 처분을 할 수 없을 때에는 국세체납 처분의 예에 따름).

⑤ 식품의약품안전처장은 체납된 과징금의 징수를 위하여 다음의 자료 또는 정보를
다음의 자에게 요청할 수 있다. 이 경우 요청을 받은 자는 정당한 사유가 없으면 요
청에 따라야 한다.

• 「건축법」에 따른 건축물대장 등본: 국토교통부장관
• 「공간정보의 구축 및 관리 등에 관한 법률」에 따른 토지대장 등본: 국토교통부장관
• 「자동차관리법」에 따른 자동차등록원부 등본: 특별시장·광역시장·특별자치시
장·도지사 또는 특별자치도지사

(12) 양벌 규정

① **의미**: 어떤 범죄가 이루어진 경우에 행위자를 벌할 뿐만 아니라 그 행위자와 일정
한 관계가 있는 타인(자연인 또는 법인)에 대해서도 형을 과하도록 정한 규정이다.

② **법례**: 법인의 대표자나 법인 또는 개인의 대리인, 사용인, 그 밖의 종업원이 그 법
인 또는 개인의 업무에 관하여 위반행위를 하면 그 행위자를 벌하는 외에 그 법인
또는 개인에게도 해당 조문의 벌금형을 과(科)한다. 다만, 법인 또는 개인이 그 위
반행위를 방지하기 위하여 해당 업무에 관하여 상당한 주의와 감독을 게을리하지
아니한 경우에는 그러하지 아니하다.

5 지방식품의약품안전청 업무

식품의약품안전처장은 다음 각 호의 권한을 지방식품의약품안전청장에게 위임한다.
① 화장품제조업 또는 화장품책임판매업의 등록 및 변경등록
② 맞춤형화장품판매업의 신고 및 변경신고의 수리
③ 화장품제조업자, 화장품책임판매업자 및 맞춤형화장품판매업자에 대한 교육명령
④ 회수계획 보고의 접수 및 회수에 따른 행정처분의 감경·면제
⑤ 영업자의 폐업, 휴업·업재개 등 신고의 수리
⑥ 표시·광고 내용의 실증 등에 관한 업무
⑦ 보고명령·출입·검사·질문 및 수거
⑧ 소비자화장품안전관리감시원의 위촉·해촉 및 교육
⑨ 다음 사항에 따른 시정명령
   • 화장품제조업, 화장품책임판매업 영업 등록에 따른 변경등록을 하지 않은 경우
   • 맞춤형화장품판매업 신고에 따른 변경신고를 하지 않은 경우
   • 영업자가 화장품관련 법령 및 제도에 관한 교육명령을 위반한 경우
   • 영업자가 폐업 또는 휴업신고나 휴업 후 재개신고를 하지 않은 경우
⑩ 검사명령
⑪ 개수명령❷ 및 시설의 전부 또는 일부의 사용금지 명령
⑫ 회수·폐기 등의 명령, 회수계획 보고의 접수와 폐기 또는 그 밖에 필요한 처분
⑬ 공표명령, 위반사실의 공표
⑭ 등록의 취소, 영업소의 폐쇄명령, 품목의 제조·수입 및 판매의 금지 명령, 업무의 전부 또는 일부에 대한 정지 명령
⑮ 청문❷
⑯ 과징금 및 과태료의 부과·징수

> **과징금 미납자에 대한 처분** `기출`
> 과징금 납부의 의무자가 납부기한까지 과징금을 내지 않으면, 기한이 지난 후 15일 이내에 독촉장을 발급해야 하며, 납부기한은 독촉장을 발급하는 날부터 10일 이내로 함

⑰ 등록필증·신고필증의 재교부

참고 개수명령 `기출`
식품의약품안전처장은 화장품제조업자가 갖추고 있는 시설이 시설기준에 적합하지 아니하거나 노후 또는 오손되어 있어 그 시설로 화장품을 제조하면 화장품의 안전과 품질에 문제의 우려가 있다고 인정되는 경우에는 화장품제조업자에게 그 시설의 개수를 명하거나 그 개수가 끝날 때까지 해당 시설의 전부 또는 일부의 사용금지를 명할 수 있음

참고 청문
자격의 취소, 인증의 취소, 인증기관 지정의 취소 또는 업무의 전부에 대한 정지를 명하거나 등록의 취소, 영업소 폐쇄, 품목의 제조·수입 및 판매(수입대행형 거래를 목적으로 하는 알선·수여를 포함)의 금지 또는 업무의 전부에 대한 정지를 명하고자 하는 경우에는 청문을 해야 함

6 화장품의 품질 요소 기출

(1) 안전성(Safety)

안전성은 화장품 품질요소 중 가장 중요한 것이다. 화장품은 장기간 피부에 사용하는 제품이므로 사용으로 인한 자극, 알레르기, 독성과 같은 부작용이 없어야 한다.

① 안전성에 관한 자료 기출
- 단회 투여 독성시험 자료
- 1차 피부 자극시험 자료
- 안(眼)점막 자극 또는 그 밖의 점막자극시험 자료
- 피부 감작성시험❶ 자료
- 광독성 및 광감작성시험❷ 자료(자외선에서 흡수가 없음을 입증하는 흡광도시험 자료를 제출하는 경우에는 면제)
- 인체 첩포시험 자료
- 인체 누적첩포시험 자료(인체적용시험 자료에서 피부 이상 반응 발생 등 안전성 문제가 우려된다고 판단되는 경우에 한함)

용어 **감작(Sensitization)**
항원성 물질 또는 외래의 자극에 대해 생체가 과민해지는 상태

용어 **광감작(Photosensitization)**
빛에 의해 화학물질이 알러지성 물질을 형성하여 생체가 과잉 반응하는 상태

② 안전성 관련 용어 기출

유해사례 (AE: Adverse Event, Adverse Experience)	화장품의 사용 중 발생한 바람직하지 않고 의도되지 아니한 징후, 증상 또는 질병을 말하며, 당해 화장품과 반드시 인과관계를 가져야 하는 것은 아님
중대한 유해사례 (Serious AE)	유해사례 중 다음 어느 하나에 해당하는 경우 • 사망을 초래하거나 생명을 위협하는 경우 • 입원 또는 입원기간의 연장이 필요한 경우 • 지속적 또는 중대한 불구나 기능 저하를 초래하는 경우 • 선천적 기형 또는 이상을 초래하는 경우 • 기타 의학적으로 중요한 상황
실마리 정보 (Signal)	유해사례와 화장품 간의 인과관계 가능성이 있다고 보고된 정보로서 그 인과관계가 알려지지 아니하거나 입증 자료가 불충분한 것
안전성 정보	화장품과 관련하여 국민보건에 직접 영향을 미칠 수 있는 안전성·유효성에 관한 새로운 자료, 유해사례 정보 등

③ 안전성 정보 보고 기출
- 의사·약사·간호사·판매자·소비자 또는 관련 단체 등의 장은 화장품 사용 중 발생하였거나 알게 된 유해사례 등 안전성 정보를 식품의약품안전처장 또는 화장품책임판매업자에게 식품의약품안전처 홈페이지, 전화, 우편, 팩스, 정보통신망을 이용하여 보고 가능
- 화장품책임판매업자가 중요한 유해사례를 알았거나 판매중지나 회수에 준하는 외국정부의 조치 등을 알았을 때에는 15일 이내, 신속보고 해야하며 정기보고는 매 반기 종료 후 1개월 이내에 식품의약품안전처장에게 보고(상시근로자 수가 2인 이하로서 직접 제조한 화장비누만을 판매하는 화장품책임판매업자는 해당 안전성 정보를 보고하지 아니할 수 있음)

④ 화장품 위해 평가
- 위해 평가 대상: 국민보건상 위해 우려가 제기되는 화장품 원료
- 위해 평가 절차: 위험성 확인 → 위험성 결정 → 노출평가과정 → 위해도 결정과정
- 지정·고시된 원료의 사용 기준 검토: 식품의약품안전처장은 지정·고시된 원료의 사용 기준의 안전성 정기 검토를 5년 주기로 하며, 결과에 따라 사용 기준 변경이 가능함

(2) 안정성(Stability) 기출

화장품을 사용하는 동안 화학적 변화(변질, 변색, 변취, 오염, 결정 석출)와 물리적 변화(분리, 침전, 합일, 응집, 증발, 균열, 겔화), 미생물 오염이 없어야 한다.

① 안정성시험의 종류

장기 보존시험	화장품의 저장 조건에서 사용기한[?] 설정을 위해 장기간에 걸쳐 물리·화학적, 미생물학적 안정성 및 용기 적합성을 확인하는 시험
가속시험	장기보존시험의 저장 조건을 벗어난 단기간의 가속조건이 물리·화학적, 미생물학적 안정성 및 용기 적합성에 미치는 영향을 평가하기 위한 시험
가혹시험	온도 편차, 극한 조건, 기계·물리적시험, 진동시험을 통한 분말제품의 분리도 시험, 광안정성의 가혹 조건에서 화장품의 분해과정 및 분해산물 등을 확인하기 위한 시험
개봉 후 안정성시험	화장품 사용 시 일어날 수 있는 오염 등을 고려한 사용기한을 설정하기 위해 장기간에 걸쳐 물리·화학적, 미생물학적 안정성 및 용기 적합성을 확인하는 시험

② 안정성시험별 시험 항목과 기간

시험 종류	시험 항목	시험 기간
장기 보존시험 가속시험	• 일반시험: 균등성, 향취, 색상, 사용감, 액상, 유화형, 내온성시험 • 물리적시험: 비중, 융점, 경도, pH, 유화상태, 점도 등 • 화학적시험: 시험물 가용성 성분, 에테르불용 및 에탄올 가용성 성분, 에테르 및 에탄올 가용성 불검화물 등 • 미생물학적시험: 정상적 제품 사용 시 미생물 증식 억제 능력이 있음을 증명하는 미생물학적시험 및 필요 시 기타 특이적 시험을 통해 미생물에 대한 안정성 평가[?] • 용기적합성시험: 제품과 용기의 상호작용(용기의 제품 흡수, 부식, 화학적 반응)에 대한 적합성	6개월 이상이 원칙
가혹시험	보존 기간 중 제품의 안정성이나 기능성에 영향을 확인할 수 있는 품질관리상 중요한 항목 및 분해산물의 생성 유무	검체의 특성 및 시험조건에 따라 정함
개봉 후 안정성시험	개봉 전 시험 항목과 미생물 한도시험, 살균보존제, 유효성성분시험 수행(단, 개봉 불가한 스프레이, 일회용 제품은 제외)	6개월 이상이 원칙

용어 사용기한

화장품이 제조된 날부터 적절한 보관 상태에서 제품이 고유의 특성을 간직한 채 소비자가 안정적으로 사용할 수 있는 최소한의 기한

참고 성분 안정성 평가 기출

다양한 물리·화학적 조건에서 화장품 성분의 변색, 변취, 상태 변화 및 지표 성분의 함량 변화를 통해 화장품 성분의 변화 정도를 평가함

- 산화 안정성: 산소 및 기타 화학물질과의 산화 반응이 유발되지 않고 화장품 성분이 일정한 상태를 유지하는 성질
- 열(온도) 안정성: 다양한 온도 변화 조건에서 화장품 성분이 일정한 상태를 유지하는 성질
- 광(빛) 안정성: 다양한 광 조건에서 화장품 성분이 일정한 상태를 유지하는 성질
- 미생물 안정성: 미생물 증식으로 인한 오염으로부터 화장품 성분이 일정한 상태를 유지하는 성질

(3) 유효성(Efficacy)

화장품은 사용함으로써 나타나는 물리적·화학적·생물학적·심리적 효과의 기능을 가져야 한다.

　① **유효성 또는 기능에 관한 자료** `기출`
　　• 효력시험 자료
　　• 인체적용시험 자료
　　• 염모효력시험 자료(탈염·탈색을 포함하여 모발의 색상을 변화시키는 기능을 가진 화장품에 한함. 다만 일시적으로 모발의 색상을 변화시키는 제품은 제외함)

　② **일반화장품** `기출`

보습 효과	경피수분손실량(TEWL: Transepidermal Water Loss)을 측정하여 평가
수렴 효과	혈액 단백질인 헤모글로빈의 응고 변화량을 측정하여 평가

(4) 사용성(Usability)

화장품은 사용자의 기호에 따라 향, 색, 발림성, 흡수성, 편리함 등이 부여되어야 한다.

7 기능성화장품 심사 및 실태조사

(1) 기능성화장품의 심사를 위한 제출 서류 `기출`

　① **기원 및 개발 경위에 관한 자료**: 언제, 어디서, 누가, 무엇으로부터 추출, 분리 또는 합성하였고 발견의 근원이 된 것은 무엇이며, 기초시험·인체적용시험 등에 들어간 것은 언제, 어디서였는지, 국내외 인정허가 현황 및 사용 현황은 어떠한지 등을 알 수 있는 자료이다.

　② **안전성에 관한 자료**: 과학적인 타당성이 인정되는 경우에는 구체적인 근거 자료를 첨부하여 일부 자료를 생략할 수 있다.

　③ **유효성 또는 기능에 관한 자료**: 모발의 색상을 변화시키는 기능을 가진 화장품은 염모효력시험자료만 제출한다.

　④ **자외선 차단지수(SPF), 내수성 자외선 차단지수(SPF) 및 자외선 A 차단등급(PA) 설정의 근거 자료**: 강한 햇볕을 방지하며 피부를 곱게 태워주는 기능을 가진 화장품, 자외선을 차단 또는 산란시켜 자외선으로 피부를 보호하는 기능을 가진 화장품에 한한다.

　⑤ **기준 및 시험 방법에 관한 자료**

(2) 기능성화장품 심사의뢰서

식품의약품안전평가원장은 심사의뢰서나 변경심사 의뢰서를 받은 경우에는 아래의 심사 기준에 따라 심사하여야 한다.

　① 기능성화장품의 원료와 그 분량은 효능·효과 등에 관한 자료에 따라 합리적이고 타당하여야 하며, 각 성분의 배합의의가 인정되어야 할 것
　② 기능성화장품의 효능·효과는 기능성화장품의 정의에 적합할 것
　③ 기능성화장품의 용법·용량은 오용될 여지가 없는 명확한 표현으로 적을 것

(3) 실태조사의 실시

식품의약품안전처장은 기능성화장품의 심사, 유효성, 효능·효과에 따른 실태조사를 5년마다 실시하여야 하며, 다음 사항이 포함되어야 한다.

① 제품별 안전성 자료의 작성 및 보관 현황

② 소비자의 사용실태

③ 사용 후 이상사례의 현황 및 조치 결과

④ 영유아 또는 어린이 사용 화장품에 대한 표시·광고의 현황 및 추세

⑤ 영유아 또는 어린이 사용 화장품의 유통 현황 및 추세

⑥ 그 밖에 식품의약품안전처장이 필요하다고 인정하는 사항

8 화장품의 사후관리❷ 기준

(1) 화장품 판매 모니터링

식품의약품안전처장은 단체 또는 관련 업무를 수행하는 기관 등을 지정하여 화장품의 판매, 표시·광고, 품질 등에 대하여 모니터링을 할 수 있음

(2) 화장품제조업자의 준수사항❷ 기출

① 품질관리 기준에 따른 화장품책임판매업자의 지도·감독 및 요청에 따를 것

② 제조관리기준서·제품표준서·제조관리기록서 및 품질관리기록서를 작성·보관할 것

③ 보건위생상 위해가 없도록 제조소, 시설 및 기구를 위생적으로 관리하고 오염되지 않도록 할 것

④ 화장품 제조에 필요한 시설, 기구에 대해 정기적으로 점검하여 관리·유지할 것

⑤ 작업소에는 위해가 발생할 염려가 있는 물건은 두지 않고, 국민보건 및 환경에 유해한 물질이 유출되거나 방출되지 않도록 할 것

⑥ 품질관리를 위해 필요한 사항을 화장품책임판매업자에게 제출할 것(단, 화장품제조업자와 화장품책임판매업자가 동일하거나 화장품제조업자가 제품을 설계·개발·생산하는 방식이라 영업비밀에 해당하는 경우는 예외)

⑦ 원료 및 자재의 입고부터 완제품의 출고까지 필요한 시험·검사 또는 검정을 할 것

⑧ 제조 또는 품질검사를 위탁하는 경우 제조 또는 품질검사가 적절하게 이루어지고 있는지 수탁자❷에 대한 관리·감독을 철저히 하고, 그에 관한 기록을 받아 유지·관리할 것

(3) 화장품책임판매업자의 준수사항 기출

① 품질관리 기준 준수

② 책임판매 후 안전관리 기준 준수

③ 제조업자로부터 받은 제품표준서 및 품질관리기록서 보관

④ 수입한 화장품에 대해 다음의 내용을 적거나 첨부한 수입관리기록서 작성·보관

• 제품명 또는 국내에서 판매하려는 명칭

• 원료 성분의 규격 및 함량

• 제조국, 제조회사명 및 제조회사의 소재지

• 기능성화장품 심사결과통지서 사본

참고 **감시를 통한 사후관리**

정기감시	정기적인 지도 및 점검 (연 1회)
수시감시	필요하다고 판단되는 경우 즉시 점검(연중)
기획감시	사전예방적 안전관리를 위한 대응 감시(연중)
품질감시 (수거감시)	지속적 수거 검사(연간)

참고 **화장품제조업자의 준수사항**

식품의약품안전처장은 우수화장품 제조관리 기준 준수를 권장할 수 있으며, 그에 따른 기준 적용에 관한 전문적 기술, 교육, 자문, 시설·설비 등 개보수에 대한 지원을 할 수 있음

용어 **수탁자**

직원, 회사 또는 조직을 대신하여 작업을 수행하는 회사 또는 외부 조직

- 제조 및 판매증명서
- 한글로 작성된 제품설명서 견본
- 최초 수입연월일(통관연월일)
- 제조번호별 수입연월일 및 수입량
- 제조번호별 품질검사 연월일 및 결과
- 판매처, 판매연월일 및 판매량

⑤ 제조번호별로 품질검사를 철저히 한 후 유통
- 화장품제조업자와 화장품책임판매업자가 동일할 때 허가된 기관에 품질검사를 위탁하여 제조번호별 품질검사결과가 있으면 품질검사 대체 가능
- 제조국 제조회사의 품질관리 기준이 국가 간 상호 인증되거나 우수화장품 제조관리 기준 이상일 경우 제조국 제조회사의 품질검사 시험성적서로 갈음하며, 현지 실사 신청함

⑥ 화장품의 제조를 위탁하거나 허가된 기관에 위탁검사를 진행할 경우 제조 또는 품질검사가 적절한지, 수탁자에 대한 관리·감독 및 제조, 품질관리에 관한 기록을 받아 유지·관리하고, 최종 제품의 품질관리를 철저히 함

⑦ 수입화장품을 유통·판매하는 화장품책임판매업자의 경우 수출·수입요령을 준수하고 전자무역문서로 표준통관예정보고를 함

⑧ 제품과 관련하여 국민보건에 직접 영향을 미칠 수 있는 안전성·유효성에 관한 자료 및 정보는 보고하고 안전대책을 마련함

⑨ 다음의 성분을 0.5% 이상 함유하는 제품은 안정성시험 자료를 최종 제조된 제품의 사용기한이 만료되는 날부터 1년간 보존 〔기출〕
- 레티놀(비타민 A) 및 그 유도체
- 아스코빅애씨드(비타민 C) 및 그 유도체
- 토코페롤(비타민 E)
- 과산화화합물
- 효소

⑩ 생산·수입실적 매년 2월 말까지 식품의약품안전처장에게 보고

⑪ 유통·판매 전 원료목록 보고

(4) 맞춤형화장품판매업자의 준수사항 〔기출〕

① 맞춤형화장품 판매장 시설·기구를 정기적으로 점검하여 보건위생상 위해가 없도록 관리

② 혼합·소분❷ 안전관리 기준을 준수
- 혼합·소분 전에 사용되는 내용물 또는 원료에 대한 품질성적서를 확인
- 혼합·소분 전에 손을 소독하거나 세정. 다만, 혼합·소분 시 일회용 장갑을 착용하는 경우에는 그렇지 않음
- 혼합·소분 전에 제품을 담을 포장용기의 오염 여부를 확인
- 혼합·소분에 사용되는 장비 또는 기구 등은 사용 전에 그 위생 상태를 점검하고, 사용 후에는 오염이 없도록 세척
- 그 밖에 위의 사항과 유사한 것으로서 혼합·소분의 안전을 위해 식품의약품안전처장이 정하여 고시하는 사항을 준수

〔참고〕 **혼합·소분**
혼합·소분을 통해 조제된 맞춤형화장품은 소비자에게 제공되는 제품으로, '유통화장품'에 해당함

③ 다음의 사항이 포함된 맞춤형화장품 판매내역서(전자문서도 포함)를 작성·보관
- 제조번호
- 사용기한 또는 개봉 후 사용기간
- 판매일자 및 판매량
④ 맞춤형화장품 판매 시 다음의 사항을 소비자에게 설명
- 혼합·소분에 사용된 내용물·원료의 내용 및 특성
- 맞춤형화장품 사용 시의 주의사항
⑤ 맞춤형화장품 사용과 관련된 부작용 발생사례에 대해서는 지체 없이 식품의약품 안전처장에게 보고

(5) 소비자화장품안전관리감시원(이하 '소비자화장품감시원')

자격	• 화장품 안전관리를 위해 화장품업 단체 또는 등록한 소비자단체의 임직원 중 해당 단체의 장이 추천한 사람이나 화장품 안전관리에 관한 지식이 있는 사람을 위촉 • 책임판매관리자의 자격 기준 중 어느 하나에 해당하는 사람 • 소비자화장품감시원을 대상으로 한 교육 과정을 마친 사람
직무	• 유통 중인 화장품이 표시 기준에 맞지 아니하거나 부당한 표시 또는 광고❓를 한 화장품인 경우 관할 행정관청에 신고하거나 그에 관한 자료 제공 • 관계 공무원이 하는 출입·검사·질문·수거의 지원 • 관계 공무원의 물품 회수·폐기 등의 업무 지원 • 행정처분의 이행 여부 확인 등의 업무 지원 • 안전사용과 관련된 홍보 등의 업무
교육	식품의약품안전처장 또는 지방식품의약품안전청장은 반기마다 화장품 관계법령 및 위해화장품 식별 등에 관한 교육을 실시하고, 소비자화장품감시원이 직무를 수행하기 전에 그 직무에 관한 교육을 실시
해촉	• 해당 소비자화장품감시원을 추천한 단체에서 퇴직하거나 해임된 경우 • 직무와 관련하여 부정한 행위를 하거나 권한을 남용한 경우 • 질병이나 부상 등의 사유로 직무 수행이 어렵게 된 경우
수당	식품의약품안전처장 또는 지방식품의약품안전청장은 소비자화장품감시원의 활동을 지원하기 위해 예산의 범위에서 수당 등을 지급

> **참고 부당한 표시 또는 광고**
> 의약품, 기능성·천연·유기농화장품이 아닌데 오인할 수 있도록 표기 또는 광고된 것

단원별 연습문제

01 다음 〈보기〉는 화장품의 정의에 대한 내용이다. 〈보기〉의 빈칸에 들어갈 적합한 용어를 차례대로 쓰시오.

| 보기 |

화장품은 인체를 (   )·(   )하여 매력을 더하고 용모를 밝게 변화시키거나 (   )·(   )의 건강을 유지 또는 증진하기 위해 인체에 바르고 문지르거나 뿌리는 등 이와 유사한 방법으로 사용되는 물품으로서 인체에 대한 작용이 (   )한 것을 말한다.

정답 | 청결, 미화, 피부, 모발, 경미

02 다음 빈칸의 ㉠과 ㉡에 들어갈 내용을 쓰시오.

- 피부장벽(피부의 가장 바깥쪽에 존재하는 (㉠   )의 표피)의 기능을 회복하여 가려움 등의 개선에 도움을 주는 화장품
- 튼살로 인한 (㉡   )을/를 엷게 하는 데 도움을 주는 화장품

정답 | ㉠ 각질층, ㉡ 붉은 선

03 다음 빈칸의 ㉠과 ㉡에 들어갈 내용을 쓰시오.

동식물 및 그 유래 원료 등을 함유한 화장품으로, 식품의약품안전처장이 정하는 기준에 맞는 화장품을 (㉠   )(이)라고 한다. 이는 천연 함량이 전체 제품의 (㉡   ) 이상 함유되어야 한다.

정답 | ㉠ 천연화장품, ㉡ 95%

04 화장품의 유형별 특성으로 옳지 <u>않은</u> 것은?

① 3세 이하 영유아가 사용하는 제품으로는 영유아용 샴푸·린스·오일 등이 있다.

② 인체 세정용 제품류로는 폼 클렌저, 보디 클렌저, 버블배스, 외음부 세정제 등이 있다.

③ 기초화장용 제품류로는 마사지 크림, 마스크 팩, 눈 주위 제품, 손·발의 피부 연화 제품 등이 있다.

④ 두발용 제품류로는 헤어 컨디셔너, 샴푸, 린스, 흑채, 퍼머넌트 웨이브 등이 있다.

⑤ 방향용 제품류로는 향수, 콜로뉴 등이 있다.

| 정답 | ②
| 해설 | 버블배스는 목욕용 제품류이다.

05 화장품제조소의 소재지가 변경된 경우 변경 등록을 제출해야 하는 대상은?

① 국세청

② 소재지 세무서

③ 보건환경연구원

④ 보건복지부장관

⑤ 소재지 지방식품의약품안전청장

| 정답 | ⑤
| 해설 | 소재지 관할 지방식품의약품안전청장에게 변경 등록을 해야 한다.

06 식품 모방 화장품 위반 사례가 <u>아닌</u> 것은?

① 초콜릿 형태와 비슷하며 색이 같은 화장비누

② 곰돌이 젤리 형태와 비슷하며 색이 같은 화장비누

③ 유명 제과 브랜드의 초콜릿 모양의 케이스에 담긴 아이섀도

④ 우유팩 형태의 용기에 담긴 보디 워시

⑤ 마요네즈 제품의 용기 형태와 제품 색이 비슷한 헤어팩

| 정답 | ③
| 해설 | 제품 용기·포장은 식품 또는 특정 식품브랜드 형태 등을 모방했으나, 사용 방식이 식품과 다르고 섭취도 어려운 경우는 식품과 협업 가능 사례이다.

07 심사를 받지 않거나 거짓으로 보고하고 기능성화장품을 판매한 경우의 행정처분은? (단, 3차 위반일 경우로 가정한다.)

① 영업금지

② 판매금지

③ 영업 등록 취소

④ 해당 품목 영업정지 1개월

⑤ 해당 품목 영업정지 3개월

| 정답 | ③
| 해설 | 영업 등록 취소의 중징계에 해당한다.

Chapter 02

개인정보 보호법

고득점 TIP   개인정보에 대한 용어정리를 명확히 학습하고, 개인정보 수집 시 필요한 사항을 확실하게 학습하세요.

1 고객관리 프로그램 운용

체계적인 고객관리를 위해 고객관리 프로그램을 운영할 필요가 있다. 고객관리 프로그램에는 고객 개인의 정보가 수집되어 사용되므로 「개인정보 보호법」에 따른 관리가 이루어져야 한다.

(1) 「개인정보 보호법」의 목적

개인정보의 처리 및 보호에 관한 사항을 정함으로써 개인의 자유와 권리를 보호하고 나아가 개인의 존엄과 가치를 구현함을 목적으로 한다.

(2) 「개인정보 보호법」 용어 기출

개인정보	살아 있는 개인에 관한 정보❓ • 성명, 주민등록번호, 영상 등을 통해 개인을 알아볼 수 있는 정보 • 다른 정보와 쉽게 결합❓해 개인을 알아볼 수 있는 정보 (이름＋전화번호, 이름＋주소, 회사＋사번, 학교＋학번) • 가명 처리하여 원래 상태로 복원하기 위한 추가정보 없이는 개인을 알아볼 수 없는 정보(가명정보)
가명 처리	개인정보의 일부를 삭제하거나 일부 또는 전부를 대체하는 등의 방법으로 추가 정보가 없이는 특정 개인을 알아볼 수 없도록 처리하는 것
정보주체	처리되는 정보에 의해 알아볼 수 있는 사람으로 그 정보의 주체가 되는 사람
개인정보파일	개인정보를 쉽게 검색할 수 있도록 일정한 규칙에 따라 체계적으로 배열하거나 구성한 개인정보의 집합물
개인정보처리자	업무를 목적으로 개인정보파일을 운용하기 위해 스스로 또는 다른 사람을 통해 개인정보를 처리하는 공공기관, 법인, 단체, 개인 등
개인정보 자기결정권	자신에 관한 정보가 언제, 어떻게, 어디까지 이용 · 공개될 수 있는지 정보주체가 스스로 통제하고 결정할 수 있는 권리
민감정보	사상 · 신념, 노동조합 · 정당의 가입 · 탈퇴, 정치적 견해, 건강, 성생활 등에 관한 정보, 그 밖에 사생활을 현저히 침해할 우려가 있는 개인정보(유전자 검사 등의 결과로 얻어진 유전정보, 범죄경력 자료에 해당하는 정보 등)
고유식별정보	개인을 구별하기 위해 부여한 식별정보 • 주민등록번호　　　　　• 운전면허번호 • 여권번호　　　　　　　• 외국인등록번호
개인정보취급자	개인정보처리자의 지휘 · 감독을 받아 개인정보를 처리하는 업무를 담당하는 임직원, 파견근로자, 시간제 근로자 등

참고   개인정보가 아닌 정보 기출
• 사망한 자의 정보
• 법인이나 단체에 관한 정보
• 개인사업자의 상호명, 사업장주소, 사업자번호, 납세액 등 사업체 운영과 관련된 정보

참고   다른 정보와 쉽게 결합
쉽게 결합할 수 있는지 여부는 다른 정보의 입수 가능성 등 개인을 알아보는데 소요되는 시간, 비용, 기술 등을 합리적으로 고려해야 함

처리	개인정보의 수집, 생성, 연계, 연동, 기록, 저장, 보유, 가공, 편집, 검색, 출력, 정정(訂正), 복구, 이용, 제공, 공개, 파기, 그 밖에 이와 유사한 행위
고정형 영상정보처리기기	일정한 공간에 설치되어 지속적 또는 주기적으로 사람 또는 사물의 영상 등을 촬영하거나 이를 유·무선망을 통하여 전송하는 장치
이동형 영상정보처리기기	사람이 신체에 착용 또는 휴대하거나 이동 가능한 물체에 부착 또는 거치하여 사람 또는 사물의 영상 등을 촬영하거나 이를 유·무선망을 통하여 전송하는 장치
과학적 연구	기술의 개발과 실증, 기초연구, 응용연구 및 민간 투자 연구 등 과학적 방법을 적용하는 연구
정보통신서비스 제공자	「정보통신망법」에 따르면 전기통신사업자와 영리를 목적으로 전기통신 사업자의 전기통신역무를 이용하여 정보를 제공하거나 정보의 제공을 매개하는 자를 말함

(3) 고객 데이터관리

① 고객 데이터는 주기적으로 백업하고, 접근 권한을 가진 자만 접근을 허용한다.
② 고객 데이터가 손상되지 않도록 물리적 보호 및 해킹 방어 프로그램, 백신 프로그램을 주기적으로 백업하고 점검해야 한다.
③ 고객 데이터 폐기 시에는 복구 또는 재생되지 않도록 영구 삭제해야 한다.

(4) 개인정보 보호 인증의 기준 및 방법

개인정보 보호의 인증을 받으려는 자는 다음 사항이 포함된 개인정보 보호 인증신청서(전자문서 포함)를 개인정보 보호 인증 전문기관에 제출하여야 한다.
① 인증 대상 개인정보 처리시스템의 목록
② 개인정보 보호 관리체계를 수립·운영하는 방법과 절차
③ 개인정보 보호 관리체계 및 보호대책 구현과 관련된 문서 목록

2 개인정보 보호법에 근거한 고객정보❷ 입력

(1) 개인정보 수집이 가능한 경우 기출

① 정보주체의 동의를 받은 경우(14세 미만 아동은 법정대리인❷의 동의 필요)
② 법률에 특별한 규정이 있거나 법령상 의무를 준수하기 위해 불가피한 경우
③ 공공기관이 법령 등에 의해 업무를 수행하기 위해 불가피한 경우
④ 정보주체와 체결한 계약을 이행하거나 계약을 체결하는 과정에서 정보주체의 요청에 따른 조치를 이행하기 위하여 필요한 경우
⑤ 명백히 정보주체 또는 제3자의 급박한 생명, 신체, 재산의 이익을 위하여 필요하다고 인정되는 경우
⑥ 개인정보처리자의 이익 달성에 필요한 경우로서 명백하게 정보주체의 권리보다 우선하는 경우(개인정보처리자의 정당한 이익과 상당한 관련이 있고 합리적인 범위를 초과하지 않는 경우에 한함)
⑦ 공중위생 등 공공의 안전과 안녕을 위하여 긴급히 필요한 경우

* 위반 시 5천만 원 이하의 과태료

비교 **개인정보 보호 적용**
• 온라인 쇼핑몰: 정보통신망법 적용
• 오프라인 매장: 개인정보 보호법 적용

참고 **대리인의 범위**
• 정보주체의 법정대리인
• 정보주체로부터 위임받은 자

(2) 수집 동의를 받을 경우 정보주체에게 고지해야 할 사항 🔵 기출

① 개인정보를 제공받는 자

② 개인정보의 이용 목적(제공 시에는 제공받는 자의 이용 목적을 말한다)

③ 이용 또는 제공하는 개인정보의 항목

④ 개인정보의 보유 및 이용 기간(제공 시에는 제공받는 자의 보유 및 이용 기간을 말한다)

⑤ 동의를 거부할 권리가 있다는 사실 및 동의 거부에 따른 불이익이 있는 경우에는 그 불이익의 내용

＊ 위반 시 3천만 원 이하의 과태료

(3) 개인정보처리자의 개인정보 보호 원칙 기출

① 처리 목적을 명확하게 하고, 목적에 필요한 범위에서 최소한의 개인정보만을 적법하고 정당하게 수집해야 한다.

② 처리 목적에 필요한 범위 내에서 적합하게 개인정보를 처리하고, 목적 외의 활용을 금지한다.

③ 처리 목적에 필요한 범위 내에서 개인정보의 정확성·완전성·최신성을 보장해야 한다.

④ 개인정보의 처리 방법 및 종류에 따라 정보주체의 권리가 침해받을 가능성, 위험 정도를 고려하여 안전하게 관리해야 한다.

⑤ 개인정보 처리방침 등 개인정보 처리 사항 공개해야 하며, 열람청구권 등 정보주체의 권리를 보장해야 한다.

⑥ 정보주체의 사생활 침해를 최소화하는 방법으로 개인정보를 처리해야 한다.

⑦ 개인정보를 익명 또는 가명으로 처리해도 개인정보 수집목적을 달성할 수 있다면, 익명처리가 가능한 경우에는 익명에 의해, 익명처리로 목적을 달성할 수 없는 경우에는 가명에 의해 처리할 수 있도록 해야 한다.

⑧ 개인정보처리자의 책임과 의무 준수, 정보주체의 신뢰 확보를 위해 노력해야 한다.

(4) 정보주체의 6대 권리

① 개인정보의 처리에 관한 정보를 제공받을 권리

② 개인정보의 처리에 관한 동의 여부, 동의 범위를 선택·결정할 권리

③ 개인정보의 처리 여부를 확인하고 개인정보 열람 및 전송을 요구할 권리(사본의 발급 포함)

④ 개인정보의 처리 정지, 정정, 삭제 및 파기를 요구할 권리

⑤ 개인정보의 처리로 인한 피해를 신속·공정하게 구제받을 권리

⑥ 완전히 자동화된 개인정보 처리에 따른 결정을 거부하거나 그에 대한 설명 등을 요구할 권리

(5) 정보주체의 동의 없이 개인정보를 이용 또는 제공하는 경우 고려해야 할 사항

① 당초 수집 목적과 관련성이 있는지 여부

② 개인정보를 수집한 정황 또는 처리 관행에 비추어 볼 때 개인정보의 추가적인 이용 또는 제공에 대한 예측 가능성이 있는지 여부

③ 정보주체의 이익을 부당하게 침해하는지 여부

④ 가명처리 또는 암호화 등 안전성 확보에 필요한 조치를 하였는지 여부

참고 개인정보를 목적 외의 용도로 제3자에게 제공하는 경우

개인정보를 제공받는 자에게 이용 목적, 이용 방법, 그 밖에 필요한 사항에 대하여 제한을 하거나, 개인정보의 안전성 확보를 위하여 필요한 조치를 마련하도록 요청

(6) 정보통신서비스 제공자가 동의 없이 이용자의 개인정보를 수집·이용 가능한 경우

① 정보통신서비스 제공에 관한 계약을 이행하기 위해 필요한 개인정보로서 경제적·기술적인 사유로 통상적인 동의를 받는 것이 뚜렷하게 곤란한 경우

② 정보통신서비스의 제공에 따른 요금정산을 위해 필요한 경우

③ 다른 법률에 특별한 규정이 있는 경우

(7) 개인정보를 목적 외 용도로 이용하거나 제3자에게 제공❷할 수 있는 경우 `기출`

① 정보주체의 별도 동의를 받은 경우

② 다른 법률에 특별한 규정이 있는 경우

③ 명백히 정보주체, 제3자의 급박한 생명, 신체, 재산의 이익을 위해 필요한 경우

　＊④～⑧은 공공기관만 해당함

④ 개인정보를 목적 외로 이용하거나 제3자에게 제공하지 않으면 다른 법률에서 정하는 소관업무 수행이 불가한 경우로 개인정보 보호위원회❸의 심의·의결을 거친 경우

⑤ 조약, 국제협정 이행을 위해 외국 정부, 국제기구에 제공이 필요한 경우

⑥ 범죄 수사 및 공소 제기·유지에 필요한 경우

⑦ 법원의 재판 업무 수행에 필요한 경우

⑧ 형 및 감호, 보호처분 집행에 필요한 경우

⑨ 공중위생 등 공공의 안전과 안녕을 위하여 긴급히 필요한 경우

　＊ 위반 시 5년 이하의 징역 또는 5천만 원 이하의 벌금

(8) 정보주체 이외로부터 수집한 개인정보 처리 시 정보주체에게 고지해야 할 사항

① 개인정보 수집 출처　　　　　　② 개인정보 처리 목적

③ 개인정보 처리 정지를 요구할 권리

(9) 개인정보 처리에 대한 서면 동의 시 중요한 내용의 표시 방법

① 글씨 크기는 최소한 9포인트 이상이고, 다른 내용보다 20% 이상 크게 작성한다.

② 글씨의 색깔, 굵기, 밑줄 등을 통해 그 내용을 명확히 표시한다.

③ 동의 사항이 많아 내용이 명확히 구분되기 어려운 경우 중요한 내용은 별도로 구분하여 표시한다.

(10) 동의 요건 및 방법

어느 하나에 해당하는 방법으로 동의를 받아야 한다.

① 동의 내용이 적힌 서면을 정보주체에게 직접 발급하거나 우편 또는 팩스 등의 방법으로 전달하고, 정보주체가 서명하거나 날인한 동의서를 받는 방법

② 전화를 통하여 동의 내용을 정보주체에게 알리고 동의의 의사표시를 확인하는 방법

③ 전화를 통하여 동의 내용을 정보주체에게 알리고 정보주체에게 인터넷주소 등을 통하여 동의 사항을 확인하도록 한 후 다시 전화를 통하여 그 동의 사항에 대한 동의의 의사표시를 확인하는 방법

④ 인터넷 홈페이지 등에 동의 내용을 게재하고 정보주체가 동의 여부를 표시하도록 하는 방법

⑤ 동의 내용이 적힌 전자우편을 발송하여 정보주체로부터 동의의 의사표시가 적힌 전자우편을 받는 방법

⑥ 그 밖에 위 방법에 준하는 방법으로 동의 내용을 알리고 동의의 의사표시를 확인하는 방법

`참고` **제3자 제공**

개인정보 수기문서 전달, 시스템 접속 권한을 허용하여 열람·복사가 가능하게 한 경우도 제3자 제공임

`참고` **개인정보 보호위원회의 직무**

• 국무총리 소속으로 상임위원 2명, 위원 7명으로 구성

• 개인정보 보호와 관련 법령 개선

• 개인정보 보호와 관련된 정책, 제도, 계획수립, 집행

• 정보주체의 권리침해에 대한 조사 및 처분

• 개인정보 처리 관련 고충 처리, 권리구제, 개인정보에 관한 분쟁 조정

• 국제기구 및 외국의 개인정보 보호기구와의 교류, 협력

• 개인정보 보호에 관한 법령, 정책, 제도, 실태 등의 조사, 연구, 교육 및 홍보

• 개인정보 보호에 관한 기술개발의 지원, 보급 및 전문인력 양성

3 개인정보 보호법에 근거한 고객정보관리

(1) 개인정보의 처리 제한

민감정보와 고유식별정보 처리는 개인정보 처리 동의 외 별도의 동의를 받은 경우, 법령에서 허용하는 경우를 제외하고는 처리가 제한되며, 개인정보처리자는 정보가 분실·유출되지 않도록 안전성을 확보해야 한다.

(2) 개인정보 유출 통지 및 신고

개인정보가 유출되었을 경우 개인정보처리자는 다음의 내용을 바로 알리고 피해 확산 방지를 위한 노력을 해야 한다.

통지 및 신고 방법	1명 이상의 정보 유출 시	정보주체에게 유출 내용을 지체없이 통지
	1천 명 이상의 정보 유출 시	• 정보주체에게 유출 내용을 지체 없이 통지 • 인터넷 홈페이지에 7일 이상 게재(홈페이지가 없을 경우 사업장 등의 보기 쉬운 장소에 7일 이상 게시) • 유출 내용에 따른 통지 및 조치 결과를 지체없이 보호위원회 또는 대통령령으로 정하는 전문기관에 신고
내용		• 유출된 개인정보의 항목 • 유출 시점과 경위 • 피해 최소화를 위해 정보주체가 할 수 있는 방법 • 개인정보처리자의 대응 조치 및 피해 구제 절차 • 피해가 발생한 경우 신고 접수가 가능한 담당부서 및 연락처

(3) 개인정보 파기 기출

① 개인정보처리자는 보유기간의 경과, 개인정보의 처리 목적 달성 등 그 개인정보가 불필요하게 되었을 때에는 지체 없이 그 개인정보를 파기해야 한다(단, 다른 법령에 따라 보존해야 하는 경우에는 그에 따라 보존해야 하며, 해당 개인정보 또는 개인정보파일을 다른 개인정보와 분리하여 저장·관리해야 함).

② 정보통신서비스 제공자는 정보통신서비스를 1년의 기간 동안 이용하지 아니하는 이용자의 개인정보를 보호하기 위해 개인정보의 파기 등 필요한 조치를 취한다(다만, 그 기간에 대해 다른 법령 또는 이용자의 요청에 따라 달리 정한 경우에는 그에 따라야 함).

(4) 개인정보의 안전성 확보 조치

① 개인정보의 안전한 처리를 위한 내부 관리계획의 수립·시행

② 개인정보에 대한 접근 통제 및 접근 권한의 제한 조치

③ 개인정보를 안전하게 저장·전송할 수 있는 암호화 기술의 적용, 이에 상응하는 조치

④ 개인정보 침해 사고 발생에 대응하기 위한 접속기록의 보관 및 위조·변조 방지를 위한 조치

⑤ 개인정보에 대한 보안프로그램의 설치 및 갱신

⑥ 개인정보의 안전한 보관을 위한 보관시설의 마련 또는 잠금 장치의 설치 등 물리적 조치

(5) 영상정보처리기기의 설치 및 운영

① 영상정보처리기기 설치 및 운영 허용 대상

- 법령에서 구체적으로 허용하고 있는 경우
- 범죄의 예방 및 수사를 위해 필요한 경우
- 시설안전 및 화재 예방을 위해 필요한 경우
- 교통단속을 위해 필요한 경우
- 교통정보의 수집·분석 및 제공을 위해 필요한 경우

CCTV 설치안내

설치목적	방범 및 화재예방·안전관리
설치장소	○○시 ○○로(○○동) 건물
촬영범위	건물 내·외부
촬영시간	24시간 연속 촬영 및 녹화
관리책임자	관리소장
연락처	010-1234-1234

영상정보처리기기 안내판의 예

② 불특정 다수가 이용하는 목욕실, 화장실, 발한실(發汗室), 탈의실 등 개인의 사생활을 현저히 침해할 우려가 있는 장소의 내부를 볼 수 있도록 영상정보처리기기를 설치·운영하는 것을 금지한다(단, 교도소, 정신보건 시설 등 대통령령으로 정한 시설은 예외이나, 전문가 및 이해관계인 이해 수렴 필요).

③ 영상정보처리기기 설치·운영 안내 기출

영상정보처리기기를 설치·운영하는 자는 정보주체가 쉽게 인식할 수 있도록 다음 사항이 포함된 안내판을 설치하는 등 필요한 조치를 하여야 한다.

- 설치 목적 및 장소
- 촬영 범위 및 시간
- 관리책임자 성명 및 연락처

④ 영상정보처리기기의 임의조작 및 녹음기능은 금지한다.

⑤ 개인정보 안전성 확보에 필요한 조치를 시행한다.

⑥ 영상정보처리기기 운영 및 관리 방침을 마련한다(개인정보 처리 방침 제외).

⑦ 영상정보처리기기의 설치·운영에 관한 사무는 위탁이 가능하다.

(6) 영업양도에 따른 개인정보 이전

① 영업의 전부 또는 일부의 양도 및 합병 시 정보주체에게 다음 사항을 알려야 한다.

- 개인정보를 이전하려는 사실
- 개인정보를 이전받는 자(영업양수자)의 성명, 주소, 전화번호 및 그 밖의 연락처
- 정보주체가 개인정보 이전을 원하지 않을 경우 조치 방법 및 절차

② 개인정보를 이전받았을 때에는 지체없이 정보주체에게 알려야 한다.

③ 개인정보를 이전 당시의 목적으로만 이용하거나 제3자에게 제공할 수 있다.

(7) 가명정보 처리

① 통계작성, 과학적 연구, 공익적 기록보존 등을 위해 정보주체의 동의 없이 가명정보 처리가 가능하다.

② 가명정보 처리 시 원래 상태로 복원하기 위한 추가 정보를 별도로 분리하여 보관·관리하여 안전성 확보에 대한 조치가 필요하다.

③ 가명정보 처리 시 금지의무

- 특정 개인을 알아보기 위한 목적으로 가명정보를 처리하면 안 된다.
- 특정 개인을 알아볼 수 있는 정보 생성 시 즉시 해당 정보의 처리를 중지하고, 지체없이 회수 및 파기한다.

④ 특정 개인을 알아보기 위한 목적으로 정보를 처리한 경우 전체 매출액의 3/100 이하의 금액을 과징하며, 매출이 없거나 매출산정이 곤란한 경우 4억 원 또는 자본금의 3/100 중 큰 금액 이하를 부과한다.

(8) 과태료

5천만 원 이하	• 개인정보의 수집과 이용의 범위를 위반하여 개인정보를 수집한 자 • 14세 미만 아동의 개인정보 처리를 위해 법정대리인의 동의를 받지 않은 자 • 개인의 사생활을 현저히 침해할 우려가 있는 장소의 내부를 볼 수 있도록 영상정보처리기기를 설치·운영한 자
3천만 원 이하	• 개인정보의 수집·이용에 대한 동의, 개인정보의 제공 동의, 개인정보의 원래 목적 외 이용 및 제3자에게 제공 동의, 업무위탁의 경우 그 내용과 수탁자에 대한 통지 등 정보주체에게 알려야 할 사항을 알리지 않은 자 • 정보주체가 선택적 동의 사항 또는 필요한 최소한의 정보 외 수집 동의를 하지 않는다고 재화 또는 서비스 제공을 거부한 자 • 정보주체 이외로부터 수집한 개인정보를 처리할 때 정보주체의 요구가 있거나 대통령령의 기준에 해당하는 경우 출처, 목적, 정지 요구의 권리가 있다는 사실을 알리지 않은 자 • 보유기간 경과, 처리 목적 달성, 기간 만료 등 개인정보가 불필요하게 되었을 때 개인정보를 파기하지 않은 자 • 주민등록번호 처리의 제한 법령을 위반하여 주민등록번호를 처리한 자 • 주민등록번호가 분실·도난·유출·위조·변조 또는 훼손되지 않도록 암호화 조치를 하지 않은 자 • 홈페이지로 회원 가입을 할 때 주민등록번호를 사용하지 않고 가입할 수 있는 방법을 제공하지 않은 자 • 민감정보, 고유식별정보, 개인정보, 가명정보 등을 처리할 때 안전성 확보에 필요한 조치를 하지 않은 자 • 예외 경우를 제외하고 공개된 장소에 영상정보처리기기를 설치·운영한 자 • 특정 개인을 알아볼 수 있는 정보가 생성되었는데 이용을 중지하지 않거나 회수·파기하지 않은 자 • 개인정보 보호 인증을 받지 않고 거짓으로 인증의 내용을 표시하거나 홍보한 자 • 개인정보 유출 시 정보주체에게 유출 항목, 시점과 경위, 피해 최소화 방법, 구제 절차 등을 알리지 않은 자 • 1천 명 이상의 개인정보 유출 시 조치 결과를 신고하지 않은 자 • 자신의 개인정보에 대한 열람을 요구하였을 때 제한하거나 거절한 자 • 정보주체가 개인정보의 정정·삭제 등 필요한 조치를 요구하였을 때 이를 하지 않은 자 • 정보주체의 요구를 따르지 않고 처리가 정지된 개인정보 파기 등의 필요한 조치를 하지 않은 자 • 최소한의 개인정보 이외의 개인정보를 제공하지 않는다는 이유로 서비스의 제공을 거부한 자 • 개인정보 유출 등의 통지를 위반하여 이용자·보호위원회 및 전문기관에 통지·신고하지 않거나 정당한 사유 없이 24시간을 경과하여 통지·신고한 자 • 개인정보 유출 등의 통지를 하지 않은 정당한 사유를 보호위원회에 소명하지 않거나 거짓으로 한 자 • 개인정보의 동의 철회·열람·정정 방법을 제공하지 않은 자 • 제공 동의 철회 시 지체 없이 개인정보를 복구·재생할 수 없도록 파기하는 등 필요한 조치를 하지 않은 정보통신서비스 제공자 등 • 개인정보의 이용내역을 주기적으로 이용자에게 통지하지 않은 자 • 동의를 받아 개인정보를 국외로 이전하는 경우 필요한 보호조치를 하지 않은 자 • 개인정보가 침해되었다고 판단할 상당한 근거가 있고 방치 시 회복하기 어려운 피해가 발생할 경우에 필요한 시정명령을 따르지 않은 자
2천만 원 이하	• 개인정보처리자의 고의, 중대한 과실로 개인정보가 분실·도난·유출·위조·변조, 훼손된 경우 손해배상책임의 이행을 위해 보험 또는 공제 가입, 준비금 적립 등 필요한 조치를 하지 않은 자 • 국내에 주소, 영업소가 없는 정보통신서비스 제공자가 국내대리인을 지정하지 않은 경우 • 이용자의 개인정보를 국외에 제공할 때 이전되는 항목, 국가, 일시, 방법, 이전받는 자의 성명 등을 공개하거나 이용자에게 알리지 않고 이용자의 개인정보를 국외에 처리위탁·보관한 자

1천만 원 이하	• 개인정보를 파기하지 않고 보존해야 하는 경우 개인정보를 분리하여 저장·관리하지 않은 자
	• 개인정보 처리에 대해 정보주체가 내용을 명확하게 인지하도록 한 규정을 위반하여 동의를 받은 자
	• 영상정보처리기기를 설치·운영 시 안내판 설치 등 필요한 조치를 하지 않은 자
	• 개인정보의 처리 업무 위탁 시 수행 목적, 처리 금지에 관한 사항, 기술적·관리적 보호조치에 관한 사항, 개인정보의 안전한 관리를 위해 정한 사항 등이 포함된 문서에 의하지 않은 자
	• 위탁하는 업무의 내용과 수탁자를 공개하지 않은 자
	• 정보주체에게 개인정보의 이전 사실을 알리지 않은 자
	• 가명정보의 처리 내용을 관리하기 위한 기록을 작성하여 보관하지 않은 자
	• 개인정보 처리방침을 정하지 않거나 이를 공개하지 않은 자
	• 개인정보 보호책임자(개인정보 처리에 관한 업무를 총괄하여 책임지는 자)를 지정하지 않은 자
	• 개인정보의 열람, 개인정보의 정정 또는 삭제에 대한 결과, 처리정지의 사유 등 정보주체에게 알려야 할 사항을 알리지 않은 자
	• 보호위원회가 요구하는 관계 물품·서류 등 자료를 제출하지 않거나 거짓으로 제출한 자
	• 보호위원회가 요구하는 자료를 제출하지 않거나 법 위반과 관련 있는 관계인에 대한 검사를 위한 공무원의 출입·검사를 거부·방해 또는 기피한 자

(9) 벌칙

10년 이하의 징역 또는 1억 원 이하의 벌금	• 공공기관의 개인정보 처리업무 방해를 목적으로 개인정보를 변경, 말소하여 업무 수행에 지장을 초래한 자
	• 거짓이나 그 외 부정한 수단, 방법으로 다른 사람이 처리하고 있는 개인정보를 취득하여 영리 또는 부정한 목적으로 제3자에게 제공, 알선, 교사한 자
5년 이하의 징역 또는 5천만 원 이하의 벌금	• 정보주체의 동의를 받지 않고 제3자에게 개인정보를 제공한 자
	• 제3자에게 제공한 자 및 그 사정을 알면서도 영리 또는 부정한 목적으로 개인정보를 제공받은 자
	• 정보주체에게 별도 동의를 받지 않고 민감정보, 고유식별정보를 처리한 자
	• 특정 개인을 알아보기 위한 목적으로 가명정보를 처리한 자
3년 이하의 징역 또는 3천만 원 이하의 벌금	• 영상정보처리기기의 설치 목적과 다른 목적으로 영상정보처리기기를 임의로 조작하거나 녹음한 자
	• 거짓이나 부정한 수단, 방법으로 개인정보를 취득하거나 사정을 알면서 영리 또는 부정한 목적으로 개인정보를 제공받은 자
	• 직무상 알게 된 비밀을 누설하거나 목적 외에 이용한 자
2년 이하의 징역 또는 2천만 원 이하의 벌금	• 안전성 확보에 필요한 조치를 하지 않아 개인정보를 분실, 도난, 유출, 위변조, 훼손당한 자
	• 정정, 삭제가 필요한 경우 조치를 하지 않고 계속 이용하거나 제3자에게 제공한 자

4 개인정보 보호법에 근거하는 고객상담

① 고객의 개인정보의 수집·이용 목적에 대해 안내하여야 한다.
② 수집하려는 개인정보의 항목에 대해 안내하여야 한다.
③ 개인정보의 보유 및 이용 기간에 대해 안내하여야 한다.
④ 동의를 거부할 권리가 있다는 사실 및 동의 거부에 따른 불이익이 있는 경우에는 그 불이익의 내용에 대해 안내하여야 한다.
⑤ 고객정보 수집 시에는 고객의 동의를 받아야 한다.
⑥ 개인정보는 필수 정보만 수집하고, 보유기간 만료 시 즉시 파기해야 한다.
⑦ 맞춤형화장품 고객의 개인정보를 보호해야 한다.
＊ 소비자 피부진단 데이터 등을 활용하여 연구·개발 등의 목적으로 사용하고자 하는 경우, 소비자에게 별도의 사전 안내 및 동의를 받아야 함

단원별 연습문제

01 「개인정보 보호법」에 따른 고객 데이터 관리에 대한 설명으로 옳지 **않은** 것은?

① 고객 데이터는 주기적으로 백업해야 한다.

② 고객 데이터는 접근 권한을 가진 자만 접근해야 한다.

③ 고객 데이터 폐기 시 복구 또는 재생되지 않도록 영구 삭제해야 한다.

④ 고객 데이터가 손상되지 않도록 해킹 방어 프로그램을 사용해야 한다.

⑤ 고객 데이터 폐기 시 개인정보 보호를 위해 온라인 자료는 1년 동안 복구가 가능하도록 해야 한다.

| 정답 | ⑤
| 해설 | 고객 데이터는 복구 또는 재생되지 않도록 폐기해야 한다. 전자적 파일 형태는 복구가 불가능하도록 포맷이나 삭제 전용 소프트웨어를 사용하고, 기록물, 인쇄물, 서면은 파쇄 및 소각해야 한다.

02 다음 〈보기〉의 ㉠에 들어갈 적절한 용어를 쓰시오.

┤ 보기 ├
(㉠)(이)란 업무를 목적으로 개인정보파일을 운용하기 위해 스스로 또는 다른 사람을 통해 개인정보를 처리하는 공공기관, 법인, 단체, 개인 등을 말한다.

| 정답 | 개인정보처리자

03 개인정보의 유형이 **다른** 하나는?

① 성생활

② 여권번호

③ 유전정보

④ 정당의 가입과 탈퇴

⑤ 노동조합의 가입과 탈퇴

| 정답 | ②
| 해설 | 여권번호는 고유식별정보이며, 유전정보, 노동조합·정당의 가입과 탈퇴, 성생활 등은 민감정보이다.

04 「개인정보보호법」에 따라 영상정보처리기기 설치 및 운영이 허용되지 <u>않는</u> 경우는?

① 법령에서 구체적으로 허용하고 있는 경우
② 범죄의 예방 및 수사를 위하여 필요한 경우
③ 불특정 다수가 이용하는 시설의 관리를 위하여 필요한 경우
④ 교통단속을 위하여 필요한 경우
⑤ 교통정보의 수집·분석 및 제공을 위해 필요한 경우

| 정답 | ③
| 해설 | 불특정 다수가 이용하는 목욕실, 화장실, 발한실, 탈의실 등 개인의 사생활을 침해할 우려가 있는 장소의 내부를 볼 수 있도록 영상정보처리기기를 설치·운영하는 것은 금지이다.

05 다음 〈보기〉는 개인정보처리에 대한 서면 동의 시 중요한 내용을 표시하는 방법이다. 빈칸 ㉠에 들어갈 숫자는?

┌─ 보기 ─────────────────────────────────
│ 개인정보 수집의 서면 동의 시 중요한 내용을 표시할 때 글씨 크기는 최소한 9포
│ 인트 이상이어야 하고, 다른 내용보다 (㉠   )% 이상 크게 작성하여야 한다.
└──────────────────────────────────────

① 5   ② 10
③ 15   ④ 20
⑤ 25

| 정답 | ④
| 해설 | 중요한 내용의 표시 방법은 다음과 같다.
• 글씨 크기는 최소한 9포인트 이상이고, 다른 내용보다 20% 이상 크게 작성한다.
• 글씨의 색깔, 굵기, 밑줄 등을 통해 그 내용을 명확히 표시한다.
• 동의 사항이 많아 내용이 명확히 구분되기 어려운 경우 중요한 내용은 별도로 구분하여 표시한다.

06 「개인정보 보호법」과 관련하여, 위반하였을 경우 과태료가 <u>다른</u> 하나는 무엇인가?

① 보유기간 경과, 처리 목적 달성, 기간 만료 등 개인정보가 불필요하게 되었을 때 개인정보를 파기하지 않은 자
② 민감정보, 고유식별정보, 개인정보, 가명정보 등을 처리할 때 안전성 확보에 필요한 조치를 하지 않은 자
③ 개인정보의 이용내역을 주기적으로 이용자에게 통지하지 않은 자
④ 가명정보의 처리 내용을 관리하기 위한 기록을 작성하여 보관하지 않은 자
⑤ 최소한의 개인정보 이외에 개인정보를 제공하지 않는다는 이유로 서비스의 제공을 거부한 자

| 정답 | ④
| 해설 | ①, ②, ③, ⑤ 3천만 원 이하의 과태료가 부과된다.
④ 1천만 원 이하의 과태료가 부과된다.

보기만 해도 자동암기!

자동암기 브로마이드

• 본 도서 맨 앞에 위치
• 활용법: 벽에 붙이기, 돌돌 말아 휴대하기

PART 02

화장품 제조 및 품질관리

선다형 20개	단답형 5개

원패스 테마 특강

• 경로: [에듀윌 도서몰] – [동영상강의실]

• 활용법: 파트별 학습 전후로 강의 활용하기

출제비중 **25%**

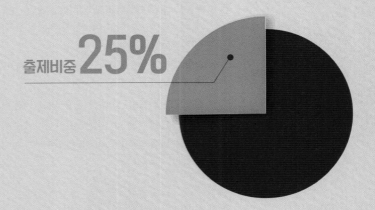

Chapter 01

화장품 원료의 종류와 특성 및 제품의 제조관리

고득점 TIP　화장품 원료의 특성과 해당 성분을 연결할 수 있도록 학습하세요.
특히, 계면활성제와 자료 제출이 생략되는 기능성화장품 고시 성분을 집중적으로 암기하세요.

1 화장품 원료의 종류 및 성분의 특성

강의영상　바로 앞 페이지를 확인!!

(1) 용어의 정의　기출

극성	화학결합에서 전자 분포가 어느 한쪽 원자에 기울어 있는 것
비극성	극성(Polar)이 없는 상태 예 탄화수소 화합물
친유성	기름에 녹는 특성 반 친수성(물에 녹는 특성)
용제	다른 물질을 용해할 수 있는 액체
수렴제	피부에 조이는 느낌을 주고 아린감을 부여하는 물질
동결 방지제	저온에서 어는 것을 억제하는 데 사용되는 물질
사용감 향상제	퍼짐성을 높여 피부의 매끄러움을 유발하는 물질로 피부 컨디셔닝제, 유연제라고도 불림
기포방지제	기포 제거 성질을 가진 물질로 소포제라고도 불림
경도 조절제	기초 및 색조화장품의 경도를 형성하는 물질
유화제	물과 기름을 혼합하기 위해 사용하는 계면활성제
유화안정제	유화제의 성능을 보조하는 물질로 보조유화제라고도 불림
습윤제	죽은 각질세포 내 케라틴과 NMF(천연보습인자)와 같이 수분과 결합하는 능력을 갖춘 성분으로 피부에 수분을 증가시키는 역할을 함
밀폐제 (필름 형성제)	피지처럼 피부 표면에 얇은 소수성 피막을 형성하여 수분 증발을 억제하는 성분으로 TEWL(경피수분손실도)를 저하시키며 피막형성제라고도 불림
연화제 (유연제)	탈락하는 각질세포 사이의 틈을 메워 주는 물질로 피부에 윤기와 유연성을 제공함
장벽대체제	각질층 내 세포간지질(세라마이드, 지방산, 콜레스테롤) 성분으로 보습제 성분으로 처방하여 피부장벽 기능의 유지와 회복에 관여함으로써 피부 보습력 유지를 증가시킴
부형제	유탁액을 만드는 데 쓰는 부형제는 주로 물, 오일, 왁스, 유화제로 제품에서 가장 많은 부피를 차지함
첨가제	화장품의 화학반응이나 변질을 막고 안정된 상태로 유지하기 위해 첨가하는 성분으로 보존제나 산화방지제 등을 말함
착향제	화장품 제조 시 첨가하여 향이 나게 하는 물질

유효 성분❓	화장품에 특별한 효능을 부여하기 위해 사용하는 물질로 각 제품의 특징을 나타내는 역할을 함 예 미백, 주름 개선 및 자외선 차단 성분 등

(2) 수성 원료 기출

물에 녹는 특성(친수성)을 가진 원료를 말한다.

종류	특징	
정제수	• 화장품 제조에 있어 가장 중요한 원료 중 하나임 • 물은 극성물질로 수성 원료의 용해를 위한 용제(용매)로 사용 • 용해된 이온, 고체 입자, 미생물, 유기물 및 용해된 기체류 등의 모든 불순물을 이온교환수지를 통해 여과한 물을 칭함	
에탄올(알코올)	• 에틸알코올(Ethyl Alcohol)이라고도 하며, 화학식은 C_2H_5OH로 표현 • 비극성인 탄화수소기와 극성인 하이드록시기(−OH)가 존재하여 식물의 소수성 및 친수성 물질의 추출 및 기타 화장품 성분의 용제(용매)로도 사용 • 유기용매로 물에 녹지 않는 향료, 색소, 유기안료 등 비극성 물질을 녹이며, 식물 추출물 추출 시 용매로 사용함 • 무색, 특이취, 휘발성을 가지고 있으며, 청정, 살균, 수렴 효과가 있고 네일 제품에서는 가용화제 등으로 이용됨 • 주로 여드름용 제품, 수렴화장수(아스트린젠트), 헤어토닉, 향수 등에 사용됨	
	저급 알코올	탄소수가 적은(6개 미만) 알코올
	고급 알코올	탄소수가 많은(6개 이상) 알코올
아이소프로필 알코올	• 에탄올과 같은 무색의 액체이며, 휘발성임 • 수렴제, 보존제, 기포방지제, 점도감소제 등으로 사용함 • 점막에 자극을 줄 수 있으므로 눈, 입술 주위는 피해 사용해야 함	
보습제 (폴리올❓) 기출	글리세린	• 탄소수가 3이고, −OH를 3개 가지고 있는 3가 알코올 • 수산기가 있어 글리세롤(Glycerol)이라고도 하며, 대기 중의 수분을 흡수하는 성질을 가짐 • 무독성, 무자극, 무알러지성이지만 고농도로 사용할 경우 피부 내부의 수분을 흡수하여 피부에 자극을 줄 수 있음
	부틸렌 글라이콜	• 1,3−부틸렌글라이콜 또는 1,3−BG라고 통용되며 글리세린과 함께 주로 사용되는 −OH를 2개 가지고 있는 2가 알코올 • 글리세린에 비해 끈적임이 적고 가벼운 사용감과 항균성을 가짐 • 고농도에서 피부에 자극을 일으킬 수 있음
	프로필렌 글라이콜	• 탄소수는 3이지만 −OH를 2개 가지고 있는 2가 알코올 • 알코올과 동등한 발효 억제 효과가 있음 • 보습제, 피부 컨디셔닝제, 착향제, 용제, 점도감소제 등으로 사용함

PART 02

참고 **유효성 종류**
• 물리적 유효성 · 물리적 특성(예 물리적 자외선 차단 등)을 기반으로 한 효과
• 화학적 유효성 · 화학적 특성(예 계면 활성, 화학적 자외선 차단, 염색 등)을 기반으로 한 효과
• 생물학적 유효성 · 생물학적 특성(예 미백에 도움, 주름개선에 도움 등)을 기반으로 한 효과
• 미적 유효성 · 자신의 취향에 맞는 아름답고 매력적인 화장(메이크업)의 유발 효과
• 심리적 유효성 · 심리적인 특성(예 향을 통한 기분 완화 등)을 기반으로 한 효과

용어 **폴리올**
분자구조 내 극성인 하이드록시기(−OH)를 2개 이상 가지고 있는 유기화합물을 총칭함

폴리올의 사용 목적
• 가용화(고체성분이 액상에 녹을 수 있도록 도움)
• 보습
• 방부(약하게나마 균의 증식을 억제함)
• 제형 조절
• 동결 방지

(3) 유성 원료 `기출`

물에 녹지 않는 특성(소수성) 또는 기름에 녹는 특성(친유성)을 가진 원료를 말한다.

원료	대표 원료 및 특징

유지
(오일)
	식물성 오일
	• 식물의 씨나 잎, 열매 등에서 추출
	• 건성 및 노화 피부에 적용
	• 피부 친화성이 좋음
	• 안정성이 좋지 않고 산패가 쉬움❷
		• **로즈힙 오일**: 장미과로 야생 장미나무의 빨간 열매에서 추출
		  – 노화 억제, 햇빛에 의한 색소 침착 방지<hr>• **올리브 오일**: 올리브의 열매를 압착하여 추출
		  – 불포화지방산인 올레인산이 65~80%로 많이 포함되어 있음
		  – 피부 표면의 수분 증발 억제, 부드러운 감촉 부여
		  – 피부에 대한 친화성이 우수함<hr>• **아르간 오일**: 아르가니아 나무의 열매 씨에서 추출한 오일
		  – 올리브유에 비해 2배 이상의 비타민 E를 함유함
		  – 보습 효과 및 페룰산(Ferulic Acid)이 함유되어 있어 멜라닌색소 제거, 기미, 주근깨 생성을 억제함<hr>• **윗점 오일**: 밀의 배아에서 추출
		  – 비타민 E와 필수지방산이 풍부함
		  – 노화 피부, 튼살, 주름 등에 효과적임<hr>• **코코넛 오일**: 코코넛 열매에서 추출
		  – 물에 용해가 잘 되어 세정에 사용되는 오일로 탁월함
		  – 피부 흡수력과 보습 기능이 좋아 베이스 오일로 사용이 적합함<hr>• **스위트 아몬드 오일**: 아몬드씨를 압착법으로 추출
		  – 피부의 가려움 억제, 건조한 피부에 효과적임
		  – 민감한 피부, 유아 피부에도 사용 가능<hr>• **아보카도 오일**: 열매를 냉압착하여 추출
		  – 건성 피부에 효과적임
		  – 피부 친화성 및 퍼짐성이 양호함
		  – 피지가 많거나, 여드름 피부, 모공이 잘 막히는 사람에게는 비효과적임<hr>• **포도씨 오일**: 포도씨를 압착법으로 추출
		  – 향이 없고, 유분감이 적음
		  – 피부에 쉽게 흡수됨
		  – 리놀렌산, 비타민 E 등을 함유함

	동물성 오일
	• 동물의 내장이나 피하조직에서 추출
	• 피부 친화성 좋음
	• 산패와 변질이 쉬움
	• 특이취와 무거운 사용감
		• **밍크 오일**: 밍크의 피하지방에서 추출
		  – 피부 친화성, 퍼짐성 및 윤활성 우수
		  – 피부 컨디셔닝제(수분차단제), 헤어 컨디셔닝제에 사용함<hr>• **난황 오일**: 닭의 난황을 유기용매로 추출
		  – 피부 탄력에 효과적임
		  – 인지질과 지용성 비타민 A, D, E를 함유함<hr>• **에뮤 오일**: 대형 조류인 에뮤의 앞 가슴살에서 추출
		  – 피부 친화력이 우수함
		  – 항염증 효과가 우수함

`참고` 식물성 오일의 경우 지방산 내 불포화 결합이 많아 쉽게 산화되며, 산화되는 것을 방치하면 산패됨

– 포화 지방산(Saturated Fatty Acid): 지방산사슬에 있는 탄소들이 모두 단일 결합으로 연결된 지방산
– 불포화 지방산(Unsaturated Fatty Acid): 지방산사슬에 있는 탄소들 내 1개 이상의 이중 결합으로 연결된 지방산
– 오메가 지방산(Omega Fatty Acid): 다중 불포화 지방 중 탄화수소 사슬 제일 마지막 탄소(오메가 탄소)를 기준으로 첫 이중결합이 나타나는 탄소의 위치를 이름으로 하는 지방산 `예` 오메가-3 지방산은 탄화수소 사슬 제일 마지막을 기준으로 세 번째 탄소에서 이중결합이 나타난 다중 불포화 지방산임

탄화수소 기출	• 주로 광물질(석유 등)에서 추출
	• 무색, 무취
	• 산패나 변질의 문제가 없음
	• 비극성인 특성을 기반으로 피부 표면에서 수분 증발 억제 목적(밀폐제)으로 사용
	• 유성감이 강해 피부 호흡을 방해할 수 있음
		• 미네랄 오일: 석유로부터 얻어지는 광물성 오일로 유동파라핀이라고도 불림
		  – 피부 표면의 수분 증발 억제 목적으로 사용함
		  – 쉽게 산화되지 않고, 무색, 무취, 유화되기 쉬움
		
		• 파라핀: 석유에서 얻은 고형 혼합물로 무색 또는 백색 고체
		  – 수분 증발 차단제, 점증제로 사용함
		  – 불순물 존재 시 부작용 우려 있음
		
		• 바세린(페트롤라툼): 석유에서 얻게 되는 반고체상의 탄화수소 혼합물
		  – 페이스트(Paste) 상태로 존재하며 여드름 유발 가능성 있음
		  – 정제도가 낮을 경우 트러블 유발 가능성 있음
		
		• 스쿠알렌: 상어의 간유에서 추출하며, 탄소와 수소로 되어 있는 불포화 탄화수소계
		  – 인체 피지와 유사한 구성으로 피부 친화성이 좋음
		  – 보습제, 유연제로 사용함
		  – 비릿한 냄새와 쉽게 산패되는 단점이 있음
		
		• 아이소알케인: 주로 탄소 13~14개인 알킬 사슬을 갖는 지방족 탄화수소의 혼합물
		  – 점성이 높은 유성 성분
		  – 왁스와 유사한 질감과 성질을 가짐
		
		• 아이소헥사데칸: 탄소 16개로 이루어진 지방족 탄화수소
		  – 무색, 무취의 투명한 액상 형태
		  – 화장품에 얇은 발림성을 부여함

실리콘 오일 기출	• 실록산 결합(Si–O–Si)을 가지는 유기규소화합물의 총칭
	• 무색, 투명, 냄새가 거의 없음
	• 실크(Silk)처럼 가볍고 매끄러운 감촉을 부여함
	• 퍼짐성 우수, 피부의 유연성과 매끄러움, 광택 부여, 기포 제거성도 높음
	• 비극성인 특성을 기반으로 피부 표면에서 수분 증발 억제 목적(밀폐제)으로 사용
		• 사이클로메티콘: 휘발성 오일
		  – 가볍고 매끄러운 사용감
		  – 끈적임이 거의 없음
		  – 헤어 컨디셔닝제, 피부 컨디셔닝제의 용제로 사용
		
		• 다이메티콘: 무색, 무취의 오일
		  – 가벼운 사용감, 유분의 끈적임 억제
		  – 퍼짐성 증대와 기포 제거 능력을 가짐
		  – 얇은 막을 형성하여 윤기 부여
		  – 발림성 우수
		
		• 사이클로테트라실록세인, 사이클로펜타실록세인: 무색, 무취의 유동성 액체
		  – 표면장력이 작아 잘 퍼지며 발림성이 우수하고 끈적이지 않음
		  – 2018년 1월 10일 EU REACH에서 사용 제한 원료로 지정

왁스류 기출	• 고급 지방산과 고급 1, 2가 알코올이 결합된 에스텔
	• 상온에서 고체 상태의 특성을 가짐
	• 크림의 사용감 증대나 립스틱의 경도 조절용으로 사용
	• 제품의 안정성이나 기능성 향상
	• 피부 또는 모발에 광택을 부여함
	• 수분 증발 억제 목적(밀폐제)으로도 사용함
		• 카나우바 왁스: 식물성 왁스로, 카나우바 야자나무의 잎에서 추출
		  – 녹는 온도 80~86℃
		  – 광택성이 뛰어나 립스틱, 크림, 탈모제 등에 사용함
		
		• 칸데릴라 왁스: 식물성 왁스로, 칸데릴라 식물의 줄기에서 추출
		  – 녹는 온도 68~72℃
		  – 립스틱의 부서짐을 예방하고 광택을 낼 때 사용함
		
		• 라놀린: 동물성 왁스로, 양의 털에서 추출
		  – 녹는 온도 36~42℃
		  – 피부에 대한 친화성, 부착성, 윤택성이 우수함
		  – 알레르기 유발 가능성
		
		• 비즈 왁스(밀랍): 동물성 왁스로, 벌집에서 추출
		  – 녹는 온도 60~67℃
		  – 부드러운 감촉 부여, 피부 수분 증발 억제

왁스류		• **호호바 오일**: 호호바의 씨에서 추출하며 상온에서는 액체, 저온에서는 고체 형태를 유지하는 식물성 왁스 　– 녹는 점 10℃ 　– 피지 성분과 비슷한 구조를 가지고 있어 피부 퍼짐성, 친화성, 침투성이 우수함 　– 상처 치료 및 진정 효과가 있으며 부드러운 감촉 부여 　– 모든 피부 사용 가능
		• **오조케라이트**: 석탄과 셰일에서 추출한 미네랄 왁스 　– 녹는 온도 55~76℃ 　– 백색 또는 황색을 띰 　– 제품의 강도와 안전성 제공 　– 피부 보호 및 윤기 공급, 부드러운 감촉 부여
고급 지방산	• R–COOH로 표시되는 화합물 • 지방을 가수분해하여 얻어지며, 탄소수가 12개 이상 • 천연의 유지와 밀랍 등에 에스텔류로 함유함 • 세정용 계면활성제, 유화제, 분산제, 경도·점도 조절용, 연화제 목적으로 사용함 • 알칼리인 소듐하이드록사이드(Na OH), 포타슘하이드록사이드(KOH), 트라이에탄올아민과 병용하면 비누를 형성	• **라우릭애씨드**: 야자유, 팜유 등에서 얻어지며, 탄소수가 12인 고급 포화지방산의 혼합물 　– 거품 상태가 좋아 화장비누, 세안류 사용에 적합함
		• **미리스틱애씨드**: 팜유를 분해하여 얻은 혼합지방산으로 탄소수가 14개임 　– 거품 성질 및 세정력이 우수하여 세안류에 주로 사용함
		• **팔미틱애씨드**: 야자유 등에서 추출한 지방산으로 탄소수가 16개임 　– 세정제나 유화제로 사용함 　– 피부에 보습막을 형성하여 보습력 부여, 촉촉함 유지
		• **스테아릭애씨드**: 우지나 팜유를 가수분해하여 얻은 지방산으로 탄소수가 18개임 　– 유화 및 증점제, 고형비누, 크림, 립스틱 등에 사용함 　– 알칼리로 중화하여 보조 유화제로 사용함 　– 안료 분산력이 우수하여 안료의 분산제로도 사용함
		• **올레익애씨드**: 동식물유를 가수분해한 후 정제하여 얻은 불포화지방산으로 탄소수가 18개(불포화 결합 1개)임 　– 탄소 원자 사이에 이중결합을 1개만 가지고 있는 단가 불포화지방산 　– 피부에 유분기 공급 및 보습력 부여 　– 피부의 유연성 유지 및 개선에 도움
고급 알코올	• R–OH로 표시되는 화합물 • 탄소수가 많은 알코올(6개 이상) • 화장품의 점도 조절, 유화를 안정화시키기 위한 유화보조제로 첨가 • 피부의 피지 성분과 비슷한 구조로, 피부 침투성이 좋아 모든 피부에 사용 가능함	• **세틸알코올**: 팜오일 등의 추출 또는 합성 제조하며, 탄소수가 16개임 　– 유화안정보조제나 증점제로 주로 사용함
		• **스테아릴알코올**: 향유고래의 기름이나 야자유 등에서 추출하며, 탄소수가 18개임 　– 백색의 왁스성의 고체 형태를 띰 　– 유화안정보조제, 거품 방지, 점도제로 사용함
		• **베헤닐알코올**: 코코넛과 팜오일에서 추출하며, 탄소수가 22개임 　– 부드러운 촉감 부여, 수분 손실 방지에 도움 　– 비수용성 점증제로 화장품의 점도 조절
		• **옥틸도데칸올**: 화학 합성을 통해 만들어지는 고급 지방산 알코올이며, 탄소수가 20개임 　– 일반적인 탄화수소에 비해 퍼짐성과 감촉이 좋음
에스텔	• 지방산(R–COOH)과 알코올(R–OH)이 결합하면서 탈수 반응에 의해 생성되는 화합물 • 피부 유연성, 제품의 사용감 향상 • 용해제로도 사용함	• **아이소프로필미리스테이트**: 아이소프로필알코올과 미리스틱애씨드의 화합물 　– 무색 투명한 액체로 사용감이 가볍고 용해성이 우수함 　– 결합제, 착향제, 피부 컨디셔닝제로 사용함
		• **카프릴릭/카프릭트리글리세라이드**: 카프릴릭과 카프릭애씨드 및 글리세린의 혼합물 　– 착향제, 피부 컨디셔닝제로 사용
		• **세틸미리스테이트**: 세틸알코올 및 미리스틱애씨드의 혼합물 　– 수분 증발 차단제로 사용함

(4) 계면활성제 _{기출}

① 물질의 구분

물질은 물리적 성질 및 분자간 상호작용에 따라 대표적으로 '기체', '고체', '액체'의 3가지 상태로 구분된다. 물질의 상❶(相, phase)이란 일정한 물리적 특성 또는 화학적 특성을 갖는 균일한 물질계를 지칭함

② 계면

두 개의 서로 다른 상(Phase)이 접하고 있는 경계면(접촉면)을 계면이라고한다.
계면화학이란, 계면과 그 부근의 물질 상태 및 성질을 연구하는 학문이다.

③ 구조

한 분자 내에서 물을 좋아하는 친수기(극성, 친수성)와 기름기를 좋아하는 친유기(비극성, 소수성, 친유성)가 함께 있는 물질로, 표면 장력❷을 낮추는 작용❸을 한다.

④ 미셀(Micelle) _{기출}

미셀은 계면활성제가 수용액에 있을 때 친수성기는 바깥의 수용액과 닿고, 소수성기는 안에서 핵을 형성하여 만들어지는 구형의 집합체이다. 수용액 내에 계면활성제의 농도가 증가하면 분자 간 집합체인 미셀을 형성❹한다. 미셀이 형성될 때 계면활성제의 농도를 임계미셀농도(CMC: Critical Micelle Concentration)라고 한다.

⑤ HLB(Hydrophile Lipophile Balance) _{기출}

계면활성제의 친수성과 친유성 비율을 수치화하여 상대적 세기를 나타낸 것이다. HLB 값이 높을수록 친수성, HLB 값이 낮을수록 친유성이다.

$$HLB = \frac{\text{친수기 분자량}}{\text{분자량}} \times 20$$

HLB 값	용도	HLB 값	용도
1~3	소포제	8~18	O/W❷ 유화제
4~6	W/O❷ 유화제	13~15	세정제
7~9	침투 습윤	15~18	가용화제

참고 물질의 상
- 고체, 고체상, 고상
- 액체, 액체상, 액상
- 기체, 기체상, 기상

참고 표면의 정의
계면 중 상의 한쪽이 기체일 때 기체/액체, 기체/고체 간의 경계면을 표면이라고 함.

참고 표면 장력의 정의
표면 분자가 갖고 있는 에너지를 총칭
액체 또는 고체 내부에 있는 분자들이 모든 방향에서 서로 간의 인력을 갖는 반면 표면에 존재하는 분자는 표면의 안쪽 방향으로 인력이 작용하여 발생하는 여분의 에너지를 표면 자유 에너지 또는 표면 장력이라고 함.

참고 표면 장력이 낮아지는 이유
계면에 흡착하여 계면의 성질을 바꾸거나 계면의 자유에너지를 낮추어 물과 기름이 잘 섞일 수 있도록 돕기 때문임

참고 계면장력의 정의
표면 장력의 특성이 서로 다른 두 개의 물질의 경계면에 나타날 때, 그 경계면에서의 장력을 계면장력이라고 함.

그림 미셀의 형성

용어 W/O(Water in Oil Type)
오일 안에 물이 분산되어 있는 형태

용어 O/W(Oil in Water Type)
물 안에 오일이 분산되어 있는 형태

⑥ 종류와 특징 기출

구분	종류	특징
음이온성 계면활성제 	• 설페이트계 계면활성제: 소듐라우릴설페이트(SLS), 소듐라우레스설페이트(SLES), 암모늄라우릴설페이트(ALS), 암모늄라우레스설페이트 (ALES) 등 • 설포네이트계 계면활성제: 티이에이-도데실벤젠설포네 이트, 페르프루오로옥탄설포네 이트, 알킬벤젠설포네이트 등 • 카르복실레이트계 계면활성제: 소듐라우레스-3카복실레이트 등	• 세정 및 기포 형성 작용이 우수함 • 비누, 샴푸, 폼 클렌저에 주로 사용함
양이온성 계면활성제 	• 세트리모늄클로라이드 • 알킬디메틸암모늄클로라이드 • 폴리쿼터늄-10 • 폴리쿼터늄-18	• 살균 및 소독 작용 • 모발의 유연 효과, 정전기 방지 효과 • 헤어 린스, 헤어 트리트먼트, 섬유유 연제 및 대전 방지제로 주로 사용
양쪽성 계면활성제❓ 	• 아이소스테아라미도프로필베 타인 • 라우라미도프로필베타인 • 코카미도프로필베타인 • 디소듐코코암포디아세테이트 • 하이드로제네이티드레시틴	• 피부 자극성과 독성이 낮음 • 세정력, 살균력, 기포력 및 유연 작용 • 베이비용 제품, 저자극 샴푸, 거품안 정제, 기포 촉진 효과의 목적으로 사용함
비이온성 계면활성제 	• 솔비탄라우레이트 • 솔비탄팔미테이트 • 솔비탄세스퀴올리에이트 • 폴리솔베이트20 • 세틸알코올 • 스테아릴알코올	• 피부 자극이 적어 주로 기초화장품 에 사용함 • 이온성에 친수기를 갖는 대신 -OH 나 에틸렌옥사이드에 의한 물과의 수소결합에 의한 친수성을 가지며, 전하를 가지지 않음
천연 계면활성제	• 레시틴 • 사포닌 • 라우릴글루코사이드 • 세테아릴올리베이트 • 솔비탄올리베이트코코베타인	동식물에서 추출함

* 세정력: 음이온성 > 양쪽성 > 양이온성 > 비이온성(우수한 순서대로 표기)
* 자극성: 양이온성 > 음이온성 > 양쪽성 > 비이온성(높은 순서대로 표기)

참고 계면활성제의 주요 기능
유화, 가용화, 분산, 세정, 기포, 대전 방지 등의 기능을 부여

참고 양쪽성 계면활성제
산성일 때 양이온성, 알칼리성일 때 음이온성으로 활성화됨

(5) 고분자화합물(폴리머) 기출

분자량이 보통 10,000 이상인 거대한 화합물을 말한다. 주로 수용성 물질로 미생물에 대한 오염도가 높다.

① 사용 목적

점증제	• 화장품의 점도를 높여주는 화합물 • 수용성 고분자 물질 제품의 사용감과 안정성을 향상시키기 위해 사용
피막형성제 (밀폐제)	• 피막을 형성할 때 이용되는 화합물 • 피부 및 모발의 피막 형성하여 수분 증발 억제, 광택 및 갈라짐 방지, 사용감 향상 등을 위해 사용

② 종류

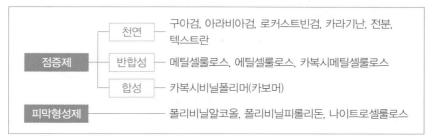

(6) 색소(Coloring Material)

화장품이나 피부에 색을 부여하거나, 자외선 방어 목적으로 사용되는 원료이다. 사용 기준이 지정·고시된 색소만 사용해야 한다. 기출

① 용어 정리

색소❓	화장품이나 피부에 색을 띠게 하는 것을 주요 목적으로 하는 색소
타르색소 기출	제1호의 색소 중 콜타르, 그 중간생성물에서 유래되었거나 유기 합성하여 얻은 색소 및 그 레이크, 염, 희석제와의 혼합물
레이크 기출	타르색소를 기질에 흡착, 공침 또는 단순한 혼합이 아닌 화학적 결합에 의해 확산시킨 색소
순색소	중간체, 희석제, 기질 등을 포함하지 않은 순수한 색소
기질	• 레이크 제조 시 순색소를 확산시키는 목적으로 사용되는 물질 • 알루미나, 브랭크휙스, 크레이, 이산화티탄, 산화아연, 탤크, 로진, 벤조산알루미늄, 탄산칼슘 등의 단일 또는 혼합물
희석제	• 색소를 용이하게 사용하기 위해 혼합되는 성분 • 식품의약품안전처에서 고시한 「화장품 안전 기준 등에 관한 규정」 별표 1의 원료는 사용할 수 없음❓
눈 주위	눈썹, 눈썹 아래쪽 피부, 눈꺼풀, 속눈썹 및 눈(안구, 결막낭, 윤문상조직 포함)을 둘러싼 뼈의 능선 주위

용어 **법정색소**
화장품 사용의 안전을 위해 안전성이 확인된 품목만을 화장품에 사용할 수 있도록 허가된 색소

참고 부록 p.3

② 색소의 분류

유기 합성색소 (타르색소)	염료	물, 오일, 알코올에 녹는 색소로 화장품 기제 중 용해 상태로 존재하는 색채 부여 물질
	레이크	타르색소를 기질에 흡착, 공침 또는 단순한 혼합이 아닌 화학적 결합에 의해 확산시킨 색소(수용성 염료에 불용성 금속염이 결합된 유형) ⑩ 타르색소의 나트륨, 칼륨, 알루미늄, 바륨, 칼슘, 스트론튬 또는 지루코늄염을 기질에 확산시켜 만듦
	유기안료	물, 기름 등의 용제에 용해하지 않는 유색분말의 안료
무기안료 _{기출}	백색안료	하얗게 나타낼 목적으로 사용하는 안료 ⑩ 이산화타이타늄(티타늄디옥사이드), 산화아연(징크옥사이드)
	착색안료	색상을 부여하여 색조를 조정해 주는 역할을 하는 안료로, 색이 선명하지는 않으나 빛과 열에 강하여 변색이 잘 되지 않음 ⑩ 적색 산화철, 흑색 산화철, 황색 산화철
	체질안료	점토 광물을 희석제로 사용하는 안료로, 색상에는 영향을 주지 않으며 착색 안료의 희석제로서 색조를 조정하고 제품의 전연성❷, 부착성 등 사용 감촉과 제품의 제형화 역할을 함 ⑩ 마이카, 탤크, 카올린 등의 점토 광물과 무수규산 등의 합성 무기 분체 등
천연색소		자연계에 존재하는 동식물로부터 유래된 색소 ⑩ 커큐민, 코치닐, 안토시아닌
진주광택안료		진주(펄)광택이나 금속광택을 부여하여 질감을 변화시키는 안료 ⑩ 운모티탄(미세 운모에 티타늄디옥사이드를 피복 처리한 것)

용어 **전연성**
가공하기 쉬운 성질

③ 사용 기준에 따른 색소 분류❷ _{기출}

사용상 제한이 없는 색소	• 청색 1호, 2호, 201호 204호, 205호 • 녹색 3호, 201호, 202호 • 황색 4호, 5호, 201호, 202호 • 적색 40호, 201호, 202호, 220호, 226호, 227호, 228호, 230호 • 자색 201호
영유아용 제품 및 13세 이하 어린이용 제품에 사용금지 색소	적색 2호, 102호
점막에 사용금지 색소	등색 401호
눈 주위 사용금지 색소	등색 201호, 205호, 황색 203호, 적색 103호, 104호, 218호, 223호
화장비누 외 사용금지 색소	피그먼트 적색 5호, 피그먼트 자색 23호, 피그먼트 녹색 7호

참고 부록 p.71

(7) 향료

① 종류

천연향료	식물성	식물의 꽃, 과실, 껍질, 뿌리 등에서 추출한 향료 ⑩ 라벤더 오일, 자스민 오일, 일랑일랑 오일 등
	동물성	동물의 피지선 등에서 채취한 향료 ⑩ 사향, 영묘향, 해리향, 용연향 등
조합향료		천연향료와 합성향료를 목적에 따라 조합한 향료
합성향료		관능기의 종류(알데하이드, 케톤, 아세탈 등)에 따라 합성한 향료 ⑩ 플로럴(자스민, 로즈), 시프레, 우디, 알데하이드 등

② 향수의 발향 단계

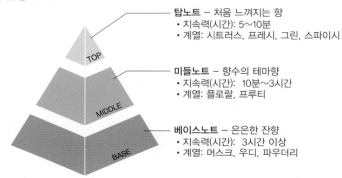

탑노트 – 처음 느껴지는 향
- 지속력(시간): 5~10분
- 계열: 시트러스, 프레시, 그린, 스파이시

미들노트 – 향수의 테마향
- 지속력(시간): 10분~3시간
- 계열: 플로랄, 프루티

베이스노트 – 은은한 잔향
- 지속력(시간): 3시간 이상
- 계열: 머스크, 우디, 파우더리

③ 향수의 종류와 특성

종류	부향률(%)	지속력(시간)	알코올 순도
퍼퓸	15~25	6~7	99.5%
오드퍼퓸	10~15	4~6	85~90%
오드뚜왈렛	5~10	3~4	80~85%
오드콜로뉴(오드코롱)	3~5	2~3	75~85%
샤워콜로뉴(샤워코롱)	1~3	1~2	

(8) 보존제

화장품 내 미생물의 증식으로 일어나는 부패균 발육을 억제·살균하는 작용을 한다. 화장품의 변질 방지 목적으로 사용하며, 「화장품 안전 기준 등에 관한 규정」 별표 2❷에 지정·고시된 보존제 성분만 사용이 가능하다. 기출

참고 부록 p.31

① 종류 및 특징

파라벤❷	• 화장품을 만들 때 사용하는 가장 대표적인 방부제 • 낮은 농도에서도 세균이나 곰팡이 등에 대한 억제 효과가 우수함
페녹시에탄올	• 유성의 약한 점성이 있는 액체로 마치 작용이 있음 • 피부를 건조하게 만들고 트러블 발생, 피부 점막을 자극함
1, 2 헥산다이올 (방부대체제)	• 물과 알코올에 잘 섞이며, 보습력과 항균성이 우수함 • 자극이 거의 없어 보존제와 용제로 널리 쓰임

참고 **대표적인 국내 사용금지 살균·보존제**
페닐파라벤, 클로로아세타마이드

② 보존제가 갖추어야 할 조건
- 여러 종류의 미생물과 넓은 온도 및 pH 범위에서 방부 효과가 있어야 한다.
- 화장품에 부정적인 영향을 주어서는 안 되며, 잘 용해되어야 한다.
- 보존제 사용으로 인한 유효 성분의 효과가 떨어지면 안 된다.
- 피부나 점막에 대한 자극이 없고 안전해야 한다.
- 생산이 쉽고 경제적이어야 한다.
- 미생물이 존재하는 물에서는 충분한 농도를 유지할 수 있도록 오일/물 분배계수가 적절해야 한다.

③ 미생물 오염의 종류 및 생육 조건
화장품에서의 미생물 오염의 종류 및 생육 조건은 아래와 같다.
- 미생물 오염의 종류

1차 오염	공장에서 제조 시 유래하는 오염
2차 오염	소비자의 사용에 의한 미생물 오염 (얼굴이나 손에 다량의 피부 상재균이 있음)

- 미생물 생육 조건 및 오염균

구분	세균	진균	
	박테리아	효모	곰팡이
생육온도	25~37℃	25~30℃	25~30℃
좋은 영양소	단백질, 아미노산, 동물성 식품	당질,식물성 식품	전분, 식물성 식품
생육 pH 영역	약산성~약알칼리성	산성	산성
공기(산소) 요구성	대부분 호기성	호기성~혐기성	호기성
주요 생성물	아민, 암모니아, 산류, 탄산가스	알코올, 산류, 탄산가스	산류
대표적인 오염균	황색포도상구균, 대장균, 녹농균	빵 효모, 칸디다균	푸른곰팡이, 맥아곰팡이

(9) 산화방지제

화장품의 산화를 방지하고 품질을 일정하게 유지하기 위해 첨가한다.

토코페롤	• 비타민E의 가장 일반적인 형태로 천연 산화방지제임·비타민 E는 지용성 비타민의 하나로 α, β, γ, δ-토코페롤과 α, β, γ, δ-토코트리에놀 등 8가지 이성체를 가짐 • α-토코페롤이 생물학적으로 가장 활동적이지만 불안정하기에, 화장품에는 토코페릴아세테이트의 형태가 사용됨
BHT (Dibutyl Hydroxy Toluene)	• 무색의 결정성 분말 형태 • 내열성과 내광성이 우수하며, 유기용매에 녹음
BHA (Butyl Hydroxy Anisole)	열에는 안정적이나 빛에 의해 착색됨

참고 토코페롤의 에스터 종류
- 토코페릴아세테이트(토코페롤의 아세틱애씨드에스터)
- 토코페릴리놀리에이트 (토코페롤의 리놀레익애씨드에스터)
- 토코페릴리놀리에이트/올리에이트 (토코페롤의 리놀레익애씨드에스터와 올레익애씨드에스터의 혼합물)
- 토코페릴니코티네이트(토코페롤의 니코티닉애씨드에스터)
- 토코페릴석시네이트(토코페롤의 석시닉애씨드에스터)

⑽ 금속이온봉쇄제 〈기출〉

화장품에 금속이온이 존재하면 품질이 저하되는 원인이 될 수 있으므로 금속이온의 활성을 억제하기 위해 첨가하며, 킬레이트제(Chelating Agent)라고도 한다.

다이소듐이디티에이	• 백색의 결정성 분말로, 금속이온에 의한 침전을 방지 • 물에는 용해되지만 에탄올에는 용해되지 않음 • 산화 방지 작용, 변색 방지 작용
소듐시트레이트	• 무색 또는 백색의 결정성 분말 • 금속이온에 의한 침전을 방지하거나 산화 방지, pH 완충제, pH 조절제❓ 등으로 사용

⑾ 자료 제출이 생략되는 기능성화장품 고시 성분

① 피부를 곱게 태워주거나 자외선으로부터 피부를 보호하는 데 도움을 주는 제품의 성분 및 함량 〈기출〉

성분명	최대 함량	분류
드로메트리졸	1.0%	
벤조페논-8	3.0%	
4-메칠벤질리덴캄퍼	4.0%	
페닐벤즈이미다졸설포닉애씨드	4.0%	
벤조페논-3	5.0%	
벤조페논-4	5.0%	
에칠헥실살리실레이트	5.0%	
에칠헥실트리아존	5.0%	
디갈로일트리올리에이트	5.0%	
멘틸안트라닐레이트	5.0%	
부틸메톡시디벤조일메탄	5.0%	
시녹세이트	5.0%	화학적 차단제❓
에칠헥실메톡시신나메이트	7.5%	
에칠헥실디메칠파바	8.0%	
옥토크릴렌	10%	
호모살레이트	10%	
이소아밀-p-메톡시신나메이트	10%	
비스-에칠헥실옥시페놀메톡시페닐트리아진	10%	
디에칠헥실부타미도트리아존	10%	
폴리실리콘-15(디메치코디에칠벤잘말로네이트)	10%	
메칠렌비스-벤조트리아졸릴테트라메칠부틸페놀	10%	
디에칠아미노하이드록시벤조일헥실벤조에이트	10%	
테레프탈릴리덴디캄퍼설포닉애씨드 및 그 염류	산으로 10%	
디소듐페닐디벤즈이미다졸테트라설포네이트	산으로 10%	
드로메트리졸트리실록산	15%	

PART 02

참고 대표적인 pH 조절제

트라이에탄올아민(TEA), 시트릭애씨드, 알지닌, 포타슘하이드록사이드(KOH), 소듐하이드록사이드(NaOH) 등

그림 화학적 차단제

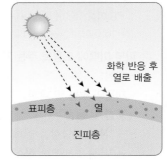

• 작용 원리 : 흡수, 소멸

징크옥사이드(자외선 산란제)	25% (자외선 차단 성분으로)	물리적 차단제❓
티타늄디옥사이드(자외선 산란제)	25% (자외선 차단 성분으로)	

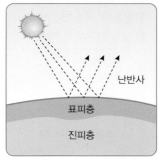

그림 물리적 차단제

• 작용 원리: 산란

- 자외선 차단제는 사용 기준이 지정·고시된 원료만 사용할 수 있다. 기출
- 화장품의 유형(의약외품은 제외함) 중 영·유아용 제품류 중 로션, 크림 및 오일, 기초화장용 제품류, 색조화장용 제품류에 한한다.
- 자외선 차단 원료를 제품의 변색 방지 목적으로 사용할 때 0.5% 미만인 것은 자외선 차단 제품으로 인정하지 않는다.
- 자외선 차단지수(SPF) 10 이하 제품의 경우 자료 제출이 면제된다(단, 효능·효과를 기재 표시할 수 없음).
- 자외선 차단제 표시 방법 기출
  - 자외선 차단지수(SPF)는 측정 결과에 근거하여 평균값(소수점 이하 절사)으로부터 −20% 이하 범위 내 정수(예 SPF 평균값이 '23'일 경우 19~23 범위 정수로 표시)로 표시하되, SPF 50 이상은 'SPF50+'로 표시한다.
  - 내수성·지속내수성은 측정 결과에 근거하여 내수성비 신뢰구간이 50% 이상일 때, '내수성' 또는 '지속내수성'으로 표시한다.
  - 자외선A차단등급(PA)은 측정 결과에 근거하여 자외선 차단 효과 측정 방법 및 기준에 따라 표시한다.
- UVB를 차단하는 자외선 차단지수(SPF: Sun Protection Factor)

$$SPF = \frac{제품을\ 바른\ 피부의\ 최소\ 홍반량(MED)❓}{제품을\ 바르지\ 않은\ 피부의\ 최소\ 홍반량(MED)}$$

  * 50 이상의 제품은 SPF 50+로 표시
  * SPF 1은 약 10~15분 정도의 UVB 차단 효과를 의미함

- UVA차단 등급(PA: Protection Factor of UVA)

$$PA = \frac{제품을\ 바른\ 피부의\ 최소\ 지속형즉시흑화량(MPPD)❓}{제품을\ 바르지\ 않은\ 피부의\ 최소\ 지속형즉시흑화량(MPPD)}$$

  * 2 이상 4 미만: PA+(차단 효과 낮음)
  * 4 이상 8 미만: PA++(차단 효과 보통)
  * 8 이상 16 미만: PA+++(차단 효과 높음)
  * 16 이상: PA++++(차단 효과 매우 높음)

② 피부 미백에 도움을 주는 제품의 성분 및 함량 기출
  • 제형: 로션제, 액제, 크림제 및 침적 마스크로 제한
  • 제품의 효능 및 효과: "피부의 미백에 도움을 준다"
  • 용법 및 용량
    - "본품 적당량을 취해 피부에 골고루 펴 바른다"
    - "본품을 피부에 붙이고 10~20분 후 지지체를 제거한 다음 남은 제품을 골고루 펴 바른다(침적 마스크에 한함)"

용어 최소 홍반량(MED) 기출
UVB를 사람의 피부에 조사한 후 16~24시간의 범위 내에 조사 전 영역에 홍반을 나타낼 수 있는 최소한의 자외선 조사량

용어 최소 지속형즉시흑화량(MPPD)
UVA를 사람의 피부에 조사한 후 2~24시간의 범위 내에 조사 전 영역에 희미한 흑화가 인식되는 최소 자외선 조사량

성분명	함량	역할
유용성 감초 추출물	0.05%	티로시나아제(Tyrosinase)의 활성 억제
알파-비사보롤	0.5%	
닥나무 추출물	2.0%	
알부틴	2.0~5.0%	
에칠아스코빌에텔	1.0~2.0%	티로신(Tyrosine)의 산화 억제 (비타민 C 유도체)
아스코빌글루코사이드	2.0%	
아스코빌테트라이소팔미테이트	2.0%	
마그네슘아스코빌포스페이트	3.0%	
나이아신아마이드	2.0~5.0%	멜라닌의 이동 억제

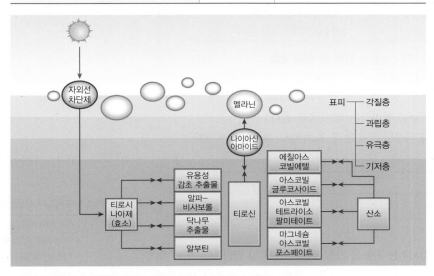

③ 피부의 주름 개선에 도움을 주는 제품의 성분 및 함량 기출
- 제형: 로션제, 액제, 크림제 및 침적 마스크로 제한
- 제품의 효능 및 효과: "피부의 주름 개선에 도움을 준다"
- 용법 및 용량
  - "본품 적당량을 취해 피부에 골고루 펴 바른다"
  - "본품을 피부에 붙이고 10~20분 후 지지체를 제거한 다음 남은 제품을 골고루 펴 바른다(침적 마스크에 한함)"

성분명	함량
아데노신	0.04%
폴리에톡실레이티드레틴아마이드	0.05~0.2%
레티놀	2,500IU/g
레티닐팔미테이트	10,000IU/g

④ 체모를 제거하는 기능을 가진 제품의 성분 및 함량 `기출`
  - 제형: 로션제, 액제, 크림제 및 에어로졸제로 제한
  - 제품의 효능 및 효과: "제모(체모의 제거)"
  - 용법 및 용량
    – "사용 전 제모할 부위를 씻고 건조시킨 후 이 제품을 제모할 부위의 털이 완전히 덮이도록 충분히 바른다. 문지르지 말고 5~10분간 그대로 두었다가 일부분을 손가락으로 문질러 보아 털이 쉽게 제거되면 젖은 수건[(제품에 따라서는) 또는 동봉된 부직포 등]으로 닦아 내거나 물로 씻어낸다. 면도한 부위의 짧고 거친 털을 완전히 제거하기 위해서는 한 번 이상(수일 간격) 사용하는 것이 좋다"로 제한

성분명	함량
치오글리콜산 80%	산으로서 3.0~4.5%, pH 7.0 이상~12.7 미만

⑤ 여드름성 피부를 완화하는 데 도움을 주는 제품의 성분 및 함량 `기출`
  - 유형: 인체 세정용 제품류(비누조성의 제제)
  - 제형: 로션제, 액제, 크림제로 제한함(부직포 등에 침적된 상태는 제외함)
  - 제품의 효능 및 효과: "여드름성 피부를 완화하는 데 도움을 준다"
  - 용법 및 용량: "본품 적당량을 취해 피부에 사용한 후 물로 바로 깨끗이 씻어낸다"로 제한

성분명	함량
살리실릭애씨드❓	0.5%

* 인체 세정용 제품류로 한정

⑥ 모발의 색상을 변화(탈염·탈색 포함)시키는 기능을 가진 제품의 성분 및 함량❓
  - 제형: 분말제, 액제, 크림제, 로션제, 에어로졸제, 겔제로 제한
  - 제품의 효능 및 효과:

구분	성분명	사용할 때 농도 상한
염료중간체 (산화되면 색소로 변함)	p–아미노페놀	0.9%
	톨루엔–2,5–디아민	2.0%
	p–페닐렌디아민	2.0%
염료수정제 (염료중간체와 반응하여 색상을 다양하게 변화)	레조시놀	2.0%
	m–아미노페놀	2.0%

* 모발 색상의 변화는 탈염·탈색을 포함하며, 일시적으로 모발의 색상을 변화시키는 제품은 제외함

⑦ 탈모 증상의 완화에 도움을 주는 제품의 성분 `기출`
  덱스판테놀, 비오틴, 엘–멘톨, 징크피리치온, 징크피리치온액(50%)이 있다.
  * 코팅 등 물리적으로 모발을 굵어 보이게 하는 제품은 제외함

`참고` **살리실릭애씨드의 사용한도**

보존제	살리실릭애씨드로서 0.5%
기타 성분	• 인체 세정용 제품류에 살리실릭애씨드로서 2.0% • 사용 후 씻어내는 두발용 제품류에 살리실릭애씨드로서 3.0%

* 영유아용 제품류 또는 13세 이하 어린이가 사용할 수 있음을 특정하여 표시하는 제품에는 사용금지(다만, 샴푸는 제외)

`참고` 전체 고시 성분은 부록 p.104 「화장품 안전 기준 등에 관한 규정」 개정(2023. 08. 22. 시행)으로 사용금지 염모제 성분 5가지가 추가됨
  - o–아미노페놀
  - 염산 m–페닐렌디아민
  - m–페닐렌디아민
  - 카테콜[(피로카테콜) 산화염모제에서 용법·용량에 따른 혼합물의 염모성분으로서 1.5% 이하는 제외]
  - 피로갈롤(염모제에서 용법·용량에 따른 혼합물의 염모성분으로서 2% 이하는 제외)

(12) 기능성화장품 제형

① 기능성화장품의 심사를 받지 아니하고 식품의약품안전평가원장에게 보고서 제출로써 기능성화장품으로 인정받을 수 있는 대상이 있다.

② 닥나무 추출물, 마그네슘아스코빌포스페이트, 폴리에톡실레이티드레틴아마이드, 아데노신액 2%, 살리실릭애씨드는 보고만으로 생산이 불가하다.

피부의 미백에 도움을 주는 기능성화장품	• 성분: 나이아신아마이드[나이아신아마이드($C_6H_6N_2O$) 98.0% 이상 함유] • 성상: 백색의 결정 또는 결정성 가루로, 냄새는 없음 • 제형: 나이아신아마이드 로션제, 액제, 크림제, 침적 마스크 − 90.0% 이상에 해당하는 나이아신아마이드($C_6H_6N_2O$: 122.13) 함유
	• 성분: 닥나무 추출물(기능성시험을 할 때 타이로시네이즈 억제율은 48.5~84.1%) • 성상: 엷은 황색~황갈색의 점성이 있는 액 또는 황갈색~암갈색의 결정성 가루로 약간의 특이한 냄새가 있음
	• 성분: 아스코빌글루코사이드[아스코빌글루코사이드($C_{12}H_{18}O_{11}$: 338.27) 98.0% 이상 함유] • 성상: 백색~미황색의 가루 또는 결정성 가루 • 제형: 아스코빌글루코사이드 로션제, 액제, 크림제, 침적 마스크 − 90.0% 이상에 해당하는 아스코빌글루코사이드($C_{12}H_{18}O_{11}$: 338. 27) 함유
	• 성분: 아스코빌테트라이소팔미테이트[아스코빌테트라이소팔미테이트($C_{70}H_{128}O_{10}$: 1129.78) 95.0% 이상을 함유] • 성상: 무색~엷은 황색의 액으로 약간의 특이한 냄새가 있음 • 제형: 아스코빌테트라이소팔미테이트 로션제, 액제, 크림제, 침적 마스크 − 90.0% 이상에 해당하는 아스코빌테트라이소팔미테이트 ($C_{70}H_{128}O_{10}$: 1129.78) 함유
	• 성분: 알부틴[알부틴($C_{12}H_{16}O_7$: 272.25) 98.0% 이상 함유] • 성상: 백색~미황색의 가루로 약간의 특이한 냄새가 있음 • 제형: 알부틴 로션제, 액제, 크림제, 침적 마스크 − 90.0% 이상에 해당하는 알부틴($C_{12}H_{16}O_7$: 272.25) 함유
	• 성분: 알파−비사보롤[알파−비사보롤($C_{15}H_{26}O$: 222.37) 97.0 % 이상 함유] • 성상: 무색의 오일 상으로 냄새는 없거나 특이한 냄새가 있음 • 제형: 알파−비사보롤 로션제, 액제, 크림제, 침적 마스크 − 90.0 %이상에 해당하는 알파−비사보롤($C_{15}H_{26}O$: 222.37) 함유
	• 성분: 에칠아스코빌에텔[에칠아스코빌에텔($C_8H_{12}O_6$: 204.18) 95.0% 이상 함유] • 성상: 백색~엷은 황색의 결정 또는 결정성 가루로 약간의 특이한 냄새가 있고 맛은 씀 • 제형: 에칠아스코빌에텔 로션제, 액제, 크림제, 침적 마스크 − 90.0 % 이상에 해당하는 에칠아스코빌에텔($C_8H_{12}O_6$: 204.18) 함유
	• 성분: 유용성 감초 추출물[글라브리딘($C_{20}H_{20}O_4$: 324.38) 35.0% 이상 함유] • 성상: 황갈색~적갈색의 가루로 감초 특유의 냄새가 있음 • 제형: 유용성 감초 추출물 로션제, 액제, 크림제, 침적 마스크 − 90.0% 이상에 해당하는 글라브리딘($C_{20}H_{20}O_4$: 324.38) 함유

피부의 주름 개선에 도움을 주는 기능성화장품	• 성분: 레티놀[레티놀($C_{20}H_{30}O$: 286.46) 함량(IU 또는 %)의 90.0% 이상 함유] • 성상: 엷은 황색~엷은 주황색의 가루 또는 점성이 있는 액 또는 겔상의 물질로 냄새는 없거나 특이한 냄새가 있음 • 제형: 레티놀 로션제, 크림제, 침적 마스크 － 90.0% 이상에 해당하는 레티놀($C_{20}H_{30}O$: 286.46) 함유
	• 성분: 레티닐팔미테이트[레티닐팔미테이트($C_{36}H_{60}O_2$: 524.87) 함량(IU 또는 %)의 90.0 % 이상 함유] • 성상: 엷은 황색~황적색의 고체 또는 유상의 물질로 약간의 특이한 냄새가 있으며, 냉소에 보관할 때 일부는 결정화됨 • 제형: 레티닐팔미테이트 로션제, 크림제, 침적 마스크 － 90.0% 이상에 해당하는 레티닐팔미테이트 ($C_{36}H_{60}O_2$: 524.87) 함유
	• 성분: 아데노신[아데노신($C_{10}H_{13}N_5O_4$: 267.24) 99.0% 이상 함유] － 아데노신액(2%)[아데노신($C_{10}H_{13}N_5O_4$: 267.2) 1.90~2.10% 함유] • 성상: 무색 결정 또는 결정성 가루로 냄새는 없음 • 제형: 로션제, 액제, 크림제, 침적 마스크 － 90.0% 이상에 해당하는 아데노신($C_{10}H_{13}N_5O_4$: 267.24) 함유
	• 성분: 폴리에톡실레이티드레틴아마이드[폴리에톡실레이티드레틴아마이드(($C_{23+2n}H_{35+4n}O_2+_nN$)$_n$: 평균분자량 831) 95.0% 이상 함유] • 성상: 황색~황갈색의 맑거나 약간 혼탁한 유액으로 약간의 특이한 냄새가 있음
피부의 미백 및 주름 개선에 도움을 주는 기능성화장품	• 제형: 나이아신아마이드 · 아데노신 로션제, 액제, 크림제, 침적 마스크 － 90.0% 이상에 해당하는 나이아신아마이드($C_6H_6N_2O$: 122.13) 및 아데노신($C_{10}H_{13}N_5O_4$: 267.24) 함유
	• 제형: 아스코빌글루코사이드 · 아데노신 액제 － 90.0% 이상에 해당하는 아스코빌글루코사이드($C_{12}H_{18}O_{11}$: 338.27) 및 아데노신($C_{10}H_{13}N_5O_4$: 267.24) 함유
	• 제형: 알부틴 · 레티놀 크림제 － 90.0% 이상에 해당하는 알부틴($C_{12}H_{16}O_7$: 272.25) 및 레티놀($C_{20}H_{30}O$: 286.46) 함유
	• 제형: 알부틴 · 아데노신 로션제, 액제, 크림제, 침적 마스크 － 90.0% 이상에 해당하는 알부틴($C_{12}H_{16}O_7$: 272.25) 및 아데노신($C_{10}H_{13}N_5O_4$: 267.24) 함유
	• 제형: 알파-비사보롤 · 아데노신 로션제, 액제, 크림제, 침적 마스크 － 90.0% 이상에 해당하는 알파-비사보롤($C_{15}H_{26}O$: 222.37) 및 아데노신($C_{10}H_{13}N_5O_4$: 267.24) 함유
	• 제형: 에칠아스코빌에텔 · 아데노신 로션제, 액제, 크림제, 침적 마스크 － 90.0% 이상에 해당하는 에칠아스코빌에텔($C_8H_{12}O_6$: 204.18) 및 아데노신($C_{10}H_{13}N_5O_4$: 267.24) 함유
	• 제형: 유용성 감초 추출물 · 아데노신 로션제, 액제, 크림제 － 90.0% 이상에 해당하는 글라브리딘($C_{20}H_{20}O_4$: 324.38) 및 아데노신($C_{10}H_{13}N_5O_4$: 267.24) 함유

여드름성 피부를 완화하는 데 도움을 주는 기능성화장품	• 성분: 살리실릭애씨드[살리실릭애씨드($C_7H_6O_3$: 138.12) 99.5% 이상 함유] • 성상: 백색의 결정성 가루로 냄새는 없음
체모를 제거하는 데 도움을 주는 기능성화장품	• 성분: 치오글리콜산 80%[치오글리콜산($C_2H_4O_2S$) 78.0~82.0% 함유] • 성상: 특이한 냄새가 있는 무색 투명한 유동성 액제 • 제형: 치오글리콜산 크림제 – 90.0~110.0%에 해당하는 치오글리콜산($C_2H_4O_2S$: 92.12) 함유
탈모 증상의 완화에 도움을 주는 기능성화장품	• 성분: 덱스판테놀[환산한 무수물에 대해 덱스판테놀($C_9H_{19}NO_4$) 98.0~102.0% 함유] • 성상: 무색의 점성이 있는 액으로 약간의 특이한 냄새가 있음
	• 성분: 비오틴[환산한 건조물에 대해 비오틴($C_{10}H_{16}N_2O_3S$) 98.5~101.0% 함유] • 성상: 흰색 또는 거의 흰색의 결정의 가루이거나 무색의 결정
	• 성분: 엘–멘톨[엘–멘톨($C_{10}H_{20}O$) 98.0~101.0% 함유] • 성상: 무색의 결정으로 특이하고 상쾌한 냄새가 있고 맛은 처음에는 쏘는 듯하고 나중에는 시원함
	• 성분: 징크피리치온[징크피리치온(($C_5H_4ONS)_2Zn$: 317.70) 90.0~101.0 % 함유] • 성상: 황색을 띤 회백색의 가루로 냄새는 없음
	• 성분: 징크피리치온 액(50%)[징크피리치온(($C_5H_4ONS)_2Zn$: 317.70) 47.0~53.0%를 함유] • 성상: 흰색의 수성현탁제로 약간 특이한 냄새가 있음
자외선으로부터 피부를 보호하는 데 도움을 주는 기능성화장품❓	• 성분: 벤조페논–3[벤조페논–3($C_{14}H_{12}O_3$: 228.25) 90.0% 이상 함유] • 성상: 엷은 황색의 결정성 가루로, 냄새는 없음
	• 성분: 벤조페논–4[벤조페논–4($C_{14}H_{18}O_9S$: 362.26) 95.0% 이상 함유] • 성상: 엷은 황색의 가루로, 특이한 냄새
	• 성분: 벤조페논–8[벤조페논–8($C_{14}H_{12}O_4$) 97.0% 이상 함유] • 성상: 엷은 황색의 가루로, 약간의 방향성 냄새
	• 성분: 징크옥사이드[징크옥사이드(ZnO : 81.38) 99.5 % 이상 함유] • 성상: 백색의 결정 또는 무정형의 매우 미세한 가루로, 냄새 및 맛은 없음 **참고** 부록 p.112
	• 성분: 티타늄디옥사이드[티타늄디옥사이드(TiO_2 : 79.88) 90.0 % 이상 함유] • 성상: 백색의 미세한 가루로, 냄새 및 맛은 없음
모발의 색상을 변화시키는 데 도움을 주는 기능성화장품❓	• 성분: p–아미노페놀[p–아미노페놀(C_6H_7NO) 95.0 % 이상 함유] • 성상: 흰색 ~ 엷은 회색 또는 엷은 자색 ~ 자갈색의 결정성가루 또는 엷은 자색 및 엷은 갈색의 가루로, 냄새는 거의 없거나 또는 약간 특이한 냄새
	• 성분: 레조시놀[레조시놀($C_6H_6O_2$) 99.0 % 이상 함유] • 성상: 백색의 가루로, 조금 특이한 냄새 **참고** 부록 p.112

⒀ 고시 외 기타 성분 기출

성분명	특징	
로즈마리 추출물	로즈마리 잎에서 추출하며, 피부 진정, 보습, 노화 예방에 관여함	
뮤신	생물체가 만들어내는 점성 물질을 통칭하며, 당 단백질의 일종으로 콘드로이친 황산을 함유하여 노화에 관여함	
베타글루칸	다당류의 일종으로 면역기능과 피부 보습이 우수함	
병풀 추출물	센텔라 아시아티카의 전초에서 추출하며 피부 컨디셔닝제, 피부 진정제로 사용함	
사자발쑥 추출물	약쑥으로도 알려져 있으며, 항산화 작용, 항균 활성이 우수함	
세라마이드	표피 각질층의 지질막 성분 중 하나로 수분 증발을 억제함	
소듐하이알루로네이트	고분자 보습제로 자신의 무게보다 1,000배 이상의 수분을 흡수함	
솔비톨	보습제, 컨디셔닝제로 배합되며, 피부를 촉촉하고 부드럽게 도와줌	
아젤라익애씨드	여드름에 도움을 주는 성분으로 알려져 있으며, 각질 제거, 미백 등 기능성화장품에서도 사용함	
알란토인	피부 진정, 보습 효과에 관여함	
알로에베라 추출물	알로에베라 전초에서 추출하며 피부 컨디셔닝제로 배합, 피부 진정제로 우수함	
엘라스틴	결합조직 내에서 탄력성이 높은 단백질로, 피부 탄력에 관여함	
콜라겐	단백질 중 하나로 세포조직 결합과 지탱 역할, 주름, 탄력, 피부 유연성에 관여함	
태반 추출물	소, 돼지, 양 등의 태반을 저온 동결 건조하여 인체에 유효한 성분을 함유하고 있으며 피부 재생, 보습에 관여함	
파파야 열매 추출물	비타민 A, B, C와 카로티노이드 등 영양성분이 풍부하며, 피부 컨디셔닝제로 사용함	
황금 추출물	황금의 뿌리에서 추출하며, 피부 컨디셔닝제로 사용함	
AHA (Alpha-Hydroxy Acid)	화학적 각질 제거 성분으로, 각질 세포들 간의 연결을 끊어 주어 각질의 탈락을 유도함	
	Glycolic Acid (글리콜산, 글라이콜릭애씨드)	사탕수수에서 추출하며, AHA 중 분자량이 가장 적어 피부 속으로 침투 속도가 빠름
	Lactic Acid (젖산, 락틱애씨드)	(쉰) 우유에서 추출한 젖당을 발효시켜 추출하며, 천연보습인자(NMF) 구성 성분 중 하나임
	Malic Acid (말산, 말릭애씨드)	사과 등에서 추출되며, 능금산이라고도 함
	Citric Acid (구연산, 시트릭애씨드)	레몬, 오렌지, 자몽 등 시트러스 계열에서 추출하며, pH 조절제로도 많이 사용함
	Tartic Acid (타르릭산, 타타릭애씨드)	포도 등에서 추출하며, 주석산이라고도 함

⒁ 비타민의 종류 `기출`

지용성	비타민 A (레티놀)	• 네 단위의 이소프레노이드가 머리·꼬리의 형태로 결합하여 다섯 개의 이중결합을 갖는 화합물에 속함 • 레티놀, 레틴알데하이드, 레티노익애씨드 3가지 형태가 있음 • 피부 상피조직의 신진대사에 관여함 • 각화를 정상화시켜 피부 재생에 도움을 줌 • 노화 방지에 효과적임
	비타민 D	• 칼슘과 인의 대사에 관여하여 뼈와 치아 구성에 영향을 줌 • 피부 성장과 발달, 건조 증상에 관여함
	비타민 E (토코페롤)	• 체내 산화를 방지하는 항산화제 • 노화 방지와 조직 재생, 체내의 면역 체계에도 관여함 • 알파-, 베타-, 감마-, 델타-토코페롤과 알파-, 베타, 감마-, 델타-토코트리에놀 8가지의 이성체를 가짐
	비타민 F	• 리놀산, 리놀렌산, 아라키돈산이 해당됨 • 피부 장벽 유지, 수분 손실 예방, 피부 보습에 도움을 줌
	비타민 K	• 혈액 응고에 필수적임 • 모세혈관 벽을 튼튼하게 하고, 피부염과 습진에 효과적임
수용성	비타민 B_1 (티아민)	• 항신경성 비타민이라고 불림 • 신경을 정상으로 유지시키는 역할을 함 • 민감성 피부의 저항력을 높이고 피부가 건조하여 갈라지는 것을 예방함
	비타민 B_2 (리보플라빈)	• 항피부염성 비타민이라고 불림 • 피부의 보습, 탄력감을 부여함 • 혈액순환 및 여드름 진정 작용, 습진, 구강의 건강에 관여함 • 피부 컨디셔닝제, 착색제에 사용됨
	비타민 B_3 (니아신)	세포신호, 대사, DNA 합성 시 중요한 역할
	비타민 B_5 (판토테닉애씨드)	• 호르몬, 콜레스테롤 생산에 관여함 • 모발 컨디셔닝제에 사용됨
	비타민 B_6 (피리독신)	• 피부 염증을 방지하고, 피지선의 기능 조절로 피지 분비를 억 제함 • 결핍 시 여드름피부, 지루성 피부염과 작열감을 동반함 • 모발·피부 컨디셔닝제에 사용됨
	비타민 B_7 (바이오틴)	• 유전자 발현 조절에 관여함 • 피부, 헤어 컨디셔닝제에 사용됨
	비타민 B_9 (폴릭애씨드)	• 세포분열에 관여함 • 엽산, 피부 컨디셔닝제에 사용됨
	비타민 B_{12} (사이아노코발아민)	• 수용성이나 물에 잘 녹지 않음 • DNA 합성에 관여함 • 피부 컨디셔닝제에 사용됨
	비타민 C (아스코빅애씨드)	• 미백과 항산화 효과가 우수함 • 콜라겐 합성에 관여하여 진피의 세포 재생에 도움을 줌
	비타민 P (플라보노이드)	• 감귤류 색소인 플라본류를 총칭하는 화합물 • 모세혈관의 강화 및 순환 • 콜라겐을 만드는 비타민 C의 기능을 보강함

2 원료 및 제품의 성분 정보

(1) 전성분 표기 `기출`

① 글자 크기는 5포인트 이상이어야 한다.

② 사용된 함량이 많은 것부터 기재 · 표시❷한다(단, 1.0% 이하로 사용된 성분, 착향제 또는 착색제는 순서에 상관없이 기재 · 표시 가능).

③ 혼합 원료는 개별 성분의 명칭으로 기재 · 표기한다.

④ 색조화장용, 눈화장용, 두발염색용, 손발톱용 제품류의 호수별 착색제가 다르게 사용된 경우 '± 또는 +/−'의 표시 다음에 사용된 모든 착색제 성분을 함께 기재 · 표시한다.

⑤ 착향제는 '향료'로 표기하고, 향료 중 알레르기 유발 성분은 해당 성분의 명칭을 기재 · 표기한다.

⑥ 산성도(pH) 조절 목적으로 사용되는 성분은 그 성분을 표시하는 대신 중화 반응에 따른 생성물로 기재 · 표시할 수 있고, 비누화 반응에 거치는 성분은 비누화 반응에 따른 생성물로 기재 · 표기가 가능하다.

⑦ 성분을 기재 · 표시할 경우 영업자의 정당한 이익을 현저히 침해할 우려가 있을 때는 식품의약품안전처장에게 그 근거 자료를 제출하고, 인정하는 경우 '기타 성분'으로 기재 · 표기가 가능하다.

(2) 보존제 함량 표시 `기출`

3세 이하의 영유아용 제품류 또는 4세 이상부터 13세 이하까지의 어린이가 사용할 수 있는 제품임을 특정하여 표시 · 광고하려는 경우에는 사용 기준이 지정 · 고시된 원료 중 보존제의 함량을 기재 · 표시하여야 한다.

(3) 전성분 표시의 생략이 가능한 경우

① 50mL(g) 이하의 포장일 경우

② 견본품, 비매품 등 판매 목적이 아닌 경우(단, 전성분 정보를 즉시 제공할 수 있는 전화번호, 홈페이지 주소 또는 전성분 정보를 기재한 책자 등을 매장에 비치해야 함)

(4) 화장품 기재 · 표시사항과 생략 가능 성분

① 기재 · 표시사항 `기출`

• 식품의약품안전처장이 정하는 바코드

• 기능성화장품의 경우 심사받거나 보고한 효능 · 효과, 용법 · 용량

• 성분명을 제품 명칭의 일부로 사용한 경우 그 성분명과 함량(방향 제품은 제외함)

• 인체 세포 · 조직 배양액이 들어간 경우 함량

• 천연 · 유기농으로 표시 · 광고하는 경우 해당 원료의 함량

• 수입화장품의 경우 제조국 명칭, 제조회사명, 소재지

• 기능성화장품의 경우 '질병의 예방 및 치료를 위한 의약품이 아님'이라는 문구

• 영유아 또는 어린이가 사용할 수 있는 제품임을 특정하여 표시 · 광고하려는 경우 사용기준이 지정 · 고시된 원료 중 보존제의 함량

`참고` 화장품 전성분 표시제
화장품에 사용된 모든 성분을 표기하는 제도

② **기재·표시 생략 가능한 성분** `기출`
- 제조 과정 중 제거되어 최종 제품에 남아 있지 않은 성분
- 안정화제, 보존제 등 원료 자체에 들어 있는 부수 성분으로 그 효과가 나타나게 하는 양보다 적은 양이 들어 있는 성분
- 내용량이 10mL 초과 50mL 이하 또는 중량이 10g 초과 50g 이하인 화장품에 들어 있는 성분(단, 타르색소, 금박, 샴푸와 린스에 들어 있는 인산염의 종류, 과 일산(AHA), 기능성화장품의 효능·효과가 나타나게 하는 원료, 식품의약품안 전처장이 사용한도를 고시한 원료는 제외함)

(5) 바코드

① **용어의 정의**

화장품 코드	개개의 화장품을 식별하기 위해 고유하게 설정된 번호로서 국가식별코드, 화장 품제조업자 등의 식별코드, 품목코드 및 검증번호(Check Digit)를 포함한 12 또 는 13자리의 숫자
바코드	화장품코드를 포함한 숫자나 문자 등의 데이터를 일정한 약속에 의해 컴퓨터에 자 동 입력시키기 위한 다음 중 하나에 여백 및 광학적문자판독(Optical Character Recognition) 폰트의 글자로 구성되어 정보를 표현하는 수단으로서, 스캐너가 읽을 수 있도록 인쇄된 심벌(마크) • 여러 종류의 폭을 갖는 백과 흑의 평형 막대의 조합 • 일정한 배열로 이루어져 있는 사각형 모듈 집합으로 구성된 데이터 매트릭스

② **표시 대상**: 국내에서 제조되거나 수입되어 국내에 유통되는 모든 화장품(기능성화 장품을 포함함)을 대상

③ **바코드 표시의 생략이 가능한 경우**: 내용량이 15mL 이하 또는 15g 이하인 제품의 용기 또는 포장이나 견본품, 시공품 등 비매품

④ **표시 의무자** `기출`: 국내에서 화장품을 유통·판매하고자 하는 화장품책임판매업자

⑤ **바코드 표시**
- 화장품책임판매업자 등은 화장품 품목별·포장단위별로 개개의 용기 또는 포장 에 바코드의 종류 및 구성체계 등의 규정에 의한 바코드 심벌을 표시한다.
- 바코드를 표시함에 있어 바코드의 인쇄 크기, 색상 및 위치는 규정에 맞춰 표시 한다. 다만, 용기포장의 디자인에 따라 판독이 가능하도록 바코드의 인쇄 크기와 색상을 자율적으로 정할 수 있다.
- 화장품바코드 표시는 유통단계에서 쉽게 훼손되거나 지워지지 않도록 해야 한다.

(6) 바코드의 종류 및 구성체계

① **GTIN-13 번호체계**

자리수	3	4~6	5~3	1
내용	국가식별코드	업체식별코드	품목코드	검증번호
부여 예	880	1234	12345	7

* 업체식별코드 자릿수가 4자리인 경우 품목코드 자릿수는 5자리
* 업체식별코드 자릿수가 5자리인 경우 품목코드 자릿수는 4자리
* 업체식별코드 자릿수가 6자리인 경우 품목코드 자릿수는 3자리

② GTIN-14 번호체계

18801234123454

자리수	1	3	4~6	5~3	1
내용	물류식별	국가식별	업체식별	품목코드	검증번호
부여 예	1~8	880	1234	12345	4

* 업체식별코드 자릿수가 4자리인 경우 품목코드 자릿수는 5자리
* 업체식별코드 자릿수가 5자리인 경우 품목코드 자릿수는 4자리
* 업체식별코드 자릿수가 6자리인 경우 품목코드 자릿수는 3자리

③ GS1-128 바코드

(01)08801234123457(17)241225(10)GS1-128

화장품코드(GTIN) 구분자   사용기한 구분자   제조번호(Batch) 구분자
(숫자 14자리)   (숫자 6자리, YYMMDD)   (숫자/문자 가능, 최대 20자리)

* GS1-128 바코드에 GS1 응용식별자 체계에 따라 3개 데이터 입력 예
1) 화장품코드: 8801234123457
2) 사용기한: 2024년 12월 25일
3) 제조번호: GS1-128

④ GS1 DataMatrix 바코드

(01) 08801234123457
(17) 241225
(10) GS1-128

* GS1 DataMatrix 바코드에 GS1 응용식별자 체계에 따라 3개 데이터 입력 예
1) 화장품코드: 8801234123457
2) 사용기한: 2024년 12월 25일
3) 제조번호: GS1-128

GS1-128 및 GS1 DataMatrix 바코드 체계는 GTIN-13과 GTIN-14 기본번호체계에 GS1 응용식별자를 활용하여 부가정보를 추가한다.
* GS1 응용식별자는 GS1 국제표준규격을 준수하여 적용해야 한다.
* GS1 DataMatrix는 ECC(Error Checking and Correction) 200버전을 나타내며 GS1 국제표준규격을 준수해야 한다.

3 화장품 제품의 제조관리

(1) 화장품 제조 기술 기출

가용화 (Solubilization)	• 물에 녹지 않는 소량의 유성 성분을 계면활성제의 미셀을 이용하여 투명하게 용해되는 상태 • 계면활성제를 이용하여 용매에 불용성 또는 난용성 물질을 용해시키는 반응 • 가용화에 영향을 미치는 요인:가용화제(계면활성제의 종류, 분자구조), 피가용화물질, 첨가물 • 적용 제품: 스킨토너, 아스트리젠트, 토닉, 미스트과 같은 수용액에 유성 성분을 용해 향수와 같이 정유 성분을 용해, 립스틱과 같이 유성성분 베이스에 수성 성분을 첨가하기 위해 사용 • 가용화제 종류: 폴리솔베이트80, 피이지-40하이드로제네이티드캐스터오일, 폴리글리세릴-10올리에이트, 콜레스-24, 세테스-24 등

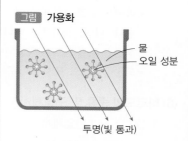

그림 가용화

물
오일 성분

투명(빛 통과)

참고 가용화제는 주로 비이온성 계면활성제가 사용

	• 서로 섞이지 않는 두 액체의 한쪽이 작은 방울로 되어 미세한 입자의 상태로 균일하게 분산시켜 불투명한 상태로 나타남 • 적용 제품: 크림, 로션, 에센스, 세럼 등	
	W/O형	• 오일 성분에 물이 분산되어 있는 상태 • 크림, 클렌징 크림, 자외선 차단제
	O/W형	• 수성 성분에 오일이 분산되어 있는 상태 • 에센스, 로션
유화❓ (Emulsion)	• 유화액 형태의 판별: 외관 · 색소 · 희석 · 전기전도도를 통해 판별 가능함 • 유화에 영향을 미치는 요인: 유화제(종류와 사용량), 원료의 성질, 유화 조건(성분 첨가 순서, 교반속도, 온도, 유화장치 등) • 유화의 점도에 미치는 요인: 유화액(에멀전)의 점도는 화장품의 상태, 사용감, 사용효과에 영향을 주고 있으며, 분산매(연속상)의 점도, 분산상의 점도, 분산상과 연속상의 비율, 계면활성제 종류 및 농도, 분산된 입자의 크기, 분포, 전하 • 유화의 분리 현상	
	합일 (coalescence)	분산된 입자가 서로 결합하여 보다 큰 입자 상태로 되는 것으로 유화 파괴의 전단계로 판단될 수 있음. 합일 현상이 계속되면 수상과 유상이 완전이 분리되는 상분리(phase separation)이 발생
	오스트발트 숙성 (ostwald ripening)	유화액 내 큰 입자와 작은 입자가 동시에 존재하는 경우 작은 입자가 큰 입자에 흡수되어 큰 입자는 더욱 커지게 되는 현상
	응집(flocculation)	유화 입자간 분산력에 의해 서로 결합하고 있는 상태
	크리밍화 (creaming)	유화 입자끼리 응집된 상태가 비중차에 의하여 상층으로 부유 또는 하층으로 침강하는 운동학적인 현상
	• 유화제의 종류: 글리세릴스테아레이트, 솔비탄스테아레이트, 스테아릭애씨드, 폴리글리세릴-3메칠글루코오스디스테아레이트 등	
분산❓ (Dispersion)	• 넓은 의미로 분산매가 분산상에 퍼져있는 현상을 말하며, 기체 · 액체 · 고체 등 하나의 상에 다른 상이 균일하게 혼합되는 상태 • 액체가 액체 속에 분산되는 경우를 유화, 기체가 액체 속에 분산되는 경우를 거품이라고 함 • 분산에 영향을 미치는 요인: 안료의 종류, 분산질의 종류, 분산질의 형상, 분산질의 입도(입자의 크기) • 적용 제품: 고체-액체 분산계는 파운데이션, 비비 크림, 메이크업 베이스, 마스카라, 아이라이너, 립스틱 등 • 분산제 종류: 벤토나이트, 폴리하이드로시스테아릭애씨드 등	

그림 유화

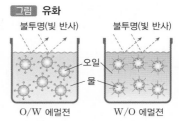

O/W 에멀전   W/O 에멀전

참고 다상유화(다중유화)

O/W/O, W/O/W 처럼 기존의 유화방법에서 Oil 또는 Water 과정을 한 단계 더 거치는 과정

그림 분산

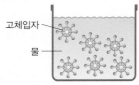

참고 분산 형태

• **분산질(분산상):** 고체-액체 분산계에 미세한 고체입체가 액체에 분산되어 있는 경우, 분산되어 있는 미세한 고체입체를 말함
• **분산매:** 분산질을 둘러싸고 있는 액체 부분
• **분산제:** 고체성분을 분산시키는 목적으로 사용되는 계면활성제
• **콜로이드:** 어떤 물질이 특정한 범위의 크기(1nm~1um 정도)를 가진 입자가 되어 다른 물질 속에 분산된 상태

(2) 화장품 제조 공정 및 특성:

화장품 제조공정은 일반적으로 1차공정과 2차공정으로 구분할 수 있다.
- **1차 공정**: 화장품의 내용물을 제조하는 공정
- **2차 공정**: 내용물의 성형 및 포장공정 등을 거쳐 완제품을 생산하는 공정

기초화장품의 일반적인 제조 공정의 순서 및 목적	① **원재료 입고**: 지게차 및 이동대차를 사용하여 칭량실로 입고 ② **칭량**: 제품별 제조기준에 적합한 원재료 배합을 위한 칭량 ③ **가온용해**: 수상 원료를 용해탱크에 넣은 후, 교반기를 회전시키면서 향을 포함한 알코올상 원료를 서서히 첨가하여 가용화하고 여과 작업을 거친 후 투명한 제품을 얻는 작업 ④ **유화 및 중화**: 혼합 탱크의 수상 온도를 50도(℃)까지 올리면서 호모믹서를 약하게 회전. 아지믹서의 교반은 100 rpm 및 호모믹싱은 3,500 rpm정도로 고속회전하면서 유상을 여과 후 서서히 넣으면서 유화. 유화 직전에 중화제 투여 ⑤ **냉각 및 숙성**: 혼합 탱크의 내용물을 냉각기로 통과시켜 상온까지 냉각. 숙성실에서 제품 내의 기포 제거 및 자극성 감소를 위해 숙성 ⑥ **충전 및 포장**: 스킨로션, 로션류와 같은 유액상은 액체 자동 충전기. 크림상과 같은 입구가 넓은 것은 용기 회전식 크림 자동 충전기 사용. 포장작업은 라벨 부착기, 날인기, 중량 체크 기계로 이루어짐 ⑦ **품질검사**: 제조, 포장실의 공기 미생물 및 부착균, 낙하균 등의 미생물 검사 등이 포함 ⑧ **저장 및 출하**: 전동지게차 및 오토 피커를 사용하여 저장 창고에 적재 및 출하
색조화장품의 일반적인 제조 공정의 순서 및 목적	① **원재료 입고**: 지게차 및 이동대차를 사용하여 칭량실로 입고 ② **칭량**: 제품별 제조기준에 적합한 원재료 배합을 위한 칭량 ③ **혼합**: 체질 안료, 착색 안료, 백색 안료, 진주 광택 안료, 기능성 안료 등의 분체를 혼합기에 넣고 균일한 상태로 혼합 ④ **분쇄**: 혼합 공정에서 혼합된 분체 입자를 분쇄기에 의해 분체의 응집을 풀고 크기를 균일하게 분쇄 ⑤ **체질(여과)**: 탈크, 카올린, 마이카, 세리사이트, 칼슘카보네이트, 마그네슘카보네이트, 실리카 등의 원료를 입도가 고운 매쉬망에 체질 ⑥ **숙성 및 타정**: 금형에 접시를 넣고 분말을 자동 정량 충진한 후 회전할 때 유압에 의해 압착되는 타정기로 성형품을 제품용기에 타정 ⑦ **포장**: 제품 중량 검사 및 포장 ⑧ **저장 및 출하**: 전동지게차 및 오토 피커를 사용하여 저장 창고에 적재 및 출하
화장품 종류별 일반적인 제조 공정	• **로션 및 크림류 화장품의 일반적인 제조 공정** 원료 검사 → 계량 → 원료 투입(예비 혼합기) → 필터(매쉬, mesh) → 유화 → 냉각 → 숙성조 → 검사 → 충전 → 포장 • **화장수의 일반적인 제조 공정** 원료 검사 → 계량 → 혼합기 → 필터(매쉬 또는 마이크로필터) → 숙성 → 검사 → 충전 → 포장 • **고형 분말제품의 일반적인 제조 공정** 원료 검사 → 계량 → 분쇄기 → 검사 → 성형기 → 충진 → 숙성 → 검사 → 충전 → 포장 • **립스틱 제품의 일반적인 제조 공정** 원료 검사 → 계량 → 혼합기 → 분산기 또는 유화기 검사 → 냉각 → 검사 → 성형기 → 충진 → 숙성 → 검사 → 포장

단원별 연습문제

01 화장품 원료 중 특성이 <u>다른</u> 하나는?

① 라우릭애씨드

② 올레익애씨드

③ 아스코빅애씨드

④ 스테아릭애씨드

⑤ 미리스틱애씨드

| 정답 | ③

| 해설 | ①, ②, ④, ⑤ 고급 지방산에 해당한다. ③ 아스코빅애씨드는 수용성 비타민 중 하나로 비타민 C라고도 불린다.

02 다음 〈보기〉의 내용에 해당하는 원료는?

┤ 보기 ├

- 고급 지방산과 고급 1, 2가 알코올이 결합된 에스텔화합물
- 제품의 점도 및 강도를 높여줌
- 피부나 모발에 광택을 부여함

① 왁스류

② 탄화수소류

③ 동물성 오일

④ 실리콘 오일

⑤ 고분자화합물

| 정답 | ①

| 해설 | 왁스는 고급 지방산과 고급 1, 2가 알코올이 결합된 에스텔로, 상온에서 고체 상태의 특성을 가진다.

03 (㉠)은/는 계면활성제가 수용액에 있을 때 친수성기는 바깥의 수용액과 닿고, 소수성기는 안에서 핵을 형성하여 만들어지는 구형의 집합체이다. ㉠에 들어갈 용어를 쓰시오.

| 정답 | 미셀

04 타르색소를 기질에 흡착, 공침 또는 단순한 혼합이 아닌 화학적 결합에 의해 확산시킨 색소를 무엇이라고 하는가?

05 (㉠)은/는 화장품 내 미생물의 증식으로 일어나는 부패균 발육을 억제하고 살균하는 작용을 한다. 파라벤, 페녹시에탄올이 (㉠)의 대표적인 성분이다. ㉠에 들어갈 용어를 쓰시오.

06 화장품의 제조에 사용된 전성분의 표기 방법으로 옳지 <u>않은</u> 것은?

① 혼합된 원료는 제조 시 혼합된 명칭 그대로 기재·표기한다.
② 화장품의 전성분을 표기할 때 글자 크기는 5 포인트 이상으로 한다.
③ pH 조절 목적으로 사용된 성분은 중화 반응에 따른 생성물 또는 비누화 반응에 따른 생성물로 기재·표기한다.
④ 제조업자 또는 화장품책임판매업자의 정당한 이익을 현저히 침해할 우려가 있는 경우 '기타 성분'으로 기재·표기가 가능하다.
⑤ 화장품에 사용된 함량이 많은 것부터 기재·표기하여야 하며, 1.0% 이하로 사용된 성분은 순서에 상관없이 기재·표기가 가능하다.

07 다음 〈보기〉는 보존제의 함량 표시에 관한 설명이다. 〈보기〉의 ㉠~㉢에 들어갈 숫자를 각각 쓰시오.

| 보기 |
(㉠)세 이하의 영유아용 제품류 또는 (㉡)세 이상부터 (㉢)세 이하의 어린이용 제품은 화장품 안전 기준에 따라 사용 기준이 지정·고시된 원료 중 보존제의 함량을 표시·기재하여야 한다.

| 정답 | ㉠ 3, ㉡ 4, ㉢ 13

08 (㉠)은/는 표면 분자가 갖고 있는 에너지를 총칭하며, 액체 또는 고체 내부에 있는 분자들이 모든 방향에서 서로 간의 인력을 갖는 반면 표면에 존재하는 분자는 표면의 안쪽 방향으로 인력이 작용하여 발생하는 여분의 에너지를 표면 자유 에너지 또는 (㉠)이라고 하고, 표면 장력의 특성이 서로 다른 두 개의 물질의 경계면에 나타날 때, 그 경계면에서의 장력을 (㉡)이라고 함.

| 정답 | ㉠ 표면 장력, ㉡ 계면장력

09 다음 중 유화 분리 현상 중 '유화 입자끼리 응집된 상태가 비중차에 의해 상층으로 부유 또는 하층으로 침강하는 운동학적 현상'을 무엇이라고 하는가?

① 합일
② 응집
③ 오스트발트 숙성
④ 크리밍화
⑤ 가용화

| 정답 | ④
| 해설 | 유화 입자끼리 응집된 상태가 비중차에 의해 상층으로 부유 또는 하층으로 침강하는 운동학적 현상을 '크리밍화'라고 한다.

Chapter 02 화장품의 기능과 품질

화장품의 기능과 품질

고득점 TIP 화장품 구분에 따른 효과에 대해 학습하세요.

1 화장품의 효과

구분	효과
세정용 화장품	피부에서 분비되는 피지와 땀, 먼지, 각질, 메이크업 잔여물 등을 제거함 예 클렌징 워터, 오일, 로션, 크림, 티슈, 화장비누, 폼클렌징, 페이셜스크럽, 샴푸, 린스, 컨디셔너, 보디 워시, 손세정제 등
기초 화장품	• 피부의 거칠음 방지 • 피부 청정 및 피부 보호 • 피부에 수분 공급과 유연 작용 • 피부에 수렴 효과와 탄력 증진 예 화장수, 유액(로션), 에센스(세럼), 크림류, 팩 등
기능성 화장품	• 피부에 멜라닌색소가 침착하는 것을 방지하여 기미·주근깨 등의 생성을 억제함으로써 피부의 미백에 도움을 줌 • 피부에 침착된 멜라닌색소의 색을 엷게 하여 피부의 미백에 도움을 줌 • 피부에 탄력을 주어 피부의 주름을 완화 또는 개선함 • 강한 햇볕을 방지하여 피부를 곱게 태워줌 • 자외선을 차단 또는 산란시켜 자외선으로부터 피부를 보호함 • 모발의 색상을 변화(탈염·탈색 포함)시킴(단, 일시적으로 모발의 색상을 변화시키는 제품은 제외함) • 체모를 제거하는 기능을 함(단, 물리적으로 체모를 제거하는 제품은 제외함) • 탈모 증상의 완화에 도움을 줌(단, 코팅 등 물리적으로 모발을 굵어 보이게 하는 제품은 제외함) • 여드름성 피부 완화(인체 세정용 제품류로 한정함) • 피부장벽(피부의 가장 바깥 쪽에 존재하는 각질층의 표피)의 기능을 회복하여 가려움 등의 개선에 도움을 줌 • 튼살로 인한 붉은 선을 엷게 하는 데 도움을 줌
색조 화장품	• 피부색이나 질감을 균일하게 정돈함 • 피부 결점을 커버함 예 메이크업 베이스 제품(파운데이션, 쿠션, 비비 크림, 컨실러, 파우더류 등) • 색채를 통해 입체감을 부여함 예 색조 메이크업 제품(아이브로펜슬, 아이라이너, 아이섀도, 마스카라, 볼터치, 립스틱, 립틴트 등)
네일 화장품	손톱을 아름답게 하기 위해 사용함 예 베이스코트, 탑코트, 네일 에나멜(네일 폴리쉬), 네일 보강제, 네일 에나멜 리무버 등

참고 세정용 화장품의 형태
• 계면활성제형 세안제: 물을 사용하는 타입
• 용제형 세안제: 물을 사용하지 않고 얼굴에 제품을 도포한 후 닦아내는 타입

78 PART 02 · 화장품 제조 및 품질관리

모발 화장품	• 세정용: 모발과 두피의 피지, 땀, 각질 등 오염 물질을 제거하여 청결하고 건강하게 유지시킴 例 샴푸, 린스 • 정발제: 모발을 물리적으로 원하는 형태로 만들어 주고 형태를 고정시킴 例 헤어 오일, 포마드, 헤어 크림 및 로션, 헤어 스프레이, 헤어 젤, 헤어 왁스 등 • 헤어 트리트먼트제: 모발 손상을 방지하고 손상된 모발을 회복시킴 • 양모제: 30~70% 에탄올 함유로 살균, 청량, 쾌적함을 부여하고 비듬, 가려움을 제거하기 위해 사용하여 탈모 증상 완화에 도움을 줌 • 퍼머넌트 웨이브 용제: 모발 케라틴 속의 시스틴 결합(–s–s–)을 환원제로 부분 적으로 절단한 다음 산화제로 재결합하여 모발에 웨이브를 만들어 줌 例 제1제 – 환원제: 치오글라이콜릭애씨드, 시스테인 알칼리제: 암모니아, 모노에탄올아민 제2제 – 산화제: 브롬산나트륨, 과산화수소 • 염모제: 모발의 색상을 변화시킴 例 일시적 염모제, 반영구 염모제, 영구 염모제, 헤어 블리치 • 제모제: 손, 발이나 겨드랑이, 다리 등의 털을 제거함 例 물리적 제모제: 제모왁스, 제모 젤·테이프 화학적 제모제: 제모 크림

2 판매 가능한 맞춤형화장품 구성

(1) 맞춤형화장품의 의미

① 제조 또는 수입된 화장품의 내용물에 다른 화장품의 내용물이나 식품의약품안전처 장이 정하는 원료를 추가하여 혼합한 화장품❷을 말한다.

② 제조 또는 수입된 화장품의 내용물을 소분(小分)한 화장품❷을 말한다. 다만, 화장 비누(고체 형태의 세안용 비누) 등 화장품의 내용물을 단순 소분한 화장품은 제외 한다.

(2) 맞춤형화장품의 내용물 범위

① 맞춤형화장품의 혼합에 사용할 목적으로 화장품책임판매업자로부터 제공받은 것

벌크제품	충전(1차 포장) 이전의 제조 단계까지 끝낸 화장품 기출
반제품	원료 혼합 등의 제조 공정 단계를 거친 것으로 벌크제품이 되기 위해 추가 제조 공정이 필요한 화장품

② 맞춤형화장품 혼합에 사용되는 내용물

• 유통화장품 안전관리 기준에 적합한 것

• 반제품의 경우 최종 맞춤형화장품이 '사용제한이 필요한 원료 사용 기준'에 따라 사용제한 원료를 함유하지 않고, 유통화장품 안전관리 기준에 적합한 것

③ 내용물 범위에 해당하지 않는 것

• 맞춤형화장품 원료와 내용물의 관계 원료는 맞춤형화장품의 내용물 범위에 해당 하지 않음

• 원료와 원료를 혼합하는 것은 맞춤형화장품의 혼합이 아닌 화장품 제조 행위로 판단함

그림 혼합한 화장품

내용물 + 내용물

또는

내용물 + 원료

그림 소분한 화장품

맞춤형화장품

맞춤형화장품

내용물(벌크)
또는
수입화장품

맞춤형화장품

(3) 맞춤형화장품의 유형

현장 혼합형	소비자가 매장을 방문하면 피부 상태를 진단하고, 상담을 한 뒤 피부에 맞는 제품을 현장에서 조제하는 방식의 화장품
공장 제조 배송형	소비자의 피부 상태를 진단한 후 원료 및 재료에 대한 소비자의 욕구와 선택을 바탕으로 제조업소에서 생산한 완제품을 소비자에게 전달하는 방식의 화장품
DIY 키트형	소비자가 화장품 베이스와 부스터를 선택하여, 세트 형태로 구매한 뒤 직접 혼합하여 사용하는 방식의 화장품
디바이스형	가정 혹은 매장에서 기기를 활용하여 피부 상태를 진단하고, 그 결과를 기반으로 피부에 맞는 원료를 혼합하여 맞춤형화장품을 제공하는 방식의 화장품

3 내용물 및 원료의 품질성적서 구비

(1) 「우수화장품 제조 및 품질관리 기준(CGMP)」의 4대 기준서 기출

4대 기준서에는 제품표준서, 제조관리기준서, 품질관리기준서 및 제조위생관리기준서가 있으며 반드시 포함되어야 하는 사항이 정해져 있다.

① 제품표준서 포함사항
- 제품명
- 작성연월일
- 효능·효과(기능성화장품의 경우) 및 사용상의 주의사항
- 원료명, 분량 및 제조단위당 기준량
- 공정별 상세 작업내용 및 제조공정 흐름도
- 공정별 이론 생산량 및 수율 관리기준
- 작업 중 주의사항
- 원자재·반제품·완제품의 기준 및 시험 방법
- 제조 및 품질관리에 필요한 시설 및 기기
- 보관조건
- 사용기한 및 개봉 후 사용기간
- 변경이력
- 제조지시서❷
- 그 밖에 필요한 사항

② 제조관리기준서 포함사항 기출
- 제조공정 관리에 관한 사항
- 시설 및 기구 관리에 관한 사항
- 원자재 관리에 관한 사항
- 완제품 관리에 관한 사항
- 위탁제조에 관한 사항

참고 제조지시서 포함사항
- 제품표준서의 번호
- 제품명
- 제조번호, 사용기한 또는 개봉 후 사용기간(제조연월일 병기)
- 제조단위
- 사용된 원료명, 분량, 시험번호 및 제조단위당 실사용량
- 제조설비명
- 공정별 상세 작업내용 및 주의사항
- 제조지시자 및 지시연월일

③ 품질관리기준서 포함사항
- 제품명, 제조번호 또는 관리번호, 제조연월일
- 시험지시번호, 지시자 및 지시연월일
- 시험 항목 및 시험 기준
- 시험 검체 채취 방법 및 채취 시 주의사항과 채취 시 오염 방지 대책
- 시험시설 및 시험기구의 점검(장비의 교정 및 성능 점검 방법)
- 안정성시험
- 완제품 등 보관용 검체의 관리
- 표준품 및 시약의 관리❷
- 위탁 시험 또는 위탁 제조하는 경우 검체의 송부 방법 및 시험 결과의 판정 방법
- 그 밖에 필요한 사항

④ 제조위생관리기준서 포함사항 `기출`
- 작업원의 건강관리 및 건강상태의 파악·조치 방법
- 작업원의 수세, 소독 방법 등 위생에 관한 사항
- 작업복장의 규격, 세탁 방법 및 착용 규정
- 작업실 등의 청소(필요한 경우 소독 포함) 방법 및 청소 주기
- 청소 상태의 평가 방법
- 제조시설의 세척 및 평가
- 그 밖의 필요한 사항

(2) 원료품질성적서

맞춤형화장품판매업자는 맞춤형화장품의 내용물 및 원료 입고 시 화장품책임판매업자가 제공하는 품질성적서를 구비하여야 한다(단, 책임판매업자와 맞춤형화장품판매업자가 동일한 경우는 제외).

① 원료품질성적서의 인정 기준
- 제조업체의 원료에 대한 자가품질검사 또는 공인검사기관 성적서
- 제조판매업체의 원료에 대한 자가품질검사 또는 공인검사기관 성적서
- 원료업체의 원료에 대한 공인검사기관 성적서
- 원료업체의 원료에 대한 자가품질검사 시험성적서 중 대한화장품협회의 '원료공급자의 검사결과 신뢰 기준 자율규약' 기준에 적합한 것

② 원료품질성적서 포함사항
- 원료명(원료 제품명)
- 제조자명 및 공급자명
- 수령일자(입고일자)
- 제조번호 또는 관리번호
- 제조연월일
- 보관방법
- 사용기한
- 시험 항목, 시험 기준, 시험 방법, 시험 결과
- 적합 판정 및 판정일자

`참고` 표준품과 주요 시약의 용기에 기재할 내용
- 명칭
- 개봉일
- 보관조건
- 사용기한
- 역가, 제조자의 성명 또는 서명(직접 제조한 경우에 한함)

단원별 연습문제

01 기초화장품의 효과 및 특징으로 옳지 <u>않은</u> 것은?

① 피부를 보호한다.
② 피부의 거칠음을 방지한다.
③ 수분 공급 및 유연 작용을 한다.
④ 수렴 효과가 있고 탄력을 증진시킨다.
⑤ 피지나 땀을 제거하여 청결함을 유지한다.

| 정답 | ⑤
| 해설 | 피부에서 분비되는 피지와 땀 등을 제거하여 청결함을 유지하는 효과는 세정용 화장품과 관련 있다.

02 「화장품법 시행규칙」 제2조 기능성화장품의 범위에 기재된 기능성화장품의 효능·효과에 대한 설명으로 옳지 <u>않은</u> 것은?

① 피부에 탄력을 주어 피부의 주름을 완화한다.
② 강한 햇볕을 방지하여 피부를 곱게 태워주는 기능을 한다.
③ 피부에 멜라닌색소가 침착하는 것을 방지하여 기미·주근깨 등의 생성을 억제함으로써 미백에 도움을 준다.
④ 피부장벽의 기능을 회복하여 피부 건조함을 완화하는 데 도움을 준다.
⑤ 탈모 증상 완화에 도움을 준다(단, 물리적으로 굵게 보이는 제품은 제외함).

| 정답 | ④
| 해설 | 피부장벽의 기능을 회복하여 가려움 등의 개선에 도움을 줄 수 있다.

03 다음은 맞춤형화장품판매업 가이드라인에 기재된 맞춤형화장품판매업의 영업의 범위에 관한 내용이다. 〈보기〉의 빈칸에 들어갈 용어를 쓰시오.

┌ 보기 ├
화장품의 원료와 원료를 혼합하는 것은 맞춤형화장품의 혼합이 아닌 화장품
(　　　　)에 해당한다.

| 정답 | 제조
| 해설 | 맞춤형화장품은 내용물과 내용물 또는 내용물과 원료를 혼합하거나 내용물을 소분한 화장품을 말한다. 원료와 원료를 혼합한 것은 제조 행위로 판단하므로 맞춤형화장품에 해당하지 않는다.

04 다음 〈보기〉는 맞춤형화장품의 내용물 범위에 관한 설명이다. 〈보기〉의 ㉠에 들어갈 용어를 쓰시오.

┤ 보기 ├
원료 혼합 등의 제조공정 단계를 거친 것으로 벌크제품이 되기 위해 추가 제조 공정이 필요한 화장품을 (㉠   )(이)라고 한다.

| 정답 | 반제품

05 다음 〈보기〉의 내용이 반드시 포함되어야 하는 서류는 무엇인가?

┤ 보기 ├
- 제조공정 관리에 관한 사항
- 시설 및 기구 관리에 관한 사항
- 원자재 관리에 관한 사항
- 완제품 관리에 관한 사항
- 위탁제조에 관한 사항

① 제품표준서
② 제조관리기준서
③ 품질관리기준서
④ 제조위생관리기준서
⑤ 원료품질성적서

| 정답 | ②
| 해설 | 제조관리기준서 포함사항은 다음과 같다.
- 제조공정 관리에 관한 사항
- 시설 및 기구 관리에 관한 사항
- 원자재 관리에 관한 사항
- 완제품 관리에 관한 사항
- 위탁제조에 관한 사항

06 원료품질성적서의 내용을 〈보기〉에서 모두 고른 것은?

┤ 보기 ├
㉠ 수령일자
㉡ 원자재 공급자 소재지
㉢ 원료 보관방법
㉣ 제조번호 또는 관리번호
㉤ 원료 제품명
㉥ 원료를 공급받은 담당자

① ㉠, ㉡, ㉢, ㉣
② ㉠, ㉢, ㉣, ㉤
③ ㉡, ㉢, ㉤, ㉥
④ ㉡, ㉣, ㉤, ㉥
⑤ ㉢, ㉣, ㉤, ㉥

| 정답 | ②
| 해설 | 원료품질성적서의 포함사항은 다음과 같다.
- 원료명(원료 제품명)
- 제조자명 및 공급자명
- 수령일자(입고일자)
- 제조번호 또는 관리번호
- 제조연월일
- 보관방법
- 사용기한
- 시험 항목, 시험 기준, 시험 방법, 시험 결과
- 적합 판정 및 판정일자

Chapter 03

화장품 사용제한 원료

| 고득점 TIP | 사용제한 원료는 최대 함량 순으로 외우고, 알레르기 유발 성분 25종과 천연화장품 및 유기농화장품의 원료 함량은 꼭 암기하세요. |

1 화장품 사용제한 원료의 종류 및 사용한도

(1) 중요 사용금지 원료

화장품에 사용할 수 없는 원료는 「화장품 안전 기준 등에 관한 규정」 [별표 1] 등에서 규정하고 있다.

4,4'-메칠렌디아닐린	아크릴아마이드(다만, 폴리아크릴아마이드류에서 유래되었으며, 사용 후 씻어내지 않는 바디화장품에 0.1ppm, 기타 제품에 0.5ppm 이하인 경우에는 제외함)
나프탈렌	아트라놀
납 및 그 화합물	안티몬 및 그 화합물
니코틴	에스트로겐
니트로메탄	에칠렌옥사이드
니트로벤젠	영국 및 북아일랜드산 소 유래 성분
돼지폐 추출물	이부프로펜피코놀
디옥산	인태반 유래 물질
리도카인	천수국꽃 추출물 또는 오일(향료 포함)
메칠레소르신	클로로아세타마이드
메칠렌글라이콜	클로로아세트알데히드
메탄올	클로로아트라놀
미세플라스틱 (세정, 각질 제거 등의 제품에 남아 있는 5mm 크기 이하의 고체플라스틱)	페닐살리실레이트
벤조일퍼옥사이드	페닐파라벤
붕산	하이드록시아이소헥실 3-사이클로헥센 카보스알데히드(HICC)
비소 및 그 화합물	항히스타민제
비타민 L1, L2	형광증백제
수은 및 그 화합물	헥산
아세토페논, 포름알데하이드, 사이클로헥실아민, 메탄올 및 초산의 반응물	히드로퀴논

| 참고 | 원료의 네거티브시스템
식품의약품안전처장에 의해 지정된 화장품의 제조 등에 사용할 수 없는 원료 및 보존제, 색소, 자외선 차단제 등과 같이 특별히 사용상의 제한이 필요한 원료를 제외한 원료는 업자의 책임하에 사용함

| 참고 | 전체 고시 원료는 부록 p.3

(2) 사용상의 제한이 필요한 원료 [기출]

식품의약품안전처장은 보존제, 색소, 자외선 차단제 등과 같이 특별히 사용상의 제한
이 필요한 원료에 대하여는 그 사용 기준을 지정하고 고시하여야 한다.

① 보존제

원료명	사용한도	비고
소듐라우로일사코시네이트	사용 후 씻어내는 제품에 허용	기타 제품에는 사용금지
메칠이소치아졸리논	사용 후 씻어내는 제품에 0.0015% (단, 메칠클로로이소치아졸리논과 메칠이소치아졸리논 혼합물과 병행 사용 금지)	기타 제품에는 사용금지
메칠클로로이소치아졸리논과 메칠이소치아졸리논 혼합물 (염화마그네슘과 [기출] 질산마그네슘 포함)	사용 후 씻어내는 제품에 0.0015% (메칠클로로이소치아졸리논: 메칠이소치아졸리논 = 3:1 혼합물로서)	기타 제품에는 사용금지
아이오도프로피닐부틸카바메이트 (IPBC) [기출]	• 사용 후 씻어내는 제품에 0.02% • 사용 후 씻어내지 않는 제품에 0.01% • 다만, 데오드란트에 배합할 경우에는 0.0075%	• 입술에 사용되는 제품, 에어로졸 (스프레이에 한함) 제품, 바디로션 및 바디크림에는 사용 금지 • 영유아용 제품류 또는 13세 이하 어린이가 사용할 수 있음을 특정하여 표시하는 제품에는 사용금지(목욕용 제품, 샤워젤류 및 샴푸류는 제외)
p-클로로-m-크레졸	0.04%	점막에 사용되는 제품에는 사용금지
4,4-디메칠-1,3-옥사졸리딘	0.05% (다만, 제품의 pH는 6.0을 넘어야 함)	
알킬이소퀴놀리늄브로마이드	사용 후 씻어내지 않는 제품에 0.05%	
클로로펜	0.05%	
폴리에이치씨엘	0.05%	에어로졸 (스프레이에 한함) 제품에는 사용금지
세틸피리디늄클로라이드	0.08%	

2-브로모-2-나이트로프로판 -1,3-디올(브로노폴)	0.1%	아민류나 아마이드류를 함유하고 있는 제품에는 사용금지
5-브로모-5-나이트로- 1,3-디옥산	사용 후 씻어내는 제품에 0.1% (다만, 아민류나 아마이드류를 함유하고 있는 제품에는 사용금지)	기타 제품에는 사용금지
글루타랄	0.1%	에어로졸 (스프레이에 한함) 제품에는 사용금지
디브로모헥사미딘 및 그 염류	디브로모헥사미딘으로서 0.1%	

벤잘코늄클로라이드,
브로마이드 및 사카리네이트
기출
	• 사용 후 씻어내는 제품에 벤잘
	  코늄클로라이드로서 0.1%
	• 기타 제품에 벤잘코늄클로라이
	  드로서 0.05%
		분사형 제품에는
		벤잘코늄클로라이드는
		사용금지

벤제토늄클로라이드	0.1%	점막에 사용되는 제품에는 사용금지
브로모클로로펜 (6,6-디브로모-4,4-디클로로- 2,2'-메칠렌-디페놀)	0.1%	
소듐아이오데이트	사용 후 씻어내는 제품에 0.1%	기타 제품에는 사용금지
알킬(C_{12}-C_{22})트리메칠암모늄 브로마이드 및 클로라이드 (브롬화세트리모늄 포함)	두발용 제품류를 제외한 화장품에 0.1%	
이소프로필메칠페놀	0.1%	

클로헥시딘,
그 디글루코네이트,
디아세테이트 및
디하이드로클로라이드
	• 점막에 사용하지 않고 씻어내는
	  제품에 클로헥시딘으로서 0.1%,
	• 기타제품에 클로헥시딘으로서
	  0.05%	

헥사미딘 및 그 염류	헥사미딘으로서 0.1%	
헥세티딘 기출	사용 후 씻어내는 제품에 0.1%	기타 제품에는 사용금지
2,4-디클로로벤질알코올	0.15%	
3,4-디클로로벤질알코올	0.15%	
메텐아민	0.15%	
벤질헤미포름알	사용 후 씻어내는 제품에 0.15%	기타 제품에는 사용금지
비페닐-2-올(o-페닐페놀) 및 그 염류	페놀로서 0.15%	
무기설파이트 및 하이드로젠설파이트류	유리 SO_2로 0.2%	
엠디엠하이단토인	0.2%	

운데실레닉애씨드 및 그 염류 및 모노에탄올아마이드	사용 후 씻어내는 제품에 산으로서 0.2%	기타 제품에는 사용금지
쿼터늄-15 기출	0.2%	
트리클로카반	0.2% (다만, 원료 중 3,3',4,4'-테트라 클로로아조벤젠 1ppm 미만, 3,3',4,4'-테트라클로로아족시 벤젠 1ppm 미만을 함유해야 함)	
알킬디아미노에칠글라이신 하이드로클로라이드용액(30%)	0.3%	
클로페네신	0.3%	
테트라브로모-o-크레졸	0.3%	
트리클로산 기출	사용 후 씻어내는 인체세정용 제품류, 데오도런트(스프레이 제품 제외), 페이스파우더, 피부 결점을 감추기 위해 국소적으로 사용하는 파운데이션 (예) 블레미쉬컨실러)에 0.3%	기타 제품에는 사용금지
에칠라우로일알지네이트 하이드로클로라이드	0.4%	입술에 사용되는 제품 및 에어로졸 (스프레이에 한함) 제품에는 사용금지
디아졸리디닐우레아	0.5%	
벤조익애씨드, 그 염류 및 에스텔류	산으로서 0.5% (다만, 벤조익애씨드 및 그 소듐염은 사용 후 씻어내는 제품에는 산으로서 2.5%)	
살리실릭애씨드 및 그 염류 기출	살리실릭애씨드로서 0.5%	영유아용 제품류 또는 13세 이하 어린이가 사용할 수 있음을 특정하여 표시하는 제품에는 사용금지 (다만, 샴푸는 제외)
소듐하이드록시메칠아미노 아세테이트	0.5%	
징크피리치온 기출	사용 후 씻어내는 제품에 0.5%	기타 제품에는 사용금지
클로로부탄올 기출	0.5%	에어로졸 (스프레이에 한함) 제품에는 사용금지
클로로자이레놀	0.5%	
클림바졸	두발용 제품에 0.5%	기타 제품에는 사용금지

포믹애씨드 및 소듐포메이트	포믹애씨드로서 0.5%	
피리딘-2-올 1-옥사이드	0.5%	
데하이드로아세틱애씨드 및 그 염류	데하이드로아세틱애씨드로서 0.6%	에어로졸 (스프레이에 한함) 제품에는 사용금지
디엠디엠하이단토인	0.6%	
소르빅애씨드 및 그 염류	소르빅애씨드로서 0.6%	
이미다졸리디닐우레아 기출	0.6%	
p-하이드록시벤조익애씨드, 그 염류 및 에스텔류❷ (다만, 에스텔류 중 페닐은 제외)	• 단일성분일 경우 0.4%(산으로서) • 혼합사용의 경우 0.8%(산으로서)	
보레이트류	밀납, 백납의 유화 목적으로 사용 시 0.76% (밀납, 백납 배합량의 1/2를 초과할 수 없음)	기타 목적에는 사용금지
프로피오닉애씨드 및 그 염류	프로피오닉애씨드로서 0.9%	
벤질알코올 기출	1.0% (다만, 두발염색용 제품류에 용제로서 사용할 경우에는 10%)	
페녹시에탄올 기출	1.0%	
페녹시이소프로판올	사용 후 씻어내는 제품에 1.0%	기타 제품에는 사용금지
피록톤올아민	사용 후 씻어내는 제품에 1.0%, 기타 제품에 0.5%	

* 염류의 예: 소듐, 포타슘, 칼슘, 마그네슘, 암모늄, 에탄올아민, 클로라이드, 브로마이드, 설페이트, 아세테이트, 베타인 등 기출
* 에스텔류: 메칠, 에칠, 프로필, 이소프로필, 부틸, 이소부틸, 페닐

② 자외선 차단 성분

성분명	사용한도
로우손과 디하이드록시아세톤의 혼합물	로우손 0.25%, 디하이드록시아세톤 3.0%
드로메트리졸 기출	1.0%
메톡시프로필아미노사이클로헥시닐리덴에톡시에틸사이아노아세테이트	3.0%
벤조페논-8(디옥시벤존)	3.0%
4-메칠벤질리덴캠퍼	4.0%
페닐벤즈이미다졸설포닉애씨드	4.0%
벤조페논-3(옥시벤존)	5.0%
벤조페논-4	5.0%
에칠디하이드록시프로필파바	5.0%

참고 관련 성분
• 메틸파라벤
• 부틸파라벤
• 소듐메틸파라벤
• 소듐부틸파라벤
• 소듐에틸파라벤
• 소듐아이소부틸파라벤
• 소듐프로필파라벤
• 에틸파라벤
• 아이소부틸파라벤
• 아이소프로필파라벤
• 프로필파라벤
• 4-하이드록시벤조익애씨드
• 포타슘메틸파라벤
• 포타슘부틸파라벤
• 포타슘에틸파라벤
• 포타슘파라벤
• 포타슘프로필파라벤
• 소듐아이소프로필파라벤
• 소듐파라벤
• 칼슘파라벤

에칠헥실살리실레이트	5.0%
에칠헥실트리아존	5.0%
디갈로일트리올리에이트	5.0%
멘틸안트라닐레이트	5.0%
부틸메톡시디벤조일메탄 기출	5.0%
시녹세이트 기출	5.0%
에칠헥실메톡시신나메이트 기출	7.5%
에칠헥실디메칠파바	8.0%
옥토크릴렌 기출	10%
호모살레이트 기출	10%
이소아밀-p-메톡시신나메이트	10%
비스에칠헥실옥시페놀메톡시페닐트리아진 기출	10%
디에칠헥실부타미도트리아존	10%
폴리실리콘-15(디메치코디에칠벤잘말로네이트)	10%
메칠렌비스-벤조트리아졸릴테트라메칠부틸페놀	10%
디에칠아미노하이드록시벤조일헥실벤조에이트	10%
테레프탈릴리덴디캠퍼설포닉애씨드 및 그 염류	산으로서 10%
디소듐페닐디벤즈이미다졸테트라설포네이트	산으로서 10%
티이에이-살리실레이트	12%
드로메트리졸트리실록산	15%
징크옥사이드	25%(자외선 산란제)
티타늄디옥사이드	25%(자외선 산란제)

* 제품의 변색 방지를 목적으로 그 사용 농도가 0.5% 미만인 것은 자외선 차단 제품으로 인정하지 않음 기출
* 염류: - 양이온염: 소듐, 포타슘, 칼슘, 마그네슘, 암모늄 및 에탄올아민
　　　 - 음이온염: 클로라이드, 브로마이드, 설페이트, 아세테이트

③ 주요 염모제 성분❓

참고 전체 고시 성분은 부록 p.35

성분명	사용할 때 농도 상한
5-아미노-6-클로로-o-크레솔	산화염모제에 1.0%, 비산화염모제에 0.5%
p-아미노페놀	산화염모제에 0.9%
톨루엔-2, 5-디아민	산화염모제에 2.0%
황산 톨루엔-2, 5-디아민	산화염모제에 3.6%
황산 m-페닐렌디아민	산화염모제에 3.0%
황산 p-페닐렌디아민	산화염모제에 3.8%
레조시놀	산화염모제에 2.0%
황산 m-아미노페놀	산화염모제에 2.0%
황산 o-아미노페놀	산화염모제에 3.0%

황산 p-아미노페놀	산화염모제에 1.3%
2-메칠레조시놀	산화염모제에 0.5%
몰식자산	산화염모제에 4.0%
과붕산나트륨, 과붕산나트륨일수화물, 과산화수소수, 과탄산나트륨	염모제(탈염·탈색 포함)에서 과산화수소로서 12%

④ 주요 기타 성분❓

참고 전체 고시 성분은 부록 p.37

원료명	사용한도
과산화수소 및 과산화수소 생성 물질	• 두발용 제품류에 과산화수소로서 3.0% • 손톱 경화용 제품에 과산화수소로서 2.0% ※ 기타 제품에는 사용금지
땅콩 오일, 추출물 및 유도체	※ 원료 중 땅콩단백질의 최대 농도는 0.5ppm을 초과하지 않아야 함
리튬하이드록사이드	• 헤어스트레이트너 제품에 4.5% • 제모제에서 pH 조정 목적으로 사용되는 경우 최종 제품의 pH는 12.7 이하 ※ 기타 제품에는 사용금지
만수국꽃 추출물 또는 오일, 만수국아재비꽃 추출물 또는 오일	• 사용 후 씻어내는 제품에 0.1% • 사용 후 씻어내지 않는 제품에 0.01% (두 꽃의 추출물 또는 오일을 혼합할 때에도 해당함) ※ 원료 중 알파 테르티에닐(테르티오펜) 함량은 0.35% 이하 ※ 자외선 차단 제품 또는 자외선을 이용한 태닝 제품에는 사용금지
머스크자일렌 기출	• 향수류 • 향료 원액 8% 초과 제품에 1.0% • 향료 원액 8% 이하 제품에 0.4% • 기타 제품에 0.03%
머스크케톤 기출	• 향수류 • 향료 원액 8% 초과 제품에 1.4% • 향료 원액 8% 이하 제품에 0.56% • 기타 제품에 0.042%
비타민 E(토코페롤)	20%
베헨트리모늄 클로라이드 기출	(단일성분 또는 세트리모늄클로라이드, 스테아트리모늄클로라이드와 혼합사용의 합으로서) • 사용 후 씻어내는 두발용 제품류 및 두발염색용 제품류에 5.0% • 사용 후 씻어내지 않는 두발용 제품류 및 두발염색용 제품류에 3.0% ※ 세트리모늄클로라이드 또는 스테아트리모늄클로라이드와 혼합 사용하는 경우 세트리모늄클로라이드 및 스테아트리모늄클로라이드의 합은 '사용 후 씻어내지 않는 두발용 제품류'에 1.0% 이하, '사용 후 씻어내는 두발용 제품류 및 두발염색용 제품류'에 2.5% 이하이어야 함

살리실릭애씨드 및 그 염류	• 인체 세정용 제품류에 살리실릭애씨드로 2.0% • 사용 후 씻어내는 두발용 제품류에 살리실릭애씨드로서 3.0% ※ 영유아용 제품류 또는 13세 이하 어린이가 사용할 수 있음을 특정하여 표시하는 제품에는 사용금지(샴푸는 제외함) ※ 기능성화장품의 유효 성분 외에 기타 제품에는 사용금지
세트리모늄클로라이드, 스테아트리모늄클로라이드	(단일성분 또는 혼합사용의 합으로서) • 사용 후 씻어내는 두발용 제품류 및 두발염색용 제품류에 2.5% • 사용 후 씻어내지 않는 두발용 제품류 및 두발염색용 제품류에 1.0%
소합향나무(Liquidambar orientalis) 발삼오일 및 추출물	0.6%
수용성 징크 염류(징크 4-하이드록시벤젠설포네이트와 징크피리치온 제외)	징크로서 1%
시스테인, 아세틸시스테인 및 그 염류	퍼머넌트웨이브용 제품에 시스테인으로서 3.0~7.5% (다만, 가온2욕식 퍼머넌트웨이브용 제품의 경우에는 시스테인으로서 1.5~5.5%, 안정제로서 치오글라이콜릭애씨드 1.0%를 배합할 수 있으며, 첨가하는 치오글라이콜릭애씨드의 양을 최대한 1.0%로 했을 때 주성분인 시스테인의 양은 6.5%를 초과할 수 없음)
실버나이트레이트 기출	속눈썹 및 눈썹 착색 용도의 제품에 4% ※ 기타 제품에는 사용금지
암모니아	6.0%
에탄올, 붕사, 라우릴황산나트륨 (4:1:1) 혼합물	외음부 세정제에 12% ※ 기타 제품에는 사용금지
우레아 기출	10%
징크피리치온 기출	비듬 및 가려움을 덜어주고 씻어내는 제품(샴푸, 린스) 및 탈모 증상의 완화에 도움을 주는 화장품에 징크피리치온으로서 1.0% ※ 기타 제품에는 사용금지
치오글라이콜릭애씨드, 그 염류 및 에스텔류	• 퍼머넌트웨이브용 및 헤어스트레이트너 제품에 치오글라이콜릭애씨드로서 11% (다만, 가온 2욕식 헤어스트레이트너 제품의 경우에는 치오글라이콜릭애씨드로서 5%, 치오글라이콜릭애씨드 및 그 염류를 주성분으로 하고 제1제 사용 시 조제하는 발열 2욕식 퍼머넌트웨이브용 제품의 경우 치오글라이콜릭애씨드로서 19%에 해당하는 양) • 제모용 제품에 치오글라이콜릭애씨드로서 5% • 염모제에 치오글라이콜릭애씨드로서 1% • 사용 후 씻어내는 두발용 제품류에 2%

칼슘하이드록사이드	• 헤어스트레이트너 제품에 7% • 제모제에서 pH 조정 목적으로 사용되는 경우 최종 제품의 pH는 12.7 이하 ※ 기타 제품에는 사용금지
콤미포르에리트리아엥글러 (Commiphora erythrea engler var. glabrescens) 검추출물 및 오일	0.6%
쿠민(Cuminum cyminum) 열매 오일 및 추출물	사용 후 씻어내지 않는 제품에 쿠민 오일로서 0.4%
퀴닌 및 그 염류 기출	• 샴푸에 퀴닌염으로서 0.5% • 헤어 로션에 퀴닌염으로서 0.2% ※ 기타 제품에는 사용금지
클로라민T	0.2%
톨루엔 기출	손발톱용 제품류에 25% ※ 기타 제품에는 사용금지
트리알킬아민, 트리알칸올아민 및 그 염류	사용 후 씻어내지 않는 제품에 2.5%
트리클로산	사용 후 씻어내는 제품류에 0.3% ※ 기능성화장품의 유효 성분 외에 기타 제품에는 사용금지
페루발삼(Myroxylon pereirae의 수지) 추출물, 증류물	0.4%
폴리아크릴아마이드류	• 사용 후 씻어내지 않는 보디화장품에 잔류 아크릴아마이드로서 0.00001% • 기타 제품에 잔류 아크릴아마이드로서 0.00005%
풍나무(Liquidambar styraciflua) 발삼 오일 및 추출물	0.6%
하이드롤라이즈드밀단백질	※ 원료 중 펩타이드의 최대 평균분자량은 3.5 kDa 이하이어야 함

* 그 밖의 원료는 화장품책임판매업자의 안전성에 대한 책임하에 사용할 수 있음

(3) 착향제(향료) 성분 중 알레르기 유발 물질 기출

참고 CAS 등록번호는 부록 p.84

성분명	
나무이끼 추출물	아밀신나밀알코올
참나무이끼 추출물	신남알
리날룰	아밀신남알
리모넨	헥실신남알
벤질벤조에이트	시트랄
벤질살리실레이트	시트로넬올
벤질신나메이트	하이드록시시트로넬알
벤질알코올	메틸2-옥티노에이트
유제놀	부틸페닐메틸프로피오날

아이소유제놀	알파-아이소메틸아이오논
제라니올	쿠마린
아니스알코올	파네솔
신나밀알코올	

(4) 알레르기 유발 성분 표시 지침

① 착향제는 '향료'로 표기가 가능하나, 착향제 구성 성분 중 식품의약품안전처장이 고시한 알레르기 유발 성분의 경우 '향료'로 표시할 수 없고, 해당 성분의 명칭을 기재하여야 한다(해당 25종).

② 사용 후 씻어내는 제품에는 0.01% 초과, 사용 후 씻어내지 않는 제품에는 0.001% 초과 함유하는 경우에만 알레르기 유발 성분을 표시❼한다. (기출)

③ 내용량이 10mL(g) 초과 50mL(g) 이하인 화장품은 표시 · 기재의 면적이 부족할 경우 생략이 가능하다. 단, 홈페이지 등에서 확인할 수 있도록 해야 한다.

④ 적은 용량의 화장품일지라도 표시 면적이 충분할 경우에는 해당 알레르기 유발 성분을 표시해야 한다.

⑤ 책임판매업자 홈페이지, 온라인 판매처 사이트에서도 전성분 표시사항에 향료 중 알레르기 유발 성분을 표시해야 한다.

> **참고** **알레르기 유발 성분의 표시 산출 방법** (기출)
> 해당 알레르기 유발 성분이 제품의 내용량에서 차지하는 함량의 비율로 계산함
> **예** 사용 후 씻어내는 제품인 바디워시 (300g) 제품에 제라니올이 0.3g 포함 시, 0.3g÷300g×100=0.1% → 0.01%를 초과하므로 표시 대상임

(5) 알레르기 유발 성분의 표기 개선안

현재		개선	
	⇨ 알레르기 유발 성분인 리모넨, 리날룰이 포함된 경우	1안	A, B, C, D, 향료, 리모넨, 리날룰
A, B, C, D, 향료		2안	A, B, C, D, 리모넨, 향료, 리날룰
		3안	A, B, 리모넨, C, D, 향료, 리날룰 (함량 순으로 기재)
		4안	~~A, B, C, D, 향료 (리모넨, 리날룰)~~
		5안	~~A, B, C, D, 향료, 리모넨, 리날룰 (알레르기 유발 성분)~~

* 1~3안은 가능
* 4~5안은 소비자 오해 · 오인 우려로 불가함

2 천연화장품 및 유기농화장품의 원료 기준

(1) 용어의 정의❓

참고 부록 p.122

천연 원료	유기농 원료	다음 중 어느 하나에 해당하는 화장품 원료를 말함 • 「친환경농어업 육성 및 유기식품 등의 관리·지원에 관한 법률」에 따른 유기농수산물 또는 이를 이 고시에서 허용하는 물리적 공정에 따라 가공한 것 • 외국 정부(미국, 유럽연합, 일본 등)에서 정한 기준에 따른 인증기관으로부터 유기농수산물로 인정받거나 이를 이 고시에서 허용하는 물리적 공정에 따라 가공한 것 • 국제유기농업운동연맹(IFOAM)에 등록된 인증기관으로부터 유기농 원료로 인증받거나 이를 이 고시에서 허용하는 물리적 공정에 따라 가공한 것
	식물 원료	식물(해조류와 같은 해양식물, 버섯과 같은 균사체를 포함함) 그 자체로서 가공하지 않거나, 이 식물을 가지고 이 고시에서 허용하는 물리적 공정에 따라 가공한 화장품 원료
	동물에서 생산된 원료 (동물성 원료)	동물 그 자체(세포, 조직, 장기)는 제외하고, 동물로부터 자연적으로 생산되는 것으로서 가공하지 않거나, 이 동물로부터 자연적으로 생산되는 것을 가지고 이 고시에서 허용하는 물리적 공정에 따라 가공한 계란, 우유, 우유단백질 등의 화장품 원료
	미네랄 원료	지질학적 작용에 의해 자연적으로 생성된 물질을 가지고 이 고시에서 허용하는 물리적 공정에 따라 가공한 화장품 원료(화석연료로부터 기원한 물질은 제외)
천연 유래 원료	유기농 유래 원료	유기농 원료를 이 고시에서 허용하는 화학적 또는 생물학적 공정에 따라 가공한 원료
	식물 유래, 동물성 유래 원료	식물 원료, 동물에서 생산된 원료(동물성 원료)를 가지고 이 고시에서 허용하는 화학적 공정 또는 생물학적 공정에 따라 가공한 원료
	미네랄 유래 원료	미네랄 원료를 가지고 이 고시에서 허용하는 화학적 공정 또는 생물학적 공정에 따라 가공한 원료❓

참고 부록 p.124

(2) 제조에 사용할 수 있는 원료

① 천연 원료
② 천연 유래 원료
③ 물
④ **허용 기타 원료 및 허용 합성 원료** 기출
  • 자연에서 대체하기 곤란한 기타 원료 및 합성 원료는 5% 이내에서 사용 가능
  • 석유화학 부분은 2%를 초과 사용 불가
  • 허용 기타 원료의 종류: 베타인, 카라기난, 레시틴 및 그 유도체, 토코페롤, 토코트리에놀, 오리자놀, 안나토, 카로티노이드/잔토필, 앱솔루트, 콘크리트, 레지노이드, 라놀린, 피토스테롤, 글라이코스핑고리피드 및 글라이코리피드, 잔탄검, 알킬베타인
  * 앱솔루트, 콘크리트, 레지노이드는 천연화장품에만 허용함

(3) 오염 물질

제조에 사용하는 원료는 다음의 오염 물질에 의해 오염되어서는 안 된다.

① 중금속
② 방향족 탄화수소
③ 농약
④ 다이옥신 및 폴리염화비페닐
⑤ 방사능
⑥ 유전자변형 생물체
⑦ 곰팡이 독소
⑧ 의약 잔류물
⑨ 질산염
⑩ 니트로사민

(4) 허용 합성 원료❷ 기출

참고 부록 p.127

① 합성 보존제 및 변성제(허용 합성 원료 5%)

- 벤조익애씨드 및 그 염류
- 벤질알코올
- 살리실릭애씨드 및 그 염류
- 소르빅애씨드 및 그 염류
- 데하이드로아세틱애씨드 및 그 염류
- 데나토늄벤조에이트
- 3급부틸알코올
- 기타변성제(프탈레이트류 제외)
- 이소프로필알코올
- 테트라소듐글루타메이트디아세테이트

② 천연 유래와 석유화학 부분을 포함하고 있는 원료(2%)

- 디알킬카보네이트
- 알킬아미도프로필베타인
- 알킬메칠글루카미드
- 알킬알포아세테이트/디아세테이트
- 알킬글루코사이드카르복실레이트
- 카르복시메칠-식물 폴리머
- 식물성 폴리머-하이드록시프로필트리모늄클로라이드(두발·수염 제품에 한함)
- 디알킬디모늄클로라이드(두발·수염 제품에 한함)
- 알킬디모늄하이드록시프로필하이드로라이즈드식물성단백질(두발·수염 제품에 한함)

(5) 제조공정

① 허용되는 공정❷

참고 부록 p.128

원료의 제조공정은 간단하고 오염을 일으키지 않으며, 원료 고유의 품질이 유지될 수 있어야 한다.

- 물리적 공정: 물이나 자연에서 유래한 천연 용매로 추출해야 한다.
- 화학적·생물학적 공정: 석유화학 용제의 사용 시 반드시 최종적으로 모두 회수되거나 제거되어야 한다.

② 금지되는 공정 기출

천연화장품 및 유기농화장품의 제조에 대해 금지되는 공정은 다음과 같다.

- 탈색, 탈취, 방사선 조사, 설폰화, 에칠렌옥사이드, 프로필렌옥사이드 또는 다른 알켄옥사이드 사용, 수은화합물을 사용한 처리, 포름알데하이드 사용
- 유전자 변형 원료 배합
- 니트로스아민류 배합 및 생성
- 일면 또는 다면의 외형 또는 내부구조를 가지도록 의도적으로 만들어진 불용성이거나 생체지속성인 1~100나노미터 크기의 물질 배합
- 공기, 산소, 질소, 이산화탄소, 아르곤 가스 외의 분사제 사용

(6) 작업장 및 제조설비

천연화장품 또는 유기농화장품을 제조하는 작업장 및 제조설비는 교차오염이 발생하지 않도록 충분히 청소 및 세척되어야 한다.

(7) 천연화장품 · 유기농화장품의 용기와 포장 `기출`

천연화장품 · 유기농화장품의 용기와 포장에는 폴리염화비닐(PVC: Polyvinyl Chlorid)과 폴리스티렌폼(Polystyrene Foam)을 사용할 수 없다.

(8) 원료 조성 `기출`

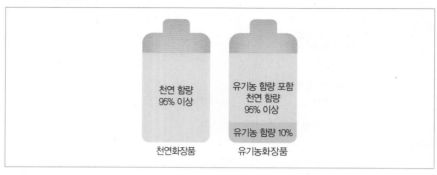

천연 함량
95% 이상

천연화장품

유기농 함량 포함
천연 함량
95% 이상

유기농 함량 10%

유기농화장품

① **천연화장품**

천연화장품은 중량 기준으로 천연 함량이 전체 제품의 95% 이상으로 구성되어야 한다.

② **유기농화장품**
- 유기농화장품은 중량 기준으로 유기농 함량이 전체 제품의 10% 이상이어야 한다.
- 유기농 함량을 포함한 천연 함량이 전체 제품의 95% 이상으로 구성되어야 한다.

(9) 천연 및 유기농 함량 계산 방법❓

`참고` 부록 p.131

① **천연 함량 계산 방법**

> 천연 함량 비율(%)=물 비율+천연 원료 비율+천연 유래 원료 비율

② **유기농 함량 계산 방법**
- 유기농 인증 원료의 경우 해당 원료의 유기농 함량으로 계산
- 유기농 함량 확인이 불가능한 경우 유기농 함량 비율 계산 방법
  - 물, 미네랄 또는 미네랄 유래 원료는 유기농 함량 비율 계산에 포함하지 않음 (물은 제품에 직접 함유 또는 혼합 원료의 구성요소일 수 있음)
  - 유기농 원물만 사용하거나 유기농 용매를 사용하여 유기농 원물을 추출한 경우 해당 원료의 유기농 함량 비율은 100%로 계산

- 수용성 및 비수용성 추출물 원료의 유기농 함량 비율 계산 방법
  - 수용성 추출물 원료의 경우

    - 1단계: 비율 $= \dfrac{\text{신선한 유기농 원물}}{\text{추출물}-\text{용매}}$

    - 2단계: $\left(\dfrac{\text{비율}\times(\text{추출물}-\text{용매})}{\text{추출물}}+\dfrac{\text{유기농 용매}}{\text{추출물}}\right)\times 100$

  - 물로만 추출한 원료의 경우

    $$\dfrac{\text{신선한 유기농 원물}}{\text{추출물}}\times 100$$

  - 비수용성 원료인 경우

    $$\dfrac{\text{신선 또는 건조 유기농 원물}+\text{사용하는 유기농 용매}}{\text{신선 또는 건조 원물}+\text{사용하는 총 용매}}\times 100$$

  - 신선한 원물로 복원하기 위해서는 실제 건조 비율을 사용하거나(이 경우 증빙 자료 필요) 중량에 아래 일정 비율을 곱해야 한다.

나무, 껍질, 씨앗, 견과류, 뿌리	1 : 2.5
잎, 꽃, 지상부	1 : 4.5
과일(예 살구, 포도)	1 : 5
물이 많은 과일(예 오렌지, 파인애플)	1 : 8

- 화학적으로 가공한 원료의 경우(예 유기농 글리세린이나 유기농 알코올의 유기농 함량 비율 계산)

  $$\dfrac{\text{투입되는 유기농 원물}-\text{회수 또는 제거되는 유기농 원물}}{\text{투입되는 총 원료}-\text{회수 또는 제거되는 원료}}\times 100$$

(10) 자료의 보존 및 재검토

화장품의 책임판매업자는 천연화장품 또는 유기농화장품으로 표시·광고하여 제조, 수입 및 판매할 경우 「천연화장품 및 유기농화장품의 기준에 관한 규정」에 적합함을 입증하는 자료를 구비해야 한다.

보존	제조일(수입일 경우 통관일)로부터 3년 또는 사용기한 경과 후 1년 중 긴 기간 동안 보존
재검토 및 개선	2020년 1월 1일 기준으로 매 3년이 되는 시점(매 3년째의 12월 31일까지를 말함)마다 타당성 검토 및 개선 조치

(11) 천연화장품 및 유기농화장품에 대한 인증 기출

① 화장품제조업자, 화장품책임판매업자 또는 총리령으로 정하는 대학·연구소 등은 식품의약품안전처장에게 인증을 신청함
② 거짓이나 부정한 방법으로 인증받았거나 인증 기준에 부적합한 경우 인증을 취소하여야 함
③ 인증의 유효기간은 인증을 받은 날로부터 3년
④ 인증의 유효기간을 연장받으려는 자는 유효기간 만료 90일 전에 연장 신청

단원별 연습문제

01 자외선 차단 성분과 최대 함량의 연결이 옳지 <u>않은</u> 것은?

① 로우손과 디하이드록시아세톤의 혼합물 – 로우손 0.25%, 디하이드록시아세톤 3.0%

② 비스에칠헥실옥시페놀메톡시페닐트리아진 – 10%

③ 메톡시프로필아미노사이클로헥시닐리덴에톡시에틸사이아노아세테이트 – 5.0%

④ 티타늄디옥사이드 – 25%

⑤ 디소듐페닐디벤즈이미다졸테트라설포네이트 – 산으로 10%

| 정답 | ③
| 해설 | 메톡시프로필아미노사이클로헥시닐리덴에톡시에틸사이아노아세테이트 – 3.0%

02 화장품에 대한 사용제한이 필요한 원료와 그에 대한 설명이 옳게 연결된 것은?

① 벤제토늄클로라이드: 에어로졸 사용금지

② 벤질알코올: 두발염색용 제품에 사용금지

③ p-클로로-m-크레졸: 기타 제품 사용금지

④ 살리실릭애씨드 및 그 염류: 점막에 사용되는 제품에는 사용금지

⑤ 아이오도프로피닐부틸카바메이트(IPBC): 영유아용 제품류 또는 13세 이하 어린이가 사용할 수 있음을 특정하여 표시하는 제품에는 사용금지(목욕용 제품, 샤워젤류 및 샴푸류는 제외함)

| 정답 | ⑤
| 해설 | ① 벤제토늄클로라이드: 점막에 사용되는 제품에는 사용금지이다.
② 벤질알코올: 두발염색용 제품류에 용제로 사용할 경우 사용한도 10%이다.
③ p-클로로-m-크레졸: 점막에 사용되는 제품에는 사용금지이다.
④ 살리실릭애씨드 및 그 염류: 영유아용 제품류 또는 13세 이하 어린이가 사용할 수 있음을 특정하여 표시하는 제품에는 사용금지이다(샴푸는 제외함).

03 다음은 알레르기 유발 성분 표시에 대한 내용이다. 〈보기〉의 빈칸에 들어갈 숫자를 차례대로 쓰시오.

| 보기 |
> 화장품 내용량이 (   )mL(g) 초과 (   )mL(g) 이하인 화장품은 사용 시 주의사항 및 알레르기 유발 성분에 대한 표시·기재의 면적이 부족할 경우 생략이 가능하다. 단, 홈페이지 등에 알레르기 유발 성분은 표시·기재하여 확인할 수 있도록 해야 한다.

| 정답 | 10, 50

04 「화장품 사용할 때의 주의사항 및 알레르기 유발 성분 표시에 관한 규정」에 따라 다음 〈보기〉의 착향제 성분을 바르게 기재·표시한 것은?

┤ 보기 ├
- 리모넨
- 유제놀
- 쿠마린
- 플로럴
- 머스크자일렌

① 향료, 리모넨, 쿠마린
② 향료(리모넨, 쿠마린)
③ 리모넨, 유제놀, 쿠마린, 향료
④ 리모넨, 플로럴, 쿠마린, 향료
⑤ 향료, 리모넨, 머스크자일렌

| 정답 | ③
| 해설 | 알레르기 유발 성분 25종에 해당하는 리모넨, 유제놀, 쿠마린은 단독 표기해야 하며, 그 외 향료에 해당하는 것은 향료로 표기할 수 있다.

05 천연화장품 및 유기농화장품에 5%까지 사용할 수 있는 원료로 적절하지 않은 것은?

① 3급부틸알코올
② 이소프로필알코올
③ 벤조익애씨드 및 그 염류
④ 살리실릭애씨드 및 그 염류
⑤ 카르복시메칠-식물 폴리머

| 정답 | ⑤
| 해설 | 천연화장품 및 유기농화장품에는 합성 원료는 5%, 천연유래와 석유화학 부분을 포함하고 있는 원료는 2% 이내에서 사용이 가능하다. 카르복시메칠-식물 폴리머는 천연유래와 석유화학 부분을 포함하고 있는 원료에 해당한다.

06 다음 〈보기〉는 p-하이드록시벤조익애씨드, 그 염류 및 에스텔류에 대한 사용한도이다. ㉠, ㉡에 알맞은 함량을 쓰시오.

┤ 보기 ├
- 단일성분일 경우 (㉠)%(산으로서)
- 혼합사용의 경우 (㉡)%(산으로서)

| 정답 | ㉠ 0.4%, ㉡ 0.8%

Chapter 04
화장품관리

고득점 TIP 화장품의 공통 및 개별 사용상 주의사항를 확실히 익혀 두세요.
3세 이하 영유아에게 사용금지인 제품을 더 주의깊게 학습하세요.

1 용어 정리

원료	벌크제품의 제조에 투입하거나 포함되는 물질
원자재	화장품 원료 및 자재
완제품	출하를 위해 제품의 포장 및 첨부문서에 표시하는 공정 등을 포함한 모든 제조 공정이 완료된 화장품
재작업	적합 판정 기준을 벗어난 완제품, 벌크제품 또는 반제품을 재처리하여 품질이 적합한 범위에 들어오도록 하는 작업
품질보증	제품이 적합 판정 기준에 충족될 것이라는 신뢰를 제공하는 데 필수적인 모든 계획되고 체계적인 활동
사용기한 기출	화장품이 제조된 날부터 적절한 보관 상태에서 제품이 고유의 특성을 간직한 채 소비자가 안정적으로 사용할 수 있는 최소한의 기한

2 화장품의 취급 방법

① 원자재, 반제품 및 벌크제품은 품질에 나쁜 영향을 미치지 아니하는 조건에서 보관해야 하며, 보관기한을 설정하고, 주기적으로 재고 점검을 수행해야 한다.
② 원자재, 반제품 및 벌크제품은 바닥과 벽에 닿지 않도록 보관하고, 특별한 사유가 없는 한 선입선출에 의해 출고될 수 있도록 보관해야 한다.
③ 원자재, 시험 중인 제품 및 부적합품은 각각 구획된 장소에서 보관해야 한다. 다만, 서로 혼동을 일으킬 우려가 없는 시스템에 의해 보관되는 경우는 제외한다.
④ 설정된 보관기한이 지나면 사용의 적절성을 결정하기 위해 재평가 시스템을 확립해야 하며, 동 시스템을 통해 보관기한이 경과한 경우 사용하지 않도록 규정한다.
⑤ 완제품은 시험 결과 적합 판정과 품질부서 책임자가 출고 승인한 것만을 출고한다.

3 화장품의 보관 방법

① 적당한 조명, 온도, 습도, 정렬된 통로 및 보관 구역 등의 적절한 보관 조건에 보관해야 한다.
② 불출된 완제품, 검사 중인 화장품, 불합격 판정을 받은 완제품의 각각의 상태에 따라 지정된 물리적 장소에 보관하거나 미리 정해진 자동 적재 위치에 저장되어야 한다.

③ 수동 또는 전산화 시스템은 다음과 같은 특징을 가진다.
- 재질 및 제품의 관리와 보관은 쉽게 확인할 수 있는 방식
- 재질 및 제품의 수령과 철회는 적절히 허가함
- 유통된 제품은 추적이 용이해야 함
- 재고 회전은 선입선출 방식으로 사용 및 유통
④ 파레트에 적재된 모든 재료(또는 기타 용기 형태)는 다음과 같이 표시되어야 한다.
- 명칭 또는 확인 코드
- 제조번호
- 제품의 품질을 유지하기 위해 필요할 경우, 보관 조건
- 불출 상태

4 화장품의 사용 방법

① 화장품은 사용하기 직전 개봉하고, 개봉한 제품은 가능한 빨리 사용한다.
② 화장품을 사용할 때에는 반드시 깨끗한 손이나 작은 도구를 이용하며, 먼지, 미생물 또는 습기의 유입을 방지하기 위해 사용 후 항상 뚜껑을 바르게 닫는다.
③ 직사광선을 피하고 서늘하고 그늘지며 건조한 곳에 보관한다. 보존제를 함유하지 않은 화장품은 오염을 최소화하기 위해 냉장 보관하는 것이 좋다.
④ 제품에 물 등 액체를 넣으면 세균이 쉽게 자랄 수 있으므로 화장품에 습기가 차거나 다른 물질이 섞이지 않도록 조심한다.
⑤ 사용되는 도구는 항상 청결을 유지(중성 세제 사용)한다. 세척 후에는 완전히 건조시킨 후 사용하는 것이 좋다.
⑥ 매니큐어, 마스카라, 리퀴드 아이라이너 등은 공기가 들어가면 쉽게 굳으므로 용기 내에서 잦은 펌핑을 주의한다.
⑦ 사용기한이 표시된 제품은 표시 기간 내에 사용하고, 내용물에 이상이 생겼을 경우❷에는 사용을 금지한다.
⑧ 화장품이 놓인 주변과 휴대 환경을 늘 청결하게 한다.
⑨ 눈이 감염되어 있는 경우 눈 화장은 피하고, 알레르기나 피부 자극이 일어나면 즉시 사용을 중지하고, 중지 후에도 이상 반응이 계속된다면 꼭 전문의사와 상담한다.

> **참고** **내용물에 이상이 생긴 경우**
> - 내용물의 색상이 변하였을 때
> - 내용물에서 불쾌한 냄새가 날 때
> - 내용물의 층이 분리되었을 때

5 화장품 사용할 때의 주의사항

(1) 공통사항 기출
① 화장품 사용 시 또는 사용 후 직사광선에 의하여 사용 부위에 붉은 반점, 부어오름 또는 가려움증 등의 이상 증상이나 부작용이 있는 경우 전문의 등과 상담할 것
② 상처가 있는 부위 등에는 사용을 자제할 것
③ 보관 및 취급 시 주의사항
- 어린이의 손이 닿지 않는 곳에 보관할 것
- 직사광선을 피해서 보관할 것

(2) 화장품 유형별 주의사항 [?] 기출

참고 부록 p.79

미세한 알갱이가 함유된 스크럽세안제	알갱이가 눈에 들어갔을 경우 물로 씻어내고, 이상이 있는 경우 전문의와 상담할 것
팩	눈 주위를 피하여 사용할 것
두발용, 두발염색용 및 눈화장용 제품류	눈에 들어갔을 때에는 즉시 씻어낼 것
샴푸	• 눈에 들어갔을 때 즉시 씻어낼 것 • 사용 후 물로 씻어내지 않으면 탈모, 탈색의 원인이 됨
퍼머넌트 웨이브 제품 및 헤어 스트레이트너 제품 기출	• 두피·얼굴·눈·목·손 등에 약액이 묻지 않도록 유의하고, 얼굴 등에 약액이 묻었을 때에는 즉시 물로 씻어낼 것 • 특이체질, 생리 또는 출산 전후이거나 질환이 있는 사람 등은 사용을 피할 것 • 머리카락의 손상 등을 피하기 위하여 용법·용량을 지켜야 하며, 가능하면 일부에 시험적으로 사용하여 볼 것 • 섭씨 15도 이하의 어두운 장소에 보존하고, 색이 변하거나 침전된 경우에는 사용하지 말 것 • 개봉한 제품은 7일 이내에 사용할 것(에어로졸 제품이나 사용 중 공기유입이 차단되는 용기는 표시하지 아니함) • 제2단계 퍼머액 중 그 주성분이 과산화수소인 제품은 검은 머리카락이 갈색으로 변할 수 있으므로 유의하여 사용할 것
외음부 세정제	• 정해진 용법과 용량 준수 • 3세 이하 영유아, 임신 중, 분만 직전의 외음부 주위에는 사용하지 말 것 • 외음부에만 사용하며, 질 내에 사용하지 말 것 • 프로필렌글리콜을 함유하고 있으므로 이 성분에 과민하거나 알레르기 병력이 있는 사람은 신중히 사용할 것 (프로필렌글리콜 함유 제품만 표시함)
손·발의 피부연화 제품 기출	• 눈, 코 또는 입 등에 닿지 않도록 주의하여 사용할 것 • 프로필렌글리콜을 함유하고 있으므로 이 성분에 과민하거나 알레르기 병력이 있는 사람은 신중히 사용할 것 (프로필렌글리콜 함유 제품만 표시함)
체취방지용 제품 기출	털을 제거한 직후에는 사용하지 말 것

고압가스를 사용하는 에어로졸 제품 [?]	• 가연성 가스를 사용하지 않는 제품
	  – 온도가 40℃ 이상 되는 장소에 보관하지 말고, 불 속에 버리지 말 것
	  – 사용 후 잔 가스가 없도록 하여 버리며, 밀폐된 장소에 보관하지 말 것
	• 가연성 가스를 사용하는 제품
	  – 불꽃을 향해 사용하지 말고, 난로, 풍로 등 화기부근에서 사용하지 말 것
	  – 화기를 사용하고 있는 실내에서 사용하지 말 것
	  – 온도 40℃ 이상의 장소에서 보관하지 말 것
	  – 밀폐된 실내에서 사용 후 반드시 환기를 실시하고, 밀폐된 장소에서 보관하지 말 것
	  – 사용 후 잔 가스가 없도록 하고 불 속에 버리지 말 것

참고 인체용 에어졸의 제품은 본 내용 외에 "인체용" 및 다음의 주의사항을 추가로 표시해야 한다.
1. 특정 부위에 계속하여 장기간 사용하지 말 것
2. 가능한 한 인체에서 20㎝ 이상 떨어져서 사용할 것. 다만, 화장품 중 물이 내용물 전 질량의 40% 이상이고 분사제가 내용물 전 질량의 10% 이하인 것으로서 내용물이 거품이나 반죽(gel)상태 로 분출되는 제품은 제외함

	• 눈 주위 또는 점막 등에 분사하지 말 것. 다만, 자외선 차단제의 경우 얼굴에 직접 분사하지 말고 손에 덜어 얼굴에 바를 것 • 분사가스는 직접 흡입하지 않도록 주의할 것
고압가스를 사용하지 않는 분무형 자외선 차단제 기출	얼굴에 직접 분사하지 말고 손에 덜어 얼굴에 바를 것
염모제 (산화염모제와 비산화염모제)	• 다음 분들은 사용금지할 것. 사용 후 피부나 신체가 과민 상태로 되거나 피부 이상 반응(부종, 염증 등)이 일어나거나, 현재의 증상이 악화될 가능이 있음 　– '과황산염'이 함유된 탈색제로 몸이 부은 경험이 있는 경우, 사용 중 또는 사용 직후에 구역, 구토 등 속이 좋지 않았던 분('과황산염'이 배합된 염모제에만 표시함) 　– 염모제를 사용할 때 피부 이상 반응(부종, 염증 등)이 있었거나, 염색 중 또는 염색 직후에 발진, 발적, 가려움 등이 있거나 구역, 구토 등 속이 좋지 않았던 경험이 있었던 분 　– 피부시험(패치테스트❷, Patch test)의 결과, 이상이 발생한 경험이 있는 분 　– 두피, 얼굴, 목덜미에 부스럼, 상처, 피부병이 있는 분 　– 생리 중, 임신 중 또는 임신할 가능성이 있는 분 　– 출산 후, 병중, 병후의 회복 중인 분, 그 밖의 신체에 이상이 있는 분 　– 특이체질, 신장질환, 혈액질환이 있는 분 　– 미열, 권태감, 두근거림, 호흡곤란의 증상이 지속되거나 코피 등의 출혈이 잦고 생리, 그 밖에 출혈이 멈추기 어려운 증상이 있는 분 　– 프로필렌글리콜에 의하여 알레르기를 일으킬 수 있으므로 이 성분에 과민하거나 알레르기 반응을 보였던 적이 있는 분은 사용 전에 의사 또는 약사와 상의할 것(프로필렌글리콜 함유 제제에만 표시함) • 염모제 사용 전의 주의 　– 염색 2일 전 매회 반드시 패치테스트 실시 　– 두발 외의 눈썹, 속눈썹 등과, 면도 직후 사용금지 　– 염모 전후 1주간은 파마, 웨이브(퍼머넌트웨이브) 금지 • 염모 시의 주의 　– 염모액 또는 머리를 감는 동안 그 액이 눈에 들어가지 않도록 하고, 눈에 들어가면 심한 통증을 발생시키거나 경우에 따라서 눈에 손상(각막의 염증)이 있으며, 눈에 들어갔을 때는 바로 물 또는 미지근한 물로 15분 이상 잘 씻어내고, 곧바로 안과 전문의의 진찰을 받아야 함(임의로 안약 등 사용금지) 　– 염색 중에는 목욕을 하거나 염색 전에 머리를 적시거나 감지 말아야 함(땀이나 물방울 등을 통해 염모액이 눈에 들어갈 수 있음) 　– 염모 중에 발진, 발적, 부어오름, 가려움, 강한 자극감 등의 피부 이상이나 구역, 구토 등의 이상을 느꼈을 때에는 즉시 염색을 중지하고 염모액을 잘 씻어내야 하며, 그대로 방치하면 증상이 악화될 수 있음

용어 **패치테스트(Patch Test)**
• 염모제에 부작용이 있는 체질인지 아닌지를 조사하는 테스트
• 매회 반드시 실시함
• 팔의 안쪽 또는 귀 뒤쪽 머리카락이 난 주변의 피부를 세척한 후 실험액을 동전 크기로 바르고 자연건조 48시간 방치함
• 테스트 부위의 관찰은 테스트액을 바른 후 30분 그리고 48시간 후 총 2회에 걸쳐 피부의 이상 반응을 확인함

염모제 (산화염모제와 비산화염모제)	– 염모액이 피부에 묻었을 때에는 곧바로 물 등으로 씻어내고, 손가락이나 손톱을 보호하기 위해 장갑을 끼고, 환기가 잘 되는 곳에서 염모해야 함 • 염모 후의 주의 – 머리, 얼굴, 목덜미 등에 발진, 발적, 가려움, 수포, 자극 등 피부의 이상 반응이 발생한 경우, 그 부위를 손으로 긁거나 문지르지 말고 바로 피부과 전문의의 진찰을 받고, 임의로 의약품 등을 사용하는 것은 삼가야 함 – 염모 중 또는 염모 후에 속이 안 좋아지는 등 신체 이상을 느끼는 분은 의사와 상담할 것 • 보관 및 취급상의 주의 – 혼합한 염모액을 밀폐된 용기에 보존하지 말고, 사용 후 잔액은 반드시 바로 버릴 것(혼합한 액의 잔액은 효과가 없으므로 잔액은 반드시 바로 버림) – 용기를 버릴 때에는 반드시 뚜껑을 열어서 버릴 것 – 사용 후 혼합하지 않은 액은 직사광선과 공기와의 접촉을 피해 서늘한 곳에 보관할 것
탈염 · 탈색제	• 다음 분들은 사용금지할 것. 사용 후 피부나 신체가 과민 상태로 되거나 피부 이상 반응(부종, 염증 등)이 일어나거나, 현재의 증상이 악화될 가능성이 있음 – 두피, 얼굴, 목덜미에 부스럼, 상처, 피부병이 있는 분 – 생리 중, 임신 중 또는 임신할 가능성이 있는 분 – 출산 후, 병중이거나 회복 중에 있는 분, 그 밖에 신체에 이상이 있는 분 • 특이체질, 신장질환, 혈액질환 등의 병력이 있는 분은 피부과 전문의와 상의하고, 이 제품에 첨가제로 함유된 프로필렌글리콜에 의해 알레르기를 일으킬 수 있으므로 이 성분에 과민하거나 알레르기 반응을 보였던 적이 있는 분은 사용 전에 의사 또는 약사와 상의할 것 • 사용 전의 주의 – 눈썹, 속눈썹, 면도 직후에는 사용금지[두발 이외의 부분(손발의 털 등)에 사용 시 피부 이상 반응, 염증 등의 부작용이 나타날 수 있음] – 사용 전후 1주일 사이에는 퍼머넌트웨이브 제품 및 헤어스트레이트너 제품 사용금지 • 사용 시의 주의 – 제품 또는 머리를 감는 동안 눈에 들어갈 수 있으므로 주의하고, 눈에 들어갔을 경우 미지근한 물로 15분 이상 씻어내고, 곧바로 안과 전문의의 진찰을 받아야 함(임의로 안약 사용금지) – 사용 중에 발진, 발적, 부어오름, 가려움, 강한 자극감 등 피부의 이상을 느끼면 즉시 사용을 중지하고 잘 씻어낼 것 – 제품이 피부에 묻었을 때에는 곧바로 물 등으로 씻어내고, 손가락이나 손톱을 보호하기 위해 장갑을 끼고, 환기가 잘 되는 곳에서 사용할 것

	• 사용 후의 주의 　– 두피, 얼굴, 목덜미 등에 발진, 발적, 가려움, 수포, 자극 등 피부 이상 반응이 발생한 때에는 그 부위를 손 등으로 긁거나 문지르지 말고 바로 피부과 전문의의 진찰을 받고, 임의로 의약품 등을 사용하는 것은 삼갈 것 　– 사용 중 또는 사용 후에 구역, 구토 등 신체에 이상을 느끼시는 분은 의사에게 상담할 것 • 보관 및 취급상의 주의 　– 혼합한 염모액을 밀폐된 용기에 보존하지 말고, 사용 후 잔액은 반드시 바로 버릴 것(혼합한 제품의 잔액은 효과가 없음) 　– 용기를 버릴 때에는 반드시 뚜껑을 열어 버릴 것액(혼합한 제품에서 발생하는 가스의 압력으로 용기가 파열될 염려가 있고, 혼합한 제품이 위로 튀어 오르거나 주변에 튈 경우, 주변을 오염시키고 얼룩이 지워지지 않음)
제모제 `기출` (치오글라이콜릭애씨드 함유 제품에만 표시함)	• 사용금지 　– 생리 전후, 산전, 산후, 병후의 환자 　– 얼굴, 상처, 부스럼, 습진, 짓무름, 기타의 염증, 반점 또는 자극이 있는 피부 　– 유사 제품에 부작용이 나타난 적이 있는 피부 　– 약한 피부 또는 남성의 수염 부위 • 땀발생억제제(Antiperspirant), 향수, 수렴로션(Astringent Lotion)은 이 제품 사용 후 24시간 후에 사용할 것 • 부종, 홍반, 가려움, 피부염(발진, 알레르기), 광과민반응, 중증의 화상 및 수포 등의 증상이 나타날 수 있으므로 이러한 경우 이 제품의 사용을 즉각 중지하고 의사 또는 약사와 상의할 것 • 그 밖의 사용 시 주의사항 　– 사용 중 따가운 느낌, 불쾌감, 자극이 발생할 경우 즉시 닦아내어 제거하고 찬물로 씻으며, 불쾌감이나 자극이 지속될 경우 의사 또는 약사와 상의할 것 　– 자극감이 나타날 수 있으므로 매일 사용하지 말 것 　– 이 제품의 사용 전후에 비누류를 사용하면 자극감이 나타날 수 있으므로 주의하고, 외용으로만 사용할 것 　– 눈 또는 점막에 닿았을 경우 미지근한 물로 씻어내고 붕산수(농도 약 2%)로 헹굴 것 　– 10분 이상 피부에 방치하거나 피부에서 건조시키지 말 것 　– 깨끗이 제거되지 않은 경우 2~3일의 간격을 두고 사용할 것

그 밖에 화장품의 안전정보와 관련하여 기재 · 표시하도록 식품의약품안전처장이 정하여 고시하는 사용할 때의 주의사항을 기재 · 표시한다.

(3) 화장품 함유 성분별 주의사항 기출

대상 제품	표시 문구
과산화수소 및 과산화수소 생성 물질 함유 제품	눈에 접촉을 피하고 눈에 들어갔을 때는 즉시 씻어낼 것
벤잘코늄클로라이드, 벤잘코늄브로마이드 및 벤잘코늄사카리네이트 함유 제품	눈에 접촉을 피하고 눈에 들어갔을 때는 즉시 씻어낼 것
실버나이트레이트 함유 제품	눈에 접촉을 피하고 눈에 들어갔을 때는 즉시 씻어낼 것
스테아린산아연 함유 제품(기초화장용 제품류 중 파우더 제품에 한함)	사용 시 흡입되지 않도록 주의할 것
살리실릭애씨드 및 그 염류 함유 제 (샴푸 등 사용 후 바로 씻어내는 제품 제외)	3세 이하 영유아에게는 사용하지 말 것
아이오도프로피닐부틸카바메이트(IPBC) 함유 제품(목욕용 제품, 샴푸류 및 보디 클렌저 제외)	3세 이하 영유아에게는 사용하지 말 것
알루미늄 및 그 염류 함유 제품(체취방지용 제품류에 한함)	신장 질환이 있는 사람은 사용 전에 의사, 약사, 한의사와 상의할 것
알부틴 2% 이상 함유 제품	알부틴은 「인체적용시험 자료」에서 구진과 경미한 가려움이 보고된 예가 있음
알파-하이드록시애씨드(AHA) 함유 제품 (0.5% 이하의 제품은 제외함) 기출	• 햇빛에 대한 피부의 감수성을 증가시킬 수 있으므로 자외선 차단제를 함께 사용할 것(씻어내는 제품 및 두발용 제품은 제외함) • 일부에 시험 사용하여 피부 이상을 확인할 것 • 고농도의 AHA는 부작용 발생 우려가 있으므로 전문의 등에게 상담할 것(AHA 성분이 10% 초과하여 함유되어 있거나 산도가 3.5 미만인 제품만 표시함)
카민 함유 제품	카민 성분에 과민하거나 알레르기가 있는 사람은 신중히 사용할 것
코치닐 추출물 함유 제품	코치닐 추출물 성분에 과민하거나 알레르기가 있는 사람은 신중히 사용할 것
포름알데하이드 0.05% 이상 검출된 제품	포름알데하이드 성분에 과민한 사람은 신중히 사용할 것
폴리에톡실레이티드레틴아마이드 0.2% 이상 함유 제품	폴리에톡실레이티드레틴아마이드는 「인체적용시험 자료」에서 경미한 발적, 피부건조, 화끈감, 가려움, 구진이 보고된 예가 있음
부틸파라벤, 프로필파라벤, 이소부틸파라벤 또는 이소프로필파라벤 함유 제품[영유아용 제품류 및 기초화장용 제품류(3세 이하 영유아가 사용하는 제품) 중 사용 후 씻어내지 않는 제품에 한함]	3세 이하 영유아의 기저귀가 닿는 부위에는 사용하지 말 것

Chapter 04 화장품관리

단원별 연습문제

01 화장품이 제조된 날부터 적절한 보관 상태에서 제품이 고유의 특성을 간직한 채 소비자가 안정적으로 사용할 수 있는 최소한의 기한을 (㉠   )(이)라고 한다. ㉠에 들어갈 용어를 쓰시오.

| 정답 | 사용기한

02 화장품의 취급 및 보관 방법으로 옳지 <u>않은</u> 것은?

① 원자재, 반제품 및 벌크제품은 바닥과 벽에 닿지 않도록 보관해야 한다.
② 원자재, 시험 중인 제품 및 부적합품은 각각 구획된 장소에서 보관해야 한다.
③ 완제품은 시험 결과 적합 판정과 제조 책임자가 출고 승인한 것만을 출고한다.
④ 원자재, 반제품 및 벌크제품은 선입선출에 의해 출고될 수 있도록 보관해야 한다.
⑤ 설정된 보관기한이 지나면 사용의 적절성을 결정하기 위해 재평가 시스템을 확립해야 한다.

| 정답 | ③
| 해설 | 완제품은 시험 결과 적합 판정과 품질부서 책임자가 출고 승인한 것만을 출고한다.

03 다음 빈칸의 ㉠과 ㉡에 들어갈 내용을 쓰시오.

| 정답 | ㉠ 직사광선, ㉡ 어린이

> • 화장품 사용 시 또는 사용 후 (㉠   )에 의하여 사용 부위에 붉은 반점, 부어 오름 또는 가려움증 등의 이상 증상이나 부작용이 있는 경우 전문의 등과 상담할 것
> • 상처가 있는 부위 등에는 사용을 자제할 것
> • 보관 및 취급 시 주의사항으로 (㉡   )의 손에 닿지 않는 곳에 보관하고, (㉠   )을/를 피해서 보관할 것

04 '3세 이하 영유아에게 사용하지 말아야 한다.'는 주의사항 표시 문구가 있어야 하는 제품을 〈보기〉에서 모두 고른 것은?

┌ 보기 ┐
ⓐ 과산화수소 함유 제품
ⓑ 프로필파라벤 함유 제품
ⓒ 스테아린산아연 함유 제품
ⓓ 살리실릭애씨드 및 그 염류 함유 제품
ⓔ 아이오도프로피닐부틸카바메이트(IPBC) 함유 제품
└────────────┘

① ㄱ, ㄴ   ② ㄴ, ㄷ
③ ㄴ, ㄹ   ④ ㄷ, ㄹ
⑤ ㄹ, ㅁ

| 정답 | ⑤
| 해설 | ㉠ 과산화수소 및 과산화수소 생성 물질 함유 제품: 눈에 접촉을 피하고 눈에 들어갔을 때는 즉시 씻어낼 것
㉡ 프로필파라벤 함유 제품: 3세 이하 영유아의 기저귀가 닿는 부위에는 사용하지 말 것
㉢ 스테아린산아연 함유 제품: 사용 시 흡입되지 않도록 주의할 것

05 다음 〈보기〉는 화장품 사용할 때의 주의사항 표시 문구에 대한 설명이다. 빈칸에 들어갈 숫자를 쓰시오.

┌ 보기 ┐
포름알데하이드 (　　　　)% 이상 검출된 제품은 '포름알데하이드 성분에 과민한 사람은 신중히 사용할 것'이라는 개별 주의사항 문구를 표시·기재하여야 한다.
└────────────┘

| 정답 | 0.05

06 제모제의 경우 (　㉠　) 함유 제품에만 화장품 사용할 때의 주의사항을 표시한다. ㉠은 무엇인가?

| 정답 | 치오글라이콜릭애씨드

Chapter 05

위해 사례 판단 및 보고

고득점 TIP 위해 평가 단계, 등급을 정확히 암기하고, 위해 사례 보고 방법에 대해 학습하세요.

1 위해 여부 판단

(1) 용어의 정의

인체적용제품	사람이 섭취·투여·접촉·흡입 등을 함으로써 인체에 직접 영향을 줄 수 있는 것으로서 「화장품법」에 따른 화장품을 포함
독성	인체적용제품에 존재하는 위해요소가 인체에 유해한 영향을 미치는 고유의 성질
위해요소	인체의 건강을 해치거나 해칠 우려가 있는 화학적·생물학적·물리적 요인
위해성	인체적용제품에 존재하는 위해요소에 노출되는 경우 인체의 건강을 해칠 수 있는 정도
위해성 평가	단일 또는 2종 이상의 인체적용제품을 통하여 위해요소가 인체에 미치는 위해 여부와 그 정도를 평가하는 일련의 과정
통합위해성 평가	인체적용제품에 존재하는 위해요소가 다양한 매체와 경로를 통하여 인체에 미치는 영향을 종합적으로 평가하는 것
위험성 확인	위해요소를 대상으로 인체 내 독성을 나타내는 잠재적 성질을 과학적으로 확인하는 과정
위험성 결정	동물독성자료, 인체독성자료 등을 토대로 위해요소의 인체노출 허용량 등을 정량적 또는 정성적으로 산출하는 과정
노출 평가	화장품의 사용 등을 통해 노출된 위해요소의 정량적 또는 정성적 분석 자료를 근거로 인체노출 수준을 산출하는 과정
위해도 결정	위험성 확인, 위험성 결정 및 노출 평가 결과 등을 토대로 위해도를 산출하여 현 노출 수준이 건강에 미치는 유해 영향 발생 가능성을 판단하는 과정
인체노출 안전기준	단일 또는 2종 이상의 인체적용제품에 존재하는 위해요소에 노출되었을 경우 인체에 유해한 영향이 나타나지 않는 것으로 판단되는 기준
위해지수	위해요소의 일일 평균 노출량을 인체노출 허용량 등으로 나눈 값
안전역	화장품에 존재하는 위해요소의 최대 무독성용량을 일일 인체노출량으로 나눈 값
사업자❓	인체적용제품을 생산·채취·제조·가공·수입·운반·저장·조리·임대 또는 판매를 업으로 하는 자(식품의약품안전처장이 다른 법령에 따라 다른 중앙행정기관의 장에게 권한을 위탁한 사항에 관한 사업자는 제외함)

참고 **사업자**
인체적용제품이 인체에 위해성을 발생시키지 아니하도록 필요한 예방 및 관리 등의 조치를 하여야 하고, 국가의 정책에 적극적으로 참여하고 협조해야 함

(2) 「인체적용제품의 위해성 평가에 관한 법률」의 목적

인체에 직접 적용되는 제품에 존재하는 위해요소가 인체에 노출되었을 때 발생할 수 있는 위해성을 종합적으로 평가하고, 안전관리를 위한 사항을 규정함으로써 국민 건강을 보호·증진하는 것을 목적으로 한다.

(3) 위해성 평가 정책의 수립 및 추진 체계

① 위해성 종합평가 및 관리

- 식품의약품안전처장은 인체적용제품에 존재하는 위해요소가 인체에 미치는 전체적인 영향을 파악하기 위하여 다양한 제품과 경로를 종합적으로 고려하여 위해성 평가를 해야 한다.
- 식품의약품안전처장은 인체적용제품에 존재하는 위해요소로부터 국민 건강을 보호하기 위하여 인체노출 안전기준 설정, 위해요소 저감화 계획 수립 등 종합적인 안전관리 방안을 마련하고 이를 시행하여야 한다. 다만, 식품의약품안전처장이 다른 법령에 따라 다른 중앙행정기관의 장에게 권한을 위탁한 사항은 제외한다.
- 안전관리 방안 마련 시 고려사항
  - 위해성 평가의 수행에 따른 위해성 평가의 결과
  - 안전관리 방안의 실현 가능성 및 대체 수단 존재 여부
  - 안전관리에 소요되는 비용과 그로 인한 편익의 비교 분석
- 식품의약품안전처장은 위해성 평가를 활성화하기 위한 기반을 조성하기 위하여 노력하여야 한다.
- 식품의약품안전처장은 위해성을 종합적으로 관리하기 위하여 관계 중앙행정기관의 장과 협력하여야 한다.

② 위해성 평가 기본계획

- 식품의약품안전처장은 인체적용제품의 위해성 평가를 체계적이고 효율적으로 추진하기 위해 5년마다 인체적용제품의 위해성 평가에 관한 기본계획을 위해성 평가정책위원회의 심의를 거쳐 수립·시행하여야 한다.
- 위해성 평가 기본계획 포함 내용
  - 인체적용제품의 위해성 평가의 목표와 기본방향
  - 인체적용제품의 위해성 평가 관련 연구 및 기술개발
  - 인체적용제품의 위해성 평가 관련 국제협력
  - 그 밖에 인체적용제품의 위해성 평가의 추진을 위하여 필요한 사항
- 식품의약품안전처장은 기본계획을 시행하기 위하여 해마다 관계 중앙행정기관의 장과 협의하여 인체적용제품의 위해성 평가에 관한 시행계획을 수립하여야 한다.
- 식품의약품안전처장은 기본계획 및 시행계획을 수립·시행하기 위하여 필요한 경우에는 관계 중앙행정기관의 장, 지방자치단체의 장, 관련 사업자 또는 관련 법인·단체의 장에게 필요한 자료의 제출을 요청할 수 있다.
- 그 밖에 기본계획 및 시행계획의 수립·시행에 필요한 사항은 대통령령으로 정한다.^❷

(4) 위해성 평가 수행

① 위해성 평가의 대상

- 국제기구 또는 외국정부가 인체의 건강을 해칠 우려가 있다고 인정하여 판매 또는 판매 목적의 생산 등을 금지한 인체적용제품
- 새로운 원료 또는 성분을 사용하거나 새로운 기술을 적용한 것으로서 안전성에 대한 기준 및 규격이 정해지지 아니한 인체적용제품
- 소비자등이 위해성 평가를 요청한 인체적용제품
- 그 밖에 인체의 건강을 해칠 우려가 있다고 인정되는 인체적용제품

참고 **위해성 평가 정책위원회의 심의 사항**
1. 위해성 평가 기본계획에 따른 기본계획의 수립·시행
2. 위해성 평가의 대상에 따른 위해성 평가의 대상 선정
3. 위해성 평가의 수행에 따른 위해성 평가의 방법
4. 일시적 금지조치에 따른 일시적 금지조치에 관한 사항
5. 인체노출 종합안전 기준 설정 등에 따른 인체노출 종합안전 기준에 관한 사항
6. 소비자의 위해성 평가 요청에 따른 소비자 등의 위해성 평가 요청에 관한 사항
7. 그 밖에 위해성 평가 등에 관하여 식품의약품안전처장이 심의에 부치는 사항

② 위해 평가 단계 기출

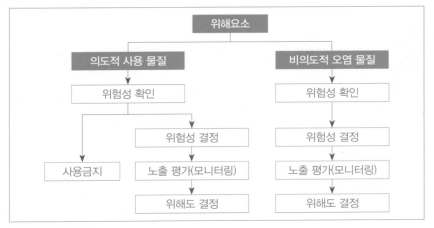

③ 위해성 등급 기출

가등급	• 사용할 수 없는 원료를 사용한 경우 • 사용 기준이 지정·고시된 원료 외의 보존제·색소·자외선 차단제 등을 사용한 경우
나등급	• 안전용기·포장 기준❷을 위반한 경우 • 유통화장품 안전관리 기준에 적합하지 않은 경우(기능성화장품의 기능성을 나타나게 하는 주원료 함량이 기준치에 부적합한 경우는 제외함)
다등급	• 전부 또는 일부가 변패된 경우 • 병원미생물에 오염된 경우 • 이물이 혼입되었거나 부착되어 보건위생상 위해를 발생할 우려가 있는 경우 • 화장품에 사용할 수 없는 원료를 사용하였거나 유통화장품 안전관리 기준에 적합하지 않은 경우(기능성화장품의 주원료 함량이 부적합한 경우) • 화장품의 사용기한 또는 개봉 후 사용기간(병행표시된 경우 제조연월일을 포함함)을 위조, 변조한 경우 • 그 밖에 화장품제조업자 및 책임판매업자 스스로 국민보건에 위해를 끼칠 우려가 있어 회수가 필요하다고 판단되는 경우 • 화장품제조업 또는 화장품책임판매업 등록을 하지 아니한 자가 제조한 화장품 또는 제조·수입하여 유통·판매한 화장품 • 화장품제조업 또는 화장품책임판매업 신고를 하지 아니한 자가 판매한 맞춤형화장품 • 맞춤형화장품조제관리사를 두지 아니하고 판매한 맞춤형화장품 • 화장품의 기재사항, 가격표시, 기재·표시상의 주의에 위반되는 화장품 또는 의약품으로 잘못 인식할 우려가 있게 기재·표시된 화장품 • 판매의 목적이 아닌 제품의 홍보·판매촉진 등을 위해 미리 소비자가 시험·사용하도록 제조 또는 수입된 화장품(소비자에게 판매하는 화장품에 한함) • 화장품의 포장 및 기재·표시사항을 훼손(맞춤형화장품 판매를 위해 필요한 경우는 제외함) 또는 위조·변조한 것

참고 본문 p.161

④ 위해성 등급에 따른 회수 기간

가등급	회수를 시작한 날부터 15일 이내 회수되어야 함
나등급	회수를 시작한 날부터 30일 이내 회수되어야 함
다등급	

(5) 위해 평가 필요성 검토

① 위해 평가가 필요한 경우
- 위해성에 근거하여 사용금지를 설정할 경우
- 안전 구역을 근거로 사용한도를 설정할 경우(살균보존 성분 등)
- 현 사용한도 성분의 기준 적절성을 확인할 경우
- 비의도적 오염 물질의 기준을 설정할 경우
- 화장품 안전 이슈 성분의 위해성을 확인할 경우
- 위해 관리 우선순위를 설정할 경우
- 인체 위해의 유의한 증거가 없음을 검증할 경우

② 위해 평가가 불필요한 경우
- 불법으로 유해 물질을 화장품에 혼입한 경우
- 안전성, 유효성이 입증되어 기허가된 기능성화장품
- 위험에 대한 충분한 정보가 부족한 경우

③ 소비자의 위해성 평가 요청
- 「소비자기본법」 소비자단체의 등록에 따른 소비자단체 또는 대통령령으로 정하는 일정 수 이상의 소비자(이하 '소비자 등'이라 함)는 대통령령으로 정하는 요건을 갖추어 식품의약품안전처장에게 인체적용제품에 대한 위해성 평가를 요청할 수 있다.
- 식품의약품안전처장은 위의 요청을 받은 경우에는 위해성 평가의 대상에 따라 위해성 평가의 대상으로 선정할 수 있다. 다만, 다음 중 어느 하나에 해당하는 경우에는 그러하지 아니하다.
  - 동일한 소비자 등이 동일한 목적으로 위해성 평가를 반복적으로 요청하는 경우
  - 특정한 사업자를 이롭게 할 목적으로 위해성 평가를 요청하는 경우 등 공익적 목적에 반하는 경우
  - 기술수준, 시설 또는 비용 등을 고려할 때 소비자등이 요청한 위해성 평가를 수행할 능력이 없거나 수행하기 어렵다고 판단되는 경우
  - 그 밖에 이 법 또는 다른 법령에 따른 조사가 진행 중인 경우 등 위해성 평가의 대상으로 선정하기에 적절하지 않다고 인정하여 대통령령으로 정하는 경우
- 식품의약품안전처장은 인체적용제품의 위해성 평가 대상 선정 여부를 결정한 경우 그 결과를 지체 없이 위해성 평가를 요청한 소비자 등에게 통지하여야 한다.
- 식품의약품안전처장은 인체적용제품을 위해성 평가 대상으로 선정한 경우 통지를 한 날부터 1년 이내에 해당 인체적용제품에 대한 위해성 평가를 완료하고, 그 결과를 대통령령으로 정하는 바에 따라 지체 없이 요청한 소비자 등에게 통보하여야 한다. 다만, 부득이한 사유가 있는 경우에는 위원회의 심의를 거쳐 그 기간을 연장할 수 있으며, 이 경우 소비자 등에게 연장사유 및 연장기간을 통보하여야 한다.

④ 일시적 금지 조치
- 식품의약품안전처장은 위해성 평가가 끝나기 전이라도 국민의 안전과 건강을 위한 사전 예방적 조치가 필요한 경우에는 사업자에 대하여 위원회의 심의를 거쳐 해당 인체적용제품의 생산·판매 등을 일시적으로 금지할 수 있다. 다만, 국민의 안전과 건강을 급박하게 해칠 우려가 있는 경우에는 먼저 일시적 금지조치를 한 후 위원회의 심의를 거칠 수 있다.

- 식품의약품안전처장은 해당 인체적용제품의 위해성이 없다고 인정한 경우에는 지체 없이 일시적 금지조치를 해제하여야 한다.
- 일시적으로 생산·판매 등이 금지된 인체적용제품의 생산·판매 등을 한 자는 3년 이하의 징역 또는 3천만 원 이하의 벌금에 처한다.

(6) 위해성 평가 등 활성화를 위한 기반 조성 및 정보의 수집·분석

① 식품의약품안전처장은 위해성 평가 관련 정보의 수집·분석 및 활용을 촉진하기 위하여 필요한 시책을 마련하여 추진하여야 한다.

② 식품의약품안전처장은 위해성 평가 관련 정보의 수집·분석 등 통합적 관리를 위한 정보처리 전산시스템을 구축·운영하여야 한다.

③ 식품의약품안전처장은 전산시스템 구축을 위하여 관계 중앙행정기관의 장이 소관 법률에 따라 확보한 위해성 평가 관련 정보의 제공을 요청할 수 있다. 이 경우 요청을 받은 관계 중앙행정기관의 장은 특별한 사유가 없으면 이에 따라야 한다.

④ 식품의약품안전처장은 관계 중앙행정기관의 장의 요청이 있는 경우 전산시스템상의 위해성 평가 관련 정보를 해당 중앙행정기관의 장과 협의하여 공유할 수 있다.

⑤ 전산시스템의 구축·운영에 필요한 사항은 대통령령으로 정한다.

2 위해 사례 보고

(1) 안전성 정보의 보고

① 주체와 내용

구분	주체	내용
보고	의사·약사·간호사·판매자·소비자·관련 단체의 장	• 화장품의 사용 중 발생하였거나 알게 된 유해사례 등 안전성 정보의 경우 • 식품의약품안전처장 또는 화장품책임판매업자에게 보고
신속보고	화장품책임판매업자	• 중대한 유해사례, 판매중지나 회수에 준하는 외국정부의 조치 또는 이와 관련하여 식품의약품안전처장이 보고를 지시한 경우 • 안전성 정보를 알게 된 날로부터 15일 이내 식품의약품안전처장에게 보고
정기보고	화장품책임판매업자	• 신속보고 되지 않은 화장품의 경우 • 안전성 정보를 매 반기 종료 후 1개월 이내(1월 또는 7월)에 식품의약품 안전처장에게 보고 • 상시근로자 수가 2인 이하로서 직접 제조한 화장비누만을 판매하는 화장품책임판매업자는 해당 안전성 정보를 보고하지 아니할 수 있음

② 보고 방법

- 식품의약품안전처 홈페이지를 통해 보고한다.
- 우편, 팩스, 정보통신망 등으로 보고(정기보고의 경우 전자파일과 함께 보고)한다.
- 식품의약품안전처장은 안전성 정보의 보고가 규정에 적합하지 않거나 추가 자료가 필요하다고 판단하는 경우 일정 기한을 정하여 자료의 보완을 요구할 수 있다.

(2) 위해 화장품의 회수 계획 및 회수절차 〔기출〕

회수 의무자	화장품제조업자 또는 화장품책임판매업자
회수 계획 〔기출〕	• 해당 화장품에 대해 즉시 판매 중지 등 필요 조치 • 회수 대상 화장품이라는 사실을 안 날부터 5일 이내 아래 서류와 함께 회수계획서를 지방식품의약품안전청장에게 제출해야 함(다만, 제출기한까지 회수계획서의 제출이 곤란하다고 판단되는 경우에는 그 사유를 밝히고 제출기한 연장을 요청해야 함) – 해당 품목의 제조 · 수입기록서 사본 – 판매처별 판매량 · 판매일 등의 기록 – 회수 사유를 적은 서류
회수 계획 통보 〔기출〕	• 방문, 우편, 전화, 전보, 전자우편, 팩스 또는 언론매체를 통한 공고 등 • 통보 사실을 입증할 수 있는 자료는 회수 종료일로부터 2년간 보관
폐기 처리	• 폐기신청서 제출 • 관계 공무원의 참관하에 처리 • 폐기확인서는 2년간 보관
회수 완료	회수 완료 후 지방식품의약품안전청장에게 아래 서류를 제출해야 함 • 회수확인서 사본 • 폐기확인서 사본(폐기한 경우에만 해당함) • 평가보고서 사본
행정처분의 경감 또는 면제	• 회수 계획량의 5분의 4 이상을 회수한 경우: 행정처분 면제 • 회수 계획량의 3분의 1 이상을 회수한 경우 – 행정처분 기준이 등록 취소라면 업무정지 2개월 이상 6개월 이하 범위에서 처분 – 행정처분 기준이 업무정지 또는 품목의 제조 · 수입 · 판매 업무정지라면 정지 처분 기간의 3분의 2 이하의 범위에서 경감 • 회수 계획량의 4분의 1 이상 3분의 1 미만을 회수한 경우 – 행정처분 기준이 등록 취소라면 업무정지 3개월 이상 6개월 이하 범위에서 처분 – 행정처분 기준이 업무정지 또는 품목의 제조 · 수입 · 판매 업무정지라면 정지 처분 기간의 2분의 1 이하의 범위에서 경감
위해화장품의 공표	• 공표명령을 받은 영업자는 지체 없이 발생 사실 또는 아래 사항을 전국을 보급지역으로 하는 1개 이상의 일반일간신문 및 해당 영업자의 인터넷 홈페이지에 게재해야 함 • 식품의약품안전처의 인터넷 홈페이지에 게재 요청(단, 위해성 등급이 다등급의 경우 일반일간신문에의 게재 생략 가능) – 화장품을 회수한다는 내용의 표제 – 제품명 – 회수 대상 화장품의 제조번호 – 사용기한 또는 개봉 후 사용기간 – 회수 사유 – 회수 방법 – 회수하는 영업자의 명칭 – 회수하는 영업자의 전화번호, 주소 그 밖에 회수에 필요한 사항
공표 결과	지방식품의약품안전청장에게 아래 사항을 통보해야 함 • 공표일 • 공표 매체 • 공표 횟수 • 공표문 사본 또는 내용

단원별 연습문제

01 비의도적 오염 물질에 대한 위해성 평가 단계 중 '위해요소의 인체 내 독성을 확인하는 과정'인 단계는?

① 노출 평가   ② 위험성 결정
③ 위험성 확인   ④ 위해도 결정
⑤ 위해여부 판단

| 정답 | ③
| 해설 | 위해성 평가는 '위험성 확인 – 위험성 결정 – 노출 평가 – 위해도 결정'의 단계로 진행한다. 평가의 첫 단계는 위해요소의 인체 내 독성을 확인하는 '위험성 확인' 과정이다.

02 「화장품법 시행규칙」의 제14조의2(회수 대상 화장품의 기준 및 위해성 등급 등)에 따라 위해성의 등급이 <u>다른</u> 하나는?

① 페닐파라벤
② 옥틸도데칸올
③ 돼지폐 추출물
④ 메칠렌글라이콜
⑤ 천수국꽃 추출물 또는 오일

| 정답 | ②
| 해설 | ①, ③, ④, ⑤ 화장품에 사용할 수 없는 원료로 규정되었으므로 가등급 위해성이다. ② 고급 알코올에 해당하며, 화장품안전도 EWG 그린 등급의 안전한 성분으로 보고되고 있다.

03 나등급 위해성 화장품의 경우 회수를 시작한 날부터 몇 일 이내에 회수 처리가 되어야 하는가?

① 7일   ② 10일
③ 15일   ④ 20일
⑤ 30일

| 정답 | ⑤
| 해설 | 가등급 위해성은 회수를 시작한 날부터 15일 이내, 나등급 위해성은 회수를 시작한 날부터 30일 이내에 회수되어야 한다.

04 위해 화장품을 절차에 따라 폐기 처리한 후 폐기확인서를 몇 년간 보관해야 하는가?

① 보관기간 없음   ② 6개월
③ 1년   ④ 2년
⑤ 3년

05 중대한 유해사례 또는 판매중지나 회수에 준하는 외국정부의 조치 또는 이와 관련하여 식품의약품안전처장이 보고를 지시한 경우 보고자는 (㉠)이다. ㉠에 들어갈 용어를 쓰시오.

06 다음 ㉠, ㉡ 안에 들어갈 용어와 숫자를 쓰시오.

> 맞춤형화장품조제관리사를 두지 아니하고 판매한 맞춤형화장품은 위해성 등급 (㉠)등급에 해당되며, (㉡)일 이내 회수되어야 한다.

07 다음 빈칸의 ㉠과 ㉡에 들어갈 내용을 쓰시오.

> 회수 대상 화장품이라는 사실을 안 날부터 (㉠) 이내 해당 품목의 제조·수입기록서 사본, 판매처별 판매량·판매일 등의 기록, 회수 사유를 적은 서류와 함께 회수계획서를 지방식품의약품안전청장에게 제출해야 한다. 회수 계획 통보 후 통보 사실을 입증할 수 있는 자료는 회수 종료일로부터 (㉡)년간 보관한다.

능력 때문에 성공한 사람보다
끈기 때문에 성공한 사람이 더 많습니다.

– 조정민, 『인생은 선물이다』, 두란노

보기만 해도 자동암기!

자동암기 브로마이드

- 본 도서 맨 앞에 위치
- 활용법: 벽에 붙이기, 돌돌 말아 휴대하기

PART 03

유통화장품 안전관리

선다형 25개	단답형 0개

원패스 테마 특강

- 경로: [에듀윌 도서몰] – [동영상강의실]
- 활용법: 파트별 학습 전후로 강의 활용하기

출제비중 **25%**

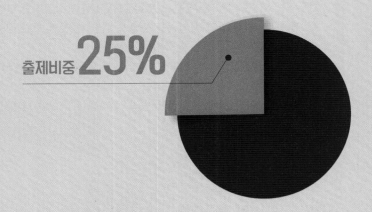

Chapter 01

작업장 위생관리

고득점 TIP 시설과 작업장의 위생 기준을 정리하고 설비 세척의 특징과 소독제 특징에 대해 정확히 학습하세요.

1 작업장 위생 기준

강의영상 바로 앞 페이지를 확인!

(1) 우수화장품 제조 및 품질관리 기준(Cosmetic Good Manufacturing Practice, CGMP)

목적 기출	우수화장품 제조 및 품질관리 기준에 관한 세부사항을 정하고, 이를 이행하도록 권장함으로써 우수한 화장품을 제조·공급하여 소비자보호 및 국민 보건 향상에 기여함
CGMP 3대 요소 기출	• 인위적인 과오의 최소화 • 미생물오염 및 교차오염으로 인한 품질저하 방지 • 고도의 품질관리체계 확립

(2) 작업소의 시설 적합 기준 기출

① 제조하는 화장품의 종류·제형에 따라 구획❷·구분❷하여 교차오염이 없어야 한다.
② 바닥, 벽, 천장은 가능한 청소하기 쉽게 매끄러운 표면이어야 하고, 소독제 등의 부식성에 저항력이 있어야 한다.
③ 환기가 잘 되고 외부와 연결된 창문은 가능한 한 열리지 않도록 해야 한다.
④ 수세실과 화장실은 접근이 쉬워야 하나 생산 구역과 분리❷되어 있어야 한다.
⑤ 작업장 전체에 적절한 조명을 설치하고 파손될 경우를 대비하여 제품 보호 조치를 마련해 두어야 한다.
⑥ 환기시설을 갖추어 제품 오염을 방지하고 적절한 온도 및 습도를 유지해야 한다.
⑦ 제조 구역별 청소 및 위생관리 절차에 따라 효능이 입증된 세척제 및 소독제를 사용해야 한다.
⑧ 제품의 품질에 영향을 주지 않는 소모품❷을 사용해야 한다.

(3) 작업소의 위생 기준 기출

① 곤충, 해충이나 쥐를 막을 수 있는 대책 마련과 정기적인 점검·확인을 해야 한다.
② 제조, 관리(적합 판정 기준을 충족시키는 검증) 및 보관 구역 내의 바닥, 벽, 천장 및 창문은 항상 청결하게 유지해야 한다.
③ 제조시설이나 설비의 세척에 사용되는 세제 또는 세척제는 효능이 입증된 것을 사용하고, 잔류하거나 표면에 이상을 초래해서는 안 된다.
④ 제조시설이나 설비는 적절한 방법으로 청소❷하여야 하며, 필요한 경우 위생관리 프로그램을 운영해야 한다.

용어 구획
벽, 칸막이, 에어커튼 등에 의해 나누어져 교차오염 또는 외부 오염 물질의 혼입이 방지될 수 있는 상태

용어 구분
선이나 줄, 그물망, 칸막이 또는 충분한 간격을 두어 착오나 혼동이 일어나지 않도록 되어 있는 상태

용어 분리
벽에 의해 별개의 장소로 나누어져 있고 공기조화장치가 별도로 설치되어 공기가 완전히 차단된 상태

용어 소모품
청소, 위생 처리 또는 유지 작업 동안에 사용되는 물품(세척제, 윤활제 등)

용어 청소
화학적인 방법, 기계적인 방법, 온도, 적용 시간과 이러한 복합된 요인에 의해 청정도를 유지하고, 일반적으로 표면에서 눈에 보이는 먼지를 분리, 제거하여 외관을 유지하는 모든 작업

120 PART 03 · 유통화장품 안전관리

(4) 구역별 위생관리 기준 _{기출}

보관 구역	• 통로는 사람과 물건이 이동하는 구역으로 사람과 물건의 이동에 불편함을 초래하거나 교차오염❷의 위험이 없어야 함 • 손상된 팔레트는 수거하여 수선 또는 폐기함 • 매일 바닥의 폐기물을 치워야 함 • 동물이나 해충이 침입하기 쉬운 환경은 개선되어야 함 • 용기(저장조 등)들은 닫아서 깨끗하고 정돈된 방법으로 보관해야 함
원료 취급 구역	• 원료보관소와 칭량실은 구획되어야 함 • 엎지르거나 흘리는 것을 방지하고, 즉각적으로 치우는 시스템과 절차들이 시행되어 바닥은 깨끗하고 부스러기가 없는 상태를 유지해야 함 • 모든 드럼의 윗부분은 이송 전 또는 칭량 구역에서 개봉 전에 검사하고 깨끗하게 해야 하며, 실제 칭량한 원료인 경우를 제외하고 적합하게 뚜껑을 덮어 놓아야 함 • 원료의 포장이 훼손된 경우에는 봉인하거나 즉시 별도의 저장조에 보관한 후 품질상의 처분 결정을 위해 격리해야 함
제조 구역	• 모든 도구와 기구는 청소 및 위생 처리 후 정해진 지역에 정돈 방법에 따라 보관하고, 호스는 사용 후 완전히 건조시켜 바닥에 닿지 않도록 정리하여 보관해야 함 • 제조 구역에서 흘린 것은 신속히 청소하고, 폐기물(여과지, 개스킷, 폐지, 플라스틱 봉지)은 주기적으로 버려 장기간 모아놓거나 쌓아두지 않아야 함 • 표면은 청소하기 용이한 재질로 설계되어야 하며, 탱크의 바깥 면들은 정기적으로 청소하고, 모든 배관이 사용될 수 있도록 우수한 정비 상태로 유지해야 함 • 페인트를 칠한 지역은 우수한 정비 상태로 유지되어야 하며, 벗겨진 칠은 보수되어야 함
포장 구역	• 제품의 교차오염을 방지할 수 있도록 설계하고, 질서를 무너뜨리는 다른 재료가 있어서는 안 됨 • 사용하지 않는 부품, 제품 또는 폐기물의 제거를 쉽게 할 수 있어야 하고, 폐기물 저장통은 필요하다면 청소 및 위생 처리되어야 함 • 사용하지 않는 기구는 깨끗하게 보관되어야 함

참고 교차오염
교차가 불가피할 경우 '시간차', 사람과 대차가 교차하는 경우 '유효폭'을 충분히 확보해야 함

2 작업장의 위생 상태

(1) 청정도 등급 및 관리 기준

① 청정도 등급 _{기출}

등급	대상시설	작업실
1등급	청정도 엄격 관리	Clean Bench
2등급	화장품 내용물이 노출되는 작업실	제조실, 성형실, 충전실, 내용물 보관소, 원료 칭량실, 미생물 실험실
3등급	화장품 내용물이 노출되지 않는 곳	포장실
4등급	일반 작업실(내용물 완전 폐색)	포장재 · 완제품 · 관리품 · 원료 보관소, 탈의실, 일반 실험실

② 관리 기준 _{기출}

등급	청정 공기순환	구비조건	관리 기준
1등급	20회/hr 이상 또는 차압 관리	Pre-filter, Med-filter, HEPA-filter, Clean Bench/Booth, 온도 조절	낙하균 10개/hr 또는 부유균 20개/m³
2등급	10회/hr 이상 또는 차압 관리	Pre-filter, Med-filter (필요 시 HEPA-filter), 분진 발생실 주변 양압, 제진 시설	낙하균 30개/hr 또는 부유균 200개/m³
3등급	차압 관리	Pre-filter 온도 조절	탈의, 포장재의 외부 청소 후 반입
4등급	환기장치	환기(온도 조절)	–

※ 1, 2, 3등급 시설에서 작업할 경우 작업복, 작업모, 작업화를 착용해야 함
※ 일반적으로 '4등급 < 3등급 < 2등급' 시설 순으로 실압을 높이고, 외부의 먼지가 작업장으로 유입되지 못하도록 해야 함

(2) 에어 필터

작업장에는 중성능 필터의 설치를 권장하며, 고도의 환경 관리가 필요하면 고성능 필터인 H/F(HEFA) 필터를 설치한다.

종류	특징	이미지
P/F	• Pre Filter(세척 후 3~4 회 재사용) • Medium Filter 전처리용 • 압력 손실: 9mmAq 이하 • 필터 입자: 5μm	
M/F	• Medium Filter • Media: Glass Fiber • HEPA Filter 전처리용 • B/D 공기 정화, 산업 공장 등에 사용 • 압력 손실: 16mmAq 이하 • 필터 입자: 0.5μm	
H/F	• HEPA(High Efficiency Particulate Air) Filter • 0.3 μm의 분진 99.97 % 제거 • Media: Glass Fiber • 반도체 공장, 병원, 의약품, 식품 공장 등 사용 • 압력 손실: 24mmAq 이하 • 필터 입자: 0.3μm	

(3) 작업장의 낙하균 측정법 _{기출}

낙하균 시험 (측정 전)　　　낙하균 시험 (측정 후)

원리	• Koch법: 실내외를 불문하고, 대상 작업장에서 오염된 부유 미생물을 직접 평판배지 위에 일정 시간 자연 낙하시켜 측정하는 방법 • 배양접시에 낙하된 미생물을 배양하여 증식된 집락수를 측정하고 단위시간당의 생균수로 산출하는 방법 • 사용이 간단하고 편리한 방법이지만 공기 중의 전체 미생물을 측정할 수 없다는 단점이 있음
배지	• 세균용: 대두카제인 소화한천배지 • 진균용: 사부로포도당 한천배지 또는 포테이토덱스트로즈한천배지에 배지 100mL당 클로람페니콜 50mg을 넣음
기구	배양접시(내경 9cm), 배양접시에 멸균된 배지(세균용, 진균용)를 각각 부어 굳혀 낙하균 측정용 배지를 준비함
측정 위치 기출	• 일반적으로 작은 방을 측정하는 경우에는 약 5개소, 비교적 큰 방일 경우에는 측정소를 증가시킴 • 방 이외의 격벽구획이 명확하지 않은 장소(복도, 통로 등)에서는 공기의 진입, 유통, 정체 등의 상태를 고려하여 전체 환경을 대표한다고 생각되는 장소를 선택 • 측정하려는 방의 크기와 구조에 더 유의하여야 하나, 5개소 이하로 측정하면 올바른 평가를 얻기가 어려우며 측정 위치도 벽에서 30cm 떨어진 곳이 좋음 • 측정 높이는 바닥에서 측정하는 것이 원칙이지만 부득이 한 경우 바닥으로부터 20~30cm 높은 위치에서 측정하기도 함
노출 시간	• 공중 부유 미생물 수의 많고 적음에 따라 결정되며, 노출 시간이 1시간 이상이 되면 배지의 성능이 떨어지므로 예비 시험으로 적당한 노출 시간을 결정하는 것이 좋음 • **청정도가 높은 시설(예 무균실 또는 준무균실): 30분 이상 노출** • **청정도가 낮고, 오염도가 높은 시설(예 원료 보관실, 복도, 포장실, 창고):** 측정 시간 단축
측정 기출	• 선정된 측정 위치마다 세균용 배지와 진균용 배지를 1개씩 놓고 배양접시의 뚜껑을 열어 배지에 낙하균이 떨어지도록 함 • 위치별로 정해진 노출 시간이 지나면, 배양접시의 뚜껑을 닫아 배양기에서 배양함. 일반적으로 세균용 배지는 30~35℃, 48시간 이상, 진균용 배지는 20~25℃, 5일 이상 배양함. 배양 중에 확산균의 증식에 의해 균수를 측정할 수 없는 경우가 있으므로 매일 관찰하고 균수의 변동을 기록함 • 배양 종료 후 세균 및 진균의 평판마다 집락수를 측정하고, 사용한 배양접시 수로 나누어 평균 집락수를 구하고 단위시간당 집락수를 산출하여 균수로 함

(4) 작업장의 공기 조절 4대 요소 및 대응 설비 기출

화장품에 가장 적합한 공기 조절 방식은 센트럴 방식(중앙 방식)이며, 이는 공기의 온·습도, 공중미립자, 풍량 및 풍향, 기류를 하나로 이어진 도관을 사용하여 제어하는 방식이다.

① **청정도**: 공기정화기
② **실내온도**: 열교환기
③ **습도**: 가습기
④ **기류**: 송풍기

3 작업장의 위생 유지관리 활동

(1) 유지관리 기준

① 건물, 시설 및 주요 설비는 정기적으로 점검하여 화장품의 제조 및 품질관리에 지장이 없도록 해야 한다.

② 결함 발생 및 정비 중인 설비는 적절한 방법으로 표시하고, 고장 등 사용이 불가할 경우 표시해야 한다.

③ 세척한 설비는 다음 사용 시까지 오염되지 않도록 관리해야 한다.

④ 모든 제조 관련 설비는 승인된 자만이 접근·사용해야 한다.

⑤ 제품의 품질에 영향을 줄 수 있는 검사·측정·시험장비 및 자동화 장치는 계획을 수립하여 정기적으로 교정 및 성능 점검을 하고 기록해야 한다.

⑥ 유지관리 작업이 제품의 품질에 영향을 주어서는 안 된다.

(2) 유지관리 주요사항

① 예방적 차원에서 실시한다.

② 설비마다 절차서를 작성해야 한다.

③ 연간계획을 가지고 실행해야 한다.

④ 책임 내용이 명확해야 한다.

⑤ 유지하는 기준은 절차서에 포함해야 한다.

⑥ 점검체크시트를 사용하면 편리하다.

⑦ **점검항목**

- 외관 검사: 더러움, 녹, 이상 소음, 이취
- 작동 점검: 스위치, 연동성
- 기능 측정: 회전수, 전압, 투과율, 감도
- 청소: 내·외부 표면
- 부품 교환 및 개선: 제품 품질에 영향을 미치는 일이 확인되면 적극적으로 개선

(3) 방충·방서 대책의 예 `기출`

① 벽, 천장, 창문, 파이프 구멍에 틈이 없도록 할 것

② 배기구, 흡기구에 필터를 달고, 해충, 곤충의 조사와 구제를 실시할 것

③ 가능하면 개방할 수 있는 창문을 만들지 않을 것

④ 창문은 차광하고 야간에 빛이 새어 나가지 않게 할 것

⑤ 문 하부에는 스커트를 설치할 것

⑥ 폐수구에 트랩을 달 것

⑦ 골판지, 나무 부스러기를 방치하지 않을 것

⑧ 실내압을 외부보다 높게 할 것(공기조화장치)

(4) 청소 방법과 위생 처리

① 공조시스템에 사용된 필터는 규정에 의해 청소되거나 교체되어야 한다.

② 물질 또는 제품 필터들은 규정에 의해 청소되거나 교체되어야 한다.

③ 물이 고이거나 제품의 유출이 있는 곳 그리고 파손된 용기는 지체 없이 청소 또는 제거되어야 한다.

④ 제조공정 또는 포장과 관련되는 지역에서의 청소와 관련된 활동이 기류에 의한 오염을 유발하여 제품 품질에 위해를 끼칠 것 같은 경우에는 작업이 끝나고 실시한다.

용어 유지관리
적절한 작업 환경에서 건물과 설비가 유지되도록 정기적·비정기적인 지원 및 검증하는 작업

용어 건물
제품, 원료 및 포장재의 수령, 보관, 제조, 관리 및 출하를 위해 사용되는 물리적 장소, 건축물 및 보조 건축물

용어 제조
원료 물질의 칭량부터 혼합, 충전(1차 포장), 2차 포장 및 표시 등의 일련의 작업

용어 오염
제품에서 화학적, 물리적, 미생물학적 문제 또는 이들이 조합되어 나타내는 바람직하지 않은 문제의 발생

용어 교정 `기출`
규정된 조건하에서 측정 기기나 측정 시스템에 의해 표시되는 값과 표준 기기의 참값을 비교하여 이들의 오차가 허용 범위 내에 있음을 확인하고, 허용 범위를 벗어나는 경우 허용 범위 내에 들도록 조정하는 것

⑤ 청소에 사용되는 용구, 진공청소기 등은 정돈된 방법으로 깨끗하고 건조된 상태의 지정 장소에 보관되어야 한다.

⑥ 오물이 묻은 걸레는 사용 후에 버리거나 세탁해야 한다.

⑦ 오물이 묻은 유니폼은 세탁될 때까지 적당한 컨테이너에 보관되어야 한다.

⑧ 제조공정과 포장에 사용한 설비 그리고 도구들은 세척해야 한다.

⑨ 적절한 때 도구들은 계획과 절차에 따라 위생 처리되어야 하고 기록되어야 한다.

⑩ 적절한 방법으로 보관되어야 하고 청결을 보증하기 위해 사용 전 검사되어야 한다 (청소완료표시서).

⑪ 제조공정과 포장 지역에서 재료의 운송을 위해 사용된 기구는 필요할 때 청소되고 위생 처리되어야 하며 작업은 적절하게 기록되어야 한다.

⑫ 제조공장을 깨끗하고 정돈된 상태로 유지하기 위해 필요할 때 청소가 수행되어야 한다. 이러한 직무를 수행하는 모든 사람은 적절하게 교육되어야 한다.

⑬ 천장, 머리 위의 파이프 등 기타 작업 지역은 필요할 때 모니터링하여 청소되어야 한다.

⑭ 제품 또는 원료가 노출되는 제조공정과 포장·보관구역에서의 공사 또는 유지관리 보수 활동은 제품오염을 방지하기 위해 적합하게 처리되어야 한다.

⑮ 제조공장의 한 부분에서 다른 부분으로 먼지 이물 등이 묻혀가는 것을 방지하기 위해 주의해야 한다.

4 작업장 위생 유지를 위한 세제의 종류와 사용법

(1) 세제 성분의 특성 [기출]

계면활성제, 살균제, 금속이온봉쇄제, 유기폴리머, 용제, 연마제 및 표백 성분으로 구성된다. ❷

주요 성분	특성	대표적 성분
계면활성제	• 세정제의 주요 성분 • 다양한 세정 작용으로 이물 제거	알킬벤젠설포네이트, 알칸설포네이트, 알파올레핀설포네이트, 알킬설페이트, 비누, 알킬에톡시레이트, 지방산알칸올 아미드, 알킬베테인/알킬설포베테인
살균제	• 미생물 살균 • 양이온 계면활성제 등	4급암모늄 화합물, 양성계면활성제, 알코올류, 산화물, 알데히드류, 페놀유도체
금속이온봉쇄제	• 세정 효과 증가 • 입자 오염에 효과적임	소듐트리포스페이트, 소듐사이트레이트, 소듐글루코네이트
유기폴리머	• 세정 효과 강화 • 세정제 잔류성 강화	셀룰로오스 유도체, 폴리올
용제	계면활성제의 세정 효과 증대	알코올, 글리콜, 벤질알코올
연마제	기계적 작용에 의한 세정 효과 증대	칼슘카보네이트, 클레이, 석영
표백 성분	• 살균 작용 • 색상 개선	활성염소 또는 활성염소 생성 물질

[참고] 세제 성분
• 세제의 주요 계면활성제는 음이온성 및 비이온성 계면활성제가 있음
• 세제의 살균 성분으로는 4급 암모늄 화합물, 양쪽성 계면활성제류, 알코올류, 알데히드류 및 페놀 유도체가 사용됨

(2) 세제의 구성 요건

① 세제는 사용이 편리하고 유용해야 한다.

② 중성에서 약알칼리성 사이의 다목적 세제는 범용 제품으로 물과 상용성이 있는 모든 표면에 적용한다.

③ 연마 세제는 기계적으로 저항성이 있는 물질에 한정적으로 사용한다.

④ 다목적 세제와 연마 세제는 가정에서는 손으로 직접 사용하지만, 작업장에서는 바닥연마기, 고압장치, 기포 발생기와 같은 보조 장치나 기구를 이용한다.

⑤ 표면은 헹굼이나 재세척 없이도 건조 후 깨끗하고 잔유물이 남아 있지 않아야 한다.

⑥ 연마 세제는 희석하지 않고 아주 소량의 물을 사용하여 직접 표면에 사용하며 잘 헹구어 준다.

(3) 세제의 요구조건

① 우수한 세정력과 표면 보호

② 세정 후 표면에 잔류물이 없는 건조 상태

③ 사용 및 계량의 편리성

④ 적절한 기포 거동

⑤ 인체 및 환경 안전성 및 충분한 저장 안정성

(4) 작업장별 청소주기 및 사용 세제

구역	청소 주기	사용 세제	점검 방법
원료 창고	작업 후(수시)	상수	육안
	1회/월	상수	
칭량실	작업 후	상수, 70% 에탄올	
	1회/월	중성 세제, 70% 에탄올	
제조실, 충전실, 반제품 보관실 및 미생물 실험실	수시(최소 1일/1회)	중성 세제, 70% 에탄올	
	1회/월	중성 세제, 70% 에탄올	

※ 원료 보관소는 연성세제, 또는 락스를 이용하여 오염물을 제거하며, 화장실은 바닥에 잔존하는 이물을 완전히 제거하고 소독제로 바닥 세척함

5 소독제와 중화제

(1) 소독제의 종류 기출

① 물리적 소독

100℃ 물 스팀	• 30분간 장치의 가장 먼 곳까지 온도가 유지되어야 함 • 장점: 사용 용이, 효과적 • 단점: 체류 시간이 길고, 고에너지 소비, 습기 발생
80~100℃ 온수	• 장점: 사용 용이, 효과적, 부식성이 없음, 간편한 출구 모니터링 • 단점: 체류 시간이 길고, 고에너지 소비, 습기 발생
전기 가열 테이프	• 다른 방법과 병행하여 사용 • 장점: 다루기 어려운 설비나 파이프 소독 시 유용 • 단점: 일반적인 소독 방법이 아님

② 화학적 소독 _{기출}

70% 에탄올	• 도구, 손 소독 등 다양하게 활용 • 조제 후 1주일 내 사용 • 장점: 적용 시 신속한 살균 효과 • 단점: 잔류 효과가 없음
크레졸수(3% 수용액)	• 실내 바닥 소독에 사용, 경제적 • 장점: 일반 세균(녹농균, 결핵균을 포함함)에 유효한 효과를 가짐 • 단점: 냄새가 강하고, 물에 잘 녹지 않으며, 원액이 피부에 닿으면 짓무름
차아염소산나트륨액	• 50ppm 락스 • 당일 조제하여 사용 후 전량 폐기 • 장점: 강한 살균력, 경제적 • 단점: 냄새가 강하고, 잔류성 및 부식성이 있음
페놀수(3% 수용액)	• 조제 후 1주일 내 사용 • 장점: 고온에서 효과가 큼, 강한 살균력 • 단점: 독성과 금속 부식성이 있음
벤잘코늄클로라이드	• 10%를 20배 희석하여 사용 • 장점: 넓은 범위에 걸친 방부 효과 • 단점: 양이온성 계면활성제로 알레르기를 유발할 수 있음
글루콘산클로르헥시딘	• 5%를 10배 희석하여 사용 • 장점: 살균 효과와 항진균 효과, 피부에 대한 소독 효과 • 단점: 심각한 알레르기 반응

(2) 이상적인 소독제의 조건

① 사용기간 동안 활성을 유지해야 한다.
② 경제적이고 쉽게 이용할 수 있어야 한다.
③ 사용 농도에서 독성이 없어야 한다.
④ 제품이나 설비와 반응하지 않아야 한다.
⑤ 불쾌한 냄새가 남지 않아야 한다.
⑥ 광범위한 항균 스펙트럼을 가져야 한다.
⑦ 5분 이내의 짧은 처리에도 효과를 나타내야 한다.
⑧ 소독 전에 존재하던 미생물을 최소한 99.9% 이상 사멸해야 한다.

(3) 소독제 선택 시 고려사항

① 대상 미생물의 종류와 수
② 항균 스펙트럼의 범위
③ 미생물 사멸에 필요한 작용 시간, 작용의 지속성
④ 물에 대한 용해성 및 사용 방법의 간편성
⑤ 적용 방법(분무, 침적, 걸레질 등)
⑥ 부식성 및 소독제의 향취
⑦ 적용 장치의 종류, 설치 장소 및 사용하는 표면의 상태
⑧ 내성균의 출현 빈도
⑨ pH, 온도, 사용하는 물리적 환경 요인의 약제에 미치는 영향
⑩ 잔류성 및 잔류하여 제품에 혼입될 가능성

⑪ 종업원의 안전성 고려

⑫ 법 규제 및 소요 비용

(4) 소독제의 효과에 영향을 주는 요인

① 사용 약제의 종류나 사용 농도, 액성(pH) 등

② 균에 대한 접촉 시간(작용 시간) 및 접촉 온도

③ 실내 온도, 습도

④ 다른 사용 약제와의 병용 효과, 화학 반응

⑤ 단백질 등의 유기물이나 금속 이온의 존재

⑥ 흡착성, 분해성

⑦ 미생물의 종류, 상태, 균수

⑧ 미생물의 성상, 약제에 대한 저항성, 약제 자화성 등의 유무

⑨ 미생물의 분포, 부착, 부유 상태

⑩ 작업자의 숙련도

(5) 소독액의 보관

소독액을 조제하여 보관할 때에는 기밀용기에 소독액 명칭, 제조일자, 사용기한, 제조자 등을 표기해야 한다.

(6) 작업장 소독

소독제	70% 에탄올 등의 소독액	
소독 주기	• 매일 실시가 원칙, 월 1회 이상 전체 소독 실시 • 제조 설비를 반·출입하거나, 수리한 후에는 수시 소독	
작업장별 소독 방법	칭량실	• 관련 직원 이외의 출입을 통제하고 소독을 실시 • 칭량실, 제조실, 반제품보관소, 세척실, 충전, 포장실, 원료보관소, 원자재 보관소, 완제품 보관소 등으로 구분하여 소독방법 및 주기를 달리 함
	제조실	• 작업실 내의 배수로와 배수구는 월 1회 락스로 소독한 후 내용물 잔류물, 기타 이물 등을 완전히 제거함 • 환경균 측정 결과 부적합이 나오거나 기타 필요 시 소독을 실시함 • 소독 시 제조기계 및 기구류 등을 완전히 밀봉함
	세척실	알코올 70% 소독액을 이용하여 배수로 및 세척실 내부를 소독함
	원료보관소	연성세제, 또는 락스를 이용하여 오염물 제거
	화장실	바닥에 있는 이물을 완전히 제거하고 소독제로 세척함
소독 시 유의사항	• 소독 시에는 소독 중임을 나타내는 표지판을 출입구에 부착할 것 • 소독제의 가연성으로 인한 화기를 주의함 • 눈에 보이지 않는 곳이나 소독을 실시하기에 힘든 곳 등에 유의하여 진행함 • 물청소 후에는 물기를 반드시 제거함 • 청소도구는 사용 후 세척하여 건조 또는 소독하여 보관함	

(7) 항균활성에 대한 중화제 기출

검체 중 보존제 등의 항균활성으로 인해 증식이 저해되는 경우(검액에서 회수한 균수가 대조액에서 회수한 균수의 1/2 미만인 경우)에는 결과의 유효성을 확보하기 위하여 총호기성생균수 시험법을 변경해야 한다. 항균활성을 중화하기 위하여 희석 및 중화제를 사용할 수 있다.

화장품 중 미생물 발육저지물질	항균성을 중화시킬 수 있는 중화제
페놀 화합물: 파라벤, 페녹시에탄올, 페닐에탄올 등 아닐리드	레시틴, 폴리솔베이트80, 지방알코올의 에틸렌 옥사이드 축합물(condensate), 비이온성 계면활성제
4급 암모늄 화합물, 양이온성 계면활성제	레시틴, 사포닌, 폴리솔베이트80, 도데실 황산나트륨, 지방알코올의 에틸렌 옥사이드 축합물
알데하이드, 포름알데하이드 – 유리 제제	글리신, 히스티딘
산화(oxidizing) 화합물	치오황산나트륨
이소치아졸리논, 이미다졸	레시틴, 사포닌, 아민, 황산염, 메르캅탄, 아황산수소나트륨, 치오글리콜산나트륨
비구아니드	레시틴, 사포닌, 폴리솔베이트80
금속염(Cu, Zn, Hg), 유기 – 수은 화합물	아황산수소나트륨, L – 시스테인 – SH 화합물(sulfhydryl compounds), 치오글리콜산

단원별 연습문제

01 우수화장품 제조 및 안전관리 기준(CGMP)의 내용 중 작업소의 위생관리 기준 으로 옳지 **않은** 것은?

① 보관 구역의 통로는 적절하게 설계되어야 하며, 사람과 물건의 이동에 불편함 을 초래하거나 교차오염의 위험이 없어야 한다.

② 제조 구역에서 흘린 것은 신속히 청소하고, 폐기물은 주기적으로 버려 장기간 모아두거나 쌓아두지 않아야 한다. 또한 호스는 사용 후 완전히 건조하여 바닥 에 잘 정리하여야 한다.

③ 원료 취급 구역 내 모든 드럼의 윗부분은 이송 전 또는 칭량 구역에서 개봉 전에 검사하고 깨끗하게 하여야 하며, 실제 칭량한 원료인 경우를 제외하고 적합 하게 뚜껑을 덮어 놓아야 한다.

④ 포장 구역에서는 제품의 교차오염을 방지할 수 있도록 설계하고, 사용하지 않는 부품, 제품 또는 폐기물의 제거를 쉽게 할 수 있어야 한다.

⑤ 제조, 관리 및 보관 구역 내의 바닥, 벽, 천장 및 창문은 항상 청결하게 유지해야 하며, 천장, 벽, 바닥이 접하는 부분은 틈이 없고, 먼지 등의 이물질이 쌓이지 않도록 둥글게 처리해야 한다.

02 3등급에 해당하는 작업장은?

① 제조실
② 충전실
③ 포장실
④ 내용물 보관소
⑤ 미생물 실험실

03 작업장의 청정도 등급에 대한 설명으로 옳지 **않은** 것은?

① Clean Bench는 1등급에 해당하며 관리 기준이 낙하균 10개/hr 또는 부유균 20개/m³이다.

② 제조실, 내용물 보관실은 2등급에 해당하며 청정 공기순환은 10회/hr 이상 또는 차압 관리가 되어야 한다.

③ 원료칭량실, 성형실은 2등급에 해당하며 관리 기준이 낙하균 30개/hr 또는 부유균 200개/m³이다.

④ 포장실은 3등급에 해당하며 청정 공기순환은 차압 관리가 되어야 한다.

⑤ 원료 보관소, 일반 실험실은 2등급에 해당하며 관리 기준이 낙하균 20개/hr 또는 부유균 200개/m³이다.

| 정답 | ②
| 해설 | 호스는 사용 후 완전히 건조하 여 바닥에 닿지 않도록 정리하여 보관해 야 한다.

| 정답 | ③
| 해설 | 포장실은 화장품의 내용물이 노출이 되지 않는 곳이므로 3등급에 해 당한다. ①, ②, ④, ⑤ 화장품의 내용물 이 노출되는 작업실이므로 2등급에 해 당한다.

| 정답 | ⑤
| 해설 | 원료 보관소, 일반 실험실은 4 등급에 해당한다.

04 다음 〈보기〉의 빈칸에 들어갈 용어로 적합한 것은?

| 보기 |

적절한 작업 환경에서 건물과 설비가 유지되도록 정기적·비정기적인 지원 및 검증 작업을 (   )(이)라고 한다.

① 교정
② 유지관리
③ 위생관리
④ 검증작업
⑤ 주요설비

05 이상적인 소독제의 조건으로 옳지 <u>않은</u> 것은?

① 경제적이며 쉽게 이용할 수 있어야 한다.
② 안전성과 세정력이 우수해야 한다.
③ 제품이나 설비에 반응하지 않아야 한다.
④ 사용하는 기간 동안 활성을 유지하여야 한다.
⑤ 미생물을 최소한 99.9% 이상 사멸하여야 한다.

06 화장품 중 미생물 발육저지물질로서 '비구아니드'의 항균성을 중화시킬 수 있는 중화제를 모두 쓰시오.

07 제조하는 화장품의 종류 및 제형에 따라 교차오염을 방지하기 위해 벽, 칸막이, 에어커튼 등에 의해 나누어져 교차오염 또는 외부 오염 물질의 혼입이 방지될 수 있는 상태를 무엇이라고 하는가?

| 정답 | ②

| 정답 | ②
| 해설 | 세정력이 우수해야 하는 것은 세제 또는 세척제의 조건이다.

| 정답 | 레시틴, 사포닌, 폴리솔베이트 80

| 정답 | 구획

Chapter 02

작업자 위생관리

고득점 TIP 작업자의 복장 기준과 소독제에 대해 구분하고, 작업장 내 작업자의 위생 규칙을 암기하세요.

1 작업장 내 직원의 위생 기준 설정 기출

① 적절한 위생관리 기준 및 절차를 마련하고, 제조소 내의 모든 직원은 위생관리 기준 및 절차를 준수하여야 한다.

신규 직원	위생 교육 실시
기존 직원	정기적 교육 실시

＊ 직원의 위생관리 기준 및 절차: 직원의 작업 시 복장, 직원 건강상태 확인, 직원에 의한 제품의 오염방지에 관한 사항, 직원의 손 씻는 방법❷, 직원의 작업 중 주의사항, 방문객 및 교육훈련을 받지 않은 직원의 위생관리 등이 포함되어야 함

참고 손 씻기
직원은 손 세척 설비를 사용하도록 교육을 받아야 함

② 작업소 및 보관소 내의 직원은 화장품의 오염 방지를 위해 작업소 및 보관소 내의 규정된 작업복을 착용해야 하며, 음식물 등을 반입해서는 안 된다(의약품을 포함한 개인 물품은 별도의 지역에 보관해야 하며, 음식 및 음료 섭취, 흡연 등은 제조 및 보관 지역과 분리된 곳에서 해야 함).

③ 피부에 외상이 있거나 질병에 걸린 직원은 건강상태가 양호해지거나 품질에 영향을 주지 않는다는 의사의 소견이 있기 전까지 화장품과 직접 접촉되지 않도록 격리되어야 한다.

④ 제조 구역별 접근 권한이 없는 작업원 및 방문객은 가급적 제조, 관리 및 보관 구역 내에 들어가지 않도록 하고, 불가피한 경우 사전에 직원 위생에 대한 교육 및 복장 규정에 따르도록 하고 감독해야 한다(방문객과 훈련받지 않은 직원이 제조, 관리 및 보관 구역으로 들어갈 경우 반드시 안내자와 동행해야 하며, 그들이 제조, 관리, 보관 구역으로 들어갈 것을 반드시 기록해야 함).

2 작업장 내 직원의 위생 상태 판정

① 적절한 위생관리 기준 및 절차가 마련되고, 이를 준수하고 있는가?

② 작업소 및 보관소 내의 모든 직원들은 화장품의 오염을 방지하기 위해 규정된 작업복을 착용하고 있는가?

③ 제조 구역별 접근 권한이 없는 작업원 및 방문객은 가급적 출입을 제한한 규정과 질병에 걸린 직원이 작업에 참여하지 못하는 규정이 있는가?

3 혼합·소분 시 위생관리 규정 기출

① 맞춤형화장품판매업자는 맞춤형화장품 판매장 시설·기구를 정기적으로 점검하여 보건 위생상 위해가 없도록 관리해야 한다.
② 위생관리란 대상물의 표면에 있는 바람직하지 못한 미생물 등 오염물을 감소시키기 위해 시행되는 작업으로, 혼합·소분 시 아래와 같이 안전관리 기준을 준수해야 한다.
   • 혼합·소분 전에 사용되는 내용물 또는 원료에 대한 품질성적서를 확인할 것
   • 혼합·소분 전에 손을 소독하거나 세정할 것(다만, 혼합·소분 시 일회용 장갑을 착용하는 경우에는 그렇지 않음)
   • 혼합·소분 전에 혼합·소분된 제품을 담을 포장용기의 오염 여부를 확인할 것
   • 혼합·소분에 사용되는 장비 또는 기구 등은 사용 전에 그 위생 상태를 점검하고, 사용 후에는 오염이 없도록 세척할 것
   • 그 밖에 혼합·소분의 안전을 위해 식품의약품안전처장이 정하여 고시하는 사항

4 작업자 위생 유지를 위한 세제의 종류와 사용법

종류	내용	사용법
손 세정제	• 손 표면에 묻은 이물질을 씻거나 닦아내는 데 쓰는 물질 • 일반 비누 예 액상, 고체형 손비누	흐르는 물에 비누를 사용하여 세척
손 소독제 기출	• 1차 에탄올이 함유되어 세정 효과가 있음 • 물 없이도 손 소독이 가능하며, 의약외품으로 분류됨 • 알코올, 클로르헥시딘, 헥사클로로펜, 아이오도퍼 등	손 소독제로 소독

5 작업자 소독을 위한 소독제의 종류와 사용법

(1) 소독제의 선택
   • 소독제란 병원 미생물을 사멸시키기 위해 인체의 피부, 점막의 표면이나 기구, 환경의 소독을 목적으로 사용하는 화학 물질을 총칭함
   • 소독제를 선택할 때에는 소독제의 조건을 고려해야 함

(2) 작업장 내 직원의 소독제 사용 방법
   • 깨끗한 흐르는 물에 손을 적신 후, 비누를 충분히 적용, 뜨거운 물을 사용하면 피부염 발생 위험이 증가하므로 미지근한 물을 사용
   • 손의 모든 표면에 비누액이 접촉하도록 15초 이상 문지름, 손가락 끝과 엄지손가락 및 손가락 사이사이 주의 깊게 문지름
   • 물로 헹군 후 손이 재오염되지 않도록 일회용 타올로 건조시킴
   • 수도꼭지를 잠글 때는 사용한 타올을 이용하여 잠금
   • 타올은 반복 사용하지 않으며 여러 사람이 공용하지 않음
   • 손이 마른 상태에서 손소독제를 모든 표면을 다 덮을 수 있도록 충분히 적용
   • 손의 모든 표면에 소독제가 접촉되도록, 특히 손가락 끝과 엄지손가락 및 손가락 사이사이를 주의 깊게 문지름
   • 손의 모든 표면이 마를 때까지 문지름

(3) 소독제의 종류 및 특징

종류	설명	사용법
알코올	단백질 변성기전으로 소독 및 살균 효과	70~80% 농도로 사용
클로르헥시딘	양이온 항균제, 세포질막의 파괴로 소독 효과	주로 0.5~4.0% 농도로 사용
헥사클로로펜	세포벽 파괴로 소독 효과	주로 3.0% 농도로 사용
아이오도퍼	세포 단백질 합성 저해와 세포막 변성에 의한 소독 효과	주로 0.5~10% 농도로 사용

6 작업자 위생관리를 위한 복장 청결 상태 판단

(1) 작업자의 복장 청결 상태 판단

① 규정된 작업 복장을 하고 착용 상태는 양호한가?
② 작업모, 작업복, 작업화는 청결한가?
③ 머리카락이 모자 밑으로 나오지 않도록 착용하였는가?
④ 작업 전 수세와 소독을 하였는가?
⑤ 과도한 화장과 액세서리 등을 착용하지 않았는가?
⑥ 두발, 손톱 상태는 단정한가?
⑦ 감기, 발열, 화농 등의 개인 건강상태는 양호한가?

(2) 작업 복장 기준

구분	형태	작업 내용	작업자
방진복	• 전면 지퍼, 긴소매, 긴 바지로 주머니가 없음 • 손목, 허리, 발목은 고무줄 • 모자는 챙이 있고, 머리를 완전히 감싸는 형태	특수화장품 제조 작업	특수화장품의 제조/충전자
작업복	상하의가 분리	• 제조 작업 • 원료 칭량 • 원료 · 자재 · 반제품 및 제품의 보관, 입 · 출고 관련 작업 • 제조 설비류의 보수 및 유지관리 작업	• 제조 작업자 • 원료 칭량실 인원 • 자재 보관 관리자 • 제조 시설 관리자
실험복	백색 가운으로 양쪽 주머니가 있음	가운이 필요한 실험실 및 간접 부문 작업	실험실 인원 및 기타 필요 인원

(3) 구역별 복장 기준

복장 기준	제조실	칭량실	충진실	포장실	실험실
작업복	○	○	○	○	–
작업모(위생모)	○	○	○	○	–
작업화(안전화)	○	○	○	○	–
실험복	–	–	–	–	○
마스크	필요시	필요시	필요시	–	–
슬리퍼	–	–	–	–	○
보호안경	필요시	필요시	–	–	–

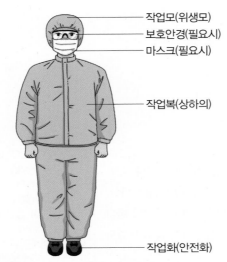

작업모(위생모)
보호안경(필요시)
마스크(필요시)

작업복(상하의)

작업화(안전화)

복장 예시(제조실, 칭량실, 충전실, 포장실)

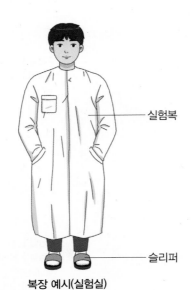

실험복

슬리퍼

복장 예시(실험실)

단원별 연습문제

01 작업자가 받는 정기적 교육의 내용으로 옳지 <u>않은</u> 것은?

① 손 씻기
② 복장상태 관리
③ 영양상태 관리
④ 건강상태 관리
⑤ 방문객 및 교육 훈련을 받지 않은 직원의 위생관리

| 정답 | ③
| 해설 | 정기적 교육에는 복장·건강상태, 제품 오염 방지, 손 씻기, 작업 중 주의사항, 방문객 및 교육 훈련을 받지 않은 직원 위생관리 등이 있다.

02 작업장 내 직원의 위생 상태에 관한 설명으로 옳은 것은?

① 손 세척 설비를 사용하도록 교육을 받아야 한다.
② 외상이나 질병에 걸린 직원은 양호해지면 화장품과 직접 접촉해도 된다.
③ 화장품의 오염 방지를 위해 작업장 내에서는 음료 정도의 섭취만 허용한다.
④ 개인적인 의약품은 생산관리실 외에 제조 및 보관 구역에 보관해 두어야 한다.
⑤ 제조 구역별 접근 권한이 없는 방문객은 제조 구역에만 들어가지 않도록 한다.

| 정답 | ①
| 해설 | ② 외상이나 질병에 걸린 직원은 의사의 소견이 있기 전까지 작업을 금지한다.
③ 작업소 및 보관소에는 음식물 등을 반입해서는 안 되며, 음식 및 음료 섭취, 흡연 등은 제조 및 보관 지역과 분리된 곳에서 해야 한다.
④ 제조 및 보관 구역 내에서는 개인 의약품 보관을 금지한다.
⑤ 가급적 제조, 관리 및 보관 구역 내에 들어가지 않도록 해야 한다.

03 작업자의 소독을 위한 소독제의 종류로 옳지 <u>않은</u> 것은?

① 알코올
② 아이오도퍼
③ 고체형 비누
④ 헥사클로로펜
⑤ 클로르헥시딘

| 정답 | ③
| 해설 | 고체형 비누는 손 세정제에 해당한다. ①, ②, ④, ⑤는 손 소독제에 해당한다.

04 작업자의 작업 복장 기준 중 실험실 복장으로 적절한 것은?

① 작업복
② 위생모
③ 실험복
④ 보호안경
⑤ 작업화(안전화)

| 정답 | ③
| 해설 | 실험복은 실험실에서 입는 복장이다. ①, ②, ⑤ 제조실, 칭량실, 충전실, 포장실의 복장 기준에 적합한 복장이다. ④ 제조실, 칭량실에서 필요 시 착용한다.

설비 및 기구관리

고득점 TIP 설비·기구의 특징과 재질에 대해 암기하고, 관련 용어를 집중적으로 암기하세요.

1 설비·기구의 위생 기준 설정

(1) 제조 및 품질관리에 필요한 설비의 위생 기준 기출

① 사용 목적에 적합하고, 청소가 가능하며, 필요한 경우 위생 유지관리가 가능할 것 (자동화 시스템을 도입한 경우도 같음)

② 사용하지 않는 연결 호스와 부속품은 청소 등 위생관리하여 먼지, 얼룩 또는 다른 오염으로부터 보호하고, 건조한 상태를 유지할 것

③ 배수가 용이하도록 설계·설치하며, 제품 및 청소 소독제와 화학반응을 일으키지 않을 것

④ 설비 등의 위치는 원자재나 직원의 이동으로 제품의 품질에 영향을 주지 않으면서 제품의 오염을 방지할 것

⑤ 용기는 먼지나 수분으로부터 내용물을 보호할 것

⑥ 배관 및 배수관을 설치하며 배수관은 역류하지 않고 청결을 유지할 것

⑦ 천장 주위의 대들보, 파이프, 덕트 등은 가급적 노출되지 않게 설계하고, 파이프는 벽에 닿지 않게 할 것

⑧ 소모품은 제품의 품질에 영향을 주지 않도록 할 것

⑨ **저울의 검사, 측정 및 관리**
  • 매일 영점을 조정하고, 주기별로 점검을 실시할 것
  • 검사, 측정 및 시험 장비의 정밀도를 유지·보존할 것

점검 항목	영점	수평	저울 정기 점검
점검 주기	매일	매일	1개월에 한 번
점검 시기	가동 전	가동 전	−
점검 방법	영점 설정 확인	육안 확인	표준 분동으로 실시
판정 기준	'O' 설정 확인	수평임을 확인	• 직선성: ±0.5% 이내 • 정밀성: ±0.5% 이내 • 편심오차: ±0.1% 이내
이상 시 조치 사항	수리의뢰 및 필요 조치	자가 조절 후 수리의뢰 및 필요 조치	필요 조치

(2) 설비 세척의 원칙 _{기출}

① 위험성이 없는 용제(물이 최적)로 세척하며, 분해할 수 있는 설비는 분해해서 세척
   한다.
② 세제는 가능한 한 사용하지 않는다. ^❷
③ 증기 세척은 좋은 방법이다.
④ 브러시 등으로 문질러 지우는 것을 고려한다.
⑤ 세척 후에는 반드시 판정하며, 판정 후의 설비는 건조·밀폐해서 보존한다.
⑥ 세척의 유효기간을 설정한다.

(3) 제조 시설의 세척 및 평가

① 책임자 지정
② 세척 및 소독 계획
③ 세척 방법과 세척에 사용되는 약품 및 기구
④ 제조 시설의 분해 및 조립 방법
⑤ 이전 작업 표시 제거 방법
⑥ 청소 상태 유지 방법
⑦ 작업 전 청소 상태 확인 방법

(4) 물의 품질

① 물의 품질 적합 기준은 사용 목적에 맞게 규정할 것 ^❷
② 물의 품질은 정기적으로 검사하고 필요시 미생물학적 검사를 실시할 것
③ 물 공급 설비는 물의 정체와 오염을 피할 수 있도록 설치할 것
④ 물 공급 설비는 물의 품질에 영향이 없을 것
⑤ 물 공급 설비는 살균처리가 가능할 것

참고 세제 미사용의 이유

세제 사용을 권하지 않는 이유는 설비 내벽에 남기 쉽고, 남았을 경우 제품에 영향을 미치며, 남은 세제를 분석하기 힘들기 때문임

참고 사용 목적별 물의 품질

• 제조설비 세척: 정제수, 상수
• 손 씻기: 상수
• 제품 용수: 화장품 제조 시 적합한 정제수

2 설비 · 기구의 위생 상태 판정 기출

세척 후에는 반드시 판정을 실시하며, 판정 방법은 다음과 같다.

육안 판정	장소는 미리 정해 놓고 판정 결과를 기록서에 기재
닦아내기 판정	흰 천이나 검은 천으로 설비 내부의 표면을 닦아내고, 천 표면의 잔류물 유무로 세척 결과 판정(천은 무진포가 선호됨)
린스 정량법	호스나 틈새기의 세척 판정에 적합하며, 수치로 결과 확인 가능(HPLC❷, TLC❷, TOC❷, UV)
표면 균 측정법	• 면봉 시험법 ⅰ. 포일로 싼 면봉과 멸균액을 고압멸균기에 멸균(121℃, 20분) ⅱ. 검증하고자 하는 설비 선택 ⅲ. 면봉으로 일정 크기의 면적 표면을 문지름(보통 24 ~ 30cm²) ⅳ. 검체 채취 후 검체가 묻어 있는 면봉을 적절한 희석액(멸균된 생리 식염수 또는 완충 용액)에 담가 채취된 미생물 희석 ⅴ. 미생물이 희석된 희석액 1mL를 취해 한천 평판 배지에 도말하거나 배지를 부어 미생물 배양 조건에 맞춰 배양 ⅵ. 배양 후 검출된 집락 수를 세어 희석 배율을 곱해 면봉 1개당 검출되는 미생물 수를 계산(CFU/면봉) • 콘택트 플레이트법 ⅰ. 콘택트 플레이트에 직접 또는 부착된 라벨에 표면 균, 채취 날짜, 검체 채취 위치, 검체 채취자에 대한 정보 기록 ⅱ. 한 손으로 콘택트 플레이트 뚜껑을 열고 다른 한 손으로 표면 균을 채취하고자 하는 위치에 배지가 고르게 접촉하도록 가볍게 눌렀다가 떼어낸 후 뚜껑을 덮음 ⅲ. 검체 채취가 완료된 콘택트 플레이트를 테이프로 봉하여 열리지 않도록 하여 오염 방지 ⅳ. 검체 채취가 완료된 표면을 70% 에탄올로 소독과 함께 배지의 잔류물 남지 않도록 함 ⅴ. 미생물 배양 조건에 맞추어 배양 ⅵ. 배양 후 CFU 수 측정

용어 HPLC(고성능 액체 크로마토그래피)

용매 중의 유기화합물을 성분별로 분석하여 함유량을 측정함

용어 TLC(박층크로마토그래피)

고정상으로 만든 박층을 이용하여 혼합물을 이동상으로 전개하여 각각의 성분을 분석함

용어 TOC(총유기탄소)

유기물질 측정 지표 중 하나로, 유기적으로 결합된 탄소의 합을 측정함

3 오염 물질 제거 및 소독 방법

(1) 세척 대상 물질
① 화학 물질(원료, 혼합물), 미립자, 미생물
② 동일 제품, 이종 제품
③ 쉽게 분해되는 물질, 안정된 물질
④ 불용 물질, 가용 물질
⑤ 검출이 곤란한 물질, 쉽게 검출할 수 있는 물질

(2) 세척 대상 설비
① 설비, 배관, 용기, 호스, 부속품
② 단단한 표면(용기 내부), 부드러운 표면(호스)
③ 큰 설비, 작은 설비
④ 세척이 곤란한 설비, 용이한 설비

(3) 세척 및 소독 방법 `기출`
① 세척 방법에 제1선택지, 제2선택지, 심한 더러움 시의 대안을 마련하여 세척 대책이 되는 설비의 상태에 맞게 세척 방법을 선택한다.
② 유화기 등의 일반적인 제조설비는 '물+브러시' 세척이 제1선택지이다.
③ 지우기 어려운 잔류물에는 에탄올 등의 유기용제의 사용이 필요하다.
④ 분해할 수 있는 부분은 분해하여 세척한다.
⑤ 호스와 여과천 등은 서로 상이한 제품 간에 공용해서는 안 되며, 제품마다 전용품을 준비한다.

(4) 설비 세척제의 유형 `기출`

유형	세척대상	세척제 예시	특징
무기산, 약산성 세척제	무기염, 수용성 금속 혼합물	**강산**: 염산, 황산 **약산**: 인산, 초산, 구연산	• pH 0.2 ~ 5.5 • 산성에 녹는 물질, 금속 산화 물 제거에 효과적 • 독성, 환경 및 취급 문제
중성 세척제	기름때, 작은 입자	약한 계면활성제 용액 (알코올과 같은 수 용성 용매를 포함 할 수 있음)	• pH 5.5 ~ 8.5 • 용해나 유화에 의한 제거 • 낮은 독성, 부식성
약알칼리, 알칼리 세척제	기름, 지방입자	수산화암모늄, 탄산나트륨, 인산나트륨	• pH 8.5 ~ 12.5 • 알칼리는 비누화, 가수분해를 촉진
부식성 알칼리 세척제	찌든 기름	수산화나트륨, 수산화칼륨, 규산나트륨	• pH 12.5 ~ 14 • 오염물의 가수분해 시 효과가 좋음 • 독성, 부식성

4 설비·기구의 구성 재질 구분 기출

탱크	• 공정 단계 및 완성된 포뮬레이션 과정에서 공정 중 또는 보관용 원료를 저장하기 위해 사용함 • 주로 316스테인리스 스틸을 사용하며, 주형 물질 또는 거친 표면은 제품이 뭉치게 되어 화장품에는 추천하지 않음 • 미생물학적으로 민감하지 않은 물질이나 제품에는 유리로 안을 댄 강화유리섬유 폴리에스터와 플라스틱으로 안을 댄 탱크를 사용함 • 모든 용접, 결합은 가능한 한 매끄럽고 평면이어야 함 • 외부 표면의 코팅은 제품에 대해 저항력이 있어야 함
펌프❷	• 다양한 점도의 액체를 다른 지점으로 이동시키기 위해 사용함 • 하우징과 날개차는 닳는 특성으로 다른 재질로 만들며, 펌핑된 제품으로 젖게 되는 개스킷(Gasket), 패킹(Packing) 및 윤활제가 있으며, 모든 온도 범위에서 제품과의 적합성 평가가 되어야 함 • 원하는 속도, 펌프될 물질의 점성, 수송단계의 필요 조건, 청소/위생관리의 용이성에 따라 선택
혼합과 교반 장치 (호모게나이저)	• 제품의 균일성 또는 물리적 성상을 얻기 위해 사용함 • 기계적인 회전된 날의 간단한 형태로부터 정교한 제분기와 균질화기까지 있으며, 전기화학적 반응을 피하기 위해 믹서를 설치한 모든 젖은 부분은 탱크와 공존이 가능한지 확인할 것
호스	• 한 위치에서 다른 위치로 제품을 전달하기 위해 사용함. • 강화된 식품등급의 고무, TYGON 또는 강화된 TYGON, 나일론, 폴리프로필렌, 폴리에칠렌, 네오프렌 등의 구성 재질을 사용함
필터, 여과기, 체	• 화장품 원료와 완전 제품의 입자 크기를 작게 하고, 덩어리 모양을 깨고, 불순물을 제거하기 위해 사용함 • 스테인리스 스틸과 비반응성 섬유이며, 316스테인리스는 제품 제조 시 선호
이송파이프	• 제품을 한 위치에서 다른 위치로 운반함 • 유리, 304 또는 316스테인리스, 구리, 알루미늄 등으로 구성되며, 전기화학반응이 일어날 수 있으므로 주의하여야 함
칭량장치	• 원료, 제조 과정 중 재료 및 완제품에서 요구되는 성분표 양과 기준을 만족하는지를 보증하기 위해 중량적으로 측정하는 장치 • 칭량 작업에 간섭하지 않는다면 보호적인 피복제로 칠할 수 있음
게이지와 미터기	• 온도, 압력, 흐름, 점도, pH, 속도, 부피 등 화장품의 특성을 측정 및 기록하기 위해 사용함 • 제품과 직접 접하는 게이지와 미터의 적절한 기능에 영향을 주지 않아야 하며, 대부분 원료와 직접 접하지 않도록 분리 장치를 제공함
제품 충전기	• 조작 중 온도 및 압력이 제품에 영향을 끼치지 않아야 함 • 제품과 접촉되는 표면 물질은 300시리즈 스테인리스 스틸, 304 혹은 더 부식에 강한 316 스테인리스 스틸이 가장 널리 사용됨

참고 **펌프의 설계**
• 원심력을 이용하는 방법: 낮은 점도의 액체에 사용 예 물, 청소용제
 − 열린 날개차(Impeller)
 − 닫힌 날개차(Impeller)
• 양극적인 이동: 점성이 있는 액체에 사용 예 미네랄 오일, 에멀전
 − Duo Lobe(2중 돌출부)
 − 기어
 − 피스톤

5 설비·기구의 폐기 기준

정비 계획에 따른 점검·정비	• 설비 대장의 점검·정비 주기와 연간 정비 계획표 수립 • 정비 업무 계획표에 따라 점검과 정비 실시 • 설비 점검은 설비별 점검 기준서를 기초로 함 • **점검 기준서 포함 사항**: 설비 구조도면, 명칭, 기능, 취급 방법, 기계요소 및 내구 수명, 작업 내용, 설비 기본 정보(설비 번호, 설비명, 설치 연월, 설치 장소), 설비 사진 또는 도면(일련번호와 함께 점검과 정비 대상인 기계요소의 번호, 명칭, 기능 기재), 점검 부위명, 점검 기준, 점검 방법, 점검 주기, 조치 방법, 담당자명 • **설비의 일상 점검**: 일간 또는 주간 주기로 실시, 결과를 설비 점검표에 기록 • **설비의 정기 점검**: 연간 정비 계획서에 따라 정기 정비와 같이 실시, 설비 점검표에 점검 결과를 기재하고 기록 보관
설비 결함	• 고장의 원인이 되는 설비 손상, 설비 효율이나 생산 효율을 저해하는 요인을 말함 • 설비 효율 저해 요인은 고장 로스, 작업 준비·조정 로스, 일시 정체 로스, 속도 로스, 불량·수정 로스, 초기 수율 로스가 있음 • 수시로 점검과 정비를 통해 설비 결함의 발생 빈도를 감소시켜야 함
부품 교체	부품 교체 주기표, 유지·보수 계획서, 그리고 장기 보전 계획표에 정해진 기간에 실시하고 예비품을 관리하고, 대장에 기록해야 함
설비·기구의 이력 관리 및 폐기	• 사용 조건과 설비 관리의 적절성에 따라 내구연한이 달라짐 • 설비 이력 관리를 통한 설비 가동률과 고장률 파악 • 점검·정비 주기의 단축 또는 연장 여부 결정 • 부품의 교체 시기, 설비의 정밀 진단과 폐기 시점 결정 • **설비 가동 일지 기록사항**: 설비 번호, 설비명, 설치 장소, 설치 연월과 같은 기본 항목 이외에 생산일 및 시간, 조업 시간, 정지 시간, 부하 시간, 가동 시간, 가동률 • 내구연한 종료 설비의 폐기 • **설비 이력카드 양식의 구성** {표} | 설비 상세 명세 구성 항목 | 설비 번호, 설비명, 설치 장소, 제작 번호, 제작사, 제조 연월, 구입처, 설치 연월, 설비 사진과 주요 기계요소 명칭, 일련번호와 주요 부속품 및 장치명 | | 유지·보수 이력 구성 항목 | 유지·보수 일시, 유지·보수 항목, 유지·보수 내용, 조치 사항, 조치 결과, 작업자 | | 부품 교체 이력 구성 항목 | 부품 교체 일시, 부품명, 교체 방법, 수량, 이전 교체일, 구입처, 작업자 |
불용 처리	• 부품 수급이 불가능한 경우 • 설비 수리·교체의 비용이 신규 설비 도입 비용을 초과하는 경우 • 정기점검 결과 작동 및 오작동에 대한 설비의 신뢰성이 지속적인 경우

단원별 연습문제

Chapter 03 설비 및 기구관리

01 제조 및 품질관리에 필요한 설비에 대한 설명으로 옳지 <u>않은</u> 것은?

① 소모품이 제품의 품질에 영향을 주지 않도록 한다.
② 용기는 먼지나 수분으로부터 내용물을 보호해야 한다.
③ 천장 주위의 대들보, 파이프, 덕트 등은 가급적 노출되도록 설계한다.
④ 사용하지 않는 연결 호스와 부속품은 건조한 상태를 유지하여야 한다.
⑤ 설비 등의 위치는 직원의 이동으로 제품의 품질에 영향을 주지 않아야 한다.

| 정답 | ③
| 해설 | 천장 주위의 대들보, 파이프, 덕트 등은 가급적 노출되지 않게 설계하여야 한다.

02 설비 세척에 대한 설명으로 옳지 <u>않은</u> 것은?

① 세척의 유효기간을 설정한다.
② 세척 후 반드시 판정을 해야 한다.
③ 판정 후 설비는 건조하여 밀폐 · 보존한다.
④ 브러시 등을 이용하여 문질러 지우는 것을 고려해야 한다.
⑤ 가능한 한 세제를 사용하여 이물질을 깨끗이 제거해야 한다.

| 정답 | ⑤
| 해설 | 세제는 가능한 한 사용하지 않으며, 물이 최적의 세제이다.

03 제품의 균일성 또는 물리적 성상을 얻기 위해 사용하는 설비는?

① 체   ② 펌프
③ 탱크   ④ 필터
⑤ 호모게나이저

| 정답 | ⑤
| 해설 | ①, ④ 화장품 원료와 완전 제품의 입자 크기를 작게 하고, 덩어리 모양을 깨고, 불순물을 제거하기 위해 사용한다.
② 액체를 다른 지점으로 이동시키기 위해 사용한다.
③ 공정 단계 및 완성된 포뮬레이션 과정에서 공정 중 또는 보관용 원료를 저장하기 위해 사용한다.

04 다양한 점도의 액체를 다른 지점으로 이동하기 위해 사용하는 것으로 하우징과 날개차는 다른 재질로 만들고 모든 온도 범위에서 제품과의 적합성 평가가 되어야 하는 설비는 (㉠   )이다. ㉠에 들어갈 용어를 쓰시오.

| 정답 | 펌프

내용물 및 원료관리

고득점 TIP 비의도적 검출 성분의 허용한도, 미생물 한도, 내용량 기준을 집중적으로 암기하세요.
입고된 원료 처리 순서 및 벌크제품의 재보관, 원료 폐기관리 기준은 한 번 더 학습하세요.

1 내용물 및 원료의 입고 기준

(1) 용어의 정의

일탈	제조 또는 품질관리 활동 등의 미리 정해진 기준을 벗어나 이루어진 행위
기준일탈	규정된 합격 판정 기준에 일치하지 않는 검사, 측정 또는 시험 결과
불만	제품이 규정된 적합 판정 기준을 충족시키지 못한다고 주장하는 외부 정보
주요설비	제조 및 품질 관련 문서에 명기된 설비로 제품의 품질에 영향을 미치는 필수적인 설비
감사	제조 및 품질과 관련한 결과가 계획된 사항과 일치하는지의 여부와 제조 및 품질관리가 효과적으로 실행되고 목적 달성에 적합한지 여부를 결정하기 위한 체계적이고 독립적인 조사
내부감사	제조 및 품질과 관련한 결과가 계획된 사항과 일치하는지의 여부와 제조 및 품질관리가 효과적으로 실행되고 목적 달성에 적합한지 여부를 결정하기 위한 회사 내 자격이 있는 직원에 의해 행해지는 체계적이고 독립적인 조사
변경관리	모든 제조, 관리 및 보관된 제품이 규정된 적합 판정 기준에 일치하도록 보장하기 위해 우수화장품 제조 및 품질관리기준이 적용되는 모든 활동을 내부 조직의 책임하에 계획하여 변경하는 것
적합 판정 기준	시험 결과의 적합 판정을 위한 수적인 제한, 범위 또는 기타 적절한 측정법
출하	주문 준비와 관련된 일련의 작업과 운송 수단에 적재하는 활동으로 제조소 외로 제품을 운반하는 것
위생관리	대상물의 표면에 있는 바람직하지 못한 미생물 등 오염물을 감소시키기 위해 시행되는 작업
수탁자	직원, 회사 또는 조직을 대신하여 작업을 수행하는 사람, 회사 또는 외부 조직
공정관리	제조공정 중 적합 판정 기준의 충족을 보증하기 위해 공정을 모니터링하거나 조정하는 모든 작업
제조단위 또는 뱃치	하나의 공정이나 일련의 공정으로 제조되어 균질성을 갖는 화장품의 일정한 분량

(2) 입고관리 기준

① 제조업자는 원자재 공급자에 대한 관리·감독을 적절히 수행하여 입고관리가 철저히 이루어지도록 한다.

② 원자재 입고 시 구매요구서, 원자재 공급업체 성적서 및 현품이 서로 일치하여야 한다(필요한 경우 운송 관련 자료 추가 확인 가능). 기출

③ 원자재 용기에 제조번호❷가 없는 경우 관리번호를 부여하여 보관해야 한다.

④ 입고 절차 중 육안으로 물품에 결함이 있음을 확인한 경우 입고를 보류하고 격리보관 및 폐기 또는 원자재 공급업자에게 반송해야 한다.

⑤ 입고된 원자재는 '적합', '부적합', '검사 중' 등으로 상태를 표기해야 한다(동일 수준의 보증이 가능한 다른 시스템이 있다면 대체 가능).

⑥ 원자재 용기 및 시험기록서의 필수적인 기재사항은 다음과 같으며, 이는 입고 시 확인해야 한다. (기출)
  • 원자재 공급자가 정한 제품명
  • 원자재 공급자명
  • 수령일자
  • 공급자가 부여한 제조번호 또는 관리번호

용어 제조번호(뱃치번호)

뱃치(하나의 공정이나 일련의 공정으로 제조되어 균질성을 갖는 화장품의 일정 분량)에 대해 제조관리 및 출하에 관한 모든 사항을 확인할 수 있도록 표시된 번호로서 숫자, 문자, 기호 또는 이들의 특정적인 조합

PART 03

(3) 입고 내용물 및 원료 처리 순서

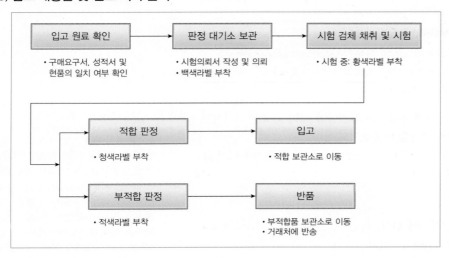

2 유통화장품의 안전관리 기준

(1) 공통 안전관리 기준

① 완전 제거가 불가능한 성분의 검출 허용한도 (기출)

화장품 제조 시 아래 물질을 인위적으로 첨가하지 않았으나, 제조 또는 보관 과정 중 비의도적으로 유래된 사실이 객관적인 자료로 확인되고 기술적으로 해당 물질을 완전히 제거할 수 없는 경우 각 물질의 검출 허용한도는 다음과 같다.

납	점토를 원료로 사용한 분말 제품 50㎍/g 이하, 그 밖의 제품은 20㎍/g 이하
니켈	눈화장용 제품 35㎍/g 이하, 색조화장용 제품 30㎍/g 이하, 그 밖의 제품은 10㎍/g 이하
비소	10㎍/g 이하
안티몬	10㎍/g 이하
카드뮴	5㎍/g 이하

수은	1μg/g 이하
디옥산	100μg/g 이하
메탄올	0.2(v/v)% 이하, 물휴지는 0.002%(v/v) 이하
포름알데하이드	2,000μg/g 이하, 물휴지는 20μg/g 이하
프탈레이트류	디부틸프탈레이트, 부틸벤질프탈레이트 및 디에칠헥실프탈레이트에 한하여 총합으로 100μg/g 이하

② 사용할 수 없는 원료로 고시된 원료가 ①의 내용과 같이 비의도적으로 검출되었으나 검출 허용한도가 명시되지 않은 경우, 위해 평가를 진행하여 위해 여부를 확인한다.

③ 화장품 미생물 허용한도 [기출]

영유아용 제품류 및 눈화장용 제품류	총호기성생균수 500개/g(mL) 이하
물휴지	세균 및 진균수 각각 100개/g(mL) 이하
기타 화장품류	총호기성생균수 1,000개/g(mL) 이하
모든 화장품류	대장균(Escherichia coli), 녹농균(Pseudomonas Aeruginosa), 황색포도상구균(Staphylococcus Aureus) 불검출

④ 내용량 기준 [기출]
• 제품 3개를 가지고 시험할 때 그 평균 내용량이 표기량에 대해 97% 이상이어야 한다. 다만, 화장비누의 경우 건조 중량을 내용량으로 한다.
• 위의 기준치를 벗어날 경우, 6개를 더 취하여 시험할 때 9개의 평균 내용량이 표기량에 대해 97% 이상이어야 한다.

(2) 유형별 추가 안전관리 기준 [기출]
① **액상 제품**[?]: pH 기준이 3.0~9.0이어야 한다. 다만, 물을 포함하지 않는 제품과 사용한 후 곧바로 물로 씻어내는 제품은 제외한다.
② **화장비누**: 유리알칼리는 0.1% 이하이어야 한다.
③ **기능성화장품**: 기능성을 나타나게 하는 주원료의 함량이 심사 또는 보고한 기준에 적합하여야 한다.

(3) 퍼머넌트웨이브용 및 헤어스트레이트너[?]
① **제1제** [기출]
• 공통: 품질을 유지하거나 유용성을 높이기 위해 적당한 알칼리제, 침투제, 습윤제, 착색제, 유화제, 향료 등을 첨가할 수 있다(ⓐ의 제1제의 1 및 제1제의 2의 혼합물은 제외).
  – 중금속: 20μg/g 이하(ⓐ의 제1제의 1 및 제1제의 2의 혼합물은 제외함)
  – 비소: 5μg/g 이하(ⓐ의 제1제의 2, 제1제의 1 및 제1제의 2의 혼합물은 제외함)
  – 철: 2μg/g 이하(ⓐ의 제1제의 2, 제1제의 1 및 제1제의 2의 혼합물은 제외함)
• 제품별
  ㉠ 치오글라이콜릭애씨드 또는 그 염류를 주성분으로 하는 냉2욕식 퍼머넌트웨이브용 제품: 불휘발성 무기알칼리의 총량이 치오글라이콜릭애씨드의 대응량 이하인 액제이다. 단, 산성에서 끓인 후의 환원성 물질 함량이 7.0%를 초과하는 경우에는 초과분에 대해 디치오디글라이콜릭애씨드 또는 그 염류를 디치

[참고] **액상 제품**
영유아용 제품류(영유아용 샴푸, 영유아용 린스, 영유아 인체 세정용 제품, 영유아 목욕용 제품은 제외함), 눈화장용 제품류, 색조화장용 제품류, 두발용 제품류(샴푸, 린스는 제외함), 면도용 제품류(셰이빙 크림, 셰이빙 폼은 제외함), 기초화장용 제품류(클렌징 워터, 클렌징 오일, 클렌징 로션, 클렌징 크림 등 메이크업 리무버 제품은 제외함) 중 로션, 크림 및 이와 유사한 제형의 액상 제품

[참고] 부록 p.63

오디글라이콜릭애씨드로 같은 양 이상 배합해야 한다.
- pH: 4.5~9.6
- 알칼리: 0.1N 염산의 소비량은 검체 1mL에 대해 7.0mL 이하
- 산성에서 끓인 후의 환원성 물질(치오글라이콜릭애씨드): 산성에서 끓인 후의 환원성 물질 함량(치오글라이콜릭애씨드로서)이 2.0~11.0%

ⓒ 시스테인, 시스테인염류 또는 아세틸시스테인을 주성분으로 하는 냉2욕식 퍼머넌트웨이브용 제품: 불휘발성 무기알칼리를 함유하지 않은 액제이다.
- pH: 8.0~9.5
- 알칼리: 0.1N 염산의 소비량은 검체 1mL에 대해 12mL 이하
- 시스테인: 3.0~7.5%
- 환원 후의 환원성 물질(시스틴): 0.65% 이하

ⓒ 치오글라이콜릭애씨드 또는 그 염류를 주성분으로 하는 냉2욕식 헤어스트레이트너용 제품: 불휘발성 무기알칼리의 총량이 치오글라이콜릭애씨드의 대응량 이하인 제제이다. 단, 산성에서 끓인 후의 환원성 물질 함량이 7.0%를 초과하는 경우, 초과분에 대해 디치오디글라이콜릭애씨드 또는 그 염류를 디치오디글라이콜릭애씨드로 같은 양 이상 배합하여야 한다.
- pH: 4.5~9.6
- 알칼리: 0.1N 염산의 소비량은 검체 1mL에 대해 7.0mL 이하
- 산성에서 끓인 후의 환원성 물질(치오글라이콜릭애씨드): 2.0~11.0%
- 산성에서 끓인 후의 환원성 물질 이외의 환원성 물질(아황산, 황화물 등): 검체 1mL 중의 산성에서 끓인 후의 환원성 물질 이외의 환원성 물질에 대한 0.1N 요오드액의 소비량은 0.6mL 이하
- 환원 후의 환원성 물질(디치오디글리콜릭애씨드): 4.0% 이하

ⓔ 치오글라이콜릭애씨드 또는 그 염류를 주성분으로 하는 가온2욕식 퍼머넌트웨이브용 제품 - 약 60℃ 이하로 가온 조작하여 사용하는 것: 불휘발성 무기알칼리의 총량이 치오글라이콜릭애씨드의 대응량 이하인 액제이다.
- pH: 4.5~9.3
- 알칼리: 0.1N 염산의 소비량은 검체 1mL에 대해 5mL 이하
- 산성에서 끓인 후의 환원성 물질(치오글라이콜릭애씨드): 1.0~5.0%
- 산성에서 끓인 후의 환원성 물질 이외의 환원성 물질(아황산, 황화물 등): 검체 1mL 중의 산성에서 끓인 후의 환원성 물질 이외의 환원성 물질에 대한 0.1N 요오드액의 소비량은 0.6mL 이하
- 환원 후의 환원성 물질(디치오디글라이콜릭애씨드): 4.0% 이하

ⓜ 시스테인, 시스테인염류 또는 아세틸시스테인을 주성분으로 하는 가온2욕식 퍼머넌트웨이브용 제품 - 약 60℃ 이하로 가온 조작하여 사용하는 것: 불휘발성 무기알칼리를 함유하지 않는 액제이다.
- pH: 4.0~9.5
- 알칼리: 0.1N 염산의 소비량은 검체 1mL에 대해 9mL 이하
- 시스테인: 1.5~5.5%
- 환원 후의 환원성 물질(시스틴): 0.65% 이하

ⓑ 치오글라이콜릭애씨드 또는 그 염류를 주성분으로 하는 가온2욕식 헤어스트레이트너 제품 – 이 제품은 시험할 때 약 60℃ 이하로 가온 조작하여 사용하는 것: 불휘발성 알칼리의 총량이 치오글라이콜릭애씨드의 대응량 이하인 제제이다.
  – pH: 4.5~9.3
  – 알칼리: 0.1N 염산의 소비량은 검체 1mL에 대해 5.0mL 이하
  – 산성에서 끓인 후의 환원성 물질(치오글라이콜릭애씨드): 1.0~5.0%
  – 산성에서 끓인 후의 환원성 물질 이외의 환원성 물질(아황산염, 황화물 등): 검체 1mL 중의 산성에서 끓인 후의 환원성 물질 이외의 환원성 물질에 대한 0.1N 요오드액의 소비량은 0.6mL 이하
  – 환원 후의 환원성 물질(디치오디글라이콜릭애씨드): 4.0% 이하

ⓢ 치오글라이콜릭애씨드 또는 그 염류를 주성분으로 하는 고온 정발용 열기구를 사용하는 가온2욕식 헤어스트레이트너 제품 – 약 60℃ 이하로 가온하여 제1제를 처리한 후 물로 충분 히 세척하여 수분을 제거하고 고온정발용 열기구(180℃ 이하)를 사용하는 것: 불휘발성 알칼리의 총량이 치오글라이콜릭애씨드의 대응량 이하인 제제이다.
  – pH: 4.5~9.3
  – 알칼리: 0.1N 염산의 소비량은 검체 1mL에 대해 5.0mL 이하
  – 산성에서 끓인 후의 환원성 물질(치오글라이콜릭애씨드): 1.0~ 5.0%
  – 산성에서 끓인 후의 환원성 물질 이외의 환원성 물질(아황산염, 황화물 등): 검체 1mL 중의 산성에서 끓인 후의 환원성 물질 이외의 환원성 물질에 대한 0.1N 요오드액의 소비량은 0.6mL 이하
  – 환원 후의 환원성 물질(디치오디글라이콜릭애씨드): 4.0% 이하

ⓞ 치오글라이콜릭애씨드 또는 그 염류를 주성분으로 하는 냉1욕식 퍼머넌트웨이브용 제품 – 실온에서 사용하는 것: 불휘발성 무기알칼리의 총량이 치오글라이콜릭애씨드의 대응량 이하인 액제이다.
  – pH: 9.4~9.6
  – 알칼리: 0.1N 염산의 소비량은 검체 1mL에 대해 3.5~4.6mL
  – 산성에서 끓인 후의 환원성 물질(치오글라이콜릭애씨드): 3.0~3.3%
  – 산성에서 끓인 후의 환원성 물질 이외의 환원성 물질(아황산염, 황화물 등): 검체 1mL 중인 산성에서 끓인 후의 환원성 물질 이외의 환원성 물질에 대한 0.1N 요오드액의 소비량은 0.6mL 이하
  – 환원 후의 환원성 물질(디치오디글라이콜릭애씨드): 0.5% 이하

ⓩ 치오글라이콜릭애씨드 또는 그 염류를 주성분으로 하는 제1제 사용 시 조제하는 발열 2욕식 퍼머넌트웨이브용 제품 – 제1제의 1과 제1제의 1 중의 치오글라이콜릭애씨드 또는 그 염류의 대응량 이하의 과산화수소를 함유한 제1제의 2, 과산화수소를 산화제로 함유하는 제2제로 구성되며, 사용 시 제1제의 1 및 제1제의 2를 혼합하면 약 40℃로 발열되어 사용하는 것
  • 제1제의 1: 치오글라이콜릭애씨드 또는 그 염류를 주성분으로 하는 액제이다.
    – pH: 4.5~9.5
    – 알칼리: 0.1N 염산의 소비량은 검체 1mL에 대해 10mL 이하
    – 산성에서 끓인 후의 환원성 물질(치오글라이콜릭애씨드): 8.0~19.0%
    – 산성에서 끓인 후의 환원성 물질 이외의 환원성 물질(아황산염, 황화물 등):

검체 1mL 중의 산성에서 끓인 후의 환원성 물질 이외의 환원성 물질에 대한 0.1N 요오드액의 소비량은 0.8mL 이하
- 환원 후의 환원성 물질(디치오디글라이콜릭애씨드): 0.5% 이하
- **제1제의 2**: 이 제품은 제1제의 1 중에 함유된 치오글라이콜릭애씨드 또는 그 염류의 대응량 이하의 과산화수소를 함유한 액제이다.
  - pH: 2.5~4.5
  - 과산화수소: 2.7~3.0%
- **제1제의 1 및 제1제의 2의 혼합물**: 이 제품은 제1제의 1 및 제1제의 2를 용량비 3:1로 혼합한 액제로서 치오글라이콜릭애씨드 또는 그 염류를 주성분으로 하고 불휘발성 무기알칼리의 총량이 치오글라이콜릭애씨드의 대응량 이하인 것이다.
  - pH: 4.5~9.4
  - 알칼리: 0.1N 염산의 소비량은 검체 1mL에 대해 7mL 이하
  - 산성에서 끓인 후의 환원성 물질(치오글라이콜릭애씨드): 2.0~11.0%
  - 산성에서 끓인 후의 환원성 물질 이외의 환원성 물질(아황산염, 황화물 등): 산성에서 끓인 후의 환원성 물질 이외의 환원성 물질에 대한 0.1N 요오드액의 소비량은 0.6mL 이하
  - 환원 후의 환원성 물질(디치오디글라이콜릭애씨드): 3.2~4.0%
  - 온도 상승: 온도의 차는 14℃~20℃

② **제2제 공통(◎은 제외)** 기출
- **브롬산나트륨 함유 제제**: 브롬산나트륨에 그 품질을 유지하거나 유용성을 높이기 위해 적당한 용해제, 침투제, 습윤제, 착색제, 유화제, 향료 등을 첨가한 것
  - 용해 상태: 명확한 불용성 이물이 없을 것
  - pH: 4.0~10.5
  - 중금속: 20μg/g 이하
  - 산화력: 1인 1회 분량의 산화력이 3.5 이상
- **과산화수소수 함유 제제**: 과산화수소수 또는 과산화수소수에 그 품질을 유지하거나 유용성을 높이기 위해 적당한 침투제, 안정제, 습윤제, 착색제, 유화제, 향료 등을 첨가한 것
  - pH: 2.5~4.5
  - 중금속: 20μg/g 이하
  - 산화력: 1인 1회 분량의 산화력이 0.8~3.0

(4) 유통화장품 안전관리 시험 방법 기출

성분	시험 방법
납	• 디티존법 • 원자흡광광도법 • 유도결합플라즈마분광기(ICP)를 이용하는 방법 • 유도결합플라즈마-질량분석기(ICP-MS)를 이용하는 방법 ＊크림, 팩 등 기초화장용 제품류, 무기물질 및 무기색소가 많이 함유된 색조화장용 제품류, 점토를 사용한 제품 등에서 검출될 수 있음

비소	• 비색법 • 원자흡광광도법 • 유도결합플라즈마분광기(ICP)를 이용하는 방법 • 유도결합플라즈마 – 질량분석기(ICP–MS)를 이용하는 방법 ∗ 안료 등의 분체 원료에서 불순물로 존재할 수 있으며, 크림, 팩 등 기초화장용 제품류, 색조화장용 제품류, 눈화장용 제품류, 두발용 제품류, 점토를 사용한 제품 등에서 검출될 수 있음
수은	• 수은분해장치를 이용한 방법 • 수은분석기를 이용한 방법 ∗ 기초화장품 제품류, 영유아용 제품류 중 크림류 제품 등에서 검출될 수 있음
니켈, 안티몬, 카드뮴 기출	• 유도결합플라즈마 – 질량분석기(ICP–MS)를 이용하는 방법 ∗ 검출시험 범위에서 충분한 정량 한계, 검량선의 직선성 및 회수율이 확보되는 경우, 아래의 방법을 이용하여 측정 가능함 • 원자흡광분광기(AAS)를 이용하는 방법 • 유도결합플라즈마분광기(ICP)를 이용하는 방법 ∗ 안티몬: 천연 무기파우더를 사용하는 색조화장용제품류에서 검출될 수 있음 ∗ 카드뮴: 색조화장용 제품류, 눈화장용 제품류, 두발용 제품류 등에서 검출될 수 있음
디옥산 기출	기체크로마토그래프법–절대검량선법 ∗ 영유아용 제품류, 목욕용 제품류, 두발용 제품류, 눈화장용 제품류, 기초화장품 제품류, 면도용 제품류 등에서 디옥산이 생성될 수 있는 계면활성제 사용 시 검출될 수 있음

메탄올	• 푹신아황산법
	• 기체크로마토그래프법
	  – 물휴지 외 제품(증류법, 희석법, 기체크로마토그래프 분석)
	  – 물휴지(기체크로마토그래프 – 헤드스페이스법)
	• 기체크로마토그래프 – 질량분석기법
	∗ 두발용 제품류, 방향용 제품류, 화장수 등의 기초화장용 제품류 등 에탄올 함량이 높은 제품에서 메탄올이 검출될 수 있음

포름알데하이드	액체크로마토그래프법 – 절대검량선법 ∗ 보존제(디아졸리디닐우레아, 디엠디엠하이단토인, 2–브로모–2–나이트로프로판–1, 3–디올, 벤질헤미포름알, 소듐하이드록시메칠아미노아세테이트, 이미다졸리디닐우레아, 쿼터늄–15, 메텐아민 등)를 사용하는 화장품에서 검출될 수 있음
프탈레이트류 (디부틸프탈레이트, 부틸벤질프탈레이트 및 디에칠헥실프탈레이트) 기출	• 기체크로마토그래프 – 수소염이온화검출기를 이용한 방법 • 기체크로마토그래프 – 질량분석기를 이용한 방법 ∗ 유기용매 함량이 높고, 플라스틱 용기나 도구를 사용하는 손발톱 제품류, 방향용 제품류, 두발용 제품류 등에서 검출될 수 있음
유리알칼리 시험법	• 에탄올법(나트륨 비누) • 염화바륨법❼(모든 연성 칼륨 비누 또는 나트륨과 칼륨이 혼합된 비누)

참고 부록 p.62

pH 시험법	검체 약 2g 또는 2mL를 취하여 100mL 비커에 넣고 물 30mL를 넣어 수욕상에서 가온하여 지방분을 녹이고 흔들어 섞은 다음 냉장고에서 지방분을 응결시켜 여과함(이때 지방층과 물층이 분리되지 않을 때는 그대로 사용) → 여액을 가지고 「기능성화장품 기준 및 시험방법」(식품의약품안전처 고시) 일반시험법 1. 원료의 "47. pH측정법"에 따라 시험(다만, 성상에 따라 투명한 액상인 경우에는 그대로 측정)

내용량	• 용량으로 표시된 제품: 내용물이 들어있는 용기에 뷰렛으로부터 물을 적가하여 용기를 가득 채웠을 때의 소비량을 정확하게 측정 → 용기의 내용물을 완전히 제거하고 물 또는 기타 적당한 유기용매로 용기의 내부를 깨끗이 씻어 말린 다음 뷰렛으로부터 물을 적가하여 용기를 가득 채워 소비량을 정확히 측정 → 전후의 용량차를 내용량으로 함. 다만, 150mL이상의 제품에 대하여는 메스실린더를 써서 측정함
	• 질량으로 표시된 제품: 내용물이 들어있는 용기의 외면을 깨끗이 닦고 무게를 정밀하게 측정 → 내용물을 완전히 제거하고 물 또는 적당한 유기용매로 용기의 내부를 깨끗이 씻어 말린 다음 용기만의 무게를 정밀히 측정 → 전후의 무게차를 내용량으로 함
	• 길이로 표시된 제품: 길이를 측정하고 연필류는 연필심지에 대하여 그 지름과 길이를 측정함
	• 화장비누❷
	  – 수분 포함: 상온에서 저울로 측정(g)하여 실중량은 전체 무게에서 포장 무게를 뺀 값으로 하고, 소수점 이하 1자리까지 반올림하여 정수자리까지 구함
	  – 건조: 검체를 작은 조각으로 자른 후 약 10g을 0.01 g까지 측정하여 접시에 옮겨 103±2℃ 오븐에서 1시간 건조 후 꺼내어 냉각시키고 다시 오븐에 넣고 1시간 후 접시를 꺼내어 데시케이터로 옮김 → 실온까지 충분히 냉각시킨 후 질량을 측정하고 2회의 측정에 있어서 무게의 차이가 0.01g 이내가 될 때까지 1시간 동안의 가열, 냉각 및 측정 조작을 반복한 후 마지막 측정 결과를 기록
	• 그 밖의 특수 제품: 「대한민국약전」(식품의약품안전처 고시)으로 정한 바에 따름

참고 **비누의 제조 방법**
• 검화법: 유지를 알칼리로 가수분해, 중화하여 비누와 글리세린을 얻는 방법
• 중화법: 지방산과 알칼리를 직접 반응시켜 비누를 얻는 방법

(5) 인체 세포 · 조직 배양액 안전 기준 기출

① 용어의 정의

인체 세포 · 조직 배양액	인체에서 유래된 세포 또는 조직을 배양한 후 세포와 조직을 제거하고 남은 액
공여자	배양액에 사용되는 세포 또는 조직을 제공하는 사람
공여자 적격성검사	공여자에 대해 문진, 검사 등에 의한 진단을 실시하여 해당 공여자가 세포배양액에 사용되는 세포 또는 조직을 제공하는 것에 대해 적격성이 있는지를 판정하는 것
윈도우 피리어드	감염 초기에 세균, 진균, 바이러스 및 그 항원·항체·유전자 등을 검출할 수 없는 기간

청정등급	부유입자 및 미생물이 유입되거나 잔류하는 것을 통제하여 일정 수준 이하로 유지되도록 관리하는 구역의 관리 수준을 정한 등급

② **일반사항** 기출

- 누구든지 세포나 조직을 주고받으면서 금전 또는 재산상의 이익을 취할 수 없다.
- 누구든지 공여자에 관한 정보를 제공하거나 광고 등을 통해 특정인의 세포 또는 조직을 사용하였다는 내용의 광고를 할 수 없다.
- 인체 세포·조직 배양액을 제조하는 데 필요한 세포·조직은 채취 혹은 보존에 필요한 위생상의 관리가 가능한 의료기관에서 채취된 것만을 사용한다.
- 세포·조직을 채취하는 의료기관 및 인체 세포·조직 배양액을 제조하는 자는 업무 수행에 필요한 문서화된 절차를 수립하고 유지하여야 하며 그에 따른 기록을 보존하여야 한다.
- 화장품책임판매업자는 세포·조직의 채취, 검사, 배양액 제조 등을 실시한 기관에 대해 안전하고 품질이 균일한 인체 세포·조직 배양액이 제조될 수 있도록 관리·감독을 철저히 하여야 한다.

③ **공여자 적격성검사**

- 공여자는 건강한 성인으로서 감염증이나 질병❷으로 진단되지 않아야 한다.
- 의료기관에서는 윈도우 피리어드를 감안한 관찰기간 설정 등 공여자 적격성검사에 필요한 기준서를 작성하고 이에 따라야 한다.

④ **세포·조직의 채취 및 검사**

- 세포·조직을 채취하는 장소는 외부 오염으로부터 위생적으로 관리하고, 보관되었던 세포·조직의 균질성 검사 방법은 현 시점에서 가장 적절한 최신의 방법을 사용해야 하며, 그와 관련한 절차를 수립하고 유지한다.
- 세포 또는 조직에 대한 품질 및 안전성 확보에 필요한 정보를 확인할 수 있도록 다음의 내용을 포함한 세포·조직 채취 및 검사기록서를 작성·보존한다.
  - 채취한 의료기관 명칭
  - 채취 연월일
  - 공여자 식별 번호
  - 공여자의 적격성 평가 결과
  - 동의서
  - 세포 또는 조직의 종류, 채취방법, 채취량, 사용한 재료 등의 정보

⑤ **배양시설 및 환경의 관리**

- 인체 세포·조직 배양액을 제조하는 배양시설은 청정등급 1B(Class 10,000) 이상의 구역에 설치하여야 한다.
- 제조 시설 및 기구는 정기적으로 점검하여 관리되어야 하고, 작업에 지장이 없도록 배치되어야 한다.
- 제조 공정 중 오염을 방지하는 등 위생관리를 위한 제조위생관리기준서❷를 작성하고 이에 따라야 한다.

⑥ **인체 세포·조직 배양액의 제조**

- 인체 세포·조직 배양액을 제조할 때에는 세균, 진균, 바이러스 등을 비활성화 또는 제거하는 처리를 하여야 한다.

참고 **감염증 및 질병**
- B형간염바이러스(HBV), C형간염바이러스(HCV), 인체면역결핍바이러스(HIV), 인체T림프영양성바이러스(HTLV), 파보바이러스B19, 사이토메가로바이러스(CMV), 엡스타인–바 바이러스(EBV) 감염증
- 전염성 해면상뇌증 및 전염성 해면상뇌증으로 의심되는 경우
- 매독트레포네마, 클라미디아, 임균, 결핵균 등의 세균에 의한 감염증
- 패혈증 및 패혈증으로 의심되는 경우
- 세포·조직의 영향을 미칠 수 있는 선천성 또는 만성질환

참고 **제조위생관리기준서**
본문 p.81

- 아래의 내용을 포함한 '인체 세포 · 조직 배양액'의 기록서를 작성 · 보존하여야 한다. 기출
  - 채취(보관 포함)한 기관 명칭
  - 채취 연월일
  - 검사 등의 결과
  - 세포 또는 조직의 처리 취급 과정
  - 공여자 식별 번호
  - 사람에게 감염성 및 병원성을 나타낼 가능성이 있는 바이러스 존재 유무 확인 결과
- 배지, 첨가성분, 시약 등 인체 세포 · 조직 배양액 제조에 사용된 모든 원료의 기준규격을 설정한 인체 세포 · 조직 배양액 원료규격 기준서를 작성하고, 인체에 대한 안전성이 확보된 물질 여부를 확인하여야 하며, 이에 대한 근거자료를 보존하여야 한다.
- 제조기록서는 아래 내용이 포함되도록 작성하고 보존하여야 한다.
  - 제조번호, 제조연월일, 제조량
  - 사용한 원료의 목록, 양 및 규격
  - 사용된 배지의 조성, 배양조건, 배양기간, 수율
  - 각 단계별 처리 및 취급 과정
- 채취한 세포 및 조직을 일정 기간 보존할 필요가 있는 경우에는 타당한 근거자료에 따라 균일한 품질을 유지하도록 보관 조건 및 기간을 설정해야 하며, 보관되었던 세포 및 조직에 대해서는 세균, 진균, 바이러스, 마이코플라즈마 등에 대해 적절한 부정시험을 행한 후 인체 세포 · 조직 배양액 제조에 사용해야 한다.
- 인체 세포 · 조직 배양액 제조 과정에 대한 작업조건, 기간 등에 대한 제조관리 기준서를 포함한 표준지침서를 작성하고 이에 따라야 한다.

⑦ 인체 세포 · 조직 배양액의 안전성 평가
- 인체 세포 · 조직 배양액의 안전성 확보를 위해 다음의 안전성시험 자료❼를 작성 · 보존하여야 한다.
- 안전성시험 자료는 「비임상시험관리기준」(식품의약품안전처 고시)에 따라 시험한 자료이어야 한다.
- 안전성시험 자료는 인체 세포 · 조직 배양액 제조자가 자체적으로 구성한 안전성 평가위원회의(독성전문가 등 외부전문가 위촉) 심의를 거쳐 적정성을 평가하고 그 평가 결과를 기록 · 보존하여야 한다.

⑧ 인체 세포 · 조직 배양액의 시험검사
- 인체 세포 · 조직 배양액의 품질을 확보하기 위해 다음의 항목을 포함한 인체 세포 · 조직 배양액 품질관리 기준서를 작성하고 이에 따라 품질검사를 하여야 한다.
  - 성상
  - 무균시험
  - 마이코플라스마 부정시험
  - 외래성 바이러스 부정시험
  - 확인시험
  - 순도시험: 기원 세포 및 조직 부재시험, '항생제', '혈청' 등 [별표 1]의 '사용할 수 없는 원료' 부재시험 등(배양액 제조에 해당 원료를 사용한 경우에 한함)
- 품질관리에 필요한 각 항목별 기준 및 시험 방법은 과학적으로 그 타당성이 인정되어야 하며, 시험검사는 매 제조번호마다 실시하고 그 시험성적서를 보존하여야 한다.

⑨ 기록 보존
화장품책임판매업자는 이 안전 기준과 관련한 모든 기준, 기록 및 성적서에 관한 서류를 받아 완제품의 제조연월일로부터 3년이 경과한 날까지 보존하여야 한다.

참고 **안전성시험 자료**
- 단회 투여 독성시험 자료
- 반복 투여 독성시험 자료
- 1차 피부 자극시험 자료
- 안점막 자극 또는 기타 점막 자극시험 자료
- 피부 감작성시험 자료
- 광독성 및 광감작성 시험 자료(자외선에서 흡수가 없음을 입증하는 흡광도 시험자료를 제출하는 경우에는 제외함)
- 인체 세포 · 조직 배양액의 구성 성분에 관한 자료
- 유전 독성시험 자료
- 인체 첩포시험 자료

3 입고된 원료 및 내용물관리 기준

(1) 원료 개봉 시 주의사항

① 원료 겉면에 표시된 주의사항을 자세히 확인한다.

② 캔의 경우 뚜껑 개봉 시 손 부상을 입지 않도록 주의한다.

③ 질소가 충전된 드럼의 경우 뚜껑을 천천히 열어 질소가 서서히 빠져나가도록 한다.

④ 에탄올은 기화할 수 있으므로 여름 보관 시 주의한다.

⑤ 파우더 타입은 공기 중으로 날아갈 수 있으므로 마스크 착용 후 개봉한다.

(2) 적절한 보관을 위한 고려사항❷ 기출

① 보관 조건은 각각의 원료와 포장재에 적합하여야 하고, 과도한 열기, 추위, 햇빛 또는 습기에 노출되어 변질되는 것을 방지할 수 있어야 한다. 예 냉장, 냉동❷

② 물질의 특징 및 특성에 맞도록 보관, 취급되어야 한다.

③ 특수한 보관 조건은 적절하게 준수, 모니터링되어야 한다.

④ 원료와 포장재의 용기는 밀폐되어 청소와 검사가 용이하도록 충분한 간격으로 바닥과 떨어진 곳에 보관되어야 한다.

⑤ 원료와 포장재가 재포장될 경우 원래의 용기와 동일하게 표시되어야 한다.

⑥ 원료 및 포장재의 관리는 허가되지 않거나, 불합격 판정을 받거나, 아니면 의심스러운 물질의 허가되지 않은 사용을 방지할 수 있어야 한다.

⑦ 재고의 신뢰성을 보증하고, 모든 중대한 모순을 조사하기 위해 주기적인 재고조사가 시행되어야 한다.

⑧ 원료 및 포장재는 정기적으로 재고조사를 실시해야 한다.

⑨ 장기 재고품의 처분 및 선입선출 규칙 확인이 목적이다.

⑩ 중대한 위반품이 발견되었을 때에는 일탈처리를 한다.

(3) 반제품의 보관 기준

① 반제품은 품질이 변하지 않도록 적당한 용기에 넣어 지정된 장소에서 보관하고 용기에 다음 사항을 표시해야 한다.

- 명칭 또는 확인코드
- 제조번호
- 완료된 공정명
- 필요한 경우에는 보관 조건

② 최대 보관기한을 설정해야 하며, 최대 보관기한이 가까워진 반제품은 완제품 제조 전에 품질 이상, 변질(변색, 변취) 여부 등을 확인해야 한다.

(4) 벌크제품의 보관 기준

① 남은 벌크는 재보관·재사용할 수 있으며, 다음 제조 시 우선 사용해야 한다.

② 남은 벌크는 적합한 용기를 사용하여 밀폐해야 한다.

③ 재보관 시에는 재보관임을 표시한 라벨을 부착해야 하며, 원래 보관 환경에서 보관해야 한다.

④ 변질, 오염의 우려가 있으므로 변질되기 쉬운 벌크는 재사용하지 않아야 하며, 여러 번 재보관하는 벌크는 조금씩 나누어서 보관해야 한다.

참고 **보관 환경**
- 원료 및 포장재 보관소의 출입 제한
- 온도·습도·차광
  - 필요한 항목 설정
  - 안정성시험 결과, 제품표준서 등을 토대로 제품마다 설정
- 방충·방서 대책
- 오염 방지
  - 시설 대응
  - 동선 관리

원료의 샘플링 환경
조도 540룩스 이상의 별도 공간에서 실시 함

참고 **내용물에 따라 보관 온도를 나눔**
- 냉동(영하 5℃)
- 3~5℃
- 상온(15~25℃)
- 고온(40℃) 등으로 나누어서 보관

4 보관 중인 원료 및 내용물 출고 기준

① 뱃치는 뱃치에서 취한 검체가 모두 합격 기준에 부합할 때 불출될 수 있다.
② 완제품은 시험 결과 적합으로 판정되고 품질부서 책임자가 출고 승인한 것만을 출고해야 한다.
③ 완제품[❷]은 적절한 조건하의 정해진 장소에서 보관되고 주기적으로 완제품의 재고 점검이 수행되어야 한다.
④ 출고할 제품은 원자재, 부적합 및 반품된 제품과 구획된 장소에서 보관해야 한다(단, 서로 혼동을 일으킬 우려가 없는 시스템에 의해 보관되는 경우에는 그러지 않을 수 있음).
⑤ 출고는 선입선출 방식으로 진행해야 한다(단, 타당한 사유가 있는 경우 그러지 않을 수 있음).
⑥ 원자재 및 반제품은 바닥과 벽에 닿지 않도록 보관한다.

참고 완제품의 관리 항목
보관, 검체 채취, 보관용 검체, 제품 시험, 합격·출하 판정, 출하, 재고 관리, 반품

5 내용물 및 원료의 폐기 기준 및 폐기 절차

(1) 기준일탈 제품 처리 과정 [기출]

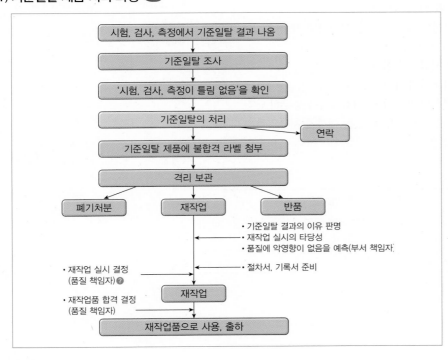

참고 품질 책임자의 이행 업무
• 품질에 관련된 모든 문서와 절차의 검토 및 승인
• 품질검사가 규정된 절차에 따라 진행되는지 확인
• 일탈이 있는 경우 이의 조사 및 기록
• 적합 판정한 원자재 및 제품의 출고 여부 결정
• 부적합품이 규정된 절차대로 처리되고 있는지 확인
• 불만처리와 제품회수에 관한 사항의 주관

(2) 폐기 기준 [기출]

① 품질에 문제가 있거나 회수·반품된 제품의 폐기 또는 재작업 여부는 품질 책임자에 의해 승인되어야 한다.
② 아래의 경우를 모두 만족한 경우에만 재작업을 할 수 있다.
  • 변질·변패 또는 병원미생물에 오염되지 않은 경우
  • 제조일로부터 1년이 경과하지 않았거나 사용기한이 1년 이상 남아 있는 경우
③ 재입고를 할 수 없는 제품의 폐기 처리 규정을 작성하여야 하며, 폐기 대상은 따로 보관하고 규정에 따라 신속하게 폐기하여야 한다.

(3) 불만 처리

소비자로부터 문서화되거나 구두로 표현된 불만에 대한 접수부터 조치까지의 일련의 절차가 확립되어야 하며, 불만처리담당자는 제품에 대한 모든 불만을 취합한다. 제기된 불만에 대해 신속하게 조사하고 그에 대한 적절한 조치를 취해야 하며, 다음 사항을 기록·유지하여야 한다.

① 불만 접수연월일
② 불만 제기자의 이름과 연락처
③ 제품명, 제조번호 등을 포함한 불만 내용
④ 불만조사 및 추적조사 내용, 처리 결과 및 향후 대책
⑤ 다른 제조번호의 제품에도 영향이 없는지 점검

(4) 재작업 처리

① 재작업의 정의

적합판정 기준을 벗어난 완제품 또는 벌크제품을 재처리하여 품질이 적합한 범위에 들어오도록 하는 작업이다.

② 재작업 절차

- 품질 책임자가 규격에 부적합이 된 원인 조사 지시
- 재작업 전의 품질이나 재작업 공정의 적절함 등을 고려하여 제품 품질에 악영향을 미치지 않는 것을 재작업 실시 전에 예측
- 재작업 처리 실시의 결정은 품질 책임자가 실시
- 승인이 끝난 재작업 절차서 및 기록서에 따라 실시
- 재작업 한 최종 제품 또는 벌크제품의 제조기록, 시험기록을 충분히 남김
- 품질이 확인되고 품질 책임자의 승인을 얻을 수 있을 때까지 재작업품은 다음 공정에 사용할 수 없고 출하할 수 없음

(5) 폐기확인서의 포함 내용

폐기 의뢰자	상호(법인의 경우 법인의 명칭), 대표자, 전화번호
폐기 현황	제품명, 제조번호 및 제조일자, 사용기한 또는 개봉 후 사용기간, 포장단위, 폐기량
폐기 사유 등	폐기 사유, 폐기 일자, 폐기 장소, 폐기 방법

6 내용물 및 원료의 개봉 후 사용기한[2] 확인·판정

① 표준품을 기준으로 작성된 시험기준서와 시험성적서에 작성된 개봉 후 사용기간을 확인한 후 유효기간 이내이면 사용 적합 판정을 받는다.
② 표준품을 기준으로 작성된 시험기준서와 시험성적서를 대조하여 시험 결과가 유효범위 이내일 경우 사용 적합 판정을 받는다.

참고 사용기한
사용기한이 정해지지 않은 원료(색소 등)는 자체적으로 사용기한을 정함

7 내용물 및 원료의 변질 상태(변색, 변취 등) 확인

(1) 검체의 채취 및 보관 기출

① 시험용 검체는 오염되거나 변질되지 않도록 채취하고, 채취한 후에는 원상태에 준하는 포장을 해야 하며, 검체가 채취되었음을 표시하여야 한다.
② 시험용 검체의 용기 기재사항
  • 명칭 또는 확인 코드
  • 제조번호 또는 제조단위
  • 검체 채취 일자 또는 기타 적당한 날짜
  • 가능한 경우 검체 채취 지점
③ 보관용 검체 조건
  • 제조단위를 대표해야 함
  • 적절한 용기·마개로 포장하거나 또는 제조단위가 표시된 동일한 용기·마개의 완제품 용기에 포장해야 함
  • 제조단위·제조번호(또는 코드) 그리고 날짜로 확인되어야 함

(2) 완제품 보관 검체의 주요사항 기출

① 제품을 그대로 보관한다.
② 각 뱃치를 대표하는 검체를 보관한다.
③ 각 뱃치별로 제품 시험을 2번 실시할 수 있는 양을 보관한다.
④ 제품이 가장 안정한 조건에서 보관한다.
⑤ 적절한 보관조건 하에 지정된 구역 내에서 제조단위별로 사용기한까지 보관한다. 다만, 개봉 후 사용기간을 기재하는 경우에는 제조일로부터 3년간 보관한다.

(3) 완제품의 보관용 검체의 보관기간

적절한 보관 조건하에 지정된 구역 내에서 제조단위별로 사용기한 경과 후 1년간 보관하여야 한다. 다만, 개봉 후 사용기간을 기재하는 경우에는 제조일로부터 3년간 보관하여야 한다.

단원별 연습문제

01 원자재 입고관리 기준에 대한 내용으로 옳지 <u>않은</u> 것은?

① 원자재 입고 시 구매요구서와 현품이 일치해야 한다.

② 필요한 경우 운송 관련 자료를 추가적으로 확인할 수 있다.

③ 제조업자는 원자재 공급자에 대한 관리 · 감독을 해야 한다.

④ 원자재 용기에 제조번호가 없는 경우 제조번호를 부여하여 보관해야 한다.

⑤ 입고된 원자재는 '적합', '부적합', '검사 중' 등으로 상태를 표기해야 한다.

| 정답 | ④
| 해설 | 제조번호가 없는 경우 관리번호를 부여하여 보관한다.

02 완전 제거가 불가능한 성분과 검출 허용한도의 연결이 옳지 <u>않은</u> 것은?

① 비소 10μg/g 이하

② 수은 10μg/g 이하

③ 디옥산 100μg/g 이하

④ 포름알데하이드 2,000μg/g 이하(물휴지는 20μg/g 이하)

⑤ 납 20μg/g 이하(점토를 원료로 사용한 분말 제품은 50μg/g 이하)

| 정답 | ②
| 해설 | 수은의 검출 허용한도는 1μg/g 이하이다.

03 유통화장품의 미생물 한도가 적절한 것은?

① 모든 화장품류 – 대장균 100개/g(mL) 이하

② 물휴지 – 세균 및 진균수 각각 500개/g(mL) 이하

③ 기타 화장품류 – 총호기성생균수 1,000개/g(mL) 이하

④ 영유아용 제품류 – 총호기성생균수 100개/g(mL) 이하

⑤ 눈화장용 제품류 – 세균 및 진균수 각각 500개/g(mL) 이하

| 정답 | ③
| 해설 | ① 대장균은 불검출되어야 한다.
② 세균 및 진균수는 각각 100개/g(mL) 이하이다.
④, ⑤ 총호기성생균수는 500개/g(mL) 이하이다.

04 인체 세포 · 조직 배양액 안전 기준에 대한 내용으로 옳지 <u>않은</u> 것은?

① 누구든지 세포나 조직을 주고받으면서 금전 또는 재산상의 이익을 취할 수 없으며, 공여자에 관한 정보를 제공하거나 광고 등을 통해 특정인의 세포 또는 조직을 사용하였다는 내용의 광고를 할 수 없다.

② 화장품조제관리사는 세포 · 조직의 채취, 검사, 배양액 제조 등을 실시한 기관에 대해 안전하고 품질이 균일한 인체 세포 · 조직 배양액이 제조될 수 있도록 관리 · 감독을 철저히 하여야 한다.

③ 공여자는 건강한 성인으로서 감염증이나 질병으로 진단되지 않아야 하고, 의료기관에서는 윈도우 피리어드를 감안한 관찰기간 설정 등 공여자 적격성검사에 필요한 기준서를 작성하고 이에 따라야 한다.

④ 세포 · 조직을 채취하는 장소는 외부 오염으로부터 위생적으로 관리하고, 보관되었던 세포 · 조직의 균질성 검사방법은 현 시점에서 가장 적절한 최신의 방법 사용과 이와 관련한 절차를 수립하고 유지한다.

⑤ 인체 세포 · 조직 배양액을 제조하는 배양시설은 청정등급 1B(Class 10,000) 이상의 구역에 설치하여야 한다.

05 반제품 보관 시 용기에 표시해야 할 사항으로 옳지 <u>않은</u> 것은?

① 확인코드
② 제조번호
③ 완료된 공정명
④ 공정 참가 연구원
⑤ 필요한 경우에 한해 보관 조건

06 규정된 합격 판정 기준에 일치하지 않는 검사 측정 또는 시험 결과를 일컫는 용어는?

① 일탈
② 뱃치
③ 공정관리
④ 기준일탈
⑤ 적합 판정 기준

Chapter 05

포장재의 관리

고득점 TIP 안전용기·포장 기준과 포장지시서의 내용, 포장용기의 종류는 한 번 더 학습하고,
1, 2차 포장의 정의는 꼭 암기하세요.

1 포장재의 입고 기준

(1) 포장재 입고 과정
① 화장품의 제조와 포장에 사용되는 모든 원료 및 포장재의 부적절하고 위험한 사용,
혼합 또는 오염을 방지하기 위해 해당 물질의 검증·확인·취급 및 사용을 보장할
수 있도록 절차가 수립되어 외부로부터 공급된 원료 및 포장재는 규정된 완제품 품
질합격 판정 기준을 충족시켜야 한다.
② 포장재는 1차·2차 포장재, 각종 라벨과 봉함 라벨까지 포장재에 포함된다.

(2) 원료·포장재 관리에 필요한 사항
① 중요도 분류
② 공급자 결정
③ 보관 환경 설정
④ 사용기한 설정
⑤ 정기적 재고관리
⑥ 재평가
⑦ 재보관
⑧ 발주, 입고, 식별·표시, 합격·불합격 판정, 보관, 불출

(3) 포장재의 선정 절차

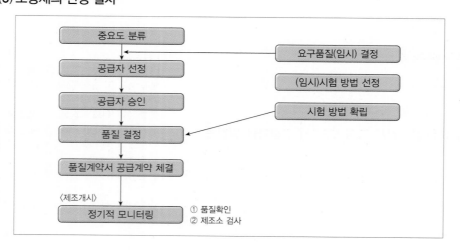

용어 **포장재**

화장품의 포장에 사용되는 모든 재료를
말하며, 운송을 위해 사용되는 외부 포
장재는 제외함

참고 **1차 포장과 2차 포장** 기출

1차 포장	화장품 제조 시 내용물과 직접 접촉하는 포장
2차 포장	1차 포장을 수용하는 1개 또는 그 이상의 포장과 보호재 및 표시의 목적으로 한 포장 (첨부문서 등을 포함함)

---

(4) 안전용기 · 포장 기준 `기출`

① 안전용기 · 포장을 사용해야 하는 품목

- 아세톤을 함유하는 네일 에나멜 리무버 및 네일 폴리시 리무버
- 어린이용 오일 등 개별 포장당 탄화수소류를 10% 이상 함유하고 운동점도가 21cst(센티스톡스)(섭씨 40℃ 기준) 이하인 비에멀전 타입의 액체 상태의 제품
- 개별 포장당 메틸살리실레이트를 5.0% 이상 함유하는 액체 상태의 제품

② 안전용기 · 포장 대상 기준

- 안전용기 · 포장은 성인이 개봉하기는 어렵지 않고, 5세 미만의 어린이는 개봉하기 어렵게 설계 · 고안되어야 함
- 일회용 제품, 용기 입구 부분이 펌프 또는 방아쇠로 작동되는 분무용기 제품, 압축 분무용기 제품(에어로졸 제품 등)은 대상에서 제외함

2 입고된 포장재 관리 기준

(1) 보관 장소

포장재 보관소	적합 판정된 포장재만을 지정된 장소에 보관함
부적합 보관소	부적합 판정된 자재는 폐기 등의 조치가 이루어지기 전까지 보관함

(2) 보관 방법 `기출`

① 입고된 원료와 포장재는 '검사 중', '적합', '부적합'에 따라 각각의 구분된 공간에 별도로 보관되어야 한다.
② 필요한 경우 부적합 판정을 받은 원료와 포장재를 보관하는 공간에 잠금 장치를 추가하여야 한다(다만, 자동화창고는 해당 시스템을 통해 관리함).
③ 적합 판정 시 원료와 포장재는 생산 장소로 이동된다.
④ 확인 · 검체 채취규정 기준에 대한 검사 및 시험과 그에 따라 승인된 자에 의한 불출 전까지는 어떠한 물질도 사용되어서는 안 된다는 것을 명시하는 원료 수령에 대한 절차서를 수립하여야 한다.
⑤ 구매요구서와 인도 문서, 인도물이 서로 일치해야 한다.
⑥ 원료 및 포장재 선적용기에 대해 확실한 표기 오류, 용기 손상, 봉인 파손, 오염 등에 대해 육안으로 검사한다(필요 시 운송 관련 자료에 대해 추가적인 검사 수행).

(3) 포장지시서의 포함 내용

① 제품명
② 포장 설비명
③ 포장재 리스트
④ 상세한 포장 공정
⑤ 포장 생산 수량

(4) 포장용기 종류 _{기출}

밀폐용기	외부로부터 고형의 이물이 들어가는 것을 방지하고 고형의 내용물이 손실되지 않도록 보호할 수 있는 용기
기밀용기	액상 또는 고형의 이물 또는 수분이 침입하지 않고, 내용물을 손실, 풍화, 조해 또는 증발로부터 보호할 수 있는 용기
밀봉용기	기체 또는 미생물이 침입을 방지하는 용기
차광용기	광선의 투과를 방지하는 용기 또는 투과를 방지하는 포장을 한 용기

(5) 포장 및 용기에 관한 시험 방법

내용물 감량시험	• 화장품 용기에 충전된 내용물의 건조 감량을 측정 • 마스카라, 아이라이너 또는 내용물 일부가 쉽게 휘발되는 제품에 적용
내용물에 의한 용기 마찰시험	• 내용물에 따른 인쇄문자, 핫스탬핑, 증착 또는 코팅막 등의 내용물에 의한 용기 마찰을 측정 • 내용물이 용기와의 마찰로 인해 변형, 박리, 용출 및 묻어남을 확인
내용물에 의한 용기 변형시험	• 용기와 내용물의 장기 접촉에 따른 용기의 수축, 팽창, 탈색, 균열 등을 측정 • 사용 중 내용물과 접촉하는 시료를 내용물에 침적시켜 시료 용기의 물성 변화, 내용물과 용기 간의 색상 전의 등을 확인
감압 누설시험 _{기출}	스킨, 로션, 오일 등의 액상 내용물을 담는 용기의 마개, 패킹 등의 밀폐성 측정
용기의 내열성 및 내한성시험	• 용기나 용기를 구성하는 각종 소재의 내열성 및 내한성을 측정 • 온도 및 날씨 등 유통환경에 따른 제품의 변질을 방지하기 위해 실시 • 보관 조건
유리병 표면 알칼리 용출량시험	• 황산과의 중화반응 원리를 이용하여 유리병 내부에 존재하는 알칼리를 측정 • 고온다습한 환경에 유리병 용기를 방치 시 발생하는 표면의 알칼리화 변화량 측정
유리병 내부 압력시험	• 유리 소재의 화장품 용기의 내압 강도를 측정 • 병의 중량과 두께가 동일할 때 타원형일수록, 모서리가 예리할수록 내압 강도가 낮음 • 디자인이 화려하고 독특한 용기는 내부압력에 취합하여 파손사고를 예방하기 위해 시험
유리병 열 충격시험	• 유리병 용기의 온도 변화에 따른 내구력을 측정 • 유리병 제조 시 열처리 과정에서 발생하는 불량을 방지하기 위해 시험
펌프 누름 강도시험	• 펌프 용기의 화장품을 펌핑 시 버튼의 누름 강도를 측정 • 펌프 용기를 사용한 제품의 사용 편리성을 확인하기 위해 시험
펌프 분사 형태시험	• 스프레이 펌프의 분사 형태를 측정 • 스프레이 펌프의 분사 형태는 액츄에이터 디자인과 내용물 성질에 따라 다름 • 종이에 분사된 염료용액의 반경과 거리를 이용해 분사 형태와 분사각을 확인함

보관 조건 표:

냉동고	냉장고	실온	항온조
−12∼−5℃	−4∼5℃	20∼26℃	42∼48℃

낙하시험	• 플라스틱 용기, 조립 용기, 접착 용기에 대한 낙하에 따른 파손, 분리 및 작용 여부를 측정 • 다양한 형태의 조립 포장재료가 부착된 화장품 용기에 적용
크로스컷트시험 기출	• 화장품 용기의 포장재료인 유리, 금속, 플라스틱 의 유·무기 코팅막 및 도금의 밀착력 측정 • 규정된 점착테이프와 압착 장치를 이용하여 압착 및 방치한 후 떼어 내어 코팅막, 도금의 박리 여부를 확인
접착력시험	• 포장이나 용기에 인쇄된 문자, 코팅막, 라미네이팅의 밀착성을 측정 • 용기 표면의 인쇄문자, 코팅막 및 필름을 점착 테이프로 박리 여부 확인
라벨 접착력시험	포장의 라벨이나 스티커 등의 종이 또는 수지 지지체로 한 인쇄용 접착지의 접착력을 측정

3 보관 중인 포장재 출고 기준

원자재는 시험 결과 적합 판정된 것만을 선입선출 방식으로 출고해야 하며, 이를 확인할 수 있는 체계가 확립되어야 한다.
① 승인된 자만이 원료 및 포장재의 불출 절차를 수행한다.
② 뱃치에서 취한 검체가 모든 합격 기준에 부합될 때 뱃치가 불출될 수 있다.
③ 불출되기 전까지 사용을 금지하는 격리를 위해 특별한 절차가 이행된다.
④ 모든 물품은 선입선출 방법으로 출고하는 것이 원칙이다. 다만, 나중에 입고된 물품의 사용(유효)기한이 짧은 경우 먼저 입고된 물품보다 먼저 출고(선한선출)할 수 있으며, 특별한 사유가 있는 경우 적절하게 문서화된 절차에 따라 나중에 입고된 물품을 먼저 출고할 수 있다.

4 포장재의 폐기 기준

① 포장재는 정기적으로 재고조사를 실시하여야 하며, 중대한 위반품이 발견되었을 경우에는 일탈처리를 한다.
② **폐기 처분 과정**

> 기준일탈의 발생 → 기준일탈의 조사 → 기준일탈의 처리 → 폐기 처분

5 포장재의 사용기간 확인·판정

① 포장재의 허용 가능한 사용기한을 결정하기 위해 문서화된 시스템을 확립해야 한다.
② 보관기한이 규정되어 있지 않은 포장재는 품질 부분에서 적절한 사용기한을 설정한다.
③ 최대 보관기한을 설정하고 준수한다.
④ 원칙적으로 포장의 사용기한을 준수하는 보관기한을 설정한다.
⑤ 사용기한 내에 자체적인 재시험 기간과 최대 보관기한을 설정하고 준수한다.
⑥ 문서화된 시스템을 통해 정해진 사용기한이 지나면 해당 물질을 재평가[2]하여 사용 적합성을 결정하는 단계들을 포함해야 한다.

용어 재평가
재평가 방법을 확립해 두면 보관기한이 지난 원료를 재평가해서 사용할 수 있으므로 원료 및 포장재는 최대 보관기한을 설정하는 것이 바람직함

6 포장재의 개봉 후 사용기간 확인 · 판정 ^{기출}

(1) 사용기한

'사용기한' 또는 '까지' 등의 문자와 '연월일'을 소비자가 알기 쉽도록 기재·표시해야
한다(다만, '연월'로 표시하는 경우 사용기한을 넘지 않는 범위에서 기재·표시함).

(2) 개봉 후 사용기간

'개봉 후 사용기간'이라는 문자와 '○○월' 또는 '○○개월'을 조합하여 기재·표시하거
나, 개봉 후 사용기간을 나타내는 심벌과 기간을 기재·표시^❷할 수 있다.

그림 심벌과 기간 표시
개봉 후 사용기간이 12개월 이내인 제품

12M

12월(또는 개월)

7 포장재의 변질 상태 확인

(1) 포장재의 변질 상태 확인

① 소재별 특성을 이해한 변질 상태 예측 확인
② 관능검사, 필요 시 이화학적 검사
③ 포장재 샘플링을 통한 엄격한 관리

(2) 포장재의 변질 예방

① **소재별 특성 이해**: 유리, 플라스틱, 금속, 종이 등
② 보관 방법, 보관 조건, 보관 환경, 보관 기간 등에 대한 숙지
③ 온도, 습도 등 물리적 환경의 적합도 숙지
④ 벌레 및 쥐에 대비한 보관 장소
⑤ 포장재 보관 창고 출입자 관리를 통한 오염 방지

8 포장재의 폐기 절차 ^{기출}

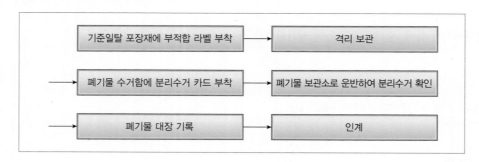

기준일탈 포장재에 부적합 라벨 부착	→	격리 보관
폐기물 수거함에 분리수거 카드 부착	→	폐기물 보관소로 운반하여 분리수거 확인
폐기물 대장 기록	→	인계

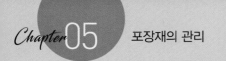
단원별 연습문제

01 포장지시서의 포함 내용으로 옳지 <u>않은</u> 것은?

① 제품명   ② 포장 설비명

③ 포장 생산 수량   ④ 포장재 입고날짜

⑤ 상세한 포장 공정

| 정답 | ④
| 해설 | 포장지시서에는 제품명, 포장 설비명, 포장재 리스트, 상세한 포장 공정, 포장 생산 수량이 포함되어야 한다.

02 다음 〈보기〉는 안전용기·포장을 사용해야 하는 품목에 대한 설명이다. 빈칸에 들어갈 용어는?

| 보기 |
- 아세톤을 함유하는 네일 에나멜 리무버 및 네일 폴리시 리무버
- 어린이용 오일 등 개별 포장당 탄화수소류를 10% 이상 함유하고 운동점도가 21cst(센티스톡스) 이하인 비에멀젼 타입의 액체 상태의 제품
- 개별 포장당 메틸(   )을/를 5.0% 이상 함유하는 액체 상태의 제품

① 트리클로산   ② 살리실레이트

③ 벤질신나메이트   ④ 벤질살리실레이트

⑤ 살리실릭애씨드 및 그 염류

| 정답 | ②
| 해설 | ①, ⑤ 기타 중요 사용제한 원료이다. ③, ④ 향료 성분 중 알레르기 유발 물질이다.

03 포장재의 사용기한 확인 및 판정 방법에 대한 설명으로 옳지 <u>않은</u> 것은?

① 문서화된 시스템을 마련해야 한다.

② 포장재의 보관기간을 최소로 설정해야 한다.

③ 사용기간 내에 자체적인 재시험 기간을 설정하고 준수해야 한다.

④ 보관기간이 지났을 경우, 재평가하여 사용의 적합성을 결정해야 한다.

⑤ 보관기간이 규정되어 있지 않은 포장재는 적절한 보관기간을 설정해야 한다.

| 정답 | ②
| 해설 | 포장재의 최대 보관기간을 설정하고 준수해야 한다.

05 다음 〈보기〉는 포장 및 용기에 관한 시험 방법 중 일부에 대한 설명이다. ⊙, ⓒ에 들어갈 용어를 쓰시오.

┤ 보기 ├
- 감압 누설시험: 스킨, 로션, 오일 등의 액상 내용물을 담는 용기의 마개, 패킹 등의 (⊙) 측정
- 크로스컷트시험: 화장품 용기의 포장재료인 유리, 금속, 플라스틱의 유·무기 코팅막 및 도금의 (ⓒ) 측정

정답 | ⊙ 밀폐성, ⓒ 밀착력

06 포장용기 중 액상 또는 고형의 이물 또는 수분이 침입하지 않고, 내용물을 손실, 풍화, 조해 또는 증발로부터 보호할 수 있는 용기를 무엇이라고 하는가?

| 정답 | 기밀용기

07 유통화장품 안전관리 기준 중 모든 화장품류에서 불검출되어야 하는 화장품 미생물의 종류를 쓰시오.

| 정답 | 대장균, 녹농균, 황색포도상구균

오늘의 내 기분은
행복으로 정할래.

보기만 해도 자동암기!

자동암기 브로마이드

· 본 도서 맨 앞에 위치
· 활용법: 벽에 붙이기, 돌돌 말아 휴대하기

PART 04

맞춤형화장품의 이해

선다형 28개   단답형 12개

원패스 테마 특강

- 경로: [에듀윌 도서몰] – [동영상강의실]
- 활용법: 파트별 학습 전후로 강의 활용하기

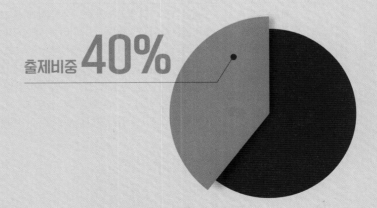

출제비중 **40%**

Chapter 01

맞춤형화장품 개요

고득점 TIP 맞춤형화장품의 정의에 대해 명확히 알아야 하며, 관련 규정은 꼭 한 번 더 정리하여 암기하세요.
맞춤형화장품은 안전성이 매우 중요하므로 꼭 정독하세요.

1 맞춤형화장품 정의

강의영상 바로 앞 페이지를 확인!

맞춤형화장품판매업으로 신고한 판매장에서 고객 개인별 피부 특성, 색, 향 등의 기호 및 요구를 반영하여 맞춤형화장품조제관리사 자격증을 가진 자가 아래의 내용으로 만든 화장품이다. 개성과 다양성을 추구하는 소비자 중심의 요구가 증가함에 따라 제품을 소비자의 특성 및 기호에 맞추어 혼합·소분(소량 생산 방식)하여 판매한다.

① 제조 또는 수입된 화장품의 내용물에 다른 화장품의 내용물이나 식품의약품안전처장이 정하여 고시하는 원료를 추가하여 혼합한 화장품

② 제조 또는 수입된 화장품의 내용물을 소분(小分)한 화장품(다만, 고형비누 등 화장품의 내용물을 단순 소분한 화장품은 제외함)

2 맞춤형화장품 주요 규정(관련 법령)

(1) 「화장품법」

제3조의2 맞춤형화장품 판매업의 신고	• 총리령에 따라 식품의약품안전처장에게 신고하고 변경 시에도 신고 • 맞춤형화장품판매업을 신고하려는 자는 총리령으로 정하는 시설기준을 갖추어야 하며, 맞춤형화장품의 혼합·소분 등 품질·안전 관리 업무에 종사하는 자(맞춤형화장품조제관리사)를 두어야 함
제3조의3 맞춤형화장품판매업 결격사유 기출	• 피성년후견인 또는 파산 선고를 받고 복권되지 않은 자 • 「화장품법」 또는 「보건범죄 단속에 관한 특별조치법」을 위반하여 금고 이상의 형을 선고받고 집행이 끝나지 않았거나 집행을 받지 않기로 확정되지 않은 자 • 등록 취소 또는 영업소가 폐쇄된 날부터 1년이 지나지 않은 자

제3조의4 맞춤형화장품 조제관리사 자격시험	• 화장품과 원료 등에 대해 식품의약품안전처장이 실시하는 자격시험에 합격해야 함 • 거짓이나 그 밖의 부정한 방법으로 자격시험에 응시한 사람 또는 자격시험에서 부정행위를 한 사람에 대하여는 그 자격시험을 정지시키거나 합격을 무효로 함. 이 경우 자격시험이 정지되거나 합격이 무효가 된 사람은 그 처분이 있는 날부터 3년간 자격시험에 응시 불가 • 자격시험의 관리 및 자격증 발급 등에 관한 업무를 효과적으로 수행하기 위해 필요한 전문인력과 시설을 갖춘 기관 또는 단체를 시험운영기관으로 지정하여 시험업무를 위탁할 수 있음 • 자격시험의 시기, 절차, 방법, 시험과목, 자격증의 발급, 시험운영기관의 지정 등 자격시험에 필요한 사항은 총리령으로 정함
제3조의5 맞춤형화장품 조제관리사의 결격사유	• 「정신건강증진 및 정신질환자 복지서비스 지원에 관한 법률」 제3조제1호에 따른 정신질환자(망상, 환각, 사고나 기분의 장애 등으로 인하여 독립적인 일상생활을 영위하는 데 중대한 제약이 있는 사람을 말함. 단, 전문의가 맞춤형화장품조제관리사로서 적합하다고 인정하는 사람은 제외함) • 피성년후견인 • 「마약류 관리에 관한 법률」의 마약류(마약·항정신성의약품 및 대마) 따른 마약류의 중독자 • 「화장품법」 또는 「보건범죄 단속에 관한 특별조치법」을 위반하여 금고 이상의 형을 선고받고 집행이 끝나지 않았거나 집행을 받지 않기로 확정되지 않은 자 • 맞춤형화장품조제관리사의 자격이 취소된 날부터 3년이 지나지 않은 자
제3조의6 자격증 대여 등의 금지	• 다른 사람에게 자기의 성명을 사용하여 맞춤형화장품조제관리사 업무를 하게 하거나 자격증을 양도 또는 대여해서는 안 됨 • 누구든지 다른 사람의 맞춤형화장품조제관리사 자격증을 양수하거나 대여받아 이를 사용하여서는 안 됨
제3조의7 유사명칭의 사용금지	맞춤형화장품조제관리사가 아닌 자는 맞춤형화장품조제관리사 또는 이와 유사한 명칭을 사용하지 못함
제3조의8 맞춤형화장품 조제관리사 자격의 취소	• 거짓이나 그 밖의 부정한 방법으로 맞춤형화장품조제관리사의 자격을 취득한 경우 • 맞춤형화장품조제관리사의 결격사유에 해당하는 경우(자격이 취소된 날부터 3년이 지나지 않은 자는 제외함) • 자격증 대여 등의 금지행위를 위반하여 다른 사람에게 자기의 성명을 사용하여 맞춤형화장품조제관리사 업무를 하게 하거나 맞춤형화장품조제관리사자격증을 양도 또는 대여한 경우
제5조 영업자의 의무 등 기출	• 화장품제조업자는 화장품의 제조와 관련된 기록·시설·기구 등 관리 방법, 원료·자재·완제품 등에 대한 시험·검사·검정 실시 방법 및 의무 등에 관하여 총리령으로 정하는 사항을 준수해야 함 • 화장품책임판매업자는 화장품의 품질관리기준, 책임판매 후 안전관리기준, 품질 검사 방법 및 실시 의무, 안전성·유효성 관련 정보사항 등의 보고 및 안전대책 마련 의무 등에 관하여 총리령으로 정하는 사항을 준수해야 함 • 맞춤형화장품판매업자는 소비자에게 유통·판매되는 화장품을 임의로 혼합·소분하여서는 안 됨 • 맞춤형화장품판매업자는 맞춤형화장품 판매장 시설·기구의 관리 방법, 혼합·소분 안전관리기준의 준수 의무, 혼합·소분되는 내용물 및 원료에 대한 설명 의무, 안전성 관련 사항 보고 의무 등에 관하여 총리령으로 정하는 사항을 준수해야 함 • 화장품책임판매업자는 총리령으로 정하는 바에 따라 화장품의 생산실적 또는 수입실적, 화장품의 제조과정에 사용된 원료의 목록 등을 식품의약품안전처장에게 보고하여야 함. 이 경우 원료의 목록에 관한 보고는 화장품의 유통·판매 전에 해야 함 • 맞춤형화장품판매업자는 총리령으로 정하는 바에 따라 맞춤형화장품에 사용된 모든 원료의 목록을 매년 1회 식품의약품안전처장에게 보고해야 함 • 책임판매관리자 및 맞춤형화장품조제관리사는 화장품의 안전성 확보 및 품질관리에 관한 교육을 매년 받아야 함 • 식품의약품안전처장은 국민 건강상 위해를 방지하기 위해 필요하다고 인정하면 화장품제조업자, 화장품책임판매업자 및 맞춤형화장품판매업자에게 화장품 관련 법령 및 제도(화장품의 안전성 확보 및 품질관리에 관한 내용을 포함함)에 관한 교육을 받을 것을 명할 수 있음 • 교육을 받아야 하는 자가 둘 이상의 장소에서 화장품제조업, 화장품책임판매업 또는 맞춤형화장품판매업을 하는 경우에는 종업원 중에서 총리령으로 정하는 자를 책임자로 지정하여 교육을 받게 할 수 있음 • 교육의 실시 기관, 내용, 대상 및 교육비 등에 관하여 필요한 사항은 총리령으로 정함
제9조 안전용기·포장	어린이가 화장품을 잘못 사용하여 인체에 위해를 끼치지 않도록 안전용기·포장을 사용해야 함

제16조 판매 등의 금지 (기출)	• 판매업 신고를 하지 않은 자가 판매한 맞춤형화장품 • 맞춤형화장품조제관리사를 두지 않고 판매한 맞춤형화장품 • 의약품으로 잘못 인식할 우려가 있게 기재 · 표시한 화장품 • 판매 목적이 아닌 제품의 홍보 · 판매 촉진을 위해 미리 소비자가 시험 · 사용하도록 제조 또는 수입된 화장품

(2) 「화장품법 시행규칙」

제8조의2 맞춤형화장품 판매업의 신고 (기출)	• 소재지 관할 지방식품의약품안전청장에게 아래 ①, ②번 서류를 제출해야 함(다만, 맞춤형화장품판매업자가 판매업소로 신고한 소재지 외의 장소에서 1개월 범위에서 한시적으로 같은 영업을 하려는 경우에는 ①번 서류에 ②, ③번 서류를 첨부하여 제출해야 함) ① 맞춤형화장품판매업 신고서(전자문서로 된 신고서 포함) ② 맞춤형화장품조제관리사 자격증 사본과 시설의 명세서 ③ 맞춤형화장품판매업 신고필증 사본 • 법인일 경우 지방식품의약품안전청장은 행정정보의 공동이용을 통해 법인 등기사항 증명서를 확인해야 함 • 지방식품의약품안전청장은 신고가 요건을 갖춘 경우, 맞춤형화장품판매업 신고대장에 다음 내용을 적고 맞춤형화장품 판매업 신고필증을 발급해야 함 − 신고번호 및 신고연월일 − 맞춤형화장품판매업자의 성명 및 주민등록번호(법인인 경우에는 대표자의 성명 및 주민등록번호 등) − 맞춤형화장품판매업자의 상호 및 소재지 − 맞춤형화장품판매소의 상호 및 소재지 − 맞춤형화장품조제관리사의 성명, 주민등록번호 및 자격증 번호 − 영업의 기간(한시적으로 맞춤형화장품판매업을 하려는 경우에 해당)
제8조의3 맞춤형화장품 판매업의 변경신고	• 맞춤형화장품판매업자가 변경신고를 해야 하는 경우 − 맞춤형화장품판매업자를 변경하는 경우 − 맞춤형화장품판매업소의 상호 또는 소재지를 변경하는 경우 − 맞춤형화장품조제관리사를 변경하는 경우 • 맞춤형화장품판매업 변경신고서(전자문서로 된 신고서를 포함함) 처리기한: 10일(단, 맞춤형화장품조제관리사의 변경 신고는 7일임)
제8조의4 맞춤형화장품 판매업의 시설기준	맞춤형화장품판매업을 신고하려는 자는 맞춤형화장품의 혼합 · 소분 공간을 그 외의 용도로 사용되는 공간과 분리 또는 구획하여 갖추어야 함. 다만, 혼합 · 소분 과정에서 맞춤형화장품의 품질 · 안전 등 보건위생상 위해가 발생할 우려가 없다고 인정되는 경우에는 혼합 · 소분 공간을 분리 또는 구획하여 갖추지 않아도 됨

맞춤형화장품 판매업과 관련한 주요 행정처분 (기출)	위반 내용	1차 위반	2차 위반	3차 위반	4차 이상 위반
	맞춤형화장품판매업자의 변경신고를 하지 않은 경우	시정명령	판매업무정지 5일	판매업무정지 15일	판매업무정지 1개월
	맞춤형화장품판매업소 상호의 변경신고를 하지 않은 경우	시정명령	판매업무정지 5일	판매업무정지 15일	판매업무정지 1개월
	맞춤형화장품판매업소 소재지의 변경신고를 하지 않은 경우	판매업무정지 1개월	판매업무정지 2개월	판매업무정지 3개월	판매업무정지 4개월
	맞춤형화장품조제관리사의 변경신고를 하지 않은 경우	시정명령	판매업무정지 5일	판매업무정지 15일	판매업무정지 1개월
	맞춤형화장품판매업자가 시설기준을 갖추지 않게 된 경우	시정명령	판매업무정지 1개월	판매업무정지 3개월	영업소 폐쇄

제8조의5 맞춤형화장품 조제관리사 자격시험	• 식품의약품안전처장은 매년 1회 이상 자격시험 실시 기출 • 자격시험 시행계획은 시험 실시 90일 전까지 식약처 인터넷 홈페이지에 공고 • 전 과목 총점의 60% 이상, 매 과목 만점의 40% 이상 득점 시 합격 • 시험위원은 시험과목에 대한 전문지식을 갖추거나 화장품에 관한 업무 경험이 풍부한 사람으로 위촉

제8조의6
맞춤형화장품
조제관리사
자격증의 발급
신청 등
	• 맞춤형화장품조제관리사 자격증 발급 신청서에 다음 각 호의 서류를 첨부하여 식품의약품안전처장에게 제출
	  – 최근 6개월 이내의 의사의 진단서 또는 맞춤형화장품조제관리사 결격사유인 정신질환자이지만, 전문의가 맞춤형
	    화장품조제관리사로서 적합하다고 인정하는 경우 최근 6개월 이내의 전문의의 진단서
	  – 마약류의 중독자에 해당되지 않음을 증명하는 최근 6개월 이내의 의사의 진단서
	• 자격증을 잃어버리거나 못 쓰게 된 경우
	  – 자격증을 잃어버린 경우: 분실 사유서
	  – 자격증을 못 쓰게 된 경우: 자격증 원본

제12조의2
맞춤형화장품
판매업자의
준수사항
기출
	• 맞춤형화장품 판매장 시설·기구를 정기적으로 점검하여 보건위생상 위해가 없도록 관리할 것
	• 다음의 혼합·소분 안전관리기준을 준수할 것
	  – 혼합·소분 전에 혼합·소분에 사용되는 내용물 또는 원료에 대한 품질성적서를 확인할 것
	  – 혼합·소분 전에 손을 소독하거나 세정할 것(다만, 혼합·소분 시 일회용 장갑을 착용하는 경우에는 그렇지 않음)
	  – 혼합·소분 전에 혼합·소분된 제품을 담을 포장용기의 오염 여부를 확인할 것
	  – 혼합·소분에 사용되는 장비 또는 기구 등은 사용 전에 그 위생 상태를 점검하고, 사용 후에는 오염이 없도록 세척
	    할 것
	  – 그 밖에 위의 내용들과 유사한 것으로서 혼합·소분의 안전을 위해 식품의약품안전처장이 정하여 고시하는 사항을
	    준수할 것
	• 아래 내용이 포함된 맞춤형화장품 판매내역서(전자문서로 된 판매내역서를 포함함)를 작성·보관할 것
	  – 제조번호
	  – 사용기한 또는 개봉 후 사용기간
	  – 판매일자 및 판매량
	• 맞춤형화장품 판매 시 다음 내용을 소비자에게 설명할 것
	  – 혼합·소분에 사용된 내용물·원료의 내용 및 특성
	  – 맞춤형화장품 사용 시의 주의사항
	• 맞춤형화장품 사용과 관련된 부작용 발생사례에 대해서는 식품의약품안전처장이 정하여 고시하는 바에 따라 지체
	없이 식품의약품안전처장에게 보고할 것

제14조 책임판매관리자 등의 교육 기출	• **최초 교육**: 종사한 날부터 6개월 이내(단, 자격시험에 합격한 날이 종사한 날 이전 1년 이내이면 최초 교육을 받은 것 으로 봄) • **보수 교육**: 최초 교육을 받은 날을 기준으로 매년 1회(단, 자격시험에 합격한 날이 종사한 날 이전 1년 이내여서 교육 을 생략한 경우, 자격시험에 합격한 날부터 1년이 되는 날을 기준으로 매년 1회 보수 교육을 받아야 함) • 4시간 이상 8시간 이하로 참여 • 교육실시기관: 대한화장품협회, 한국의약품수출입협회, 대한화장품산업연구원
제15조 폐업 등의 신고 기출	• 영업자가 폐업 또는 휴업하거나 휴업 후 그 업을 재개하려는 경우에는 폐업, 휴업 또는 재개 신고서(전자문서로 된 신 고서를 포함함)에 화장품제조업 등록필증, 화장품책임판매업 등록필증 또는 맞춤형화장품판매업 신고필증(폐업 또는 휴업만 해당함)을 첨부하여 지방식품의약품안전청장에게 제출해야 함 • 「화장품법」에 따른 폐업 또는 휴업 신고를 하려는 자는 「부가가치세법 시행규칙」 별지 제11호의 폐업·휴업신고서를 지방식품의약품안전청장에게 송부해야 함 • 「부가가치세법」에 따른 폐업 또는 휴업신고를 같이 하려는 자는 관할 세무서장에게 「부가가치세법 시행규칙」 별지 제 9호 폐업·휴업신고서를 송부해야 함 • 영업자가 「화장품법」에 따른 폐업·휴업신고와 「부가가치세법」에 따른 폐업 또는 휴업신고를 같이 하려는 경우에는 「부가가치세법 시행규칙」 별지 제11호와 「부가가치세법 시행규칙」 별지 제9호를 함께 제출해야 하는데, 영업자가 이 신고서들을 지방식품의약품안전청장과 관할 세무서장 중 한 곳에 제출할 경우, 지방식품의약품안전청장과 관할 세무 서장은 즉시 서로에게 송부해야 함

(3) 「화장품 안전 기준 등에 관한 규정」

제5조 맞춤형화장품에 사용 가능한 원료	아래의 원료를 제외한 원료는 맞춤형화장품에 사용 가능 • 화장품에 사용할 수 없는 원료 • 화장품에 사용상의 제한이 필요한 원료 • 사전심사를 받지 않았거나 보고서를 제출하지 않은 기능성화장품 고시 원료

※ 맞춤형화장품을 기능성화장품으로 판매할 때, 최종 맞춤형화장품은 기 심사를 받거나 보고한 기능성화장품이어야 함

3 화장품의 안전성

(1) 안전성시험 [기출]

단회 투여 독성시험	동물에 1회 투여했을 때 LD 50값(반수 치사량)을 산출하여 위험성을 예측함
1차 피부 자극시험	피부에 1회 투여했을 때 자극성을 평가함
연속 피부 자극시험	• 피부에 반복적으로 투여했을 때 나타나는 자극성을 평가함 • 동물에 2주간 반복 투여
안(眼)점막 자극시험 [기출]	동물이나 대체시험(단백질 구조 변화)을 통해 눈에 들어갔을 때의 위험성을 예측함
피부 감작성시험	피부에 투여했을 때 접촉으로 인한 감작(알레르기)을 평가함
광독성시험	UV램프를 조사하여 자외선에 의해 생기는 자극성을 평가함
광감작성시험	광조사를 하여 자외선에 의해 생기는 접촉 감작성(접촉 알레르기)을 평가함
인체 첩포시험 (인체 패치테스트) [기출]	• 등, 팔 안쪽에 폐쇄 첩포하여 피부 자극성이나 감작성(알레르기)을 평가함 • 국내외 대학 또는 전문 연구기관에서 실시하며, 관련 분야 전문의사, 연구소, 병원 등 관련 기관에서 5년 이상 경력을 가진 자의 지도 및 감독하에 수행·평가되어야 함
유전 독성시험	• 박테리아를 이용한 돌연변이시험 • 염색체 이상을 유발하는지 설치류를 통해 시험하고 안전성을 평가함

[참고] 안정성 관련 용어

피부 감작성	외부 자극에 의한 면역계 반응성
광독성	빛에 의한 독성 반응성
광감작성	빛에 의한 면역계 반응성
인체 첩포시험 (인체 패치테스트)	접촉 피부염의 원인을 파악하기 위해 원인 추정 물질을 몸에 붙여 반응을 조사하는 시험

(2) 화장품 안전성 정보 관리체계

화장품의 취급·사용 시 인지되는 안전성 관련 정보를 체계적·효율적으로 수집·검토·평가하여 적절한 안전대책을 강구함으로써 국민 보건상 위해를 방지하기 위해 「화장품 안전성 정보관리 규정」을 고시해 두고 있다.

① 식품의약품안전처장은 안전하고 올바른 화장품의 사용을 위하여 화장품 안전성 정보의 평가 결과를 화장품책임판매업자 등에게 전파하고 필요한 경우 이를 소비자에게 제공할 수 있다.

② 식품의약품안전처장은 수집된 안전성 정보, 평가결과 또는 후속조치 등에 대하여 필요한 경우 국제기구나 관련국 정부 등에 통보하는 등 국제적 정보교환체계를 활성화하고 상호협력 관계를 긴밀하게 유지함으로써 화장품으로 인한 범국가적 위해의 방지에 적극 노력하여야 한다.

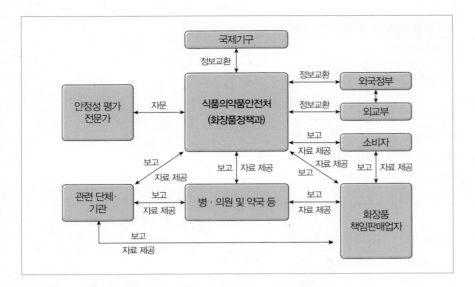

(3) 영유아 또는 어린이 사용 화장품 안전성 자료의 작성·보관

① **주체:** 화장품책임판매업자

② **작성:** 문서 및 기록의 관리 절차에 따라 작성·개정·승인 등 관리

③ **보관 및 절차**

- 인쇄본 또는 전자매체를 이용하여 제품별 안전성 자료를 안전하게 보관
- 자료의 훼손 또는 소실에 대비하여 사본, 백업자료 등을 생성·유지 가능
- 보관기간이 만료된 문서는 책임판매관리자의 책임하에 폐기

4 화장품의 유효성

(1) 유효성 또는 기능에 관한 자료 기출

① **효력시험 자료와 유효성 평가시험:** 심사 대상 효능을 포함한 효력을 뒷받침하는 비임상시험 자료이며, 효과 발현의 작용기전이 포함되어야 한다.

- 국내외 대학 또는 전문 연구기관에서 시험한 것으로 당해 기관의 장이 발급한 자료(시험시설 개요, 주요설비, 연구인력의 구성, 시험자의 연구경력에 관한 사항을 포함함)
- 당해 기능성화장품이 개발국 정부에 제출되어 평가된 모든 효력시험 자료로 개발국 정부(허가 또는 등록기관)가 제출받았거나 승인하였음을 확인한 것 또는 이를 증명한 자료
- 과학논문인용색인(Science Citation Index 또는 Science Citation Index Expanded)이 등재된 전문학회지에 게재된 자료

구분	유효성 평가시험 및 근거자료의 종류
피부 미백 기능 제품	• In Vitro Tyrosinase 활성 저해시험 • In Vitro DOPA 산화 반응 저해시험 • 멜라닌 생성 저해시험
피부 주름 개선 기능 제품	• 세포 내 콜라겐 생성시험 • 세포 내 콜라게나제 활성 억제시험 • 엘라스타제 활성 억제시험
자외선 차단 기능 제품	• 자외선 차단지수(SPF) 설정 근거 자료 • 내수성 자외선 차단지수(SPF) 설정 근거 자료 • 자외선 A 차단등급(PA) 설정 근거 자료

② **인체적용시험❷ 자료** 기출

사람을 대상으로 실시하는 효능·효과시험 또는 연구에 관한 자료이다.

비교 **인체 외 시험** 기출

실험실의 배양접시, 인체로부터 분리한 모발 및 피부, 인공피부 등 인위적 환경에서 시험물질과 대조물질을 처리한 후 결과를 측정하는 것임

인체적용시험 수행 기준	• 관련 분야 전문의 또는 병원, 국내외 대학, 화장품 관련 전문 연구기관에서 5년 이상 화장품 인체적용시험 분야의 시험 경력을 가진 자의 지도 및 감독하에 수행·평가되어야 함 • 헬싱키 선언에 근거한 윤리적 원칙에 따라 수행되어야 함 • 과학적으로 타당해야 하며, 시험 자료는 명확하고 상세히 기술해야 함 • 피험자에 대한 의학적 처치나 결정은 의사 또는 한의사의 책임하에 이루어져야 함 • 모든 피험자로부터 자발적인 시험 참가 동의(문서로 된 동의서 서식)를 받은 후 실시되어야 함 • 피험자에게 동의를 얻기 위한 동의서 서식은 시험에 관한 모든 정보❸ • 인체적용시험용 화장품은 안전성이 충분히 확보되어야 함 • 피험자의 인체적용시험 참여 이유가 타당한지를 검토·평가하는 등 피험자의 권리·안전·복지를 보호할 수 있도록 실시되어야 함 • 피험자의 선정·탈락 기준을 정하고 그 기준에 따라 피험자를 선정하고 시험을 진행해야 함

최종시험
결과보고서
내용
	• 시험의 종류(시험 제목)
	• 코드 또는 명칭에 의한 시험물질의 식별
	• 화학물질명 등에 의한 대조물질의 식별(대조물질이 있는 경우에 한함)
	• 시험의뢰자 및 시험기관 관련 정보
	• 시험 개시 및 종료일
	• 시험 점검의 종류, 점검 날짜, 점검 시험단계, 점검 결과 등이 기록된 신뢰성보증확인서
	• 피험자 선정, 제외 기준 및 수
	• 시험 방법
	  – 시험 및 대조물질 적용 방법(대조물질이 있는 경우에 한함)
	  – 적용량 또는 농도, 적용 횟수, 시간 및 범위, 사용 제한
	  – 사용장비 및 시약
	  – 시험의 순서, 모든 방법, 검사 및 관찰, 사용된 통계학적 방법
	  – 평가 방법과 시험 목적 사이 연관성, 새로운 방법일 경우 이 연관성을 확인할 수 있는 근거자료
	• 시험 결과
	• 부작용 발생 및 조치내역

참고 **시험에 관한 정보**

• 시험의 목적
• 피험자에게 예상되는 위험이나 불편
• 피험자가 피해를 입었을 경우 주어질 보상이나 치료 방법
• 피험자가 시험에 참여하여 받게 될 금전적 보상이 있는 경우 예상 금액 등

③ **염모효력시험 자료**

인체 모발을 대상으로 효능·효과에서 표시한 색상을 입증하는 자료이다.

(2) 자외선 차단지수(SPF), 내수성자외선 차단지수(SPF), 자외선A 차단등급(PA) 설정의 근거자료

해당 자료는 인체적용시험 자료의 자료로 아래의 어느 하나에 해당해야 한다.

자외선 차단지수(SPF) 설정 근거자료	자외선 차단 효과 측정 방법 및 기준 · 일본(JCIA) · 미국(FDA) · 유럽(Cosmetics Europe) · 호주/뉴질랜드(AS/NZS) 또는 국제표준화기구(ISO 24444) 등의 자외선 차단지수 측정 방법에 의한 자료
내수성자외선 차단지수(SPF) 설정 근거자료	자외선 차단 효과 측정 방법 및 기준 · 미국(FDA) · 유럽(Cosmetics Europe) · 호주/뉴질랜드(AS/NZS) 또는 국제표준화기구(ISO16217) 등의 내수성자외선 차단지수 측정 방법에 의한 자료
자외선A 차단등급(PA) 설정 근거자료	자외선 차단 효과 측정 방법 및 기준 · 일본(ICIA) 또는 국제표준화기구(ISO 24442) 등의 자외선A 차단 효과 측정 방법에 의한 자료

(3) 제출자료의 면제 기출

① 인체적용시험 자료를 제출하는 경우 효력시험 자료 제출을 면제할 수 있다.
② 효력시험 자료의 제출을 면제받은 성분에 대해서는 효능 · 효과를 기재 · 표시할 수 없다.

5 화장품의 안정성

(1) 화장품 안정성시험 가이드라인

① **목적**: 화장품을 제조한 날부터 적절한 보관 조건에서 성상 · 품질의 변화 없이 최적의 품질로 사용할 수 있는 최소한의 기한과 저장 방법을 설정하기 위한 기준을 정하기 위함이며, 나아가 이를 통하여 시중 유통 중에 있는 화장품의 안정성을 확보하여 안전하고 우수한 제품을 공급하는 데 도움을 주기 위함이다.

② **시험 기준 및 시험 방법**: 승인된 규격이 있는 경우, 그 규격을 바탕으로 하되 각 제조업체별로 경험을 근거로 제재별로 관련 방법이 있다면 과학적이고 합리적이라는 전제하에 수행이 가능하다.

③ 화장품의 대표적인 물리적 변화로는 분리, 합일, 응집이 있다.

(2) 안정성시험의 종류

장기보존시험	저장 조건에서의 사용기한 설정을 위해 장기간에 걸쳐 물리 · 화학적, 미생물학적 안정성 및 용기 적합성을 확인하는 시험
가속시험	장기보존시험의 저장 조건을 벗어난 단기간의 가속 조건이 물리 · 화학적, 미생물학적 안정성 및 용기 적합성에 미치는 영향을 평가하기 위한 시험
가혹시험	• 가혹 조건에서 화장품의 분해 과정 및 분해산물 등을 확인하기 위한 시험 • 개별 화장품의 취약성, 운반, 보관, 진열, 사용 과정에서 의도하지 않게 일어날 수 있는 가혹 조건에서의 품질 변화를 검토하기 위해 수행
개봉 후 안정성시험	화장품 사용 시 일어날 수 있는 오염 등을 고려한 사용기한을 설정하기 위해 장기간에 걸쳐 물리 · 화학적, 미생물학적 안정성 및 용기 적합성을 확인하는 시험

(3) 안정성시험 방법

종류	시험 조건	화장품 시험 항목
장기보존시험	• 3로트 이상 선정 • 시중 유통 제품과 동일 처방, 제형, 포장용기를 사용함 • 유통 조건과 유사하게 보존	• 일반시험: 균등성, 향취, 색상, 사용감, 액상, 유화형, 내온성 시험 • 물리적시험: 비중, 융점, 경도, pH, 유화상태, 점도 등 • 화학적시험: 시험물 가용성 성분, 에테르불용 및 에탄올 가용성 성분, 에테르 가용성 불검화물 등 • 미생물학적시험: 정상적 사용 시 미생물 증식 억제 능력 여부 • 용기적합성시험: 제품과 용기의 상호작용(용기의 제품 흡수, 부식, 화학적 반응)에 대한 적합성
가속시험	• 3로트 이상 선정 • 시중 유통 제품과 동일 처방, 제형, 포장용기를 사용함 • 장기보존시험 온도보다 15℃ 이상 높은 온도에서 시험	
가혹시험	• 검체의 특성, 조건에 따라 로트 선택 　– 온도 편차 및 극한 조건(−15~45℃) 　– 기계 · 물리적시험 　– 광안정성	• 보존 기간 중 제품의 안정성이나 기능성에 영향을 확인할 수 있는 품질관리상 중요한 항목 및 분해산물의 생성 유무 　– 온도 사이클링 또는 동결~해동시험을 통해 현탁, 크림제 안정성, 포장 파손, 알루미늄 튜브 내부래커의 부식 관찰 　– 진동시험으로 분말, 과립제품이 깨지거나 분리 여부 판단, 운반 중 손상 여부 조사 　– 제품이 빛에 노출될 수 있을 때 실시
개봉 후 안정성시험	• 3로트 이상 선정 • 시중 유통 제품과 동일 처방, 제형, 포장용기를 사용함 • 사용 조건을 고려하여 보존 조건 설정	• 개봉 전 시험 항목과 미생물 한도시험, 살균보존제, 유효성 성분 시험 수행 • 단, 개봉 불가한 스프레이, 일회용 제품은 제외함

(4) 안정성시험 기간 및 측정시기

종류	시험기간	측정시기
장기보존시험	6개월 이상	• 1년간: 3개월마다 • 그 후 2년: 6개월마다 • 2년 이후: 1년마다
가속시험	6개월 이상(조정 가능)	시험 개시 때를 포함하여 최소 3번 측정
가혹시험	검체의 특성 및 시험조건에 따라 적절히 설정	–
개봉 후 안정성시험	6개월 이상(특성에 따라 조정)	• 1년간: 3개월마다 • 그 후 2년: 6개월마다 • 2년 이후: 1년마다

단원별 연습문제

01 「화장품법」 제16조에 따라 판매 등의 금지에 해당하는 화장품으로 옳지 **않은** 것은?

① 신고를 하지 않은 자가 판매한 맞춤형화장품

② 의약품으로 잘못 인식할 우려가 있게 기재·표시한 화장품

③ 맞춤형화장품조제관리사를 두지 않고 판매한 맞춤형화장품

④ 맞춤형화장품조제관리사가 일회용 장갑을 착용하지 않고 혼합한 화장품

⑤ 판매 목적이 아닌 제품의 홍보·판매 촉진을 위해 미리 소비자가 시험·사용하도록 제조 또는 수입된 화장품

| 정답 | ④
| 해설 | 화장품을 혼합, 소분하기 전에 손을 소독 또는 세정하거나 일회용 장갑을 착용한 후 업무를 진행할 수 있다. 일회용 장갑 미착용은 판매 등의 금지에 해당하지 않는다.

02 다음 〈보기〉는 책임판매관리자 등의 교육에 관한 내용이다. ㉠, ㉡에 들어갈 숫자를 쓰시오.

┤ 보기 ├
책임판매관리자 및 맞춤형화장품조제관리사는 매년 화장품의 안정성 확보 및 품질 관리에 대한 교육을 (㉠) 이상, (㉡) 이하를 받아야 한다.

| 정답 | ㉠ 4, ㉡ 8

03 다음 〈보기〉는 제출자료의 면제에 대한 내용이다. ㉠에 들어갈 용어를 쓰시오.

┤ 보기 ├
(㉠) 자료를 제출하는 경우 효력시험 자료 제출을 면제할 수 있다. 다만, 효력시험 자료의 제출을 면제받은 성분에 대해서는 효능·효과를 기재·표시할 수 없다.

| 정답 | 인체적용시험

04 다음 〈보기〉는 안정성시험에 대한 내용이다. 빈칸에 들어갈 용어는?

┤ 보기 ├
( )은/는 저장 조건에서의 사용기한 설정을 위해 장기간에 걸쳐 물리·화학적, 미생물학적 안정성 및 용기 적합성을 확인하는 시험이다.

① 가혹시험

② 가속시험

③ 인체 외 시험

④ 장기보존시험

⑤ 개봉 후 안정성시험

| 정답 | ④
| 해설 | ① 가혹시험: 가혹 조건에서 화장품의 분해 과정 및 분해산물 등을 확인하기 위한 시험이다.
② 가속시험: 장기보존시험의 저장 조건을 벗어난 단기간의 가속 조건이 물리·화학적, 미생물학적 안정성 및 용기 적합성에 미치는 영향을 평가하기 위한 시험이다.
③ 인체 외 시험: 실험실의 배양접시, 인체로부터 분리한 모발 및 피부, 인공피부 등 인위적 환경에서 시험 물질과 대조물질을 처리한 후 결과를 측정하는 시험이다.
⑤ 개봉 후 안정성시험: 화장품 사용 시 일어날 수 있는 오염 등을 고려한 사용기한을 설정하기 위해 장기간에 걸쳐 물리·화학적, 미생물학적 안정성 및 용기 적합성에 미치는 영향을 평가하기 위한 시험이다.

Chapter 02

피부 및 모발의 생리구조

고득점 TIP | 피부의 구조와 세포, 모발의 구조와 성장주기는 집중해서 암기하세요.
주관식으로 출제하기 좋은 문제들이 많아요.

1 피부의 생리구조

(1) 피부의 정의

피부는 신체 표면을 덮고 있는 기관으로 면적 $1.5\sim2.0m^2$, 부피 $2.4\sim3.6L$, 무게 약 4.0kg 이상, 피부 산도(pH) $4.5\sim6.5$로 신체에서 가장 큰 기관에 해당한다.

(2) 피부의 기능

보호 기능	• 물리적 마찰 · 충격으로부터 보호함 • 화학 물질로부터 피부를 보호함 • 멜라닌세포를 통해 자외선으로부터 피부를 보호함 • 피부 속 수분과 전해질의 유출을 방지함
감각 기능	• 진피에 위치한 신경을 통해 촉각(손가락, 혀끝, 입술에 많이 분포함), 통각(감각점 중 통점이 피부에 가장 많이 분포함), 냉각, 온각, 압각 등 피부 반사 작용을 함 　－ 통각, 촉각: 진피 유두층에 위치 　－ 온각, 냉각, 압각: 진피 망상층에 위치
체온조절 기능	• 모세혈관의 확장과 수축작용을 통해 열을 차단하거나 확산하여 체온을 조절함 　－ 모세혈관 확장 → 열 확산 → 체온 하강 　－ 모세혈관 수축 → 열 차단 → 체온 상승
면역 기능	미생물 침입 시 사이토카인을 분비하거나 염증 반응을 유발하여 보호함
비타민 D 합성 기출	자외선을 일정하게 받으면 비타민 D를 합성하며, 이때 지질의 일종인 콜레스테롤은 합성에 중요한 역할을 함
흡수 기능	외부 물질에 대해 반투과성 기능을 가지고 있으나 피부와 유사한 일부 성분을 흡수함
분비 · 배설 기능	땀($0.5\sim2.0L$/1일), 피지($1.0\sim2.0g$/1일) 분비를 통해 노폐물을 배출함
호흡 기능	전체 호흡의 $0.6\sim1.0\%$는 피부를 통해 호흡함
저장 기능	지질과 수분을 저장함
재생 기능	세포를 계속 생성함으로써 피부 상처 회복에 도움이 됨
거울 기능	신체의 이상 증상이 피부를 통해 표현되는 경우 조기에 질병을 관리할 수 있음
사회적 기능	건강한 피부는 건강한 이미지를 전달하여 사회적 관계에 긍정적인 영향을 줌

(3) 피부의 구조

피부는 가장 바깥 부분부터 표피, 진피, 피하조직 3가지 구조로 이루어져 있다.

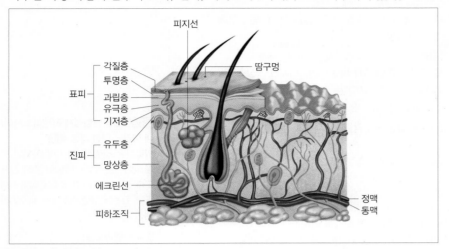

① 표피(Epidermis)

각질층 (Horny Layer) 기출	• 약 10∼20층의 납작한 무핵세포층으로 pH 4.5∼5.5 정도의 약산성 • 피부의 가장 바깥에 위치하여 수분 손실을 막고, 피부장벽 역할을 하여 피부 보호 및 세균 침입 방어 • 각질과 세포간지질이 벽돌 구조인 라멜라 구조 • 케라틴 약 58%, 천연보습인자(NMF)❷ 약 31%, 세포간지질❷ 약11%로 구성 • 각질층은 천연보습인자(NMF)를 통해 10∼20%의 수분 함유 ＊ 필라그린(Fillaggrin) : 각질층 형성에 중요한 역할을 하는 단백질로, 각질층에서 단백질 분해 효소❷에 의해 분해되어 천연보습인자(NMF)를 구성하는 아미노산을 이룸 ＊ 세라마이드 : 지질막의 주성분으로 피부 표면의 손실되는 수분을 방어하고 외부로부터 유해 물질의 침투를 막음 ＊ 각화❷주기(각질형성주기) : 기저층에서 만들어진 세포가 모양이 변하며 각질층까지 올라와 일정 기간 머무르다 탈락되는 주기로, 보통 28±3일로 봄
투명층 (Clear Layer)	• 2∼3층의 무핵세포층으로 손바닥과 발바닥에 존재함 • 엘라이딘(Elaidin)이라는 반유동성 물질이 수분 침투를 방지함
과립층 (Granular Layer)	• 2∼5층의 편평형 또는 방추형세포층 • 각화 과정이 시작되는 곳으로 빛을 산란시켜 자외선을 흡수함 • 케라토하이알린(Keratohyalin) 과립 존재 • 수분저지막이 존재하여 외부 이물질 방어 및 수분 증발 방지
유극층 (Spinous Layer)	• 5∼10층의 다각형 유핵세포층으로 표피에서 가장 두꺼운 층 • 림프액이 흘러 림프순환을 통해 영양 공급 및 노폐물 배출 • 면역기능을 담당하는 랑게르한스세포 존재
기저층 (Basal Layer)	• 단층의 원추형 유핵세포층 • 진피의 모세혈관으로부터 영양분과 산소를 공급받아 세포분열 촉진 • 각질형성세포(케라티노사이트), 멜라닌형성세포(멜라노사이트), 머켈세포 존재 • 각질형성세포와 멜라닌형성세포는 4:1∼10:1 비율로 존재함

용어 **천연보습인자(NMF)**
각질층에 존재하는 수용성 물질들을 총칭하는 말

참고 **천연보습인자(NMF) 구성 성분**

아미노산	40%
PCA(피롤리돈카르복시산)	12%
젖산염	12%
요소	7%
염소	6%
나트륨	5%
그 외	18%

참고 **세포간지질 구성 성분** 기출
• 세라마이드(50% 이상)
• 콜레스테롤
• 콜레스테롤에스터
• 지방산
• 그 외

참고 **단백질 분해 효소** 기출
아미노펩티데이스(Aminopeptidase), 카복시펩티데이스(Carboxypeptidase)

참고 **각화 과정**
기저세포 분열 과정 – 유극세포에서의 합성·정비 과정 – 과립세포에서의 자기분해 과정 – 각질세포에서의 재구축 과정

표피에 존재하는 4대 세포		
유극층	랑게르한스세포 (Langerhans cell)	• 면역반응 조절에 관여하는 세포 • 외부 이물질인 항원을 면역담당세포 T-림프구에 전달하는 역할
기저층	각질형성세포 (케라티노사이트, Keratinocyte)	• 각질층을 구성하는 각질세포를 만드는 세포 • 각화주기: 기저층에서 세포가 만들어지고 각질층까지 이동하여 서서히 떨어지는 과정으로 28일 정도 주기로 교체됨
	멜라닌형성세포❓ (멜라노사이트, Melanocyte) 기출	• 멜라닌을 합성하여 각질형성세포에 멜라닌이 축적된 멜라노솜(Melanosome)❓을 공급하는 세포 • 피부색❓과 털색을 결정함 • 표피의 5~25%를 차지하며, 세포 내에 확산하면 검게 보임
	머켈세포 (Merkel cell) 기출	• 신경말단과 연결되어 촉각을 감지하는 세포 • 손가락 끝, 입술처럼 민감한 피부에 다량 존재함

② 진피(Dermis)

피부구조 중 가장 두꺼운 부분(피부의 약 90% 이상을 차지하고, 표피 두께의 약 10~40배임)으로, 피부 탄력과 관련 있다.

유두층 (Papillary Layer)	• 표피의 기저층과 접하고 있으며, 유두(물결) 모양을 형성 • 모세혈관과 신경말단이 존재하여 각질형성세포에 산소와 영양을 공급함 • 미세한 교원섬유(콜라겐)와 수분을 포함함
망상층 (Reticular Layer) 기출	• 진피의 대부분을 차지하는 그물 모양(망상구조)의 결합조직 • 교원섬유(콜라겐)❓ 90%, 탄력섬유(엘라스틴)❓ 1.5~4.7%, 기질❓로 구성됨 • 모세혈관은 거의 없으며, 림프관, 한선, 피지선, 신경 등이 존재함

진피에 존재하는 세포	
대식세포	백혈구의 한 유형, 선천 면역과 적응 면역에 관여
비만세포	염증 반응에 중요한 역할, 히스타민, 세로토닌 생산
섬유아세포	결합조직세포로 세포외기질인 콜라겐과 엘라스틴 생성

피부노화에 영향을 주는 진피의 변화 기출

• 콜라겐의 감소
• 탄력섬유의 변성
• 기질 탄수화물(Glycosaminoglycan)의 감소
• 피부혈관의 면적 감소

③ 피하조직(Subcutaneous Tissue)

• 진피에서 내려온 섬유가 엉성하게 결합되어 형성된 망상조직
• 벌집모양의 수많은 지방세포들이 자리잡고 있음
• 진피와 근육, 뼈 사이에 위치하며, 신체 부위, 성별, 나이, 영양 상태에 따라 두께가 다름
• 체온조절 기능, 외부 충격의 완충 기능, 영양소 저장 기능을 함

참고 **멜라닌형성세포(멜라노사이트) 내 멜라닌 형성 과정** 기출

티로신 – 티로시나아제(약 0.2%의 구리를 함유하는 구리단백질)에 의해 산화 – 도파 – 티로시나아제 효소에 의해 산화 – 도파 퀴논 – 유멜라닌 또는 페오멜라닌 생성

용어 **멜라노솜**

멜라닌세포 속에 들어 있는 세포소기관으로, 멜라닌이 표피의 기저층에 있는 멜라노사이트에서 생성되어 멜라노솜의 형태로 합성됨

참고 **피부색 결정 요인** 기출

멜라닌, 헤모글로빈, 카로티노이드

용어 **교원섬유(콜라겐)**

피부 건조 중량의 75%를 차지하며, 장력, 아미노산 1,000개가 결합된 나선 모양의 타래로 아미노산 한 분자에 1,000개의 물 분자가 함유된 피부의 저수지 역할을 함

용어 **탄력섬유(엘라스틴)**

본래의 모습으로 되돌아가려는 회복 기능과 탄력성이 있는 단백질로, 피부에 1.5~4.8% 정도의 함량으로 존재함

용어 **기질**

교원섬유와 탄력섬유를 채워주는 물질로, 히알루론산, 콘드로이친 황산, 헤파린 황산염 등으로 구성된 뮤코다당체임

④ 그 외 피부의 부속기관(진피 내 위치)

피지선	• 얼굴, 두피, 가슴에 많으며, 손바닥, 발바닥을 제외한 전신에 분포되어 있음 • 남성호르몬(테스토스테론)이 피지선을 자극하면 피지❷가 분비됨 • 피부와 모발에 윤기 부여, 피부 보호 • 과잉 분비 시 여드름 발생의 원인이 됨	
한선 (땀샘)	아포크린선 (대한선)	• 겨드랑이, 서혜부, 항문·유두 주변, 배꼽 등 특정 부위에 분포 되어 있음 • 모공을 통해 분비하며 특유의 냄새 발생 • pH 5.5~6.5 • 성, 인종에 따라 차이가 있음
	에크린선 (소한선)	• 입술, 음부, 손톱을 제외한 전신에 분포하며, 특히 손바닥, 발바닥, 이마에 많이 분포되어 있음 • 표피로 직접 분비하며 무색, 무취 • pH 3.8~5.6 • 체온조절 기능

참고 **피지의 구성 성분**

트리글리세라이드	41%
왁스에스터	25%
지방산	16%
스쿠알렌	12%
그 외	6%

2 모발의 생리구조

(1) 모발❷의 특징

① 1일에 0.3~0.5mm 정도 자라며, 나이, 성별, 환경 등에 따라 자라는 속도가 다르다.
② 1일에 50~100가닥의 모발이 빠지며, 봄, 가을에 자연탈모가 증가한다.
③ 모발은 약산성을 띠고 있어 산에는 비교적 강하나 알칼리에 약하므로 이 특징을 모발 관련 시술에 적용한다.

(2) 모발의 구조 〔기출〕

① **모간**❷ **부분**: 피부 밖에 위치한다.

모표피 (모소피)	• 모발 가장 바깥쪽 5~15층의 비늘 모양 • 멜라닌이 없어 무색투명한 케라틴 단백질로 구성됨 • 두발 내부의 모피질을 감싸고 있는 화학적 저항성이 강한 층 • 구성	
	에피큐티클 (Epicuticle)	• 가장 바깥쪽의 두께 100Å 정도의 얇은 막 • 아미노산 중 시스틴의 함유량이 많음 • 각질 용해성 또는 단백질 용해성의 약품(친유성, 알칼리 용액)에 대한 저항성이 가장 강한 층 • 수증기는 통과지만 물은 통과하지 못하는 구조로 딱딱하 고 부서지기 쉽기 때문에 물리적인 자극에 약함
	엑소큐티클 (Exocuticle)	• 연한 케라틴 층으로 시스틴이 많이 포함되어 있음 • 퍼머넌트 웨이브와 같이 시스틴 결합을 절단하는 약품의 작용을 받기 쉬운 층
	엔도큐티클 (Endocuticle)	• 가장 안쪽에 있는 층으로 시스틴 함유량이 적음. • 물과 잘 어울리는 친수성이며, 알칼리에 대한 저항성이 낮음 • 내측면은 양면테이프와 같은 세포막복합체(CMC)❷로 인 접한 모표피를 밀착시켜, 모표피와 모피질 안의 내용물들 이 빠져나가지 않게 잡아주는 역할을 함

그림 **모발의 생리구조**

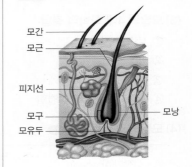

모간
모근
피지선
모구
모유두
모낭

그림 **모간**

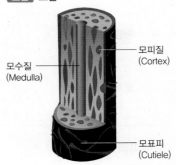

모수질
(Medulla)
모피질
(Cortex)
모표피
(Cutiele)

참고 **세포막복합체(CMC, Cell Membrane Complex)**

모표피와 모피질 안의 내용물들이 빠져 나가지 않게 잡아주는 역할을 하며, 부 족 시 모발 손상의 주요 원인이 됨

모피질	• 모발의 중간에 위치하며 대부분을 차지(80∼90%) • 피질세포(케라틴 단백질)와 세포 간 결합물질(말단결합·펩티드)로 구성됨 • 멜라닌을 함유하고 있어 모발 색을 결정함 • 퍼머넌트·염색 시술❷ 시 모피질의 결합이 약해져 모발 손상이 발생함 • 친수성이므로 흡수성과 흡습성을 가짐
모수질	• 두발의 중심 부근에 공동(속이 비어 있는 상태) 부위로, 죽은 세포들이 두발의 길이 방향으로 불연속적으로 다각형의 세포들의 형상으로 존재함 • 배냇머리, 연모에는 없음

② **모근 부분**: 피부 안에 위치하며, 모모세포(모발을 만들어 내는 세포)와 멜라닌세포가 존재하고, 세포분열의 시작점이다.

모낭	• 모근을 둘러싸고 있는 조직, 피지선과 연결 • 외근모초와 내근모초로 구성 　– 외근모초: 모구 부위에서 세포 분열하여 피부 표면 방향으로 이동 　– 내근모초: 헨레층, 헉슬리층, 모근초소피로 구성
모구부	모근의 아래쪽에 위치하며 둥근 모양
모유두	모구의 중심에 위치하며, 모발의 영양 공급 관장
모모세포	모유두를 덮고 있으며, 모유두로부터 영양을 공급받아 끊임없이 세포분열

(3) 모발의 4대 화학적 결합

① 시스틴 결합

② 이온(염) 결합

③ 수소 결합

④ 펩타이드(펩티드) 결합

(4) 모발의 성장주기❷ 기출

성장기(Anagen) 3∼6년	• 전체 모발의 80∼90%가 이 시기에 해당함 • 모모세포의 활발한 활동 시기 • 여자가 남자에 비해 성장주기가 긺
퇴행기(Catagen) 약 3주	• 전체 모발의 1∼2%가 이 시기에 해당함 • 모모세포의 분열이 감소하는 시기 • 모발의 성장이 멈춘 시기
휴지기(Telogen) 3∼4개월	• 전체 모발의 10∼15%가 이 시기에 해당함 • 모낭과 모유두의 완전한 분리 • 모발의 탈락 시작

(5) 두피의 특징과 기능

① **두피의 특징**

- 피지선이 많고, 혈관과 모낭이 다른 피부에 비해 많이 분포함
- 진피층의 조밀한 신경분포를 통해 머리카락을 통한 감각을 느낌
- 세 개의 층으로 구성
  - 외피: 동맥, 정맥, 신경 분포
  - 두개피: 두개골을 둘러싼 근육과 연결된 신경조직
  - 두개 피하조직: 얇으면서 지방층이 없고 이완된 상태

참고 **퍼머넌트·염색 시술 원료** 기출

- 암모니아: 모표피를 손상시켜 염료와 과산화수소가 속으로 잘 스며들 수 있도록 함
- 과산화수소: 머리카락 속의 멜라닌 색소를 파괴하여 두발 원래의 색을 지움

그림 **모발의 성장주기**

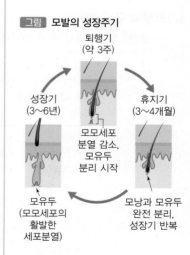

퇴행기
(약 3주)

성장기
(3∼6년)

휴지기
(3∼4개월)

모모세포
분열 감소,
모유두
분리 시작

모유두
(모모세포의
활발한
세포분열)

모낭과 모유두
완전 분리,
성장기 반복

② 두피의 기능

보호	• 멜라닌색소와 표피는 광선으로부터 두피를 보호함 • 표면이 산성막으로 되어 있어 감염과 미생물의 침입으로부터 두피를 보호함 • 외부 마찰에 대항하여 외부 환경으로부터 두피 내부를 보호하는 역할
호흡	두피에 각질이나 노폐물이 쌓이면 두피의 모공을 막아 피부의 호흡을 저해할 수 있음
분비와 배설	한선에서는 땀 배출을, 피지선에서는 피지를 분비함
체온 유지	입모근에서는 수축과 이완을 통해 모공을 개폐하여 체온을 유지하고, 모세혈관의 혈류량을 조절하여 체온을 조절함

3 피부와 모발의 상태 분석

(1) 피부 상태 분석

① 피부 분석 방법

문진법	• 설문이나 대면 질문을 통해 피부 상태 분석 • 식사, 생활습관, 수면 정도, 과로 상태, 성격, 생활환경, 피부관리법 등에 대해 질문
견진법	• 육안을 통해 피부 상태 분석 • 피부결, 각질, 모공 크기, 색소침착, 안색, 주름 등의 상태 관찰
촉진법	• 손으로 누르거나 만져서 피부 상태 분석 • 각질 상태, 피지 분비량, 수분량, 탄력 정도, 피부 두께 등의 상태 관찰
기기를 이용한 판독법	• 유수분 측정기, 우드램프, pH 측정기, 확대경, 피부 분석기를 통해 피부 상태 분석 • 세안 후 일정 시간이 지난 후에 측정하여 피부 상태 판독

② 피부 측정 방법

수분 기출	• 전기전도도를 통해 피부 각질층의 수분량 측정 • 피부 수분 증발량인 경피수분손실량(TEWL) 측정
pH	피부의 산성도 측정
유분	카트리지 필름을 피부에 밀착시킨 후 유분량 측정
표면	피부 표면을 확대 촬영 또는 확대경을 통해 잔주름, 굵은 주름, 각질, 모공 크기, 색소침착 등을 측정
피부색	피부 색소 측정기와 UV광을 이용한 피부 색소침착 정도 측정
탄력	탄력 측정기를 이용하여 음압을 가했다가 피부가 원래 상태로 회복되는 정도 측정
홍반	헤모글로빈 수치를 통해 붉은 기 측정
주름	• 레플리카(Replica)를 이용한 피부 주름 분석 측정 • 피부 표면 형태 측정

용어 **경피수분손실량(TEWL)** 기출
피부 표면에서 증발되는 수분량(TEWL: Transepidermal Water Loss)으로 건성 피부와 손상 피부는 값이 높으며, 피부 장벽기능 이상과 관련 있음

용어 **레플리카(Replica)**
실리콘을 이용하여 피부 표면 상태를 그대로 복제한 것

③ 피부 유형별 특징

정상 피부 (중성 피부)	• 가장 이상적인 피부로 유·수분의 밸런스가 좋음 • 혈관 분포가 일정하여 혈액순환, 신진대사가 원활함 • 계절, 연령, 생활습관 등에 따라 피부 상태가 변함
건성 피부	• 각질층 수분 함량이 10% 미만인 피부 • 피지 분비량 감소로 건조함 • 노화, 아토피 피부로 확장될 수 있는 피부
지성 피부	• 피지 분비량이 많고 모공이 큼 • 여드름 피부로 확장될 수 있는 피부
복합성 피부	• 2개 이상의 피부 유형을 가짐 • T-zone은 지성 피부, U-zone은 건성 피부의 특징을 가짐 • 호르몬, 외부의 환경을 많이 받음
민감성 피부	• 내외부 요인에 의해 피부가 쉽게 붉어지거나 민감하게 반응하는 피부 • 노화 진행이 빠르거나 쉽게 염증이 발생함
노화 피부	• 광노화, 자연노화로 나뉘며 보습과 탄력이 저하된 피부 • 콜라겐(교원섬유) 감소　　　• 엘라스틴(탄력섬유) 변성 • 기질 탄수화물 감소　　　　• 피부혈관의 면적 감소
여드름 피부	• 모낭 내 과잉 분비된 피지로 인해 염증 반응이 나타나는 피부 • 피지 분비 증가, 모공 폐쇄, 세균 증식, 스트레스 등의 원인으로 여드름 발생 • 여드름 종류 　－ 면포: 좁쌀 모양의 비염증성 여드름, 개방면포(블랙헤드), 폐쇄면포 　　(화이트헤드)가 있음 　－ 구진: 피지가 세균 감염으로 팽창되어 모낭벽이 파손된 상태의 여드름 　－ 농포: 노란색 고름이 발생한 염증성 여드름 　－ 결절: 농포가 발전하여 단단한 덩어리가 피부 안에서 딱딱해진 상태 　　의 여드름 　－ 낭종: 화농 상태가 가장 심각한 단계로 모낭벽이 완전히 파괴된 상태 　　의 여드름
색소침착 피부	• 멜라닌이 비정상적으로 과잉 생성되면서 과색소침착이 일어난 피부 • 자외선, 스트레스, 여성호르몬, 내장장애 등의 원인으로 발생 • 자외선의 종류 　－ UVA: 320~400nm 장파장으로 광노화의 원인 (기출) 　－ UVB: 290~320nm 중파장으로 일광화상, 홍반의 원인 　－ UVC: 200~290nm 단파장으로 피부암의 원인, 살균·소독작용

④ 피츠패트릭 피부 분류

피부를 피부색, 태양의 자외선에 의한 화상(색소침착)의 정도에 따라 6가지 유형으로 분류함

유형	피부색	머리카락 색	특성
1형	창백한 색	노랑~빨강색	쉽게 화상을 입으나 색소침착은 없음
2형	하얀색	노랑~빨강색	쉽게 화상을 입고 약간의 색소침착이 있음
3형	크림색	다양함	가끔 화상을 입으며 점진적인 색소침착이 있음
4형	연갈색	갈색	약간의 화상을 입으나 대부분 색소침착이 있음
5형	짙은 갈색	갈색 또는 검은색	화상은 거의 입지 않고 색소침착이 심함
6형	어두운 갈색	검은색	화상은 입지 않으나 색소침착이 있음

(2) 모발 상태 분석

① 모발진단 방법

모발 당김검사	모발을 두 손가락으로 집어 당겨 탈모 증상 판단
모주기검사	포토트리코그람(Phototrichogram)을 통해 모발의 성장 속도와 밀도를 종합적으로 모발 상태 분석
모간검사	모발에 붙어있는 피부를 모아 염색 후 현미경으로 모근과 모구 관찰
조직검사	4mm 펀치를 이용하여 모유두가 포함된 조직을 채취하여 모발 상태 분석
모발 분석	모발의 전반적 상태를 종합적으로 진단

(3) 두피 및 모발 상태

① 정상 두피
- 두피가 투명하고 각질이나 피지가 깨끗한 상태
- 모공 1개당 2~3개의 모발이 존재하며, 모발의 굵기가 일정함

② 탈모의 증상

남성형 탈모증 기출	• 두피의 경계선이 점점 뒤로 진행되어 이마가 넓고 대머리로 진행 • 남성호르몬인 테스토스테론이 5알파–환원효소에 의해 디하이드로테스토스테론(DHT)로 전환됨 • DHT는 모낭을 위축시키며 탈모의 원인이 됨
여성형 탈모증	• 머리카락이 가늘어지고 특히 정수리 부분이 많이 빠짐 • 모낭세포의 반응이 주요원인으로 부신, 난소의 비정상 과다분비 또는 남성호르몬 관련 약물 복용이 원인이 됨
원형 탈모증	• 하나 혹은 여러 개의 원형으로 탈모가 일어남 • 대부분 스트레스에 의한 것으로, 유전적 소인, 알레르기, 자가 면역성 소인과 정신적인 스트레스를 포함하는 복합적인 요인들에 의해서도 발생함
기타	지루성 탈모증, 산후 휴지기 탈모증, 노인성 탈모증 등

③ 탈모의 원인

유전	탈모를 일으키는 유전자에 의해 탈모가 될 가능성이 높아짐
호르몬	뇌하수체, 갑상선, 부신피질, 난소나 고환에서 분비되는 호르몬은 모발과 관계가 있으며, 그중 남성호르몬에 의해 발생하는 탈모가 대부분임
스트레스	스트레스가 쌓이면 자율신경 부조화로 모발의 발육이 저해됨
식생활 습관	다이어트로 인한 영양소 결핍과 동물성 지방의 과다섭취로 혈중 콜레스테롤을 증가시켜 모근의 영양 공급을 악화시킴
모발 공해	열과 알칼리에 약한 모발 성분이 손상됨
기타	지루성 탈모증, 산수 휴지기 탈모증, 노인성 탈모증, 염증성 질환 등에 의해 탈모가 발생함

④ 비듬의 증상
- 두피에서 탈락된 세포가 벗겨져 나온 쌀겨 모양의 표피 탈락물
- 대표적인 동반 증상은 가려움증이며, 지루성 피부염의 증상이 발생하기도 함

⑤ 비듬의 원인 기출
- 두피 피지선의 과다 분비, 호르몬의 균형, 두피 세포의 과다 증식 등
- 진균류인 말라쎄지아가 방출하는 분비물의 표피층 자극
- 스트레스 또는 과도한 다이어트 등

단원별 연습문제

01 표피의 구조를 최외각층부터 순서대로 옳게 나열한 것은?

① 각질층 – 과립층 – 유극층 – 기저층 – 투명층
② 투명층 – 과립층 – 기저층 – 각질층 – 유극층
③ 각질층 – 투명층 – 과립층 – 유극층 – 기저층
④ 기저층 – 과립층 – 유극층 – 각질층 – 투명층
⑤ 유극층 – 기저층 – 각질층 – 유명층 – 과립층

| 정답 | ③

02 다음 〈보기〉의 빈칸에 들어갈 용어를 쓰시오.

┤ 보기 ├
아미노산 40%, PCA(피롤리돈카르복시산) 12% 등으로 구성되어 있으며, 각질층
에 존재하는 수용성 물질의 총칭을 (   )(이)라고 한다.

| 정답 | 천연보습인자(NMF)

03 다음 〈보기〉의 설명에 해당하는 표피층은?

┤ 보기 ├
• 케라틴을 약 58% 함유하고 있다.
• 약 10~20층으로 구성된 무핵의 세포층이다.
• 수분 손실을 막고, 자극으로부터 피부를 보호한다.

① 기저층   ② 과립층
③ 투명층   ④ 각질층
⑤ 유극층

| 정답 | ④
| 해설 | 각질층은 최외각에 위치하며, 케라틴 약 58%, 천연보습인자(NMF) 약 31%, 세포간지질 약 11%로 구성되어 있다.

04 다각형 유핵세포층으로 표피에서 가장 두꺼운 층에 있으며, 외부 이물질인 항원을 면역담당세포 T-림프구에 전달하는 역할을 하고 피부에서 면역 기능을 하는 세포는?

① 머켈세포
② 멜라닌세포
③ 섬유아세포
④ 각질형성세포
⑤ 랑게르한스세포

| 정답 | ⑤
| 해설 | 유극층에는 면역 기능을 담당하는 랑게르한스세포가 존재한다.

05 ㉠에 들어갈 용어를 쓰시오.

(㉠)은/는 진피의 망상층 결합조직에 존재하며, 본래의 모습으로 되돌아가려는 회복 기능과 탄력성이 있는 단백질로, 피부에 1.5~4.8% 정도의 함량으로 존재한다.

| 정답 | 탄력섬유
| 정답인정 | 엘라스틴

06 다음 〈보기〉는 모발의 성장주기에 대한 내용이다. 〈보기〉의 ㉠에 들어갈 용어를 쓰시오.

┤ 보기 ├
(㉠)은/는 모발의 성장주기 중 모모세포가 가장 활발하게 활동하는 시기로, 주기의 80~90% 기간이 이 시기에 해당한다.

| 정답 | 성장기

07 다음 〈보기〉는 탈모 증상에 대한 내용이다. 〈보기〉의 ㉠에 들어갈 용어를 쓰시오.

┤ 보기 ├
(㉠)은 대부분 스트레스에 의해 발생되며, 하나 혹은 여러 부분에서 특정 모양의 탈모가 일어난다.

| 정답 | 원형 탈모증

Chapter 03

관능평가 방법과 절차

고득점 TIP 관능평가의 정의와 요소에 대해 정리하세요.

(1) 관능평가 기출

① 화장품의 품질을 인간의 오감(시각, 후각, 미각, 촉각, 청각)에 의해 측정하고 분석하여 평가하는 방법이다.

② 화장품은 유효성에 대한 과학적 평가법이 있으나, 외관, 색상, 향, 사용감 등 기호에 따른 평가도 제품에 영향을 미치기 때문에 관능평가를 통해 얻은 결과를 통계처리 한 후 종합적 평가에 사용한다.

(2) 외관 · 색상 검사에 대한 관능평가 순서

① 외관 · 색상을 검사하기 위한 표준품을 선정한다.

② 원자재 시험 검체와 제품의 공정 단계별 시험 검체를 채취하고 각각의 기준과 평가 척도를 마련한다.

③ 외관 · 색상 시험 방법❷에 따라 시험한다.

④ 시험 결과에 따라 적합 유무를 판정하고 기록 · 관리한다.

(3) 관능평가 요소

탁도(침전)	10mL 바이알에 액체 형태의 화장품을 넣고 탁도계(Turbidity meter)로 탁도 측정
변취	손등에 적당량을 바른 뒤 원료의 베이스 냄새를 기준으로 표준품(최종 제품)과 비교하여 변취 확인
분리(성상)	육안과 현미경을 이용하여 기포, 응고, 분리, 겔화, 빙결 등 유화 상태 확인
점도, 경도	실온에 방치한 뒤 용기에 넣고 점도, 경도 범위에 적합한 회전봉(Spindle)을 사용하여 점도를 측정하고, 점도가 높을 경우에는 경도를 측정
증발, 표면 굳음	건조 감량, 무게 측정을 통해 증발과 표면 굳음 측정

(4) 제품별 관능평가 요소

스킨, 토너	탁도, 변취
로션, 에센스	변취, 분리(성상), 점도, 경도
크림	변취, 분리(성상), 점도, 경도, 증발, 표면 굳음
메이크업 베이스, 파운데이션	변취, 점도, 경도, 증발, 표면 굳음
립스틱	변취, 분리(성상), 점도, 경도

참고 외관 · 색상 시험 방법 기출

• 성상 및 색상의 판별
 – 유화제품: 내용물 표면의 매끄러움, 내용물의 점성, 내용물의 색을 육안으로 확인
 – 색조제품: 슬라이드 글라스에 표준 견본과 내용물을 각각 소량으로 묻힌 후 슬라이드 글라스로 눌러 대조되는 색상을 육안으로 확인, 손등이나 실제 사용 부위에 직접 발라서 색상 확인
• 향취 평가: 비커에 내용물을 담고 코를 비커에 대고 향취를 맡거나 손등에 발라 향취를 맡아 확인
• 사용감 평가: 내용물을 손등에 문질러 느껴지는 사용감 확인

(5) 관능 용어에 따른 물리화학적 평가법

① 물리적 관능 요소

관능 용어	물리화학적 평가법
• 촉촉함 ⇔ 보송보송함 • 부들부들함 • 뽀드득함 ⇔ 매끄러움	• 마찰감 테스트 • 점탄성 측정(Rheometer)
• 가볍게 발림 ⇔ 뻑뻑하게 발림 • 빠르게 스며듦 ⇔ 느리게 스며듦 • 부드러움 ⇔ 딱딱함(화장품)	
• 탄력이 있음(피부) • 부드러워짐(피부)	유연성 측정(Cutometer)
끈적임 ⇔ 끈적이지 않음	핸디압축시험법

② 광학적 관능 요소 기출

관능 용어	물리화학적 평가법
• 투명감이 있음 ⇔ 불투명함 • 윤기가 있음 ⇔ 윤기가 없음	• 변색분광측정계 • 광택계(Glossmeter)
• 화장 지속력이 좋음 ⇔ 화장이 지워짐 • 균일하게 도포할 수 있음 ⇔ 뭉침, 번짐	• 색채 측정(분광측색계를 통한 명도 측정) • 확대 비디오 관찰
번들거림 ⇔ 번들거리지 않음	광택계(Glossmeter)

(6) 자가평가 기출

① 소비자에 의한 사용시험

소비자들이 관찰하거나 느낄 수 있는 변수들에 기초하여 제품 효능과 화장품 특성에 대한 소비자의 인식을 평가하는 것으로 일정 수 이상 참여해야 한다.

맹검 사용시험 (Blind Use Test)	상품명, 디자인, 표시사항 등을 가리고 제품을 사용하여 시험하는 것
비맹검 사용시험 (Concept Use Test)	상품명, 표기사항 등을 알려주고 제품에 대한 인식 및 효능 등이 일치하는지를 시험하는 것

② 훈련된 전문가 패널에 의한 관능평가

명확히 규정된 시험계획서에 따라, 정확한 관능 기준을 가지고 교육을 받은 전문가 패널의 도움을 얻어 실시한다.

(7) 전문가에 의한 평가

① 의사의 감독하에서 실시하는 시험

의사의 관리하에서 화장품의 효능에 대해 실시하며 변수들은 임상관찰 결과 또는 평점에 의해 평가된다. 또한 초기값이나 미처리 대조군, 위약 또는 표준품과 비교하여 정량화될 수 있다.

② 그 외 전문가의 관리하에 실시되는 시험

준 의료진, 미용사 또는 기타 직업적 전문가 등이 이미 확립된 기준과 비교하여 촉각, 시각 등에 의한 감각에 의해 제품의 효능을 평가한다.

단원별 연습문제

01 관능평가 방법에 관한 설명으로 옳지 <u>않은</u> 것은?

① 탁도 – 실온에 방치한 뒤 점도를 측정하여 확인한다.

② 변취 – 원료의 베이스 냄새를 기준으로 표준품(최종제품)과 비교하여 변취를 확인한다.

③ 분리 – 육안과 현미경을 이용하여 기포, 응고, 분리, 겔화, 빙결 등 유화상태를 확인한다.

④ 점도, 경도 – 회전봉을 사용하여 점도를 측정하고, 점도가 높을 경우에는 경도를 측정하여 확인한다.

⑤ 표면 굳음 – 건조 감량, 무게 측정을 통해 증발과 표면 굳음을 측정하여 확인한다.

| 정답 | ①
| 해설 | 탁도는 10mL 바이알의 액체 형태의 화장품을 넣고 이 액체의 흐린 정도를 탁도계를 이용하여 측정하는 것이다.

02 제품별 관능평가 요소로 옳지 <u>않은</u> 것은?

① 로션 – 증발 ② 립스틱 – 경도

③ 크림 – 표면 굳음 ④ 스킨, 토너 – 탁도

⑤ 메이크업 베이스 – 변취

| 정답 | ①
| 해설 | 로션의 관능평가 요소에는 변취, 분리(성상), 점도, 경도 등이 있다.

03 광학적 관능 요소의 관능 용어로 적절한 것은?

① 촉촉함 ⇔ 보송보송함

② 뽀드득함 ⇔ 매끄러움

③ 투명감이 있음 ⇔ 불투명함

④ 부드러움 ⇔ 딱딱함(화장품)

⑤ 빠르게 스며듦 ⇔ 느리게 스며듦

| 정답 | ③
| 해설 | ①, ②, ④, ⑤ 물리적 관능 요소의 관능 용어이다.

04 상품명, 디자인, 표시사항 등을 가리고 제품을 사용하여 시험하는 것을 (　　㉠　　)(이)라고 한다. ㉠에 들어갈 용어를 쓰시오.

| 정답 | 맹검 사용시험(Blind Use Test)
| 정답인정 | Blind Use Test

제품 상담

고득점 TIP
피부 부작용 증상과 배합금지 원료, 사용제한 원료는 반복하여 암기해야 문제를 풀 수 있어요.
반드시 부록과 함께 학습하시기 바랍니다.

1 맞춤형화장품의 효과

① 맞춤형화장품을 통해 개인의 가치가 강조되는 사회·문화적 환경 변화에 따라 다양한 소비 요구 충족이 가능하다.
② 맞춤형화장품조제관리사라는 전문가를 통해 정확한 피부 측정과 테스트를 실시하여 자신의 피부와 요구에 맞는 제품을 사용할 수 있다.
③ 고객이 원하는 제품의 혼합 및 소분이 가능하다.

2 맞춤형화장품의 부작용

① 맞춤형화장품으로 인한 부작용 사례가 발생하면 식품의약품안전처장에게 즉시 보고해야 한다.
② 문제 발생 시 대처하기 위한 표준작업지침서(SOP: Standard Operating Procedures)를 마련하고, 이에 따라 대응한다.

가려움 (Itching)	• 참을 수 없이 피부를 긁고 싶은 충동 • 소양감(Pruritus)이라고도 함
따끔거림 (Pricking)	바늘로 찌르는 듯한 느낌
부종 (Edema)	피부나 피하조직이 부은 상태로, 세포와 세포 사이에 수분이 비정상적으로 축적된 상태
염증 (Inflammation)	• 생체조직의 방어 반응의 하나로, 주로 세균에 의한 감염이 많으며 붉거나 농이 지는 현상 • 뾰루지, 트러블, 알레르기 등
인설 (Scale)	• 표피의 각질이 은백색의 부스러기처럼 탈락하는 현상 • 건선에 많이 발생함
자통 (Stinging)	찌르고 따끔거리는 것과 같은 통증
작열감 (Burning)	피부가 화끈거리거나 쓰린 느낌
홍반 (Erythema)	• 모세혈관의 확장 또는 충혈로 인해 피부가 국소적으로 붉게 변하는 현상 • 발적, 붉은 반점 등

용어 **표준작업지침서(SOP)**
특정 업무를 표준화된 방법에 따라 일관되게 실시할 목적으로 절차 및 방법 등을 상세히 기술한 문서로, 고객관리 문제 발생 시 일관된 업무 수행을 위해 필요하며, 품질관리가 필요한 모든 업무에 필요한 문서라고 볼 수 있음

참고 **알레르기**
피부 감작성으로 모든 사람에게 발생하는 것이 아니라 인체 면역 기전이 과민한 일부의 경우에 유발되는 증상임

3 배합금지 사항 확인·배합

(1) 중요 사용금지 원료(그 외 원료는 별표 1 참고) 기출
① 「화장품 안전 기준 등에 관한 규정」 중 [별표 1] 사용할 수 없는 원료❷로 고시된 원료는 맞춤형화장품에 배합을 금지한다.

참고 부록 p.3, 본문 p.84

② 맞춤형화장품에 사용할 수 없는 원료이나, 화장품 조제 또는 보관 시 비의도적으로 다음의 원료가 유입되는 경우, 아래의 한도로 검출을 허용한다.

납	점토를 원료로 사용한 분말 제품 50μg/g 이하, 그 밖의 제품은 20μg/g 이하
니켈	눈화장용 제품 35μg/g 이하, 색조화장용 제품 30μg/g 이하, 그 밖의 제품은 10μg/g 이하
비소	10μg/g 이하
안티몬	10μg/g 이하
카드뮴	5μg/g 이하
수은	1μg/g 이하
디옥산	100μg/g 이하
메탄올	0.2(v/v)% 이하, 물휴지는 0.002%(v/v) 이하
포름알데하이드	2,000μg/g 이하, 물휴지는 20μg/g 이하
프탈레이트류	디부틸프탈레이트, 부틸벤질프탈레이트 및 디에칠헥실프탈레이트에 한하여 총합으로 100μg/g 이하

(2) 화장품의 미생물 허용한도 기출

영유아용 제품류, 눈화장용 제품류	총호기성생균수 500개/g(mL) 이하
물휴지	세균 및 진균수 각각 100개/g(mL) 이하
기타 화장품류	총호기성생균수 1,000개/g(mL) 이하
모든 화장품류	대장균(Escherichia coli), 녹농균(Pseudomonas aeruginosa), 황색포도상구균(Staphylococcus aureus) 불검출

4 내용물 및 원료의 사용제한 사항

다음 원료는 사용을 제한한다.
① 「화장품 안전 기준 등에 관한 규정」 중 [별표 2] 사용상의 제한이 필요한 원료❷로 고시된 원료

참고 부록 p.31, 본문 p.85

② 기능성화장품의 효능·효과를 나타내는 고시 원료(화장품책임판매업자가 해당 원료를 포함하여 기능성화장품에 대한 심사를 받은 경우는 제외함)

단원별 연습문제

01 맞춤형화장품 판매업자가 맞춤형화장품 사용과 관련된 부작용이 발생한 사실을 알았을 경우 안전성 정보에 대한 내용을 누구에게 즉시 보고해야 하는가?

① 제조업자   ② 원료공급자

③ 한국소비자보호센터   ④ 맞춤형화장품대표자

⑤ 식품의약품안전처장

| 정답 | ⑤

| 해설 | 맞춤형화장품 사용과 관련된 부작용 사례가 발생하면 지체 없이 식품 의약품안전처장에게 보고해야 한다.

02 화장품의 부작용에 해당하는 내용을 〈보기〉에서 모두 고른 것은?

┌ 보기 ┐
ㄱ 피부에 염증성 트러블이 발생하였다.
ㄴ 표피의 각질이 은백색의 부스러기처럼 탈락하는 현상이 발생하였다.
ㄷ 피지 분비량이 감소하여 피부의 건조함을 유발하였다.
ㄹ 피부나 피하조직이 부은 상태로 세포와 세포 사이에 수분이 비정상적으로 축적
되었다.
ㅁ 피부가 화끈거리고, 쓰린 느낌이 나는 작열감이 나타났다.
└ ┘

① ㄱ, ㄴ, ㄹ   ② ㄱ, ㄷ, ㄹ

③ ㄱ, ㄴ, ㄹ, ㅁ   ④ ㄴ, ㄷ, ㅁ

⑤ ㄴ, ㄷ, ㄹ, ㅁ

| 정답 | ③

| 해설 | 피지 분비량 감소는 화장품의 부작용으로 볼 수 없다.

03 기타 사용제한 원료로만 묶인 것은?

① 글리세린, 머스크 자일렌, 페녹시에탄올

② 비타민 E(토코페롤), 살리실릭애씨드 및 그 염류, 하이드롤라이즈드밀단백질

③ 1,2 헥산다이올, 퀴닌 및 그 염류, 벤질알코올

④ 트리클로산, 스테아릴알코올, 소듐아이오데이트

⑤ 실버나이트레이트, 징크피리치온, 클로로부탄올

| 정답 | ②

| 해설 | 비타민 E(토코페롤) 20%, 살리 실릭애씨드 및 그 염류 인체 세정용 제 품류에 살리실릭애씨드로서 2.0%, 사용 후 씻어내는 두발용 제품에 살리실릭애 씨드로서 3.0%, 하이드롤라이즈드밀단 백질 원료 중 펩타이드의 최대 평균분자 량은 3.5kDa 이하이어야 한다.

04 화장품에 사용제한이 필요한 보존제 성분으로 옳지 <u>않은</u> 것은?

① 톨루엔

② 벤질알코올

③ 징크피리치온

④ 디엠디엠하이단토인

⑤ 디아졸리디닐우레아

05 사용금지 원료이나 화장품의 제조 또는 보관 중 비의도적으로 유입될 경우 검출 허용 성분의 한도가 옳게 연결된 것은?

① 수은 − 10㎍/g 이하

② 카드뮴 − 5㎍/g 이하

③ 비소 − 100㎍/g 이하

④ 디옥산 − 10㎍/g 이하

⑤ 납 − 점토를 원료로 사용한 분말제품은 10㎍/g 이하

06 영유아용 제품류에 사용이 금지된 원료가 <u>아닌</u> 것은?

① 적색 2호

② 적색 102호

③ 벤질알코올

④ 살리실릭애씨드 및 그 염류

⑤ 아이오도프로피닐부틸카바메이트

제품 안내

고득점 TIP | 1, 2차 소용량 포장에 표시사항과 맞춤형화장품 안전 기준 주요사항을 집중적으로 암기하세요.

1 맞춤형화장품 표시사항

(1) 맞춤형화장품 표시·기재사항 기출

구분	표시·기재사항

맞춤형 화장품	**1차 포장 필수 기재사항(다만, 소비자가 화장품의 1차 포장을 제거하고 사용하는 고형비누 등 총리령으로 정하는 화장품의 경우에는 그러하지 아니함) 기출**
	
	• 화장품의 명칭
	• 영업자(화장품제조업자, 화장품책임판매업자, 맞춤형화장품판매업자)의 상호
	• 제조번호(식별번호❓)
	• 사용기한 또는 개봉 후 사용기간(개봉 후 사용기간의 경우 제조연월일 병기)
	
	1차 포장만으로 구성되는 화장품의 외부포장과 1차 포장에 2차 포장을 추가한 화장품의 외부 포장
	
	• 화장품의 명칭
	• 영업자의 상호 및 주소
	• 해당 화장품 제조에 사용된 모든 성분(인체에 무해한 소량 함유 성분 등 총리령으로 정하는 성분은 제외함)
	• 내용물의 용량 또는 중량
	• 제조번호(식별번호)
	• 사용기한 또는 개봉 후 사용기간(개봉 후 사용기간의 경우 제조연월일 병기)
	• 가격❓
	• 기능성화장품의 경우 '기능성화장품'이라는 글자 또는 기능성화장품을 나타내는 도안으로서 식품의약품안전처장이 정하는 도안
	• 사용할 때의 주의사항
	• 그 밖에 총리령으로 정하는 사항
	  – 기능성화장품의 경우 심사받거나 보고한 효능·효과, 용법·용량
	  – 성분명을 제품 명칭의 일부로 사용한 경우 그 성분명과 함량(방향용 제품은 제외함)
	  – 인체 세포·조직 배양액이 들어 있는 경우 그 함량
	  – 화장품에 천연 또는 유기농으로 표시·광고하려는 경우에는 원료의 함량
	  – 제2조제8호부터 제11호까지에 해당하는 기능성화장품❓의 경우에는 '질병의 예방 및 치료를 위한 의약품이 아님'이라는 문구
	  – 다음 각 목의 어느 하나에 해당하는 경우 화장품 안전 기준 등에 따라 사용기준이 지정·고시된 원료 중 보존제의 함량
	    가. [별표 3] 제1호 가목에 따른 3세 이하의 영유아용 제품류인 경우
	    나. 4세 이상부터 13세 이하까지의 어린이가 사용할 수 있는 제품임을 특정하여 표시·광고하려는 경우

용어 **식별번호**
원료의 제조번호와 혼합·소분 등의 기록을 추적할 수 있도록 맞춤형화장품판매업자가 부여한 번호

참고 **가격의 표시**
화장품을 소비자에게 직접 판매하는 자는 그 제품의 포장에 판매하려는 가격을 일반 소비자가 알기 쉽도록 표시하되, 그 세부적인 표시 방법은 식품의약품안전처장이 정하여 고시함

참고 **제2조제8호부터 제11호까지에 해당하는 기능성화장품**
• 탈모 증상의 완화에 도움을 주는 화장품(코팅 등 물리적으로 모발을 굵게 보이게 하는 제품은 제외함)
• 여드름성 피부를 완화하는 데 도움을 주는 화장품(인체 세정용 제품류로 한정함)
• 피부장벽(피부의 가장 바깥쪽에 존재하는 각질층의 표피)의 기능을 회복하여 가려움 등의 개선에 도움을 주는 화장품
• 튼살로 인한 붉은 선을 엷게 하는 데 도움을 주는 화장품

소용량[7] 또는 비매품 **기출**	1차 포장 또는 2차 포장
	• 화장품의 명칭 • 화장품책임판매업자 및 맞춤형화장품판매업자의 상호 • 가격(비매품인 경우 견본품이나 비매품 표시) • 제조번호 또는 식별번호 • 사용기한 또는 개봉 후 사용기간(개봉 후 사용기간의 경우 제조연월일 병기)

용어 소용량 및 견본품
내용량이 10mL 이하 또는 10g 이하의 화장품이거나 판매 목적이 아닌 소비자 시험을 위한 제품

(2) 화장품 가격표시제 실시요령

목적	「화장품법」 제11조, 같은 법 시행규칙 제20조 및 「물가안정에 관한 법률」 제3조의 규정에 의해 화장품을 판매하는 자에게 당해 품목의 실제거래 가격을 표시하도록 함으로써 소비자의 보호와 공정한 거래를 도모함
표시의무자	• 화장품을 일반소비자에게 소매 점포에서 판매하는 경우: 소매업자(직매장을 포함) • 방문판매업·후원방문판매업, 통신판매업: 그 판매업자 • 다단계판매업의 경우: 그 판매자
판매가격	화장품을 일반 소비자에게 판매하는 실제 가격
표시 대상	국내에서 제조되거나 수입되어 국내에서 판매되는 모든 화장품
가격표시	일반소비자에게 판매되는 실제 거래가격을 표시해야 함
표시 방법	• 판매가격의 표시는 유통단계에서 쉽게 훼손되거나 지워지지 않으며 분리되지 않도록 스티커 또는 꼬리표를 표시해야 함 • 판매가격이 변경되었을 경우에는 기존의 가격표시가 보이지 않도록 변경 표시해야 함 다만, 판매자가 기간을 특정하여 판매가격을 변경하기 위해 그 기간을 소비자에게 알리고, 소비자가 판매가격을 기존가격과 오인·혼동할 우려가 없도록 명확히 구분하여 표시하는 경우는 제외함 • 판매가격은 개별 제품에 스티커 등을 부착하여야 함 다만, 개별 제품으로 구성된 종합제품으로서 분리하여 판매하지 않는 경우에는 그 종합제품에 일괄하여 표시할 수 있음 • 판매자는 업태, 취급제품의 종류 및 내부 진열상태 등에 따라 개별 제품에 가격을 표시하는 것이 곤란한 경우에는 소비자가 가장 쉽게 알아볼 수 있도록 제품명, 가격이 포함된 정보를 제시하는 방법으로 판매가격을 별도로 표시할 수 있음. 이 경우 화장품 개별 제품에는 판매가격을 표시하지 아니할 수 있음 • 판매가격의 표시는 『판매가 ○○원』 등으로 소비자가 알아보기 쉽도록 선명하게 표시하여야 함
가격관리 기본 지침	• 특별시장, 광역시장, 특별자치시장, 도지사 또는 제주특별자치도지사(이하 "시·도지사")는 매년 식품의약품안전처장이 시달하는 가격관리 기본지침에 따라 화장품 가격표시제도 실시현황을 지도·감독하여야 함 • 기본 지침에는 다음 사항이 포함되어야 함 　－ 가격표시 사후 관리 및 감독에 관한 사항 　－ 가격표시 정착을 위한 교육 및 홍보에 관한 사항 　－ 기타 가격표시제 실시에 관하여 필요한 사항 • 시·도지사는 시달된 기본지침에 따라 그 관할 구역안의 실정에 맞는 세부시행지침을 수립하여 시행하여야 함

모범업소 우대 조치	• 지방자치단체는 화장품 판매가격을 성실히 이행하는 화장품 판매업소를 모범업소로 지정할 수 있음 • 모범업소에 대하여 국가 또는 지방자치단체는 다른 법률이 정하는 바에 따라 세제지원, 금융지원, 표창 등의 우대조치를 부여할 수 있음
홍보 · 계몽	식품의약품안전처장은 관련단체장을 통하여 화장품 가격표시가 적정하게 이루어지고 건전한 화장품 가격질서가 확립될 수 있도록 홍보 · 계몽할 수 있음
보고	시 · 도지사는 가격표시제 운영에 관한 연간 추진실적을 다음 연도 1월 말까지 식품의약품안전처장에게 보고해야 함
재검토기한	식품의약품안전처장은 「훈령 · 예규 등의 발령 및 관리에 관한 규정」에 따라 이 고시에 대하여 2016년 7월 1일 기준으로 매3년이 되는 시점(매 3년째의 6월 30일까지를 말함)마다 그 타당성을 검토하여 개선 등의 조치해야 함

(3) 화장품의 가격 기재 · 표시상 주의사항 기출

① 화장품을 소비자에게 직접 판매하는 자는 제품의 가격을 일반 소비자가 알기 쉽도록 표기해야 함

② 한글로 읽기 쉽도록 기재 · 표시할 것(한자 또는 한국어를 함께 적을 수 있고, 수출용의 경우 그 수출 대상국의 언어 가능)

③ 화장품의 성분은 표준화된 일반명을 사용할 것

(4) 포장의 표시 기준 및 표시 방법

① 화장품의 명칭은 다른 제품과 구별할 수 있도록 표시된 것으로서 같은 화장품책임판매업자 또는 맞춤형화장품판매업자의 여러 제품에서 공통으로 사용하는 명칭을 포함한다.

② 화장품제조업자, 화장품책임판매업자 및 맞춤형화장품판매업자의 주소는 등록필증 또는 신고필증에 적힌 소재지 또는 반품 · 교환 업무를 대표하는 소재지를 기재 · 표시해야 한다.

③ 화장품제조업자, 화장품책임판매업자 또는 맞춤형화장품판매업자는 각각 구분하여 기재 · 표시해야 한다. 다만, 화장품제조업자, 화장품책임판매업자 또는 맞춤형화장품판매업자가 다른 영업을 함께 영위하고 있는 경우는 한꺼번에 기재 · 표시할 수 있다.

④ 공정별로 2개 이상의 제조소에서 생산된 화장품의 경우에는 일부 공정을 수탁한 화장품제조업자의 상호 및 주소의 기재 · 표시를 생략할 수 있다.

⑤ 수입화장품의 경우에는 추가로 기재 · 표시하는 제조국의 명칭, 제조회사명 및 그 소재지를 국내 '화장품제조업자'와 구분하여 기재 · 표시해야 한다.

⑥ 화장품의 1차 포장 또는 2차 포장의 무게가 포함되지 않은 용량 또는 중량을 기재 · 표시해야 한다. 화장비누(고체 형태의 세안용 비누를 말함)의 경우에는 수분을 포함한 중량과 건조 중량을 함께 기재 · 표시한다.

⑦ 제조번호는 사용기한(또는 개봉 후 사용기간)과 쉽게 구별되도록 기재 · 표시해야 하며, 개봉 후 사용기간을 표시하는 경우에는 병행 표기해야 하는 제조연월일(맞춤형화장품의 경우에는 혼합 · 소분일)도 각각 구별이 가능하도록 기재 · 표시해야 한다.

⑧ 일부 기능성화장품의 경우 '질병의 예방 및 치료를 위한 의약품이 아님'이라는 문구는 식품의약품안전처장이 정하는 도안❷에 따른 '기능성화장품' 글자 바로 아래에 이와 동일한 글자 크기 이상으로 기재 · 표시해야 한다.

참고 **기능성화장품 도안**

(5) 표시·광고에 따른 실증 범위

화장품제조업자, 화장품책임판매업자 또는 맞춤형화장품판매업자가 제출해야 하는 실증 자료의 범위 및 요건(자료 제출 요청일로부터 15일 이내 제출)

① **시험 결과**: 인체적용시험 자료, 인체 외 시험 자료 또는 같은 수준 이상의 조사자료일 것
② **조사 결과**: 표본설정, 질문사항, 질문 방법이 그 조사의 목적이나 통계상의 방법과 일치할 것
③ **실증 방법**: 실증에 사용되는 시험 또는 조사의 방법은 학술적으로 널리 알려져 있거나 관련 산업 분야에서 일반적으로 인정되는 방법 등으로서 과학적이고 객관적인 방법일 것

(6) 표시·광고에 따른 실증의 원칙 기출

① 화장품제조업자, 화장품책임판매업자, 맞춤형화장품판매업자는 표시·광고 중 사실과 관련한 사항에 대해 실증할 수 있어야 한다.
② 식품의약품안전처장은 표시·광고가 실증이 필요한 경우 내용을 구체적으로 명시하여 관련 자료 제출을 요청할 수 있다.

실증 대상	필요한 실증 자료
• 여드름성 피부에 사용 적합 • 항균(인체 세정용 제품에 한함) • 일시적 셀룰라이트 감소 • 부기, 다크서클 완화, 피부 혈행 개선 • 피부장벽 손상의 개선에 도움 • 피부 피지분비 조절 • 미세먼지 차단, 미세먼지 흡착 방지	인체적용시험 자료로 입증
• 모발의 손상 개선, 피부노화 완화, 안티에이징, 피부노화 징후 감소 • 화장품 효능·효과에 관한 내용 • 타 제품과 비교하는 내용의 표시·광고 • 시험·검사와 관련된 표현	인체적용시험 자료 또는 인체 외 시험 자료로 입증
• 콜라겐 증가·감소 또는 활성화 • 효소 증가·감소 또는 활성화 • 빠지는 모발을 감소	기능성화장품에 해당 기능을 실증한 자료로 입증
• 기미·주근깨 완화에 도움	미백 기능성화장품 심사(보고) 자료로 입증
• 제품에 특정 성분이 들어 있지 않다는 '무(無)○○' 표현	시험분석자료로 입증(배합금지 원료를 사용하지 않았다는 표현을 제외한 경우에 한함)

③ **표시·광고의 금지 표현**

구분	금지 표현		비고
질병을 진단·치료·경감·처치 또는 예방, 의학적 효능·효과 관련	• 아토피 • 심신피로 회복 • 노인소양증 • 항염·진통 • 이뇨 • 항진균·항바이러스 • 통증 경감 • 찰과상, 화상 치료·회복 • 관절, 림프선 등 피부 이외 신체 특정 부위에 사용하여 의학적 효능, 효과 표방	• 모낭충 • 건선 • 살균·소독 • 해독 • 항암 • 근육 이완 • 면역 강화, 항알레르기 • 기저귀 발진	
	여드름		단, 기능성화장품의 심사(보고)된 '효능·효과' 또는 실증 대상 표현은 제외
	기미, 주근깨(과색소침착증)		단, 실증 대상 표현은 제외

	항균	단, 인체세정용 제품에 한해 인체적용시험 자료로 입증되면 제외하되, 액체비누에 대해 트리클로산 또는 트리클로카반 함유로 인해 항균 효과가 '더 뛰어나다', '더 좋다' 등의 비교 표시·광고는 금지
피부 관련	임신선, 튼살	단, 기능성화장품의 심사(보고)된 '효능·효과' 표현은 제외
	• 피부 독소 제거(디톡스, Detox) • 상처로 인한 반흔 제거 또는 완화	
	가려움 완화	단, 보습을 통해 피부건조에 기인한 가려움의 일시적 완화에 도움을 준다는 표현은 제외
	○○○의 흔적을 없애줌 ◉ 여드름, 흉터의 흔적 제거	단, (색조 화장용 제품류 등으로서) '가려준다'는 표현은 제외
	홍조, 홍반 개선, 제거	
	뾰루지 개선	
	피부의 상처나 질병으로 인한 손상을 치료하거나 회복 또는 복구	일부 단어만 사용하는 경우도 포함(단, 실증 대상 표현은 제외)
	• 피부노화 • 셀룰라이트 • 붓기·다크서클 • 피부구성 물질(◉ 효소, 콜라겐 등) 증가, 감소 또는 활성화	단, 실증 대상 표현은 제외
모발 관련	발모·육모·양모 • 탈모 방지, 탈모 치료 • 모발 등의 성장을 촉진 또는 억제 • 모발의 두께 증가 • 속눈썹, 눈썹이 자람	단, 기능성화장품의 심사(보고)된 '효능·효과' 표현은 제외
생리활성 관련	• 혈액순환 • 피부 재생, 세포 재생 • 호르몬 분비 촉진 등 내분비 작용 • 유익균의 균형 보호 • 질내 산도 유지, 질염 예방 • 땀 발생 억제 • 세포 성장 촉진 • 세포 활력(증가), 세포 또는 유전자(DNA) 활성화	
신체개선	• 다이어트, 체중 감량 • 피하지방 분해 • 체형 변화 • 몸매 개선, 신체 일부를 날씬하게 함 • 가슴에 탄력을 주거나 확대시킴 • 얼굴 크기가 작아짐 • 얼굴 윤곽 개선, V라인	단, (색조 화장용 제품류 등으로서) '연출한다'는 의미의 표현을 함께 나타내는 경우 제외
원료 관련	원료 관련 설명 시 의약품 오인 우려 표현 사용(논문 등을 통한 간접적인 의약품 오인 정보 제공 포함)	
기타	메디슨(Medicine), 드럭(Drug), 코스메슈티컬(Cosmeceutical) 등을 사용한 의약품 오인 우려 표현	

기능성 관련	• 기능성화장품으로 심사(보고)하지 아니한 제품에 미백, 화이트닝(Whitening), 주름(링클, Wrinkle) 개선, 자외선 (UV) 차단 등 기능성 관련 표현 • 기능성화장품 심사(보고) 결과와 다른 내용의 표시·광고 또는 기능성화장품 안전성·유효성에 관한 심사를 받은 범위를 벗어나는 표시·광고	
원료 관련	• 기능성화장품으로 심사(보고)하지 아니한 제품에 '식약처 미백 고시 성분 ○○ 함유' 등의 표현 • 기능성 효능·효과 성분이 아닌 다른 성분으로 기능성을 표방하는 표현 • 원료 관련 설명 시 기능성 오인 우려 표현(주름 개선 효과가 있는 ○○ 원료) • 원료 관련 설명 시 완제품에 대한 효능·효과로 오인될 수 있는 표현	
천연·유기농 화장품 관련	• 식품의약품안전처장이 정한 천연화장품, 유기농화장품 기준에 적합하지 않은 제품 • '천연(Natural) 화장품', '유기농(Organic) 화장품' 관련 표현	제품에 천연, 유기농 표현을 사용하려면 「천연화장품 및 유기농화장품의 기준에 관한 규정」에 적합해야 함(이 경우 적합함을 입증하는 자료 구비)(단, ISO 천연·유기농 지수 표시·광고에 관한 표현은 제외)
특정인 또는 기관의 지정, 공인 관련	• ○○ 아토피 협회 인증 화장품 • ○○ 의료기관의 첨단기술의 정수가 탄생시킨 화장품 • ○○ 대학교 출신 의사가 공동 개발한 화장품 • ○○ 의사가 개발한 화장품 • ○○ 병원에서 추천하는 안전한 화장품	
화장품의 범위를 벗어나는 광고	• 배합금지 원료를 사용하지 않았다는 표현(무첨가, Free 포함) 예 無(무) 스테로이드, 無(무) 벤조피렌 등 • 부작용이 전혀 없음 • 먹을 수 있음 • 일시적 악화(명현현상)가 있을 수 있음 • 지방볼륨 생성 • 보톡스 • 레이저, 카복시 등 시술 관련 표현	
	체내 노폐물 제거	단, 피부·모공 노폐물 제거 관련 표현 제외
	필러(Filler)	단, (색조 화장용 제품류 등으로서) '채워준다', '연출한다'는 의미의 표현을 함께 나타내는 경우 제외
줄기세포 관련	• 특정인의 '인체 세포·조직 배양액' 기원 표현 • 줄기세포가 들어 있는 것으로 오인할 수 있는 표현(다만, 식물 줄기세포 함유 화장품의 경우에는 제외) 예 줄기세포 화장품, Stem Cell, ○억 세포 등	「화장품 안전 기준 등에 관한 규정」 별표 3에 적합한 원료를 사용한 경우에만 불특정인의 '인체세포·조직 배양액' 표현 가능

저속하거나 혐오감을 줄 수 있는 표현	• 성생활에 도움을 줄 수 있음을 암시하는 표현
	   − 여성크림, 성 윤활 작용
	   − 쾌감 증대
	   − 질 보습, 질 수축 작용
	• 저속하거나 혐오감을 주는 표시 및 광고
	   − 성기 사진 등의 여과 없는 게시
	   − 남녀의 성행위를 묘사하는 표시 또는 광고	

그 밖의 기타 표현	동 제품은 식품의약품안전처 허가, 인증을 받은 제품임	단, 기능성화장품으로 심사(보고)된 '효능·효과' 표현, 천연·유기농화장품 인증 표현 제외
	원료 관련 설명 시 완제품에 대한 효능·효과로 오인될 수 있는 표현	

④ 표시·광고 주요 실증 대상

구분	실증 대상	비고
「화장품 표시·광고 실증에 관한 규정」에 따른 표현	• 여드름성 피부에 사용에 적합 • 항균(인체세정용 제품에 한함) • 일시적 셀룰라이트 감소 • 붓기 완화 • 다크서클 완화 • 피부 혈행 개선 • 피부장벽 손상의 개선에 도움 • 피부 피지분비 조절 • 미세먼지 차단, 흡착 방지	인체적용시험 자료로 입증
	모발의 손상을 개선	인체적용시험 자료, 인체 외 시험 자료로 입증
	피부노화 완화, 안티에이징, 피부노화 징후 감소	인체적용시험 자료, 인체 외 시험 자료로 입증[단, 자외선 차단 주름 개선 등 기능성 효능·효과를 통한 피부노화 완화 표현의 경우 기능성화장품 심사(보고) 자료를 근거자료로 활용 가능]
	• 콜라겐 증가, 감소 또는 활성화 • 효소 증가, 감소 또는 활성화	주름 완화 또는 개선 기능성화장품으로서 이미 심사받은 자료에 포함되어 있거나 해당 기능을 별도로 실증한 자료로 입증
	기미, 주근깨 완화에 도움	미백 기능성화장품 심사(보고) 자료로 입증
	빠지는 모발을 감소시킴	탈모 증상 완화에 도움을 주는 기능성화장품으로서 이미 심사받은 자료에 근거가 포함되어 있거나 해당 기능을 별도로 실증한 자료로 입증
효능·효과·품질에 관한 내용	화장품의 효능·효과에 관한 내용 예 수분감 30% 개선 효과, 피부결 20% 개선, 2주 경과 후 피부톤 개선	인체적용시험 자료 또는 인체 외 시험 자료로 입증
	시험·검사와 관련된 표현 예 피부과 테스트 완료, ○○시험검사기관의 ○○ 효과 입증	
	타 제품과 비교하는 내용의 표시·광고 예 "○○보다 지속력이 5배 높음"	
	제품에 특정 성분이 들어 있지 않다는 '무(無) ○○' 표현	시험 분석 자료로 입증(단, 특정 성분이 타 물질로의 변환 가능성이 없으면서 시험으로 해당 성분 함유 여부에 대한 입증이 불가능한 특별한 사정이 있는 경우에는 예외적으로 제조관리기록서나 원료시험성적서 등 활용)
ISO 천연·유기농 지수 표시·광고에 관한 내용	ISO 천연·유기농 지수 표시·광고 예 천연지수 ○○%, 천연유래지수 ○○%, 유기농지수 ○○%, 유기농유래지수 ○○%(ISO 16128 계산 적용)	해당 완제품 관련 실증 자료로 입증[이 경우 ISO 16128(가이드라인)에 따른 계산이라는 것과 소비자 오인을 방지하기 위한 문구도 함께 안내 필요]

(7) 표시·광고 관련 행정처분 `기출`

위반행위가 둘 이상인 경우에는 그중 무거운 처분 기준에 따른다. 다만, 둘 이상의 처분 기준이 영업정지인 경우에는 무거운 처분의 영업정지 기간에 가벼운 처분의 영업정지 기간의 2분의 1까지 더해 처분할 수 있으며, 이 경우 최대기간을 12개월로 한다.

위반 내용	1차 위반	2차 위반	3차 위반	4차 위반
화장품의 명칭, 영업자의 상호 및 주소 기재사항(가격은 제외함)의 전부를 기재하지 않은 경우	해당 품목 판매 업무정지 3개월	해당 품목 판매 업무정지 6개월	해당 품목 판매 업무정지 12개월	
화장품의 명칭, 영업자의 상호 및 주소 기재사항(가격은 제외함)을 거짓으로 기재한 경우	해당 품목 판매 업무정지 1개월	해당 품목 판매 업무정지 3개월	해당 품목 판매 업무정지 6개월	해당 품목 판매 업무정지 12개월
화장품의 명칭, 영업자의 상호 및 주소 기재사항(가격은 제외함)의 일부를 기재하지 않은 경우	해당 품목 판매 업무정지 15일	해당 품목 판매 업무정지 1개월	해당 품목 판매 업무정지 3개월	해당 품목 판매 업무정지 6개월

위반 내용	1차 위반	2차 위반	3차 위반	4차 위반
• 의약품으로 잘못 인식할 우려가 있는 경우 • 기능성화장품, 천연화장품 또는 유기농화장품으로 잘못 인식할 우려가 있는 경우 • 사실 유무와 관계없이 다른 제품을 비방하거나 비방한다고 의심이 되는 경우 • 화장품의 표시·광고 시 준수사항을 위반한 경우	해당 품목 판매 업무정지 3개월 (표시위반) 또는 해당 품목 광고 업무정지 3개월 (광고위반)	해당 품목 판매 업무정지 6개월 (표시위반) 또는 해당 품목 광고 업무정지 6개월 (광고위반)	해당 품목 판매 업무정지 9개월 (표시위반) 또는 해당 품목 광고 업무정지 9개월 (광고위반)	
• 의사·치과의사·한의사·약사·의료기관 또는 그 밖의 자(할랄화장품, 천연화장품 또는 유기농화장품 등을 인증·보증하는 기관으로서 식품의약품안전처장이 정하는 기관은 제외함)가 이를 지정·공인·추천·지도·연구·개발 또는 사용하고 있다는 내용이나 이를 암시하는 등의 경우. 다만, 인체적용시험 결과가 관련 학회 발표 등을 통해 공인된 경우에는 그 범위에서 관련 문헌을 인용 가능 • 외국제품을 국내제품으로 또는 국내제품을 외국제품으로 잘못 인식할 우려가 있는 경우 • 외국과의 기술제휴를 하지 않고 외국과의 기술제휴 등을 표현한 경우 • 경쟁상품과 비교하는 객관적으로 확인될 수 있는 사항만을 표시·광고하여야 하며, 배타성을 띤 '최고' 또는 '최상' 등의 절대적 표현의 표시·광고의 경우 • 소비자가 잘못 인식할 우려가 있거나 소비자를 속이거나 소비자가 속을 우려가 있는 표시·광고의 경우 • 화장품의 범위를 벗어나는 표시·광고를 하는 경우 • 저속하거나 혐오감을 주는 표현·도안·사진 등을 이용하는 표시·광고의 경우 • 국제적 멸종위기종의 가공품이 함유된 화장품임을 표현하거나 암시하는 표시·광고의 경우 `기출`	해당 품목 판매 업무정지 2개월 (표시위반) 또는 해당 품목 광고 업무정지 2개월 (광고위반)	해당 품목 판매 업무정지 4개월 (표시위반) 또는 해당 품목 광고 업무정지 4개월 (광고위반)	해당 품목 판매 업무정지 6개월 (표시위반) 또는 해당 품목 광고 업무정지 6개월 (광고위반)	해당 품목 판매 업무정지 12개월 (표시위반) 또는 해당 품목 광고 업무정지 12개월 (광고위반)

| 실증 자료 제출 명령을 어겨 표시·광고 행위 중지명령을 받았으나 이를 위반하여 표시·광고한 경우 | 해당 품목 판매 업무정지 3개월 | 해당 품목 판매 업무정지 6개월 | 해당 품목 판매 업무정지 12개월 | |

(8) 기타 표시·광고 관련 사항

① 「천연화장품 및 유기농화장품의 기준에 관한 규정」에 부합하는 경우 천연화장품 또는 유기농화장품으로 인증 로고 등 표시·광고 가능

② 「화장품 사용 시의 주의사항 및 알레르기 유발 성분 표시에 관한 규정」에 따라 착향제 성분 중 알레르기 유발 물질 25종은 의무적으로 표시

③ 추출물을 원료로 하는 화장품에서 추출물 함량을 표시·광고할 때에는 소비자 오인을 줄이기 위하여 「화장품 표시·광고 관리 지침」을 참고하여 표시·기재해야 함
- 화장품 완제품을 기준으로 희석용매 등의 함량을 제외한 추출된 물질의 함량을 표시·기재함
- *추출물의 함량은 추출된 물질(예) 녹차 추출물)과 희석용매(예) 정제수) 등을 분리하여 작성된 원료의 조성 정보에 관한 자료 및 제품에서 해당 원료의 사용량을 확인할 수 있는 자료로 입증함
- 예시

A 원료 조성비	
정제수	80%
녹차추출물	10%
C 보존제	5%
D 첨가제	5%

→

완제품 조성비	
정제수	60%
A 원료	20%
B 원료	10%
E 보존제	3%
C 보존제	1%
D 첨가제	1%
향료	5%

= 2% 녹차추출물

④ **영유아 또는 어린이 사용 화장품의 표시·광고 관련** 기출

아래 두 경우에는 제품별로 안전과 품질을 입증할 수 있는 제품별 안전성 자료❷를 작성 및 보관하여야 하며, 보존제 함량을 의무적으로 표시해야 한다.

표시의 경우	화장품의 1차 포장 또는 2차 포장에 영유아 또는 어린이가 사용할 수 있는 화장품임을 특정하여 표시(화장품의 용기·포장에 기재하는 문자·숫자·도형 또는 그림 등)하는 경우(화장품의 명칭에 영유아 또는 어린이에 관한 표현이 표시되는 경우를 포함함)
광고의 경우	아래 규정에 따른 매체·수단 또는 해당 매체·수단과 유사하다고 식품의약품안전처장이 정하여 고시하는 매체·수단에 영유아 또는 어린이가 사용할 수 있는 화장품임을 특정하여 광고하는 경우 • 신문·방송 또는 잡지 • 전단·팸플릿·견본 또는 입장권, 인터넷 또는 컴퓨터통신 • 포스터·간판·네온사인·애드벌룬 또는 전광판 • 비디오물·음반·서적·간행물·영화 또는 연극 • 방문광고 또는 실연(實演)에 의한 광고(어린이 사용 화장품의 경우에는 제외함)

참고 **제품별 안전성 자료**
- 제품 및 제조방법에 대한 설명 자료
- 화장품의 안전성 평가 자료
- 제품의 효능·효과에 대한 증명 자료

⑤ **제품별 안전성 자료의 보관기간** 기출

- 화장품의 1차 포장에 사용기한을 표시하는 경우: 영유아 또는 어린이가 사용할 수 있는 화장품임을 표시·광고한 날부터 마지막으로 제조·수입된 제품의 사용기한 만료일 이후 1년까지의 기간
- 화장품의 1차 포장에 개봉 후 사용기간을 표시하는 경우: 영유아 또는 어린이가 사용할 수 있는 화장품임을 표시·광고한 날부터 마지막으로 제조·수입된 제품의 제조연월일 이후 3년까지의 기간 동안 보관

  * 제조는 화장품의 제조번호에 따른 제조일자를 기준으로 하며, 수입은 통관일자를 기준으로 함

2 맞춤형화장품 안전 기준의 주요사항 기출

① 맞춤형화장품 판매장 시설·기구를 정기적으로 점검하여 보건위생상 위해가 없도록 관리할 것
② **혼합·소분 안전관리 기준**
- 맞춤형화장품 조제에 사용하는 내용물 및 원료의 혼합·소분 범위에 대해 사전에 품질 및 안전성을 확보할 것
  - 내용물 및 원료를 공급하는 화장품책임판매업자가 혼합 또는 소분의 범위를 검토하여 정하고 있는 경우 그 범위 내에서 혼합 또는 소분할 것
- 혼합·소분에 사용되는 내용물 및 원료는 「화장품법」 제8조의 화장품 안전 기준 등에 적합한 것을 확인하여 사용할 것
- 혼합·소분 전에 손을 소독하거나 세정할 것. 다만, 혼합·소분 시 일회용 장갑을 착용하는 경우는 예외임
- 혼합·소분 전에 혼합·소분된 제품을 담을 포장용기의 오염 여부를 확인할 것
- 혼합·소분에 사용되는 장비 또는 기구 등은 사용 전에 그 위생 상태를 점검하고, 사용 후에는 오염이 없도록 세척할 것
- 혼합·소분 전에 내용물 및 원료의 사용기한 또는 개봉 후 사용기간을 확인하고, 사용기한 또는 개봉 후 사용기간이 지난 것은 사용하지 않을 것
- 혼합·소분에 사용되는 내용물의 사용기한 또는 개봉 후 사용기간을 초과하여 맞춤형화장품의 사용기한 또는 개봉 후 사용기간을 정하지 않을 것
- 맞춤형화장품 조제에 사용하고 남은 내용물 및 원료는 밀폐를 위한 마개를 사용하는 등 비의도적인 오염을 방지할 것
- 소비자의 피부 상태나 선호도 등을 확인하지 아니하고 맞춤형화장품을 미리 혼합·소분하여 보관하거나 판매하지 않을 것
③ 최종 혼합·소분된 맞춤형화장품은 유통화장품의 안전관리 기준을 준수할 것. 특히, 판매장에서 제공되는 맞춤형화장품에 대한 미생물 오염관리를 철저히 할 것
  예 주기적 미생물 샘플링 검사
④ 맞춤형화장품 판매내역서를 작성·보관할 것(전자문서로 된 판매내역서를 포함함)
- 제조번호(맞춤형화장품의 경우 식별번호를 제조번호로 함)
- 사용기한 또는 개봉 후 사용기간
- 판매일자 및 판매량

⑤ 원료 및 내용물의 입고, 사용, 폐기 내역 등에 대해 기록·관리할 것
⑥ 맞춤형화장품 판매 시 다음의 사항을 소비자에게 설명할 것
  • 혼합·소분에 사용되는 내용물 또는 원료의 특성
  • 맞춤형화장품 사용 시의 주의사항
⑦ 맞춤형화장품 사용과 관련된 부작용 발생사례에 대해서는 지체 없이 식품의약품안전
  처장에게 보고할 것

3 맞춤형화장품의 특징

(1) 맞춤형화장품의 장점
① 개인의 가치가 강조되는 사회·문화적 환경 변화에 따라 사용자의 다양한 소비 욕
  구를 충족시킬 수 있다.
② 전문가의 조언을 통해 사용자의 기호와 특성에 맞는 화장품과 원료를 선택할 수 있
  다.
③ 피부에 적합한 화장품을 사용하므로 심리적 만족을 느낄 수 있다.
④ 개인별 피부 특성이나 색·향 등의 취향에 따라 제조·수입한 화장품을 혼합 및 소
  분하여 판매할 수 있다.

(2) 맞춤형화장품의 단점
① 동일 제품에 대한 사용 후기나 평가 등을 확인하기가 어렵다.
② 혼합 조건에 따라 제품의 안정성이 변화될 수 있다.

단원별 연습문제

01 원료의 제조번호와 혼합·소분 등의 기록을 추적할 수 있도록 맞춤형화장품 판매업자가 숫자·문자·기호 또는 이들의 특징적인 조합으로 부여한 번호는?

① 제조번호   ② 관리번호
③ 식별번호   ④ 고유번호
⑤ 품질번호

| 정답 | ③

02 화장품을 일반 소비자에게 소매 점포에서 판매하는 경우 화장품의 가격은 (㉠)이/가 표기해야 한다. ㉠에 들어갈 용어를 쓰시오.

| 정답 | 소매업자

03 소용량 화장품의 1차·2차 포장에 기재되어야 할 항목으로 옳지 <u>않은</u> 것은?

① 화장품의 명칭
② 제조번호 또는 식별번호
③ 화장품책임판매업자의 상호
④ 맞춤형화장품조제관리사의 이름
⑤ 사용기한 또는 개봉 후 사용기간

| 정답 | ④
| 해설 | 내용량이 소량인 화장품의 포장에는 화장품의 명칭, 화장품책임판매업자 및 맞춤형화장품판매업자의 상호, 가격(비매품인 경우 견본품이나 비매품 표시), 제조번호 또는 식별번호 사용기한 또는 개봉 후 사용기간만을 기재·표시할 수 있다.

04 맞춤형화장품의 표시·광고 관련 행정처분 중 1차 위반 시 해당 품목 판매 또는 광고 업무정지 3개월에 해당하는 경우는?

① 외국제품으로 오인 우려 표시·광고
② 화장품의 범위를 벗어나는 표시·광고
③ 배타성을 띤 최고, 최상 등 절대적 표현
④ 외국과 기술 제휴하지 않고 기술 제휴 등을 표현
⑤ 의약품으로 잘못 인식할 우려가 있는 표시·광고

| 정답 | ⑤
| 해설 | ①, ②, ③, ④ 1차 위반 시 해당 품목 판매 또는 광고 업무정지 2개월에 해당한다.

Chapter 06

혼합 및 소분

고득점 TIP 화장품 성분은 PART 02와 겹치는 내용이 많아 복습하는 개념으로 학습하세요.
원료규격서와 혼합 소분에 필요한 도구는 정확히 암기한 상태로 넘어가세요.

1 원료 및 제형의 물리적 특성

(1) 원료의 특성❓

참고 본문 p.51

수성 원료	• 일반적으로 물에 녹음 • 정제수, 알코올, 보습제(폴리올) 등	
유성 원료	• 피부 수분 증발 억제, 화장품의 흡수력에 도움을 줌 • 유지(식물성 오일, 동물성 오일), 왁스, 탄화수소, 고급 지방산, 고급 알코올, 에스텔, 실리콘 오일 등	
계면활성제	• 유성과 수성의 경계면에 흡착하여 성질을 변화시킴 • 습윤, 세정 효과, 대전 방지 등의 기능, 표면장력을 낮춤 • 음이온성, 양이온성, 양쪽성, 비이온성 계면활성제	
고분자화합물 (폴리머)	점증제	• 점도 조절 • 천연 · 반합성 · 합성 고분자, 무기물 등
	피막형성제 (밀폐제)	• 일정 시간이 경과하면 굳는 성질 • 수분 증발 억제, 광택 및 갈라짐 방지 등의 기능 • 폴리비닐알코올, 고분자 실리콘 등
색소	• 안료(물 또는 오일에 녹지 않는 것), 염료(물 또는 오일에 녹는 것) • 유기안료, 무기안료, 천연색소, 진주광택안료 등	
향료	• 향을 내기 위해 사용 • 알레르기 유발 25종 중 씻어내는 제품은 0.01%, 씻어내지 않는 제품은 0.001% 초과 시 해당 성분 명칭 기재	
보존제	미생물로부터의 변질을 막기 위해 사용	
산화방지제	유지의 산화를 방지하고 화장품 품질을 일정하게 유지하기 위해 사용	
금속이온봉쇄제	금속이온으로 인한 산화 촉진, 변색, 변취를 막기 위해 사용	

(2) 제형의 특성 `기출`

로션제	유화제 등을 넣어 유성 성분과 수성 성분을 균질화한 점액상 제형
액제	화장품에 사용되는 성분을 용제 등에 녹여 액상으로 만들어진 제형
크림제	유화제 등을 넣어 유성 성분과 수성 성분을 균질화한 반고형상 제형
침적 마스크제	액제, 로션제, 크림제, 겔제 등을 부직포 등의 지지체에 침적하여 만들어짐
겔제	액체를 침투시킨 분자량이 큰 유기분자로 이루어진 반고형상 제형

에어로졸제	원액을 같은 용기 또는 다른 용기에 충전한 분사제의 압력을 이용하여 안개 모양, 포말상 등으로 분출하도록 만들어진 제형
분말제	균질하게 분말상 또는 미립상으로 만들어진 제형

(3) 혼합 시 제형의 안정성을 감소시키는 요인 〈기출〉

① 원료 투입 순서가 바뀌는 경우
- 휘발성 원료는 유화 공정 시 혼합 직전에 투입해야 함
- 고온에서 안정성이 떨어지는 원료(알코올, 첨가제, 향료 등)는 냉각 공정 중에 별도로 투입해야 함

② 가용화 공정 또는 유화 공정 시 제조 온도와 설정 온도가 차이가 생기는 경우
- **가용화**: 가용화가 깨져 안정성에 문제가 발생할 수 있음
- **유화**: 유화입자의 크기가 달라져 성상이나 점도, 냄새, 색상 등이 달라질 수 있음

③ 믹서의 회전속도가 느린 경우
④ 발생한 기포를 제거하지 않을 경우

2 원료 및 내용물의 유효성

(1) 효력시험에 관한 자료

심사 대상 효능을 뒷받침하는 성분의 효력에 대한 비임상시험 자료로서 효과 발현의 작용기전이 포함되어야 하며, 아래 3가지 중 하나에 해당해야 한다.

① 국내외 대학 또는 전문 연구기관에서 시험한 것으로서 당해 기관의 장이 발급한 자료 (시험시설 개요, 주요설비, 연구인력의 구성, 시험자의 연구경력에 관한 사항을 포함)

② 당해 기능성화장품이 개발국 정부에 제출되어 평가된 모든 효력시험 자료로 개발국 정부(허가 또는 등록기관)가 제출받았거나 승인하였음을 확인한 것 또는 이를 증명한 자료

③ 과학논문인용색인(Science Citation Index 또는 Science Citation Index Expanded)이 등재된 전문학회지에 게재된 자료

(2) 인체적용시험 자료

① 사람에게 적용 시 효능·효과 등 기능을 입증할 수 있는 자료로 효력시험에 관한 자료 ① 및 ②에 해당할 것

② 인체적용시험의 실시 기준 및 자료의 작성 방법은 「화장품 표시·광고 실증에 관한 규정」을 준용할 것

(3) 염모효력시험 자료

인체 모발을 대상으로 효능·효과에서 표시한 색상을 입증하는 자료로, 모발의 색상을 변화(탈염·탈색을 포함함)시키는 기능을 가진 화장품은 심사 시 염모효력시험 자료만 제출한다.

(4) 기준 및 시험 방법에 관한 자료

품질관리에 적정을 기할 수 있는 시험 항목과 각 시험 항목에 대한 시험 방법의 밸리데이션, 기준치 설정의 근거가 되는 자료로, 이 경우 시험 방법은 공정서, 국제표준화기구(ISO) 등의 공인된 방법에 의해 검증되어야 한다.

3 원료 및 내용물의 규격

원료규격서는 화장품 원료의 안전관리 및 품질관리 능력 향상을 위해 필요하며, 다빈도로 사용되는 원료는 화장품 원료규격 가이드라인이 제시되고 있다.

〈원료규격서 예시〉

디메치콘
Dimethicone

메칠폴리실록산
Methyl Polysiloxane

이 원료는 주로 직쇄상의 디메치콘$(CH_3)_3SiO[(CH_3)_2SiO]_nSi(CH_3)_3$으로 평균중합도에 따라 표시 점도가 20∼30,000 cs에 해당한 것이다.

성 상 이 원료는 무색의 맑은 액 또는 점성이 있는 맑은 액으로 냄새는 거의 없다.

확인시험 이 원료를 가지고 적외부흡수스펙트럼측정법의 4) 액막법에 따라 측정할 때 파수 2,960 cm^{-1}, 1,260 cm^{-1}, 1,130∼1,000 cm^{-1} 및 800 cm^{-1} 부근에서 특성흡수를 나타낸다.

굴 절 률 이 원료를 가지고 굴절률측정법에 따라 시험할 때 규격은 아래 표와 같다.

비 중 이 원료를 가지고 비중측정법에 따라 시험할 때 규격은 아래 표와 같다.

점 도 이 원료를 가지고 1,000 cs 미만은 25℃에서 제1법에 따라 시험하고 1,000 cs 이상은 25℃에서 제2법에 따라 시험하여 단위를 환산할 때 규격은 아래 표와 같다.

산 가 0.02 이하 (20 g, 제1법)

순도시험

1) **중금속:** 이 원료 40 g을 달아 제2법에 따라 조작하여 시험한다. 비교액에는 납표준액 20 mL를 넣는다(5 ppm 이하).

2) **비소:** 이 원료 1.0 g을 달아 제3법에 따라 검액을 만들고 장시 B를 쓰는 방법에 따라 조작하여 시험한다(2 ppm 이하).

3) **미네랄 오일:** 이 원료를 가지고 365 nm에서 흡광도측정법에 따라 시험할 때 흡광도는 비교액보다 크지 않다.

   비교액: 퀴닌에 0.01 N 황산을 넣어 녹여 0.1 ppm으로 한다.

4) **페닐성화합물:** 이 원료 5.0 g을 달아 사이클로헥산을 넣어 녹여 10 mL로 한 액을 검액으로 하여 파장 250∼270 nm에서 흡광도는 0.2보다 크지 않다.

건조 감량(150℃, 2시간) 규격은 아래 표와 같다.

표시점도 (cs)	점도(cs) 하한	점도(cs) 상한	비중(d^{20}_{20}) 하한	비중(d^{20}_{20}) 상한	굴절률(n^{20}_D) 하한	굴절률(n^{20}_D) 상한	건조 감량(%) 상한
20	18	22	0.946	0.954	1.3980	1.4020	20.0
50	47.5	52.5	0.955	0.965	1.4005	1.4045	2.0
100	95	105	0.962	0.970	1.4005	1.4045	0.3
200	190	220	0.964	0.972	4.4013	1.4053	0.3
350	332.5	367.5	0.965	0.973	1.4013	1.4053	0.3
500	475	525	0.967	0.975	1.4013	1.4053	0.3

(1) 원료 기준 및 시험 방법에 기재할 항목

기준 및 시험 방법의 형식, 용어, 단위, 기호 등은 화장품 원료 기준(장원기)에 따르며, 원료 및 제제(제형)에 따라 불필요한 항목은 생략이 가능하다.

※ ○ 원칙적으로 기재, △ 필요에 따라 기재, × 원칙적으로는 기재할 필요 없음

항목	작성 방법	원료
명칭	일반 명칭을 기재하며, 영명, 화학명, 별명 등도 기재함	○
구조식 또는 시성식	「기능성화장품 기준 및 시험 방법」의 구조식 또는 시성식의 표기 방법에 따름	△
분자식 및 분자량	「기능성화장품 기준 및 시험 방법」의 분자식 및 분자량의 표기 방법에 따름	○
기원	• 합성 원료로 화학구조가 결정되어 있는 것은 기재 불필요 • 천연 추출물, 효소 등은 그 원료성분의 기원 기재 • 고분자화합물 등 유사 화합물 2가지 이상 함유로 분리 · 정제가 곤란할 경우 비율 기재	△
함량 기준	• 백분율(%)로 표시 후 분자식 기재 • 함량 표시가 어려운 경우 화학적 순물질의 함량으로 표시 가능 • 불안정한 원료 성분은 분해물의 안전성에 관한 정보에 따라 기준치 폭 설정 • 함량 기준 설정이 불가능한 경우 이유를 구체적으로 기재	○
제조 방법	생약, 동물 추출물 등에 있어 함량 기준 및 정량법을 규정할 수 없는 경우에는 제조 방법을 구체적으로 기재	○
성상	색, 형상, 냄새, 맛, 용해성 등을 구체적으로 기재	○
확인시험	원료 성분을 확인할 수 있는 화학적시험 방법 기재(자외부, 가시부, 적외부흡수스펙트럼측정법 또는 크로마토그래프법 기재 가능)	○
시성치	• 검화가, 굴절률, 비선광도, 비점, 비중, 산가, 수산기가, 알코올수, 에스텔가, 요오드가, 융점, 응고점, 점도, pH, 흡광도 등 물리 · 화학적 방법으로 측정되는 정수 기재 • 원료성분의 본질 및 순도를 나타내기 위해 작성하며, 「기능성화장품 기준 및 시험 방법」의 Ⅵ. 일반시험법에 따름	△
순도시험	• 색, 냄새, 용해 상태, 액성, 산, 알칼리, 염화물, 황산염, 중금속, 비소, 황산에 대한 정색물, 동, 석, 수은, 아연, 알루미늄, 철, 알칼리토류금속, 일반이물(제조공정으로부터 혼입, 잔류, 생성 또는 첨가될 수 있는 불순물), 유연 물질 및 분해생성물, 잔류 용매 중 필요한 항목 설정 • 용해 상태는 원료의 순도 파악이 가능한 경우 설정	○
건조 감량, 강열 감량 또는 수분	「기능성화장품 기준 및 시험 방법」의 Ⅵ-1. 원료 3. 감열잔분 시험법에 따름	○
강열 잔분, 회분 또는 산불용성 회분	「기능성화장품 기준 및 시험 방법」의 Ⅵ-1. 원료 3. 감열잔분 시험법에 따름	△
기타시험	품질평가, 안전성 · 유효성 확보와 직접 관련이 되는 시험 항목이 있는 경우에 설정	△

| 정량법
(제제는 함량시험) | 물질의 함량, 함유 단위 등을 물리적 또는 화학적 방법에 의해 측정하는 시험법으로, 정확도, 정밀도 및 특이성이 높은 시험법 설정(단, 순도시험항에서 혼재물의 한도가 규제되어 있는 경우 특이성이 낮은 시험법이라도 인정함) | ○ |
| 표준품 및
시약 · 시액 | • 「기능성화장품 기준 및 시험 방법」 수재 이외의 표준품은 사용목적에 맞는 규격을 설정하며, 수재 이외의 시약 · 시액은 그 조제법 기재
• 표준품은 필요에 따라 정제법 기재
• 정량용 표준품은 원칙적으로 순도시험에 따라 불순물을 규제한 절대량을 측정할 수 있는 시험 방법으로 함량 측정
• 표준품의 함량은 99.0% 이상으로 함 | △ |

(2) pH 기준 [기출]

① 액성을 산성, 알칼리성 또는 중성으로 나타낸 것은 따로 규정이 없는 한 리트머스지를 써서 검사한다.

② 액성을 구체적으로 표시할 때에는 pH값을 쓴다.

③ pH의 범위

미산성	약 5.0~6.5	미알칼리성	약 7.5~9.0
약산성	약 3.0~5.0	약알칼리성	약 9.0~11.0
강산성	약 3.0 이하	강알칼리성	약 11.0 이상

(3) 색 기준

① 백색: 거의 백색을 나타낸다.

② 무색: 무색 또는 거의 무색을 나타낸다.

③ 시험 방법: 고체의 화장품 원료는 1g을 백지 위 또는 백지 위에 놓은 시계접시에 취하여 관찰하며, 액상의 화장품 원료는 안지름 15mm의 무색시험관에 넣고 백색 배경을 써서 액층을 30mm로 하여 관찰한다. 액상의 맑은 화장품 원료를 시험할 때에는 흑색 또는 백색 배경을 써서 앞의 방법에 따른다. 액상의 화장품 원료의 형광을 관찰할 때에는 흑색 배경을 쓰고 백색 배경은 쓰지 않는다.

(4) 냄새 기준

① 냄새가 없다: 냄새가 없거나 거의 냄새가 없는 것을 나타낸다.

② 시험 방법: 원료 1g을 100mL 비커에 취하여 시험한다.

(5) 점도 [기출]

① 액체가 일정 방향으로 운동할 때 그 흐름에 평행한 평면의 양측에 내부 마찰력이 일어나는데, 이 성질을 점성이라고 한다.

② 점성은 면의 넓이 및 그 면에 대해 수직방향의 속도구배에 비례하며, 그 비례정수를 절대점도라고 한다.

③ 단위로는 포아스 또는 센티포아스를 쓴다. 절대점도를 같은 온도의 그 액체의 밀도로 나눈 값을 운동점도라고 하고, 그 단위로는 스톡스 또는 센티스톡스를 쓴다.

(6) 농도

① 용액의 농도를 (1 → 5), (1 → 10), (1 → 100) 등으로 기재한 것은 고체물질 1 g 또는 액상물질 1 mL를 용제에 녹여 전체량을 각각 5mL, 10mL, 100mL 등으로 하는 비율을 나타낸 것이다.

② 혼합액을 (1 : 10), (1 : 20) 등으로 나타낸 것은 액상물질의 1 용량과 10 용량과의 혼합액, 1 용량과 20 용량과의 혼합액을 나타낸 것이다.

③ 단위[?]

참고 부록 p.111

%	질량백분율
w/v%	질량 대 용량(weight/volume) 백분율 예 전체 용액 100mL에 A라는 용질이 10g 들어 갔을 경우 10%(w/v)의 농도를 가짐
v/v%	용량 대 용량(volume/volume) 백분율
v/w%	용량 대 질량(volume/weight) 백분율
ppm	질량백만분율 예 전체 용액 500g에 A라는 용질이 1mg 들어 갔을 경우 2ppm의 농도를 가짐(1mg÷500,000mg)×1,000,000

(7) 온도 [기출]

① 온도의 표시는 셀시우스법에 따라 아라비아 숫자 뒤에 ℃를 붙인다.

표준온도	20℃
상온	15~25℃
실온	1~30℃
미온	30~40℃
냉소	따로 규정이 없는 한 15℃ 이하의 곳
냉수	10℃ 이하
미온탕	30~40℃
온탕	60~70℃
열탕	약 100℃

② '가열한 용매' 또는 '열용매'는 그 용매의 비점 부근의 온도로 가열한 것을 뜻하며 '가온한 용매' 또는 '온용매'는 보통 60~70℃로 가온한 것을 의미한다.

③ '수욕상 또는 수욕중에서 가열한다'라 함은 따로 규정이 없는 한 끓인 수욕 또는 100℃의 증기욕을 써서 가열하는 것을 의미한다.

④ 보통 냉침은 15~25℃ 온침은 35~45℃에서 실시한다.

(8) 기타 [기출]

① 용질명 다음에 용액이라 기재하고, 그 용제를 밝히지 않은 것은 수용액이라고 한다.

② 따로 규정이 없는 한 일반시험법에 규정되어 있는 시약을 쓰고 시험에 쓰는 물은 정제수이다.

③ 시험조작을 할 때 '직후' 또는 '곧'이란 보통 앞의 조작이 종료된 다음 30초 이내에 다음 조작을 시작하는 것을 말한다.

④ 검체의 채취량에 있어 '약'이라고 붙인 것은 기재된 양의 ±10%의 범위를 의미한다.

4 혼합·소분에 필요한 도구·기기·기구 (기출)

구분	특징
전자저울❓, 메스실린더	원료 칭량 시 사용
스패츌러❓	혼합 및 소분 시 화장품을 위생적으로 덜어내거나 계량할 때 사용
시약스푼, 비커	원료의 소분 및 계량 시 사용
헤라	실리콘 재질의 주걱으로 계량 시 사용
냉각통	내용물 및 특정 성분을 냉각할 때 사용
디스펜서	내용물을 자동으로 소분해 줌
디지털 발란스	내용물 및 원료 소분 시 무게를 측정할 때 사용
자외선 살균기❓	도구의 살균·소독 시 사용
피펫	작은 양의 액체를 옮길 때 사용
호모게나이저 (호모믹서)❓ 기출	내용물과 내용물 간의 혼합 및 분산을 위해 터빈형의 회전날개가 달린 기계. 주로 물과 기름을 유화시켜 안정 상태로 유지하기 위해 사용하는 교반기로, 분산상의 크기를 작고 균일하게 혼합시킬 때 유용
디스퍼❓ 기출	주로 가용화 제품이나 간단한 물질을 혼합할 때 사용하는 교반기로, 고속 교반에 의해 균질하게 분산시킬 때 유용
마그네틱바, 핸드블렌더, 스틱형성기	원료의 혼합·교반 시 사용
오버헤드스터러 (아지믹서, 프로펠러믹서, 분산기)	봉(Shaft)의 끝부분에 다양한 모양의 회전날개가 붙어 있어 내용물의 혼합 및 분산 시 사용하며, 점증제를 물에 분산시킬 때 사용
항온수조, 핫플레이트	원료를 가열할 때 사용
드라이오븐(Dry Oven)	건조 감량 시험 시 사용
pH 미터❓	제품의 pH를 측정할 때 사용
데시케이터❓	표준품을 보관하는 데 사용
융점 측정기	물질의 녹는점 측정 시 사용
경도계	액체 및 반고형 제품의 유동성 측정 시 사용
광학현미경	유화된 내용물의 유화입자의 크기 관찰 시 사용
점도계	제품의 점도 측정 시 사용

참고 전자저울

스패츌러

자외선 살균기

호모게나이저(호모믹서)

디스퍼

pH 미터

데시케이터

※ 호모게나이저(호모믹서) 및 디스퍼
출처: (주) 영진코퍼레이션

5 맞춤형화장품판매업 준수사항에 맞는 혼합 · 소분 활동 [기출]

① 맞춤형화장품조제관리사를 채용하여 맞춤형화장품 혼합 · 소분 활동을 할 것
② 다음의 안전관리 기준을 준수할 것
  • 혼합 · 소분 전에 혼합 · 소분에 사용되는 내용물 또는 원료에 대한 품질성적서를 확인할 것
  • 혼합 · 소분 전에 손을 소독하거나 세정할 것(다만, 혼합 · 소분 시 일회용 장갑을 착용하는 경우에는 그렇지 않음)
  • 혼합 · 소분 전에 혼합 · 소분된 제품을 담을 포장용기의 오염 여부를 확인할 것
  • 혼합 · 소분에 사용되는 장비 또는 기구 등은 사용 전에 그 위생 상태를 점검하고, 사용 후에는 오염이 없도록 세척할 것
  • 그 밖에 위와 유사한 것으로서 혼합 · 소분의 안전을 위해 식품의약품안전처장이 정하여 고시하는 사항을 준수할 것
③ 맞춤형화장품 판매내역서(전자문서로 된 판매내역서를 포함함)를 작성 · 보관할 것
④ 맞춤형화장품 판매 시 해당 제품의 혼합 또는 소분❷에 사용된 내용물 · 원료의 내용 및 특성, 사용 시 주의사항에 대해 소비자에게 설명할 것
⑤ **시설 기준**
  맞춤형화장품판매업을 신고하려는 자는 맞춤형화장품의 혼합 · 소분 공간을 그 외의 용도로 사용되는 공간과 분리 또는 구획하여 갖추어야 함. 단, 혼합 · 소분 과정에서 맞춤형화장품의 품질 · 안전 등 보건위생상 위해가 발생할 우려가 없다고 인정되는 경우에는 혼합 · 소분 공간을 분리 또는 구획하여 갖추지 않아도 됨
⑥ **작업자의 위생관리**
  • 혼합 · 소분 시 위생복 및 마스크(필요시) 착용
  • 피부 외상 및 증상이 있는 직원은 건강 회복 전까지 혼합 · 소분 행위 금지
  • 혼합 전 · 후 손 소독 및 세척
⑦ **맞춤형화장품 혼합 · 소분 장소의 위생관리**
  • 맞춤형화장품 혼합 · 소분 장소와 판매 장소는 구분 · 구획하여 관리
  • 적절한 환기시설 구비
  • 작업대, 바닥, 벽, 천장 및 창문 청결 유지
  • 혼합 전 · 후 작업자의 손 세척 및 장비 세척을 위한 세척시설 구비
  • 방충 · 방서 대책 마련 및 정기적 점검 · 확인

참고 **제형의 변화**
맞춤형화장품조제관리사는 화장품 혼합 시 기본 제형에 변화를 주지 않는 범위 내에서 혼합해야 함

⑧ 맞춤형화장품 혼합 · 소분 장비 및 도구의 위생관리 기출
- 사용 전 · 후 세척 등을 통해 오염 방지
- 작업 장비 및 도구 세척 시에 사용되는 세제 · 세척제는 잔류하거나 표면 이상을 초래하지 않는 것을 사용
- 세척한 작업 장비 및 도구는 잘 건조하여 다음 사용 시까지 오염 방지
- 자외선 살균기 이용 시
  - 충분한 자외선 노출을 위해 적당한 간격을 두고 장비 및 도구가 서로 겹치지 않게 한 층으로 보관
  - 살균기 내 자외선램프의 청결 상태를 확인한 후 사용

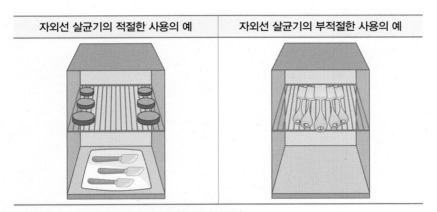

자외선 살균기의 적절한 사용의 예	자외선 살균기의 부적절한 사용의 예

⑨ 혼합 · 소분 장소, 장비 · 도구 등 위생 환경 모니터링
- 맞춤형화장품 혼합 · 소분 장소가 위생적으로 유지될 수 있도록 맞춤형화장품판매업자는 주기를 정하여 판매장 등의 특성에 맞도록 위생관리를 해야 한다.
- 맞춤형화장품 판매 업소에서는 위생 점검표를 활용하여 작업자 위생, 작업환경위생, 장비 · 도구 관리 등 맞춤형화장품 판매 업소에 대한 위생 환경 모니터링 후 그 결과를 기록하고 판매업소의 위생 환경 상태를 관리해야 한다.

단원별 연습문제

01 다음 〈보기〉는 제형의 특성에 대한 설명이다. 이에 해당하는 제형은?

> ┤ 보기 ├
> 액제, 로션제, 크림제, 겔제 등을 부직포 등의 지지체에 침적하여 만든 것이다.

① 분말제   ② 거품제
③ 에멀젼제   ④ 에어로졸제
⑤ 침적 마스크제

| 정답 | ⑤

02 원료 및 내용물의 유효성을 뒷받침하는 자료로 적절하지 <u>않은</u> 것은?

① 장기보존시험 자료
② 염모효력시험 자료
③ 인체적용시험 자료
④ 과학논문인용색인이 등재된 전문학회지에 게재된 자료
⑤ 국내외 대학 또는 전문 연구기관에서 시험한 것으로 당해 기관의 장이 발급한 자료

| 정답 | ①
| 해설 | 장기보존시험 자료는 안정성 및 용기 적합성을 확인하는 시험 자료이다.

03 인체 모발을 대상으로 효능·효과에서 표시한 색상을 입증하는 자료를 (㉠) (이)라고 한다. ㉠에 들어갈 용어를 쓰시오.

| 정답 | 염모효력시험 자료

04 원료규격서에 원칙적으로 기재해야 하는 것을 〈보기〉에서 모두 고른 것은?

> **보기**
> ㉠ 기원   ㉡ 시성치
> ㉢ 함량 기준   ㉣ 원료 명칭
> ㉤ 분자식 및 분자량   ㉥ 구조식 또는 시성식

① ㉠, ㉡, ㉢   ② ㉠, ㉢, ㉣
③ ㉡, ㉢, ㉣   ④ ㉢, ㉣, ㉤
⑤ ㉣, ㉤, ㉥

| 정답 | ④
| 해설 | 원료규격서에는 명칭, 분자식 및 분자량, 함량 기준, 성상, 확인시험, 순도시험, 건조 감량, 강열 감량 또는 수분이 원칙적으로 기재되어야 한다.

05 맞춤형화장품판매업의 혼합·소분에 대한 내용으로 옳지 않은 것은?

① 안전성 및 품질관리에 대해 검증된 성분을 사용해야 한다.
② 기존 제품에 특정 성분을 혼합하여 새로운 브랜드로 판매하는 것은 금지한다.
③ 맞춤형화장품은 맞춤형화장품조제관리사를 채용하여 혼합·소분한 화장품이다.
④ 맞춤형화장품은 소비자의 요구에 따라 기존 화장품의 특정 성분의 혼합이 가능하다.
⑤ 맞춤형화장품판매업자가 채용한 맞춤형화장품조제관리사가 화장품 혼합 시 기본 제형에 변화를 주었다면, 변화 정도를 설명해 주어야 한다.

| 정답 | ⑤
| 해설 | 맞춤형화장품 조제 시 기본 제형의 변화가 없는 범위 내에서 혼합해야 한다.

06 다음 내용을 읽고, ㉠, ㉡에 들어갈 숫자의 범위를 쓰시오.

> 액성을 산성, 알칼리성 또는 중성으로 나타낸 것은 따로 규정이 없는 한 리트머스지를 써서 검사하며, pH의 범위로 미산성은 약 (㉠)이며, 미알칼리성은 약 (㉡)이다.

| 정답 | ㉠ 5.0~6.5, ㉡ 7.5~9.0

Chapter 07

충진 및 포장

고득점 TIP │ 충진의 의미와 포장재 종류의 특성 및 사용부위, 포장공간 기준에 대해 정확히 암기하여 구분할 수 있어야 해요.

1 제품에 맞는 충진 방법

(1) 충진(Filling)의 정의

빈 공간을 채우거나 빈 곳에 집어넣어서 채운다는 의미로, 화장품 용기에 내용물을 넣어 채우는 작업을 의미한다.

(2) 충진기 종류

피스톤 방식 충진기	대용량의 액상 타입의 제품을 충진할 때 사용
파우치 방식 충진기	샘플, 일회용품 파우치 타입의 제품을 충진할 때 사용
파우더 충진기	파우더 타입의 제품을 충진할 때 사용
액체 충진기	액상 타입의 제품을 충진할 때 사용
튜브 충진기	폼클렌징, 자외선 차단제 등 튜브 제품을 충진할 때 사용
카톤 충진기	박스를 테이핑할 때 사용

(3) 충진 시 확인해야 할 사항

① 충전기의 타입
② 충전 용량(g, mL 등)❷
③ 포장 기기의 포장 능력과 포장 가능 크기
④ 전원 및 전압의 종류
⑤ 필요한 적정 에어 압력
⑥ 단위시간당 가능 포장 개수
⑦ 스티커 부착기의 경우 부착 위치
⑧ 로트번호, 포장일자, 유통기한, 바코드를 인쇄할 경우 인쇄 위치 및 문구
⑨ 필요시 온·습도

참고 **충전 용량**
용기의 100%로 충진을 하면 뚜껑의 종류에 따라 내용물이 넘치는 경우가 발생할 수 있으므로 제품별로 용량을 확인해야 함

2 제품에 적합한 포장 방법

(1) 포장재의 조건

내용물 보호	용기의 안전성, 사용기능, 내용물의 품질 유지와 제품 수명을 유지해야 함
경제성	제품의 품질과 용기 가격의 경제적 균형이 맞아야 함
대량화	생산 설비, 생산 방법 등이 제품을 쉽게 대량으로 생산할 수 있어야 함

판매촉진성	소비자의 구매 의욕을 만족시키는 디자인이어야 함		
적정 포장	자원 재활용과 폐기 처리 문제를 고려하여 과대포장이 되어서는 안 됨		
정보 전달 및 사용자 배려	내용물에 대한 제품 정보를 적절히 표시하며, 어린이가 쉽게 열지 못하도록 설계해야 함		

(2) 포장재의 종류와 특성 〈기출〉

구분	명칭	특성	사용 부위
플라스틱	저밀도 폴리에틸렌 (LDPE)	• 반투명성, 광택성, 유연성 우수 • 내외부 응력이 걸린 상태에서 알코올, 계면활성제와 접촉하면 균열 발생	튜브, 마개, 패킹
	고밀도 폴리에틸렌 (HDPE)	유백색, 무광택, 수분 투과 적음	화장수·샴푸·린스 용기 및 튜브
	폴리프로필렌(PP)	반투명성, 광택성, 내약품성❓·내충격성 우수	원터치 캡
	폴리스티렌(PS)	투명성, 광택성, 딱딱함, 성형가공성 및 치수 안정성 우수, 내약품성 취약	팩트·스틱 용기, 캡
	AS수지	투명성, 광택성, 내유성, 내충격성❓ 우수	크림·팩트·스틱류 용기, 캡
	ABS수지	• AS수지의 내충격성을 향상시킨 소재 • 향료, 알코올에 취약 • 도금 소재로 이용	팩트 용기
	폴리염화비닐(PVC)	투명성, 성형 가공성 우수, 저렴	샴푸·린스 용기, 리필 용기
	폴리에틸렌 테레프탈레이트(PET)	투명성, 광택성, 내약품성 우수, 딱딱함	화장수·유액·샴푸·린스 용기
유리 〈기출〉	소다석회유리	• 대표적인 투명유리 • 산화규소, 산화칼슘, 산화나트륨에 소량의 마그네슘, 알루미늄 등의 산화물 함유	화장수·유액 용기
	칼리납유리	• 굴절률이 매우 높음 • 산화납이 다량 함유됨	고급 향수병
	유백유리	유백색 유리	크림·세럼 용기
금속	알루미늄	• 가볍고 가공성이 우수 • 표면 장식이나 산화 방지 목적으로 사용	에어로졸 관, 립스틱·마스카라·콤팩트 용기
	놋쇠, 황동	금과 유사한 색상으로 코팅, 도금, 도장 작업을 첨가함	팩트·립스틱 용기, 코팅용 소재
	스테인리스 스틸	광택 우수, 부식이 잘 되지 않음	에어로졸 관, 광택 용기
	철	녹슬기 쉬우나 저렴함	스프레이 용기

용어 내약품성
화학 반응이나 용매 작용에 의한 손상을 견뎌 내는 고체 물질의 성질

용어 내충격성
외부 충격에 변형됨이 없이 잘 견디는 성질

(3) 용기의 종류

세구용기	병 입구의 외경이 몸체에 비해 작은 용기(액상의 내용물)
광구용기	병 입구의 외경이 몸체외경과 비슷한 용기(핸드크림, 영양크림)
튜브용기	비비크림, 파운데이션, 헤어트리트먼트 등
에어로졸용기	내용물을 압축가스나 액화가스의 압력에 의해 분출되도록 만든 용기(헤어스프레이 등)
원통형용기	마스카라, 아이라이너 등
파우더용기	페이스 파우더, 베이비 파우더 등

(4) 제품별 포장 방법에 관한 기준 기출

① 단위제품 : 1회 이상 포장한 최소 판매단위의 제품

제품의 종류	포장공간 비율	포장횟수❷
인체 및 두발 세정용 제품류	15% 이하	2차 이내
그 밖의 화장품류(방향제 포함)	10% 이하(향수 제외)	2차 이내

참고 **포장횟수를 적용하지 않는 경우** 2차 포장 외부에 붙인 필름, 종이 등의 포장과 재사용이 가능한 파우치, 에코백, 틴 케이스는 포장횟수에 적용하지 않음

② 종합제품 : 같은 종류 또는 다른 최소 판매단위의 제품을 2개 이상 함께 포장한 제품

제품의 종류	포장공간 비율	포장횟수
화장품류	25% 이하	2차 이내

* 복합합성수지재질·폴리비닐클로라이드재질 또는 합성섬유재질로 제조된 받침접시 또는 포장용 완충재를 사용한 제품의 포장공간 비율은 20% 이하로 함

(5) 제품별 포장용기 재사용 가능 비율

다음의 제품을 제조하는 자는 그 포장용기를 재사용할 수 있는 제품의 생산량이 해당 제품 총생산량에서 차지하는 비율이 아래 기재된 비율 이상이 되도록 노력하여야 한다.

제품 구분	비율
화장품 중 색조화장품(메이크업)류	100분의 10 이상
합성수지 용기를 사용한 액체 세제류·분말 세제류	100분의 50 이상
두발용 화장품 중 샴푸·린스류	100분의 25 이상
위생용 종이 제품 중 물티슈(물휴지)류	100분의 60 이상

(6) 맞춤형화장품 라벨링

소분	새로운 용기에 기재사항을 표시한 스티커를 붙임
혼합	내용물에 원료를 혼합하는 경우 내용물 용기에 기존 라벨을 제거한 후 라벨을 붙이거나 오버라벨링(제품정보 덧붙이기)을 사용함

단원별 연습문제

01 화장품 충진 시 확인해야 할 사항으로 옳지 <u>않은</u> 것은?

① 필요한 적정 작업 테이블 확인
② 단위시간당 가능 포장 개수 확인
③ 화장품 충전 용량(g, mL 등) 확인
④ 스티커 부착기의 경우 부착 위치 확인
⑤ 포장 기기의 포장 능력과 포장 가능 크기 확인

| 정답 | ①
| 해설 | 화장품 충진 시 필요한 적정 작업 테이블은 확인해야 할 사항에 해당하지 않는다. 필요한 적정 에어 압력을 확인해야 한다.

02 제품별 포장 방법에 관한 기준으로 옳지 <u>않은</u> 것은?

① 단위 제품은 1회 이상 포장한 최소 판매단위 제품이며, 종합제품은 같은 종류 또는 다른 최소 판매 단위 제품을 2개 이상 함께 포장한 제품이다.
② 인체 세정용 제품류의 포장공간 비율은 15%이하이며, 포장횟수는 2차 이내이다.
③ 두발 세정용 제품류의 포장공간 비율은 15%이하이며, 포장횟수는 2차 이내이다.
④ 방향제 제품류의 포장공간 비율은 15%이하이며, 포장횟수는 2차 이내이다.
⑤ 종합제품의 화장품류는 포장공간 비율 25%이하이며, 포장횟수는 2차 이내이다.

| 정답 | ④
| 해설 | 그 밖의 화장품류(방향제 포함) 제품류의 포장공간 비율은 10%이하(향수 제외)이며, 포장횟수는 2차 이내이다.

03 화장품에 사용되는 포장재 중 투명성, 광택성, 내약품성이 우수하고 딱딱하며 주로 화장수 · 유액 · 샴푸 · 린스 용기 등을 제조할 때 사용되는 것은?

① ABS수지
② 칼리납유리
③ 폴리스티렌(PS)
④ 폴리프로필렌(PP)
⑤ 폴리에틸렌테레프탈레이트(PET)

| 정답 | ⑤

04 포장용기에 재사용할 수 있는 비율로, 화장품 중 색조화장품(메이크업류)의 포장 공간 비율은 100분의 (㉠   ) 이상이다. ㉠에 들어갈 숫자를 쓰시오.

| 정답 | 10

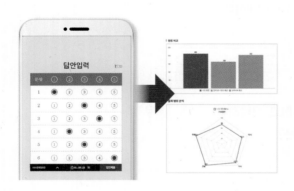

딱 찍고 분석 끝!

QR코드 스캔 – 로그인 – 답안입력

| QR코드 스캔 방법 |
① [네이버앱] – 그린닷 – 렌즈
② [카카오톡] – 더보기 – 코드스캔
③ 스마트폰 내장 카메라 또는 Google play나
   App store에서 QR코드 스캔 앱 설치 후 스캔

실력점검 모의고사

모바일로
간편하게
채점하기

01 유해사례와 화장품 간의 인과관계 가능성이 있다고 보고된 정보로, 그 인과관계가 알려지지 않거나 입증 자료가 불충분한 것을 일컫는 용어는? (8점)

① 위해요소
② 위해성 평가
③ 실마리 정보
④ 안전성 정보
⑤ 중대한 유해사례

| 해설 | ① 위해요소: 인체의 건강을 해치거나 해칠 우려가 있는 화학적·생물학적·물리적 요인
② 위해성 평가: 인체적용제품에 존재하는 위해요소가 인체의 건강을 해치거나 해칠 우려가 있는지 여부와 그 정도를 과학적으로 평가하는 일련의 과정
④ 안전성 정보: 화장품과 관련해 국민보건에 직접 영향을 미칠 수 있는 안전성·유효성에 관한 새로운 자료, 유해사례 정보 등
⑤ 중대한 유해사례: 사망을 초래하거나 생명을 위협하는 등의 유해사례

02 「화장품법」 제15조의2(동물실험을 실시한 화장품 등의 유통판매 금지)에 따르면 「실험동물에 관한 법률」에 따른 동물실험을 실시한 제품은 유통·판매가 금지되어 있으나 예외에 해당하는 경우가 있다. 그 경우가 <u>아닌</u> 것은? (12점)

① 화장품 원료 등에 대한 안전성·유효성 평가를 위하여 필요한 경우
② 수입하려는 상대국의 법령에 따라 제품 개발에 동물실험이 필요한 경우
③ 화장품 수출을 위하여 수출 상대국의 법령에 따라 동물실험이 필요한 경우
④ 다른 법령에 따라 동물실험을 실시하여 개발된 원료를 화장품에 제조 등에 사용하는 경우
⑤ 동물대체시험법(실험 동물의 희생을 최소화하고 고통을 경감시킬 수 있는 실험 방법으로서 식품의약품안전처장이 인정한 것)이 존재하지 않아 동물실험이 필요한 경우

| 해설 | 보존제, 색소, 자외선 차단제 등 특별히 사용상의 제한이 필요한 원료에 대하여 그 사용 기준을 지정하거나 국민보건상 위해 우려가 제기되는 화장품 원료 등에 대한 위해 평가를 하기 위하여 필요한 경우만 예외에 해당한다.

03 다음 중 화장품의 유형과 그 제품의 종류가 올바르게 연결된 것은? (8점)

① 기초화장용 제품류 – 아이 크림, 마스크팩, 화장비누
② 손발톱 제품류 – 네일 폴리시, 네일 에센스, 핸드크림
③ 인체 세정용 제품류 – 폼 클렌저, 외음부 세정제, 물휴지
④ 두발염색용 제품류 – 헤어 틴트, 흑채, 헤어 컬러스프레이
⑤ 색조화장용 제품류 – 메이크업 베이스, 마스카라, 보디페인팅용 제품

| 해설 | ① 화장비누는 인체 세정용 제품류, ② 핸드크림은 기초화장용 제품류, ④ 흑채는 두발용 제품류, ⑤ 마스카라는 눈화장용 제품류에 속한다.

정답 01 ③ 02 ① 03 ③

04 「화장품법」에서 규정하고 있는 화장품책임판매관리자의 자격 기준에 해당하는 것을 모두 고른 것은? (8점)

┌ 보기 ┐

ㄱ 대학 등에서 학사 이상의 학위를 취득한 사람으로서 간호학과, 간호과학과, 건강간호학과를 전공하고 화학 · 생물학 · 생명과학 · 유전학 · 유전공학 · 향장학 · 화장품과학 · 의학 · 약학 등 관련 과목을 20학점 이상 이수한 사람

ㄴ 이공계학과 또는 향장학 · 화장품과학 · 한의학 · 한약학 · 간호학 · 간호과학 · 건강간호학 등을 전공하여 학사 이상의 학위를 취득(법령에서 이와 같은 수준 이상의 학력이 있다고 인정하는 경우를 포함한다)한 사람

ㄷ 전문대학을 졸업한 사람으로서 간호학과, 간호과학과, 건강간호학과를 전공하고 화학 · 생물학 · 생명과학 · 유전학 · 유전공학 · 향장학 · 화장품과학 · 의학 · 약학 등 관련 과목을 20학점 이상 이수한 후 화장품 제조나 품질관리 업무에 1년 이상 종사한 경력이 있는 사람

ㄹ 맞춤형화장품조제관리사 자격시험에 합격한 사람으로서 화장품 제조 또는 품질관리 업무에 1년 이상 종사한 경력이 있는 사람

ㅁ 화학 · 생물학 · 화학공학 · 생물공학 · 미생물학 · 생화학 · 생명과학 · 생명공학 · 유전공학 · 향장학 · 화장품과학 · 한의학 · 한약학 · 간호학 · 간호과학 · 건강간호학 등 화장품 관련 분야를 전공하여 전문학사 학위를 취득(법령에서 이와 같은 수준 이상의 학력이 있다고 인정하는 경우를 포함한다)한 후 화장품 제조 또는 품질관리 업무에 1년 이상 종사한 경력이 있는 사람

① ㄱ, ㄴ
② ㄴ, ㄷ, ㄹ
③ ㄱ, ㄷ, ㄹ
④ ㄷ, ㄹ, ㅁ
⑤ ㄴ, ㅁ

| 해설 | ㄱ, ㄷ 2023년 6월 22일에 삭제되었다.
ㄹ 맞춤형화장품 조제관리사 자격시험에 합격한 사람으로 변경되었다.

05 다음 중 화장품 영업에 대한 설명으로 옳은 것은? (12점)

① 마약류 중독자는 화장품책임판매업의 결격사유에 해당한다.
② 맞춤형화장품판매업의 신고를 하지 않은 자가 맞춤형화장품을 판매할 경우 영업 등록이 취소된다.
③ 용기나 포장이 불량하여 보건위생상 위해를 발생할 우려가 있는 경우 판매금지 명령을 받는다.
④ 영업승계자가 이전 영업자의 행정제재처분과 위반 사실을 알지 못하였음을 증명하는 경우에는 행정제재처분을 승계받지 않는다.
⑤ 화장품책임판매업, 맞춤형화장품판매업을 하려는 자는 소재지 관할 지방식품 안전청장에게 영업 등록을 해야 하며, 폐업 시에는 신고해야 한다.

| 해설 | ① 화장품제조업의 결격사유에 해당한다.
② 판매금지 명령을 받는다.
③ 영업금지 명령을 받는다.
⑤ 맞춤형화장품판매업은 영업 신고를 해야 한다.

06 다음 중 「개인정보 보호법」 제3장제2절 개인정보의 처리 제한에 대한 설명으로 올바르지 <u>않은</u> 것은? (8점)

① 개인정보처리자가 고유식별정보를 처리하는 경우에는 고유식별번호가 분실·도난·유출·위조·변조되지 않도록 대통령령으로 정하는 바에 따라 암호화 등의 안전조치를 취해야 한다.

② 개인정보처리자는 정보주체가 인터넷 홈페이지를 통하여 회원으로 가입하는 단계에서 주민등록번호를 사용하지 않고도 회원으로 가입할 수 있는 방법을 제공해야 한다.

③ 범죄 예방 및 수사를 위해 필요한 경우라도 개인의 허락 없이 공개된 장소에서 영상정보처리기기를 설치·운영하여서는 안 된다.

④ 특별한 경우를 제외하고는 개인정보처리자는 사상, 노동조합, 정단의 가입 및 탈퇴, 사생활을 현저히 침해할 우려가 있는 민감정보는 처리하여서는 안 된다.

⑤ 개인정보 보호위원회는 처리하는 개인정보의 종류·규모, 종업원 수 및 매출액 규모 등을 고려해 대통령령으로 정하는 기준에 해당하는 개인정보처리자가 안전성 확보에 필요한 조치를 하였는지 정기적으로 조사하여야 한다.

07 1천 명 이상의 개인정보가 유출되었을 때 조치할 내용으로 옳지 <u>않은</u> 것은?

(12점)

① 정보주체에게 유출 시점과 경위를 통지한다.

② 정보주체에게 유출 항목과 피해 최소화 방법을 신속히 통지한다.

③ 조치 결과를 신고하지 않은 자에 대해 3천만 원 이하의 과태료가 부과되므로 조치 후 결과를 신고한다.

④ 서면 등의 방법과 함께 인터넷 홈페이지에 유출 내용을 14일 이상 게재한다.

⑤ 정보주체에게 유출 내용을 통지하고 보호위원회, 대통령령으로 정하는 전문기관에 조치 결과를 신고한다.

08 화장품에 사용되는 원료의 특성으로 옳지 <u>않은</u> 것은? (8점)

① 고분자화합물은 화장품의 점성을 높이고 사용감을 개선하며 피막을 형성하기 위해 사용한다.

② 금속이온봉쇄제는 화장품의 미생물 증식으로 일어나는 부패균 발육을 억제하는 작용을 한다.

③ 실리콘 오일은 실록산 결합($Si-O-Si$)을 가지며, 실크(Silk)처럼 가볍고 부드러운 감촉을 부여한다.

④ 계면활성제란 표면의 장력을 낮추어 물(수용성 물질)과 기름(유용성 물질)을 혼합하기 위해 사용한다.

⑤ 왁스류는 고급 지방산과 고급 1,2가 알코올이 결합된 에스텔화합물로 화장품의 사용감과 경도 조절용으로 이용된다.

| 해설 | 범죄 예방 및 수사를 위해 필요한 경우에는 예외적으로 공개된 장소에 영상정보처리기기를 설치·운영할 수 있다. 이외에도 법령에서 구체적으로 허용하고 있는 경우, 시설안전 및 화재 예방, 교통단속, 교통정보의 수집·분석 및 제공을 위하여 필요한 경우에도 예외적으로 설치·운영할 수 있다.

| 해설 | 서면 등의 방법과 함께 인터넷 홈페이지에 유출 내용을 7일 이상 게재해야 한다.

| 해설 | ②는 보존제에 대한 설명이다. 금속이온봉쇄제는 화장품의 품질을 저하시키는 금속이온의 활성을 억제하기 위해 사용한다.

<u>정답</u> 06 ③ 07 ④ 08 ②

09 유기농 유래 원료 및 유기농 원료에 대한 설명으로 옳지 <u>않은</u> 것은? (12점)

① 유기농 원료를 고시에서 허용하는 화학적 공정에 따라 가공한 원료는 유기농 유래 원료로 본다.

② 유기농 원료를 고시에서 허용하는 생물학적 공정에 따라 가공한 원료는 유기농 유래 원료로 본다.

③ 세계유기농업운동연맹(IFOAM)에 등록된 인증기관으로부터 유기농 원료로 인증받거나, 이를 고시에서 허용한 물리적 공정에 따라 가공한 것은 유기농 원료에 포함된다.

④ 친환경농어업 육성 및 유기식품 등의 관리 · 지원에 관한 법률에 따른 유기농수산물 또는 이를 고시에서 허용하는 물리적 공정에 따라 가공한 것은 유기농 원료에 포함된다.

⑤ 외국 정부(미국, 유럽연합, 일본 등)에서 정한 기준에 따른 인증기관으로부터 유기농수산물로 인정받거나 이를 고시에 허용하는 화학적 공정에 따라 가공한 것은 유기농 원료에 포함된다.

10 다음 〈보기〉의 괄호에 들어갈 허용한도가 차례대로 적절하게 나열된 것은? (8점)

┌ 보기 ┐

천연화장품 및 유기농화장품에는 합성 원료를 사용할 수 없다. 다만, 천연화장품 또는 유기농화장품의 품질 또는 안전을 위해 필요하나 따로 자연에서 대체하기 곤란한 기타 원료 및 합성 원료는 (   ) 이내에서 사용할 수 있고, 석유화학 부분은 (   )을/를 초과할 수 없다.

① 1.0% − 5.0%   ② 2.0% − 5.0%
③ 3.0% − 3.0%   ④ 4.0% − 2.0%
⑤ 5.0% − 2.0%

11 화장품의 색소에 대한 설명으로 옳은 것은? (8점)

① 기질은 중간체, 희석제 등을 포함하지 않은 순수한 색소이다.

② 순색소는 색소를 용이하게 사용하기 위하여 혼합되는 성분이다.

③ 색소는 유기 합성하여 얻어지며 레이크, 염, 희석제와의 혼합물이다.

④ 레이크는 타르색소를 기질에 흡착, 공침 또는 단순한 혼합이 아닌 화학적 결합에 의하여 확산시킨 색소이다.

⑤ 타르색소는 레이크 제조 시 순색소를 확산시키는 목적으로 사용되는 물질로 알루미나, 브랭크휙스, 크레이 등의 단일 또는 혼합물이다.

12 「천연화장품 및 유기농화장품의 기준에 관한 규정」 중 세척제에 사용 가능한 원료로 옳지 않은 것은? (12점)

① 과초산
② 석회장석유
③ 과산화수소
④ 포타슘하이드록사이드
⑤ 전체 계면활성제의 70% 이하인 에톡실화 계면활성제

| 해설 | 에톡실화 계면활성제는 전체 계면활성제 50% 이하, 에톡실화가 8번 이하인 것으로 사용해야 한다.

13 다음 〈보기〉의 색소 중 사용상 제한이 없는 원료로 옳은 것을 모두 고르면? (8점)

┌─ 보기 ├─
㉠ 청색 1호	㉡ 녹색 3호
㉢ 적색 40호	㉣ 적색 102호
㉤ 적색 104호	㉥ 자색 201호

① ㉠, ㉡, ㉢, ㉥
② ㉠, ㉡, ㉣, ㉤
③ ㉡, ㉢, ㉣, ㉤
④ ㉡, ㉢, ㉤, ㉥
⑤ ㉢, ㉣, ㉤, ㉥

| 해설 | ㉣ 적색 102호: 영유아용 제품, 13세 이하 어린이용 제품에 사용금지 색소
㉤ 적색 104호: 눈 주위 사용금지 색소

14 금속이온의 활성을 억제하기 위하여 사용할 수 있는 원료로 옳은 것은? (8점)

① BHT
② 토코페롤
③ 폴리쿼터늄-18
④ 1,2 헥산다이올
⑤ 다이소듐이디티에이

| 해설 | 금속이온봉쇄제로는 다이소듐이디티에이, 소듐시트레이트가 있다. ①, ②는 산화방지제, ③은 양이온성 계면활성제, ④는 방부대체제이다.

15 자외선 차단에 대한 설명으로 옳은 것은? (8점)

① SPF 15는 자외선 B에 대해 약 150시간 이상의 차단 효과를 나타낸다.
② SPF는 Sun Protection Factor의 약자로 자외선 A의 자외선 차단지수이다.
③ SPF 1은 약 1시간 정도의 지속 시간을 나타내며, 50 이상의 제품은 50+로 표시한다.
④ 기능성화장품 자료 제출 시 자외선 차단지수 및 자외선 A 차단등급 설정의 근거 자료를 제출해야 한다.
⑤ 자외선 차단지수(SPF)는 제품을 바르지 않은 피부의 최대 홍반량을 제품을 바른 피부의 최대 홍반량으로 나눈 값이다.

| 해설 | ①, ②, ③ SPF는 UVB를 차단하는 정도를 나타내는 지수이며, SPF 1은 약 10~15분 정도의 자외선 차단 효과가 있다는 의미이다. 예를 들어 SPF 15는 150분~225분 정도의 UVB 차단 효과를 의미한다.
⑤ 제품을 바른 피부의 최소 홍반량을 제품을 바르지 않은 피부의 최소 홍반량으로 나눈 값이다.

정답 **12** ⑤ **13** ① **14** ⑤ **15** ④

16 〈보기〉에서 식품의약품안전처에 자료 제출이 생략되는 기능성화장품 고시 성분 중 자외선 차단제에 해당하는 성분과 최대 함량을 올바르게 설명한 것은? (8점)

┤ 보기 ├
정제수, 글리세린, 부틸렌글라이콜, 나이아신아마이드, 포도씨유, 페녹시에탄올, 벤조익애씨드, 세틸알코올, 닥나무 추출물, 레티놀, 토코페롤, 벤조페논-3, 아이소프로필미리스테이트, 카프릴릭/카프릭트리글리세라이드, 라놀린, 다이메티콘, 옥토크릴렌, 다이소듐이디티에이, 징크옥사이드, 로즈힙 오일

① 자외선 차단제 성분으로서 나이아신아마이드 2.0~5.0%는 자료 제출이 생략된다.
② 자외선 차단제 성분으로서 징크옥사이드는 최대 15%의 함량까지 자료 제출이 생략된다.
③ 자외선 차단제 성분으로서 벤조페논-3은 최대 5.0%의 함량까지 자료 제출이 가능하다.
④ 자외선 차단제 성분으로서 옥토크릴렌은 최대 5.0%의 함량까지 자료 제출이 가능하다.
⑤ 자외선 차단제 성분으로서 닥나무 추출물은 최대 2.0%의 함량까지 자료 제출이 가능하다.

| 해설 | ①, ⑤는 피부 미백에 도움을 주는 기능성화장품 고시 원료이며, ② 징크옥사이드는 25%, ④ 옥토크릴렌은 10%까지 자료 제출 생략이 가능하다.

17 화장품 사용 시 미생물의 증식으로 일어나는 부패균의 발육을 억제하고 살균제로도 사용하는 보존제는 무엇인가? (12점)

① 클로로펜
② 옥토크릴렌
③ 메칠렌글라이콜
④ 에칠헥실살리실레이트
⑤ p-페닐렌디아민

| 해설 | ②, ④는 자외선 차단 성분이다.
③은 사용금지 성분이다.
⑤는 염모제 성분이다.

18 화장품에 사용상의 제한이 필요한 원료 중 보존제 성분과 사용한도가 잘못 연결된 것은? (12점)

① 벤조익애씨드: 산으로서 0.5%
② 4,4-디메칠-1,3-옥사졸리딘: 0.05%
③ 2-브로모-2-나이트로프로판-1,3-디올: 0.1%
④ 소듐아이오데이트: 사용 후 씻어내는 제품에 0.5%
⑤ 살리실릭애씨드 및 그 염류: 살리실릭애씨드로서 0.5%

| 해설 | 소듐아이오데이트: 사용 후 씻어내는 제품에 0.1%

정답 **16** ③ **17** ① **18** ④

19 다음 〈보기〉에서 염류의 예를 모두 고른 것은? (8점)

┌ 보기 ┐
| ㉠ 소듐 | ㉡ 부틸 | ㉢ 프로필 | ㉣ 포타슘 |
| ㉤ 마그네슘 | ㉥ 클로라이드 | ㉦ 이소프로필 |

① ㉠, ㉡, ㉢, ㉣
② ㉠, ㉣, ㉤, ㉥
③ ㉠, ㉣, ㉥, ㉦
④ ㉡, ㉢, ㉣, ㉦
⑤ ㉢, ㉣, ㉤, ㉥

| 해설 | • 염류의 예: 소듐, 포타슘, 칼슘, 마그네슘, 암모늄, 에탄올아민, 클로라이드, 브로마이드, 설페이트, 아세테이트, 베타인 등
• 에스텔류: 메칠, 에칠, 프로필, 이소프로필, 부틸, 이소부틸, 페닐

20 탈염·탈색제의 사용 시 개별 주의사항으로 옳지 <u>않은</u> 것은? (8점)

① 염색 1일 전(24시간 전)에는 패치테스트를 반드시 실시한 후 이상 반응이 있을 경우 사용을 금지한다.
② 첨가제로 함유된 프로필렌글리콜에 의해 알레르기를 일으킬 수 있으므로 이 성분에 과민하거나 알레르기를 보였던 적이 있는 사람은 사용 전 의사 또는 약사와 상의하고 신중히 사용해야 한다.
③ 탈염·탈색제의 사용 전후 1주일간은 퍼머넌트 웨이브 제품 및 헤어 스트레이트너 제품의 사용은 금지한다.
④ 사용 후 피부 이상 및 구역, 구토 등의 신체 이상을 느끼는 자는 피부과 전문의 또는 의사에게 진찰을 받아야 한다.
⑤ 사용 중 목욕을 하거나 머리를 적시면 내용물이 눈에 들어갈 수 있으므로 주의하여야 하며 눈에 들어갔을 경우 미지근한 물로 15분 이상 씻어내고 곧바로 안과 전문의의 진찰을 받는다.

| 해설 | 염색 2일 전(48시간 전)에는 패치테스트를 반드시 실시해야 한다. 테스트액을 바른 후 30분 그리고 48시간 후 총 2회를 행한다.

21 다음 중 원료의 특성이 동일하지 <u>않은</u> 것은? (12점)

① 파라벤, 페녹시에탄올, 글루타랄
② 살리실릭애씨드 및 그 염류, 메칠이소치아졸리논, 벤질알코올
③ 엠디엠하이단토인, 쿼터늄-15, 헥세티딘
④ 소듐라우로일사코시네이트, 2-메칠레조시놀, 클로로부탄올
⑤ 5-브로모-5-나이트로-1,3-디옥산, 벤제토늄클로라이드, 트리클로산

| 해설 | 2-메칠레조시놀은 염모제 성분이며, 소듐라우로일사코시네이트와 클로로부탄올은 보존제 성분이다.
①, ②, ③, ⑤는 모두 보존제 성분이다.

22 내용물 및 원료에 대한 품질검사 결과를 확인할 수 있는 서류로 옳은 것은? (8점)

① 품질성적서
② 제조지시서
③ 제품표준서
④ 구매요구서
⑤ 제조관리기준서

| 해설 | 맞춤형화장품판매업자는 혼합·소분 전에 사용되는 내용물 또는 원료에 대한 품질성적서를 확인해야 한다.

정답 19 ② 20 ① 21 ④ 22 ①

23 다음 〈보기〉를 읽고, 영업금지에 해당하는 경우를 모두 고른 것은? (12점)

┌ 보기 ├───
⊙ 전부 또는 일부가 변패된 화장품을 판매하였다.
ⓒ 맞춤형화장품조제관리사를 두지 않고, 맞춤형화장품을 판매하였다.
ⓒ 코뿔소 뿔 또는 호랑이 뼈와 그 추출물을 사용한 화장품을 판매하였다.
ⓔ 동물실험을 실시한 화장품 또는 원료를 사용하여 제조 또는 수입한 화장품을
   판매하였다.
ⓜ 사용기한 또는 개봉 후 사용기간(제조연월일을 포함)을 위조 · 변조한 화장품을
   판매하였다.
ⓗ 판매 목적이 아닌 제품의 홍보를 위해 제조한 화장품을 판매하였다.
└──

① ㉠, ㉢, ㉢   ② ㉠, ㉣, ㉢
③ ㉠, ㉣, ㉤   ④ ㉡, ㉢, ㉢
⑤ ㉢, ㉣, ㉤

| 해설 | ㉡, ㉣, ㉤은 판매금지에 해당한다.

24 위해성 등급이 '가등급'인 화장품으로 옳지 <u>않은</u> 것은? (8점)

① 돼지폐 추출물이 사용된 화장품
② 니트로스아민류가 사용된 화장품
③ 4-니트로소페놀이 사용된 화장품
④ 1,3-부틸렌글라이콜이 사용된 화장품
⑤ 천수국꽃 추출물 또는 오일이 사용된 화장품

| 해설 | 화장품 제조 등에 사용할 수 없는 원료를 사용하거나 사용상의 제한이 필요한 원료라고 고시된 원료 외의 보존제, 색소, 자외선 차단제 등을 사용한 화장품의 위해성 등급은 '가등급'이다. ①, ②, ③, ⑤는 사용할 수 없는 원료로 고시된 성분이다.

25 다음 중 알레르기 유발 착향제(향료) 성분으로만 연결된 것은? (8점)

① 리모넨, 벤질헤미포름알, 벤질벤조에이트
② 유제놀, 하이드록시시트로넬알, 메틸2-옥티노에이트
③ 벤조일퍼옥사이드, 쿠마린, 하이드록시시트로넬알,
④ 벤질벤조에이트, 트리클로산, 유제놀
⑤ 나무이끼 추출물, 벤질알코올, 벤제토늄클로라이드

| 해설 | 벤질헤미포름알, 트리클로산, 벤제토늄클로라이드는 보존제이며, 벤조일퍼옥사이드는 사용할 수 없는 원료이다.

26 다음 〈보기〉에서 설명한 물질의 종류에 해당하는 성분은 무엇인가? (8점)

┌ 보기 ├───
• 피부 자극이 적어 주로 기초 화장품에 사용함
• 이온성에 친수기를 갖는 대신 -OH나 에틸렌옥사이드에 의한 물과의 수소결합
  에 의한 친수성을 가지며, 전하를 가지지 않음
└──

① 폴리쿼터늄-10   ② 솔비탄라우레이트
③ 코카미도프로필베타인   ④ 암모늄라우릴설페이트
⑤ 세트리모늄클로라이드

| 해설 | 비이온성 계면활성제에 대한 설명이다. 비이온성 계면활성제로는 솔비탄라우레이트, 폴리솔베이트 20, 세틸알코올 등이 있다.
①, ⑤ 양이온성 계면활성제이다.
③ 양쪽성 계면활성제이다.
④ 음이온성 계면활성제이다.

정답 23 ① 24 ④ 25 ② 26 ②

27 맞춤형화장품조제관리사 서율이는 매장을 방문한 고객과 다음과 같은 〈대화〉를 나누었다. 서율이가 고객에게 추천할 제품으로 적절한 것을 〈보기〉에서 모두 고르면? (8점)

┌─ 대화 ┐
고객: 지난주에 바닷가로 여행을 다녀왔는데, 그 후로 피부가 검어지고 화장도 잘 안 받아요.

서율: 그러셨군요? 그럼 고객님의 피부 상태를 측정해 드리도록 하겠습니다.

고객: 여행 가기 전 방문했을 때와 비교해 주시면 좋겠어요.

서율: 네. 이쪽으로 앉으시면 피부 측정기로 측정해 드리겠습니다.

··· (피부 측정 후) ···

서율: 고객님은 한 달 전 피부 상태 측정 때보다 얼굴의 색소침착도가 30%가량 높아져 있고, 각질도 많네요.

고객: 그럼 어떤 제품을 쓰면 좋을지 추천해 주세요.
└─────────────────┘

┌─ 보기 ┐
㉠ AHA 함유 제품   ㉡ 콜라겐 함유 제품
㉢ 레티놀 함유 제품   ㉣ 나이아신아마이드 함유 제품
㉤ 소듐하이알루로네이트 함유 제품
└─────────────────┘

① ㉠, ㉡   ② ㉠, ㉣
③ ㉡, ㉢   ④ ㉢, ㉣
⑤ ㉣, ㉤

28 다음 중 유통화장품 관련 용어의 정의로 옳지 <u>않은</u> 것은? (12점)

① 불만 − 제품이 규정된 적합 판정 기준을 충족시키지 못한다고 주장하는 외부 정보

② 적합 판정 기준 − 시험 결과의 적합 판정을 위한 수적인 제한, 범위 또는 기타 적절한 측정법

③ 예방적 활동 − 제품의 품질에 영향을 줄 수 있는 계측기에 대해 정기적 계획을 수립해 실시하는 활동

④ 출하 − 주문준비와 관련된 일련의 작업과 운송수단에 적재하는 활동으로 제조소 밖으로 제품을 운반하는 것

⑤ 공정관리 − 제조 공정 중 적합 판정 기준의 충족을 보증하기 위하여 공정을 모니터링하거나 조정하는 모든 작업

29 작업장의 위생 유지관리 활동으로 옳은 것은? (12점)

① 모든 제조 관련 설비는 승인된 자만이 접근·사용해야 하며, 교정 작업이 제품의 품질에 영향을 주어서는 안 된다.

② 유지관리 주요사항 중 기능 측정으로는 회전수, 전압, 투과율, 감도가 있다.

③ 물 또는 제품의 유출이 있는 곳과 고인 곳 그리고 파손된 용기는 반드시 표기해 두고, 작업에 영향을 주어서는 안 된다.

④ 오물이 묻은 걸레는 세탁될 때까지 적당한 컨테이너에 보관되어야 한다.

⑤ 제조공장을 깨끗하게 정돈된 상태로 유지하기 위해 필요할 때 청소가 수행되어야 하며, 품질 책임자는 교육을 받아야 한다.

| 해설 | ① 유지관리 작업이 제품의 품질에 영향을 주어서는 안 된다.
③ 물 또는 제품의 유출이 있는 곳과 고인 곳 그리고 파손된 용기는 지체 없이 청소 또는 제거되어야 한다.
④ 오물이 묻은 걸레는 사용 후 버리거나 세탁해야 한다.
⑤ 제조공장을 깨끗하게 정돈된 상태로 유지하기 위해 필요할 때 청소가 수행되어야 하며, 이러한 직무를 수행하는 모든 사람은 적절하게 교육을 받아야 한다.

30 작업장의 청정도 1등급에 따른 관리 기준으로 옳은 것은? (10점)

① 낙하균 5개/hr 또는 부유균 10개/m³

② 낙하균 10개/hr 또는 부유균 20개/m³

③ 낙하균 10개/hr 또는 부유균 30개/m³

④ 낙하균 20개/hr 또는 부유균 20개/m³

⑤ 낙하균 20개/hr 또는 부유균 30개/m³

| 해설 | 청정도 1등급 관리 기준은 낙하균 10개/hr 또는 부유균 20개/m³이다.

31 반제품의 보관 시 용기에 표시해야 할 사항이 <u>아닌</u> 것은? (12점)

① 제조번호   ② 완료된 공정명

③ 명칭 또는 확인코드   ④ 최소한의 보관기한 설정

⑤ 필요한 경우에는 보관조건

| 해설 | 반제품을 보관할 때는 ①, ②, ③, ⑤를 표시해야 한다. 보관 시에는 최대 보관기한을 설정해야 하며 최대 보관기한이 가까워진 반제품은 완제품 제조 전에 품질 이상, 변질 여부 등을 확인한다.

32 이상적인 소독제의 조건으로 옳지 <u>않은</u> 것은? (8점)

① 광범위한 항균 스펙트럼을 가져야 한다.

② 다른 제품이나 설비와 반응하지 않아야 한다.

③ 경제적이며, 사용 농도에서 독성이 없어야 한다.

④ 5분 이내의 짧은 처리에도 효과를 나타내야 한다.

⑤ 소독 전에 존재하던 미생물을 최소한 90% 이상 사멸하여야 한다.

| 해설 | 소독 전에 존재하던 미생물을 최소한 99.9% 이상 사멸하여야 한다.

정답 **29** ② **30** ② **31** ④ **32** ⑤

33 맞춤형화장품 안전 기준의 주요사항으로 옳지 <u>않은</u> 것은? (8점)

① 원료 내용물의 입고, 사용, 폐기 내역 등에 대하여 기록 관리해야 한다.

② 최종 혼합·소분된 맞춤형화장품은 유통화장품의 안전관리 기준을 준수해야 한다.

③ 맞춤형화장품 판매장 시설·기구를 정기적으로 점검하여 보건위생상 위해가 없도록 관리해야 한다.

④ 맞춤형화장품 사용과 관련된 부작용 발생사례에 대해서는 지체 없이 화장품 제조업자에게 보고해야 한다.

⑤ 맞춤형화장품 판매 시 혼합·소분에 사용되는 내용물 또는 원료의 특성, 사용 시 주의사항에 대하여 설명해야 한다.

| 해설 | 맞춤형화장품 사용 시 관련 부작용 발생사례에 대해서는 지체 없이 식품의약품안전처장에게 보고해야 한다.

34 설비·기구의 특징으로 옳지 <u>않은</u> 것은? (8점)

① 호스는 한 위치에서 다른 위치로 제품을 전달하기 위하여 사용한다.

② 공정 중이거나 보관용인 원료는 주형물질 또는 거친 표면의 탱크를 사용하여야 한다.

③ 필터, 여과기, 체는 화장품 원료와 완전 제품의 입자 크기를 작게 하고, 덩어리 모양을 깨고 불순물을 제거하기 위해 사용한다.

④ 게이지와 미터기는 화장품의 온도, 압력, 흐름, 점도, pH, 속도, 부피 등 화장품의 특성을 측정하고 기록하기 위하여 사용한다.

⑤ 탱크는 공정 중인 또는 보관용 원료를 저장하며, 주로 316스테인리스 스틸을 사용한다. 미생물학적으로 민감하지 않은 물질이나 제품에는 유리로 안을 댄 강화유리섬유 폴리에스텔와 플라스틱으로 안을 댄 탱크를 사용한다.

| 해설 | 주형물질 또는 거친 표면의 탱크는 화장품이 뭉치게 되어 깨끗하게 청소하기가 어렵기 때문에 교차오염 문제를 일으킬 수 있다. 탱크는 기계로 만들어 표면에 광을 낸 것을 사용해야 한다.

35 다음 〈보기〉의 괄호에 들어갈 내용으로 적절하게 연결된 것은? (12점)

┤ 보기 ├

유통화장품 안전관리 기준에서 포름알데하이드는 (   )μg/g 이하, 물휴지는 (   )μg/g 이하의 검출 허용한도 기준을 규정하고 있다.

① 0.2 – 0.002   ② 20 – 100

③ 100 – 20   ④ 2,000 – 10

⑤ 2,000 – 20

| 해설 | 포름알데하이드의 검출 허용한도는 2,000μg/g 이하, 물휴지는 20μg/g 이하이다.

정답 33 ④ 34 ② 35 ⑤

36 화장품 품질 책임자의 업무로 옳지 <u>않은</u> 것은? (8점)

① 일탈이 있는 경우 이에 대한 조사 및 기록을 한다.

② 품질에 관련된 모든 문서와 절차의 검토 및 승인을 한다.

③ 불만처리와 제품 회수에 관한 사항을 주관부서에 전달한다.

④ 품질검사가 규정된 절차에 따라 진행되고 있는지 확인한다.

⑤ 부적합품이 규정대로 처리되고 있는지 확인하고, 적합 판정한 원자재 및 제품의 출고 여부를 결정한다.

| 해설 | 불만처리와 제품 회수에 관한 사항은 품질 책임자가 주관한다.

37 우수화장품 제조 및 품질관리 기준에 따른 작업소의 시설 적합 기준으로 옳은 것은? (8점)

① 제조하는 화장품의 종류·제형에 따라 충분한 간격을 두어 착오나 혼동이 일어나지 않도록 해야 하며, 외부와 연결된 창문은 가능한 한 열리지 않도록 해야 한다.

② 사용하는 세척제 등의 소모품은 제품의 품질에 3.0% 이내의 영향을 주는 것이 가능하다.

③ 수세실과 화장실은 제품에 영향을 미칠 수 있으므로 생산 구역과 다른 층에 위치해야 한다.

④ 각 제조 구역별 청소 및 위생관리 절차에 따라 고가의 세척제 및 소독제를 사용해야 한다.

⑤ 제조하는 화장품의 종류는 다르나 제형이 같을 경우 작업소의 구획·구분이 생략될 수 있다.

| 해설 | ② 세제 또는 소독제는 효과는 입증되고, 잔류하거나 표면에 이상을 초래해서는 안 된다.
③ 수세실과 화장실은 접근이 쉬워야 하나 생산 구역과 분리되어 있어야 한다.
④ 제조 구역별 청소 및 위생관리 절차에 따라 효능이 입증된 세척제 및 소독제를 사용해야 한다.
⑤ 제조하는 화장품의 종류·제형에 따라 구획·구분하여 교차오염이 없어야 한다.

38 다음 〈보기〉에서 원자재 용기 및 시험기록서의 필수 기재사항으로 옳은 것을 모두 고르면? (12점)

┤ 보기 ├
㉠ 수령일자
㉡ 원자재 공급자명
㉢ 원자재 사용기한
㉣ 공급자 주의사항
㉤ 원자재 등록주소지
㉥ 원자재 공급자가 정한 제품명
㉦ 공급자가 부여한 제조번호 또는 관리번호

① ㉠, ㉡, ㉢, ㉣
② ㉠, ㉡, ㉥, ㉦
③ ㉠, ㉢, ㉣, ㉤
④ ㉠, ㉢, ㉥, ㉦
⑤ ㉡, ㉢, ㉥, ㉦

| 해설 | 원자재 용기 및 시험기록서의 필수적인 기재사항은 다음과 같다.
• 원자재 공급자가 정한 제품명
• 원자재 공급자명
• 수령일자
• 공급자가 부여한 제조번호 또는 관리번호

39 물의 품질에 관한 설명으로 옳지 <u>않은</u> 것은? (8점)

① 화장품 제조 시, 제조설비 세척 시에는 정제수와 상수를 이용한다.
② 물의 품질 적합 기준은 사용 목적에 맞게 규정되어야 한다.
③ 물 공급 설비는 물의 정체와 오염을 피할 수 있도록 설치되어야 한다.
④ 물 공급 설비는 물의 품질에 영향이 없어야 하고 살균 처리가 가능해야 한다.
⑤ 물의 품질은 정기적으로 검사해야 하며 필요 시 미생물학적 검사를 실시해야
　한다.

40 다음 〈보기〉 중 포장지시서에 포함해야 하는 내용으로 옳은 것을 모두 고르면?

(12점)

| 보기 |
ㄱ 제품명　　　　　　　ㄴ 사용기한
ㄷ 제조번호　　　　　　ㄹ 보관 조건
ㅁ 포장재 리스트　　　　ㅂ 상세한 포장 공정

① ㄱ, ㄴ, ㄷ　　　　　　　② ㄱ, ㄴ, ㅁ
③ ㄱ, ㅁ, ㅂ　　　　　　　④ ㄴ, ㄹ, ㅂ
⑤ ㄷ, ㄹ, ㅁ

41 다음 〈보기〉에서 기준일탈 폐기 처리 과정을 순서대로 나열한 것은? (8점)

| 보기 |
ㄱ 폐기처분
ㄴ 격리 보관
ㄷ 기준일탈 조사
ㄹ 기준일탈 처리
ㅁ '시험, 검사, 측정이 틀림 없음'을 확인
ㅂ 기준일탈 제품에 대해 불합격라벨 첨부
ㅅ 시험, 검사, 측정에서 기준일탈 결과 나옴

① ㄷ - ㄱ - ㄴ - ㅅ - ㅁ - ㄹ - ㅂ　　② ㄷ - ㅁ - ㄴ - ㄱ - ㅅ - ㄹ - ㅂ
③ ㄹ - ㅁ - ㄴ - ㄱ - ㄷ - ㅅ - ㅂ　　④ ㅅ - ㄷ - ㅁ - ㄹ - ㅂ - ㄴ - ㄱ
⑤ ㅅ - ㄹ - ㄴ - ㄱ - ㅂ - ㄷ - ㅁ

42 맞춤형화장품 조제 시 작업자의 위생관리 기준에 대한 설명으로 옳지 <u>않은</u> 것은?

(8점)

① 소분·혼합 전에는 손을 세척하고 필요 시 소독해야 한다.
② 소분·혼합 전후에는 사용한 설비에 대하여 세척해야 한다.
③ 작업 전 복장을 점검하고 적절하지 않은 경우에는 시정해야 한다.
④ 소분·혼합 시 위생복과 위생모자, 필요 시 일회용 마스크를 착용해야 한다.
⑤ 음식, 음료수 섭취 및 흡연 등은 제조 구역 외 보관 구역에서만 가능하다.

| 해설 | 음식, 음료수 섭취 및 흡연 등은 제조 및 보관 구역과 분리된 구역에서만 해야 한다.

43 표기량이 100g인 제품의 내용량을 시험할 때 제품의 내용 표기량이 몇 % 이상 이어야 하는가? (8점)

① 95%　　　　　　② 96%
③ 97%　　　　　　④ 98%
⑤ 99%

| 해설 | 제품 3개를 가지고 시험할 때 그 평균 내용량이 표기량에 대하여 97% 이상이어야 한다.

44 다음 중 유통화장품 안전관리 기준에서의 미생물 검출 한도가 <u>다른</u> 하나는?

(8점)

① 마스카라　　　　　② 아이섀도
③ 아이 크림　　　　　④ 아이라이너
⑤ 아이메이크업 리무버

| 해설 | ①, ②, ④, ⑤는 눈화장용 제품류로서 미생물 검출 한도는 총호기성생균수 500개/g(mL) 이하이다.
③ 아이 크림은 기타 화장품류로서 총호기성세균수가 1,000개/g(mL) 이하이다.

45 시스테인, 시스테인 염류 또는 아세틸시스테인을 주성분으로 하는 냉2욕식 퍼머넌트 웨이브용 제품의 내용물의 기준으로 옳지 <u>않은</u> 것은? (12점)

① pH − 8.0 ～ 9.5　　　　② 철 − 2μg/g 이하
③ 비소 − 5μg/g 이하　　　④ 중금속 − 20μg/g 이하
⑤ 환원 후의 환원성 물질(시스틴) − 3.0 ～ 7.5% 이하

| 해설 | 시스테인이 3.0～7.5%이며, 환원 후의 환원성 물질(시스틴)은 0.65% 이하이다.

46 내용물 및 원료의 입고관리 기준으로 옳지 <u>않은</u> 것은? (12점)

① 입고된 원자재는 '적합', '부적합', '검사 중' 등으로 상태를 표기해야 한다.
② 원자재 용기에 제조번호가 없는 경우 관리번호를 부여하여 보관해야 한다.
③ 원자재 입고 시 원자재 공급자명, 공급자가 정한 제품명, 제조번호가 현품과 일치해야 한다.
④ 제조업자는 원자재 공급자에 대한 관리·감독을 적절히 수행하여 입고관리가 철저히 이루어지도록 한다.
⑤ 입고 절차 중 육안으로 물품 결함을 확인한 경우 입고를 보류하고 격리보관 및 폐기 또는 원자재 공급업자에게 반송해야 한다.

| 해설 | 원자재 입고 시 구매요구서, 원자재 공급업체 성적서 및 현품이 서로 일치하여야 한다.

정답　42 ⑤　43 ③　44 ③　45 ⑤
46 ③

47 다음 〈보기〉를 읽고, 안전용기·포장에 대한 내용을 모두 고른 것은? (12점)

┤ 보기 ├
ⓐ 일회용 제품은 안전용기·포장 대상 기준에서 제외한다.
ⓑ 안전용기·포장은 3세 이하의 어린이는 개봉하기 어렵게 되어야 한다.
ⓒ 메틸살리실레이트를 5.0% 이상 함유하는 액체 상태의 제품은, 성인이 개봉하기는 어렵지 않도록 안전용기·포장을 해야 한다.
ⓓ 메틸살리실레이트를 5.0% 이상 함유하고 있는 에멀젼 타입의 제품은 안전용기·포장을 해야 한다.
ⓔ 어린이용 오일 등 개별 포장당 탄화수소류를 10% 이상 함유하고, 운동점도가 24센티스톡스 이하인 에멀젼 타입의 제품은 안전용기·포장을 해야 한다.
ⓕ 어린이용 오일 등 개별 포장당 탄화수소류 10% 이상 함유하고, 운동점도가 21센티스톡스 이하인 비에멀젼 타입의 액체 상태 제품은 안전용기·포장을 해야 한다.
ⓖ 아세톤을 함유하고 있는 기초화장품 제품류는 안전용기·포장을 해야 한다.

① ㉠, ㉡, ㉤
② ㉠, ㉢, ㉟
③ ㉡, ㉢, ㉛
④ ㉡, ㉤, ㉟
⑤ ㉢, ㉣, ㉛

| 해설 | 안전용기·포장을 사용해야 하는 품목
• 아세톤을 함유하는 네일 에나멜 리무버 및 네일 폴리시 리무버
• 어린이용 오일 등 개별 포장당 탄화수소류를 10% 이상 함유하고 운동점도가 21cst(센티스톡스)(섭씨 40℃ 기준) 이하인 비에멀젼 타입의 액체 상태의 제품
• 개별 포장당 메틸살리실레이트를 5.0% 이상 함유하는 액체 상태의 제품
안전용기·포장 대상 기준
• 안전용기·포장은 성인이 개봉하기는 어렵지 않고, 5세 미만의 어린이는 개봉하기 어렵게 되어야 함
• 일회용 제품, 용기 입구 부분이 펌프 또는 방아쇠로 작동되는 분무용기 제품, 압축 분무용기 제품(에어로졸 제품 등)은 대상에서 제외함

48 유지관리의 주의사항 중 점검 항목으로 옳지 않은 것은? (12점)

① 청소 – 내·외부 표면
② 외관 검사 – 더러움, 녹
③ 외관 검사 – 이상 소음, 이취
④ 기능 측정 – 전압, 투과율, 감도
⑤ 작동 점검 – 스위치, 연동성, 회전수

| 해설 | 유지관리의 주요사항 중 점검 항목은 다음과 같다.
• 외관 검사: 더러움, 녹, 이상 소음, 이취
• 작동 점검: 스위치, 연동성
• 기능 측정: 회전수, 전압, 투과율, 감도
• 청소: 내·외부 표면
• 부품교환 및 개선: 제품 품질에 영향을 미치지 않는 일이 확인되면 적극적으로 개선

49 다음 〈보기〉 중 소독액 조제 후 보관 시의 표기사항으로 옳은 것을 모두 고르면? (8점)

┤ 보기 ├
㉠ 가격   ㉡ 제조자
㉢ 사용기한   ㉣ 제조일자
㉤ 소독액 명칭   ㉥ 소독액 업체

① ㉠, ㉡, ㉢, ㉣
② ㉠, ㉡, ㉢, ㉥
③ ㉡, ㉢, ㉣, ㉤
④ ㉡, ㉣, ㉤, ㉥
⑤ ㉢, ㉣, ㉤, ㉥

| 해설 | 소독액을 조제한 후 보관할 때는 기밀용기에 소독액 명칭, 제조일자, 사용기한, 제조자 등을 표기해야 한다.

정답 47 ② 48 ⑤ 49 ③

50 다음 폐기신청서를 보고 ㉠, ㉡에 들어갈 내용으로 옳은 것을 고르면? (12점)

폐 기 신 청 서

접수번호	접수일	발급일	처리기간

신청인	상호(법인인 경우 법인의 명칭)	
	대표자	전화번호

제품정보	제품명
	(㉠)
	사용기한 또는 개봉 후 사용기간
	(㉡)

	㉠	㉡		㉠	㉡
①	제품용량	폐기 사유	②	제품용량	폐기량
③	제조번호, 제조일자	폐기 사유	④	제조번호, 제조일자	폐기량
⑤	제조번호, 제조일자	폐기 방법			

51 다음 〈보기〉 중 유통화장품 안전 기준에 따른 원료의 검출 허용한도가 옳게 짝지어진 것을 모두 고르면? (8점)

┤ 보기 ├
㉠ 수은 – 1μg/g 이하
㉡ 니켈 – 50μg/g 이하
㉢ 비소 – 10μg/g 이하
㉣ 안티몬 – 100μg/g 이하
㉤ 프탈레이트류 – 총합으로서 200μg/g 이하
㉥ 메탄올 – 0.2(v/v)% 이하(물휴지는 0.002%(v/v) 이하)
㉦ 포름알데하이드 – 0.002μg/g 이하(물휴지는 20μg/g 이하)
㉧ 납 – 20μg/g 이하(점토를 원료로 사용한 분말 제품 50μg/g 이하)

① ㉠, ㉡, ㉢, ㉣
② ㉠, ㉢, ㉥, ㉧
③ ㉠, ㉤, ㉦, ㉧
④ ㉡, ㉣, ㉤, ㉦
⑤ ㉢, ㉤, ㉥, ㉧

| 해설 | 폐기확인서의 포함사항은 다음과 같다.
• 폐기 의뢰자: 상호(법인의 경우 법인의 명칭), 대표자, 전화번호
• 폐기 현황: 제품명, 제조번호 및 제조일자, 사용기한 또는 개봉 후 사용기간, 포장단위, 폐기량
• 폐기 사유: 폐기일자, 폐기 장소, 폐기 방법

| 해설 | ㉡ 니켈: 눈화장용 제품은 35μg/g 이하, 색조화장용 제품은 30μg/g 이하, 그 밖의 제품은 10μg/g 이하
㉣ 안티몬: 10μg/g 이하
㉤ 프탈레이트류: 디부틸프탈레이트, 부틸벤질프탈레이트 및 디에칠헥실프탈레이트에 한하여 총합으로서 100μg/g 이하
㉦ 포름알데하이드: 2,000μg/g 이하(물휴지는 20μg/g 이하)

정답 **50** ④ **51** ②

52 화장품 완제품 및 반제품의 보관 및 출고에 대한 내용으로 옳지 <u>않은</u> 것은?

(12점)

① 완제품은 적절한 조건으로 정해진 장소에서 보관해야 한다.

② 원자재, 반제품 및 완제품은 적합 판정된 것만 출고해야 한다.

③ 출고는 선입선출 방식으로 하며 타당한 사유가 있는 경우 그러지 않을 수 있다.

④ 완제품은 시험 결과 적합으로 판정되고 제조업자가 출고를 승인한 것만 출고해야 한다.

⑤ 서로 혼동을 일으킬 우려가 없는 시스템에 의하여 보관되는 경우 원자재와 부적합품 및 반품된 제품은 구획되지 않은 장소에서 보관할 수 있다.

| 해설 | 완제품은 시험 결과 적합으로 판정되고 품질 책임자가 출고를 승인한 것만 출고하여야 한다.

53 맞춤형화장품 관련 규정에 대한 설명으로 옳은 것은? (8점)

① 화장품에 사용상의 제한이 필요한 원료는 사용할 수 없다.

② 맞춤형화장품판매업을 신고하려는 자는 대통령령에 따라 맞춤형화장품조제관리사를 두어야 한다.

③ 행정구역 개편에 따른 맞춤형화장품판매업소의 소재지 변경은 30일 이내에 신고한다.

④ 맞춤형화장품조제관리사는 화장품 안전성 확보 및 품질관리에 관한 교육을 매 반기마다 받아야 한다.

⑤ 교육을 받아야 하는 자가 둘 이상의 장소에서 맞춤형화장품판매업을 하는 경우에는 종업원 중 무작위로 선별된 자를 책임자로 지정하여 교육을 받게 할 수 있다.

| 해설 | ② 총리령에 따라 맞춤형화장품조제관리사를 두어야 한다.
③ 행정구역 개편에 따른 소재지 변경일 경우만 90일 이내에 신고한다.
④ 매년 1회 교육을 받아야 한다.
⑤ 종업원 중에서 총리령으로 정하는 자를 책임자로 지정하여 교육을 받게 할 수 있다.

54 맞춤형화장품에 해당하지 <u>않는</u> 것은? (8점)

① 맞춤형화장품조제관리사에 의해 소분된 화장품

② 제조 또는 수입된 화장품의 내용물을 소분한 화장품

③ 화장품책임판매업자로부터 공급받아 내용물끼리 혼합한 화장품

④ 수입된 화장품의 내용물에 다른 화장품의 내용물을 추가하여 혼합한 화장품

⑤ 제조된 화장품의 내용물에 총리령으로 정한 배합한도의 원료를 추가하여 혼합한 화장품

| 해설 | 맞춤형화장품에는 식품의약품안전처장이 정하여 고시하는 원료를 추가하여 혼합할 수 있다.

정답 **52** ④ **53** ① **54** ⑤

55 〈보기〉를 읽고 맞춤형화장품 제도에 대한 설명으로 옳은 것을 모두 고르면?

(8점)

┤ 보기 ├

㉠ 맞춤형화장품 제도 시행 이전 화장품 분야는 생산자 중심으로 미리 제품을 대량 생산하여, 일반적인 소비자에게 화장품을 판매하였다.

㉡ 개성과 다양성을 추구하는 판매자가 증가함에 따라 제조업시설 등록이 없이도 개인 피부타입 취향을 반영하여 판매장에서 즉석으로 화장품을 만들어 제공하는 제도가 도입되었다.

㉢ 맞춤형화장품은 소비자 중심으로 소비자의 특성 및 기호에 따라 즉석에서 제품을 혼합 · 소분하여 판매하는 대량 생산 방식이다.

㉣ 맞춤형화장품 판매의 범위, 위생상 주의사항, 소비자 안내 요령, 판매 사후관리 등에 대한 내용을 법제화하여 정함으로써 소비자의 안전관리를 확보하는 범위 내에서 맞춤형화장품 판매 행위가 이루어지도록 관리하고자 맞춤형화장품이 도입되었다.

① ㉠, ㉡   ② ㉠, ㉢

③ ㉠, ㉣   ④ ㉡, ㉣

⑤ ㉢, ㉣

56 동물에 1회 투여했을 때 LD 50 값을 산출하여 위험성을 예측하는 안전성시험법은 무엇인가? (8점)

① 광독성시험

② 유전 독성시험

③ 인체 첩포시험

④ 1차 피부 자극시험

⑤ 단회 투여 독성시험

57 피부의 기능에 대한 설명으로 옳은 것은? (8점)

① 전체 호흡의 10%를 담당하는 호흡기능

② 자외선 흡수를 통한 비타민 E 합성기능

③ 모세혈관의 확장과 수축을 통해 체온을 조절하는 기능

④ 피하지방에 위치한 신경을 통해 피부 반사 작용을 하는 감각기능

⑤ 미생물 침입 시 염증이 생기지 않게 하기 위해 화학물질을 분비하는 면역기능

58 천연보습인자의 구성 성분에 해당하지 <u>않는</u> 것은 무엇인가? (8점)

① 요소

② 젖산염

③ 아미노산

④ 콜레스테롤

⑤ PCA(피롤리돈카르복시산)

59 다음 〈보기〉는 투명층에 관한 설명이다. ㉠에 들어갈 단어로 올바른 것을 고르시오. (8점)

┤ 보기 ├

• 2~3층의 무핵세포층으로 손바닥과 발바닥에 존재함

• (㉠)(이)라는 반유동성 물질이 수분 침투를 방지함

① 단백질

② 아미노산

③ 엘라이딘

④ 케라토하이알린

⑤ 라멜라 구조

60 진피에 존재하는 것이 <u>아닌</u> 것은? (8점)

① 교원섬유

② 대식세포

③ 머켈세포

④ 비만세포

⑤ 섬유아세포

61 피부의 유형별 특징으로 옳지 <u>않은</u> 것은? (8점)

① 지성 피부 – 피지 분비량이 많고 모공이 큰 피부

② 건성 피부 – 각질층 수분 함량이 20% 미만인 피부

③ 색소침착 피부 – 멜라닌이 비정상적으로 생성된 피부

④ 노화 피부 – 광노화로 인해 보습과 탄력이 저하된 피부

⑤ 민감성 피부 – 피부가 쉽게 붉어지거나 민감하게 반응하는 피부

62 모발 상태 분석에 대한 설명으로 옳지 <u>않은</u> 것은? (8점)

① 모유두가 포함된 조직을 채취하여 진단한다.

② 1개의 모공에 1개의 모발이 존재해야 정상두피이다.

③ 모발을 두 손가락으로 집어 당겨 탈모 증상을 판단한다.

④ 하루에 약 120∼200개의 모발이 지속적으로 빠진다면 탈모로 판단한다.

⑤ 포토트리코그람을 통해 모발의 성장 속도와 밀도를 종합적으로 판단한다.

| 해설 | 정상두피에는 1개의 모공에 2∼3개의 모발이 존재한다.

63 모발의 화학적 결합에 해당하지 <u>않는</u> 것은? (8점)

① 이온 결합　　　　　　② 수소 결합

③ 시스틴 결합　　　　　④ 큐티클 결합

⑤ 펩타이드 결합

| 해설 | 큐티클은 피부의 각질에 해당하는 것으로 화학적 결합과는 관련이 없다.

64 화장품 부작용에 대한 설명으로 옳은 것은? (8점)

① 자통 – 참을 수 없이 피부를 긁고 싶은 충동

② 소양감 – 찌르고 따끔거리는 것과 같은 통증

③ 인설 – 표피의 각질이 은백색의 부스러기처럼 탈락하는 현상

④ 작열감 – 모세혈관의 확장으로 인해 피부가 국소적으로 붉게 변하는 현상

⑤ 부종 – 생체조직 방어 반응의 하나로 주로 세균에 의한 감염이 많으며 붉거나 농이 지는 현상

| 해설 | ①은 가려움(소양감), ②는 자통, ④는 홍반, ⑤는 염증에 대한 설명이다.

65 관능평가에 대한 설명으로 옳지 <u>않은</u> 것은? (8점)

① 모든 관능평가는 전문가에 의해 진행된다.

② 관능평가의 요소에는 탁도, 변취, 분리, 점도, 경도 등이 있다.

③ 화장품의 품질을 오감을 통해 측정하고 분석하여 평가하는 방법이다.

④ 의사의 관리하에 대조군, 위약, 표준품 등과 비교하여 정량화될 수 있다.

⑤ '가볍게 발린다', '빠르게 스며든다', '투명감이 있다' 등의 관능용어로 평가될 수 있다.

| 해설 | 전문가 외에 소비자에 의한 자가평가도 관능평가에 해당한다.

정답 62 ②　63 ④　64 ③　65 ①

66 다음 중 유통화장품의 안전관리 기준으로 적합하지 <u>않은</u> 것은? (8점)

① 아이섀도에 비의도적으로 검출된 니켈이 $30\mu g/g$

② 페이스파우더에 비의도적으로 검출된 디옥산이 $50\mu g/g$

③ 아이섀도에 총호기성생균수 1,000개/g

④ 마스카라에 비의도적으로 검출된 안티몬 $10\mu g/g$

⑤ 보디크림에 총호기성생균수 800개/g

| 해설 | 아이섀도는 총호기성생균수 500개/g 이하여야 한다.

67 맞춤형화장품 중 영유아용 또는 13세 이하 어린이가 사용하는 로션에 사용이 금지된 원료가 <u>아닌</u> 것은? (8점)

① 적색 2호   ② 적색 102호

③ 페녹시에탄올   ④ 살리실릭애씨드

⑤ 아이오도프로피닐부틸카바메이트(IPBC)

| 해설 | 페녹시에탄올은 사용상의 제한이 필요한 원료이며 사용한도는 1.0%이다.

68 「화장품 안전 기준 등에 관한 규정」에 따른 미생물 허용한도로 옳은 것은? (8점)

① 물휴지는 세균 및 진균수 각각 100개/g(mL) 이하

② 모든 제품류는 황색포도상구균 100개/g(mL) 이하

③ 눈화장용 제품류는 총호기성생균수 600개/g(mL) 이하

④ 영유아용 제품류는 총호기성생균수 600개/g(mL) 이하

⑤ 눈화장용 제품류는 세균 및 진균수 각각 300개/g(mL) 이하

| 해설 | ② 모든 제품류에는 대장균과 녹농균, 황색포도상구균은 검출되지 않아야 한다.
③, ④, ⑤ 영유아용 제품류와 눈화장용 제품류는 총호기성생균수가 500개/g(mL) 이하여야 한다.

69 맞춤형화장품의 1차 포장에 필수로 표시해야 되는 사항이 <u>아닌</u> 것은? (8점)

① 가격   ② 식별번호

③ 사용기한   ④ 화장품책임판매업자의 상호

⑤ 맞춤형화장품판매업자의 상호

| 해설 | 가격은 2차 포장에 기재할 수 있다. 1차 포장에 필수로 표시해야 하는 사항은 다음과 같다.
• 화장품의 명칭
• 영업자(화장품제조업자, 화장품책임판매업자, 맞춤형화장품판매업자)의 상호
• 제조번호(식별번호)
• 사용기한 또는 개봉 후 사용기간(개봉 후 사용기간의 경우 제조연월일 병기)

70 맞춤형화장품조제관리사가 사용할 수 있는 원료로 옳은 것은? (12점)

① 페녹시에탄올   ② 징크피리치온

③ 만수국꽃 추출물   ④ 비타민 E(토코페롤)

⑤ 소듐하이알루로네이트

| 해설 | 맞춤형화장품조제관리사는 식품의약품처장이 고시한 사용제한 원료는 사용할 수 없다.

71 맞춤형화장품 표시사항으로 옳지 <u>않은</u> 것은? (12점)

① 영유아용, 어린이용 제품은 보존제 함량 표시가 의무적이다.

② 부기, 다크서클 완화는 의약품으로 오인할 수 있기에 표시·광고가 불가능하다.

③ 인체 세정용 항균 제품은 인체적용시험 자료를 제출하면 표시·광고가 가능하다.

④ 영유아용, 어린이용 제품으로 표시·광고할 때는 안전성 자료 작성 및 보관의 의무가 있다.

⑤ 15mL 이하 또는 15g 이하 제품의 용기 또는 포장이나 견본품, 시공품 등의 비매품은 바코드 생략이 가능하다.

| 해설 | 부기, 다크서클 완화도 인체적용시험 자료를 제출하면 표시·광고 가능하다.

정답 66 ③ 67 ③ 68 ① 69 ①
70 ⑤ 71 ②

72 맞춤형화장품조제관리사인 선희는 매장을 방문한 고객과 다음과 같은 〈대화〉를 나누었다. 〈보기〉에서 고객에게 추천할 혼합 성분으로 옳은 것을 모두 고르면? (12점)

┤ 대화 ├

선희: 고객님 피부 상태부터 측정해 드릴게요.

고객: 네. 여름이 다가와서 그런지 피부가 너무 건조하고, 기미도 올라오고 있어서 걱정이에요.

… (피부 측정 후) …

선희: 측정해보니 고객님 말씀처럼 연령 대비 유수분이 매우 부족하고 눈가에 색 소침착이 많이 진행된 것으로 나오네요.

고객: 그럼 저는 화장품 내용물에 어떤 성분을 넣으면 좋을까요?

┤ 보기 ├

㉠ 글리세린
㉡ 세라마이드
㉢ 아스코빅애씨드
㉣ 나이아신아마이드
㉤ 유용성 감초 추출물

① ㉠, ㉡, ㉢
② ㉠, ㉢, ㉤
③ ㉡, ㉢, ㉣
④ ㉡, ㉢, ㉤
⑤ ㉢, ㉣, ㉤

| 해설 | 나이아신아마이드, 유용성 감초 추출물은 미백에 효과는 있으나 기능 성고시 원료로 화장품책임판매업자의 심사 또는 보고서를 받은 기능성화장품이 아니면 사용할 수 없다. 글리세린과 세라마이드는 보습, 아스코빅애씨드(비타민 C)는 미백 효과가 있다.

73 제품 충진 시 확인해야 할 사항으로 옳지 않은 것은? (8점)

① 제품 충진 담당자
② 전원 및 전압의 종류
③ 충전 용량(g, mL) 등
④ 스티커 부착기의 경우 부착 위치
⑤ 포장 기기의 포장 능력과 포장 가능 크기

| 해설 | 제품 충진 시 확인해야 할 사항
• 충전기의 타입
• 충전 용량(g, mL)
• 포장 기기의 포장 능력과 포장 가능 크기
• 전원 및 전압의 종류
• 필요한 적정 에어 압력
• 단위 시간당 가능 포장 개수
• 스티커 부착기의 경우 부착 위치
• 로트 번호, 포장일자, 유통기한, 바코드를 인쇄할 경우 인쇄 위치 및 문구
• 필요 시 온·습도

74 맞춤형화장품의 안전 기준에 관한 내용으로 옳지 않은 것은? (8점)

① 판매내역서에 판매일자, 판매량을 작성해 보관해야 한다.
② 화장품판매업소의 시설·기구는 정기적으로 점검해야 한다.
③ 부작용 발생 시 지체 없이 식품의약품안전처장에게 보고해야 한다.
④ 혼합·소분 전후에는 세척을 통해 사용할 장비 및 기구의 위생 상태를 점검한다.
⑤ 판매내역서에 판매가격, 사용기한 또는 개봉 후 사용기간을 작성해 보관해야 한다.

| 해설 | 맞춤형화장품 판매내역서 포함 사항
• 제조번호
• 사용기한 또는 개봉 후 사용기간
• 판매일자 및 판매량

정답 72 ① 73 ① 74 ⑤

75 원료규격서에 원칙적으로 기재되어야 하는 사항이 <u>아닌</u> 것은? (8점)

① 성상
② 순도시험
③ 확인시험
④ 함량 기준
⑤ 원료의 기원

| 해설 | 원료의 기원은 필요에 따라 기재할 수 있다.

76 다음 중 제형의 물리적 특성에 대한 설명으로 옳은 것은? (8점)

① W/O형은 오일 안에 물이 분산된 상태이다.
② 하나의 상에 다른 상이 균일하게 혼합된 것을 유화제라고 한다.
③ 스킨토너, 아스트리젠트, 향수 등은 분산을 통해 제형이 만들어진다.
④ 비비 크림, 마스카라, 아이라이너 등은 유화를 통해 제형이 만들어진다.
⑤ 서로 섞이지 않는 두 액체의 한쪽이 미세한 입자의 상태로 균일하게 분산시켜 불투명한 상태로 나타나는 것을 가용화라고 한다.

| 해설 | ② 분산에 대한 설명이다.
③ 가용화를 통해 만들어진다.
④ 분산을 통해 만들어진다.
⑤ 유화에 대한 설명이다.

77 일정 시간이 지나면 굳는 성질로 폴리비닐알코올, 고분자 실리콘이 '이 원료'에 해당한다. '이 원료'는 무엇인가? (8점)

① 점증제
② 희석제
③ 피막형성제(밀폐제)
④ 계면활성제
⑤ 금속이온봉쇄제

| 해설 | 피막형성제(밀폐제)에 대한 설명이다.
① 점증제: 화장품의 점도를 높여주는 화합물
② 희석제: 색소를 용이하게 사용하기 위하여 혼합되는 성분
④ 계면활성제: 유성과 수성의 경계면에 흡착해 성질을 변화시킴
⑤ 금속이온봉쇄제: 품질 저하의 원인이 될 수 있는 금속이온 활성을 억제

78 맞춤형화장품 혼합·소분 장소의 시설 및 위생관리 기준으로 옳지 <u>않은</u> 것은? (8점)

① 적절한 환기 시설
② 품질검사에 필요한 시설 및 기구
③ 판매 장소와 구분·구획된 혼합·소분 장소
④ 작업자의 손 및 조제 설비·기구 세척을 위한 시설
⑤ 맞춤형화장품 간 혼입이나 미생물 오염을 방지할 수 있는 시설 또는 설비

| 해설 | ②는 화장품제조업의 시설 기준에 해당한다.

정답 75 ⑤ 76 ① 77 ③ 78 ②

79 다음 〈보기〉는 포장공간에 대한 설명이다. ㉠~㉢에 들어갈 숫자가 적절하게 연결된 것은? (8점)

> ┤보기├
> 인체 및 두발 세정용 제품류의 포장공간 비율은 (㉠)% 이하, 향수를 제외한 그 외 화장품류의 포장공간 비율은 (㉡)% 이하이며, 둘 다 최대 (㉢)차 포장까지 가능하다.

① ㉠ – 10, ㉡ – 10, ㉢ – 2
② ㉠ – 10, ㉡ – 15, ㉢ – 1
③ ㉠ – 15, ㉡ – 10, ㉢ – 1
④ ㉠ – 15, ㉡ – 10, ㉢ – 2
⑤ ㉠ – 15, ㉡ – 15, ㉢ – 2

| 해설 | 제품별 포장공간 기준
• 인체 및 두발 세정용 제품류: 15% 이하 (포장 최대 2차)
• 그 외 화장품류: 10% 이하(향수 제외) (포장 최대 2차)
• 종합세트 화장품류: 25% 이하(포장 최대 2차)
• 최소 판매단위 제품 2개 이상을 함께 포장 구성할 경우: 40% 이하(포장 최대 3차)

80 화장품 제조 공정 및 특성 중 분산의 특징과 형태로 올바르지 않은 것을 찾으시오. (12점)

① 분산질을 둘러싸고 있는 액체부분을 분산매라고 하며, 액체입체가 액체 분산되어 있는 경우, 분산되어 있는 미세한 고체입자를 분산질이라고 한다.
② 분산은 넓은 의미로 분산매가 분산질(분산상)에 퍼져 있는 현상을 말하며, 액체가 액체속에 분산된 경우를 유화, 기체가 액체속에 분산된 경우 거품이라고 한다.
③ 콜로이드란, 어떤 물질이 특정한 범위의 크기(1nm ~ 1um 정도)를 가진 입자가 되어 다른 물질 속에 분산된 상태를 말한다.
④ 분산제는 벤토나이트, 폴리하이드로시스테아릭애씨드 등의 종류가 해당된다.
⑤ 고체성분을 분산시키는 목적으로 사용되는 계면활성제를 분산제라고 한다.

| 해설 | 분산은 넓은 의미로 분산질(분산상)이 분산매에 퍼져 있는 현상을 말하며, 액체가 액체속에 분산된 경우를 유화, 기체가 액체속에 분산된 경우 거품이라고 한다.

81 다음 〈보기〉는 업무정지에 관한 내용이다. 〈보기〉에서 ㉠에 들어갈 적합한 단어를 작성하시오. (10점)

> ┤보기├
> 식품의약품안전처장은 자격의 취소, 인증의 취소, 인증기관 지정의 취소 또는 업무의 전부에 관한 정지를 명하거나 등록의 취소, 영업소의 폐쇄, 품목의 제조 · 수입 및 판매의 금지 또는 업무의 전부에 대한 정지를 명하고자 할 때 (㉠)을/를 하여야 한다.

82 저장 조건에서의 사용기한 설정을 위해 장기간에 걸쳐 물리적 · 화학적 · 미생물학적 안정성 및 용기 적합성을 확인하는 시험을 (㉠)(이)라고 한다. ㉠에 들어갈 적합한 명칭을 작성하시오. (10점)

정답 79 ④ 80 ②
정답인정 81 청문 82 장기보존시험

83 사상 · 신념, 노동조합 · 정당의 가입과 탈퇴, 정치적 견해, 건강, 성생활 등에 관한 정보, 그 밖에 사생활을 현저히 침해할 우려가 있는 정보를 (　　㉠　　)(이)라고 한다. ㉠에 들어갈 적합한 명칭을 작성하시오. (12점)

84 다음 〈보기〉는 「화장품 안정성 정보관리 규정」 제5조(안정성 정보의 신속보고)에 대한 내용이다. ㉠, ㉡에 들어갈 내용을 작성하시오. (12점)

> ┤ 보기 ├
>
> 화장품책임판매업자는 화장품의 사용 중 입원 또는 입원기간의 연장이 필요하거나, 선천적 기형 또는 이상을 초래하는 경우가 발생하는 화장품의 (　　㉠　　)를 알게 된 날로부터 (　　㉡　　)일 이내 식품의약품안전처장에게 신속히 보고해야 한다.

85 다음 〈보기〉에서 ㉠, ㉡ 각각에 들어갈 숫자를 작성하시오. (16점)

> ┤ 보기 ├
>
> 착향제 성분 중 알레르기 유발 성분이 들어갈 경우, 사용 후 씻어내는 제품에는 (　　㉠　　)% 초과, 사용 후 씻어내지 않는 제품에는 (　　㉡　　)% 초과 함유하는 경우에만 알레르기 유발 성분의 명칭을 기재하여야 한다.

86 다음 〈보기〉에 제시된 주의사항 문구가 들어가야 하는 제품은 무엇인지 작성하시오. (14점)

> ┤ 보기 ├
>
> • 온도가 40℃ 이상 되는 장소에 보관하지 말 것
> • 사용 후 잔 가스가 없도록 하여 버리며, 밀폐된 장소에 보관하지 말 것
> • 눈 주위 또는 점막 등에 분사하지 말 것. 다만, 자외선 차단제의 경우 얼굴에 직접 분사하지 말고 손에 덜어 얼굴에 바를 것

정답인정　**83** 민감정보
84 ㉠ 중대한 유해사례, ㉡ 15일
85 ㉠ 0.01, ㉡ 0.001
86 고압가스를 사용하는 에어로졸 제품

87 양이온성 계면활성제는 피부에 대한 자극성이 높으며, 살균 및 소독 작용, 모발의 유연 효과가 있고 대전 방지제로 주로 사용할 수 있다. 〈보기〉에서 양이온성 계면활성제에 해당하는 것을 모두 골라 작성하시오. (12점)

> **보기**
>
> 샴푸, 베이비용 샴푸, 헤어 컨디셔너, 보디 워시, 섬유유연제, 치약, 화장비누

88 다음 〈보기〉의 괄호에 들어갈 내용을 작성하시오. (12점)

> **보기**
>
> 3세 이하의 영유아용 제품류 또는 4세 이상부터 13세 이하까지의 어린이가 사용할 수 있는 제품임을 특정하여 표시·광고하려는 경우 화장품 안전 기준 등에 따라 사용 기준이 지정·고시된 원료 중 (   )의 함량은 의무적으로 화장품의 포장에 기재·표시해야 한다.

89 UV램프를 조사하여 자외선에 의해 생기는 자극성을 평가하는 안전성시험법은 (㉠   )(이)라고 한다. ㉠에 들어갈 적합한 명칭을 작성하시오. (12점)

90 표피에서 가장 두꺼운 층으로, 림프액이 흘러 림프순환을 통해 영양 공급 및 노폐물을 배출하며 랑게르한스세포가 존재하는 층을 (㉠   )(이)라고 한다. ㉠에 들어갈 적합한 명칭을 작성하시오. (14점)

정답인정 **87** 헤어 컨디셔너, 섬유유연제 **88** 보존제
89 광독성시험
90 유극층

91 모발의 성장주기 중 모발의 탈락이 시작되며 모낭과 모유두의 완전한 분리가 이뤄지는 시기를 (㉠   )(이)라고 한다. ㉠에 들어갈 적합한 명칭을 작성하시오.

(12점)

92 화장품의 품질을 인간의 오감(시각, 후각, 미각, 촉각, 청각)에 의해 측정하고 분석하여 평가하는 방법을 (㉠   )(이)라고 한다. ㉠에 들어갈 적합한 명칭을 작성하시오. (12점)

93 맞춤형화장품조제관리사 현정이는 매장을 방문한 고객의 상담 및 피부 측정을 진행 한 후 맞춤형화장품 로션을 제조하였다. 〈보기〉는 조제된 맞춤형화장품 로션의 최종 성분 비율이다. 〈대화〉를 읽고 ㉠, ㉡에 들어갈 말을 쓰시오. (20점)

┤ 보기 ├
정제수	80.1%
글리세린	5.0%
부틸렌글라이콜	7.0%
병풀 추출물	3.0%
소듐하이알루로네이트	2.0%
카보머	0.2%
다이메치콘	0.1%
올리브오일	2.0%
세틸알코올	0.5%
비즈 왁스	0.1%
이미다졸리디닐우레아	0.1%
다이소듐이디티에이	0.01%

┤ 대화 ├
고객: 제품에 사용된 보존제로는 어떤 성분이 있나요? 사용하는 데 문제는 없을까요?

현정: 네, 제품에 사용된 보존제는 (㉠   )입니다. 해당 성분은 화장품법에 따라 보존제로 사용될 경우 (㉡   )% 이하로 사용 가능합니다. 고객님 로션에는 해당 성분이 한도 내로 사용되었으며, 사용하시는 데 문제는 없습니다.

정답인정 **91** 휴지기
92 관능평가
93 ㉠ 이미다졸리디닐우레아, ㉡ 0.6

94 다음 〈보기〉의 괄호에 들어갈 적합한 용어를 작성하시오. (14점)

> ┤ 보기 ├
>
> 제조업자, 책임판매업자, 맞춤형화장품판매업자는 표시·광고 중 사실과 관련한 사항에 대해 실증할 수 있어야 하며, (㉠)은/는 표시·광고 (㉡)이 필요한 경우 내용을 구체적으로 명시하여 관련 자료 제출을 요청할 수 있다.

95 원료 및 내용물은 불용재고가 발생하지 않기 위해 먼저 입고된 순서대로 사용해야 한다. 이에 해당하는 재고관리 원칙을 (㉠) 방식이라고 한다. ㉠에 들어갈 적합한 명칭을 작성하시오. (12점)

96 (㉠)는 기타 사용상의 제한이 있는 원료이다. 천연 산화방지제로도 사용할 수 있으며, 피부 컨디셔닝제나 수분 증발 차단제 등의 용도로는 20% 미만으로 사용이 가능한 원료이다. ㉠에 들어갈 적합한 명칭을 작성하시오. (12점)

97 다음 〈보기〉는 자외선 차단제의 전성분이다. 자외선 차단 효능을 가진 원료명을 찾고 사용한도를 작성하시오. (12점)

> ┤ 보기 ├
>
> 정제수, 다이부틸아디페이트, 호모살레이트, 메틸프로판다이올, 다이카프릴릴카보네이트, 세테아릴알코올, C20–22알코올, 1,2 헥산다이올, 펜틸렌글라이콜, 베헤닐알코올, 글리세릴스테아레이트, 트로메타민, 카보머, 폴리아이소부텐, 에틸헥실글리세린, 글리세린, 부틸렌글라이콜

98 다음 〈보기〉의 ㉠에 들어갈 적합한 단어를 작성하시오. (14점)

> ┤ 보기 ├
> 산성도(pH) 조절 목적으로 사용되는 성분은 그 성분을 표시하는 대신 중화반응에
> 따른 생성물로 기재·표시할 수 있고, (㉠   )을/를 거치는 성분은 (㉠   )
> 에 따른 생성물로 기재·표시할 수 있다.

99 징크옥사이드, 티타늄디옥사이드가 대표적 성분이며 자외선 차단 성분이 자외
선을 반사시켜 피부를 보호하는 것을 (㉠   )(이)라고 한다. ㉠에 들어갈
적합한 명칭을 작성하시오. (12점)

100 다음 〈보기〉는 화장품 용기에 대한 설명이다. 설명을 읽고, 어떤 종류의 용기인
지 작성하시오. (14점)

> ┤ 보기 ├
> • 병 입구의 외경이 몸체외경과 비슷한 용기이다.
> • 대표적으로 핸드크림, 영양크림 등에 사용되는 용기이다.

정답인정 **98** 비누화 반응
99 자외선 산란제
100 광구용기

01 화장품의 정의로 옳지 <u>않은</u> 것은? (8점)

① 영유아용 제품은 3세 이하 어린이가 사용하는 제품을 말한다.
② 화장품은 피부와 모발의 건강을 유지 또는 증진하기 위해 사용한다.
③ 기능성화장품은 식품의약품안전처장이 정하는 일부 화장품만 해당한다.
④ 인체에 바르고 문지르고 뿌리는 등의 방법으로 사용되는 물품을 말한다.
⑤ 유기농화장품은 천연 함량이 전체 제품의 95% 이상이며 유기농 함량이 전체 제품의 10% 이상인 제품을 말한다.

| 해설 | 기능성화장품은 총리령으로 정한 일부 화장품만 해당한다.

02 다음은 행정처분의 개별 기준에 대한 내용이다. 〈보기〉 중 영업금지에 해당하는 것을 모두 고른 것은? (12점)

┌ 보기 ┐
ⓐ 화장품판매업자는 고객에게 사용기한 또는 개봉 후 사용기간을 위조·변조한 화장품을 판매하였다.
ⓑ 화장품판매업자는 고객에게 포장 및 기재·표시사항을 훼손한 후 화장품을 할인하여 판매하였다.
ⓒ 화장품판매업자는 병원미생물에 오염된 화장품을 고객에게 판매하였다.
ⓓ 맞춤형화장품판매업자는 맞춤형화장품조제관리사가 일을 그만두어 새로운 직원을 뽑지 않고, 맞춤형화장품을 고객에게 판매하였다.
└──────────────────────────────┘

① ⓐ, ⓑ
② ⓐ, ⓒ
③ ⓐ, ⓓ
④ ⓑ, ⓒ
⑤ ⓒ, ⓓ

| 해설 | 사용기한 또는 개봉 후 사용기간을 위조·변조한 화장품과 병원미생물에 오염된 화장품 판매는 영업금지에 해당한다. ⓑ, ⓓ는 판매금지에 해당한다.

03 화장품 안정성시험 종류와 특징에 대한 설명이 옳지 <u>않은</u> 것은? (8점)

① 장기보존시험과 가속시험의 일반시험은 균등성, 향취, 색상, 사용감, 액상, 유화형, 내온성시험 등의 시험 항목이 해당한다.
② 가속시험은 단기간의 가속조건이 물리적·화학적·미생물학적 안정성 및 용기 적합성에 미치는 영향을 평가하기 위한 시험이다.
③ 장기보존시험은 화장품의 사용기한 설정을 위해 장기간에 걸쳐 물리적·화학적·미생물학적 안정성 및 용기 적합성에 미치는 영향을 평가하기 위한 시험이다.
④ 개봉 후 안정성시험은 화장품 사용 시 일어날 수 있는 오염 등을 고려하여 개봉 후 단기간에 걸쳐 물리·화학적·미생물학적 안정성 및 용기 적합성에 미치는 영향을 평가하기 위한 시험이다.
⑤ 가혹시험은 온도의 편차, 극한의 조건에서 화장품의 분해과정 및 분해산물 등을 확인하기 위한 시험이다.

| 해설 | 개봉 후 안정성시험은 화장품 사용 시 일어날 수 있는 오염 등을 고려하여 사용기한을 설정하기 위해 장기간에 걸쳐 물리적·화학적·미생물학적 안정성 및 용기 적합성에 미치는 영향을 평가하기 위한 시험 방법이다.

정답 01 ③ 02 ② 03 ④

04 화장품 안전성에 대한 설명으로 옳지 <u>않은</u> 것은? (8점)

① 화장품의 유효성은 안전성보다 우선될 수 없다.

② 화장품 안전성 정기보고는 매년 12월에 식품의약품안전처장에게 한다.

③ 화장품책임판매업자가 중대한 유해사례를 알게 되었을 경우 15일 이내에 식품의약품안전처장에게 보고한다.

④ 유해사례와 화장품 간의 인과관계 가능성이 있다고 보고된 정보로서 그 인과관계가 알려지지 않았거나 입증 자료가 불충분한 것을 실마리 정보라고 한다.

⑤ 사망 초래, 생명 위협, 입원, 입원기간 연장, 지속적 또는 중대한 기능 저하, 선천적 기형 또는 이상 초래, 기타 의학적으로 중요한 상황 중 하나에 해당하는 경우를 중대한 유해사례라고 한다.

| 해설 | 화장품 안전성 정기보고는 매 반기 종료 후 1개월 내에(1월 말, 7월 말까지) 식품의약품안전처장에게 보고해야 한다.

05 영유아용 제품류에 대한 설명으로 옳은 것은? (8점)

① 3세 미만의 어린이가 사용하는 제품이다.

② 화장품책임판매업자는 소비자가 영유아 사용 화장품을 쉽게 사용할 수 있도록 포장해야 한다.

③ 화장품에 영유아 사용 화장품임을 표시·광고하려면 안전성 평가 자료를 작성 및 보관해야 한다.

④ 영유아 로션·크림·오일은 영유아용 제품에 해당되나 영유아용 샴푸·린스는 두발용 제품류에 속한다.

⑤ 영유아 사용 화장품임을 표시·광고하기 위한 안전과 품질 입증 자료 작성 및 보관을 위반한 자는 500만 원 이하의 벌금에 처한다.

| 해설 | ① 3세 이하 어린이가 사용하는 제품이다.
② 영유아가 화장품을 사용할 때 인체에 해가 되지 않도록 안전용기·포장을 해야 한다.
④ 영유아용 샴푸·린스도 영유아용 제품에 해당한다.
⑤ 1년 이하의 징역 또는 1천만 원 이하의 벌금에 처한다.

06 개인정보 수집의 동의를 받을 경우 정보주체에게 고지해야 하는 사항에 해당되지 <u>않는</u> 것은? (8점)

① 개인정보를 제공받는 자

② 수집하려는 개인정보 항목

③ 개인정보의 수집·이용 목적

④ 개인정보의 보유 및 이용 기간

⑤ 동의를 거부할 권리 및 동의 거부 시 불이익 내용

| 해설 | 개인정보의 수집 동의를 받을 경우 개인정보를 제공받는 자에 대해 정보주체에게 고지하지 않아도 된다. 그러나 제3자에게 개인정보를 제공할 경우에는 ②~⑤의 내용과 함께 개인정보를 제공받는 자를 추가로 고지해야 한다.

정답 04 ② 05 ③ 06 ①

07 다음 중 개인정보 유출 통지 및 신고에 대한 설명으로 옳지 <u>않은</u> 것은? (8점)

① 개인정보가 유출되었을 때 개인정보처리자는 유출된 개인정보의 항목을 알려야 한다.

② 개인정보가 유출되었을 개인정보처리자는 신고 접수 담당부서 및 연락처를 알려야 한다.

③ 1명 이상의 개인정보가 유출되었을 때에는 지체 없이 유출 사실을 알리고, 피해 확산 방지를 위한 노력을 해야 한다.

④ 1만 명 이상의 정보 유출 시 정보주체에게 유출 내용 등을 서면으로 통지하여야 하며, 인터넷 홈페이지에 3일 이상 게재해야 한다.

⑤ 개인정보가 유출되었을 때 개인정보처리자는 유출 시점 및 경위, 피해를 최소화를 위해 정보주체가 할 수 있는 방법에 대하여 알려야 한다.

| 해설 | 1천 명 이상의 정보 유출 시 정보주체에게 유출 내용 등을 서면으로 통지하여야 하며, 인터넷 홈페이지에 7일 이상 게재해야 한다. 또한 조치 결과를 지체 없이 보호위원회 또는 대통령령으로 정하는 전문기관에 통지해야 한다.

08 우수화장품 제조 및 품질관리 기준으로 옳은 것은? (8점)

① 출하는 적합 판정 기준을 충족시키는 검증을 말한다.

② 제조는 원료 물질의 칭량부터 혼합, 충진(1차 포장)까지의 일련의 작업을 말한다.

③ 기준일탈은 규정된 합격 판정 기준에 일치하지 않는 검사, 측정 또는 시험 결과를 말한다.

④ 벌크제품은 제조공정 단계에 있는 것으로서 필요한 제조공정을 더 거쳐야 하는 제품을 말한다.

⑤ 공정관리는 제조공정 중 적합 판정 기준의 충족을 보증하기 위하여 작업하는 사람, 회사 또는 외부 조직을 말한다.

| 해설 | ① 출하: 주문 준비와 관련된 일련의 작업과 운송 수단에 적재하는 활동으로 제조소 외로 제품을 운반하는 것
② 제조: 원료 물질의 칭량부터 혼합, 충진(1차 포장), 2차 포장 및 표시 등의 일련의 작업
④ 벌크제품: 충전(1차 포장) 이전의 제조 단계까지 끝난 제품
⑤ 공정관리: 제조공정 중 적합 판정 기준의 충족을 보증하기 위하여 공정을 모니터링하거나 조정하는 모든 작업

09 다음 〈보기〉에서 천연화장품 및 유기농화장품에 사용할 수 없는 포장재를 모두 고르면? (8점)

| 보기 |
> ㉠ 폴리스티렌폼(Polystyrene foam)
> ㉡ 폴리락틱애씨드(PLA: Poly Lactic Acid)
> ㉢ 폴리염화비닐(PVC: Polyvinyl Chloride)
> ㉣ 저밀도 폴리에틸렌(LDPE: Lowdensity polyethylene)
> ㉤ 고밀도 폴리에틸렌(HDPE: Highdensity polyethylene)

① ㉠, ㉡   ② ㉠, ㉢

③ ㉡, ㉢   ④ ㉡, ㉣

⑤ ㉢, ㉤

| 해설 | 천연화장품 및 유기농화장품의 용기와 포장에 폴리염화비닐(PVC)과 폴리스티렌폼은 사용할 수 없다.

정답 07 ④ 08 ③ 09 ②

10 화장품 원료의 종류와 특성에 대한 설명으로 옳지 <u>않은</u> 것은? (12점)

① 글리세린은 탄소수가 3이고, −OH기를 3개 가지고 있는 3가 알코올이며, 대기 중의 수분을 흡수하는 성질을 가지고 있다.

② 에탄올(알코올)은 무색, 특이취, 휘발성을 가지고 있으며, 유기용매로 물에 녹지 않는 향료, 색소, 유기안료 등 극성물질을 녹이고, 화장품에서 주로 여드름용 제품, 수렴화장수(아스트린젠트), 헤어토닉, 향수 등에 사용된다.

③ 실리콘 오일은 실록산 결합(Si−O−Si)을 가지는 유기규소화합물의 총칭으로 실크(silk)처럼 가볍고 매끄러운 감촉을 부여하며 퍼짐성이 우수하다.

④ 왁스류는 고급 지방산과 고급 1, 2가 알코올이 결합된 에스텔로 제품의 안정성이나 기능성 향상에 도움을 주며, 종류로는 카나우바 왁스, 칸데릴라 왁스, 라놀린, 비즈 왁스, 호호바오일 등이 있다.

⑤ 고급 지방산은 R−COOH로 표시되는 화합물로 지방을 가수분해하여 얻어지며, 탄소수가 12개 이상인 것을 말한다. 화장품에서 세정용 계면활성제, 유화제, 분산제, 경도·점도 조절용, 연화제 목적으로 사용되고 있다.

| 해설 | 에탄올은 유기용매로 물에 녹지 않는 향료, 색소, 유기안료 등 비극성 물질을 녹인다.

11 자외선으로부터 피부를 보호하는 데 도움을 주는 성분의 함량으로 옳은 것은? (12점)

① 벤조페논-8 − 4.0%

② 멘틸안트라닐레이트 − 6.0%

③ 에칠헥실살리실레이트 − 7.0%

④ 드로메트리졸트리실록산 − 15%

⑤ 에칠헥실메톡시신나메이트 − 8.0%

| 해설 | ① 벤조페논-8: 3.0%
② 멘틸안트라닐레이트: 5.0%
③ 에칠헥실살리실레이트: 5.0%
⑤ 에칠헥실메톡시신나메이트: 7.5%

12 〈보기〉 중 13세 이하 어린이 사용 제품에 사용이 금지되는 색소로 옳은 것은? (12점)

보기
㉠ 녹색 201호   ㉡ 청색 205호   ㉢ 적색 102호
㉣ 피그먼트 적색 5호   ㉤ 적색 2호   ㉥ 황색 201호
㉦ 카라멜   ㉧ 피로필라이트 자색 201호

① ㉠, ㉢　　　　　　② ㉡, ㉣

③ ㉢, ㉤　　　　　　④ ㉣, ㉧

⑤ ㉤, ㉦

| 해설 | 영유아용 제품, 13세 이하 어린이 사용 제품에 사용이 금지되는 색소는 적색 2호와 적색 102호이다.

정답 10 ② 11 ④ 12 ③

13 사용상의 제한이 필요한 보존제 성분 중 아이오도프로피닐부틸카바메이트(IPBC)의 특징으로 옳은 것은? (12점)

① 사용 후 씻어내는 제품에 0.05% 한도로 사용을 허용한다.
② 데오도런트에 배합할 경우에는 0.1% 한도로 사용을 허용한다.
③ 사용 후 씻어내지 않는 제품에는 0.01% 한도로 사용을 허용한다.
④ 입술에 사용되는 제품, 에어로졸 제품에는 0.5% 한도로 사용을 허용한다.
⑤ 13세 이하 어린이가 사용할 수 있다고 표시한 샤워젤류 및 샴푸류에는 사용을 금지한다.

14 위해 평가 단계를 올바른 순서로 연결한 것은? (8점)

㉠ 노출 평가	㉡ 위험성 결정
㉢ 위험성 확인	㉣ 위해도 결정

① ㉡ – ㉢ – ㉣ – ㉠
② ㉡ – ㉣ – ㉠ – ㉢
③ ㉢ – ㉠ – ㉡ – ㉣
④ ㉢ – ㉡ – ㉠ – ㉣
⑤ ㉢ – ㉣ – ㉡ – ㉠

15 식품 모방 화장품을 판매 및 판매 목적의 제조·수입 등을 금지하는 규정에 따라 식품 모방 화장품 위반에 해당하지 **않는** 것을 모두 고르시오. (12점)

㉠ 망고의 색과 모양이 같은 입욕제
㉡ 떡의 색과 모양이 같은 화장비누
㉢ 뚜껑에 식품 상표를 사용한 색조화장용 제품
㉣ 복숭아 모양 케이스에 담긴 핸드크림
㉤ 요거트 용기와 같은 디자인 용기에 담긴 마스크 팩
㉥ 꿀병과 같은 디자인 용기에 담기 노란색 투명한 앰플
㉦ 와인병 모양의 립스틱
㉧ 우유팩 포장재에 담긴 로션

① ㉠, ㉢, ㉦
② ㉡, ㉢, ㉧
③ ㉢, ㉣, ㉦
④ ㉢, ㉣, ㉤, ㉦
⑤ ㉣, ㉥, ㉦, ㉧

정답 13 ③ **14** ④ **15** ③

16 맞춤형화장품조제관리사인 서율이는 매장을 방문한 고객과 다음과 같은 〈대화〉를 나누었다. 서율이가 고객에게 추천할 제품으로 옳은 것을 〈보기〉에서 모두 고르면? (8점)

┌─ 대화 ───
고객: 요즘 얼굴에 주름도 많이 생기고, 피부 탄력도 떨어진 것 같아요.
서율: 그러시군요. 그럼 고객님의 피부 상태를 측정해 드리도록 하겠습니다.
고객: 지난달에 방문했을 때와 비교해 주시면 좋겠어요.
서율: 네. 이쪽으로 앉으시면 피부 측정기로 측정해 드리겠습니다.
　　　　　　　… (피부 측정 후) …
서율: 고객님, 피부 측정 결과를 보니 지난달보다 얼굴의 탄력도가 25%나 감소했고, 피부의 색소침착도는 10%가량 높아진 상태입니다.
고객: 그럼 어떤 제품을 쓰면 좋을지 추천해 주세요.
───

┌─ 보기 ───
㉠ 알부틴(Arbutin) 함유 제품
㉡ 콜라겐(Collagen) 함유 제품
㉢ 글리세린(Glycerin) 함유 제품
㉣ 세라마이드(Ceramide) 함유 제품
㉤ 알로에베라(Aloe Vera) 함유 제품
───

① ㉠, ㉡　　　　　　　　　　　② ㉠, ㉣
③ ㉡, ㉢　　　　　　　　　　　④ ㉡, ㉤
⑤ ㉢, ㉤

| 해설 | ㉢은 피부 보습, ㉣은 피부 보습, 피부장벽 강화, ㉤은 피부 진정의 기능이 있는 화장품이다.

17 화장품 포장의 표시 기준 및 표시 방법으로 옳지 **않은** 것은? (8점)

① 전성분 표기 시 글자 크기는 5 포인트 이상으로 한다.

② 화장품 제조에 사용된 함량이 많은 것부터 기재·표시한다. 다만, 1.0% 이하로 사용된 성분, 착향제 또는 착색제는 순서에 상관없이 기재·표시할 수 있다.

③ 색조화장용 제품류, 눈화장용 제품류, 두발염색용 제품류 또는 손발톱용 제품류에서 호수별로 착색제가 다르게 사용된 경우는 '구분'의 표시 다음에 모든 착색제의 성분을 함께 기재·표시할 수 있다.

④ 산성도(pH) 조절 목적으로 사용되는 성분은 그 성분을 표시하는 대신 중화 반응에 따른 생성물로 기재·표시할 수 있고, 비누화 반응을 거치는 성분은 비누화 반응에 따른 생성물로 기재·표시할 수 있다.

⑤ 성분을 기재·표시할 경우 영업자의 정당한 이익을 현저히 침해할 우려가 있을 때는 식품의약품안전처장에게 그 근거 자료를 제출해야 하고 정당한 이익을 침해할 우려가 있다고 인정하는 경우에는 '기타 성분'으로 기재·표시할 수 있다.

| 해설 | 호수별로 착색제가 다르게 사용된 경우 '± 또는 +/−'의 표시 다음에 사용된 모든 착색제 성분을 함께 기재·표시할 수 있다.

정답　16 ①　17 ③

18 다음 〈보기〉 중 제모제의 개별 주의사항으로 옳은 것을 모두 고르면? (12점)

┌ 보기 ┐
ⓐ 면도 직후에는 사용하지 말 것
ⓑ 3세 이하의 영유아에게는 사용하지 말 것
ⓒ 제품을 10분 이상 피부에 방치하거나 피부에서 건조시키지 말 것
ⓓ 땀발생억제제, 향수, 수렴 로션은 이 제품 사용 후 24시간 후에 사용할 것
ⓔ 특이체질, 생리, 또는 출산 전후이거나 질환이 있는 사람 등은 사용을 피할 것
ⓕ 눈 또는 점막에 닿았을 경우 미지근한 물로 씻어내고 붕산수(농도 약 2.0%)로 헹구어 낼 것
└─────────┘

① ㉠, ㉡, ㉢
② ㉠, ㉢, ㉣
③ ㉡, ㉢, ㉤
④ ㉡, ㉣, ㉤
⑤ ㉢, ㉣, ㉥

19 다음 〈보기〉와 같은 주의사항이 기재되어야 하는 제품으로 옳은 것은? (8점)

┌ 보기 ┐
• 햇빛에 대한 피부 감수성을 증가시킬 수 있으므로 자외선 차단제를 함께 사용할 것(씻어내는 제품 및 두발용 제품은 제외)
• 일부에 시험 사용하여 피부 이상을 확인할 것
└─────────┘

① 과산화수소 및 과산화수소 생성 물질 함유 제품
② 스테아린산아연 함유 제품
③ 실버나이트레이트 함유 제품
④ 알파-하이드록시애씨드 함유 제품
⑤ 알부틴 2% 이상 함유 제품

20 주름 개선에 도움을 주는 성분과 자료 제출이 생략되는 함량을 적절하게 연결한 것은? (8점)

① 아데노신 - 0.5%
② 레티놀 - 5,000IU/g
③ 살리실릭애씨드 - 0.6%
④ 레티닐팔미테이트 - 10,000IU/g
⑤ 폴리에톡실레이티드레틴아마이드 - 0.5~2.0%

21 다음 중 원료에 대한 특징을 올바르게 설명한 것은? (8점)

① 에칠헥실메톡시신나메이트는 사용제한 원료 중 보존제 성분이다.

② 다이소듐이디티에이는 자외선 차단제 기능을 가진 기능성화장품 성분이다.

③ 치오글리콜산 80%는 체모를 제거하는 기능을 가진 기능성화장품 성분이다.

④ 마그네슘아스코빌포스페이트는 주름 개선에 도움을 주는 기능을 가진 기능성화장품 성분이다.

⑤ 폴리에톡실레이티드레틴아마이드는 자외선 차단제 기능을 가진 기능성화장품 성분이다.

| 해설 | ① 자외선 차단제 기능을 가진 기능성화장품 성분이다.
② 다이소듐이디티에이는 금속이온봉쇄제이다.
④ 피부 미백에 도움을 주는 기능을 가진 기능성화장품 성분이다.
⑤ 주름 개선에 도움을 주는 기능을 가진 기능성화장품 성분이다.

22 다음 중 화장품의 감시를 통한 사후관리에 대한 내용으로 옳지 <u>않은</u> 것은? (8점)

① 품질감시는 지속적으로 수거를 통한 검사를 말한다.

② 수거감시는 품질감시라고도 하며 연간으로 이루어진다.

③ 수시감시는 연 1회 필요하다고 판단되는 경우 이루어진다.

④ 정기감시는 연 1회 정기적인 지도 및 점검에 의하여 이루어진다.

⑤ 기획감시는 사전예방적 안전관리를 위한 대응감시로 연중 이루어진다.

| 해설 | 수시감시는 연중 시행되며 필요하다고 판단되는 경우 즉시 점검한다.

23 화장품의 취급 방법으로 옳지 <u>않은</u> 것은? (8점)

① 제품의 출고는 선입선출 방식으로 진행해야 하며, 타당한 사유가 있는 경우 그러지 않을 수 있다.

② 원자재, 반제품 및 벌크 제품은 바닥과 벽에 닿지 않도록 보관해야 한다.

③ 원자재, 시험 중인 제품 및 부적합품은 각각 벽, 칸막이, 에어커튼 등으로 나누어진 장소에서 보관해야 한다.

④ 설정된 보관기한이 지나면 사용의 적절성을 위하여 품질부서 책임자가 폐기처리를 진행해야 한다.

⑤ 원자재, 반제품 및 벌크제품은 품질에 나쁜 영향을 미치지 않는 조건에서 보관해야 한다.

| 해설 | 설정된 보관기한이 지나면 사용의 적절성을 결정하기 위하여 재평가 시스템을 확립해야 한다.

정답 21 ③ 22 ③ 23 ④

24 자외선 차단 성분 중 최대 함량의 한도가 <u>다른</u> 것은? (12점)

① 시녹세이트
② 옥토크릴렌
③ 벤조페논-3
④ 에칠헥실살리실레이트
⑤ 디갈로일트리올리에이트

25 다음 〈보기〉에서 티로시나아제의 활성을 억제하는 성분을 모두 고르면? (8점)

┌ 보기 ┐
㉠ 알부틴   ㉡ 알파-비사보롤
㉢ 나이아신아마이드   ㉣ 유용성 감초 추출물
㉤ 아스코빌글루코사이드   ㉥ 아스코빌테트라이소팔미테이트

① ㉠, ㉡, ㉢   ② ㉠, ㉡, ㉣
③ ㉡, ㉢, ㉤   ④ ㉡, ㉤, ㉥
⑤ ㉢, ㉣, ㉤

26 다음 〈보기〉의 착향제(향료) 성분 중 알레르기를 유발하는 물질을 모두 고르면? (12점)

┌ 보기 ┐
㉠ 유제놀   ㉡ 톨루엔
㉢ 드로메트리졸   ㉣ 벤질벤조에이트
㉤ 6-히드록시인돌   ㉥ 알파-아이소메틸아이오논

① ㉠, ㉡, ㉢   ② ㉠, ㉢, ㉣
③ ㉠, ㉣, ㉥   ④ ㉡, ㉢, ㉤
⑤ ㉡, ㉣, ㉥

27 향수의 부향률이 높은 순서부터 나열된 것은? (8점)

① 퍼퓸 - 오드퍼퓸 - 샤워콜로뉴 - 오드콜로뉴 - 오드뚜왈렛
② 퍼퓸 - 오드퍼퓸 - 샤워콜로뉴 - 오드뚜왈렛 - 오드콜로뉴
③ 퍼퓸 - 오드퍼퓸 - 오드뚜왈렛 - 샤워콜로뉴 - 오드콜로뉴
④ 퍼퓸 - 오드퍼퓸 - 오드뚜왈렛 - 오드콜로뉴 - 샤워콜로뉴
⑤ 오드퍼퓸 - 퍼퓸 - 오드뚜왈렛 - 오드콜로뉴 - 샤워콜로뉴

28 작업장 위생 기준에 대한 설명으로 옳지 <u>않은</u> 것은? (12점)

① 사용된 세제나 세척제는 표면에 이상을 초래해서는 안 되며, 세제 또는 세척제는 정해진 가격 내의 제품을 사용해야 한다.

② 제조시설이나 설비는 적절한 방법으로 청소해야 하며, 필요한 경우 위생관리 프로그램을 운영해야 한다.

③ 보관 구역의 통로는 적절하게 설계되어야 하며, 손상된 팔레트는 수거하여 수선 또는 폐기하고, 매일 바닥의 폐기물을 치워야 한다.

④ 원료 취급 구역에서 원료의 포장이 훼손된 경우에는 봉인하거나 즉시 별도의 저장조에 보관한 후 품질상의 처분 결정을 취해 격리해야 한다.

⑤ 제조 구역에서 흘린 것은 신속히 청소하고, 여과지, 개스킷, 폐지, 플라스틱 봉지 등의 폐기물은 주기적으로 버려 장기간 모아놓거나 쌓아두지 않아야 한다.

29 작업장의 청소 주기와 점검 방법으로 옳지 <u>않은</u> 것은? (12점)

① 모든 작업장은 육안 점검을 한다.

② 원료 창고는 작업 후 상수를 이용하여 청소 및 점검한다.

③ 칭량실은 작업 후 상수와 70% 에탄올로 청소 및 점검한다.

④ 미생물 실험실은 작업 후 상수를 이용하여 청소 및 점검한다.

⑤ 제조실은 수시(최소 1회/일)로 중성세제와 70% 에탄올을 이용하여 청소 및 점검한다.

30 다음 제품 중 미생물 한도 기준에 근거하였을 때의 검출량이 적합하지 <u>않은</u> 것은? (10점)

① 영양 크림 – 대장균 100개/g(mL) 검출

② 물휴지 – 세균 및 진균수 각각 100개/g(mL) 검출

③ 수분 에센스 – 총호기성생균수 900개/g(mL) 검출

④ 마사지 크림 – 총호기성생균수 500개/g(mL) 검출

⑤ 유아용 보디 로션 – 총호기성생균수 300개/g(mL) 검출

31 화장품 제조 시 인위적으로 첨가하지 않았으나, 제조 또는 보관 과정 중 비의도적으로 유래된 사실이 객관적인 자료로 확인되고 기술적으로 물질을 완전히 제거할 수 없는 경우 포름알데하이드의 검출 한도를 시험해 볼 수 있는 적합한 제품은 무엇인가? (12점)

① 디엠디엠하이단토인　　　　② 글리세린

③ 디메칠설페이트　　　　　　④ 디메칠포름아미드

⑤ 톨루엔

32 작업소의 유지관리 기준에 대한 내용으로 옳지 <u>않은</u> 것은? (8점)

① 세척한 설비는 다음 사용 시까지 오염되지 않도록 관리해야 한다.

② 결함 발생 및 정비 중인 설비는 적절한 방법으로 표시해 두어야 한다.

③ 모든 제조 관련 설비는 승인된 자만이 접근·사용하도록 하여야 한다.

④ 설비의 고장으로 인하여 사용이 불가할 경우 제조에 방해가 되지 않도록 따로 보관해야 한다.

⑤ 제품의 품질에 영향을 줄 수 있는 장비나 장치는 계획을 수립하여 정기적으로 교정 및 성능 점검을 하고 기록해야 한다.

| 해설 | 고장으로 인하여 사용이 불가할 경우 불용표시를 해야 한다.

33 다음 중 위해 평가가 필요하지 않은 경우로 적절한 것은? (8점)

① 위해 관리 우선순위를 설정할 경우

② 위험에 대한 충분한 정보가 부족한 경우

③ 비의도적 오염 물질의 기준을 설정할 경우

④ 위해성에 근거하여 사용금지를 설정할 경우

⑤ 인체 위해의 유의한 증거가 없음을 검증할 경우

| 해설 | 위험에 대한 충분한 정보가 부족할 경우에는 위해 평가가 불필요하다.

34 다음 〈보기〉에서 반제품을 보관할 때 용기에 표시해야 하는 사항을 모두 고르면?

(8점)

보기
㉠ 명칭 　　　　　　　　　　 ㉡ 확인코드
㉢ 제조번호 　　　　　　　　 ㉣ 제조 담당자
㉤ 공정지시서 　　　　　　　 ㉥ 원료 공급처
㉦ 완료된 공정명

① ㉠, ㉡, ㉢, ㉣

② ㉠, ㉡, ㉢, ㉦

③ ㉠, ㉡, ㉣, ㉤

④ ㉡, ㉢, ㉣, ㉥

⑤ ㉡, ㉣, ㉤, ㉦

| 해설 | 반제품용기에 표시해야 하는 사항은 다음과 같다.
• 명칭 또는 확인코드
• 제조번호
• 완료된 공정명
• 필요한 경우에는 보관조건

정답　32 ④　33 ②　34 ②

35 작업소의 위생을 위한 방충·방서 대책으로 옳지 <u>않은</u> 것은? (12점)

① 폐수구에 트랩을 달아야 한다.
② 실내압을 외부보다 낮게 해야 한다.
③ 골판지, 나무 부스러기를 방치하지 않아야 한다.
④ 가능하면 개방할 수 있는 창문을 만들지 않는다.
⑤ 창문은 차광하고 야간에 빛이 새어 나가지 않도록 해야 한다.

| 해설 | 실내압을 외부보다 높게 해야 한다.

36 다음 중 청정도 등급 관리 기준에 적합하지 <u>않은</u> 것은? (8점)

① Clean Bench는 1등급의 청정도 엄격관리가 필요한 곳으로, 20회/hr 이상 또는 차압관리로 공기 순환이 진행되어야하며, 부유균 20개/m³ 또는 낙하균 10개/hr의 관리 기준에 적합해야 한다.
② 화장품 원료를 칭량하거나 화장품 제조, 미생물 실험실은 청정도 등급 중 2등급에 해당하며, 부유균 30개/m³ 또는 낙하균 200개/hr의 관리 기준에 적합해야 한다.
③ 포장실과 같이 화장품 내용물이 노출되지 않는 곳은 청정도 등급 중 3등급에 해당하며, 차압관리를 통한 청정 공기순환이 이루어져야 하고, 탈의, 포장재의 외부 청소 후 반입할 수 있다.
④ 포장재·완제품·관리품·원료 보관소, 탈의실, 일반 실험실은 청정도 등급 중 4등급에 해당하며, 환기장치를 통해 청정 공기순환이 이루어져야 한다.
⑤ 1, 2, 3등급 시설에서 작업할 경우 작업복, 작업모, 작업화를 착용해야 한다.

| 해설 | 청정도 등급 중 2등급의 관리 기준은 낙하균 30개/hr 또는 부유균 200개/m³이다.

37 내용물 및 원료의 폐기에 관한 설명으로 옳지 <u>않은</u> 것은? (8점)

① 폐기 대상은 따로 보관한다.
② 폐기 대상은 규정에 따라 1주일 보관 후 폐기하여야 한다.
③ 재입고를 할 수 없는 제품의 폐기 처리 규정을 작성하여야 한다.
④ 품질에 문제가 있거나 회수된 제품의 폐기 또는 재작업 여부는 품질 책임자에 의해 승인되어야 한다.
⑤ 변질, 변패 또는 병원미생물에 오염되지 않았고 제조일로부터 1년이 경과하지 않았다면 재작업을 할 수 있다.

| 해설 | 폐기 대상은 따로 보관하고 규정에 따라 신속하게 폐기해야 한다.

정답 35 ② 36 ② 37 ②

38 다음 〈보기〉의 화장품 중 pH 기준이 있는 제품을 모두 고르면? (12점)

> ┤ 보기 ├
> ㉠ 아이섀도 ㉡ 클렌징 오일
> ㉢ 기능성 크림 ㉣ 셰이빙 크림
> ㉤ 영유아용 샴푸 ㉥ 영유아용 로션

① ㉠, ㉡   ② ㉠, ㉤
③ ㉡, ㉢   ④ ㉢, ㉣
⑤ ㉢, ㉥

| 해설 | ㉢ 기능성 크림과 ㉥ 영유아용 로션은 pH 기준이 3.0~9.00이지만, 물을 포함하지 않는 제품과 사용 후 곧바로 물로 씻어 내는 제품은 pH 기준이 없다.

39 포장용기의 종류 중 액상 또는 고형의 이물 또는 수분이 침입하지 않고, 내용물이 손실되지 않도록 보호해 주는 용기를 무엇이라고 하는가? (8점)

① 밀폐용기   ② 기밀용기
③ 밀봉용기   ④ 차광용기
⑤ 분무용기

| 해설 | ① 밀폐용기: 고형의 이물질 유입 및 고형의 내용물 유출 방지
③ 밀봉용기: 기체 또는 미생물 침입 방지
④ 차광용기: 광선의 투과 방지

40 원료 및 포장재의 보관을 위해 고려할 사항에 대한 설명으로 옳지 <u>않은</u> 것은? (12점)

① 물질의 특징 및 특성에 맞도록 보관하고 취급되어야 한다.
② 특수한 보관 조건은 적절하게 준수하고 모니터링 되어야 한다.
③ 포장재는 직사광선과 습기를 피하고 발열체와 함께 보관해 둔다.
④ 원료와 포장재가 재포장될 경우 원래의 용기와 동일하게 표시되어야 한다.
⑤ 원료와 포장재의 용기는 밀폐되어 청소와 검사가 용이하도록 충분한 간격으로 바닥과 떨어진 곳에 보관되어야 한다.

| 해설 | 과도한 열기, 추위, 햇빛 또는 습기에 노출되어 변질되는 것을 방지할 수 있어야 한다.

41 다음 〈보기〉의 원료 입고 및 내용물에 대한 처리 순서가 올바른 것은? (8점)

> ┤ 보기 ├
> ㉠ 입고된 원료 확인
> ㉡ 입고되어 적합 보관소로 이동
> ㉢ 시험 의뢰를 위해 판정 대기소에 보관
> ㉣ 검체 채취 및 시험라벨 부착 (시험 중 – 황색라벨)
> ㉤ 시험의 판정 결과에 따라 라벨 부착 (적합 – 청색라벨, 부적합 – 적색라벨)

① ㉠ – ㉡ – ㉢ – ㉣ – ㉤
② ㉠ – ㉢ – ㉣ – ㉤ – ㉡
③ ㉡ – ㉠ – ㉣ – ㉢ – ㉤
④ ㉡ – ㉢ – ㉣ – ㉤ – ㉠
⑤ ㉢ – ㉣ – ㉠ – ㉤ – ㉡

| 해설 | 원료 입고 및 내용물 처리 순서는 다음과 같다.
입고된 원료 확인 → 시험 의뢰를 위해 판정 대기소에 보관 → 검체 채취 및 시험라벨 부착(시험 중–황색라벨) → 시험 판정 결과에 따라 라벨 부착(적합–청색라벨, 부적합–적색라벨) → 입고되어 적합 보관소로 이동

정답 38 ⑤ 39 ② 40 ③ 41 ②

42 인체 세포·조직 배양액 안전 기준과 관련한 내용 중 올바르지 <u>않은</u> 것은? (8점)

① 인체 세포·조직 배양액은 인체에서 유래된 세포 또는 조직을 배양한 후 세포와 조직을 제거하고 남은 액을 말한다.

② 공여자는 배양액에 사용되는 세포 또는 조직을 말한다.

③ 윈도우 피리어드(Window Period)는 감염 초기에 세균, 진균, 바이러스 및 그 항원·항체·유전자 등을 검출할 수 없는 기간을 말한다.

④ 공여자 적격성검사는 공여자에 대하여 문진, 검사 등에 의한 진단을 실시하여 해당 공여자가 세포배양액에 사용되는 세포 또는 조직을 제공하는 것에 대해 적격성이 있는지를 판정하는 것을 말한다.

⑤ 청정등급은 부유입자 및 미생물이 유입되거나 잔류하는 것을 통제하여 일정 수준 이하로 유지되도록 관리하는 구역의 관리수준을 정한 등급을 말한다.

| 해설 | 공여자란 배양액에 사용되는 세포 또는 조직을 제공하는 사람을 말한다.

43 검체의 채취 및 보관 방법으로 옳지 <u>않은</u> 것은? (8점)

① 완제품 보관용 검체는 사용기한 경과 후 1년간 보관해야 한다.

② 시험용 검체는 오염되거나 변질되지 않도록 채취해야 한다.

③ 시험용 검체는 채취한 후 원상태에 준하는 포장을 해야 한다.

④ 시험용 검체의 용기에는 명칭 또는 확인코드, 제조번호, 검체 채취 일자, 가능한 경우 검체 채취 지점을 기재한다.

⑤ 완제품 보관 검체는 개봉 후 사용기간을 기재하는 경우 제조일로부터 3년간 보관해야 한다.

| 해설 | 완제품의 보관용 검체는 적절한 보관조건 하에 지정된 구역 내에서 제조단위별로 사용기한까지 보관한다.

44 원자재의 관리에 대한 설명으로 옳은 것은? (8점)

① 원자재의 제조번호가 없는 경우 입고 진행을 보류해야 한다.

② 원자재와 원자재기록서는 반드시 분리하여 따로 보관해야 한다.

③ 원자재의 제품명은 담당자가 알 수 있는 표시를 통해 기록해야 한다.

④ 원자재는 선입선출 방식으로 이를 확인할 수 있는 체계가 확립되어야 한다.

⑤ 원자재 입고 시 공급자가 입고에 대한 관리·감독을 적절히 수행하여 입고관리가 철저히 이루어지도록 한다.

| 해설 | ① 제조번호가 없는 경우 관리번호를 부여하여 보관한다.
② 원자재와 원자재기록서는 따로 분리할 필요가 없다.
③ 제품명은 문서화하여 기록해야 한다.
⑤ 제조업자가 원자재 입고관리를 진행을 해야 한다.

정답 42 ② 43 ① 44 ④

45 제조관리 및 출하에 관한 모든 사항을 확인할 수 있도록 표시된 번호로서 숫자, 문자, 기호 또는 이들의 특정적인 조합을 무엇이라고 하는가? (12점)

① 기준일탈
② 유지관리
③ 적합 판정 기준
④ 제조단위 또는 뱃치
⑤ 제조번호 또는 뱃치번호

| 해설 | 제조번호(뱃치번호)는 뱃치(하나의 공정이나 일련의 공정으로 제조되어 균질성을 갖는 화장품의 일정 분량)에 대하여 제조관리 및 출하에 관한 모든 사항을 확인할 수 있도록 표시된 번호로 숫자, 문자, 기호 또는 이들의 특정적인 조합이다.

46 다음 〈보기〉는 포장재의 선정 절차이다. 〈보기〉의 ㉠~㉢에 들어갈 내용을 차례대로 연결한 것은? (12점)

┌─ 보기 ├─
중요도 분류 – 공급자 (㉠) – 공급자 (㉡) – 품질 결정 – 품질계약서 공급계약 체결 – 정기적 (㉢)
└─────

	㉠	㉡	㉢
①	선정	승인	모니터링
②	선정	결정	모니터링
③	결정	승인	모니터링
④	결정	승인	모니터링
⑤	결정	결정	모니터링

| 해설 | 포장재의 선정 절차는 중요도 분류 – 공급자 선정 – 공급자 승인 – 품질 결정 – 품질계약서 공급계약 체결 – (제조개시) 정기적 모니터링이다.

47 다음 용어의 설명 중 옳지 <u>않은</u> 것은? (12점)

① '관리'란 적합 판정 기준을 충족시키는 검증을 말한다.
② '표시'란 화장품의 용기·포장에 기재하는 문자, 숫자, 도형 또는 그림 등이다.
③ '안전용기·포장'이란 5세 미만의 어린이가 개봉하기 어렵게 설계·고안된 용기나 포장이다.
④ '위생관리'란 대상물의 표면에 있는 바람직하지 못한 미생물 등 오염물을 감소시키기 위해 시행되는 작업이다.
⑤ '사용기한'이란 화장품이 제조된 날부터 적절한 보관 상태에서 제품이 고유의 특성을 간직한 채 소비자가 안정적으로 사용할 수 있는 최대한의 기한이다.

| 해설 | 화장품이 제조된 날부터 적절한 보관 상태에서 제품이 고유의 특성을 간직한 채 소비자가 안정적으로 사용할 수 있는 최소한의 기한을 말한다.

정답 45 ⑤ 46 ① 47 ⑤

48 작업장 공기조절의 4대 요소와 대응 설비가 옳게 연결된 것은? (12점)

① 정화 – 제습기
② 기류 – 송풍기
③ 청정도 – 열교환기
④ 실내온도 – 가습기
⑤ 습도 – 공기정화기

| 해설 | 공기조절의 4대 요소

4대 요소	대응 설비
청정도	공기정화기
실내온도	열교환기
습도	가습기
기류	송풍기

49 내용물과 내용물 간의 혼합 및 분산을 위해 터빈형의 회전날개가 달린 기계로 일반적으로 유화 시 사용하는 기계는 무엇인가? (8점)

① 탱크
② 필터, 여과기, 체
③ 이송파이프
④ 호모게나이저
⑤ 게이지와 미터기

| 해설 | ① 탱크: 공정 중인 또는 보관용 원료를 저장하기 위해 사용
② 여과기: 입자를 고르게 하고 불순물을 제거하기 위해 사용
③ 이송파이프: 제품을 한 위치에서 다른 위치로 운반하기 위해 사용
⑤ 게이지와 미터기: 온도, 압력, 흐름, 점도, pH, 속도, 부피 등 화장품의 특성을 측정 및 기록하기 위해 사용

50 화장품을 식별하기 위하여 고유하게 설정된 번호로 국가식별코드, 제조업자 등의 식별코드, 품목코드 및 검증번호를 포함한 12 또는 13자리의 숫자를 무엇이라고 하는가? (12점)

① 뱃치번호
② 검증번호
③ 식별번호
④ 제조번호
⑤ 화장품코드

| 해설 | ①, ④ 제조번호 또는 뱃치번호: 뱃치에 대하여 제조관리 및 출하에 관한 모든 사항을 확인할 수 있도록 표시된 번호로서 숫자, 문자, 기호 또는 이들의 특정적인 조합
② 검증번호: 화장품 품목에서 검증번호는 사용하지 않음
③ 식별번호: 원료의 제조번호와 혼합·소분 등의 기록을 추적할 수 있도록 맞춤형판매업자가 부여한 번호

51 원자재 입고 시 확인해야 하는 사항으로 옳지 <u>않은</u> 것은? (8점)

① 구매요구서를 확인한다.
② 원자재 공급 담당자를 확인한다.
③ 원자재 공급업체 성적서를 확인한다.
④ 필요한 경우 운송 관련 자료를 추가 확인한다.
⑤ 구매요구서, 원자재 공급업체 성적서 및 현품의 일치 여부를 확인한다.

| 해설 | 원자재 입고 시 구매요구서, 원자재 공급업체 성적서 및 현품이 일치해야 한다.

정답 48 ② 49 ④ 50 ⑤ 51 ②

52 불만처리 시 기록을 유지해야 하는 사항으로 옳지 <u>않은</u> 것은? (12점)

① 불만 접수연월일

② 불만접수 담당자

③ 불만제기자의 이름과 연락처

④ 다른 제조번호의 제품에도 영향이 없는지 점검

⑤ 불만조사 및 추적조사 내용, 처리결과 및 향후 대책

53 맞춤형화장품으로 볼 수 <u>없는</u> 것은? (8점)

① 수입된 화장품의 내용물을 소분한 토너

② 맞춤형화장품조제관리사에 의해 소분된 로션

③ 글리세린과 세라마이드를 혼합하여 제조한 크림

④ 제조된 화장품의 내용물에 다른 화장품의 내용물을 혼합한 크림

⑤ 사전심사를 받은 기능성화장품 원료에 다른 화장품의 내용물을 혼합한 에센스

54 맞춤형화장품판매업 신고대장에 기재하는 내용으로 옳지 <u>않은</u> 것은? (8점)

① 맞춤형화장품판매업의 소재지

② 맞춤형화장품판매업 사업계획서 사본

③ 맞춤형화장품조제관리사의 자격증 번호

④ 맞춤형화장품판매업자의 성명과 주민등록번호

⑤ 맞춤형화장품조제관리사의 성명과 주민등록번호

55 맞춤형화장품조제관리사에 대한 설명으로 옳은 것은? (8점)

① 자격에 필요한 사항은 대통령령으로 결정된다.
② 매 반기마다 화장품의 안정성 확보 및 품질관리에 관한 교육을 받아야 한다.
③ 맞춤형화장품판매업소에서 맞춤형화장품의 내용물을 제조하는 역할을 한다.
④ 맞춤형화장품조제관리사의 변경 시 30일 이내 소재지 관할 지방식품의약품안전청장에게 신고한다.
⑤ 맞춤형화장품조제관리사가 화장품의 안정성 확보 및 품질관리에 관한 교육을 받지 않을 경우 500만 원 이하의 과태료가 부과된다.

56 박테리아를 이용한 돌연변이시험으로 염색체 이상을 유발하는지 설치류를 통해 시험하고 안전성을 평가하는 방법으로 옳은 것은? (8점)

① 광독성시험
② 광감작성시험
③ 유전 독성시험
④ 인체 첩포시험
⑤ 단회 투여 독성시험

57 결합조직세포로 교원섬유와 탄력섬유를 만드는 세포는 무엇인가? (8점)

① 비만세포
② 대식세포
③ 머켈세포
④ 섬유아세포
⑤ 랑게르한스세포

58 모발의 특징으로 옳지 않은 것은? (8점)

① 모피질은 친유성이라 흡습성이 우수하다.
② 모수질은 배냇머리와 연모에는 존재하지 않는다.
③ 하루에 50~100가닥의 모발이 빠지는 것은 정상모발이다.
④ 모피질은 퍼머넌트, 염색 시술 시 결합이 약해져 모발 손상이 발생한다.
⑤ 모발은 약산성을 띠고 있어 알칼리에 약하며, 이를 이용해 모발 관련 시술을 한다.

정답 55 ④ 56 ③ 57 ④ 58 ①

59 다음 중 멜라닌 합성에 관여하는 효소는 무엇인가? (8점)

① 티로신
② 트립신
③ 아밀레이스
④ 티로시나아제
⑤ 5-알파-리덕타아제

| 해설 | 멜라닌형성세포 내에서의 멜라닌 형성과정은 '티로신 – 티로시나아제 효소에 의해 산화 – 도파 – 티로시나아제 효소에 의해 산화 – 도파 퀴논 – 멜라닌 색소 형성'이다.

60 피부 상태 분석에 대한 설명으로 옳지 <u>않은</u> 것은? (8점)

① 경피수분손실량을 측정해 수분도를 파악한다.
② 헤모글로빈 수치를 통해 홍반 상태를 파악한다.
③ 피부의 유·수분 상태는 세안 전에 기기를 이용해 판독해야 정확하다.
④ 손으로 누르거나 만져서 각질 상태, 탄력 정도를 관찰하는 것은 촉진법이다.
⑤ 생활습관, 수면 정도, 성격, 생활환경 등에 대한 질문을 통해 피부를 분석하는 방법은 문진법이다.

| 해설 | 기기 측정은 세안 후 일정 시간이 지난 뒤에 해야 정확한 피부 상태를 판독할 수 있다.

61 맞춤형화장품에서 사용할 수 있는 원료는 무엇인가? (12점)

① 화장품 사용금지 원료
② 사용 기준이 지정·고시된 보존제
③ 화장품 사용상의 제한이 필요한 원료
④ 식품의약품안전처장이 고시한 기능성 원료
⑤ 화장품책임판매업자가 심사를 받은 기능성화장품의 효과를 내는 원료

| 해설 | 화장품책임판매업자가 해당 원료를 포함하여 기능성화장품에 대한 심사를 받거나 보고서를 제출한 경우 사용 가능하다.

62 크림의 관능평가 요소로 옳지 <u>않은</u> 것은? (12점)

① 탁도   ② 변취
③ 분리   ④ 점도
⑤ 증발

| 해설 | 탁도는 스킨, 토너 등의 화장품 관능평가 요소이다.

정답 **59** ④ **60** ③ **61** ⑤ **62** ①

63 화장품 전체에서 사용이 금지된 원료로 옳은 것은? (8점)

① 메탄올

② 적색 102호

③ 적색 103호

④ 살리실릭애씨드

⑤ 메칠이소치아졸리논

64 다음 중 영유아용 제품류 또는 13세 이하 어린이가 사용할 수 있음을 특정하여 표시하는 제품에 사용할 수 없는 색소는 무엇인가? (8점)

① 적색 40호

② 적색 102호

③ 적색 201호

④ 적색 228호

⑤ 피그먼트 적색 5호

65 살리실릭애씨드 및 그 염류의 사용제한 함량으로 옳은 것은? (12점)

① 사용 후 씻어내는 샴푸류에 3.0% 사용

② 보존제로 사용 시 3.0% 사용

③ 인체 세정용 제품류에 3.0% 사용

④ 여드름성 피부를 완화하는 세정용 기능성화장품 원료로 3.0% 사용

⑤ 영유아용 또는 13세 이하 어린이용 샴푸로 판매하는 제품에 사용금지

66 다음 중 원료와 사용제한 함량이 올바르게 연결되지 않은 것은? (8점)

① 우레아 – 10% 이하 사용

② 토코페롤 – 20% 이하 사용

③ 페녹시에탄올 – 1.0% 이하 사용

④ 톨루엔 – 손발톱용 제품류에 27% 이하 사용

⑤ 벤질알코올 – 두발염색용 제품류의 용제로 사용되는 것이 아닐 경우 1.0% 이하 사용

67 다음 중 맞춤형화장품조제관리사가 진행한 업무로 올바른 것은? (8점)

① 맞춤형화장품조제관리사가 수입화장품의 내용물에 글리세린을 추가 혼합하여 판매하였다.

② 맞춤형화장품조제관리사가 수분 크림에 하이드롤라이즈드밀단백질을 0.1%를 추가 혼합하여 판매하였다.

③ 맞춤형화장품조제관리사가 수분 앰플에 잔탄검 10%를 배합하여 고객이 원하는 점도에 맞춰 조제하여 판매하였다.

④ 인터넷을 통해 맞춤형화장품을 구매한 고객에게 맞춤형화장품조제관리사가 직접 제조실에서 조제하여 제품을 택배로 배송하였다.

⑤ 고객의 피부 측정 후 지난 달에 비해 색소 침착이 높아진 것을 판단하고, 맞춤형화장품조제관리사가 매장 조제실에서 식약청 고시 기능 성분에 맞게 직접 조제하여 전달하였다.

68 맞춤형화장품조제관리사인 은주는 매장을 방문한 고객과 다음 〈대화〉를 진행했다. 〈보기〉에서 고객에게 추천할 혼합 성분으로 옳은 것을 모두 고르면? (8점)

┤ 대화 ├

은주: 고객님. 피부 상태부터 측정하겠습니다.

고객: 네. 40대가 되면서 너무 건조하고 쉽게 붉어져서 아무 화장품이나 쓰지 못하고 있어요.

··· (피부 측정 후) ···

은주: 측정해보니 고객님이 느끼시는 것처럼 수분이 매우 적은 것으로 나오네요. 피부 민감도도 높고요. 이 상태였다면 아마 일반 화장품을 쓰는 게 많이 불편하셨을 것 같아요.

고객: 그럼 저는 화장품 내용물에 어떤 성분을 넣으면 좋을까요?

┤ 보기 ├

㉠ 솔비톨　　　　　　　　㉡ 비타민 E
㉢ 아데노신　　　　　　　㉣ 글리세린
㉤ 세라마이드

① ㉠, ㉡, ㉢　　　　　　② ㉠, ㉣, ㉤

③ ㉡, ㉢, ㉤　　　　　　④ ㉡, ㉢, ㉣

⑤ ㉢, ㉣, ㉤

| 해설 | ② 맞춤형화장품조제관리사는 식품의약품안전처장이 고시한 사용상의 제한이 필요한 원료는 사용할 수 없다.

③ 맞춤형화장품조제관리사는 화장품의 기본 제형의 변화가 없는 범위 내에서 특정 성분의 혼합이 가능하다.

④ 인터넷 주문 및 구매는 맞춤형화장품의 취지와 맞지 않다.

⑤ 맞춤형화장품조제관리사는 식품의약품안전처장이 고시한 기능성화장품의 효능·효과를 나타내는 원료는 사용할 수 없다.

| 해설 | ㉢ 아데노신은 주름 개선에 효과가 있으나 기능성 고시 원료로 화장품책임판매업자의 심사를 받거나 또는 보고서를 제출한 기능성화장품이 아니면 사용할 수 없으며, ㉡ 비타민 E는 사용상의 제한 원료라 사용할 수 없다.

69 다음 중 기능성화장품의 고시 성분이 <u>아닌</u> 것은? (8점)

① 시녹세이트

② 옥토크릴렌

③ 세라마이드

④ p-페닐렌디아민

⑤ 드로메트리졸트리실록산

| 해설 | 세라마이드는 보습 효과가 있는 성분으로 고시 외 성분이다.

70 립스틱의 관능평가 요소 중 옳지 <u>않은</u> 것은? (8점)

① 변취   ② 경도

③ 점도   ④ 탁도

⑤ 분리(성상)

| 해설 | 립스틱의 관능평가 요소는 변취, 경도, 점도, 분리(성상)이다. 탁도는 스킨, 토너 등의 관능평가 요소이다.

71 다음 표시·광고 관련 기준을 1차로 위반할 경우의 행정처분 결과가 <u>다른</u> 하나는? (12점)

① 화장품의 범위를 벗어나는 표시·광고

② 배타성을 띤 '최고', '최상' 등 절대적 표현 사용

③ 의약품으로 잘못 인식할 우려가 있는 표시·광고

④ 외국과 기술을 제휴하지 않고 기술 제휴 등의 표현 사용

⑤ 의사, 약사, 의료기관, 그 밖의 자 등이 지정, 추천, 공인, 개발, 사용 등을 하고 있다고 표시·광고

| 해설 | ③은 해당 품목 판매 또는 광고 업무정지 3개월이다.
①, ②, ④, ⑤는 해당 품목 판매 또는 광고 업무정지 2개월이다.

72 맞춤형화장품의 안전 기준사항으로 옳지 <u>않은</u> 것은? (8점)

① 혼합·소분 전에 포장용기의 오염 여부를 확인한다.

② 혼합·소분 전에 일회용 장갑을 착용하더라도 손을 소독한다.

③ 혼합·소분 전후 모두 오염이 없도록 세척을 통해 위생 상태를 점검한다.

④ 혼합·소분에 사용된 내용물, 원료의 내용 및 특성을 소비자에게 설명한다.

⑤ 혼합·소분 전에 사용되는 내용물 및 원료의 사용기한 또는 개봉 후 사용기간을 확인하고 기한이 지난 것은 사용하지 않는다.

| 해설 | 혼합·소분 전에 일회용 장갑을 착용할 경우 손 소독 및 세정은 생략할 수 있다.

정답 **69** ③ **70** ④ **71** ③ **72** ②

73 제형의 물리적 특성으로 옳지 <u>않은</u> 것은? (8점)

① 분말제 – 균질하게 미립상으로 만든 것

② 로션제 – 용제 등에 녹여서 액상으로 만든 것

③ 겔제 – 액체를 침투시킨 분자량이 큰 유기분자로 이루어진 반고형상

④ 크림제 – 유화제 등을 넣어 유성 성분과 수성 성분을 균질화하여 반고형상으로 만든 것

⑤ 에어로졸제 – 원액을 같은 용기 또는 다른 용기에 충전한 분사제의 압력을 이용하여 분출하도록 만든 것

| 해설 | ②는 액제에 대한 설명이다. 로션제는 유화제 등을 넣어 유성 성분과 수성 성분을 균질화하여 점액상으로 만든 것이다.

74 맞춤형화장품 유형별 제품의 분류로 옳지 <u>않은</u> 것은? (8점)

① 방향용 제품류에는 향수, 콜로뉴, 데오도런트 등이 해당된다.

② 눈화장용 제품류에는 아이브로펜슬, 아이라이너, 아이섀도 등이 해당된다.

③ 기초화장용 제품류에는 마사지 크림, 팩, 마스크, 로션, 크림 등이 해당된다.

④ 인체 세정용 제품류에는 폼 클렌저, 보디 클렌저, 외음부 세정제, 물휴지 등이 해당된다.

④ 색조화장용에는 메이크업 베이스, 메이크업 픽서티브, 보디페인팅, 분장용 제품 등이 해당된다.

| 해설 | 데오도런트는 체취 방지용 제품류이다.

75 원료규격서의 항목 중 함량 기준에 대한 설명으로 옳지 <u>않은</u> 것은? (12점)

① 원료규격서에 원칙적으로 기재해야 하는 항목이다.

② 함량 기준은 g 또는 mL로 표시한 후 분자식을 기재한다.

③ 함량 기준 설정이 불가능할 경우 이유를 구체적으로 기재한다.

④ 함량 표시가 어려운 경우 화학적 순물질의 함량으로 표시 가능하다.

⑤ 불안정한 원료 성분은 분해물의 안전성에 관한 정보에 따라 기준치 폭을 설정한다.

| 해설 | 함량 기준은 백분율(%)로 표시한다.

76 효과 발현의 작용기전이 포함되어야 하는 성분 효력에 대한 비임상시험 자료에 해당하지 옳지 <u>않는</u> 것은? (12점)

① 국내외 대학에서 시험한 것으로서 당해 기관의 장이 발급한 자료

② 국내외 전문 연구기관에서 시험한 것으로서 당해 기관의 장이 발급한 자료

③ 관련 분야 전문의 또는 화장품 관련 연구기관에서 5년 이상 인체적용시험 경력을 가진 자의 지도 및 감독하에 수행 · 평가된 자료

④ 과학논문인용색인(Science Citation Index 또는 Science Citation Index Expanded)에 등재된 전문학회지에 게재된 자료

⑤ 당해 기능성화장품이 개발국 정부에 제출되어 평가된 모든 효력시험 자료로서 개발국 정부(허가 또는 등록기관)가 제출받았거나 승인하였음을 증명한 자료

| 해설 | 효과 발현의 작용기전이 포함되어야 하는 성분 효력에 대한 비임상시험 자료를 효력시험 자료라고 한다. ③은 인체적용시험 자료에 해당한다.

정답 73 ② 74 ① 75 ② 76 ③

77 맞춤형화장품의 혼합·소분에 필요한 도구·기기와 목적이 바르게 연결된 것은?

(8점)

① 칭량 – 피펫
② 소분 – 디스퍼
③ 혼합 – 메스실린더
④ 교반 – 호모게나이저
⑤ 살균 소독 – 데시케이터

| 해설 | ① 피펫은 계량에 사용한다.
② 디스퍼는 혼합·교반에 사용한다.
③ 메스실린더는 칭량에 사용한다.
⑤ 데시케이터는 표준품 보관에 사용한다.

78 포장재의 종류와 특성을 바르게 연결한 것은? (12점)

① 알루미늄 – 광택 우수, 부식이 잘 안 됨
② AS수지 – 투명, 광택성, 내충격성 우수
③ 고밀도 폴리에틸렌 – 반투명, 광택성, 유연성 우수
④ 저밀도 폴리에틸렌 – 유백색, 무광택, 수분 투과 적음
⑤ 소다석회유리 – 산화납 다량 함유, 굴절률이 매우 높음

| 해설 | ①은 스테인리스스틸, ③은 저밀도 폴리에틸렌, ④는 고밀도 폴리에틸렌, ⑤는 칼리납유리에 대한 설명이다.

79 기초화장품의 일반적인 제조 공정의 순서대로 바르게 나열한 것은? (8점)

① 원재료 입고 → 품질검사 → 칭량 → 가온용해 → 유화 및 중화 → 냉각 및 숙성 → 충전 및 포장 → 저장 및 출하
② 원재료 입고 → 품질검사 → 칭량 → 유화 및 중화 → 가온용해 → 유화 및 중화 → 냉각 및 숙성 → 충전 및 포장 → 저장 및 출하
③ 원재료 입고 → 칭량 → 유화 및 중화 → 가온용해 → 냉각 및 숙성 → 충전 및 포장 → 품질검사 → 저장 및 출하
④ 원재료 입고 → 칭량 → 가온용해 → 유화 및 중화 → 냉각 및 숙성 → 충전 및 포장 → 품질검사 → 저장 및 출하
⑤ 원재료 입고 → 칭량 → 가온용해 → 유화 및 중화 → 냉각 및 숙성 → 품질검사 → 충전 및 포장 → 저장 및 출하

| 해설 | 원재료 입고 → 칭량 → 가온용해 → 유화 및 중화 → 냉각 및 숙성 → 충전 및 포장 → 품질검사 → 저장 및 출하

80 포장재의 조건으로 옳지 않은 것은? (8점)

① 어린이도 쉽게 열 수 있도록 설계해야 한다.
② 제품의 품질과 용기 가격이 경제적이어야 한다.
③ 소비자의 구매 의욕을 만족시키는 디자인이어야 한다.
④ 생산 설비, 생산 방법 등이 제품을 쉽게 대량으로 생산할 수 있어야 한다.
⑤ 용기의 안전성, 사용기능, 내용물의 품질 유지와 제품 수명을 유지해야 한다.

| 해설 | 어린이가 쉽게 열 수 없도록 설계해야 하며, 재활용과 폐기 처리 문제를 고려해 과대포장하지 말아야 한다.

정답 **77** ④ **78** ② **79** ④ **80** ①

81 다음 〈보기〉는 화장품법 목적에 대한 내용이다. 〈보기〉의 ㉠, ㉡에 들어갈 적절한 용어를 작성하시오. (14점)

---| 보기 |---

화장품법은 화장품의 제조·수입·판매 및 수출 등에 관한 사항을 규정함으로써 (㉠) 향상과 (㉡)의 발전에 기여함을 목적으로 한다.

---

82 다음 〈보기〉는 품질관리 기준에 따른 회수 처리에 대한 내용이다. ㉠에 들어갈 적합한 용어를 작성하시오. (14점)

---| 보기 |---

화장품책임판매업자는 품질관리 업무 절차서에 따라 (㉠)에게 다음과 같이 회수 업무를 수행하도록 해야 한다.

• 회수한 화장품은 구분하여 일정 기간 보관한 후 폐기 등 적정한 방법으로 처리할 것
• 회수 내용을 적은 기록을 작성하고 화장품책임판매업자에게 문서로 보고할 것

---

83 14세 미만 아동의 개인정보 처리를 위해 법정대리인에게 동의받지 않은 경우 (㉠)만 원 이하 과태료에 처한다. ㉠에 적합한 과태료 금액을 작성하시오. (12점)

---

84 다음 항목이 모두 포함되어야 하는 기준서의 이름을 〈보기〉에서 골라 작성하시오. (12점)

• 작업원의 건강관리 및 건강상태의 파악·조치 방법
• 작업원의 수세, 소독 방법 등 위생에 관한 사항
• 작업복장의 규격, 세탁 방법 및 착용 규정
• 작업실 등의 청소(필요한 경우 소독 포함) 방법 및 청소 주기
• 청소 상태의 평가 방법
• 제조시설의 세척 및 평가

---| 보기 |---

제품표준서, 제조관리기준서, 품질관리기준서, 제조위생관리기준서, 제조지시서, 원료품질성적서

정답인정 **81** ㉠ 국민보건, ㉡ 화장품산업
82 책임판매관리자
83 5,000 또는 오천 또는 5천
84 제조위생관리기준서

85 다음 〈보기〉를 읽고, ㉠, ㉡, ㉢에 들어갈 적절한 용어와 숫자를 작성하시오.

(12점)

> ┤ 보기 ├
>
> (　㉠　)과 메칠이소치아졸리논혼합물은 사용 후 씻어내는 제품에 (　㉡　)%
> 이며, (　㉠　) : 메칠이소치아졸리논 = (　㉢　) : 1 혼합물로서의 사용한
> 도를 가지고 있다.

86 다음 〈보기〉는 맞춤형화장품의 전성분 항목이다. 소비자에게 사용된 성분을 설명
하기 위해 〈보기〉에서 보존제 성분을 모두 골라 작성하시오. (12점)

> ┤ 보기 ├
>
> 정제수, 소듐하이알루로네이트, 나이아신아마이드, 징크옥사이드, 리날룰, 알부틴,
> 세라마이드, 유제놀, 잔탄검, 로즈힙 오일, 디아졸리디닐우레아, 미리스틱애씨드,
> 페녹시에탄올, 소듐이디티에이

87 다음 〈보기〉의 ㉠, ㉡에 들어갈 적절한 용어를 작성하시오. (10점)

> ┤ 보기 ├
>
> 위해성 등급이 가등급인 화장품은 회수를 시작한 날부터 (　㉠　)일 이내, 등급이
> 나등급 또는 다등급인 화장품은 회수를 시작한 날부터 (　㉡　)일 이내에
> 회수해야 한다.

88 다음 〈보기〉의 괄호에 들어갈 적절한 용어를 작성하시오. (12점)

> ┤ 보기 ├
>
> (　　　　　)은/는 타르색소를 기질에 흡착, 공침 또는 단순한 혼합이 아닌 화학적
> 결합에 의하여 확산시킨 색소이다.

정답인정 **85** ㉠ 메칠클로로이소치아
졸리논, ㉡ 0.0015, ㉢ 3
86 디아졸리디닐우레아, 페녹시에탄올
87 ㉠ 15, ㉡ 30
88 레이크

89 각질층에서 각질세포 안과 밖에 존재하며, 10~20%의 수분을 함유하고 있는 수용성 물질들의 총칭을 (　　㉠　　)(이)라고 한다. ㉠에 들어갈 적합한 명칭을 작성하시오. (10점)

90 겨드랑이, 서혜부, 유두 주변, 배꼽 등 특정 부위에 분포해 특유의 냄새를 발생하며 pH 5.5~6.5를 나타내는 피부의 부속기관을 무엇이라고 하는지 작성하시오. (14점)

91 대표적으로 진균류인 (　　㉠　　)이/가 방출하는 분비물이 표피층을 자극하여 생기는 것으로 표피세포의 각질화에 의해 쌀겨 모양으로 떨어지며, 가려움증을 유발하고 탈모의 원인이 되는 것을 (　　㉡　　)(이)라고 한다. ㉠, ㉡에 들어갈 적합한 용어를 작성하시오. (12점)

92 소비자에 의한 화장품 자가평가 시 화장품의 상품명, 디자인, 표시사항 등을 가리고 제품을 사용한 후 시험하는 것을 (　　㉠　　)(이)라고 한다. ㉠에 들어갈 적합한 용어를 작성하시오. (10점)

93 다음 〈보기〉의 ㉠, ㉡에 들어갈 적절한 숫자를 작성하시오. (14점)

| 보기 |
> 화장품 제조에 사용된 전성분을 표기할 때는 글자 크기를 (　　㉠　　) 포인트 이상으로 하며 화장품 제조에 사용된 함량이 많은 것부터 기재·표시한다. 다만, (　　㉡　　)% 이하로 사용된 성분, 착향제 또는 착색제는 순서에 상관없이 기재·표기할 수 있다.

정답인정 **89** 천연보습인자 또는 NMF
90 아포크린선 또는 대한선
91 ㉠ 말라쎄지아, ㉡ 비듬
92 맹검 사용시험
93 ㉠ 5, ㉡ 1.0

94 빈 공간을 채우거나 빈 곳에 집어넣어서 채운다는 의미로 화장품용기에 내용물을 넣어 채우는 작업을 (㉠)(이)라고 한다. ㉠에 들어갈 적합한 용어를 작성하시오. (12점)

95 화장품에서 검출이 허용되지 않는 병원성 미생물은 (㉠), (㉡), 황색포도상구균이다. ㉠, ㉡에 들어갈 적합한 명칭을 작성하시오. (10점)

96 다음 〈보기〉는 염모제의 전성분이다. 〈보기〉에서 염모제 기능을 가진 원료명과 사용한도를 작성하시오. (12점)

┤ 보기 ├
정제수, 에탄올아민, 에탄올, 세테아릴알코올, 올레익애씨드, 황산톨루엔-2, 레조시놀, 스테아레스-2, 동백나무씨 오일, 소듐아스코베이트, 향료, 시스테인에이치씨엘, 아모다이메티콘, 다이세틸포스페이트, 페녹시에탄올, 시트로넬올, 다이소듐이디티에이, 제라니올, 리날룰, 세트리모늄클로라이드, 헥실신남알, 리모넨, 동백 오일

97 화장품의 유효성 평가 시 사용되는 자료로, 과학논문인용 색인에 등재된 전문 학회지에 게재된 자료같이 심사 대상의 효능을 뒷받침하는 비임상시험 자료를 (㉠) 자료라고 한다. ㉠에 들어갈 적합한 용어를 작성하시오. (12점)

98 다음 〈보기〉의 ㉠에 들어갈 적합한 명칭을 작성하시오. (10점)

┤ 보기 ├

맞춤형화장품의 혼합 또는 소분에 사용되는 내용물 및 원료의 제조번호와 혼합·소분의 기록을 포함하여 맞춤형화장품판매업자가 부여한 번호를 (㉠   )(이)라고 한다.

99 다음 〈보기〉의 '이것'은 무엇인지 적합한 명칭을 작성하시오. (12점)

┤ 보기 ├

투명층에 존재하는 '이것'은 반유동성 물질로, 수분 침투를 방지하는 특성을 가지고 있어 오랜 시간 피부가 물에 노출되면 손바닥과 발바닥에 쭈글쭈글한 주름이 일시적으로 나타난다.

100 다음 〈보기〉의 ㉠, ㉡에 들어갈 적합한 단어를 작성하시오. (20점)

┤ 보기 ├

식품의약품안전처장은 (㉠   ), (㉡   ), 자외선 차단제 등과 같은 특별히 사용상의 제한이 필요한 원료에 대하여 그 사용 기준을 지정하여 고시하였으며, 맞춤형화장품에서는 사용 지정·고시된 원료 외 (㉠   ), (㉡   ), 자외선 차단제는 사용할 수 없다.

정답인정 **98** 식별번호
99 엘라이딘
100 ㉠ 보존제, ㉡ 색소(순서 무관)

01 맞춤형화장품판매업 신고 시 필요 서류로 옳은 것은? (12점)

① 등록필증
② 책임판매관리자의 자격 확인 서류
③ 대표자의 건강진단서
④ 맞춤형화장품조제관리사 자격증 사본
⑤ 맞춤형화장품판매업 등록신청서

| 해설 | 맞춤형화장품판매업의 신고를 위해서는 맞춤형화장품판매업 신고서, 맞춤형화장품조제관리사 자격증 사본과 시설명세서, 법인의 경우 등기사항증명서가 필요하다.

02 다음 〈보기〉는 화장품의 영업 등록에 관한 내용이다. ㉠~㉢에 들어갈 내용으로 적합한 것은? (8점)

┌─ 보기 ─
화장품제조업 또는 화장품책임판매업을 하려는 자는 각각 (㉠)으로 정하는 바에 따라 (㉡)에게 등록하여야 하며, 등록한 사항 중 (㉢)으로 정하는 중요한 사항을 변경할 때에도 같다.
└──────

	㉠	㉡	㉢
①	총리령	식품의약품안전처장	총리령
②	총리령	보건복지부장관	대통령령
③	총리령	보건복지부장관	총리령
④	대통령령	식품의약품안전처장	총리령
⑤	대통령령	식품의약품안전처장	대통령령

| 해설 | 화장품제조업 또는 화장품책임판매업을 하려는 자는 각각 총리령으로 정하는 바에 따라 식품의약품안전처장에게 등록하여야 한다. 등록한 사항 중 총리령으로 정하는 중요한 사항을 변경할 때에도 또한 같다.

03 맞춤형화장품판매업자가 화장품법 제3조의2(맞춤형화장품판매업의 신고) 제2항에 따른 시설을 갖추지 않게 된 경우의 행정처분으로 적절한 것은? (8점)

	1차 위반	2차 위반	3차 위반	4차 이상 위반
①	판매업무정지 1개월	판매업무정지 2개월	판매업무정지 3개월	판매업무정지 4개월
②	판매업무정지 1개월	판매업무정지 3개월	판매업무정지 6개월	판매업무정지 9개월
③	시정명령	판매업무정지 5일	판매업무정지 15일	판매업무정지 1개월
④	시정명령	판매업무정지 1개월	판매업무정지 3개월	영업소 폐쇄
⑤	시정명령	판매업무정지 3개월	판매업무정지 6개월	영업소 폐쇄

정답 01 ④ 02 ① 03 ④

04 다음 중 개인정보 보호법 위반에 따른 부과 과태료가 <u>다른</u> 하나는? (8점)

① 1천 명 이상의 개인정보 유출 시 조치 결과를 신고하지 않은 자

② 개인정보의 이용내역을 주기적으로 이용자에게 통지하지 않은 자

③ 14세 미만 아동의 개인정보 처리를 위해 법정대리인의 동의를 받지 않은 자

④ 민감정보, 고유식별정보 등을 처리할 때 안전성 확보에 필요한 조치를 하지 않은 자

⑤ 정보주체가 필요한 최소한의 정보 외 수집 동의를 하지 않아 서비스 제공을 거부한 자

05 소비자화장품안전관리감시원에 대한 설명으로 옳은 것은? (8점)

① 관계 공무원이 하는 출입·검사·질문·수거 역할을 대행한다.

② 해당 소비자화장품안전관리감시원을 추천한 단체에서 퇴직한 경우 연임할 수 있다.

③ 화장품 안전관리에 관한 사항으로서 대통령령으로 정하는 사항을 직무로 수행한다.

④ 식품의약품안전처장 또는 지방식품의약품안전청장이 소비자화장품안전관리감시원에게 직무 수행에 필요한 교육을 실시한다.

⑤ 유통 중인 화장품이 표시 기준에 맞지 않거나 부당한 표시 또는 광고를 한 화장품인 경우 관할 행정관청을 대신하여 행정처분을 내린다.

06 개인정보의 수집·이용이 가능한 경우로 옳지 <u>않은</u> 것은? (8점)

① 정보주체의 동의를 받은 경우

② 정보주체와의 계약 체결 및 이행을 위하여 불가피하게 필요한 경우

③ 개인정보처리자와 법정대리인이 주소불명이어서 동의를 받을 수 없는 경우

④ 법률에 특별한 규정이 있거나 법령상의 의무를 준수하기 위하여 불가피한 경우

⑤ 개인정보처리자의 정당한 이익을 달성하기 위하여 필요한 경우로서 명백하게 정보주체의 권리보다 우선하는 경우

07 개인정보 보호법과 관련한 용어에 대한 설명으로 옳은 것은? (8점)

① 개인을 구별하기 위해 부여한 식별정보를 개인정보라고 한다.

② 정보주체는 처리되는 정보에 의하여 알아볼 수 있는 사람을 말한다.

③ 개인정보를 쉽게 검색할 수 있도록 체계적으로 구성한 집합물을 고객 데이터라고 한다.

④ 신념·사상, 노동조합·정당의 가입·탈퇴 등에 관한 정보, 사생활을 현저히 침해할 우려가 있는 정보를 고유식별정보라고 한다.

⑤ 업무를 목적으로 개인정보파일을 운용하기 위하여 스스로 또는 다른 사람을 통하여 개인정보를 처리하는 공공기관, 법인, 단체 및 개인을 개인정보취급자라고 한다.

08 화장품 위해성과 관련된 내용의 설명으로 옳지 <u>않은</u> 것은? (8점)

① 노출 평가란 위해요소가 인체에 노출된 양을 산출하는 것이다.

② 위해요소란 인체의 건강을 해치거나 해칠 우려가 있는 화학적 요인만을 말한다.

③ 독성이란 인체적용 제품에 존재하는 위해요소가 인체에 유해한 영향을 미치는 고유의 성질을 말한다.

④ 위해성이란 인체적용 제품에 존재하는 위해요소에 노출되는 경우 인체의 건강을 해칠 수 있는 성질을 말한다.

⑤ 위해성 평가란 인체적용 제품에 존재하는 위해요소가 인체의 건강을 해치거나 해칠 우려가 있는지와 있을 경우 위해의 정도를 과학적으로 평가하는 것을 말한다.

09 다음 중 원료의 특성이 <u>다른</u> 하나는? (8점)

① 세틸알코올   ② 베헤닐알코올

③ 옥틸도데칸올   ④ 아이소헥사데칸

⑤ 스테아릴알코올

10 유기농화장품에서 사용할 수 <u>없는</u> 원료는?(8점)

① 물   ② 앱솔루트

③ 벤질알코올   ④ 소르빅애씨드 및 그 염류

⑤ 살리실릭애씨드 및 그 염류

정답 07 ② 08 ② 09 ④ 10 ②

11 천연화장품 및 유기농화장품의 자료 보존 기간으로 옳은 것은? (12점)

① 제조일(수입일 경우 통관일)로부터 1년 또는 사용기한 경과 후 1년 중 긴 기간 동안 보존
② 제조일(수입일 경우 통관일)로부터 1년 또는 사용기한 경과 후 2년 중 긴 기간 동안 보존
③ 제조일(수입일 경우 통관일)로부터 3년 또는 사용기한 경과 후 1년 중 긴 기간 동안 보존
④ 제조일(수입일 경우 통관일)로부터 3년 또는 사용기한 경과 후 2년 중 긴 기간 동안 보존
⑤ 제조일(수입일 경우 통관일)로부터 3년 또는 사용기한 경과 후 3년 중 긴 기간 동안 보존

12 사용상 제한이 필요한 원료 중 보존제 성분과 사용한도의 연결이 적절한 것은? (8점)

① 페녹시에탄올 – 2.0%
② 벤제토늄클로라이드 – 0.5%
③ 징크피리치온 – 사용 후 씻어내는 제품에 5.0%
④ 메칠이소치아졸리논 – 사용 후 씻어내는 제품에 0.002%
⑤ 벤질알코올 – 1.0%(다만, 두발염색용 제품류의 용제는 10%)

13 사용상 제한이 필요한 원료 중 염모제 성분으로 옳지 않은 것은? (12점)

① p–아미노페놀
② 1,3–디페닐구아니딘
③ 과붕산나트륨일수화물
④ p–페닐렌디아민
⑤ 황산 톨루엔–2,5–디아민

14 다음 〈보기〉에서 음이온성 계면활성제를 주로 사용하는 제품을 모두 고른 것은? (12점)

보기
㉠ 샴푸　　　　　　　㉡ 비누
㉢ 헤어 오일　　　　　㉣ 폼 클렌저
㉤ 헤어 린스　　　　　㉥ 섬유유연제
㉦ 헤어 트리트먼트

① ㉠, ㉡, ㉢
② ㉠, ㉡, ㉣
③ ㉢, ㉣, ㉦
④ ㉢, ㉤, ㉥
⑤ ㉢, ㉤, ㉦

15 화장품 안전성 정보의 보고에 대한 내용으로 옳은 것은? (12점)

　① 화장품책임판매업자는 매년 말에 식품의약품안전처에 정기보고해야 한다.

　② 화장품책임판매업자는 중대한 유해사례를 조사한 날부터 10일 이내 식품의약품안전청 화장품정책과에 보고해야 한다.

　③ 화장품책임판매업자는 판매중지나 회수에 준하는 외국정부의 조치를 알게 된 날부터 7일 이내에 식품의약품안전처장에게 보고해야 한다.

　④ 판매자, 소비자, 관련 단체의 장은 화장품 사용 시 발생한 유해사례를 식품의약품안전처장 또는 해당 화장품수입업자에게 보고해야 한다.

　⑤ 판매자는 화장품 사용 시 발생한 유해사례를 식품의약품안전처 홈페이지를 통해 보고하거나 전화·우편·팩스·정보통신망 등의 방법으로 할 수 있다.

| 해설 | ① 화장품책임판매업자는 신속 보고되지 않은 화장품의 안전성 정보를 매 반기 종료 후 1월 이내(1월 말, 7월 말까지) 식품의약품안전처장에게 정기 보고해야 한다.
② 화장품책임판매업자는 중대한 유해 사례를 알게 된 날로부터 15일 이내 식품의약품안전처장에게 보고해야 한다.
③ 화장품책임판매업자는 해당 조치를 알게 된 날부터 15일 이내 식품의약품안전처장에게 보고해야 한다.
④ 판매자, 소비자, 관련 단체의 장은 유해사례에 대하여 식품의약품안전처장 또는 화장품책임판매업자에게 보고할 수 있다.

16 맞춤형화장품판매업의 준수사항으로 옳지 <u>않은</u> 것은? (8점)

　① 사용과 관련한 부작용 사례는 식품의약품안전처장에게 보고해야 한다.

　② 혼합·소분 전에 내용물 및 원료에 대한 발주내역서를 확인해야 한다.

　③ 혼합·소분되는 내용물 및 원료에 대하여 고객에게 설명 의무를 다해야 한다.

　④ 혼합·소분에 사용되는 장비는 사용 전후 오염이 없도록 깨끗하게 세척해야 한다.

　⑤ 판매내역서에 식별번호, 판매일자, 판매량, 사용기한 또는 개봉 후 사용기간을 작성하여 보관해야 한다.

| 해설 | 혼합·소분 전에 내용물 및 원료에 대한 품질성적서를 확인해야 한다.

17 맞춤형화장품에 혼합 가능한 원료로 옳지 <u>않은</u> 것은? (8점)

　① 사전심사를 받은 아데노신

　② 페닐파라벤

　③ 세라마이드

　④ 솔비톨

　⑤ 태반 추출물

| 해설 | 페닐파라벤은 「화장품 안전 기준 등에 관한 규정」에서 사용할 수 없는 원료로 고시된 성분이다.

정답 **15** ⑤ **16** ② **17** ②

18 다음 〈보기〉의 괄호 안에 들어갈 적절한 숫자를 순서대로 나열한 것은? (8점)

┌─ 보기 ├─
- 화장품 안전용기·포장은 만 (   )세 미만의 어린이가 개봉하기 어려워야 한다.
- 어린이 오일 등 개별 포장당 탄화수소류를 (   )% 이상 함유하고 운동점도가 21cst 이하인 비에멀전 타입의 액체상태의 제품이나 개별 포장당 메틸살리실레이트를 (   )% 이상 함유하는 액체 상태의 제품은 안전용기·포장을 사용해야 한다.
└─────────────

① 3 - 5 - 5
② 3 - 10 - 3
③ 5 - 5 - 3
④ 5 - 10 - 5
⑤ 13 - 10 - 3

19 다음 중 피막형성제(밀폐제)에 해당하는 원료로만 나열된 것은? (8점)

① 구아검, 아라비아검, 전분
② 텍스트란, 에틸셀룰로오스, 나이트로셀룰로오스
③ 카복시비닐폴리머, 카라기난, 폴리비닐피롤리돈
④ 폴리비닐피롤리돈, 폴리비닐알코올, 나이트로셀룰로오스
⑤ 카복시메틸셀룰로오스, 메티셀룰로오스, 나이트셀룰로오스

| 해설 | 피막형성제(밀폐제)는 피막을 형성할 때 이용되는 화합물이며, 폴리비닐피롤리돈, 폴리비닐알코올, 나이트로셀룰로스가 이에 해당한다. 나머지는 점증제에 해당한다.

20 다음 중 화장품의 기타 사용제한 원료와 그 사용한도가 바르게 연결된 것은? (12점)

① 암모니아 - 7.0%
② 징크피리치온(샴푸 제품에 사용) - 1.0%
③ 라우레스-8,9 및 10 - 3.0%
④ 3-메칠논-2-엔니트릴 - 5.0%
⑤ 소합향나무 발삼 오일 및 추출물 - 0.7%

| 해설 | ① 암모니아: 6.0%
③ 라우레스-8, 9 및 10: 2.0%
④ 3-메칠논-2-엔니트릴: 0.2%
⑤ 소합향나무 발삼 오일 및 추출물: 0.6%

21 사용상의 제한이 필요한 기타 성분으로서 톨루엔의 사용한도를 옳게 설명한 것은?

(12점)

① 두발용 제품에 10% 한도로 사용한다.

② 손발톱용 제품류에 25% 한도로 사용한다.

③ 인체 세정용 제품류에 25% 한도로 사용한다.

④ 사용 후 씻어내는 제품에 0.1% 한도로 사용한다.

⑤ 속눈썹 및 눈썹 착색용도의 제품에 5.0% 한도로 사용한다.

| 해설 | 톨루엔은 손발톱용 제품류에 25% 한도로 사용 가능하며, 기타 제품에는 사용금지이다.

22 화장품의 품질관리에 관한 설명으로 옳지 <u>않은</u> 것은? (8점)

① 화장품의 시장 출하에 관한 관리를 실시한다.

② 화장품제조업자에 대한 관리 · 감독을 실시한다.

③ 제조에 관계된 업무에 대한 관리 · 감독은 제외한다.

④ 화장품의 시험 · 검사 등의 업무에 대한 관리 · 감독을 실시한다.

⑤ 화장품의 책임판매 시 필요한 제품의 품질을 확보하기 위하여 실시한다.

| 해설 | 품질관리에는 제조에 관계된 업무(시험·검사 등의 업무 포함)에 대한 관리·감독이 포함한다.

23 「화장품 사용할 때의 주의사항 및 알레르기 유발 성분 표시에 관한 규정」에 따라 다음 〈보기〉와 같은 주의사항 문구가 표기된 제품은 무엇인가? (8점)

┌ 보기 ├
3세 이하 어린이의 기저귀가 닿는 부위에는 사용하지 말 것

① 이소부틸파라벤 함유 제품

② 스테아린산아연 함유 제품

③ 실버나이트레이트 함유 제품

④ 알루미늄 및 그 염류 함유 제품

⑤ 살리실릭애씨드 및 그 염류 함유 제품

| 해설 | ② 사용 시 흡입되지 않도록 주의할 것
③ 눈에 접촉을 피하고 눈에 들어갔을 때는 즉시 씻어낼 것
④ 신장질환이 있는 사람은 사용 전에 의사, 약사, 한의사와 상의할 것
⑤ 3세 이하 어린이에게는 사용하지 말 것

정답 21 ② 22 ③ 23 ①

24 다음 〈보기〉에서 화장품의 산화 방지를 위하여 사용되는 원료를 모두 고르면?

(8점)

| 보기 |
ㄱ BHA   ㄴ 토코페롤
ㄷ 다이메티콘   ㄹ 오조케라이트
ㅁ 소듐시트레이트   ㅂ 다이소듐이디티에이

① ㄱ, ㄴ   ② ㄴ, ㄷ
③ ㄷ, ㄹ   ④ ㄷ, ㅂ
⑤ ㅁ, ㅂ

| 해설 | 토코페롤, BHT, BHA는 화장품 유지의 산화를 방지하고 화장품의 품질을 일정하게 유지하기 위하여 첨가한다. ㄷ은 실리콘 오일, ㄹ은 왁스류, ㅁ, ㅂ은 금속이온봉쇄제이다.

25 인체 세정용 제품류에 살리실릭애씨드로서 사용할 수 있는 함량으로 옳은 것은?

(12점)

① 0.5%   ② 1.0%
③ 1.5%   ④ 2.0%
⑤ 2.5%

| 해설 | 인체 세정용 제품류에는 살리실릭애씨드로서 2.0% 한도로 사용할 수 있다. 사용 후 씻어내는 두발용 제품류에는 살리실릭애씨드로서 3.0% 한도로 사용할 수 있다.

26 〈보기〉를 읽고 외음부 세정제에 사용할 수 있는 기타 사용상의 제한이 필요한 원료에 대한 설명으로 올바른 것을 모두 고르면? (12점)

| 보기 |
ㄱ 외음부 세정제에 사용할 수 있는 기타 사용상의 제한이 필요한 원료는 정제수, 붕사, 라우릴황산나트륨 혼합물이다.
ㄴ 외음부 세정제에 사용할 수 있는 기타 사용상의 제한이 필요한 원료는 에탄올, 붕사, 라우릴황산나트륨 혼합물이다.
ㄷ 외음부 세정제에 사용할 수 있는 기타 사용상의 제한이 필요한 원료의 혼합물은 2:1:1비율의 혼합물이다.
ㄹ 이 혼합물을 외음부 세정제에 사용할 경우 사용한도는 12%이다.
ㅁ 이 혼합물의 사용한도는 외음부 세정제를 포함한 인체 세정용 제품에는 2.0%, 사용 후 씻어내는 두발용 제품에는 3.0% 이다.
ㅂ 이 혼합물은 외음부 세정제를 제외한 기타 제품에는 사용금지이다.

① ㄱ, ㄷ, ㅁ   ② ㄱ, ㄷ, ㅂ
③ ㄱ, ㄹ, ㅂ   ④ ㄴ, ㄹ, ㅁ
⑤ ㄴ, ㄹ, ㅂ

| 해설 | 에탄올, 붕사, 라우릴황산나트륨(4:1:1) 혼합물은 외음부 세정제에 12% 사용한도가 있으며, 기타 제품에는 사용금지이다.

정답 **24** ① **25** ④ **26** ⑤

27 「화장품 사용할 때의 주의사항 및 알레르기 유발 성분 표시에 대한 규정」으로 옳지 <u>않은</u> 것은? (12점)

① 30mL(g) 화장품의 경우 표시·기재의 면적이 부족할 경우 생략이 가능하다.

② 사용 후 씻어내는 제품에 사용 시 알레르기 유발 성분을 함량 순서대로 표기해야 한다.

③ 소용량의 화장품이라도 표시 면적이 충분하다면 해당 알레르기 유발 성분을 표시해야 한다.

④ 착향제는 '향료'로 표기가 가능하다. 단, 식품의약품안전처장이 고시한 알레르기 유발 성분의 경우 해당 성분의 명칭을 기재하여야 한다.

⑤ 사용 후 씻어내는 제품에는 0.01% 초과, 사용 후 씻어내지 않는 제품에는 0.001% 초과 함유하는 경우에만 알레르기 유발 성분을 표시한다.

| 해설 | 1.0% 미만의 성분은 함량 순서에 상관없이 기재가 가능하다.

28 다음 〈보기〉는 설비 세척제에 대한 설명이다. 〈보기〉의 세척제 유형은 무엇인가? (8점)

┌ 보기 ┐
- 오염물의 가수분해 시 효과가 좋으나 독성이나 부식성에 주의해야 한다.
- pH는 12.5~14이며, 주로 찌든 기름 세척에 사용한다.
- 대표적으로 수산화나트륨, 수산화칼륨, 규산나트륨(Sodium Silicate)이 있다.

① 무기산
② 약산성 세척제
③ 중성 세척제
④ 약알칼리 세척제
⑤ 부식성 알칼리 세척제

| 해설 | ①, ②는 무기염, 수용성 금속 혼합물 세척에 주로 사용되며, pH 0.2~5.5이다.
③ 기름때 작은 입자에 주로 사용되며, pH 5.5~8.5이다.
④ 기름, 지방입자 세척에 주로 사용되며, pH 8.5~12.5이다.

29 인체 세포·조직 배양액의 품질을 확보하기 위하여 다음의 항목을 포함한 인체 세포·조직 배양액 품질관리 기준서를 작성해야 한다. 〈보기〉의 ㉠에 들어갈 단어로 적절한 것은? (8점)

┌ 보기 ┐
- 성상
- 무균시험
- 마이코플라스마 부정시험
- 외래성 바이러스 부정시험
- (㉠)
- 순도시험

① 안전성시험
② 유전독성시험
③ 안정성시험
④ 확인시험
⑤ 세균, 진균 부정시험

| 해설 | 인체 세포·조직 배양액 품질관리 기준서 항목은 다음과 같다.
- 성상
- 무균시험
- 마이코플라스마 부정시험
- 외래성 바이러스 부정시험
- 확인시험
- 순도시험

정답 27 ② 28 ⑤ 29 ④

30 다음 중 용어에 대한 설명이 옳지 <u>않은</u> 것은? (8점)

① 원자재는 화장품의 원료 및 자재를 말한다.

② 원료는 벌크제품의 제조에 투입하거나 포함되는 물질을 말한다.

③ 수탁자는 직원, 회사 또는 조직을 대신하여 작업 수행을 의뢰하는 회사 또는 내부 조직을 말한다.

④ 주요설비는 제조 및 품질 관련 문서에 명기된 설비로 제품의 품질에 영향을 미치는 필수적인 설비를 말한다.

⑤ 공정관리는 제조공정 중 적합 판정 기준의 충족을 보증하기 위하여 공정을 모니터링하거나 조정하는 모든 작업을 말한다.

| 해설 | 수탁자는 직원, 회사 또는 조직을 대신하여 작업을 수행하는 회사 또는 외부 조직을 말한다.

31 〈보기〉를 읽고, 작업장의 낙하균 측정 방법으로 옳지 <u>않은</u> 것은? (12점)

┤ 보기 ├

㉠ Koch법이라고도 하며, 실내에서 오염된 부유 미생물을 직접 평판배지 위에 일정시간 자연 낙하시켜 측정하는 방법이다.

㉡ 특별한 기기의 사용 없이 언제, 어디서라도 실시할 수 있는 간단하고 편리한 방법이지만 공기 중의 전체 미생물을 측정할 수 없다는 단점이 있다.

㉢ 진균용은 대두카제인 소화한천배지를 사용하며 배지 100㎖당 클로람페니콜 50mg을 넣는다.

㉣ 측정하려는 방의 크기와 구조에 더 유의하여야 하나, 5개소 이하로 측정하면 올바른 평가를 얻기가 어려우며 측정위치도 벽에서 30cm 떨어진 곳이 좋다.

㉤ 측정높이는 바닥에서 측정하는 것이 원칙이지만 부득이 한 경우 바닥으로부터 10~20cm 높은 위치에서 측정하는 경우가 있다.

㉥ 위치별로 정해진 노출시간이 지나면, 배양접시의 뚜껑을 닫아 배양기에서 배양, 일반적으로 세균용 배지는 30~35℃, 48시간 이상, 진균용 배지는 20~25℃, 5일 이상 배양, 배양 중에 확산균의 증식에 의해 균수를 측정할 수 없는 경우가 있으므로 매일 관찰하고 균수의 변동 기록한다.

① ㉠, ㉡, ㉤   ② ㉠, ㉢, ㉤

③ ㉠, ㉤, ㉥   ④ ㉡, ㉢, ㉥

⑤ ㉡, ㉣, ㉥

| 해설 | ㉠ Koch법이라고도 하며, 실내외를 불문하고, 대상 작업장에서 측정할 수 있다.
㉢ 진균용은 사부로포도당 한천배지 또는 포테이토텍스트로즈한천배지에 배지 100㎖당 클로람페니콜 50mg을 넣는다.
㉤ 측정높이는 바닥에서 측정하는 것이 원칙이지만 부득이한 경우 바닥으로부터 20~30cm 높은 위치에서 측정하는 경우가 있다.

32 벌크제품에 대한 설명으로 옳지 <u>않은</u> 것은? (8점)

① 사용하고 남은 벌크제품은 재보관하고 재사용이 가능하다.

② 여러 번 사용 후 재보관하는 벌크제품은 한꺼번에 보관해야 한다.

③ 사용하고 남은 벌크제품을 다음 제조 시 우선적으로 사용해야 한다.

④ 사용 후 벌크제품을 재보관 시에는 밀폐하고 기존의 보관 환경에서 보관해야 한다.

⑤ 변질 및 오염의 우려가 있거나 변질되기 쉬운 벌크제품은 재사용하지 않아야 한다.

| 해설 | 여러 번 사용 후 재보관하는 벌크제품은 조금씩 나누어서 보관해야 한다.

정답 30 ③ 31 ② 32 ②

33 제품의 폐기 처리 기준으로 옳지 <u>않은</u> 것은? (12점)

① 재작업의 대상인 제품은 변질·변패가 없어야 한다.

② 재작업의 대상인 제품은 병원미생물에 오염되지 않아야 한다.

③ 폐기 대상은 따로 보관하며 규정에 따라 신속하게 폐기하여야 한다.

④ 품질에 문제가 있는 경우 제품의 폐기 또는 재작업은 품질 책임자에 의하여 승인되어야 한다.

⑤ 재작업 대상인 제품은 제조일로부터 1년이 경과하지 않았거나 사용기한이 2년 이상 남아있어야 한다.

34 품질관리기준서 내용 중 시험지시서에 포함되는 내용으로 옳은 것은? (12점)

① 제품명, 사용기한

② 제품명, 제조단위 기준량

③ 제품명, 지시자 및 지시연원일

④ 시험지시번호, 보관 장소 및 보관 방법

⑤ 시험 항목 및 시험 기준, 작업 중 주의사항

35 다음 〈보기〉 중 화장품 판매금지에 해당하는 사항을 모두 고른 것은? (12점)

┌ 보기 ├
⊙ 전부 또는 일부가 변패된 화장품
ⓒ 맞춤형화장품판매업의 신고를 하지 않은 자가 판매한 맞춤형화장품
ⓒ 코뿔소 뿔 또는 호랑이 뼈와 그 추출물을 사용한 화장품
② 맞춤형화장품조제관리사를 두지 않고 판매한 맞춤형화장품
⑩ 동물실험을 실시한 화장품 또는 원료를 사용하여 제조 또는 수입한 화장품
ⓗ 사용기한 또는 개봉 후 사용기간(제조연월일을 포함)을 위조·변조한 화장품
ⓢ 화장품의 포장 및 기재·표시사항을 훼손(맞춤형화장품 판매를 위해 필요한 경우는 제외) 또는 위조·변조한 화장품

① ㉠, ㉡, ㉢, ㉣　　　　　② ㉠, ㉡, ㉤, ㉥

③ ㉠, ㉢, ㉣, ㉦　　　　　④ ㉡, ㉣, ㉤, ㉦

⑤ ㉢, ㉣, ㉥, ㉦

36 다음 〈보기〉 중 유통화장품 안전관리 기준에 따라 검출되지 않아야 하는 미생물을 모두 고른 것은? (10점)

┌─ 보기 ├─────────────────────────────────┐
│ ㉠ 대장균   ㉡ 녹농균   │
│ ㉢ 살모넬라균   ㉣ 헬리코박터균   │
│ ㉤ 황색포도상구균   │
└───┘

① ㉠, ㉡, ㉢   ② ㉠, ㉡, ㉤
③ ㉠, ㉢, ㉤   ④ ㉡, ㉣, ㉤
⑤ ㉢, ㉣, ㉤

| 해설 | 미생물 중 대장균, 녹농균, 황색포도상구균은 검출되지 않아야 한다.

37 「화장품 안전 기준 등에 관한 규정」 중 유통화장품의 내용량 기준에 대한 설명으로 옳은 것은? (8점)

① 제품 3개를 가지고 시험할 때 그 평균 내용량이 표기량에 대하여 97% 이상이어야 한다.
② 제품 3개를 가지고 시험할 때 그 평균 내용량이 표기량에 대하여 95% 이상이어야 한다.
③ 제품 9개를 가지고 시험할 때 그 평균 내용량이 표기량에 대하여 95% 이상이어야 한다.
④ '①'의 기준치를 벗어날 때는 3개를 더 취합하여 평균 내용량이 97% 이상이어야 한다.
⑤ '②'의 기준치를 벗어날 때는 3개를 더 취합하여 평균 내용량이 95% 이상이어야 한다.

| 해설 | ①의 기준치를 벗어날 경우 6개를 더 취하여 시험할 때 9개의 평균 내용량이 표기량에 대하여 97% 이상이어야 한다.

38 치오글라이콜릭애씨드 또는 그 염류를 주성분으로 하는 냉2욕식 퍼머넌트 웨이브용 제품의 내용물 기준으로 옳은 것은? (8점)

① pH − 3.0 ∼ 9.6
② 철 − 5μg/g 이하
③ 비소 − 1μg/g 이하
④ 중금속 − 20μg/g 이하
⑤ 시스테인 − 3.0 ∼ 7.5%

| 해설 | ① pH: 4.5∼9.6
② 철: 2μg/g 이하
③ 비소: 5μg/g 이하
⑤ 시스테인: 해당 없음

정답 36 ② 37 ① 38 ④

39 포장재의 보관 방법에 대한 설명으로 옳지 <u>않은</u> 것은? (12점)

① 적합 판정 시 원료와 포장재는 생산 장소로 이동된다.

② 구매요구서와 인도문서, 인도물이 서로 일치해야 한다.

③ 입고된 원료와 포장재는 검사 중, 적합, 부적합에 따라 각각의 구분된 공간에 별도로 보관되어야 한다.

④ 적합 판정을 받은 원료와 포장재를 보관하는 공간에 반드시 잠금 장치를 추가해야 하며, 자동화 창고일 경우 해당 시스템을 통해 관리해야 한다.

⑤ 확인·검체 채취규정 기준에 대한 검사 및 시험과 그에 따라 승인된 자에 의한 불출 전까지는 어떠한 물질도 사용되어서는 안 된다는 것을 명시하는 원료 수령에 대한 절차서를 수립해야 한다.

| 해설 | 필요한 경우 부적합 판정을 받은 원료와 포장재를 보관하는 공간에 잠금 장치를 추가해야 한다.

40 다음 중 포장재의 보관 및 출고 기준에 대한 설명으로 옳지 <u>않은</u> 것은? (12점)

① 승인된 자만이 원료 및 포장재의 불출 절차를 수행할 수 있다.

② 뱃치에서 취한 검체가 모든 합격 기준에 부합될 때 뱃치가 불출될 수 있다.

③ 입고된 포장재는 검사 중, 적합, 부적합에 따라 각각의 구분된 공간에 별도로 보관되어야 한다.

④ 포장재 선적용기에 대하여 확실한 표기 오류, 용기 손상, 봉인 파손, 오염 등에 대해 육안으로 검사한다.

⑤ 모든 포장재는 선한선출 방법으로 출고해야 하지만, 나중에 입고된 포장재의 사용기한이 짧은 경우 먼저 입고된 포장재보다 먼저 출고(선입선출)할 수 있다.

| 해설 | 모든 포장재는 선입선출 방법으로 출고하는 것이 원칙이다. 다만, 나중에 입고된 포장재의 사용(유효)기간이 짧은 경우 먼저 입고된 포장재보다 먼저 출고(선한선출)할 수 있다.

41 품질관리부서에서 입고된 원료에 대해 검체 채취를 하고 적합 여부를 의뢰하여야 하는데, 이때 부착하는 라벨의 색상으로 적절한 것은? (12점)

① 백색라벨　　　　　　　　② 청색라벨

③ 황색라벨　　　　　　　　④ 적색라벨

⑤ 흑색라벨

| 해설 | ① 백색라벨은 검체 채취 전, ② 청색라벨은 적합 판정 시, ④ 적색라벨은 부적합 판정 시 부착한다.

42 유통화장품 안전관리시험 방법 중 납의 시험 방법으로 적절하지 <u>않은</u> 것은?

(12점)

① 디티존법

② 원자흡광광도법

③ 기체크로마토그래프법

④ 유도결합플라즈마분광기(ICP)를 이용하는 방법

⑤ 유도결합플라즈마-질량분석기(ICP-MS)를 이용하는 방법

| 해설 | 기체크로마토그래프법은 메탄올의 시험 방법이다.

정답 39 ④ 40 ⑤ 41 ③ 42 ③

43 세척 후에는 설비 및 기구의 위생 상태 판정 방법으로 적절하지 <u>않은</u> 것은?

(12점)

① 육안 판정은 장소를 미리 정해 놓고, 육안으로 판정하여 판정 결과를 기록서에 기재한다.
② 린스 정량법은 호스나 틈새기의 세척 판정에 적합하며, 고성능 액체 크로마토그래피, 박층크로마토그래피, 총유기탄소 등을 이용하여 측정한다.
③ 깨끗한 손 또는 검은 천으로 설비 내부의 표면을 닦아내고 천 표면의 잔류물로 판정한다.
④ 면봉 시험법은 면봉으로 검체 구역을 문지른 후 희석액에 담가 채취된 미생물을 희석하여 배양한 후 검출된 미생물 수를 계산한다.
⑤ 콘택트 플레이트법은 콘택트 플레이트에 검체를 채취하여 배양한 후 CFU수를 측정하여 기록한다.

| 해설 | 닦아내기 판정은 흰 천이나 검은 천으로 설비 내부의 표면을 닦아내고, 천 표면의 잔류물 유무로 세척 결과를 판정한다.

44 다음 〈보기〉의 원료 및 포장재에 대한 선정 절차를 차례대로 나열한 것은?

(12점)

┌ 보기 ┐
㉠ 품질 결정	㉡ 중요도 분류
㉢ 공급자 선정	㉣ 공급자 승인
㉤ 정기적 모니터링	㉥ 품질계약서 공급계약 체결

① ㉠ – ㉣ – ㉢ – ㉥ – ㉤ – ㉡
② ㉡ – ㉢ – ㉣ – ㉠ – ㉥ – ㉤
③ ㉡ – ㉤ – ㉣ – ㉢ – ㉥ – ㉠
④ ㉣ – ㉥ – ㉢ – ㉤ – ㉡ – ㉠
⑤ ㉣ – ㉥ – ㉤ – ㉢ – ㉡ – ㉠

| 해설 | 원료 및 포장재의 선정은 '중요도 분류 – 공급자 선정 – 공급자 승인 – 품질 결정 – 품질계약서 공급계약 체결 – 정기적 모니터링' 순으로 진행된다.

45 맞춤형화장품의 원료로 사용이 가능한 것은? (12점)

① 보존제를 직접 첨가하여 제조한 제품
② 자외선 차단제를 직접 첨가하여 제조한 제품
③ 개봉 후 3개월이 지난 원료를 직접 첨가한 제품
④ 화장품에 사용할 수 없는 원료를 첨가하여 제조한 제품
⑤ 사전심사를 받지 않은 기능성화장품의 효과를 나타내는 고시 원료를 첨가한 제품

| 해설 | ①, ②, ④, ⑤는 맞춤형화장품 조제관리사가 사용할 수 없는 원료이다.

46 작업소의 시설 기준 및 위생 기준에 대한 설명으로 옳지 <u>않은</u> 것은? (8점)

① 제조하는 화장품의 종류·제형에 따라 선이나 줄을 그어 구분하여야 한다.

② 수세실과 화장실의 접근이 쉬워야 하나 생산시설과 분리되어 있어야 한다.

③ 세제 또는 세척제는 효과가 우수해야 하며 효능에 따라 일부 잔류될 수 있다.

④ 곤충, 해충이나 쥐를 막을 수 있는 대책 마련과 정기적인 점검·확인을 해야 한다.

⑤ 바닥, 벽, 천장은 매끄러운 표면이어야 하고 소독제 등의 부식성에 대한 저항력이 있어야 한다.

| 해설 | 세척제는 잔류하거나 표면에 이상을 초래해서는 안 된다.

47 다음 화장품의 온도, 압력, 흐름, 점도, pH 등 화장품의 특성을 측정하고 기록하기 위하여 사용하는 설비는 무엇인가? (8점)

① 탱크　　　　　　　　　② 펌프

③ 호스　　　　　　　　　④ 칭량장치

⑤ 게이지와 미터기

| 해설 | ① 탱크는 공정 중인 또는 보관용 원료를 저장하기 위해 사용한다.
② 펌프는 다양한 점도의 액체를 다른 지점으로 이동시키기 위해 사용한다.
③ 호스는 한 위치에서 다른 위치로 제품을 전달하기 위해 사용한다.
④ 칭량장치는 원료, 제조과정 재료 및 완제품에서 요구되는 성분표 양과 기준을 만족하는지를 보증하기 위해 중량을 측정할 때 사용한다.

48 작업장 유지관리 주요사항으로 옳지 <u>않은</u> 것은? (8점)

① 예방적으로 실시한다.

② 설비마다 절차서를 작성한다.

③ 월간계획을 가지고 실행한다.

④ 점검체크시트를 사용하면 편리하다.

⑤ 유지하는 기준은 절차서에 포함한다.

| 해설 | 연간계획을 가지고 실행한다.

49 하나의 공정이나 일련의 공정으로 제조되어 균질성을 갖는 화장품의 일정한 분량을 무엇이라고 하는가? (12점)

① 뱃치　　　　　　　　　② 완제품

③ 제조번호　　　　　　　④ 뱃치번호

⑤ 벌크제품

| 해설 | 제조단위 또는 뱃치는 하나의 공정이나 일련의 공정으로 제조되어 균질성을 갖는 화장품의 일정한 분량을 말한다.

정답　46 ③　47 ⑤　48 ③　49 ①

50 내용물 및 원료 입고관리 시 주의할 사항으로 옳지 <u>않은</u> 것은? (8점)

① 제조번호가 없는 경우 관리번호를 부여하여 보관해야 한다.

② 입고된 원자재는 '적합', '부적합', '검사 중' 등으로 상태를 표기해야 한다.

③ 책임판매업자는 원자재 공급에 대한 관리·감독을 하여 입고관리를 수행해야 한다.

④ 물품에 결함이 있는 경우 입고를 보류하고 격리보관 및 폐기하거나 원자재 공급업자에게 반송해야 한다.

⑤ 원자재 입고 시 필요 서류와 현품이 일치하는지 확인해야 하며 필요 시 운송 관련 자료를 추가 확인할 수 있다.

51 화장비누(고형비누) 제품의 유리알칼리 성분 기준으로 옳은 것은? (8점)

① 0.1% 이하　　　　　② 0.1% 이상

③ 1.0% 이하　　　　　④ 1.0% 이상

⑤ 불검출

52 기준일탈의 처리 과정 중 재작업 실시를 결정하는 자는 누구인가? (8점)

① 제조업자　　　　　② 제조담당자

③ 책임판매업자　　　④ 책임판매관리자

⑤ 품질 책임자

53 다음 중 맞춤형화장품에 해당하는 사례로 적절한 것은? (8점)

① 알레르기가 심한 소비자를 위해 비건 원료를 이용해 제조한 화장품

② 소비자의 사용감을 높이기 위해 제조된 내용물에 점증제를 혼합하여 제형에 변화를 준 화장품

③ 제조 또는 수입된 화장품의 내용물에 식품의약품안전처장이 정하는 원료를 추가하여 혼합한 화장품

④ 사용금지 원료와 사용제한 원료가 들어가지 않은 제조 또는 수입된 화장품의 내용물을 그대로 사용한 화장품

⑤ 제조 또는 수입된 화장품의 내용물에 소비자의 피부톤에 맞춰 등색 201호 색소를 첨가하여 혼합한 아이 크림

정답　50 ③　51 ①　52 ⑤　53 ③

54 맞춤형화장품판매업의 결격사유에 해당하지 <u>않는</u> 것은? (8점)

① 영업소 폐쇄 후 2년이 지난 자

② 파산선고를 받고 복권되지 않은 자

③ 등록 취소 후 1년이 지나지 않은 자

④ 피성년후견인 선고를 받고 복권되지 않은 자

⑤ 보건범죄 단속에 관한 특별조치법 위반으로 금고 이상의 형 선고를 받고 집행 중인 자

| 해설 | 영업소 폐쇄 후 1년이 지나면 결격사유에 해당하지 않는다.

55 다음 중 맞춤형화장품의 종류로 옳지 <u>않은</u> 것은? (12점)

① 건조한 입술을 위해 호호바 오일이 첨가된 립글로스

② 수분 증발 방지를 위해 땅콩 오일이 첨가된 보습 에센스

③ 수분 유지를 위해 1,3-부틸렌글라이콜이 첨가된 리퀴드 파운데이션

④ 건조해진 손을 위해 소듐하이알루로네이트가 첨가된 고보습 핸드 크림

⑤ 건조한 피부를 위해 글리세린과 포도씨 오일이 첨가된 고보습 영양 크림

| 해설 | 땅콩 오일은 사용상의 제한이 필요한 원료이므로 맞춤형화장품에 사용할 수 없다.

56 다음 중 표시·광고 관련 행정 처분의 기준이 <u>다른</u> 것은 무엇인가? (8점)

① 사실 유무와 관계없이 다른 제품을 비방하거나 비방한다고 의심이 되는 경우

② 외국 제품을 국내 제품으로 또는 국내 제품을 외국 제품으로 잘못 인식할 우려가 있는 경우

③ 국제적 멸종위기종의 가공품이 함유된 화장품임을 표현하거나 암시하는 표시·광고의 경우

④ 경쟁 제품과 비교하는 객관적으로 확인될 수 있는 사항만을 표시·광고하여야 하며, 배타성을 띤 '최고' 또는 '최상' 등의 절대적 표현의 표시·광고의 경우

⑤ 의사·치과의사·한의사·약사·의료기관 또는 그 밖의 자가 이를 지정·공인·추천·지도·연구·개발 또는 사용하고 있다는 내용이나 이를 암시하는 등의 경우(다만, 인체적용시험 결과가 관련 학회 발표 등을 통하여 공인된 경우에는 그 범위에서 관련 문헌을 인용가능)

| 해설 | ①은 1차 위반 시 판매 또는 광고 업무정지 3개월, 2차 위반 시 6개월, 3차 위반 시 9개월이다.
②, ③, ④, ⑤는 1차 위반 시 판매 또는 광고 업무정지 2개월, 2차 위반 시 4개월, 3차 위반 시 6개월, 4차 위반 시 12개월이다.

57 다음 중 화장품 안정성시험과 목적의 연결이 옳지 <u>않은</u> 것은? (8점)

① 가혹시험 – 가혹조건에서의 화장품의 분해과정 및 분해산물 등을 확인

② 가속시험 – 단기간의 가속조건이 물리적·화학적·미생물학적 안정성 및 용기 적합성에 미치는 영향 평가

③ 가혹시험 – 개별화장품의 운반, 보관, 사용 과정 등에서 의도치 않게 일어날 수 있는 가혹조건에서의 품질 변화 검토

④ 장기보존시험 – 저장 조건에서의 사용기한 설정을 위해 장기간에 걸친 물리적·화학적·미생물학적 안정성 및 용기 적합성 확인

⑤ 개봉 후 안정성시험 – 화장품 사용 시 일어날 수 있는 오염 정도를 설정하기 위하여 물리적·화학적·미생물학적 안정성 및 용기 적합성 확인

| 해설 | 개봉 후 안정성시험은 화장품 사용 시 일어날 수 있는 오염 등을 고려한 사용기한을 설정하기 위하여 장기간에 걸쳐 물리적·화학적·미생물학적 안정성 및 용기 적합성을 확인하는 시험이다.

정답 54 ① 55 ② 56 ① 57 ⑤

58 피부의 감각기능에 대한 설명으로 옳지 <u>않은</u> 것은? (8점)

① 표피의 기저층에 압각이 위치한다.

② 진피의 유두층에 통각과 촉각이 위치한다.

③ 진피의 망상층에 온각과 냉각이 위치한다.

④ 손가락, 입술에 촉각세포가 많이 분포한다.

⑤ 피부에 가장 많이 분포하는 감각은 통각이다.

| 해설 | 압각은 진피의 망상층에 위치한다.

59 피부의 구조에 대한 설명으로 옳지 <u>않은</u> 것은? (8점)

① 과립층에는 수분저지막이 존재하며 피부 방어역할을 한다.

② 각질층은 천연보습인자를 통해 10~20%의 수분을 함유하고 있다.

③ 투명층에서는 엘라이딘이라는 반유동성 물질이 수분 침투를 방지한다.

④ 유두층은 미세한 교원섬유와 수분을 포함하고 있으며 물결모양을 하고 있다.

⑤ 망상층은 모세혈관과 신경말단이 존재하여 각질형성세포에 산소와 영양을 공급한다.

| 해설 | 모세혈관과 신경말단이 존재하여 각질형성세포에 산소와 영양을 공급하는 곳은 유두층이다.

60 피지선에 대한 설명으로 옳지 <u>않은</u> 것은? (8점)

① 피부와 모발에 윤기를 부여한다.

② 무색, 무취로 pH 3.8~5.6에 해당한다.

③ 손바닥, 발바닥을 제외한 전신에 분포한다.

④ 테스토스테론이 피지선을 자극하면 피지가 분비된다.

⑤ 피지선이 활발해져 피지가 과잉 분비되면 여드름 발생의 원인이 될 수 있다.

| 해설 | ②는 에크린선에 대한 설명이다.

61 모발의 성장주기에 대한 설명으로 옳은 것은? (8점)

① 남자가 여자에 비해 성장주기가 길다.

② 퇴행기에는 모발이 탈락하기 시작한다.

③ 휴지기에는 모모세포의 분열이 감소한다.

④ 전체 모발의 80~90%가 성장기에 해당한다.

⑤ 퇴행기에는 모낭과 모유두의 완전한 분리가 일어난다.

| 해설 | ① 여자가 남자에 비해 성장주기가 더 길다.
②, ⑤는 휴지기에 대한 설명이다.
③은 퇴행기에 대한 설명이다.

정답 58 ① 59 ⑤ 60 ② 61 ④

62 여드름 피부에 대한 설명으로 옳지 **않은** 것은? (8점)

① 피지 분비 증가, 모공 폐쇄, 세균 증식이 원인이다.

② 노란색 고름이 발생한 염증성 여드름을 농포라고 한다.

③ 모낭벽이 완전히 파괴된 상태의 여드름을 낭종이라고 한다.

④ 단단한 덩어리가 피부 안에서 딱딱해진 염증성 여드름은 결절이라고 한다.

⑤ 개방면포와 폐쇄면포로 구분되는 좁쌀 모양의 염증성 여드름을 면포라고 한다.

| 해설 | 면포는 비염증성 여드름이다.

63 관능평가 방법에 대한 설명으로 옳지 **않은** 것은? (12점)

① 증발 – 건조감량과 무게 측정을 통해 측정한다.

② 침전 – 바이알에 화장품을 넣고 탁도계로 측정한다.

③ 변취 – 손등에 적당량을 바른 뒤 유사 화장품과 비교해 확인한다.

④ 경도 – 실온에 방치한 용기에 넣고 적합한 회전봉을 사용해 측정한다.

⑤ 성상 – 육안 또는 현미경을 이용해 기포, 응고, 분리 등 유화 상태를 확인한다.

| 해설 | 변취는 원료의 베이스 냄새를 기준으로 표준품(최종 제품)과 비교해 확인한다.

64 맞춤형화장품판매업자가 준수해야 할 사항으로 적절하지 **않은** 것은? (8점)

① 원료 및 내용물의 입고, 사용, 폐기 내역 등에 대하여 기록 관리할 것

② 맞춤형화장품 판매내역서를 작성·보관할 것(전자문서로 된 판매내역서는 포함하지 않음)

③ 맞춤형화장품 판매장 시설·기구를 정기적으로 점검하여 보건위생상 위해가 없도록 관리할 것

④ 맞춤형화장품 사용과 관련된 부작용 발생사례에 대해서는 지체 없이 식품의약품안전처장에게 보고할 것

⑤ 맞춤형화장품 판매 시 혼합·소분에 사용되는 내용물 또는 원료의 특성과 사용 시의 주의사항에 대하여 소비자에게 설명할 것

| 해설 | 맞춤형화장품 판매내역서를 작성·보관 시에는 전자문서로 된 판매내역서도 포함된다.

정답 62 ⑤ 63 ③ 64 ②

65 맞춤형화장품조제관리사인 승환은 매장을 방문한 고객과 다음의 〈대화〉를 하였다. 〈대화〉를 읽고 〈보기〉에서 고객에게 추천할 혼합 성분으로 옳은 것을 모두 고르면? (12점)

┤ 대화 ├

승환: 안녕하세요. 고객님 혹시 피부 고민이 있으신가요?

고객: 네. 결혼을 앞두고 있어서 그런지 통 잠을 못 잤더니 피부가 푸석푸석하고 트러블도 올라오고 해서 고민이에요.

승환: 그럼 피부 측정부터 할게요. 측정결과 피부 수분이 10% 미만으로 나오고, 유분도 부족한 것으로 나오네요. 트러블은 턱 주변에서 관찰되네요.

고객: 그럼 저는 어떤 성분이 함유된 제품을 쓰는 것이 좋을까요?

┤ 보기 ├

㉠ 아데노신   ㉡ 토코페롤
㉢ 코코넛 오일   ㉣ 티트리잎 오일
㉤ 부틸렌글라이콜

① ㉠, ㉡, ㉢   ② ㉠, ㉢, ㉤
③ ㉡, ㉢, ㉣   ④ ㉡, ㉢, ㉤
⑤ ㉢, ㉣, ㉤

| 해설 | ㉢, ㉣, ㉤ 티트리잎 오일은 항염 작용. 코코넛 오일, 부틸렌글라이콜은 보습 작용을 한다.
㉠, ㉡ 아데노신은 주름 개선에 도움을 주는 기능성화장품 고시 원료이고, 토코페롤은 사용제한이 있어 사용할 수 없다.

66 화장품의 물리적 변화로 옳지 <u>않은</u> 것은? (8점)

① 침전   ② 균열
③ 겔화   ④ 분리
⑤ 변색

| 해설 | 변질, 변색, 변취, 오염, 결정 석출은 화학적 변화이다.

67 물휴지의 검출 허용한도로 옳지 <u>않은</u> 것은? (12점)

① 세균수 100개/g(mL) 이하 검출
② 진균수 100개/g(mL) 이하 검출
③ 녹농균 10개/g(mL) 이하 검출
④ 메탄올 0.002%(v/v) 이하 검출
⑤ 포름알데하이드 20μg/g 이하 검출

| 해설 | 모든 화장품은 대장균, 녹농균, 황색포도상구균은 모두 불검출되어야 한다. 물휴지는 세균 및 진균수 각각 100개/g(mL) 이하, 메탄올 0.002%(v/v) 이하, 포름알데하이드 20μg/g 이하까지 허용된다.

정답 **65** ⑤   **66** ⑤   **67** ③

68 자료 제출이 생략되는 기능성화장품 고시 성분과 함량이 적절하게 연결되지 **않은** 것은? (12점)

① 아데노신 – 0.04%
② 레티놀 – 2,500IU/g
③ 아스코빌글루코사이드 – 2.0%
④ 레티닐아세테이트 – 10,000IU/g
⑤ 폴리에톡실레이티드레틴아마이드 – 0.2%

| 해설 | 레티닐팔미테이트가 10,000IU/g 이며, 레티닐아세테이트는 피부컨디셔닝제이다.

69 화장품의 기재·표시사항 중 의무 표시로 옳지 **않은** 것은? (8점)

① 천연으로 표시·광고하는 경우 해당 원료의 함량 표시
② 중량이 45g인 크림에 들어간 화장품의 전체 성분 표시
③ 성분명을 제품 명칭의 일부로 사용한 경우 그 성분명과 함량 표시
④ 일부 기능성화장품의 경우 '질병의 예방 및 치료를 위한 의약품이 아님'이라는 문구 표시
⑤ 피부장벽의 기능을 회복하여 가려움 등의 개선에 도움을 주는 화장품의 경우 '질병의 예방 및 치료를 위한 의약품이 아님' 이라는 문구 표기

| 해설 | 내용량이 10mL 초과 50mL 이하 또는 중량이 10g 초과 50g 이하인 화장품의 전체 성분은 기재·표시를 생략할 수 있다.

70 맞춤형화장품의 안전 기준에 대한 설명으로 옳은 것은? (8점)

① 혼합·소분 후에 제품을 담은 포장 용기의 오염 여부를 확인한다.
② 판매업소의 의무사항에 해당하는 시설 및 기구는 정기적으로 점검한다.
③ 혼합·소분 전에 사용되는 내용물 및 원료에 대한 품질성적서를 확인한다.
④ 맞춤형화장품의 부작용 사례 발생 시 회수 의무는 맞춤형화장품판매업자에게 있다.
⑤ 판매내역서에 판매일자, 제조번호(식별번호)는 작성해 보관하고 판매량은 분기별 보고만 하면 된다.

| 해설 | ① 혼합·소분 전에 용기 오염을 확인한다.
② 시설 및 기구에 대한 점검은 권장사항이다.
④ 회수 의무는 책임판매업자에게 있다.
⑤ 판매량도 작성해 판매내역서에 보관해야 한다.

정답 68 ④ 69 ② 70 ③

71 다음 〈보기〉에서 맞춤형화장품판매업 신고대장에 포함되는 내용으로 옳은 것을 모두 고르면? (8점)

┌─ 보기 ┐
㉠ 신고번호
㉡ 맞춤형화장품조제관리사의 주소
㉢ 맞춤형화장품판매업자의 성명
㉣ 맞춤형화장품판매업자의 주민등록번호
㉤ 맞춤형화장품판매업자의 전화번호
㉥ 맞춤형화장품조제관리사의 자격증 취득일
㉦ 맞춤형화장품조제관리사의 자격증 번호
└─────────────────────────────────┘

① ㉠, ㉡, ㉢, ㉣
② ㉠, ㉡, ㉤, ㉥
③ ㉠, ㉢, ㉣, ㉦
④ ㉡, ㉣, ㉤, ㉦
⑤ ㉢, ㉤, ㉦, ㉣

| 해설 | 맞춤형화장품판매업 신고대장 포함 내용
• 신고번호 및 신고연월일
• 맞춤형화장품판매업자의 성명 및 주민등록번호(법인인 경우에는 대표자의 성명 및 주민등록번호 등)
• 맞춤형화장품판매업자의 상호 및 소재지
• 맞춤형화장품판매업소의 상호 및 소재지
• 맞춤형화장품조제관리사의 성명, 주민등록번호 및 자격증 번호
• 영업의 기간(한시적으로 맞춤형화장품판매업을 하려는 경우에 해당)

72 제품의 총 생산량 중 포장용기를 재사용할 수 있는 제품이 차지하는 비율로 옳지 않은 것은? (8점)

① 샴푸류 – 100분의 25 이상
② 린스류 – 100분의 25 이상
③ 파운데이션류 – 100분의 10 이상
④ 메이크업 베이스류 – 100분의 10 이상
⑤ 위생용 종이 제품 중 물티슈류 – 100분의 50 이상

| 해설 | 위생용 종이 제품의 물티슈류는 100분의 60 이상이다.

73 투명하고 광택성이 좋으며 딱딱한 특징을 가진 포장재로 성형가공성은 우수하나 내약품성과 내충격성이 좋지 않아 팩트 또는 스틱용기로 사용되는 것은? (8점)

① AS수지
② 폴리스티렌
③ 폴리염화비닐
④ 폴리에틸렌
⑤ 폴리프로필렌

| 해설 | 폴리스티렌에 관한 특징이다.

정답 71 ③ 72 ⑤ 73 ②

74 다음 〈보기〉의 착향제 성분 중 알레르기 유발 물질을 모두 고르면? (8점)

> ┤ 보기 ├
> ㉠ 파네솔   ㉡ 벤질알코올
> ㉢ 시트로넬올   ㉣ 시트릭애씨드
> ㉤ 아이소프로필알코올

① ㉠, ㉡, ㉢   ② ㉠, ㉡, ㉤
③ ㉡, ㉢, ㉣   ④ ㉡, ㉣, ㉤
⑤ ㉢, ㉣, ㉤

75 안전용기 · 포장 대상 품목 및 기준에 관한 설명으로 옳지 <u>않은</u> 것은? (8점)

① 일회용 제품은 안전용기 · 포장에서 제외된다.
② 13세 미만의 어린이가 개봉하기 어렵게 해야 된다.
③ 아세톤을 함유한 네일 에나멜 리무버는 안전용기 · 포장을 해야 한다.
④ 개별 포장당 메틸살리실레이트를 5.0% 이상 함유하는 액체상태의 제품은 안전용기 · 포장을 해야 한다.
⑤ 어린이용 오일 등 개별 포장당 탄화수소류를 10% 이상 함유하고 운동점도가 21cst(센티스톡스) 이하인 비에멀전 타입의 액체상태의 제품은 안전용기 · 포장을 해야 한다.

76 화장품 제조 기술과 특징에 대한 내용으로 옳은 것은? (8점)

① 가용하는 계면활성제를 이용하여 용매에 불용성 또는 난용성 물질을 용해시키는 반응으로, 향수의 수성 성분을 용해하거나 립스틱의 수성성분 베이스에 유성 성분을 첨가하기 위해 사용한다.
② 유화는 서로 섞이지 않는 두 액체의 한쪽이 작은 방울로 되어 미세한 입자의 상태로 균일하게 분산시켜 불투명한 상태로 나타나며, 유화의 분리현상으로는 합일, 오스트발트 숙성, 응집, 크리밍화가 있다.
③ 유화제의 종류: 글리세릴스테아레이트, 솔비탄스테아레이트, 스테아릭애씨드, 폴리글리세릴-10올리에이트, 폴리글리세릴-3메칠글루코오스디스테아레이트 등이 있다.
④ 화장품 제조 시 분산에 영향을 미치는 요인으로는 분산제의(종류와 사용량), 원료의 성질, 분산 조건(성분 첨가 순서, 교반속도, 온도 등)이 있다.
⑤ 콜로이드는 어떤 물질이 특정한 범위의 크기(1nm ~ 1um 정도)를 가진 입자가 되어 다른 물질 속에 분산된 상태를 말하며, 대표적으로 수용액에 유성성분을 용해시키는 가용화제의 형태이다.

| 해설 | 벤질알코올, 시트로넬올, 파네솔은 25종의 알레르기 유발 성분에 해당된다.

| 해설 | 5세 미만의 어린이가 개봉하기 힘들게 만들어야 한다.

| 해설 | ① 향수의 정유 성분을 용해하거나 립스틱의 유성성분 베이스에 수성 성분을 첨가하기 위해 사용한다.
③ 유화제의 종류 중 폴리글리세릴-10올리에이트는 대표적인 가용화제이다.
④ 분산에 영향을 미치는 요인은 분산질의 종류, 안료의 종류, 분산질의 형상, 분산질의 입도(입자의 크기)이며, 유화에 영향을 미치는 요인은 유화제(종류와 사용량), 원료의 성질, 유화 조건(성분 첨가 순서, 교반속도, 온도, 유화장치 등)이 있다.
⑤ 콜로이드는 대표적으로 분산 형태이다.

정답 74 ① 75 ② 76 ②

77 아이오도프로피닐부틸카바메이트(IPBC)이 함유된 제품(목욕용 제품, 샴푸류 및 보디 클렌저 제외)을 사용할 때의 주의사항으로 올바른 것은? (12점)

① 사용 시 흡입되지 않도록 주의할 것
② 3세 이하 영유아에게는 사용하지 말 것
③ 포름알데하이드 성분에 과민한 사람은 신중할 것
④ 눈에 접촉을 피하고 눈에 들어갔을 때는 즉시 씻어낼 것
⑤ 신장질환이 있는 사람은 사용 전에 의사, 약사, 한의사와 상의할 것

78 가영이는 외국 제품이 아니지만, 의도적으로 외국어 표시와 외국국기를 사용하여 소비자가 외국 제품으로 오인하도록 표시하였다. 이번이 1차 위반이었다면 가영이가 받는 행정처분으로 적절한 것은? (8점)

① 영업정지
② 해당 품목 판매 또는 광고 업무정지 15일
③ 해당 품목 판매 또는 광고 업무정지 2개월
④ 해당 품목 판매 또는 광고 업무정지 3개월
⑤ 해당 품목 판매 또는 광고 업무정지 6개월

79 사용제한 원료에 대한 함량으로 옳지 <u>않은</u> 것은? (12점)

① 우레아 – 10%
② 비타민 E – 20%
③ 페녹시에탄올 – 1.0%
④ 드로메트리졸 – 10%
⑤ 디아졸리디닐우레아 – 0.5%

80 관능평가에 의한 화장품 평가로 옳지 <u>않은</u> 것은? (10점)

① 투명감이 있다.
② 빠르게 흡수된다.
③ 피부 탄력이 생긴다.
④ 피부 산성도가 올라갔다.
⑤ 화장의 지속력이 우수하다.

정답 77 ② 78 ③ 79 ④ 80 ④

81 화장품과 관련하여 국민보건에 직접 영향을 미칠 수 있는 안전성·유효성에 관한 새로운 자료, 유해사례 정보 등을 (　　㉠　　)(이)라고 한다. ㉠에 들어갈 적합한 명칭을 작성하시오. (14점)

82 다음 〈보기〉의 ㉠에 들어갈 적합한 단어를 작성하시오. (14점)

┤ 보기 ├
　개인정보 처리에 관한 업무를 총괄하여 책임지는 자를 (　　㉠　　)(이)라고 한다.

83 개인정보의 처리 및 보호에 관한 사항을 정함으로써 개인의 자유와 권리를 보호하고 나아가 개인의 존엄과 가치를 구현함을 목적으로 하는 법을 (　　㉠　　)(이)라고 한다. ㉠에 들어갈 적합한 명칭을 작성하시오. (12점)

84 (　　㉠　　) 제품 사용 시 눈, 코 또는 입이 닿지 않도록 주의하여야 하고, 프로필렌글리콜을 함유하고 있으므로 이 성분에 과민하거나 알레르기 병력이 있는 사람은 신중히 사용해야 한다. ㉠에 들어갈 적합한 명칭을 작성하시오. (10점)

85 피부 진피 내에 존재하며, 세포조직 결합과 지탱 역할, 주름, 탄력, 피부 유연성에 관여하는 성분을 (㉠)(이)라고 한다. ㉠에 들어갈 적합한 명칭을 작성하시오. (12점)

86 다음 〈보기〉는 맞춤형화장품인 A 제품의 전성분을 나열한 것이다. 〈보기〉에서 착향제(향료) 성분으로 알레르기 유발 물질을 모두 골라 작성하시오. (10점)

┤ 보기 ├
정제수, 글리세린, 1,3-부틸렌글라이콜, 코코넛 오일, 포도씨 오일, 아밀신남알, 소듐하이알루로네이트, 스테아릴알코올, 세틸알코올, 잔탄검, 페녹시에탄올, 1,2 헥산다이올, 벤질벤조에이트, 메칠이소치아졸리논, 소듐이디티에이

87 다음 〈보기〉는 HLB에 대한 내용이다. 〈보기〉에서 ㉠, ㉡에 들어갈 적합한 단어를 각각 작성하시오. (12점)

┤ 보기 ├
HLB(Hydrophile Lipophile Balance)는 계면활성제의 성질을 수치화하여 상대적 세기를 나타낸 것이다. HLB 값이 높을수록 (㉠), HLB 값이 낮을수록 (㉡)의 특징을 갖는다.

88 다음 〈보기〉는 자료의 보존에 대한 내용이다. 〈보기〉에서 ㉠, ㉡에 들어갈 적합한 숫자를 각각 작성하시오. (12점)

┤ 보기 ├
화장품의 책임판매업자는 천연화장품 또는 유기농화장품으로 표시·광고하여 제조, 수입 및 판매할 경우 이에 적합함을 입증하는 자료를 구비하고 제조일로부터 (㉠)년 또는 사용기한 경과 후 (㉡)년 중 긴 기간 동안 보존해야 한다.

정답인정 **85** 콜라겐
86 아밀신남알, 벤질벤조에이트
87 ㉠ 친수성(수용성), ㉡ 친유성(지용성)
88 ㉠ 3, ㉡ 1

89 자외선에 의해 생기는 접촉 알레르기를 평가하기 위해 광조사를 하는 안전성시험을 (㉠)(이)라고 한다. ㉠에 들어갈 적합한 명칭을 작성하시오. (8점)

90 다음 〈보기〉는 포장재의 한 종류에 대한 설명이다. ㉠, ㉡에 들어갈 적합한 용어를 작성하시오. (12점)

> ┤ 보기 ├
> (㉠)은/는 크리스털 유리에 해당하며 굴절률이 매우 높고 산화납이 다량 함유되어 보통 고급 향수병으로 사용된다.
> (㉡)은/는 반투명성과 광택성, 내약품성, 내충격성이 우수하며, 주로 원터치 캡에 사용된다.

91 다음 〈보기〉는 안정성시험의 목적에 대한 내용이다. 〈보기〉의 괄호 안에 공통으로 들어갈 적합한 명칭을 작성하시오. (12점)

> ┤ 보기 ├
> 맞춤형화장품 안정성시험 중 장기보존시험은 저장 조건에서의 (㉠) 설정이 목적이며, 개봉 후 안정성시험은 화장품 사용 시 일어날 수 있는 오염 등을 고려한 (㉡) 설정이 목적이다.

92 각질형성세포, 멜라닌형성세포, 머켈세포가 존재하며 진피의 모세혈관으로부터 영양분과 산소를 공급받아 세포분열을 촉진하는 단층의 원추형 유핵세포층을 (㉠)(이)라고 한다. ㉠에 들어갈 적합한 명칭을 작성하시오. (10점)

93 각질과 세포간지질이 벽돌과 시멘트 구조로 된 층상구조로, 지질이 층층이 쌓여서 만든 입체적 구조를 (㉠)(이)라고 한다. ㉠에 들어갈 적합한 명칭을 작성하시오. (14점)

정답인정 89 광감작성시험
90 ㉠ 칼리납유리, ㉡ 폴리프로필렌(PP)
91 사용기한
92 기저층 93 라멜라 구조

94 (㉠)은/는 사용 후 씻어내는 인체 세정용 제품류와 데오도런트(스프레이 제품 제외), 페이스 파우더, 피부 결점을 감추기 위해 국소적으로 사용하는 파운데이션에는 0.3%까지 허용되나 그 외 제품에는 사용이 금지된 성분이다. ㉠에 들어갈 적합한 명칭을 작성하시오. (12점)

95 (㉠)은/는 화장품 원료의 안전관리 및 품질관리 능력 향상을 위해 필요한 자료로, 이 자료에는 명칭, 분자식, 함량 기준, 성상, 확인시험 등의 내용이 기재된다. ㉠에 들어갈 적합한 명칭을 작성하시오. (10점)

96 다음 〈보기〉를 읽고, ㉠, ㉡에 들어갈 적합한 용어를 작성하시오. (12점)

> ┤ 보기 ├
> • (㉠)은/는 주로 가용화 제품이나 간단한 물질을 혼합할 때 사용하는 교반기로, 고속 교반에 의해 균질하게 분산시킬 때 유용한 기기이다.
> • 서로 섞이지 않는 두 액체의 한쪽이 작은 방울로 되어 미세한 입자의 상태로 균일하게 분산시켜 불투명한 상태로 나타나는 것을 (㉡)(이)라고 한다.

97 인체 및 두발세정용 제품류의 적정 포장공간 비율은 (㉠)% 이하이다. ㉠에 들어갈 적합한 숫자를 작성하시오. (8점)

98 다음 〈보기〉는 자외선 차단제의 전성분을 나열한 것이다. 〈보기〉 제품에서 사용된 자외선 차단 성분은 모두 몇 개인지 숫자를 쓰시오. (14점)

┌ 보기 ┐

정제수, 호모살레이트, 부틸렌글라이콜, 디에칠아미노하이드록시벤조일헥실벤조에이트, 에칠헥실살리실레이트, 글리세린, 다이아이소프로필세바케이트, 다이부틸아디페이트, 비스-에칠헥실옥시페놀메톡시페닐트리아진, C12-15알킬벤조에이트, 테레프탈릴리덴디캠퍼설포닉애씨드, 실리카, 포타슘세틸포스페이트, 티타늄디옥사이드(CI 77891), 세테아릴알코올, 1,2-헥산다이올, 트로메타민, 글리세릴스테아레이트, 프로판다이올, 폴리아크릴레이트크로스폴리머-6, 향료, 아크릴레이트/C10-30알킬아크릴레이트크로스폴리머, 베헤닐알코올, 하이드로제네이티드레시틴, 글리세릴, 카프릴레이트, 다이소듐이디티에이, 에틸헥실글리세린, 쌀배아추출물, 알루미늄하이드록사이드, 트라이에톡시카프릴릴실레인, 돌콩싹 추출물, 참깨싹 추출물

99 다음 〈보기〉를 읽고, ㉠, ㉡에 들어갈 적합한 용어를 작성하시오. (12점)

┌ 보기 ┐

남성형 탈모증은 남성호르몬인 테스토스테론이 (㉠)에 의해 (㉡)로 전환되며, (㉡)은/는 모낭을 위축시키며 탈모의 원인이 된다.

100 (㉠)은/는 보습제, 용제, 점도감소제의 목적으로 사용되는 성분으로 외음부 세정제에 함유될 경우 이 성분에 과민하거나 알레르기 병력이 있는 사람은 신중히 사용해야 하며, 염모제와 탈염·탈색제에 함유될 경우 알레르기를 일으킬 수 있어 주의해야 한다. ㉠에 들어갈 적합한 명칭을 작성하시오. (20점)

실력점검 모의고사(제4회)

모바일로
간편하게
채점하기

01 영업자의 의무사항으로 옳지 <u>않은</u> 것은? (12점)

① 맞춤형화장품조제관리사는 화장품 안전성 확보 및 품질관리 교육을 매년 이수해야 한다.

② 화장품책임판매업자는 생산실적 또는 수입실적, 화장품의 제조과정에 사용된 원료의 목록 등을 유통·판매 전에 식품의약품안전처장에게 보고해야 한다.

③ 화장품제조업자는 제조와 관련된 기록·시설·기구 등의 관리방법, 원료·자재·완제품 등에 대한 시험·검사·검정 실시 방법 및 의무에 관한 사항을 준수해야 한다.

④ 맞춤형화장품판매업자는 판매장 시설·기구의 관리 방법, 혼합·소분 안전관리기준의 준수 의무, 혼합·소분되는 내용물 및 원료에 대한 설명 의무에 관한 사항을 준수해야 한다.

⑤ 화장품책임판매업자는 품질관리 기준, 책임판매 전 안전관리 기준, 품질검사 방법 및 실시 의무, 안전성·안정성 관련 정보사항 등의 보고 및 안전대책 마련 의무에 관한 사항을 준수해야 한다.

| 해설 | 화장품책임판매업자는 품질관리 기준, 책임판매 후 안전관리 기준, 품질검사 방법 및 실시 의무, 안전성·유효성 관련 정보사항 등의 보고 및 안전대책 마련 의무에 관한 사항을 준수한다.

02 영유아 또는 어린이 화장품에 관한 사항으로 옳지 <u>않은</u> 것은? (8점)

① 영유아는 3세 미만, 어린이는 4세 이상부터 13세 미만까지를 말한다.

② 영유아 또는 어린이의 연령 및 표시, 광고의 범위 등에 필요한 사항은 총리령으로 정한다.

③ 식품의약품안전처장은 5년마다 영유아 또는 어린이 사용 화장품의 유통 현황 및 추세를 파악한다.

④ 영유아 또는 어린이가 사용할 수 있는 화장품으로 표시·광고하려는 경우에는 안전성 평가 자료를 작성 및 보관하여야 한다.

⑤ 영유아 또는 어린이가 사용할 수 있는 화장품의 제품별 안전성 자료를 작성 또는 보관하지 않은 경우 업무정지 처분에 해당한다.

| 해설 | • 영유아: 3세 이하
• 어린이: 4세 이상부터 13세 이하

03 실태조사의 포함사항으로 옳지 <u>않은</u> 것은? (12점)

① 소비자의 구매실태 및 사용실태

② 사용 후 이상사례의 현황 및 조치 결과

③ 제품별 안전성 자료의 작성 및 보관 현황

④ 영유아 또는 어린이의 사용 화장품의 유통 현황 및 추세

⑤ 영유아 또는 어린이 사용 화장품에 대한 표시·광고의 현황 및 추세

| 해설 | 실태조사는 5년마다 실시한다. 소비자의 사용실태를 포함하나 구매실태를 포함하지는 않는다.

정답 01 ⑤ 02 ① 03 ①

04 화장품의 포장에 기재·표시해야 하는 사항으로 옳지 <u>않은</u> 것은? (8점)

① 식품의약품안전처장이 정하는 바코드

② 인체 세포·조직 배양액이 들어 있는 경우 그 함량

③ 수입화장품의 경우 제조국의 명칭, 제조회사명 및 그 소재지

④ 기능성화장품의 경우 심사를 받거나 보고한 효능·효과, 용법·용량

⑤ 천연 또는 유기농으로 표시·광고하는 경우 천연 또는 유기농 원료 공급업체

05 업무를 목적으로 개인정보를 처리하는 모든 공공기관, 영리 목적의 법인, 협회·동창회와 같은 비영리기관·단체, 개인을 일컫는 용어로 옳은 것은? (8점)

① 정보주체

② 개인정보파일

③ 개인정보취급자

④ 개인정보처리자

⑤ 개인정보 보호책임자

06 표시·광고 실증의 원칙에 해당하지 <u>않는</u> 것은? (8점)

① 실증 자료의 제출을 요청받아 제출할 때에는 요청받은 날부터 10일 이내에 제출하여야 한다.

② 조사 결과는 표본설정, 질문방법이 그 조사의 목적이나 통계상의 방법과 일치하여야 한다.

③ 시험 결과는 인체적용시험 자료, 인체외시험 자료 또는 같은 수준 이상의 조사 자료여야 한다.

④ 실증에 사용되는 시험 또는 조사의 방법은 관련 산업 분야에서 일반적으로 인정되는 방법으로 과학적이고 객관적이어야 한다.

⑤ 식품의약품안전처장은 표시·광고에 대한 실증이 필요하다고 인정하는 경우에는 그 내용을 구체적으로 명시하여 관련 자료의 제출을 요청할 수 있다.

07 개인정보로 옳지 <u>않은</u> 것은? (8점)

① 주민등록번호
② 학교이름과 학번
③ 이름과 전화번호
④ 몸무게와 혈액형
⑤ 회사명과 사원번호

08 맞춤형화장품에 사용이 가능한 원료로 옳은 것은? (12점)

① 피크라민산
② 땅콩 오일
③ 벤토나이트
④ 벤조페논-3
⑤ 메칠이소치아졸리논

09 왁스에 대한 설명으로 옳지 <u>않은</u> 것은? (8점)

① 비즈 왁스 – 벌집에서 추출하며 수분 증발을 억제하고 부드러운 감촉을 부여한다.
② 칸데릴라 왁스 – 68~72℃의 녹는점으로 립스틱의 부서짐을 예방하고 광택효과가 있다.
③ 카나우바 왁스 – 80~86℃의 녹는점으로 광택성이 뛰어나 립스틱, 탈모제 등에 사용한다.
④ 라놀린 – 미네랄 왁스로 백색 또는 황색을 띠며, 피부 보호 및 윤기 공급, 부드러운 감촉을 부여한다.
⑤ 호호바 오일 – 피지 성분과 유사한 구조로 피부에 대한 친화성과 퍼짐성이 우수하여 부드러운 감촉이 있다.

10 다음 〈보기〉에서 위해화장품 공표 결과 지방식품의약품안전청장에게 통보해야 하는 사항을 모두 고르면? (8점)

보기
㉠ 공표일   ㉡ 공표 매체
㉢ 공표 횟수   ㉣ 공표에 사용된 비용
㉤ 공표문 사본 또는 내용   ㉥ 공표대상의 제조번호

① ㉠, ㉡, ㉢, ㉣
② ㉠, ㉡, ㉢, ㉤
③ ㉠, ㉡, ㉣, ㉤
④ ㉠, ㉢, ㉣, ㉥
⑤ ㉡, ㉢, ㉤, ㉥

11 위해화장품을 회수해야 할 때 회수계획서와 함께 제출해야 할 서류로 옳지 <u>않은</u> 것은? (12점)

① 회수 사유를 적은 서류
② 판매처별 판매일의 기록
③ 판매처별 판매량의 기록
④ 해당 품목의 품질성적서 사본
⑤ 해당 품목의 제조·수입기록서 사본

| 해설 | 회수계획서 제출 시 해당 품목의 제조·수입기록서 사본, 판매처별 판매량·판매일 등의 기록, 회수 사유를 적은 서류를 제출해야 한다.

12 다음은 위해성 등급이 가등급인 위해화장품을 회수할 때 작성하는 공표문이다. 공표문의 작성방법에 대한 내용으로 옳은 것은? (12점)

위해화장품 회수

「화장품법」 제5조의2에 따라 아래의 화장품을 회수합니다.

가. 회수제품명:
나. 제조번호:
다. (㉠):
라. 회수 사유:
마. (㉡):
바. 회수 영업자:
사. 영업자 주소:
아. 연락처:
자. 그 밖의 사항: 위해화장품 회수 관련 협조 요청
　1) 해당 회수화장품을 보관하고 있는 판매자는 판매를 중지하고 회수 영업자에게 반품하여 주시기 바랍니다.
　2) 해당 제품을 구입한 소비자께서는 그 구입한 업소에 되돌려 주시는 등 위해화장품 회수에 적극 협조하여 주시기 바랍니다.

---

① 일반일간신문 게재용은 2단 10센티미터 이상이어야 하며, ㉠은 사용기한 또는 개봉 후 사용기한(병행 표기된 제조연월일을 포함한다), ㉡은 회수 방법이다.
② 일반일간신문 게재용은 3단 10센티미터 이상이어야 하며, ㉠은 사용기한 또는 개봉 후 사용기한(병행 표기된 제조연월일을 포함한다), ㉡은 회수 방법이다.
③ 일반일간신문 게재용은 2단 10센티미터 이상이어야 하며, ㉠은 제조일자, ㉡은 사용기한 또는 개봉 후 사용기한(병행 표기된 제조연월일을 포함한다)이다.
④ 인터넷 홈페이지 게재용은 회수문의 내용이 10센티미터 이상되어야 하며, ㉠은 사용기한 또는 개봉 후 사용기한(병행 표기된 제조연월일을 포함한다), ㉡은 회수 방법이다.
⑤ 인터넷 홈페이지 게재용은 회수문의 내용이 잘 보이도록 크기 조정이 가능하며, ㉠은 제조일자, ㉡은 사용기한 또는 개봉 후 사용기한(병행 표기된 제조연월일을 포함한다)이다.

| 해설 | · 일반일간신문 게재용: 3단 10센티미터 이상
· 인터넷 홈페이지 게재용: 회수문의 내용이 잘 보이도록 크기 조정 가능
· 위해화장품 회수
　- 화장품을 회수한다는 내용의 표제
　- 제품명
　- 회수 대상 화장품의 제조번호
　- 사용기한 또는 개봉 후 사용기간(병행 표기된 제조연월일을 포함한다)
　- 회수 사유
　- 회수 방법
　- 회수하는 영업자의 명칭
　- 회수하는 영업자의 주소
　- 회수하는 영업자의 전화번호
　- 그 밖에 회수에 필요한 사항

정답 11 ④ 12 ②

13 천연 및 유기농 함량에 대해 옳지 <u>않은</u> 것은? (8점)

① 천연 함량 비율(%)＝물 비율＋천연 원료 비율＋천연 유래 원료 비율이다.

② 물로만 추출한 경우 유기농 함량 비율(%)＝신선한 유기농 원물÷추출물×100 이다.

③ 유기농 함량 확인이 불가능한 경우 물, 미네랄 또는 미네랄 유래 원료는 유기 농 함량 비율 계산에 포함한다.

④ 비수용성 원료의 유기농 함량 비율(%)＝(신선 또는 건조 유기농 원물＋사용하 는 유기농 용매)÷(신선 또는 건조 원물＋사용하는 총 용매)×100이다.

⑤ 유기농 함량 확인이 불가능하면서 유기농 원물만 사용하거나 유기농 용매를 사용하여 유기농 원물을 추출한 경우 해당 원료의 유기농 함량 비율은 100%로 계산한다.

| 해설 | 유기농 함량 확인이 불가능한 경우 물, 미네랄 또는 미네랄 유래 원료 는 유기농 함량 비율 계산에 포함하지 않는다. 물은 제품에 직접 함유되거나 혼 합 원료의 구성요소로 사용될 수 있다.

14 화장품 사용 시의 주의사항 중 공통사항으로 옳지 <u>않은</u> 것은? (8점)

① 직사광선을 피해서 보관할 것

② 상처가 있는 부위는 사용을 자제할 것

③ 어린이 손이 닿지 않는 곳에 보관할 것

④ 눈에 들어갔을 경우 물로 씻어내고, 이상이 있는 경우 전문의와 상담할 것

⑤ 화장품 사용 시 또는 사용 후 직사광선에 의하여 사용 부위가 붉은 반점, 부어 오름 또는 가려움증 등의 이상 증상이나 부작용이 있는 경우 전문의 등과 상담 할 것

| 해설 | ④는 미세한 알갱이가 함유된 스크럽 세안제의 개별 주의사항이다.

15 자료 제출이 생략되는 피부 미백에 도움을 주는 성분과 최대 허용 함량이 <u>잘못</u> 짝지어진 것은? (8점)

① 알부틴 – 2.0～5.0%

② 닥나무 추출물 – 0.5%

③ 알파-비사보롤 – 0.5%

④ 에칠아스코빌에텔 – 1.0～2.0%

⑤ 마그네슘아스코빌포스페이트 – 3.0%

| 해설 | 닥나무 추출물은 최대 2.0% 함 량까지 자료 제출이 생략될 수 있다.

정답 **13** ③ **14** ④ **15** ②

16 화장품에 사용할 수 있는 기타 사용제한 원료로 옳지 <u>않은</u> 것은? (8점)

① 우레아, 시스테인, 아세틸시스테인 및 그 염류

② 머스크자일렌, 알릴헵틴카보네이트

③ 비타민 E(토코페롤), 칼슘하이드록사이드

④ 하이드록시시트로넬알, 알파-아이소메틸아이오논

⑤ 만수국꽃 추출물 또는 오일, 소합향나무 발삼오일 및 추출물

17 기초화장품과 인체 세정용 화장품의 종류 및 사용 목적에 대한 설명으로 옳지 <u>않은</u> 것은? (8점)

① 세정용 화장품의 종류로는 폼 클렌저, 보디 클렌저, 물휴지 등이 있다.

② 기초화장품은 피부의 청정, 피부 보호, 수분 공급, 유연 및 탄력 효과가 있다.

③ 기초화장품의 종류로는 화장수, 유액(로션), 에센스(세럼), 크림류, 팩 등이 있다.

④ 세정용 화장품은 피부에서 분비되는 피지와 땀, 먼지, 메이크업 잔여물 등을 제거할 목적으로 사용한다.

⑤ 세정용 화장품에는 물을 사용하는 용제형 세정제와 물을 사용하지 않고 얼굴에 제품을 도포한 후 닦아내는 계면활성제용 세안제가 있다.

18 퍼머넌트 웨이브 제품 및 헤어 스트레이트너 제품의 사용 시 개별 주의사항으로 옳은 것은? (8점)

① 특이체질, 신장질환, 혈액질환이 있는 사람들은 사용을 피할 것

② 사용 후 남은 제품은 다음 사용 시까지 다른 제품과 혼용되지 않도록 보관할 것

③ 섭씨 20℃ 이하의 어두운 장소에 보존하고, 색이 변하거나 침전된 경우 사용하지 말 것

④ 두피·얼굴·눈·목·손 등에 약액이 묻지 않도록 유의하고 얼굴 등에 묻었을 경우 즉시 세안제로 씻어낼 것

⑤ 제2단계 퍼머액 중 그 주성분이 과산화수소인 제품은 검은 머리카락이 갈색으로 변할 수 있으므로 주의할 것

19 만수국아재비꽃 추출물 또는 오일을 화장품 성분으로 사용하였다고 가정하였을 때 각 제품에 맞는 함량을 고르면? (12점)

① 샤워 젤 – 0.1%

② 에센스 – 0.05%

③ 영양 크림 – 0.5%

④ 보디 워시 – 0.2%

⑤ 자외선 차단 제품 – 0.001%

20 다음 〈보기〉에 제시된 색소 중 사용제한이 있는 색소를 모두 고른 것은? (8점)

| 보기 |
　　⊙ 녹색 3호　　　　　　　　　ⓛ 녹색 202호
　　ⓒ 적색 40호　　　　　　　　ⓔ 적색 223호
　　ⓜ 적색 226호　　　　　　　　ⓗ 황색 202호
　　ⓢ 황색 203호　　　　　　　　ⓞ 청색 2호

① ⊙, ⓒ　　　　　　　　　　② ⓛ, ⓜ
③ ⓔ, ⓢ　　　　　　　　　　④ ⓜ, ⓢ
⑤ ⓗ, ⓞ

| 해설 | 적색 223호, 황색 203호는 눈 주위에 사용할 수 없다.

21 양쪽성 계면활성제 특징으로 옳지 <u>않은</u> 것은? (8점)

① 양이온을 띠는 쪽은 살균 및 소독 작용의 효과가 있다.
② 음이온성을 띠는 쪽은 세정력과 기포 형성력이 우수하다.
③ 한 분자 내에 음이온과 양이온의 활성기를 모두 가지고 있다.
④ 산성일 때 음이온성, 알칼리성일 때 양이온성으로 활성화된다.
⑤ 다른 계면활성제에 비하여 피부 자극이 적어 어린이용 제품이나 저자극성 샴푸에 많이 사용된다.

| 해설 | 양쪽성 계면활성제는 산성일 때 양이온성, 알칼리성일 때 음이온성으로 활성화된다.

22 원료의 특성에 대한 설명으로 옳지 <u>않은</u> 것은? (8점)

① 글리세린은 탄소수가 3이고, −OH기를 3개 가지고 있는 3가 알코올로 주로 보습제로 사용된다.
② 왁스류는 고급 지방산과 고급 1, 2가 알코올이 결합된 에스텔류로 피부 또는 모발의 광택을 부여한다.
③ 알코올은 유기용매이며 무색, 특이취, 휘발성을 가지고 화장품에 살균, 수렴, 가용화제 등으로 사용된다.
④ 고급 알코올은 R−OH로 표시되는 화합물로 탄소수가 6개 미만이며 화장품의 점도를 조절하거나 유화를 안정화시킬 때 사용된다.
⑤ 에스텔은 지방산(R−COOH)과 알코올(R−OH)이 결합하면서 탈수 반응에 의해 생성되며, 화장품에는 피부의 유연성, 산뜻한 사용감을 위해 사용한다.

| 해설 | 고급 알코올은 R−OH로 표시되는 화합물로 탄소수가 6개 이상이며, 화장품의 점도를 조절하거나 유화를 안정시킬 때 사용한다.

정답 **20** ③　**21** ④　**22** ④

23 「화장품 사용할 때의 주의사항 및 알레르기 유발 성분 표시에 관한 규정」 별표 1 화장품의 유형과 유형별·함유 성분별 사용할 때의 주의사항 표시에 따른 문구로 옳은 것은? (8점)

① 이소부틸파라벤 – 사용 시 흡입되지 않도록 주의할 것
② 스테아린산아연 – 3세 이하 어린이에게는 사용하지 말 것
③ 과산화수소 – 눈에 접촉을 피하고 눈에 들어갔을 때는 즉시 씻어낼 것
④ 실버나이트레이트 – 신장 질환이 있는 사람은 사용 전에 의사, 약사, 한의사와 상의할 것
⑤ 코치닐 추출물 – 「인체적용시험 자료」에서 구진과 경미한 가려움이 보고된 예가 있음

24 고압가스를 사용하는 인체용 에어로졸 제품을 사용할 때의 주의사항으로 옳지 않은 것은? (8점)

① 눈 주위 또는 점막 등에 분사하지 말아야 한다.
② 가능하면 인체에서 10cm 이상 떨어져서 사용해야 한다.
③ 사용 후 남은 가스가 없도록 해야 하며 불 속에 버리지 말아야 한다.
④ 섭씨 40℃ 이상의 장소 또는 밀폐된 장소에서 보관하지 않아야 한다.
⑤ 자외선 차단제의 경우 얼굴에 직접 분사하지 말고, 손에 덜어서 사용해야 한다.

25 품질관리기준서 중 시험지시서에 포함되지 않는 것은? (8점)

① 제품명
② 제조연월일
③ 시험항목 및 시험 기준
④ 제조번호 또는 관리번호
⑤ 사용기한 및 개봉 후 사용기간

26 다음 〈보기〉에서 원료품질성적서에 들어가야 하는 내용을 모두 고르면? (8점)

┌ 보기 ┐
ㄱ 제조번호
ㄴ 제조일자
ㄷ 공급자 소재지
ㄹ 시험 결과
ㅁ 원료 제조 장소
ㅂ 수령일자
└───────┘

① ㄱ, ㄴ, ㄷ, ㄹ
② ㄱ, ㄴ, ㄹ, ㅂ
③ ㄴ, ㄷ, ㄹ, ㅁ
④ ㄴ, ㄹ, ㅁ, ㅂ
⑤ ㄷ, ㄹ, ㅁ, ㅂ

27 다음 〈보기〉에서 알파-하이드록시애씨드(AHA) 성분이 0.5% 초과 함유된 제품의 주의사항으로 옳은 것을 모두 고르면? (8점)

┌ 보기 ┐
ㄱ 3세 이하 어린이에게는 사용하지 말 것
ㄴ 일부에 시험 사용하여 피부 이상을 확인할 것
ㄷ 눈에 들어갔을 경우 물로 씻어내고 이상이 있는 경우 전문의와 상담할 것
ㄹ 피부 이상 및 구역, 구토 등의 신체 이상이 느끼는 자는 피부과 전문의 또는 의사에게 진찰을 받을 것
ㅁ 햇빛에 대한 피부의 감수성을 증가시킬 수 있으므로 자외선 차단제를 함께 사용할 것(씻어내는 제품 및 두발용 제품은 제외)
ㅂ AHA 성분이 10%를 초과하여 함유되어 있거나 산도가 3.5 미만인 제품만 표시하며 고농도의 AHA는 부작용이 발생할 우려가 있어 전문의 등에게 상담할 것
└───────┘

① ㄱ, ㄴ, ㄷ
② ㄱ, ㄷ, ㅂ
③ ㄴ, ㄷ, ㄹ
④ ㄴ, ㅁ, ㅂ
⑤ ㄹ, ㅁ, ㅂ

28 혼합·소분 시 안전관리 기준으로 옳지 않은 것은? (8점)

① 혼합·소분 전에 혼합·소분된 제품을 담을 포장용기의 오염 여부를 확인한다.
② 혼합·소분 시 일회용 장갑을 착용하는 경우를 제외하고는 혼합·소분 전에 손을 소독하거나 세정한다.
③ 혼합·소분에 사용되는 내용물 및 원료는 「화장품법」 제8조의 화장품 안전 기준 등에 적합한 것을 확인하여 사용한다.
④ 맞춤형화장품 조제에 사용하고 남은 내용물 및 원료는 밀폐를 위한 마개를 사용하는 등 비의도적인 오염을 방지한다.
⑤ 혼합·소분에 사용되는 내용물의 사용기한 또는 개봉 후 사용기간을 초과하여 맞춤형화장품의 사용기한 또는 개봉 후 사용기간을 정한다.

정답 26 ② 27 ④ 28 ⑤

29 설비·기구의 위생 상태 판정에 대한 내용으로 옳지 <u>않은</u> 것은? (8점)

① 육안 판정을 통해 위생 상태를 판정할 수 있다.

② 육안 판정 후 판정 결과를 기록서에 기재해야 한다.

③ 린스 정량법은 호스나 틈새기의 세척 판정에 적합하다.

④ 린스 정량법은 HPLC법, TLC, TOC, UV로 측정하는 방법을 이용하여 수치로 결과 확인이 가능하다.

⑤ 닦아내기 판정은 반드시 흰 천으로 설비 내부 표면을 닦아내어 천 표면에 묻은 잔유물 유무로 세척 결과를 판정하는 방법이다.

| 해설 | 닦아내기 판정은 흰 천이나 검은 천을 사용할 수 있다.

30 다음 〈보기〉의 ㉠, ㉡에 들어갈 내용으로 옳은 것은? (8점)

┌─ 보기 ┐
(㉠)(이)란 제조공정 단계에 있는 것으로서 필요한 제조 공정을 더 거쳐야 (㉡)이 되는 것을 말하며, (㉡)(이)란 충전(1차 포장) 이전의 제조 단계까지 끝낸 제품을 말한다.
└──────────────────────┘

① ㉠ 원료, ㉡ 반제품   ② ㉠ 원료, ㉡ 벌크제품

③ ㉠ 반제품, ㉡ 완제품   ④ ㉠ 반제품, ㉡ 벌크제품

⑤ ㉠ 벌크제품, ㉡ 완제품

| 해설 | ㉠ 반제품: 원료 혼합 등의 제조 공정 단계를 거친 것으로 벌크제품이 되기 위하여 추가 제조 공정이 필요한 화장품
㉡ 벌크제품: 충전(1차 포장) 이전의 제조 단계까지 끝낸 화장품

31 위생관리 기준에 대한 설명으로 옳지 <u>않은</u> 것은? (12점)

① 화장품의 오염을 방지하기 위하여 규정된 작업복을 착용해야 한다.

② 작업소 내에서는 음식물 등 반입을 해서는 안 되며 보관소에 보관해야 한다.

③ 방문객은 사전에 직원 위생에 대한 교육 및 복장 규정에 따르도록 하고 감독하여야 한다.

④ 피부에 외상이 있거나 질병에 걸린 직원은 의사의 소견이 있기 전까지는 화장품과 직접 접촉되지 않도록 격리한다.

⑤ 제조 구역별 접근 권한이 없는 작업원 및 방문객은 가급적 제조, 관리 및 보관 구역 내에 들어가지 않도록 하여야 한다.

| 해설 | 작업소 및 보관소 내에는 음식물 등을 반입해서는 안 된다.

정답 29 ⑤ 30 ④ 31 ②

32 작업소의 위생 기준에 대한 설명으로 옳지 <u>않은</u> 것은? (8점)

① 소음에 대한 대책을 마련하고 정기적으로 점검·확인을 해야 한다.

② 제조, 관리 및 보관 구역 내의 바닥, 벽, 천장 및 창문은 항상 청결하게 유지되어 있어야 한다.

③ 제조 시설이나 설비의 세척에 사용되는 세제 또는 소독제는 효능이 입증된 것을 사용해야 한다.

④ 설비 및 세척에 사용되는 세제 또는 소독제는 잔류하거나 적용하는 표면에 이상을 초래해서는 안 된다.

⑤ 제조 시설이나 설비는 적절한 방법으로 청소해야 하며 필요한 경우 위생관리 프로그램을 운영해야 한다.

| 해설 | 작업소에 곤충, 해충이나 쥐 등을 막을 수 있는 대책을 마련해야 한다.

33 반투명의 광택성과 내약품성이 우수하며, 상온에서 내충격성이 있는 특성을 가지고 보통 원터치 캡, 크림류, 캡류에 사용되는 플라스틱 소재는 무엇인가? (8점)

① 폴리스티렌(PS)

② 폴리프로필렌(PP)

③ 폴리염화비닐(PVC)

④ 고밀도 폴리에틸렌(HDPE)

⑤ 폴리에틸렌테레프탈레이트(PET)

| 해설 | ① 폴리스티렌: 투명하며 광택을 내고 성형가공성이 우수하여 팩트나 스틱 용기로 사용
③ 폴리염화비닐: 투명하며 성형 가공성이 우수하고 비용이 저렴하여 샴푸나 린스 용기로 사용
④ 고밀도 폴리에틸렌: 유백색이며 무광택을 내고 수분투과가 적어 화장수나 샴푸, 린스의 용기 및 튜브로 사용
⑤ 폴리에틸렌테레프탈레이트: 투명하며 광택을 내고 내약품성이 우수하여 화장수 용기나 유액병으로 사용

34 포장용기의 종류에 대한 설명으로 옳은 것은? (8점)

① 차광용기란 광선의 투과를 방지하여 내용물을 보호하는 용기이다.

② 밀봉용기란 내용물을 풍화, 조해, 증발로부터 보호하는 용기이다.

③ 기밀용기란 기체 또는 미생물이 침입할 염려가 없도록 내용물을 보호하는 용기이다.

④ 밀폐용기란 외부로부터 수분이 침투하여 내용물이 손실되지 않도록 보호하는 용기이다.

⑤ 밀봉용기란 액상 또는 고형의 물질이 침입하여 내용물이 손실되지 않도록 보호하는 용기이다.

| 해설 | ②, ⑤ 밀봉용기: 기체, 미생물 침입 방지
③ 기밀용기: 액상, 고형, 수분의 침입 방지
④ 밀폐용기: 고형 이물질의 침입 방지

정답 32 ① 33 ② 34 ①

35 다음 〈보기〉의 입고 원료에 대한 처리 과정을 순서대로 나열한 것은? (8점)

> ┤ 보기 ├
> ㉠ 입고 또는 반품
> ㉡ 입고된 원료 확인
> ㉢ 시험 검체 채취 및 시험
> ㉣ 시험 의뢰를 위해 판정 대기소에 보관
> ㉤ 시험 판정 결과에 따라 적합 판정, 부적합 판정

① ㉠ – ㉢ – ㉡ – ㉣ – ㉤
② ㉡ – ㉣ – ㉢ – ㉤ – ㉠
③ ㉢ – ㉤ – ㉠ – ㉣ – ㉡
④ ㉤ – ㉢ – ㉡ – ㉠ – ㉣
⑤ ㉣ – ㉡ – ㉢ – ㉤ – ㉠

| 해설 | 원료 입고 및 내용물 처리 순서는 '입고된 원료 확인 → 시험 의뢰를 위해 판정 대기소에 보관 → 검체 채취 및 시험(시험 중–황색라벨 부착) → 시험 판정 결과에 따라 라벨 부착(적합–청색 라벨, 부적합–적색라벨) → 적합 판정 입고, 부적합 판정 시 반품' 순이다.

36 유통화장품 안전관리시험 방법 중 납, 니켈, 비소, 안티몬의 기준 함량을 측정하기 위한 공통 시험 방법으로 옳은 것은? (8점)

① 수은분석기
② 액체크로마토그래프법 – 절대검량선법
③ 기체크로마토그래프 – 헤드스페이스법
④ 기체크로마토그래프 – 수소염이온화검출기를 이용한 방법
⑤ 유도결합플라즈마 – 질량분석기(ICP–MS)를 이용하는 방법

| 해설 | ① 수은, ② 포름알데하이드, ③ 메탄올 중 물휴지(물휴지 외 제품은 기체크로마토그래프법), ④ 프탈레이트류의 시험 방법이다.

37 작업장의 위생 유지관리 활동 중 청소 방법과 위생 처리에 대한 설명으로 옳지 않은 것은? (8점)

① 오물이 묻은 걸레는 오물이 묻은 유니폼과 함께 보관해야 한다.
② 오물이 묻은 유니폼은 세탁될 때까지 적당한 컨테이너에 보관되어야 한다.
③ 청소에 사용되는 진공청소기는 정돈된 방법으로 깨끗하고 건조된 상태의 지정 장소에 보관되어야 한다.
④ 제품 또는 원료가 노출되는 제조공정과 포장·보관구역에서의 공사 또는 유지관리 보수 활동은 제품오염을 방지하기 위해 적합하게 처리되어야 한다.
⑤ 제조공정 또는 포장과 관련되는 지역에서의 청소와 관련된 활동이 기류에 의한 오염을 유발해 제품 품질에 위해를 끼칠 것 같은 경우에는 작업 동안에 해서는 안 된다.

| 해설 | 오물이 묻은 걸레는 사용 후에 버리거나 세탁해야 한다.

정답 35 ② 36 ⑤ 37 ①

38 곤충이나 해충, 쥐를 막을 수 있는 대책으로 옳지 <u>않은</u> 것은? (8점)

① 폐수구에는 트랩을 단다.

② 벌레가 좋아하는 것을 제거한다.

③ 문의 하부에는 스커트를 설치한다.

④ 골판지, 나무 부스러기를 방치하지 않고 바로 치워야 한다.

⑤ 가능하면 개방할 수 있는 창문을 만들고 야간에 빛이 새어나가지 않게 한다.

| 해설 | 가능하면 개방할 수 있는 창문을 만들지 않는 것이 좋다. 창문이 있을 경우에는 차광하고 야간에 빛이 새어 나가지 않도록 한다.

39 벌크제품의 제조에 투입되거나 포함되는 물질로 옳은 것은? (14점)

① 시약   ② 원료

③ 부자재   ④ 소모품

⑤ 포장재

| 해설 | 원료란 벌크제품의 제조에 투입되거나 포함되는 물질을 말한다.

40 반제품의 보관 시 용기에 표시해야 하는 사항으로 옳지 <u>않은</u> 것은? (8점)

① 명칭

② 확인코드

③ 제조번호

④ 제조 중인 공정명

⑤ 필요한 경우 보관조건

| 해설 | 반제품을 보관할 때 용기에는 완료된 공정명을 표기하여야 한다.

41 검체의 채취 및 보관에 대한 사항으로 옳지 <u>않은</u> 것은? (14점)

① 시험용 검체 용기에는 검체 채취 일자를 기재하여야 한다.

② 시험용 검체 용기에는 명칭 또는 확인코드를 기재해야 한다.

③ 완제품 보관용 검체는 사용기한까지 보관한다.

④ 개봉 후 사용기간에 대해 기재하는 경우 제조일로부터 3년간 보관해야 한다.

⑤ 일반적으로 각 뱃치별로 한 번 실험할 수 있는 정도의 양을 적합한 보관 조건에 따라 보관한다.

| 해설 | 각 뱃치별로 제품시험은 2번 실시할 수 있는 양을 적합한 보관 조건에 따라 보관한다.

정답 38 ⑤   39 ②   40 ④   41 ⑤

42 포장 및 용기에 관한 시험 방법으로 옳지 **않은** 것은? (12점)

① 크로스컷트시험 방법

② 내용물 감량시험 방법

③ 펌프 분사 형태시험 방법

④ 내용물에 의한 용기의 변형시험 방법

⑤ 유리병 내부 알칼리 용출량시험 방법

| 해설 | 유리병 외부(표면) 알칼리 용출량시험 방법이다.

43 유통화장품 안전관리 기준 중 물을 포함하지 않은 제품과 사용한 후 곧바로 물로 씻어내는 제품을 제외한 액상 제품의 pH 기준으로 옳은 것은? (12점)

① 3.0 ~ 7.5

② 3.0 ~ 9.0

③ 4.5 ~ 9.6

④ 5.0 ~ 9.0

⑤ 5.5 ~ 6.5

| 해설 | 액상 제품은 pH 기준이 3.0 ~ 9.0이어야 한다. 다만, 물을 포함하지 않는 제품과 사용 후 바로 씻어 내는 제품은 제외한다.

44 작업장의 공기조절 4대 요소와 대응설비의 연결이 옳지 **않은** 것은? (10점)

① 습도 – 가습기

② 기류 – 송풍기

③ 환기 – 환풍기

④ 실내온도 – 열교환기

⑤ 청정도 – 공기정화기

| 해설 | 환기는 공기조절 요소와 관련이 없다.

45 원료 칭량실의 위생관리 기준에 대한 설명으로 옳은 것은? (12점)

① 낙하균 최대 40개/hr

② 부유균 최대 300개/m^3

③ 작업복, 작업모, 작업화 착용

④ 환기장치를 통한 청정 공기순환

⑤ 5회/hr 이상 또는 차압관리를 통한 청정 공기순환

| 해설 | ① 낙하균은 최대 30개/hr이다.
② 부유균은 최대 200개/m^{3}이다.
④ 환기장치를 통한 청정 공기순환는 일반 작업실(4등급)에 해당한다.
⑤ 10회/hr 이상 또는 차압관리를 통해 청정 공기순환을 해야 한다.

정답 42 ⑤ 43 ② 44 ③ 45 ③

46 제조 시설의 세척 및 평가 항목으로 옳지 <u>않은</u> 것은? (14점)

① 세척 및 소독 계획

② 이후 작업 표시 제거 방법

③ 작업 전 청소 상태 확인 방법

④ 제조 시설의 분해 및 조립 방법

⑤ 세척 방법과 세척에 사용되는 약품 및 기구

47 고온에 효과가 크고 살균력이 강하다는 장점이 있으나 독성과 금속 부식성이 있다는 단점이 있는 소독제로, 조제 후 1주일 이내에 사용해야 하는 것은? (8점)

① 70% 에탄올

② 페놀수(3.0% 수용액)

③ 차아염소산나트륨액

④ 벤잘코늄글로라이드

⑤ 크레졸수(3.0% 수용액)

48 각 용어에 대한 설명으로 옳은 것은? (8점)

① 오염 – 청소, 위생처리 또는 유지 작업 동안에 사용되는 물품

② 교정 – 일반적으로 표면에서 눈에 보이는 먼지를 분리, 제거하여 외관을 유지하는 작업

③ 소모품 – 제조 및 품질 관련 문서에 명기된 설비로 제품의 품질에 영향을 미치는 필수적인 설비

④ 위생관리 – 대상물의 표면에 있는 바람직하지 못한 미생물 등 오염물을 감소시키기 위해 시행되는 작업

⑤ 청소 – 제품에서 화학적·물리적·미생물학적 문제 또는 이들이 조합되어 나타내는 바람직하지 않은 문제의 발생

49 작업장 내 직원의 위생 상태가 기준에 맞지 <u>않은</u> 것은? (12점)

① 손 세척 설비를 사용했다.

② 관리 및 보관 구역 내에 개인약품을 보관하는 것을 금지하고 있다.

③ 제조 구역에 들어가는 모든 직원들이 적절한 의류와 보호복을 착용했다.

④ 관리 및 보관 구역에서는 음료를 마실 수 없기 때문에 제조 구역으로 가서 음료를 마셨다.

⑤ 피부에 외상이 있었지만 회복한 상태라 제품에 영향을 주지 않는다는 의사의 소견을 받아 작업장에서 일을 시작했다.

정답 46 ② 47 ② 48 ④ 49 ④

50 작업자가 위생모를 착용하지 않아도 되는 장소로 적합한 것은? (12점)

① 칭량실   ② 충진실

③ 실험실   ④ 포장실

⑤ 제조실

| 해설 | 작업자는 실험실에서 실험복과 슬리퍼만 착용하면 된다.

51 다음 중 설비·기구의 폐기 기준에 대한 설명으로 옳지 <u>않은</u> 것은? (8점)

① 부품의 수급이 불가능한 경우 불용 처리한다.

② 폐기 또는 재작업 여부는 품질 책임자에 의해 승인되어야 한다.

③ 품질에 문제가 있거나 회수·반품된 제품은 폐기 또는 재작업을 한다.

④ 신규 설비 도입 비용이 설비 수리·교체의 비용을 초과하는 경우 불용 처리한다.

⑤ 정기점검 결과 작동 및 오작동에 대한 설비의 신뢰성이 지속적인 경우 불용 처리한다.

| 해설 | 설비 수리·교체의 비용이 신규 설비 도입 비용을 초과하는 경우 불용 처리한다.

52 입고된 원료 및 내용물관리 기준 중 적절한 보관을 위한 고려사항으로 옳지 <u>않은</u> 것은? (14점)

① 원료와 포장재의 용기는 사용이 용이하도록 밀폐하지 않고 청소와 검사가 용이하도록 충분한 간격으로 바닥과 떨어진 곳에 보관되어야 한다.

② 특수한 보관 조건은 적절하게 준수, 모니터링되어야 하며, 원료와 포장재가 재포장될 경우 원래의 용기와 동일하게 표시되어야 한다.

③ 보관 조건은 각각의 원료와 포장재에 적합하여야 하고, 과도한 열기, 추위, 햇빛 또는 습기에 노출되어 변질되는 것을 방지할 수 있어야 한다.

④ 원료 및 포장재의 관리는 허가되지 않거나, 불합격 판정을 받거나, 아니면 의심스러운 물질의 허가되지 않은 사용을 방지할 수 있어야 한다.

⑤ 재고의 신뢰성을 보증하고, 모든 중대한 모순을 조사하기 위해 주기적인 재고 조사가 시행되어야 하고, 중대한 위반품이 발견되었을 때에는 일탈처리를 한다.

| 해설 | 원료와 포장재의 용기는 밀폐되어 청소와 검사가 용이하도록 충분한 간격으로 바닥과 떨어진 곳에 보관되어야 한다.

정답 **50** ③   **51** ④   **52** ①

53 다음 중 화장품책임판매업자의 준수사항으로 해당하지 <u>않는</u> 것은? (8점)

① 품질관리 기준을 준수해야 하며, 제조업자로부터 받은 제품표준서 및 품질관리 기록서를 보관해야 한다.
② 제조업자와 판매업자가 동일하여 허가된 기관에 위탁검사를 진행할 경우 제조 번호별로 품질검사를 철저하게 해야 한다.
③ 수입한 화장품에 대하여 제품명 또는 국내에서 판매하려는 명칭 등을 적거나 첨부한 수입관리기록서를 작성·보관해야 한다.
④ 화장품의 제조를 위탁할 경우 수탁자에 대한 관리·감독 및 제조, 품질관리에 관한 기록을 받아 유지·관리하고, 최종 제품의 품질관리를 철저히 해야 한다.
⑤ 레티놀(비타민 A) 및 그 유도체, 아스코빅애씨드(비타민 C) 및 그 유도체, 토코페롤(비타민 E), 과산화화합물, 효소를 0.5% 이상 함유하는 제품은 안정성 시험 자료를 최종 제품의 사용기한이 만료되는 날로부터 1년간 보존해야 한다.

| 해설 | 제조업자와 판매업자가 동일하여 허가된 기관에 위탁검사를 진행할 경우 품질검사 대체가 가능하다.

54 인체적용시험의 최종시험 결과보고서 내용에 해당하지 <u>않는</u> 것은? (8점)

① 시험의뢰자 및 시험기관 관련 정보
② 코드 또는 명칭에 의한 시험물질의 식별
③ 인체적용시험 분야의 시험 경력을 가진 담당자의 이력확인서
④ 화학 물질명 등에 의한 대조물질의 식별(대조물질이 있는 경우에 한함)
⑤ 시험 점검의 종류, 점검 날짜, 점검 시험단계, 점검 결과 등이 기록된 신뢰성보 증확인서

| 해설 | 최종시험 결과보고서의 내용
• 시험의 종류
• 코드 또는 명칭에 의한 시험 물질의 식별
• 화학물질명 등에 의한 대조물질의 식별(대조물질이 있는 경우에 한함)
• 시험 의뢰자 및 시험 기관 관련 정보
• 시험 개시 및 종료일
• 시험 점검의 종류, 점검 날짜, 점검 시험단계, 점검 결과 등이 기록된 신뢰성보증확인서
• 피험자 선정, 제외 기준 및 수
• 시험 방법 및 시험 결과

55 다음 〈보기〉 중 화장품의 외관·색상 검사에 대한 관능평가 과정을 순서대로 나열한 것은? (8점)

┌─ 보기 ┐
㉠ 외관·색상 시험 방법에 따라 시험한다.
㉡ 외관·색상을 검사하기 위한 표준품을 선정한다.
㉢ 시험 결과에 따라 적합 유무를 판정하고 기록·관리한다.
㉣ 원자재 시험 검체와 제품의 공정단계별 시험 검체를 채취하고 각각의 기준과 평가 척도를 마련한다.
└─────────────────────────────────┘

① ㉠ - ㉡ - ㉢ - ㉣
② ㉡ - ㉠ - ㉣ - ㉢
③ ㉡ - ㉢ - ㉠ - ㉣
④ ㉡ - ㉣ - ㉠ - ㉢
⑤ ㉣ - ㉢ - ㉡ - ㉠

| 해설 | 외관·색상 검사에 대한 관능 평가는 '표준품 선정 - 시험 검체와 제품의 공정 단계별 시험 검체를 채취하여 각각의 기준과 평가 척도 마련 - 시험 방법에 따라 시험 - 적합 유무 판정 및 기록·관리'의 순으로 한다.

정답 53 ② 54 ③ 55 ④

56 계면활성제의 피부 자극이 큰 순서부터 차례대로 나열한 것은? (8점)

① 양이온성 – 양쪽성 – 음이온성 – 비이온성
② 양쪽성 – 양이온성 – 비이온성 – 음이온성
③ 음이온성 – 양이온성 – 양쪽성 – 비이온성
④ 음이온성 – 양쪽성 – 비이온성 – 양이온성
⑤ 양이온성 – 음이온성 – 양쪽성 – 비이온성

57 이온교환수지를 통하여 모든 불순물을 제거하는 여과 과정을 거친 물은? (8점)

① 이온수   ② 산소수
③ 정제수   ④ 탄소수
⑤ 알칼리수

58 맞춤형화장품조제관리사 재선이가 매장을 방문한 고객과 아래의 〈대화〉를 나누었다. 다음 〈보기〉 중 재선이가 고객에게 추천할 제품을 모두 고르면? (8점)

┤ 대화 ├

고객: 요즘 환절기라 피부도 건조하고, 화장도 잘 안 받는 것 같아요.
재선: 그러시군요. 그럼 피부 측정기로 피부 측정해 드릴게요. 이쪽으로 앉으세요.
      … (피부 측정 후) …
재선: 고객님, 현재 각질이 많이 들떠있는 상태라 피부장벽도 약해지고, 피부 수분 함량이 정상 피부보다 10% 가량 낮은 상태입니다.
고객: 그래요? 그럼 어떤 성분들이 들어간 제품을 사용해야 할까요? 추천해 주세요.

┤ 보기 ├

㉠ 콜라겐 함유 제품
㉡ 세라마이드 함유 제품
㉢ 1,2 헥산다이올 함유 제품
㉣ 나이아신아마이드 함유 제품
㉤ 소듐하이알루로네이트 함유 제품

① ㉠, ㉢   ② ㉠, ㉣
③ ㉡, ㉢   ④ ㉡, ㉤
⑤ ㉢, ㉤

59 맞춤형화장품조제관리사가 사용할 수 있는 원료로 옳은 것은? (8점)

① 비타민 E

② 아데노신

③ 트리클로산

④ 세틸알코올

⑤ 페녹시에탄올

| 해설 | ①은 기타 사용제한 원료, ②는 기능성 원료, ③, ⑤는 사용상 제한이 필요한 보존제 원료에 해당한다.

60 맞춤형화장품조제관리사의 결격사유로 옳지 <u>않은</u> 것은? (8점)

① 정신질환자

② 마약류의 중독자

③ 가정법원으로부터 성년후견 개시의 심판을 받은 자

④ 금고 이상의 형을 선고받고 그 집행이 끝이 났거나 그 집행을 받지 않기로 확정된 자

⑤ 맞춤형화장품조제관리사의 자격이 취소된 날로부터 3년이 지나지 않은 자

| 해설 | 금고 이상의 형을 선고받고 그 집행이 끝나지 않았거나 그 집행을 받지 않기로 확정되지 않은 자는 맞춤형화장품조제관리사의 결격사유에 해당한다.

61 다음 〈대화〉를 읽고, ㉠에 해당하는 등록 · 신고 영업으로 옳은 것을 고르시오. (8점)

┌ 대화 ┐

소영: 나는 부산에서 화장품을 제조 회사를 차렸어.

예진: 그렇구나, 그럼 영업 등록까지 다 끝났어?

소영: 응.

예원: ㉠ 나는 이번에 외국 갔다가 국내에 없는 화장품을 발견했어. 너무 좋아서 내가 직접 국내에서 판매할 예정이야.

소영: 그렇구나, 수입된 화장품만 판매하려고?

예원: 아니, 화장품도 판매하고, 피부 측정해주고 고객 피부에 맞춰 판매하는 맞춤형 화장품도 같이 판매할 예정이야.

예진: 우와, 맞춤화장품도 직접 만들어서 판매하는거야?

예원: 응

① 화장품제조업   ② 화장품책임판매업

③ 화장품유통업   ④ 화장품판매업

⑤ 맞춤형화장품판매업

| 해설 | 화장품법에 따른 영업의 종류는 화장품제조업, 화장품책임판매업, 맞춤형화장품판매업이며, 수입된 화장품을 유통 · 판매하는 영업은 화장품책임판매업에 해당된다.

정답 **59** ④   **60** ④   **61** ②

62 다음 중 위해화장품의 회수에 관한 사항으로 옳지 않은 것은? (12점)

① 위해화장품의 회수 의무자는 화장품제조업자 또는 화장품책임판매업자이다.

② 회수 의무자는 회수 대상 화장품의 판매자 등에게 방문, 우편, 전화, 전보, 전자우편, 팩스 또는 언론매체를 통한 공고를 통하여 회수계획을 통보하여야 한다.

③ 회수 의무자가 회수 계획을 보고하기 전에 맞춤형화장품판매업자가 위해화장품을 구입한 소비자로부터 회수조치를 완료한 경우 회수 의무자는 규정된 추가 조치를 실시하여야 한다.

④ 위해화장품이 유통 중인 사실을 알게 된 경우 판매중지 등의 조치를 즉시 실시하여야 하며, 회수 대상 화장품이라는 사실을 안 날부터 5일 이내 회수계획서를 지방식품의약품안전청장에게 제출하여야 한다.

⑤ 회수가 완료된 후에는 회수확인서 사본, 폐기확인서 사본(폐기한 경우만), 평가보고서 사본을 지방식품의약품안전청장에게 제출하여야 하며 위해화장품을 회수하여 폐기한 경우 폐기확인서는 2년간 보관해야 한다.

| 해설 | 맞춤형화장품판매업자가 위해 화장품을 구입한 소비자로부터 회수조치를 완료한 경우 회수 의무자는 규정된 조치를 생략할 수 있다.

63 맞춤형화장품의 부작용 종류와 현상으로 옳지 <u>않은</u> 것은? (8점)

① 작열감 – 찌르고 따끔거리는 것과 같은 통증

② 가려움 – 참을 수 없이 피부를 긁고 싶은 충동

③ 인설 – 표피의 각질이 은백색의 부스러기처럼 탈락하는 현상

④ 부종 – 세포와 세포 사이에 수분이 비정상적으로 축적된 상태

⑤ 염증 – 생체조직의 방어 반응의 하나로, 주로 세균에 의한 감염이 많으며 붉거나 농이 지는 현상이 나타남

| 해설 | 작열감은 피부가 화끈거리거나 쓰린 느낌이다.

64 화장품의 안전성시험에 관한 설명으로 연결이 옳지 <u>않은</u> 것은? (8점)

① 단회 투여 독성시험 – 사람에게 1회 투여했을 때의 위험성을 예측한다.

② 피부 감작성시험 – 피부에 투여했을 때 접촉으로 인한 감작(알레르기)을 평가한다.

③ 연속 피부 자극시험 – 피부에 반복적으로 투여했을 때 나타나는 자극성을 평가한다.

④ 광감작성시험 – 자외선에 의해 생기는 접촉 감작성을 평가하기 위하여 광조사 실시한다.

⑤ 인체 첩포시험 – 등, 팔 안쪽에 폐쇄 첩포하여 피부 자극성이나 감각성(알레르기)을 평가한다. 국내·외 대학 또는 전문 연구기관에서 실시하며, 관련 분야 전문의사, 연구소, 병원 등 관련 기관에서 5년 이상 경력을 가진 자의 지도 및 감독하에 수행·평가되어야 한다.

| 해설 | • 단회 투여 독성시험: 동물에게 1회 투여했을 때의 위험성을 예측한다.
• 1차 피부 자극시험: 피부에 1회 투여했을 때의 자극성을 평가한다.

정답 62 ③ 63 ① 64 ①

65 다음 중 피부 분석의 방법이 <u>다른</u> 하나는 무엇인가? (8점)

① 확대경을 이용하여 분석한다.

② pH 측정기를 이용하여 분석한다.

③ 우드램프를 이용하여 피부를 분석한다.

④ 손으로 누르거나 만져서 피부를 분석한다.

⑤ 유·수분 측정기를 이용하여 피부를 분석한다.

| 해설 | 손으로 누르거나 만져서 분석하는 것은 촉진법에 해당한다. 나머지는 모두 기기를 이용한 판독법이다.

66 다음 〈보기〉에서 맞춤형화장품에 사용할 수 없는 원료를 모두 고르면? (8점)

┌ 보기 ┐

ㄱ 나프탈렌   ㄴ 하이드로퀴논

ㄷ 1,2 헥산다이올   ㄹ 1,3-부틸렌글라이콜

ㅁ 소듐하이알루로네이트   ㅂ 천수국꽃 추출물 또는 오일

① ㄱ, ㄴ, ㅂ   ② ㄱ, ㄷ, ㅂ

③ ㄴ, ㄷ, ㄹ   ④ ㄷ, ㄹ, ㅂ

⑤ ㅁ, ㅂ, ㄹ

| 해설 | 나프탈렌, 하이드로퀴논, 천수국꽃 추출물 또는 오일은 화장품 사용금지 원료이므로 맞춤형 화장품에 사용할 수 없다.

67 충진기의 종류와 특징의 연결이 옳지 <u>않은</u> 것은? (8점)

① 액체 충진기 – 액상 타입의 제품에 사용한다.

② 파우더 충진기 – 파우더 타입의 제품에 사용한다.

③ 튜브 충진기 – 소용량 액상 타입의 제품에 사용한다.

④ 파우치 방식 충진기 – 샘플, 일회용품 파우치에 사용한다.

⑤ 피스톤 방식 충진기 – 대용량의 액상 타입의 제품에 사용한다.

| 해설 | 튜브 충진기는 폼클렌징, 자외선 차단제 등 튜브 제품에 사용한다.

68 가볍고 가공성이 좋아 에어로졸 관, 립스틱, 마스카라 용기 등으로 이용되는 포장재 소재로 옳은 것은? (8점)

① 황동   ② 알루미늄

③ 칼리납유리   ④ 소다석회유리

⑤ 스테인리스 스틸

| 해설 | ① 황동: 코팅, 도금, 도장 작업 첨가해 팩트, 립스틱 용기 소재로 이용
③ 칼리납유리: 크리스털 유리로 굴절률이 높아 고급 향수병 소재로 이용
④ 소다석회유리: 대표적인 투명유리로 화장수나 유액 용기로 이용
⑤ 스테인리스 스틸: 광택이 우수하고 부식이 잘 되지 않아 에어로졸 관 소재로 이용

정답 65 ④ 66 ① 67 ③ 68 ②

69 다음 중 표준품을 보관하기 위하여 사용하는 기기로 옳은 것은? (8점)

① 항온수조
② 데시케이터
③ 융점 측정기
④ 메스실린더
⑤ 자외선 살균기

| 해설 | ① 가열 시 이용하는 기구이다.
③ 녹는점 측정시 이용하는 기구이다.
④ 칭량 시 이용하는 기기이다.
⑤ 살균·소독 시 이용하는 기기이다.

70 다음 중 표시·광고에 따른 실증 대상과 필요한 실증 자료의 연결로 옳은 것은?
(12점)

① 효소 증가, 감소 또는 활성화 – 인체외시험 자료로 입증
② 항균(인체 세정용 제품에 한함) – 인체적용시험 자료로 입증
③ 콜라겐 증가, 감소 또는 활성화 – 인체적용시험 자료로 입증
④ 부기, 다크서클 완화 – 기능성화장품에 해당하는 기능을 실증한 자료로 입증
⑤ 여드름성 피부에 사용 적합 – 기능성화장품에 해당하는 기능을 실증한 자료로 입증

| 해설 | ①, ③은 기능성화장품에서 해당 기능을 실증한 자료로 입증하며 ④, ⑤는 인체적용시험 자료로 입증한다.

71 소용량 화장품 및 견본품의 포장에 기재해야 하는 내용으로 옳지 <u>않은</u> 것은?
(12점)

① 가격
② 화장품의 명칭
③ 화장품제조업자 상호
④ 화장품책임판매업자 상호
⑤ 맞춤형화장품판매업자 상호

| 해설 | 소용량 화장품의 포장에는 화장품 명칭, 화장품책임판매업자 또는 맞춤형화장품판매업자의 상호, 가격(비매품인 경우 견본품이나 비매품 표시), 제조번호와 사용기한 또는 개봉 후 사용기간만을 기재·표시할 수 있다.

72 화장품의 가격 표시에 대한 설명으로 옳지 <u>않은</u> 것은? (12점)

① 화장품의 가격은 해당 화장품을 소비자에게 직접 판매하는 자가 표시한다.
② 판매자는 가격을 일반소비자가 알기 쉽도록 표시하여야 하며, 세부적인 표시 방법은 총리령으로 정한다.
③ 판매자는 화장품의 가격 표시가 유통단계에서 쉽게 훼손되지 않도록 스티커 또는 꼬리표를 표시해야 한다.
④ 판매하려고 하는 제품이 개별 제품인 경우 개별 제품에 스티커 등을 부착해야 한다. 다만, 개별 제품으로 구성된 종합 제품으로서 분리하여 판매하지 않는 경우에는 그 종합 제품에 일괄하여 표시할 수 있다.
⑤ 판매 가격이 변경되었을 경우에는 기존의 가격이 보이지 않도록 변경하여 표시해야 한다. 다만, 판매자가 기간을 특정하여 판매가격을 변경하기 위해 그 기간을 소비자에게 알리고, 소비자가 판매가격을 기존 가격과 오인·혼동할 우려가 없도록 명확히 구분하여 표시하는 경우는 제외한다.

| 해설 | 화장품 가격의 세부적인 표시 방법은 식품의약품안전처장이 정하여 고시한다.

정답 69 ② 70 ② 71 ③ 72 ②

73 자외선 차단지수(SPF) 측정 결과 SPF 값이 57일 때 표시 방법으로 옳은 것은?

(8점)

① SPF 35＋　　　　　　② SPF 40＋
③ SPF 50＋　　　　　　④ SPF 57
⑤ SPF 57＋

| 해설 | SPF지수는 최대 50+까지 표기하도록 규정하고 있다.

74 무광택이며 수분 투과성이 적어서 화장수, 샴푸, 린스 용기 및 튜브 등의 포장재로 주로 사용되는 소재로 옳은 것은? (8점)

① 칼리납유리
② 폴리스티렌(PS)
③ 폴리프로필렌(PP)
④ 고밀도 폴리에틸렌(HDPE)
⑤ 저밀도 폴리에틸렌(LDPE)

| 해설 | ① 칼리납유리: 크리스털 유리로 굴절률이 매우 높아 고급 향수병 소재로 이용한다.
② 폴리스티렌: 투명하며 광택을 내고 성형가공성이 우수하여 팩트나 스틱 용기로 사용한다.
③ 폴리프로필렌: 반투명이며 광택을 내고 내약품성이 우수한 소재로 원터치 캡 소재로 이용한다.
⑤ 저밀도 폴리에틸렌: 반투명이며 유연성이 우수하다. 튜브나 마개 소재로 이용한다.

75 다음 〈보기〉 중 맞춤형화장품 매장에서 근무하는 맞춤형화장품조제관리사가 적절하게 업무를 진행한 경우를 모두 고른 것은? (8점)

┤ 보기 ├
㉠ 맞춤형화장품조제관리사는 비타민 E를 5.0%로 배합하여 조제하고 판매하였다.
㉡ 맞춤형화장품조제관리사가 조제실에서 수입된 화장품의 내용물을 소분하여 고객에게 판매하였다.
㉢ 고객으로부터 선택된 맞춤형화장품을 맞춤형화장품조제관리사가 매장 조제실에서 직접 조제하여 전달하였다.
㉣ 화장품책임판매업자가 주름 개선 기능성화장품으로 심사 또는 보고를 완료한 제품을 맞춤형화장품조제관리사가 소분하여 판매하였다.
㉤ 인터넷을 통해 주문을 진행한 고객에게 맞춤형화장품조제관리사는 전자상거래 담당자에게 직접 조제한 제품을 배송할 수 있도록 지시하였다.
㉥ 맞춤형화장품조제관리사는 고객 피부 측정 후 미백에 도움을 줄 수 있는 미백 크림을 제조하기 위하여 나이아신아마이드를 2.0%로 배합하여 조제하고 판매하였다.

① ㉠, ㉡, ㉢　　　　　　② ㉡, ㉢, ㉣
③ ㉡, ㉤, ㉥　　　　　　④ ㉢, ㉣, ㉤
⑤ ㉣, ㉤, ㉥

| 해설 | ㉠ 맞춤형화장품에는 사용상의 제한이 필요한 원료는 사용할 수 없다.
㉤ 맞춤형화장품의 유형에는 현장 혼합형, 공장 제조 배송형, DIY 키트형, 디바이스형이 있으며 인터넷을 통해 조제하여 판매하는 경우는 해당되지 않는다.
㉥ 맞춤형화장품에 사전심사를 받거나 보고서를 제출하지 않은 기능성화장품 고시 원료를 사용할 수 없다.

정답 73 ③　74 ④　75 ②

76 사용상의 제한이 필요한 보존제 성분과 그 사용한도가 <u>잘못</u> 짝지어진 것은?

(8점)

① 글루타랄 − 0.1%

② 벤질알코올 − 1.0%

③ 페녹시에탄올 − 0.5%

④ 디아졸리디닐우레아 − 0.5%

⑤ p−클로로−m−크레졸 − 0.04%

77 화장품 안전성 정보관리 규정에 고시된 중대한 유해사례에 해당하지 <u>않는</u> 것은?

(12점)

① 기타 의학적으로 중요한 상황

② 후천적 기형 또는 이상을 초래하는 경우

③ 사망을 초래하거나 생명을 위협하는 경우

④ 입원 또는 입원기간의 연장이 필요한 경우

⑤ 지속적 또는 중대한 불구나 기능 저하를 초래하는 경우

78 인체적용 제품에 존재하는 위해요소가 인체에 유해한 영향을 미치는 고유의 성질을 일컫는 말로 적절한 것은? (8점)

① 독성 　　　　　　　② 위해성

③ 부작용 　　　　　　④ 위험성

⑤ 알레르기

79 다음 중 에스텔류에 해당하지 <u>않는</u> 것은? (8점)

① 메칠 　　　　　　　② 페닐

③ 이소부틸 　　　　　④ 설페이트

⑤ 이소프로필

80 다음 중 맞춤형화장품조제관리사의 자격시험과 관련한 내용으로 옳은 것은?

(12점)

① 시행계획은 시험 실시 30일 전까지 식품의약품안전처 홈페이지에 공고하여야 한다.

② 시험운영위탁기관에서 매년 1회 이상 맞춤형화장품조제관리사 자격시험을 실시하여야 한다.

③ 맞춤형화장품판매업자는 대통령령에 따라 맞춤형화장품조제관리사를 두어야 하며, 맞춤형화장품조제관리사는 식품의약품안전처장이 실시하는 자격시험에 합격하여야 한다.

④ 맞춤형화장품조제관리사 자격시험의 합격 기준은 전 과목 총점의 60% 이상, 매 과목 만점의 30% 이상의 득점이며 부정행위를 한 사람에 대해서는 그 시험을 정지시키거나 그 합격을 무효로 한다.

⑤ 효과적인 시험운영을 위하여 정부가 설립하거나 운영비용의 일부를 출연한 비영리 법인 또는 자격시험에 관한 조사·연구를 통하여 자격시험에 관한 전문적인 능력을 갖춘 비영리 법인은 시험운영기관 위탁 운영이 가능하다.

81 (㉠)은/는 개인 정보를 수집, 생성, 연계, 연동, 기록, 저장, 복구, 공개, 파기, 그 밖에 이와 유사한 행위를 말한다. ㉠에 들어갈 적합한 명칭을 작성하시오.

(12점)

82 다음 〈보기〉에서 민감정보에 해당하는 것을 모두 골라 작성하시오. (12점)

┌ 보기 ┐
- 여권번호
- 주민등록번호
- 외국인등록번호
- 정치적 견해
- 운전면허번호
- 정당의 가입 및 탈퇴 정보

| 해설 | ① 시행계획은 시험 실시 90일 전까지 식품의약품안전처 홈페이지에 공고하여야 한다.

② 식품의약품안전처장은 매년 1회 이상 맞춤형화장품조제관리사 자격시험을 실시하여야 한다.

③ 맞춤형화장품판매업자는 총리령에 따라 맞춤형화장품조제관리사를 두어야 한다.

④ 맞춤형화장품조제관리사 자격시험의 합격 기준은 전 과목 총점의 60% 이상, 매 과목 만점의 40% 이상의 득점이며, 부정행위를 한 사람이 그 시험을 정지시키거나 그 합격을 무효로 한다.

정답 80 ⑤
정답인정 81 처리
82 정치적 견해, 정당의 가입 및 탈퇴 정보

실력점검 모의고사(제4회) **337**

83 다음 〈보기〉는 안전용기·포장을 사용해야 하는 품목 중 하나이다. ㉠에 들어갈 적합한 숫자와 ㉡에 들어갈 명칭을 작성하시오. (12점)

> ┤ 보기 ├
> 어린이용 오일 등 개별 포장당 탄화수소류를 10% 이상 함유하고 운동점도가 (㉠)센티스톡스(섭씨 40℃ 기준) 이하인 (㉡)타입의 액체 상태의 제품

84 천연화장품에만 허용되는 석유화학 용제 중 유기농화장품에서는 사용할 수 없는 원료로는 앱솔루트, (㉠), (㉡) 이다. ㉠과 ㉡을 작성하시오.

(20점)

85 다음 〈보기〉를 읽고, ㉠, ㉡, ㉢에 해당하는 적합한 명칭 및 숫자를 작성하시오.

(12점)

> ┤ 보기 ├
> (㉠) 함유 제품에만 개별주의사항 문구를 표시하며, (㉡), 향수, 수렴로션은 제모제 제품 사용 후 (㉢)시간 후에 사용해야 한다.

86 다음 〈보기〉의 ㉠, ㉡, ㉢에 들어갈 명칭 및 숫자를 작성하시오. (14점)

> ┤ 보기 ├
> UVB차단 등급을 나타내는 SPF지수는 제품을 바른 피부의 (㉠)을/를 제품을 바르지 않은 피부의 (㉠)(으)로 나눈 값으로 자외선 차단지수 SPF는 측정 결과에 근거하여 평균값(소숫점 이하 절사)으로부터 – (㉡) % 이하 범위 내 정수로 표시하되, SPF 50 이상의 제품은 SPF (㉢)(으)로 표시한다.

정답인정 **83** ㉠ 21. ㉡ 비에멀젼
84 ㉠ 콘크리트. ㉡ 레지노이드(순서 무관)
85 ㉠ 치오글라이콜릭애씨드. ㉡ 땀발 생억제제. ㉢ 24
86 ㉠ 최소 홍반량(MED). ㉡ 20. ㉢ 50+

87 다음 〈보기〉에서 천연화장품의 용기에 사용할 수 없는 재질 2가지를 골라 작성하시오. (14점)

┤ 보기 ├
- AS 수지
- 알루미늄
- 스테인리스 스틸
- 소다 석회유리
- 폴리염화비닐(PVC)
- 폴리스티렌폼

88 「화장품 사용할 때의 주의사항 및 알레르기 유발 성분 표시에 관한 규정」에 따라 다음 〈보기〉의 문구를 표기해야 하는 제품은 무엇인지 작성하시오. (14점)

┤ 보기 ├
- 털을 제거한 직후에는 사용하지 말 것

89 (㉠)은/는 화장품의 사용 중 발생한 바람직하지 않고 의도되지 않은 징후, 증상 또는 질병을 말하며, 당해 화장품과의 반드시 인과관계를 가져야 하는 것은 아니다. ㉠에 들어갈 적합한 명칭을 작성하시오. (10점)

90 다음 〈보기〉는 표피에 대한 설명이다. 〈보기〉의 ㉠, ㉡에 들어갈 적합한 용어를 작성하시오. (14점)

┤ 보기 ├
표피는 각질층, 투명층, 과립층, 유극층, 기저층으로 구성되어 있다. 이 중 과립층은 2~5층의 편평형 또는 방추형세포층으로 구성되어 있다. 특히, (㉠)이/가 존재하고 각화과정이 시작되는 곳이다. (㉡)이/가 존재하여 외부로부터 오는 이물질 방어 및 수분 증발을 방지한다.

정답인정 **87** 폴리염화비닐(PVC), 폴리스티렌폼(순서 무관)
88 체취방지용 제품
89 유해사례
90 ㉠ 케라토하이알린, ㉡ 수분저지막

91 다음 〈보기〉의 ㉠에 들어갈 적합한 용어를 작성하시오. (14점)

> ┤ 보기 ├
>
> 화장품은 사용 목적에 적합한 기능을 가져야 하며, 유효성 또는 기능에 관한 효력
> 시험 자료와 (㉠) 자료를 제출하여야 한다.
> (㉠)은 사람을 대상으로 실시하는 효능·효과시험으로서 관련 분야 전문의
> 또는 병원, 국내외 대학, 화장품 관련 전문 연구기관에서 5년 이상 화장품
> (㉠) 분야의 시험 경력을 가진 자의 지도 및 감독하에 수행·평가되어야
> 한다.

92 일정한 제조단위분에 대하여 제조관리 및 출하에 관한 모든 사항을 확인할 수 있
도록 표시된 번호로 숫자, 문자, 기호 또는 이들의 특정적인 조합을 (㉠)
(이)라고 한다. ㉠에 들어갈 적합한 명칭을 작성하시오. (12점)

93 피부구조 중 진피에 위치하고 있으며, 피부의 탄력과 관련 있는 결합조직인
콜라겐과 엘라스틴을 만드는 세포를 (㉠)(이)라고 한다. ㉠에 들어갈
적합한 명칭을 작성하시오. (14점)

94 다음 〈보기〉의 ㉠에 들어갈 적합한 용어를 작성하시오. (12점)

> ┤ 보기 ├
>
> (㉠)(이)란 인체적용 제품에 존재하는 위해요소가 인체의 건강을 해치거나
> 해칠 우려가 있는지와 있을 경우 위해의 정도를 과학적으로 평가하는 것을 말한다.

정답인정 **91** 인체적용시험
92 제조번호
93 섬유아세포
94 위해성 평가

95 다음 〈보기〉는 살리실릭애씨드 및 그 염류에 관한 내용이다. 〈보기〉의 ㉠, ㉡에 들어갈 적절한 숫자를 작성하시오. (14점)

┤ 보기 ├

살리실릭애씨드 및 그 염류는 영유아 제품류 또는 13세 어린이가 사용할 수 있음을 특정하여 표시하는 제품에는 사용할 수 없는 원료이며, 인체 세정용 제품류는 (㉠   )%, 사용 후 씻어내는 두발용 제품류는 (㉡   )%를 한도로 사용이 허용된다.

96 다음 〈보기〉의 원료 중 맞춤형화장품에서 사용할 수 없는 원료를 모두 골라 작성하시오. (12점)

┤ 보기 ├

- 요오드
- 세틸알코올
- 아스코빅애씨드
- 페닐파라벤
- 부틸렌글라이콜

97 다음 〈보기〉는 위해화장품의 폐기 처리에 관한 내용이다. 〈보기〉의 ㉠에 들어갈 적절한 숫자를 작성하시오. (12점)

┤ 보기 ├

폐기를 한 회수자는 폐기확인서를 작성하여 (㉠   )년간 보관하여야 한다.

98 다음 〈보기〉의 ㉠에 들어갈 적합한 명칭을 작성하시오. (10점)

┤보기├

맞춤형화장품판매업자는 맞춤형화장품의 내용물 및 원료 입고 시 품질관리 여부를 확인하고 책임판매업자가 제공하는 품질성적서를 구비해야 한다. 다만, (㉠) 와/과 맞춤형화장품판매업자가 동일한 경우는 제외된다.

99 다음 〈보기〉는 혼합 및 소분 도구에 대한 내용이다. 〈보기〉의 ㉠, ㉡에 들어갈 적합한 명칭을 작성하시오. (12점)

┤보기├

(㉠)은/는 맞춤형화장품 혼합 및 소분 시 화장품을 위생적으로 덜어내거나 계량할 때 사용하며, (㉡)은/는 표준품을 보관할 때 사용한다.

100 다음 〈보기〉의 ㉠, ㉡에 들어갈 적합한 명칭을 작성하시오. (16점)

┤보기├

Q. 맞춤형화장품판매업자는 맞춤형화장품 판매내역서를 작성하고 보관해야 한다고 알고 있습니다. 판매내역서에는 어떤 내용이 들어가나요?

A. 제조번호(맞춤형화장품 식별번호), (㉠), (㉡), 사용기한 또는 개봉 후 사용기간이 들어가야 합니다.

정답인정 **98** 책임판매업자
99 ㉠ 스패츌러, ㉡ 데시케이터
100 ㉠ 판매일자, ㉡ 판매량(순서 무관)

대부분의 사람은 마음먹은 만큼 행복하다.

– 에이브러햄 링컨(Abraham Lincoln)

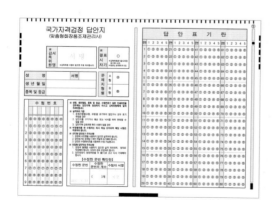

이제는 실전처럼!

다운로드 경로: [에듀윌 도서몰] – [도서자료실]
– [부가학습자료]

고난도 모의고사

01 다음은 「화장품법」 제6장 벌칙에 관한 내용이다. 〈보기〉와 같은 상황이 1차 위반에 해당할 경우 A 회사가 받게 될 벌칙은 무엇인가? (8점)

> ┤ 보기 ├
> - A: 울산 소재의 맞춤형화장품판매업 회사
> - B: 맞춤형화장품조제관리사 자격을 보유하고 있는 직원
>
> B 씨는 A 회사의 맞춤형화장품 조제 업무를 담당하며, A 회사는 맞춤형 향수를 판매하고 있다.
> B 씨의 맞춤형 향수에 대한 소비자 반응이 폭발적으로 증가하자 A 회사 대표는 영업 확장을 위해 서울로 소재지를 옮기기로 결정하였다. 그러나 직원 B 씨는 거주지를 서울로 옮길 수 없어 퇴사를 하기로 결정하였다.
> 서울로 소재지를 옮긴 A 회사는 이사로 인해 정신이 없어 20일간 소재지 변경신고도 하지 못하였으며, 맞춤형화장품조제관리사도 채용하지 못한 채 영업을 진행하였다. 이 기간 동안 일반 직원이 맞춤형 향수를 조제한 후 고객에게 판매하였다.

① A 회사는 소재지 변경 미신고 및 부자격자에 의한 맞춤형화장품 판매로 인해 5년 이하의 징역 또는 5천만 원 이하의 벌금에 처한다.

② A 회사는 소재지 변경 미신고 및 부자격자에 의한 맞춤형화장품 판매로 인해 3년 이하의 징역 또는 3천만 원 이하의 벌금에 처한다.

③ A 회사는 부자격자에 의한 맞춤형화장품 판매로 인해 3년 이하의 징역 또는 3천만 원 이하의 벌금에 처한다.

④ A 회사는 소재지 변경 미신고로 인해 업무정지 1개월에 처한다.

⑤ A 회사는 소재지 변경 미신고 및 부자격자에 의한 맞춤형화장품 판매가 60일이 넘지 않았기에 시정명령 처분을 받는다.

02 다음 중 원료 및 제품의 성분 표기방식을 올바르게 알고 있는 사람은? (8점)

> - 선주: 전성분을 화장품 포장에 표시할 때는 잘 보여야 하기 때문에 글자 크기는 7포인트 이상이어야 해.
> - 희주: 혼합원료는 개별 성분의 명칭으로 기재해야 하고, 제조 과정 중 제거되어 최종 제품에 남아 있지 않은 성분은 표기를 생략할 수 있어.
> - 혜은: 내용물이 30mL 또는 30g 이하인 화장품이라도 전성분은 의무적으로 표기해야 돼.
> - 진철: 안정화제, 보존제 등 원료 자체에 들어 있는 부수 성분으로 그 효과가 나타나게 하는 양보다 적은 양이 들어 있더라도 전성분 기준에 맞춰 함량 순서대로 표기해야 해.
> - 희림: 산성도(pH) 조절 목적으로 사용된 성분은 그 성분을 표시하는 대신 중화 반응에 따른 생성물로 기재·표시할 수 있지만 비누화 반응에 거치는 성분은 비누화 반응에 따른 생성물로 기재·표시할 수 없어.

① 선주 ② 희주 ③ 혜은 ④ 진철 ⑤ 희림

03 「개인정보 보호법」 제21조(개인정보의 파기)에 대한 내용 중 적절하지 <u>않은</u> 것은? (8점)

① 코로나19로 인해 고객 발길이 끊겨 맞춤형화장품판매업을 폐업하게 된 A 씨는 PC에 저장된 고객의 자료를 복구 또는 재생이 불가하도록 영구적으로 파기하였다.

② A 씨는 평소 고객의 개인정보를 파기할 때 이름과 전화번호가 기재된 종이들은 따로 분리·배출하였다.

③ 맞춤형화장품판매업자 A씨는 폐업 시 개인정보의 파기 방법 및 절차 등에 필요한 사항을 대통령령으로 정하고 있는 방법에 따라 진행하였다.

④ 2021년 5월에 맞춤형화장품판매업을 폐업하게 된 A 씨는 개인정보의 보유기간이 1년 이상 남은 고객의 개인정보도 영구 파기하였다.

⑤ A 씨가 폐업하는 영업장에 다른 맞춤형화장품판매업체 B 씨가 개업을 할 예정이라, A 씨는 홍보를 위한 전화번호만 B 씨에게 전달하고 다른 정보는 모두 파기하였다.

04 「화장품법 시행규칙」 별표 7 행정처분의 기준에 대한 내용으로 올바르지 <u>않은</u> 것을 〈보기〉에서 모두 고른 것은? (12점)

┤ 보기 ├

㉠ 화장품제조업의 소재지 변경을 4차까지 위반하여 등록이 취소되었다.

㉡ 식품의약품안전처에 심사를 받지 않고 미백 및 주름 개선 기능성화장품이라고 판매하다 4차까지 위반하여 등록이 취소되었다.

㉢ 화장품에 들어가면 안 되는 성분이 혼입이 되었다는 이유로 회수 명령을 받았으나 회수계획을 보고하지 않다가 3차까지 위반하여 등록이 취소되었다.

㉣ 판매 업무정지 기간 중에 소비자의 요구에 의해 판매를 진행하다 1차만에 등록이 취소되었다.

㉤ 품질관리 업무 절차서를 작성하지 않고 있다가 4차 위반하여 등록이 취소되었다.

① ㉠, ㉡

② ㉠, ㉢

③ ㉡, ㉢

④ ㉡, ㉣

⑤ ㉢, ㉤

05 맞춤형화장품판매업소에 소비자 A가 방문하여 맞춤형화장품조제관리사 B와 나눈 〈대화〉이다. 다음 중 피부 측정 후 맞춤형화장품조제관리사가 조제한 화장품에 대해 올바르게 설명한 것은? (12점)

┤ 대화 ├

A: 안녕하세요. 요즘은 야외 골프장에 많이 다녀서 그런지 피부도 어둡고 푸석푸석해진 것 같아요. 피부 상태 확인 좀 해 주세요.

B: 고민이 많으시겠네요. 그럼 피부 측정 먼저 해 드릴게요. 이쪽으로 앉으세요.

… (피부 측정 후) …

B: 고객님, 피부를 측정해 보니 정말 3개월 전에 비해 피부 수분 함량이 10%가량 낮네요. 그런데 고민하셨던 색소는 3개월 전과 유사해요. 아마도 수분과 각질 상태가 좋지 않아서 피부가 칙칙해 보이는 문제가 있었던 것 같아요. 오히려 색소보다는 피부 탄력도가 20%나 떨어져 있어요. 아무래도 골프장을 자주 다녀서 자외선으로 인한 영향으로 보여요.

A: 어머, 그래요? 지금 사용하고 있는 크림을 다 사용해서 이번에 새로 구입하려고 했는데 그럼 저한테 맞는 제품 좀 추천해 주세요.

B: 고객님 피부에 맞는 제품으로 상담 및 조제업무 진행해 드리겠습니다. 잠시만 기다리세요.

Base 전성분	EXP
정제수, 소듐하이알루로네이트, 부틸렌글라이콜, 글리세린, 1,2-헥산다이올, 벤잘코늄클로라이드, 유제놀, 베타글루칸, 세틸알코올, 로즈힙오일, 아보카도오일, 스테아릭애씨드, 석류 추출물, 카보머, 다이소듐이디티에이	2024.10.17.

효능 성분	비고	EXP
아데노신	식품의약품안전처 기능성 성분으로 보고 완료	2024.12.07.
알파-비사보롤		
나이아신아마이드		
폴리에톡실레이티드레틴아마이드		

① 보습력이 3개월 전에 비해 떨어져 있어서 Base에 보습 성분을 사용하였고, 어두운 피부톤을 개선하기 위해 아데노신을 첨가하여 조제하였습니다.

② 본 제품에는 벤잘코늄클로라이드가 함유되어 있으니 눈에 접촉을 피하고 눈에 들어갔을 때는 즉시 씻어 내셔야 합니다.

③ Base에 폴리에톡실레이티드레틴아마이드 0.05%를 함유한 제품을 추천해 드립니다. 개봉 후 1년까지는 사용 가능하니 반드시 2025.12.06.까지 사용하시기 바랍니다.

④ 알레르기 유발 성분인 유제놀 성분이 0.0001% 들어가 있기 때문에 성분을 표시하여 드리겠습니다.

⑤ 탄력이 안 좋은 상태이기에 Base 크림에 알파-비사보롤과 나이아신아마이드를 혼합하여 피부 탄력에 효과를 보실 수 있게 조제하였습니다.

06 다음은 올해 론칭한 A사 화장품의 광고지 내용의 일부이다. 「화장품법 시행규칙」의 별표 5 화장품의 표시 ·광고의 범위 및 준수사항에 적합하지 <u>않은</u> 내용을 모두 고른 것은? (8점)

원료명	검출 여부
포름알데하이드	불검출

※ ○○○ 연구원 분석 결과

㉠ 지금까지 없었던 최고 효과의 주름 개선 성분으로 진피까지 침투 가능

㉡ 주름 개선에 효과가 있는 아데노신 성분 함유

㉢ 압구정 피부과 홍길동 원장이 추천하여 믿을 수 있는 제품

㉣ 포름알데하이드를 사용하지 않은 제품

㉤ B사의 제품보다 고가의 레티놀 함유로 3배 빠른 피부 주름 개선 효과

① ㉠, ㉢, ㉣ ② ㉠, ㉢, ㉤
③ ㉠, ㉣, ㉤ ④ ㉡, ㉢, ㉣
⑤ ㉡, ㉢, ㉤

07 「화장품법」 제10조(화장품의 기재사항)에 따라 2차 포장이 없는 제품의 경우 1차 포장에서 필수로 표기해야 되는 것을 〈보기〉에서 모두 고른 것은? (8점)

┤ 보기 ├
㉠ 화장품의 효능 및 효과
㉡ 영업자의 상호
㉢ 화장품 사용법
㉣ 제조번호
㉤ 사용기한 및 개봉 후 사용기한
㉥ 내용물의 용량

① ㉠, ㉡, ㉣ ② ㉠, ㉢, ㉤
③ ㉠, ㉢, ㉥ ④ ㉡, ㉢, ㉣
⑤ ㉡, ㉣, ㉤

08 〈보기〉의 전성분 표시는 「화장품법」 제10조(화장품의 기재사항)에 따른 기준에 맞게 표시하였다. 해당 제품은 식품의약품안전처에 자료 제출이 생략되는 피부 미백 기능성화장품 고시 성분과 사용상의 제한이 필요한 원료를 최대 사용한도로 제조하였다. 이때, 유추 가능한 태반 추출물의 함유 범위(%)는? (12점)

> **보기**
>
> 정제수, 부틸렌글라이콜, 글리세린, 나이아신아마이드, 다이메티콘, 호호바 오일, 세틸알코올, 카프릴릭/카프릭트라이글리세라이드, 태반 추출물, 소듐하이알루로네이트, 스위트 아몬드 오일, 사자발쑥 추출물, 세라마이드, 페녹시에탄올, 카복시비닐폴리머, 구아검, 아이소프로필미리스테이트, 토코페릴아세테이트, 다이소듐이디티에이

① 0.5 ~ 2.0%

② 0.1 ~ 2.0%

③ 0.5 ~ 3.0%

④ 0.5 ~ 5.0%

⑤ 1.0 ~ 5.0%

09 다음 중 「인체적용제품의 위해성 평가 등에 관한 규정」에 대한 내용이 <u>아닌</u> 것은? (8점)

① 위해요소란 화장품에 존재하여 인체 건강에 유해영향을 일으킬 수 있는 고유의 성질을 말한다.

② 위해성이란 인체적용제품에 존재하는 위해요소에 노출되는 경우 인체의 건강을 해칠 수 있는 정도를 말한다.

③ 위해성 평가란 인체적용제품에 존재하는 위해요소가 인체의 건강을 해치거나 해칠 우려가 있는지 여부와 그 정도를 과학적으로 평가하는 것을 말한다.

④ 위해성 평가는 위원회의 자문을 거쳐 위해성 평가 관련 기술 수준이나 위해요소의 특성을 고려하여 평가의 방법을 다르게 정할 수 있다.

⑤ 독성이란 인체적용제품에 존재하는 위해요소가 인체에 유해한 영향을 미치는 고유의 성질을 말한다.

10 다음 대화는 「화장품법 시행규칙」 제19조(화장품 포장의 기재·표시 등)에 관한 내용이다. 빈칸에 공통으로 들어갈 말로 알맞은 것은? (8점)

┌─ 대화 ─┐
A: 화장품의 포장에 기재·표시해야 하는 사항은 무엇이 있는지 알려줄 수 있어?
B: 화장품의 1차 포장 또는 2차 포장에는 총리령으로 정하는 바에 따라 화장품의 명칭, 영업자의 상호 및 주소, 가격, 제조번호, 사용기한 또는 개봉 후 사용기간 등을 기재·표시할 수 있어.
A: 그렇구나. 그런데, 이번에 성분명을 제품 명칭의 일부로 사용하려고 하는데, 기재·표시해야 하는 사항이 있니?
B: 성분명을 제품 명칭의 일부로 사용한 경우에는 (   )이/가 포함되어 있어야 해.
A: 방향용 제품에도 (   )을/를 기재·표시해야 하니?
B: 아니, 방향용 제품은 제외야.

① 식품의약품안전처장이 정하는 바코드
② 영업자의 상호명
③ 성분명과 함량
④ 제조번호
⑤ 사용기한

11 「화장품법 시행규칙」 제14조의2(회수 대상 화장품의 기준 및 위해성 등급 등)의 규정에 따라 회수대상 화장품은 위해성이 높은 순서에 따라 '가등급', '나등급', '다등급'으로 구분하고 있다. 다음 사례에서 판매 또는 유통된 화장품의 위해성 등급이 다른 하나는 무엇인가? (12점)

① 맞춤형화장품판매업자 A는 맞춤형화장품조제관리사 B가 퇴사하여, 맞춤형화장품조제관리사가 새로 입사할 때까지 맞춤형화장품판매업자가 고객 피부에 맞춰 맞춤형화장품을 판매하였다.
② 맞춤형화장품조제관리사 A는 고객의 피부 측정 후 심각한 문제성 피부인 것을 확인 후, 효과적인 피부 개선을 위하여 식품의약품안전처장이 고시한 항생 물질을 함유하여 화장품을 조제하였다.
③ 미국에 사는 A는 한국에서 화장품제조업과 화장품책임판매업을 함께 11월 1일에 등록하려고 한다. A의 지인이 10월 30일 화장품을 미리 받아보고 싶다고 하여, 등록을 진행하는 과정 중에 화장품을 제조·수입하여 지인에게 유통·판매하였다.
④ 맞춤형화장품판매업자 A는 병원미생물에 오염된 화장품을 고객에게 판매하였다.
⑤ 화장품판매업자 A는 원활한 유통을 위하여 화장품의 사용기한, 개봉 후 사용 기간(병행표시한 화장품 제조일자)을 위조·변조한 화장품을 고객에게 판매하였다.

12 〈보기〉는 화장품에 사용하는 계면활성제에 관한 설명이다. ㉠, ㉡에 들어갈 말을 올바르게 나열한 것은?

(8점)

┤ 보기 ├

- (㉠): 피부에 대한 자극성과 독성이 낮은 특징을 가지고 있으며, 화장품에서 주로 저자극 샴푸, 유아용 샴푸에 사용한다. 종류로는 코카미도프로필베타인, 하이드로제네이티드레시틴 등이 사용된다.
- (㉡): 계면활성제의 농도가 증가하면서, 계면활성제가 수용액에 있을 때 친수성기는 바깥의 수용액과 닿고, 소수성기는 안에서 핵을 형성하여 만들어지는 구형의 집합체이다.

	㉠	㉡
①	양이온성 계면활성제	리포좀
②	음이온성 계면활성제	미셀
③	음이온성 계면활성제	액정
④	양쪽성 계면활성제	리포좀
⑤	양쪽성 계면활성제	미셀

13 〈보기〉에서 「화장품 안전 기준 등에 관한 규정」 중 별표 1 사용할 수 없는 원료에 따라 화장품에 사용할 수 없는 알코올 성분을 모두 고른 것은? (12점)

┤ 보기 ├

㉠ 벤질알코올   ㉡ 2,2,2-트리브로모에탄올
㉢ 클로로부탄올   ㉣ 이소프로필메칠페놀
㉤ 2-메톡시에탄올   ㉥ 2,4-디클로로벤질알코올

① ㉠, ㉣   ② ㉡, ㉤
③ ㉡, ㉥   ④ ㉣, ㉤
⑤ ㉤, ㉥

14 자외선 차단제 성분은 자외선을 산란하거나 흡수한다. 자외선을 흡수하는 성분 중 「기능성화장품 심사에 관한 규정」 중 별표 4 자료 제출이 생략되는 기능성화장품의 종류(제6조제3항 관련)에 해당하는 성분을 〈보기〉에서 모두 고른 것은? (8점)

┤ 보기 ├

㉠ 호모살레이트   ㉡ 징크옥사이드
㉢ 에칠헥실메톡시신나메이트   ㉣ 살리실릭애씨드
㉤ 티타늄다이옥사이드

① ㉠, ㉡   ② ㉠, ㉢
③ ㉡, ㉢   ④ ㉢, ㉣
⑤ ㉣, ㉤

15 「화장품법」 제4조제1항 및 「화장품법 시행규칙」 제9조제1항에 따라 기능성화장품 심사를 받기 위하여 자료를 제출하고자 하는 경우, 기준 및 시험 방법에 관한 자료 제출을 면제할 수 있는 범위를 정하고 있다. 용기에 대한 정의로 〈보기〉의 ㉠, ㉡에 들어갈 말을 올바르게 나열한 것은? (8점)

┤ 보기 ├
- (㉠): 외부로부터 고형의 이물이 들어가는 것을 방지하고 고형의 내용물이 손실되지 않도록 보호할 수 있는 용기
- (㉡): 액상 또는 고형의 이물 또는 수분이 침입하지 않고 내용물을 손실, 풍화, 조해 또는 증발로부터 보호할 수 있는 용기

	㉠	㉡
①	밀폐 용기	밀봉 용기
②	밀폐 용기	기밀 용기
③	밀봉 용기	차광 용기
④	밀봉 용기	기밀 용기
⑤	차광 용기	기밀 용기

16 〈보기〉는 화장품 관련 법령에 관한 내용이다. 법령에서 규정하고 있는 내용을 모두 고른 것은? (8점)

┤ 보기 ├
㉠ 「천연화장품 및 유기농화장품의 기준에 관한 규정」은 천연화장품 및 유기농화장품의 기준을 정함으로써 국민보건 향상과 천연화장품 및 유기농화장품 산업에 발전에 기여함을 목적으로 한다.
㉡ 천연화장품은 동식물 및 그 유래 원료 등을 함유한 화장품이며, 유기농화장품은 유기농 원료, 동식물 및 그 유래 원료 등을 함유한 화장품을 말한다. 천연화장품 및 유기농화장품을 판매하려고 하는 자는 식품의약품안전처장이 정한 인증기관에 인증을 받아야 한다.
㉢ 화장품의 책임판매업자는 천연화장품 또는 유기농화장품으로 표시·광고하여 제조, 수입 및 판매할 경우 「천연화장품 및 유기농화장품의 기준에 관한 규정」에 적합함을 인증하는 자료를 구비하고, 제조일(수입일 경우 통관일)로부터 3년 또는 사용기한 경과 후 1년 중 긴 기간 동안 보존해야 한다.
㉣ 천연화장품 및 유기농화장품 인증의 유효기간을 연장하려고 하는 자는 유효기간이 끝나기 60일 전에 연장 신청을 해야 한다.
㉤ 「화장품법」 제14조의2 제1항에 따라 천연화장품 및 유기농화장품에 대한 인증을 받으면 총리령으로 정하는 인증 표시를 할 수 있다.
㉥ 식품의약품안전처에서 고시하고 있는 「화장품 안전 기준 등에 관한 규정」 별표 2 사용상의 제한이 필요한 원료 중 보존제와 합성 원료는 천연화장품 제조에 사용할 수 있다.

① ㉠, ㉢, ㉤
② ㉠, ㉢, ㉥
③ ㉡, ㉢, ㉤
④ ㉢, ㉣, ㉤
⑤ ㉢, ㉣, ㉥

17 다음은 맞춤형화장품조제관리사 A와 고객 B의 〈대화〉이다. ㉠에 해당하지 <u>않는</u> 제품은 무엇인가? (8점)

┤ 대화 ├

A: 안녕하세요. 고객님, 지난번에 조제해 드린 보습 크림은 잘 쓰셨나요?

B: 네. 잘 쓰고 있습니다.

A: 그럼 이번에도 같은 화장품으로 조제해 드릴까요?

B: 아니요. 이번에는 다른 맞춤형화장품을 요청드리고 싶어요. 짧은 기간 동안 사용할 수 있도록 10mL 용기로 5개 담아주시고요. (㉠   )를 소분해 주세요.

A: 네, 잠시만 기다려 주세요.

① 흑채 ② 제모왁스

③ 손소독제 ④ 데오도런트

⑤ 외음부 세정제

18 「화장품법 시행규칙」 별표 4 화장품 포장의 표시 기준 및 표시 방법 제3호마목에는 "착향제 구성 성분 중 식품의약품안전처장이 정하여 고시한 알레르기 유발 성분이 있는 경우에는 향료로 표기할 수 없고, 해당 성분의 명칭을 기재·표기해야 한다"고 명시되어 있다. 〈보기〉에서 착향제(향료) 성분 중 알레르기 유발 성분에 해당하는 것을 모두 고른 것은? (8점)

┤ 보기 ├

㉠ 신남알   ㉡ 시트릭애씨드   ㉢ 헥실신남알

㉣ 메틸2-옥티노에이트   ㉤ 브로모클로로펜   ㉥ 알파-비사보롤

㉦ 클로로부탄올   ㉧ 천수국꽃 추출물   ㉨ 알부틴

① ㉠, ㉡, ㉢ ② ㉠, ㉢, ㉣

③ ㉢, ㉣, ㉥ ④ ㉤, ㉦, ㉧

⑤ ㉦, ㉧, ㉨

19 〈보기〉를 보고, 「화장품법」 제2조제2호의2, 제2조제3호 및 제14조의2제1항에 따른 「천연화장품 및 유기농화장품의 기준에 관한 규정」 별표 5의 천연화장품 및 유기농화장품의 원료 제조 공정 중 물리적·화학적·생물학적 공정으로 옳지 <u>않은</u> 것을 모두 고른 것은? (8점)

┤ 보기 ├

A: 천연화장품 및 유기농화장품을 제조하고 싶어요.

B: 그러시군요. 천연화장품 및 유기농화장품의 기준에 관한 규정을 식품의약품안전처에서 고시하고 있으니 꼼꼼하게 확인해 보세요.

A: 네, 감사합니다. 그런데, 천연화장품 원료 제조 공정 중 물리적·화학적·생물학적 공정으로 ㉠ 알킬화, ㉡ 탈색·탈취, ㉢ 복합화, ㉣ 설폰화, ㉤ 비누화, ㉥ 오존분해, ㉦ 수은화합물을 사용한 처리, ㉧ 양쪽성 물질의 제조공정이 가능한 거죠?

B: 아닙니다. 천연화장품 및 유기농화장품에서 금지되는 제조 공정이 있네요.

A: 그런가요? 다시 한번 체크해 보겠습니다.

① ㉠, ㉢, ㉦ ② ㉡, ㉢, ㉤

③ ㉡, ㉣, ㉥ ④ ㉡, ㉣, ㉦

⑤ ㉤, ㉥, ㉧

20 A는 고객, B는 화장품책임판매업자이다. 〈대화〉의 ㉠, ㉡에 들어갈 성분으로 옳게 짝지어진 것은? (8점)

┤ 대화 ├

A: 안녕하세요, 제가 C 에센스를 사용하면서부터 피부에 트러블이 생겼는데, 성분 좀 봐 주실 수 있나요?

B: 네, 확인해 드릴게요.

〈C 에센스 전성분〉
정제수, 부틸렌글라이콜, 글리세린, 호호바 오일, 포도씨 오일, 세틸알코올, 미네랄 오일, 아데노신, 1,2-헥산다이올, 나이아신아마이드, 카보머, 다이소듐이디티에이

B: 「화장품 안전 기준 등에 관한 규정」에 의하면 화장품 제조 시 인위적으로 첨가하지 않았거나, 제조 또는 보관 과정 중 비의도적으로 유래된 사실이 객관적인 자료로 확인되고 기술적으로 해당 물질을 완전히 제거할 수 없는 경우에 각 물질의 검출 허용한도가 있어요. 성분 분석도 진행해 보겠습니다.

〈성분 분석 결과〉

시험항목	시험결과
아데노신	0.04%
비소	5μg/g
디옥산	99μg/g
안티몬	20μg/g
나이아신아마이드	2.0%
메탄올	0.1(v/v)%
수은	0.8μg/g
포름알데하이드	2,500μg/g

B: 성분 분석 결과, (㉠)와/과 (㉡)은/는 검출 허용한도가 넘은 것으로 확인됩니다. C 에센스는 바로 회수 처리 진행하겠습니다.

A: 네, 알겠습니다.

	㉠	㉡
①	메탄올	포름알데하이드
②	비소	안티몬
③	수은	포름알데하이드
④	메탄올	디옥산
⑤	안티몬	포름알데하이드

21 「기능성화장품 심사에 관한 규정」 별표 4 자료 제출이 생략되는 기능성화장품의 종류 중 피부를 곱게 태워 주거나 자외선으로부터 피부를 보호하는 데 도움을 주는 성분 및 최대 함량으로 옳은 것은? (8점)

	원료명	함량	원료명	함량
①	드로메트리졸	2%	옥토크릴렌	6%
②	벤조페논-4	5%	레조시놀	1%
③	옥토크릴렌	10%	에칠헥실살리실레이트	5%
④	레조시놀	10%	호모살레이트	5%
⑤	에칠헥실살리실레이트	8%	징크옥사이드	6%

22 〈보기〉에서 영유아용 보디로션 보존제로 사용할 수 없는 원료를 모두 고른 것은? (8점)

┤ 보기 ├
ㄱ 살리실릭애씨드 및 그 염류   ㄴ 부틸파라벤
ㄷ 클로로펜   ㄹ 아이오도프로피닐부틸카바메이트
ㅁ 이소프로필파라벤

① ㄱ, ㄷ
② ㄱ, ㄹ
③ ㄱ, ㅁ
④ ㄴ, ㄷ
⑤ ㄹ, ㅁ

23 다음은 「화장품 바코드 표시 및 관리요령」의 별표 1 화장품 바코드의 구성체계에 관한 내용이다. 〈보기〉의 ㉠, ㉡에 들어갈 단어로 올바르게 짝지어진 것은? (8점)

┤ 보기 ├
〈GTIN-13 번호체계〉

8 801234 123457

자릿수	3	4~6	5~3	1
내용	(㉠)	업체식별코드	(㉡)	검증번호
부여 예	880	1234	12345	7

	㉠	㉡
①	품목코드	물류식별코드
②	품목코드	국가식별코드
③	물류식별코드	국가식별코드
④	국가식별코드	물류식별코드
⑤	국가식별코드	품목코드

24 A, B, C 세 사람의 정보를 참고하여 〈대화〉를 읽고 A, B, C의 행동으로 옳은 것을 고르면? (8점)

A	• 3월 1일부터 맞춤형화장품판매장에 취업하여 4월 10일에 맞춤형화장품조제관리사 자격증을 취득함 • 취업 후 맞춤형화장품조제 업무를 시작하였음
B	• 4월 30일에 취업하여 A의 업무를 지원, 화장품을 광고하는 업무를 맡음 • 10월에 있을 맞춤형화장품조제관리사 시험을 준비하고 있음
C	본인에게 맞는 맞춤형화장품을 구입하여 사용 중인 고객

┤ 대화 ├

A: ① 안녕하세요, C 고객님, 3월 15일에 제가 조제해 드린 제품은 괜찮았나요?

C: 네, 말씀하신 대로 피부가 건조한 편이었는데, 지난번 조제해 주신 제품을 사용하니 건조함을 요새 잘 못느껴요.

A: 피부를 측정해 보니, 피부 건조가 많이 개선되었네요. 그럼 이전에 사용하셨던 제품으로 조제해 드릴까요?

C: 네.

A: ② B 씨, 여기 제가 직접 고객의 피부를 측정한 결과예요. 간단한 수분 크림인데 상세 조제 매뉴얼을 드릴테니, C 고객님께 맞춤형화장품을 조제해 주세요.

B: 네, 알겠습니다.

C: B 씨, 여기 있는 탄력 크림도 구매하고 싶은데, 소분해 주실 수 있을까요?

B: 네, ③ 제가 탄력 크림도 소분해 드릴게요.
　　 C 고객님, ④ 여기 제가 맞춤형화장품으로 조제한 수분 크림과 아까 말씀하신 탄력 크림을 소분한 제품입니다.

C: 네, 감사합니다. ⑤ 화장품의 제조연월, 사용기한 좀 확인해 볼게요.

B: 네.

25 〈보기〉는 고객들의 현재 피부 상태나 희망사항 등을 파악한 뒤 개개인에 맞는 기능성화장품의 성분을 기재한 것이다. 어울리지 <u>않는</u> 것을 모두 고른 것은? (8점)

┤ 보기 ├

㉠ 선예: 요즘 얼굴이 붉게 달아오른 것처럼 자주 홍조가 보여요.	덱스판테놀, 치오글리콜산
㉡ 서영: 피부가 어두워진 것 같아요. 피부가 밝아졌으면 좋겠어요.	알파-비사보롤, 나이아신아마이드
㉢ 홍희: 색소가 침착돼 버렸어요. 개선하고 싶어요.	아스코빌글루코사이드, 알부틴
㉣ 예지: 여드름이 너무 심해졌어요. 여드름을 완화하고 싶어요.	살리실릭애씨드
㉤ 현주: 야외 운동을 많이 하고 있어서 피부가 타는 게 걱정돼요. 자외선을 차단하고 싶어요.	옥토크릴렌, 폴리에톡실레이티드레틴아마이드

① ㉠, ㉡　　　　　　　　　　　　② ㉠, ㉢

③ ㉠, ㉤　　　　　　　　　　　　④ ㉡, ㉣

⑤ ㉢, ㉣

26 화장품에 사용되는 원료는 수용성과 지용성으로 구분할 수 있다. 〈보기〉의 원료 중 지용성 원료로만 나열된 것은? (12점)

---| 보기 |---
- 비타민: 아스코르브산, 토코페롤
- 알코올: 세틸알코올, 아이소프로필알코올
- 산: 스테아릭산, 아미노산
---

① 아스코르브산, 세틸알코올, 스테아릭산
② 아스코르브산, 세틸알코올, 아미노산
③ 토코페롤, 아이소프로필알코올, 아미노산
④ 토코페롤, 아이소프로필알코올, 스테아릭산
⑤ 토코페롤, 세틸알코올, 스테아릭산

27 〈보기〉에서 「화장품 안전 기준 등에 관한 규정」 제6조(유통화장품의 안전관리 기준)에 따라 퍼머넌트 웨이브용 제품에 사용 가능한 원료를 모두 고른 것은? (8점)

---| 보기 |---
㉠ 퀴닌
㉡ 실버나이트레이트
㉢ 과산화수소
㉣ 브롬산나트륨
㉤ 메칠렌글라이콜
---

① ㉠, ㉡
② ㉡, ㉢
③ ㉡, ㉣
④ ㉢, ㉣
⑤ ㉢, ㉤

28 다음은 화장품책임판매업을 하려는 A와 지방식품의약품안전청 직원 B의 대화이다. 〈대화〉를 읽고 올바르게 말한 것은? (12점)

┤ 대화 ├

A: 안녕하세요, 이번에 화장품책임판매업을 등록하고 싶어요.

B: 그럼 등록신청서를 포함한 필요한 서류를 가지고 오셔서 등록하시면 되겠네요.

A: 감사합니다. 화장품책임판매업자가 준수해야 하는 사항도 알려주실 수 있을까요?

B: 네, 우선 ① 화장품 포장용기에는 반드시 제조업체와 책임판매업체를 구분하여 명시해 주셔야 해요.

A: 제조업체와 책임판매업체를 반드시 구분해서 명시해야 하는군요.

B: 화장품 유통·판매 후 ② 제품 사용과 관련된 부작용 발생 시 한국소비자원에 즉시 보고해야 하고, ③ 보건위생상의 위해가 없도록 시설 및 기구를 위생적으로 관리하여 오염되지 않도록 관리하셔야 합니다.

A: 네, 제품을 위생적으로 관리하는 데 신경을 써야겠네요.

B: ④ 제조업자로부터 받은 제품표준서 및 품질관리기록서를 보관하시는 것도 화장품책임판매업자의 준수사항입니다.

A: 제품표준서 및 품질관리기록서는 제조업자가 가지고 있어야 하는 서류 아닌가요?

B: 그런가요? 저도 다시 한번 확인해 보겠습니다.
⑤ 특정 성분을 0.1% 이상 함유하는 제품은 안전성시험 자료를 최종 제조된 제품의 사용기한이 만료되는 날부터 1년간 보존해야 합니다.

A: 특정 성분은 무엇이 있나요?

B: 레티놀(비타민 A) 및 그 유도체, 아스코빅애씨드(비타민 C) 및 그 유도체, 토코페롤(비타민 E), 과산화화합물, 효소가 있습니다.

A: 네, 감사합니다.

---

29 〈보기〉는 어떤 화장품의 전성분을 나열한 것이다. 「기능성화장품 심사에 관한 규정」 별표 4에 따라 자료 제출이 생략되는 성분을 모두 고른 것은? (8점)

┤ 보기 ├

정제수, 글리세린, 벤질알코올, 페녹시에탄올, 부틸렌글라이콜, 유용성 감초 추출물, 벤잘코늄클로라이드, 폴리에톡실레이티드레틴아마이드, 쿼터늄-15, 메칠이소치아졸리논, 유제놀, 쿠마린, 우레아, 사이클로메티콘, 라놀린, 미네랄 오일, 올리브 오일

① 페녹시에탄올, 폴리에톡실레이티드레틴아마이드

② 벤질알코올, 유제놀

③ 유용성 감초 추출물, 폴리에톡실레이티드레틴아마이드

④ 유용성 감초 추출물, 쿼터늄-15

⑤ 벤잘코늄클로라이드, 메칠이소치아졸리논

30 디옥산은 제조 또는 유통 과정 중에 의도하지 않게 자연적으로 생성되는 유해물질이다. 다음 중 디옥산이 검출될 수 있는 원료는 무엇인가? (8점)

① 글리세린
② 소듐라우레스설페이트
③ 글리세릴카프릴레이트
④ 카프릴릴글라이콜
⑤ 솔비톨

31 〈보기〉에서 「우수화장품 제조 및 품질관리 기준(CGMP)」 제9조(작업소의 위생) 중 설비 세척의 원칙에 관한 내용으로 적절하지 않은 것을 모두 고른 것은? (8점)

┤ 보기 ├
ⓐ 위험성이 없는 용제(물이 최적)로 세척한다.
ⓑ 가능한 한 세제를 사용하지 않는다.
ⓒ 증기 세척은 좋은 방법이다.
ⓓ 되도록 브러시 등으로 문질러 닦지 않는 것이 좋은 방법이다.
ⓔ 기계는 되도록 분해하지 않은 채로 세척한다.
ⓕ 세척 후에 반드시 판정한다.
ⓖ 판정 후의 설비는 건조하지 않고 밀폐해서 보존한다.
ⓗ 세척의 유효기간을 설정한다.

① ㉠, ㉢, ㉣
② ㉡, ㉣, ㉤
③ ㉢, ㉤, ㉦
④ ㉣, ㉤, ㉦
⑤ ㉤, ㉦, ㉧

32 화장품제조업소에서 일하는 A와 B의 〈대화〉이다. 「우수화장품 제조 및 품질관리 기준(CGMP)」 제22조 (폐기처리 등)에 따라 올바르게 설명한 것은? (8점)

┤ 대화 ├
A: 이번에 내용물 및 원료에 대한 폐기작업을 진행하려고 하는데, ① 품질에 문제가 있거나 회수 · 반품된 제품의 폐기 또는 재작업 여부는 화장품제조업자에 의해 승인되기 때문에 대표님께 승인을 받아야겠네요.
B: 혹시 재작업의 기준도 알고 계신가요?
A: 네, ② 변질 · 변패 또는 병원미생물에 오염된 경우에도 책임자에 의해 승인되면 재작업이 가능합니다.
B: 그렇군요. 그런데 C 제품은 제조일로부터 3년이 경과되었는데 재작업이 가능할까요?
A: 네, ③ 제조일로부터 3년이 경과된 제품도 오염이 되지 않았다면 재작업이 가능합니다. 혹은 ④ 제조일로부터 1년이 경과하였지만, 사용기한이 6개월 이상 남아 있는 경우 재작업이 가능합니다.
B: 네, 감사합니다.
A: 이번에 D 벌크제품이 기준일탈 처리되었다고 하는데, 바로 폐기해야겠죠?
B: 아닙니다. 모두 폐기하면 손해가 커요. ⑤ 벌크제품과 완제품이 적합판정기준을 만족시키지 못해서 기준일탈 제품이 되더라도 재작업 후 기준에 부합하면 사용 · 출하될 수 있습니다.
A: 그렇군요.

33 「우수화장품 제조 및 품질관리 기준(CGMP)」 제8조(시설)와 관련하여 청정도 등급과 관리 기준에 대한 내용이 옳은 것을 〈보기〉에서 모두 고른 것은? (8점)

┤ 보기 ├

ㄱ 청정도 1등급: 청정 공기순환 – 20회/hr 이상 또는 차압 관리
   관리 기준 – 낙하균 10개/hr 또는 부유균 20개/m³

ㄴ 청정도 2등급: 청정 공기순환 – 10회/hr 이상 또는 차압 관리
   관리 기준 – 낙하균 20개/hr 또는 부유균 200개/m³

ㄷ 청정도 3등급: 청정 공기순환 – 차압 관리, 관리 기준 – 탈의, 포장재의 외부 청소 후 반입

ㄹ 청정도 4등급: 청정 공기순환 – 차압 관리, 관리 기준 – 낙하균 50개/hr 또는 부유균 200개/m³

① ㄱ, ㄴ   ② ㄱ, ㄷ
③ ㄱ, ㄹ   ④ ㄴ, ㄷ
⑤ ㄴ, ㄹ

34 「화장품법 시행규칙」 제18조(안전용기·포장 대상 품목 및 기준)에 대한 설명으로 옳은 것은? (12점)

① 에탄올을 함유하는 네일 에나멜 리무버 및 네일 폴리시 리무버는 안전용기·포장 대상 품목이다.

② 어린이용 오일 등 개별 포장당 미네랄 오일을 10퍼센트 이상 함유하고 운동점도가 21센티스톡스 이하인 에멀견 타입의 액체상태의 제품은 안전용기·포장 대상 품목이다.

③ 개별 포장당 메틸살리실레이트를 5퍼센트 이상 함유하는 토너는 안전용기·포장 대상 품목이다.

④ 일회용 제품, 용기 입구 부분이 펌프 또는 방아쇠로 작동되는 분무용기 제품, 압축 분무용기 제품(에어로졸 제품 등)은 안전용기·포장 대상 품목이다.

⑤ 5세 미만의 어린이가 개봉하기 어려운 정도의 구체적인 기준 및 시험 방법은 식품의약품안전처장이 정하여 고시하는 바에 따른다.

35 「화장품법 시행규칙」 제10조의3(제품별 안전성 자료의 작성·보관)에 관한 내용이다. 〈보기〉의 밑줄친 내용 중 옳은 것을 모두 고른 것은? (8점)

┤ 보기 ├

화장품의 1차 포장에 ㉠ 개봉 후 사용기간을 표시하는 경우 안정성 자료의 보관기간은 다음과 같다.

영유아 또는 어린이가 사용할 수 있는 화장품임을 표시·광고한 날부터 마지막으로 제조·수입된 제품의 제조연월일 이후 ㉡ 2년까지의 기간. 이 경우 제조는 화장품의 제조번호에 따른 ㉢ 제조일자를 기준으로 하며, 수입은 ㉣ 선적일자를 기준으로 한다.

① ㉠, ㉡   ② ㉠, ㉢
③ ㉠, ㉡, ㉢   ④ ㉠, ㉡, ㉣
⑤ ㉠, ㉡, ㉢, ㉣

36 〈보기〉는 「화장품법」 제8조(화장품 안전 기준 등)와 관련하여 고시된 「화장품 안전 기준 등에 관한 규정」 별표 4 유통화장품 안전관리 시험 방법 중 퍼머넌트 웨이브용 및 헤어스트레이트너 제품의 시험 방법에 대한 내용이다. ㉠, ㉡, ㉢에 들어갈 말을 올바르게 나열한 것은? (14점)

---| 보기 |---

〈치오글라이콜릭애씨드 또는 그 염류를 주성분으로 하는 냉2욕식 퍼머넌트웨이브용 제품〉

가. 제1제 시험 방법

① pH: 검체를 가지고 「기능성화장품 기준 및 시험 방법」(식품의약품안전처 고시) 일반시험법 1. 원료의 "47. pH측정법"에 따라 시험한다.

② 알칼리: 검체 10mL를 정확하게 취하여 100mL 용량 플라스크에 넣고 물을 넣어 100mL로 하여 검액으로 한다. 이 액 20mL를 정확하게 취하여 250mL 삼각플라스크에 넣고 (㉠)N염산으로 적정한다(지시약: 메칠레드시액 2방울).

③ 산성에서 끓인 후의 환원성 물질(치오글라이콜릭애씨드): ②항의 검액 20mL를 취하여 삼각플라스크에 물 50mL 및 (㉡)% 황산 5mL를 넣어 가만히 가열하여 5분간 끓인다. 식힌 다음 0.1N 요오드액으로 적정한다(지시약: 전분시액 3mL). 이때의 소비량을 AmL로 한다.

> 산성에서 끓인 후의 환원성 물질(치오글라이콜릭애씨드로서)의 함량(%) = (㉢)×A

	㉠	㉡	㉢		㉠	㉡	㉢
①	0.1	20	0.2404	②	0.1	30	0.4606
③	1.0	20	0.4606	④	1.0	30	0.6404
⑤	10	10	0.2404				

---

37 〈보기〉는 「화장품법」 제8조(화장품 안전 기준 등)와 관련하여 고시된 「화장품 안전 기준 등에 관한 규정」 별표 4 유통화장품 안전관리 시험 방법 중 총호기성 생균수 시험법의 '조작'에 대한 내용이다. ㉠, ㉡에 들어갈 말을 올바르게 나열한 것은? (14점)

---| 보기 |---

세균수 시험	㉮ 한천평판도말법: 직경 9~10cm 페트리 접시 내에 미리 굳힌 세균시험용 배지 표면에 전처리 검액 0.1mL 이상 도말한다. ㉯ 한천평판희석법: 검액 1mL를 같은 크기의 페트리접시에 넣고 그 위에 멸균 후 45℃로 식힌 15mL의 세균시험용 배지를 넣어 잘 혼합한다. 검체당 최소 (㉠)개의 평판을 준비하고 30~35℃에서 적어도 48시간 배양하는데 이때 최대 균집락수를 갖는 평판을 사용하되 평판당 300개 이하의 균집락을 최대치로 하여 총세균수를 측정한다.
진균수 시험	'세균수 시험'에 따라 시험을 실시하되 배지는 진균수 시험용 배지를 사용하여 배양온도 20~25℃에서 적어도 (㉡)일간 배양한 후 100개 이하의 균집락이 나타나는 평판을 세어 총진균수를 측정한다.

	㉠	㉡		㉠	㉡
①	2	5	②	2	7
③	3	5	④	3	7
⑤	5	5			

38 유통화장품은 「화장품법」 제8조(화장품 안전 기준 등)와 관련하여 고시된 「화장품 안전 기준 등에 관한 규정」 제4장제6조(유통화장품의 안전관리 기준)에 적합하여야 한다. 〈보기〉를 보고 검출 허용한도 안에 드는 조합을 고르시오. (12점)

┌─ 보기 ┐

㉠ 폴리에틸렌테레프탈레이트 15㎍/g　　　㉡ 디부틸프탈레이트 50㎍/g
㉢ 모노이소부틸프탈레이트 40㎍/g　　　㉣ 부틸벤질프탈레이트 20㎍/g
㉤ 모노에틸프탈레이트 60㎍/g　　　㉥ 디에칠헥실프탈레이트 20㎍/g
㉦ 모노메틸프탈레이트 20㎍/g

① ㉠+㉡+㉥　　　　　　　② ㉡+㉣+㉦
③ ㉢+㉤+㉦　　　　　　　④ ㉠+㉤+㉥
⑤ ㉡+㉣+㉥

39 〈보기〉의 내용은 「화장품법」 제8조(화장품 안전 기준 등)와 관련하여 고시된 「화장품 안전 기준 등에 관한 규정」 별표 4 유통화장품 안전관리 시험 방법 중 하나이다. 〈보기〉에서 설명하는 세균 시험법은 무엇인가? (12점)

┌─ 보기 ┐

검체 1g 또는 1mL를 유당액체배지를 사용하여 10mL로 하여 30∼35℃에서 24∼72시간 배양한다. 배양액을 가볍게 흔든 다음 백금이 등으로 취하여 맥콘키한천배지 위에 도말하고 30∼35℃에서 18∼24시간 배양한다. 위의 특정을 나타내는 집락이 검출되는 경우에는 에오신메칠렌블루한천배지에서 각각의 집락을 도말하고 30∼35℃에서 18∼24시간 배양한다. 에오신메칠렌블루한천배지에서 금속 광택을 나타내는 집락 또는 투과광선 하에서 흑청색을 나타내는 집락이 검출되면 백금이 등으로 취하여 발효시험관이 든 유당액체배지에 넣어 44.3∼44.7℃의 항온수조 중에서 22∼26시간 배양한다.

① 녹농균 시험　　　　　　② 대장균 시험
③ 황색포도상구균 시험　　　④ 살모넬라균 시험
⑤ 폐렴균 시험

40 「기능성화장품 심사에 관한 규정」에 따르면 안전성에 관한 자료는 별표 1의 독성시험법에 따르는 시험방법을 택해야 한다. 독성시험법에 관한 내용을 올바르게 설명한 것은? (14점)

① 피부 1차 자극성을 평가하기에 적정한 농도와 용량을 설정하고, 단일농도 투여 시에는 0.1mL(액체) 또는 0.3g(고체)를 투여량으로 한다.

② 안점막자극 또는 기타점막자극시험은 기니피그를 사용하는 시험법을 사용한다.

③ 인체 첩포시험은 피부과 전문의 또는 연구소 및 병원, 기타 관련기관에서 2년 이상 해당 시험 경력을 가진 자의 지도하에 수행되어야 한다.

④ 인체 첩포시험은 원칙적으로 첩포 24시간 후에 patch를 제거하고 제거에 의한 일과성의 홍반의 소실을 기다려 관찰·판정한다.

⑤ 광감작성시험은 일반적으로 시험 시 Draize 방법을 사용하며, 광원은 UV-A 영역의 램프 단독, 혹은 UV-A와 UV-B 영역의 각 램프를 겸용해서 사용한다.

41 〈보기〉는「화장품법 시행규칙」제9조와 관련하여「기능성화장품 기준 및 시험 방법」별표 1 통칙의 화장품 제형의 정의에 대한 내용이다. ㉠, ㉡, ㉢에 들어갈 단어를 올바르게 나열한 것은? (8점)

┤ 보기 ├
- (㉠)란 화장품에 사용되는 성분을 용제 등에 녹여서 액상으로 만든 것을 말한다.
- (㉡)란 유화제 등을 넣어 유성성분과 수성성분을 균질화하여 반고형상으로 만든 것을 말한다.
- (㉢)란 원액을 같은 용기 또는 다른 용기에 충전한 분사제(액화기체, 압축기체 등)의 압력을 이용하여 안개모양, 포말상 등으로 분출하도록 만든 것을 말한다.

	㉠	㉡	㉢
①	액제	크림제	에어로졸제
②	액제	로션제	에어로졸제
③	겔제	크림제	에어로졸제
④	겔제	로션제	분말제
⑤	침적마스크제	로션제	분말제

42 〈보기〉에서「인체적용제품의 위해성 평가 등에 관한 규정」제13조 독성시험의 실시에 대한 내용을 올바르게 설명한 것을 모두 고른 것은? (12점)

┤ 보기 ├
㉠ 독성시험은「의약품 등 독성시험기준」또는 경제협력개발기구(OECD)에서 정하고 있는 독성시험 방법에 따라야 한다.
㉡ 독성시험 절차는 WHO의 기준에 따라 수행되어야 한다.
㉢ 독성시험 결과에 대한 독성병리 전문가 등의 검증을 수행한다.
㉣ 독성시험 대상물질의 특성, 노출경로 등을 고려하여 독성시험 항목 및 방법 등을 선정한다.
㉤ 화장품제조업자는 위해성 평가에 필요한 자료를 확보하기 위하여 독성의 정도를 동물실험 등을 통하여 과학적으로 평가하는 독성시험을 실시할 수 있다.

① ㉠, ㉡, ㉢   ② ㉠, ㉡, ㉤
③ ㉠, ㉢, ㉣   ④ ㉡, ㉢, ㉣
⑤ ㉡, ㉢, ㉤

43 「우수화장품 제조 및 품질관리 기준」에서는「화장품법」제5조제2항 및「화장품법 시행규칙」제12조제2항에 따라 우수화장품 제조 및 품질관리 기준에 관한 세부사항을 정하고 있다. 용어의 정의가 올바른 것은? (8점)

① '유지관리'란 제품이 적합 판정 기준에 충족될 것이라는 신뢰를 제공하는 데 필수적인 모든 계획되고 체계적인 활동이다.
② '공정관리'란 원료 물질의 칭량부터 혼합, 충진(1차포장), 2차포장 및 표시 등의 일련의 작업이다.
③ '완제품'이란 하나의 공정이나 일련의 공정으로 제조되어 균질성을 갖는 화장품의 일정한 분량이다.
④ '기준일탈'이란 규정된 합격 판정 기준에 일치하지 않는 검사, 측정 또는 시험결과이다.
⑤ '재작업'이란 제조 및 품질과 관련한 결과가 계획된 사항과 일치하는지의 여부와 제조 및 품질관리가 효과적으로 실행되고, 목적 달성에 적합한지 여부를 결정하기 위한 체계적이고 독립적인 조사이다.

44 다음은 「화장품법 시행규칙」 제19조제6항 관련 별표 4 화장품 포장의 표시 기준 및 방법에 대한 내용이다. 〈대화〉에서 올바르게 말한 것은? (8점)

┤ 대화 ├

A: 화장품 표시 기준 및 표시 방법에 따르면 화장품은 ① 어떤 제품이든 예외 없이 화장품 제조에 사용된 함량이 많은 것부터 순서대로 기재·표기해야 합니다.

B: 화장품 전성분을 보면, 가장 많은 원료부터 가장 적은 원료까지 확인할 수 있겠네요. 그럼, ② 화장품 포장의 글자 크기는 잘 보일 수 있도록 10포인트 이상으로 하면 되겠죠?

A: 네, 작성할 때 화장품제조업자와 화장품판매업자는 따로 구분하여 기재·표기하는 거 아시죠?

B: ③ 저희는 화장품제조업자와 화장품판매업자가 동일한데, 제조와 판매의 업무는 다른 것이니 따로 구분해야겠네요.

A: B씨네 회사는 주로 어떤 제품을 다루시나요?

B: 저희 회사는 화장비누 제조 및 판매하고 있는데, ④ 화장비누는 수분을 포함한 중량과 건조 중량을 함께 기재·표기하고 있어요.

A: 그렇군요. 혹시 비누화 반응에 따른 생성물은 어떻게 기재해야 하나요?

B: ⑤ 비누화 반응을 거치는 성분은 기재·표기할 수 없으므로 기재하시면 안 됩니다.

A: 그렇군요, 감사합니다.

45 〈보기〉에서 자료 제출이 생략되는 기능성화장품 고시 성분을 골라 올바르게 설명한 것은? (8점)

┤ 보기 ├

폴리에톡실레이티드레틴아마이드, 벤질알코올, 닥나무 추출물, 에칠아스코빌에텔, 레티놀, 소듐아이오데이트, 피크라민산 나트륨, 6-히드록시인돌, 치오글리콜산 80%, 나이아신아마이드, p-페닐렌디아민, 클로로펜, 디갈로일트리올리에이트, 징크옥사이드, 부틸메톡시디벤조일메탄, 시녹세이트, 비오틴, 알파-비사보롤, 호모살레이트

① 피부의 미백에 도움을 주는 제품의 성분으로는 닥나무 추출물, 알파-비사보롤, 에칠아스코빌에텔, 나이아신아마이드가 있다.

② 피부의 주름 개선에 도움을 주는 제품의 성분으로는 레티놀, 폴리에톡실레이티드레틴아마이드, 호모살레이트가 있다.

③ 피부를 곱게 태워주거나 자외선으로부터 피부를 보호하는 데 도움을 주는 제품의 성분으로는 디갈로일트리올리에이트, p-페닐렌디아민이 있다.

④ 모발의 색상을 변화시키는 기능을 가진 제품의 성분으로는 치오글리콜산 80%, 비오틴, 피크라민산 나트륨이 있다.

⑤ 체모를 제거하는 기능을 가진 제품의 성분으로는 벤질알코올, 소듐아이오데이트, 클로로펜이 있다.

46 화장품 제조 시 인위적으로 첨가하지 않았으나, 제조 또는 보관 과정 중 비의도적으로 유래된 사실이 객관적인 자료로 확인되고 기술적으로 해당 물질을 완전히 제거할 수 없는 물질은 일정 한도 내에서 검출을 허용하고 있다. 〈보기〉에 주어진 상황을 읽고 올바르게 설명한 것은? (8점)

| 보기 |

• 상황: 얼마 전 이번에 A 에센스의 성분 검사를 의뢰하였더니 다음과 같은 성분들이 확인되었다.

시험항목	시험결과
비소	1µg/g
수은	10µg/g
디옥산	30µg/g
포름알데하이드	200µg/g
메탄올	0.2%(v/v)

① 비소는 화장품에서 검출을 허용하지 않기 때문에 회수 조치되어야 한다.
② 수은의 검출 허용한도 범위 내에 있기 때문에 문제 되지 않는다.
③ 디옥산의 검출 허용한도는 점토를 원료로 사용한 분말 제품일 때 50µg/g 이하, 그 밖의 제품은 20µg/g 이하이기 때문에 검출 허용한도에서 초과되어 회수 조치되어야 한다.
④ 포름알데하이드는 화장품에서 검출되면 안 되는 성분이므로 회수 조치되어야 한다.
⑤ 메탄올은 검출 허용한도 범위 내에 있기 때문에 문제 되지 않는다.

47 다음은 동물대체시험법 중 어느 한 시험법에 대한 내용이다. 〈보기〉의 빈칸에 들어갈 용어로 알맞은 것은? (8점)

| 보기 |

In vitro 3T3 NRU(Neutral Red Uptake) (   )시험은 세포독성을 나타내지 않는 수준에 노출되었을 때와 노출되지 않았을 때의 시험물질에 의한 세포독성을 비교하는 방법이다. 세포독성은 시험물질 처리 24시간 후에 Neutral red의 세포 내 축적 정도를 측정하여 평가하며, 자외선을 조사한 조건과 조사하지 않은 조건에서 얻어진 IC_{50} 값을 비교하여 (   )에 대한 가능성을 예측한다.

① 안점막 자극   ② 광독성
③ 피부 감작성   ④ 피부 부식성
⑤ 단회 투여 독성

48 화장품의 안전성 확보를 위해 시행하는 시험과 그 시험 방법이 올바르게 연결된 것은? (14점)

① 안점막 자극시험 – In vitro 3T3 NRU 시험법
② 1차 피부 자극시험 – 독성등급법
③ 피부 감작성시험 – ARE-Nrf2 루시퍼라아제 LuSens 시험법
④ 광독성시험 – Draize 시험법
⑤ 단회 투여 독성시험 – Patch Test

49 「화장품 안전 기준 등에 관한 규정」의 별표 4 유통화장품 안전관리 시험 방법 중 "납"에 대한 시험 방법을 〈보기〉에서 모두 고른 것은? (8점)

┤ 보기 ├
ⓐ 디티존법
ⓑ 원자흡광광도법을 이용하는 방법
ⓒ 비색법
ⓓ 유도결합플라즈마분광기(ICP)를 이용하는 방법
ⓔ 유도결합플라즈마 – 질량분석기(ICP – MS)를 이용하는 방법
ⓕ 액체크로마토그래프 – 절대검량선법
ⓖ 기체크로마토그래프 – 질량분석기법
ⓗ 기체크로마토그래프 – 수소염이온화검출기를 이용하는 방법

① ㉠, ㉡, ㉢, ㉣
② ㉠, ㉡, ㉣, ㉤
③ ㉠, ㉢, ㉣, ㉥
④ ㉡, ㉢, ㉥, ㉧
⑤ ㉡, ㉥, ㉦, ㉤

50 다음은 화장품 안정성시험에 대한 내용이다. 〈보기〉에서 올바른 것을 모두 고른 것은? (8점)

┤ 보기 ├
㉠ 화장품의 안정성은 화장품 제형(액, 로션, 크림, 립스틱, 파우더 등)의 특성, 성분의 특성(경시변화가 쉬운 성분의 함유 여부 등), 보관용기 및 보관조건 등 다양한 변수에 대한 예측과 이미 평가된 자료 및 경험을 바탕으로 하여 과학적이고 합리적인 시험조건에서 평가되어야 한다.
㉡ 화장품 안정성시험은 화장품의 저장방법 및 사용기한을 설정하기 위하여 경시변화에 따른 품질의 안정성을 평가하는 시험이다.
㉢ 개봉 후 안정성시험은 화장품 사용 전에 일어날 수 있는 오염 등을 고려한 사용기한을 설정하기 위하여 장기간에 걸쳐 물리·화학적, 미생물학적 안정성 및 용기 적합성을 확인하는 시험을 말한다.
㉣ 장기보존시험은 화장품의 저장조건에서 사용기한을 설정하기 위하여 장기간에 걸쳐 물리·화학적, 미생물학적 안정성 및 용기 적합성을 확인하는 시험으로 6개월 이상 시험하는 것을 원칙으로 한다.
㉤ 장기보존시험은 시험개시 때와 첫 1년간은 1개월마다, 그 후 2년까지는 3개월마다, 2년 이후부터 6개월에 1회 시험한다.
㉥ 가속시험은 일반적으로 장기보존시험의 지정 저장온도보다 5℃ 이상 높은 온도에서 시험한다. 예를 들어 실온보관 화장품의 경우에는 온도 40±2℃/상대습도 75±5%로, 냉장보관 화장품의 경우에는 25±2℃/ 상대습도 60±5%로 한다.

① ㉠, ㉡, ㉣
② ㉠, ㉢, ㉣
③ ㉡, ㉢, ㉣
④ ㉡, ㉣, ㉤
⑤ ㉡, ㉣, ㉥

51 유통화장품은 「화장품법」 제8조와 관련하여 고시된 「화장품 안전 기준 등에 관한 규정」 제4장제6조(유통화장품의 안전관리 기준)에 부합하여야 한다. 〈보기〉를 보고 제품 A, B, C에 대한 설명이 올바르지 <u>않은</u> 것은?

(8점)

│ 보기 ├

1) 수분 크림 A의 물질 검출 결과

안티몬	100μg/g
카드뮴	10μg/g
메탄올	0.002(v/v)%
프탈레이트류	50μg/g
대장균	불검출

2) 물휴지 B의 물질 검출 결과

안티몬	5μg/g
카드뮴	5μg/g
메탄올	0.002(v/v)%
프탈레이트류	100μg/g
디옥산	200μg/g
세균 및 진균수	100개/g(mL)

3) 아이섀도 C의 물질 검출 결과

니켈	60μg/g
카드뮴	1μg/g
프탈레이트류	100μg/g
디옥산	불검출
총호기성생균수	1,000개/g(mL)

---

① 제품 A는 안티몬의 허용량인 10μg/g을 초과하였다.
② 제품 A는 카드뮴의 허용량인 5μg/g을 초과하였다.
③ 제품 B는 디옥산의 허용량인 10μg/g을 초과하였다.
④ 제품 C는 니켈의 허용량인 35μg/g을 초과하였다.
⑤ 제품 C는 총호기성생균수 허용량인 500개/g(mL)을 초과하였다.

52 「화장품법」 제8조(화장품 안전기준 등)와 관련하여 고시된 「화장품 안전 기준 등에 관한 규정」 별표 4 유통 화장품 안전관리 시험 방법 중 시스테인, 시스테인 염류 또는 아세틸시스테인을 주성분으로 하는 냉2욕식 퍼머넌트 웨이브용 제품 제1제에 대한 설명으로 올바른 것은? (14점)

① pH 5.5~9.5에 적합하여야 한다.
② 시스테인 1.5~5.5%에 적합하여야 한다.
③ 비소가 10μg/g 이하여야 한다.
④ 환원 후의 환원성 물질(시스틴)은 6.5% 이하여야 한다.
⑤ 알칼리의 경우 0.1N 염산의 소비량은 검체 1mL에 대하여 12mL 이하여야 한다.

53 다음 중 염모제 성분끼리 짝지어진 것이 <u>아닌</u> 것은? (12점)

① 테트라브로모-o-크레솔, m-아미노페놀, 톨루엔-2,5-디아민
② 피크라민산 나트륨, p-니트로-o-페닐렌디아민, 6-히드록시인돌
③ p-페닐렌디아민, 피크라민산, 레조시놀
④ 염산 2,4-디아미노페놀, 황산 톨루엔-2,5-디아민, 황산은
⑤ 황산 5-아미노-o-크레솔, 2,6-디아미노피리딘, 황산 p-아미노페놀

54 다음 중 중량이 50g 또는 내용량이 50mL가 넘는 크림에 기재·표시해야 하는 사항으로 올바르지 <u>않은</u> 것은? (8점)

① 성분명을 제품 명칭의 일부로 사용한 경우 그 성분명과 함량을 기재·표시해야 한다.
② 천연화장품 및 유기농화장품으로 표시·광고하는 경우 해당 원료의 함량을 기재·표시해야 한다.
③ 나이아신아마이드가 함유된 미백 기능성화장품의 경우 효능·효과, 용법, 용량에 대하여 기재·표시해야 한다.
④ 화장품 제조 과정 중 제거되어 최종 제품에 남아 있지 않은 원료는 제조에 사용되었다는 것을 사용자가 알 수 있도록 반드시 기재·표시해야 한다.
⑤ 영유아용 제품류 또는 어린이용 제품류를 표시·광고하려는 경우에는 보존제로 사용된 벤질알코올의 함량을 기재·표시해야 한다.

55 〈보기〉에서 맞춤형화장품조제관리사에 대해 올바르게 설명한 것을 모두 고른 것은? (8점)

┌ 보기 ├
⊙ 화장품의 소분·혼합의 업무는 맞춤형화장품조제관리사만 할 수 있다.
ⓛ 맞춤형화장품조제관리사 자격이 있는 사람만 맞춤형화장품판매업장의 신고할 수 있다.
ⓒ 화장품의 소분·혼합 업무를 하려면 한국산업인력공단에서 실시하는 맞춤형화장품조제관리사 자격시험에 합격하여야 한다.
ⓔ 제조 또는 수입된 원료에 식품의약품안전처장이 정하여 고시하는 원료를 혼합하여 판매할 수 있다.
ⓜ 맞춤형화장품조제관리사는 화장품 안전성 확보 및 품질관리에 관해 매년 교육을 받아야 한다.

① ⊙, ⓔ   ② ⊙, ⓜ
③ ⓛ, ⓒ   ④ ⓛ, ⓔ
⑤ ⓒ, ⓜ

56 고객의 피부에 맞는 맞춤형화장품을 조제하기 위해 맞춤형화장품조제관리사 A~E가 고객에게 피부 수분 측정 방법에 대해 설명한 후 수분 측정을 진행하고자 한다. 피부 수분 측정 방법에 대해 올바르게 설명한 것은? (12점)

① A: 전기전도도 측정 방법을 통해 피부 각질층의 수분량을 측정해 드리겠습니다.

② B: 카트리지 필름을 피부에 밀착시켜 피부 각질층의 피부 수분량을 측정해 드리겠습니다.

③ C: 경피수분손실량 측정 방법을 통해 피부 각질층의 수분량을 측정해 드리겠습니다.

④ D: 피부에 음압을 가한 후 상태복원 정도 측정 방법을 통해 피부 각질층의 수분량을 측정해 드리겠습니다.

⑤ E: 근적외선 분광광도계를 이용한 측정 방법을 통하여 피부 각질층의 수분량을 측정해 드리겠습니다.

57 맞춤형화장품조제관리사 A와 고객 B의 〈대화〉에서 올바르게 설명한 것은? (8점)

┤ 대화 ├

B: 안녕하세요. 피부에 맞는 맞춤형화장품을 구매하고 싶어요.

A: 네, 피부 측정해 드릴게요. 이쪽으로 오세요.

B: 그런데, 왜 자꾸 피부 상태가 바뀔까요? 여름이 되면 피부에 색소침착도 심해지는 것 같아요.

A: 맞아요. ㉠ 피부색을 결정하는 데 중요한 역할을 하는 멜라닌세포가 진피층에 존재하고 있는데, 자외선을 받으면 멜라닌색소를 만들어 내서 그래요.

B: 아, 그럼 우리 피부는 멜라닌색소로 덮여 있는 거군요?

A: 아니요, 피부는 ㉡ 각질형성세포가 기저층에서부터 지속적으로 새로운 세포를 생성하고 있어요. 이렇게 올라온 각질세포는 ㉢ 각질층에서 죽은 세포로 구성되며, 피부에서 중요한 장벽 역할을 하고 있답니다. ㉣ 피부에는 모세혈관도 존재하고 있는데, 이게 표피와 진피까지 분포하고 있어요. 그래서 피부가 다치면 피가 나는 거예요.

B: 그렇군요, 그럼 피부는 표피와 진피로 되어 있는 건가요?

A: 피부는 표피, 진피, 피하조직으로 구성되는데, 피하조직은 ㉤ 비만세포가 만들어 낸 지방세포로 이루어져 있답니다.

① ㉠, ㉢　　　　　　　　　　　② ㉠, ㉣

③ ㉡, ㉢　　　　　　　　　　　④ ㉡, ㉣

⑤ ㉢, ㉤

58 「화장품법」 제8조와 관련하여 「화장품 안전 기준 등에 관한 규정」을 두어 화장품에 사용할 수 없는 원료를 지정하고 있다. 〈보기〉에서 화장품에 사용할 수 없는 원료를 모두 고른 것은? (8점)

┤ 보기 ├

㉠ 페닐살리실레이트　　　　　　　㉡ 글루타랄

㉢ 벤제토늄클로라이드　　　　　　㉣ 소듐아이오데이트

㉤ 알킬이소퀴놀리늄브로마이드　　㉥ 클로로아트라놀

① ㉠, ㉣　　　　　　　　　　　② ㉠, ㉥

③ ㉡, ㉥　　　　　　　　　　　④ ㉢, ㉣

⑤ ㉤, ㉥

59 〈보기〉에서 멜라닌 합성 과정에 대한 설명이 옳지 <u>않은</u> 것을 모두 고른 것은? (12점)

> ┤ 보기 ├
> ㉠ 멜라닌은 멜라노좀에서 합성된다.
> ㉡ 티로신과 도파는 산화되는 과정 중에서 티로시나아제(타이로시나아제) 효소가 관여한다.
> ㉢ 키네신(Kinesin), 액틴(Actin), 리포폴리사카라이드(Lipopolysaccharide) 등이 멜라닌 이동 과정에 관여한다.
> ㉣ 멜라노좀은 세포돌기를 통하여 각질형성세포로 전달된다.
> ㉤ 멜라닌은 최종적으로 유멜라닌과 페오멜라닌으로 만들어진다.
> ㉥ 피부색을 결정하는 요인으로는 멜라닌, 자연보습인자(NMF), 카로티노이드가 있다.

① ㉠, ㉢　　　　　　　　　　　　② ㉡, ㉥
③ ㉢, ㉣　　　　　　　　　　　　④ ㉢, ㉥
⑤ ㉣, ㉥

60 〈보기〉는 탈모 분야 전문가의 인터뷰 내용이다. ㉠에 들어갈 단어는 무엇인가? (8점)

> ┤ 보기 ├
> 진행자: 안녕하세요. 선생님! 남성의 탈모가 증가하고 있는데요, 대표적인 원인이 뭔가요?
> 전문가: 남성 탈모의 대표적인 원인은 남성호르몬과 관련이 깊습니다. 남성호르몬인 테스토스테론이 모낭에
> 　　　　있는 (　㉠　)와/과 만나서 디하이드로테스토스테론(DHT)이라는 물질을 만드는데요, 디하이드로
> 　　　　테스토스테론(DHT)은 모낭을 위축시키기 때문에 모발을 가늘게 합니다. 힘이 없어지는 이런 현상을
> 　　　　연모화라고 하는데 이게 탈모의 시작이거든요. 디하이드로테스토스테론(DHT) 생성을 억제하면 탈모
> 　　　　진행을 막는 데 도움이 됩니다.

① 트립신　　　　　　　　　　　　② MMP 효소
③ 말산탈수소 효소　　　　　　　　④ 5α−환원 효소(5α−리덕타아제)
⑤ 라이페이스

61 〈보기〉는 진피의 구조에 대한 설명이다. ㉠, ㉡에 들어갈 단어를 올바르게 나열한 것은? (8점)

> ┤ 보기 ├
> 진피는 유두층과 망상층으로 이루어져 있다. 망상층은 (　㉠　)과 (　㉡　)(으)로 구성되어 있다. 진피 내
> 의 섬유질 조직은 다량의 물과 결합하여 섬유 사이의 공간을 채우는 다양한 거대 분자의 혼합물을 함유하고 있
> 다. 단백질 구성 요소인 아미노산이 여러 개 결합한 펩타이드를 (　㉢　)라고 하며, 피부의 탄력과 연관 있는
> 가교결합에 관여하는 효소를 라이신 가교라 한다.

	㉠	㉡	㉢
①	콜라겐	섬유아세포	폴리펩타이드
②	콜라겐	엘라스틴	폴리펩타이드
③	유두층	망상층	시스틴 결합
④	기질	대식세포	시스틴 결합
⑤	콘드로이친 황산	히알루론산	시스틴 결합

62 다음 〈보기〉는 「화장품 안전기준 등에 관한 규정」 별표 3의 인체 세포·조직 배양액 안전기준에 대한 용어의 정의이다. ㉠, ㉡에 들어갈 말을 올바르게 나열한 것은? (8점)

> ┤ 보기 ├
>
> 가. "인체 세포·조직 배양액"은 인체에서 유래된 세포 또는 조직을 배양한 후 세포와 조직을 제거하고 남은 액을 말한다.
>
> 나. "공여자"란 배양액에 사용되는 세포 또는 조직을 제공하는 사람을 말한다.
>
> 다. "(㉠)"란 공여자에 대하여 문진, 검사 등에 의한 진단을 실시하여 해당 공여자가 세포배양액에 사용되는 세포 또는 조직을 제공하는 것에 대해 적격성이 있는지를 판정하는 것을 말한다.
>
> 라. "(㉡)"란 감염 초기에 세균, 진균, 바이러스 및 그 항원·항체·유전자 등을 검출할 수 없는 기간을 말한다.
>
> 마. "청정등급"이란 부유입자 및 미생물이 유입되거나 잔류하는 것을 통제하여 일정 수준 이하로 유지되도록 관리하는 구역의 관리수준을 정한 등급을 말한다.

	㉠	㉡
①	공여자 일치도검사	윈도우 피리어드
②	공여자 일치도검사	인큐베이션 피리어드
③	공여자 적격성검사	윈도우 피리어드
④	공여자 적격성검사	인큐베이션 피리어드
⑤	공여자 판정성검사	인큐베이션 피리어드

63 다음 〈대화〉는 화장품책임판매업자들이 「화장품법」 제14조 및 「화장품법 시행규칙」 제23조와 관련하여 「화장품 표시·광고 실증에 관한 규정」에 대해 나눈 대화이다. 올바르게 설명한 것을 모두 고른 것은? (12점)

> ┤ 대화 ├
>
> A: 이번에 화장품 광고를 하려고 하는데 규정을 찾아보니 이 규정의 목적이 ㉠ 소비자를 허위, 과장 광고로부터 보호하고 화장품 책임판매업자·화장품 제조업자·맞춤형화장품판매업자·판매자가 화장품의 표시, 광고를 적정하게 할 수 있도록 유도하는 거야.
>
> B: 표시·광고 실증을 위한 시험을 위해서 시험기관을 두는데, 그 규정에서는 ㉡ 시험을 실시하는 데 필요한 사람, 건물, 시설 및 운영단위를 시험기관으로 일컫더라. 난 이번에 여드름성 피부에 사용이 적합하다는 표시·광고를 하고 싶은데, 어떤 자료가 필요하지?
>
> C: ㉢ '여드름 개선'의 효과를 표방하는 화장품은 여드름 개선 효과를 입증하는 자료 대신 '여드름 피부 개선용 화장품 조성물' 특허 자료 등으로 대체할 수 있어.
>
> D: 맞아. 이때, ㉣ 광고를 실증하기 위한 시험 결과자료는 광고와 관련되어 있어야 하고 과학적이고 객관적인 방법으로 만들어진 자료로 국내외 대학이나 화장품 관련 전문 연구기관에서 시험한 자료여야 해. 반드시 담당 연구자가 발급한 자료여야 하니 참고해. 그런데, 실증방법이 정확히 뭐야?
>
> E: ㉤ '실증방법'이란 화장품의 표시·광고 내용을 증명할 목적으로 해당 화장품의 효과 및 안전성을 확보하기 위하여 사람을 대상으로 실시하는 시험 또는 연구를 말해.

① ㉠, ㉡, ㉢

② ㉠, ㉡, ㉣

③ ㉡, ㉢, ㉤

④ ㉡, ㉣, ㉤

⑤ ㉢, ㉣, ㉤

64 다음 중 「화장품 표시·광고 관리 가이드라인」과 관련하여 허용되는 문구로 올바른 것을 고르시오. (12점)

① A 제품은 트리클로산, 트리클로카반을 함유하여 강력한 살균 및 소독 효과가 있습니다.

② B 제품은 아데노신을 함유하여 주름 개선 기능성화장품으로 인정받았으며, 콜라겐 증가 효과가 있습니다.

③ C 제품은 탈모 증상 완화 기능성화장품으로, 탈모 증상 완화 및 모발의 성장 촉진 효과가 있습니다.

④ D 제품은 줄기세포 배양액을 함유하여 피부 세포 활성을 증가시키고, 세포 및 유전자의 활성화 효과가 있습니다.

⑤ E 제품은 아토피협회가 공식으로 지정한 화장품입니다.

65 다음 〈대화〉는 맞춤형화장품 안전 기준의 주요 사항에 대한 맞춤형화장품조제관리사 A와 B의 대화이다. 올바르지 않은 것은? (8점)

┌─ 대화 ├─
A: ① 맞춤형화장품 판매장 시설·기구를 정기적으로 점검하여 보건위생상 위해가 없도록 관리해야 해요.

B: 네, ② 이번에 고객에게 맞춤형화장품 혼합해 드릴 때 일회용 장갑을 착용하고 혼합해 드렸어요.

A: 맞춤형화장품을 조제하고 남은 원료는 어떻게 하셨어요?

B: ③ 조제하고 남은 내용물 및 원료는 마개를 사용하여 밀폐한 후 보관실에 두었어요.

A: ④ 고객에게 판매 후 맞춤형화장품 판매내역서를 작성하고 보관하셔야 하는 건 알고 계시죠?

B: 네, ⑤ 맞춤형화장품 식별번호와 사용기한 또는 개봉 후 사용기간, 고객 성함 및 연락처를 작성하여 전자문서로 판매내역서를 보관해 두었습니다.

A: 잘하셨네요.

66 〈보기〉는 「화장품법」에 명시된 기능성화장품의 정의이다. 다음 중 설명이 올바른 것은? (8점)

┌─ 보기 ├─
㉠ "기능성화장품"이란 화장품 중에서 다음 각 목의 어느 하나에 해당되는 것으로서 총리령으로 정하는 화장품을 말한다.

㉡ 가. 피부의 미백에 도움을 주는 제품

㉢ 나. 피부의 주름 개선에 도움을 주는 제품

㉣ 다. 피부를 곱게 태워주거나 자외선으로부터 피부를 보호하는 데에 도움을 주는 제품

㉤ 라. 모발의 색상 변화·제거 또는 영양공급에 도움을 주는 제품

마. 피부나 모발의 기능 약화로 인한 건조함, 갈라짐, 빠짐, 각질화 등을 방지하거나 개선하는 데에 도움을 주는 제품

① ㉠ – 기능성화장품의 범위는 「화장품법」 제2조에서 확인할 수 있다.

② ㉡ – 피부 미백에 도움을 주는 기능성화장품 성분으로는 아스코르브산이 있다.

③ ㉢ – 주름 개선에 도움을 주는 성분으로는 아데노신이 있다.

④ ㉣ – 자외선은 200∼400nm의 파장을 가지며, 가시광선의 파장보다 길다.

⑤ ㉤ – 모발의 색상은 케라틴의 종류와 혼합 정도에 따라 달라진다.

67 〈보기〉에서 기능성화장품의 심사, 유효성, 효능 · 효과에 따른 실태조사 시 포함되어야 하는 사항에 해당하지 <u>않는</u> 것을 모두 고른 것은? (12점)

┤ 보기 ├
⊙ 소비자의 사용실태가 포함되어야 한다.
⊙ 제품별 안정성 자료의 작성 및 보관 현황이 포함되어야 한다.
ⓒ 영유아 또는 어린이 사용 화장품에 대한 표시 · 광고의 현황 및 추세에 대한 내용이 포함되어야 한다.
ⓔ 사용 후 이상사례의 현황 및 회수사항이 포함되어야 한다.
ⓜ 그 밖에 대통령령으로 필요하다고 인정하는 사항에 대하여 포함되어야 한다.

① ⊙, ⊙, ⓒ   ② ⊙, ⓒ, ⓔ
③ ⊙, ⓒ, ⓜ   ④ ⊙, ⓔ, ⓜ
⑤ ⓒ, ⓔ, ⓜ

68 〈보기〉의 ⊙, ⊙에 들어갈 단어를 올바르게 나열한 것은? (8점)

┤ 보기 ├
(⊙   )은 2~5층의 편평형 또는 방추형세포층으로 이루어져 있으며, 케라틴 단백질이 뭉쳐 만들어진
(⊙   )이/가 존재한다.

	⊙	⊙
①	각질층	케라토하이알린 과립
②	각질층	엘라이딘
③	과립층	케라토하이알린 과립
④	과립층	엘라이딘
⑤	기저층	각질형성세포

69 다음 중 화장품의 외관 · 색상시험 방법으로 올바르지 <u>않은</u> 것은? (8점)

① 외관 · 색상을 검사하기 위한 표준품을 선정하여 외관 · 색상시험 방법에 따라 시험한다.
② 성상 및 색상의 판별 시 유화 제품은 내용물 표면의 매끄러움, 내용물의 점성, 내용물의 색을 육안으로 확인한다.
③ 클렌징 제품은 성상 및 색상의 판별 시 슬라이드 글라스에 표준품과 내용물을 각각 소량으로 묻힌 후 슬라이드 글라스로 눌러서 대조되는 부분을 육안으로 확인, 손등이나 실제 사용 부위에 직접 발라서 확인한다.
④ 향취 평가 시 비커에 내용물을 담고 코를 비커에 대고 향취를 맡거나 손등에 발라 향취를 맡아 확인한다.
⑤ 사용감 평가 시 내용물을 손등에 문질러서 느껴지는 사용감을 확인한다.

70 〈대화〉의 ㉠, ㉡에 들어갈 단어를 올바르게 나열한 것은? (8점)

| 대화 |
> A: 최근 새로 입사한 회사에서 화학물질을 많이 다루고 있는데, 갑자기 피부에 (㉠)과 (㉡)이 많이 나타나는 것 같아요.
>
> B: 그래요? 화학물질에 의한 피부자극은 화학물질이 각질층을 투과하여 시작되는 연쇄반응의 결과로 각질 세포와 다른 피부세포의 기초가 되는 부분을 손상시킬 수 있어요. 손상을 입은 세포는 염증을 일으키는 매개 물질들을 분비하거나 염증의 연쇄반응을 일으키는데, 이 반응은 진피층의 세포, 특히 혈관의 기질세포와 내피 세포에 작용해요. 내피세포의 확장과 투과성의 증가는 (㉠)과 (㉡)을 일으킬 수 있습니다.
>
> A: 그렇군요. 자세히 알려주셔서 감사합니다.

	㉠	㉡
①	종양	부종
②	통증	발열
③	홍반	부종
④	트러블	발열
⑤	색소침착	염증

71 〈대화〉에서 피부 구조에 대한 설명을 올바르게 한 사람을 모두 고른 것은? (8점)

| 대화 |

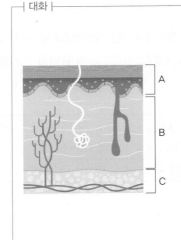

- 지현: 피부는 표피, 진피, 피하조직으로 이루어져 있으며, 표피는 바깥쪽 부터 각질층, 유극층, 과립층, 투명층, 기저층으로 구성되어 있어.
- 민지: 피부색을 결정하는 멜라닌형성세포는 A에 위치하고 있어서, 멜라닌 을 합성하여 각질형성세포에 멜라닌이 축적된 멜라노솜을 공급하고 있어.
- 예진: B는 유두층과 망상층으로 된 진피야. 피부노화에 영향을 주는 진피 의 변화로는 콜라겐 감소와 탄력섬유의 변성, 기질 탄수화물의 감소, 피부혈관의 면적 감소 등이 있어.
- 소영: B에는 피부 형성에 중요한 단백질인 필라그린이 위치하고 있어. 필 라그린은 B에서 단백질 분해 효소에 의해 분해되어 천연보습인자 (NMF)를 구성하는 아미노산을 만들어.
- 수아: C에는 지방세포와 대식세포, 비만세포, 섬유아세포들이 있어.

① 지현, 민지
② 지현, 예진
③ 민지, 예진
④ 민지, 소영
⑤ 민지, 수아

72 뷰티학과 학생들이 '자연적 피부노화로 인한 피부 변화'에 대한 과제를 수행하기 위해 토론을 하고 있다. 다음 〈대화〉 내용 중 자연적 피부노화로 인한 피부 변화에 대해 올바르게 설명하고 있는 학생을 모두 고른 것은? (8점)

┤ 대화 ├

리더: 자, 이제 자연적 피부노화로 인한 피부 변화에 대해 말해볼까? 철수부터 이야기해 보자.

철수: 응. 피부가 노화되면 표피층이 두꺼워지고, 탄력이 저하돼.

민영: GAG(Glycosaminoglycan)의 합성이 감소되기도 해.

은혜: 멜라노사이트 세포 수가 증가하고, 피부장벽이 강화돼.

선영: 표피층과 진피층의 경계가 평편해지고 층 사이의 간격이 좁아지는 것도 특징이야.

희수: 랑게르한스세포 수가 감소하고 피부에서의 면역기능이 저하되는 특징도 있어.

① 철수, 민영, 은혜
② 철수, 민영, 희수
③ 민영, 은혜, 선영
④ 민영, 선영, 희수
⑤ 은혜, 선영, 희수

73 화장품의 액성을 산성, 알칼리성 또는 중성으로 나타낸 것은 따로 규정이 없는 한 리트머스지를 써서 검사하여야 하며, 액성을 구체적으로 표시할 때는 pH값을 사용해야 한다. 〈보기〉의 ㉠, ㉡에 들어갈 숫자를 올바르게 나열한 것은? (8점)

┤ 보기 ├

미산성	약 5.0 ~ 6.5	미알칼리성	약 7.5 ~ 9.0
약산성	약 (㉠) ~ 5.0	약알칼리성	약 9.0 ~ (㉡)
강산성	약 (㉠) 이하	강알칼리성	약 (㉡) 이상

	㉠	㉡
①	2.0	11.0
②	3.0	11.0
③	3.0	12.0
④	3.0	14.0
⑤	3.5	14.0

74 다음 중 포장재의 종류와 특성에 대한 설명이 올바르지 않은 것은? (8점)

① 저밀도 폴리에틸렌(LDPE): 반투명으로 광택성, 유연성이 우수하며, 내·외부 응력이 걸린 상태에서 계면 활성제, 알코올과 접촉하면 균열이 발생할 수 있다. 주로 튜브, 마개, 패킹 등에 사용한다.

② 폴리스티렌(PS): 투명하고 딱딱하며 광택성, 성형가공성 및 치수 안정성이 우수하나 내약품성이 취약하다. 주로 팩트·스틱 용기, 캡 등에 사용한다.

③ 폴리염화비닐(PVC): 유백색, 무광택으로 수분 투과가 적으며, 화장수, 샴푸·린스 용기 및 튜브 등에 사용한다.

④ 칼리납유리: 크리스털 유리로 굴절률이 매우 높으며 산화납이 다량 함유된다. 주로 고급 향수병에 사용한다.

⑤ 놋쇠, 황동: 금과 유사한 색상으로 코팅, 도금, 도장 작업을 첨가한다. 주로 팩트·립스틱 용기, 코팅용 소재 등에 사용한다.

75 〈대화〉에서 화장품 사용 시의 개별 주의사항 문구에 대해 잘못 설명한 것은? (12점)

> ┤ 대화 ├
>
> A: ① 퍼머넌트 웨이브 제품 및 헤어 스트레이트너 제품은 섭씨 15℃ 이하의 어두운 장소에 보관하고, 개봉한 제품은 7일 이내에 사용해야 해.
> B: 맞아, ② 제1단계 퍼머액 중 주성분이 과산화수소인 제품은 모발색이 검정에서 갈색으로 변할 수 있으므로 유의해서 사용해야 해.
> C: ③ 고압가스를 사용하는 에어로졸 제품은 같은 부위 연속 3초 이상 분사하지 말고, 인체에서 20cm 이상 떨어져서 사용해야 해.
> D: ④ 이때, 무스의 경우는 제외야.
> E: ⑤ 고압가스를 사용하지 않는 분무형 자외선 차단제는 얼굴에 직접 분사하지 말고 손에 덜어 얼굴에 사용해야 해.

76 〈보기〉는 「화장품 사용할 때의 주의사항 및 알레르기 유발 성분 표시에 관한 규정」 별표 1 화장품의 유형 과 유형별·함유 성분별 사용할 때의 주의사항 표시에 따라 작성한 내용이다 ㉠, ㉡, ㉢에 들어갈 말을 올바르게 나열한 것은? (8점)

> ┤ 보기 ├
>
> 〈치오글라이콜릭애씨드가 함유된 제모제〉
>
> • (㉠), (㉡), 수렴 로션은 제모제 사용 후 24시간 후에 사용할 것
> • 눈 또는 점막에 닿았을 경우 미지근한 물로 씻어내고 붕산수(농도 약 (㉢)%)로 헹굴 것
> • 제품을 10분 이상 피부에 방치하거나 피부에서 건조하지 말 것

	㉠	㉡	㉢
①	땀발생억제제	향수	1
②	땀발생억제제	향수	2
③	AHA	향수	1
④	AHA	팩	2
⑤	스크럽세안제	팩	1

77 고객 A와 맞춤형화장품조제관리사 B의 〈대화〉를 읽고, C 화장품에 대한 설명이 올바른 것을 〈보기〉에서 모두 고른 것은? (8점)

┤ 대화 ├

A: 제가 주름 개선에 효과적이라고 알려진 C 화장품을 추천받아서 현재 3개월 정도 사용하고 있는데, 피부에 주름이 늘어나는 것 같고, 효과가 없는 것 같아요. 사용하면 할수록 피부가 붉어지면서 건조해지는 것 같고, 뽀루지도 생기고 있어요.

B: 그렇군요. 먼저 현재 사용하고 있는 화장품의 성분을 확인해 봐야겠어요.

〈C 화장품 전성분〉
정제수, 글리세린, 소듐하이드록사이드, 세틸에칠헥사노에이트, 유제놀, 징크옥사이드, 글리코산, 디메치콘, 벤질알코올, 마카다미아 오일, 1,2-헥산다이올, 잔탄검, 소듐하이알루로닉애씨드, 제라니올, 감초 추출물, 카보머, 스테아릭애씨드, 올리브 오일, 디부틸프탈레이트

┤ 보기 ├

㉠ 주름 개선 기능성 성분이 함유되어 있지 않습니다.
㉡ 소듐하이드록사이드, 소듐하이알루로닉애씨드는 보습 효과를 가지고 있지 않습니다.
㉢ 천연화장품이므로 안전하게 사용할 수 있습니다.
㉣ 알레르기를 유발하는 성분이 함유되어 있습니다.
㉤ 올리브 오일 성분이 들어 있어 피부 수분 증발을 차단하고, 피부를 부드럽게 해 줍니다.

① ㉠, ㉡, ㉣
② ㉠, ㉢, ㉣
③ ㉠, ㉢, ㉤
④ ㉠, ㉣, ㉤
⑤ ㉡, ㉢, ㉣

78 〈보기〉에서 모발의 구조에 대한 설명으로 올바른 것을 모두 고른 것은? (8점)

┤ 보기 ├

㉠ 모표피(모소피)는 모발 가장 바깥쪽 5~15층의 비늘 모양으로, 멜라닌이 없고 무색투명한 케라틴 단백질로 구성되어 있다.
㉡ 모피질은 피질세포와 세포 간 결합물질로 구성되어 있으며, 화학적 저항성이 강한 층이다.
㉢ 모수질은 모발의 중심 부근에 위치하며, 배냇머리, 연모에 주로 존재한다.
㉣ 모낭은 외근모초와 내근모초로 구성되며, 내근모초는 헨레층, 헉슬리층, 모근초소피로 구성되어 있다.
㉤ 모모세포는 모구의 중심에 위치하며, 모발의 영양 공급을 관장한다.

① ㉠, ㉢
② ㉠, ㉣
③ ㉡, ㉢
④ ㉢, ㉤
⑤ ㉣, ㉤

79 다음 중 표시·광고에 따른 실증 대상과 필요한 실증 자료 제출에 대한 연결이 올바르지 <u>않은</u> 것은? (12점)

① 항균(인체 세정용 제품에 한함) – 인체적용시험 자료로 입증

② 미세먼지 차단, 미세먼지 흡착 방지 – 인체외시험 자료로 입증

③ 콜라겐 증가·감소 또는 활성화, 효소 증가·감소 또는 활성화, 빠지는 모발을 감소 – 기능성화장품에 해당 기능을 실증한 자료로 입증

④ 기미, 주근깨 완화에 도움 – 미백 기능성화장품 심사(보고) 자료로 입증

⑤ 일시적 셀룰라이트 감소 – 인체적용시험 자료로 입증

80 〈대화〉의 빈칸에 공통으로 들어갈 단어는 무엇인가? (8점)

┤ 대화 ├

A: 피부에 주근깨나 기미 같은 것은 왜 생기는 걸까?

B: 주근깨와 기미는 피부의 색소침착 현상이고 멜라닌과 연관이 있지.

A: 멜라닌? 그게 뭐야?

B: 멜라닌은 기저층에 위치한 멜라닌형성세포에 의해 생성되는 것으로 알려져 있어. 멜라닌의 합성은 멜라닌 형성세포 내에서 티로신이라는 아미노산으로부터 출발하게 되는데, 이때 (   )는 멜라닌 생성에 필수 적인 역할을 하고, 구리 이온을 포함하는 산화 효소의 일종이야.

A: 그럼, (   )의 활성을 억제해도 색소침착이 좀 줄어들 수 있겠다.

① 디펩티다아제

② 락타아제

③ PAR-3

④ 티로시나아제(타이로시나아제)

⑤ 히스톤 탈아세틸화효소

81. 〈보기〉는 기능성화장품 심사를 받기 위해 자료를 제출할 경우 시험 또는 저장할 때의 온도에 관한 설명이다. ㉠, ㉡, ㉢에 들어갈 적절한 말을 기입하시오. (12점)

> **보기**
>
> 시험 또는 저장할 때의 온도는 원칙적으로 구체적인 수치를 기재한다. 다만, 표준온도는 (㉠)℃, 상온은 15~(㉡)℃, 실온은 1~(㉢)℃, 미온은 30~40℃로 한다.

82. 명희의 맞춤형화장품판매업소는 개인정보 수집과 관련하여 CCTV를 설치·운영하고 있다. 명희와 친구 영선이의 〈대화〉 내용을 보고 ㉠, ㉡에 들어갈 적절한 말을 기입하시오. (12점)

> **대화**
>
> 명희: 이번에 우리 업소에 CCTV를 설치했어.
>
> 영선: 정말? 나도 설치해야 하는데. 근데 왜 CCTV 안내판이 없어?
>
> 명희: 응? 무슨 안내판? 그런 것도 필요해?
>
> 영선: 어머, 안내문 기재해야 해! 「개인정보 보호법」에 보면 CCTV 설치 시 안내판을 설치해야 하고, 안내문에는 설치 목적과 장소, (㉠), (㉡), 관리책임자 성명과 연락처 등이 기재되어 있어야 해.
>
> 명희: 정말? 몰랐는데, 고맙다.

83. 〈보기〉는 「화장품 안전 기준 등에 관한 규정」 제4조 별표 2의 사용상 제한이 필요한 원료 중 기타 원료에 대한 설명이다. ㉠, ㉡, ㉢에 들어갈 숫자를 기입하시오. (12점)

> **보기**
>
> • 베헨트라이모늄클로라이드는 단일성분 또는 세트리모늄클로라이드, 스테아트리모늄클로라이드와 혼합 사용의 합으로서 사용 후 씻어내는 두발용 제품류 및 두발염색용 제품류에 (㉠)%, 사용 후 씻어내지 않는 두발용 제품류 및 두발염색용 제품류에 3.0%이다.
>
> • 포타슘하이드록사이드 또는 소듐하이드록사이드는 손톱표피 용해 목적일 경우 (㉡)%, pH 조정 목적으로 사용되고, 제모제에서 pH조정 목적으로 사용되는 경우 최종 제품의 pH는 12.7 이하이다.
>
> • 세트리모늄클로라이드 또는 스테아트리모늄클로라이드와 혼합 사용하는 경우 세트리모늄클로라이드 및 스테아트리모늄클로라이드의 합은 '사용 후 씻어내지 않는 두발용 제품류'에 1.0% 이하, '사용 후 씻어내는 두발용 제품류 및 두발염색용 제품류'에 (㉢)% 이하여야 한다.

84. 〈보기〉를 보고 ㉠, ㉡, ㉢에 들어갈 단어 또는 숫자를 기입하시오. (14점)

> **보기**
>
> • 유효성 또는 기능에 관한 자료 중 (㉠) 자료를 제출하는 경우 (㉡) 자료의 제출을 면제할 수 있고, 이 경우 (㉡) 자료의 제출을 면제받은 성분에 대해서는 효능·효과를 기재·표시할 수 없다.
>
> • 자외선 차단제품은 자외선 차단지수(SPF) (㉢) 이하 제품의 경우 근거 자료 제출을 면제한다.

85 다음은 화장품제조업소 직원 A와 화장품책임판매업소 직원 B의 〈대화〉이다. 빈칸에 공통으로 들어갈 숫자를 기입하시오. (12점)

┌─ 대화 ┐

A: 우리 회사는 10년 전 경기도 이천에서 화장품제조업을 등록했는데, 3년 전 대전으로 이사를 했어. 그런데 직원의 실수로 아직 변경 등록을 신청하지 않아서, 우리 회사 소재지가 경기도 이천으로 조회되고 있어.

　→ 1차 위반 시 행정처분: 제조업무정지 (　　　　　)개월

B: 우리 회사는 화장품책임판매관리자가 퇴사를 했어. 그런데, 아직까지 책임판매관리자를 채용하지 않고 화장품을 수입해서 판매하고 있어.

　→ 1차 위반 시 행정처분: 판매 또는 해당 품목 판매업무정지 (　　　　　)개월

86 〈보기〉는 「화장품법」 제2조(정의)의 내용 중 일부이다. ㉠, ㉡, ㉢에 들어갈 말을 기입하시오. (16점)

┌─ 보기 ┐

• "화장품"이란 인체를 (　㉠　)·미화하여 매력을 더하고 용모를 밝게 변화시키거나 피부·(　㉡　)의 건강을 유지 또는 증진하기 위하여 인체를 바르고 문지르거나 뿌리는 등 이와 유사한 방법으로 사용되는 물품으로서 인체에 대한 작용이 경미한 것을 말한다. 다만, 「약사법」 제2조제4호의 의약품에 해당하는 물품은 제외한다.

• "(　㉢　)"(이)란 화장품 용기·포장에 기재하는 문자·숫자·도형 또는 그림 등을 말한다.

87 〈보기〉를 보고 ㉠, ㉡에 들어갈 말을 기입하시오. (14점)

┌─ 보기 ┐

• 아로마테라피 등에서 자주 사용되는 천연 오일을 통칭하여 정유라고 한다. 허브 식물의 잎이나 꽃을 수증기 증류법으로 추출하면 물과 함께 휘발성 오일 성분이 나오게 되는데, 이러한 오일 성분은 주로 (　㉠　) 계열 혼합물로서 고유의 향기를 가지며 살균, 살충 효과가 있다.

• 각질층에서 각질과 세포간지질의 구조를 (　㉡　) 구조라고 한다.

88 〈보기〉는 「화장품법 시행규칙」 제12조의2(맞춤형화장품판매업자의 준수사항)에 관한 내용이다. ㉠, ㉡, ㉢에 들어갈 말을 기입하시오. (18점)

┌─ 보기 ┐

• 혼합·소분 전에 혼합·소분에 사용되는 내용물 또는 원료에 대한 (　㉠　)을/를 확인할 것

• 혼합·소분 전에 혼합·소분된 제품을 담을 포장용기의 (　㉡　) 여부를 확인할 것

• 제조번호, 사용기한 또는 개봉 후 사용기간, 판매일자 및 판매량이 포함된 맞춤형화장품 (　㉢　)을/를 작성·보관할 것

89 〈보기〉를 보고 ㉠, ㉡, ㉢에 들어갈 알파벳을 기입하시오. (10점)

┤ 보기 ├

비타민은 우리 피부에서 다양한 역할을 한다. 피부가 자외선을 받게 되면 생성되는 비타민 (㉠)은/는 칼슘 대사의 필수 요소로 뼈를 만드는 데 중요한 역할을 하며, 비타민 (㉡)은/는 피부 상피조직의 신진대사에 관여해 각화를 정상화하는 데 중요한 역할을 하며, 비타민 (㉢)은/는 피부장벽 유지와 수분 손실을 예방하여 피부 보습에 도움을 준다.

90 〈보기〉는 자료 제출이 면제되는 「기능성화장품 기준 및 시험 방법」의 내용 중 일부이다. ㉠, ㉡에 들어갈 말을 기입하시오. (10점)

┤ 보기 ├

- (㉠)은/는 체모를 제거하는 기능성화장품의 성분이며 함량은 3.0~ 4.5%이다.
- (㉡)은/는 여드름성 피부를 완화하는 데 도움을 주는 기능성화장품의 성분으로 함량은 0.5%이다.

91 「화장품 표시·광고 실증에 관한 규정」에는 인체적용시험과 인체외시험의 최종 결과보고서에 포함되어야 할 사항이 규정되어 있다. 〈보기〉에서 인체외시험의 결과보고서의 자료에만 해당되는 것을 모두 골라 기입하시오. (14점)

┤ 보기 ├

- 시험의 종류
- 시험개시 및 종료일
- 신뢰성보증확인서
- 시험 재료
- 시험 방법
- 피험자
- 코드 또는 명칭에 의한 시험물질의 식별
- 최종보고서 작성에 기여한 외부전문가의 성명

92 〈보기〉는 맞춤형화장품판매업에서 사용할 수 없는 원료에 대한 설명이다. 빈칸에 들어갈 용어를 기입하시오. (10점)

┤ 보기 ├

맞춤형화장품에 사용할 수 없는 원료는 「화장품 안전 기준 등에 관한 규정」에 따라 화장품에 사용할 수 없는 원료로 지정된 원료와 화장품에 사용상의 제한이 필요한 원료, 그리고 식품의약품안전처장이 고시한 (   )의 효능·효과를 나타내는 원료이다.

93 다음 중 〈보기〉의 ㉠, ㉡에 들어갈 말을 기입하시오. (12점)

┤ 보기 ├
- 화장품바코드 표시대상품목은 국내에서 제조되거나 수입되어 국내에 유통되는 모든 화장품에 표시되어야 하며, 화장품바코드 표시는 국내에서 화장품 유통, 판매하고자 하는 (㉠)이/가 한다.
- 지방식품의약품안전청장은 (㉡)을/를 위촉하여 운영하며, 화장품 안전관리 정책방향 및 주요 업무 계획 및 관할 지역 내 화장품안전관리 관련 현안사항 및 대책에 대해 교육을 하며 교육과정은 최소 4시간 이상 이수하여야 한다.

94 다음은 「화장품법 시행규칙」 별표 4 화장품 포장의 표시 기준 및 표시 방법 및 화장품 사용 시의 주의사항 및 알레르기 유발 성분 표시에 관한 규정의 내용이다. ㉠, ㉡, ㉢에 들어갈 말을 〈보기〉에서 골라 기입하시오. (12점)

화장품 제조에 사용된 성분 중 착향제는 (㉠)(으)로 표시할 수 있다. 다만, 착향제의 구성 성분 중 식품의 약품안전처장이 정하여 고시한 알레르기 유발 성분이 있는 경우에는 (㉠)(으)로 표시할 수 없고, 해당 성분의 명칭을 기재·표시해야 한다. 다음 〈보기〉에서 (㉡)와/과 (㉢)은/는 착향제의 구성 성분 중 알레르기 유발 성분에 해당하지 않는다.

┤ 보기 ├
- 신나밀알코올
- 아밀신나밀알코올
- 소나무이끼 추출물
- 아니스알코올
- 시트로넬올
- 메틸 4-옥티노에이트

95 표피 기저층에 존재하며 신경말단과 연결되어 촉각 감지를 담당하는 세포를 〈보기〉에서 골라 기입하시오. (14점)

┤ 보기 ├
- 각질형성세포
- 콜라겐
- 멜라닌형성세포
- 섬유아세포
- 랑게르한스세포
- 지방세포
- 프로테오글리칸
- 머켈세포
- 엘라스틴
- 백혈구

96 〈보기〉는 퍼머넌트·염색 시술 원료에 대한 설명이다. ㉠, ㉡에 들어갈 원료명을 기입하시오. (12점)

┤ 보기 ├
- (㉠): 모표피를 손상시켜 염료와 과산화수소가 속으로 잘 스며들 수 있도록 하는 원료이며, 6.0%의 사용한도가 있다.
- (㉡): 머리카락 속의 멜라닌색소를 파괴하여 두발 원래의 색을 지우는 역할을 하는 원료이며, 두발용 제품에는 3.0%의 사용한도가 있다.

97 다음은 「화장품법 시행규칙」에 의한 위해화장품 회수계획서 내용 중 일부이다. ㉠, ㉡에 들어가야 할 항목이 무엇인지 기입하시오. (12점)

<table>
<tr><td colspan="4" align="center">**회 수 계 획 서**</td></tr>
<tr><td colspan="2">※ 여백이 부족한 경우 별지에 추가 작성할 수 있습니다.</td><td colspan="2" align="right">(앞쪽)</td></tr>
<tr><td rowspan="3">제출인</td><td>상호(법인인 경우 법인의 명칭)</td><td colspan="2">등록번호 또는 신고번호</td></tr>
<tr><td>소재지(우편번호:)</td><td colspan="2">전화번호(팩스번호)</td></tr>
<tr><td>대표자</td><td colspan="2">생년월일</td></tr>
<tr><td rowspan="7">회수대상
제품정보</td><td>제품명</td><td colspan="2">유형(「화장품업 시행규칙」 별표 3에 따른 유형을 적습니다)</td></tr>
<tr><td>화장품제조업자</td><td>화장품책임판매업자</td><td>맞춤형화장품판매업자</td></tr>
<tr><td>제품성상('색상' 및 로션. 크림 등의 '제형'을 표기합니다)</td><td colspan="2">사용기한 또는 개봉 후 사용기간</td></tr>
<tr><td colspan="3">수입화장품의 경우 제조국의 명칭, 제조회사명 및 그 소재지</td></tr>
<tr><td colspan="3">포장단위, 포장형태('개', '박스' 등으로 표기합니다)</td></tr>
<tr><td colspan="3">제품사진(첨부하여 제출합니다)</td></tr>
<tr><td>(㉠   )</td><td colspan="2">(㉡   )</td></tr>
<tr><td rowspan="3">회수이유</td><td colspan="3">회수결정경위(제품결함 발생경위 및 발생일 등을 적습니다)</td></tr>
<tr><td colspan="3">위해성 등급(가등급. 나등급 또는 다등급의 위해성 등급 분류를 적습니다)</td></tr>
<tr><td colspan="3">제품결함내용(결함종류, 결함원인, 결함이 안전성 등에 미치는 영향 등을 적습니다)</td></tr>
</table>

98 다음 〈보기〉를 보고 ㉠, ㉡, ㉢에 들어갈 말을 기입하시오. (10점)

> ┤ 보기 ├
> - (㉠   )시험은 용기로 쓰이는 유리, 금속, 플라스틱 등의 유·무기 코팅막 또는 도금의 밀착력 측정 방법이다.
> - (㉡   )은/는 일상의 보존상태에서 액상 또는 고형의 이물 또는 수분이 침입하지 않고 내용물을 보호할 수 있는 용기를 말하며, '밀봉용기'는 일상의 보존상태에서 기체 또는 (㉢   )이/가 침입할 염려가 없는 용기를 말한다.

99 〈보기〉를 보고 ㉠, ㉡, ㉢, ㉣에 들어갈 숫자를 기입하시오. (12점)

> ┤ 보기 ├
> ① (㉠   )세 이하의 영유아용 제품류 또는 (㉡   )세 이상부터 (㉢   )세 이하의 어린이용 제품은 화장품 안전 기준 등에 따라 사용 기준이 지정·고시된 원료 중 보존제의 함량을 표시·기재하여야 한다.
> ② "안전용기·포장"이란 (㉣   )세 미만의 어린이가 개봉하기 어렵게 설계·고안된 용기나 포장을 말한다.

100 〈보기〉를 보고 평판희석법에 따라 총호기성생균수를 계산하고 미백 크림 제품일 경우 총호기성생균수와 총호기성생균수의 적합 여부에 대하여 ㉠, ㉡에 들어갈 말을 기입하시오. (16점)

> ┤ 보기 ├
>
> 검액 1mL를 각 배지에 접종한 경우
>
> $$\{(X1+X2+\cdots+Xn)\div n\}\times d$$
>
> n: 배지(평판)의 개수
> X: 각 배지(평판)에서 검출된 집락수
> d: 검액의 희석배수
>
> 10배 희석 검액 1mL씩 2회 반복
>
> | | 각 배지에서 검출된 집락수 | |
> |---|---|---|
> | | 평판1 | 평판2 |
> | 세균용 배지 | 66 | 58 |
> | 진균용 배지 | 28 | 24 |
> | 세균수(CFU/g 또는 mL) | $\{(66+58)\div 2\}\times 10$ | |
> | 진균수(CFU/g 또는 mL) | $\{(28+24)\div 2\}\times 10$ | |
> | 총호기성생균수(CFU/g 또는 mL) | (㉠   ) | |
>
> - 적합 여부: (㉡   )

01 〈보기〉는 「화장품법」 제2조(정의)의 기능성화장품 내용을 발췌한 것이다. ㉠, ㉡, ㉢에 들어갈 말을 올바르게 나열한 것은? (12점)

┤ 보기 ├

2. "기능성화장품"이란 화장품 중에서 다음 각 목의 어느 하나에 해당되는 것으로서 (　　㉠　　)이/으로 정하는 화장품을 말한다.

　가. 피부의 미백에 도움을 주는 제품
　나. 피부의 주름 개선에 도움을 주는 제품
　다. 피부를 곱게 태워주거나 자외선으로부터 피부를 보호하는 데에 도움을 주는 제품
　라. 모발의 색상 변화·제거 또는 (　　㉡　　)에 도움을 주는 제품
　마. 피부나 모발의 기능 약화로 인한 건조함, 갈라짐, (　　㉢　　), 각질화 등을 방지하거나 개선하는 데에 도움을 주는 제품

	㉠	㉡	㉢
①	식품의약품안전처장	모발보호	약해짐
②	식품의약품안전처장	영양공급	빠짐
③	식품의약품안전처장	모발보호	빠짐
④	총리령	영양공급	빠짐
⑤	총리령	모발보호	약해짐

02 다음은 맞춤형화장품판매업자 A와 고객 B의 대화이다. 〈대화〉에서 「개인정보 보호법」에 따른 개인정보 수집에 관해 잘못 이야기한 것은 무엇인가? (8점)

┤ 대화 ├

A: 고객님, 저희 화장품 신제품 설문조사 참여해 주시면 선물도 드리는데, 참여해 보시겠어요?
B: 네, 어떻게 하는 건가요?
A: 우선 어플을 다운로드하신 후 회원가입해 주시면 됩니다. ① 이번 회원가입은 화장품 신제품 설문조사를 위해서 진행되고 있기 때문에 이번 행사가 끝나면 개인정보는 바로 폐기될 거예요.
B: 네, 그런데 개인정보 수집 항목이 굉장히 많네요.
A: ② 고객님들에게 다양한 서비스를 제공하기 위해서 최대한의 정보를 수집하고 있어요.
B: 행사는 언제까지 진행되는 건가요?
A: ③ 오늘부터 6개월 동안입니다. 회원가입 화면 아래쪽을 보시면 나와 있습니다.
B: 맨 마지막에 있는 마케팅 활용에 동의해야 하나요?
A: 아니요, ④ 마케팅 활용 동의는 거부하셔도 됩니다.
　 ⑤ 마케팅 활용 동의 거부로 인한 불이익은 전혀 없습니다.

03 〈보기〉는 천연화장품 및 유기농화장품의 기준에 관한 설명이다. 밑줄 친 ㉠~㉤에 대한 설명으로 적절하지 않은 것은? (8점)

┤ 보기 ├
- 유기농 원료는 국제유기농업운동연맹(IFOAM)에 등록된 인증기관으로부터 유기농 원료로 인증받거나 이를 고시에서 허용하는 ㉠ 물리적 공정에 따라 가공한 것을 말한다.
- 식물 원료는 ㉡ 식물 그 자체로서 가공하지 않거나, 이 식물을 가지고 「천연화장품 및 유기농화장품의 기준에 관한 규정」에서 허용하는 물리적 공정에 따라 가공한 화장품 원료를 말한다.
- 동물성 원료는 동물 그 자체(세포, 조직, 장기)는 제외하고, 동물로부터 자연적으로 생산된 것으로서 가공하지 않거나, 이 동물로부터 자연적으로 생산되는 것을 가지고 「천연화장품 및 유기농화장품의 기준에 관한 규정」에서 허용하는 물리적 공정에 따라 가공한 ㉢ 화장품 원료를 말한다.
- ㉣ 미네랄 원료란 지질학적 작용에 의해 자연적으로 생성된 물질을 가지고 「천연화장품 및 유기농화장품의 기준에 관한 규정」에서 허용하는 물리적 공정에 따라 가공한 화장품 원료를 말한다.
- 유기농유래 원료란 유기농 원료를 「천연화장품 및 유기농화장품의 기준에 관한 규정」에서 ㉤ 허용하는 공정에 따라 가공한 원료를 말한다.

① ㉠의 물리적 공정에서는 물이나 자연에서 유래한 천연 용매로 추출해야 하며, 분쇄, 원심분리, 건조, 동결 건조, 초음파 등의 공정이 있다.

② ㉡의 식물은 해조류와 같은 해양식물, 버섯과 같은 균사체를 포함하고 있다.

③ ㉢에서 말하는 화장품 원료는 물리적 공정에 따라 가공한 계란, 우유, 우유단백질 등이다.

④ ㉣에는 화석원료로부터 기원한 물질도 포함된다.

⑤ ㉤은 화학적 또는 생물학적 공정에 따라 가공한 원료를 말한다.

04 〈보기〉에서 「개인정보 보호법」에 따라 공공기관에 한하여 개인정보를 목적 외 용도로 이용하거나 제3자에게 제공할 수 있는 경우를 모두 고른 것은? (12점)

┤ 보기 ├
㉠ 정보주체에게 별도의 동의를 받은 경우
㉡ 범죄 수사 및 공소 제기·유지에 필요한 경우
㉢ 다른 법률에 특별한 규정이 있는 경우
㉣ 개인정보를 목적 외로 이용하거나 제3자에게 제공하지 않으면 다른 법률에서 정하는 소관 업무를 수행할 수 없는 경우로서 보호위원회의 심의·의결을 거친 경우
㉤ 형 및 감호, 보호처분 집행을 위하여 필요한 경우
㉥ 정보주체 또는 법정대리인이 의사표시를 할 수 없는 상태이거나 사전 동의를 받을 수 없는 경우로서 명백히 정보주체 또는 제3자의 급박한 생명, 신체, 재산의 이익을 위해 필요하다고 인정되는 경우

① ㉠, ㉢, ㉥   ② ㉠, ㉣, ㉤
③ ㉡, ㉢, ㉣   ④ ㉡, ㉣, ㉤
⑤ ㉡, ㉣, ㉥

05 개인정보 유출 통지 및 신고와 관련하여 개인정보가 유출되었을 경우 개인정보처리자는 피해 확산 방지를 위한 노력을 해야 한다. 〈보기〉에서 올바르지 <u>않은</u> 내용을 모두 고른 것은? (8점)

┌─ 보기 ┐

㉠ 10명 이상의 정보 유출 시 정보주체에게 유출 내용을 지체 없이 통지해야 한다.

㉡ 1천 명 이상의 개인정보가 유출된 경우 인터넷 홈페이지에 5일 이상 게재해야 해야 한다.

㉢ 1천 명 이상의 개인정보가 유출되었으나 사업장의 인터넷 홈페이지가 없어 유출사실을 게재할 수 없는 경우 사업장 등의 보기 쉬운 장소에 7일 이상 게재해야 한다.

㉣ 개인정보 유출과 관련하여 정보주체에게 피해가 발생한 경우 신고 접수가 가능한 기관 및 전화번호를 기재해야 한다.

㉤ 1천 명 이상의 정보 유출 시 유출 내용에 따른 통지 및 조치 결과를 지체 없이 보호위원회 또는 대통령령으로 정하는 전문기관에 신고해야 한다.

└──────┘

① ㉠, ㉡, ㉢　　　　　　　　　② ㉠, ㉡, ㉣

③ ㉠, ㉢, ㉣　　　　　　　　　④ ㉡, ㉢, ㉤

⑤ ㉢, ㉣, ㉤

06 다음 중 「개인정보 보호법」과 관련한 과태료의 범위가 <u>다른</u> 하나는 무엇인가? (12점)

① 1천 명 이상의 개인정보 유출 시 조치 결과를 신고하지 않은 자

② 개인정보가 침해되었다고 판단할 상당한 근거가 있고 방치 시 회복하기 어려운 피해가 발생할 경우에 필요한 시정명령을 따르지 않은 자

③ 개인정보의 분실·도난·유출 사실을 알고도 이용자·보호위원회 및 전문기관에 통지·신고하지 않거나 정당한 사유 없이 24시간을 경과하여 통지·신고한 자

④ 정보주체가 자신의 개인정보에 대한 열람을 요구하였을 때 열람을 제한하거나 거절한 자

⑤ 개인정보의 열람, 개인정보의 정정 또는 삭제에 대한 결과, 처리정지의 사유 등 정보주체에게 알려야 할 사항을 알리지 않은 자

07 〈대화〉에서 화장품의 영업에 관해 올바르게 설명한 것은? (8점)

┌─ 대화 ┐

A: 이번에 화장품책임판매업 등록을 하려고 하는데 결격사유에는 무엇이 있지?

B: ① 화장품책임판매업 등록의 결격사유로는 정신질환자(전문가가 적합하다고 인정하는 사람은 제외), 마약류의 중독자가 해당 돼. 이들은 화장품책임판매업을 할 수 없어.

A: 그렇구나, 마약류 중독자는 화장품과 관련한 영업을 아무것도 할 수가 없지?

B: ② 응, 화장품과 관련된 업은 아무것도 할 수 없어.

A: ③ 우리는 이번에 등록이 취소된 지 6개월밖에 지나지 않아서 화장품책임판매업을 할 수가 없어.

B: ④ 아니야, 등록 취소와는 상관없으니 화장품책임판매업에 다시 등록해.

A: 아, 맞다. ⑤ 영업소가 폐쇄된 날부터 1년이 지나지 않아야 결격사유에 해당하지? 피성년후견인 또는 파산선고를 받고 복권된 사람도 결격사유야.

B: 응, 맞아.

└──────┘

08 다음 중 자료 제출이 생략되는 기능성화장품의 종류 중 피부를 곱게 태워 주거나 자외선으로부터 피부를 보호하는 데 도움을 주는 제품의 성분 및 함량의 연결이 올바른 것은? (8점)

제품의 성분명	함량
① 시녹세이트, 호모살레이트	1.0%
② 에칠헥실살리실레이트, 에칠헥실디메칠파바	8.0%
③ 벤조페논-3, 벤조페논-4	5.0%
④ 멘틸안트라닐레이트, 폴리실리콘-15	1.0%
⑤ 페닐벤즈이미다졸설포닉애씨드, 벤조페논-8	5.0%

09 〈보기〉는 「화장품 시행규칙」 별표 3 사용할 때의 주의사항과 「화장품 사용할 때의 주의사항 및 알레르기 유발 성분 표시에 관한 규정」 별표 1 화장품의 유형과 유형별·함유 성분별 사용할 때의 주의사항 표시에 대한 내용이다. 고압가스를 사용하는 에어로졸 제품에 대한 사용 시 주의사항 문구를 모두 고른 것은? (8점)

┤ 보기 ├

〈공통 주의사항〉
- 화장품 사용 시 또는 사용 후 직사광선에 의하여 사용 부위가 붉은 반점, 부어오름 또는 가려움증 등의 이상 증상이나 부작용이 있는 경우 전문의 등과 상담할 것
- 상처가 있는 부위 등에는 사용을 자제할 것
- 보관 및 취급 시의 주의사항
  - 어린이의 손에 닿지 않는 곳에 보관할 것
  - 직사광선을 피해서 보관할 것

〈고압가스를 사용하는 에어로졸 제품의 주의사항〉
㉠ 같은 부위에 연속해서 5초 이상 분사하지 말 것
㉡ 3세 이하의 영유아에게는 사용하지 말 것
㉢ 프로필렌글리콜을 함유하고 있으므로 이 성분에 과민하거나 알레르기 병력이 있는 사람은 신중히 사용할 것
㉣ 가능하면 인체에서 20센티미터 이상 떨어져서 사용할 것
㉤ 분사가스는 직접 흡입하지 않도록 주의할 것
㉥ 섭씨 40도 이상의 장소 또는 밀폐된 장소에서 보관하지 말 것

① ㉠, ㉡, ㉣
② ㉡, ㉢, ㉣
③ ㉡, ㉢, ㉥
④ ㉡, ㉣, ㉤
⑤ ㉣, ㉤, ㉥

10 「화장품 안전 기준 등에 관한 규정」 중 퍼머넌트 웨이브용 및 헤어 스트레이트너 제품에 대한 내용이다. 〈보기〉의 ㉠, ㉡에 들어갈 말을 올바르게 나열한 것은? (8점)

┤ 보기 ├

치오글라이콜릭애씨드 또는 그 염류를 주성분으로 하는 제1제 및 산화제를 함유하는 제2제로 구성된다.

· 제2제

   1. (㉠) 함유제제: (㉠)에 그 품질을 유지하거나 유용성을 높이기 위하여 적당한 용해제, 침투제, 습윤제, 착색제, 유화제, 향료 등을 첨가한 것이다.

   2. (㉡) 함유제제: (㉡) 또는 (㉡)에 그 품질을 유지하거나 유용성을 높이기 위하여 적당한 침투제, 안정제, 습윤제, 착색제, 유화제, 향료 등을 첨가한 것이다.

① ㉠ 과산화수소수, ㉡ 몰식자산   ② ㉠ 과산화수소수, ㉡ 레조시놀

③ ㉠ 브롬산나트륨, ㉡ 몰식자산   ④ ㉠ 브롬산나트륨, ㉡ 과산화수소수

⑤ ㉠ 브롬산나트륨, ㉡ 레조시놀

---

11 〈대화〉에서 「화장품 안전 기준 등에 관한 규정」 중 별표 2의 사용상의 제한이 필요한 원료에 관한 내용으로 올바른 것은? (8점)

┤ 대화 ├

A, B, C, D, E: 요즘 우리는 함께 맞춤형화장품조제관리사 준비하고 있어.

F: 그렇구나, 그럼 아래 원료들을 보고 사용상 제한이 필요한 원료는 무엇인지 맞춰 봐.

금염, 트리클로산, 디페닐아민, 비타민E(토코페롤), 페닐살리실레이트, 쿼터늄-15, 프로필렌글라이콜, 아이소프로필알코올, 소르빅애씨드 및 그 염류

A: 응. 사용상의 제한이 필요한 원료는 ① 금염, 디페닐아민, 페닐살리실레이트야.

B: 아니야, 내가 보기에는 ② 트리클로산, 페닐살리실레이트, 프로필렌글라이콜인 것 같은데?

C: 내 생각엔 A가 고른 ③ 디페닐아민을 포함해서 비타민E(토코페롤), 아이소프로필알코올인 것 같아.

D: 글쎄, 내 생각엔 ④ 비타민E(토코페롤), 쿼터늄-15, 소르빅애씨드 및 그 염류 이렇게 3가지인 것 같아.

E: 나는 C와 D의 의견이랑 비슷해. ⑤ 비타민E(토코페롤), 쿼터늄-15, 아이소프로필알코올일 것 같아.

---

12 〈대화〉에서 천연화장품 및 유기농화장품에 대한 내용으로 옳은 것은? (8점)

┤ 대화 ├

A: 천연화장품 및 유기농화장품의 원료 기준 중 ① 자연에서 대체하기 곤란한 기타 원료 및 합성 원료는 2% 이내에서 사용이 가능하고, 석유화학 부분은 5%를 초과 사용해서는 안 됩니다.

B: ② 천연화장품 및 유기농화장품의 허용 기타 원료 중 앱솔루트, 콘크리트, 레지노이드는 유기농화장품에만 허용되는 원료예요.

C: ③ 천연에서 얻을 수 있는 계면활성제로는 레시틴, 알킬메칠글루카미드, 콜레스테롤, 라우릴글루코사이드, 데실글루코사이드가 있습니다.

D: ④ 천연화장품 및 유기농화장품의 용기와 포장에는 폴리염화비닐과 폴리스티렌폼을 사용할 수 없어요.

E: ⑤ 맞춤형화장품판매업자는 천연화장품 및 유기농화장품 인증을 받을 수 있어요.

13 〈대화〉에서 천연 및 유기농 함량에 대한 내용으로 옳은 것은? (12점)

> ┤ 대화 ├
>
> 미나: 천연 및 유기농화장품 함량을 계산하려고 하는데, 계산식을 알려주실 수 있나요?
>
> 예서: 네, ① 유기농 인증 원료 중 물은 유기농 함량 비율 계산에 포함하고 있습니다.
>
> 은수: ② 수용성 추출물 원료의 경우 비율(ratio)=[건조한 유기농 원물/(추출물 − 용매)]이며, 비율이 1 이상인 경우 1로 계산하면 됩니다.
>
> 소영: ③ 물로만 추출한 원료의 경우 유기농 함량 비율(%)=(신선한 유기농 원물/유기농 추출물)×100입니다.
>
> 혜지: ④ 비수용성 원료인 경우 유기농 함량 비율(%)=(신선 또는 건조 유기농 원물 + 사용하는 유기농 용매)/ (신선 또는 건조 원물 + 사용하는 총용매) ×100으로 계산하면 됩니다.
>
> 지혜: ⑤ 화학적으로 가공한 원료의 경우 유기농 함량 비율(%)={(회수 또는 제거되는 유기농 원물 − 투입되는 유기농 원물)/(회수 또는 제거되는 원료 − 투입되는 총원료)}×100으로 계산하면 됩니다.

14 〈보기〉에 제시된 제품을 화장품 유형별로 올바르게 나열한 것은? (8점)

> ┤ 보기 ├
>
> 클렌징 워터, 콜로뉴, 손·발의 피부 연화 제품, 보디 클렌저, 흑채, 외음부 세정제, 화장비누, 헤어 틴트, 헤어 컬러스프레이, 네일 크림·로션, 데오도런트, 향수, 폼 클렌저

① 인체 세정용 제품류: 클렌징 워터, 폼 클렌저, 보디 클렌저

② 기초화장용 제품류: 네일 크림·로션, 손·발의 피부 연화 제품

③ 인체 세정용 제품류: 외음부 세정제, 화장비누

④ 두발용 제품류: 헤어 틴트, 헤어 컬러스프레이, 흑채

⑤ 방향용 제품류: 데오도런트, 향수, 콜로뉴

15 예민한 피부를 가진 고객 A가 기존에 사용하던 미백과 자외선 차단 효과를 가진 기능성화장품을 대체할 만한 제품을 찾고자 한다. 사용하던 화장품의 원료는 〈보기〉와 같다. ㉠, ㉡, ㉢을 대체할 수 있는 원료는 무엇인가? (8점)

> ┤ 보기 ├
>
> 정세수, 부틸렌글라이콜, ㉠ 다이메티콘, 아이소프로필알코올, ㉡ 징크옥사이드, 로즈힙 오일, 스위트 아몬드 오일, 라놀린, 스테아릴애씨드, 아스코빅애씨드, ㉢ 알파−비사보롤, 솔비톨, 미네랄 오일, 병풀 추출물, 세라마이드, 다이소듐이디티에이

	㉠	㉡	㉢
①	글리세린	토코페롤	마그네슘아스코빌포스페이트
②	글리세린	티타늄디옥사이드	마그네슘아스코빌포스페이트
③	글리세린	세라마이드	뮤신
④	사이클로메티콘	레티놀	알로에베라 추출물
⑤	사이클로메티콘	티타늄디옥사이드	유용성 감초 추출물

16 맞춤형화장품판매업장에 A고객이 찾아왔다. A고객은 환절기로 인하여 피부가 건조해져 맞춤형화장품 조제관리사에게 피부에 맞는 촉촉한 보디 워시 제품의 제조를 요청하였다. 보디 워시(500g)에 〈보기〉와 같이 착향제를 첨가할 경우「화장품 사용 시의 주의사항 및 알레르기 유발 성분 표시에 관한 규정」에 따라 화장품의 포장에 알레르기 유발 성분을 추가로 표시해야 하는 것을 모두 고른 것은? (12점)

┤ 보기 ├

	성분명	함량 (g)
㉠	참나무이끼 추출물	2
㉡	리날룰	0.01
㉢	제라니올	1
㉣	아니스알코올	0.5
㉤	유제놀	0.04

① ㉠, ㉡
② ㉠, ㉡, ㉢
③ ㉠, ㉢, ㉣
④ ㉠, ㉢, ㉣, ㉤
⑤ ㉠, ㉡, ㉢, ㉣, ㉤

17 「화장품 안전성 정보관리 규정」의 제2조의 정의와 제4조～제6조의 보고에 관한 내용으로 옳은 것을 〈보기〉에서 모두 고른 것은? (8점)

┤ 보기 ├

㉠ 사망을 초래하거나 생명을 위협하는 경우는 중대한 유해사례에 해당한다.
㉡ 입원 또는 입원기간의 연장이 필요한 경우는 중대한 유해사례에 해당하지 않는다.
㉢ 실마리 정보는 유해사례와 화장품 간의 인과관계 가능성이 있다고 보고된 정보로서 그 인과관계가 알려지지 아니하거나 입증자료가 충분한 것을 말한다.
㉣ 화장품책임판매업자는 신속보고되지 않은 화장품의 안전성 정보를 매 반기 종료 후 1개월 이내에 식품의약품안전처장에게 보고해야 한다.
㉤ 화장품 사용 중 발생한 부작용 사례에 대해서는 식품의약품안전청에게만 보고할 수 있다.
㉥ 정기보고의 경우, 상시근로자 수가 10인 이하로서 직접 제조한 화장비누만을 판매하는 화장품책임판매업자는 해당 안전성 정보를 보고하지 아니할 수 있다.

① ㉠, ㉢
② ㉠, ㉣
③ ㉠, ㉤
④ ㉡, ㉢
⑤ ㉣, ㉥

18 다음 표를 보고 화장품에 사용될 수 있는 계면활성제의 특징과 종류를 올바르게 연결한 것은? (8점)

	구분	사용 제품	종류
㉠	양이온성 계면활성제	헤어 린스	솔비탄팔미테이트, 하이드로제네이티드레시틴
㉡	양이온성 계면활성제	대전 방지제	알킬디메틸암모늄클로라이드, 세트리모늄클로라이드
㉢	음이온성 계면활성제	샴푸	소듐라우레스-3카복실레이트, 소듐라우릴설페이트
㉣	비이온성 계면활성제	저자극 샴푸	폴리쿼터늄-10, 아이소스테아라미도프로필베타인
㉤	비이온성 계면활성제	에센스	폴리솔베이트20, 솔비탄라우레이트

① ㉠, ㉡, ㉢   ② ㉠, ㉢, ㉤

③ ㉡, ㉢, ㉣   ④ ㉡, ㉢, ㉤

⑤ ㉡, ㉣, ㉤

19 〈보기〉는 「화장품 안전 기준 등에 관한 규정」 별표 2의 사용상의 제한이 필요한 원료와 사용한도가 정해져 있는 원료에 대한 내용이다. ㉠, ㉡, ㉢에 들어갈 말을 올바르게 나열한 것은? (12점)

┤ 보기 ├

- 하이드롤라이즈드밀단백질: 원료 중 펩타이드의 최대 평균분자량은 (㉠) kDa 이하여야 한다.
- 만수국꽃 추출물 또는 오일: 원료 중 알파 테르티에닐(테르티오펜) 함량은 (㉡)% 이하여야 하며, 만수국아재비꽃 추출물 또는 오일과 혼합 사용 시 사용 후 씻어내는 제품에 0.1%, 사용 후 씻어내지 않는 제품에 (㉢)%를 초과하지 않아야 한다.

	㉠	㉡	㉢		㉠	㉡	㉢
①	1.0	0.3	0.05	②	3.5	0.3	0.01
③	3.5	0.35	0.01	④	5.0	0.35	0.2
⑤	5.5	0.5	0.2				

20 「화장품법 시행규칙」에 따른 위해성 등급 중 '다등급'에 관한 내용으로 옳지 <u>않은</u> 것을 〈보기〉에서 모두 고른 것은? (12점)

┤ 보기 ├

㉠ 화장품책임판매업자 A는 주름 개선 기능성화장품 원료 중 아데노신의 함량이 기준치에 부적합하여 회수를 시작하였으며 60일 이내 회수를 완료하고자 한다.

㉡ 화장품책임판매업자 A는 맞춤형화장품조제관리사 자격시험을 공부하고 있는 B를 직원으로 두고 고객에게 맞춤형화장품을 판매하였다.

㉢ 맞춤형화장품조제관리사 A는 메칠렌글라이콜을 0.001% 추가 혼합하여 제조하여 고객에게 판매하였다.

㉣ 화장품책임판매업자 A는 단골 고객이 구매하고자 하는 화장품의 재고가 부족하여 견본품을 정가에서 50% 할인하여 판매하였다.

㉤ 화장품책임판매업자 A는 전부 또는 변패가 되지 않고, 병원미생물에 오염되지 않은 화장품임을 확인하고, 화장품의 사용기한 또는 개봉 후 사용기간을 1년씩 연장하여 판매하였다.

① ㉠, ㉡   ② ㉠, ㉢

③ ㉠, ㉤   ④ ㉢, ㉣

⑤ ㉣, ㉤

21 다음 중 「화장품의 색소의 종류와 기준 및 시험 방법」의 별표 1 화장품 색소 중 화장품 성분으로 사용제한이 없는 색소로만 연결된 것은? (12점)

① 카카오색소, 코발트알루미늄옥사이드, 녹색 204호

② 치자청색소, 베타카로틴, 헤모글로빈

③ 울트라마린, 베타카로틴, 카라멜

④ 벤지딘 오렌지 G, 카민류, 안토시아닌류

⑤ 아이런옥사이드옐로우, 베타카로틴, 나프톨블루블랙

22 〈대화〉에서 화장품에 사용되는 원료의 종류와 특성에 대해 올바르게 설명한 것을 모두 고른 것은? (8점)

┤ 대화 ├

A: 화장품 원료 중 수성 원료는 물을 말하는 건가요?

B: 아니요, 수성 원료는 물에 녹는 특성을 가진 원료들입니다. ㉠ 수성 원료 중 화장품에 가장 많이 사용되고 있는 것은 정제수인데, 이것은 화장품 제조에서 가장 중요한 원료 중 하나랍니다. 정제수란 물에 함유되어 있는 용해된 이온, 고체 입자, 미생물, 유기물 및 용해된 기체류 등의 모든 불순물을 이온교환수지를 통해 여과한 물을 말해요.

A: 그렇군요. 그럼, 유성 원료는 수성 원료와 반대의 특성을 가지고 있다고 생각하면 되나요?

B: 네, ㉡ 유성 원료는 물에 녹지 않는 특성 또는 기름에 녹는 특성을 가진 원료로, 유지류는 식물의 씨나 잎, 열매 등에서 추출한 식물성 오일과 동물의 내장이나 피하조직에서 추출한 동물성 오일이 있어요. 피부에 대한 친화성이 좋고, 산패나 변질에도 안정성이 좋아 화장품 원료로 많이 사용되고 있어요.

A: 유성 원료는 유지류만 있는 건가요?

B: 아니요, 유성 원료는 탄화수소류, 고급 지방산, 고급 알코올 등이 있습니다. 먼저, ㉢ 유성 원료 중 탄화수소류는 고급 지방산과 고급 1, 2가 알코올이 결합되어 있으며, 산패나 변질의 문제가 없는 장점을 가지고 있어요. 미네랄 오일, 스쿠알렌, 오조케라이트, 아이소헥사데칸 등이 여기에 속해요.

A: 탄화수소류는 오일의 단점을 보완하여 사용할 수 있겠네요.

B: 네. ㉣ 유성 원료 중 고급 지방산은 지방을 가수분해하여 얻어지며, R－COOH로 표시되는 화합물입니다. 탄소수가 12개 이상으로, 라우릭애씨드, 스테아릭애씨드, 아스코빅애씨드, 올레익애씨드, 팔미틱애씨드 등이 있습니다.

A: 고급 지방산은 화장품에서 무슨 역할을 하죠?

B: 고급 지방산은 세정용 계면활성제, 유화제, 분산제, 경도 및 점도 조절용 등으로 사용되고 있습니다. ㉤ 유성 원료 중 고급 알코올은 R－OH로 표시되는 화합물로, 탄소수가 6개 이상으로 탄소수가 많은 알코올이에요. 화장품의 점도 조절, 유화를 안정화시키기 위한 유화보조제로 첨가합니다. 대표적으로는 세틸알코올, 스테아릴알코올, 베헤닐알코올, 옥틸도데칸올 등이 있어요.

A: 유성 원료는 종류가 많고 화장품의 점도 조절에도 많이 사용되네요.

B: 네, 점도 조절과 관련하여 화장품 원료 중 고분자화합물을 알아둘 필요가 있어요. ㉥ 고분자화합물(폴리머)는 분자량이 10,000 이상인 거대한 화합물을 말하는데, 화장품의 점도를 높여주는 점증제와 피막을 형성할 때 이용되는 피막형성제(밀폐제)로 구분해 볼 수 있습니다.

① ㉠, ㉡, ㉥

② ㉠, ㉢, ㉥

③ ㉠, ㉤, ㉥

④ ㉡, ㉢, ㉣

⑤ ㉡, ㉣, ㉤

23 맞춤형화장품조제관리사 영아와 고객 진희의 〈대화〉이다. 올바르게 설명하고 있는 것은? (8점)

┤ 대화 ├

영아: 어서오세요.

진희: 안녕하세요, 요즘 피부에 트러블 자주 생기고 피부가 예민해진 것 같은데, 제가 사용하고 있는 제품들의 성분 좀 봐 주시겠어요?

영아: 네, 고객님. 성분과 특징에 대해 알려드릴게요.

① '가' 제품은 나이아신아마이드와 알부틴이 들어가서 미백 기능성을 인증받은 제품으로, 피부에 미백 효과를 줄 수 있어요. 그런데 이 제품에는 알부틴이 3% 함유되어 있기 때문에 3세 이하 어린이의 기저귀가 닿는 부위에는 사용하지 말라고 주의사항에 적혀 있어요. AHA 성분이 함유되어 있기 때문에 햇빛에 대한 감수성을 증가시킬 수 있으므로 자외선 차단제를 함께 사용해 주셔야 합니다.

② '나' 제품은 피부에 수분과 진정 효과를 줄 수 있는 보디 로션 제품이네요. 그런데, 포름알데하이드 0.05% 이상 검출된 제품이기 때문에 포름알데하이드 성분에 과민한 사람은 신중히 사용해 주셔야 합니다.

③ '다' 제품은 아데노신 성분이 들어가 있는 주름 기능성을 인증받은 에센스입니다. 아데노신과 히알루론산이 들어 있어서 피부에 탄력을 부여하고 피부를 촉촉하게 해 줄 수 있으나, 스테아린산아연이 함유되어 있으니 알레르기가 있는 사람은 신중히 사용하셔야 합니다.

④ '라' 제품은 메이크업 파우더네요. 이 메이크업 파우더 제품은 병풀 추출물이 함유되어 있어서 피부 진정 효과가 있습니다. 그런데, 제품에 실버나이트레이트 성분이 함유되어 있으므로 신장 질환이 있는 사람은 사용 전에 반드시 의사와 상의하셔야 합니다.

⑤ '마' 제품은 베이비 파우더네요. 이 베이비 파우더는 아이들에게 사용할 수 있고, 실버나이트레이트 성분은 함유되어 있지 않네요. 그런데 카민이 함유되어 있으니 파우더 사용 시 가루 날림으로 흡입되지 않도록 주의하시면 됩니다.

진희: 상세히 설명해 주셔서 감사합니다.

24 〈보기〉는 자외선 차단제에 대한 설명이다. ㉠, ㉡에 들어갈 내용이 올바르게 나열된 것은? (12점)

┤ 보기 ├

• 자외선 차단지수(SPF) 측정 중 최소 홍반량은 UVB를 사람의 피부에 조사한 후 (㉠)시간의 범위 내에 조사 전 영역에 홍반을 나타낼 수 있는 최소한의 자외선 조사량이다.

• UVA를 측정할 때 최소 지속형즉시흑화량은 UVA를 사람의 피부에 조사한 후 (㉡)시간의 범위 내에 조사 전 영역에 희미한 흑화가 인식되는 최소 자외선 조사량이다.

	㉠	㉡
①	6 ~ 12	2 ~ 4
②	6 ~ 24	2 ~ 6
③	6 ~ 48	2 ~ 12
④	16 ~ 24	2 ~ 24
⑤	16 ~ 48	2 ~ 48

25 〈보기〉에서 위해 평가가 필요한 경우를 모두 고른 것은? (8점)

┤ 보기 ├

㉠ 안전성, 유효성이 입증되어 기허가된 기능성화장품인 경우

㉡ 위험에 대한 충분한 정보가 부족한 경우

㉢ 안전 구역을 근거로 사용한도를 설정할 경우(살균보존 성분 등)

㉣ 화장품 안전 이슈 성분의 위해성을 확인할 경우

㉤ 불법으로 유해 물질을 화장품에 혼입한 경우

㉥ 인체 위해의 유의한 증거가 없음을 검증할 경우

① ㉠, ㉡, ㉣　　　　　　　　　　　② ㉠, ㉡, ㉤

③ ㉡, ㉣, ㉥　　　　　　　　　　　④ ㉢, ㉣, ㉥

⑤ ㉣, ㉤, ㉥

26 색소와 그 종류에 대한 내용이 올바르지 <u>않은</u> 것을 〈보기〉에서 모두 고른 것은? (8점)

┤ 보기 ├

㉠ 색소는 화장품이나 피부에 색을 띠게 하는 것을 주요 목적으로 하며 눈 주위는 눈썹, 눈썹 아래쪽 피부, 눈꺼풀, 속눈썹 및 눈(안구, 결막낭, 윤문상조직 포함)을 둘러싼 뼈의 능선 주위를 말한다.

㉡ 무기안료는 백색안료, 착색안료, 체질안료 등이 있는데, 체질안료는 점토 광물을 희석제로 사용하는 안료로 티타늄다이옥사이드, 징크옥사이드 등이 있다.

㉢ 색소의 사용 기준에 따른 분류 중 화장비누 외 사용금지 색소는 적색 2호, 102호가 있다.

㉣ 유기합성색소 중 레이크는 타르색소의 나트륨, 칼륨, 알루미늄, 바륨, 칼슘, 스트론튬 또는 지르코늄염을 기질에 확산시켜 만든 색소이다.

㉤ 색소의 사용 기준에 따른 분류 중 사용상 제한이 없는 적색 색소는 40호, 201호, 202호, 220호, 226호, 227호, 228호, 230호가 있다.

① ㉠, ㉡　　　　　　　　　　　　② ㉠, ㉢

③ ㉡, ㉢　　　　　　　　　　　　④ ㉢, ㉣

⑤ ㉣, ㉤

27 「화장품법 시행규칙」 별표 5 화장품 표시·광고의 범위 및 준수사항에 대한 설명으로 옳은 것을 〈보기〉에서 모두 고른 것은? (8점)

┌─ 보기 ───┐
│ ㉠ 기능성화장품의 경우 의약품으로 잘못 인식할 우려가 없기 때문에 '손상 피부 회복', '세포성장인자로 세포 │
│   활성화' 등의 표시·광고를 할 수 있다. │
│ ㉡ 경쟁상품과 비교하는 객관적으로 확인할 수 있는 사항만을 표시·광고하여야 한다. │
│ ㉢ "최고" 또는 "최상" 등의 표현을 자유롭게 사용할 수 있다. │
│ ㉣ 사실 유무와 관계없이 다른 제품을 비방하거나 비방한다고 의심되는 경우는 표시·광고해서는 안 된다. │
│ ㉤ 의사·의사·한의사·약사·의료기관 또는 그 밖의 자가 이를 지정·공인·추천·지도·연구·개발 또는 사용 │
│   하고 있다는 표시·광고를 할 수 있다. │
└───┘

① ㉠, ㉡   ② ㉠, ㉣
③ ㉡, ㉣   ④ ㉡, ㉤
⑤ ㉢, ㉤

28 「영유아 또는 어린이 사용 화장품 안전성 자료의 작성·보관에 관한 규정」에 관한 내용으로 옳지 <u>않은</u> 것은? (8점)

① 영유아 또는 어린이가 사용하는 화장품임을 특정하여 표시·광고하는 화장품을 대상으로 한다.
② 영유아 또는 어린이 사용 화장품책임판매업자는 인쇄본 또는 전자매체를 이용하여 제품별 안전성 자료를 안전하게 보관하여야 한다.
③ 영유아 또는 어린이 사용 화장품책임판매업자는 제품별 안전성 자료의 훼손 또는 소실에 대비하기 위해 사본, 백업자료 등을 유지해서는 안 된다.
④ 식품의약품안전처장은 「훈령·예규 등의 발령 및 관리에 관한 규정」에 따라 2020년 7월 1일 기준으로 매 3년이 되는 시점(매 3년째의 6월 30일까지를 말한다)마다 그 타당성을 검토하여 개선 등의 조치를 하여야 한다.
⑤ 보관된 안전성 자료 문서는 「화장품법 시행규칙」 제10조의3 제2항에 따른 기간 동안 보관한 이후 「화장품법」 제3조제3항에 따른 책임판매관리자의 책임하에 폐기할 수 있다.

29 다음은 화장품에서 검출된 물질과 검출량이다. 「화장품 안전 기준 등에 관한 규정」 제6조(유통화장품 안전 관리 기준)에 따라 유통화장품으로 적합한 것은? (8점)

① A 제품: 니켈 – $10\mu g/g$, 비소 – $5\mu g/g$, 프탈레이트 – $500\mu g/g$, 대장균 – 불검출
② B 제품: 카드뮴 – $5\mu g/g$, 안티몬 – $30\mu g/g$, 디옥산 – $100\mu g/g$, 포도상구균 – 검출
③ C 제품: 메탄올 – 0.1%, 안티몬 – $100\mu g/g$, 비소 – $5\mu g/g$, 녹농균과 대장균 – 불검출
④ D 제품: 비소 – $5\mu g/g$, 안티몬 – $10\mu g/g$, 디옥산 – $50\mu g/g$, 포도상구균 – 불검출
⑤ E 제품: 니켈 – $30\mu g/g$, 비소 – $5\mu g/g$, 디옥산 – $300\mu g/g$, 대장균과 포도상구균 – 검출

30 다음은 「우수화장품 제조 및 품질관리 기준」 제2조(용어의 정의) 내용의 일부이다. 〈보기〉의 ㉠, ㉡에 들어갈 용어를 올바르게 나열한 것은? (8점)

┤ 보기 ├

- (㉠)(이)란 적절한 작업 환경에서 건물과 설비가 유지되도록 정기적·비정기적인 지원 및 검증을 말한다.
- (㉡)(이)란 하나의 공정이나 일련의 공정으로 제조되어 균질성을 갖는 화장품의 일정한 분량을 말한다.

	㉠	㉡
①	유지관리	제조단위 또는 뱃치
②	유지관리	제조번호 또는 뱃치번호
③	위생관리	기준일탈
④	품질보증	적합 판정 기준
⑤	공정관리	제조단위 또는 뱃치

31 다음 중 「우수화장품 제조 및 품질관리 기준」에 대한 내용으로 올바르지 <u>않은</u> 것은? (8점)

① 제조하는 화장품의 종류·제형에 따라 적절히 구획, 구분되어 있어 교차오염에 우려가 없어야 한다.

② 작업소 전체에 적절한 조명을 설치하고, 조명이 파손될 경우를 대비하여 제품을 보호할 수 있는 처리 절차를 마련해야 한다.

③ 각 제조구역별 청소 및 위생관리 절차에 따라 효능이 입증된 세척제 및 소독제를 사용해야 한다.

④ 천정 주위의 대들보, 파이프, 덕트 등은 가급적 노출되지 않도록 설계하고, 파이프는 받침대 등으로 고정하여 벽에 닿지 않게 하여 청소가 용이하도록 설계해야 한다.

⑤ 작업소 내의 벽과 천장은 청소하기 쉽도록 가능한 한 표면을 매끄럽게 설계하고 바닥은 미끄럼 방지를 위해 가능한 한 거칠게 설계해야 하며, 소독제의 부식성에 저항력이 있어야 한다.

32 화장품제조업소 직원 A와 신입사원 B의 〈대화〉이다. 설비 세척에 대한 설명이 올바르지 <u>않은</u> 것은? (8점)

┤ 대화 ├

A: B씨, 이번에 화장품 제조 후 설비 세척해야 하는데 하실 수 있나요?

B: 네, 한번 해 보겠습니다. ① <u>우선 위험성이 없는 용제로 세척하려고 합니다.</u>

A: 네. ② <u>세제는 가능하면 사용하지 않는 게 좋아요.</u>

B: 세제를 사용하면 빠르게 세척이 가능할 텐데 세제를 사용하지 않는 이유가 있나요?

A: ③ <u>세제를 사용하게 되면 설비 내벽에 남기 쉽고, 남았을 경우 제품에 영향을 미치기 때문이에요.</u>

B: 그렇군요. 혹시 브러시 등을 이용해서 문지르는 것을 고려해도 되나요?

A: ④ <u>설비에 스크래치가 생길 수 있으니 사용하시면 안 됩니다.</u> 그리고, ⑤ <u>세척 후에는 반드시 판정하고, 판정 후의 설비는 건조·밀폐해서 보존하면 됩니다.</u>

B: 네, 알겠습니다.

33 〈보기〉는 완제품 보관 검체의 주요 사항이다. ㉠, ㉡, ㉢에 들어갈 내용이 올바른 것은? (12점)

> **보기**
> • 제품을 (㉠) 보관해야 한다.
> • 각 뱃치를 대표하는 검체를 보관한다.
> • 각 뱃치별로 제품 시험을 (㉡)번 실시할 수 있는 양을 보관한다.
> • 제품이 가장 안정한 조건에서 보관한다.
> • 적절한 보관조건 하에 지정된 구역 내에서 제조단위별로 사용기한까지 또는 개봉 후 사용기간을 기재하는 경우 제조일로부터 (㉢)년간 보관한다.

	㉠	㉡	㉢
①	그대로	2	3
②	그대로	3	3
③	소분하여	2	3
④	소분하여	3	5
⑤	별도로	2	5

34 다음 중 「화장품 안전 기준 등에 관한 규정」의 별표 3 인체 세포·조직 배양액 안전 기준에 관한 설명으로 올바르지 <u>않은</u> 것은? (12점)

① 인체 세포·조직 배양액을 제조하는 배양시설은 청정등급 1A(Class 1,000) 이상의 구역에 설치하여야 한다.

② 화장품책임판매업자는 화장품 안전 기준과 관련한 모든 기준, 기록 및 성적서에 관한 서류를 받아 완제품의 제조연월일로부터 3년이 경과한 날까지 보존하여야 한다.

③ 인체 세포·조직 배양액의 안전성 확보를 위하여 단회 투여 독성시험 자료, 1차 피부 자극시험자료, 인체 세포·조직 배양액의 구성 성분에 관한 자료 등의 안전성시험 자료를 작성·보존하여야 한다.

④ 공여자는 세포·조직의 영향을 미칠 수 있는 선천성 또는 만성질환이 진단되지 않아야 하며, 의료기관에서는 윈도우 피리어드를 감안한 관찰기간 설정 등 공여자 적격성검사에 필요한 기준서를 작성하고 이에 따라야 한다.

⑤ 공여자는 건강한 성인으로서 B형간염바이러스(HBV), C형간염바이러스(HCV), 인체면역결핍바이러스(HIV), 인체T림프영양성바이러스(HTLV), 파보바이러스B19, 사이토메가로바이러스(CMV), 엡스타인-바 바이러스(EBV) 감염증과 같은 감염증이 진단되지 않아야 한다.

35 〈보기〉는 멜라닌 합성 과정에 대한 내용이다. ㉠, ㉡, ㉢에 들어갈 단어를 올바르게 나열한 것은? (8점)

| 보기 |

멜라닌은 멜라노솜에서 합성되며, (㉠)을 시작 물질로 하여 티로시나아제 효소에 의해 산화되며, 최종적으로 갈색, 검은색을 나타내는 (㉡)과 노란색, 붉은색을 나타내는 (㉢)으로 만들어진다.

	㉠	㉡	㉢
①	티로신	페오멜라닌	유멜라닌
②	티로신	유멜라닌	페오멜라닌
③	아미노산	유멜라닌	페오멜라닌
④	아미노산	페오멜라닌	유멜라닌
⑤	단백질	페오멜라닌	유멜라닌

36 〈보기〉의 ㉠, ㉡에 들어갈 단어를 올바르게 나열한 것은? (14점)

| 보기 |

각질형성세포에서의 분화 과정은 (1) 세포의 (㉠) 과정 (2) 유극세포에서의 (㉡)·정비 과정 (3) 과립세포에서의 자기분해 과정 (4) 각질세포에서의 재구축 과정의 4단계에 걸쳐서 일어나며 분화의 마지막 단계로 각질층이 형성된다. 이와 같은 과정을 각화(Keratinization) 과정이라 한다.

① ㉠ 분열, ㉡ 합성   ② ㉠ 분열, ㉡ 증식
③ ㉠ 재생, ㉡ 증식   ④ ㉠ 재생, ㉡ 숙성
⑤ ㉠ 증식, ㉡ 분열

37 〈보기〉의 ㉠, ㉡, ㉢에 들어갈 단어를 올바르게 나열한 것은? (8점)

| 보기 |

각질층은 피부의 보습 유지와 외부 물질의 침입을 막는 피부장벽의 역할을 담당한다. 각질층에 존재하는 수용성 물질들을 총칭하는 자연보습인자(NMF)를 구성하는 수용성 아미노산은 필라그린이 각질층세포의 하층으로부터 표층으로 이동함에 따라 각질층 내의 (㉠)에 의해 분해된 것이다. 필라그린은 각질층 상층에 이르는 과정에서 아미노펩티데이스, (㉡) 등의 활동에 의해서 최종적으로 (㉢)(으)로 분해된다.

	㉠	㉡	㉢
①	알라닌분해효소	카복시펩티데이스	단백질
②	알라닌분해효소	엔도펩티데이스	아미노산
③	유당분해효소	카복시펩티데이스	단백질
④	단백분해효소	엔도펩티데이스	아미노산
⑤	단백분해효소	카복시펩티데이스	아미노산

38 화장품 중 미생물 발육저지 물질과 항균성을 중화시킬 수 있는 중화제를 연결한 것 중 옳지 <u>않은</u> 것은?

(14점)

화장품 중 미생물 발육저지 물질	항균성을 중화시킬 수 있는 중화제
① 파라벤, 페녹시에탄올, 페닐에탄올 등 아닐리드	레시틴, 폴리솔베이트80 등
② 4급 암모늄 화합물, 양이온성 계면활성제	레시틴, 도데실 황산나트륨 등
③ 알데하이드, 포름알데하이드 – 유리 제제	글리신, 히스티딘
④ 이소치아졸리논, 이미다졸	아민, 황산염, 메르캅탄, 아황산수소나트륨
⑤ 금속염(Cu, Zn, Hg), 유기 – 수은 화합물	레시틴, 사포닌, 폴리솔베이트80

39 〈보기〉는 식품의약품안전처에 자료 제출이 생략되는 기능성화장품의 고시 원료 및 함량을 준수하여 제조한 로션의 전성분이다. 자외선 차단제 성분과 사용상의 제한이 필요한 원료를 최대 사용한도로 제조한 경우 유추 가능한 알로에베라잎 추출물 함유량의 범위(%)는 무엇인가? (8점)

> ┤보기├
> 정제수, 글리세린, 부틸렌글라이콜, 사이클로메티콘, 미네랄 오일, 호호바 오일, 세틸알코올, 카프릴릭/카프릭트라이글리세라이드, 시녹세이트, 소듐하이알루로네이트, 로즈힙 오일, 알로에베라잎 추출물, 스쿠알렌, 아이소프로필미리스테이트, 라놀린, 벤질알코올, 콜라겐, 다이소듐이디티에이, 사자발쑥 추출물

① 0.05 ~ 1.0%

② 0.5 ~ 1.0%

③ 0.8 ~ 3.0%

④ 1.0 ~ 3.0%

⑤ 1.0 ~ 5.0%

40 〈보기〉는 「화장품 안전성 정보관리 규정」에 관한 내용이다. ㉠과 ㉡에 들어갈 용어와 숫자를 올바르게 나열한 것은? (8점)

> ┤보기├
> 화장품책임판매업자는 화장품의 사용 중 지속적 또는 중대한 불구나 기능저하를 초래하거나, 선천적 기형 또는 이상을 초래하는 경우와 같은 (㉠)를 알게 된 때에는 그 정보를 알게 된 날로부터 (㉡)일 이내 식품의약품안전처장에게 보고해야 한다.

	㉠	㉡		㉠	㉡
①	유해사례	17	②	유해사례	15
③	심각한 유해사례	15	④	중대한 유해사례	7
⑤	중대한 유해사례	15			

41 세포 또는 조직에 대한 품질 및 안전성 확보에 필요한 정보를 확인할 수 있도록 세포·조직 채취 및 검사 기록서를 작성·보존해야 한다. 〈보기〉에서 검사기록서에 포함되어야 하는 내용으로 올바르지 <u>않은</u> 것을 모두 고른 것은? (12점)

보기
㉠ 채취한 의료기관 명칭
㉡ 채취연월일
㉢ 공여자 식별번호
㉣ 공여자의 적격성 평가 결과
㉤ 사용된 배지의 조성, 배양조건, 배양기간, 수율
㉥ 세포 또는 조직의 종류, 채취량, 채취 방법
㉦ 각 단계별 처리 및 취급과정

① ㉠, ㉢
② ㉡, ㉤
③ ㉢, ㉦
④ ㉣, ㉥
⑤ ㉤, ㉦

42 ○○대학교 학생인 A~E는 안전성시험 방법에 대해 조사한 것을 공유하는 자리를 갖고 있다. 〈보기〉에서 옳게 설명한 것은 무엇인가? (14점)

보기
A: ① 식품의약품안전처에서는 화장품을 제조한 날부터 적절한 보관 조건에서 성상·품질의 변화 없이 최적의 품질로 사용할 수 있는 최소한의 기한과 저장법을 설정하기 위하여 화장품 안전성시험 가이드라인을 제시하고 있어.
B: ② 개별 화장품의 취약성, 운반, 보관, 진열, 사용 과정에서 의도치 않게 일어날 수 있는 조건에서의 품질 변화를 검토하기 위해 수행하는 것을 가혹시험이라고 해.
C: ③ 가혹시험의 온도 편차 및 극한의 조건은 −10~40℃야.
D: ④ 화장품 사용 시 일어날 수 있는 오염 등을 고려한 사용기한을 설정하기 위하여 장기간에 걸쳐 물리적, 화학적, 미생물학적 안정성 및 용기 적합성을 확인하는 시험을 장기보존시험이라고 해.
E: ⑤ 가속시험은 2로트 이상 선정하고, 장기보존시험 온도보다 15℃ 이상 높은 온도에서 시험해야 해.

43 〈보기〉는 「우수화장품 제조 및 품질관리 기준」에 따른 기준일탈 제품의 처리 과정을 나열한 것이다. ㉠, ㉡, ㉢에 들어갈 내용을 순서대로 나열한 것은? (8점)

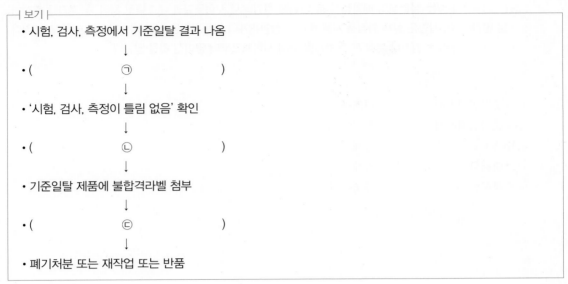

┤ 보기 ├
- 시험, 검사, 측정에서 기준일탈 결과 나옴
  ↓
- (㉠)
  ↓
- '시험, 검사, 측정이 틀림 없음' 확인
  ↓
- (㉡)
  ↓
- 기준일탈 제품에 불합격라벨 첨부
  ↓
- (㉢)
  ↓
- 폐기처분 또는 재작업 또는 반품

	㉠	㉡	㉢
①	기준일탈 처리	기준일탈 조사	격리 보관
②	기준일탈 조사	기준일탈 처리	격리 보관
③	기준일탈 조사	격리 보관	기준일탈 처리
④	격리보관	기준일탈 조사	기준일탈 처리
⑤	시험규격 설정	격리 보관	기준일탈 처리

44 〈보기〉는 작업장의 낙하균 측정법 중 측정 위치에 관한 내용이다. ㉠, ㉡, ㉢에 들어갈 숫자를 올바르게 나열한 것은? (8점)

┤ 보기 ├
- 일반적으로 작은 방을 측정하는 경우에는 약 (㉠)개소를 측정한다.
- 비교적 큰 방일 경우에는 측정소는 증가한다.
- 방 이외의 격벽구획이 명확하지 않은 장소(복도, 통로 등)에서는 공기의 진입, 유통, 정체 등의 상태를 고려하여 전체 환경을 대표한다고 생각되는 장소 선택한다.
- 측정하려는 방의 크기와 구조에 더 유의하여야 하나, 5개소 이하로 측정하면 올바른 평가를 얻기가 어려우며 측정 위치도 벽에서 (㉡)cm 떨어진 곳이 좋다.
- 측정 높이는 바닥에서 측정하는 것이 원칙이지만 부득이한 경우 바닥으로부터 (㉢)cm 높은 위치에서 측정하는 경우가 있다.

① ㉠ 5, ㉡ 30, ㉢ 20~30　　　　　② ㉠ 5, ㉡ 50, ㉢ 10~30
③ ㉠ 7, ㉡ 30, ㉢ 20~30　　　　　④ ㉠ 7, ㉡ 50, ㉢ 10~30
⑤ ㉠ 10, ㉡ 30, ㉢ 20~30

45 〈보기〉를 읽고 ㉠, ㉡에 들어갈 용어로 적절한 것은? (8점)

┤보기├

- (㉠)은/는 실험실의 배양접시 등 인위적 환경에서 시험물질과 대조물질 처리 후 결과를 측정하는 것을 말한다. 이 시험은 실제 화장품 사용에 따른 상관관계나 작용기전을 설명하는 자료로 이용될 수 있다.
- (㉡)은/는 검사나 분석 또는 보관을 위해 시험계로부터 얻어진 것을 말한다.

㉠	㉡
① 표준작업지침서	대조물질
② 표준작업지침서	부형제
③ In Vivo	검체
④ 효력시험	검체
⑤ 효력시험	대조물질

46 다음 중 「화장품법 시행규칙」 별표 4 화장품 포장의 표시 기준 및 표시 방법의 내용으로 옳지 <u>않은</u> 것은?

(12점)

① 화장품의 1차 포장 또는 2차 포장의 무게가 포함되지 않은 용량 또는 중량을 기재·표시해야 한다. 이 경우 화장비누(고체 형태의 세안용 비누를 말한다)의 경우에는 수분을 포함한 중량과 건조중량을 함께 기재·표시해야 한다.

② 사용기한은 "사용기한" 또는 "까지" 등의 문자와 "연월일"을 소비자가 알기 쉽도록 기재·표시해야 한다. 다만, "연월"로 표시하는 경우 사용기한을 넘지 않는 범위에서 기재·표시해야 한다.

③ 개봉 후 사용기간은 "개봉 후 사용기간"이라는 문자와 "○○월" 또는 "○○개월"을 조합하여 기재·표시하거나, 개봉 후 사용기간을 나타내는 심벌과 기간을 기재·표시할 수 있다.

④ 공정별로 3개 이상의 제조소에서 생산된 화장품의 경우에는 일부 공정을 수탁한 화장품제조업자의 상호 및 주소의 기재·표시를 생략할 수 있다.

⑤ 영업자의 주소는 등록필증 또는 신고필증에 적힌 소재지 또는 반품·교환 업무를 대표하는 소재지를 기재·표시해야 한다.

47 「화장품법 시행규칙」 별지 제10호의4 서식인 폐기신청서의 일부이다. ㉠, ㉡에 들어갈 제품정보를 올바르게 나열한 것은? (8점)

폐 기 신 청 서

접수번호		접수일	발급일	처리기간	7일
신청인	상호(법인인 경우 법인의 명칭)				
	대표자		전화번호		
제품정보	제품명				
	(㉠), (㉡)				
	사용기한 또는 개봉 후 사용기간				
	폐기량				

① ㉠ 제조번호, ㉡ 제조일자   ② ㉠ 제조번호, ㉡ 용량

③ ㉠ 제조번호, ㉡ 제조담당자   ④ ㉠ 제조일자, ㉡ 용량

⑤ ㉠ 제조담당자, ㉡ 용량

48 원자재 용기 및 시험기록서의 필수적인 기재사항에 해당하는 것을 〈보기〉에서 모두 고른 것은? (8점)

┌ 보기 ┐
㉠ 원자재 공급자가 정한 제품명   ㉡ 공급날짜
㉢ 원자재 공급자명   ㉣ 수령일자
㉤ 공급자가 부여한 제조번호 또는 관리번호   ㉥ 공급자가 부여한 유통기한

① ㉠, ㉡, ㉢, ㉣   ② ㉠, ㉢, ㉣, ㉤

③ ㉠, ㉢, ㉣, ㉥   ④ ㉡, ㉢, ㉤, ㉥

⑤ ㉡, ㉣, ㉤, ㉥

49 화장품 포장재의 폐기 절차에 대한 내용으로 옳지 <u>않은</u> 것은? (12점)

① 기준일탈인 포장재는 재작업할 수 있으며, 기준일탈 제품은 폐기하는 것이 가장 바람직하다.

② 일단 부적합 제품의 재작업을 쉽게 허락할 수는 없으나 폐기하면 큰 손해가 되므로 재작업 고려할 수 있다.

③ 품질 책임자가 재작업의 결과에 책임을 지며, 재작업 처리의 실시는 품질 책임자가 결정한다.

④ 재작업 실시 시에는 발생한 모든 일들을 재작업 제조기록서에 보관하고, 재작업을 해도 품질에 영향을 미치지 않는 것을 예측해야 한다.

⑤ 권한 소유자는 부적합 제품의 제조 책임자라고 할 수 있으며, 재작업 실시를 제안하는 것은 품질 책임자이다.

50 다음은 표면 균 측정법 중 '이것'을 사용하는 측정법에 대한 내용이다. '이것'은 무엇인가? (8점)

> 가. '이것'에 직접 또는 부착된 라벨에 표면 균, 채취 날짜, 검체 채취 위치, 검체 채취자에 대한 정보 기록
> 나. 한 손으로 '이것' 뚜껑을 열고 다른 한 손으로 표면 균을 채취하고자 하는 위치에 배지가 고르게 접촉하도록 가볍게 눌렀다가 떼어 낸 후 뚜껑 덮음
> 다. 검체 채취가 완료된 '이것'을/를 테이프로 봉하여 열리지 않도록 하여 오염 방지
> 라. 검체 채취가 완료된 표면을 70% 에탄올로 소독과 함께 배지의 잔류물이 남지 않도록 함
> 마. 미생물 배양 조건에 맞추어 배양
> 바. 배양 후 CFU 수 측정

① 시험관
② 면봉
③ 비커
④ 콘택트 플레이트
⑤ TLC

51 〈보기〉에서 작업장 위생 유지 시 사용되는 세제의 살균 성분으로만 묶인 것은? (14점)

> ┤ 보기 ├
> 금속이온봉쇄제, 4급 암모늄 화합물, 알코올류, 연마제, 알데히드류 및 페놀 유도체, 유기폴리머, 양성계면활성제류, 음이온 계면활성제

① 금속이온봉쇄제, 4급 암모늄 화합물, 알코올류, 음이온성 계면활성제
② 유기폴리머, 양성 계면활성제류, 알데히드류 및 페놀 유도체
③ 4급 암모늄 화합물, 알코올류, 알데히드류 및 페놀 유도체
④ 금속이온봉쇄제, 유기폴리머, 양성 계면활성제류
⑤ 연마제, 음이온성 계면활성제, 알데히드류 및 페놀 유도체

52 다음 중 메탄올을 측정하기 위한 시험 방법으로 올바르지 않은 것은? (14점)

① 푹신아황산법
② 유도결합플라즈마 – 질량분석기법
③ 기체크로마토그래프 분석법
④ 기체크로마토그래프 – 헤드스페이스법
⑤ 기체크로마토그래프 – 질량분석기법

53 인체 세포 · 조직 배양액 안전 기준에 관한 내용이다. 〈보기〉에서 옳지 <u>않은</u> 것을 모두 고른 것은? (8점)

| 보기 |

ⓐ 누구든지 공여자에 관한 정보를 제공하거나 광고 등을 통해 특정인의 세포 또는 조직을 사용하였다는 내용의 광고를 할 수 없다.

ⓑ 인체 세포, 조직 배양액의 안전성 확보를 위하여 안전성시험 자료를 작성, 보존하여야 하며, 안전성시험 자료는 비임상시험관리기준(식품의약품안전처 고시)에 따라 시험한 자료이어야 한다.

ⓒ 채취 및 검사기록서는 채취(보관 포함)한 기관명칭, 채취연월일, 검사 등의 결과, 세포 또는 조직의 처리 취급 과정, 공여자 식별번호, 사람에게 감염성 및 병원성을 나타낼 가능성이 있는 바이러스 존재 유무 확인결과 등의 정보가 포함되어야 한다.

ⓓ 화장품책임판매업자는 세포, 조직의 채취, 검사, 배양액 제조 등을 실시한 기관에 대하여 안전하고 품질이 균일한 인체 세포, 조직 배양액이 제조될 수 있도록 관리 · 감독을 철저히 하여야 한다.

ⓔ 화장품책임판매업자는 화장품 안전 기준과 관련한 모든 기준, 기록 및 성적서에 관한 서류를 받아 완제품의 제조연월일로부터 1년이 경과한 날까지 보존하여야 한다.

---

① ㉠, ㉢
② ㉠, ㉤
③ ㉡, ㉣
④ ㉢, ㉣
⑤ ㉢, ㉤

54 포장 및 용기에 관한 시험 방법과 설명이 올바르게 연결된 것은? (8점)

① 내용물 감량시험 – 용기나 용기를 구성하는 각종 소재의 내열성 및 내한성을 측정
② 낙하시험 – 유리병 용기의 내압 강도를 측정
③ 유리병 표면 알칼리 용출량시험 – 유리병 용기의 온도 변화에 따른 내구력을 측정
④ 내용물에 의한 용기 마찰시험 – 포장이나 용기에 인쇄된 문자, 코팅막 등의 밀착성을 측정
⑤ 내용물에 의한 용기 변형시험 – 용기와 내용물의 장기 접촉에 따른 용기의 수축, 팽창, 탈색 등을 측정

55 〈보기〉는 미생물 검출을 위한 검체의 전처리에 관한 내용이다. ㉠, ㉡, ㉢에 들어갈 내용을 올바르게 나열한 것은? (12점)

| 보기 |

(㉠): 검체 1g에 적당한 분산제를 1mL 넣고 충분히 균질화시킨 후 변형레틴액체배지 또는 검증된 배지 및 희석액 8mL를 넣어 10배 희석액을 만들고 희석이 더 필요할 때에는 같은 희석액으로 조제한다. 분산제만으로 균질화가 되지 않을 경우 적당량의 지용성 용매를 첨가한 상태에서 멸균된 마쇄기를 이용하여 검체를 잘게 부수어 반죽 형태로 만든 뒤 적당한 분산제 1mL를 넣어 균질화시킨다. 추가적으로 (㉡)℃에서 (㉢)분 동안 가온한 후 멸균한 유리구슬을 넣어 균질화시킨다.

	㉠	㉡	㉢
①	파우더 및 고형제	30	10
②	파우더 및 고형제	40	30
③	액제 · 로션제	30	10
④	크림제 · 오일제	30	10
⑤	크림제 · 오일제	40	30

56 「우수화장품 제조 및 품질관리 기준」 제2조(용어의 정의)에 대한 내용으로 옳지 <u>않은</u> 것은? (8점)

① "제조"란 원료 물질의 칭량부터 혼합, 충전(1차 포장), 2차 포장 및 표시 등의 일련의 작업을 말한다.

② "오염"이란 제품에서 화학적, 물리적, 미생물학적 문제 또는 이들이 조합되어 나타내는 바람직하지 않은 문제의 발생을 말한다.

③ "제조단위" 또는 "뱃치"란 하나의 공정이나 일련의 공정으로 제조되어 균질성을 갖는 화장품의 일정한 분량을 말한다.

④ "내부감사"란 제조 및 품질과 관련한 결과가 계획된 사항과 일치하는지의 여부와 제조 및 품질관리가 효과적으로 실행되고 목적 달성에 적합한지 여부를 결정하기 위한 회사 내 자격이 있는 직원에 의해 행해지는 체계적이고 독립적인 조사를 말한다.

⑤ "유지관리"란 규정된 조건하에서 측정 기기나 측정 시스템에 의해 표시되는 값과 표준 기기의 참값을 비교하여 이들의 오차가 허용 범위 내에 있음을 확인하고, 허용 범위를 벗어나는 경우 허용 범위 내에 들도록 조정하는 것을 말한다.

57 〈보기〉는 「인체적용제품의 위해성 평가 등에 관한 규정」 제13조 내용의 일부이다. (   ) 안에 공통으로 들어갈 단어는 무엇인가? (12점)

┤ 보기 ├
① 식품의약품안전처장은 위해성 평가에 필요한 자료를 확보하기 위하여 (   )의 정도를 동물실험 등을 통하여 과학적으로 평가하는 (   )시험을 실시할 수 있다.

② (   )시험은 「의약품 (   )시험기준」 또는 경제협력개발지구(OECD)에서 정하고 있는 (   ) 시험 방법에 따라 각 호와 같이 실시한다. 다만 필요한 경우 위원회의 자문을 거쳐 (   )시험의 절차·방법을 다르게 정할 수 있다.

1. (   )시험 대상물질의 특성, 노출경로 등을 고려하여 (   )시험항목 및 방법 등을 선정한다.
2. (   )시험 절차는 「비임상시험관리기준」에 따라 수행한다.
3. (   )시험 결과에 대한 (   )병리 전문가 등의 검증을 수행한다.

① 세포　　　　　　　　　　② 유해성
③ 독성　　　　　　　　　　④ 위해성
⑤ 인체적용

58 우수화장품 제조 및 품질관리를 위한 작업장의 위생관리에 대한 내용으로 옳은 것은? (8점)

① 작업의 능률을 높이기 위해 제조하는 화장품의 종류나 제형에 관계없이 동일한 장소에서 관리하되 교차오염 우려가 없어야 한다.

② 환기가 잘되고 청결해야 하며, 외부와 연결된 창문은 열릴 수 있도록 해야 한다.

③ 수세실과 화장실은 교차오염이 없도록 최대한 먼 곳에 설치해야 하며 생산구역과 분리되어 있어야 한다.

④ 작업소 전체에 적절한 조명을 설치하고, 조명이 파손될 경우를 대비한 제품을 보호할 수 있는 처리절차를 마련해야 한다.

⑤ 인동선과 물동선의 흐름경로를 교차오염의 우려가 없도록 적절히 설정하고 교차가 불가피할 경우 인동선을 우선으로 해야 한다.

59 〈보기〉는 맞춤형화장품조제관리사가 책임판매업자로부터 받은 내용물의 품질성적서이다. 맞춤형화장품조제관리사는 책임판매업자에게 유해한 검출물질에 대해 반품요청을 하려고 한다. 〈보기〉에서 반품요청을 하는 이유로 적절한 것을 모두 고른 것은? (8점)

---| 보기 |---
- ㉠ 디옥산 99μg/g 검출
- ㉡ 안티몬 30μg/g 검출
- ㉢ 비소 5μg/g 검출
- ㉣ 황색포도상구균 10개/g(mL) 검출
- ㉤ 녹농균, 대장균 불검출

① ㉠, ㉡　　　　　　　　　　② ㉠, ㉢
③ ㉡, ㉣　　　　　　　　　　④ ㉡, ㉤
⑤ ㉢, ㉣

60 내용물 및 원료의 입고 기준에 관한 내용으로 옳지 <u>않은</u> 것은? (8점)

① 원자재 입고 시 구매요구서, 원자재 공급업체 성적서 및 현품이 서로 일치하여야 하며, 필요한 경우 운송 관련 자료를 추가 확인할 수 있다.

② 원자재 용기에 제조번호가 없는 경우 공급업체에게 반송해야 한다.

③ 입고 절차 중 육안으로 물품에 결함이 있음을 확인한 경우 입고를 보류하고 격리 보관 및 폐기 또는 원자재 공급업자에게 반송해야 한다.

④ 입고된 원자재는 적합(청색라벨), 부적합(적색라벨), 검사 중(황색라벨) 등으로 상태를 표기해야 하며, 동일 수준의 보증이 가능한 다른 시스템이 있다면 대체가 가능하다.

⑤ 제조업자는 원자재 공급자에 대한 관리·감독을 적절히 수행하여 입고 관리가 철저히 이루어지도록 해야 한다.

61 표피층에 대한 설명으로 옳은 것을 〈보기〉에서 모두 고른 것은? (8점)

---| 보기 |---
- ㉠ 각질층의 pH는 5.5~6.5이다.
- ㉡ 표피층은 끊임없는 생성과 탈락을 반복하기 때문에 나이가 들수록 얇아진다.
- ㉢ 각질층에서는 자연보습인자와 피지를 통해 피부장벽을 유지한다.
- ㉣ 표피층의 세포간지질의 주성분은 세라마이드, 포화지방산, 젖산염 등으로 구성되어 있다.
- ㉤ 투명층은 엘라이딘이라는 반유동성 물질이 수분 침투를 방지해 준다.
- ㉥ 유극층은 가장 두꺼운 층으로 케라토하이알린이라는 과립이 존재한다.
- ㉦ 기저층은 각질형성세포와 멜라닌형성세포가 4:1~10:1 비율로 존재한다.

① ㉠, ㉡, ㉢, ㉣　　　　　　② ㉠, ㉢, ㉤, ㉦
③ ㉠, ㉣, ㉤, ㉥　　　　　　④ ㉡, ㉢, ㉥, ㉦
⑤ ㉣, ㉤, ㉥, ㉦

62 모발의 단백질을 구성하는 아미노산 중 구성 비율이 가장 높은 것은? (8점)

① 시스틴
② 알라닌
③ 히스티딘
④ 트립토판
⑤ 글리신

63 〈보기〉는 피부노화에 영향을 주는 진피의 변화들이다. (　　　) 안에 들어갈 단어로 적절한 것은? (12점)

┤ 보기 ├
- 콜라겐 감소
- 탄력섬유의 변성
- (　　　　)의 감소
- 피부혈관의 면적 감소

① 히알루론산
② 섬유아세포
③ 뮤코다당류
④ 기질 탄수화물
⑤ 대식세포

64 피부 미백 기능 제품에 관한 유효성 평가시험 및 근거 자료의 종류에 해당하는 것을 〈보기〉에서 모두 고른 것은? (8점)

┤ 보기 ├
㉠ In Vitro Tyrosinase 활성 저해시험
㉡ In Vitro DOPA 산화 반응 저해시험
㉢ 멜라닌 생성 저해시험
㉣ 세포 내 콜라게나제 활성 억제시험
㉤ 엘라스타제 활성 억제시험
㉥ 세포 내 콜라겐 생성시험

① ㉠, ㉡, ㉢
② ㉠, ㉡, ㉤
③ ㉠, ㉣, ㉥
④ ㉢, ㉤, ㉥
⑤ ㉣, ㉤, ㉥

65 다음 중 「화장품 안전 기준 등에 관한 규정」에 따라 사용상의 제한이 필요한 보존제는 무엇인가? (8점)

① 부틸렌글라이콜
② 트리클로산
③ 판테놀
④ 카보머
⑤ 프로필렌글라이콜

66 각질층이 수분 유지를 위해 건강한 장벽을 형성할 때 관여하는 단백질 분해 효소를 〈보기〉에서 모두 고른 것은? (8점)

┤ 보기 ├
ㄱ 아미노펩티데이스　　　　　　　ㄴ 티로시나아제
ㄷ 콜라게나제　　　　　　　　　　ㄹ 카복시펩티데이스
ㅁ 5α-환원 효소(리덕타아제)

① ㄱ, ㄷ　　　　　　　　　　　② ㄱ, ㄹ
③ ㄴ, ㄷ　　　　　　　　　　　④ ㄴ, ㅁ
⑤ ㄹ, ㅁ

67 화장품의 안전성 평가를 위한 심사에 제출하여야 할 자료를 〈보기〉에서 모두 고른 것은? (8점)

┤ 보기 ├
ㄱ 안점막 자극시험 자료　　　　　　　　ㄴ 광독성 및 광감작성시험 자료
ㄷ 자외선 차단 안정성 평가 자료　　　　ㄹ 인체 첩포시험(인체 패치 테스트) 자료
ㅁ 관능시험 결과 자료　　　　　　　　　ㅂ 온도 안정성 자료

① ㄱ, ㄴ, ㄷ　　　　　　　　　　② ㄱ, ㄴ, ㄹ
③ ㄱ, ㄴ, ㅁ　　　　　　　　　　④ ㄱ, ㄷ, ㅁ
⑤ ㄷ, ㅁ, ㅂ

68 〈보기〉는 단위제품의 포장공간 기준에 관한 내용이다. ㉠, ㉡에 들어갈 숫자를 올바르게 나열한 것은? (8점)

┤ 보기 ├
인체 및 두발 세정용 제품류의 포장공간 비율은 (　　㉠　　)% 이하이며, 그 밖의 화장품류(방향제 포함)은 (　　㉡　　)% 이하(향수 제외)이다. 모두 포장횟수는 2차 이내이다.

	㉠	㉡		㉠	㉡
①	10	5	②	10	10
③	15	10	④	15	5
⑤	20	10			

69 화장품 포장의 기재·표시 및 화장품 가격표시상의 준수사항에 관한 내용으로 옳지 <u>않은</u> 것은? (8점)

① 기재·표시사항은 한글로 읽기 쉽도록 해야 한다.
② 화장품을 소비자에게 직접 판매하는 자는 제품의 가격을 소비자에게 직접 노출해서는 안 된다.
③ 화장품의 성분을 표시하는 경우에는 표준화된 일반명을 사용해야 한다.
④ 수출용 제품의 경우 기재·표시사항을 그 수출 대상국의 언어로 적을 수 있다.
⑤ 1차 포장에는 화장품 명칭, 영업자의 상호, 제조번호, 사용기한 또는 개봉 후 사용기간이 표기되어 있어야 한다.

70 다음 중 화장품 제형의 특성을 잘못 설명한 것은? (8점)

① 로션제: 유화제 등을 넣어 유성성분과 수성성분을 균질화하여 점액상으로 만든 것

② 액제: 유화제 등을 넣어 유성성분과 수성성분을 균질화하여 반고형상으로 만든 것

③ 침적마스크제: 액제, 로션제, 크림제, 겔제 등을 부직포 등의 지지체에 침적하여 만든 것

④ 겔제: 액체를 침투시킨 분자량이 큰 유기분자로 이루어진 반고형상

⑤ 분말제: 균질하게 분말상 또는 미립상으로 만든 것

71 〈보기〉에 제시된 특징에 해당하는 포장재는 무엇인가? (8점)

┤ 보기 ├
- 대표적인 투명 유리
- 산화규소, 산화칼슘, 산화나트륨에 소량의 마그네슘, 알루미늄 등의 산화물 함유
- 사용 부위: 화장수, 유액 용기

① 저밀도 폴리에틸렌(LDPE)　　　　② 소다석회유리

③ 폴리스티렌(PS)　　　　　　　　　④ 폴리염화비닐(PVC)

⑤ 칼리납유리

72 다음은 「화장품법 시행규칙」 제12조(화장품책임판매업자의 준수사항)에 대한 내용이다. 〈보기〉의 ㉠, ㉡에 들어갈 말을 올바르게 나열한 것은? (12점)

┤ 보기 ├
화장품책임판매업자는 아래에 해당하는 성분을 0.5% 이상 함유하는 제품의 경우 해당 품목의 (㉠)시험 자료를 최종 제조된 제품의 사용기한이 만료되는 날부터 1년간 보존해야 한다.

－ 아래 －

가. 레티놀(비타민A) 및 그 유도체

나. 아스코빅애씨드(비타민C) 및 그 유도체

다. 토코페롤(비타민E)

라. (㉡)

마. 효소

	㉠	㉡
①	안전성	과일산(AHA)
②	안전성	과산화수소
③	안전성	과산화화합물
④	안정성	과산화수소
⑤	안정성	과산화화합물

73 〈대화〉를 읽고, 원료품질성적서 인정 기준에 해당하지 **않는** 것은? (12점)

┤ 대화 ├

A: 이번에 올리브 오일에 대한 품질성적서를 받으려고 하는데 인정 기준이 어떻게 되나요?

B: 네, 현재 원료품질성적서 인정 기준은 다음과 같습니다.

　① 제조업체의 원료에 대한 자가품질검사 또는 공인검사기관 성적서

　② 원료업체의 원료에 대한 자가품질검사 시험성적서 중 대한화장품협회의 원료공급자의 검사결과 신뢰 기준 자율규약 기준에 적합한 것

　③ 제조판매업체의 원료에 대한 자가품질검사 또는 공인검사기간 성적서

　④ 식품의약품안전처의 원료에 대한 자가품질검사 시험성적서 중 한국의약품수출입협회의 원료공급자의 검사결과 기준에 적합한 것

　⑤ 원료업체의 원료에 대한 공인검사기관 성적서

A: 감사합니다.

74 맞춤형화장품조제관리사 A와 고객 B의 〈대화〉에서 옳지 **않은** 설명은 무엇인가? (8점)

┤ 대화 ├

A: 안녕하세요. 무엇을 도와드릴까요?

B: 네, 피부 측정 후 피부에 맞는 제품을 사용해 보고 싶어요.

A: 이쪽으로 오시면 피부 측정해 드리겠습니다.

… (피부 측정 후) …

A: ① 고객님 피부를 측정해 보니, 피부의 수분이 부족하고 피부톤이 어두운 편이어서 보습 성분이 함유된 제품과 미백 기능성 성분이 함유된 제품을 사용하셔야 할 것 같아요.

B: 네, 그럼 어떤 제품이 좋을까요?

A: ② 피부의 수분 증발을 억제하고 보습에 도움을 줄 수 있는 글리세린과 피부 미백에 도움을 줄 수 있는 나이아신아마이드 성분이 함유된 ○○ 제품을 드리겠습니다. ③ ○○ 제품은 나이아신아마이드가 5% 함유되어 있는 미백 기능성화장품입니다. ④ 나이아신아마이드 2% 이상 함유된 제품은 인체적용시험 자료에서 구진과 경미한 가려움이 보고된 예가 있기 때문에 주의해서 사용해 주셔야 합니다.

B: 네, 아침, 저녁으로 사용하고 싶은데 괜찮나요?

A: ⑤ 네, 아침과 저녁 모두 사용하셔도 됩니다.

75 위해 화장품 회수와 관련하여 공표 결과에 들어가야 하는 내용을 〈보기〉에서 모두 고른 것은? (12점)

┤ 보기 ├
㉠ 공표일	㉡ 회수하는 영업자의 명칭
㉢ 공표 횟수	㉣ 공표문 원본 또는 내용
㉤ 공표 매체	㉥ 공표한 화장품의 제조번호

① ㉠, ㉢, ㉤   ② ㉠, ㉢, ㉥
③ ㉡, ㉢, ㉤   ④ ㉡, ㉢, ㉥
⑤ ㉢, ㉣, ㉤

76 〈보기〉는 「인체적용제품의 위해성 평가 등에 관한 규정」 제2조(정의)의 일부이다. ㉠, ㉡에 들어갈 단어는 무엇인가? (8점)

┤ 보기 ├
- (㉠): 인체적용제품에 존재하는 위해요소에 노출되는 경우 인체의 건강을 해칠 수 있는 정도를 말한다.
- (㉡): 인체적용제품에 존재하는 위해요소가 다양한 매체와 경로를 통하여 인체에 미치는 영향을 종합적으로 평가하는 것을 말한다.

	㉠	㉡
①	위해성	통합위해성 평가
②	위해성	위해요소
③	위해요소	위해성 평가
④	독성	통합위해성 평가
⑤	독성	위해성 평가

77 「화장품법」에 대한 내용으로 설명이 옳지 <u>않은</u> 것을 〈보기〉에서 모두 고른 것은? (8점)

┤ 보기 ├
㉠ 맞춤형화장품판매업을 하려는 자는 총리령에 따라 식품의약품안전처장에게 신고해야 하며, 맞춤형화장품조제관리사를 두어야 한다.
㉡ 피성년후견인 또는 파산선고를 받고 복권되지 않은 자는 맞춤형화장품판매업의 신고를 할 수 없다.
㉢ 맞춤형화장품조제관리사 자격시험은 총리령으로 지정하고 실시하며, 식품의약품안전처장에게 자격시험 업무를 위탁하여 관리하고 있다.
㉣ 화장품책임판매관리자는 화장품 안전성 확보 및 품질관리에 대한 교육을 받아야 하며, 교육시간은 4시간 이상 8시간 이하이다.
㉤ 화장품책임판매업자와 맞춤형화장품판매업자는 화장품 안전성 확보 및 품질관리에 관한 교육을 매년 2회 이상 받아야 한다.

① ㉠, ㉢   ② ㉠, ㉣
③ ㉡, ㉣   ④ ㉡, ㉤
⑤ ㉢, ㉤

78 다음 중 멜라닌에 관한 설명으로 옳지 <u>않은</u> 것은? (8점)

① 멜라닌의 종류는 유멜라닌, 페오멜라닌으로 구분된다.

② 멜라닌은 티로시나아제에 의해 티로신으로 분해된다.

③ 피부의 색상은 멜라닌색소 외에 카로티노이드, 헤모글로빈의 영향을 받는다.

④ 멜라닌형성세포는 인종이 다른 경우 양적 차이는 없으나 생성능력이나 분해능력의 정도에 따라 차이가 있다.

⑤ 멜라닌형성세포는 피부의 기저층에 위치한다.

79 「화장품법 시행규칙」 제12조의2(맞춤형화장품판매업자의 준수사항)에 대한 설명으로 옳지 <u>않은</u> 것은? (8점)

① 맞춤형화장품 혼합·소분 전에 사용되는 내용물 또는 원료에 대한 품질성적서를 확인해야 한다.

② 혼합·소분 전에 손소독을 하거나 세정해야 하며, 일회용 장갑을 착용하는 경우에도 그렇다.

③ 혼합·소분 전에 혼합·소분에 제품을 담을 포장용기의 오염 여부를 확인해야 한다.

④ 혼합·소분에 사용되는 장비 또는 기구 등은 사용 전에 그 위생 상태를 점검하고, 사용 후에는 오염이 없도록 세척해야 한다.

⑤ 혼합·소분의 안전을 위하여 식품의약품안전처장이 정하여 고시하는 사항을 준수해야 한다.

80 맞춤형화장품판매업자가 변경신고를 해야 하는 경우가 <u>아닌</u> 것을 〈보기〉에서 모두 고른 것은? (8점)

┌─ 보기 ├────────────────────────────────
 ㉠ 맞춤형화장품판매업자를 변경하는 경우
 ㉡ 맞춤형화장품관리자의 교육일정을 변경하는 경우
 ㉢ 맞춤형화장품조제관리사의 소재지를 변경하는 경우
 ㉣ 맞춤형화장품판매업소의 상호를 변경하는 경우
 ㉤ 맞춤형화장품판매업소의 소재지를 변경하는 경우
 ㉥ 맞춤형화장품조제관리사를 변경하는 경우
└──────────────────────────────────────

① ㉠, ㉢   ② ㉡, ㉢

③ ㉡, ㉣   ④ ㉡, ㉤

⑤ ㉤, ㉥

81 다음은 화장품의 표시·광고 내용 실증에 관한 대화이다. 〈대화〉에서 **잘못** 설명한 사람은 누구인지 모두 골라 기입하시오. (10점)

┤ 대화 ├

선희: 화장품의 표시·광고 실증 대상은 소재지의 식품의약품안전처장에게 그 실증 자료를 제출해야 해.

은주: 그래? 근데 그거 들었어? 우리 회사 옆 △△화장품은 거짓으로 천연화장품 인증받은 게 밝혀졌대. 아마 인증기관의 지정이 취소될 거야.

선희: 진짜? 아참, 그런데 유기농화장품 인증은 3년간이고, 연장 받으려면 유효기간 만료 한 달 전에 신청해야 되지?

은주: 응, 총리령으로 정해진 바에 따라 연장 신청하면 돼.

82 〈보기〉의 화장품 중 유형별 특성이 **다른** 하나를 기입하시오. (10점)

┤ 보기 ├

클렌징 워터, 클렌징 오일, 클렌징 로션, 클렌징 폼, 클렌징 크림, 마사지 크림, 마스크 팩

83 다음은 A사의 홈페이지에 게재된 화장품에 대한 설명이다. 화장품 설명을 보고 〈보기〉의 ㉠~㉢에 들어갈 내용을 기입하시오. (12점)

• 땀과 땀 냄새 및 잦은 제모로 인해 무너지는 언더암 피부 밸런스 유지시켜 줘요!
• 체취를 흡착하여 산뜻한 케어로 운동 후 보송하게 극복하고 싶을 때 사용하세요!
• 균일하게 발리는 롤온타입이에요.

〈전성분〉
정제수, 알루미늄클로로하이드레이트, 피피지-15스테아릴에터, 스테아레스-2, 스테아레스-21, 향료, 트라이소듐이디티에이, 아보카도 오일, 숯가루, 트리클로산

┤ 보기 ├

• 제품의 종류: (㉠)
• 보존제 성분 및 사용한도: (㉡) , (㉢)%

84 〈보기〉는 화장품 표시·광고 실증에 관한 규정이다. ㉠, ㉡에 들어갈 내용을 기입하시오. (12점)

┤ 보기 ├
- 화장품법 제14조 및 같은 법 시행규칙 제23조에 따라 소비자를 허위·과장 광고로부터 보호하기 위함을 목적으로 하며, (㉠   )은/는 표시·광고에서 주장한 내용 중에서 사실과 관련한 사항이 진실임을 증명하기 위해 작성된 자료를 말한다.
- (㉠   )의 내용은 광고에서 주장하는 내용과 직접적인 관계가 있어야 하며, 표시·광고 실증을 위한 시험은 과학적이고 객관적인 방법에 의한 자료로서 (㉡   )와/과 재현성이 확보되어야 한다.

85 〈보기〉에서 설명하는 화장품 성분의 이름을 기입하시오. (12점)

┤ 보기 ├
- 이 성분은 지방족 알코올로 $C_3H_8O_2$ 시성식을 가진다.
- 착향제, 보습제, 용제, 점도감소제의 용도로 사용된다.
- 핸드크림에 사용 시 이 성분이 들어 있다면 과민하거나 알레르기 병력이 있는 사람은 신중히 사용해야 한다.
- 염모제 사용 시 이 성분으로 알레르기를 일으킬 수 있는 사람은 사용 전 의사 또는 약사와 상의해야 한다.

86 〈보기〉는 A 브랜드의 립스틱 전성분이다. 립스틱에 사용할 수 <u>없는</u> 성분을 골라 기입하시오. (16점)

┤ 보기 ├
옥틸도데칸올, 하이드로제네이티드폴리(C6-14올레핀), 피토스테릴/아이소스테아릴/세틸/스테아릴/베헤닐다이머디리놀리에이트, 폴리에틸렌, 합성왁스, 티타늄디옥사이드(CI 77891), 폴리글리세릴-2다이아이소스테아레이트, 칼슘알루미늄보로실리케이트, 폴리하이드록시스테아릭애씨드, 적색 202호, 비즈왁스, 황색 4호, 적색산화철, 적색 103호의(1), 적색 206호, 향료, 흑색산화철, 에틸헥실팔미테이트, 레시틴, 아이소스테아릭애씨드, 아이소프로필팔미테이트, 토코페릴아세테이트, 트라이에톡시카프릴릴실레인, 정제수, 부틸렌글라이콜, 꿀 추출물, 로즈힙꽃 오일, 오렌지 오일, 라벤더 오일

87 〈보기〉에 주어진 계면활성제 성분을 보고 세정력이 강한 순서대로 기호를 기입하시오. (14점)

┤ 보기 ├
㉠ 소듐라우릴설페이트   ㉡ 코카미도프로필베타인
㉢ 솔비탄팔미테이트   ㉣ 폴리쿼터늄-10

- 세정력이 강한 순서: (   ) → (   ) → (   ) → (㉢   )

88 〈대화〉에서 <u>잘못</u> 설명한 사람은 누구인지 기입하시오. (12점)

> ┤ 대화 ├
>
> 승환: 메틸살리실레이트를 함유하는 네일 에나멜 리무버 및 네일 폴리시 리무버는 안전용기 및 포장을 해야 돼.
>
> 채은: 그리고 개별 포장당 아세톤을 5% 이상 함유하는 액체상태의 제품도 마찬가지야.
>
> 다은: 아! 이번 달에 맞춤형화장품조제관리사 화장품 안전성 확보 및 품질관리에 관한 교육을 받으라고 안내가 왔던데 보통 4시간 이상 6시간 이하로 받는 거지?
>
> 주영: 화장품 안전성 확보와 품질관리 교육은 매년 받아야 해.

89 〈보기〉의 위해성 등급을 가진 제품은 회수를 시작하는 날부터 며칠 이내에 회수되어야 하는지 기입하시오. (10점)

> ┤ 보기 ├
>
> • 이물이 혼입되었거나 부착되어 보건위생상 위해를 발생할 우려가 있는 경우
>
> • 의약품으로 잘못 인식할 우려가 있게 기재한 화장품
>
> • 기능성화장품의 주원료 함량이 부적합한 경우

90 원료규격서에 기재해야 되는 항목으로 색, 냄새, 용해 상태, 액성, 산, 알칼리, 염화물, 황산염, 중금속, 비소, 황산에 대한 정색물, 동, 석, 수은, 아연, 알루미늄, 철, 알칼리 토류금속, 일반이물, 유연 물질 및 분해 생성물, 잔류용매 중 필요한 항목을 설정하는 시험 방법을 무엇이라고 하는지 기입하시오. (14점)

91 ㉠, ㉡에 들어갈 적절한 용어를 〈보기〉에서 찾아 기입하시오. (14점)

> • 표피에는 면역반응을 조절하는 세포, 각질세포를 만드는 세포, 피부색과 털색을 결정하는 세포, 촉각을 감지하는 세포가 있다.
>
> • 진피에는 백혈구의 한 유형으로 선천면역과 적응면역에 관여하는 (㉠   ), 염증반응에 중요한 역할을 하며, 히스타민과 세로토닌을 생산하는 (㉡   ), 결합조직세포로 세포외기질인 콜라겐과 엘라스틴으로 생성하는 섬유아세포가 있다.
>
> • 피하지방에는 체온을 조절하는 지방세포가 있다.

> ┤ 보기 ├
>
> 각질형성세포, 멜라닌형성세포, 머켈세포, 대식세포, 백혈구, 지방세포, 랑게르한스세포, 비만세포, 교원섬유, 탄력섬유, 모세혈관, 기질

92 '이 규정'은 화장품의 취급·사용 시 인지되는 안전성 관련 정보를 체계적이고 효율적으로 수집·검토·평가하여 적절한 안전대책을 강구함으로써 국민 보건상의 위해를 방지함을 목적으로 하는 규정이다. 화장품 책임판매업자가 중대한 유해사례를 알았거나 판매중지나 회수에 준하는 외국정부의 조치 등을 알았을 때는 정보를 알게 된 날부터 15일 이내, 정기보고는 매 반기 종료 후 1개월 이내에 진행되어야 한다고 고시되어 있다. '이 규정'의 이름은 무엇인지 기입하시오. (12점)

93 다음은 제모제에 대한 주의사항이다. ㉠, ㉡, ㉢에 들어갈 적절한 말을 기입하시오. (10점)

> • 땀발생억제제, 향수, 수렴 로션은 제모제 사용 후 (㉠   )시간 후에 사용할 것
> • 눈 또는 점막에 닿았을 경우 미지근한 물로 씻어내고 (㉡   ) 2%로 헹굴 것
> • 제품을 10분 이상 피부에 방치하거나 피부에서 (㉢   )하지 말 것

94 기능성화장품 심사에 관한 규정에 따르면 자외선 차단 기능성화장품의 효능·효과는 〈보기〉의 기준에 따라 표시해야 한다. ㉠, ㉡에 적절한 말을 기입하시오. (14점)

> ┤ 보기 ├
> • 자외선 차단지수(SPF)는 측정 결과에 근거하여 평균값(소수점 이하 절사)으로부터 −20% 이하 범위 내 정수로 표시하되, SPF (㉠   ) 이상은 SPF (㉠   )+로 표시한다.
> • 자외선 A 차단등급(PA)은 측정 결과에 근거하여 (㉡   )가지로 표시한다.

95 〈보기〉의 포장재 중 내약품성이 우수한 포장재를 모두 골라 기입하시오. (14점)

> ┤ 보기 ├
> 고밀도 폴리에틸렌, 폴리프로필렌, 폴리스티렌, 폴리에틸렌테레프탈레이트, 알루미늄, ABS수지

96 〈보기〉는 천연화장품 및 유기농화장품의 기준에 관한 규정에서 유기농 원료에 대해 정의한 내용이다. (   ) 안에 들어갈 말을 기입하시오. (12점)

> ┤ 보기 ├
> • 친환경농어업 육성 및 유기식품 등의 관리·지원에 관한 법률에 따른 유기농수산물 또는 이를 고시에서 허용하는 물리적 공정에 따라 가공한 것이다.
> • 외국정부에서 정한 기준에 따른 인증기관으로부터 유기농수산물로 인정받거나 이를 고시에서 허용하는 물리적 공정에 따라 가공한 것이다.
> • (   )에 등록된 인증기관으로부터 유기농 원료로 인증받거나 이를 고시에서 허용하는 물리적 공정에 따라 가공한 것이다.

97 〈보기〉는 사용상의 제한이 필요한 원료에 대한 설명이다. 해당 원료(㉠)와 사용제품에 따른 한도(㉡, ㉢)를 각각 기입하시오. (12점)

| 보기 |

(㉠) 및 그 염류
- 인체 세정용 제품류에 (㉠)(으)로서 (㉡)% 사용 가능하다.
- 사용 후 씻어내는 두발용 제품류에 (㉠)(으)로서 (㉢)% 사용 가능하다.
- 영유아용 제품류 또는 13세 이하 어린이가 사용할 수 있음을 특정하여 표시하는 제품에는 사용금지(단 샴푸 제외)이다.
- 기능성화장품의 유효 성분으로 사용하는 경우에 한하여 사용할 수 있으며 기타 제품에는 사용금지이다.

98 〈보기〉에서 설명하는 '이것'은 무엇인지 기입하시오. (12점)

| 보기 |

- 대부분의 사람은 외부에서 세균, 이물질 등이 들어오면 우리 몸을 보호하기 위해 면역반응을 일으키는데, 그러한 반응이 지나쳐 과민반응을 일으키는 증상을 '이것'이라 부른다.
- '이것' 반응을 유발하는 착향제로는 메틸2-옥티노에이트, 쿠마린, 파네솔 등이 있다.

99 사용상 제한이 필요한 원료 중 보존제로 사용되는 글루타랄, 데하이드로아세틱애씨드 및 그 염류, 에칠라우로일알지네이트하이드로클로라이드, 클로로부탄올, 폴리에이치씨엘은 공통적으로 '이 제품'에는 사용이 금지되어 있다. '이 제품'은 무엇인지 기입하시오. (12점)

100 〈보기〉의 ㉠, ㉡에 들어갈 적절한 말을 기입하시오. (16점)

| 보기 |

UVB를 차단하는 자외선 차단지수는 제품 유무에 따른 피부의 (㉠)을/를 계산하여 나타내는 것으로 SPF 1은 약 10~15분 정도의 UVB 차단 효과를 의미하고, UVA는 제품 유무에 따른 피부의 (㉡)을/를 계산하여 +, ++, +++, ++++로 나타낸다.

01 화장품제조업을 등록하려는 자가 반드시 갖추어야 하는 시설 및 기구에 해당하지 <u>않는</u> 것은? (12점)

① 가루가 날리는 작업실은 가루를 제거하는 시설
② 쥐·해충 및 먼지 등을 막을 수 있는 시설
③ 원료·자재 및 제품을 보관하는 보관소
④ 완제품의 품질검사를 위하여 필요한 시험실
⑤ 품질검사에 필요한 시설 및 기구

02 다음 중 화장품의 유형을 올바르게 연결한 것은? (8점)

① 영유아용 제품류: 영유아용 로션, 크림, 버블배스
② 인체 세정용 제품류: 외음부 세정제, 물티슈
③ 기초화장용 제품류: 마사지 크림, 핸드크림, 폼 클렌저
④ 색조화장용 제품류: 아이섀도우, 립스틱, 립라이너
⑤ 목욕용 제품류: 보디 클렌저, 화장비누

03 맞춤형화장품조제관리사 수연이는 맞춤형화장품 조제를 위해 고객에게 개인정보 수집·이용 및 민감정보 제공 동의서를 받았다. 다음 중 개인정보와 민감정보 항목을 적절하게 나열한 것은? (8점)

개인정보 이용 항목	민감정보 이용 항목
① 성명, 주소, 직업, 종교	피부질환, 피부과 진료 내역
② 성명, 생년월일, 연락처	사용 중인 화장품, 알레르기 유발 성분
③ 성명, 나이, 여권번호	피부과 진료 내역
④ 성명, 생년월일, 연락처	피부질환, 피부과 진료 내역
⑤ 성명, 생년월일, 성별	사용 중인 화장품

04 다음 〈보기〉 중 맞춤형화장품판매업자의 결격사유를 모두 고른 것은? (8점)

> ┤ 보기 ├
> ㉠ 등록이 취소되거나 영업소가 폐쇄된 날부터 1년이 지나지 않은 자
> ㉡ 피성년후견인 또는 파산선고를 받고 복권되지 않은 자
> ㉢ 「마약류 관리에 관한 법률」에 따른 마약류의 중독자
> ㉣ 「정신건강증진 및 정신질환자 복지서비스 지원에 관한 법률」에 따른 정신질환자
> ㉤ 「보건범죄 단속에 관한 특별조치법」을 위반하여 금고 이상의 형을 선고받고 그 집행이 끝나지 않았거나 그
>   집행을 받지 않기로 확정되지 않은 자

① ㉠, ㉡, ㉢   ② ㉠, ㉡, ㉤
③ ㉠, ㉢, ㉤   ④ ㉡, ㉣, ㉤
⑤ ㉢, ㉣, ㉤

05 진희는 맞춤형화장품판매업을 준비하던 중 맞춤형화장품판매업을 하고 있던 가게를 인수받으면서 이전 가게
의 고객정보도 함께 제공받기로 했다. 이때 진희가 고객에게 고지해야 할 사항으로 올바르지 **않은** 것은?

(8점)

① 이용하려는 개인정보 항목
② 개인정보 보유 및 이용기간
③ 개인정보를 제공하는 자
④ 동의를 거부할 권리가 있다는 사실과 동의 거부 시 불이익의 내용
⑤ 개인정보의 이용 목적

06 다음은 화장품 표시·광고의 일부이다. 「화장품법 시행규칙」에 따라 올바르게 표시·광고한 것은? (8점)

① 아토피는 피부장벽 관리가 중요한 것 아시죠? 피부장벽에 도움을 주는 세라마이드성분이 들어가 아토피
   를 개선해 주는 크림입니다.
② 톡톡크림을 사용한 많은 분들이 수분감이 2배로 좋아졌다고 답하셨습니다. 라메땡크림보다 보습력이 무
   려 1.5배 높다는 건데요.
③ 얼굴에 나는 트러블 때문에 고생하셨죠? 트러블은 피부 독소 때문인 것 들어보셨나요? 피부 독소를 제거
   하는 디톡스크림을 소개합니다.
④ 조금 있으면 여름 휴가 가시죠? 그럼 지금부터 관리하셔야죠. 피하지방을 분해하고 허리를 날씬하게 만들
   어주는 날씬 바디젤입니다.
⑤ 다크서클 때문에 팬더라는 별명을 가지신 분 다 모이세요! 다크서클 완화 인체적용시험이 완료된 다크바
   이크림으로 우리 팬더에서 탈출해봐요.

07 「화장품법」제9조제2항에 따른 안전용기·포장 대상 품목에 해당하는 것을 모두 고른 것은? (8점)

> ㉠ 아세톤 함량이 5%인 네일 에나멜 리무버
> ㉡ 미네랄 오일 9%, 아이소알케인 6%를 함유하고 운동점도가 21센티스톡스(섭씨 40℃ 기준) 이하인 어린이용 오일
> ㉢ 에어로졸 타입의 데오드란트
> ㉣ 메틸살리실레이트를 10% 이상 함유한 토너
> ㉤ 바세린이 10% 함유된 일회용 립밤

① ㉠, ㉡, ㉢　　　　　　　　　　② ㉠, ㉡, ㉣
③ ㉠, ㉢, ㉣　　　　　　　　　　④ ㉡, ㉢, ㉣
⑤ ㉢, ㉣, ㉤

08 다음 〈보기〉에서 천연화장품 및 유기농화장품에 사용할 수 없는 용기와 포장재를 모두 고른 것은? (8점)

> | 보기 |
> ㉠ 폴리프로필렌(PP)　　㉡ AS수지　　㉢ 폴리스티렌폼　　㉣ 알루미늄
> ㉤ 폴리염화비닐(PVC)　　㉥ 저밀도 폴리에틸렌(LDPE)　　㉦ 폴리에틸렌테레프탈레이트

① ㉠, ㉢　　　　　　　　　　② ㉡, ㉤
③ ㉢, ㉤　　　　　　　　　　④ ㉢, ㉦
⑤ ㉣, ㉥

09 다음 〈보기〉는 「화장품법 시행규칙」별표 3 사용할 때의 주의사항과 「화장품 사용할 때의 주의사항 및 알레르기 유발 성분 표시에 관한 규정」별표 1 화장품의 유형과 유형별·함유 성분별 사용할 때의 주의사항 표시에 관한 내용이다. 이 중 올바르게 설명한 것을 모두 고른 것은? (8점)

> | 보기 |
> ㉠ 은주: 화장품 사용 시의 주의사항 중 공통사항에 해당하는 내용으로 화장품 사용 시 또는 사용 후 직사광선에 의해 사용 부위에 붉은 반점, 부어오름 또는 가려움증 등의 이상 증상이나 부작용이 있는 경우 전문의 등과 상담할 것이라는 문구가 들어가야 해.
> ㉡ 선화: 고압가스를 사용하는 인체용 에어로졸 제품에는 특정 부위에 계속하여 장기간 사용하지 말아야 한다는 문구가 있어야 해.
> ㉢ 채은: 고압가스를 사용하는 에어로졸 제품 보관 시 섭씨 15℃ 이하의 어두운 장소에 보관하고, 개봉한 제품은 7일 이내에 사용할 것이라는 문구가 들어가야 해.
> ㉣ 미영: 프로플렌글리콜을 함유하고 있는 경우 프로필렌글리콜을 함유하고 있으므로 신중히 사용할 것이라는 문구가 들어가야 해.
> ㉤ 민균: 고압가스를 사용하는 에어로졸 제품의 경우 인체에서 10cm 이상 떨어져서 사용할 것이라는 문구가 들어가야 하고, 무스의 경우 제외하고 있어.
> ㉥ 선희: 고압가스를 사용하는 에어로졸 제품 중 자외선 차단제의 경우 얼굴에 직접 분사하지 말고 손에 덜어 얼굴에 바를 것이라는 문구가 들어가야 해.

① ㉠, ㉡, ㉢　　　　　　　　　　② ㉠, ㉡, ㉥
③ ㉠, ㉢, ㉤　　　　　　　　　　④ ㉡, ㉤, ㉥
⑤ ㉣, ㉤, ㉥

10 다음은 화장품 위해 평가 단계를 나타낸 것이다. ㉠, ㉡에 들어갈 말로 적절한 것은? (8점)

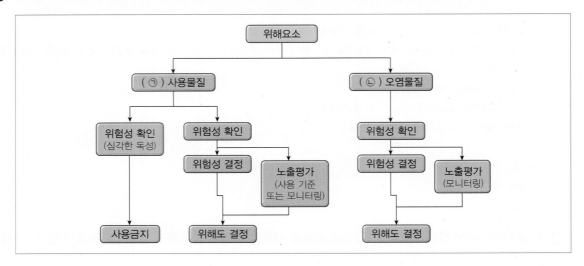

	㉠	㉡
①	위해요소	위해요소
②	비의도적	의도적
③	위험성	비위험성
④	위해요소	비의도적
⑤	의도적	비의도적

11 「위해 평가 방법 및 절차 등에 관한 규정」의 제2조(용어의 정의)에 대한 내용으로 올바르지 <u>않은</u> 것은?

(14점)

① "위해 평가"란 인체가 화장품에 존재하는 위해요소에 노출되었을 때 발생할 수 있는 유해영향과 발생확률을 과학적으로 예측하는 일련의 과정으로 위험성 확인, 위험성 결정, 노출평가, 위해도 결정 등 일련의 단계를 말한다.

② "위험성 확인"이란 위해요소에 노출됨에 따라 발생할 수 있는 독성의 정도와 영향의 종류 등을 파악하는 과정을 말한다.

③ "위험성 결정"이란 동물 실험결과 등으로부터 독성기준값을 결정하는 과정을 말한다.

④ "노출평가"란 인체에 노출되는 양을 통해 화장품의 사용의 노출수준을 정량적 또는 정성적으로 산출하는 과정을 말한다.

⑤ "위해도 결정"이란 위해요소 및 이를 함유한 화장품의 사용에 따른 건강상 영향을 인체노출허용량(독성기준값) 및 노출수준을 고려하여 사람에게 미칠 수 있는 위해의 정도와 발생빈도 등을 정량적으로 예측하는 과정을 말한다.

12 다음 중 「천연화장품 및 유기농화장품의 기준에 관한 규정」에 대한 내용으로 올바르지 **않은** 것은? (8점)

① "유기농 원료"란 외국 정부(미국, 유럽연합, 일본 등)에서 정한 기준에 따른 인증기관으로부터 유기농 수산물로 인정받거나 이를 이 고시에서 허용하는 물리적 공정에 따라 가공한 것을 말한다.

② "식물 원료"란 식물(해조류와 같은 해양식물, 버섯과 같은 균사체를 포함한다) 그 자체로서 가공하지 않거나, 이 식물을 가지고 이 고시에서 허용하는 물리적 공정에 따라 가공한 화장품 원료를 말한다.

③ "동물에서 생산된 원료(동물성 원료)"란 동물 그 자체(세포, 조직, 장기)는 제외하고, 동물로부터 자연적으로 생산되는 것으로서 가공하지 않거나, 이 동물로부터 자연적으로 생산되는 것을 가지고 이 고시에서 허용하는 물리적 공정에 따라 가공한 계란, 우유, 우유단백질 등의 화장품 원료를 말한다.

④ "미네랄 원료"란 지질학적 작용에 의해 자연적으로 생성된 물질을 가지고 이 고시에서 허용하는 물리적 공정에 따라 가공한 화장품 원료를 말한다. 화석연료로부터 기원한 물질 역시 포함한다.

⑤ "식물 유래, 동물성 유래 원료"란 식물 원료, 동물성 원료를 가지고 이 고시에서 허용하는 화학적 공정 또는 생물학적 공정에 따라 가공한 원료를 말한다.

13 다음 〈보기〉 중 「천연화장품 및 유기농화장품의 기준에 관한 규정」에 따라 천연화장품 및 유기농화장품에 사용할 수 있는 미네랄 유래 원료를 모두 고른 것은? (12점)

```
┤ 보기 ├──────────────────────────────────────────
ㄱ 벤토나이트                        ㄴ 징크옥사이드
ㄷ 벤질알코올                        ㄹ 데나토늄벤조에이트
ㅁ 이소프로필알코올
──────────────────────────────────────────────────
```

① ㄱ, ㄴ   ② ㄱ, ㄷ

③ ㄱ, ㄹ   ④ ㄴ, ㄹ

⑤ ㄷ, ㅁ

14 보건환경연구원의 직원인 나리는 A사에서 판매하고 있는 알부틴 함유 피부미백 기능성화장품을 수거하여 검사하였다. 그 결과 특정 성분의 함량 기준(1ppm)을 초과한 것을 발견하고 해당 제품이 행정처분되도록 하였다. 이 성분은 무엇인가? (8점)

① 감광소

② 벤질알코올

③ 히드로퀴논

④ 소르빅애씨드 및 그 염류

⑤ 레조시놀

15 「화장품 안전 기준 등에 관한 규정」에 의거하여 화장품에 사용할 수 없는 원료를 〈보기〉에서 모두 고른 것은? (8점)

┤ 보기 ├
ⓐ 폴리아크릴아마이드류
ⓑ 메칠렌글라이콜
ⓒ 하이드록시아이소헥실 3-사이클로헥센 카보스알데히드(HICC)
ⓓ 글루타랄
ⓔ 페닐살리실레이트
ⓕ 소합향나무 발삼오일 및 추출물
ⓖ 헥산

① ㉠, ㉡, ㉤, ㉦
② ㉠, ㉢, ㉥, ㉦
③ ㉡, ㉢, ㉤, ㉦
④ ㉢, ㉣, ㉤, ㉥
⑤ ㉣, ㉤, ㉥, ㉦

16 〈보기〉에서 계면활성제 중 세정 작용과 기포 형성 작용이 우수하여 비누, 샴푸, 폼클렌징 등에 주로 사용되는 음이온성 계면활성제를 모두 고른 것은? (8점)

┤ 보기 ├
ⓐ 알킬디메틸암모늄클로라이드   ⓑ 소듐라우릴설페이트
ⓒ 세트리모늄클로라이드   ⓓ 코카미도프로필베타인
ⓔ 폴리솔베이트20   ⓕ 암모늄라우릴설페이트

① ㉠, ㉡
② ㉡, ㉢
③ ㉡, ㉥
④ ㉢, ㉣
⑤ ㉤, ㉥

17 다음 중 「화장품의 색소 종류와 색소의 기준 및 시험 방법」에 대한 내용으로 옳은 것은? (8점)

① 체질안료는 점토 광물을 희석제로 사용하는 안료이며, 운모티탄 등이 있다.
② 타르색소는 콜타르, 그 중간생성물에서 유래되었거나 유기 합성하여 얻은 색소 및 그 레이크, 염, 희석제와의 혼합물로서 마이카, 탤크, 카올린 등이 있다.
③ 눈 주위는 눈썹, 눈썹 아래쪽 피부, 눈꺼풀, 속눈썹 및 안구, 결막낭, 윤문상조직을 제외한 눈을 둘러싼 뼈의 능선 주위를 뜻한다.
④ 착색안료는 색상을 부여하여 색조를 조정해주는 역할을 하는 안료로 적색 산화철, 흑색 산화철 등이 있다.
⑤ 진주광택안료는 진주(펄)광택이나 금속광택을 부여해 질감을 변화시키는 안료로 티타늄디옥사이드 등이 있다.

18 〈보기〉는 화장품 포장재 종류에 관한 설명이다. ㉠, ㉡에 들어갈 말로 알맞은 것은? (8점)

> ┤ 보기 ├
> 투명과 광택성, 내유성, 내충격성이 우수하며, 화장품의 크림, 팩트, 스틱류 용기나 캡에 사용될 수 있는 포장재를 (㉠)(이)라고 하며, 반투명, 광택성, 내약품성, 충격성이 우수하여 원터치 캡에 주로 사용되는 포장재를 (㉡)이라고 한다.

	㉠	㉡
①	AS수지	폴리염화비닐(PVC)
②	AS수지	폴리프로필렌(PP)
③	폴리프로필렌(PP)	폴리염화비닐(PVC)
④	ABS수지	폴리프로필렌(PP)
⑤	폴리염화비닐(PVC)	고밀도 폴리에틸렌(HDPE)

19 다음 〈보기〉를 보고 사용기한이 가장 적게 남은 순서대로 나열한 것은? (8점)

┤ 보기 ├

제품	구분	유통기한 표기
㉠	EXP 20220527	제조일로부터 2년
㉡	개봉일 22.12.24	개봉 후 12M
㉢	MFG 2020.12.25 개봉일 21.01.15	개봉 후 6M
㉣	MFG 2022.04.02	제조일로부터 1년
㉤	개봉일 23.01.05	개봉 후 6개월까지

① ㉢ - ㉠ - ㉣ - ㉤ - ㉡
② ㉢ - ㉣ - ㉤ - ㉠ - ㉡
③ ㉢ - ㉣ - ㉤ - ㉡ - ㉠
④ ㉢ - ㉤ - ㉣ - ㉡ - ㉠
⑤ ㉣ - ㉢ - ㉤ - ㉡ - ㉠

20 「인체적용제품의 위해성 평가에 관한 법률」에 대한 내용으로 올바르지 <u>않은</u> 것은? (12점)

① 「인체적용제품의 위해성 평가에 관한 법률」은 인체에 직접 적용되는 제품에 존재하는 위해요소가 인체에 노출되었을 때 발생할 수 있는 위해성을 종합적으로 평가하고, 안전관리를 위한 사항을 규정함으로써 국민 건강을 보호·증진하는 것을 목적으로 한다.

② "인체적용제품"이란 사람이 섭취·투여·접촉·흡입 등을 함으로써 인체에 직접 영향을 줄 수 있는 제품을 말한다.

③ "인체적용제품"이란 「식품위생법」 제2조제1호·제2호·제4호 및 제5호에 따른 식품, 식품첨가물, 기구 및 용기·포장, 「농수산물 품질관리법」 제2조제1항제1호 및 제13호에 따른 농수산물 및 농수산가공품에 해당하는 제품을 말한다.

④ "인체적용제품"이란 「축산물 위생관리법」 제2조제2호에 따른 축산물, 「마약류 관리에 관한 법률」 제2조제1호에 따른 마약류에 해당하는 제품을 말한다.

⑤ "인체적용제품"이란 「화장품법」 제2조제1호에 따른 화장품으로 총리령으로 정하는 법률에 따라 식품의약품안전처장이 관리하는 제품을 말한다.

21 기능성화장품으로 인정받아 판매 등을 하려는 자는 「화장품법」 제4조제1항 및 「화장품법 시행규칙」 제9조 제1항에 따라 기능성화장품 심사를 받기 위하여 자료를 제출해야 한다. 다음 중 기준 및 시험 방법에 관한 자료 제출을 생략할 수 있는 품목은? (12점)

① 피부의 미백에 도움을 주는 기능성화장품 중 나이아신아마이드를 주성분으로 사용하였을 때 85.0% 이상에 해당하는 나이아신아마이드($C_6H_6N_2O$: 122.13) 를 함유한 나이아신아마이드 로션제

② 피부의 미백에 도움을 주는 기능성화장품 중 기능성 시험을 할 때의 타이로시네이즈 억제율이 58.5~84.1%인 닥나무 추출물

③ 피부의 미백에 도움을 주는 기능성화장품 중 유용성 감초 추출물을 주성분으로 사용하였을 때 90.0% 이상에 해당하는 유용성 감초 추출물을 함유한 침적 마스크

④ 피부의 주름 개선에 도움을 주는 기능성화장품 중 아데노신액(0.04%)은 아데노신($C_{10}H_{13}N_5O_4$: 267.2) 1.90~2.10%를 함유하고 90.0% 이상에 해당하는 아데노신($C_{10}H_{13}N_5O_4$: 267.24)을 함유한 로션제

⑤ 체모를 제거하는 데 도움을 주는 기능성화장품 중 90.0~110.0%에 해당하는 치오글리콜산($C_2H_4O_2S$: 92.12)을 함유한 치오글리콜산 크림제

22 다음은 「화장품법 시행규칙」 제10조의5(위해요소 저감화계획의 수립)에 대한 내용이다. 〈보기〉의 ㉠~㉢에 들어갈 말로 알맞은 것은? (8점)

┤ 보기 ├
- 식품의약품안전처장은 화장품에 대하여 제품별 (㉠), 소비자 사용실태, 사용 후 이상사례 등에 대하여 주기적으로 실태조사를 실시하고, 위해요소의 저감화를 위한 계획을 수립해야 한다.
- 위해요소 저감화를 위한 기본 방향과 목표, 단기별 및 중장기별 추진 정책, 위해요소 저감화 추진을 위한 환경 여건 및 관련 정책의 평가, 조직 및 재원 등에 관한 사항 등 위해요소 저감화를 위해 (㉡)이 필요하다고 인정하는 사항이 포함되어야 한다.
- 식품의약품안전처장은 위해요소 저감화계획을 수립하는 경우에는 (㉢)에 대한 분석 및 평가 결과를 반영해야 한다.
- 식품의약품안전처장은 위해요소 저감화계획을 수립한 경우에는 그 내용을 식품의약품안전처 인터넷 홈페이지에 공개해야 하고, 규정한 사항 외에 위해요소 저감화계획의 수립 대상, 방법 및 절차 등에 필요한 세부 사항은 (㉣)이 정한다.

	㉠	㉡	㉢	㉣
①	안정성 자료	식품의약품안전처장	실태조사	식품의약품안전처장
②	안정성 자료	지방식품의약품안전청장	안전성 검토	식품의약품안전처장
③	안전성 자료	식품의약품안전처장	안전성 검토	식품의약품안전처장
④	안전성 자료	식품의약품안전처장	실태조사	식품의약품안전처장
⑤	안전성 자료	지방식품의약품안전청장	실태조사	식품의약품안전처장

23 다음 〈보기〉는 「화장품 사용할 때의 주의사항 및 알레르기 유발 성분 표시에 관한 규정」 별표 1 화장품의 유형과 유형별·함유 성분별 사용할 때의 주의사항 표시 내용의 일부이다. ㉠, ㉡에 들어갈 숫자로 알맞은 것은? (8점)

┤ 보기 ├

알파-하이드록시애씨드(AHA) 함유 제품 사용 시 주의사항

* (㉠)% 이하의 제품은 제외

고농도의 AHA는 부작용 발생 우려가 있으므로 전문의 등에게 상담해야 한다. 단, (㉡)%를 초과하여 함유되어 있거나 산도가 3.5 미만인 제품만 표시한다.

	㉠	㉡
①	0.5	5
②	0.5	10
③	0.1	5
④	0.1	0.5
⑤	5	10

24 다음은 「화장품 안전 기준 등에 관한 규정」에 고시된 사용상의 제한이 필요한 원료 중 보존제 성분에 대한 설명이다. 〈보기〉에서 올바르게 설명한 것을 모두 고른 것은? (8점)

┤ 보기 ├

㉠ 메칠이소치아졸리논의 사용한도는 사용 후 씻어내는 제품에 0.15%이며, 기타 제품에는 사용금지이다.

㉡ 벤질알코올의 사용한도는 1.0%이며, 두발염색용 제품류에 용제로 사용할 경우에는 10%이다.

㉢ 소듐보레이트, 테트라보레이트의 사용한도는 밀납, 백납의 유화 목적으로 사용 시 0.76%이며, 이 경우 밀납·백납 배합량의 1/2을 초과할 수 없다.

㉣ P-하이드록시벤조익애씨드의 사용한도는 단일성분일 경우 산으로서 0.4%, 혼합사용의 경우 산으로서 0.8%이다.

㉤ 트리클로산의 사용한도는 0.1%이며, 에어로졸(스프레이에 한함)제품에는 사용금지이다.

㉥ 아이오도프로피닐부틸카바메이트(아이피비씨)는 사용 후 씻어내는 제품에 0.01%, 사용 후 씻어내지 않는 제품에 0.001%, 다만, 데오도런트에 배합할 경우에는 0.0075%이다.

㉦ 징크피리치온의 사용한도는 사용 후 씻어내는 제품에 0.5%, 기타 제품에는 사용금지이다.

① ㉠, ㉡, ㉢, ㉣   ② ㉠, ㉣, ㉤, ㉦

③ ㉡, ㉢, ㉣, ㉦   ④ ㉡, ㉣, ㉤, ㉥

⑤ ㉢, ㉤, ㉥, ㉦

25 다음은 화장품 사용 시의 주의사항에 관한 내용이다. 〈대화〉에서 옳은 내용은 무엇인가? (12점)

┤ 대화 ├

유정: 이번에 퍼머넌트 웨이브 제품을 구입했는데, 개봉한 제품은 7일 이내에 사용해야 한다고 적혀있어서 오늘 집에 가서 사용해 보려고 해.

주아: 사용할 때 ① 제2단계 퍼머액 중 그 주성분이 과산화수소인 제품은 검은 머리카락이 노란색으로 변할 수 있으므로 유의하여 사용해야 해.

유정: 그렇구나.

은수: 유정아, ② 퍼머넌트 웨이브 제품을 사용하기 2일 전(48시간 전)에는 반드시 패치테스트(Patch test)를 실시해야 해.

유정: 아직 패치테스트는 하지 않았는데 얼른 해야겠다.

새봄: 나는 프로필렌글리콜에 알레르기가 있어서 화장품 사용할 때 항상 조심스러워.

유정: 그렇구나. ③ 외음부 세정제, 손·발의 피부연화 제품, 염모제, 탈염·탈색제, 제모제의 경우 대게 '프로필렌글리콜이 함유되어 있을 때 신중히 사용할 것'이라는 문구가 있으니 참고하면 좋을 것 같아.

하늘: 새봄아, 치오글라이콜릭애씨드를 함유한 제모제를 사용할 때는 ④ 사용 전후에 비누류를 사용하면 자극감이 나타날 수 있으니 주의해서 사용해야 하고, 눈 또는 점막에 닿았을 경우 미지근한 물로 씻어내고 붕산수(농도 약 2%)로 헹구어 내야 해.

새봄: 응, 고마워.

주아: ⑤ 그 밖에도 화장품의 안전정보와 관련하여 기재·표시하도록 지방식품의약품안전청장이 정하여 고시하는 사용 시의 주의사항이 있으니 꼼꼼하게 잘 체크해서 사용하자.

26 〈보기〉에서 「화장품법」 제8조제2항에 따라 화장품에 사용할 수 있는 화장품의 색소 종류 중 "안토시아닌류"에 해당하지 <u>않는</u> 것을 모두 고른 것은? (12점)

┤ 보기 ├

㉠ 시아니딘　　　　　　　　　㉡ 안나토
㉢ 페오니딘　　　　　　　　　㉣ 페릭페로시아나이드
㉤ 페투니딘　　　　　　　　　㉥ 말비딘
㉦ 비트루트레드　　　　　　　㉧ 델피니딘

① ㉠, ㉡, ㉣
② ㉠, ㉤, ㉦
③ ㉡, ㉢, ㉣
④ ㉡, ㉣, ㉦
⑤ ㉢, ㉣, ㉥, ㉧

27 〈보기〉에서 화장품에 필수로 기재·표시해야 하는 사항으로 올바른 것을 모두 고른 것은? (12점)

┤ 보기 ├

㉠ '아쿠아 로즈 퍼퓸'에 로즈원액을 12% 첨가하여 사용한 경우
㉡ 내용량이 30g인 '매끈 미백 로션'에 글라이콜릭애씨드를 8% 첨가하여 사용한 경우
㉢ 내용량이 300g인 '모이스춰 바디 로션'에 리모넨 0.05g이 포함되어 있는 경우
㉣ 내용량이 350g인 '모이스춰 베이비 로션'에 메칠파라벤이 0.3%가 포함되어 있는 경우
㉤ 내용량이 200g인 '촉촉 사과토너'의 전성분으로 정제수, 글리세린, 부틸렌글라이콜, 사과 추출물, 자몽 추출물을 사용했으나, 사과 추출물 안에 페녹시에탄올이 0.5% 함유되어 있는 경우
㉥ 내용량이 500g인 '상큼 보디워시'에 라벤더 추출물이 1%, 제라니올이 0.03g이 포함되어 있는 경우

① ㉠, ㉡, ㉢, ㉣
② ㉠, ㉡, ㉢, ㉤
③ ㉡, ㉢, ㉣, ㉤
④ ㉡, ㉢, ㉣, ㉥
⑤ ㉢, ㉣, ㉤, ㉥

28 다음 중 작업장의 위생 상태에 따른 청정도 등급과 그에 해당하는 관리 기준으로 옳은 것은? (8점)

① Clean Bench은 1등급에 해당하며, 관리 기준은 낙하균 10개/hr 또는 부유균 30개/m³이다.
② 원료 보관소는 3등급에 해당하며 차압관리가 진행되어야 한다.
③ 미생물 실험실은 2등급에 해당하며, 관리 기준은 낙하균 30개/hr 또는 부유균 200개/m³이다.
④ 포장재, 완제품은 3등급에 해당하며 차압관리가 진행되어야 한다.
⑤ 제조실은 2등급에 해당하며, 관리 기준은 낙하균 20개/hr 또는 부유균 300개/m³이다.

29 설비·기구의 위생에 관한 내용으로 올바른 것을 〈보기〉에서 모두 고른 것은? (8점)

┤ 보기 ├

㉠ 증기 세척은 좋은 방법이다.
㉡ 닦아내기 판정은 면봉을 이용하여 설비 내부의 표면을 닦아내고, 면봉 표면에 묻어나온 잔유물로 세척 결과를 판정한다.
㉢ 유화기 등의 일반적인 제조설비는 "물+브러시" 세척이 제1선택지이다.
㉣ 콘택트 플레이트법은 복잡한 방법이지만 정확하기 때문에 자주 사용된다.
㉤ 린스 정량법은 호스나 틈새기의 세척 판정에 적합하며, 고정상으로 만든 박층을 이용하여 혼합물을 이동상으로 전개해서 각각의 성분을 분석하는 TLC(박층크로마토그래피) 방법을 실시한다.

① ㉠, ㉡, ㉤
② ㉠, ㉢, ㉤
③ ㉠, ㉣, ㉤
④ ㉡, ㉢, ㉣
⑤ ㉢, ㉣, ㉤

30 세포 · 조직에 대한 품질 및 안전성 확보에 필요한 정보를 확인하기 위해서는 〈보기〉의 내용을 포함한 세포 · 조직 채취 및 검사기록서를 작성 · 보존해야 한다. ㉠, ㉡에 들어갈 말로 적절한 것은? (8점)

┌─ 보기 ├─
- 채취한 의료기관 명칭
- 채취 연월일
- 공여자 식별번호
- 공여자 (㉠   )
- 동의서
- 세포 또는 조직의 종류, (㉡   ), 채취량, 사용한 재료 등의 정보
└─

	㉠	㉡
①	적격성 평가 결과	채취 방법
②	적격성 평가 결과	채취 부위
③	감염증 및 질병 결과	채취 방법
④	감염증 및 질병 결과	채취 부위
⑤	연락처	채취 부위

31 다음 중 「기능성화장품 기준 및 시험 방법」의 별표 1 통칙에 대한 내용으로 옳지 <u>않은</u> 것은? (12점)

① 표준온도는 20℃, 상온은 15∼25℃, 실온은 1∼30℃, 미온은 30∼40℃로 한다. 냉소는 따로 규정이 없는 한 1∼15℃ 이하의 곳을 말한다.

② 냉수는 10℃ 이하, 미온탕은 30∼40℃, 온탕은 60∼70℃, 열탕은 약 100℃의 물을 뜻한다.

③ 가열한 용매 또는 열용매라 함은 그 용매의 비점 부근의 온도로 가열한 것을 뜻하며 가온한 용매 또는 온용매라 함은 보통 60∼70℃로 가온한 것을 뜻한다.

④ 보통 냉침은 1∼25℃, 온침은 35∼45℃에서 실시한다.

⑤ 수욕상 또는 수욕중에서 가열한다라 함은 따로 규정이 없는 한 끓인 수욕 또는 100℃의 증기욕을 써서 가열하는 것이다.

32 〈보기〉는 「기능성화장품 기준 및 시험 방법」 별표 1 통칙의 내용 중 용액의 농도 기재에 대한 설명이다. ㉠~㉢에 들어갈 말로 적절한 것은? (8점)

┤ 보기 ├

용액의 농도를 (1 → 5), (1 → 10), (1 → 100) 등으로 기재한 것은 고체물질 (㉠)g 또는 액상물질 (㉡)mL를 용제에 녹여 전체량을 각각 5mL, 10mL, (㉢)mL 등으로 하는 비율을 나타낸 것이다. 또 혼합액을 (1:10) 또는 (5:3:1) 등으로 나타낸 것은 액상물질의 1용량과 10용량과의 혼합액, 5용량과 3용량과 1용량과의 혼합액을 나타낸다.

	㉠	㉡	㉢
①	0.1	0.1	20
②	0.1	0.1	50
③	0.1	0.1	100
④	1	1	50
⑤	1	1	100

33 다음 〈보기〉를 읽고 위해성 등급과 회수 기간이 올바른 것을 모두 고른 것은? (8점)

┤ 보기 ├

㉠ 화장품의 전부 또는 일부가 변패되거나 병원미생물에 오염된 경우 – 가등급, 회수 시작일부터 15일 이내
㉡ 맞춤형화장품판매업자가 조제한 맞춤형화장품 – 다등급, 회수 시작일부터 30일 이내
㉢ 카드뮴 10ug/g이 검출된 맞춤형화장품 – 다등급, 회수 시작일부터 30일 이내
㉣ 에탄올을 함유하는 네일 에나멜 리무버 및 네일 폴리시 리무버 안전 용기·포장을 위반한 화장품 – 다등급, 회수 시작일부터 15일 이내
㉤ 페닐파라벤을 0.001% 함유한 화장품 – 가등급, 회수 시작일부터 15일 이내
㉥ 씻어내는 제품에 메칠렌글라이콜을 0.001% 함유하였으나 기재·표시를 하지 않은 화장품 – 나등급, 회수 시작일부터 30일 이내

① ㉠, ㉡
② ㉡, ㉤
③ ㉢, ㉤
④ ㉢, ㉥
⑤ ㉤, ㉥

34 〈보기〉에서 「우수화장품 제조 및 품질관리 기준」 제2조(용어의 정의)에 관한 내용으로 올바르지 않은 것을 모두 고른 것은? (12점)

---| 보기 |---

㉠ "출하"란 주문 준비와 관련된 일련의 작업과 운송 수단에 적재하는 활동으로 제조소 외로 제품을 운반하는 것을 말한다.

㉡ "소모품"이란 청소, 위생 처리 또는 유지 작업 동안에 사용되는 물품을 말한다(세척제, 윤활제 등은 제외한다)

㉢ "품질보증"이란 제품이 적합 판정 기준에 충족될 것이라는 신뢰를 제공하는데 필수적인 모든 계획되고 체계적인 활동을 말한다.

㉣ "기준일탈(out-of-specification)"이란 제조 또는 품질관리 활동 등의 미리 정하여진 기준을 벗어나 이루어진 행위를 말한다.

㉤ "오염"이란 제품에서 화학적, 물리적, 미생물학적 문제 또는 이들이 조합되어 나타내는 바람직하지 않은 문제의 발생을 말한다.

㉥ "포장재"란 원료 물질의 칭량부터 혼합, 충전(1차포장), 2차포장 및 표시 등의 일련의 작업에 사용된 포장재를 말한다.

① ㉠, ㉡, ㉢　　　　　　　　　　　② ㉠, ㉣, ㉥

③ ㉡, ㉢, ㉣　　　　　　　　　　　④ ㉡, ㉣, ㉥

⑤ ㉣, ㉤, ㉥

35 「우수화장품 제조 및 품질관리 기준」에서 일컫는 수탁자는 제조 및 품질관리와 관련하여 공정 또는 시험의 일부를 위탁할 수 있으며, 시험기관은 「화장품법 시행규칙」 제6조제2항제2호에 해당되어야 한다. 다음 중 해당 시험기관이 아닌 것은? (14점)

① 「보건환경연구원법」 제2조에 따른 보건환경연구원

② 원료 · 자재 및 제품의 품질검사를 위하여 필요한 시험실을 갖춘 제조업자

③ 「식품 · 의약품분야 시험 · 검사 등에 관한 법률」 제6조에 따른 화장품 시험 · 검사기관

④ 「약사법」 제67조에 따라 조직된 사단법인인 한국의약품수출입협회

⑤ 식품의약품안전처장이 정하여 고시하고 있는 (사)대한화장품협회

36 다음 중 맞춤형화장품판매업소의 시설 기준 및 맞춤형화장품판매업자의 준수사항에 대한 설명으로 옳지 않은 것은? (8점)

① 맞춤형화장품조제관리사가 맞춤형화장품을 혼합·소분하는 공간은 다른 공간과 구분 또는 구획해야 하고 맞춤형화장품조제관리사가 아닌 기계를 사용하여 맞춤형화장품을 혼합하거나 소분하는 경우에도 구분·구획해야 한다.

② 최종 혼합된 맞춤형화장품이 유통화장품 안전관리 기준에 적합한지를 사전에 확인하고, 적합한 범위 안에서 내용물 간(또는 내용물과 원료) 혼합이 가능하다.

③ 혼합·소분 전에 내용물 및 원료의 사용기한 또는 개봉 후 사용기간을 확인하고, 사용기한 또는 개봉 후 사용기간이 지난 것은 사용하지 않아야 한다.

④ 혼합·소분 전 사용되는 내용물 또는 원료의 품질관리가 선행되어야 하며, 책임판매업자에게서 내용물과 원료를 모두 제공받은 경우 책임판매업자의 품질검사성적서로 대체가 가능하다.

⑤ 맞춤형화장품 조제에 사용하고 남은 내용물 및 원료는 밀폐를 위한 마개를 사용하는 등 비의도적인 오염을 방지해야 한다.

37 다음 〈보기〉에서 「우수화장품 제조 및 품질관리 기준」 제3조(조직의 구성)에 대한 내용으로 올바르지 않은 것은? (8점)

┌─ 보기 ┐

㉠ 제조소별로 독립된 제조부서와 품질부서를 두어야 하며, 제조부서와 품질부서 책임자는 겸직이 가능하다. 책임자는 화장품의 제조나 품질관리에 관한 제반문제에 과학적인 근거를 바탕으로 결정을 내리고 그에 대한 책임을 질 수 있는 전문지식과 풍부한 경험을 가진 자이어야 한다.

㉡ CGMP 운영 조직을 구성할 때 조직구조(조직도)에 기재된 직원의 역량은 각각의 명시된 직능에 적합해야하며, 품질 단위의 독립성을 나타내어야 한다.

㉢ 화장품이 설정된 기준에 적합함을 보증하기 위해 제품의 제조, 포장, 시험, 보관, 출하, 관리에 관계된 모든 직원들은 그들에게 할당된 의무와 책임을 수행해야 하며 교육, 훈련 등을 통해 자격을 갖춰야 한다.

㉣ 회사의 규모가 작더라도 품질부문의 권한과 독립성이 보장될 수 있도록 보관 관리와 시험 책임자 밑의 담당자는 겸직할 수 없다.

㉤ 제조소의 직원의 수는 작업이 원활하게 이루어질 수 있을 만큼 필요하며, 업무에 따라 적절한 인원수와 자격을 규정하여 운영하는 것이 바람직하다.

└──────────┘

① ㉠, ㉢   ② ㉠, ㉣
③ ㉡, ㉢   ④ ㉢, ㉤
⑤ ㉡, ㉣, ㉤

38 다음 〈보기〉를 보고 기준 일탈 제품 처리 과정을 올바르게 나열한 것을 고르시오. (8점)

┤ 보기 ├

ㄱ. 기준 일탈의 처리

ㄴ. 격리 보관

ㄷ. 기준일탈 조사

ㄹ. 폐기처분

ㅁ. "시험, 검사, 측정이 틀림 없음"을 확인

ㅂ. 시험, 검사, 측정에서 기준일탈 결과 나옴

ㅅ. 기준일탈 제품에 불합격 라벨 첨부

① ㄷ - ㅂ - ㅁ - ㄱ - ㅅ - ㄴ - ㄹ

② ㄷ - ㅂ - ㄱ - ㅁ - ㄴ - ㅅ - ㄹ

③ ㅂ - ㄷ - ㄱ - ㅁ - ㅅ - ㄴ - ㄹ

④ ㅂ - ㄷ - ㄴ - ㅁ - ㄱ - ㅅ - ㄹ

⑤ ㅂ - ㄷ - ㅁ - ㄱ - ㅅ - ㄴ - ㄹ

39 다음 〈보기〉에서 「우수화장품 제조 및 품질관리 기준」 제20조(시험관리) 중 표준품과 주요시약의 용기에 기재되어야 하는 사항으로 올바른 것을 모두 고르면? (12점)

┤ 보기 ├

㉠ 명칭

㉡ 제조번호

㉢ 표준품과 주요시약 담당자

㉣ 보관조건

㉤ 개봉일

㉥ 역가, 제조자의 성명 또는 서명(직접 제조한 경우에 한함)

① ㉠, ㉡, ㉢, ㉤

② ㉠, ㉡, ㉣, ㉥

③ ㉠, ㉢, ㉤, ㉥

④ ㉠, ㉣, ㉤, ㉥

⑤ ㉡, ㉢, ㉣, ㉥

40 다음은 화장품책임판매업자로부터 받은 맞춤형화장품의 품질성적서이고, 〈보기〉는 2중 기능성화장품의 전성분 표시이다. 주어진 품질성적서와 〈보기〉를 바탕으로 맞춤형화장품조제관리사 A가 고객 B에게 할 수 있는 상담 내용으로 적절한 것은? (14점)

품질성적서

순번	시험항목	시험결과
㉠	나이아신아마이드	90.0%
㉡	레티놀	95.0%
㉢	비소	5ug/g
㉣	수은	불검출
㉤	포름알데하이드	0.1ug/g

┤ 보기 ├

〈전성분〉

정제수, 부틸렌글라이콜, 글리세린, 사이클로메티콘, 스테아릴알코올, 세틸알코올, 나이아신아마이드, 카보머, 하이알루닉애씨드, 레티놀, 메칠파라벤, 스위트 아몬드 오일, 포도씨 오일, 다이소듐이디티에이

① B: 요즘 야외 활동도 많이해서 피부도 칙칙하고, 주름도 생기는데 이 제품을 사용하면 도움이 될까요?
　A: 네, 미백 기능성 성분과 주름 기능성이 함유되어 있어서 야외 활동 하시기 전에 사용하기 적합한 제품입니다.

② B: 이 제품은 사용제한 원료 중 보존제가 없는 걸로 보이네요.
　A: 이 제품은 사용제한 원료로 지정된 메칠파라벤을 보존제로 사용하였습니다.

③ B: 이 제품에서 비소가 검출되었는데, 비소는 사용할 수 없는 원료 아닌가요?
　A: 그렇네요. 당장 판매 금지 후 책임판매업자를 통해 회수 조치를 진행하도록 하겠습니다. 죄송합니다.

④ B: 이 제품은 어떤 기능성을 가진 제품인가요?
　A: 이 제품은 미백 기능성 원료인 레티놀과 주름 기능성 원료인 나이아신아마이드가 들어가 있는 미백과 주름 2중 기능성화장품입니다.

⑤ B: 이 제품에는 포름알데하이드가 0.1ug/g 정도 검출된 것인가요?
　A: 네, 포름알데하이드는 유통화장품 안전관리 기준에 2,000ug/g까지 검출 허용한도를 두고 있기 때문에 허용한도까지는 사용이 가능합니다.

41 「화장품 안전 기준 등에 관한 규정」에 의거하여 화장품 중 미생물 발육저지물질과 항균성을 중화시킬 수 있는 중화제가 올바르게 연결된 것을 모두 고른 것은? (12점)

순번	화장품 중 미생물 발육저지물질	항균성을 중화시킬 수 있는 중화제
㉠	페놀화합물: 파라벤, 페녹시에탄올, 페놀에탄올 등 아닐리드	치오글리콜산나트륨
㉡	산화 화합물	폴리솔베이트80
㉢	4급 암모늄 화합물, 양이온성 계면활성제	레시틴, 사포닌, 폴리솔베이트80
㉣	비구아니드	아황산수소나트륨
㉤	알데하이드, 포름알데하이드–유리 제제	글리신, 히스티딘

① ㉠, ㉢ 　　　　　　　　　② ㉠, ㉤
③ ㉡, ㉢ 　　　　　　　　　④ ㉡, ㉣
⑤ ㉢, ㉤

42 다음의 〈보기〉를 읽고 「우수화장품 제조 및 품질관리 기준(CGMP)」에 관한 내용으로 옳지 <u>않은</u> 것을 모두 고른 것은? (12점)

> ┤ 보기 ├
> ㉠ 직원의 위생관리 기준 및 절차에는 직원의 작업 시 복장, 직원 건강상태 확인, 직원에 의한 제품의 오염방지에 관한 사항, 직원의 손 씻는 방법, 직원의 작업 중 주의사항, 방문객 및 교육훈련을 받지 않은 직원의 위생관리 등이 포함되어야 한다.
> ㉡ 제품 품질과 안전성에 악영향을 미칠지도 모르는 건강 조건을 가진 직원은 포장을 제외한 원료, 제품 또는 제품 표면에 직접 접촉하지 말아야 한다. 명백한 질병 또는 노출된 피부에 상처가 있는 직원은 증상이 회복되거나 의사가 제품 품질에 영향을 끼치지 않을 것이라고 진단할 때까지 제품과 직접적인 접촉을 하여서는 안 된다.
> ㉢ 직원은 작업 중의 위생관리상 문제가 되지 않도록 청정도에 맞는 적절한 작업복, 모자와 신발을 착용하고 필요할 경우는 마스크, 장갑을 착용한다.
> ㉣ 작업복 등은 반드시 세탁 및 소독을 한다.
> ㉤ 방문객 또는 안전 위생의 교육훈련을 받지 않은 직원이 화장품 생산, 관리, 보관을 실시하고 있는 구역으로 출입하는 일은 피해야 한다. 그러나 영업상의 이유, 신입 사원 교육 등을 위하여 안전 위생의 교육훈련을 받지 않은 사람들이 제조, 관리, 보관구역으로 출입하는 경우에는 안전 위생의 교육훈련 자료를 미리 작성해 두고 출입 전에 "교육훈련"을 실시한다. 교육훈련의 내용은 직원용 안전 대책, 작업 위생 규칙, 작업복 등의 착용, 손 씻는 절차 등이다.

① ㉠, ㉡ 　　　　　　　　　② ㉠, ㉤
③ ㉡, ㉣ 　　　　　　　　　④ ㉢, ㉣
⑤ ㉣, ㉤

43 〈보기〉는 세척 후 설비 및 기구의 위생 상태를 판정하는 방법 중 면봉 시험법(Swab Test)에 관한 내용이다. ㉠, ㉡에 들어갈 말로 적절한 것은? (12점)

┤ 보기 ├

면봉 시험법(Swab Test)
- 포일로 싼 면봉과 멸균액을 고압 멸균기에 멸균 (㉠)
- 검증하고자 하는 설비 선택
- 면봉으로 일정 크기의 면적 표면을 문지름(보통 24~30cm²)
- 검체 채취 후 검체가 묻어 있는 면봉을 적절한 희석액(멸균된 생리 식염수 또는 완충 용액)에 담가 채취된 미생물 희석
- 미생물이 희석된 희석액 (㉡)mL를 취해 한천 평판 배지에 도말하거나 배지를 부어 미생물 배양 조건에 맞춰 배양
- 배양 후 검출된 집락 수를 세어 희석 배율을 곱해 면봉 1개당 검출되는 미생물 수를 계산(CFU/면봉)

㉠	㉡
① 120℃, 10분	0.5
② 120℃, 15분	1
③ 120℃, 20분	0.5
④ 121℃, 20분	1
⑤ 121℃, 25분	0.5

44 〈보기〉는 설비·기구의 유지관리 및 폐기기준 중 전자저울의 점검 주기 및 방법에 관한 내용이다. 이에 관한 설명으로 옳은 것을 모두 고른 것은? (12점)

┤ 보기 ├

㉠ 저울의 검사, 측정 및 시험 장비의 정밀도를 유지·보존해야 하며, 전자 저울은 주 1회 영점을 조정하고, 주기별로 점검을 실시해야 한다.
㉡ 영점은 매일 점검하고, 가동 후 "0" 설정을 확인해야 한다.
㉢ 수평은 매일 가동 전 육안으로 확인하여 수평임을 확인해야 한다.
㉣ 전자저울의 점검 주기는 1개월에 한 번으로 직선성과 정밀성은 ±0.1% 이내여야 한다.
㉤ 전자저울의 편심오차는 ±0.1% 이내여야 한다.

① ㉠, ㉤   ② ㉡, ㉢
③ ㉢, ㉤   ④ ㉢, ㉣
⑤ ㉣, ㉤

45 〈보기〉에서 「유통화장품 안전관리 기준 등에 관한 규정」 중 퍼머넌트웨이브용 및 헤어스트레이트너 제품에 대한 내용으로 옳지 <u>않은</u> 것은? (14점)

┌─ 보기 ┐

㉠ 치오글라이콜릭애씨드 또는 그 염류를 주성분으로 하는 냉2욕식 퍼머넌트웨이브용 제품의 제1제의 제품은 치오글라이콜릭애씨드 또는 그 염류를 주성분으로 하고, 휘발성 무기알칼리의 총량이 치오글라이콜릭애씨드의 대응량 이하인 액제이다.

㉡ 시스테인, 시스테인염류 또는 아세틸시스테인을 주성분으로 하는 냉2욕식 퍼머넌트웨이브용 제품의 제1제의 제품은 시스테인, 시스테인염류 또는 아세틸시스테인을 주성분으로 하고 불휘발성 무기알칼리를 함유하지 않은 액제이다.

㉢ 치오글라이콜릭애씨드 또는 그 염류를 주성분으로 하는 냉2욕식 헤어스트레이트너용 제품의 제1제의 제품은 치오글라이콜릭애씨드 또는 그 염류를 주성분으로 하고 불휘발성 무기알칼리의 총량이 치오글라이콜릭애씨드의 대응량 이하인 제제이다.

㉣ 치오글라이콜릭애씨드 또는 그 염류를 주성분으로 하는 가온2욕식 헤어스트레이트너 제품은 시험할 때 약 40℃ 이하로 가온 조작하여 사용하는 것으로서 치오글라이콜릭애씨드 또는 그 염류를 주성분으로 하는 제1제 및 산화제를 함유하는 제2제로 구성된다.

㉤ 치오글라이콜릭애씨드 또는 그 염류를 주성분으로 하는 제1제 사용 시 조제하는 발열2욕식 퍼머넌트웨이브용 제품은 치오글라이콜릭애씨드 또는 그 염류를 주성분으로 하는 제1제의 1과 제1제의 1중의 치오글라이콜릭애씨드 또는 그 염류의 대응량 이하의 과산화수소를 함유한 제1제의 2, 과산화수소를 산화제로 함유하는 제2제로 구성되며, 사용 시 제1제의 1 및 제1제의 2를 혼합하면 약 40℃로 발열되어 사용하는 것이다.

└───┘

① ㉠, ㉣   ② ㉠, ㉤

③ ㉡, ㉢   ④ ㉡, ㉤

⑤ ㉣, ㉤

46 다음 중 포장재의 선정 절차로 옳은 것은? (8점)

① 공급자 선정 - 공급자 승인 - 품질 결정 - 중요도 분류 - 품질계약서 공급계약 체결 - 정기적 모니터링

② 공급자 선정 - 공급자 승인 - 중요도 분류 - 품질 결정 - 품질계약서 공급계약 체결 - 정기적 모니터링

③ 중요도 분류 - 공급자 선정 - 공급자 승인 - 품질 결정 - 품질계약서 공급계약 체결 - 정기적 모니터링

④ 중요도 분류 - 품질 결정 - 공급자 승인 - 공급자 선정 - 품질계약서 공급계약 체결 - 정기적 모니터링

⑤ 중요도 분류 - 품질 결정 - 공급자 선정 - 공급자 승인 - 품질계약서 공급계약 체결 - 정기적 모니터링

47 다음 〈대화〉에서 입고된 원료 및 내용물관리 기준에 대해 옳게 설명한 것은? (8점)

┌ 대화 ┐

영희: 원료와 포장재의 적절한 보관을 해야 하는데 어떻게 해야 할지 모르겠어요.

채은: 그렇군요. ① 입고된 원료와 포장재는 물질의 특징 및 특성에 맞게 보관·취급되어야 하는데, 냉동의 경우 영하 20℃로 설정해 놓고 보관하면 돼요.

영희: 감사합니다. 그럼, ② 상온의 경우 0~20℃로 해 놓으면 되겠네요.

채은: 네, 맞아요.

은수: ③ 원료의 샘플링 환경은 조도 450룩스 이상의 별도 공간에서 실시하시면 됩니다.

영희: A원료는 다시 재포장해야 해요.

선화: 네, ④ 원료와 포장재가 재포장될 경우 재포장이라는 것을 알아볼 수 있도록 원래의 용기와 다르게 표기해 주셔야 합니다.

영희: 감사합니다. ⑤ 그럼, 저는 청소와 검사가 용이하도록 충분한 간격으로 바닥과 떨어진 곳에 보관할 수 있게 용기와 포장재를 옮겨 두어야겠어요.

48 다음은 유통화장품 안전관리 시험 방법의 일부이다. 주어진 두 시험 방법을 모두 사용할 수 있는 성분은 무엇인가? (8점)

- 기체크로마토그래프 – 수소염이온화검출기를 이용한 방법
- 기체크로마토그래프 – 질량분석기를 이용한 방법

① 납   ② 비소

③ 니켈   ④ 디옥산

⑤ 프탈레이트류

49 다음 중 세제의 주요 구성 성분과 특성에 대한 내용으로 옳지 않은 것은? (12점)

① 세정: 계면활성제는 음이온, 양쪽성, 비이온성 계면활성제가 있고, 다양한 세정 기작으로 이물을 제거하는 특성을 가지고 있어. 대표적인 성분으로는 알킬벤젠설포네이트, 알킬설페이트, 비누 등이 있어.

② 미소: 금속이온봉쇄제도 세정 효과를 증가시키고 입자 오염에 효과적으로 사용할 수 있어. 대표적인 성분으로는 소듐트리포스페이트, 소듐시트레이트, 소듐글루코네이트 등이 있어.

③ 아영: 연마제는 기계적 작용에 의한 세정 효과를 증대시키는데, 대표적인 성분으로는 칼슘카보네이트, 클레이, 석영 등이 있어.

④ 승환: 유기 폴리머는 세정 효과를 강화해 주는데, 대표적인 성분으로는 셀룰로오스 유도체, 폴리올 등이 있어.

⑤ 혜진: 용제는 계면활성제의 세정 효과를 증대시키는데, 대표적인 성분으로는 활성염소 또는 활성염소 생성 물질들이 있어.

50 〈보기〉의 유통화장품 안전관리 시험 방법 중 유리알칼리 시험법으로 옳은 것은? (8점)

> ┤ 보기 ├
> ㉠ 디티존법
> ㉡ 유도결합플라즈마 – 질량분석기를 이용하는 방법
> ㉢ 에탄올법(나트륨 비누)
> ㉣ 액체크로마토그래프 – 절대검량선법
> ㉤ 염화바륨법

① ㉠, ㉡
② ㉡, ㉤
③ ㉢, ㉣
④ ㉢, ㉤
⑤ ㉣, ㉤

51 다음 〈대화〉는 「우수화장품 제조 및 품질관리 기준(CGMP)」에 따른 내용물 및 원료의 폐기 기준에 대한 내용이다. ㉠～㉣에 들어갈 말로 옳은 것은? (8점)

> ┤ 대화 ├
> A: 원료나 내용물의 품질에 문제가 있거나 회수·반품된 제품의 폐기 여부는 제조업자가 아닌 (㉠)에 의해 승인되어야 해.
> B: 그렇구나. 그런데 병원미생물에 오염되지 않은 경우는 폐기하는 게 아까운 것 같아.
> A: 아, 변질·변패 또는 병원미생물에 오염되지 않은 경우와 제조일로부터 (㉡)년이 경과하지 않았거나 사용기한이 (㉡)년 이상 남아있는 경우에는 뱃치 전체 또는 일부에 추가 처리를 하여 부적합품을 적합품으로 다시 가공하는 (㉢)을/를 할 수 있어.
> B: 그렇구나! 기준일탈 제품은 원료와 (㉣), 벌크제품과 완제품이 적합 판정 기준을 만족시키지 못하는 경우에 해당되지?
> A: 응.

	㉠	㉡	㉢	㉣
①	품질 책임자	1	재작업	포장재
②	품질 책임자	1	재평가	내용물
③	품질 책임자	2	재작업	포장재
④	책임판매업자	1	재평가	포장재
⑤	책임판매업자	2	재작업	내용물

52 「우수화장품 제조 및 품질관리 기준(CGMP)」에 따른 검체의 채취 및 보관과 벌크제품 및 포장재의 관리에 관한 내용으로 옳지 <u>않은</u> 것을 고르시오. (8점)

① 시험용 검체의 용기에는 명칭 또는 확인코드, 제조번호, 검체채취 일자의 사항을 기재하여야 한다.

② 시험용 검체는 오염되거나 변질되지 아니하도록 채취하고, 채취한 후에는 원상태에 준하는 포장을 해야 하며, 검체가 채취되었음을 표시해야 한다.

③ 벌크제품은 개봉마다 변질 및 오염이 발생할 가능성이 있기 때문에 여러 번 재보관과 재사용을 반복하는 것은 피해야 한다.

④ 포장재는 관능검사로 변질 상태를 확인하며 필요할 경우, 이화학적 검사를 실시해야 한다.

⑤ 완제품의 보관용 검체는 적절한 보관조건하에 지정된 구역 내에서 제조단위별로 사용기한 경과 후 1년간 보관하여야 하며, 개봉 후 사용기간을 기재하는 경우에는 제조일로부터 1년간 보관하여야 한다.

53 「화장품법 시행규칙」 제12조(화장품책임판매업자의 준수사항)에 따라 화장품책임판매업자가 안정성시험 자료를 최종 제조된 제품의 사용기한이 만료되는 날부터 1년간 보존해야 하는 제품은 무엇인가? (8점)

① 레티놀 0.6%를 함유한 제품

② 과산화수소를 2% 함유한 제품

③ 나이아신아마이드를 0.7% 함유한 제품

④ AHA를 0.5% 함유한 제품

⑤ 메틸파라벤을 함유한 제품

54 다음 중 맞춤형화장품판매업으로 옳은 것은? (8점)

① 맞춤형화장품조제관리사는 책임판매업자가 프랑스에서 수입한 토너에 보습제 성분인 글리세린을 혼합한 제품을 판매하였다.

② 맞춤형화장품조제관리사가 직접 이탈리아에서 수입한 고체 비누를 소분하여 판매하였다.

③ 맞춤형화장품조제관리사가 악건성 고객에게 보습제 성분인 히알루론산, 글리세린, 시어버터를 혼합하여 만든 건성크림을 판매하였다.

④ 맞춤형화장품조제관리사가 고객이 사용하던 기존 보습크림에 아이오도프로피닐부틸카바메이트 0.03%를 혼합한 제품을 판매하였다.

⑤ 고객이 지난 달에 사용한 보습크림에 대한 만족도가 높고, 미백을 원한다고 하여 맞춤형화장품조제관리 사가 기존 보습크림에 미백토너를 혼합하여 토너 제형의 제품을 판매하였다.

55 맞춤형화장품판매업의 혼합 및 소분에 사용되는 장비 및 도구에 대한 설명으로 옳지 <u>않은</u> 것은? (12점)

① 스패츌러: 내용물 및 특정 성분의 소분 시 무게를 측정하고 덜어낼 때 사용한다.

② 광학현미경: 액체 및 반고형제품의 유동성과 입자의 크기를 관찰할 때 사용한다.

③ 오버헤드스터러: 내용물에 내용물을 또는 내용물에 특정 성분을 혼합 및 분산 시 사용하며 점증제를 물에 분산 시 사용한다.

④ 핫플레이트: 랩히터(Lab heater)라고도 한다. 내용물 및 특정 성분 온도를 올릴 때 사용한다.

⑤ 호모믹서: 터빈형의 회전 날개가 원통으로 둘러싸인 형태로 내용물에 내용물을 또는 내용물에 특정 성분을 혼합 및 분산 시 사용한다.

56 〈보기〉에서 1차 포장에 필수로 기재해야 하는 사항을 모두 고른 것은? (단, 1차 포장을 제거하고 사용하는 고형비누는 제외함) (8점)

┤ 보기 ├
ㄱ 화장품의 명칭
ㄴ 영업자의 상호
ㄷ 가격
ㄹ 제조번호
ㅁ 사용기한 또는 개봉 후 사용기간
ㅂ 내용물의 용량 또는 중량
ㅅ 식품의약품안전처장이 정하는 바코드

① ㄱ, ㄴ, ㄷ, ㄹ
② ㄱ, ㄴ, ㄷ, ㅁ
③ ㄱ, ㄴ, ㄹ, ㅁ
④ ㄱ, ㄷ, ㄹ, ㅅ
⑤ ㄱ, ㄹ, ㅂ, ㅅ

57 다음 중 화장품책임판매업자가 화장품 표시·광고를 올바르게 한 것은? (8점)

① 화장품책임판매업자는 미세먼지 차단, 미세먼지 흡착 방지에 효과가 있음을 기능성화장품 심사(보고) 자료로 입증한 후 표시·광고하였다.

② 화장품책임판매업자는 화장품에는 부기, 피부 혈행 개선에 효과가 있다고 표시·광고할 수 없기 때문에 표시·광고를 하지 않았다.

③ 화장품책임판매업자는 폼클렌징 제품의 항균 효과에 대한 인체적용시험 자료를 입증한 후 표시·광고하였다.

④ 화장품책임판매업자는 제품을 꾸준히 사용할 경우 콜라겐 증가에 효과가 있음을 인체적용시험 자료로 입증한 후 표시·광고하였다.

⑤ 화장품책임판매업자는 피부과 의사가 연구하여 공인된 화장품임을 표시·광고하였다.

58 다음은 맞춤형화장품조제관리사 A와 고객 B의 〈대화〉이다. ㉠~㉢에 들어갈 말로 적절한 것은? (8점)

┤ 대화 ├

B: 안녕하세요. 피부 상태 좀 측정해 볼 수 있을까요?

A: 네, 이쪽으로 오세요.

〈피부 측정 후〉

A: 고객님, 피부 측정 결과 (㉠   ) 수치가 정상인에 비해 높습니다. (㉠   )은/는 피부 표면에서 증발되는 수분량을 나타내는 것으로 건조한 피부나 손상된 피부는 높은 값이 나옵니다.

B: 왜 이렇게 증발되는 수분량이 많은 걸까요?

A: 각질층은 수분 손실을 막고 외부 물질의 침입을 막는 피부장벽의 역할을 하는데, 이 부분의 기능이 저하되어 있어요. 각질세포 사이에 존재하는 지질층과 피지선으로부터 분비되는 피지를 통해 수분을 유지해요. 세포간지질의 구성성분 중 (㉡   )은/는 50% 정도이며, 지질은 각질층의 장벽 기능을 회복시키고 유지시키는 데 중요한 역할을 하고 있어요.

B: 그럼, 어떤 제형을 사용하면 좋을까요?

A: (㉢   )은/는 피부에 오일막을 형성하여 수분 증발을 억제하는 물질이기 때문에 고객님 피부에 사용하시면 도움이 될 거예요.

B: 네, 감사합니다.

	㉠	㉡	㉢
①	레플리카(Replica)	아미노산	분산제
②	레플리카(Replica)	세라마이드	분산제
③	경피수분손실량(TEWL)	세라마이드	밀폐제
④	경피수분손실량(TEWL)	아미노산	밀폐제
⑤	경피수분손실량(TEWL)	아미노산	유화안정제

59 다음 중 맞춤형화장품에 관하여 올바르게 설명한 것은? (8점)

① 기초화장용 제품이 아닌 목욕용 제품 등의 화장품은 맞춤형화장품으로 판매할 수 없는 품목이다.

② 고객이 시중에 유통 중인 화장품을 구입하여 가져온 제품은 맞춤형화장품의 혼합 · 소분에 사용할 수 있다.

③ 병 · 의원이나 약국 등에서는 맞춤형화장품판매업이 금지되어 있다.

④ 매장에서 맞춤형화장품을 판매하려는 경우 맞춤형화장품판매업자는 판매장별로 '맞춤형화장품조제관리사' 자격증을 소지한 자를 고용하고, 관할 지방식품의약품안전청장에게 '맞춤형화장품판매업'을 신고해야 한다.

⑤ 맞춤형화장품판매업소에서는 소비자가 본인이 사용하고자 하는 제품을 직접 혼합 또는 소분하는 것이 가능하다.

60 「화장품 안전 기준 등에 관한 규정」 별표 3 인체 세포·조직 배양액 안전 기준에 따르면 공여자는 세포 또는 조직을 제공하는 것에 대해 적격성이 있는지를 판정하는 검사를 받아야 한다. 공여자 적격성 검사에 영향을 주지 않는 질병은 무엇인가? (8점)

① 클라미디아
② 사이토메가로바이러스
③ 패혈증
④ 근막동통 증후군
⑤ 전염성 해면상뇌증

61 겨울 시즌에 맞춰 크림아이섀도를 개발한 A 화장품사는 〈보기〉와 같은 관능평가를 진행하였다. 〈보기〉의 관능평가는 무엇인가? (8점)

┤ 보기 ├
• A사 팀장: 이번 겨울 시즌에 맞춰 크림아이섀도를 개발하였습니다. 타켓은 20~30대 여성들인데, 우리 제품 이 경쟁력이 있는지 조사가 필요할 것 같아요.
• A사 사원: 그럼 작년 겨울에 출시해 가장 인기를 얻었던 제품 3개, 얼마 전 출시된 아이섀도 중 가장 판매율 이 돋보이는 제품 3개, 그리고 저희 크림아이섀도를 똑같은 케이스에 담아 20~30대 여성 20명을 대상으로 선호도를 알아 보는 게 어떨까요?

① 비맹검 사용시험
② 전문가 패널 평가
③ 인체적용시험
④ 효능평가시험
⑤ 맹검 사용시험

62 맞춤형화장품판매업자는 맞춤형화장품의 내용물 및 원료의 입고 시 품질관리 여부를 확인해야 하며, 품질 관리기준서에는 〈보기〉의 내용이 포함된 시험지시서여야 한다. (　　　) 안에 들어갈 올바른 것을 찾으시오.
(8점)

┤ 보기 ├
• 제품명, 제조번호 또는 관리번호, 제조연월일
• 시험지시번호, 지시자 및 지시연월일
• (　　　　　)

① 보관방법
② 완제품 등 보관용 검체의 관리방법
③ 표준품 및 시약의 관리
④ 시험항목 및 적합 판정
⑤ 시험항목 및 시험기준

63 다음 〈보기〉를 읽고, 안정성시험에 대한 시험항목에 대한 설명으로 올바른 것을 모두 고르시오. (12점)

┤ 보기 ├

㉠ 개봉 후 안정성시험 항목은 미생물 한도시험, 살균보존제, 유효성성분시험이 있으며, 스프레이, 일회용 제품 도 미생물 한도시험은 수행해야 한다.

㉡ 가속시험 중 미생물학적시험은 정상적인 제품 사용 시 미생물 증식 억제 능력 여부를 증명한다.

㉢ 장기보존시험 중 화학적시험으로는 시험물 가용성 성분, 질량 변화, 분리도, 융점 등이 있다.

㉣ 장기보존시험 중 일반시험에서는 균등성, 향취, 색상, 사용감, 액상, 유화형, 내온성 시험을 수행한다.

㉤ 제품과 용기의 상호작용에 대한 적합성 평가는 가속시험에서 진행한다.

㉥ 보존 기간 중 제품의 안전성이나 기능성에 영향을 확인할 수 있는 품질관리상 중요한 항목 및 분해산물의 생성유무를 확인하는 것을 개봉 후 안정성시험이라고 한다.

① ㉠, ㉡, ㉢   ② ㉠, ㉡, ㉣

③ ㉡, ㉢, ㉣   ④ ㉡, ㉣, ㉤

⑤ ㉡, ㉣, ㉥

64 맞춤형화장품 포장재에 대한 특성으로 올바르지 <u>않은</u> 것은? (8점)

① AS수지: 투명하고 광택이 있으며 내유성이 우수해 콤팩트, 스틱용기에 사용된다.

② 칼리납유리: 유백색을 띠는 유리로 부식이 잘 되지 않아 향수 용기로 사용된다.

③ 폴리프로필렌: 반투명의 광택이 있으며 내약품성과 내충격성이 우수해 캡으로 사용된다.

④ 저밀도 폴리에틸렌: 반투명의 광택이 있으며 유연성이 우수해 튜브, 마개에 사용된다.

⑤ PVC: 투명하며 성형 가공성이 우수해 샴푸·린스 용기에 사용된다.

65 인체 세포·조직 배양액 제조에 관한 내용 중 올바르지 <u>않은</u> 것은? (8점)

① 화장품책임판매업자는 화장품에 사용되는 인체 세포·조직 배양액 제조기록서에 제조번호, 제조연월일, 제조량을 작성하고, 작성된 제조기록서를 보관해야 한다.

② 보관된 세포 및 조직에 대해서 세균, 진균, 바이러스 등에 대해 적절한 부정시험을 행한 후 인체 세포· 조직 배양액 제조에 사용해야 한다.

③ 인체 세포·조직 배양액을 제조할 때에는 세균, 진균, 바이러스 등을 비활성화 처리해야 한다.

④ 인체 세포·조직 배양액의 기록서에는 채취 기관, 채위 연월일, 검사 결과, 공여자 식별번호 등이 작성, 보관되어야 한다.

⑤ 인체 세포·조직 배양액 제조과정에 대한 작업조건, 기간 등에 대한 제조관리 기준서를 포함한 표준지침 서를 작성하고 이에 따라야 한다.

66 맞춤형화장품과 관련된 내용으로 옳은 것은? (12점)

① 화장품책임판매관리자와 맞춤형화장품조제관리사의 업무는 다르므로 겸직할 수 없다.

② 맞춤형화장품조제관리사 자격증을 취득한 자는 매년 보수교육을 받아야 한다.

③ 맞춤형화장품판매업자는 두 명 이상의 맞춤형화장품제조관리사를 고용하는 경우 모두 신고할 수 있으며, 신고가 되어 있는 맞춤형화장품조제관리사가 변경되는 경우에는 변경신고를 해야 한다.

④ 소비자가 포장용기를 가져와서 맞춤형화장품을 구매하고자 하는 것은 불가능하다.

⑤ 맞춤형화장품판매업자는 천연화장품·유기농화장품의 인증을 신청하고 인증받은 제품에 대해 표시·광고할 수 있다.

67 다음 중 기재·표시를 생략할 수 있는 성분은? (12점)

① 내용량이 80ml인 A크림에서 1% 이하로 함유된 페녹시에탄올

② 내용물이 100ml인 B크림에 함유된 사과 추출물 제조 시 함유된 0.02% 메틸파라벤

③ 내용물이 15ml인 C로션에 함유된 5% 글라이콜릭애씨드

④ 내용물이 50ml인 D에센스에 함유된 적색 5호

⑤ 내용물이 30ml인 E로션에서 함유된 2% 나이아신아마이드

68 맞춤형화장품의 혼합과 소분에 적합한 도구 및 기기를 올바르게 설명한 것은? (8점)

① 디스퍼: 가용화 제품이나 간단한 물질을 혼합할 때 사용한다.

② 호모게나이저: 내용물을 자동으로 소분하고자 할 때 사용한다.

③ 점도계: 액체 및 반고형 제품의 유동성을 측정할 때 사용한다.

④ 오버헤드스터러: 유화된 내용물의 유화입자의 크기를 관찰할 때 사용한다.

⑤ 데시케이터: 혼합 및 소분 시 화장품을 위생적으로 덜어내거나 계량을 할 때 사용한다.

69 다음은 모발의 구조에 대한 설명이다. 〈보기〉에서 올바른 설명을 모두 고른 것은? (8점)

┤ 보기 ├
- ㉠ 엑소큐티클은 연한 케라틴 층으로 시스틴이 많이 포함되어 있고, 퍼머넌트 웨이브와 같이 시스틴 결합을 절단하는 약품의 작용을 받기 쉬운 층이다.
- ㉡ 모표피는 모발의 색을 나타내는 것으로 전체 두발의 10~15%를 차지한다.
- ㉢ 엔도큐티클은 수증기는 통하지만 물은 통과하지 못하는 딱딱하고 부서지기 쉬운 구조로 형성되어 있다.
- ㉣ 모수질이 많은 두발은 웨이브 펌이 잘 되고, 모수질이 적은 두발은 웨이브 형성이 잘 안 되는 경향이 있다.
- ㉤ 모피질은 물과 쉽게 친화하는 친수성으로 펌, 염색 시에는 모피질을 활용한다.
- ㉥ 모수질은 두발의 중심 부근에 꽉 차 있는 상태로 죽은 세포들이 두발의 길이 방향으로 불연속적으로 다각형의 세포들의 형상으로 존재한다.

① ㉠, ㉢, ㉣   ② ㉠, ㉣, ㉤
③ ㉠, ㉣, ㉥   ④ ㉢, ㉣, ㉤
⑤ ㉣, ㉤, ㉥

70 맞춤형화장품의 품질 및 안전확보를 위해 권장하는 시설 기준으로 올바른 것은? (8점)

① 맞춤형화장품은 혼합 또는 소분하는 화장품이기에 미생물오염은 방지 시설이 필요하나 맞춤형화장품 간 혼입을 방지하는 시설은 확보할 필요가 없다.
② 맞춤형화장품의 품질유지를 위해 시설, 설비 등은 특별한 상황이 있을 때만 점검할 수 있다.
③ 맞춤형화장품 시설은 다른 일반화장품 시설과 공간이 구분되어야 한다.
④ 맞춤형화장품 판매장은 위생관리 표준절차가 필요하다.
⑤ 맞춤형화장품 판매장은 혼합, 소분하는 장소와 같은 공간이어야 한다.

71 다음 중 「기능성화장품 기준 및 시험 방법」에 따른 계량 단위에 대한 내용으로 올바른 것은? (8점)

① ppm: 백분율
② cs: 센티포아스
③ %: 전체 용량
④ vol%: 질량대용량백분율
⑤ v/w%: 용량대질량백분율

72 맞춤형화장품 혼합 시 제형의 안정성에 대한 설명으로 올바른 것은? (8점)

① 제조 온도가 설정된 온도보다 지나치게 높을 경우 HLB가 바뀌어도 가용화에는 문제가 없다.

② 에탄올을 넣을 경우 유화 공정 맨 처음에 투입하고, 고온에서 안정성이 떨어지는 원료는 별도 투입한다.

③ 유화입자가 커지면서 외관 성상 또는 점도가 달라지거나 안정성에 영향을 미칠 수 있다.

④ 원료 투입 순서가 달라도 정확한 함량만 지키면 제형 안정성은 유지될 수 있다.

⑤ 유화 제품의 제조 시 발생한 기포를 인위적으로 제거하면 점도, 비중에 영향을 줄 수 있다.

73 다음은 「화장품 가격표시제 실시 요령」에 대한 내용이다. 〈보기〉에서 화장품 가격표시제에 대한 내용으로 올바른 것을 모두 고른 것은? (8점)

┤ 보기 ├

㉠ 화장품을 일반 소비자에게 판매하는 자를 화장품 가격 "표시의무자"라고 한다.

㉡ 판매가격의 표시는 유통단계에서 쉽게 훼손되거나 지워질 수 있으므로 오버라벨링 준비를 해야 한다.

㉢ 판매가격은 화장품을 공급하는 제조사가 맞춤형화장품판매업자에게 판매하는 가격을 말한다.

㉣ 판매가격 표시 대상은 국내에서 제조 또는 수입되어 국내에서 판매되는 모든 화장품이다.

㉤ 개별 제품으로 구성된 종합제품으로서 분리해 판매하지 않는 경우에는 그 종합제품에 일괄하여 가격을 표기할 수 없다.

㉥ 표시의무자 이외의 화장품책임판매업자, 화장품제조업자는 그 판매가격을 표시해서는 안 된다.

㉦ 판매가격 표시의무자는 매장크기에 관계없이 가격표시를 하지 않고 판매하거나 판매할 목적으로 진열·전시해서는 안 된다.

① ㉠, ㉢, ㉣, ㉥

② ㉠, ㉣, ㉤, ㉥

③ ㉠, ㉣, ㉥, ㉦

④ ㉡, ㉢, ㉤, ㉦

⑤ ㉡, ㉣, ㉥, ㉦

74 다음 중 「화장품 안전 기준 등에 관한 규정」에 따라 사용할 수 있는 원료는? (8점)

① 에어로졸 스프레이 제품에 사용된 글루타랄 0.05%

② 미스트의 향료로 사용된 무화과나무잎엡솔루트 0.1%

③ 산화염모제에 사용된 p-아미노페놀 0.11%

④ 각질 제거 기능을 갖춘 클렌징 크림에 들어간 미세플라스틱

⑤ 립밤에 사용된 에칠라우로일알지네이트 하이드로클로라이드 0.4%

75 〈보기〉는 염모제 사용 전 패치테스트에 대한 설명이다. ㉠~㉣에 들어갈 숫자의 합은? (8점)

┌ 보기 ┐

첫째, 팔의 안쪽 또는 귀 뒤쪽 머리카락이 난 주변의 피부를 비눗물로 잘 씻고 탈지면으로 가볍게 닦는다.

둘째, 실험액을 준비하고 세척한 부위에 동전 크기로 바르고 자연건조시킨 후 그대로 (㉠)시간 방치한다.

셋째, 테스트 부위의 관찰은 테스트액을 바른 후 (㉡)분 그리고 (㉢)시간 후 총 (㉣)회를 반드시 행하고, 이상이 있을 경우 염모를 중지한다.

넷째, (㉠)시간 이내 이상이 발생하지 않으면 바로 염모를 진행한다.

① 152

② 128

③ 104

④ 80

⑤ 70

76 맞춤형화장품에 관한 내용으로 옳은 것은? (8점)

① 소비자가 맞춤형화장품을 사용한 후 부작용이 발생하였음을 알게 된 경우 책임판매업자가 부작용 보고를 해야하며, 맞춤형화장품 사용과 관련된 부작용 발생사례를 알게 된 경우에는 그 정보를 알게 된 날로부터 15일 이내에 식품의약품안전처장에게 보고해야 한다.

② 화장품책임판매업자가 혼합·소분 전에 혼합·소분에 사용되는 내용물과 원료에 대한 품질성적서를 확인 하도록 규정하고 있다.

③ 맞춤형화장품판매업자는 내용물과 원료에 대한 품질관리를 직접 실시할 수 있으며, 직접 품질관리를 실시 하기 어려운 경우에는 내용물과 원료를 제공하는 화장품책임판매업자 등의 품질성적서를 통하여 품질이 적절함을 확인하여야 한다.

④ 맞춤형화장품이 「화장품 안전 기준 등에 관한 규정」의 유통화장품 안전관리 기준에 부적합한 경우(예: 비 의도적 성분이 기준치 초과하여 검출) 책임은 책임판매업자에게 있다.

⑤ 한 명의 화장품책임판매업자로부터 내용물 또는 원료를 공급받아 하나의 맞춤형화장품을 조제하여야 한다.

77 다음 중 맞춤형화장품의 표시·광고에 관한 내용 중 올바르지 않은 것은? (12점)

① 화장품책임판매업자 A는 소비자로 하여금 해당 제품이 '맞춤형화장품'이라는 오인을 하게 할 우려가 없다고 판단하여 '맞춤형'이라는 표현을 사용하여 화장품을 판매하였다.

② 화장품제조업자 B는 천연화장품 또는 유기농화장품의 인증기관으로부터 인증을 받은 맞춤형화장품에 천연 또는 유기농 표시·광고를 하였다.

③ 맞춤형화장품판매업자 C는 천연화장품 또는 유기농화장품 인증을 받아 맞춤형화장품에 천연 또는 유기농 표시·광고를 하였다.

④ 화장품책임판매업자 D는 사전에 효능·효과 등에 대한 심사를 받은 기능성화장품에 '기능성화장품'이라 는 글자로 표시·광고를 하였다.

⑤ 화장품책임판매업자 E는 사전에 맞춤형화장품을 기능성화장품으로 심사받거나 보고하고 맞춤형화장품 판매장에서 소비자에게 판매하였는데, 제품명이 심사받거나 보고한 내용과 달라져서 해당 제품명으로 변경심사를 받았다.

78 다음 중 모표피와 모피질 안의 내용물들이 빠져나가지 않게 잡아 주어 모발의 영양분과 수분을 유지하고, 모발의 손상을 막는 것을 무엇이라고 하는가? (8점)

① 에피큐티클　　　　　　　　　　② 엑소큐티클
③ 멜라닌세포　　　　　　　　　　④ 시스틴 결합
⑤ 세포막복합체(CMC)

79 다음 중 표시·광고 관련 행정처분의 기간이 <u>다른</u> 것은 무엇인가? (12점)

① 화장품의 명칭, 영업자의 상호 및 주소 기재사항의 전부를 기재하지 않은 경우에 속하며, 2차 위반에 해당하는 경우
② 화장품의 명칭, 영업자의 상호 및 주소 기재사항의 일부를 기재하지 않은 경우에 속하며, 4차 위반에 해당하는 경우
③ 실증 자료 제출 명령을 어겨 표시·광고 행위 중지명령을 받았으나 중지하지 않고 표시·광고한 경우에 속하며, 2차 위반에 해당하는 경우
④ 외국제품을 국내제품으로 또는 국내제품을 외국제품으로 잘못 인식할 우려가 있는 경우에 속하며, 2차 위반에 해당하는 경우
⑤ 기능성화장품, 천연화장품 또는 유기농화장품으로 잘못 인식할 우려가 있는 경우에 속하며, 2차 위반에 해당하는 경우

80 〈보기〉는 「기능성화장품 기준 및 시험 방법」 별표 9 탈모 증상의 완화에 도움을 주는 기능성화장품 중 어떤 원료에 대한 설명이다. 이 설명에 해당하는 원료는? (12점)

> ┤ 보기 ├
> • 분자식은 $C_9H_{19}NO_4$: 205.25
> • 정량할 때 환산한 무수물에 대하여 이 원료 98.0~102.0%를 함유한다.
> • 이 원료 1.0g을 달아 물을 넣어 녹여 10mL로 하여 검액으로 한다. 검액 1mL에 1mol/L 수산화나트륨액 5mL를 넣은 다음 황산동시액 1방울을 넣고 세게 흔들어 섞었을 때 액은 진한 청색을 나타낸다.

① 덱스판테놀　　　　　　　　　　② 비오틴
③ 엘-멘톨　　　　　　　　　　　　④ 징크피리치온
⑤ 징크피리치온 액(50%)

81 다음 〈보기〉를 읽고, ㉠, ㉡에 들어갈 알맞은 단어를 기입하시오. (14점)

┤ 보기 ├

「화장품법」제5조(영업자의 의무 등)에 따라 (㉠)은/는 판매장 시설·기구의 관리 방법, 혼합·소분 안전관리 기준의 준수 의무, 혼합·소분되는 내용물 및 원료에 대한 설명 의무, 안전성 관련 사항 보고 의무 등에 관하여 총리령으로 정하는 사항을 준수하여야 한다.

화장품책임판매업자는 지난해의 생산실적 또는 수입실적을 매년 2월 말까지 식품의약품안전처장이 정하여 고시하는 바에 따라 대한화장품협회 등을 통하여 식품의약품안전처장에게 보고하여야 한다. 또한, 영업자의 의무에 따라 화장품책임판매업자는 화장품의 제조과정에 사용된 (㉡)을/를 화장품의 유통·판매 전까지 보고해야 한다.

82 다음 〈보기〉를 읽고, ㉠, ㉡에 들어갈 알맞은 단어를 기입하시오. (12점)

┤ 보기 ├

식품의약품안전처장은 맞춤형화장품조제관리사 자격의 취소, 천연화장품 및 유기농화장품에 대한 인증의 취소, 인증기관 지정의 취소 또는 업무의 전부에 대한 정지를 명하거나 등록의 취소, 영업소 폐쇄, 품목의 제조·수입 및 판매(수입대행형 거래를 목적으로 하는 알선·수여를 포함한다)의 금지 또는 업무의 전부에 대한 정지를 명하고자 하는 경우에는 (㉠)을 하여야 하며, 화장품제조업자가 갖추고 있는 시설이 영업의 등록에 따른 시설기준에 적합하지 아니하거나 노후 또는 오손되어 있어 그 시설로 화장품을 제조하면 화장품의 안전과 품질에 문제의 우려가 있다고 인정되는 경우에는 화장품제조업자에게 그 시설의 (㉡)를 명하거나 그 개수가 끝날 때까지 해당 시설의 전부 또는 일부의 사용금지를 명할 수 있다.

83 다음 〈보기〉를 읽고, 괄호 안에 들어갈 알맞은 단어를 기입하시오. (14점)

┤ 보기 ├

( )은 법인의 대표자나 법인 또는 개인의 대리인, 사용인, 그 밖의 종업원이 그 법인 또는 개인의 업무에 관하여 화장품법 제36조부터 제38조까지의 어느 하나에 해당하는 위반행위를 하면 그 행위자를 벌하는 외에 그 법인 또는 개인에게도 해당 조문의 벌금형을 과(科)한다. 다만, 법인 또는 개인이 그 위반행위를 방지하기 위하여 해당 업무에 관하여 상당한 주의와 감독을 게을리하지 아니한 경우에는 그러하지 아니하다.

84 다음 〈보기〉를 읽고, ㉠, ㉡, ㉢에 들어갈 알맞은 단어를 기입하시오. (14점)

┤ 보기 ├

• 천연 및 유기농화장품의 사용할 수 있는 원료 중 합성 원료는 천연화장품 및 유기농화장품의 제조에 사용할 수 없다. 다만, 천연화장품 또는 유기농화장품의 품질 또는 안전을 위해 필요하나 따로 자연에서 대체하기 곤란하여 허용 기타 원료 및 허용 합성 원료로 지정된 원료는 (㉠)% 이내에서 사용할 수 있다. 이 경우에도 석유화학 부분(petrochemical moiety의 합)은 2%를 초과할 수 없다.

• 천연화장품 및 유기농화장품의 용기와 포장에 (㉡), (㉢)을 사용할 수 없다.

85 다음 〈보기〉를 읽고, 괄호에 공통으로 들어갈 단어를 기입하시오. (10점)

> ┤ 보기 ├
> · 열(   ): 다양한 온도 변화 조건에서 화장품 성분이 일정한 상태를 유지하는 성질
> · 광(   ): 다양한 광 조건에서 화장품 성분이 일정한 상태를 유지하는 성질
> · 미생물 (   ): 미생물 증식으로 인한 오염으로부터 화장품 성분이 일정한 상태를 유지하는 성질
> · 산화 (   ): 산소 및 기타 화학물질과의 산화 반응이 유발되지 않고 화장품 성분이 일정한 상태를 유지하는 성질

86 다음 〈보기〉를 읽고, ㉠, ㉡에 들어갈 알맞은 숫자를 기입하시오. (14점)

> ┤ 보기 ├
> 보디로션 500g에 리모넨을 0.04g을 첨가한 제품인 경우, 리모넨은 제품에 (㉠   )% 함유되었으며, 씻어내지 않는 제품에는 (㉡   )% 초과 함유하는 경우에만 알레르기 유발 물질을 표기해야 하기 때문에, 해당 제품은 알레르기 유발 표시 대상에 해당된다.

87 주어진 정보를 읽고 해당하는 성분이 무엇인지 〈보기〉에서 골라 기입하시오. (14점)

> * 아래와 같은 구조를 가진다.
> * 산화방지제, 제모제, 퍼머넌트웨이브용제/헤어스트레이트너용제, 환원제 등으로 사용한다.
>
> $$HS-CH_2-C(=O)-OH$$

> ┤ 보기 ├
> 올레익애씨드, 에칠헥실메톡시신나메이트, 살리실릭애씨드, 프로필렌글리콜, 알루미늄, 아이오도프로피닐부틸카바메이트, 치오글라이콜릭애씨드, 메틸렌글라이콜, 과산화수소

88 다음 〈보기〉를 읽고, ㉠, ㉡, ㉢, ㉣ 안에 들어갈 알맞은 단어를 기입하시오. (12점)

> ┤ 보기 ├
> · 기능성화장품 기준 및 시험 방법 중 제제를 만들 경우에는 따로 규정이 없는 한 그 보존 중 성상 및 품질의 기준을 확보하고 그 유용성을 높이기 위하여 부형제, 안정제, 보존제, 완충제 등 적당한 (㉠   )를 넣을 수 있다.
> · 용질명 다음에 (㉡   )이라 기재하고, 그 용제를 밝히지 않은 것은 (㉢   )을 말한다.
> · 검체의 채취량에 있어서 "약"이라고 붙인 것은 기재된 양의 ±(㉣   )%의 범위를 뜻한다.

89 다음은 비누에 관한 내용이다. 〈보기〉의 ㉠, ㉡, ㉢ 안에 들어갈 알맞은 단어를 기입하시오. (10점)

┤ 보기 ├
- 비누의 제조 방법 중 (㉠)은/는 유지를 알칼리로 가수분해, 중화하여 비누와 글리세린을 얻는 방법이다.
- 비누의 제조 방법 중 (㉡)은/는 지방산과 알칼리를 직접 반응시켜 비누를 얻는 방법이다.
- 화장비누의 유리알칼리 시험법 중 염화바륨법은 염화바륨(2수화물) 10g을 이산화탄소를 제거한 증류수 90mL에 용해시키고, 지시약을 사용하여 0.1N 수산화칼륨 용액으로 (㉢)색이 나타날 때까지 중화시킨다.

90 다음은 제품별 포장에 대한 내용이다. 〈보기〉의 ㉠, ㉡, ㉢ 안에 들어갈 알맞은 숫자를 작성하시오. (12점)

┤ 보기 ├
- 1회 이상 포장한 최소 판매단위의 제품으로 화장비누, 샴푸, 린스, 보디워시의 포장공간 비율은 (㉠)% 이하, 포장 횟수는 (㉡)차 이내이다.
- 1회 이상 포장한 최소 판매단위의 제품으로 화장수, 에센스, 오일의 포장공간 비율은 (㉢)% 이하이다.

91 다음은 모간부에 대한 설명이다. 괄호 안에 들어갈 알맞은 단어를 〈보기〉에서 골라 기입하시오. (12점)

( )은 가장 바깥층이며 두께 100Å 정도의 얇은 막으로 아미노산 중 시스틴의 함유량이 가장 많고, 각질 용해성 또는 단백질 용해성의 약품(친유성, 알칼리 용액)에 대한 저항성이 가장 강한 성질을 나타낸다.

┤ 보기 ├
모표피, 모낭, 엔도큐티클, 에피큐티클, 모모세포, 엑소큐티클, 모수질, 모피질, 내근모초, 모유두, 멜라닌세포

92 다음은 탈모에 대한 설명이다. 〈보기〉를 읽고, ㉠, ㉡ 안에 들어갈 알맞은 단어를 기입하시오. (12점)

┤ 보기 ├
- (㉠) 탈모증은 두피의 경계선이 점점 뒤로 진행되어 이마가 넓고 점점 대머리가 되는 것이 특징이다.
- 모근이 소실되어 새 머리카락이 나오기 어렵다.
- 남성호르몬의 일종인 (㉡)라는 호르몬이 원인이 되어 나타난다.

93 다음 〈보기〉를 읽고, ㉠, ㉡ 안에 들어갈 알맞은 단어를 기입하시오. (10점)

┤ 보기 ├

(㉠)란 외부 물질에 대해 인체의 면역 기전이 보통보다도 과민한 반응을 나타낼 때 유발되는 증상을 말하며, 이것을 일으키는 것을 (㉡)이라고 한다.

94 다음은 「우수화장품 제조 및 품질관리 기준」 제2조(용어의 정의)에 대한 내용이다. 〈보기〉의 ㉠, ㉡ 안에 들어갈 알맞은 단어를 기입하시오. (12점)

┤ 보기 ├

• (㉠)이란 적합 판정 기준을 벗어난 완제품, 벌크제품 또는 반제품을 재처리하여 품질이 적합한 범위에 들어오도록 하는 작업을 말한다.

• (㉡)이란 규정된 조건하에서 측정기기나 측정 시스템에 의해 표시되는 값과 표준기기의 참값을 비교하여 이들의 오차가 허용범위 내에 있음을 확인하고, 허용범위를 벗어나는 경우 허용범위 내에 들도록 조정하는 것을 말한다.

95 다음 〈보기〉를 읽고, ㉠, ㉡ 안에 들어갈 알맞은 단어를 기입하시오. (12점)

┤ 보기 ├

식품의약품안전처장은 (㉠), 색소, 자외선 차단제 등과 같이 특별히 사용상의 제한이 필요한 원료에 대하여는 그 사용기준을 지정하여 고시하여야 한다. 또한, 국내외에서 (㉡)이 포함되어 있는 것으로 알려지는 등 국민보건상 위해 우려가 제기되는 화장품 원료 등의 경우에는 총리령으로 정하는 바에 따라 위해요소를 신속히 평가하여 그 위해 여부를 결정하여야 한다.

96 다음 〈보기〉를 읽고, ㉠, ㉡ 안에 들어갈 알맞은 단어를 기입하시오. (12점)

┤ 보기 ├

가용화제는 물에 대한 용해도가 아주 낮은 물질을 물에 용해시키기 위한 목적으로 사용되며, (㉠)의 일종이다. 수용액 내에 (㉠)의 농도가 증가하면, 분자 간 집합체인 (㉡)이 형성된다.

97 특정 업무를 표준화된 방법에 따라 일관되게 실시할 목적으로 해당 절차 및 수행 방법 등을 상세하게 기술한 문서로 화장품 품질관리가 필요한 모든 업무에서 필요한 것은 무엇인가? (12점)

98 〈보기〉를 읽고 진피에 존재하는 것은 총 몇 개인지 기입하시오. (14점)

> ┤ 보기 ├
> 콜라겐, 엘라스틴, 세포외기질(ECM, Extracellular Matrix), 섬유아세포(Dermal Fibroblasts), 랑게르한스세포,
> 머켈세포, 혈관, 땀샘, 피지샘, 지방세포, 신경 말단, 필라그린

99 〈보기〉를 읽고, 괄호 안에 공통으로 들어갈 알맞은 단어를 기입하시오. (10점)

> ┤ 보기 ├
> • 피부는 물리적 마찰과 충격으로부터 (   ) 기능을 한다.
> • 화학 물질로부터 피부를 (   )하는 기능을 한다.
> • 멜라닌세포를 통해 자외선으로부터 피부를 (   )하는 기능을 한다.

100 다음 〈보기〉는 탈염, 탈색 원리에 대한 설명이다. ㉠, ㉡, ㉢ 안에 들어갈 올바른 단어를 기입하시오. (16점)

> ┤ 보기 ├
> (㉠)는 모표피를 손상시켜 염료와 (㉡)가 속으로 잘 스며들게 하는 역할을 하며, (㉡)는
> (㉢)를 파괴하여 두발 원래의 색을 지우는 역할을 한다.

고난도 모의고사(제1회) 정답 및 해설

선다형(객관식)

01	③	02	②	03	⑤	04	③	05	②
06	②	07	⑤	08	⑤	09	①	10	③
11	②	12	⑤	13	②	14	②	15	②
16	③	17	③	18	②	19	④	20	⑤
21	③	22	②	23	⑤	24	⑤	25	③
26	⑤	27	④	28	④	29	③	30	②
31	④	32	⑤	33	②	34	③	35	②
36	②	37	①	38	②	39	②	40	④
41	①	42	③	43	④	44	④	45	①
46	⑤	47	②	48	③	49	②	50	①
51	③	52	⑤	53	①	54	④	55	②
56	①	57	③	58	②	59	④	60	④
61	②	62	③	63	①	64	②	65	⑤
66	②	67	④	68	③	69	③	70	③
71	③	72	②	73	②	74	③	75	②
76	②	77	④	78	②	79	②	80	④

단답형(주관식)

81	⊙ 20, ⓒ 25, ⓒ 30
82	⊙ 촬영 시간, ⓒ 촬영 범위(순서 무관)
83	⊙ 5.0, ⓒ 5.0, ⓒ 2.5
84	⊙ 인체적용시험, ⓒ 효력시험, ⓒ 10
85	1
86	⊙ 청결, ⓒ 모발, ⓒ 표시
87	⊙ 모노테르펜, ⓒ 라멜라
88	⊙ 품질성적서, ⓒ 오염, ⓒ 판매내역서
89	⊙ D, ⓒ A, ⓒ F
90	⊙ 치오글리콜산 80% ⓒ 살리실애씨드 또는 살리실릭산
91	시험 재료, 최종보고서 작성에 기여한 외부전문가의 성명
92	기능성화장품
93	⊙ 화장품책임판매업자 ⓒ 소비자화장품안전관리감시원
94	⊙ 향료, ⓒ 소나무이끼 추출물 ⓒ 메틸 4-옥티노에이트
95	머켈세포
96	⊙ 암모니아, ⓒ 과산화수소
97	⊙ 제조번호, ⓒ 제조일자
98	⊙ 크로스컷트, ⓒ 기밀용기, ⓒ 미생물
99	⊙ 3, ⓒ 4, ⓒ 13, ⓒ 5
100	⊙ 총호기성생균수: 880, ⓒ 적합 여부: 적합

01

| 정답 | ③

| 해설 | 맞춤형화장품조제관리사를 두지 않고 맞춤형화장품을 판매했을 때 해당되는 벌칙을 찾는 문제로 맞춤형화장품판매업자는 3년 이하 징역 또는 3천만 원 벌금(징역형과 벌금형 함께 부과 가능)을 받게 되며, 소재지 변경은 30일(행정구역 개편에 따른 소재지 변경의 경우에는 90일) 이내에 해당 서류를 제출하면 된다.

02

| 정답 | ②

| 해설 | ① 선주: 글자 크기는 5포인트 이상이어야 한다.

③ 혜은: 내용량이 50mL 또는 중량이 50g 이하인 경우 전성분의 기재·표시 생략이 가능하다. 다만, 내용량이 10mL 초과 50mL 이하 또는 중량이 10g 초과 50g 이하 화장품의 포장인 경우 타르색소, 금박, 샴푸와 린스에 들어 있는 인산염의 종류, 과일산(AHA), 기능성화장품의 경우 그 효능·효과가 나타나게 하는 원료, 식품의약품안전처장이 사용한도를 고시한 화장품의 원료는 생략 불가능하다.

④ 진철: 원료 자체에 들어 있는 부수 성분으로 효과가 나타나기에는 미비한 양일 경우 기재·표시 생략이 가능하다.

⑤ 희림: 비누화 반응에 거치는 성분은 비누화 반응에 따른 생성물로 기재·표시할 수 있다.

03

| 정답 | ⑤

| 해설 | 수집된 개인정보는 폐업 시 법령 또는 이용자의 요청에 따라 달리 정한 경우를 제외하고는 모두 영구 파기하여야 한다.

04

| 정답 | ③

| 해설 | ⓒ 심사를 받지 않거나 거짓으로 보고하고 기능성화장품을 판매한 경우 3차 위반부터 등록이 취소된다.

ⓒ 화장품에 들어가면 안 되는 성분이 혼입이 되었다는 이유로 회수 명령을 받았으나 회수계획을 보고하지 않는 것을 4차까지 위반하면 등록이 취소된다.

05

| 정답 | ②

| 해설 | ① 아데노신은 주름 개선 기능성 원료이다.

③ Base의 유통기한은 2024.10.17.까지이므로 조제된 화장품은 2024.10.17까지 사용해야 한다.

④ 유제놀은 사용 후 씻어내는 제품에는 0.01%, 사용 후 씻어내지 않는 제품에는 0.001% 초과 함유하는 경우에만 알레르기 유발 성분을 표시한다.

⑤ 주어진 효능 성분 중 주름 개선 성분으로는 아데노신, 폴리에톡실레이티드레틴아마이드가 있다. 알파-비사보롤과 나이아신아마이드는 피부 미백에 도움을 주는 성분이다.

06

| 정답 | ②

| 해설 | ⑦, ⑩ 경쟁상품과 비교하는 표시·광고는 비교 대상 및 기준을 분명히 밝히고 객관적으로 확인될 수 있는 사항만을 표시·광고하여야 하며, 배타성을 띤 "최고" 또는 "최상" 등의 절대적 표현의 표시·광고를 하지 말아야 한다.

ⓒ 의사·치과의사·한의사·약사·의료기관 또는 그 밖의 의·약 분야의 전문가가 해당 화장품을 지정·공인·추천·지도·연구·개발 또는 사용하고 있다는 내용이나 이를 암시하는 등의 표시·광고를 하지 말아야 한다.

07

| 정답 | ⑤

| 해설 | 「화장품법」 제10조 및 「화장품법 시행규칙」 제19조 화장품의 기재사항에 관한 문제로 아래 내용은 1차 포장에 필수로 기재하여야 한다.

1. 화장품의 명칭
2. 영업자의 상호
3. 제조번호
4. 사용기한 또는 개봉 후 사용기간

08

| 정답 | ⑤

| 해설 | 전성분은 함량이 많은 것부터 기재·표시해야 하나 1.0% 이하로 사용된 성분은 순서 상관없이 기재·표시가 가능하다. 미백 기능성화장품 고시 성분 나이아신아마이드가 최대 사용한도 5.0%이고 사용상 제한이 필요한 원료 중 보존제 성분인 페녹시에탄올이 1.0%이므로 태반 추출물은 1.0%~5.0% 사이임을 알 수 있다.

09

| 정답 | ①

| 해설 | 위해요소란 인체의 건강을 해치거나 해칠 우려가 있는 화학적, 물리적, 미생물적 요인을 말한다.

10

| 정답 | ③

| 해설 | ③ 성분명을 제품 명칭의 일부로 사용한 경우 그 성분명과 함량(방향용 제품은 제외)을 기재·표시하여야 한다.

11

| 정답 | ②

| 해설 | 항생 물질은 사용할 수 없는 원료이므로 ②는 가등급에 해당한다. ① 맞춤형화장품조제관리사를 두지 아니하고 판매한 맞춤형화장품, ③ 화장품제조업 또는 화장품책임판매업 등록을 하지 아니한 자가 제조한 화장품 또는 제조·수입하여 유통·판매한 화장품, ④ 병원미생물에 오염된 경우, ⑤ 화장품의 사용기한 또는 개봉 후 사용기간(병행표시된 경우 제조연월일 포함)을 위조·변조한 경우는 다등급에 해당한다.

12

| 정답 | ⑤

| 해설 | ㉠ 양쪽성 계면활성제는 계면활성제의 사용 안전성이 좋아서 주로 저자극 샴푸, 유아용 샴푸에 사용한다.

㉡ 미셀은 계면활성제의 농도가 증가하여 계면활성제 분자의 수소기가 수분과의 접촉을 피하기 위해 형성된 구조이다.

13

| 정답 | ②

| 해설 | ㉢ 2,2,2-트리브로모에탄올, ㉤ 2-메톡시에탄올은 화장품에 사용할 수 없는 원료이다.

㉠ 벤질알코올: 사용상의 제한이 필요한 원료이며, 보존제 성분으로 1.0%(다만, 두발염색용 제품류에 용제로 사용할 경우에는 10%)의 사용한도가 있다.

㉡ 클로로부탄올: 사용상의 제한이 필요한 원료이며, 보존제 성분으로 0.5%(에어로졸 스프레이 제품에는 사용금지)의 배합한도가 있다.

㉣ 이소프로필메칠페놀: 사용상의 제한이 필요한 원료이며, 보존제 성분으로 0.1%의 배합한도가 있다.

㉥ 2,4-디클로로벤질알코올: 사용상의 제한이 필요한 원료이며, 보존제 성분으로 0.15%의 배합한도가 있다.

14

| 정답 | ②

| 해설 | ㉢ 징크옥사이드, ㉥ 티타늄다이옥사이드는 자외선 산란제(물리적 자외선 차단제)에 해당한다.

㉣ 살리실릭애씨드: 기능성화장품 중 여드름성 피부를 완화하는 데 도움을 주는 제품의 고시 성분이다.

15

| 정답 | ②

| 해설 | • 밀봉용기: 일상의 취급 또는 보통의 보존 상태에서 기체 또는 미생물이 침입할 염려가 없는 용기

• 차광용기: 광선의 투과를 방지하는 용기 또는 투과를 방지하는 포장을 한 용기

16

| 정답 | ③

| 해설 | ㉠ 천연화장품 및 유기농화장품의 기준을 정함으로써 화장품 업계, 소비자 등에게 정확한 정보를 제공하고 관련 산업을 지원하는 것을 목적으로 한다.

㉣ 천연화장품 및 유기농화장품 인증의 유효기간을 연장하려고 하는 자는 유효기간이 끝나기 90일 전에 연장 신청을 해야 한다.

㉤ 자연에서 대체하기 곤란한 기타 원료 및 합성 원료는 5% 이내에서 사용 가능하며, 석유화학 부분은 2%를 초과 사용이 불가하다.

17

| 정답 | ③

| 해설 | ③ 손소독제는 의약외품에 해당하여 맞춤형화장품조제관리사가 소분할 수 없다.

18

| 정답 | ②

| 해설 | ㉡ 금속이온봉쇄제, pH 조절제이다.

㉢, ㉧ 사용상의 제한이 필요한 보존제이다.

㉤, ㉠ 티로시나아제(타이로시나아제)의 활성을 억제해 피부 미백에 도움을 주는 제품의 성분이다.

㉥ 사용금지 원료이다.

19

| 정답 | ④

| 해설 | 천연화장품 및 유기농화장품에서 금지되는 공정은 다음과 같다.

1. 탈색, 탈취

2. 방사선 조사

3. 설폰화

4. 에칠렌옥사이드, 프로필렌옥사이드 또는 다른 알켄옥사이드 사용

5. 수은화합물을 사용한 처리

20

| 정답 | ⑤

| 해설 | 완전 제거가 불가능한 성분의 경우 각 물질의 검출 허용한도는 다음과 같다.

• 납: 점토를 원료로 사용한 분말 제품의 경우 50μg/g 이하, 그 밖의 제품은 20μg/g 이하

• 니켈: 눈화장용 제품 35μg/g 이하, 색조화장용 제품 30μg/g 이하, 그 밖의 제품은 10μg/g 이하

• 비소: 10μg/g 이하

• 안티몬: 10μg/g 이하

• 카드뮴: 5μg/g 이하

• 수은: 1μg/g 이하

• 디옥산: 100μg/g 이하

• 메탄올: 0.2(v/v)% 이하, 물휴지는 0.002%(v/v) 이하

• 포름알데하이드: 2,000μg/g 이하, 물휴지는 20μg/g 이하

• 프탈레이트류: 디부틸프탈레이트, 부틸벤질프탈레이트 및 디에칠헥실프탈레이트에 한하여 총합으로서 100μg/g 이하

21

| 정답 | ③

| 해설 | 자료 제출이 생략되는 기능성화장품의 종류 중 자외선으로부터 피부를 보호하는 데 도움을 주는 성분 및 최대 함량으로는 드로메트리졸 1%, 옥토크릴렌 10%, 벤조페논-4 5%, 호모살레이트 10%, 에칠헥실살리실레이트 5%, 징크옥사이드 25%이다.

②, ④ 레조시놀은 모발의 색상을 변화시키는 기능을 가진 제품의 성분이며, 사용 시 농도상한은 2%이다.

22

| 정답 | ②

| 해설 | ㉠ 살리실릭애씨드 및 그 염류: 영유아용 제품류 또는 13세 이하 어린이가 사용할 수 있음을 특정하여 표시하는 제품에는 사용금지(다만, 샴푸는 제외)

㉣ 아이오드프로피닐부틸카바메이트: 영유아용 제품류 또는 13세 이하 어린이가 사용할 수 있음을 특정하여 표시하는 제품에는 사용금지(다만, 목욕용 제품, 샤워젤류 및 샴푸류는 제외)

23

| 정답 | ⑤

| 해설 | GTIN-13 번호체계는 다음과 같다.

자릿수	3	4~6	5~3	1
내용	㉠ 국가식별코드	업체식별코드	㉡ 품목코드	검증번호
부여 예	880	1234	12345	7

참고로 GTIN-14 번호체계는 다음과 같다.

자릿수	1	3	4~6	5~3	1
내용	물류식별	국가식별	업체식별	품목코드	검증번호
부여 예	1~8	880	1234	12345	4

24

| 정답 | ⑤

| 해설 | ① A는 4월 10일에 맞춤형화장품조제관리사 자격을 취득하였기 때문에 3월 15일에는 맞춤형화장품을 조제할 수 없다.

②, ③, ④ B는 맞춤형화장품조제관리사 자격증을 취득하지 않았기 때문에 혼합 및 소분 업무를 할 수 없다.

25

| 정답 | ③

| 해설 | ㉠ 덱스판테놀은 탈모 증상 완화. 치오글리콜산은 체모 제거 기능 성분이다.

㉣ 폴리에톡실레이티드레틴아마이드는 주름 개선 기능성화장품 원료이다.

26

| 정답 | ⑤

| 해설 | • 비타민: 아스코르브산(수용성), 토코페롤(지용성)

• 알코올: 세틸알코올(지용성), 아이소프로필알코올(수용성)

• 산: 스테아릭산(지용성), 아미노산(수용성)

27

| 정답 | ④

| 해설 | ㉠ 퀴닌: 퀴닌 및 그 염류의 사용한도는 샴푸에 퀴닌염으로서 0.5%, 헤어 로션에 퀴닌염으로서 0.2%, 기타 제품에는 사용금지이다.

㉡ 실버나이트레이트: 실버나이트레이트의 사용한도는 속눈썹 및 눈썹 착색 용도의 제품에 4%, 기타 제품에는 사용금지이다.

㉢ 메칠렌글라이콜: 화장품에 사용할 수 없는 금지원료이다.

28

| 정답 | ④

| 해설 | ① 제조업체와 책임판매업체가 동일한 경우 구분하여 명시하지 않아도 된다.

② 식품의약품안전처장 또는 화장품책임판매업자에 보고한다.

③ 화장품제조업자의 준수사항에 해당한다.

⑤ 특정 성분을 0.5% 이상 함유하는 제품은 안정성시험 자료를 최종 제조된 제품의 사용기한이 만료되는 날부터 1년간 보존해야 한다.

29

| 정답 | ③

| 해설 | • 유용성 감초 추출물은 자료 제출이 생략되는 미백 기능성화장품 고시 원료이다.

• 폴리에톡실레이티드레틴아마이드는 자료 제출이 생략되는 주름 개선 기능성화장품 고시 원료이다.

30

| 정답 | ②

| 해설 | 디옥산은 주로 계면활성제를 포함하는 샴푸, 액상비누, 보디클렌저 등의 제품에 포함되어 있으며, 소듐라우레스설페이트(SLES)에서도 검출된다.

31

| 정답 | ④

| 해설 | ㉣ 브러시 등으로 문질러 지우는 것을 고려한다.

㉤ 분해할 수 있는 설비는 분해해서 세척한다.

㉥ 판정 후의 설비는 건조 · 밀폐해서 보존한다.

32

| 정답 | ⑤

| 해설 | ① 품질에 문제가 있거나 회수 · 반품된 제품의 폐기 또는 재작업 여부는 품질 책임자에 의해 승인되어야 한다.

② 변질 · 변패 또는 병원미생물에 오염되지 아니한 경우, ③ 제조일로부터 1년이 경과하지 않았거나, ④ 사용기한이 1년 이상 남아있는 경우를 모두 만족하여야 재작업을 할 수 있다.

33

| 정답 | ②

| 해설 | ⓒ 청정도 2등급: 청정 공기순환 – 10회/hr 이상 또는 차압 관리,
관리 기준 – 낙하균 30개/hr 또는 부유균 200개/m³
ⓔ 청정도 4등급: 청정 공기순환 – 환기장치, 관리 기준 – 해당 없음

34

| 정답 | ③

| 해설 | ① 아세톤을 함유하는 네일 에나멜 리무버 및 네일 폴리시 리무
버가 안전용기·포장 대상 품목이다.
② 어린이용 오일 등 개별 포장당 탄화수소류를 10퍼센트 이상 함유하고
운동점도가 21센티스톡스(섭씨 40도 기준) 이하인 비에멀전 타입의 액
체상태의 제품
④ 일회용 제품, 용기 입구 부분이 펌프 또는 방아쇠로 작동되는 분무용기
제품, 압축 분무용기 제품(에어로졸 제품 등)은 제외한다.
⑤ 개봉하기 어려운 정도의 구체적인 기준 및 시험 방법은 산업통상자원
부장관이 정하여 고시하는 바에 따른다.

35

| 정답 | ②

| 해설 | • 화장품의 1차 포장에 개봉 후 사용기간을 표시하는 경우 안정
성 자료의 보관기간은 다음과 같다. 영유아 또는 어린이가 사용할 수 있는
화장품임을 표시·광고한 날부터 마지막으로 제조·수입된 제품의 제조연
월일 이후 3년까지의 기간. 이 경우 제조는 화장품의 제조번호에 따른 제
조일자를 기준으로 하며, 수입은 통관일자를 기준으로 한다.
• 화장품의 1차 포장에 사용기한을 표시하는 경우에는 영유아 또는 어린
이가 사용할 수 있는 화장품임을 표시·광고한 날부터 마지막으로 제
조·수입된 제품의 사용기한 만료일 이후 1년까지의 기간으로 하며, 이
경우 제조는 화장품의 제조번호에 따른 제조일자를 기준으로 하며, 수입
은 통관일자를 기준으로 한다.

36

| 정답 | ②

| 해설 | ② 알칼리: 검체 10mL를 정확하게 취하여 100mL 용량 플라스크
에 넣고 물을 넣어 100mL로 하여 검액으로 한다. 이 액 20mL를 정확하게
취하여 250mL 삼각플라스크에 넣고 ⑤ 0.1N염산으로 적정한다 (지시약:
메칠레드시액 2방울).
③ 산성에서 끓인 후의 환원성 물질(치오글라이콜릭애씨드): ②항의 검액
20mL를 취하여 삼각플라스크에 물 50mL 및 ⓒ 30% 황산 5mL를 넣
어 가만히 가열하여 5분간 끓인다. 식힌 다음 0.1N 요오드액으로 적정
한다 (지시약: 전분시액 3mL). 이때의 소비량을 AmL로 한다.

| 산성에서 끓인 후의 환원성 물질(치오글라이콜릭애씨드로서)의 |
| 함량(%) = ⓒ 0.4606×A |

37

| 정답 | ①

| 해설 | • 세균수 시험 중 한천평판희석법: 검액 1mL를 같은 크기의 페트
리접시에 넣고 그 위에 멸균 후 45℃로 식힌 15mL의 세균시험용 배지를
넣어 잘 혼합한다. 검체당 최소 ⑤ 2개의 평판을 준비하고 30~35℃에서
적어도 48시간 배양하는데 이때 최대 균집락수를 갖는 평판을 사용하되
평판당 300개 이하의 균집락을 최대치로 하여 총세균수를 측정한다.
• 진균수 시험: '세균수 시험'에 따라 시험을 실시하되 배지는 진균수 시
험용 배지를 사용하여 배양온도 20~25℃에서 적어도 ⓒ 5일간 배양한
후 100개 이하의 균집락이 나타나는 평판을 세어 총진균수를 측정한다.

38

| 정답 | ⑤

| 해설 | 완전 제거가 불가능한 성분의 검출 허용한도 중 프탈레이트류는
디부틸프탈레이트, 부틸벤질프탈레이트 및 디에칠헥실프탈레이트에 한하
여 총합으로서 100μg/g 이하이다.

39

| 정답 | ②

| 해설 | 〈보기〉는 유통화장품 안전관리 시험 방법 중 대장균 시험에 대한
시험 방법이다.
①, ③ 녹농균 시험과 황색포도상구균 시험은 검체 1g 또는 1mL를 달아
카제인대두소화액체배지를 사용하여 10mL로 하고 30~35℃에서
24~48시간 증균 배양한다. ① 녹농균 시험은 증식이 나타나는 경우는
백금이 등으로 세트리미드한천배지 또는 엔에이씨한천배지에 도말하여
30~35℃에서 24~48시간 배양한다. ③ 황색포도상구균 시험은 증균
배양액을 보겔존슨한천배지 또는 베어드파카한천배지에 이식한 후
30~35℃에서 24시간 배양한다. 균의 집락이 검정색이고 집락 주위에
황색투명대가 형성되며 그람염색법에 따라 염색하여 검경한 결과 그람
양성균으로 나타나면 응고효소시험을 실시한다.

40

| 정답 | ④

| 해설 | ① 피부 1차 자극성을 평가하기에 적정한 농도와 용량을 설정한
다. 단일농도 투여 시에는 0.5mℓ(액체) 또는 0.5g(고체)를 투여량으로 한다.
② 안점막자극 또는 기타점막자극시험은 토끼의 눈에 시험하는 Draize 방
법을 원칙으로 한다.
③ 인체 첩포시험은 피부과 전문의 또는 연구소 및 병원, 기타 관련기관에
서 5년 이상 해당 시험 경력을 가진 자의 지도하에 수행되어야 한다.
⑤ 광감작성시험은 일반적으로 기니피그를 사용하는 시험법을 사용한다.

41

| 정답 | ①

| 해설 | ㉠ 액제란 화장품에 사용되는 성분을 용제 등에 녹여서 액상으로 만든 것을 말한다.

㉡ 크림제란 유화제 등을 넣어 유성성분과 수성성분을 균질화하여 반고형 상으로 만든 것을 말한다.

㉢ 에어로졸제란 원액을 같은 용기 또는 다른 용기에 충전한 분사제(액화기체, 압축기체 등)의 압력을 이용하여 안개모양, 포말상 등으로 분출하도록 만든 것을 말한다.

• 로션제란 유화제 등을 넣어 유성성분과 수성성분을 균질화하여 점액상으로 만든 것을 말한다.

• 겔제란 액체를 침투시킨 분자량이 큰 유기분자로 이루어진 반고형상을 말한다.

• 분말제란 균질하게 분말상 또는 미립상으로 만든 것을 말하며, 부형제 등을 사용할 수 있다.

• 침적마스크제란 액제, 로션제, 크림제, 겔제 등을 부직포 등의 지지체에 침적하여 만든 것을 말한다.

42

| 정답 | ③

| 해설 | ㉢ 독성시험 절차는 「비임상시험관리기준」에 따라 수행한다.

㉤ 식품의약품안전처장은 위해성 평가에 필요한 자료를 확보하기 위하여 독성의 정도를 동물실험 등을 통하여 과학적으로 평가하는 독성시험을 실시할 수 있다.

43

| 정답 | ④

| 해설 | ① 품질의 정의이다. '유지관리'란 적절한 작업 환경에서 건물과 설비가 유지되도록 정기적·비정기적인 지원 및 검증 작업을 말한다.

② 제조의 정의이다. '공정관리'란 제조공정 중 적합 판정 기준의 충족을 보증하기 위하여 공정을 모니터링하거나 조정하는 모든 작업을 말한다.

③ 제조단위 또는 뱃치의 정의이다. '완제품'이란 출하를 위해 제품의 포장 및 첨부문서에 표시공정 등을 포함한 모든 제조공정이 완료된 화장품을 말한다.

⑤ 감사의 정의이다. '재작업'이란 적합 판정 기준을 벗어난 완제품, 벌크제품 또는 반제품을 재처리하여 품질이 적합한 범위에 들어오도록 하는 작업을 말한다.

44

| 정답 | ④

| 해설 | ① 화장품 제조에 사용된 함량이 많은 것부터 기재·표기한다. 단, 1.0% 이하로 사용된 성분, 착향제 또는 착색제는 순서에 상관없이 기재·표시가 가능하다.

② 화장품 포장의 글자 크기는 5포인트 이상으로 한다.

③ 화장품제조업자와 화장품판매업자는 따로 구분하여 기재·표기한다. 다만, 화장품제조업자와 화장품판매업자가 같은 경우 구분하여 기재·표기할 필요가 없다.

⑤ 비누화 반응을 거치는 성분은 비누화 반응에 따른 생성물로 기재·표기할 수 있다.

45

| 정답 | ①

| 해설 | • 피부의 주름 개선에 도움을 주는 성분: 레티놀, 폴리에톡실레이티드레티아마이드

• 피부를 곱게 태워주거나 피부를 보호하는 데 도움을 주는 성분: 호모살레이트, 디갈로일트리올리에이트, 징크옥사이드, 부틸메톡시디벤조일메탄, 시녹세이트

• 체모를 제거하는 기능을 가진 성분: 치오글리콜산 80%

• 염모제 성분: p-페닐렌디아민, 6-히드록시인돌, 피크라민산 나트륨

• 벤질알코올, 소듐아이오데이트, 클로로펜은 사용상의 제한이 필요한 보존제 성분이다.

46

| 정답 | ⑤

| 해설 | ① 비소는 10μg/g 이하로 검출이 허용된다.

② 수은은 1μg/g 이하로 검출이 허용된다.

③ 디옥산은 100μg/g 이하로 검출이 허용된다.

④ 포름알데하이드는 2,000μg/g 이하, 물휴지는 20μg/g 이하로 검출이 허용된다.

47

| 정답 | ②

| 해설 | 〈보기〉는 In vitro 3T3 NRU 광독성시험법에 대한 내용이다.

48

| 정답 | ③

| 해설 | ① 안점막 자극시험법: ICE 시험법

② 1차 피부 자극시험: Draize 시험법, 인체 첩포시험(Patch Test)

④ 광독성시험법: In vitro 3T3 NRU 시험법

⑤ 단회 투여 독성시험법: 독성등급법

49

| 정답 | ②

| 해설 | ㉢ 비색법: 비소에 대한 안전관리 시험 방법이다.

㉣ 액체크로마토그래프-절대검량선법: 포름알데하이드에 대한 안전관리 시험 방법이다.

㉠ 기체크로마토그래프-질량분석기법: 메탄올, 프탈레이트류(디부틸프탈레이트, 부틸벤질프탈레이트 및 디에칠헥실프탈레이트)에 대한 시험방법이다.

㉤ 기체크로마토그래프-수소염이온화검출기를 이용하는 방법: 프탈레이트류(디부틸프탈레이트, 부틸벤질프탈레이트 및 디에칠헥실프탈레이트)에 대한 안전관리 시험 방법이다.

| 정답 | ①

| 해설 | © 개봉 후 안정성시험은 화장품 사용 시에 일어날 수 있는 오염 등을 고려한 사용기한을 설정하기 위하여 장기간에 걸쳐 물리·화학적, 미생물학적 안정성 및 용기 적합성을 확인하는 시험을 말한다.

◎ 장기보존시험은 시험개시 때와 첫 1년간은 3개월마다, 그 후 2년까지는 6개월마다, 2년 이후부터 1년에 1회 시험한다.

ⓗ 가속시험은 일반적으로 장기보존시험의 지정 저장온도보다 15℃ 이상 높은 온도에서 시험한다. 예를 들어 실온보관 화장품의 경우에는 온도 40±2℃/상대습도 75±5%로, 냉장보관 화장품의 경우에는 25±2℃/상대습도 60±5%로 한다.

51

| 정답 | ③

| 해설 | ③ B는 디옥산의 허용량 100μg/g을 초과하였다.

52

| 정답 | ⑤

| 해설 | ① pH: 8.0~9.5

② 시스테인: 3.0~7.5%

③ 비소: 5μg/g 이하

④ 환원 후의 환원성 물질(시스틴): 0.65% 이하

53

| 정답 | ①

| 해설 | ① 테트라브로모-o-크레솔은 사용상의 제한이 필요한 보존제로서 0.3% 배합한도가 있다.

54

| 정답 | ④

| 해설 | ④ 화장품 제조 과정 중 제거되어 최종 제품에 남아 있지 않으면 기재·표시하지 않아도 된다.

55

| 정답 | ②

| 해설 | © 맞춤형화장품판매업의 신고 결격사유에 해당하지 않으면 맞춤형화장품판매업장의 신고가 가능하다.

© 식품의약품안전처에서 실시하는 맞춤형화장품조제관리사 자격시험에 합격하여야 한다.

◎ 원료와 원료의 혼합은 제조 행위에 해당하기 때문에 제조업자가 해야 한다.

56

| 정답 | ①

| 해설 | ② 카트리지 필름을 피부에 밀착시켜 측정하는 방법은 유분량을 측정할 때 사용한다.

③ 경피수분손실량 측정 방법은 피부장벽의 수분손실량 측정할 때 사용한다.

④ 피부에 음압을 가한 후 상태복원 정도를 측정하는 방법은 피부 탄력도를 측정할 때 사용한다.

⑤ 근적외선 분광광도계는 멜라닌의 양(피부 색)을 측정할 때 사용한다.

57

| 정답 | ③

| 해설 | ⓒ 멜라닌세포는 기저층에 존재하고 있으며, 멜라닌세포가 만들어 낸 멜라닌색소는 각질형성세포와 같이 지속적으로 각질층에서 탈락한다.

◎ 피부에는 모세혈관이 존재하고 있으며, 진피에 분포한다.

◎ 비만세포는 히스타민과 헤파린 등을 함유한 과립을 갖고 있는 백혈구의 일종으로, 지방세포를 만들지 않는다.

58

| 정답 | ②

| 해설 | ©~◎ 사용상의 제한이 필요한 원료 중 보존제에 해당한다.

© 글루타랄: 사용한도는 0.1%이며, 에어로졸(스프레이에 한함) 제품에는 사용금지이다.

© 벤제토늄클로라이드: 사용한도는 0.1%이며, 점막에 사용되는 제품에는 사용금지이다.

◎ 소듐아이오데이트: 사용 후 씻어내는 제품에 사용한도는 0.1%이며, 기타 제품에는 사용금지이다.

◎ 알킬이소퀴놀리늄브로마이드: 사용 후 씻어내지 않는 제품에 0.05%이다.

59

| 정답 | ④

| 해설 | ⓒ 리포폴리사카라이드(Lipopolysaccharide)는 면역반응 조절 물질이며, 체내의 염증반응에 관여한다.

ⓗ 자연보습인자(NMF)는 각질층에 존재하는 수용성 물질들을 총칭한다. 피부색을 결정하는 요인은 멜라닌, 헤모글로빈, 카로티노이드이다.

60

| 정답 | ④

| 해설 | ④ 5α-환원 효소(5α-리덕타아제)는 남성호르몬인 테스토스테론을 디히드로테스토스테론(DHT)으로 환원시키는 데 관여한다.

61

| 정답 | ②

| 해설 | 진피의 망상층은 ㈀ 콜라겐과 ㈁ 엘라스틴으로 구성되어 있으며, 2개 이상의 아미노산이 사슬 모양으로 펩타이드 결합으로 길게 연결된 것을 ㈂ 폴리펩타이드라고 한다.

62

| 정답 | ③

| 해설 | ㉠ "공여자 적격성검사"란 공여자에 대하여 문진, 검사 등에 의한 진단을 실시하여 해당 공여자가 세포배양액에 사용되는 세포 또는 조직을 제공하는 것에 대해 적격성이 있는지를 판정하는 것을 말한다.
㉡ "윈도우 피리어드(Window Period)"란 감염 초기에 세균, 진균, 바이러스 및 그 항원·항체·유전자 등을 검출할 수 없는 기간을 말한다.

63

| 정답 | ①

| 해설 | ㉣ 광고를 실증하기 위한 시험 결과자료는 광고와 관련되고 과학적이고 객관적인 방법에 의한 자료로서 국내외 대학 또는 화장품 관련 전문 연구기관(제조 및 영업부서 등 다른 부서와 독립적인 업무를 수행하는 기업 부설 연구소 포함)에서 시험한 것으로서 기관의 장이 발급한 자료이어야 한다.
㉤ 인체적용시험에 대한 설명이다. '실증방법'이란 표시·광고에서 주장한 내용 중 사실과 관련한 사항이 진실임을 증명하기 위해 사용되는 방법을 말한다.

64

| 정답 | ②

| 해설 | ①, ③, ④ 기능성화장품의 범위를 벗어나거나 의약품으로 잘못 오인할 우려가 있기 때문에 표시·광고에 사용할 수 없다.
⑤ 의사, 치과의사, 한의사, 약사, 의료기관 또는 그 밖의 자가 이를 지정, 추천, 지도, 연구, 개발 또는 사용하고 있다는 내용을 암시하는 등의 경우는 표시·광고의 위반 내용이다.

65

| 정답 | ⑤

| 해설 | 맞춤형화장품 판매내역서에는 다음 내용이 작성·보관되어야 한다.
1. 제조번호(맞춤형화장품의 경우 식별번호를 제조번호로 함)
2. 사용기한 또는 개봉 후 사용기간
3. 판매일자 및 판매량

66

| 정답 | ③

| 해설 | ① ㉠ 기능성화장품의 범위는 「화장품법 시행규칙」 제2조에서 확인할 수 있다.
② ㉡ 아스코르브산은 비타민C이며, 기능성화장품 고시 원료에 해당하지 않는다.
④ ㉣ 자외선은 200~400nm의 파장을 가지며, 가시광선의 파장보다 짧다.
⑤ ㉤ 모발의 색상은 멜라닌 정도에 따라 달라진다.

67

| 정답 | ④

| 해설 | ㉡ 제품별 안전성 자료의 작성 및 보관 현황이 포함되어야 한다.
㉣ 사용 후 이상사례의 현황 및 조치 결과가 포함되어야 한다.
㉤ 그 밖에 식품의약품안전처장이 필요하다고 인정하는 사항에 대하여 포함되어야 한다.

68

| 정답 | ③

| 해설 | ㉠ 과립층은 살아 있는 세포와 죽어 있는 세포가 공존하는 층으로, 케라틴 단백질이 뭉쳐진 ㉡ 케라토하이알린 과립이 존재하며, 피부 외부의 이물질 침투 방지와 수분 증발 방지 기능을 한다.

69

| 정답 | ③

| 해설 | ③ 색조 제품은 성상 및 색상의 판별 시 슬라이드 글라스에 표준품과 내용물을 각각 소량으로 묻힌 후 슬라이드 글라스로 눌러서 대조되는 부분을 육안으로 확인, 손등이나 실제 사용 부위에 직접 발라서 확인한다.

70

| 정답 | ③

| 해설 | 내피세포의 확장과 투과성의 증가는 ㉠ 홍반과 ㉡ 부종을 일으킬 수 있다.

71

| 정답 | ③

| 해설 | • 지현: 표피는 바깥쪽부터 각질층, 투명층, 과립층, 유극층, 기저층으로 구성되어 있다.
• 소영: 필라그린은 표피의 각질층 형성에 중요한 역할을 하는 단백질로, 각질층에서 단백질 분해 효소에 의해 분해되어 천연보습인자(NMF)를 구성하는 아미노산을 이룬다.
• 수아: 대식세포, 비만세포, 섬유아세포는 진피에 존재하는 세포이다.

72

| 정답 | ④

| 해설 | 철수와 은혜의 설명은 자외선에 의한 피부 광노화로 인한 피부 변화에 해당되는 내용이다.

73

| 정답 | ②

| 해설 |

미산성	약 5.0 ~ 6.5	미알칼리성	약 7.5 ~ 9.0
약산성	약 ㉠ 3.0 ~ 5.0	약알칼리성	약 9.0 ~ ㉡ 11.0
강산성	약 ㉠ 3.0 이하	강알칼리성	약 ㉡ 11.0 이상

74

| **정답** | ③

| **해설** | 폴리염화비닐(PVC): 투명, 성형가공성이 우수하고 저렴하다. 주로 샴푸·린스 용기, 리필 용기 등에 사용한다.

75

| **정답** | ②

| **해설** | 제2단계 펌머액 중 주성분이 과산화수소인 제품은 모발색이 검정에서 갈색으로 변할 수 있으므로 유의해서 사용해야 한다.

76

| **정답** | ②

| **해설** | 제모제(치오글라이콜릭애씨드 함유 제품에만 표시함)
- ㉠ 땀발생억제제, ㉡ 향수, 수렴 로션은 제모제 사용 후 24시간 후에 사용할 것
- 눈 또는 점막에 닿았을 경우 미지근한 물로 씻어내고 붕산수(농도 약 ㉢ 2%)로 헹굴 것
- 제품을 10분 이상 피부에 방치하거나 피부에서 건조하지 말 것

77

| **정답** | ④

| **해설** | ㉡ 소듐하이드록사이드는 변성제, pH 조절제로 주로 사용되며, 소듐하이알루로닉애씨드는 보습제로 주로 사용된다.
㉢ C 화장품은 천연화장품 인증을 받지 않은 제품이며 허용 합성원료가 아닌 디부틸프탈레이트가 함유되어 있다.
㉣ 유제놀, 벤질알코올, 제라니올과 같이 알레르기 유발 성분이 함유되어 있다.

78

| **정답** | ②

| **해설** | ㉡ 화학적 저항성이 강한 층은 모표피(모소피)이다.
㉢ 모수질은 모발의 중심 부근에 위치하나, 배냇머리, 연모에는 없다.
㉤ 모유두에 대한 설명이다. 모모세포는 모유두를 덮고 있으며, 모유두로부터 영양을 공급받아 끊임없이 세포분열을 한다.

79

| **정답** | ②

| **해설** | 미세먼지 차단, 미세먼지 흡착 방지 - 인체적용시험 자료로 입증

80

| **정답** | ④

| **해설** | 티로시나아제(타이로시나이제)는 약 0.2%의 구리를 함유하는 구리 단백질이며, 멜라닌형성세포에서 멜라닌색소를 만들 때 관여한다.

81

| **정답인정** | ㉠ 20, ㉡ 25, ㉢ 30

82

| **정답인정** | ㉠ 촬영 시간, ㉡ 촬영 범위(순서 무관)

| **해설** | 「개인정보 보호법」 시행에 따라 CCTV 설치 시 안내판을 설치해야 하며, 안내문에는 설치 목적과 장소, 촬영 시간, 촬영 범위, 관리책임자 성명 및 연락처 등이 기재되어 있어야 한다.

83

| **정답인정** | ㉠ 5.0, ㉡ 5.0, ㉢ 2.5

84

| **정답인정** | ㉠ 인체적용시험, ㉡ 효력시험, ㉢ 10

85

| **정답인정** | 1

86

| **정답인정** | ㉠ 청결, ㉡ 모발, ㉢ 표시

87

| **정답인정** | ㉠ 모노테르펜, ㉡ 라멜라

88

| **정답인정** | ㉠ 품질성적서, ㉡ 오염, ㉢ 판매내역서

89

| **정답인정** | ㉠ D, ㉡ A, ㉢ F

90

| **정답인정** | ㉠ 치오글리콜산 80%, ㉡ 살리실릭애씨드 또는 살리실릭산

91

| 정답인정 | 시험 재료, 최종보고서 작성에 기여한 외부전문가의 성명
| 해설 | 피험자는 인체적용시험에만 포함되며 나머지는 공통적인 결과보고서 사항이다.

92

| 정답인정 | 기능성화장품

93

| 정답인정 | ㉠ 화장품책임판매업자, ㉡ 소비자화장품안전관리감시원

94

| 정답인정 | ㉠ 향료, ㉡ 소나무이끼 추출물, ㉢ 메틸 4-옥티노에이트
| 해설 | 착향제(향료) 성분 중 식품의약품안전처장이 고시한 알레르기 유발 성분 25종에 대해서는 향료로 표시할 수 없고, 해당 성분의 명칭을 기재·표시하여야 한다. 알레르기 유발 성분 25종은 다음과 같다.

- 나무이끼 추출물
- 리모넨
- 벤질벤조에이트
- 벤질신나메이트
- 부틸페닐메틸프로피오날
- 시트로넬올
- 신남알
- 아밀신나밀알코올
- 알파-아이소메틸아이오논
- 아이소유제놀
- 참나무이끼 추출물
- 파네솔
- 헥실신남알
- 리날룰
- 메틸2-옥티노에이트
- 벤질살리실레이트
- 벤질알코올
- 시트랄
- 신나밀알코올
- 아니스알코올
- 아밀신남알
- 유제놀
- 제라니올
- 쿠마린
- 하이드록시시트로넬알

95

| 정답인정 | 머켈세포

96

| 정답인정 | ㉠ 암모니아, ㉡ 과산화수소

97

| 정답인정 | ㉠ 제조번호, ㉡ 제조일자

98

| 정답인정 | ㉠ 크로스컷트, ㉡ 기밀용기, ㉢ 미생물

99

| 정답인정 | ㉠ 3, ㉡ 4, ㉢ 13, ㉣ 5

100

| 정답인정 | ㉠ 총호기성생균수: 880, ㉡ 적합 여부: 적합
| 해설 | 총호기성생균수는 세균수 620, 진균수 260의 합이므로 880이며, 화장품의 미생물 한도인 1,000을 넘지 않았으므로 적합하다.

고난도 모의고사(제2회) 정답 및 해설

01

| 정답 | ④

| 해설 | "기능성화장품"이란 화장품 중에서 다음 각 목의 어느 하나에 해당되는 것으로서 ⊙ 총리령으로 정하는 화장품을 말한다.

라. 모발의 색상 변화·제거 또는 ⓒ 영양공급에 도움을 주는 제품

마. 피부나 모발의 기능 약화로 인한 건조함, 갈라짐, ⓒ 빠짐, 각질화 등을 방지하거나 개선하는 데에 도움을 주는 제품

02

| 정답 | ②

| 해설 | 개인정보처리자는 목적에 필요한 최소한의 개인정보를 수집해야 한다.

03

| 정답 | ④

| 해설 | ⓔ에는 화석원료로부터 기원한 물질은 제외한다.

04

| 정답 | ④

| 해설 | ⊙, ⓒ, ⓗ은 공공기관에 한하여 개인정보를 목적 외 용도로 이용하거나 제3자에게 제공할 수 있는 경우에 해당하지 않는다.

05

| 정답 | ②

| 해설 | ⊙ 1명 이상의 정보 유출 시 정보주체에게 유출 내용을 지체 없이 통지해야 한다.

ⓒ 1천 명 이상의 정보 유출 시 인터넷 홈페이지에 7일 이상 게재해야 해야 한다.

ⓔ 개인정보 유출과 관련하여 피해가 발생한 경우 신고 접수가 가능한 담당부서 및 연락처를 기재해야 한다.

06

| 정답 | ⑤

| 해설 | ①~④는 3천만 원 이하, ⑤는 1천만 원 이하의 과태료에 해당한다.

07

| 정답 | ③

| 해설 | 등록 취소일로부터 1년이 지나지 않은 자는 화장품책임판매업의 결격사유에 해당한다.

①, ② 화장품제조업의 결격사유이다.

④ 등록 취소 또는 영업소가 폐쇄된 날부터 1년이 지나지 않은 자는 화장품책임판매업의 결격사유에 해당한다.

⑤ 피성년후견인 또는 파산선고를 받고 복권되지 않은 자는 결격사유에 해당한다.

08

| 정답 | ③

| 해설 | ① 시녹세이트는 5.0%, 호모살레이트는 10%이다.

② 에칠헥실살리실레이트는 5.0%, 에칠헥실디메칠파바는 8.0%이다.

④ 멘틸안트라닐레이트는 5.0%, 폴리실리콘-15는 10%이다.

⑤ 페닐벤즈이미다졸설포닉애씨드 4.0%, 벤조페논-8은 3.0%이다.

09

| 정답 | ⑤

| 해설 | 고압가스를 사용하는 에어로졸 제품의 주의사항은 다음과 같다.

• 가연성 가스를 사용하지 않는 제품
  - 온도가 40℃ 이상 되는 장소에 보관하지 말고, 불 속에 버리지 말 것
  - 사용 후 잔 가스가 없도록 하여 버리며, 밀폐된 장소에 보관하지 말 것
• 가연성 가스를 사용하는 제품
  - 불꽃을 향해 사용하지 말고, 난로, 풍로 등 화기부근에서 사용하지 말 것
  - 화기를 사용하고 있는 실내에서 사용하지 말 것
  - 온도 40℃ 이상의 장소에서 보관하지 말 것
  - 밀폐된 실내에서 사용 후 반드시 환기를 실시하고, 밀폐된 장소에서 보관하지 말 것
  - 사용 후 잔 가스가 없도록 하고 불 속에 버리지 말 것
• 눈 주위 또는 점막 등에 분사하지 말 것. 다만, 자외선 차단제의 경우 얼굴에 직접 분사하지 말고 손에 덜어 얼굴에 바를 것
• 분사가스는 직접 흡입하지 않도록 주의할 것
• 인체용 에어졸의 제품은 상기 내용 외에 "인체용" 및 다음의 주의사항을 추가로 표시한다.
  - 특정 부위에 계속하여 장기간 사용하지 말 것
  - 가능한 한 인체에서 20㎝ 이상 떨어져서 사용할 것. 다만, 화장품 중 물이 내용물 전 질량의 40% 이상이고 분사제가 내용물 전 질량의 10% 이하인 것으로서 내용물이 거품이나 반죽(gel)상태로 분출되는 제품은 제외함

참고로 ⓒ은 외음부 세정제, ⓒ은 외음부 세정제 및 손·발의 피부연화 제품 등의 주의사항 문구이다.

10

| 정답 | ④

| 해설 | ⊙은 브롬산나트륨, ⓒ은 과산화수소수가 들어가야 한다.

11

| 정답 | ④

| 해설 | ① 은 사용금지 원료이다.

② 페닐살리실레이트는 사용금지 원료이며, 프로필렌글라이콜은 사용상의 제한이 없는 원료이다.

③ 디페닐아민은 사용금지 원료이며, 아이소프로필알코올은 사용상의 제한이 없는 수성 원료이다.

⑤ 아이소프로필알코올은 사용상의 제한이 없는 수성 원료이다.

12

| 정답 | ④

| 해설 | ① 자연에서 대체하기 곤란한 기타 원료 및 합성 원료는 5% 이내에서 사용이 가능하고, 석유화학 부분은 2%를 초과 사용하면 안 된다.
② 앱솔루트, 콘크리트, 레지노이드는 천연화장품에만 허용되는 원료이다.
③ 알킬메칠글루카미드는 천연 유래 석유화학 부분을 포함하고 있는 원료이다.
⑤ 맞춤형화장품판매업자는 천연화장품 및 유기농화장품 인증을 받을 수 없으나, 실증 자료를 제출하면 천연화장품 및 유기농화장품으로 표시·광고는 가능하다. 화장품제조업자, 화장품책임판매업자 또는 총리령으로 정하는 대학·연구소 등은 식품의약품안전처장에게 인증을 신청할 수 있다.

13

| 정답 | ④

| 해설 | ① 물, 미네랄 또는 미네랄 유래 원료는 유기농 함량 비율 계산에 포함하지 않는다. 물은 제품에 직접 함유되거나 혼합 원료의 구성요소일 수 있다.
② 수용성 추출물 원료의 경우 비율(ratio) = {신선한 유기농 원물/(추출물 − 용매)}이며, 비율이 1 이상인 경우 1로 계산한다.
③ 물로만 추출한 원료의 경우 유기농 함량 비율(%) = (신선한 유기농 원물/추출물)×100이다.
⑤ 화학적으로 가공한 원료의 경우 유기농 함량 비율(%) = {(투입되는 유기농 원물 − 회수 또는 제거되는 유기농 원물)/(투입되는 총원료 − 회수 또는 제거되는 원료)}×100이며 최종 물질이 1개 이상인 경우 분자량으로 계산한다.

14

| 정답 | ③

| 해설 | ① 클렌징 워터는 기초화장용 제품류이다.
② 네일 크림·로션은 손발톱용 제품류이다.
④ 헤어 틴트와 헤어 컬러스프레이는 두발염색용 제품류이다.
⑤ 데오도런트는 체취방지용 제품류이다.

15

| 정답 | ⑤

| 해설 | ㉠ 실리콘 오일 성분인 사이클로메티콘으로 대체가 가능하다.
㉡ 자외선 차단 기능성 고시 성분 중 자외선 산란제 성분인 티타늄디옥사이드로 대체가 가능하다.
㉢ 피부 미백 기능성 고시 성분 중 티로시나아제의 활성을 억제하는 성분인 유용성 감초 추출물로 대체가 가능하다.

16

| 정답 | ③

| 해설 | 사용 후 씻어내는 제품에는 0.01% 초과, 씻어내지 않는 제품에는 0.001%를 초과 함유하는 경우에만 알레르기 유발 성분을 표시해야 한다. 보디 워시는 씻어내는 제품이며 ㉡ 0.01g÷500g×100 = 0.002%, ㉣ 0.04g ÷500g×100 = 0.008%이므로 ㉠, ㉢, ㉣만 표시하면 된다.

17

| 정답 | ②

| 해설 | ㉡ 입원 또는 입원기간의 연장이 필요한 경우는 중대한 유해사례에 해당한다.
㉢ 실마리 정보는 유해사례와 화장품 간의 인과관계 가능성이 있다고 보고된 정보로서 그 인과관계가 알려지지 아니하거나 입증자료가 불충분한 것을 말한다.
㉤ 화장품 사용 중 발생한 부작용 사례에 대해서는 식품의약품안전청 또는 화장품책임판매업자에게 보고할 수 있다.
㉥ 정기보고의 경우, 상시근로자 수가 2인 이하로서 직접 제조한 화장비누만을 판매하는 화장품책임판매업자는 해당 안전성 정보를 보고하지 아니할 수 있다.

18

| 정답 | ④

| 해설 | ㉠ 솔비탄팔미테이트는 비이온성 계면활성제이며, 하이드로제네이티드레시틴은 양쪽성 계면활성제이다.
㉣ 폴리쿼터늄−10은 양이온성 계면활성제이며, 아이소스테아라미도프로필베타인은 양쪽성 계면활성제이다.

19

| 정답 | ③

| 해설 | • 하이드롤라이즈드밀단백질: 원료 중 펩타이드의 최대 평균분자량은 ㉠ 3.5 kDa 이하여야 한다.
• 만수국꽃 추출물 또는 오일: 원료 중 알파 테르티에닐(테르티오펜) 함량은 ㉡ 0.35%이어야 하며, 사용 후 씻어내는 제품에 0.1%, 사용 후 씻어내지 않는 제품에 ㉢ 0.01%를 초과하지 않아야 한다.

20

| 정답 | ②

| 해설 | ㉠ 기능성화장품의 주원료 함량이 부적합한 경우로 다등급에 해당지만, 해당 제품은 회수를 시작한 날부터 30일 이내에 회수되어야 한다.
㉢ 화장품에 사용할 수 없는 원료인 메칠렌글라이콜을 사용하였으므로 가등급에 해당한다.

21

| 정답 | ③

| 해설 | 별표 1 화장품의 색소에 규정된 색소 중 사용제한이 없는 색소는 울트라마린, 베타카로틴, 카라멜, 안토시아닌류, 카민류, 아이런옥사이드옐로우, 코발트알루미늄옥사이드 등이 있다.
① 카카오색소는 별표 1 화장품의 색소로 규정되어 있지 않다. 녹색 204호는 눈 주위 및 입술에 사용할 수 없는 색소이다.
② 치자청색소는 별표 1 화장품의 색소로 규정되어 있지 않다. 헤모글로빈은 혈액 내 산소를 운반하는 색소단백질이다.
④ 벤지딘 오렌지 G(등색 204호)는 적용 후 바로 씻어내는 제품 및 염모용 화장품에만 사용해야 하는 색소이다.
⑤ 나프톨블루블랙(흑색 401호)은 적용 후 바로 씻어내는 제품 및 염모용 화장품에만 사용해야 하는 색소이다.

| 정답 | ③
| 해설 | ⓒ 유지류는 피부에 대한 친화성은 좋으나, 산패나 변질이 쉬워 안정성이 좋지 않다.
ⓒ 고급 지방산과 1, 2가 알코올이 결합된 것은 왁스류에 대한 설명이며 오조케라이트는 석탄과 셰일에서 추출한 미네랄 왁스이다. 탄화수소류의 종류로는 미네랄 오일, 파라핀, 바세린(페트롤라툼), 스쿠알렌, 이소파라핀, 아이소헥사데칸 등이 있다.
ⓔ 고급 지방산의 종류로는 라우릭애씨드, 미리스틱애씨드, 스테아릭애씨드, 올레익애씨드, 팔미틱애씨드 등이 있다. 아스코빅애씨드는 수용성 비타민 중 하나로 비타민C라고도 불린다.

23

| 정답 | ②
| 해설 | 화장품의 함유 성분별 사용할 때의 주의사항 표시 문구에 대한 문제이다.
① 알부틴 2% 이상 함유된 제품에는 '알부틴은 「인체적용시험 자료」에서 구진과 경미한 가려움이 보고된 예가 있음'을 표시해야 한다.
③ 스테아린산아연 함유 제품(기초화장용 제품류 중 파우더 제품에 한함)에는 '사용 시 흡입되지 않도록 주의할 것'을 표시해야 한다.
④ 실버나이트레이트 함유 제품은 '눈에 접촉을 피하고 눈에 들어갔을 때는 즉시 씻어낼 것'을 표시해야 한다.
⑤ 카민 함유 제품은 '카민 성분에 과민하거나 알레르기가 있는 사람은 신중히 사용해야 할 것'을 표시해야 한다.

24

| 정답 | ④
| 해설 | • 최소 홍반량: UVB를 사람의 피부에 조사한 후 ⊙ 16∼24시간의 범위 내에 조사 전 영역에 홍반을 나타낼 수 있는 최소한의 자외선 조사량이다.
• 최소 지속형즉시흑화량: UVA를 사람의 피부에 조사한 후 ⓒ 2∼24시간의 범위 내에 조사 전 영역에 희미한 흑화가 인식되는 최소 자외선 조사량이다.

25

| 정답 | ④
| 해설 | 위해 평가가 필요한 경우는 다음과 같다.
• 위해성에 근거하여 사용금지를 설정할 경우
• 안전 구역을 근거로 사용한도를 설정할 경우(살균보존 성분 등)
• 현 사용한도 성분의 기준 적절성을 확인할 경우
• 비의도적 오염 물질의 기준을 설정할 경우
• 화장품 안전 이슈 성분의 위해성을 확인할 경우
• 위해 관리 우선순위를 설정할 경우
• 인체 위해의 유의한 증거가 없음을 검증할 경우

26

| 정답 | ③
| 해설 | ⓒ 체질안료는 점토 광물을 희석제로 사용하는 안료로 마이카, 탤크, 카올린 등이 있다.
ⓒ 색소의 사용 기준에 따른 분류 중 화장비누 외 사용금지 색소는 피그먼트 적색 5호, 피그먼트 자색 23호, 피그먼트 녹색 7호가 있다.

27

| 정답 | ③
| 해설 | ⊙ '손상 피부 회복', '세포성장인자로 세포 활성화' 등은 의약품으로 오인할 수 있으므로 화장품에 표시·광고할 수 없다.
ⓒ 배타성을 띤 "최고" 또는 "최상" 등의 절대적 표현의 표시·광고할 수 없다.
ⓜ 의사·의사·한의사·약사·의료기관 또는 그 밖의 자가 이를 지정·공인·추천·지도·연구·개발 또는 사용하고 있다는 표시·광고를 할 수 없다.(다만, 인체적용시험 결과가 관련 학회 발표 등을 통하여 공인된 경우에는 그 범위에서 관련 문헌을 이용할 수 있다.)

28

| 정답 | ③
| 해설 | 영유아 또는 어린이 사용 화장품책임판매업자는 화장품책임판매업자는 제품별 안전성 자료의 훼손 또는 소실에 대비하기 위해 사본, 백업 자료 등을 생성·유지할 수 있다.

29

| 정답 | ④
| 해설 | 완전 제거가 불가능한 성분의 경우 각 물질의 검출 허용한도는 다음과 같으며, 대장균, 녹농균, 황색포도상구균은 불검출되어야 한다.
• 납: 점토를 원료로 사용한 분말 제품의 경우 50μg/g 이하, 그 밖의 제품은 20μg/g 이하
• 니켈: 눈화장용 제품 35μg/g 이하, 색조화장용 제품 30μg/g 이하, 그 밖의 제품은 10μg/g 이하
• 비소: 10μg/g 이하
• 안티몬: 10μg/g 이하
• 카드뮴: 5μg/g 이하
• 수은: 1μg/g 이하
• 디옥산: 100μg/g 이하
• 메탄올: 0.2(v/v)% 이하, 물휴지는 0.002%(v/v) 이하
• 포름알데하이드: 2,000μg/g 이하, 물휴지는 20μg/g 이하
• 프탈레이트류: 디부틸프탈레이트, 부틸벤질프탈레이트 및 디에칠헥실프탈레이트에 한하여 총합으로서 100μg/g 이하

30

| 정답 | ①
| 해설 | ⊙ 유지관리란 적절한 작업 환경에서 건물과 설비가 유지되도록 정기적·비정기적인 지원 및 검증을 말한다.
ⓒ 제조단위 또는 뱃치란 하나의 공정이나 일련의 공정으로 제조되어 균질성을 갖는 화장품의 일정한 분량을 말한다.

31

| 정답 | ⑤

| 해설 | 작업소 내의 바닥, 벽, 천장은 청소하기 쉽게 가능한 한 매끄럽게 설계하고, 소독제의 부식성에 저항력이 있어야 한다.

32

| 정답 | ④

| 해설 | 설비 세척 시 브러시 등으로 문질러 지우는 것을 고려해야 한다.

33

| 정답 | ①

| 해설 | • 제품은 ㉠ 그대로 보관해야 한다.
• 각 뱃치별로 제품 시험을 ㉡ 2번 실시할 수 있는 양을 보관한다.
• 사용기한 경과 후 1년간 보관 또는 개봉 후 사용기간을 기재하는 경우 제조일로부터 ㉢ 3년간 보관한다.

34

| 정답 | ①

| 해설 | 배양시설은 청정등급 1B(Class 10,000) 이상의 구역에 설치하여야 한다.

35

| 정답 | ②

| 해설 | 멜라닌은 멜라노솜에서 합성되며 ㉠ 티로신을 시작 물질로 하여 티로시나아제(타이로시나아제) 효소에 의해 산화되며, 최종적으로 갈색, 검은색을 나타내는 ㉡ 유멜라닌과 노란색, 붉은색을 나타내는 ㉢ 페오멜라닌으로 만들어진다.

36

| 정답 | ①

| 해설 | 각질형성세포에서의 분화 과정은 (1) 세포의 ㉠ 분열 과정 (2) 유극세포에서의 ㉡ 합성 · 정비 과정 (3) 과립세포에서의 자기분해 과정 (4) 각질세포에서의 재구축 과정의 4단계에 걸쳐서 일어나며 분화의 마지막 단계로 각질층이 형성된다. 이와 같은 과정을 각화(Keratinization) 과정이라 한다.

37

| 정답 | ⑤

| 해설 | ㉠ 단백분해효소: 단백질과 펩티드 결합을 가수분해하는 효소이다.
㉡ 카복시펩티데이스: 단백질을 가수분해하는 효소이다.
㉢ 아미노산: 생물의 몸을 구성하는 단백질의 기본 구성단위이다.
• 알라닌분해효소: 인체의 일부 세포 조직에 함유된 단백질 효소의 한 종류이며, 대부분 간과 신장의 세포에서 발견되는 효소이다.
• 엔도펩티데이스: 단백질이나 펩타이드 사슬 내부의 펩타이드 결합을 가수분해하는 효소의 총칭이다.

• 유당분해효소: 젖당을 가수분해하여 디갈락토스를 생성하는 효소이다.
• 단백질: 다양한 기관, 효소, 호르몬 등 신체를 이루는 주성분으로 구성 물질은 아미노산이다.

38

| 정답 | ⑤

| 해설 | 금속염(Cu, Zn, Hg), 유기-수은 화합물의 항균성을 중화시킬 수 있는 중화제는 아황산수소나트륨, L-시스테인-SH 화합물(Sulfhydryl Compounds), 치오글리콜산이다.
레시틴, 사포닌, 폴리솔베이트80은 비구아니드의 항균성을 중화시킬 수 있는 중화제이다.

39

| 정답 | ⑤

| 해설 | 자외선 차단제 고시 성분인 시녹세이트는 5.0%의 사용한도가 있다. 사용상의 제한이 필요한 원료는 벤질알코올이 있으며 사용한도가 1.0%이므로 알로에베라잎 추출물은 1.0~5.0% 범위에 있음을 유추할 수 있다.

40

| 정답 | ⑤

| 해설 | ㉠ 중대한 유해사례와 같은 안전성 정보를 알게 된 때에는 알게 된 날로부터 ㉡ 15일 이내 식품의약품안전처장에게 보고해야 한다.

41

| 정답 | ⑤

| 해설 | 다음은 세포 · 조직 채취 및 검사기록서에 포함되어야 하는 내용이다.
• 채취한 의료기관 명칭
• 채취연월일
• 공여자 식별번호
• 공여자의 적격성 평가 결과
• 동의서
• 세포 또는 조직의 종류, 채취 방법, 채취량, 사용한 재료 등의 정보

42

| 정답 | ②

| 해설 | ① 안정성 가이드라인을 제시하고 있다.
③ 가혹시험은 온도순환(-15℃~45℃), 냉동-해동 또는 저온-고온의 가혹 조건을 고려하여 설정할 수 있다.
④ 개봉 후 안정성시험에 대한 설명이다.
⑤ 가속시험은 3로트 이상 선정하고, 장기보존시험 온도보다 15℃ 이상 높은 온도에서 시험해야 한다.

43

| 정답 | ②

| 해설 | 기준일탈 제품 처리 과정은 다음과 같다.
시험, 검사, 측정에서 기준 일탈 결과 나옴 → ㉠ 기준일탈 조사 → '시험, 검사, 측정이 틀림없음' 확인 → ㉡ 기준일탈 처리 → 기준일탈 제품에 불합격라벨 첨부 → ㉢ 격리 보관 → 폐기처분 또는 재작업 또는 반품

44

| 정답 | ①

| 해설 | • 일반적으로 작은 방을 측정하는 경우에는 약 ㉠ 5개소를 측정한다.
• 측정 위치는 벽에서 ㉡ 30cm 떨어진 곳이 좋다.
• 측정높이는 바닥에서 측정하는 것이 원칙이지만 부득이한 경우 바닥으로부터 ㉢ 20~30cm 높은 위치에서 측정하는 경우가 있다.

45

| 정답 | ④

| 해설 | ㉠은 효력시험, ㉡은 검체에 대한 설명이다.
• 표준작업지침서: 시험계획서나 시험지침에 상세하게 기록되어 있지 않는 특정 업무를 표준화 된 방법에 따라 일관되게 실시할 목적으로 해당 절차 및 수행 방법 등을 상세하게 기술한 문서이다.
• 대조물질: 시험물질과 비교할 목적으로 시험에 사용되는 물질이다.
• 부형제: 시험계에 용이하게 적용되도록 시험물질 또는 대조물질을 혼합, 분산, 용해시키는 데 이용되는 물질이다.
• In Vivo: 생체 내에서의 시험을 말한다. 일반적으로 동물이나 인체 실험을 의미한다.

46

| 정답 | ④

| 해설 | 「화장품법 시행규칙」 별표 4에는 공정별로 2개 이상의 제조소에서 생산된 화장품의 경우에는 일부 공정을 수탁한 화장품제조업자의 상호 및 주소의 기재·표시를 생략할 수 있다고 규정되어 있다.

47

| 정답 | ①

| 해설 | 폐기신청서의 제품정보에는 제품명, ㉠ 제조번호, ㉡ 제조일자, 사용기한 또는 개봉 후 사용기간, 폐기량을 기재해야 한다.

48

| 정답 | ②

| 해설 | 원자재 용기 및 시험기록서의 필수적인 기재사항은 다음과 같다.
• 원자재 공급자가 정한 제품명
• 원자재 공급자명
• 수령일자
• 공급자가 부여한 제조번호 또는 관리번호

49

| 정답 | ⑤

| 해설 | 재작업 실시를 제안하는 것은 제조 책임자이다. 품질 책임자는 재작업 실시를 결정한다.

50

| 정답 | ④

| 해설 | 설비·기구의 위생 상태 판정 시 사용되는 표면 균 측정법 중 콘택트 플레이트법에 대한 내용이다.

51

| 정답 | ③

| 해설 | • 세제에 사용되는 살균 성분으로는 4급 암모늄 화합물, 양성계 면활성제류, 알코올류, 알데히드류 및 페놀 유도체가 있다.
• 세제의 주요 구성 성분은 계면활성제, 살균제, 금속이온봉쇄제, 유기폴리머, 용제, 연마제 및 표백 성분이다.
• 세제에 사용되는 대표적 계면활성제는 음이온성 및 비이온성 계면활성제로 구성된다.

52

| 정답 | ②

| 해설 | 유도결합플라즈마 – 질량분석기법은 납, 비소, 니켈, 안티몬, 카드뮴의 시험 방법이다.
메탄올 시험 방법은 다음과 같다.
• 푹신아황산법
• 기체크로마토그래프법
• 기체크로마토그래프–질량분석기법

53

| 정답 | ⑤

| 해설 | ㉢은 인체 세포·조직 배양액의 기록서에 포함해야 하는 내용이다. ㉣은 화장품책임판매업자는 화장품 안전 기준과 관련한 모든 기준, 기록 및 성적서에 관한 서류를 받아 완제품의 제조연월일로부터 3년이 경과한 날까지 보존하여야 한다.

54

| 정답 | ⑤

| 해설 | ①은 용기의 내열성 및 내한성시험, ②는 유리병 내부 압력시험, ③은 유리병 열 충격시험, ④는 접착력시험에 대한 설명이다.

55

| 정답 | ②

| 해설 | 「화장품 안전 기준 등에 관한 규정」 중 미생물 한도를 검출하기 위한 파우더 및 고형제 검체의 전처리 방법이다.

56

| 정답 | ⑤

| 해설 | ⑤는 "교정"에 대한 용어 정의이다. "유지관리"란 적절한 작업환경에서 건물과 설비가 유지되도록 정기적·비정기적인 지원 및 검증작업을 말한다.

57

| 정답 | ③

| 해설 | 〈보기〉는 「인체적용제품의 위해성 평가 등에 관한 규정」 중 제13조 독성시험의 실시에 관한 내용이다.

58

| 정답 | ④

| 해설 | ① 화장품의 종류·제형에 따라 구획·구분으로 교차오염이 없어야 한다.
② 외부와 연결된 창문은 가능한 한 열리지 않도록 해야 한다.
③ 세척실과 화장실은 접근이 쉬워야 하나 생산시설과 분리되어야 한다.
⑤ 인동선과 물동선의 흐름경로를 교차오염의 우려가 없도록 적절하게 설정하고, 교차가 불가피할 경우 작업에 시간차를 두어야 한다.

59

| 정답 | ③

| 해설 | 맞춤형화장품에 사용할 수 없는 원료이나 제조 또는 비의도적으로 원료가 유입되는 경우 검출을 허용하는 한도는 다음과 같다.
디옥산 100μg/g 이하, 안티몬 10μg/g 이하, 비소 10μg/g 이하, 대장균, 녹농균, 황색포도상구균은 불검출되어야 한다.

60

| 정답 | ②

| 해설 | 제조번호가 없는 경우 관리번호를 부여하여 보관해야 한다.

61

| 정답 | ②

| 해설 | ⓒ 노화가 진행되면 각질형성세포의 분열 능력이 감소하기 때문에 표피층이 얇아진다.
ⓔ 세포간지질의 구성 성분은 세라마이드, 콜레스테롤, 콜레스테롤에스터, 지방산 등이다.
ⓗ 케라토하이알린 과립은 과립층에 존재한다.

62

| 정답 | ①

| 해설 | 모발 단백질을 구성하는 아미노산 중 구성 비율이 가장 높은 것은 시스틴(16%)이다. 그 다음으로는 글루타민산(14.8%), 아르기닌(9.6%) 등 순이며, 모발을 이루고 있는 아미노산은 18개이다.

② 알라닌은 4%, ③ 히스티딘은 0.9%, ④ 트립토판은 0.7%, ⑤ 글리신은 9.5%이다.

63

| 정답 | ④

| 해설 | 피부노화에 영향을 주는 진피의 변화는 다음과 같다.
• 콜라겐 감소
• 탄력섬유의 변성
• 기질 탄수화물의 감소
• 피부혈관의 면적 감소

64

| 정답 | ①

| 해설 | 피부 미백 기능 제품과 관련한 유효성 평가시험 및 근거자료의 종류로는 In Vitro Tyrosinase 활성 저해시험, In Vitro DOPA 산화 반응 저해시험, 멜라닌 생성 저해시험이 있다.
ⓔ, ⓜ, ⓗ은 피부 주름 개선 기능 제품에 대한 유효성 평가시험 및 근거 자료이다.

65

| 정답 | ②

| 해설 | 트리클로산은 사용상 제한이 있는 보존제로서 사용 후 씻어내는 인체 세정용 제품류, 데오도런트(스프레이 제품 제외), 페이스 파우더, 피부 결점을 감추기 위해 국소적으로 사용하는 파운데이션(블레미쉬컨실러)에 0.3%의 한도로 사용한다. 기타 제품에는 사용이 금지되어 있다.
①, ⑤는 폴리올(보습제), ③은 피부보습 및 진정 성분, ④는 고분자화합물 중 점도증가제이다.

66

| 정답 | ②

| 해설 | 단백질 분해 효소는 ㉠ 아미노펩티데이스, ㉣ 카복시펩티데이스이다.
㉡ 티로시나아제는 멜라닌 합성 효소, ㉢ 콜라게나제는 콜라겐을 소화하는 효소, ㉤ 리덕타제는 테스토스테론을 DHT로 전환시키는 효소이다.

67

| 정답 | ②

| 해설 | 안전성시험 자료는 단회 투여 독성시험 자료, 1차 피부 자극시험 자료, 반복 피부 자극시험 자료, 안점막 자극시험 자료, 피부 감작성시험 자료, 광독성시험 자료, 광감작성시험 자료, 인체 첩포시험 자료, 유전독성시험 자료 등 있다.

68

| 정답 | ③

| 해설 | 인체 및 두발 세정용 제품류의 포장공간 비율은 ㉠ 15% 이하이며, 그 밖의 화장품류(방향제 포함)은 ㉡ 10% 이하 (향수 제외)이다.

69

| 정답 | ②

| 해설 | 화장품을 소비자에게 직접 판매하는 자는 그 제품의 포장에 판매하려는 가격을 일반 소비가가 알기 쉽도록 표시해야 한다.

70

| 정답 | ②

| 해설 | ②는 크림제에 대한 설명이다. 액제는 화장품에 사용되는 성분을 용제 등에 녹여서 액상으로 만든 것이다.

71

| 정답 | ②

| 해설 | 〈보기〉는 소다석회유리에 대한 설명이다.

① 저밀도 폴리에틸렌(LDPE): 반투명 플라스틱으로 튜브, 마개에 사용한다.

③ 폴리스티렌(PS): 반투명 플라스틱으로 내충격성이 우수하며 팩트 용기 등에 사용한다.

④ 폴리염화비닐(PVC): 투명한 플라스틱으로 저렴하며 샴푸나 린스의 리필용기에 사용한다.

⑤ 칼리납유리: 크리스털 유리로 굴절률이 매우 높으며 고급 향수병에 사용한다.

72

| 정답 | ⑤

| 해설 | 화장품책임판매업자는 아래에 해당하는 성분을 0.5% 이상 함유하는 제품의 경우 해당 품목의 ㉠ 안정성시험 자료를 최종 제조된 제품의 사용기한이 만료되는 날부터 1년간 보존해야 한다.

- 레티놀(비타민A) 및 그 유도체
- 아스코빅애씨드(비타민C) 및 그 유도체
- 토코페롤(비타민E)
- ㉡ 과산화화합물
- 효소

73

| 정답 | ④

| 해설 | 한국의약품수출입협회는 화장품책임판매관리자 및 맞춤형화장품조제관리사가 매년 받아야 하는 화장품 안전성 확보 및 품질관리에 관한 교육을 실시하는 기관이다.

74

| 정답 | ④

| 해설 | 알부틴 2%에 대한 개별 주의사항 문구이다.

75

| 정답 | ①

| 해설 | 공표 결과는 공표일, 공표 매체, 공표 횟수, 공표문 사본 또는 내용을 지방식품의약품안전청장에게 통보해야 한다.

76

| 정답 | ①

| 해설 | ㉠은 위해성, ㉡은 통합위해성 평가이다.

- 위해요소: 인체의 건강을 해치거나 해칠 우려가 있는 화학적·생물학적·물리적 요인을 말한다.
- 위해성 평가: 인체적용제품에 존재하는 위해요소가 인체의 건강을 해치거나 해칠 우려가 있는지 여부와 그 정도를 과학적으로 평가하는 것을 말한다.
- 독성: 인체적용제품에 존재하는 위해요소가 인체에 유해한 영향을 미치는 고유의 성질을 말한다.

77

| 정답 | ⑤

| 해설 | ㉢ 식품의약품안전처장은 맞춤형화장품조제관리사 자격시험 업무를 대한상공회의소에 위탁하여 진행한다.

㉤ 책임판매관리자와 맞춤형화장품조제관리사는 화장품 안전성 확보 및 품질관리에 관한 교육을 매년 1회만 받으면 된다.

78

| 정답 | ②

| 해설 | 티로신은 티로시나아제에 의해 도파가 되고 다시 티로시나아제에 의해 도파퀴논이 되며, 유멜라닌과 페오멜라닌으로 만들어진다.

79

| 정답 | ②

| 해설 | 혼합·소분 전에 손소독을 하거나 세정해야 한다. 다만, 일회용 장갑을 착용하는 경우에는 그러하지 않아도 된다.

80

| 정답 | ②

| 해설 | 맞춤형화장품판매업자는 ㉠ 맞춤형화장품판매업자를 변경하는 경우, ㉣, ㉤ 맞춤형화장품판매업소의 상호 또는 소재지를 변경하는 경우, ㉥ 맞춤형화장품조제관리사를 변경하는 경우 변경신고를 해야 한다.

81

| 정답인정 | 선희
| 해설 | 표시·광고 내용은 식품의약품안전처장에 제출해야 하며, 유효기간 만료 90일 전에 연장을 신청해야 된다.

82

| 정답인정 | 클렌징 폼
| 해설 | 클렌징 폼은 인체 세정용 제품이며, 나머지는 기초화장용 제품류이다.

83

| 정답인정 | ⊙ 데오도런트, ⓒ 트리클로산, ⓒ 0.3

84

| 정답인정 | ⊙ 실증 자료, ⓒ 신뢰성

85

| 정답인정 | 프로필렌글라이콜 또는 프로필렌글리콜

86

| 정답인정 | 적색 206호
| 해설 | 적색 206호는 눈 주위 및 입술에 사용할 수 없는 색소이다.

87

| 정답인정 | ⊙, ⓒ, ⓔ
| 해설 | '음이온성 → 양쪽성 → 양이온성 → 비이온성' 순으로 세정력이 강하다. 소듐라우릴설페이드는 음이온성, 코카미도프로필페타인은 양쪽성, 솔비탄팔미테이트는 비이온성, 폴리쿼터늄-10은 양이온성 계면활성제 성분이다.

88

| 정답인정 | 다은
| 해설 | 맞춤형화장품조제관리사는 화장품 안전성 확보 및 품질관리에 관한 교육을 매년 받아야 하며, 교육시간은 4시간 이상 8시간 이하이다.

89

| 정답인정 | 30일
| 해설 | 위해성 등급이 다등급인 제품은 회수를 시작한 날부터 30일 이내에 회수되어야 한다.

90

| 정답인정 | 순도시험

91

| 정답인정 | ⊙ 대식세포, ⓒ 비만세포

92

| 정답인정 | 화장품 안전성 정보관리 규정

93

| 정답인정 | ⊙ 24, ⓒ 붕산수, ⓒ 건조(마르게)

94

| 정답인정 | ⊙ 50, ⓒ 4
| 해설 | • 2 이상 4 미만: PA$^+$(차단 효과 낮음)
• 4 이상 8 미만: PA^{++}(차단 효과 보통)
• 8 이상 16 미만: PA^{+++}(차단 효과 높음)
• 16 이상: PA^{++++}(차단 효과 매우 높음)

95

| 정답인정 | 폴리프로필렌, 폴리에틸렌테레프탈레이트(순서 무관)

96

| 정답인정 | 국제유기농업운동연맹 또는 IFOAM

97

| 정답인정 | ⊙ 살리실릭애씨드, ⓒ 2.0, ⓒ 3.0

98

| 정답인정 | 알레르기

99

| 정답인정 | 스프레이형 에어로졸 제품 또는 에어로졸 제품(스프레이에 한함)

100

| 정답인정 | ⊙ 최소 홍반량(MED), ⓒ 최소 지속형즉시흑화량(MPPD)

고난도 모의고사(제3회) 정답 및 해설

선다형(객관식)

01	④	02	②	03	④	04	②	05	③
06	⑤	07	②	08	③	09	②	10	⑤
11	④	12	④	13	①	14	③	15	③
16	③	17	④	18	②	19	①	20	⑤
21	⑤	22	④	23	③	24	③	25	④
26	④	27	①	28	③	29	②	30	①
31	④	32	⑤	33	②	34	④	35	⑤
36	①	37	③	38	⑤	39	④	40	②
41	⑤	42	③	43	④	44	③	45	①
46	③	47	⑤	48	⑤	49	⑤	50	④
51	①	52	⑤	53	①	54	①	55	②
56	③	57	③	58	③	59	④	60	④
61	⑤	62	⑤	63	④	64	②	65	①
66	③	67	②	68	①	69	②	70	④
71	⑤	72	⑤	73	③	74	③	75	②
76	③	77	③	78	⑤	79	④	80	①

단답형(주관식)

81	㉠ 맞춤형화장품판매업자, ㉡ 원료의 목록
82	㉠ 청문, ㉡ 개수
83	양벌규정
84	㉠ 5, ㉡ 폴리염화비닐, ㉢ 폴리스티렌폼
85	안정성
86	㉠ 0.008, ㉡ 0.001
87	치오글라이콜릭애씨드
88	㉠ 첨가제, ㉡ 용액, ㉢ 수용액, ㉣ 10
89	㉠ 검화법, ㉡ 중화법, ㉢ 보라
90	㉠ 15, ㉡ 2, ㉢ 10
91	에피큐티클
92	㉠ 남성형, ㉡ 디하이드로테스토스테론(DHT)
93	㉠ 알레르기, ㉡ 항원
94	㉠ 재작업, ㉡ 교정
95	㉠ 보존제, ㉡ 유해물질
96	㉠ 계면활성제, ㉡ 미셀(마이셀 또는 Micelle)
97	표준작업지침서(SOP)
98	8(개)
99	보호
100	㉠ 암모니아, ㉡ 과산화수소, ㉢ 멜라닌 색소

| 정답 | ④
| 해설 | 원료, 자재의 품질검사를 위해 필요한 시험실을 갖추어야 한다.

| 정답 | ②
| 해설 | 버블배스는 목욕용 제품류, 폼 클렌저·보디 클렌저·화장비누는 인체 세정용 제품류, 아이섀도우는 눈화장용 제품류이다.

| 정답 | ④
| 해설 | 개인정보는 성명, 주민등록번호, 영상을 통해 개인을 알아볼 수 있는 정보, 이름+전화번호와 같이 다른 정보와 쉽게 결합해 개인을 알아볼 수 있는 정보를 말한다. 민감정보는 건강, 신념 등 사생활 침해 우려 정보로서 피부질환, 알레르기 유발 성분, 피부과 진료 내역 등은 건강과 관련된 항목으로 민감정보에 해당한다.

| 정답 | ②
| 해설 | ©, ②은 화장품제조업자의 결격사유이다.

| 정답 | ③
| 해설 | 정보주체에게 개인정보를 제공받는 자를 고지해야 한다.

| 정답 | ⑤
| 해설 | ①, ③, ④는 금지 표현이고, ②는 인체적용시험 또는 인체외시험 자료로 입증해야 가능하다.

| 정답 | ②
| 해설 | © 에어로졸 제품은 안전용기·포장 대상 예외 품목이다.
® 안전용기·포장 대상 품목에 해당하지 않는다.
안전용기·포장을 사용해야 하는 품목은 다음과 같으며, 일회용 제품, 용기 입구 부분이 펌프 또는 방아쇠로 작동되는 분무용기 제품, 압축 분무용기 제품(에어로졸 제품 등)은 대상에서 제외한다.
- 아세톤을 함유하는 네일 에나멜 리무버 및 네일 폴리시 리무버
- 어린이용 오일 등 개별 포장당 탄화수소류를 10% 이상 함유하고 운동점도가 21센티스톡스(섭씨 40℃ 기준) 이하인 비에멀젼 타입의 액체 상태의 제품(미네랄 오일과 아이소알케인은 탄화수소에 해당함)
- 개별 포장당 메틸살리실레이트를 5.0% 이상 함유하는 액체 상태의 제품

| 정답 | ③
| 해설 | ⑦ 폴리프로필렌(PP)
- 반투명성, 광택성, 내약품성, 내충격성 우수
- 원터치 캡에 주로 사용
© AS수지
  - 투명성, 광택성, 내유성, 내충격성 우수
  - 크림, 팩트, 스틱류 용기, 캡에 주로 사용
② 알루미늄
  - 가볍과 가공성이 우수
  - 표면 장식이나 산화 방지 목적으로 사용
  - 에어로졸 관, 립스틱, 마스카라, 콤팩트 용기 등에 주로 사용
⑪ 저밀도 폴리에틸렌(LDPE)
  - 반투명성, 광택성, 유연성 우수
  - 내외부 응력이 걸린 상태에서 알코올, 계면활성제와 접촉하면 균열 발생
  - 튜브, 마개, 패킹 등에 사용
⊗ 폴리에틸렌테레프탈레이트(PET)
  - 투명성, 광택성, 내약품성이 우수
  - 딱딱함
  - 화장수, 유액, 샴푸, 린스 용기 등에 사용

| 정답 | ②
| 해설 | © 퍼머넌트 웨이브 제품 및 헤어 스트레이트너 제품에 대한 개별 주의사항 문구이다.
② 외음부세정제, 손, 발 피부연화 제품에 대한 개별 주의사항 문구이다.
⑪ 인체에서 20cm 이상 떨어져서 사용할 것이라는 문구가 옳다.

| 정답 | ⑤
| 해설 | 위해요소별 위해 평가 유형은 의도적 사용물질과 비의도적 사용물질로 구분하여 평가한다.

| 정답 | ④
| 해설 | 노출평가는 화장품의 사용 등을 통하여 노출된 위해요소의 정량적 또는 정성적 분석 자료를 근거로 인체노출 수준을 산출하는 과정이다.

| 정답 | ④
| 해설 | "미네랄 원료"란 지질학적 작용에 의해 자연적으로 생성된 물질을 가지고 이 고시에서 허용하는 물리적 공정에 따라 가공한 화장품 원료를 말한다. 다만, 화석연료로부터 기원한 물질을 포함하지 않는다.

13

| 정답 | ①
| 해설 | ⓒ~ⓜ은 천연화장품 및 유기농화장품에 사용할 수 있는 허용 합성 원료이다.

14

| 정답 | ③
| 해설 | 알부틴은 멜라닌 색소의 활성화를 억제하여 피부 미백 효과를 갖지만 빛, 고온, 효소, 미생물에 의해 포도당과 히드로퀴논으로 분해될 수 있다. 히드로퀴논은 미백 효과가 뛰어나지만 피부 알레르기, 피부 자극 및 백반증을 유발하기 때문에 화장품에는 사용이 금지된 원료이며, 의사의 처방을 받아 한시적으로 국소 부위에 의약품으로만 사용한다.
① 감광소는 기타 사용상의 제한이 필요한 원료로 0.002%이다.
② 벤질알코올은 보존제 성분으로 1.0%(두발염색용 제품류에 용제로 사용할 경우에는 10%)이다.
④ 소르빅애씨드 및 그 염류는 보존제 성분으로 소르빅애씨드로서 0.6%이다.
⑤ 레조시놀은 기타 사용상의 제한이 필요한 원료로 0.1%이다.

15

| 정답 | ③
| 해설 | ㉠, ㉣, ㉺는 사용상 제한이 필요한 원료이다.
㉠ 폴리아크릴아마이드류는 기타 사용제한 원료로 사용 후 씻어내지 않는 보디화장품에 잔류 아크릴아마이드로서 0.00001%, 기타 제품에 잔류 아크릴아마이드로서 0.00005%의 사용한도가 있다.
㉣ 글루타랄은 사용상의 제한이 필요한 원료 중 보존제 성분으로 0.1%, 에어로졸(스프레이에 한함) 제품에는 사용금지이다.
㉺ 소합향나무 발삼오일 및 추출물은 기타 사용제한 원료로 사용한도 0.6%이다.

16

| 정답 | ③
| 해설 | ㉠ 알킬디메틸암모늄클로라이드는 양이온성 계면활성제이다.
ⓒ 세트리모늄클로라이드는 양이온성 계면활성제이다.
㉣ 코카미도프로필베타인은 양쪽성 계면활성제이다.
㉺ 폴리솔베이트20은 비이온성 계면활성제이다.

17

| 정답 | ④
| 해설 | ① 체질안료는 점토 광물을 희석제로 사용하는 안료이며, 마이카, 탤크, 카올린 등이 해당한다.
② 타르색소는 제1호의 색소 중 콜타르, 그 중간생성물에서 유래되었거나 유기 합성하여 얻은 색소 및 그 레이크, 염, 희석제와의 혼합물이며, 별표1의 1~57번, 103~127번 색소를 말한다(부록 p.71 참고).
③ 눈썹, 눈썹 아래쪽 피부, 눈꺼풀, 속눈썹 및 눈(안구, 결막낭, 윤문상조직 포함)을 둘러싼 뼈의 능선 주위를 눈 주위로 정의하고 있다.
⑤ 진주광택안료는 진주(펄)광택이나 금속광택을 부여해 질감을 변화시키는 안료로 운모티탄 등이 있다.

18

| 정답 | ②
| 해설 | AS수지는 투명과 광택성, 내유성, 내충격성이 우수하며, 화장품의 크림, 팩트, 스틱류 용기나 캡에 사용되며, 폴리프로필렌(PP)은 반투명, 광택성, 내약품성, 충격성이 우수하여 원터치 캡에 주로 사용되는 포장재이다.

19

| 정답 | ①
| 해설 | ㉠ EXP는 유통기한을 의미하기 때문에 2022.05.27.까지 사용해야 한다.
ⓒ 개봉일로부터 12개월 이내 사용하는 것이 바람직하므로, 2023.12.23까지 사용해야 한다.
ⓒ 개봉일로부터 6개월 이내 사용하는 것이 바람직하므로, 2021.07.14까지 사용해야 한다.
㉣ MFG는 제조일자를 의미하므로 2023.04.01까지 사용해야 한다.
㉺ 개봉일로부터 6개월 이내 사용하는 것이 바람직하므로 2023.07.04까지 사용해야 한다.

20

| 정답 | ⑤
| 해설 | 총리령이 아니라 대통령령이다.
인체적용제품은 다음 각 목의 어느 하나에 해당하는 제품을 말한다.
• 「식품위생법」 제2조제1호·제2호·제4호 및 제5호에 따른 식품, 식품첨가물, 기구 및 용기·포장
• 「농수산물 품질관리법」 제2조제1항제1호 및 제13호에 따른 농수산물 및 농수산가공품
• 「축산물 위생관리법」 제2조제2호에 따른 축산물
• 「주세법」 제2조제1호에 따른 주류
• 「건강기능식품에 관한 법률」 제3조제1호에 따른 건강기능식품
• 「약사법」 제2조제4호부터 제7호까지에 따른 의약품, 한약, 한약제제 및 의약외품(「약사법」 제85조제1항에 따른 동물용 의약품·의약외품은 제외한다)
• 「마약류 관리에 관한 법률」 제2조제1호에 따른 마약류
• 「화장품법」 제2조제1호에 따른 화장품
• 「의료기기법」 제2조제1항에 따른 의료기기
• 「위생용품 관리법」 제2조제1호에 따른 위생용품
• 그 밖에 대통령령으로 정하는 법률에 따라 식품의약품안전처장이 관리하는 제품

21

| 정답 | ⑤
| 해설 | ① 피부의 미백에 도움을 주는 기능성화장품 중 나이아신아마이드를 주성분으로 사용하였을 때, 제형은 나이아신아마이드 로션제, 액제, 크림제, 침적 마스크가 있으며, 90.0% 이상에 해당하는 나이아신아마이드($C_6H_6N_2O$: 122.13)를 함유해야 한다.
② 피부의 미백에 도움을 주는 기능성화장품 중 닥나무 추출물의 경우 기능성 시험을 할 때 타이로시네이즈 억제율이 48.5~84.1%이다.
③ 피부의 미백에 도움을 주는 기능성화장품 중 유용성 감초 추출물을 주성분으로 사용하였을 때, 제형은 로션제, 액제, 크림제, 침적 마스크가

있으며, 90.0% 이상에 해당하는 글라브리딘(C_{20}H_{20}O_4: 324.38)을 함유해야 한다.

④ 피부의 주름 개선에 도움을 주는 기능성화장품 중 아데노신액(2%)는 아데노신(C_{10}H_{13}N_5O_4: 267.2) 1.90~2.10%를 함유해야 하며, 로션제, 액제, 크림제, 침적 마스크는 90.0% 이상에 해당하는 아데노신(C_{10}H_{13}N_5O_4: 267.24)을 함유해야 한다.

22

| 정답 | ④

| 해설 | • 식품의약품안전처장은 화장품에 대하여 제품별 안전성 자료, 소비자 사용실태, 사용 후 이상사례 등에 대하여 주기적으로 실태조사를 실시하고, 위해요소의 저감화를 위한 계획을 수립해야 한다.
• 위해요소 저감화를 위한 기본 방향과 목표, 단기별 및 중장기별 추진 정책, 위해요소 저감화 추진을 위한 환경 여건 및 관련 정책의 평가, 조직 및 재원 등에 관한 사항 등 위해요소 저감화를 위해 식품의약품안전처장이 필요하다고 인정하는 사항이 포함되어야 한다.
• 식품의약품안전처장은 위해요소 저감화계획을 수립하는 경우에는 실태조사에 대한 분석 및 평가 결과를 반영해야 한다.
• 식품의약품안전처장은 위해요소 저감화계획을 수립한 경우에는 그 내용을 식품의약품안전처 인터넷 홈페이지에 공개해야 하고, 규정한 사항 외에 위해요소 저감화계획의 수립 대상, 방법 및 절차 등에 필요한 세부사항은 식품의약품안전처장이 정한다.

23

| 정답 | ②

| 해설 | ㉠ 알파–하이드록시애씨드(AHA) 함유 제품(0.5% 이하의 제품은 제외한다.)
㉢ 고농도의 AHA는 부작용 발생 우려가 있으므로 전문의 등에게 상담해야 한다. 하지만 10%를 초과하여 함유되어 있거나 산도가 3.5 미만인 제품만 표시한다.

24

| 정답 | ③

| 해설 | ㉠ 메칠이소치아졸리논의 사용한도는 사용 후 씻어내는 제품에 0.0015%이며, 기타 제품에는 사용금지이다.
㉤ 트리클로산의 사용한도는 사용 후 씻어내는 인체 세정용 제품류, 데오도런트(스프레이 제품 제외), 페이스 파우더, 피부결점을 감추기 위해 국소적으로 사용하는 파운데이션에 0.3%이며, 기타 제품에는 사용금지이다.
㉥ 아이오도프로피닐부틸카바메이트(아이피비씨)는 사용 후 씻어내는 제품에 0.02%, 사용 후 씻어내지 않는 제품에 0.01%. 다만, 데오도런트에 배합할 경우에는 0.0075%이다.

25

| 정답 | ④

| 해설 | ① 제2단계 퍼머액 중 그 주성분이 과산화수소인 제품은 검은 머리카락이 갈색으로 변할 수 있으므로 유의하여 사용해야 한다.
② 염모제 사용 전의 주의사항에 해당한다.

③ 제모제는 프로필렌글리콜과 관련한 주의사항 문구가 없다.
⑤ 그 밖에는 화장품의 안전정보와 관련하여 기재·표시하도록 식품의약품안전처장이 정하여 고시하는 사용 시의 주의사항이 있다.

26

| 정답 | ④

| 해설 | 안토시아닌류로는 시아니딘, 페오니딘, 말비딘, 델피니딘, 페투니딘, 페라고니딘, Anthocyanins가 해당된다.

27

| 정답 | ①

| 해설 | ㉠ 성분명을 제품 명칭의 일부로 사용한 경우 그 성분명과 함량(방향 제품은 제외)을 필수로 기재·표시해야 한다.
㉡ 내용량이 10mL 초과 50mL 이하 또는 중량이 10g 초과 50g 이하인 화장품에 들어 있는 성분은 기재·표시 생략이 가능하다. 단 타르색소, 금박, 샴푸와 린스에 들어 있는 인산염의 종류, 과일산(AHA), 기능성화장품의 효능·효과가 나타나게 하는 원료, 식품의약품안전처장이 사용한도를 고시한 원료는 제외한다. 글라이콜릭애씨드는 AHA의 한 종류이므로 표기 대상이다.
㉢ 0.05g÷300g×100 = 0.016%으로 씻어내지 않는 제품의 리모넨 사용한도인 0.001%를 초과하였으므로 표기 대상이다.
㉣ 영유아용, 어린이용 제품은 보존제 함량을 의무적으로 표시해야 한다.
㉤ 안정화제, 보존제 등 원료 자체에 들어 있는 부수 성분으로 그 효과가 나타나게 하는 양보다 적은 양이 들어 있는 성분은 기재·표시 생략 가능한 성분이다. 페녹시에탄올은 보존제의 대표적인 성분이다.
㉥ 제라니올은 0.03g÷500g×100 = 0.006%으로 씻어내는 제품의 사용한도인 0.01%를 초과하지 않았으므로 표기 대상이 아니다.

28

| 정답 | ③

| 해설 | ① 1등급의 관리 기준은 낙하균 10개/hr 또는 부유균 20개/m³이다.
②, ④ 원료 보관소, 포장재, 완제품은 4등급에 해당하며, 청정 공기순환관리는 환기장치가 해당된다.
⑤ 2등급의 관리 기준은 낙하균 30개/hr 또는 부유균 200개/m³이다.

29

| 정답 | ②

| 해설 | ㉢ 닦아내기 판정은 흰 천이나 검은 천으로 설비 내부의 표면을 닦아내고, 천 표면의 잔유물 유무로 세척 결과를 판정하는 방법이다.
㉣ 콘텍트 플레이트법은 콘텍트 플레이트에 검체를 채취하여 배양한 후 CFU 수를 측정하여 기록하는 방법이다.

30

| 정답 | ①

| 해설 | 세포·조직 채취 및 검사기록서에는 다음의 내용이 포함되어야 한다.

- 채취한 의료기관 명칭
- 채취 연월일
- 공여자 식별번호
- 공여자 적격성 평가 결과
- 동의서
- 세포 또는 조직의 종류, 채취 방법, 채취량, 사용한 재료 등의 정보

31

| 정답 | ④
| 해설 | 보통 냉침은 15~25℃, 온침은 35~45℃에서 실시한다.

32

| 정답 | ⑤
| 해설 | 용액의 농도를 (1 → 5), (1 → 10), (1 → 100) 등으로 기재한 것은 고체물질 1g 또는 액상물질 1mL를 용제에 녹여 전체량을 각각 5mL, 10mL, 100mL 등으로 하는 비율을 나타낸 것이다.

33

| 정답 | ②
| 해설 | ㉠ 다등급에 해당하며 회수를 시작한 날부터 30일 내에 회수되어야 한다.
㉢, ㉣ 가등급에 해당하며 회수를 시작한 날부터 15일 내에 회수되어야 한다.
㉤ 나등급에 해당하며 회수를 시작한 날부터 30일 내에 회수되어야 한다.

34

| 정답 | ④
| 해설 | ㉢ "소모품"이란 청소, 위생 처리 또는 유지 작업 동안에 사용되는 물품(세척제, 윤활제 등)을 말한다.
㉣ "기준일탈(out-of-specification)"이란 규정된 합격 판정 기준에 일치하지 않는 검사, 측정 또는 시험결과를 말한다.
㉥ "포장재"란 화장품의 포장에 사용되는 모든 재료를 말하며 운송을 위해 사용되는 외부 포장재는 제외한 것이다. 제품과 직접적으로 접촉하는지 여부에 따라 1차 또는 2차 포장재라고 말한다.

35

| 정답 | ⑤
| 해설 | ⑤는 「화장품법」 제5조제8항에 따른 화장품 관련 법령 및 제도에 관한 교육의 실시기관이다. 식품의약품안전처에서 지정한 교육실시기관으로, (사)대한화장품협회, (사)한국의약품수출입협회, (재)대한화장품산업연구원이 있다.

36

| 정답 | ①
| 해설 | 맞춤형화장품조제관리사가 아닌 기계를 사용하여 맞춤형화장품

을 혼합하거나 소분하는 경우에는 구분·구획된 것으로 보기 때문에 별도로 구분·구획하지 않아도 된다.

37

| 정답 | ②
| 해설 | ㉠ 제조소별로 독립된 제조부서와 품질부서를 두어야 하며, 제조부서와 품질부서 책임자는 1인이 겸직하지 못한다.
㉣ 품질부문의 권한과 독립성은 어떤 경우에도 보장될 수 있도록 조직이 구성되어야 하나 회사 규모가 작은 경우, 보관관리 또는 시험책임자 밑의 담당자 일부는 겸직할 수 있다.

38

| 정답 | ⑤
| 해설 | p.145 기준일탈 제품 처리 과정 표 참고

39

| 정답 | ④
| 해설 | 표준품과 주요시약의 용기에는 다음 사항을 기재하여야 한다.
- 명칭
- 개봉일
- 보관조건
- 사용기한
- 역가, 제조자의 성명 또는 서명(직접 제조한 경우에 한함)

40

| 정답 | ②
| 해설 | ① 레티놀은 빛과 열에 약하기 때문에 낮보다는 밤에 사용하는 것이 좋다.
③ 화장품 제조 시 인위적으로 첨가하지 않았거나 제조 또는 보관 과정 중 비의도적으로 유래된 사실이 객관적인 자료로 확인되고 기술적으로 해당 물질을 제거할 수 없는 경우 비소의 검출 허용한도는 10ug/g이다.
④ 미백 기능성 원료는 나이아신아마이드, 주름 기능성 원료는 레티놀이다.
⑤ 포름알데하이드는 인위적으로 첨가할 수 없는 사용금지 원료이다. 추가로, 포름알데하이드의 비의도적 유래 물질 검출 허용한도는 2,000μg/g 이하, 물휴지는 20μg/g 이하이다.

41

| 정답 | ⑤
| 해설 | 항균성을 중화시킬 수 있는 중화제는 다음과 같다.
㉠ 레시틴, 폴리솔베이트80, 지방알코올의 에틸렌 옥사이드축합물, 비이온성 계면활성제
㉡ 치오황산나트륨
㉢ 레시틴, 사포닌, 폴리솔베이트80

42

| 정답 | ③

| 해설 | ⓒ 제품 품질과 안전성에 악영향을 미칠지도 모르는 건강 조건을 가진 직원은 원료, 포장, 제품 또는 제품 표면에 직접 접촉하지 말아야 한다.
ⓔ 작업복 등은 목적과 오염도에 따라 세탁을 하고 필요에 따라 소독한다.

43

| 정답 | ④

| 해설 | • 포일로 싼 면봉과 멸균액을 고압 멸균기에 멸균(121℃, 20분)
• 미생물이 희석된 희석액 1 mL를 취해 한천 평판 배지에 도말하거나 배지를 부어 미생물 배양 조건에 맞춰 배양

44

| 정답 | ③

| 해설 | ㉠ 저울의 검사, 측정 및 시험 장비의 정밀도를 유지·보존해야 하며, 전자 저울은 매일 영점을 조정하고, 주기별로 점검을 실시해야 한다.
ⓒ 영점은 매일 점검하고, 가동 전 "0" 설정을 확인해야 한다.
ⓔ 전자저울의 점검 주기는 1개월에 한 번으로 직선성과 정밀성은 ±0.5% 이내여야 한다.

45

| 정답 | ①

| 해설 | ㉠ 치오글라이콜릭애씨드 또는 그 염류를 주성분으로 하는 냉2욕식 퍼머넌트웨이브용 제품의 제1제의 제품은 불휘발성 무기알칼리의 총량이 치오글라이콜릭애씨드의 대응량 이하인 액제이다.
ⓔ 치오글라이콜릭애씨드 또는 그 염류를 주성분으로 하는 가온2욕식 헤어스트레이트너 제품은 시험할 때 약 60℃ 이하로 가온 조작하여 사용하는 것으로서 치오글라이콜릭애씨드 또는 그 염류를 주성분으로 하는 제1제 및 산화제를 함유하는 제2제로 구성된다.

46

| 정답 | ③

| 해설 | 포장재의 선정 절차는 '중요도 분류 – 공급자 선정 – 공급자 승인 – 품질 결정 – 품질계약서 공급계약 체결 – 정기적 모니터링' 순으로 진행되어 한다.

47

| 정답 | ⑤

| 해설 | ①, ② 내용물에 따라 보관 온도를 나눌 수 있으며, 냉동(영하 5℃), 상온(15~25℃)이다.
③ 원료의 샘플링 환경은 조도 540룩스 이상의 별도 공간에서 실시한다.
④ 원료와 포장재가 재포장될 경우 원래의 용기와 동일하게 표시되어야 한다.

48

| 정답 | ⑤

| 해설 | 프탈레이트류(디부틸프탈레이트, 부틸벤질프탈레이트, 디에칠헥실프탈레이트)의 시험 방법이다.
① 납
• 디티존법
• 원자흡광광도법
• 유도결합플라즈마분광기(ICP)를 이용하는 방법
• 유도결합플라즈마 – 질량분석기(ICP–MS)를 이용하는 방법
② 비소
• 비색법
• 원자흡광광도법
• 유도결합플라즈마분광기(ICP)를 이용하는 방법
• 유도결합플라즈마 – 질량분석기(ICP–MS)를 이용하는 방법
③ 니켈, 안티몬, 카드뮴
• 유도결합플라즈마 – 질량분석기(ICP–MS)를 이용하는 방법
• 원자흡광분광기(AAS)를 이용하는 방법
• 유도결합플라즈마분광기(ICP)를 이용하는 방법
④ 디옥산
• 기체크로마토그래프법 – 절대검량선법

49

| 정답 | ⑤

| 해설 | 용제의 대표적 성분으로는 알코올, 글리콜, 벤질알코올 등이 있다. 활성염소 또는 활성염소 생성 물질은 대표적인 표백 성분이다.

50

| 정답 | ④

| 해설 | ㉠ 납의 시험 방법이다.
ⓒ 납, 비소, 니켈, 안티몬, 카드뮴의 시험 방법이다.
ⓔ 포름알데하이드 시험 방법이다.

51

| 정답 | ①

| 해설 | • 재작업의 여부는 품질 책임자에 의해 승인되어야 한다.
• 재작업은 아래의 경우를 모두 만족한 경우에 할 수 있음
– 변질·변패 또는 병원미생물에 오염되지 아니한 경우
– 제조일로부터 1년이 경과하지 않았거나 사용기한이 1년 이상 남아있는 경우
• 원료와 포장재, 벌크제품과 완제품이 적합 판정 기준을 만족시키지 못할 경우
• 재작업이란, 뱃치 전체 또는 일부에 추가 처리(한 공정 이상의 작업을 추가하는 일)를 하여 부적합품을 적합품으로 다시 가공하는 일을 말한다.

52

| 정답 | ⑤

| 해설 | 완제품의 보관용 검체는 적절한 보관조건하에 지정된 구역 내에서 제조단위별로 사용기한 경과 후 1년간 보관하여야 하며, 개봉 후 사용기간을 기재하는 경우에는 제조일로부터 3년간 보관하여야 한다.

53

| 정답 | ①

| 해설 | 화장품책임판매업자는 레티놀(비타민A) 및 그 유도체, 아스코빅 애시드(비타민C) 및 그 유도체, 토코페롤(비타민E), 과산화화합물, 효소 성분을 0.5% 이상 함유하는 제품의 경우 안정성시험 자료를 최종 제조된 제품의 사용기한이 만료되는 날부터 1년간 보존해야 한다.

54

| 정답 | ①

| 해설 | 맞춤형화장품판매업은 제조 또는 수입된 화장품의 내용물에 다른 화장품의 내용물이나 식품의약품안전처장이 정하여 고시하는 원료를 추가하여 혼합한 화장품, 제조 또는 수입된 화장품의 내용물을 소분한 화장품을 판매하는 영업에 한한다.
② 맞춤형화장품조제관리사는 직접 수입한 화장품을 판매할 수 없으며, 비누를 단순 소분하는 것은 맞춤형화장품판매업에 해당되지 않는다.
③ 원료와 원료를 혼합하는 것은 화장품제조업에 해당한다.
④ 아이오도프로피닐부틸카바메이트는 사용상의 제한이 필요한 원료로 사용 후 씻어내지 않는 제품에는 0.01%의 사용한도가 있다.
⑤ 맞춤형화장품은 제형의 변화가 없는 범위 내에서 혼합이 이루어져야 한다.

55

| 정답 | ②

| 해설 | 광학현미경은 유화된 내용물의 유화입자의 크기를 관찰할 때 사용한다. 액체 및 반고형제품의 유동성을 측정할 때 사용하는 것은 경도계이다.

56

| 정답 | ③

| 해설 | 1차 포장 필수 기재사항은 화장품의 명칭, 영업자의 상호, 제조번호, 사용기한 또는 개봉 후 사용기간이다.

57

| 정답 | ③

| 해설 | 항균(인체 세정용 제품에 한함)은 인체적용시험 자료로 표시·광고에 대하여 실증할 수 있다.
① 화장품책임판매업자는 미세먼지 차단, 미세먼지 흡착 방지에 효과가 있음을 표시·광고할 경우 인체적용시험 자료로 입증해야 한다.
② 화장품에는 부기, 피부 혈행 개선에 효과가 있다고 표시·광고할 경우 인체적용시험 자료로 입증하면 된다.
④ 제품을 꾸준히 사용할 경우 콜라겐 증가에 효과가 있음을 표시·광고할 경우 기능성화장품에 해당 기능을 실증한 자료로 입증해야 한다.
⑤ 화장품책임판매업자는 의사·치과의사·한의사·약사·의료기관 또는 그 밖의 자(할랄화장품, 천연화장품 또는 유기농화장품 등을 인증·보증하는 기관으로서 식품의약품안전처장이 정하는 기관은 제외함)가 이를 지정·공인·추천·지도·연구·개발 또는 사용하고 있다는 내용이나 이를 암시하는 등의 표시·광고를 해선 안 된다.

58

| 정답 | ③

| 해설 | • TEWL(Transepidermal Water Loss): 경피수분손실량, 피부 표면에서 증발되는 수분량을 나타내는 것이다.
• 세라마이드: 세포간지질의 50% 정도이며, 각질층의 장벽 기능을 회복시키고 유지시키는데 중요하다.
• 밀폐제: 피지처럼 피부 표면에 얇은 소수성 피막을 만들어 수분 증발을 억제하는 성분으로 TEWL을 저하시키며 피막형성제라고도 불린다.

59

| 정답 | ④

| 해설 | ① 맞춤형화장품으로 판매될 수 있는 화장품 유형에는 제한이 없으며, 맞춤형화장품판매업자가 관련 법령을 준수할 경우, 화장품에 해당하는 모든 품목은 맞춤형화장품으로 판매할 수 있다.
② 시중 유통 중인 제품을 임의로 구입하여 맞춤형화장품 혼합·소분의 용도로 사용할 수 없다.
③ 현재 화장품 법령상 병·의원이나 약국 등에 대하여 맞춤형화장품판매업의 영업을 제한하는 규정은 없다.
⑤ 맞춤형화장품조제관리사가 아닌 자가 판매장에서 혼합·소분하는 것은 허용되지 않는다.

60

| 정답 | ④

| 해설 | 근막동통 증후군은 근육에 존재하는 통증을 지칭하는 것이다.
공여자 적격성 검사 시 비적격 진단을 받는 질병은 다음과 같다.
• B형간염바이러스(HBV), C형간염바이러스(HCV), 인체면역결핍바이러스(HIV), 인체T림프영양성바이러스(HTLV), 파보바이러스B19, 사이토메가로바이러스(CMV), 엡스타인–바 바이러스(EBV) 감염증
• 전염성 해면상뇌증 및 전염성 해면상뇌증으로 의심되는 경우
• 매독트레포네마, 클라미디아, 임균, 결핵균 등의 세균에 의한 감염증
• 패혈증 및 패혈증으로 의심되는 경우
• 세포·조직의 영향을 미칠 수 있는 선천성 또는 만성질환

61

| 정답 | ⑤

| 해설 | 관능평가 종류 중 맹검 사용시험은 제품의 정보를 제공하지 않는 제품 사용시험이다.

62

| 정답 | ⑤

| 해설 | 품질관리기준서는 다음 사항이 포함된 시험지시서여야 한다.
• 제품명, 제조번호 또는 관리번호, 제조연월일
• 시험지시번호, 지시자 및 지시연월일
• 시험 항목 및 시험 기준

63

| 정답 | ④

| 해설 | ⊙ 스프레이, 일회용 제품은 시험 수행을 할 필요가 없다.
ⓒ 장기보존시험의 화학적 시험으로는 시험물 가용성 성분, 에테르불용 및
에탄올 가용성 성분, 에테르 가용성 불검화물 등이 있다.
ⓑ은 가혹시험에 대한 설명이다.

64

| 정답 | ②

| 해설 | 칼리납유리는 굴절률이 매우 높은 특성을 가지고 있는 유리로 산
화납이 다량 함유되어 있으며, 고급 향수병에 사용된다. 유백색을 띠는 유
리는 유백유리라 하며, 크림이나 세럼 용기에 사용된다.

65

| 정답 | ①

| 해설 | 세포·조직을 채취하는 의료기관 및 인체 세포·조직 배양액을 제
조하는 자가 업무 수행에 필요한 문서화된 절차를 수립하고 유지하여야
하며, 그에 따른 기록을 보존하여야 한다.

66

| 정답 | ③

| 해설 | 맞춤형화장품판매업자가 변경신고를 해야 하는 경우는 다음과
같다.
- 맞춤형화장품판매업자를 변경하는 경우
- 맞춤형화장품판매업소의 상호 또는 소재지를 변경하는 경우
- 맞춤형화장품조제관리사를 변경하는 경우

① 식품의약품안전처에서 발행한 맞춤형화장품판매업 질의응답집에 따르
면 화장품책임판매관리자로서의 근무시간과 맞춤형화장품조제관리사
로서의 근무시간이 명확히 구분되어 이를 증명할 수 있는 경우라면 개
별 검토가 가능하다.

② 보수교육의 대상은 맞춤형화장품판매업자에게 고용되어 맞춤형화장품
의 혼합·소분 업무에 종사하고 있는 자로 한정된다.

④ 맞춤형화장품판매업자는 소비자가 가져온 포장용기의 오염여부를 철
저히 확인한 후 맞춤형화장품을 제공해야 한다. 소비자가 가져온 용기
에 맞춤형화장품을 담아 제공하는 경우라 하더라도 「화장품법 시행규
칙」 제19조에 따른 표시·기재사항이 반드시 포함되어야 한다.

⑤ 「화장품법」 제14조의2(천연화장품 및 유기농화장품에 대한 인증)에 따
르면 천연화장품·유기농화장품 인증신청을 할 수 있는 자로는 화장품
제조업자, 화장품책임판매업자 또는 총리령으로 정하는 대학·연구소
등만 규정하고 있어 맞춤형화장품판매업자는 천연화장품·유기농화장
품 인증신청이 불가능하나, 인증받은 제품에 대해서는 표시·광고를 할
수 있다.

67

| 정답 | ②

| 해설 | 파라벤 0.02%는 원료 자체에 들어있는 부수 성분으로 그 효과가
나타나게 하는 양보다 적은 성분이므로 기재·표시를 생략할 수 있다.

68

| 정답 | ①

| 해설 | ② 디스펜서에 대한 설명이다. 호모게나이저는 주로 물과 기름을
유화시켜 안정한 상태로 유지하기 위해 사용된다.

③ 경도계에 대한 설명이다. 점도계는 내용물 및 특정 성분의 점도를 측정
할 때 사용한다.

④ 광학현미경에 대한 설명이다. 오버헤드스터러는 아지믹서, 프로펠러믹
서, 분산기라고도 한다. 내용물에 특정 성분 또는 다른 내용물을 혼합
및 분산할 때 사용하며 점증제를 물에 분산할 때 사용한다.

⑤ 스패츌러에 대한 설명이다. 데시케이터는 표준품 보관시 사용한다.

69

| 정답 | ②

| 해설 | ⓒ 모표피는 색이 없는 투명층이다.
ⓒ 에피큐티클에 대한 설명이다.
ⓑ 모수질은 속이 비어 있다.

70

| 정답 | ④

| 해설 | ① 맞춤형화장품 간 혼입이나 미생물오염 방지 시설 또는 설비
등을 확보해야 한다.

② 맞춤형화장품의 품질유지를 위해 시설 또는 설비 등에 대해 주기적으
로 점검·관리해야 한다. 판매장과 혼합, 소분하는 장소의 구분, 구획하
여 관리해야 하나, 다른 화장품 시설과 구분될 필요는 없다.

71

| 정답 | ⑤

| 해설 | ① ppm: 질량백만분율
② cs: 센티스톡스
③ %: 질량백분율
④ vol%: 용량백분율
부록 p.111쪽 참고

72

| 정답 | ③

| 해설 | ① 제조 온도가 설정된 온도보다 지나치게 높을 경우 HLB가 바뀌
면 가용화에 문제가 된다.

② 에탄올과 같은 휘발성 원료는 혼합 직전에 투입한다.

④ 원료 투입 순서는 제품의 물성에 영향을 미치므로 순서를 지켜야 한다.

⑤ 유화 제조 시 발생한 기포를 제거하지 않을 경우 점도, 비중에 영향을
줄 수 있다.

73

| 정답 | ③

| 해설 | ⓒ 판매가격은 훼손되거나 지워지지 않도록 표시되어야 한다.
ⓒ 판매가격은 소비자에게 판매하는 실제 가격을 말한다.
ⓑ 종합제품은 판매가격을 일괄하여 표시할 수 있다.

74

| 정답 | ③

| 해설 | ① 글루타랄의 사용한도는 0.1%이며, 에어로졸(스프레이에 한함) 제품에는 사용금지이다.

② 무화과나무잎앱솔루트는 사용할 수 없는 원료이다.

④ 미세플라스틱은 사용할 수 없는 원료이다.

⑤ 에칠라우로일알지네이트 하이드로클로라이드의 사용한도는 0.4%이며, 입술에 사용되는 제품 및 에어로졸(스프레이에 한함) 제품에는 사용금지이다.

75

| 정답 | ②

| 해설 | ㉠은 48, ㉡은 30, ㉢은 48, ㉣은 2이므로 모두 더한 값은 128이다.

76

| 정답 | ③

| 해설 | ① 맞춤형화장품 사용과 관련된 부작용 발생사례에 대해서는 지체 없이 식품의약품안전처장에게 보고해야 한다.

② 맞춤형화장품판매업자가 혼합·소분 전에 혼합·소분에 사용되는 내용물과 원료에 대한 품질성적서를 확인하도록 규정하고 있다.

④ 맞춤형화장품판매업자는 맞춤형화장품에 대하여 「화장품 안전기준 등에 관한 규정(고시)」 제6조에 따른 유통화장품의 안전관리 기준에 적합하도록 관리하여야 할 책임이 있으므로, 부적합 제품에 대한 책임은 맞춤형화장품판매업자에게 있다.

⑤ 소비자에게 판매하기 전에 둘 이상의 화장품책임판매업자로부터 제공받은 내용물 및 원료를 혼합하여 품질 등을 미리 확인 및 검증한 경우 가능하다.

77

| 정답 | ③

| 해설 | 천연화장품·유기농화장품 인증 신청을 할 수 있는 자로 화장품제조업자, 화장품책임판매업자 또는 총리령으로 정하는 대학·연구소 등만 규정하고 있어서 맞춤형화장품판매업자는 인증 신청이 불가능하다.

78

| 정답 | ⑤

| 해설 | 엔도큐티클(Endocuticle)의 내측면은 양면접착 테이프와 같은 세포막복합체(CMC)로, 인접한 모표피를 밀착시켜 모표피와 모피질 안의 내용물들이 빠져나가지 않게 잡아 주는 역할을 한다.

79

| 정답 | ④

| 해설 | ④ 해당 품목 판매 업무정지 4개월 또는 해당 품목 광고 업무정지 4개월의 행정처분을 받는다.

①, ②, ③ 해당 품목 판매 업무정지 6개월의 행정처분을 받는다.

⑤ 해당 품목 판매 업무정지 6개월 또는 해당 품목 광고 업무정지 6개월의 행정처분을 받는다.

80

| 정답 | ①

| 해설 | ② 정량할 때 환산한 전조물에 대하여 비오틴($C_{10}H_{16}N_2O_3S$) 98.5~101.0%를 함유한다.

③ 정량할 때 엘-멘톨($C_{10}H_{20}O$) 98.0~101.0%를 함유한다.

④ 건조한 것은 정량할 때 징크피리치온[$(C_5H_4ONS)_2Zn$: 317.70] 90.0~101.0%를 함유한다.

⑤ 정량할 때 징크피리치온[$(C_5H_4ONS)_2Zn$: 317.70] 47.0~53.0%를 함유한다.

81

| 정답인정 | ㉠ 맞춤형화장품판매업자, ㉡ 원료의 목록

| 해설 | 「화장품법」 제5조 영업자의 의무 중 맞춤형화장품판매업자와 화장품책임판매업자의 의무사항이다.

82

| 정답인정 | ㉠ 청문, ㉡ 개수

| 해설 | 「화장품법」 제27조 청문과 제22조 개수명령에 관한 내용이다.

83

| 정답인정 | 양벌규정

| 해설 | 「화장품법」 제39조 양벌규정에 관한 내용이다.

84

| 정답인정 | ㉠ 5, ㉡ 폴리염화비닐(PVC), ㉢ 폴리스티렌폼

| 해설 | • 천연화장품 또는 유기농화장품의 품질 또는 안전을 위해 필요하나 따로 자연에서 대체하기 곤란한 기타원료 및 합성원료로 지정된 원료는 5% 이내에서 사용할 수 있다. 이 경우에도 석유화학 부분(Petrochemical Moiety)의 합)은 2%를 초과할 수 없다.

• 천연화장품 및 유기농화장품의 용기와 포장에 폴리염화비닐, 폴리스티렌폼을 사용할 수 없다.

85

| 정답인정 | 안정성

| 해설 | 화장품의 성분은 성분, 산화, 열(온도), 광(빛), 미생물에 대한 안정성을 가져야 한다.

86

| 정답인정 | ㉠ 0.008, ㉡ 0.001

| 해설 | $\dfrac{0.04}{500} \times 100 = 0.008$이며, 씻어내지 않는 제품에는 0.001% 초과 함유 시 알레르기 유발 표시 대상이다.

87

| 정답인정 | 치오글라이콜릭애씨드

| 해설 | 치오글라이콜릭애씨드는 제모 크림의 주기능 성분으로 사용된다.

88

| 정답인정 | ㉠ 첨가제, ㉡ 용액, ㉢ 수용액, ㉣ 10

| 해설 | • 제제를 만들 경우에는 따로 규정이 없는 한 그 보존 중 성상 및 품질의 기준을 확보하고 그 유용성을 높이기 위하여 부형제, 안정제, 보존제, 완충제 등 적당한 첨가제를 넣을 수 있다. 다만, 첨가제는 해당 제제의 안전성에 영향을 주지 않아야 하며, 또한 기능을 변하게 하거나 시험에 영향을 주어서는 안 된다.

• 용질명 다음에 용액이라 기재하고, 그 용제를 밝히지 않은 것은 수용액을 말한다.

• 검체의 채취량에 있어서 "약"이라고 붙인 것은 기재된 양의 ±10%의 범위를 뜻한다.

89

| 정답인정 | ㉠ 검화법, ㉡ 중화법, ㉢ 보라

| 해설 | • 검화법: 유지를 알칼리로 가수분해, 중화하여 비누와 글리세린을 얻는 방법이다.

• 중화법: 지방산과 알칼리를 직접 반응시켜 비누를 얻는 방법이다.

• 화장비누의 유리알칼리 시험법 중 염화바륨법은 시험 방법에 따라 진행후 보라색이 나타날 때까지 중화시킨다.

90

| 정답인정 | ㉠ 15, ㉡ 2, ㉢ 10

| 해설 | 단위제품 중 인체 및 두발 세정용 제품류의 포장공간 비율은 15% 이하, 포장횟수는 2차 이내이다. 단위제품이란 1회 이상 포장한 최소 판매단위의 제품을 의미한다.

그 밖의 화장품류(방향제 포함)의 포장공간 비율은 10% 이하(향수 제외)이다.

91

| 정답인정 | 에피큐티클

| 해설 | 모간부의 표피층은 에피큐티클, 엑소큐티클, 엔도큐티클 3개의 층으로 구성되어 있으며, 가장 바깥층은 에피큐티클이다.

92

| 정답인정 | ㉠ 남성형, ㉡ 디하이드로테스토스테론(DHT)

| 해설 | 남자 성인의 탈모인 남성형 탈모증은 디하이드로테스토스테론(DHT)이라는 호르몬이 원인이 되어 나타난다.

93

| 정답인정 | ㉠ 알레르기, ㉡ 항원

| 해설 | 알레르기란 외부 물질에 대해 인체의 면역 기전이 보통보다도 과민한 반응을 나타낼 때 유발되는 증상을 말하며, 알레르기를 일으키는 것을 항원이라고 한다.

94

| 정답인정 | ㉠ 재작업, ㉡ 교정

| 해설 | 「우수화장품 제조 및 품질관리 기준」 제2조 용어의 정의에 대한 내용이다.

95

| 정답인정 | ㉠ 보존제, ㉡ 유해물질

| 해설 | 「화장품법」 제8조 화장품 안전 기준 등에 관한 내용으로, 식품의약품안전처장은 유통화장품 안전관리 기준을 정하여 고시할 수 있다.

96

| 정답인정 | ㉠ 계면활성제, ㉡ 미셀(마이셀 또는 Micelle)

| 해설 | 가용화제는 용매에 난용성 물질을 용해시키기 위한 목적으로 사용되는 계면활성제이며, 가용화력과 미셀 형성과는 밀접한 관계를 가진다.

97

| 정답인정 | 표준작업지침서(SOP)

| 해설 | 문제 발생 시 확보된 표준작업지침서에 따라 대응할 수 있으며, 특별한 업무를 수행하는 자에게 그 "표준작업"에 대한 상세한 지침을 제공하여 일관되게 업무를 수행하도록 하는 문서이다.

98

| 정답인정 | 8(개)

| 해설 | 랑게르한스세포, 머켈세포, 필라그린은 표피에, 지방세포는 피하지방층에 있다.

99

| 정답인정 | 보호

| 해설 | 피부는 보호 기능, 감각 기능, 체온조절 기능, 흡수 및 분비, 저장 등의 생리학적 기능을 가지며, 〈보기〉는 보호 기능에 해당한다.

100

| 정답인정 | ㉠ 암모니아, ㉡ 과산화수소, ㉢ 멜라닌 색소

| 해설 | 암모니아는 모표피를 손상시켜 염료와 과산화수소가 속으로 잘 스며들게 하는 역할을 하며, 과산화수소는 멜라닌 색소를 파괴하여 두발 원래의 색을 지우는 역할을 한다.

끝이 좋아야 시작이 빛난다.

– 마리아노 리베라(Mariano Rivera)

여러분의 작은 소리
에듀윌은 크게 듣겠습니다.

본 교재에 대한 여러분의 목소리를 들려주세요.
공부하시면서 어려웠던 점, 궁금한 점,
칭찬하고 싶은 점, 개선할 점, 어떤 것이라도 좋습니다.

에듀윌은 여러분께서 나누어 주신 의견을
통해 끊임없이 발전하고 있습니다.

에듀윌 도서몰 book.eduwill.net
• 부가학습자료 및 정오표: 에듀윌 도서몰 → 도서자료실
• 교재 문의: 에듀윌 도서몰 → 문의하기 → 교재(내용, 출간) / 주문 및 배송

2025 에듀윌 맞춤형화장품 조제관리사 한권끝장

발 행 일	2025년 2월 10일 초판
저 자	이은주, 유선희
펴 낸 이	양형남
개 발	정상욱, 최승철
펴 낸 곳	(주)에듀윌
등록번호	제25100-2002-000052호
주 소	08378 서울특별시 구로구 디지털로34길 55 코오롱싸이언스밸리 2차 3층
I S B N	979-11-360-3627-8(13590)

www.eduwill.net

대표전화 1600-6700

보기만 해도 자동암기! 암기 브로마이드

맞춤형화장품 조제관리사

▎ 법령체계 본문 p.14

법률 (화장품법) > 대통령령 「화장품법 시행령」 > 총리령 「화장품법 시행규칙」 > 행정규칙 고시

→ 목적: 화장품의 제조 · 수입 · 판매 및 수출 등에 관한 사항을 규정함으로써 국민보건 향상과 화장품 산업의 발전에 기여

▎ 화장품의 정의 본문 p.14

화장품	인체 청결 · 미화하여 매력을 더하고 용모를 밝게 변화시키거나 피부 · 모발의 건강 유지 또는 증진을 위해 바르고 문지르고 뿌리는 등의 방법으로 사용되며 인체에 대한 작용이 경미한 것(단, 의약품, 의약외품 제외)
기능성화장품	① 총리령으로 정한 피부 미백, 주름 개선, 피부를 곱게 태워주거나 자외선으로부터 피부를 보호, 모발의 색상 변화 · 제거 또는 영양 공급, 피부나 모발의 기능 약화로 인한 건조함 · 갈라짐 · 빠짐 · 각질화 등을 방지하거나 개선하는 데에 도움을 주는 제품 ② 모발의 색상을 변화(일시적 변화 제품 제외), 체모 제거(물리적 체모 제거 제품 제외), 탈모 증상 완화(물리적 변화 제품 제외), 여드름성 피부 완화(인체 세정용 제품류로 한정), 피부장벽 기능 회복, 튼살로 인한 붉은 선을 엷게 하는 기능을 가진 화장품
천연화장품	① 동식물 및 그 유래 원료 등을 함유한 화장품으로 식품의약품안전처장이 정하는 기준에 맞는 화장품 ② 천연(물 + 천연 원료 + 천연 유래 원료) 함량이 전체 제품의 95% 이상
유기농화장품	① 유기농 원료, 동식물 및 그 유래 원료 등을 함유한 화장품으로 식품의약품안전처장이 정하는 기준에 맞는 화장품 ② 유기농 함량이 전체 제품에서 10% 이상, 유기농 함량을 포함한 천연함량이 전체 제품의 95% 이상

→ 식품의약품안전평가원장의 심사를 받아야 함

▎ 영업의 종류 본문 p.17

구분	화장품제조업	화장품책임판매업	맞춤형화장품판매업
정의	① 직접 제조(전부 또는 일부) ② 위탁 받아 제조(전부 또는 일부) ③ 화장품 포장(1차 포장만 해당)	① 제조업자가 직접 제조 후 유통 · 판매 ② 위탁 제조 후 유통 · 판매 ③ 수입 화장품 유통 · 판매 ④ 수입대행형 거래(전자상거래만 해당) 목적의 알선 · 수여	① 제조 또는 수입된 화장품의 혼합 • 내용물 + 내용물 • 내용물 + 원료 ② 제조 또는 수입한 내용물 소분
등록 및 신고	① 등록신청서 ② 제조업자에 대한 의사 또는 전문의의 진단서 ③ 등기사항증명서(법인) ④ 시설명세서	① 등록신청서 ② 등기사항증명서(법인) ③ 책임판매관리자의 자격 확인 서류 ④ 품질관리, 책임판매 후 안전관리 기준	① 판매업 신고서 ② 맞춤형화장품조제관리사 자격증 사본 + 시설의 명세서 ③ 등기사항증명서(법인) ④ 신고한 소재지 한시적 영업의 경우(1개월 이내) 맞춤형화장품판매업 신고필증 + 맞춤형화장품 조제관리사 자격증 사본 제출
변경 등록 및 신고	① 제조업자(법인은 대표자 변경) ② 상호(법인은 명칭 변경) ③ 소재지 ④ 제조 유형	① 책임판매업자(법인은 대표자 변경) ② 상호(법인은 명칭 변경) ③ 소재지 ④ 책임판매관리자 ⑤ 책임판매 유형	① 맞춤형판매업자(법인은 대표자 변경) ② 상호(법인은 명칭 변경) ③ 소재지 ④ 맞춤형화장품조제관리사
폐업 신고	① 폐업 또는 휴업하려는 경우 ② 휴업 후 그 업을 재개하려는 경우	휴업기간이 1개월 미만이거나 그 기간 동안 다시 업을 재개하려는 경우는 제외	

화장품제조업 등록을 위한 시설 기준

① 제조작업 시설을 갖춘 작업소
② 원료 · 자재 및 제품 보관소
③ 원료 · 자재 및 제품의 품질검사에 필요한 시험실
④ 품질검사에 필요한 시설 및 기구
⑤ 일부 공정만 제조하는 경우 해당 공정시설(품질검사를 위탁하는 경우만 해당)
⑥ 화장품 외 물품 제조도 가능(상호 오염의 우려가 없는 경우)

상시근로자 10인 이하인 화장품책임판매업 경영자가 책임판매관리자 자격 기준에 해당하면 직무 수행 OK!

책임판매관리자(매년 교육 이수) 자격 기준

① 의사 또는 약사
② 이공계학 또는 향장학 등을 전공하고 학사 이상의 학위를 취득한 자
③ 화장품 관련 분야를 전공하여 전문학사 학위를 취득하고 화장품 제조 또는 품질관리 업무에 1년 이상 종사한 자
④ 식품의약품안전처장이 정하여 고시하는 전문 교육 과정을 이수한 자
⑤ 맞춤형화장품 조제관리사 자격시험에 합격한 사람
⑥ 화장품 제조 또는 품질관리 업무에 2년 이상 종사한 자

→ ### 책임판매관리자 직무

① 품질관리   ② 안전관리
③ 제조업자 관리 · 감독

등록 및 신고 결격사유

① 피성년후견인 또는 파산선고 받고 복권되지 않은 자
② 금고 이상의 형을 선고받고 집행이 끝나지 않았거나 집행을 받지 않기로 확정되지 않은 자
③ 등록 취소 또는 영업소가 폐쇄된 날부터 1년이 지나지 않은 자
※ 화장품제조업은 마약류 중독자, 정신질환자도 결격사유에 해당

맞춤형화장품조제관리사의 결격사유

① 정신질환자(전문의가 적합하다고 인정하는 사람은 제외)
② 피성년후견인
③ 마약류의 중독자
④ 금고 이상의 형을 선고받고 집행이 끝나지 않았거나 집행을 받지 않기로 확정되지 않은 자
⑤ 맞춤형화장품조제관리사의 자격이 취소된 날부터 3년이 지나지 아니한 자

개인정보 보호법 [본문 p.38] ※ 개인정보: 날아있는 개인에 관한 정보

고유식별정보	민감정보
개인을 구별하기 위하여 부여한 식별정보 ① 주민등록번호 ② 운전면허번호 ③ 여권번호 ④ 외국인등록번호	사상·신념, 노동조합·정당의 가입·탈퇴, 정치적 견해, 건강, 성생활 등에 관한 정보, 그 밖에 사생활을 현저히 침해할 우려가 있는 정보 ① 유전자 검사 등의 결과로 얻어진 유전정보 ② 범죄경력 자료에 해당하는 정보 등

개인정보 수집 동의를 받을 경우 정보주체에게 고지해야 할 사항 [본문 p.40]

① 개인정보의 수집·이용 목적(목적과 다른 용도로 사용할 수 없음)
② 수집하려는 개인정보 항목(최소한의 정보만 수집)
③ 개인정보의 보유 및 이용 기간
④ 동의를 거부할 권리가 있다는 사실, 동의 거부로 불이익이 있는 경우 그 불이익의 내용

천연화장품 및 유기농화장품

공통점 [본문 p.94]

사용 가능 원료		오염 물질	
① 천연 원료 ② 천연 유래 원료 → 자연에서 대체하기 곤란한 원료는 합성원료 5% 이내에서 사용 가능 ③ 물 → 석유화학 부분은 2%를 초과 시 사용 불가 ④ 허용 기타 원료 및 허용 합성 원료 → 앱솔루트, 콘크리트, 레지노이드는 천연화장품에만 허용됨		① 중금속 ② 방향족 탄화수소 ③ 농약 ④ 다이옥신 및 폴리염화비페닐 ⑤ 방사능 ⑥ 유전자변형 생물체(GMO) ⑦ 곰팡이 독소 ⑧ 의약 잔류물 ⑨ 질산염 ⑩ 니트로사민	
금지되는 공정		자료의 보존 및 재검토 / 포장	
① 탈색, 탈취, 방사선 조사, 설폰화, 에칠렌옥사이드, 프로필렌옥사이드 또는 다른 알켄옥사이드 사용, 수은화합물을 사용한 처리, 포름알데하이드 사용 ② 유전자 변형 원료 배합 ③ 니트로스아민류 배합 및 생성 ④ 일면 또는 다면의 외형 또는 내부 구조를 가지도록 의도적으로 만들어진 불용 성이거나 생체지속적인 1~100nm 크기의 물질 배합 ⑤ 공기, 산소, 질소, 이산화탄소, 아르곤 가스 외의 분사제 사용		① 보존(긴 기간 동안 보존) • 제조일로부터 3년 • 사용기한 경과 후 1년 ② 재검토 및 개선 매 3년이 되는 시점마다 타당성 검토 및 개선 조치 ③ 천연화장품 및 유기농화장품의 용기와 포장에 폴리염화비닐(PVC), 폴리스티렌폼 을 사용할 수 없음	

맞춤형화장품

정의 [본문 p.170]

① 제조 또는 수입된 화장품의 내용물에 다른 내용물이나 식품의약품안전처장이 정하여 고시하는 원료를 추가하여 혼합한 화장품

② 제조 또는 수입된 화장품의 내용물을 소분(小分)한 화장품

내용물 + 내용물 또는 내용물 + 원료

내용물(벌크) 또는 수입화장품 = 맞춤형화장품 + 맞춤형화장품 + 맞춤형화장품

사용 가능한 원료 [본문 p.174]

아래의 원료를 제외한 원료는 맞춤형화장품에 사용 가능
① 화장품에 사용할 수 없는 원료
② 화장품에 사용상의 제한이 필요한 원료(보존제, 자외선 차단 성분, 염모제 성분, 기타)
③ 사전심사를 받지 않았거나 보고서를 제출하지 않은 기능성화장품 고시 원료
※ 맞춤형화장품을 기능성화장품으로 판매할 때, 최종 맞춤형화장품은 기 심사를 받거나 보고한 기능성화장품이어야 함

기능성화장품 고시 성분

▌자외선 차단 본문 p.61

성분	최대 함량	암기체크
로우손과 디하이드록시아세톤의 혼합물	로우손 0.25%, 디하이드록시아세톤 3.0%	☐
드로메트리졸	1.0%	☐
메톡시프로필아미노사이클로헥시닐리덴에톡시에틸사이아노아세테이트	3%	☐
벤조페논-8	3.0%	☐
4-메칠벤질리덴캠퍼, 페닐벤즈이미다졸설포닉애씨드	4.0%	☐
벤조페논-3, 벤조페논-4, 에칠헥실살리실레이트, 에칠헥실트리아존, 디갈로일트리올리에이트, 멘틸안트라닐레이트, 부틸메톡시디벤조일메탄, 시녹세이트, 에칠디하이드록시프로필파바	5.0%	☐
에칠헥실메톡시신나메이트	7.5%	☐
에칠헥실디메칠파바	8.0%	☐
옥토크릴렌, 호모살레이트, 이소아밀-p-메톡시신나메이트, 비스에칠헥실옥시페놀메톡시페닐트리아진, 디에칠헥실부타미도트리아존, 폴리실리콘-15, 메칠렌비스-벤조트리아졸릴테트라메칠부틸페놀, 디에칠아미노하이드록시벤조일헥실벤조에이트	10%	☐
테레프탈릴리덴디캠퍼설포닉애씨드 및 그 염류, 디소듐페닐디벤즈이미다졸테트라설포네이트	산으로 10%	☐
티이에이-살리실레이트	12%	☐
드로메트리졸트리실록산	15%	☐
징크옥사이드, 티타늄디옥사이드 → 자외선 산란제	25%	☐

▌자외선 차단제 표시 방법 본문 p.62

① UVA차단 등급(PA: Protection Factor of UVA)

$$PA = \frac{\text{제품을 바른 피부의 최소 지속형즉시흑화량(MPPD)}}{\text{제품을 바르지 않은 피부의 최소 지속형즉시흑화량(MPPD)}}$$

② UVB를 차단하는 자외선 차단지수(SPF: Sun Protection Factor)

$$SPF = \frac{\text{제품을 바른 피부의 최소 홍반량(MED)}}{\text{제품을 바르지 않은 피부의 최소 홍반량(MED)}}$$

▌피부 미백 본문 p.63

	성분	함량	암기체크
티로시나아제의 활성 억제	유용성 감초 추출물	0.05%	☐
	알파-비사보롤	0.5%	☐
	닥나무 추출물	2.0%	☐
	알부틴	2.0~5.0%	☐
티로신의 산화 억제 (비타민 C 유도체)	에칠아스코빌에텔	1.0~2.0%	☐
	아스코빌글루코사이드, 아스코빌테트라이소팔미테이트	2.0%	☐
	마그네슘아스코빌포스페이트	3.0%	☐
멜라닌의 이동 억제	나이아신아마이드	2.0~5.0%	☐

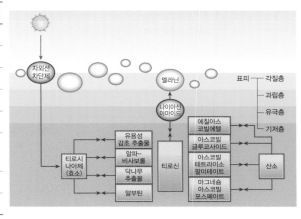

▌주름 개선 본문 p.66

성분	함량	암기체크
아데노신	0.04%	☐
폴리에톡실레이티드레틴아마이드	0.05~0.2%	☐
레티놀	2,500IU/g	☐
레티닐팔미테이트	10,000IU/g	☐

▌탈모 증상 완화 본문 p.67

성분	암기체크
덱스판테놀	☐
비오틴	☐
엘-멘톨	☐
징크피리치온	☐
징크피리치온액(50%)	☐

▌체모 제거 본문 p.67

성분	함량	암기체크
치오글리콜산 80%	산으로서 3.0~4.5%, pH 7.0 이상~12.7 미만	☐

▌여드름성 피부 완화(인체 세정용) 본문 p.67

성분	함량	암기체크
살리실릭애씨드	0.5%	☐

▌모발색 변화 본문 p.67

성분	최대 함량	암기체크
2-메칠-5-히드록시에칠아미노페놀, 염산 2,4-디아미노페녹시에탄올, 1,5-디히드록시나프탈렌, 6-히드록시인돌, 2-메칠레조시놀, 염기성등색 31호, 염기성적색 51호	0.5%	☐
2-아미노-3-히드록시피리딘, 5-아미노-o-크레솔, 히드록시벤조모르포린, 염기성황색87호	1.0%	☐
m-아미노페놀, 톨루엔-2,5-디아민, 황산 p-니트로-o-페닐렌디아민, 황산 m-아미노페놀, 1-나프톨(α-나프톨), 레조시놀	2.0%	☐

화장품 제조 및 품질관리

화장품 원료 본문 p.51

수성 원료	정제수	화장품 제조에 가장 중요한 원료 중 하나
	에탄올(알코올)	청정, 살균, 수렴 효과가 있으며, 가용화제 등으로 이용
	아이소프로필알코올	수렴제, 보존제, 기포방지제, 점도감소제 등으로 사용
	보습제(폴리올)	피부의 건조함 예방 예 글리세린, 부틸렌글라이콜, 프로필렌글라이콜
유성 원료	유지(오일)	• 식물성: 씨, 잎, 열매에서 추출 예 코코넛 오일, 올리브 오일, 포도씨 오일 • 동물성: 피부 친화성 우수 예 밍크 오일, 난황 오일, 에뮤 오일
	탄화수소	광물질에서 추출 예 미네랄 오일, 파라핀, 바세린(페트롤라툼), 스쿠알렌, 아이소알케인, 아이소헥사데칸
	실리콘 오일	매끄러운 감촉, 퍼짐성, 사용감, 광택 우수 예 사이클로메티콘, 다이메티콘, 사이클로테트라실록세인, 사이클로펜타실록세인
	왁스류	고급 지방산과 고급 1, 2가 알코올이 결합된 에스텔 예 카나우바 · 칸데릴라 왁스, 라놀린, 비즈 왁스(밀랍), 호호바 오일, 오조케라이트
	고급 지방산	R-COOH로 표시되는 화합물 예 라우릭애씨드, 미리스틱애씨드, 스테아릭애씨드
	고급 알코올	R-OH로 표시되는 화합물, 점도 조절 예 세틸알코올, 스테아릴알코올, 베헤닐알코올
	에스텔	지방산(R-COOH)과 알코올(R-OH)이 결합하면서 탈수 반응에 의해 생성되는 화합물 예 아이소프로필미리스테이트, 카프릴릭/카 프릭트라이글리세라이드
	계면활성제	• 음이온성: 세정 작용과 기포 형성 작용 우수 예 소듐라우릴설페이트, 소듐라우레스설페이트, 암모늄라우릴설페이트 등 • 양이온성: 살균, 소독 작용 예 세트리모늄클로라이드, 알킬디메틸암모늄클로라이드, 폴리쿼터늄-10, 폴리쿼터늄-18 • 양쪽성: 베이비용 제품 예 코카미도프로필베타인, 디소듐코코암포디아세테이트, 하이드로제네이티드레시틴 • 비이온성: 기초화장품 예 솔비탄라우레이트, 솔비탄팔미테이트, 솔비탄세스퀴올리에이트 • 천연: 동식물에서 추출 예 레시틴, 사포닌 ※ 세정력: 음이온성>양쪽성>양이온성>비이온성, 자극성: 양이온성>음이온성>양쪽성>비이온성
	고분자화합물 (폴리머)	• 점증제: 수용성 고분자 물질 예 구아검, 메틸셀룰로스, 카복시비닐폴리머(카보머) 등 • 피막형성제(밀폐제): 수분 증발 억제, 갈라짐 방지 예 폴리비닐알코올, 폴리비닐피롤리돈, 나이트로셀룰로스
색소	유기합성색소	• 염료: 물, 오일, 알코올에 녹는 색소 • 레이크: 타르색소를 화학적 결합에 의해 확산시킨 색소 • 유기안료: 물, 기름 등의 용제에 용해하지 않는 유색분말의 안료
	무기안료	• 백색안료: 이산화타이타늄, 산화아연 • 착색안료: 산화철 • 체질안료: 마이카, 탤크, 카올린
	천연색소	커큐민, 코치닐, 안토시아닌
	진주광택안료	운모티탄(미세 운모에 티타늄디옥사이드를 피복 처리한 것)
	향료	• 천연향료: 식물성(라벤더 오일, 자스민 오일 등), 동물성(사향, 영묘향, 해리향, 용연향 등) • 합성향료: 플로럴(자스민, 로즈), 시프레, 우디 등
	보존제	미생물 증식 억제, 살균 예 파라벤, 페녹시에탄올, 1,2 헥산다이올(방부대체제)
	산화방지제	화장품 품질 유지 예 토코페롤, BHT, BHA
	금속이온봉쇄제(킬레이트제)	금속이온 활성 억제 예 다이소듐이디티에이, 소듐시트레이트

화장품 제조 기술 본문 p.72

① 가용화: 물에 녹지 않는 소량의 유성 성분을 미셀을 이용해 투명하게 용해되는 상태
예 토너, 향수

② 유화: 섞이지 않는 두 액체를 균일하게 분산시켜 불투명한 상태로 나타냄
예 크림, 에센스

③ 분산: 기체, 액체, 고체 등 하나의 상에 다른 상이 균일하게 혼합되는 상태
예 파운데이션, BB크림

「우수화장품 제조 및 품질 관리 기준(CGMP)」의 4대 기준서 본문 p.80

제품표준서, 제조관리기준서, 품질관리기준서, 제조위생관리기준서

화장품 사용 시 주의사항 본문 p.101

공통사항

① 화장품 사용 시 또는 사용 후 직사광선에 의하여 사용 부위에 붉은 반점, 부어오름 또는 가려움증 등의 이상 증상이나 부작용이 있는 경우 전문의 등과 상담할 것

② 상처가 있는 부위 등에는 사용을 자제할 것

③ 보관 및 취급시의 주의사항
• 어린이의 손이 닿지 않는 곳에 보관할 것   • 직사광선을 피해서 보관할 것

유형별 주의사항

① 미세한 알갱이 함유 스크럽 세안제, 팩, 두발용, 두발염색용 및 눈화장용 제품류, 샴푸, 염모제(산화염모제와 비산화염모제), 탈염 · 탈색제: 눈과 관련한 주의
눈에 들어갈 경우 미지근한 물로 15분 이상 물로 씻어내고, 곧바로 안과 전문의의 진찰을 받아야 하는 주의사항 제품

② 샴푸: 사용 후 씻어내지 않으면 탈모, 탈색의 원인이 됨

③ 외음부 세정제, 손 · 발의 피부연화 제품, 염모제(산화염모제와 비산화염모제): 프로필렌글리콜을 함유하고 있으므로 신중히 사용

④ 퍼머넌트 웨이브 제품 및 헤어 스트레이트너 제품: 섭씨 15℃ 이하의 어두운 장소에 보관, 개봉 후 7일 이내 사용, 과산화수소가 주성분인 제품은 모발색이 갈색으로 변할 수 있으므로 주의

⑤ 고압가스 사용하는 에어로졸 제품: 사용 후 잔 가스가 없도록 하며, 밀폐된 장소에 보관 금지, 인체용 제품은 인체에서 20cm 이상 떨어져서 사용

⑥ 고압가스를 사용하지 않는 분무형 자외선 차단제: 손에 덜어 얼굴에 바를 것

⑦ 제모제(치오글라이콜릭애씨드 함유 제품에만 표시): 눈 또는 점막에 닿았을 경우 미지근한 물로 씻어내고 붕산수(농도 약 2%)로 헹굴 것

위해 사례 판단 및 보고

위해성 평가 단계 본문 p.109

위험성 확인 인체 내 독성을 확인	>	위험성 결정 인체 노출 허용량 산출	>	노출 평가 인체 노출된 양을 산출	>	위해도 결정 결과들을 종합하여 결정

위해성 등급 본문 p.111

가등급	• 사용할 수 없는 원료 사용 • 사용 기준이 지정·고시된 원료 외의 보존제·색소·자외선 차단제 등 사용	회수를 시작한 날부터 15일 이내 회수
나등급	• 안전용기 포장 등에 위반 • 유통화장품 안전관리 기준에 적합하지 않은 경우(기능성화장품의 기능성을 나타나게 하는 주원료 함량이 기준치에 부적합한 경우 제외)	회수를 시작한 날부터 30일 이내 회수
다등급	• 전부 또는 일부가 변패된 경우 • 병원미생물에 오염된 경우 • 이물이 혼입되었거나 부착되어 보건위생상 위해를 발생할 우려가 있는 경우 등	

위해 화장품의 회수 본문 p.114

안전성 정보 보고 → 화장품책임판매업자는 신속보고(정보를 알게 된 날부터 15일 이내), 정기보고(매 반기 종료 후 1개월 이내) 식품의약품안전처장에게 보고

⬇

회수 대상 화장품이라는 사실을 안 날부터 5일 이내 회수계획서와 3개의 서류를 제출

→ ※ 회수계획서 제출 시 함께 제출할 것
① 해당 품목의 제조·수입기록서 사본
② 판매처별 판매량·판매일 등의 기록
③ 회수 사유를 적은 서류

⬇

방문, 우편, 전화, 전보, 전자우편, 팩스 또는 언론매체를 통한 공고 등을 통해 회수 통보 사실을 입증할 수 있는 자료는 회수 종료일로부터 2년간 보관

⬇

회수 완료 후 3개의 서류를 지방식품의약품안전청장에게 제출

→ ※ 회수 완료 후 제출할 것
① 회수확인서 사본
② 폐기확인서 사본(폐기한 경우에만 해당)
③ 평가보고서 사본

⬇

• 공표명령을 받은 영업자는 지체 없이 발생사실을 전국을 보급 지역으로 하는 1개 이상의 일반일간신문 및 해당 영업자의 인터넷 홈페이지에 게재
• 식품의약품안전처의 인터넷 홈페이지에 게재 요청

⬇

지방식품의약품안전청장에게 공표결과 통보

→ ※ 통보할 내용
① 공표일   ② 공표 매체   ③ 공표 횟수   ④ 공표문 사본 또는 내용

유통화장품 안전관리

작업장 위생관리 본문 p.120

작업소의 시설 적합 기준

① 종류·제형에 따른 구획·구분으로 교차오염 방지
② 바닥, 벽, 천장은 매끄러운 표면
③ 소독제 등의 부식성에 대한 저항력이 있어야 함
④ 외부와 연결된 창문은 가능한 열리지 않아야 함
⑤ 수세실과 화장실은 생산 구역과 분리
⑥ 적절한 조명 설치, 파손 시를 대비한 제품 보호 조치
⑦ 적절한 온도 및 습도 유지
⑧ 효능이 입증된 세척제 및 소독제 사용
⑨ 품질에 영향을 주지 않는 소모품 사용

청정도 등급 및 관리 기준

청정도 등급	대상시설	작업실	관리 기준
1등급	청정도 엄격관리	Clean Bench	낙하균 10개/hr 또는 부유균 20/m³
2등급	화장품 내용물이 노출되는 작업실	제조실, 성형실, 충전실, 내용물 보관소, 원료 칭량실, 미생물 실험실	낙하균 30개/hr 또는 부유균 200/m³
3등급	화장품 내용물이 노출되지 않는 곳	포장실	탈의, 포장재의 외부 청소 후 반입
4등급	일반 작업실 (내용물 완전폐색)	포장재·완제품·관리품· 원료 보관소·탈의실· 일반 실험실	–

사용상의 제한 원료

┃ 보존제 본문 p.85

성분	사용한도	비고	암기체크
메칠이소치아졸리논	사용 후 씻어내는 제품에 0.0015% (메칠클로로이소치아졸리논과 메칠이소치아졸리논 혼합물과 병행 사용금지)	기타 제품에는 사용금지	☐
아이오도프로피닐부틸카바메이트 (IPBC)	• 사용 후 씻어내는 제품 0.02% • 씻어내지 않는 제품 0.01% • 데오도런트 0.0075%	입술 제품, 에어로졸(스프레이에 한함), 보디 로션, 영유아 또는 만 13세 이하 어린이 제품에는 사용금지	☐
p-클로로-m-크레졸	0.04%	점막에 사용하는 제품에는 사용금지	☐
클로로펜	0.05%		☐
글루타랄	0.1%	에어로졸(스프레이에 한함) 제품에는 사용금지	☐
벤잘코늄클로라이드, 브로마이드 및 사카리네이트	• 사용 후 씻어내는 제품에 벤잘코늄클로라이드로서 0.1% • 기타 제품에 벤잘코늄클로라이드로서 0.05%	분사형 제품에 벤잘코늄클로라이드는 사용금지	☐
벤제토늄클로라이드	0.1%	점막에 사용하는 제품에는 사용금지	☐
쿼터늄-15	0.2%		☐
트리클로산	사용 후 씻어내는 인체 세정용 제품류, 데오도런트(스프레이 제품 제외), 페이스 파우더, 피부 결점을 감추기 위해 국소적으로 사용하는 파운데이션에 0.3%	기타 제품에는 사용금지	☐
디아졸리디닐우레아	0.5%		☐
벤조익애씨드, 그 염류 및 에스텔류	산으로서 0.5%		☐
살리실릭애씨드 및 그 염류	살리실릭애씨드로서 0.5%	영유아 또는 만 13세 이하 어린이 제품에는 사용금지(샴푸 제외)	☐
징크피리치온	사용 후 씻어내는 제품에 0.5%	기타 제품에는 사용금지	☐
클로로부탄올	0.5%	에어로졸(스프레이에 한함) 제품에는 사용금지	☐
클림바졸	두발용 제품에 0.5%	기타 제품에는 사용금지	☐
이미다졸리디닐우레아	0.6%		☐
p-하이드록시벤조익애씨드, 그 염류 및 에스텔류 (다만, 에스텔류 중 페닐은 제외)	• 단일성분일 경우 0.4%(산으로서) • 혼합사용의 경우 0.8%(산으로서)		☐
프로피오닉애씨드 및 그 염류	프로피오닉애씨드로서 0.9%		☐
벤질알코올	1.0%(두발염색용 10%)		☐
페녹시에탄올	1.0%		☐

※ 염류의 예: 소듐, 포타슘, 칼슘, 마그네슘, 암모늄, 에탄올아민, 클로라이드, 브로마이드, 설페이트, 아세테이트, 베타인 등

※ 에스텔류: 메칠, 에칠, 프로필, 이소프로필, 부틸, 이소부틸, 페닐

3세 이하의 영유아용 제품류 또는 4세 이상부터 13세 이하의 어린이용 제품임을 표시·광고하려는 경우에 사용 기준이 지정·고시된 보존제의 함량을 표시·기재

┃ 알레르기 유발 착향제(향료) 25종 본문 p.92

성분	암기체크		암기체크	성분	암기체크
나무이끼 추출물	☐	유제놀	☐	시트랄	☐
참나무이끼 추출물	☐	아이소유제놀	☐	시트로넬올	☐
리날룰	☐	제라니올	☐	하이드록시시트로넬알	☐
리모넨	☐	아니스알코올	☐	메틸2-옥티노에이트	☐
벤질벤조에이트	☐	신나밀알코올	☐	부틸페닐메틸프로피오날	☐
벤질살리실레이트	☐	아밀신나밀알코올	☐	알파-아이소메틸아이오논	☐
벤질신나메이트	☐	신남알	☐	쿠마린	☐
벤질알코올	☐	아밀신남알	☐	파네솔	☐
	☐	헥실신남알	☐		

① 사용 후 씻어내는 제품에는 0.01% 초과, 사용 후 씻어내지 않는 제품에는 0.001% 초과 시 함유하는 경우에만 알레르기 유발 성분을 표시
② 내용량이 10mL(g) 초과 50mL(g) 이하의 화장품은 표시·기재의 면적이 부족할 경우 생략 가능(단, 홈페이지 등에서 확인할 수 있도록 해야 함)

피부 및 모발 생리구조

▎ 피부 본문 p.180

기능			구조
① 보호	② 감각	③ 체온조절	① 표피: 각질층 – 투명층 – 과립층 – 유극층 – 기저층
④ 면역	⑤ 비타민 D 합성	⑥ 흡수	② 진피: 유두층 – 망상층
⑦ 분비	⑧ 호흡	⑨ 저장	③ 피하조직
⑩ 재생	⑪ 거울	⑫ 사회적	④ 부속기관: 피지선, 한선(땀샘)

⑤ 비타민 D 합성 → 콜레스테롤이 합성을 도움

표피에 존재하는 4대 세포
① 랑게르한스세포(면역 담당)
② 각질형성세포(각질층 구성)
③ 멜라닌형성세포(피부색, 털색 결정)
④ 머켈세포(촉각 감지)

진피에 존재하는 세포
① 대식세포(면역 담당)
② 비만세포(염증 반응)
③ 섬유아세포(콜라겐과 엘라스틴 생산)

천연보습인자의 구성
① 아미노산
② PCA
③ 젖산염
④ 요소
⑤ 염산
⑥ 나트륨
⑦ 그 외

세포간지질의 구성
① 세라마이드
② 콜레스테롤
③ 콜레스테롤에스터
④ 지방산
⑤ 그 외

단백질 분해 효소
① 아미노펩티데이스
② 카복시펩티데이스

→ 각질세포

천연보습인자(각질층의 수용성 물질들 총칭) ← → 세포간지질

▎ 피부 측정 방법 본문 p.185

수분	• 전기전도도를 통해 피부 수분량 측정 • 피부 수분 증발량인 경피수분손실량(TEWL) 측정
pH	피부의 산성도 측정
유분	카트리지 필름을 피부에 밀착시킨 후 유분량 측정
표면	피부 표면을 확대 촬영 또는 확대경을 통해 잔주름, 굵은 주름, 각질, 모공크기, 색소침착 등을 측정
피부색	피부 색소 측정기와 UV광을 이용하여 색소침착 정도 파악
탄력	탄력 측정기를 이용하여 음압을 가했다가 피부가 원래 상태로 회복되는 정도 측정
홍반	헤모글로빈 수치를 통해 붉은 기 측정

▎ 표피(Epidermis) 본문 p.181

각질층 (Horny Layer)	• 약 10~20층의 납작한 무핵세포층으로 pH 4.5~5.5 정도의 약산성 • 피부의 가장 바깥에 위치하여 수분 손실을 막고, 피부장벽 역할을 하여 피부 보호 및 세균 침입 방어 • 각질과 세포간지질이 벽돌 구조인 라멜라 구조 • 각질층은 케라틴 약 58%, 천연보습인자(NMF) 약 31%, 세포간지질 약 11%로 구성 • 각질층은 천연보습인자(NMF)를 통해 10~20%의 수분 함유 • 필라그린(Fillaggrin): 각질층 형성에 중요한 역할을 하는 단백질로, 각질층에서 단백질 분해 효소에 의해 분해되어 천연보습인자(NMF)를 구성하는 아미노산을 이룸 • 세라마이드: 지질막의 주성분으로 피부 표면의 손실되는 수분을 방어하고 외부로부터 유해 물질의 침투를 막음 • 각화 주기(각질형성주기): 기저층에서 만들어진 세포가 모양이 변하며 각질층까지 올라와 일정 기간 머무르다 탈락되는 주기
투명층 (Clear Layer)	• 2~3층의 무핵세포층으로 손바닥과 발바닥에 존재함 • 엘라이딘(Elaidin)이라는 반유동성 물질이 수분 침투를 방지함
과립층 (Granular Layer)	• 2~5층의 편평형 또는 방추형세포층 • 각화 과정이 시작되는 곳으로 빛을 산란시켜 자외선을 흡수함 • 케라토하이알린(Keratohyalin) 과립 존재 • 수분저지막이 존재하여 외부 이물질 방어 및 수분 증발 방지
유극층 (Spinous Layer)	• 5~10층의 다각형 유핵세포층으로 표피에서 가장 두꺼운 층 • 림프액이 흘러 림프순환을 통해 영양 공급 및 노폐물 배출 • 면역기능을 담당하는 랑게르한스세포 존재
기저층 (Basal Layer)	• 단층의 원추형 유핵세포층 • 진피의 모세혈관으로부터 영양분과 산소를 공급받아 세포분열 촉진 • 각질형성세포(케라티노사이트), 멜라닌형성세포(멜라노사이트), 머켈세포 존재 • 각질형성세포와 멜라닌형성세포는 4:1~10:1 비율로 존재함

▎ 모발 본문 p.183

특징	구조
① 1일에 0.3~0.5mm 정도 성장(나이, 성별, 환경 등에 따라 다름) ② 1일에 50~100가닥의 모발이 빠짐(봄, 가을에 증가) ③ 모발은 약산성, 모피질은 친수성 ④ 성장주기: 성장기(3~6년) – 퇴행기(약 3주) – 휴지기(3~4개월)	① 모간: 피부 밖에 위치 • 모표피(비늘 모양, 에피, 엑소, 엔도큐티클 존재) • 모피질(멜라닌 함유, 친수성, 퍼머넌트 염색 시 술 시 관여) • 모수질(빈 공간) ② 모근: 피부 안에 위치 모낭, 모구부, 모유두, 모모세포 존재

모간 / 모근

모피질 (Cortex) / 모수질 (Medulla) / 모표피 (Cuticle)

▎작업소의 위생 기준 본문 p.120 본문 p.138

① 곤충, 해충이나 쥐를 막을 수 있는 대책 마련
② 바닥, 천장 및 창문은 항상 청결 유지
③ 세제 또는 세척제는 잔류 또는 표면에 이상 초래 안 됨
④ 필요한 경우 위생관리 프로그램 운영

설비 세척의 원칙	제조 시설의 세척 및 평가
① 위험성이 없는 용제(물이 최적) 사용	① 책임자 지정
② 세제는 가능한 한 사용하지 않음	② 세척 및 소독 계획
③ 증기 세척은 좋은 방법	③ 세척 방법과 사용 약품 및 기구
④ 브러시 등으로 문질러 지우는 것 고려	④ 제조시설의 분해 및 조립 방법
⑤ 세척 후에는 반드시 판정	⑤ 이전 작업 표시 제거 방법
⑥ 판정 후의 설비는 건조·밀폐해서 보존	⑥ 청소 상태 유지 방법
⑦ 세척의 유효기간을 설정	⑦ 작업 전 청소 상태 확인 방법
⑧ 분해할 수 있는 설비는 분해하여 세척	

▶ 육안판정, 닦아내기 판정, 린스정량, 표면 균 측정법

▎작업자의 위생 기준 본문 p.132

① 신규 직원: 위생 교육
② 기존 직원: 정기적 교육
③ 규정된 작업복 착용과 음식물 등 반입금지
④ 피부에 외상이 있거나 질병에 걸린 직원은 의사의 소견이 있기 전까지 화장품과 직접 접촉되지 않도록 격리
⑤ 제조, 관리 및 보관 구역 내에 들어가지 않도록 하고, 불가피한 경우 사전에 직원 위생에 대한 교육 및 복장 규정에 따르도록 하여야 함

혼합·소분 시 위생관리 규정
① 혼합·소분 전에 사용되는 내용물 또는 원료에 대한 품질성적서 확인
② 혼합·소분 전에는 손을 소독 또는 세정할 것(일회용 장갑 착용 시 제외)
③ 혼합·소분 전에 혼합·소분된 제품을 담을 용기의 오염 여부를 확인할 것
④ 혼합·소분에 사용되는 장비 또는 기기 등은 사용 전에 그 위생 상태를 점검하고, 사용 후에는 오염이 없도록 세척할 것

▎입고된 원료 및 내용물에 대한 처리 순서 본문 p.145

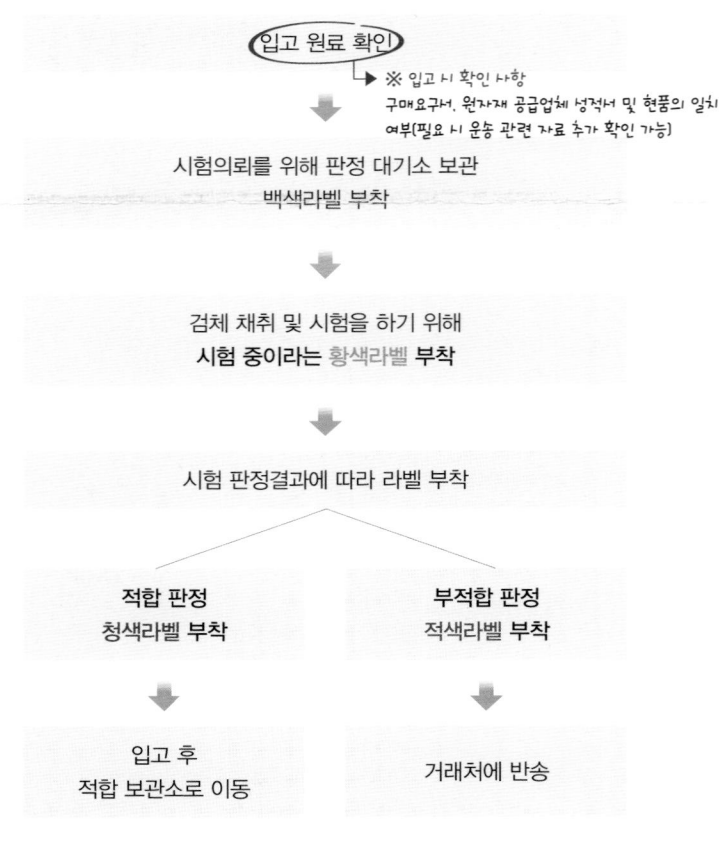

▎폐기 기준 본문 p.155

① 품질에 문제가 있거나 회수·반품된 제품의 폐기 또는 재작업 여부는 품질보증 책임자에 의해 승인 처리
〈재작업이 가능한 경우〉
  • 변질·변패 또는 병원미생물에 오염되지 않은 경우
  • 제조일로부터 1년이 경과하지 않았거나, 사용기한의 1년 이상 남은 경우
② 폐기 대상은 따로 보관하며, 규정에 따라 신속하게 폐기

기준일탈 제품 처리 과정

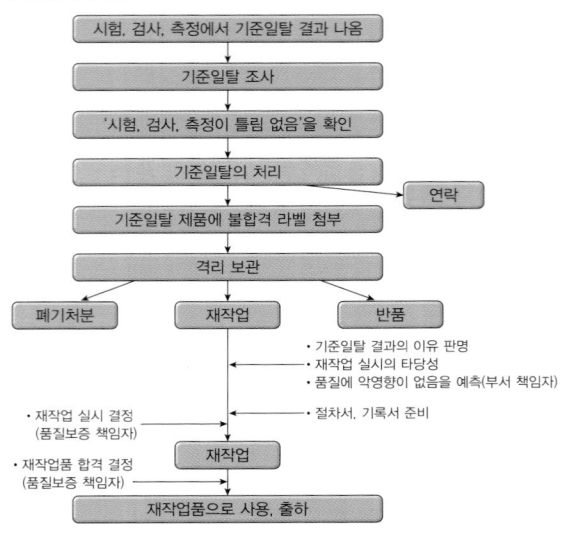

▎비의도적 성분 검출 허용한도 본문 p.145

성분	최대 허용한도
납	점토 분말 제품 50μg/g, 그 외 20μg/g
니켈	눈화장용 35μg/g, 색조화장용 30μg/g, 그 외 10μg/g
비소, 안티몬	10μg/g
카드뮴	5μg/g
수은	1μg/g
디옥산	100μg/g
메탄올	0.2(v/v)%, 물휴지 0.002%(v/v)
포름알데하이드	2,000μg/g, 물휴지 20μg/g
프탈레이트류	총합 100μg/g

▎미생물 허용한도 본문 p.146

제품	미생물	최대 허용한도
영유아용 제품류, 눈화장용 제품류	총호기성생균	500개/g(mL)
물휴지	세균 및 진균	각각 100개/g(mL)
기타 화장품류	총호기성생균	1,000개/g(mL)
모든 화장품류	대장균, 녹농균, 황색포도상구균	불검출

1초 합격예측
모바일 성적분석표

클릭 한 번으로 1초 안에 성적을 확인하실 수 있습니다!

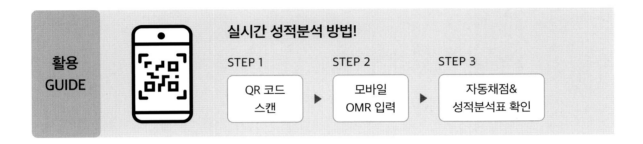

활용 GUIDE

실시간 성적분석 방법!

STEP 1 → STEP 2 → STEP 3

| QR 코드 스캔 | 모바일 OMR 입력 | 자동채점& 성적분석표 확인 |

STEP 1

QR 코드 스캔

- 교재의 QR 코드를 모바일로 스캔 후 에듀윌 회원 로그인
- QR 코드 하단에 바로가기 주소가 있을 경우 직접 입력 시 접속 가능

STEP 2

모바일 OMR 입력

- 회차 확인 후 '응시하기' 클릭
- 모바일 OMR에 답안 입력
- 문제풀이 시간까지 측정 가능

STEP 3

자동채점&성적분석표 확인

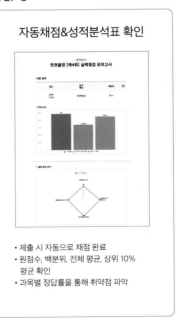

- 제출 시 자동으로 채점 완료
- 원점수, 백분위, 전체 평균, 상위 10% 평균 확인
- 과목별 정답률을 통해 취약점 파악

---

* 본 서비스는 교재에 수록된 실력점검/고난도/실전 모의고사 문제 풀이 시 활용 가능

2025 최신판

에듀윌 맞춤형화장품 조제관리사
한권끝장 + 모의고사 8회분

실전 모의고사 &
빈출 법령노트

개정 법령을 가장 빠르게 만나 보세요.
스피드 법령 업데이트 서비스

eduwill

2025 최신판

에듀윌 맞춤형화장품 조제관리사
한권끝장 + 모의고사 8회분

부록

빈출 법령노트

eduwill

화장품 안전 기준 등에 관한 규정
[시행 2024. 2. 7.]

1 [별표 1] 사용할 수 없는 원료

- 갈라민트리에치오다이드
- 갈란타민
- 중추신경계에 작용하는 교감신경흥분성아민
- 구아네티딘 및 그 염류
- 구아이페네신
- 글루코코르티코이드
- 글루테티미드 및 그 염류
- 글리사이클아미드
- 금염
- 무기 나이트라이트(소듐나이트라이트 제외)
- 나파졸린 및 그 염류
- 나프탈렌
- 1,7-나프탈렌디올
- 2,3-나프탈렌디올
- 2,7-나프탈렌디올 및 그 염류(다만, 2,7-나프탈렌디올은 염모제에서 용법·용량에 따른 혼합물의 염모 성분으로서 1.0% 이하 제외)
- 2-나프톨
- 1-나프톨 및 그 염류(다만, 1-나프톨은 산화염모제에서 용법·용량에 따른 혼합물의 염모 성분으로서 2.0% 이하는 제외)
- 3-(1-나프틸)-4-히드록시코우마린
- 1-(1-나프틸메칠)퀴놀리늄클로라이드
- N-2-나프틸아닐린
- 1,2-나프틸아민 및 그 염류
- 날로르핀, 그 염류 및 에텔
- 납 및 그 화합물
- 네오디뮴 및 그 염류
- 네오스티그민 및 그 염류(예 네오스티그민브로마이드)
- 노나데카플루오로데카노익애씨드
- 노닐페놀[1]; 4-노닐페놀, 가지형[2]
- 노르아드레날린 및 그 염류
- 노스카핀 및 그 염류

- 니그로신 스피릿 솔루블(솔벤트 블랙 5) 및 그 염류
- 니켈
- 니켈 디하이드록사이드
- 니켈 디옥사이드
- 니켈 모노옥사이드
- 니켈 설파이드
- 니켈 설페이트
- 니켈 카보네이트
- 니켈(Ⅱ)트리플루오로아세테이트
- 니코틴 및 그 염류
- 2-니트로나프탈렌
- 니트로메탄
- 니트로벤젠
- 4-니트로비페닐
- 4-니트로소페놀
- 3-니트로-4-아미노페녹시에탄올 및 그 염류
- 니트로스아민류(예 2,2'-(니트로소이미노)비스에탄올, 니트로소디프로필아민, 디메칠니트로소아민)
- 니트로스틸벤, 그 동족체 및 유도체
- 2-니트로아니솔
- 5-니트로아세나프텐
- 니트로크레졸 및 그 알칼리 금속염
- 2-니트로톨루엔
- 5-니트로-o-톨루이딘 및 5-니트로-o-톨루이딘 하이드로클로라이드
- 6-니트로-o-톨루이딘
- 3-[(2-니트로-4-(트리플루오로메칠)페닐)아미노]프로판-1,2-디올(에이치시 황색 No. 6) 및 그 염류
- 4-[(4-니트로페닐)아조]아닐린(디스퍼스오렌지 3) 및 그 염류
- 2-니트로-p-페닐렌디아민 및 그 염류(예 니트로-p-페닐렌디아민 설페이트)
- 4-니트로-m-페닐렌디아민 및 그 염류(예 p-니트로-m-페닐렌디아민 설페이트)
- 니트로펜
- 니트로퓨란계 화합물(예 니트로푸란토인, 푸라졸리돈)
- 2-니트로프로판
- 6-니트로-2,5-피리딘디아민 및 그 염류
- 2-니트로-N-하이드록시에칠-p-아니시딘 및 그 염류
- 니트록솔린 및 그 염류
- 다미노지드
- 다이노캡(ISO)
- 다이우론
- 다투라(Datura)속 및 그 생약제제
- 데카메칠렌비스(트리메칠암모늄)염(예 데카메토늄브로마이드)
- 데쿠알리니움 클로라이드
- 덱스트로메토르판 및 그 염류
- 덱스트로프로폭시펜

- 도데카클로로펜타사이클로[5.2.1.02,6.03,9.05,8]데칸
- 도딘
- 돼지폐 추출물
- 두타스테리드, 그 염류 및 유도체
- 1,5-디-(베타-하이드록시에칠)아미노-2-니트로-4-클로로벤젠 및 그 염류
  (예) 에이치시 황색 No. 10)(다만, 비산화염모제에서 용법·용량에 따른 혼합물의 염모 성분으로서 0.1% 이하는 제외)
- 5,5'-디-이소프로필-2,2'-디메칠비페닐-4,4'디일 디히포아이오다이트
- 디기탈리스(*Digitalis*)속 및 그 생약제제
- 디노셉, 그 염류 및 에스텔류
- 디노터브, 그 염류 및 에스텔류
- 디니켈트리옥사이드
- 디니트로톨루엔, 테크니컬등급
- 2,3-디니트로톨루엔
- 2,5-디니트로톨루엔
- 2,6-디니트로톨루엔
- 3,4-디니트로톨루엔
- 3,5-디니트로톨루엔
- 디니트로페놀이성체
- 5-[(2,4-디니트로페닐)아미노]-2-(페닐아미노)-벤젠설포닉애씨드 및 그 염류
- 디메바미드 및 그 염류
- 7,11-디메칠-4,6,10-도데카트리엔-3-온
- 2,6-디메칠-1,3-디옥산-4-일아세테이트(디메톡산, *o*-아세톡시-2,4-디메칠-*m*-디옥산)
- 4,6-디메칠-8-tert-부틸쿠마린
- [3,3'-디메칠[1,1'-비페닐]-4,4'-디일]디암모늄비스(하이드로젠설페이트)
- 디메칠설파모일클로라이드
- 디메칠설페이트
- 디메칠설폭사이드
- 디메칠시트라코네이트
- N,N-디메칠아닐리늄테트라키스(펜타플루오로페닐)보레이트
- N,N-디메칠아닐린
- 1-디메칠아미노메칠-1-메칠프로필벤조에이트(아밀로카인) 및 그 염류
- 9-(디메칠아미노)-벤조[*a*]페녹사진-7-이윰 및 그 염류
- 5-((4-(디메칠아미노)페닐)아조)-1,4-디메칠-1H-1,2,4-트리아졸리윰 및 그 염류
- 디메칠아민
- N,N-디메칠아세타마이드
- 3,7-디메칠-2-옥텐-1-올(6,7-디하이드로제라니올)
- 6,10-디메칠-3,5,9-운데카트리엔-2-온(슈도이오논)
- 디메칠카바모일클로라이드
- N,N-디메칠-*p*-페닐렌디아민 및 그 염류
- 1,3-디메칠펜틸아민 및 그 염류
- 디메칠포름아미드

- N,N-디메칠-2,6-피리딘디아민 및 그 염산염
- N,N′-디메칠-N-하이드록시에칠-3-니트로-*p*-페닐렌디아민 및 그 염류
- 2-(2-((2,4-디메톡시페닐)아미노)에테닐)-1,3,3-트리메칠-3H-인돌리움 및 그 염류
- 디바나듐펜타옥사이드
- 디벤즈[*a,h*]안트라센
- 2,2-디브로모-2-니트로에탄올
- 1,2-디브로모-2,4-디시아노부탄(메칠디브로모글루타로나이트릴)
- 디브로모살리실아닐리드
- 2,6-디브로모-4-시아노페닐 옥타노에이트
- 1,2-디브로모에탄
- 1,2-디브로모-3-클로로프로판
- 5-(*α,β*-디브로모펜에칠)-5-메칠히단토인
- 2,3-디브로모프로판-1-올
- 3,5-디브로모-4-하이드록시벤조니트닐 및 그 염류(브로목시닐 및 그 염류)
- 디브롬화프로파미딘 및 그 염류(이소치아네이트 포함)
- 디설피람
- 디소듐[5-[[4′-[[2,6-디하이드록시-3-[(2-하이드록시-5-설포페닐)아조]페닐]아조] [1,1′비페닐]-4-일]아조]살리실레이토(4-)]쿠프레이트(2-)(다이렉트브라운 95)
- 디소듐 3,3′-[[1,1′-비페닐]-4,4′-디일비스(아조)]-비스(4-아미노나프탈렌-1-설포네이트)(콩고레드)
- 디소듐 4-아미노-3-[[4′-[(2,4-디아미노페닐)아조] [1,1′-비페닐]-4-일]아조]-5-하이드록시-6-(페닐아조)나프탈렌-2,7-디설포네이트(다이렉트블랙 38)
- 디소듐 4-(3-에톡시카르보닐-4-(5-(3-에톡시카르보닐-5-하이드록시-1-(4-설포네이토페닐)피라졸-4-일)펜타-2,4-디에닐리덴)-4,5-디하이드로-5-옥소피라졸-1-일)벤젠설포네이트 및 트리소듐 4-(3-에톡시카르보닐-4-(5-(3-에톡시카르보닐-5-옥시도-1(4-설포네이토페닐)피라졸-4-일) 펜타-2,4-디에닐리덴)-4,5-디하이드로-5-옥소피라졸-1-일)벤젠설포네이트
- 디스퍼스레드 15
- 디스퍼스옐로우 3
- 디아놀아세글루메이트
- *o*-디아니시딘계 아조 염료류
- *o*-디아니시딘의 염(3,3′-디메톡시벤지딘의 염)
- 3,7-디아미노-2,8-디메칠-5-페닐-페나지니움 및 그 염류
- 3,5-디아미노-2,6-디메톡시피리딘 및 그 염류(ⓔ 2,6-디메톡시-3,5-피리딘디아민 하이드로클로라이드)(다만, 2,6-디메톡시-3,5-피리딘디아민 하이드로클로라이드는 산화염모제에서 용법·용량에 따른 혼합물의 염모 성분으로서 0.25% 이하는 제외)
- 2,4-디아미노디페닐아민
- 4,4′-디아미노디페닐아민 및 그 염류(ⓔ 4,4′-디아미노디페닐아민 설페이트)
- 2,4-디아미노-5-메칠페네톨 및 그 염산염
- 2,4-디아미노-5-메칠페녹시에탄올 및 그 염류
- 4,5-디아미노-1-메칠피라졸 및 그 염산염
- 1,4-디아미노-2-메톡시-9,10-안트라센디온(디스퍼스레드 11) 및 그 염류
- 3,4-디아미노벤조익애씨드
- 디아미노톨루엔, [4-메칠-*m*-페닐렌 디아민] 및 [2-메칠-*m*-페닐렌 디아민]의 혼합물

- 2,4-디아미노페녹시에탄올 및 그 염류(다만, 2,4-디아미노페녹시에탄올 하이드로클로라이드는 산화염모제에서 용법·용량에 따른 혼합물의 염모 성분으로서 0.5% 이하는 제외)
- 3-[[(4-[[디아미노(페닐아조)페닐]아조]-1-나프탈레닐]아조]-N,N,N-트리메칠-벤젠아미니움 및 그 염류
- 3-[[(4-[[디아미노(페닐아조)페닐]아조]-2-메칠페닐]아조]-N,N,N-트리메칠-벤젠아미니움 및 그 염류
- 2,4-디아미노페닐에탄올 및 그 염류
- O,O′-디아세틸-N-알릴-N-노르몰핀
- 디아조메탄
- 디알레이트
- 디에칠-4-니트로페닐포스페이트
- O,O′-디에칠-O-4-니트로페닐포스포로치오에이트(파라치온-ISO)
- 디에칠렌글라이콜(다만, 비의도적 잔류물로서 0.1% 이하인 경우는 제외)
- 디에칠말리에이트
- 디에칠설페이트
- 2-디에칠아미노에칠-3-히드록시-4-페닐벤조에이트 및 그 염류
- 4-디에칠아미노-o-톨루이딘 및 그 염류
- N-[4-[[4-(디에칠아미노)페닐][4-(에칠아미노)-1-나프탈렌일]메칠렌]-2,5-사이클로헥사디엔-1-일리딘]-N-에칠-에탄아미늄 및 그 염류
- N-(4-[[4-(디에칠아미노)페닐)페닐메칠렌]-2,5-사이클로헥사디엔-1-일리덴)-N-에칠 에탄아미니움 및 그 염류
- N,N-디에칠-m-아미노페놀
- 3-디에칠아미노프로필신나메이트
- 디에칠카르바모일 클로라이드
- N,N-디에칠-p-페닐렌디아민 및 그 염류
- 디엔오시(DNOC, 4,6-디니트로-o-크레졸)
- 디엘드린
- 디옥산
- 디옥세테드린 및 그 염류
- 5-(2,4-디옥소-1,2,3,4-테트라하이드로피리미딘)-3-플루오로-2-하이드록시메칠테트라하이드로퓨란
- 디치오-2,2′-비스피리딘-디옥사이드 1,1′(트리하이드레이티드마그네슘설페이트 부가)(피리치온디설파이드+마그네슘설페이트)
- 디코우마롤
- 2,3-디클로로-2-메칠부탄
- 1,4-디클로로벤젠(p-디클로로벤젠)
- 3,3′-디클로로벤지딘
- 3,3′-디클로로벤지딘디하이드로젠비스(설페이트)
- 3,3′-디클로로벤지딘디하이드로클로라이드
- 3,3′-디클로로벤지딘설페이트
- 1,4-디클로로부트-2-엔
- 2,2′-[(3,3′-디클로로[1,1′-비페닐]-4,4′-디일)비스(아조)]비스[3-옥소-N-페닐부탄아마이드](피그먼트옐로우 12) 및 그 염류
- 디클로로살리실아닐리드
- 디클로로에칠렌(아세틸렌클로라이드)(예) 비닐리덴클로라이드)
- 디클로로에탄(에칠렌클로라이드)

- 디클로로-*m*-크시레놀
- *α*,*α*-디클로로톨루엔
- 디클로로펜
- 1,3-디클로로프로판-2-올
- 2,3-디클로로프로펜
- 디페녹시레이트 히드로클로라이드
- 1,3-디페닐구아니딘
- 디페닐아민
- 디페닐에텔; 옥타브로모 유도체
- 5,5-디페닐-4-이미다졸리돈
- 디펜클록사진
- 2,3-디하이드로-2,2-디메칠-6-[[4-(페닐아조)-1-나프텔레닐)아조]-1H-피리미딘(솔벤트블랙 3) 및 그 염류
- 3,4-디히드로-2-메톡시-2-메칠-4-페닐-2H,5H,피라노(3,2-c)-(1)벤조피란-5-온(시클로코우마롤)
- 2,3-디하이드로-2H-1,4-벤족사진-6-올 및 그 염류(예 히드록시벤조모르포린)(다만, 히드록시벤조모르포린은 산화염모제에서 용법·용량에 따른 혼합물의 염모 성분으로서 1.0% 이하는 제외)
- 2,3-디하이드로-1H-인돌-5,6-디올(디하이드록시인돌린) 및 그 하이드로브로마이드염(디하이드록시인돌린 하이드로브롬마이드)(다만, 비산화염모제에서 용법·용량에 따른 혼합물의 염모 성분으로서 2.0% 이하는 제외)
- (S)-2,3-디하이드로-1H-인돌-카르복실릭 애씨드
- 디히드로타키스테롤
- 2,6-디하이드록시-3,4-디메칠피리딘 및 그 염류
- 2,4-디하이드록시-3-메칠벤즈알데하이드
- 4,4′-디히드록시-3,3′-(3-메칠치오프로필아이덴)디코우마린
- 2,6-디하이드록시-4-메칠피리딘 및 그 염류
- 1,4-디하이드록시-5,8-비스[(2-하이드록시에칠)아미노]안트라퀴논(디스퍼스블루 7) 및 그 염류
- 4-[4-(1,3-디하이드록시프로프-2-일)페닐아미노-1,8-디하이드록시-5-니트로안트라퀴논
- 2,2′-디히드록시-3,3′5,5′,6,6′-헥사클로로디페닐메탄(헥사클로로펜)
- 디하이드로쿠마린
- N,N′-디헥사데실-N,N′-비스(2-하이드록시에칠)프로판디아마이드; 비스하이드록시에칠비스세틸말론아마이드
- *Laurus nobilis L.*의 씨로부터 나온 오일
- *Rauwolfia serpentina* 알칼로이드 및 그 염류
- 라카익애씨드(CI 내츄럴레드 25) 및 그 염류
- 레졸시놀 디글리시딜 에텔
- 로다민 B 및 그 염류
- 로벨리아(*Lobelia*)속 및 그 생약제제
- 로벨린 및 그 염류
- 리누론
- 리도카인
- 과산화물가가 20mmol/L을 초과하는 d-리모넨
- 과산화물가가 20mmol/L을 초과하는 dℓ-리모넨
- 과산화물가가 20mmol/L을 초과하는 ℓ-리모넨
- 라이서자이드(Lysergide) 및 그 염류
- 「마약류 관리에 관한 법률」 제2조에 따른 마약류(다만, 같은 법 제2조제4호 단서에 따른 대마씨유 및 대마씨추출물의 테트

라하이드로칸나비놀 및 칸나비디올에 대하여는 「식품의 기준 및 규격」에서 정한 기준에 적합한 경우는 제외)

- 마이클로부타닐(2-(4-클로로페닐)-2-(1H-1,2,4-트리아졸-1-일메칠)헥사네니트릴)
- 마취제(천연 및 합성)
- 만노무스틴 및 그 염류
- 말라카이트그린 및 그 염류
- 말로노니트릴
- 1-메칠-3-니트로-1-니트로소구아니딘
- 1-메칠-3-니트로-4-(베타-하이드록시에칠)아미노벤젠 및 그 염류(예 하이드록시에칠-2-니트로-p-톨루이딘)(다만, 하이드록시에칠-2-니트로-p-톨루이딘은 염모제에서 용법 · 용량에 따른 혼합물의 염모 성분으로서 1.0% 이하는 제외)
- N-메칠-3-니트로-p-페닐렌디아민 및 그 염류
- N-메칠-1,4-디아미노안트라퀴논, 에피클로로히드린 및 모노에탄올아민의 반응생성물(에이치시 청색 No. 4) 및 그 염류
- 3,4-메칠렌디옥시페놀 및 그 염류
- 메칠레소르신
- 메칠렌글라이콜
- 4,4′-메칠렌디아닐린
- 3,4-메칠렌디옥시아닐린 및 그 염류
- 4,4′-메칠렌디-o-톨루이딘
- 4,4′-메칠렌비스(2-에칠아닐린)
- (메칠렌비스(4,1-페닐렌아조(1-(3-(디메칠아미노)프로필)-1,2-디하이드로-6-하이드록시-4-메칠-2-옥소피리딘-5,3-디일)))-1,1′-디피리디늄디클로라이드 디하이드로클로라이드
- 4,4′-메칠렌비스[2-(4-하이드록시벤질)-3,6-디메칠페놀]과 6-디아조-5,6-디하이드로-5-옥소-나프탈렌설포네이트(1:2)의 반응생성물과 4,4′-메칠렌비스[2-(4-하이드록시벤질)-3,6-디메칠페놀]과 6-디아조-5,6-디하이드로-5-옥소-나프탈렌설포네이트(1:3) 반응생성물과의 혼합물
- 메칠렌클로라이드
- 3-(N-메칠-N-(4-메칠아미노-3-니트로페닐)아미노)프로판-1,2-디올 및 그 염류
- 메칠메타크릴레이트모노머
- 메칠 트랜스-2-부테노에이트
- 2-[3-(메칠아미노)-4-니트로페녹시]에탄올 및 그 염류(예 3-메칠아미노-4-니트로페녹시에탄올)(다만, 비산화염모제에서 용법 · 용량에 따른 혼합물의 염모 성분으로서 0.15% 이하는 제외)
- N-메칠아세타마이드
- (메칠-ONN-아조시)메칠아세테이트
- 2-메칠아지리딘(프로필렌이민)
- 메칠옥시란
- 메칠유게놀(다만, 식물 추출물에 의하여 자연적으로 함유되어 다음 농도 이하인 경우에는 제외. 향료원액을 8% 초과하여 함유하는 제품 0.01%, 향료원액을 8% 이하로 함유하는 제품 0.004%, 방향용 크림 0.002%, 사용 후 씻어내는 제품 0.001%, 기타 0.0002%)
- N,N′-((메칠이미노)디에칠렌))비스(에칠디메칠암모늄) 염류(예 아자메토늄브로마이드)
- 메칠이소시아네이트
- 6-메칠쿠마린(6-MC)
- 7-메칠쿠마린
- 메칠크레속심
- 1-메칠-2,4,5-트리하이드록시벤젠 및 그 염류

- 메칠페니데이트 및 그 염류
- 3-메칠-1-페닐-5-피라졸론 및 그 염류(예 페닐메칠피라졸론)(다만, 페닐메칠피라졸론은 산화염모제에서 용법·용량에 따른 혼합물의 염모 성분으로서 0.25% 이하는 제외)
- 메칠페닐렌디아민류, 그 N-치환 유도체류 및 그 염류(예 2,6-디하이드록시에칠아미노톨루엔)(다만, 염모제에서 염모 성분으로 사용하는 것은 제외)
- 2-메칠-m-페닐렌 디이소시아네이트
- 4-메칠-m-페닐렌 디이소시아네이트
- 4,4′-[(4-메칠-1,3-페닐렌)비스(아조)]비스[6-메칠-1,3-벤젠디아민](베이직브라운 4) 및 그 염류
- 4-메칠-6-(페닐아조)-1,3-벤젠디아민 및 그 염류
- N-메칠포름아마이드
- 5-메칠-2,3-헥산디온
- 2-메칠헵틸아민 및 그 염류
- 메카밀아민
- 메타닐옐로우
- 메탄올(에탄올 및 이소프로필알콜의 변성제로서만 알콜 중 5%까지 사용)
- 메테토헵타진 및 그 염류
- 메토카바몰
- 메토트렉세이트
- 2-메톡시-4-니트로페놀(4-니트로구아이아콜) 및 그 염류
- 2-[(2-메톡시-4-니트로페닐)아미노]에탄올 및 그 염류(예 2-하이드록시에칠아미노-5-니트로아니솔)(다만, 비산화염모제에서 용법·용량에 따른 혼합물의 염모 성분으로서 0.2% 이하는 제외)
- 1-메톡시-2,4-디아미노벤젠(2,4-디아미노아니솔 또는 4-메톡시-m-페닐렌디아민 또는 CI76050) 및 그 염류
- 1-메톡시-2,5-디아미노벤젠(2,5-디아미노아니솔) 및 그 염류
- 2-메톡시메칠-p-아미노페놀 및 그 염산염
- 6-메톡시-N2-메칠-2,3-피리딘디아민 하이드로클로라이드 및 디하이드로클로라이드염(다만, 염모제에서 용법·용량에 따른 혼합물의 염모 성분으로 산으로서 0.68% 이하, 디하이드로클로라이드염으로서 1.0% 이하는 제외)
- 2-(4-메톡시벤질-N-(2-피리딜)아미노)에칠디메칠아민말리에이트
- 메톡시아세틱애씨드
- 2-메톡시에칠아세테이트(메톡시에탄올아세테이트)
- N-(2-메톡시에칠)-p-페닐렌디아민 및 그 염산염
- 2-메톡시에탄올(에칠렌글리콜 모노메칠에텔, EGMME)
- 2-(2-메톡시에톡시)에탄올(메톡시디글리콜)
- 7-메톡시쿠마린
- 4-메톡시톨루엔-2,5-디아민 및 그 염산염
- 6-메톡시-m-톨루이딘(p-크레시딘)
- 2-[[(4-메톡시페닐)메칠하이드라조노]메칠]-1,3,3-트리메칠-3H-인돌리움 및 그 염류
- 4-메톡시페놀(히드로퀴논모노메칠에텔 또는 p-히드록시아니솔)
- 4-(4-메톡시페닐)-3-부텐-2-온(4-아니실리덴아세톤)
- 1-(4-메톡시페닐)-1-펜텐-3-온(α-메칠아니살아세톤)
- 2-메톡시프로판올
- 2-메톡시프로필아세테이트
- 6-메톡시-2,3-피리딘디아민 및 그 염산염

- 메트알데히드
- 메트암페프라몬 및 그 염류
- 메트포르민 및 그 염류
- 메트헵타진 및 그 염류
- 메티라폰
- 메티프릴온 및 그 염류
- 메페네신 및 그 에스텔
- 메페클로라진 및 그 염류
- 메프로바메이트
- 2급 아민함량이 0.5%를 초과하는 모노알킬아민, 모노알칸올아민 및 그 염류
- 모노크로토포스
- 모누론
- 모르포린 및 그 염류
- 모스켄(1,1,3,3,5-펜타메칠-4,6-디니트로인단)
- 모페부타존
- 목향(*Saussurea lappa Clarke* = *Saussurea costus* (*Falc.*) *Lipsch.* = *Aucklandia lappa Decne*) 뿌리 오일
- 몰리네이트
- 몰포린-4-카르보닐클로라이드
- 무화과나무(*Ficus carica*)잎엡솔루트(피그잎엡솔루트)
- 미네랄 울
- 미세플라스틱(세정, 각질제거 등의 제품*에 남아있는 5mm 크기 이하의 고체플라스틱)
  * 화장품법 시행규칙 [별표 3]
    1. 화장품의 유형
      가. 영·유아용 제품류 1) 영·유아용 샴푸, 린스 4) 영·유아용 인체 세정용 제품 5) 영·유아용 목욕용 제품
      나. 목욕용 제품류
      다. 인체 세정용 제품류
      라. 두발용 제품류 중 1) 헤어 컨디셔너 8) 샴푸, 린스 11) 그 밖의 두발용 제품류(사용 후 씻어내는 제품에 한함)
      마. 면도용 제품류 중 4) 셰이빙 크림 5) 셰이빙 폼 6) 그 밖의 면도용 제품류(사용 후 씻어내는 제품에 한함)
      바. 6) 팩, 마스크(사용 후 씻어내는 제품에 한함) 9) 손·발의 피부연화 제품(사용 후 씻어내는 제품에 한함) 10) 클렌징 워터, 클렌징 오일, 클렌징 로션, 클렌징 크림 등 메이크업 리무버 11) 그 밖의 기초화장용 제품류(사용 후 씻어내는 제품에 한함)
- 바륨염(바륨설페이트 및 색소레이크희석제로 사용한 바륨염은 제외)
- 바비츄레이트
- 2,2'-바이옥시란
- 발녹트아미드
- 발린아미드
- 방사성 물질(다만, 제품에 포함된 방사능의 농도 등이 「생활주변방사선 안전관리법」 제15조의 규정에 적합한 경우 제외)
- 백신, 독소 또는 혈청
- 베낙티진
- 베노밀
- 베라트룸(*Veratrum*)속 및 그 제제
- 베라트린, 그 염류 및 생약제제
- 베르베나 오일(*Lippia citriodora Kunth.*)
- 베릴륨 및 그 화합물

- 베메그리드 및 그 염류
- 베록시카인 및 그 염류
- 베이직바이올렛 1(메칠바이올렛)
- 베이직바이올렛 3(크리스탈바이올렛)
- 1-(베타-우레이도에칠)아미노-4-니트로벤젠 및 그 염류(예 4-니트로페닐 아미노에칠우레아)(다만, 4-니트로페닐 아미노에칠우레아는 산화염모제에서 용법·용량에 따른 혼합물의 염모 성분으로서 0.25% 이하, 비산화염모제에서 용법·용량에 따른 혼합물의 염모 성분으로서 0.5% 이하는 제외)
- 1-(베타-하이드록시)아미노-2-니트로-4-N-에칠-N-(베타-하이드록시에칠)아미노벤젠 및 그 염류(예 에이치시 청색 No. 13)
- 벤드로플루메치아자이드 및 그 유도체
- 벤젠
- 1,2-벤젠디카르복실릭애씨드 디펜틸에스터(가지형과 직선형); n-펜틸-이소펜틸 프탈레이트; 디-n-펜틸프탈레이트; 디이소펜틸프탈레이트
- 1,2,4-벤젠트리아세테이트 및 그 염류
- 7-(벤조일아미노)-4-하이드록시-3-[[4-[(4-설포페닐)아조]페닐]아조]-2-나프탈렌설포닉애씨드 및 그 염류
- 벤조일퍼옥사이드
- 벤조[a]피렌
- 벤조[e]피렌
- 벤조[j]플루오란텐
- 벤조[k]플루오란텐
- 벤즈[e]아세페난트릴렌
- 벤즈아제핀류와 벤조디아제핀류
- 벤즈아트로핀 및 그 염류
- 벤즈[a]안트라센
- 벤즈이미다졸-2(3H)-온
- 벤지딘
- 벤지딘계 아조 색소류
- 벤지딘디하이드로클로라이드
- 벤지딘설페이트
- 벤지딘아세테이트
- 벤지로늄브로마이드
- 벤질 2,4-디브로모부타노에이트
- 3(또는 5)-((4-(벤질메칠아미노)페닐)아조)-1,2-(또는 1,4)-디메칠-1H-1,2,4-트리아졸리움 및 그 염류
- 벤질바이올렛([4-[[4-(디메칠아미노)페닐][4-[에칠(3-설포네이토벤질)아미노]페닐]메칠렌]사이클로헥사-2,5-디엔-1-일리덴](에칠)(3-설포네이토벤질) 암모늄염 및 소듐염)
- 벤질시아나이드
- 4-벤질옥시페놀(히드로퀴논모노벤질에텔)
- 2-부타논 옥심
- 부타닐리카인 및 그 염류
- 1,3-부타디엔
- 부토피프린 및 그 염류
- 부톡시디글리세롤

- 부톡시에탄올
- 5-(3-부티릴-2,4,6-트리메칠페닐)-2-[1-(에톡시이미노)프로필]-3-하이드록시사이클로헥스-2-엔-1-온
- 부틸글리시딜에텔
- 4-*tert*-부틸-3-메톡시-2,6-디니트로톨루엔(머스크암브레트)
- 1-부틸-3-(N-크로토노일설파닐일)우레아
- 5-*tert*-부틸-1,2,3-트리메칠-4,6-디니트로벤젠(머스크티베텐)
- 4-*tert*-부틸페놀
- 2-(4-*tert*-부틸페닐)에탄올
- 4-*tert*-부틸피로카테콜
- 부펙사막
- 붕산
- 브레티륨토실레이트
- (R)-5-브로모-3-(1-메칠-2-피롤리디닐메칠)-1H-인돌
- 브로모메탄
- 브로모에칠렌
- 브로모에탄
- 1-브로모-3,4,5-트리플루오로벤젠
- 1-브로모프로판; n-프로필 브로마이드
- 2-브로모프로판
- 브로목시닐헵타노에이트
- 브롬
- 브롬이소발
- 브루신(에탄올의 변성제는 제외)
- 비나프아크릴(2-*sec*-부틸-4,6-디니트로페닐-3-메칠크로토네이트)
- 9-비닐카르바졸
- 비닐클로라이드모노머
- 1-비닐-2-피롤리돈
- 비마토프로스트, 그 염류 및 유도체
- 비소 및 그 화합물
- 1,1-비스(디메칠아미노메칠)프로필벤조에이트(아미드리카인, 알리핀) 및 그 염류
- 4,4′-비스(디메칠아미노)벤조페논
- 3,7-비스(디메칠아미노)-페노치아진-5-이움 및 그 염류
- 3,7-비스(디에칠아미노)-페녹사진-5-이움 및 그 염류
- N-(4-[비스[4-(디에칠아미노)페닐]메칠렌]-2,5-사이클로헥사디엔-1-일리덴)-N-에칠-에탄아미늄 및 그 염류
- 비스(2-메톡시에칠)에텔(디메톡시디글리콜)
- 비스(2-메톡시에칠)프탈레이트
- 1,2-비스(2-메톡시에톡시)에탄; 트리에칠렌글리콜 디메칠 에텔(TEGDME); 트리글라임
- 1,3-비스(비닐설포닐아세타아미도)-프로판
- 비스(사이클로펜타디에닐)-비스(2,6-디플루오로-3-(피롤-1-일)-페닐)티타늄
- 4-[[비스-(4-플루오로페닐)메칠실릴]메칠]-4H-1,2,4-트리아졸과 1-[[비스-(4-플루오로페닐)메칠실릴]메칠]-1 H-1,2,4-트리아졸의 혼합물
- 비스(클로로메칠)에텔(옥시비스[클로로메탄])

- N,N-비스(2-클로로에칠)메칠아민-N-옥사이드 및 그 염류
- 비스(2-클로로에칠)에텔
- 비스페놀 A(4,4'-이소프로필리덴디페놀)
- N'N'-비스(2-히드록시에칠)-N-메칠-2-니트로-p-페닐렌디아민(HC 블루 No.1) 및 그 염류
- 4,6-비스(2-하이드록시에톡시)-m-페닐렌디아민 및 그 염류
- 2,6-비스(2-히드록시에톡시)-3,5-피리딘디아민 및 그 염산염
- 비에타미베린
- 비치오놀
- 비타민 L_1, L_2
- [1,1'-비페닐-4,4'-디일]디암모니움설페이트
- 비페닐-2-일아민
- 비페닐-4-일아민 및 그 염류
- 4,4'-비-o-톨루이딘
- 4,4'-비-o-톨루이딘디하이드로클로라이드
- 4,4'-비-o-톨루이딘설페이트
- 빈클로졸린
- 사이클라멘알코올
- N-사이클로펜틸-m-아미노페놀
- 사이클로헥시미드
- N-사이클로헥실-N-메톡시-2,5-디메칠-3-퓨라마이드
- 트랜스-4-사이클로헥실-L-프롤린 모노하이드로클로라이드
- 사프롤(천연에센스에 자연적으로 함유되어 그 양이 최종 제품에서 100ppm을 넘지 않는 경우는 제외)
- a-산토닌((3S, 5aR, 9bS)-3, 3a,4,5,5a,9b-헥사히드로-3,5a,9-트리메칠나프토(1,2-b))푸란-2,8-디온
- 석면
- 석유
- 석유 정제 과정에서 얻어지는 부산물(증류물, 가스 오일류, 나프타, 윤활그리스, 슬랙 왁스, 탄화수소류, 알칸류, 백색 페트롤라툼을 제외한 페트롤라툼, 연료 오일, 잔류물). 다만, 정제 과정이 완전히 알려져 있고 발암 물질을 함유하지 않음을 보여줄 수 있으면 예외로 한다.
- 부타디엔 0.1%를 초과하여 함유하는 석유정제물(가스류, 탄화수소류, 알칸류, 증류물, 라피네이트)
- 디메칠설폭사이드(DMSO)로 추출한 성분을 3% 초과하여 함유하고 있는 석유 유래 물질
- 벤조[a]피렌 0.005%를 초과하여 함유하고 있는 석유화학 유래 물질, 석탄 및 목타르 유래 물질
- 석탄추출 제트기용 연료 및 디젤연료
- 설티암
- 설팔레이트
- 3,3'-(설포닐비스(2-니트로-4,1-페닐렌)이미노)비스(6-(페닐아미노))벤젠설포닉애씨드 및 그 염류
- 설폰아미드 및 그 유도체(톨루엔설폰아미드/포름알데하이드수지, 톨루엔설폰아미드/에폭시수지는 제외)
- 설핀피라존
- 과산화물가가 10mmol/L을 초과하는 $Cedrus\ atlantica$의 오일 및 추출물
- 세파엘린 및 그 염류
- 센노사이드
- 셀렌 및 그 화합물(셀레늄아스파테이트는 제외)
- 소듐노나데카플루오로데카노에이트

- 소듐헥사시클로네이트
- 소듐헵타데카플루오로노나노에이트
- *Solanum nigrum L.* 및 그 생약제제
- *Schoenocaulon officinale Lind.*(씨 및 그 생약제제)
- 솔벤트레드1(CI 12150)
- 솔벤트블루 35
- 솔벤트오렌지 7
- 수은 및 그 화합물
- 스트로판투스(*Strophantus*)속 및 그 생약제제
- 스트로판틴, 그 비당질 및 그 각각의 유도체
- 스트론튬화합물
- 스트리크노스(*Strychnos*)속 그 생약제제
- 스트리키닌 및 그 염류
- 스파르테인 및 그 염류
- 스피로노락톤
- 시마진
- 4-시아노-2,6-디요도페닐 옥타노에이트
- 스칼렛레드(솔벤트레드 24)
- 시클라바메이트
- 시클로메놀 및 그 염류
- 시클로포스파미드 및 그 염류
- 2-α-시클로헥실벤질(N,N,N′,N′테트라에칠)트리메칠렌디아민(페네타민)
- 신코카인 및 그 염류
- 신코펜 및 그 염류(유도체 포함)
- 썩시노니트릴
- *Anamirta cocculus L.*(과실)
- o-아니시딘
- 아닐린, 그 염류 및 그 할로겐화 유도체 및 설폰화 유도체
- 아다팔렌
- *Adonis vernalis L.* 및 그 제제
- *Areca catechu* 및 그 생약제제
- 아레콜린
- 아리스톨로키아(*Aristolochia*)속 및 그 생약제제
- 아리스토로킥 애씨드 및 그 염류
- 1-아미노-2-니트로-4-(2′,3′-디하이드록시프로필)아미노-5-클로로벤젠과 1,4-비스-(2′,3′-디하이드록시프로필)아미노-2-니트로-5-클로로벤젠 및 그 염류(예 에이치시 적색 No. 10과 에이치시 적색 No. 11)(다만, 산화염모제에서 용법·용량에 따른 혼합물의 염모 성분으로서 1.0% 이하, 비산화염모제에서 용법·용량에 따른 혼합물의 염모 성분으로서 2.0% 이하는 제외)
- 2-아미노-3-니트로페놀 및 그 염류
- p-아미노-o-니트로페놀(4-아미노-2-니트로페놀)
- 2-아미노-4-니트로페놀
- 2-아미노-5-니트로페놀

- 4-아미노-3-니트로페놀 및 그 염류(다만, 4-아미노-3-니트로페놀은 산화염모제에서 용법·용량에 따른 혼합물의 염모 성분으로서 1.5% 이하, 비산화염모제에서 용법·용량에 따른 혼합물의 염모 성분으로서 1.0% 이하는 제외)
- 황산 2-아미노-5-니트로페놀
- *p*-아미노-*o*-니트로페놀(4-아미노-2-니트로페놀)
- 2,2′-[(4-아미노-3-니트로페닐)이미노]바이세타놀 하이드로클로라이드 및 그 염류(예 에이치시 적색 No. 13)(다만, 하이드로클로라이드염으로서 산화염모제에서 용법·용량에 따른 혼합물의 염모 성분으로서 1.5% 이하, 비산화염모제에서 용법·용량에 따른 혼합물의 염모 성분으로서 1.0% 이하는 제외)
- (8-[(4-아미노-2-니트로페닐)아조]-7-하이드록시-2-나프틸)트리메칠암모늄 및 그 염류(베이직브라운 17의 불순물로 있는 베이직레드 118 제외)
- 1-아미노-4-[[4-[(디메칠아미노)메칠]페닐]아미노]안트라퀴논 및 그 염류
- 6-아미노-2-((2,4-디메칠페닐)-1H-벤즈[de]이소퀴놀린-1,3-(2 H)-디온(솔벤트옐로우 44) 및 그 염류
- 5-아미노-2,6-디메톡시-3-하이드록시피리딘 및 그 염류
- 3-아미노-2,4-디클로로페놀 및 그 염류(다만, 3-아미노-2,4-디클로로페놀 및 그 염산염은 염모제에서 용법·용량에 따른 혼합물의 염모 성분으로 염산염으로서 1.5% 이하는 제외)
- 2-아미노메칠-*p*-아미노페놀 및 그 염산염
- 2-[(4-아미노-2-메칠-5-니트로페닐)아미노]에탄올 및 그 염류(예 에이치시 자색 No. 1)(다만, 산화염모제에서 용법·용량에 따른 혼합물의 염모 성분으로서 0.25% 이하, 비산화염모제에서 용법·용량에 따른 혼합물의 염모 성분으로서 0.28% 이하는 제외)
- 2-[(3-아미노-4-메톡시페닐)아미노]에탄올 및 그 염류(예 2-아미노-4-하이드록시에칠아미노아니솔)(다만, 산화염모제에서 용법·용량에 따른 혼합물의 염모 성분으로서 1.5% 이하는 제외)
- 4-아미노벤젠설포닉애씨드 및 그 염류
- 4-아미노벤조익애씨드 및 아미노기(-NH₂)를 가진 그 에스텔
- 2-아미노-1,2-비스(4-메톡시페닐)에탄올 및 그 염류
- 4-아미노살리실릭애씨드 및 그 염류
- 4-아미노아조벤젠
- 1-(2-아미노에칠)아미노-4-(2-하이드록시에칠)옥시-2-니트로벤젠 및 그 염류(예 에이치시 등색 No. 2)(다만, 비산화염모제에서 용법·용량에 따른 혼합물의 염모 성분으로서 1.0% 이하는 제외)
- 아미노카프로익애씨드 및 그 염류
- 4-아미노-m-크레솔 및 그 염류(다만, 4-아미노-m-크레솔은 산화염모제에서 용법·용량에 따른 혼합물의 염모 성분으로서 1.5% 이하는 제외)
- 6-아미노-*o*-크레솔 및 그 염류
- 2-아미노-6-클로로-4-니트로페놀 및 그 염류(다만, 2-아미노-6-클로로-4-니트로페놀은 염모제에서 용법·용량에 따른 혼합물의 염모 성분으로서 2.0% 이하는 제외)
- o-아미노페놀
- 황산 o-아미노페놀
- 1-[(3-아미노프로필)아미노]-4-(메칠아미노)안트라퀴논 및 그 염류
- 4-아미노-3-플루오로페놀
- 5-[(4-[(7-아미노-1-하이드록시-3-설포-2-나프틸)아조]-2,5-디에톡시페닐)아조]-2-[(3-포스포노페닐)아조]벤조익애씨드 및 5-[(4-[(7-아미노-1-하이드록시-3-설포-2-나프틸)아조]-2,5-디에톡시페닐)아조]-3-[(3-포스포노페닐)아조벤조익애씨드
- 3(또는 5)-[[4-[(7-아미노-1-하이드록시-3-설포네이토-2-나프틸)아조]-1-나프틸]아조]살리실릭애씨드 및 그 염류
- *Ammi majus* 및 그 생약제제

- 아미트롤
- 아미트리프틸린 및 그 염류
- 아밀나이트라이트
- 아밀 4-디메칠아미노벤조익애씨드(펜틸디메칠파바, 파디메이트A)
- 과산화물가가 10mmol/L을 초과하는 *Abies balsamea* 잎의 오일 및 추출물
- 과산화물가가 10mmol/L을 초과하는 *Abies sibirica* 잎의 오일 및 추출물
- 과산화물가가 10mmol/L을 초과하는 *Abies alba* 열매의 오일 및 추출물
- 과산화물가가 10mmol/L을 초과하는 *Abies alba* 잎의 오일 및 추출물
- 과산화물가가 10mmol/L을 초과하는 *Abies pectinata* 잎의 오일 및 추출물
- 아세노코우마롤
- 아세타마이드
- 아세토나이트릴
- 아세토페논, 포름알데하이드, 사이클로헥실아민, 메탄올 및 초산의 반응물
- (2-아세톡시에칠)트리메칠암모늄히드록사이드(아세틸콜린 및 그 염류)
- N-[2-(3-아세틸-5-니트로치오펜-2-일아조)-5-디에칠아미노페닐]아세타마이드
- 3-[(4-(아세틸아미노)페닐)아조]4-4하이드록시-7-[[[[5-하이드록시-6-(페닐아조)-7-설포-2-나프탈레닐]아미노]카보닐]아미노]-2-나프탈렌설포닉애씨드 및 그 염류
- 5-(아세틸아미노)-4-하이드록시-3-((2-메칠페닐)아조)-2,7-나프탈렌디설포닉애씨드 및 그 염류
- 아자시클로놀 및 그 염류
- 아자페니딘
- 아조벤젠
- 아지리딘
- 아코니튬(*Aconitum*)속 및 그 생약제제
- 아코니틴 및 그 염류
- 아크릴로니트릴
- 아크릴아마이드(다만, 폴리아크릴아마이드류에서 유래되었으며, 사용 후 씻어내지 않는 보디화장품에 0.1ppm, 기타 제품에 0.5ppm 이하인 경우에는 제외)
- 아트라놀
- *Atropa belladonna L.* 및 그 제제
- 아트로핀, 그 염류 및 유도체
- 아포몰핀 및 그 염류
- *Apocynum cannabinum L.* 및 그 제제
- 안드로겐효과를 가진 물질
- 안트라센 오일
- 스테로이드 구조를 갖는 안티안드로겐
- 안티몬 및 그 화합물
- 알드린
- 알라클로르
- 알로클아미드 및 그 염류
- 알릴글리시딜에텔
- 2-(4-알릴-2-메톡시페녹시)-N,N-디에칠아세트아미드 및 그 염류

- 4-알릴-2,6-비스(2,3-에폭시프로필)페놀, 4-알릴-6-[3-[6-[3-(4-알릴-2,6-비스(2,3-에폭시프로필)페녹시)-2-하이드록시프로필]-4-알릴-2-(2,3-에폭시프로필)페녹시]-2-하이드록시프로필]-4-알릴-2-(2,3-에폭시프로필)페녹시]-2-하이드록시프로필-2-(2,3-에폭시프로필)페놀, 4-알릴-6-[3-(4-알릴-2,6-비스(2,3-에폭시프로필)페녹시)-2-하이드록시프로필]-2-(2,3-에폭시프로필)페놀, 4-알릴-6-[3-[6-[3-(4-알릴-2,6-비스(2,3-에폭시프로필)페녹시)-2-하이드록시프로필]-4-알릴-2-(2,3-에폭시프로필)페녹시]-2-하이드록시프로필]-2-(2,3-에폭시프로필)페놀의 혼합물
- 알릴이소치오시아네이트
- 에스텔의 유리알릴알코올농도가 0.1%를 초과하는 알릴에스텔류
- 알릴클로라이드(3-클로로프로펜)
- 2급 알칸올아민 및 그 염류
- 알칼리 설파이드류 및 알칼리토 설파이드류
- 2-알칼리펜타시아노니트로실페레이트
- 알킨알코올 그 에스텔, 에텔 및 염류
- o-알킬디치오카르보닉애씨드의 염
- 2급 알킬아민 및 그 염류
- 암모늄노나데카플루오로데카노에이트
- 암모늄퍼플루오로노나노에이트
- 2-{4-(2-암모니오프로필아미노)-6-[4-하이드록시-3-(5-메칠-2-메톡시-4-설파모일페닐아조)-2-설포네이토나프트-7-일아미노]-1,3,5-트리아진-2-일아미노}-2-아미노프로필포메이트
- 애씨드오렌지24(CI 20170)
- 애씨드레드73(CI 27290)
- 애씨드블랙 131 및 그 염류
- 에르고칼시페롤 및 콜레칼시페롤(비타민D_2와 D_3)
- 에리오나이트
- 에메틴, 그 염류 및 유도체
- 에스트로겐
- 에제린 또는 피조스티그민 및 그 염류
- 에이치시 녹색 No. 1
- 에이치시 적색 No. 8 및 그 염류
- 에이치시 청색 No. 11
- 에이치시 황색 No. 11
- 에이치시 등색 No. 3
- 에치온아미드
- 에칠렌글리콜 디메칠 에텔(EGDME)
- 2,2'-[(1,2'-에칠렌디일)비스[5-((4-에톡시페닐)아조]벤젠설포닉애씨드) 및 그 염류
- 에칠렌옥사이드
- 3-에칠-2-메칠-2-(3-메칠부틸)-1,3-옥사졸리딘
- 1-에칠-1-메칠몰포리늄 브로마이드
- 1-에칠-1-메칠피롤리디늄 브로마이드
- 에칠비스(4-히드록시-2-옥소-1-벤조피란-3-일)아세테이트 및 그 산의 염류
- 4-에칠아미노-3-니트로벤조익애씨드(N-에칠-3-니트로 파바) 및 그 염류
- 에칠아크릴레이트
- 3'-에칠-5',6',7',8'-테트라히드로-5',6',8',8',-테트라메칠-2'-아세토나프탈렌(아세틸에칠테트라메칠테트라린, AETT)

- 에칠페나세미드(페네투라이드)
- 2-[[4-[에칠(2-하이드록시에칠)아미노]페닐]아조]-6-메톡시-3-메칠-벤조치아졸리움 및 그 염류
- 2-에칠헥사노익애씨드
- 2-에칠헥실[[[3,5-비스(1,1-디메칠에칠)-4-하이드록시페닐]-메칠]치오]아세테이트
- O,O′-(에테닐메칠실릴렌디[(4-메칠펜탄-2-온)옥심])
- 에토헵타진 및 그 염류
- 7-에톡시-4-메칠쿠마린
- 4′-에톡시-2-벤즈이미다졸아닐라이드
- 2-에톡시에탄올(에칠렌글리콜 모노에칠에텔, EGMEE)
- 에톡시에탄올아세테이트
- 5-에톡시-3-트리클로로메칠-1,2,4-치아디아졸
- 4-에톡시페놀(히드로퀴논모노에칠에텔)
- 4-에톡시-*m*-페닐렌디아민 및 그 염류(예 4-에톡시-*m*-페닐렌디아민 설페이트)
- 에페드린 및 그 염류
- 1,2-에폭시부탄
- (에폭시에칠)벤젠
- 1,2-에폭시-3-페녹시프로판
- R-2,3-에폭시-1-프로판올
- 2,3-에폭시프로판-1-올
- 2,3-에폭시프로필-*o*-톨일에텔
- 에피네프린
- 옥사디아질
- (옥사릴비스이미노에칠렌)비스((*o*-클로로벤질)디에칠암모늄)염류(예 암베노뮴클로라이드)
- 옥산아미드 및 그 유도체
- 옥스페네리딘 및 그 염류
- 4,4′-옥시디아닐린(*p*-아미노페닐 에텔) 및 그 염류
- (s)-옥시란메탄올 4-메칠벤젠설포네이트
- 옥시염화비스머스 이외의 비스머스화합물
- 옥시퀴놀린(히드록시-8-퀴놀린 또는 퀴놀린-8-올) 및 그 황산염
- 옥타목신 및 그 염류
- 옥타밀아민 및 그 염류
- 옥토드린 및 그 염류
- 올레안드린
- 와파린 및 그 염류
- 요도메탄
- 요오드
- 요힘빈 및 그 염류
- 우레탄(에칠카바메이트)
- 우로카닌산, 우로카닌산에칠
- *Urginea scilla Stern.* 및 그 생약제제
- 우스닉산 및 그 염류(구리염 포함)
- 2,2′-이미노비스-에탄올, 에피클로로히드린 및 2-니트로-1,4-벤젠디아민의 반응생성물(에이치시 청색 No. 5) 및 그 염류

- (마이크로-((7,7′-이미노비스(4-하이드록시-3-((2-하이드록시-5-(N-메칠설파모일)페닐)아조)나프탈렌-2-설포네이토))(6-)))디쿠프레이트 및 그 염류
- 4,4′-(4-이미노사이클로헥사-2,5-디에닐리덴메칠렌)디아닐린 하이드로클로라이드
- 이미다졸리딘-2-치온
- 과산화물가가 10mmol/L을 초과하는 이소디프렌
- 이소메트헵텐 및 그 염류
- 이소부틸나이트라이트
- 4,4′-이소부틸에칠리덴디페놀
- 이소소르비드디나이트레이트
- 이소카르복사지드
- 이소프레나린
- 이소프렌(2-메칠-1,3-부타디엔)
- 6-이소프로필-2-데카하이드로나프탈렌올(6-이소프로필-2-데카롤)
- 3-(4-이소프로필페닐)-1,1-디메칠우레아(이소프로투론)
- (2-이소프로필펜트-4-에노일)우레아(아프로날리드)
- 이속사플루톨
- 이속시닐 및 그 염류
- 이부프로펜피코놀, 그 염류 및 유도체
- *Ipecacuanha*(*Cephaelis ipecacuaha Brot*. 및 관련된 종)(뿌리, 가루 및 생약제제)
- 이프로디온
- 인체 세포 · 조직 및 그 배양액(다만, 배양액 중 별표 3의 인체 세포 · 조직 배양액 안전 기준에 적합한 경우는 제외)
- 인태반(Human Placenta) 유래 물질
- 인프로쿠온
- 임페라토린(9-(3-메칠부트-2-에니록시)푸로(3,2-g)크로멘-7온)
- 자이람
- 자일렌(다만, 화장품 원료의 제조공정에서 용매로 사용되었으나 완전히 제거할 수 없는 잔류용매로서 화장품법 시행규칙 [별표 3] 자. 손발톱용 제품류 중 1), 2), 3), 5)에 해당하는 제품 중 0.01% 이하, 기타 제품 중 0.002% 이하인 경우 제외)
- 자일로메타졸린 및 그 염류
- 자일리딘, 그 이성체, 염류, 할로겐화 유도체 및 설폰화 유도체
- 족사졸아민
- *Juniperus sabina L.*(잎, 정유 및 생약제제)
- 지르코늄 및 그 산의 염류
- 천수국꽃 추출물 또는 오일
- Chenopodium ambrosioides(정유)
- 치람
- 4,4′-치오디아닐린 및 그 염류
- 치오아세타마이드
- 치오우레아 및 그 유도체
- 치오테파
- 치오판네이트-메칠
- 카드뮴 및 그 화합물
- 카라미펜 및 그 염류

- 카르벤다짐
- 4,4′-카르본이미돌일비스[N,N-디메칠아닐린] 및 그 염류
- 카리소프로돌
- 카바독스
- 카바릴
- N-(3-카바모일-3,3-디페닐프로필)-N,N-디이소프로필메칠암모늄염(⑩ 이소프로파미드아이오다이드)
- 카바졸의 니트로유도체
- 7,7′-(카보닐디이미노)비스(4-하이드록시-3-[[2-설포-4-[(4-설포페닐)아조]페닐]아조-2-나프탈렌설포닉애씨드 및 그 염류
- 카본디설파이드
- 카본모노옥사이드(일산화탄소)
- 카본블랙(다만, 불순물 중 벤조피렌과 디벤즈(a,h)안트라센이 각각 5ppb 이하이고 총 다환방향족탄화수소류(PAHs)가 0.5ppm 이하인 경우에는 제외)
- 카본테트라클로라이드
- 카부트아미드
- 카브로말
- 카탈라아제
- 카테콜(피로카테콜)
- 칸타리스, *Cantharis vesicatoria*
- 캡타폴
- 캡토디암
- 케토코나졸
- *Coniummaculatum L.*(과실, 가루, 생약제제)
- 코니인
- 코발트디클로라이드(코발트클로라이드)
- 코발트벤젠설포네이트
- 코발트설페이트
- 코우메타롤
- 콘발라톡신
- 콜린염 및 에스텔(⑩ 콜린클로라이드)
- 콜키신, 그 염류 및 유도체
- 콜키코시드 및 그 유도체
- *Colchicum autumnale L.* 및 그 생약제제
- 콜타르 및 정제콜타르
- 쿠라레와 쿠라린
- 합성 쿠라리잔트(Curarizants)
- 과산화물가가 10mmol/L을 초과하는 *Cupressus sempervirens* 잎의 오일 및 추출물
- 크로톤알데히드(부테날)
- *Croton tiglium*(오일)
- 3-(4-클로로페닐)-1,1-디메칠우로늄 트리클로로아세테이트 ; 모누론-TCA
- 크롬 ; 크로믹애씨드 및 그 염류
- 크리센

- 크산티놀(7-{2-히드록시-3-[N-(2-히드록시에칠)-N-메칠아미노]프로필}테오필린)
- *Claviceps purpurea Tul.*, 그 알칼로이드 및 생약제제
- 1-클로로-4-니트로벤젠
- 2-[(4-클로로-2-니트로페닐)아미노]에탄올(에이치시 황색 No. 12) 및 그 염류
- 2-[(4-클로로-2-니트로페닐)아조]-N-(2-메톡시페닐)-3-옥소부탄올아마이드(피그먼트옐로우 73) 및 그 염류
- 2-클로로-5-니트로-N-하이드록시에칠-p-페닐렌디아민 및 그 염류
- 클로로데콘
- 2,2′-((3-클로로-4-((2,6-디클로로-4-니트로페닐)아조)페닐)이미노)비스에탄올(디스퍼스브라운 1) 및 그 염류
- 5-클로로-1,3-디하이드로-2H-인돌-2-온
- [6-[[3-클로로-4-(메칠아미노)페닐]이미노]-4-메칠-3-옥소사이클로헥사-1,4-디엔-1-일]우레아(에이치시 적색 No. 9) 및 그 염류
- 클로로메칠 메칠에텔
- 2-클로로-6-메칠피리미딘-4-일디메칠아민(크리미딘-ISO)
- 클로로메탄
- *p*-클로로벤조트리클로라이드
- N-5-클로로벤족사졸-2-일아세트아미드
- 4-클로로-2-아미노페놀
- 클로로아세타마이드
- 클로로아세트알데히드
- 클로로아트라놀
- 6-(2-클로로에칠)-6-(2-메톡시에톡시)-2,5,7,10-테트라옥사-6-실라운데칸
- 2-클로로-6-에칠아미노-4-니트로페놀 및 그 염류(다만, 산화염모제에서 용법·용량에 따른 혼합물의 염모 성분으로서 1.5% 이하, 비산화염모제에서 용법·용량에 따른 혼합물의 염모 성분으로서 3% 이하는 제외)
- 클로로에탄
- 1-클로로-2,3-에폭시프로판
- R-1-클로로-2,3-에폭시프로판
- 클로로탈로닐
- 클로로톨루론; 3-(3-클로로-p-톨일)-1,1-디메칠우레아
- *α*-클로로톨루엔
- N′-(4-클로로-*o*-톨일)-N,N-디메칠포름아미딘 모노하이드로클로라이드
- 1-(4-클로로페닐)-4,4-디메칠-3-(1,2,4-트리아졸-1-일메칠)펜타-3-올
- (3-클로로페닐)-(4-메톡시-3-니트로페닐)메타논
- (2RS,3RS)-3-(2-클로로페닐)-2-(4-플루오로페닐)-[1H-1,2,4-트리아졸-1-일)메칠]옥시란(에폭시코나졸)
- 2-(2-(4-클로로페닐)-2-페닐아세틸)인단 1,3-디온(클로로파시논-ISO)
- 클로로포름
- 클로로프렌(2-클로로로부타-1,3-디엔)
- 클로로플루오로카본 추진제(완전하게 할로겐화 된 클로로플루오로알칸)
- 2-클로로-N-(히드록시메칠)아세트아미드
- N-[(6-[(2-클로로-4-하이드록시페닐)이미노]-4-메톡시-3-옥소-1,4-사이클로헥사디엔-1-일]아세트아미드(에이치시 황색 No. 8) 및 그 염류
- 클로르단
- 클로르디메폼

- 클로르메자논
- 클로르메틴 및 그 염류
- 클로르족사존
- 클로르탈리돈
- 클로르프로티센 및 그 염류
- 클로르프로파미드
- 클로린
- 클로졸리네이트
- 클로페노탄; DDT(ISO)
- 클로펜아미드
- 키노메치오네이트
- 타크로리무스(tacrolimus), 그 염류 및 유도체
- 탈륨 및 그 화합물
- 탈리도마이드 및 그 염류
- 대한민국약전(식품의약품안전처 고시) '탤크'항 중 석면 기준에 적합하지 않은 탤크
- 과산화물가가 10mmol/L을 초과하는 테르펜 및 테르페노이드(다만, 리모넨류는 제외)
- 과산화물가가 10mmol/L을 초과하는 신핀 테르펜 및 테르페노이드(sinpine terpenes and terpenoids)
- 과산화물가가 10mmol/L을 초과하는 테르펜 알코올류의 아세테이트
- 과산화물가가 10mmol/L을 초과하는 테르펜하이드로카본
- 과산화물가가 10mmol/L을 초과하는 α-테르피넨
- 과산화물가가 10mmol/L을 초과하는 γ-테르피넨
- 과산화물가가 10mmol/L을 초과하는 테르피놀렌
- *Thevetia neriifolia juss*, 배당체 추출물
- N,N,N',N'-테트라글리시딜-4,4'-디아미노-3,3'-디에칠디페닐메탄
- N,N,N',N-테트라메칠-4,4'-메칠렌디아닐린
- 테트라베나진 및 그 염류
- 테트라브로모살리실아닐리드
- 테트라소듐 3,3'-[[1,1'-비페닐]-4,4'-디일비스(아조)]비스[5-아미노-4-하이드록시나프탈렌-2,7-디설포네이트](다이렉트블루 6)
- 1,4,5,8-테트라아미노안트라퀴논(디스퍼스블루 1)
- 테트라에칠피로포스페이트; TEPP(ISO)
- 테트라카보닐니켈
- 테트라카인 및 그 염류
- 테트라코나졸((+/−)-2-(2,4-디클로로페닐)-3-(1H-1,2,4-트리아졸-1-일)프로필-1,1,2,2-테트라플루오로에칠에텔)
- 2,3,7,8-테트라클로로디벤조-p-디옥신
- 테트라클로로살리실아닐리드
- 5,6,12,13-테트라클로로안트라(2,1,9-def:6,5,10-d'e'f')디이소퀴놀린-1,3,8,10(2H,9H)-테트론
- 테트라클로로에칠렌
- 테트라키스-하이드록시메칠포스포늄 클로라이드, 우레아 및 증류된 수소화 C16-18 탈로우 알킬아민의 반응생성물(UVCB 축합물)
- 테트라하이드로-6-니트로퀴노살린 및 그 염류
- 테트라히드로졸린(테트리졸린) 및 그 염류

- 테트라하이드로치오피란-3-카르복스알데하이드
- (+/−)-테트라하이드로퓨릴-(R)-2-[4-(6-클로로퀴노살린-2-일옥시)페닐옥시]프로피오네이트
- 테트릴암모늄브로마이드
- 테파졸린 및 그 염류
- 텔루륨 및 그 화합물
- 토목향(*Inula helenium*) 오일
- 톡사펜
- 톨루엔-3,4-디아민
- 톨루이디늄클로라이드
- 톨루이딘, 그 이성체, 염류, 할로겐화 유도체 및 설폰화 유도체
- *o*-톨루이딘계 색소류
- 톨루이딘설페이트(1:1)
- *m*-톨리덴 디이소시아네이트
- 4-*o*-톨릴아조-*o*-톨루이딘
- 톨복산
- 톨부트아미드
- [(톨일옥시)메칠]옥시란(크레실 글리시딜 에텔)
- [(*m*-톨일옥시)메칠]옥시란
- [(*p*-톨일옥시)메칠]옥시란
- 과산화물가가 10mmol/L을 초과하는 피누스(*Pinus*)속을 스팀증류하여 얻은 투르펜틴
- 과산화물가가 10mmol/L을 초과하는 투르펜틴검(피누스(*Pinus*)속)
- 과산화물가가 10mmol/L을 초과하는 투르펜틴 오일 및 정제 오일
- 투아미노헵탄, 이성체 및 그 염류
- 과산화물가가 10mmol/L을 초과하는 *Thuja Occidentalis* 나무줄기의 오일
- 과산화물가가 10mmol/L을 초과하는 *Thuja Occidentalis* 잎의 오일 및 추출물
- 트라닐시프로민 및 그 염류
- 트레타민
- 트레티노인(레티노익애씨드 및 그 염류)
- 트리니켈디설파이드
- 트리데모르프
- 3,5,5-트리메칠사이클로헥스-2-에논
- 2,4,5-트리메칠아닐린[1]; 2,4,5-트리메칠아닐린 하이드로클로라이드[2]
- 3,6,10-트리메칠-3,5,9-운데카트리엔-2-온(메칠이소슈도이오논)
- 2,2,6-트리메칠-4-피페리딜벤조에이트(유카인) 및 그 염류
- 3,4,5-트리메톡시펜에칠아민 및 그 염류
- 트리부틸포스페이트
- 3,4′,5-트리브로모살리실아닐리드(트리브롬살란)
- 2,2,2-트리브로모에탄올(트리브로모에칠알코올)
- 트리소듐 비스(7-아세트아미도-2-(4-니트로-2-옥시도페닐아조)-3-설포네이토-1-나프톨라토)크로메이트(1-)
- 트리소듐[4′-(8-아세틸아미노-3,6-디설포네이토-2-나프틸아조)-4″-(6-벤조일아미노-3-설포네이토-2-나프틸아조)-비페닐-1,3′,3″,1‴-테트라올라토-O,O′,O″,O‴]코퍼(II)
- 1,3,5-트리스(3-아미노메칠페닐)-1,3,5-(1H,3H,5H)-트리아진-2,4,6-트리온 및 3,5-비스(3-아미노메칠페닐)-1-

폴리[3,5-비스(3-아미노메칠페닐)-2,4,6-트리옥소-1,3,5-(1H,3H,5H)-트리아진-1-일]-1,3,5-(1H,3H,5H)-트리아진-2,4,6-트리온 올리고머의 혼합물

- 1,3,5-트리스-[(2S 및 2R)-2,3-에폭시프로필]-1,3,5-트리아진-2,4,6-(1H,3H,5H)-트리온
- 1,3,5-트리스(옥시라닐메칠)-1,3,5-트리아진-2,4,6(1H,3H,5H)-트리온
- 트리스(2-클로로에칠)포스페이트
- N1-(트리스(하이드록시메칠))-메칠-4-니트로-1,2-페닐렌디아민(에이치시 황색 No. 3) 및 그 염류
- 1,3,5-트리스(2-히드록시에칠)헥사히드로1,3,5-트리아신
- 1,2,4-트리아졸
- 트리암테렌 및 그 염류
- 트리옥시메칠렌(1,3,5-트리옥산)
- 트리클로로니트로메탄(클로로피크린)
- N-(트리클로로메칠치오)프탈이미드
- N-[(트리클로로메칠)치오]-4-사이클로헥센-1,2-디카르복시미드(캡탄)
- 2,3,4-트리클로로부트-1-엔
- 트리클로로아세틱애씨드
- 트리클로로에칠렌
- 1,1,2-트리클로로에탄
- 2,2,2-트리클로로에탄-1,1-디올
- α,α,α-트리클로로톨루엔
- 2,4,6-트리클로로페놀
- 1,2,3-트리클로로프로판
- 트리클로르메틴 및 그 염류
- 트리톨일포스페이트
- 트리파라놀
- 트리플루오로요도메탄
- 트리플루페리돌
- 1,1,4-트리하이드록시벤젠
- 1,3,5-트리하이드록시벤젠(플로로글루시놀) 및 그 염류
- 티로트리신
- 티로프로픽애씨드 및 그 염류
- 티아마졸
- 티우람디설파이드
- 티우람모노설파이드
- 파라메타손
- 파르에톡시카인 및 그 염류
- 퍼플루오로노나노익애씨드
- 2급 아민 함량이 5%를 초과하는 패티애씨드디알킬아마이드류 및 디알칸올아마이드류
- 페나글리코돌
- 페나디아졸
- 페나리몰
- 페나세미드
- p-페네티딘(4-에톡시아닐린)

- 페노졸론
- 페노티아진 및 그 화합물
- 페놀
- 페놀프탈레인((3,3-비스(4-하이드록시페닐)프탈리드)
- 페니라미돌
- o-페닐렌디아민 및 그 염류
- m-페닐렌디아민
- 염산 m-페닐렌디아민
- 황산 m-페닐렌디아민
- 페닐부타존
- 4-페닐부트-3-엔-2-온
- 페닐살리실레이트
- 1-페닐아조-2-나프톨(솔벤트옐로우 14)
- 4-(페닐아조)-m-페닐렌디아민 및 그 염류
- 4-페닐아조페닐렌-1-3-디아민시트레이트히드로클로라이드(크리소이딘시트레이트히드로클로라이드)
- (R)-α-페닐에칠암모늄(-)-(1R,2S)-(1,2-에폭시프로필)포스포네이트 모노하이드레이트
- 2-페닐인단-1,3-디온(페닌디온)
- 페닐파라벤
- 트랜스-4-페닐-L-프롤린
- 페루발삼(*Myroxylon pereirae*의 수지)[다만, 추출물(extracts) 또는 증류물(distillates)로서 0.4% 이하인 경우는 제외]
- 페몰린 및 그 염류
- 페트리클로랄
- 펜메트라진 및 그 유도체 및 그 염류
- 펜치온
- N,N'-펜타메칠렌비스(트리메칠암모늄)염류(例 펜타메토늄브로마이드)
- 펜타에리트리틸테트라나이트레이트
- 펜타클로로에탄
- 펜타클로로페놀 및 그 알칼리 염류
- 펜틴 아세테이트
- 펜틴 하이드록사이드
- 2-펜틸리덴사이클로헥사논
- 펜프로바메이트
- 펜프로코우몬
- 펜프로피모르프
- 펠레티에린 및 그 염류
- 포름아마이드
- 포름알데하이드 및 p-포름알데하이드
- 포스파미돈
- 포스포러스 및 메탈포스피드류
- 포타슘브로메이트
- 폴딘메틸설페이드

- 푸로쿠마린류(예 트리옥시살렌, 8-메톡시소랄렌, 5-메톡시소랄렌)(천연에센스에 자연적으로 함유된 경우는 제외. 다만, 자외선 차단 제품 및 인공 선탠 제품에서는 1ppm 이하이어야 한다.)
- 푸르푸릴트리메칠암모늄염(예 푸르트레토늄아이오다이드)
- 풀루아지포프-부틸
- 풀미옥사진
- 퓨란
- 프라모카인 및 그 염류
- 프레그난디올
- 프로게스토젠
- 프로그레놀론아세테이트
- 프로베네시드
- 프로카인아미드, 그 염류 및 유도체
- 프로파지트
- 프로파진
- 프로파틸나이트레이트
- 4,4′-[1,3-프로판디일비스(옥시)]비스벤젠-1,3-디아민 및 그 테트라하이드로클로라이드염(예 1,3-비스-(2,4-디아미노페녹시)프로판, 염산 1,3-비스-(2,4-디아미노페녹시)프로판 하이드로클로라이드)(다만, 산화염모제에서 용법·용량에 따른 혼합물의 염모 성분으로서 산으로서 1.2% 이하는 제외)
- 1,3-프로판설톤
- 프로판-1,2,3-트리일트리나이트레이트
- 프로피오락톤
- 프로피자미드
- 프로피페나존
- *Prunus laurocerasus L.*
- 프시로시빈
- 프탈레이트류(디부틸프탈레이트, 디에틸헥실프탈레이트, 부틸벤질프탈레이트에 한함)
- 플루실라졸
- 플루아니손
- 플루오레손
- 플루오로우라실
- 플루지포프-*p*-부틸
- 피그먼트레드 53(레이크레드 C)
- 피그먼트레드 53:1(레이크레드 CBa)
- 피그먼트오렌지 5(파마넨트오렌지)
- 피나스테리드, 그 염류 및 유도체
- 과산화물가가 10mmol/L을 초과하는 *Pinus nigra* 잎과 잔가지의 오일 및 추출물
- 과산화물가가 10mmol/L을 초과하는 *Pinus mugo* 잎과 잔가지의 오일 및 추출물
- 과산화물가가 10mmol/L을 초과하는 *Pinus mugo pumilio* 잎과 잔가지의 오일 및 추출물
- 과산화물가가 10mmol/L을 초과하는 *Pinus cembra* 아세틸레이티드 잎 및 잔가지의 추출물
- 과산화물가가 10mmol/L을 초과하는 *Pinus cembra* 잎과 잔가지의 오일 및 추출물
- 과산화물가가 10mmol/L을 초과하는 *Pinus species* 잎과 잔가지의 오일 및 추출물
- 과산화물가가 10mmol/L을 초과하는 *Pinus sylvestris* 잎과 잔가지의 오일 및 추출물

- 과산화물가가 10mmol/L을 초과하는 *Pinus palustris* 잎과 잔가지의 오일 및 추출물
- 과산화물가가 10mmol/L을 초과하는 *Pinus pumila* 잎과 잔가지의 오일 및 추출물
- 과산화물가가 10mmol/L을 초과하는 *Pinus pinaste* 잎과 잔가지의 오일 및 추출물
- *Pyrethrum album L.* 및 그 생약제제
- 피로갈롤
- *Pilocarpus jaborandi Holmes* 및 그 생약제제
- 피로카르핀 및 그 염류
- 6-(1-피롤리디닐)-2,4-피리미딘디아민-3-옥사이드(피롤리디닐 디아미노 피리미딘 옥사이드)
- 피리치온소듐(INNM)
- 피리치온알루미늄캄실레이트
- 피메크로리무스(pimecrolimus), 그 염류 및 그 유도체
- 피메트로진
- 과산화물가가 10mmol/L을 초과하는 *Picea mariana* 잎의 오일 및 추출물
- *Physostigma venenosum Balf.*
- 피이지-3,2′,2′-디-*p*-페닐렌디아민
- 피크로톡신
- 피크릭애씨드
- 피토나디온(비타민 K1)
- 피톨라카(*Phytolacca*)속 및 그 제제
- 피파제테이트 및 그 염류
- 6-(피페리디닐)-2,4-피리미딘디아민-3-옥사이드(미녹시딜), 그 염류 및 유도체
- *α*-피페리딘-2-일벤질아세테이트 좌회전성의 트레오포름(레보파세토페란) 및 그 염류
- 피프라드롤 및 그 염류
- 피프로쿠라륨 및 그 염류
- 형광증백제(다만, Fluorescent Brightener 367은 손발톱용 제품류 중 베이스코트, 언더코트, 네일 폴리시, 네일 에나멜, 탑코트에 0.12% 이하일 경우는 제외)
- 히드라스틴, 히드라스티닌 및 그 염류
- (4-하이드라지노페닐)-N-메칠메탄설폰아마이드 하이드로클로라이드
- 히드라지드 및 그 염류
- 히드라진, 그 유도체 및 그 염류
- 하이드로아비에틸 알코올
- 히드로겐시아니드 및 그 염류
- 히드로퀴논
- 히드로플루오릭애씨드, 그 노르말 염, 그 착화합물 및 히드로플루오라이드
- N-[3-하이드록시-2-(2-메칠아크릴로일아미노메톡시)프로폭시메칠]-2-메칠아크릴아마이드, N-[2,3-비스-(2-메칠아크릴로일아미노메톡시)프로폭시메칠-2-메칠아크릴아미드, 메타크릴아마이드 및 2-메칠-N-(2-메칠아크릴로일아미노메톡시메칠)-아크릴아마이드
- 4-히드록시-3-메톡시신나밀알코올의벤조에이트(천연에센스에 자연적으로 함유된 경우는 제외)
- (6-(4-하이드록시)-3-(2-메톡시페닐아조)-2-설포네이토-7-나프틸아미노)-1,3,5-트리아진-2,4-디일)비스[(아미노-이-1-메칠에칠)암모늄]포메이트
- 1-하이드록시-3-니트로-4-(3-하이드록시프로필아미노)벤젠 및 그 염류(예 4-하이드록시프로필아미노-3-니트로페놀) (다만, 염모제에서 용법·용량에 따른 혼합물의 염모 성분으로서 2.6% 이하는 제외)

- 1-하이드록시-2-베타-하이드록시에칠아미노-4,6-디니트로벤젠 및 그 염류(예 2-하이드록시에칠피크라믹애씨드) (다만, 2-하이드록시에칠피크라믹애씨드는 산화염모제에서 용법·용량에 따른 혼합물의 염모 성분으로서 1.5% 이하, 비산화염모제에서 용법·용량에 따른 혼합물의 염모 성분으로서 2.0% 이하는 제외)
- 5-하이드록시-1,4-벤조디옥산 및 그 염류
- 하이드록시아이소헥실 3-사이클로헥센 카보스알데히드(HICC)
- N1-(2-하이드록시에칠)-4-니트로-o-페닐렌디아민(에이치시 황색 No. 5) 및 그 염류
- 하이드록시에칠-2,6-디니트로-p-아니시딘 및 그 염류
- 3-[[4-[(2-하이드록시에칠)메칠아미노]-2-니트로페닐]아미노]-1,2-프로판디올 및 그 염류
- 하이드록시에칠-3,4-메칠렌디옥시아닐린; 2-(1,3-벤진디옥솔-5-일아미노)에탄올 하이드로클로라이드 및 그 염류(예 하이드록시에칠-3,4-메칠렌디옥시아닐린 하이드로클로라이드)(다만, 산화염모제에서 용법·용량에 따른 혼합물의 염모 성분으로서 1.5% 이하는 제외)
- 3-[[4-[(2-하이드록시에칠)아미노]-2-니트로페닐]아미노]-1,2-프로판디올 및 그 염류
- 4-(2-하이드록시에칠)아미노-3-니트로페놀 및 그 염류(예 3-니트로-p-하이드록시에칠아미노페놀)(다만, 3-니트로-p-하이드록시에칠아미노페놀은 산화염모제에서 용법·용량에 따른 혼합물의 염모 성분으로서 3.0% 이하, 비산화염모제에서 용법·용량에 따른 혼합물의 염모 성분으로서 1.85% 이하는 제외)
- 2,2′-[[4-[(2-하이드록시에칠)아미노]-3-니트로페닐]이미노]바이세타놀 및 그 염류(예 에이치시 청색 No. 2)(다만, 비산화염모제에서 용법·용량에 따른 혼합물의 염모 성분으로서 2.8% 이하는 제외)
- 1-[(2-하이드록시에칠)아미노]-4-(메칠아미노-9,10-안트라센디온 및 그 염류
- 하이드록시에칠아미노메칠-p-아미노페놀 및 그 염류
- 5-[(2-하이드록시에칠)아미노]-o-크레졸 및 그 염류(예 2-메칠-5-하이드록시에칠아미노페놀)(다만, 2-메칠-5-하이드록시에칠아미노페놀은 염모제에서 용법·용량에 따른 혼합물의 염모 성분으로서 0.5% 이하는 제외)
- (4-(4-히드록시-3-요오도페녹시)-3,5-디요오도페닐)아세틱애씨드 및 그 염류
- 6-하이드록시-1-(3-이소프로폭시프로필)-4-메칠-2-옥소-5-[4-(페닐아조)페닐아조]-1,2-디하이드로-3-피리딘카보니트릴
- 4-히드록시인돌
- 2-[2-하이드록시-3-(2-클로로페닐)카르바모일-1-나프틸아조]-7-[2-하이드록시-3-(3-메칠페닐)카르바모일-1-나프틸아조]플루오렌-9-온
- 4-(7-하이드록시-2,4,4-트리메칠-2-크로마닐)레솔시놀-4-일-트리스(6-디아조-5,6-디하이드로-5-옥소나프탈렌-1-설포네이트) 및 4-(7-하이드록시-2,4,4-트리메칠-2-크로마닐)레솔시놀비스(6-디아조-5,6-디하이드로-5-옥소나프탈렌-1-설포네이트)의 2:1 혼합물
- 11-α-히드록시프레근-4-엔-3,20-디온 및 그 에스텔
- 1-(3-하이드록시프로필아미노)-2-니트로-4-비스(2-하이드록시에칠)아미노)벤젠 및 그 염류(예 에이치시 자색 No. 2)(다만, 비산화염모제에서 용법·용량에 따른 혼합물의 염모 성분으로서 2.0% 이하는 제외)
- 히드록시프로필 비스(N-히드록시에칠-p-페닐렌디아민) 및 그 염류(다만, 산화염모제에서 용법·용량에 따른 혼합물의 염모 성분으로 테트라하이드로클로라이드염으로서 0.4% 이하는 제외)
- 하이드록시피리디논 및 그 염류
- 3-하이드록시-4-[(2-하이드록시나프틸)아조]-7-니트로나프탈렌-1-설포닉애씨드 및 그 염류
- 할로카르반
- 할로페리돌
- 항생 물질
- 항히스타민제(예 독실아민, 디페닐피랄린, 디펜히드라민, 메타피릴렌, 브롬페니라민, 사이클리진, 클로르페녹사민, 트리펠렌아민, 히드록사진 등)

- N,N′-헥사메칠렌비스(트리메칠암모늄)염류(예 헥사메토늄브로마이드)
- 헥사메칠포스포릭-트리아마이드
- 헥사에칠테트라포스페이트
- 헥사클로로벤젠
- (1R,4S,5R,8S)-1,2,3,4,10,10-헥사클로로-6,7-에폭시-1,4,4a,5,6,7,8,8a-옥타히드로-,1,4;5,8-디메타노나프탈렌(엔드린-ISO)
- 1,2,3,4,5,6-헥사클로로사이클로헥산류(예 린단)
- 헥사클로로에탄
- (1R,4S,5R,8S)-1,2,3,4,10,10-헥사클로로-1,4,4a,5,8,8a-헥사히드로-1,4;5,8-디메타노나프탈렌(이소드린-ISO)
- 헥사프로피메이트
- (1R,2S)-헥사히드로-1,2-디메칠-3,6-에폭시프탈릭안하이드라이드(칸타리딘)
- 헥사하이드로사이클로펜타(C) 피롤-1-(1H)-암모늄 N-에톡시카르보닐-N-(p-톨릴설포닐)아자나이드
- 헥사하이드로쿠마린
- 헥산
- 헥산-2-온
- 1,7-헵탄디카르복실산(아젤라산), 그 염류 및 유도체
- 트랜스-2-헥세날디메칠아세탈
- 트랜스-2-헥세날디에칠아세탈
- 헨나(*Lawsonia Inermis*)엽가루(다만, 염모제에서 염모 성분으로 사용하는 것은 제외)
- 트랜스-2-헵테날
- 헵타클로로에폭사이드
- 헵타클로르
- 3-헵틸-2-(3-헵틸-4-메칠-치오졸린-2-일렌)-4-메칠-치아졸리늄다이드
- 황산 4,5-디아미노-1-((4-클로르페닐)메칠)-1H-피라졸
- 황산 5-아미노-4-플루오르-2-메칠페놀
- *Hyoscyamus niger L.* (잎, 씨, 가루 및 생약제제)
- 히요시아민, 그 염류 및 유도체
- 히요신, 그 염류 및 유도체
- 영국 및 북아일랜드산 소 유래 성분
- BSE(Bovine Spongiform Encephalopathy) 감염조직 및 이를 함유하는 성분
- 광우병이 보고된 지역의 다음의 특정위험물질(specified risk material) 유래성분(소·양·염소 등 반추동물의 18개 부위)
  - 뇌(brain)
  - 척수(spinal cord)
  - 송과체(pineal gland)
  - 경막(dura mater)
  - 삼차신경절(trigeminal ganglia)
  - 척주(vertebral column)
  - 편도(tonsil)
  - 두개골(skull)
  - 뇌척수액(cerebrospinal fluid)
  - 하수체(pituitary gland)
  - 눈(eye)
  - 배측근신경절(dorsal root ganglia)
  - 림프절(lymph nodes)
  - 흉선(thymus)
  - 십이지장에서 직장까지의 장관(intestines from the duodenum to the rectum)
  - 비장(spleen)
  - 태반(placenta)
  - 부신(adrenal gland)
- 「화학물질의 등록 및 평가 등에 관한 법률」 제2조제9호 및 제27조에 따라 지정하고 있는 금지 물질

2 [별표 2] 사용상의 제한이 필요한 원료

(1) 보존제 성분

원료명	사용한도	비고
글루타랄(펜탄-1,5-디알)	0.1%	에어로졸(스프레이에 한함) 제품에는 사용금지
데하이드로아세틱애씨드(3-아세틸-6-메칠피란-2,4(3H)-디온) 및 그 염류	데하이드로아세틱애씨드로서 0.6%	에어로졸(스프레이에 한함) 제품에는 사용금지
4,4-디메칠-1,3-옥사졸리딘(디메칠옥사졸리딘)	0.05% (다만, 제품의 pH는 6을 넘어야 함)	
디브로모헥사미딘 및 그 염류 (이세치오네이트 포함)	디브로모헥사미딘으로서 0.1%	
디아졸리디닐우레아 (N-(히드록시메칠)-N-(디히드록시메칠-1,3-디옥소-2,5-이미다졸리디닐-4)-N'-(히드록시메칠)우레아)	0.5%	
디엠디엠하이단토인 (1,3-비스(히드록시메칠)-5,5-디메칠이미다졸리딘-2,4-디온)	0.6%	
2, 4-디클로로벤질알코올	0.15%	
3, 4-디클로로벤질알코올	0.15%	
메칠이소치아졸리논	사용 후 씻어내는 제품에 0.0015% (단, 메칠클로로이소치아졸리논과 메칠이소치아졸리논 혼합물과 병행 사용금지)	기타 제품에는 사용금지
메칠클로로이소치아졸리논과 메칠이소치아졸리논 혼합물(염화마그네슘과 질산마그네슘 포함)	사용 후 씻어내는 제품에 0.0015% (메칠클로로이소치아졸리논 : 메칠이소치아졸리논=(3 : 1)혼합물로서)	기타 제품에는 사용금지
메텐아민(헥사메칠렌테트라아민)	0.15%	
무기설파이트 및 하이드로젠설파이트류	유리 SO₂로 0.2%	
벤잘코늄클로라이드, 브로마이드 및 사카리네이트	• 사용 후 씻어내는 제품에 벤잘코늄클로라이드로서 0.1% • 기타 제품에 벤잘코늄클로라이드로서 0.05%	분사형 제품에 벤잘코늄클로라이드는 사용금지
벤제토늄클로라이드	0.1%	점막에 사용되는 제품에는 사용금지
벤조익애씨드, 그 염류 및 에스텔류	산으로서 0.5% (다만, 벤조익애씨드 및 그 소듐염은 사용 후 씻어내는 제품에는 산으로서 2.5%)	
벤질알코올	1.0% (다만, 두발염색용 제품류에 용제로 사용할 경우에는 10%)	
벤질헤미포름알	사용 후 씻어내는 제품에 0.15%	기타 제품에는 사용금지
보레이트류(소듐보레이트, 테트라보레이트)	밀납, 백납의 유화의 목적으로 사용 시 0.76% (이 경우, 밀납 · 백납 배합량의 1/2을 초과할 수 없다.)	기타 목적에는 사용금지

5-브로모-5-나이트로-1,3-디옥산	사용 후 씻어내는 제품에 0.1% (다만, 아민류나 아마이드류를 함유하고 있는 제품에는 사용금지)	기타 제품에는 사용금지
2-브로모-2-나이트로프로판-1,3-디올(브로노폴)	0.1%	아민류나 아마이드류를 함유하고 있는 제품에는 사용금지
브로모클로로펜(6,6-디브로모-4,4-디클로로-2,2'-메칠렌-디페놀)	0.1%	
비페닐-2-올(o-페닐페놀) 및 그 염류	페놀로서 0.15%	
살리실릭애씨드 및 그 염류	살리실릭애씨드로서 0.5%	영유아용 제품류 또는 13세 이하 어린이가 사용할 수 있음을 특정하여 표시하는 제품에는 사용금지(다만, 샴푸는 제외)
세틸피리디늄클로라이드	0.08%	
소듐라우로일사코시네이트	사용 후 씻어내는 제품에 허용	기타 제품에는 사용금지
소듐아이오데이트	사용 후 씻어내는 제품에 0.1%	기타 제품에는 사용금지
소듐하이드록시메칠아미노아세테이트(소듐하이드록시메칠글리시네이트)	0.5%	
소르빅애씨드(헥사-2,4-디에노익 애씨드) 및 그 염류	소르빅애씨드로서 0.6%	
아이오도프로피닐부틸카바메이트(아이피비씨)	• 사용 후 씻어내는 제품에 0.02% • 사용 후 씻어내지 않는 제품에 0.01% • 다만, 데오도런트에 배합할 경우에는 0.0075%	• 입술에 사용되는 제품, 에어로졸(스프레이에 한함) 제품, 보디 로션 및 보디 크림에는 사용금지 • 영유아용 제품류 또는 13세 이하 어린이가 사용할 수 있음을 특정하여 표시하는 제품에는 사용금지(목욕용 제품, 사워젤류 및 샴푸류는 제외)
알킬이소퀴놀리늄브로마이드	사용 후 씻어내지 않는 제품에 0.05%	
알킬(C_{12}-C_{22})트리메칠암모늄 브로마이드 및 클로라이드(브롬화세트리모늄 포함)	두발용 제품류를 제외한 화장품에 0.1%	
에칠라우로일알지네이트 하이드로클로라이드	0.4%	입술에 사용되는 제품 및 에어로졸(스프레이에 한함) 제품에는 사용금지
엠디엠하이단토인	0.2%	
알킬디아미노에칠글라이신하이드로클로라이드용액(30%)	0.3%	
운데실레닉애씨드 및 그 염류 및 모노에탄올아마이드	사용 후 씻어내는 제품에 산으로서 0.2%	기타 제품에는 사용금지
이미다졸리디닐우레아(3,3'-비스(1-하이드록시메칠-2,5-디옥소이미다졸리딘-4-일)-1,1'메칠렌디우레아)	0.6%	
이소프로필메칠페놀(이소프로필크레졸, o-시멘-5-올)	0.1%	
징크피리치온	사용 후 씻어내는 제품에 0.5%	기타 제품에는 사용금지

쿼터늄-15 (메텐아민 3-클로로알릴클로라이드)	0.2%	
클로로부탄올	0.5%	에어로졸(스프레이에 한함) 제품에는 사용금지
클로로자이레놀	0.5%	
p-클로로-m-크레졸	0.04%	점막에 사용되는 제품에는 사용금지
클로로펜(2-벤질-4-클로로페놀)	0.05%	
클로페네신(3-(p-클로로페녹시)-프로판-1,2-디올)	0.3%	
클로헥시딘, 그 디글루코네이트, 디아세테이트 및 디하이드로클로라이드	• 점막에 사용하지 않고 씻어내는 제품에 클 로헥시딘으로서 0.1%, • 기타 제품에 클로헥시딘으로서 0.05%	
클림바졸[1-(4-클로로페녹시)-1-(1H-이미다졸 릴)-3, 3-디메칠-2-부타논]	두발용 제품에 0.5%	기타 제품에는 사용금지
테트라브로모-o-크레졸	0.3%	
트리클로산	사용 후 씻어내는 인체 세정용 제품류, 데오도 런트(스프레이 제품 제외), 페이스 파우더, 피 부결점을 감추기 위해 국소적으로 사용하는 파운데이션(예 블레미쉬컨실러)에 0.3%	기타 제품에는 사용금지
트리클로카반(트리클로카바닐리드)	0.2% (다만, 원료 중 3,3′,4,4′-테트라클로로아조벤 젠 1ppm 미만, 3,3′,4,4′-테트라클로로아족시 벤젠 1ppm 미만 함유하여야 함)	
페녹시에탄올	1.0%	
페녹시이소프로판올(1-페녹시프로판-2-올)	사용 후 씻어내는 제품에 1.0%	기타 제품에는 사용금지
포믹애씨드 및 소듐포메이트	포믹애씨드로서 0.5%	
폴리(1-헥사메칠렌바이구아니드)에이치씨엘	0.05%	에어로졸(스프레이에 한함) 제품에는 사용금지
프로피오닉애씨드 및 그 염류	프로피오닉애씨드로서 0.9%	
피록톤올아민(1-하이드록시-4-메칠-6(2,4,4-트 리메칠펜틸)2-피리돈 및 그 모노에탄올아민염)	사용 후 씻어내는 제품에 1.0%, 기타 제품에 0.5%	
피리딘-2-올 1-옥사이드	0.5%	
p-하이드록시벤조익애씨드, 그 염류 및 에스텔류 (다만, 에스텔류 중 페닐은 제외)	• 단일성분일 경우 0.4%(산으로서) • 혼합사용의 경우 0.8%(산으로서)	
헥세티딘	사용 후 씻어내는 제품에 0.1%	기타 제품에는 사용금지
헥사미딘(1,6-디-(4-아미디노페녹시)-n-헥산) 및 그 염류(이세치오네이트 및 p-하이드록시벤조에 이트)	헥사미딘으로서 0.1%	

* 염류의 예: 소듐, 포타슘, 칼슘, 마그네슘, 암모늄, 에탄올아민, 클로라이드, 브로마이드, 설페이트, 아세테이트, 베타인 등
* 에스텔류: 메칠, 에칠, 프로필, 이소프로필, 부틸, 이소부틸, 페닐

(2) 자외선 차단 성분

원료명	사용한도	비고
드로메트리졸트리실록산	15%	
드로메트리졸	1.0%	
디갈로일트리올리에이트	5.0%	
디소듐페닐디벤즈이미다졸테트라설포네이트	산으로서 10%	
디에칠헥실부타미도트리아존	10%	
디에칠아미노하이드록시벤조일헥실벤조에이트	10%	
로우손과 디하이드록시아세톤의 혼합물	로우손 0.25%, 디하이드록시아세톤 3%	
메칠렌비스-벤조트리아졸릴테트라메칠부틸페놀	10%	
4-메칠벤질리덴캠퍼	4.0%	
메톡시프로필아미노사이클로헥세닐리덴에톡시에틸사이아노아세테이트	3.0%	
멘틸안트라닐레이트	5.0%	
벤조페논-3(옥시벤존)	5.0%	
벤조페논-4	5.0%	
벤조페논-8(디옥시벤존)	3.0%	
부틸메톡시디벤조일메탄	5.0%	
비스에칠헥실옥시페놀메톡시페닐트리아진	10%	
시녹세이트	5.0%	
에칠디하이드록시프로필파바	5.0%	
옥토크릴렌	10%	
에칠헥실디메칠파바	8.0%	
에칠헥실메톡시신나메이트	7.5%	
에칠헥실살리실레이트	5.0%	
에칠헥실트리아존	5.0%	
이소아밀-p-메톡시신나메이트	10%	
폴리실리콘-15(디메치코디에칠벤잘말로네이트)	10%	
징크옥사이드	25%	
테레프탈릴리덴디캠퍼설포닉애씨드 및 그 염류	산으로서 10%	
티이에이-살리실레이트	12%	
티타늄디옥사이드	25%	
페닐벤즈이미다졸설포닉애씨드	4.0%	
호모살레이트	10%	

* 다만, 제품의 변색 방지를 목적으로 그 사용 농도가 0.5% 미만인 것은 자외선 차단 제품으로 인정하지 아니한다.
* 염류: 양이온염으로 소듐, 포타슘, 칼슘, 마그네슘, 암모늄 및 에탄올아민, 음이온염으로 클로라이드, 브로마이드, 설페이트, 아세테이트

(3) 염모제 성분

원료명	사용할 때 농도상한(%)	비고
p-니트로-o-페닐렌디아민	산화염모제에 1.5%	기타 제품에는 사용금지
2-메칠-5-히드록시에칠아미노페놀	산화염모제에 0.5%	기타 제품에는 사용금지
2-아미노-3-히드록시피리딘	산화염모제에 1.0%	기타 제품에는 사용금지
4-아미노-m-크레솔	산화염모제에 1.5%	기타 제품에는 사용금지
5-아미노-o-크레솔	산화염모제에 1.0%	기타 제품에는 사용금지
5-아미노-6-클로로-o-크레솔	• 산화염모제에 1.0% • 비산화염모제에 0.5%	기타 제품에는 사용금지
m-아미노페놀	산화염모제에 2.0%	기타 제품에는 사용금지
p-아미노페놀	산화염모제에 0.9%	기타 제품에는 사용금지
염산 2,4-디아미노페녹시에탄올	산화염모제에 0.5%	기타 제품에는 사용금지
염산 톨루엔-2,5-디아민	산화염모제에 3.2%	기타 제품에는 사용금지
염산 p-페닐렌디아민	산화염모제에 3.3%	기타 제품에는 사용금지
염산 히드록시프로필비스(N-히드록시에칠-p-페닐렌디아민)	산화염모제에 0.4%	기타 제품에는 사용금지
톨루엔-2,5-디아민	산화염모제에 2.0%	기타 제품에는 사용금지
p-페닐렌디아민	산화염모제에 2.0%	기타 제품에는 사용금지
N-페닐-p-페닐렌디아민 및 그 염류	산화염모제에 N-페닐-p-페닐렌디아민으로서 2.0%	기타 제품에는 사용금지
피크라민산	산화염모제에 0.6%	기타 제품에는 사용금지
황산 p-니트로-o-페닐렌디아민	산화염모제에 2.0%	기타 제품에는 사용금지
황산 p-메칠아미노페놀	산화염모제에 0.68%	기타 제품에는 사용금지
황산 5-아미노-o-크레솔	산화염모제에 4.5%	기타 제품에는 사용금지
황산 m-아미노페놀	산화염모제에 2.0%	기타 제품에는 사용금지
황산 p-아미노페놀	산화염모제에 1.3%	기타 제품에는 사용금지
황산 톨루엔-2,5-디아민	산화염모제에 3.6%	기타 제품에는 사용금지
황산 p-페닐렌디아민	산화염모제에 3.8%	기타 제품에는 사용금지
황산 N,N-비스(2-히드록시에칠)-p-페닐렌디아민	산화염모제에 2.9%	기타 제품에는 사용금지
2,6-디아미노피리딘	산화염모제에 0.15%	기타 제품에는 사용금지
염산 2,4-디아미노페놀	산화염모제에 0.5%	기타 제품에는 사용금지
1,5-디히드록시나프탈렌	산화염모제에 0.5%	기타 제품에는 사용금지
피크라민산 나트륨	산화염모제에 0.6%	기타 제품에는 사용금지
황산 2-아미노-5-니트로페놀	산화염모제에 1.5%	기타 제품에는 사용금지
황산 o-클로로-p-페닐렌디아민	산화염모제에 1.5%	기타 제품에는 사용금지
황산 1-히드록시에칠-4,5-디아미노피라졸	산화염모제에 3.0%	기타 제품에는 사용금지
히드록시벤조모르포린	산화염모제에 1.0%	기타 제품에는 사용금지
6-히드록시인돌	산화염모제에 0.5%	기타 제품에는 사용금지

1-나프톨(α-나프톨)	산화염모제에 2.0%	기타 제품에는 사용금지
레조시놀	산화염모제에 2.0%	
2-메칠레조시놀	산화염모제에 0.5%	기타 제품에는 사용금지
몰식자산	산화염모제에 4.0%	
염기성등색31호(Basic Orange 31), 염기성적색51호(Basic Red 51)	산화염모제에 0.5 %	그 외 사용기준은 「화장품의 색소종류와 기준 및 시험방법」에 따름
염기성황색87호(Basic Yellow 87)	산화염모제에 1.0 %	그 외 사용기준은 「화장품의 색소종류와 기준 및 시험방법」에 따름
과붕산나트륨 과붕산나트륨일수화물	염모제(탈염·탈색 포함)에서 과산화수소로서 7.0%	
과산화수소수 과탄산나트륨	염모제(탈염·탈색 포함)에서 과산화수소로서 12.0%	
과황산나트륨 과황산암모늄 과황산칼륨		염모제(탈염·탈색 포함)에서 산화보조제로서 사용
인디고페라(Indigofera tinctoria) 엽가루	비산화염모제에 25%	기타 제품에는 사용금지
황산철수화물(FeSO4·7H2O)	비산화염모제에 6%	산화염모제에 사용금지
황산은	비산화염모제에 0.4%	산화염모제에 사용금지
헤마테인	비산화염모제에 0.1%	산화염모제에 사용금지

(4) 기타

원료명	사용한도	비고
감광소 감광소 101호(플라토닌) 감광소 201호(쿼터늄-73) 감광소 301호(쿼터늄-51) 감광소 401호(쿼터늄-45) 기타의 감광소 의 합계량	0.002%	
건강틴크 칸타리스틴크 의 합계량 고추틴크	1.0%	
과산화수소 및 과산화수소 생성 물질	• 두발용 제품류에 과산화수소로서 3% • 손톱경화용 제품에 과산화수소로서 2%	기타 제품에는 사용금지
글라이옥살	0.01%	
α-다마스콘(시스-로즈 케톤-1)	0.02%	
디아미노피리미딘옥사이드(2,4-디아미노-피리미딘-3-옥사이드)	두발용 제품류에 1.5%	기타 제품에는 사용금지
땅콩 오일, 추출물 및 유도체		원료 중 땅콩단백질의 최대 농도는 0.5ppm을 초과하지 않아야 함
라우레스-8, 9 및 10	2%	
레조시놀	• 산화염모제에 용법·용량에 따른 혼합물의 염모 성분으로서 2.0% • 기타 제품에 0.1%	
로즈 케톤-3	0.02%	
로즈 케톤-4	0.02%	
로즈 케톤-5	0.02%	
시스-로즈 케톤-2	0.02%	
트랜스-로즈 케톤-1	0.02%	
트랜스-로즈 케톤-2	0.02%	
트랜스-로즈 케톤-3	0.02%	
트랜스-로즈 케톤-5	0.02%	
리튬하이드록사이드	• 헤어 스트레이트너 제품에 4.5% • 제모제에서 pH 조정 목적으로 사용되는 경우 최종 제품의 pH는 12.7 이하	기타 제품에는 사용금지

만수국꽃 추출물 또는 오일	• 사용 후 씻어내는 제품에 0.1% • 사용 후 씻어내지 않는 제품에 0.01%	• 원료 중 알파 테르티에닐(테르티오펜) 함량은 0.35% 이하 • 자외선 차단 제품 또는 자외선을 이용한 태닝(천연 또는 인공)을 목적으로 하는 제품에는 사용금지 • 만수국아재비꽃 추출물 또는 오일과 혼합 사용 시 '사용 후 씻어내는 제품'에 0.1%, '사용 후 씻어내지 않는 제품'에 0.01%를 초과하지 않아야 함
만수국아재비꽃 추출물 또는 오일	• 사용 후 씻어내는 제품에 0.1% • 사용 후 씻어내지 않는 제품에 0.01%	• 원료 중 알파 테르티에닐(테르티오펜) 함량은 0.35% 이하 • 자외선 차단 제품 또는 자외선을 이용한 태닝(천연 또는 인공)을 목적으로 하는 제품에는 사용금지 • 만수국꽃 추출물 또는 오일과 혼합 사용 시 '사용 후 씻어내는 제품'에 0.1%, '사용 후 씻어내지 않는 제품'에 0.01%를 초과하지 않아야 함
머스크자일렌	• 향수류 향료원액을 8% 초과하여 함유하는 제품에 1.0% 향료원액을 8% 이하로 함유하는 제품에 0.4% • 기타 제품에 0.03%	
머스크케톤	• 향수류 향료원액을 8% 초과하여 함유하는 제품에 1.4% 향료원액을 8% 이하로 함유하는 제품에 0.56% • 기타 제품에 0.042%	
3-메칠논-2-엔니트릴	0.2%	
메칠 2-옥티노에이트(메칠헵틴카보네이트)	0.01% (메칠옥틴카보네이트와 병용 시 최종 제품에서 두 성분의 합은 0.01%, 메칠옥틴카보네이트는 0.002%)	
메칠옥틴카보네이트(메칠논-2-이노에이트)	0.002% (메칠 2-옥티노에이트와 병용 시 최종 제품에서 두 성분의 합이 0.01%)	
p-메칠하이드로신나믹알데하이드	0.2%	
메칠헵타디에논	0.002%	
메톡시디시클로펜타디엔카르복스알데하이드	0.5%	
무기설파이트 및 하이드로젠설파이트류	산화염모제에서 유리 SO_2로 0.67%	기타 제품에는 사용금지

베헨트리모늄 클로라이드	(단일성분 또는 세트리모늄 클로라이드, 스테아트리모늄클로라이드와 혼합사용의 합으로서) • 사용 후 씻어내는 두발용 제품류 및 두발염색용 제품류에 5.0% • 사용 후 씻어내지 않는 두발용 제품류 및 두발염색용 제품류에 3.0%	세트리모늄 클로라이드 또는 스테아트리모늄 클로라이드와 혼합 사용하는 경우 세트리모늄 클로라이드 및 스테아트리모늄 클로라이드의 합은 '사용 후 씻어내지 않는 두발용 제품류'에 1.0% 이하, '사용 후 씻어내는 두발용 제품류 및 두발염색용 제품류'에 2.5% 이하이여야 함)
4-tert-부틸디하이드로신남알데하이드	0.6%	
1,3-비스(하이드록시메칠)이미다졸리딘-2-치온	두발용 제품류 및 손발톱용 제품류에 2.0% (다만, 에어로졸(스프레이에 한함) 제품에는 사용금지)	기타 제품에는 사용금지
비타민E(토코페롤)	20%	
살리실릭애씨드 및 그 염류	• 인체 세정용 제품류에 살리실릭애씨드로서 2.0% • 사용 후 씻어내는 두발용 제품류에 살리실릭애씨드로서 3.0%	• 영유아용 제품류 또는 13세 이하 어린이가 사용할 수 있음을 특정하여 표시하는 제품에는 사용금지(다만, 샴푸는 제외) • 기능성화장품의 유효 성분으로 사용하는 경우에 한하며 기타 제품에는 사용금지
세트리모늄 클로라이드, 스테아트리모늄 클로라이드	(단일성분 또는 혼합사용의 합으로서) • 사용 후 씻어내는 두발용 제품류 및 두발염색용 제품류에 2.5% • 사용 후 씻어내지 않는 두발용 제품류 및 두발염색용 제품류에 1.0%	
소듐나이트라이트	0.2%	2급, 3급 아민 또는 기타 니트로사민형성물질을 함유하고 있는 제품에는 사용금지
소합향나무(Liquidambar orientalis) 발삼오일 및 추출물	0.6%	
수용성 징크 염류(징크 4-하이드록시벤젠설포네이트와 징크피리치온 제외)	징크로서 1.0%	
시스테인, 아세틸시스테인 및 그 염류	퍼머넌트 웨이브용 제품에 시스테인으로서 3.0~7.5% (다만, 가온2욕식 퍼머넌트 웨이브용 제품의 경우에는 시스테인으로서 1.5~5.5%, 안정제로서 치오글라이콜릭애씨드 1.0%를 배합할 수 있으며, 첨가하는 치오글라이콜릭애씨드의 양을 최대한 1.0%로 했을 때 주성분인 시스테인의 양은 6.5%를 초과할 수 없다.)	
실버나이트레이트	속눈썹 및 눈썹 착색 용도의 제품에 4%	기타 제품에는 사용금지
아밀비닐카르비닐아세테이트	0.3%	
아밀시클로펜테논	0.1%	
아세틸헥사메칠인단	사용 후 씻어내지 않는 제품에 2%	

아세틸헥사메칠테트라린	• 사용 후 씻어내지 않는 제품 0.1%
	  (다만, 하이드로알콜성 제품에 배합할 경우
	  1%, 순수향료 제품에 배합할 경우 2.5%,
	  방향 크림에 배합할 경우 0.5%)
	• 사용 후 씻어내는 제품 0.2%	

알에이치(또는 에스에이치) 올리고펩타이드-1(상피세포성장인자)	0.001%	
알란토인클로로하이드록시알루미늄(알클록사)	1.0%	
알릴헵틴카보네이트	0.002%	2-알키노익애씨드 에스텔(예) 메칠헵틴카보네이트)을 함유하고 있는 제품에는 사용금지
알칼리금속의 염소산염	3.0%	
암모니아	6.0%	
에칠라우로일알지네이트 하이드로클로라이드	비듬 및 가려움을 덜어주고 씻어내는 제품(샴푸)에 0.8%	기타 제품에는 사용금지
에탄올·붕사·라우릴황산나트륨(4:1:1)혼합물	외음부 세정제에 12%	기타 제품에는 사용금지
에티드로닉애씨드 및 그 염류(1-하이드록시에칠리덴-디-포스포닉애씨드 및 그 염류)	• 두발용 제품류 및 두발염색용 제품류에 산으로서 1.5% • 인체 세정용 제품류에 산으로서 0.2%	기타 제품에는 사용금지
오포파낙스	0.6%	
옥살릭애씨드, 그 에스텔류 및 알칼리 염류	두발용 제품류에 5%	기타 제품에는 사용금지
우레아	10%	
이소베르가메이트	0.1%	
이소사이클로제라니올	0.5%	
징크페놀설포네이트	사용 후 씻어내지 않는 제품에 2%	
징크피리치온	비듬 및 가려움을 덜어주고 씻어내는 제품(샴푸, 린스) 및 탈모 증상의 완화에 도움을 주는 화장품에 총 징크피리치온으로서 1.0%	기타 제품에는 사용금지
치오글라이콜릭애씨드, 그 염류 및 에스텔류	• 퍼머넌트 웨이브용 및 헤어 스트레이트너 제품에 치오글라이콜릭애씨드로서 11% (다만, 가온2욕식 헤어 스트레이트너 제품의 경우에는 치오글라이콜릭애씨드로서 5%, 치오글라이콜릭애씨드 및 그 염류를 주성분으로 하고 제1제 사용 시 조제하는 발열 2욕식 퍼머넌트 웨이브용 제품의 경우 치오글라이콜릭애씨드로서 19%에 해당하는 양) • 제모용 제품에 치오글라이콜릭애씨드로서 5% • 염모제에 치오글라이콜릭애씨드로서 1% • 사용 후 씻어내는 두발용 제품류에 2%	기타 제품에는 사용금지

칼슘하이드록사이드	• 헤어 스트레이트너 제품에 7% • 제모제에서 pH 조정 목적으로 사용되는 경우 최종 제품의 pH는 12.7 이하	기타 제품에는 사용금지
Commiphora erythrea engler var. glabrescens 검 추출물 및 오일	0.6%	
쿠민(*Cuminum cyminum*) 열매 오일 및 추출물	사용 후 씻어내지 않는 제품에 쿠민 오일로서 0.4%	
퀴닌 및 그 염류	• 샴푸에 퀴닌염으로서 0.5% • 헤어 로션에 퀴닌염으로서 0.2%	기타 제품에는 사용금지
클로라민T	0.2%	
톨루엔	손발톱용 제품류에 25%	기타 제품에는 사용금지
트리알킬아민, 트리알칸올아민 및 그 염류	사용 후 씻어내지 않는 제품에 2.5%	
트리클로산	사용 후 씻어내는 제품류에 0.3%	기능성화장품의 유효 성분으로 사용하는 경우에 한하며 기타 제품에는 사용금지
트리클로카반(트리클로카바닐리드)	사용 후 씻어내는 제품류에 1.5%	기능성화장품의 유효 성분으로 사용하는 경우에 한하며 기타 제품에는 사용금지
페릴알데하이드	0.1%	
페루발삼 (Myroxylon pereirae의 수지) 추출물(extracts), 증류물(distillates)	0.4%	
포타슘하이드록사이드 또는 소듐하이드록사이드	• 손톱표피 용해 목적일 경우 5%, pH 조정 목적으로 사용되고 최종 제품이 제5조제5항에 pH 기준이 정하여 있지 아니한 경우에도 최종 제품의 pH는 11 이하 • 제모제에서 pH 조정 목적으로 사용되는 경우 최종 제품의 pH는 12.7 이하	
폴리아크릴아마이드류	• 사용 후 씻어내지 않는 보디화장품에 잔류 아크릴아마이드로서 0.00001% • 기타 제품에 잔류 아크릴아마이드로서 0.00005%	
풍나무(*Liquidambar styraciflua*) 발삼 오일 및 추출물	0.6%	
프로필리덴프탈라이드	0.01%	
하이드롤라이즈드밀단백질		원료 중 펩타이드의 최대 평균분자량은 3.5 kDa 이하이어야 함
트랜스-2-헥세날	0.002%	
2-헥실리덴사이클로펜타논	0.06%	

* 염류의 예: 소듐, 포타슘, 칼슘, 마그네슘, 암모늄, 에탄올아민, 클로라이드, 브로마이드, 설페이트, 아세테이트, 베타인 등
* 에스텔류: 메칠, 에칠, 프로필, 이소프로필, 부틸, 이소부틸, 페닐

3 [별표 3] 인체 세포·조직 배양액 안전 기준

1. 용어의 정의
이 기준에서 사용하는 용어의 정의는 다음과 같다.

가. "인체 세포·조직 배양액"은 인체에서 유래된 세포 또는 조직을 배양한 후 세포와 조직을 제거하고 남은 액을 말한다.

나. "공여자"란 배양액에 사용되는 세포 또는 조직을 제공하는 사람을 말한다.

다. "공여자 적격성 검사"란 공여자에 대하여 문진, 검사 등에 의한 진단을 실시하여 해당 공여자가 세포배양액에 사용되는 세포 또는 조직을 제공하는 것에 대해 적격성이 있는지를 판정하는 것을 말한다.

라. "윈도우 피리어드(window period)"란 감염 초기에 세균, 진균, 바이러스 및 그 항원·항체·유전자 등을 검출할 수 없는 기간을 말한다.

마. "청정등급"이란 부유입자 및 미생물이 유입되거나 잔류하는 것을 통제하여 일정 수준 이하로 유지되도록 관리하는 구역의 관리 수준을 정한 등급을 말한다.

2. 일반사항
가. 누구든지 세포나 조직을 주고받으면서 금전 또는 재산상의 이익을 취할 수 없다.

나. 누구든지 공여자에 관한 정보를 제공하거나 광고 등을 통해 특정인의 세포 또는 조직을 사용하였다는 내용의 광고를 할 수 없다.

다. 인체 세포·조직 배양액을 제조하는 데 필요한 세포·조직은 채취 혹은 보존에 필요한 위생상의 관리가 가능한 의료기관에서 채취된 것만을 사용한다.

라. 세포·조직을 채취하는 의료기관 및 인체 세포·조직 배양액을 제조하는 자는 업무 수행에 필요한 문서화된 절차를 수립하고 유지하여야 하며 그에 따른 기록을 보존하여야 한다.

마. 화장품책임판매업자는 세포·조직의 채취, 검사, 배양액 제조 등을 실시한 기관에 대하여 안전하고 품질이 균일한 인체 세포·조직 배양액이 제조될 수 있도록 관리·감독을 철저히 하여야 한다.

3. 공여자의 적격성검사
가. 공여자는 건강한 성인으로서 다음과 같은 감염증이나 질병으로 진단되지 않아야 한다.
- B형간염바이러스(HBV), C형간염바이러스(HCV), 인체면역결핍바이러스(HIV), 인체T림프영양성바이러스(HTLV), 파보바이러스B19, 사이토메가로바이러스(CMV), 엡스타인-바 바이러스(EBV) 감염증
- 전염성 해면상뇌증 및 전염성 해면상뇌증으로 의심되는 경우
- 매독트레포네마, 클라미디아, 임균, 결핵균 등의 세균에 의한 감염증
- 패혈증 및 패혈증으로 의심되는 경우
- 세포·조직의 영향을 미칠 수 있는 선천성 또는 만성질환

나. 의료기관에서는 윈도우 피리어드를 감안한 관찰기간 설정 등 공여자 적격성 검사에 필요한 기준서를 작성하고 이에 따라야 한다.

4. 세포·조직의 채취 및 검사
가. 세포·조직을 채취하는 장소는 외부 오염으로부터 위생적으로 관리될 수 있어야 한다.

나. 보관되었던 세포·조직의 균질성 검사 방법은 현 시점에서 가장 적절한 최신의 방법을 사용해야 하며, 그와 관련한 절차를 수립하고 유지하여야 한다.

다. 세포 또는 조직에 대한 품질 및 안전성 확보에 필요한 정보를 확인할 수 있도록 다음의 내용을 포함한 세포·조직 채취 및 검사기록서를 작성·보존하여야 한다.
(1) 채취한 의료기관 명칭

(2) 채취 연월일

(3) 공여자 식별 번호

(4) 공여자의 적격성 평가 결과

(5) 동의서

(6) 세포 또는 조직의 종류, 채취 방법, 채취량, 사용한 재료 등의 정보

5. 배양시설 및 환경의 관리

가. 인체 세포·조직 배양액을 제조하는 배양시설은 청정등급 1B(Class 10,000) 이상의 구역에 설치하여야 한다.

나. 제조 시설 및 기구는 정기적으로 점검하여 관리되어야 하고, 작업에 지장이 없도록 배치되어야 한다.

다. 제조공정 중 오염을 방지하는 등 위생관리를 위한 제조위생관리 기준서를 작성하고 이에 따라야 한다.

6. 인체 세포·조직 배양액의 제조

가. 인체 세포·조직 배양액을 제조할 때에는 세균, 진균, 바이러스 등을 비활성화 또는 제거하는 처리를 하여야 한다.

나. 배양액 제조에 사용하는 세포·조직에 대한 품질 및 안전성 확보를 위해 필요한 정보를 확인할 수 있도록 다음의 내용을 포함한 '인체 세포·조직 배양액'의 기록서를 작성·보존하여야 한다.

(1) 채취(보관을 포함한다.)한 기관 명칭

(2) 채취 연월일

(3) 검사 등의 결과

(4) 세포 또는 조직의 처리 취급 과정

(5) 공여자 식별 번호

(6) 사람에게 감염성 및 병원성을 나타낼 가능성이 있는 바이러스 존재 유무 확인 결과

다. 배지, 첨가성분, 시약 등 인체 세포·조직 배양액 제조에 사용된 모든 원료의 기준 규격을 설정한 인체 세포·조직 배양액 원료규격 기준서를 작성하고, 인체에 대한 안전성이 확보된 물질 여부를 확인하여야 하며, 이에 대한 근거자료를 보존하여야 한다.

라. 제조기록서는 다음의 사항이 포함되도록 작성하고 보존하여야 한다.

(1) 제조번호, 제조연월일, 제조량

(2) 사용한 원료의 목록, 양 및 규격

(3) 사용된 배지의 조성, 배양 조건, 배양 기간, 수율

(4) 각 단계별 처리 및 취급 과정

마. 채취한 세포 및 조직을 일정 기간 보존할 필요가 있는 경우에는 타당한 근거자료에 따라 균일한 품질을 유지하도록 보관 조건 및 기간을 설정해야 하며, 보관되었던 세포 및 조직에 대해서는 세균, 진균, 바이러스, 마이코플라스마 등에 대하여 적절한 부정시험을 행한 후 인체 세포·조직 배양액 제조에 사용해야 한다.

바. 인체 세포·조직 배양액 제조 과정에 대한 작업 조건, 기간 등에 대한 제조관리 기준서를 포함한 표준지침서를 작성하고 이에 따라야 한다.

7. 인체 세포·조직 배양액의 안전성 평가

가. 인체 세포·조직 배양액의 안전성 확보를 위하여 다음의 안전성시험 자료를 작성·보존하여야 한다.

(1) 단회투여독성시험자료

(2) 반복투여독성시험자료

(3) 1차피부자극시험자료

(4) 안점막자극 또는 기타점막자극시험자료

(5) 피부감작성시험자료

(6) 광독성 및 광감작성 시험자료(자외선에서 흡수가 없음을 입증하는 흡광도 시험자료를 제출하는 경우에는 제외함)

(7) 인체 세포·조직 배양액의 구성성분에 관한 자료

(8) 유전독성시험자료

(9) 인체첩포시험자료

나. 안전성시험 자료는 「비임상시험관리 기준」(식품의약품안전처 고시)에 따라 시험한 자료이어야 한다. 다만, 인체 첩포
시험은 국내·외 대학 또는 전문 연구기관에서 실시하여야 하며, 관련분야 전문의사, 연구소 또는 병원 기타 관련기관
에서 5년 이상 해당 시험에 경력을 가진 자의 지도 감독하에 수행·평가되어야 한다.

다. 안전성시험 자료는 인체 세포·조직 배양액 제조자가 자체적으로 구성한 안전성평가위원회의(독성전문가 등 외부전문
가 위촉) 심의를 거쳐 적정성을 평가하고 그 평가 결과를 기록·보존하여야 한다. 안전성평가위원회는 가목의 안전성
시험 자료 평가 결과에 따라 기타 필요한 안전성시험 자료(발암성시험 자료 등)를 작성·보존토록 권고할 수 있다.

8. 인체 세포·조직 배양액의 시험검사

가. 인체 세포·조직 배양액의 품질을 확보하기 위하여 다음의 항목을 포함한 인체 세포·조직 배양액 품질관리 기준서를
작성하고 이에 따라 품질 검사를 하여야 한다.

(1) 성상

(2) 무균시험

(3) 마이코플라스마 부정 시험

(4) 외래성 바이러스 부정 시험

(5) 확인시험

(6) 순도시험

　　－ 기원 세포 및 조직 부재시험

　　－ '항생제', '혈청' 등 [별표 1]의 '사용할 수 없는 원료' 부재시험 등(배양액 제조에 해당 원료를 사용한 경우에 한한다.)

나. 품질관리에 필요한 각 항목별 기준 및 시험 방법은 과학적으로 그 타당성이 인정되어야 한다.

다. 인체 세포·조직 배양액의 품질관리를 위한 시험 검사는 매 제조번호마다 실시하고, 그 시험성적서를 보존하여야 한다.

9. 기록 보존

화장품책임판매업자는 이 안전기준과 관련한 모든 기준, 기록 및 성적서에 관한 서류를 받아 완제품의 제조연월일로부터 3
년이 경과한 날까지 보존하여야 한다.

4 [별표 4] 유통화장품 안전관리 시험 방법

Ⅰ. 일반화장품

1. 납

다음 시험법 중 적당한 방법에 따라 시험한다.

가) 디티존법

① 검액의 조제: 다음 제1법 또는 제2법에 따른다.

－ 제1법: 검체 1.0g을 자제도가니에 취하고(검체에 수분이 함유되어 있을 경우에는 수욕상에서 증발건조한다.) 약
500℃에서 2~3시간 회화한다. 회분에 묽은염산 및 묽은질산 각 10mL씩을 넣고 수욕상에서 30분간 가온한 다음
상징액을 유리여과기(G4)로 여과하고 잔류물을 묽은염산 및 물 적당량으로 씻어 씻은 액을 여액에 합하여 전량을
50mL로 한다.

－ 제2법: 검체 1.0g을 취하여 300mL 분해플라스크에 넣고 황산 5mL 및 질산 10mL를 넣고 흰 연기가 발생할 때
까지 조용히 가열한다. 식힌 다음 질산 5mL씩을 추가하고 흰 연기가 발생할 때까지 가열하여 내용물이 무색~엷
은 황색이 될 때까지 이 조작을 반복하여 분해가 끝나면 포화수산암모늄용액 5mL를 넣고 다시 가열하여 질산을

제거한다. 분해물을 50mL 용량플라스크에 옮기고 물 적당량으로 분해플라스크를 씻어 넣고 물을 넣어 전체량을 50mL로 한다.

② 시험조작: 위의 검액으로 「기능성화장품 기준 및 시험 방법」(식품의약품안전처 고시) 일반시험법 1. 원료의 "7. 납시험법"에 따라 시험한다. 비교액에는 납표준액 2.0mL를 넣는다.

나) 원자흡광광도법

① 검액의 조제: 검체 약 0.5g을 정밀하게 달아 석영 또는 테트라플루오로메탄제의 극초단파분해용 용기의 기벽에 닿지 않도록 조심하여 넣는다. 검체를분해하기 위하여 질산 7mL, 염산 2mL 및 황산 1mL을 넣고 뚜껑을 닫은 다음 용기를 극초단파분해 장치에 장착하고 다음 조작 조건에 따라 무색~엷은 황색이 될 때까지 분해한다. 상온으로 식힌 다음 조심하여 뚜껑을 열고분해물을 25mL 용량플라스크에 옮기고 물 적당량으로 용기 및 뚜껑을 씻어 넣고 물을 넣어 전체량을 25mL로 하여 검액으로 한다. 침전물이 있을 경우 여과하여 사용한다. 따로 질산 7mL, 염산 2mL 및 황산 1mL를 가지고 검액과 동일하게 조작하여 공시험액으로 한다. 다만, 필요에 따라 검체를 분해하기 위하여 사용되는 산의 종류 및 양과 극초단파분해 조건을 바꿀 수 있다.

<조작 조건>

최대 파워: 1,000W

최고 온도: 200℃

분해 시간: 약 35분

위 검액 및 공시험액 또는 디티존법의 검액의 조제와 같은 방법으로 만든 검액 및 공시험액 각 25mL를 취하여 각각에 구연산암모늄용액(1→4) 10mL 및 브롬치몰블루시액 2방울을 넣어 액의 색이 황색에서 녹색이 될 때까지 암모니아시액을 넣는다. 여기에 황산암모늄용액(2→5) 10mL 및 물을 넣어 100mL로 하고 디에칠디치오카르바민산나트륨용액(1→20) 10mL를 넣어 섞고 몇분간 방치한 다음 메칠이소부틸케톤 20.0mL를 넣어 세게 흔들어 섞어 조용히 둔다. 메칠이소부틸케톤층을 여취하고 필요하면 여과하여 검액으로 한다.

② 표준액의 조제: 따로 납표준액(10μg/mL) 0.5mL, 1.0mL 및 2.0mL를 각각 취하여 구연산암모늄용액(1→4) 10mL 및 브롬치몰블루시액 2방울을 넣고 이하 위의 검액과 같이 조작하여 검량선용 표준액으로 한다.

③ 조작: 각각의 표준액을 다음의 조작 조건에 따라 원자흡광광도기에 주입하여 얻은 납의 검량선을 가지고 검액 중 납의 양을 측정한다.

<조작 조건>

사용가스: 가연성가스   아세칠렌 또는 수소

           지연성가스   공기

램프: 납중공음극램프

파장: 283.3nm

다) 유도결합플라즈마분광기를 이용하는 방법

① 검액의 조제: 검체 약 0.2g을 정밀하게 달아 석영 또는 테트라플루오로메탄제의 극초단파분해용 용기의 기벽에 닿지 않도록 조심하여 넣는다. 검체를 분해하기 위하여 질산 7mL, 염산 2mL 및 황산 1mL을 넣고 뚜껑을 닫은 다음 용기를 극초단파분해 장치에 장착하고 다음 조작 조건에 따라 무색~엷은 황색이 될 때까지 분해한다. 상온으로 식힌 다음 조심하여 뚜껑을 열고 분해물을 50mL 용량플라스크에 옮기고 물 적당량으로 용기 및 뚜껑을 씻어 넣고 물을 넣어 전체량을 50mL로 하여 검액으로 한다. 침전물이 있을 경우 여과하여 사용한다. 따로 질산 7mL, 염산 2mL 및 황산 1mL를 가지고 검액과 동일하게 조작하여 공시험액으로 한다. 다만, 필요에 따라 검체를 분해하기 위하여 사용되는 산의 종류 및 양과 극초단파분해 조건을 바꿀 수 있다.

<조작 조건>

최대 파워: 1,000W

최고 온도: 200℃

분해 시간: 약 35분

② 표준액의 조제: 납 표준원액(1,000μg/mL)에 0.5% 질산을 넣어 농도가 다른 3가지 이상의 검량선용 표준액을 만든다. 이 표준액의 농도는 액 1mL당 납 0.01~0.2μg 범위 내로 한다.

③ 시험 조작: 각각의 표준액을 다음의 조작 조건에 따라 유도결합플라즈마분광기(ICP spectrometer)에 주입하여 얻은 납의 검량선을 가지고 검액 중 납의 양을 측정한다.

<조작 조건>

파장: 220.353nm(방해 성분이 함유된 경우 납의 다른 특성 파장을 선택할 수 있다.)

플라즈마가스: 아르곤(99.99v/v% 이상)

라) 유도결합플라즈마-질량분석기를 이용한 방법

① 검액의 조제: 검체 약 0.2g을 정밀하게 달아 테플론제의 극초단파분해용 용기의 기벽에 닿지 않도록 조심하여 넣는다. 검체를 분해하기 위하여 질산 7mL, 불화수소산 2mL를 넣고 뚜껑을 닫은 다음 용기를 극초단파분해 장치에 장착하고 다음 조작 조건 1에 따라 무색~엷은 황색이 될 때까지 분해한다. 상온으로 식힌 다음 조심하여 뚜껑을 열어 희석시킨 붕산(5→100) 20mL를 넣고 뚜껑을 닫은 다음 용기를 극초단파분해 장치에 장착하고 다음 조작 조건 2에 따라 불소를 불활성화시킨다. 다만, 기기의 검액 도입부 등에 석영 대신 테플론재질을 사용하는 경우에 한해 불소 불활성화 조작은 생략할 수 있다. 상온으로 식힌 다음 조심하여 뚜껑을 열고 분해물을 100mL 용량플라스크에 옮기고 증류수 적당량으로 용기 및 뚜껑을 씻어 넣고 증류수를 넣어 100mL로 한다. 침전물이 있을 경우 여과하여 사용한다. 이를 증류수로 5배 희석하여 검액으로 한다. 따로 질산 7mL, 불화수소산 2mL를 가지고 검액과 동일하게 조작하여 공시험액으로 한다. 다만, 필요하면 검체를 분해하기 위하여 사용되는 산의 종류 및 양과 극초단파분해 조건을 바꿀 수 있다.

　　<조작 조건 1>　　　<조작 조건 2>

최대 파워: 1,000W　　최대 파워: 1,000W

최고 온도: 200℃　　　최고 온도: 180℃

분해 시간: 약 20분　　분해 시간: 약 10분

② 표준액의 조제: 납 표준원액(1,000μg/mL)에 희석시킨 질산(2→100)을 넣어 농도가 다른 3가지 이상의 검량선용 표준액을 만든다. 이 표준액의 농도는 액 1mL당 납 1~20ng 범위를 포함하게 한다.

③ 시험 조작: 각각의 표준액을 다음의 조작 조건에 따라 유도결합플라즈마-질량분석기(ICP-MS)에 주입하여 얻은 납의 검량선을 가지고 검액 중 납의 양을 측정한다.

<조작 조건>

원자량: 206, 207, 208(간섭 현상이 없는 범위에서 선택하여 검출)

플라즈마기체: 아르곤(99.99v/v% 이상)

2. 니켈

① 검액의 조제: 검체 약 0.2g을 정밀하게 달아 테플론제의 극초단파분해용 용기의 기벽에 닿지 않도록 조심하여 넣는다. 검체를 분해하기 위하여 질산 7mL, 불화수소산 2mL를 넣고 뚜껑을 닫은 다음 용기를 극초단파분해 장치에 장착하고 조작 조건 1에 따라 무색~엷은 황색이 될 때까지 분해한다. 상온으로 식힌 다음 조심하여 뚜껑을 열어 희석시킨 붕산(5→100) 20mL를 넣고 뚜껑을 닫은 다음 용기를 극초단파분해 장치에 장착하고 조작 조건 2에 따라 불소를 불활성화시킨다. 다만, 기기의 검액 도입부 등에 석영 대신 테플론재질을 사용하는 경우에 한해 불소 불활성화 조작은 생략할 수 있다. 상온으로 식힌 다음 조심하여 뚜껑을 열고 분해물을 100mL 용량플라스크에 옮기고 물 적당량으로 용기 및 뚜껑을 씻어 넣고 물을 넣어 100mL로 한다. 침전물이 있을 경우 여과하여 사용한다. 이 액을 물로 5배 희석하여 검액으로 한다. 따로 질산 7mL, 불화수소산 2mL를 가지고 검액과 동일하게 조작하여 공시험액으로 한다. 다만, 필요하면 검체를 분해하기 위하여 사용되는 산의 종류 및 양과 극초단파분해 조건을 바꿀 수 있다.

<조작 조건 1>	<조작 조건 2>
최대 파워: 1,000W	최대 파워: 1,000W
최고 온도: 200℃	최고 온도: 180℃
분해 시간: 약 20분	분해 시간: 약 10분

② 표준액의 조제: 니켈 표준원액(1,000μg/mL)에 희석시킨 질산(2→100)을 넣어 농도가 다른 3가지 이상의 검량선용 표준액을 만든다. 표준액의 농도는 1mL당 니켈 1~20ng 범위를 포함하게 한다.

③ 조작: 각각의 표준액을 다음의 조작 조건에 따라 유도결합플라즈마-질량분석기(ICP-MS)에 주입하여 얻은 니켈의 검량선을 가지고 검액 중 니켈의 양을 측정한다.

　<조작 조건>

　원자량: 60(간섭 현상이 없는 범위에서 선택하여 검출)

　플라즈마기체: 아르곤(99.99v/v% 이상)

④ 검출 시험 범위에서 충분한 정량한계, 검량선의 직선성 및 회수율이 확보되는 경우 유도결합플라즈마-질량분석기(ICP-MS) 대신 유도결합플라즈마분광기(ICP) 또는 원자흡광분광기(AAS)를 사용하여 측정할 수 있다.

3. 비소

다음 시험법 중 적당한 방법에 따라 시험한다.

가) 비색법: 검체 1.0g을 달아 「기능성화장품 기준 및 시험 방법」(식품의약품안전처 고시) 일반시험법 1. 원료의 "15. 비소 시험법" 중 제3법에 따라 검액을 만들고 장치 A를 쓰는 방법에 따라 시험한다.

나) 원자흡광광도법

① 검액의 조제: 검체 약 0.2g을 정밀하게 달아 석영 또는 테트라플루오로메탄제의 극초단파분해용 용기의 기벽에 닿지 않도록 조심하여 넣는다. 검체를 분해하기 위하여 질산 7mL, 염산 2mL 및 황산 1mL을 넣고 뚜껑을 닫은 다음 용기를 극초단파분해 장치에 장착하고 다음 조작 조건에 따라 무색~엷은 황색이 될 때까지 분해한다. 상온으로 식힌 다음 조심하여 뚜껑을 열고 분해물을 50mL 용량플라스크에 옮기고 물 적당량으로 용기 및 뚜껑을 씻어 넣고 물을 넣어 전체량을 50mL로 하여 검액으로 한다. 침전물이 있을 경우 여과하여 사용한다. 따로 질산 7mL, 염산 2mL 및 황산 1mL를 가지고 검액과 동일하게 조작하여 공시험액으로 한다. 다만, 필요에 따라 검체를 분해하기 위하여 사용되는 산의 종류 및 양과 극초단파분해 조건을 바꿀 수 있다.

　<조작 조건>

　최대 파워: 1,000W

　최고 온도: 200℃

　분해 시간: 약 35분

② 표준액의 조제: 비소 표준원액(1,000μg/mL)에 0.5% 질산을 넣어 농도가 다른 3가지 이상의 검량선용 표준액을 만든다. 이 표준액의 농도는 액 1mL당 비소 0.01~0.2μg 범위 내로 한다.

③ 시험 조작: 각각의 표준액을 다음의 조작 조건에 따라 수소화물발생장치 및 가열흡수셀을 사용하여 원자흡광광도기에 주입하고 여기서 얻은 비소의 검량선을 가지고 검액 중 비소의 양을 측정한다.

　<조작 조건>

　사용가스: 가연성가스　　아세칠렌 또는 수소

　　　　　　지연성가스　　공기

　램프: 비소중공음극램프 또는 무전극방전램프

　파장: 193.7nm

다) 유도결합플라즈마분광기를 이용한 방법

① 검액 및 표준액의 조제: 원자흡광광도법의 표준액 및 검액의 조제와 같은 방법으로 만든 액을 검액 및 표준액으로 한다.

② 시험 조작: 각각의 표준액을 다음의 조작 조건에 따라 유도결합플라즈마분광기(ICP spectrometer)에 주입하여 얻은 비소의 검량선을 가지고 검액 중 비소의 양을 측정한다.

＜조작 조건＞

파장: 193.759nm(방해 성분이 함유된 경우 비소의 다른 특성 파장을 선택할 수 있다.)

플라즈마가스: 아르곤(99.99v/v% 이상)

라) 유도결합플라즈마–질량분석기를 이용한 방법

① 검액의 조제: 검체 약 0.2g을 정밀하게 달아 테플론제의 극초단파분해용 용기의 기벽에 닿지 않도록 조심하여 넣는다. 검체를 분해하기 위하여 질산 7mL, 불화수소산 2mL를 넣고 뚜껑을 닫은 다음 용기를 극초단파분해 장치에 장착하고 다음 조작 조건 1에 따라 무색~엷은 황색이 될 때까지 분해한다. 상온으로 식힌 다음 조심하여 뚜껑을 열어 희석시킨 붕산(5→100) 20mL를 넣고 뚜껑을 닫은 다음 용기를 극초단파분해 장치에 장착하고 다음 조작 조건 2에 따라 불소를 불활성화시킨다. 다만, 기기의 검액 도입부 등에 석영 대신 테플론재질을 사용하는 경우에 한해 불소 불활성화 조작은 생략할 수 있다. 최종 분해물을 100mL 용량플라스크에 옮기고 증류수 적당량으로 용기 및 뚜껑을 씻어 넣고 증류수를 넣어 100mL로 한다. 침전물이 있을 경우 여과하여 사용한다. 이를 증류수로 5배 희석하여 검액으로 한다. 따로 질산 7mL, 불화수소산 2mL를 가지고 검액과 동일하게 조작하여 공시험액으로 한다. 다만, 필요하면 검체를 분해하기 위하여 사용되는 산의 종류 및 양과 극초단파분해 조건을 바꿀 수 있다.

＜조작 조건 1＞　　　＜조작 조건 2＞

최대 파워: 1,000W　　최대 파워: 1,000W

최고 온도: 200℃　　　최고 온도: 180℃

분해 시간: 약 20분　　분해 시간: 약 10분

② 표준액의 조제: 비소 표준원액(1,000μg/mL)에 희석시킨 질산(2→100)을 넣어 농도가 다른 3가지 이상의 검량선용 표준액을 만든다. 이 표준액의 농도는 액 1mL당 비소 1~4ng 범위를 포함하게 한다.

③ 시험 조작: 각각의 표준액을 다음의 조작 조건에 따라 유도결합플라즈마–질량분석기(ICP–MS)에 주입하여 얻은 비소의 검량선을 가지고 검액 중 비소의 양을 측정한다.

＜조작 조건＞

원자량: 75($^{40}Ar^{35}Cl^+$의 간섭을 방지하기 위한 장치를 사용할 수 있음)

플라즈마기체: 아르곤(99.99v/v% 이상)

4. 수은

가) 수은분해장치를 이용한 방법

① 검액의 조제: 검체 1.0g을 정밀히 달아 수은분해장치의 플라스크에 넣고 유리구 수개를 넣어 장치에 연결하고 냉각기에 찬물을 통과시키면서 적가깔대기를 통하여 질산 10mL를 넣는다. 다음에 적가깔대기의 콕크를 잠그고 반응콕크를 열어주면서 서서히 가열한다. 아질산가스의 발생이 거의 없어지고 엷은 황색으로 되었을 때 가열을 중지하고 식힌다. 이때 냉각기와 흡수관의 접촉을 열어놓고 흡수관의 희석시킨 황산(1→100)이 장치 안에 역류되지 않도록 한다. 식힌 다음 황산 5mL를 넣고 다시 서서히 가열한다. 이때 반응콕크를 잠가주면서 가열하여 산의 농도를 농축시키면 분해가 촉진된다.분해가 잘 되지 않으면 질산 및 황산을 같은 방법으로 반복하여 넣으면서 가열한다. 액이 무색 또는 엷은 황색이 될 때까지 가열하고 식힌다. 이때 냉각기와 흡수관의 접촉을 열어놓고 흡수관의 희석시킨 황산(1→100)이 장치 안에 역류되지 않도록 한다. 식힌 다음 과망간산칼륨가루 소량을 넣고 가열한다. 가열하는 동안 과망간산칼륨의 색이 탈색되지 않을 때까지 소량씩 넣어 가열한다. 다시 식힌 다음 적가깔대기를 통하여 과산화수소시액을 넣으면서 탈색시키고 10% 요소용액 10mL를 넣고 적가깔대기의 콕크를 잠근다. 이때 장치 안이 급히 냉각되므로 흡수관 안의 희석시킨 황산(1→100)이 장치 안으로 역류한다. 역류가 끝난 다음 천천히 가열하면서 아질산가스를 완전히 날려 보내고 식혀서 100mL 용량플라스크에 옮기고 뜨거운 희석시킨 황산(1→100) 소량으로 장치의 내부를 잘 씻어 씻은 액을 100mL 메스플라스크에 합하고 식힌 다음 물을 넣어 정확히 100mL로 하여 검액으로 한다.

② 공시험액의 조제: 검체는 사용하지 않고 검액의 조제와 같은 방법으로 조작하여 공시험액으로 한다.

③ 표준액의 조제: 염화제이수은을 데시케이타(실리카 겔)에서 6시간 건조하여 그 13.5mg을 정밀하게 달아 묽은 질산 10mL 및 물을 넣어 녹여 정확하게 1L로 한다. 이 용액 10mL를 정확하게 취하여 묽은 질산 10mL 및 물을 넣어 정확하게 1L로 하여 표준액으로 한다. 쓸 때 조제한다. 이 표준액 1mL는 수은(Hg) 0.1μg을 함유한다.

④ 조작법(환원기화법): 검액 및 공시험액을 시험용 유리병에 옮기고 5% 과망간산칼륨용액 수적을 넣어 주면서 탈색이 되면 추가하여 1분간 방치한 다음 1.5% 염산히드록실아민용액으로 탈색시킨다. 따로 수은표준액 10mL를 정확하게 취하여 물을 넣어 100mL로 하여 시험용 유리병에 옮기고 5% 과망간산칼륨용액 수적을 넣어 흔들어 주면서 탈색이 되면 추가하여 1분간 방치한 다음 50% 황산 2mL 및 3.5% 질산 2mL를 넣고 1.5% 염산히드록실아민용액으로 탈색시킨다. 위의 전처리가 끝난 표준액, 검액 및 공시험액에 1% 염화제일석 0.5N 황산용액 10mL씩을 넣어 원자흡광광도계의 순환펌프에 연결하여 수은증기를 건조관 및 흡수셀(cell) 안에 순환시켜 파장 253.7nm에서 기록계의 지시가 급속히 상승하여 일정한 값을 나타낼 때의 흡광도를 측정할 때 검액의 흡광도는 표준액의 흡광도보다 적어야 한다.

나) 수은분석기를 이용한 방법

① 검액의 조제: 검체 약 50mg을 정밀하게 달아 검액으로 한다.

② 표준액의 조제: 수은표준액을 0.001%L-시스테인 용액으로 적당하게 희석하여 0.1, 1, 10μg/mL로 하여 표준액으로 한다.

③ 조작법: 검액 및 표준액을 가지고 수은분석기로 측정한다. 따로 공시험을 하며 필요하면 첨가제를 넣을 수 있다.

＊0.001%L-시스테인 용액: L-시스테인 10mg을 달아 질산 2mL를 넣은 다음 물을 넣어 1,000mL로 한다. 이 액을 냉암소에 보관한다.

5. 안티몬

① 검액의 조제: 검체 약 0.2g을 정밀하게 달아 테플론제의 극초단파분해용 용기의 기벽에 닿지 않도록 조심하여 넣는다. 검체를 분해하기 위하여 질산 7mL, 불화수소산 2mL를 넣고 뚜껑을 닫은 다음 용기를 극초단파분해 장치에 장착하고 조작 조건 1에 따라 무색~엷은 황색이 될 때까지 분해한다. 상온으로 식힌 다음 조심하여 뚜껑을 열어 희석시킨 붕산(5→100) 20mL를 넣고 뚜껑을 닫은 다음 용기를 극초단파분해 장치에 장착하고 조작 조건 2에 따라 불소를 불활성화시킨다. 다만, 기기의 검액 도입부 등에 석영 대신 테플론재질을 사용하는 경우에 한해 불소 불활성화 조작은 생략할 수 있다. 상온으로 식힌 다음 조심하여 뚜껑을 열고 분해물을 100mL 용량플라스크에 옮기고 물 적당량으로 용기 및 뚜껑을 씻어 넣고 물을 넣어 100mL로 한다. 침전물이 있을 경우 여과하여 사용한다. 이 액을 물로 5배 희석하여 검액으로 한다. 따로 질산 7mL, 불화수소산 2mL를 가지고 검액과 동일하게 조작하여 공시험액으로 한다. 다만, 필요하면 검체를 분해하기 위하여 사용되는 산의 종류 및 양과 극초단파분해 조건을 바꿀 수 있다.

    ＜조작 조건 1＞   ＜조작 조건 2＞

최대 파워: 1,000W   최대 파워: 1,000W

최고 온도: 200℃   최고 온도: 180℃

분해 시간: 약 20분   분해 시간: 약 10분

② 표준액의 조제: 안티몬 표준원액(1,000μg/mL)에 희석시킨 질산(2→100)을 넣어 농도가 다른 3가지 이상의 검량선용 표준액을 만든다. 표준액의 농도는 1mL당 안티몬 1~20ng 범위를 포함하게 한다.

③ 조작: 각각의 표준액을 다음의 조작 조건에 따라 유도결합플라즈마-질량분석기(ICP-MS)에 주입하여 얻은 안티몬의 검량선을 가지고 검액 중 안티몬의 양을 측정한다.

    ＜조작 조건＞

원자량: 121, 123(간섭 현상이 없는 범위에서 선택하여 검출)

플라즈마기체: 아르곤(99.99v/v% 이상)

④ 검출 시험 범위에서 충분한 정량한계, 검량선의 직선성 및 회수율이 확보되는 경우 유도결합플라즈마-질량분석기

(ICP-MS) 대신 유도결합플라즈마분광기(ICP) 또는 원자흡광분광기(AAS)를 사용하여 측정할 수 있다.

6. 카드뮴

① 검액의 조제: 검체 약 0.2g을 정밀하게 달아 테플론제의 극초단파분해용 용기의 기벽에 닿지 않도록 조심하여 넣는다. 검체를 분해하기 위하여 질산 7mL, 불화수소산 2mL를 넣고 뚜껑을 닫은 다음 용기를 극초단파분해 장치에 장착하고 조작 조건 1에 따라 무색~엷은 황색이 될 때까지 분해한다. 상온으로 식힌 다음 조심하여 뚜껑을 열어 희석시킨 붕산 (5→100) 20mL를 넣고 뚜껑을 닫은 다음 용기를 극초단파분해 장치에 장착하고 조작 조건 2에 따라 불소를 불활성화 시킨다. 다만, 기기의 검액 도입부 등에 석영대신 테플론재질을 사용하는 경우에 한해 불소 불활성화 조작은 생략할 수 있다. 상온으로 식힌 다음 조심하여 뚜껑을 열고 분해물을 100mL 용량플라스크에 옮기고 물 적당량으로 용기 및 뚜껑을 씻어 넣고 물을 넣어 100mL로 한다. 침전물이 있을 경우 여과하여 사용한다. 이 액을 물로 5배 희석하여 검액으로 한다. 따로 질산 7mL, 불화수소산 2mL를 가지고 검액과 동일하게 조작하여 공시험액으로 한다. 다만, 필요하면 검체를 분해하기 위하여 사용되는 산의 종류 및 양과 극초단파분해 조건을 바꿀 수 있다.

<조작 조건 1>   <조작 조건 2>
최대 파워: 1,000W   최대 파워: 1,000W
최고 온도: 200℃   최고 온도: 180℃
분해 시간: 약 20분   분해 시간: 약 10분

② 표준액의 조제: 카드뮴 표준원액(1,000μg/mL)에 희석시킨 질산(2→100)을 넣어 농도가 다른 3가지 이상의 검량선용 표준액을 만든다. 표준액의 농도는 1mL당 카드뮴 1~20ng 범위를 포함하게 한다.

③ 조작: 각각의 표준액을 다음의 조작 조건에 따라 유도결합플라즈마-질량분석기(ICP-MS)에 주입하여 얻은 카드뮴의 검량선을 가지고 검액 중 카드뮴의 양을 측정한다.

<조작 조건>
원자량: 110, 111, 112(간섭 현상이 없는 범위에서 선택하여 검출)
플라즈마기체: 아르곤(99.99v/v% 이상)

④ 검출 시험 범위에서 충분한 정량한계, 검량선의 직선성 및 회수율이 확보되는 경우 유도결합플라즈마-질량분석기 (ICP-MS) 대신 유도결합플라즈마분광기(ICP) 또는 원자흡광분광기(AAS)를 사용하여 측정할 수 있다.

7. 디옥산

검체 약 1.0g을 정밀하게 달아 20% 황산나트륨용액 1.0mL를 넣고 잘 흔들어 섞어 검액으로 한다. 따로 1,4-디옥산 표준품을 물로 희석하여 0.0125, 0.025, 0.05, 0.1, 0.2, 0.4, 0.8mg/mL의 액으로 한 다음, 각 액 50μL씩을 취하여 각각에 폴리에틸렌글리콜 400 1.0g 및 20% 황산나트륨용액 1.0mL를 넣고 잘 흔들어 섞은 액을 표준액으로 한다. 검액 및 표준액을 가지고 다음 조건으로 기체크로마토그래프법의 절대검량선법에 따라 시험한다. 필요하면 표준액의 검량선 범위 내에서 검체 채취량 또는 희석배수를 조정할 수 있다.

〈조작 조건〉
검출기: 질량분석기
- 인터페이스 온도: 240℃
- 이온소스 온도: 230℃
- 스캔범위: 40~200amu
- 질량분석기 모드: 선택이온 모드(88, 58, 43)
헤드스페이스
- 주입량(루프): 1mL
- 바이알 평형 온도: 95℃
- 루프 온도: 110℃

- 주입라인 온도: 120℃
- 바이알 퍼지 압력: 20psi
- 바이알 평형 시간: 30분
- 바이알 퍼지 시간: 0.5분
- 루프 채움 시간: 0.3분
- 루프 평형 시간: 0.05분
- 주입 시간: 1분

칼럼: 안지름 약 0.32mm, 길이 약 60m인 관에 기체크로마토그래프용 폴리에칠렌왁스를 실란처리한 500μm의 기체크로마토그래프용 규조토에 피복한 것을 충전한다.

칼럼온도: 처음 2분간 50℃로 유지하고 160℃까지 1분에 10℃씩 상승시킨다.

운반기체: 헬륨

유량: 1,4-디옥산의 유지 시간이 약 10분이 되도록 조정한다.

스플리트비: 약 1 : 10

8. 메탄올

이하 메탄올 시험법에 사용하는 에탄올은 메탄올이 함유되지 않은 것을 확인하고 사용한다.

가) 푹신아황산법

검체 10mL를 취해 포화염화나트륨용액 10mL를 넣어 충분히 흔들어 섞고, 「대한민국약전」 알코올수측정법에 따라 증류하여 유액 12mL를 얻는다. 이 유액이 백탁이 될 때까지 탄산칼륨을 넣어 분리한 알코올분에 정제수를 넣어 50mL로 하여 검액으로 한다. 따로 0.1% 메탄올 1.0mL에 에탄올 0.25mL를 넣고 정제수를 가해 5.0mL로 하여 표준액으로 표준액 및 검액 5mL를 가지고 「기능성화장품 기준 및 시험 방법」(식품의약품안전처 고시) 일반시험법 1. 원료 "9. 메탄올 및 아세톤시험법" 중 메탄올항에 따라 시험한다.

나) 기체크로마토그래프법

1) 물휴지 외 제품

① 증류법: 검체 약 10mL를 정확하게 취해 증류플라스크에 넣고 물 10mL, 염화나트륨 2g, 실리콘유 1방울 및 에탄올 10mL를 넣어 초음파로 균질화한 후 증류하여 유액 15mL를 얻는다. 이 액에 에탄올을 넣어 50mL로 한 후 여과하여 검액으로 한다. 따로 메탄올 1.0mL를 정확하게 취해 에탄올을 넣어 정확하게 500mL로 하고 이 액 1.25mL, 2.5mL, 5mL, 10mL, 20mL를 정확하게 취해 에탄올을 넣어 50mL로 하여 각각의 표준액으로 한다.

② 희석법: 검체 약 10mL를 정확하게 취해 에탄올 10mL를 넣어 초음파로 균질화 하고 에탄올을 넣어 50mL로 한 후 여과하여 검액으로 한다. 따로 메탄올 1.0mL를 정확하게 취하여 에탄올을 넣어 정확하게 500mL로 하고 이 액 1.25mL, 2.5mL, 5mL, 10mL, 20mL를 정확하게 취해 에탄올을 넣어 50mL로 하여 각각의 표준액으로 한다.

③ 기체크로마토그래프 분석: 검체에 따라 증류법 또는 희석법을 선택하여 전처리한 후 각각의 표준액과 검액을 가지고 다음 조작 조건에 따라 시험한다.

〈조작 조건〉

- 검출기: 수소염이온화검출기(FID)
- 칼럼: 안지름 약 0.32mm, 길이 약 60m인 용융실리카 모세관 내부에 기체크로마토그래프용 폴리에칠렌글리콜 왁스를 0.5μm의 두께로 코팅한다.
- 칼럼 온도: 50℃에서 5분 동안 유지한 다음 150℃까지 매분 10℃씩 상승시킨 후 150℃에서 2분 동안 유지한다.
- 검출기 온도: 240℃
- 시료주입부 온도: 200℃
- 운반기체 및 유량: 질소 1.0mL/분

2) 물휴지

검체 적당량을 압착하여 용액을 분리하고 이 액 약 3mL를 정확하게 취해 검액으로 한다. 따로 메탄올 표준품 0.5mL를 정확하게 취해 물을 넣어 정확하게 500mL로 한다. 이 액 0.3mL, 0.5mL, 1mL, 2mL, 4mL를 정확하게 취하여 물을 넣어 100mL로 하여 각각의 표준액으로 한다. 각각의 표준액과 검액을 가지고 기체크로마토그래프-헤드스페이스법으로 다음 조작 조건에 따라 시험한다.

<조작 조건>

• 기체크로마토그래프는 '1) 물휴지 외 제품' 조작 조건과 동일하게 조작한다. 다만, 스플리트비는 1 : 10으로 한다.
 • 헤드스페이스 장치
   – 바이알 용량: 20mL
   – 주입량(루프): 1mL
   – 바이알 평형 온도: 70℃
   – 루프 온도: 80℃
   – 주입라인 온도: 90℃
   – 바이알 평형 시간: 10분
   – 바이알 퍼지 시간: 0.5분
   – 루프 채움 시간: 0.5분
   – 루프 평형 시간: 0.1분
   – 주입 시간: 0.5분

다) 기체크로마토그래프-질량분석기법

검체(물휴지는 검체 적당량을 압착하여 용액을 분리하여 사용) 약 1mL를 정확하게 취하여 물을 넣어 정확하게 100mL로 하여 검액으로 한다. 따로 메탄올 표준품 약 0.1mL를 정확하게 취해 물을 넣어 정확하게 100mL로 하여 표준원액(1,000μL/L)으로 한다. 이 액 0.3mL, 0.5mL, 1mL, 2mL, 4mL를 정확하게 취하여 물을 넣어 정확하게 100mL로 하여 각각의 표준액으로 한다. 각각의 표준액과 검액 약 3mL를 정확하게 취해 헤드스페이스용 바이알에 넣고 기체크로마토그래프-헤드스페이스법으로 다음 조작 조건에 따라 시험한다. 필요하면 표준액의 검량선 범위 내에서 검체 채취량 또는 희석배수는 조정할 수 있다.

<조작 조건>

• 검출기: 질량분석기
   – 인터페이스 온도: 230℃
   – 이온소스 온도: 230℃
   – 스캔 범위: 30~200amu
   – 질량분석기 모드: 선택이온 모드(31, 32)
• 헤드스페이스 장치
   – 주입량(루프): 1mL
   – 바이알 평형 온도: 90℃
   – 루프 온도: 130℃
   – 주입라인 온도: 120℃
   – 바이알 퍼지 압력: 20psi
   – 바이알 평형 시간: 30분
   – 바이알 퍼지 시간: 0.5분
   – 루프 채움 시간: 0.3분
   – 루프 평형 시간: 0.05분
   – 주입 시간: 1분

- 칼럼: 안지름 약 0.32mm, 길이 약 60m인 용융실리카 모세관 내부에 기체크로마토그래프용 폴리에칠렌글리콜 왁스를 0.5μm의 두께로 코팅한다.
- 칼럼 온도: 50℃에서 10분 동안 유지한 다음 230℃까지 매분 15℃씩 상승시킨 다음 230℃에서 3분간 유지한다.
- 운반 기체 및 유량: 헬륨, 1.5mL/분
- 분리비(split ratio): 약 1 : 10

9. 포름알데하이드

검체 약 1.0g을 정밀하게 달아 초산·초산나트륨완충액^{주1)}을 넣어 20mL로 하고 1시간 진탕 추출한 다음 여과한다. 여액 1mL를 정확하게 취하여 물을 넣어 200mL로 하고, 이 액 100mL를 취하여 초산·초산나트륨완충액^{주1)} 4mL를 넣은 다음 균질하게 섞고 6mol/L 염산 또는 6mol/L 수산화나트륨용액을 넣어 pH를 5.0으로 조정한다. 이 액에 2,4-디니트로페닐히드라진시액^{주2)} 6.0mL를 넣고 40℃에서 1시간 진탕한 다음, 디클로로메탄 20mL로 3회 추출하고 디클로로메탄 층을 무수황산나트륨 5.0g을 놓은 탈지면을 써서 여과한다. 이 여액을 감압에서 가온하여 증발 건고한 다음 잔류물에 아세토니트릴 5.0mL를 넣어 녹인 액을 검액으로 한다. 따로 포름알데하이드 표준품을 물로 희석하여 0.05, 0.1, 0.2, 0.5, 1, 2μg/mL의 액을 만든 다음, 각 액 100mL를 취하여 검액과 같은 방법으로 전처리하여 표준액으로 한다. 검액 및 표준액 각 10μL씩을 가지고 다음 조건으로 액체크로마토그래프법의 절대검량선법에 따라 시험한다. 필요하면 표준액의 검량선 범위 내에서 검체 채취량 또는 검체 희석배수를 조정할 수 있다.

〈조작 조건〉
검출기: 자외부흡광광도계(측정파장 355nm)
칼럼: 안지름 약 4.6mm, 길이 약 25cm인 스테인레스강관에 5μm의 액체크로마토그래프용 옥타데실실릴화한 실리카겔을 충전한다.
이동상: 0.01mol/L염산·아세토니트릴혼합액(40 : 60)
유량: 1.5mL/분
주1) 초산·초산나트륨완충액: 5mol/L 초산나트륨액 60mL에 5mol/L 초산 40mL를 넣어 균질하게 섞은 다음, 6mol/L 염산 또는 6mol/L 수산화나트륨용액을 넣어 pH를 5.0으로 조정한다.
주2) 2,4-디니트로페닐하이드라진시액: 2,4-디니트로페닐하이드라진 약 0.3g을 정밀하게 달아 아세토니트릴을 넣어 녹여 100mL로 한다.

10. 프탈레이트류(디부틸프탈레이트, 부틸벤질프탈레이트 및 디에칠헥실프탈레이트)

다음 시험법 중 적당한 방법에 따라 시험한다.
가) 기체크로마토그래프-수소염이온화검출기를 이용한 방법

검체 약 1.0g을 정밀하게 달아 헥산·아세톤 혼합액(8:2)을 넣어 정확하게 10mL로 하고 초음파로 충분히 분산시킨 다음 원심 분리한다. 그 상등액 5.0mL를 정확하게 취하여 내부표준액^{주)} 4.0mL를 넣고 헥산·아세톤 혼합액(8:2)을 넣어 10.0mL로 하여 검액으로 한다. 따로 디부틸프탈레이트, 부틸벤질프탈레이트, 디에칠헥실프탈레이트 표준품을 정밀하게 달아 헥산·아세톤 혼합액(8:2)을 넣어 녹여 희석하고 그 일정량을 취하여 내부표준액 4.0mL를 넣고 헥산·아세톤 혼합액(8:2)을 넣어 10.0mL로 하여 0.1, 0.5, 1.0, 5.0, 10.0, 25.0μg/mL로 하여 표준액으로 한다. 검액 및 표준액 각 1μL씩을 가지고 다음 조건으로 기체크로마토그래프법 내부표준법에 따라 시험한다. 필요한 경우 표준액의 검량선 범위 내에서 검체 채취량 또는 희석배수를 조정할 수 있다.

<조작 조건>
- 검출기: 수소염이온화검출기(FID)
- 칼럼: 안지름 약 0.25mm, 길이 약 30m인 용융실리카관의 내관에 14% 시아노프로필페닐-86% 메틸폴리실록산으로 0.25μm 두께로 피복한다.
- 칼럼 온도: 150℃에서 2분 동안 유지한 다음 260℃까지 매분 10℃씩 상승시킨 다음 15분 동안 이 온도를 유지한다.

- 검체 도입부 온도: 250℃
- 검출기 온도: 280℃
- 운반기체: 질소
- 유량: 1mL/분
- 스플리트비: 약 1:10

주) 내부표준액: 벤질벤조에이트 표준품 약 10mg을 정밀하게 달아 헥산·아세톤 혼합액(8:2)을 넣어 정확하게 1,000mL로 한다.

나) 기체크로마토그래프-질량분석기를 이용한 방법

검체 약 1.0g을 정밀하게 달아 헥산·아세톤 혼합액(8:2)을 넣어 정확하게 10mL로 하고 초음파로 충분히 분산시킨 다음 원심 분리한다. 그 상등액 5.0mL를 정확하게 취하여 내부표준액주) 1.0mL를 넣고 헥산·아세톤 혼합액(8:2)을 넣어 10.0mL로 하여 검액으로 한다. 따로 디부틸프탈레이트, 부틸벤질프탈레이트, 디에칠헥실프탈레이트 표준품을 정밀하게 달아 헥산·아세톤 혼합액(8:2)을 넣어 녹여 희석하고 그 일정량을 취하여 내부표준액 1.0mL를 넣고 헥산·아세톤 혼합액(8:2)을 넣어 10.0mL로 하여 0.1, 0.25, 0.5, 1.0, 2.5, 5.0μg/mL로 하여 표준액으로 한다. 검액 및 표준액 각 1μL씩을 가지고 다음 조건으로 기체크로마토그래프법 내부표준법에 따라 시험한다. 필요한 경우 표준액의 검량선 범위 내에서 검체 채취량 또는 희석배수를 조정할 수 있다.

<조작 조건>
- 검출기: 질량분석기
  - 인터페이스 온도: 300℃
  - 이온소스 온도: 230℃
  - 스캔 범위: 40~300amu
  - 질량분석기 모드: 선택이온 모드

성분명	선택이온
디부틸프탈레이트	149, 205, 223
부틸벤질프탈레이트	91, 149, 206
디에칠헥실프탈레이트	149, 167, 279
내부표준물질(플루오란센-d10)	92, 106, 212

- 칼럼: 안지름 약 0.25mm, 길이 약 30m인 용융실리카관의 내관에 5% 페닐-95% 디메틸폴리실록산으로 0.25μm 두께로 피복한다.
- 칼럼 온도: 110℃에서 0.5분 동안 유지한 다음 300℃까지 매분 20℃씩 상승시킨 다음 3분 동안 이 온도를 유지한다.
- 검체 도입부 온도: 280℃
- 운반기체: 헬륨
- 유량: 1mL/분
- 스플리트비: 스플릿리스

주) 내부표준액: 플루오란센-d10 표준품 약 10mg을 정밀하게 달아 헥산·아세톤 혼합액(8:2)을 넣어 정확하게 1,000mL로 한다.

11. 미생물 한도

일반적으로 다음의 시험법을 사용한다. 다만, 본 시험법 외에도 미생물 검출을 위한 자동화 장비와 미생물 동정기기 및 키트 등을 사용할 수도 있다.

1) 검체의 전처리

검체 조작은 무균조건하에서 실시하여야 하며, 검체는 충분하게 무작위로 선별하여 그 내용물을 혼합하고 검체 제형에 따라 다음의 각 방법으로 검체를 희석, 용해, 부유 또는 현탁시킨다. 아래에 기재한 어느 방법도 만족할 수 없을 때에는 적절한 다른 방법을 확립한다.

가) 액제·로션제: 검체 1mL(g)에 변형레틴액체배지 또는 검증된 배지나 희석액 9mL를 넣어 10배 희석액을 만들고 희석이 더 필요할 때에는 같은 희석액으로 조제한다.

나) 크림제·오일제: 검체 1mL(g)에 적당한 분산제 1mL를 넣어 균질화시키고 변형레틴액체배지 또는 검증된 배지나 희석액 8mL를 넣어 10배 희석액을 만들고 희석이 더 필요할 때에는 같은 희석액으로 조제한다. 분산제만으로 균질화가 되지 않는 경우 검체에 적당량의 지용성 용매를 첨가하여 용해한 뒤 적당한 분산제 1mL를 넣어 균질화시킨다.

다) 파우더 및 고형제: 검체 1g에 적당한 분산제를 1mL를 넣고 충분히 균질화시킨 후 변형레틴액체배지 또는 검증된 배지 및 희석액 8mL를 넣어 10배 희석액을 만들고 희석이 더 필요할 때에는 같은 희석액으로 조제한다. 분산제만으로 균질화가 되지 않을 경우 적당량의 지용성 용매를 첨가한 상태에서 멸균된 마쇄기를 이용하여 검체를 잘게 부수어 반죽 형태로 만든 뒤 적당한 분산제 1mL를 넣어 균질화시킨다. 추가적으로 40℃에서 30분 동안 가온한 후 멸균한 유리구슬(5mm: 5~7개, 3mm: 10~15개)을 넣어 균질화시킨다.

주1) 분산제는 멸균한 폴리소르베이트 80 등을 사용할 수 있으며, 미생물의 생육에 대하여 영향이 없는 것 또는 영향이 없는 농도이어야 한다.

주2) 검액 조제 시 총 호기성 생균수 시험법의 배지성능 및 시험법 적합성 시험을 통하여 검증된 배지나 희석액 및 중화제를 사용할 수 있다.

주3) 지용성 용매는 멸균한 미네랄 오일 등을 사용할 수 있으며, 미생물의 생육에 대하여 영향이 없는 것이어야 한다. 첨가량은 대상 검체 특성에 맞게 설정하여야 하며, 미생물의 생육에 대하여 영향이 없어야 한다.

2) 총 호기성 생균수 시험법

총 호기성 생균수 시험법은 화장품 중 총 호기성 생균(세균 및 진균)수를 측정하는 시험 방법이다.

가) 검액의 조제

1)항에 따라 검액을 조제한다.

나) 배지

총 호기성 세균수 시험은 변형레틴한천배지 또는 대두카제인소화한천배지를 사용하고 진균수 시험은 항생물질 첨가 포테이토 덱스트로즈 한천배지 또는 항생물질 첨가 사브로포도당한천배지를 사용한다. 위의 배지 이외에 배지성능 및 시험법 적합성 시험을 통하여 검증된 다른 미생물 검출용 배지도 사용할 수 있고, 세균의 혼입이 없다고 예상된 때나 세균의 혼입이 있어도 눈으로 판별이 가능하면 항생물질을 첨가하지 않을 수 있다.

변형레틴액체배지(Modified letheen broth)

육제펩톤	20.0g
카제인의 판크레아틴 소화물	5.0g
효모엑스	2.0g
육엑스	5.0g
염화나트륨	5.0g
폴리소르베이트 80	5.0g
레시틴	0.7g
아황산수소나트륨	0.1g
정제수	1,000mL

이상을 달아 정제수에 녹여 1L로 하고 멸균 후의 pH가 7.2±0.2가 되도록 조정하고 121℃에서 15분간 고압멸균한다.

변형레틴한천배지(Modified letheen agar)

프로테오즈 펩톤	10.0g
카제인의 판크레아틱소화물	10.0g
효모엑스	2.0g
육엑스	3.0g
염화나트륨	5.0g
포도당	1.0g
폴리소르베이트 80	7.0g
레시틴	1.0g
아황산수소나트륨	0.1g
한천	20.0g
정제수	1,000mL

이상을 달아 정제수에 녹여 1L로 하고 멸균 후의 pH가 7.2±0.2가 되도록 조정하고 121℃에서 15분간 고압멸균한다.

대두카제인소화한천배지(Tryptic soy agar)

카제인제 펩톤	15.0g
대두제 펩톤	5.0g
염화나트륨	5.0g
한천	15.0g
정제수	1,000mL

이상을 달아 정제수에 녹여 1L로 하고 멸균 후의 pH가 7.2±0.1이 되도록 조정하고 121℃에서 15분간 고압멸균한다.

항생물질첨가 포테이토덱스트로즈한천배지(Potato dextrose agar)

감자침출물	200.0g
포도당	20.0g
한천	15.0g
정제수	1,000mL

이상을 달아 정제수에 녹여 1L로 하고 121℃에서 15분간 고압멸균한다. 사용하기 전에 1L당 40mg의 염산테트라사이클린을 멸균배지에 첨가하고 10% 주석산용액을 넣어 pH를 5.6±0.2로 조정하거나, 세균 혼입의 문제가 있는 경우 3.5±0.1로 조정할 수 있다. 200.0g의 감자침출물 대신 4.0g의 감자추출물이 사용될 수 있다.

항생물질첨가사부로포도당한천배지(Sabouraud dextrose agar)

육제 또는 카제인제 펩톤	10.0g
포도당	40.0g
한천	15.0g
정제수	1,000mL

이상을 달아 정제수에 녹여 1L로 하고 121℃에서 15분간 고압멸균한 다음의 pH가 5.6±0.2이 되도록 조정한다. 쓸 때 배지 1,000mL당 벤질페니실린칼륨 0.10g과 테트라사이클린 0.10g을 멸균용액으로서 넣거나 배지 1,000mL당 클로람페니콜 50mg을 넣는다.

다) 조작

(1) 세균수 시험

① 한천평판도말법: 직경 9~10cm 페트리 접시 내에 미리 굳힌 세균 시험용 배지 표면에 전처리 검액 0.1mL 이상 도말한다.

② 한천평판희석법: 검액 1mL를 같은 크기의 페트리접시에 넣고 그 위에 멸균 후 45℃로 식힌 15mL의 세균 시험용 배지를 넣어 잘 혼합한다.

③ 검체당 최소 2개의 평판을 준비하고 30~35℃에서 적어도 48시간 배양하는데 이때 최대 균집락수를 갖는 평판을 사용하되 평판당 300개 이하의 균집락을 최대치로 하여 총 세균수를 측정한다.

(2) 진균수 시험: '(1) 세균수 시험'에 따라 시험을 실시하되 배지는 진균수 시험용 배지를 사용하여 배양 온도 20~25℃에서 적어도 5일간 배양한 후 100개 이하의 균집락이 나타나는 평판을 세어 총 진균수를 측정한다.

라) 배지 성능 및 시험법 적합성 시험

시판배지는 배치마다 시험하며, 조제한 배지는 조제한 배치마다 시험한다. 검체의 유·무하에서 총 호기성 생균수 시험법에 따라 제조된 검액·대조액에 표 1.에 기재된 시험 균주를 각각 100cfu 이하가 되도록 접종하여 규정된 총 호기성 생균수 시험법에 따라 배양할 때 검액에서 회수한 균수가 대조액에서 회수한 균수의 1/2 이상이어야 한다. 검체 중 보존제 등의 항균 활성으로 인해 증식이 저해되는 경우(검액에서 회수한 균수가 대조액에서 회수한 균수의 1/2 미만인 경우)에는 결과의 유효성을 확보하기 위하여 총 호기성 생균수 시험법을 변경해야 한다. 항균 활성을 중화하기 위하여 희석 및 중화제(표 2.)를 사용할 수 있다. 또한, 시험에 사용된 배지 및 희석액 또는 시험 조작상의 무균 상태를 확인하기 위하여 완충식염펩톤수(pH 7.0)를 대조로 하여 총호기성 생균수 시험을 실시할 때 미생물의 성장이 나타나서는 안 된다.

표 1. 총호기성 생균수 배지 성능 시험용 균주 및 배양 조건

시험 균주		배양
Escherichia coli	ATCC 8739, NCIMB 8545, CIP53.126, NBRC 3972 또는 KCTC 2571	호기배양 30~35℃ 48시간
Bacillus subtilis	ATCC 6633, NCIMB 8054, CIP 52.62, NBRC 3134 또는 KCTC 1021	
Staphylococcus aureus	ATCC 6538, NCIMB 9518, CIP 4.83, NRRC 13276 또는 KCTC 3881	
Candida albicans	ATCC 10231, NCPF 3179, IP48.72, NBRC1594 또는 KCTC 7965	호기배양 20~25℃ 5일

표 2. 항균 활성에 대한 중화제

화장품 중 미생물 발육저지물질	항균성을 중화시킬 수 있는 중화제
페놀 화합물: 파라벤, 페녹시에탄올, 페닐에탄올 등 아닐리드	레시틴, 폴리소르베이트 80, 지방알코올의 에틸렌 옥사이드축합물(condensate), 비이온성 계면활성제
4급 암모늄 화합물, 양이온성 계면활성제	레시틴, 사포닌, 폴리소르베이트 80, 도데실 황산나트륨, 지방알코올의 에틸렌 옥사이드축합물
알데하이드, 포름알데히드-유리 제제	글리신, 히스티딘

산화(oxidizing) 화합물	치오황산나트륨
이소치아졸리논, 이미다졸	레시틴, 사포닌, 아민, 황산염, 메르캅탄, 아황산수소나트륨, 치오글리콜산나트륨
비구아니드	레시틴, 사포닌, 폴리소르베이트 80
금속염(Cu, Zn, Hg), 유기-수은 화합물	아황산수소나트륨, L-시스테인-SH 화합물(sulfhydryl compounds), 치오글리콜산

3) 특정 세균 시험법

가) 대장균 시험

(1) 검액의 조제 및 조작: 검체 1g 또는 1mL를 유당액체배지를 사용하여 10mL로 하여 30~35℃에서 24~72시간 배양한다. 배양액을 가볍게 흔든 다음 백금이 등으로 취하여 맥콘키한천배지 위에 도말하고 30~35℃에서 18~24시간 배양한다. 주위에 적색의 침강선띠를 갖는 적갈색의 그람음성균의 집락이 검출되지 않으면 대장균 음성으로 판정한다. 위의 특정을 나타내는 집락이 검출되는 경우에는 에오신메칠렌블루한천배지에서 각각의 집락을 도말하고 30~35℃에서 18~24시간 배양한다. 에오신메칠렌블루한천배지에서 금속 광택을 나타내는 집락 또는 투과광선하에서 흑청색을 나타내는 집락이 검출되면 백금이 등으로 취하여 발효시험관이 든 유당액체배지에 넣어 44.3~44.7℃의 항온수조 중에서 22~26시간 배양한다. 가스 발생이 나타나는 경우에는 대장균 양성으로 의심하고 동정 시험으로 확인한다.

(2) 배지

유당액체배지

육엑스	3.0g
젤라틴의 판크레아틴 소화물	5.0g
유당	5.0g
정제수	1,000mL

이상을 달아 정제수에 녹여 1L로 하고 121℃에서 15~20분간 고압증기멸균한다. 멸균 후의 pH가 6.9~7.1이 되도록 하고 가능한 한 빨리 식힌다.

맥콘키한천배지

젤라틴의 판크레아틴 소화물	17.0g
카제인의 판크레아틴 소화물	1.5g
육제 펩톤	1.5g
유당	10.0g
데옥시콜레이트나트륨	1.5g
염화나트륨	5.0g
한천	13.5g
뉴트럴렛	0.03g
염화메칠로자닐린	1.0mg
정제수	1,000mL

이상을 달아 정제수 1L에 녹여 1분간 끓인 다음 121℃에서 15~20분간 고압증기멸균한다. 멸균 후의 pH가 6.9~7.3이 되도록 한다.

에오신메칠렌블루한천배지(EMB한천배지)

젤라틴의 판크레아틴 소화물	10.0g
인산일수소칼륨	2.0g
유당	10.0g
한천	15.0g
에오신	0.4g
메칠렌블루	0.065g
정제수	1,000mL

이상을 달아 정제수 1L에 녹여 121℃에서 15~20분간 고압증기멸균한다. 멸균 후의 pH가 6.9~7.3이 되도록 한다.

나) 녹농균 시험

(1) 검액의 조제 및 조작: 검체 1g 또는 1mL를 달아 카제인대두소화액체배지를 사용하여 10mL로 하고 30~35℃에서 24~48시간 증균 배양한다. 증식이 나타나는 경우는 백금이 등으로 세트리미드한천배지 또는 엔에이씨한천배지에 도말하여 30~35℃에서 24~48시간 배양한다. 미생물의 증식이 관찰되지 않는 경우 녹농균 음성으로 판정한다. 그람음성간균으로 녹색 형광물질을 나타내는 집락을 확인하는 경우에는 증균배양액을 녹농균 한천배지 P 및 F에 도말하여 30~35℃에서 24~72시간 배양한다. 그람음성간균으로 플루오레세인 검출용 녹농균 한천배지 F의 집락을 자외선하에서 관찰하여 황색의 집락이 나타나고, 피오시아닌 검출용 녹농균 한천배지 P의 집락을 자외선하에서 관찰하여 청색의 집락이 검출되면 옥시다제 시험을 실시한다. 옥시다제반응 양성인 경우 5~10초 이내에 보라색이 나타나고 10초 후에도 색의 변화가 없는 경우 녹농균 음성으로 판정한다. 옥시다제반응 양성인 경우에는 녹농균 양성으로 의심하고 동정 시험으로 확인한다.

(2) 배지

카제인대두소화액체배지

카제인 판크레아틴 소화물	17.0g
대두파파인소화물	3.0g
염화나트륨	5.0g
인산일수소칼륨	2.5g
포도당일수화물	2.5g

이상을 달아 정제수에 녹여 1L로 하고 멸균 후의 pH가 7.3±0.2가 되도록 조정하고 121℃에서 15분간 고압멸균한다.

세트리미드한천배지(Cetrimide agar)

젤라틴제 펩톤	20.0g
염화마그네슘	3.0g
황산칼륨	10.0g
세트리미드	0.3g
글리세린	10.0mL
한천	13.6g
정제수	1,000mL

이상을 달아 정제수에 녹이고 글리세린을 넣어 1L로 한다. 121℃에서 15분간 고압증기멸균하고 pH가 7.2±0.2가 되도록 조정한다.

엔에이씨한천배지(NAC agar)

펩톤	20.0g
인산수소이칼륨	0.3g
황산마그네슘	0.2g
세트리미드	0.2g
날리딕산	15mg
한천	15.0g
정제수	1,000mL

최종 pH는 7.4±0.2이며 멸균하지 않고 가온하여 녹인다.

플루오레세인 검출용 녹농균 한천배지 F(Pseudomonas agar F for detection of fluorescein)

카제인제 펩톤	10.0g
육제 펩톤	10.0g
인산일수소칼륨	1.5g
황산마그네슘	1.5g
글리세린	10.0mL
한천	15.0g
정제수	1,000mL

이상을 달아 정제수에 녹이고 글리세린을 넣어 1L로 한다. 121℃에서 15분간 고압증기멸균하고 pH가 7.2±0.2가 되도록 조정한다.

피오시아닌 검출용 녹농균 한천배지 P(Pseudomonas agar P for detection of pyocyanin)

젤라틴의 판크레아틴 소화물	20.0g
염화마그네슘	1.4g
황산칼륨	10.0g
글리세린	10.0mL
한천	15.0g
정제수	1,000mL

이상을 달아 정제수에 녹이고 글리세린을 넣어 1L로 한다. 121℃에서 15분간 고압증기멸균하고 pH가 7.2±0.2가 되도록 조정한다.

다) 황색포도상구균 시험

(1) 검액의 조제 및 조작: 검체 1g 또는 1mL를 달아 카제인대두소화액체배지를 사용하여 10mL로 하고 30~35℃에서 24~48시간 증균 배양한다. 증균배양액을 보겔존슨한천배지 또는 베어드파카한천배지에 이식하여 30~35℃에서 24시간 배양하여 균의 집락이 검정색이고 집락주위에 황색투명대가 형성되며 그람염색법에 따라 염색하여 검경한 결과 그람양성균으로 나타나면 응고효소 시험을 실시한다. 응고효소 시험 음성인 경우 황색포도상구균 음성으로 판정하고, 양성인 경우에는 황색포도상구균 양성으로 의심하고 동정 시험으로 확인한다.

(2) 배지

보겔존슨한천배지(Vogel-Johnson agar)

카제인의 판크레아틴 소화물	10.0g
효모엑스	5.0g
만니톨	10.0g
인산일수소칼륨	5.0g

염화리튬	5.0g
글리신	10.0g
페놀렛	25.0mg
한천	16.0g
정제수	1,000mL

이상을 달아 1분 동안 가열하여 자주 흔들어 준다. 121℃에서 15분간 고압멸균하고 45~50℃로 냉각시킨다. 멸균 후 pH가 7.2±0.2가 되도록 조정하고 멸균한 1%(w/v) 텔루린산칼륨 20mL를 넣는다.

베어드파카한천배지(Baird-Parker agar)

카제인제 펩톤	10.0g
육엑스	5.0g
효모엑스	1.0g
염화리튬	5.0g
글리신	12.0g
피루브산나트륨	10.0g
한천	20.0g
정제수	950mL

이상을 섞어 때때로 세게 흔들며 섞으면서 가열하고 1분간 끓인다. 121℃에서 15분간 고압멸균하고 45~50℃로 냉각시킨다. 멸균한 다음의 pH가 7.2±0.2가 되도록 조정한다. 여기에 멸균한 아텔루산칼륨용액 1%(w/v) 10mL와 난황유탁액 50mL를 넣고 가만히 섞은 다음 페트리접시에 붓는다. 난황유탁액은 난황 약 30%, 생리식염액 약 70%의 비율로 섞어 만든다.

라) 배지 성능 및 시험법 적합성 시험

검체의 유·무하에서 각각 규정된 특정 세균 시험법에 따라 제조된 검액·대조액에 표 3.에 기재된 시험 균주 100cfu를 개별적으로 접종하여 시험할 때 접종균 각각에 대하여 양성으로 나타나야 한다. 증식이 저해되는 경우 항균 활성을 중화하기 위하여 희석 및 중화제(2)-라)항의 표 2.)를 사용할 수 있다.

표 3. 특정 세균 배지 성능 시험용 균주

Escherichia coli(대장균)	ATCC 8739, NCIMB 8545, CIP53.126, NBRC 3972 또는 KCTC 2571
Pseudomonas aeruginosa(녹농균)	ATCC 9027, NCIMB 8626, CIP 82.118, NBRC 13275 또는 KCTC 2513
Staphylococcus aureus(황색포도상구균)	ATCC 6538, NCIMB 9518, CIP 4.83, NRRC 13276 또는 KCTC 3881

12. 내용량

가) 용량으로 표시된 제품: 내용물이 들어 있는 용기에 뷰렛으로부터 물을 적가하여 용기를 가득 채웠을 때의 소비량을 정확하게 측정한 다음 용기의 내용물을 완전히 제거하고 물 또는 기타 적당한 유기용매로 용기의 내부를 깨끗이 씻어 말린 다음 뷰렛으로부터 물을 적가하여 용기를 가득 채워 소비량을 정확히 측정하고 전후의 용량차를 내용량으로 한다. 다만, 150mL 이상의 제품에 대하여는 메스실린더를 써서 측정한다.

나) 질량으로 표시된 제품: 내용물이 들어 있는 용기의 외면을 깨끗이 닦고 무게를 정밀하게 단 다음 내용물을 완전히 제거하고 물 또는 적당한 유기용매로 용기의 내부를 깨끗이 씻어 말린 다음 용기만의 무게를 정밀히 달아 전후의 무게차를 내용량으로 한다.

다) 길이로 표시된 제품: 길이를 측정하고 연필류는 연필심지에 대하여 그 지름과 길이를 측정한다.

라) 화장비누

(1) 수분 포함: 상온에서 저울로 측정(g)하여 실중량은 전체 무게에서 포장 무게를 뺀 값으로 하고, 소수점 이하 1자리

까지 반올림하여 정수자리까지 구한다.

(2) 건조: 검체를 작은 조각으로 자른 후 약 10g을 0.01g까지 측정하여 접시에 옮긴다. 이 검체를 103±2℃ 오븐에서 1시간 건조 후 꺼내어 냉각시키고 다시 오븐에 넣고 1시간 후 접시를 꺼내어 데시케이터로 옮긴다. 실온까지 충분히 냉각시킨 후 질량을 측정하고 2회의 측정에 있어서 무게의 차이가 0.01g 이내가 될 때까지 1시간 동안의 가열, 냉각 및 측정 조작을 반복한 후 마지막 측정 결과를 기록한다.

$$내용량(g) = 건조 전 무게(g) \times [10 - 건조감량(\%)]/100$$

$$건조감량(\%) = \frac{m_1 - m_2}{m_1 - m_0} \times 100$$

- m_0: 접시의 무게(g)
- m_1: 가열 전 접시와 검체의 무게(g)
- m_2: 가열 후 접시와 검체의 무게(g)

마) 그 밖의 특수한 제품은 「대한민국약전」(식품의약품안전처 고시)으로 정한 바에 따른다.

13. pH 시험법

검체 약 2g 또는 2mL를 취하여 100mL 비이커에 넣고 물 30mL를 넣어 수욕상에서 가온하여 지방분을 녹이고 흔들어 섞은 다음 냉장고에서 지방분을 응결시켜 여과한다. 이때 지방층과 물층이 분리되지 않을 때는 그대로 사용한다. 여액을 가지고 「기능성화장품 기준 및 시험 방법」(식품의약품안전처 고시) 일반시험법 1. 원료의 "47. pH측정법"에 따라 시험한다. 다만, 성상에 따라 투명한 액상인 경우에는 그대로 측정한다.

14. 유리알칼리 시험법

가) 에탄올법(나트륨 비누)

플라스크에 에탄올 200mL을 넣고 환류 냉각기를 연결한다. 이산화탄소를 제거하기 위하여 서서히 가열하여 5분 동안 끓인다. 냉각기에서 분리시키고 약 70℃로 냉각시킨 후 페놀프탈레인 지시약 4방울을 넣어 지시약이 분홍색이 될 때까지 0.1N 수산화칼륨·에탄올액으로 중화시킨다. 중화된 에탄올이 들어있는 플라스크에 검체 약 5.0g을 정밀하게 달아 넣고 환류 냉각기에 연결 후 완전히 용해될 때까지 서서히 끓인다. 약 70℃로 냉각시키고 에탄올을 중화시켰을 때 나타난 것과 동일한 정도의 분홍색이 나타날 때까지 0.1N 염산·에탄올용액으로 적정한다.

＊에탄올 $\rho20 = 0.792$g/mL

＊지시약: 95% 에탄올 용액(v/v) 100mL에 페놀프탈레인 1g을 용해시킨다.

$$유리알칼리 함량(\%) = 0.040 \times V \times T \times \frac{100}{m}$$

- m: 시료의 질량(g)
- V: 사용된 0.1N 염산·에탄올 용액의 부피(mL)
- T: 사용된 0.1N 염산·에탄올 용액의 노르말 농도

나) 염화바륨법(모든 연성 칼륨 비누 또는 나트륨과 칼륨이 혼합된 비누)

연성 비누 약 4.0g을 정밀하게 달아 플라스크에 넣은 후 60% 에탄올 용액 200mL를 넣고 환류 하에서 10분 동안 끓인다. 중화된 염화바륨 용액 15mL를 끓는 용액에 조금씩 넣고 충분히 섞는다. 흐르는 물로 실온까지 냉각시키고 지시약 1mL를 넣은 다음 즉시 0.1N 염산 표준용액으로 녹색이 될 때까지 적정한다.

＊지시약: 페놀프탈레인 1g과 치몰블루 0.5g을 가열한 95% 에탄올 용액(v/v) 100mL에 녹이고 거른 다음 사용한다.

＊60% 에탄올 용액: 이산화탄소가 제거된 증류수 75mL와 이산화탄소가 제거된 95% 에탄올 용액(v/v)(수산화칼륨으로 증류) 125mL를 혼합하고 지시약 1mL를 사용하여 0.1N 수산화나트륨 용액 또는 수산화칼륨 용액으로 보라

색이 되도록 중화시킨다. 10분 동안 환류하면서 가열한 후 실온에서 냉각시키고 0.1N 염산 표준 용액으로 보라색이 사라질 때까지 중화시킨다.

  * 염화바륨 용액: 염화바륨(2수화물) 10g을 이산화탄소를 제거한 증류수 90mL에 용해시키고, 지시약을 사용하여 0.1N 수산화칼륨 용액으로 보라색이 나타날 때까지 중화시킨다.

$$\text{유리알칼리 함량(\%)}=0.056 \times V \times T \times \frac{100}{m}$$

- m: 시료의 질량(g)
- V: 사용된 0.1N 염산 용액의 부피(mL)
- T: 사용된 0.1N 염산 용액의 노르말 농도

Ⅱ. 퍼머넌트웨이브용 및 헤어스트레이트너제품 시험 방법

1. 치오글라이콜릭애씨드 또는 그 염류를 주성분으로 하는 냉2욕식 퍼머넌트웨이브용 제품

가. 제1제 시험 방법

① pH: 검체를 가지고 「기능성화장품 기준 및 시험 방법」(식품의약품안전처 고시) 일반시험법 1. 원료의 "47. pH측정법"에 따라 시험한다.

② 알칼리: 검체 10mL를 정확하게 취하여 100mL 용량플라스크에 넣고 물을 넣어 100mL로 하여 검액으로 한다. 이 액 20mL를 정확하게 취하여 250mL 삼각플라스크에 넣고 0.1N염산으로 적정한다(지시약: 메칠레드시액 2방울).

③ 산성에서 끓인 후의 환원성 물질(치오글라이콜릭애씨드): ②항의 검액 20mL를 취하여 삼각플라스크에 물 50mL 및 30% 황산 5mL를 넣어 가만히 가열하여 5분간 끓인다. 식힌 다음 0.1N 요오드액으로 적정한다(지시약: 전분시액 3mL). 이때의 소비량을 AmL로 한다.

$$\text{산성에서 끓인 후의 환원성 물질(치오글라이콜릭애씨드로서)의 함량(\%)}=0.4606 \times A$$

④ 산성에서 끓인 후의 환원성 물질 이외의 환원성 물질(아황산염, 황화물 등): 250mL 유리마개 삼각플라스크에 물 50mL 및 30% 황산 5mL를 넣고 0.1N 요오드액 25mL를 정확하게 넣는다. 여기에 ②항의 검액 20mL를 넣고 마개를 하여 흔들어 섞고 실온에서 15분간 방치한 다음 0.1N 치오황산나트륨액으로 적정한다(지시약: 전분시액 3mL). 이때의 소비량을 BmL로 한다. 따로 250mL 유리마개 삼각플라스크에 물 70mL 및 30% 황산 5mL를 넣고 0.1N 요오드액 25mL를 정확하게 넣는다. 마개를 하여 흔들어 섞고 이하 검액과 같은 방법으로 조작하여 공시험한다. 이때의 소비량을 CmL로 한다.

$$\text{검체 1mL 중의 산성에서 끓인 후의 환원성 물질 이외의 환원성 물질에 대한}$$
$$\text{0.1N 요오드액의 소비량(mL)}=\frac{(C-B)-A}{2}$$

⑤ 환원 후의 환원성 물질(디치오디글라이콜릭애씨드): ②항의 검액 20mL를 정확하게 취하여 1N 염산 30mL 및 아연가루 1.5g을 넣고 기포가 끓어 오르지 않도록 교반기로 2분간 저어 섞은 다음 여과지(4A)를 써서 흡인여과한다. 잔류물을 물 소량씩으로 3회 씻고 씻은 액을 여액에 합한다. 이 액을 가만히 가열하여 5분간 끓인다. 식힌 다음 0.1N 요오드액으로 적정한다(지시약: 전분시액 3mL). 이때의 소비량을 DmL로 한다.
또는 검체 약 10g을 정밀하게 달아 라우릴황산나트륨용액(1→10) 50mL 및 물 20mL를 넣고 수욕상에서 약 80℃가 될 때까지 가온한다. 식힌 다음 전체량을 100mL로 하고 이것을 검액으로 하여 이하 위와 같은 방법으로 조작하여 시험한다.

$$환원 후의 환원성 물질의 함량(\%)=\frac{4.556\times(D-A)}{검체의 채취량(mL 또는 g)}$$

⑥ 중금속: 검체 2.0mL를 취하여 「기능성화장품 기준 및 시험 방법」(식품의약품안전처 고시) 일반시험법 1. 원료의 "43. 중금속시험법" 중 제2법에 따라 조작하여 시험한다. 다만, 비교액에는 납표준액 4.0mL를 넣는다.

⑦ 비소: 검체 20mL를 취하여 300mL 분해플라스크에 넣고 질산 20mL를 넣어 반응이 멈출 때까지 조심하면서 가열한다. 식힌 다음 황산 5mL를 넣어 다시 가열한다. 여기에 질산 2mL씩을 조심하면서 넣고 액이 무색 또는 엷은 황색의 맑은 액이 될 때까지 가열을 계속한다. 식힌 다음 과염소산 1mL를 넣고 황산의 흰 연기가 날 때까지 가열하고 방냉한다. 여기에 포화수산암모늄용액 20mL를 넣고 다시 흰 연기가 날 때까지 가열한다. 식힌 다음 물을 넣어 100mL로 하여 검액으로 한다. 검액 2.0mL를 취하여 「기능성화장품 기준 및 시험 방법」(식품의약품안전처 고시) 일반시험법 1. 원료의 "15. 비소시험법" 중 장치 B를 쓰는 방법에 따라 시험한다.

⑧ 철: ⑦항의 검액 50mL를 취하여 식히면서 조심하여 강암모니아수를 넣어 pH를 9.5~10.0이 되도록 조절하여 검액으로 한다. 따로 물 20mL를 써서 검액과 같은 방법으로 조작하여 공시험액을 만들고, 이 액 50mL를 취하여 철표준액 2.0mL를 넣고 이것을 식히면서 조심하여 강암모니아수를 넣어 pH를 9.5~10.0이 되도록 조절한 것을 비교액으로 한다. 검액 및 비교액을 각각 네슬러관에 넣고 각 관에 치오글라이콜릭애씨드 1.0mL를 넣고 물을 넣어 100mL로 한 다음 비색할 때 검액이 나타내는 색은 비교액이 나타내는 색보다 진하여서는 안 된다.

나. 제2제 시험 방법

1) 브롬산나트륨 함유제제

① 용해 상태: 가루 또는 고형의 경우에만 시험하며, 1인 1회 분량의 검체를 취하여 비색관에 넣고 물 또는 미온탕 200mL를 넣어 녹이고, 이를 백색을 바탕으로 하여 관찰한다.

② pH: 1인 1회 분량의 검체를 가지고 「기능성화장품 기준 및 시험 방법」(식품의약품안전처 고시) 일반시험법 1. 원료의 "47. pH측정법"에 따라 시험한다.

③ 중금속: 1인 1회분의 검체에 물을 넣어 정확히 100mL로 한다. 이 액 2.0mL에 물 10mL를 넣은 다음 염산 1mL를 넣고 수욕상에서 증발건고한다. 이것을 500℃ 이하에서 회화하고 물 10mL 및 묽은초산 2mL를 넣어 녹이고 물을 넣어 50mL로 하여 검액으로 한다. 이 검액을 가지고 「기능성화장품 기준 및 시험 방법」(식품의약품안전처 고시) 일반시험법 1. 원료의 "43. 중금속시험법" 중 제4법에 따라 시험한다. 비교액에는 납표준액 4.0mL를 넣는다.

④ 산화력: 1인 1회 분량의 약 1/10량의 검체를 정밀하게 달아 물 또는 미온탕에 녹여 200mL 용량플라스크에 넣고 물을 넣어 200mL로 한다. 이 용액 20mL를 취하여 유리마개삼각플라스크에 넣고 묽은황산 10mL를 넣어 곧 마개를 하여 가볍게 1~2회 흔들어 섞는다. 이 액에 요오드화칼륨시액 10mL를 조심스럽게 넣고 마개를 하여 5분간 어두운 곳에 방치한 다음 0.1N 치오황산나트륨액으로 적정한다(지시약: 전분시액 3mL). 이때의 소비량을 EmL로 한다.

> 1인 1회 분량의 산화력=0.278×E

2) 과산화수소수 함유제제

① pH: 검체를 가지고 「기능성화장품 기준 및 시험 방법」(식품의약품안전처 고시) 일반시험법 1. 원료의 "47. pH측정법"에 따라 시험한다.

② 중금속: 1. 치오글라이콜릭애씨드 또는 그 염류를 주성분으로 하는 냉2욕식 퍼머넌트웨이브용 제품 나. 제2제 시험 방법 1) 브롬산나트륨 함유제제 ③ 중금속 항에 따라 시험한다.

③ 산화력: 검체 1.0mL를 취하여 유리마개 삼각플라스크에 넣고 물 10mL 및 30% 황산 5mL를 넣어 곧 마개를 하여 가볍게 1~2회 흔들어 섞는다. 이 액에 요오드화칼륨시액 5mL를 조심스럽게 넣고 마개를 하여 30분간 어두운 곳에 방치한 다음 0.1N 치오황산나트륨액으로 적정한다(지시약: 전분시액 3mL). 이때의 소비량을 FmL로 한다.

$$1인 1회 분량의 산화력 = 0.0017007 \times F \times 1인 1회 분량(mL)$$

2. 시스테인, 시스테인염류 또는 아세틸시스테인을 주성분으로 하는 냉2욕식 퍼머넌트웨이브용 제품

가. 제1제 시험 방법

① pH: 검체를 가지고 「기능성화장품 기준 및 시험 방법」(식품의약품안전처 고시) 일반시험법 1. 원료의 "47. pH측정법"에 따라 시험한다.

② 알칼리: 1. 치오글라이콜릭애씨드 또는 그 염류를 주성분으로 하는 냉2욕식 퍼머넌트웨이브용 제품 가. 제1제 시험 방법 ② 알칼리 항에 따라 시험한다.

③ 시스테인: 검체 10mL를 적당한 환류기에 정확하게 취하여 물 40mL 및 5N 염산 20mL를 넣고 2시간 동안 가열 환류시킨다. 식힌 다음 이것을 용량플라스크에 취하고 물을 넣어 정확하게 100mL로 한다. 또한 아세칠시스테인이 함유되지 않은 검체에 대해서는 검체 10mL를 정확하게 취하여 용량플라스크에 넣고 물을 넣어 전체량을 100mL로 한다. 이 용액 25mL를 취하여 분당 2mL의 유속으로 강산성이온교환수지(H형) 30mL를 충전한 안지름 8~15mm의 칼럼을 통과시킨다. 계속하여 수지층을 물로 씻고 유출액과 씻은 액을 버린다. 수지층에 3N 암모니아수 60mL를 분당 2mL의 유속으로 통과시킨다. 유출액을 100mL 용량플라스크에 넣고 다시 수지층을 물로 씻어 씻은 액과 유출액을 합하여 100mL로 하여 검액으로 한다. 검액 20mL를 정확하게 취하여 필요하면 묽은염산으로 중화하고(지시약: 메칠오렌지시액) 요오드화칼륨 4g 및 묽은염산 5mL를 넣고 흔들어 섞어 녹인다. 계속하여 0.1N 요오드액 10mL를 정확하게 넣고 마개를 하여 얼음물 속에서 20분간 암소에 방치한 다음 0.1N 치오황산나트륨액으로 적정한다(지시약: 전분시액 3mL). 이때의 소비량을 GmL로 한다. 같은 방법으로 공시험하여 그 소비량을 HmL로 한다.

$$시스테인의 함량(\%) = 1.2116 \times 2 \times (H-G)$$

④ 환원 후의 환원성 물질(시스틴): 검체 10mL를 용량플라스크에 취하고 물을 넣어 정확하게 100mL로 하여 검액으로 한다. 이 액 10mL를 정확하게 취하여 1N 염산 30mL 및 아연가루 1.5g을 넣고 기포가 끓어오르지 않도록 교반기로 2분간 저어 섞은 다음 여과지(4A)를 써서 흡인여과한다. 잔류물을 물 소량씩으로 3회 씻고 씻은 액을 여액에 합한다. 계속하여 요오드화칼륨 4g을 넣어 흔들어 섞어 녹인다. 다시 0.1N 요오드액 10mL를 정확하게 넣고 마개를 하여 얼음물 속에서 20분간 암소에 방치한 다음, 0.1N 치오황산나트륨액으로 적정한다(지시약: 전분시액 3mL). 이때의 소비량을 ImL로 한다. 같은 방법으로 공시험을 하여 그 소비량을 JmL로 한다.

따로, 검액 10mL를 정확하게 취하여 필요하면 묽은염산으로 중화하고(지시약: 메칠오렌지시액) 요오드화칼륨 4g 및 묽은염산 5mL를 넣고 흔들어 섞어 녹인다. 계속하여 0.1N 요오드액 10mL를 정확하게 넣고 마개를 하여 얼음물 속에 20분간 암소에서 방치한 다음 0.1N 치오황산나트륨액으로 적정한다(지시약: 전분시액 1mL). 이때의 소비량을 KmL로 한다. 같은 방법으로 공시험하여 그 소비량을 LmL로 한다.

$$환원 후의 환원성 물질의 함량(\%) = 1.2015 \times \{(J-I)-(L-K)\}$$

⑤ 중금속: 1. 치오글라이콜릭애씨드 또는 그 염류를 주성분으로 하는 냉2욕식 퍼머넌트웨이브용 제품 가. 제1제 시험 방법 중 ⑥ 중금속 항에 따라 시험한다.

⑥ 비소: 1. 치오글라이콜릭애씨드 또는 그 염류를 주성분으로 하는 냉2욕식 퍼머넌트웨이브용 제품 가. 제1제 시험 방법 중 ⑦ 비소 항에 따라 시험한다.

⑦ 철: 1. 치오글라이콜릭애씨드 또는 그 염류를 주성분으로 하는 냉2욕식 퍼머넌트웨이브용 제품 가. 제1제 시험 방법 중 ⑧ 철 항에 따라 시험한다.

나. 제2제: 1. 치오글라이콜릭애씨드 또는 그 염류를 주성분으로 하는 냉2욕식 퍼머넌트웨이브용 제품 나. 제2제 시험 방법에 따른다.

3. 치오글라이콜릭애씨드 또는 그 염류를 주성분으로 하는 냉2욕식 헤어스트레이트너용 제품

가. 제1제 시험 방법

① pH: 검체를 가지고 「기능성화장품 기준 및 시험 방법」(식품의약품안전처 고시) 일반시험법 1. 원료의 "47. pH측정법"에 따라 시험한다.

② 알칼리: 1. 치오글라이콜릭애씨드 또는 그 염류를 주성분으로 하는 냉2욕식 퍼머넌트웨이브용 제품 가. 제1제 시험 방법 중 ② 알칼리 항에 따라 시험한다.

③ 산성에서 끓인 후의 환원성 물질(치오글라이콜릭애씨드): 1. 치오글라이콜릭애씨드 또는 그 염류를 주성분으로 하는 냉2욕식 퍼머넌트웨이브용 제품 가. 제1제 시험 방법 중 ③ 산성에서 끓인 후의 환원성 물질 항에 따라 시험한다.

④ 산성에서 끓인 후의 환원성 물질 이외의 환원성 물질(아황산, 황화물 등): 1. 치오글라이콜릭애씨드 또는 그 염류를 주성분으로 하는 냉2욕식 퍼머넌트웨이브용 제품 가. 제1제 시험 방법 중 ④ 산성에서 끓인 후의 환원성 물질 이외의 환원성 물질 항에 따라 시험한다.

⑤ 환원 후의 환원성 물질(디치오디글라이콜릭애씨드): 1. 치오글라이콜릭애씨드 또는 그 염류를 주성분으로 하는 냉2욕식 퍼머넌트웨이브용 제품 가. 제1제 시험 방법중 ⑤ 환원 후의 환원성 물질 항에 따라 시험한다.

⑥ 중금속: 1. 치오글라이콜릭애씨드 또는 그 염류를 주성분으로 하는 냉2욕식 퍼머넌트웨이브용 제품 가. 제1제 시험 방법 중 ⑥ 중금속 항에 따라 시험한다.

⑦ 비소: 1. 치오글라이콜릭애씨드 또는 그 염류를 주성분으로 하는 냉2욕식 퍼머넌트웨이브용 제품 가. 제1제 시험 방법 중 ⑦ 비소 항에 따라 시험한다.

⑧ 철: 1. 치오글라이콜릭애씨드 또는 그 염류를 주성분으로 하는 냉2욕식 퍼머넌트웨이브용 제품 가. 제1제 시험 방법 중 ⑧ 철 항에 따라 시험한다.

＊ 검체가 점조하여 용량 단위로는 그 채취량의 정확을 기하기 어려울 때에는 중량 단위로 채취하여 시험할 수 있다. 이 때에는 1g은 1mL로 간주한다.

나. 제2제 시험 방법: 1. 치오글라이콜릭애씨드 또는 그 염류를 주성분으로 하는 냉2욕식 퍼머넌트웨이브용 제품 나. 제2제 시험 방법에 따른다.

4. 치오글라이콜릭애씨드 또는 그 염류를 주성분으로 하는 가온2욕식 퍼머넌트웨이브용 제품

가. 제1제 시험 방법: 1. 치오글라이콜릭애씨드 또는 그 염류를 주성분으로 하는 냉2욕식 퍼머넌트웨이브용 제품 가. 제1제 시험 방법항에 따라 시험한다.

나. 제2제 시험 방법: 함유 성분에 따라 1. 치오글라이콜릭애씨드 또는 그 염류를 주성분으로 하는 냉2욕식 퍼머넌트웨이브용 제품 나. 제2제 시험 방법에 따른다.

5. 시스테인, 시스테인염류 또는 아세틸시스테인을 주성분으로 하는 가온 2욕식 퍼머넌트웨이브용 제품

가. 제1제 시험 방법

① pH: 검체를 가지고 「기능성화장품 기준 및 시험 방법」(식품의약품안전처 고시) 일반시험법 1. 원료의 "47. pH측정법"에 따라 시험한다

② 알칼리: 1. 치오글라이콜릭애씨드 또는 그 염류를 주성분으로 하는 냉2욕식 퍼머넌트웨이브용 제품 가. 제1제 시험 방법 중 ② 알칼리 항에 따라 시험한다.

③ 시스테인: 2. 시스테인, 시스테인염류 또는 아세틸시스테인을 주성분으로 하는 냉2욕식 퍼머넌트웨이브용 제품 가. 제1제 시험 방법 중 ③ 시스테인 항에 따라 시험한다.

④ 환원 후 환원성 물질: 2. 시스테인, 시스테인염류 또는 아세틸시스테인을 주성분으로 하는 냉2욕식 퍼머넌트웨이브용 제품 가. 제1제 시험 방법 중 ④ 환원 후 환원성 물질 항에 따라 시험한다.

⑤ 중금속: 1. 치오글라이콜릭애씨드 또는 그 염류를 주성분으로 하는 냉2욕식 퍼머넌트웨이브용 제품 가. 제1제 시험 방법 중 ⑥ 중금속 항에 따라 시험한다.

⑥ 비소: 1. 치오글라이콜릭애씨드 또는 그 염류를 주성분으로 하는 냉2욕식 퍼머넌트웨이브용 제품 가. 제1제의 2) 시험 방법 중 ⑦ 비소 항에 따라 시험한다.

⑦ 철: 치오글라이콜릭애씨드 퍼머넌트웨이브용 제품 가. 제1제 시험 방법 중 ⑧ 철 항에 따라 시험한다.

나. 제2제: 1.치오글라이콜릭애씨드 또는 그 염류를 주성분으로 하는 냉2욕식 퍼머넌트웨이브용 제품 나. 제2제 시험 방법에 따른다.

6. 치오글라이콜릭애씨드 또는 그 염류를 주성분으로 하는 가온2욕식 헤어스트레이트너 제품

가. 제1제 시험 방법

① pH: 검체를 가지고 「기능성화장품 기준 및 시험 방법」(식품의약품안전처 고시) 일반시험법 1. 원료의 "47. pH측정법"에 따라 시험한다.

② 알칼리: 1. 치오글라이콜릭애씨드 또는 그 염류를 주성분으로 하는 냉2욕식 퍼머넌트웨이브용 제품 가. 제1제 시험 방법 중 ② 알칼리 항에 따라 시험한다.

③ 산성에서 끓인 후의 환원성 물질(치오글라이콜릭애씨드): 1. 치오글라이콜릭애씨드 또는 그 염류를 주성분으로 하는 냉2욕식 퍼머넌트웨이브용 제품 가. 제1제 시험 방법 중 ③ 산성에서 끓인 후의 환원성 물질 항에 따라 시험한다.

④ 산성에서 끓인 후의 환원성 물질 이외의 환원성 물질(아황산염, 황화물 등): 1. 치오글라이콜릭애씨드 또는 그 염류를 주성분으로 하는 냉2욕식 퍼머넌트웨이브용 제품 가. 제1제 시험 방법중 ④ 산성에서 끓인 후의 환원성 물질 이외의 환원성 물질 항에 따라 시험한다.

⑤ 환원 후의 환원성 물질(디치오디글라이콜릭애씨드): 1. 치오글라이콜릭애씨드 또는 그 염류를 주성분으로 하는 냉2욕식 퍼머넌트웨이브용 제품 가. 제1제 시험 방법 중 ⑤ 환원 후의 환원성 물질 항에 따라 시험한다.

⑥ 중금속: 1. 치오글라이콜릭애씨드 또는 그 염류를 주성분으로 하는 냉2욕식 퍼머넌트웨이브용 제품 가. 제1제 시험 방법 중 ⑥ 중금속 항에 따라 시험한다.

⑦ 비소: 1. 치오글라이콜릭애씨드 또는 그 염류를 주성분으로 하는 냉2욕식 퍼머넌트웨이브용 제품 가. 제1제 시험 방법 중 ⑦ 비소 항에 따라 시험한다.

⑧ 철: 1. 치오글라이콜릭애씨드 또는 그 염류를 주성분으로 하는 냉2욕식 퍼머넌트웨이브용 제품 가. 제1제 시험 방법 중 ⑧ 철 항에 따라 시험한다.

나. 제2제: 1. 치오글라이콜릭애씨드 또는 그 염류를 주성분으로 하는 냉2욕식 퍼머넌트웨이브용 제품 나. 제2제 시험 방법에 따른다.

7. 치오글라이콜릭애씨드 또는 그 염류를 주성분으로 하는 고온정발용 열기구를 사용하는 가온2욕식 헤어스트레이트너 제품

가. 제1제 시험 방법

① pH: 검체를 가지고 「기능성화장품 기준 및 시험 방법」(식품의약품안전처 고시) 일반시험법 1. 원료의 "47. pH측정법"에 따라 시험한다.

② 알칼리: 가. 치오글라이콜릭애씨드 또는 그 염류를 주성분으로 하는 냉2욕식 퍼머넌트웨이브용 제품 1) 제1제 시험 방법 중 ② 알칼리 항에 따라 시험한다.

③ 산성에서 끓인 후의 환원성 물질(치오글라이콜릭애씨드): 1. 치오글라이콜릭애씨드 또는 그 염류를 주성분으로 하는 냉2욕식 퍼머넌트웨이브용 제품 가. 제1제 시험 방법 중 ③ 산성에서 끓인 후의 환원성 물질 항에 따라 시험한다.

④ 산성에서 끓인 후의 환원성 물질 이외의 환원성 물질(아황산염, 황화물 등): 1. 치오글라이콜릭애씨드 또는 그 염류를 주성분으로 하는 냉2욕식 퍼머넌트웨이브용 제품 가. 제1제 시험 방법 중 ④ 산성에서 끓인 후의 환원성 물질 이외의 환원성 물질 항에 따라 시험한다.

⑤ 환원 후의 환원성 물질(디치오디글라이콜릭애씨드): 1. 치오글라이콜릭애씨드 또는 그 염류를 주성분으로 하는 냉2욕식 퍼머넌트웨이브용 제품 가. 제1제 시험 방법 중 ⑤ 환원 후의 환원성 물질 항에 따라 시험한다.

⑥ 중금속: 1. 치오글라이콜릭애씨드 또는 그 염류를 주성분으로 하는 냉2욕식 퍼머넌트웨이브용 제품 가. 제1제 시험 방법 중 ⑥ 중금속 항에 따라 시험한다.

⑦ 비소: 1. 치오글라이콜릭애씨드 또는 그 염류를 주성분으로 하는 냉2욕식 퍼머넌트웨이브용 제품 가. 제1제 시험 방법중 ⑦ 비소 항에 따라 시험한다.

⑧ 철: 1. 치오글라이콜릭애씨드 또는 그 염류를 주성분으로 하는 냉2욕식 퍼머넌트웨이브용 제품 가. 제1제 시험 방법 중 ⑧ 철 항에 따라 시험한다.

나. 제2제: 1. 치오글라이콜릭애씨드 또는 그 염류를 주성분으로 하는 냉2욕식 퍼머넌트웨이브용 제품 나. 제2제 시험 방법에 따른다.

8. 치오글라이콜릭애씨드 또는 그 염류를 주성분으로 하는 냉1욕식 퍼머넌트웨이브용 제품

가. 1. 치오글라이콜릭애씨드 또는 그 염류를 주성분으로 하는 냉2욕식 퍼머넌트웨이브용 제품 가. 제1제 시험 방법 항에 따라 시험한다.

9. 치오글라이콜릭애씨드 또는 그 염류를 주성분으로 하는 제1제 사용 시 조제하는 발열2욕식 퍼머넌트웨이브용 제품

가. 제1제의 1 시험 방법: 1. 치오글라이콜릭애씨드 또는 그 염류를 주성분으로 하는 냉2욕식 퍼머넌트웨이브용 제품 가. 제1제 시험 방법 항에 따라 시험한다. 다만, ④ 산성에서 끓인 후의 환원성 물질 이외의 환원성 물질에서 0.1N 요오드액 25mL 대신 50mL를 넣는다.

나. 제1제의 2 시험 방법

① pH: 검체를 가지고 「기능성화장품 기준 및 시험 방법」(식품의약품안전처 고시) 일반시험법 1. 원료의 "47. pH측정법"에 따라 시험한다.

② 중금속: 1. 치오글라이콜릭애씨드 또는 그 염류를 주성분으로 하는 냉2욕식 퍼머넌트웨이브용 제품 나. 제2제 시험 방법 1) 브롬산나트륨 함유제제 중 ③ 중금속 항에 따라 시험한다.

③ 과산화수소: 검체 1g을 정밀히 달아 200mL 유리마개 삼각플라스크에 넣고 물 10mL 및 30% 황산 5mL를 넣어 바로 마개를 하여 가볍게 1~2회 흔든다. 이 액에 요오드화칼륨시액 5mL를 주의하면서 넣어 마개를 하고 30분간 어두운 곳에 방치한 다음 0.1N 치오황산나트륨액으로 적정한다(지시약: 전분시액 3mL). 이때의 소비량을 A(mL)로 한다.

$$과산화수소\ 함유율(\%) = \frac{0.0017007 \times A}{검체의\ 채취량(g)} \times 100$$

다. 제1제의 1 및 제1제의 2의 혼합물 시험 방법: 이 제품은 혼합 시에 발열하므로 사용할 때에 약 40℃로 가온된다. 시험에 있어서는 제1제의 1, 1인 1회분 및 제1제의 2, 1인 1회분의 양을 혼합하여 10분간 실온에서 방치한 다음 흐르는 물로 실온까지 냉각한 것을 검체로 한다.

① pH: 검체를 가지고 「기능성화장품 기준 및 시험 방법」(식품의약품안전처 고시) 일반시험법 1. 원료의 "47. pH측정법"에 따라 시험한다.

② 알칼리: 1. 치오글라이콜릭애씨드 또는 그 염류를 주성분으로 하는 냉2욕식 퍼머넌트웨이브용 제품 가. 제1제 시험 방법 중 ② 알칼리 항에 따라 시험한다.

③ 산성에서 끓인 후의 환원성 물질(치오글라이콜릭애씨드): 1. 치오글라이콜릭애씨드 또는 그 염류를 주성분으로 하는 냉2욕식 퍼머넌트웨이브용 제품 가. 제1제 시험 방법 중 ③ 산성에서 끓인 후의 환원성 물질 항에 따라 시험한다.

④ 산성에서 끓인 후의 환원성 물질 이외의 환원성 물질(아황산염, 황화물 등): 1. 치오글라이콜릭애씨드 또는 그 염류를 주성분으로 하는 냉2욕식 퍼머넌트웨이브용 제품 가. 제1제 2) 시험 방법 중 ④ 산성에서 끓인 후의 환원성 물질 이외의 환원성 물질 항에 따라 시험한다.

⑤ 환원 후의 환원성 물질(디치오디글라이콜릭애씨드): 1. 치오글라이콜릭애씨드 또는 그 염류를 주성분으로 하는 냉2욕식 퍼머넌트웨이브용 제품 가. 제1제 시험 방법 중 ⑤ 환원 후의 환원성 물질 항에 따라 시험한다.

⑥ 온도상승: 1) 제1제의 1. 1인 1회분 및 제1제의 2. 1인 1회분을 각각 25℃의 항온조에 넣고 때때로 액온을 측정하여 액온이 25℃가 될 때까지 방치한다. 1) 제1제의 1을 온도계를 삽입한 100mL 비이커에 옮기고 액의 온도(T_0)을 기록한다. 다음에 제1제의 2를 여기에 넣고 바로 저어 섞으면서 온도를 측정하여 최고 도달 온도(T_1)를 기록한다.

$$온도의\ 차(℃)=T_1-T_0$$

라. 제2제 시험 방법: 1. 치오글라이콜릭애씨드 또는 그 염류를 주성분으로 하는 냉2욕식 퍼머넌트웨이브용 제품 나. 제2제 시험 방법에 따른다.

10. 제1제 환원제 물질이 1종 이상 함유되어 있는 퍼머넌트웨이브 및 헤어스트레이트너 제품

가. 시험 방법

검체 약 1.0g을 정밀하게 달아 용량플라스크에 넣고 묽은염산 10mL 및 물을 넣어 정확하게 200mL로 한다. 이 액을 가지고 클로로포름 20mL로 2회 추출한 다음 물층을 취하여 원심 분리하고 상등액을 취해 여과한 것을 검액으로 한다. 따로 치오글라이콜릭애씨드, 시스테인, 아세틸시스테인, 디치오디글라이콜릭애씨드, 시스틴, 디아세틸시스틴 표준품 각각 10mg을 정밀하게 달아 용량플라스크에 넣고 물을 넣어 정확하게 10mL로 한다(단, 측정 대상이 아닌 물질은 제외 가능). 이 액을 각각 0.01, 0.05, 0.1, 0.5, 1.0, 2.0mL를 정확하게 취해 물을 넣어 각각 10mL로 한 것을 검량선용 표준액으로 한다. 검액 및 표준액 20μL씩을 가지고 다음의 조건으로 액체크로마토그래프법에 따라 검액 중 환원제 물질들의 양을 구한다. 필요한 경우 표준액의 검량선 범위 내에서 검체 채취량 또는 희석배수는 조정할 수 있다.

＜조작 조건＞
• 검출기: 자외부흡광광도계(측정파장 215nm)
• 칼럼: 안지름 4.6mm, 길이 25cm인 스테인레스강관에 5μm의 액체크로마토그래프용 옥타데실실릴실리카겔을 충전한다.
• 이동상: 0.1% 인산을 함유한 4mm 헵탄설폰산나트륨액·아세토니트릴 혼합액(95:5)
• 유량: 1.0mL/분

Ⅲ. 일반사항

1. '검체'는 부자재(예 침적마스크 중 부직포 등)를 제외한 화장품의 내용물로 하며, 부자재가 내용물과 섞여 있는 경우 적당한 방법(예 압착, 원심 분리 등)을 사용하여 이를 제거한 후 검체로 하여 시험한다.
2. 에어로졸제품인 경우에는 제품을 분액깔때기에 분사한 다음 분액깔때기의 마개를 가끔 열어 주면서 1시간 이상 방치하여 분리된 액을 따로 취하여 검체로 한다.
3. 검체가 점조하여 용량 단위로 정확히 채취하기 어려울 때에는 중량 단위로 채취하여 시험할 수 있으며, 이 경우 1g은 1mL로 간주한다.
4. 시약, 시액 및 표준액
   1) 철표준액: 황산제일철암모늄 0.7021g을 정밀히 달아 물 50mL를 넣어 녹이고 여기에 황산 20mL를 넣어 가온하면서 0.6% 과망간산칼륨용액을 미홍색이 없어지지 않고 남을 때까지 적가한 다음, 방냉하고 물을 넣어 1L로 한다. 이 액 10mL를 100mL 용량플라스크에 넣고 물을 넣어 100mL로 한다. 이 용액 1mL는 철(Fe) 0.01mg을 함유한다.
   2) 그 밖에 시약, 시액 및 표준액은「기능성화장품 기준 및 시험 방법」(식품의약품안전처 고시) 일반시험법 3. 계량기, 용기, 색의 비교액, 시약, 시액, 용량분석용표준액 및 표준액의 것을 사용한다.

Chapter 02

화장품의 색소 종류 및 기준
[시행 2023. 9. 21.]

1 본문

제1조(목적) 「화장품법」 제8조제2항에 따라 화장품에 사용할 수 있는 화장품의 색소 종류와 기준을 정함을 목적으로 한다.

제2조(용어의 정의) 이 고시에서 사용하는 용어의 뜻은 다음과 같다.

1. "색소"라 함은 화장품이나 피부에 색을 띄게 하는 것을 주요 목적으로 하는 성분을 말한다.
2. "타르색소"라 함은 제1호의 색소 중 콜타르, 그 중간생성물에서 유래되었거나 유기합성하여 얻은 색소 및 그 레이크, 염, 희석제와의 혼합물을 말한다.
3. "순색소"라 함은 중간체, 희석제, 기질 등을 포함하지 아니한 순수한 색소를 말한다.
4. "레이크"라 함은 타르색소를 기질에 흡착, 공침 또는 단순한 혼합이 아닌 화학적 결합에 의하여 확산시킨 색소를 말한다.
5. "기질"이라 함은 레이크 제조 시 순색소를 확산시키는 목적으로 사용되는 물질을 말하며 알루미나, 브랭크휙스, 크레이, 이산화티탄, 산화아연, 탤크, 로진, 벤조산알루미늄, 탄산칼슘 등의 단일 또는 혼합물을 사용한다.
6. "희석제"라 함은 색소를 용이하게 사용하기 위하여 혼합되는 성분을 말하며, 「화장품 안전기준 등에 관한 규정」(식품의약품안전처 고시) 별표 1의 원료는 사용할 수 없다.
7. "눈 주위"라 함은 눈썹, 눈썹 아래쪽 피부, 눈꺼풀, 속눈썹 및 눈(안구, 결막낭, 윤문상 조직을 포함한다.)을 둘러싼 뼈의 능선 주위를 말한다.

제3조(화장품 색소의 종류) 화장품의 색소의 종류, 사용부위 및 사용한도는 별표 1과 같으며, 레이크는 제4조에 정하는 바에 따른다. 다만, 특별한 경우에 한하여 그 사용을 제한할 수 있다.

제4조(레이크의 종류) 제3조에 따른 레이크는 별표 1 중 타르색소의 나트륨, 칼륨, 알루미늄, 바륨, 칼슘, 스트론튬 또는 지르코늄염(염이 아닌 것은 염으로 하여)을 기질에 확산시켜서 만든 레이크하며, 알루미늄레이크란 알루미늄이 결합하여 흡착시킨 색소를 말한다.

제5조(기준 및 시험 방법) 색소의 기준은 별표 2와 같다. 다만, 기준이 수재되어 있지 않거나 기타 과학적·합리적으로 타당성이 인정되는 경우 자사 기준으로 설정하여 시험할 수 있다.

제6조(규제의 재검토) 식품의약품안전처장은 「행정규제기본법」에 따라 이 고시에 대하여 2022년 7월 1일 기준으로 매3년이 되는 시점(매 3년째의 6월 30일까지를 말한다)마다 그 타당성을 검토하여 개선 등의 조치를 하여야 한다.

제7조(재검토기한) 식품의약품안전처장은 「훈령·예규 등의 발령 및 관리에 관한 규정」에 따라 2022년 7월 1일 기준으로 매3년이 되는 시점(매 3년째의 6월 30일까지를 말한다)마다 관련 법령이나 현실 여건의 변화 등을 고려하여 이 고시의 폐지, 개정 등의 여부를 검토하여야 한다.

2 [별표 1] 화장품의 색소

연번	색소	사용제한	비고
1	녹색 204호(피라닌콘크, Pyranine Conc) * CI 59040 8-히드록시-1, 3, 6-피렌트리설폰산의 트리나트륨염 ◎ 사용한도 0.01%	눈 주위 및 입술에 사용할 수 없음	타르색소
2	녹색 401호(나프톨그린 B, Naphthol Green B) * CI 10020 5-이소니트로소-6-옥소-5, 6-디히드로-2-나프탈렌설폰산의 철염	눈 주위 및 입술에 사용할 수 없음	타르색소
3	등색 206호(디요오드플루오레세인, Diiodofluorescein) * CI 45425:1 4′, 5′-디요오드-3′, 6′-디히드록시스피로[이소벤조푸란-1(3H), 9′-[9H]크산텐]-3-온	눈 주위 및 입술에 사용할 수 없음	타르색소
4	등색 207호(에리트로신 옐로위쉬 NA, Erythrosine Yellowish NA) * CI 45425 9-(2-카르복시페닐)-6-히드록시-4, 5-디요오드-3H-크산텐-3-온의 디나트륨염	눈 주위 및 입술에 사용할 수 없음	타르색소
5	자색 401호(알리주롤퍼플, Alizurol Purple) * CI 60730 1-히드록시-4-(2-설포-p-톨루이노)-안트라퀴논의 모노나트륨염	눈 주위 및 입술에 사용할 수 없음	타르색소
6	적색 205호(리톨레드, Lithol Red) * CI 15630 2-(2-히드록시-1-나프틸아조)-1-나프탈렌설폰산의 모노나트륨염 ◎ 사용한도 3%	눈 주위 및 입술에 사용할 수 없음	타르색소
7	적색 206호(리톨레드 CA, Lithol Red CA) * CI 15630:2 2-(2-히드록시-1-나프틸아조)-1-나프탈렌설폰산의 칼슘염 ◎ 사용한도 3%	눈 주위 및 입술에 사용할 수 없음	타르색소
8	적색 207호(리톨레드 BA, Lithol Red BA) CI 15630:1 2-(2-히드록시-1-나프틸아조)-1-나프탈렌설폰산의 바륨염 ◎ 사용한도 3%	눈 주위 및 입술에 사용할 수 없음	타르색소
9	적색 208호(리톨레드 SR, Lithol Red SR) CI 15630:3 2-(2-히드록시-1-나프틸아조)-1-나프탈렌설폰산의 스트론튬염 ◎ 사용한도 3%	눈 주위 및 입술에 사용할 수 없음	타르색소
10	적색 219호(브릴리안트레이크레드 R, Brilliant Lake Red R) * CI 15800 3-히드록시-4-페닐아조-2-나프토에산의 칼슘염	눈 주위 및 입술에 사용할 수 없음	타르색소
11	적색 225호(수단 Ⅲ, Sudan Ⅲ) * CI 26100 1-[4-(페닐아조)페닐아조]-2-나프톨	눈 주위 및 입술에 사용할 수 없음	타르색소
12	적색 405호(퍼머넌트 레드 F5R, Permanent Red F5R) CI 15865:2 4-(5-클로로-2-설포-p-톨릴아조)-3-히드록시-2-나프토에산의 칼슘염	눈 주위 및 입술에 사용할 수 없음	타르색소
13	적색 504호(폰소 SX, Ponceau SX) * CI 14700 2-(5-설포-2, 4-키실릴아조)-1-나프톨-4-설폰산의 디나트륨염	눈 주위 및 입술에 사용할 수 없음	타르색소
14	청색 404호(프탈로시아닌블루, Phthalocyanine Blue) * CI 74160 프탈로시아닌의 구리착염	눈 주위 및 입술에 사용할 수 없음	타르색소
15	황색 202호의 (2) (우라닌 K, Uranine K) * CI 45350 9-올소-카르복시페닐-6-히드록시-3-이소크산톤의 디칼륨염 ◎ 사용한도 6%	눈 주위 및 입술에 사용할 수 없음	타르색소
16	황색 204호(퀴놀린옐로우 SS, Quinoline Yellow SS) * CI 47000 2-(2-퀴놀릴)-1, 3-인단디온	눈 주위 및 입술에 사용할 수 없음	타르색소
17	황색 401호(한자옐로우, Hanza Yellow) * CI 11680 N-페닐-2-(니트로-p-톨릴아조)-3-옥소부탄아미드	눈 주위 및 입술에 사용할 수 없음	타르색소

18	황색 403호의 (1) (나프톨옐로우 S, Naphthol Yellow S) CI 10316 2, 4-디니트로-1-나프톨-7-설폰산의 디나트륨염	눈 주위 및 입술에 사용할 수 없음	타르색소
19	등색 205호(오렌지Ⅱ, Orange Ⅱ) CI 15510 1-(4-설포페닐아조)-2-나프톨의 모노나트륨염	눈 주위에 사용할 수 없음	타르색소
20	황색 203호(퀴놀린옐로우 WS, Quinoline Yellow WS) CI 47005 2-(1, 3-디옥소인단-2-일)퀴놀린 모노설폰산 및 디설폰산의 나트륨염	눈 주위에 사용할 수 없음	타르색소
21	녹색 3호(패스트그린 FCF, Fast Green FCF) CI 42053 2-[α-[4-(N-에틸-3-설포벤질이미니오)-2, 5-시클로헥사디엔일덴]-4-(N-에틸-3-설포벤질아미노)벤질]-5-히드록시벤젠설포네이트의 디나트륨염	–	타르색소
22	녹색 201호(알리자린시아닌그린 F, Alizarine Cyanine Green F)* CI 61570 1, 4-비스-(2-설포-p-톨루이디노)-안트라퀴논의 디나트륨염	–	타르색소
23	녹색 202호(퀴니자린그린 SS, Quinizarine Green SS)* CI 61565 1, 4-비스(p-톨루이디노)안트라퀴논	–	타르색소
24	등색 201호(디브로모플루오레세인, Dibromofluorescein) CI 45370 4', 5'-디브로모-3', 6'-디히드로시스피로[이소벤조푸란-1(3H),9-[9H]크산텐-3-온	눈 주위에 사용할 수 없음	타르색소
25	자색 201호(알리주린퍼플 SS, Alizurine Purple SS)* CI 60725 1-히드록시-4-(p-톨루이디노)안트라퀴논	–	타르색소
26	적색 2호(아마란트, Amaranth) CI 16185 3-히드록시-4-(4-설포나프틸아조)-2, 7-나프탈렌디설폰산의 트리나트륨염	영유아용 제품류 또는 13세 이하 어린이가 사용할 수 있음을 특정하여 표시하는 제품에 사용할 수 없음	타르색소
27	적색 40호(알루라레드 AC, Allura Red AC) CI 16035 6-히드록시-5-[(2-메톡시-5-메틸-4-설포페닐)아조]-2-나프탈렌설폰산의 디나트륨염	–	타르색소
28	적색 102호(뉴콕신, New Coccine) CI 16255 1-(4-설포-1-나프틸아조)-2-나프톨-6, 8-디설폰산의 트리나트륨염의 1.5 수화물	영유아용 제품류 또는 13세 이하 어린이가 사용할 수 있음을 특정하여 표시하는 제품에 사용할 수 없음	타르색소
29	적색 103호의 (1) (에오신 YS, Eosine YS) CI 45380 9-(2-카르복시페닐)-6-히드록시-2, 4, 5, 7-테트라브로모-3H-크산텐-3-온의 디나트륨염	눈 주위에 사용할 수 없음	타르색소
30	적색 104호의 (1) (플록신 B, Phloxine B) CI 45410 9-(3, 4, 5, 6-테트라클로로-2-카르복시페닐)-6-히드록시-2, 4, 5, 7-테트라브로모-3H-크산텐-3-온의 디나트륨염	눈 주위에 사용할 수 없음	타르색소
31	적색 104호의 (2) (플록신 BK, Phloxine BK) CI 45410 9-(3, 4, 5, 6-테트라클로로-2-카르복시페닐)-6-히드록시-2, 4, 5, 7-테트라브로모-3H-크산텐-3-온의 디칼륨염	눈 주위에 사용할 수 없음	타르색소
32	적색 201호(리톨루빈 B, Lithol Rubine B) CI 15850 4-(2-설포-p-톨릴아조)-3-히드록시-2-나프토에산의 디나트륨염	–	타르색소
33	적색 202호(리톨루빈 BCA, Lithol Rubine BCA) CI 15850:1 4-(2-설포-p-톨릴아조)-3-히드록시-2-나프토에산의 칼슘염	–	타르색소
34	적색 218호(테트라클로로테트라브로모플루오레세인, Tetrachlorotetrabromofluorescein) CI 45410:1 2', 4', 5', 7'-테트라브로모-4, 5, 6, 7-테트라클로로-3', 6'-디히드록시 피로[이소벤조푸란-1(3H),9'-[9H] 크산텐-3-온	눈 주위에 사용할 수 없음	타르색소

35	적색 220호(디프마룬, Deep Maroon) * CI 15880:1 4-(1-설포-2-나프틸아조)-3-히드록시-2-나프토에산의 칼슘염	–	타르색소
36	적색 223호(테트라브로모플루오레세인, Tetrabromofluorescein) CI 45380:2 2', 4', 5', 7'-테트라브로모-3', 6'-디히드록시스피로[이소벤조푸란-1(3H),9'-[9H]크산텐]-3-온	눈 주위에 사용할 수 없음	타르색소
37	적색 226호(헬린돈핑크 CN, Helindone Pink CN) * CI 73360 6, 6'-디클로로-4, 4'-디메틸-티오인디고	–	타르색소
38	적색 227호(패스트애씨드마겐타, Fast Acid Magenta) * CI 17200 8-아미노-2-페닐아조-1-나프톨-3, 6-디설폰산의 디나트륨염 ◎ 입술에 적용을 목적으로 하는 화장품의 경우만 사용한도 3%	–	타르색소
39	적색 228호(퍼마톤레드, Permaton Red) CI 12085 1-(2-클로로-4-니트로페닐아조)-2-나프톨 ◎ 사용한도 3%	–	타르색소
40	적색 230호의 (2) (에오신 YSK, Eosine YSK) CI 45380 9-(2-카르복시페닐)-6-히드록시-2, 4, 5, 7-테트라브로모-3H-크산텐-3-온의 디칼륨염	–	타르색소
41	청색 1호(브릴리안트블루 FCF, Brilliant Blue FCF) CI 42090 2-[α-[4-(N-에틸-3-설포벤질이미니오)-2, 5-시클로헥사디에닐리덴]-4-(N-에틸-3-설포벤질아미노)벤질]벤젠설포네이트의 디나트륨염	–	타르색소
42	청색 2호(인디고카르민, Indigo Carmine) CI 73015 5, 5'-인디고틴디설폰산의 디나트륨염	–	타르색소
43	청색 201호(인디고, Indigo) * CI 73000 인디고틴	–	타르색소
44	청색 204호(카르반트렌블루, Carbanthrene Blue) * CI 69825 3, 3'-디클로로인단스렌	–	타르색소
45	청색 205호(알파주린 FG, Alphazurine FG) * CI 42090 2-[α-[4-(N-에틸-3-설포벤질이미니오)-2, 5-시클로헥산디에닐리덴]-4-(N-에틸-3-설포벤질아미노)벤질]벤젠설포네이트의 디암모늄염	–	타르색소
46	황색 4호(타르트라진, Tartrazine) CI 19140 5-히드록시-1-(4-설포페닐)-4-(4-설포페닐아조)-1H-피라졸-3-카르본산의 트리나트륨염	–	타르색소
47	황색 5호(선셋옐로우 FCF, Sunset Yellow FCF) CI 15985 6-히드록시-5-(4-설포페닐아조)-2-나프탈렌설폰산의 디나트륨염	–	타르색소
48	황색 201호(플루오레세인, Fluorescein) * CI 45350:1 3', 6'-디히드록시스피로[이소벤조푸란-1(3H), 9'-[9H]크산텐]-3-온 ◎ 사용한도 6%	–	타르색소
49	황색 202호의 (1) (우라닌, Uranine) * CI 45350 9-(2-카르복시페닐)-6-히드록시-3H-크산텐-3-온의 디나트륨염 ◎ 사용한도 6%	–	타르색소
50	등색 204호(벤지딘오렌지 G, Benzidine Orange G) * CI 21110 4, 4'-[(3, 3'-디클로로-1, 1'-비페닐)-4, 4'-디일비스(아조)]비스[3-메틸-1-페닐-5-피라졸론]	적용 후 바로 씻어내는 제품 및 염모용 화장품에만 사용	타르색소
51	적색 106호(애씨드레드, Acid Red) * CI 45100 2-[[N, N-디에틸-6-(디에틸아미노)-3H-크산텐-3-이미니오]-9-일]-5-설포벤젠설포네이트의 모노나트륨염	적용 후 바로 씻어내는 제품 및 염모용 화장품에만 사용	타르색소

52	적색 221호(톨루이딘레드, Toluidine Red) * CI 12120 1-(2-니트로-p-톨릴아조)-2-나프톨	적용 후 바로 씻어내는 제품 및 염모용 화장품에만 사용	타르색소
53	적색 401호(비올라민 R, Violamine R) CI 45190 9-(2-카르복시페닐)-6-(4-설포-올소-톨루이디노)-N-(올소-톨릴)-3H-크산텐-3-이민의 디나트륨염	적용 후 바로 씻어내는 제품 및 염모용 화장품에만 사용	타르색소
54	적색 506호(패스트레드 S, Fast Red S) * CI 15620 4-(2-히드록시-1-나프틸아조)-1-나프탈렌설폰산의 모노나트륨염	적용 후 바로 씻어내는 제품 및 염모용 화장품에만 사용	타르색소
55	황색 407호(패스트라이트옐로우 3G, Fast Light Yellow 3G) * CI 18820 3-메틸-4-페닐아조-1-(4-설포페닐)-5-피라졸론의 모노나트륨염	적용 후 바로 씻어내는 제품 및 염모용 화장품에만 사용	타르색소
56	흑색 401호(나프톨블루블랙, Naphthol Blue Black) * CI 20470 8-아미노-7-(4-니트로페닐아조)-2-(페닐아조)-1-나프톨-3, 6-디설폰산의 디나트륨염	적용 후 바로 씻어내는 제품 및 염모용 화장품에만 사용	타르색소
57	등색 401호(오렌지 401, Orange no. 401) * CI 11725	점막에 사용할 수 없음	타르색소
58	안나토(Annatto) CI 75120	–	
59	라이코펜(Lycopene) CI 75125	–	
60	베타카로틴(Beta-Carotene) CI 40800, CI 75130	–	
61	구아닌(2-아미노-1,7-디하이드로-6H-퓨린-6-온, Guanine, 2-Amino-1,7-dihydro-6H-purin-6-one) CI 75170	–	
62	커큐민(Curcumin) CI 75300	–	
63	카민류(Carmines) CI 75470	–	
64	클로로필류(Chlorophylls) CI 75810	–	
65	알루미늄(Aluminum) CI 77000	–	
66	벤토나이트(Bentonite) CI 77004	–	
67	울트라마린(Ultramarines) CI 77007	–	
68	바륨설페이트(Barium Sulfate) CI 77120	–	
69	비스머스옥시클로라이드(Bismuth Oxychloride) CI 77163	–	
70	칼슘카보네이트(Calcium Carbonate) CI 77220	–	
71	칼슘설페이트(Calcium Sulfate) CI 77231	–	
72	카본블랙(Carbon black) CI 77266	–	
73	본블랙, 본차콜(본차콜, Bone black, Bone Charcoal) CI 77267	–	
74	베지터블카본(코크블랙, Vegetable Carbon, Coke Black) CI 77268 : 1	–	
75	크로뮴옥사이드그린(크롬(III) 옥사이드, Chromium Oxide Greens) CI 77288	–	
76	크로뮴하이드로사이드그린(크롬(III) 하이드록사이드, Chromium Hydroxide Green) CI 77289	–	
77	코발트알루미늄옥사이드(Cobalt Aluminum Oxide) CI 77346	–	
78	구리(카퍼, Copper) CI 77400	–	
79	금(Gold) CI 77480	–	

80	페러스옥사이드(Ferrous oxide, Iron Oxide) CI 77489	–	
81	적색산화철(아이런옥사이드레드, Iron Oxide Red, Ferric Oxide) CI 77491	–	
82	황색산화철(아이런옥사이드옐로우, Iron Oxide Yellow, Hydrated Ferric Oxide) CI 77492	–	
83	흑색산화철(아이런옥사이드블랙, Iron Oxide Black, Ferrous–Ferric Oxide) CI 77499	–	
84	페릭암모늄페로시아나이드(Ferric Ammonium Ferrocyanide) CI 77510	–	
85	페릭페로시아나이드(Ferric Ferrocyanide) CI 77510	–	
86	마그네슘카보네이트(Magnesium Carbonate) CI 77713	–	
87	망가니즈바이올렛(암모늄망가니즈(3+) 디포스페이트, Manganese Violet, Ammonium Manganese(3+) Diphosphate) CI 77742	–	
88	실버(Silver) CI 77820	–	
89	티타늄디옥사이드(Titanium Dioxide) CI 77891	–	
90	징크옥사이드(Zinc Oxide) CI 77947	–	
91	리보플라빈(락토플라빈, Riboflavin, Lactoflavin)	–	
92	카라멜(Caramel)	–	
93	파프리카 추출물, 캡산틴/캡소루빈(Paprika Extract Capsanthin/Capsorubin)	–	
94	비트루트레드(Beetroot Red)	–	
95	안토시아닌류(시아니딘, 페오니딘, 말비딘, 델피니딘, 페투니딘, 페라고니딘, Anthocyanins)	–	
96	알루미늄스테아레이트/징크스테아레이트/마그네슘스테아레이트/칼슘스테아레이트 (Aluminum Stearate/Zinc Stearate/Magnesium Stearate/Calcium Stearate)	–	
97	디소듐이디티에이–카퍼(Disodium EDTA–copper)	–	
98	디하이드록시아세톤(Dihydroxyacetone)	–	
99	구아이아줄렌(Guaiazulene)	–	
100	피로필라이트(Pyrophyllite)	–	
101	마이카(Mica) CI 77019	–	
102	청동(Bronze)		
103	염기성갈색 16호(Basic Brown 16) CI 12250	염모용 화장품에만 사용	타르색소
104	염기성청색 99호(Basic Blue 99) CI 56059	염모용 화장품에만 사용	타르색소
105	염기성적색 76호(Basic Red 76) CI 12245 ◎ 사용한도 2%	염모용 화장품에만 사용	타르색소
106	염기성갈색 17호(Basic Brown 17) CI 12251 ◎ 사용한도 2%	염모용 화장품에만 사용	타르색소
107	염기성황색 87호(Basic Yellow 87) ◎ 사용한도 1%	염모용 화장품에만 사용	타르색소
108	염기성황색 57호(Basic Yellow 57) CI 12719 ◎ 사용한도 2%	염모용 화장품에만 사용	타르색소
109	염기성적색 51호(Basic Red 51) ◎ 사용한도 1%	염모용 화장품에만 사용	타르색소

110	염기성등색 31호(Basic Orange 31) ◎ 사용한도 1%	염모용 화장품에만 사용	타르색소
111	에치씨청색 15호(HC Blue No. 15) ◎ 사용한도 0.2%	염모용 화장품에만 사용	타르색소
112	에치씨청색 16호(HC Blue No. 16) ◎ 사용한도 3%	염모용 화장품에만 사용	타르색소
113	분산자색 1호(Disperse Violet 1) CI 61100 1,4-디아미노안트라퀴논 ◎ 사용한도 0.5%	염모용 화장품에만 사용	타르색소
114	에치씨적색 1호(HC Red No. 1) 4-아미노-2-니트로디페닐아민 ◎ 사용한도 1%	염모용 화장품에만 사용	타르색소
115	2-아미노-6-클로로-4-니트로페놀 ◎ 사용한도 2%	염모용 화장품에만 사용	타르색소
116	4-하이드록시프로필 아미노-3-니트로페놀 ◎ 사용한도 2.6%	염모용 화장품에만 사용	타르색소
117	염기성자색 2호(Basic Violet 2) CI 42520 ◎ 사용한도 0.5%	염모용 화장품에만 사용	타르색소
118	분산흑색 9호(Disperse Black 9) ◎ 사용한도 0.3%	염모용 화장품에만 사용	타르색소
119	에치씨황색 7호(HC Yellow No. 7) ◎ 사용한도 0.25%	염모용 화장품에만 사용	타르색소
120	산성적색 52호(Acid Red 52) CI 45100 ◎ 사용한도 0.6%	염모용 화장품에만 사용	타르색소
121	산성적색 92호(Acid Red 92) ◎ 사용한도 0.4%	염모용 화장품에만 사용	타르색소
122	에치씨청색 17호(HC Blue 17) ◎ 사용한도 2%	염모용 화장품에만 사용	타르색소
123	에치씨등색 1호(HC Orange No. 1) ◎ 사용한도 1%	염모용 화장품에만 사용	타르색소
124	분산청색 377호(Disperse Blue 377) ◎ 사용한도 2%	염모용 화장품에만 사용	타르색소
125	에치씨청색 12호(HC Blue No. 12) ◎ 사용한도 1.5%	염모용 화장품에만 사용	타르색소
126	에치씨황색 17호(HC Yellow No. 17) ◎ 사용한도 0.5%	염모용 화장품에만 사용	타르색소
127	피그먼트 적색 5호(Pigment Red 5) * CI 12490 엔-(5-클로로-2,4-디메톡시페닐)-4-[[5-[(디에칠아미노)설포닐]-2-메톡시페닐]아조]-3-하이드록시나프탈렌-2-카복사마이드	화장비누에만 사용	타르색소
128	피그먼트 자색 23호(Pigment Violet 23) CI 51319	화장비누에만 사용	타르색소
129	피그먼트 녹색 7호(Pigment Green 7) CI 74260	화장비누에만 사용	타르색소

주) * 표시는 해당 색소의 바륨, 스트론튬, 지르코늄레이크는 사용할 수 없다.

Chapter **03**

화장품 사용할 때의 주의사항 및 알레르기 유발 성분 표시에 관한 규정 [시행 2024. 9. 24.]

1 **[별표 1] 화장품의 유형과 유형별·함유 성분별 사용할 때의 주의사항 표시 문구**

1. 화장품의 유형(의약외품은 제외한다.)

가. 3세 이하의 영유아용 제품류

　　1) 영유아용 샴푸, 린스
　　2) 영유아용 로션, 크림
　　3) 영유아용 오일
　　4) 영유아 인체 세정용 제품
　　5) 영유아 목욕용 제품

나. 목욕용 제품류

　　1) 목욕용 오일·정제·캡슐
　　2) 목욕용 소금류
　　3) 버블 배스(bubble baths)
　　4) 그 밖의 목욕용 제품류

다. 인체 세정용 제품류

　　1) 폼 클렌저(foam cleanser)
　　2) 보디 클렌저(body cleanser)
　　3) 액체비누
　　4) 화장비누(고체 형태의 세안용 비누)
　　5) 외음부 세정제
　　6) 물휴지. 다만, 「위생용품 관리법」(법률 제14837호) 제2조 제1호 라목 2)에서 말하는 「식품위생법」 제36조 제1항 제3호에 따른 식품접객업의 영업소에서 손을 닦는 용도 등으로 사용할 수 있도록 포장된 물티슈와 「장사 등에 관한 법률」 제29조에 따른 장례식장 또는 「의료법」 제3조에 따른 의료기관 등에서 시체(屍體)를 닦는 용도로 사용되는 물휴지는 제외한다.
　　7) 그 밖의 인체 세정용 제품류

라. 눈화장용 제품류

　　1) 아이브로(eyebrow)
　　2) 아이라이너(eyeliner)
　　3) 아이섀도(eyeshadow)
　　4) 마스카라(mascara)
　　5) 아이메이크업 리무버(eye make-up remover)
　　6) 속눈썹용 퍼머넌트 웨이브(eye-lash permanent wave)
　　7) 그 밖의 눈화장용 제품류

마. 방향용 제품류

    1) 향수

    2) 콜로뉴(cologne)

    3) 그 밖의 방향용 제품류

바. 두발염색용 제품류

    1) 헤어 틴트(hair tints)

    2) 헤어 컬러스프레이(hair color sprays)

    3) 염모제

    4) 탈염 · 탈색용 제품

    5) 그 밖의 두발염색용 제품류

사. 색조화장용 제품류

    1) 볼연지

    2) 페이스 파우더(face powder)

    3) 리퀴드(liquid) · 크림 · 케이크 파운데이션(foundation)

    4) 메이크업 베이스(make-up bases)

    5) 메이크업 픽서티브(make-up fixatives)

    6) 립스틱, 립라이너(lip liner)

    7) 립글로스(lip gloss), 립밤(lip balm)

    8) 보디 페인팅(body painting), 페이스 페인팅(face painting), 분장용 제품

    9) 그 밖의 색조화장용 제품류

아. 두발용 제품류

    1) 헤어 컨디셔너(hair conditioners), 헤어 트리트먼트(hair treatment), 헤어 팩(hair pack), 린스

    2) 헤어 토닉(hair tonics), 헤어 에센스(hair essence)

    3) 포마드(pomade), 헤어 스프레이 · 무스 · 왁스 · 젤, 헤어 그루밍 에이드(hair grooming aids)

    4) 헤어 크림 · 로션

    5) 헤어 오일

    6) 샴푸

    7) 퍼머넌트 웨이브(permanent wave)

    8) 헤어 스트레이트너(hair straightner)

    9) 흑채

    10) 그 밖의 두발용 제품류

자. 손발톱용 제품류

    1) 베이스코트(basecoats), 언더코트(under coats)

    2) 네일 폴리시(nail polish), 네일 에나멜(nail enamel)

    3) 탑코트(topcoats)

    4) 네일 크림 · 로션 · 에센스 · 오일

    5) 네일 폴리시 · 네일 에나멜 리무버

    6) 그 밖의 손발톱용 제품류

차. 면도용 제품류

    1) 애프터셰이브 로션(aftershave lotions)

    2) 프리셰이브 로션(preshave lotions)

    3) 셰이빙 크림(shaving cream)

4) 셰이빙 폼(shaving foam)

5) 그 밖의 면도용 제품류

카. 기초화장용 제품류

1) 수렴·유연·영양 화장수(face lotions)

2) 마사지 크림

3) 에센스, 오일

4) 파우더

5) 보디 제품

6) 팩, 마스크

7) 눈 주위 제품

8) 로션, 크림

9) 손·발의 피부연화 제품

10) 클렌징 워터, 클렌징 오일, 클렌징 로션, 클렌징 크림 등 메이크업 리무버

11) 그 밖의 기초화장용 제품류

타. 체취 방지용 제품류

1) 데오도런트

2) 그 밖의 체취 방지용 제품류

파. 체모 제거용 제품류

1) 제모제

2) 제모왁스

3) 그 밖의 체모 제거용 제품류

2. 사용할 때의 주의사항

가. 화장품 유형별 주의사항

1) 미세한 알갱이가 함유되어 있는 스크럽세안제

알갱이가 눈에 들어갔을 때에는 물로 씻어내고, 이상이 있는 경우에는 전문의와 상담할 것

2) 팩: 눈 주위를 피하여 사용할 것

3) 두발용, 두발염색용 및 눈화장용 제품류: 눈에 들어갔을 때에는 즉시 씻어낼 것

4) 샴푸

가) 눈에 들어갔을 때에는 즉시 씻어낼 것

나) 사용 후 물로 씻어내지 않으면 탈모 또는 탈색의 원인이 될 수 있으므로 주의할 것

5) 퍼머넌트 웨이브 제품 및 헤어 스트레이트너 제품

가) 두피·얼굴·눈·목·손 등에 약액이 묻지 않도록 유의하고, 얼굴 등에 약액이 묻었을 때에는 즉시 물로 씻어낼 것

나) 특이체질, 생리 또는 출산 전후이거나 질환이 있는 사람 등은 사용을 피할 것

다) 머리카락의 손상 등을 피하기 위하여 용법·용량을 지켜야 하며, 가능하면 일부에 시험적으로 사용하여 볼 것

라) 섭씨 15도 이하의 어두운 장소에 보존하고, 색이 변하거나 침전된 경우에는 사용하지 말 것

마) 개봉한 제품은 7일 이내에 사용할 것(에어로졸 제품이나 사용 중 공기유입이 차단되는 용기는 표시하지 아니한다.)

바) 제2단계 퍼머액 중 그 주성분이 과산화수소인 제품은 검은 머리카락이 갈색으로 변할 수 있으므로 유의하여 사용할 것

6) 외음부 세정제

가) 외음부에만 사용하며, 질 내에 사용하지 않도록 할 것

나) 정해진 용법과 용량을 잘 지켜 사용할 것

다) 3세 이하의 영유아에게는 사용하지 말 것

라) 임신 중에는 사용하지 않는 것이 바람직하며, 분만 직전의 외음부 주위에는 사용하지 말 것

마) 프로필렌글리콜(Propylene glycol)을 함유하고 있으므로 이 성분에 과민하거나 알레르기 병력이 있는 사람은 신중히 사용할 것(프로필렌글리콜 함유 제품만 표시한다.)

7) 손·발의 피부연화 제품(우레아를 포함하는 핸드 크림 및 풋 크림)

가) 눈, 코 또는 입 등에 닿지 않도록 주의하여 사용할 것

나) 프로필렌글리콜(Propylene glycol)을 함유하고 있으므로 이 성분에 과민하거나 알레르기 병력이 있는 사람은 신중히 사용할 것(프로필렌글리콜 함유 제품만 표시한다.)

8) 체취 방지용 제품: 털을 제거한 직후에는 사용하지 말 것

9) 고압가스를 사용하는 에어로졸 제품

　　가) 「고압가스 안전관리법」 제22조의2에 따른 「고압가스 용기 및 차량에 고정된 탱크 충전의 시설·기술·검사·안전성평가 기준(KGS FP211)」 3.2.2.1.1 (11) 표3.2.2.1.1 기재사항

　　나) 눈 주위 또는 점막 등에 분사하지 말 것. 다만, 자외선 차단제의 경우 얼굴에 직접 분사하지 말고 손에 덜어 얼굴에 바를 것

　　다) 분사가스는 직접 흡입하지 않도록 주의할 것

10) 고압가스를 사용하지 않는 분무형 자외선 차단제: 얼굴에 직접 분사하지 말고 손에 덜어 얼굴에 바를 것

11) 염모제(산화염모제와 비산화염모제)

　　가) 다음 분들은 사용하지 마십시오. 사용 후 피부나 신체가 과민 상태로 되거나 피부이상반응(부종, 염증 등)이 일어나거나, 현재의 증상이 악화될 가능성이 있습니다.

　　　(1) 지금까지 이 제품에 배합되어 있는 "과황산염"이 함유된 탈색제로 몸이 부은 경험이 있는 경우, 사용 중 또는 사용 직후에 구역, 구토 등 속이 좋지 않았던 분(이 내용은 "과황산염"이 배합된 염모제에만 표시한다.)

　　　(2) 지금까지 염모제를 사용할 때 피부이상반응(부종, 염증 등)이 있었거나, 염색 중 또는 염색 직후에 발진, 발적, 가려움 등이 있거나 구역, 구토 등 속이 좋지 않았던 경험이 있었던 분

　　　(3) 피부시험(패치테스트, patch test)의 결과, 이상이 발생한 경험이 있는 분

　　　(4) 두피, 얼굴, 목덜미에 부스럼, 상처, 피부병이 있는 분

　　　(5) 생리 중, 임신 중 또는 임신할 가능성이 있는 분

　　　(6) 출산 후, 병중, 병후의 회복 중인 분, 그 밖의 신체에 이상이 있는 분

　　　(7) 특이체질, 신장질환, 혈액질환이 있는 분

　　　(8) 미열, 권태감, 두근거림, 호흡곤란의 증상이 지속되거나 코피 등의 출혈이 잦고 생리, 그 밖에 출혈이 멈추기 어려운 증상이 있는 분

　　　(9) 이 제품에 첨가제로 함유된 프로필렌글리콜에 의하여 알레르기를 일으킬 수 있으므로 이 성분에 과민하거나 알레르기 반응을 보였던 적이 있는 분은 사용 전에 의사 또는 약사와 상의하여 주십시오.(프로필렌글리콜 함유 제제에만 표시한다.)

　　나) 염모제 사용 전의 주의

　　　(1) 염색 전 2일 전(48시간 전)에는 다음의 순서에 따라 매회 반드시 패치테스트(patch test)를 실시하여 주십시오. 패치테스트는 염모제에 부작용이 있는 체질인지 아닌지를 조사하는 테스트입니다. 과거에 아무 이상이 없이 염색한 경우에도 체질의 변화에 따라 알레르기 등 부작용이 발생할 수 있으므로 매회 반드시 실시하여 주십시오. (패치테스트의 순서 ①~④를 그림 등을 사용하여 알기 쉽게 표시하며, 필요 시 사용 상의 주의사항에 "별첨"으로 첨부할 수 있음)

　　　① 먼저 팔의 안쪽 또는 귀 뒤쪽 머리카락이 난 주변의 피부를 비눗물로 잘 씻고 탈지면으로 가볍게 닦습니다.

　　　② 다음에 이 제품 소량을 취해 정해진 용법대로 혼합하여 실험액을 준비합니다.

　　　③ 실험액을 앞서 세척한 부위에 동전 크기로 바르고 자연건조시킨 후 그대로 48시간 방치합니다.(시간을 잘 지킵니다.)

　　　④ 테스트 부위의 관찰은 테스트액을 바른 후 30분 그리고 48시간 후 총 2회를 반드시 행하여 주십시오. 그 때 도포 부위에 발진, 발적, 가려움, 수포, 자극 등의 피부 등의 이상이 있는 경우에는 손 등으로 만지지 말고 바로 씻어내고 염모는 하지 말아 주십시오. 테스트 도중, 48시간 이전이라도 위와 같은 피부이상을 느낀 경우에는 바로 테스트를 중지하고 테스트액을 씻어내고 염모는 하지 말아 주십시오.

⑤ 48시간 이내에 이상이 발생하지 않는다면 바로 염모하여 주십시오.

(2) 눈썹, 속눈썹 등은 위험하므로 사용하지 마십시오. 염모액이 눈에 들어갈 염려가 있습니다. 그 밖에 두발 이외에는 염색하지 말아 주십시오.

(3) 면도 직후에는 염색하지 말아 주십시오.

(4) 염모 전후 1주간은 파마·웨이브(퍼머넌트 웨이브)를 하지 말아 주십시오.

다) 염모 시의 주의

(1) 염모액 또는 머리를 감는 동안 그 액이 눈에 들어가지 않도록 하여 주십시오. 눈에 들어가면 심한 통증을 발생시키거나 경우에 따라서 눈에 손상(각막의 염증)을 입을 수 있습니다. 만일, 눈에 들어갔을 때는 절대로 손으로 비비지 말고 바로 물 또는 미지근한 물로 15분 이상 잘 씻어 주시고 곧바로 안과 전문의의 진찰을 받으십시오. 임의로 안약 등을 사용하지 마십시오.

(2) 염색 중에는 목욕을 하거나 염색 전에 머리를 적시거나 감지 말아 주십시오. 땀이나 물방울 등을 통해 염모액이 눈에 들어갈 염려가 있습니다.

(3) 염모 중에 발진, 발적, 부어오름, 가려움, 강한 자극감 등의 피부이상이나 구역, 구토 등의 이상을 느꼈을 때는 즉시 염색을 중지하고 염모액을 잘 씻어내 주십시오. 그대로 방치하면 증상이 악화될 수 있습니다.

(4) 염모액이 피부에 묻었을 때는 곧바로 물 등으로 씻어내 주십시오. 손가락이나 손톱을 보호하기 위하여 장갑을 끼고 염색하여 주십시오.

(5) 환기가 잘 되는 곳에서 염모하여 주십시오.

라) 염모 후의 주의

(1) 머리, 얼굴, 목덜미 등에 발진, 발적, 가려움, 수포, 자극 등 피부의 이상반응이 발생한 경우, 그 부위를 손으로 긁거나 문지르지 말고 바로 피부과 전문의의 진찰을 받으십시오. 임의로 의약품 등을 사용하는 것은 삼가 주십시오.

(2) 염모 중 또는 염모 후에 속이 안 좋아지는 등 신체 이상을 느끼는 분은 의사에게 상담하십시오.

마) 보관 및 취급상의 주의

(1) 혼합한 염모액을 밀폐된 용기에 보존하지 말아 주십시오. 혼합한 액으로부터 발생하는 가스의 압력으로 용기가 파손될 염려가 있어 위험합니다. 또한 혼합한 염모액이 위로 튀어 오르거나 주변을 오염시키고 지워지지 않게 됩니다. 혼합한 액의 잔액은 효과가 없으므로 잔액은 반드시 바로 버려 주십시오.

(2) 용기를 버릴 때는 반드시 뚜껑을 열어서 버려 주십시오.

(3) 사용 후 혼합하지 않은 액은 직사광선을 피하고 공기와 접촉을 피하여 서늘한 곳에 보관하여 주십시오.

12) 탈염·탈색제

가) 다음 분들은 사용하지 마십시오. 사용 후 피부나 신체가 과민 상태로 되거나 피부이상반응을 보이거나, 현재의 증상이 악화될 가능성이 있습니다.

(1) 두피, 얼굴, 목덜미에 부스럼, 상처, 피부병이 있는 분

(2) 생리 중, 임신 중 또는 임신할 가능성이 있는 분

(3) 출산 후, 병중이거나 또는 회복 중에 있는 분, 그 밖에 신체에 이상이 있는 분

나) 다음 분들은 신중히 사용하십시오.

(1) 특이체질, 신장질환, 혈액질환 등의 병력이 있는 분은 피부과 전문의와 상의하여 사용하십시오.

(2) 이 제품에 첨가제로 함유된 프로필렌글리콜에 의하여 알레르기를 일으킬 수 있으므로 이 성분에 과민하거나 알레르기 반응을 보였던 적이 있는 분은 사용 전에 의사 또는 약사와 상의하여 주십시오.

다) 사용 전의 주의

(1) 눈썹, 속눈썹에는 위험하므로 사용하지 마십시오. 제품이 눈에 들어갈 염려가 있습니다. 또한, 두발 이외의 부분(손발의 털 등)에는 사용하지 말아 주십시오. 피부에 부작용(피부이상반응, 염증 등)이 나타날 수 있습니다.

(2) 면도 직후에는 사용하지 말아 주십시오.

(3) 사용을 전후하여 1주일 사이에는 퍼머넌트 웨이브 제품 및 헤어 스트레이트너 제품을 사용하지 말아 주십시오.
라) 사용 시의 주의
(1) 제품 또는 머리 감는 동안 제품이 눈에 들어가지 않도록 하여 주십시오. 만일 눈에 들어갔을 때는 절대로 손으로 비비지 말고 바로 물이나 미지근한 물로 15분 이상 씻어 흘려 내시고 곧바로 안과 전문의의 진찰을 받으십시오. 임의로 안약을 사용하는 것은 삼가 주십시오.
(2) 사용 중에 목욕을 하거나 사용 전에 머리를 적시거나 감지 말아 주십시오. 땀이나 물방울 등을 통해 제품이 눈에 들어갈 염려가 있습니다.
(3) 사용 중에 발진, 발적, 부어오름, 가려움, 강한 자극감 등 피부의 이상을 느끼면 즉시 사용을 중지하고 잘 씻어내 주십시오.
(4) 제품이 피부에 묻었을 때는 곧바로 물 등으로 씻어내 주십시오. 손가락이나 손톱을 보호하기 위하여 장갑을 끼고 사용하십시오.
(5) 환기가 잘 되는 곳에서 사용하여 주십시오.
마) 사용 후 주의
(1) 두피, 얼굴, 목덜미 등에 발진, 발적, 가려움, 수포, 자극 등 피부이상반응이 발생한 때에는 그 부위를 손 등으로 긁거나 문지르지 말고 바로 피부과 전문의의 진찰을 받아 주십시오. 임의로 의약품 등을 사용하는 것은 삼가 주십시오.
(2) 사용 중 또는 사용 후에 구역, 구토 등 신체에 이상을 느끼시는 분은 의사에게 상담하십시오.
바) 보관 및 취급상의 주의
(1) 혼합한 제품을 밀폐된 용기에 보존하지 말아 주십시오. 혼합한 제품으로부터 발생하는 가스의 압력으로 용기가 파열될 염려가 있어 위험합니다. 또한, 혼합한 제품이 위로 튀어 오르거나 주변을 오염시키고 지워지지 않게 됩니다. 혼합한 제품의 잔액은 효과가 없으므로 반드시 바로 버려 주십시오.
(2) 용기를 버릴 때는 뚜껑을 열어서 버려 주십시오.
13) 제모제(치오글라이콜릭애씨드 함유 제품에만 표시함)
가) 다음과 같은 사람(부위)에는 사용하지 마십시오.
(1) 생리 전후, 산전, 산후, 병후의 환자
(2) 얼굴, 상처, 부스럼, 습진, 짓무름, 기타의 염증, 반점 또는 자극이 있는 피부
(3) 유사 제품에 부작용이 나타난 적이 있는 피부
(4) 약한 피부 또는 남성의 수염 부위
나) 이 제품을 사용하는 동안 다음의 약이나 화장품을 사용하지 마십시오.
(1) 땀발생억제제(Antiperspirant), 향수, 수렴 로션(Astringent Lotion)은 이 제품 사용 후 24시간 후에 사용하십시오.
다) 부종, 홍반, 가려움, 피부염(발진, 알레르기), 광과민반응, 중증의 화상 및 수포 등의 증상이 나타날 수 있으므로 이러한 경우 이 제품의 사용을 즉각 중지하고 의사 또는 약사와 상의하십시오.
라) 그 밖의 사용 시 주의사항
(1) 사용 중 따가운 느낌, 불쾌감, 자극이 발생할 경우 즉시 닦아내어 제거하고 찬물로 씻으며, 불쾌감이나 자극이 지속될 경우 의사 또는 약사와 상의하십시오.
(2) 자극감이 나타날 수 있으므로 매일 사용하지 마십시오.
(3) 이 제품의 사용 전후에 비누류를 사용하면 자극감이 나타날 수 있으므로 주의하십시오.
(4) 이 제품은 외용으로만 사용하십시오.
(5) 눈에 들어가지 않도록 하며 눈 또는 점막에 닿았을 경우 미지근한 물로 씻어내고 붕산수(농도 약 2%)로 헹구어 내십시오.
(6) 이 제품을 10분 이상 피부에 방치하거나 피부에서 건조시키지 마십시오.

(7) 제모에 필요한 시간은 모질(毛質)에 따라 차이가 있을 수 있으므로 정해진 시간 내에 모가 깨끗이 제거되지 않은 경우 2~3일의 간격을 두고 사용하십시오.

14) 속눈썹용 퍼머넌트 웨이브 제품

가) 가급적 자가 사용을 자제할 것

나) 정해진 용법과 용량을 잘 지켜서 사용할 것

다) 제품을 사용하는 과정에서 눈과의 접촉을 피하고, 눈 또는 얼굴 등에 약액이 묻었을 때에는 즉시 흐르는 물이나 식염수 등을 이용해 씻어낼 것

라) 특이체질, 생리 또는 출산 전후이거나 질환이 있는 사람 등은 사용을 피할 것

마) 보관 시 소아의 손에 닿지 않도록 유의하고, 섭씨 15도 이하의 어두운 장소에 보존하되, 색이 변하거나 침전된 경우에는 사용하지 말 것

바) 개봉한 제품은 사용 후 즉시 폐기할 것(사용 중 공기의 유입이 차단되는 용기는 표시하지 아니한다)

나. 화장품 함유 성분별 주의사항

1) 과산화수소 및 과산화수소 생성물질 함유 제품: 눈에 접촉을 피하고 눈에 들어갔을 때는 즉시 씻어낼 것

2) 벤잘코늄클로라이드, 벤잘코늄브로마이드 및 벤잘코늄사카리네이트 함유 제품: 눈에 접촉을 피하고 눈에 들어갔을 때는 즉시 씻어낼 것

3) 스테아린산아연 함유 제품(기초화장용 제품류 중 파우더 제품에 한함): 사용 시 흡입되지 않도록 주의할 것

4) 살리실릭애씨드 및 그 염류 함유 제품(샴푸 등 사용 후 바로 씻어내는 제품 제외): 3세 이하 영유아에게는 사용하지 말 것

5) 실버나이트레이트 함유 제품: 눈에 접촉을 피하고 눈에 들어갔을 때는 즉시 씻어낼 것

6) 아이오도프로피닐부틸카바메이트(IPBC) 함유 제품(목욕용제품, 샴푸류 및 바디클렌저 제외): 3세 이하 영유아에게는 사용하지 말 것

7) 알루미늄 및 그 염류 함유 제품(체취방지용 제품류에 한함): 신장 질환이 있는 사람은 사용 전에 의사, 약사, 한의사와 상의할 것

8) 알부틴 2% 이상 함유 제품: 알부틴은 「인체적용시험자료」에서 구진과 경미한 가려움이 보고된 예가 있음

9) 알파-하이드록시애시드(α-hydroxyacid, AHA)(이하 "AHA"라 한다.) 함유제품(0.5퍼센트 이하의 AHA가 함유된 제품은 제외한다.)

가) 햇빛에 대한 피부의 감수성을 증가시킬 수 있으므로 자외선 차단제를 함께 사용할 것(씻어내는 제품 및 두발용 제품은 제외한다.)

나) 일부에 시험 사용하여 피부 이상을 확인할 것

다) 고농도의 AHA 성분이 들어 있어 부작용이 발생할 우려가 있으므로 전문의 등에게 상담할 것(AHA 성분이 10퍼센트를 초과하여 함유되어 있거나 산도가 3.5 미만인 제품만 표시한다.)

10) 카민 함유 제품: 카민 성분에 과민하거나 알레르기가 있는 사람은 신중히 사용할 것

11) 코치닐추출물 함유 제품: 코치닐추출물 성분에 과민하거나 알레르기가 있는 사람은 신중히 사용할 것

12) 포름알데하이드 0.05% 이상 검출된 제품: 포름알데하이드 성분에 과민한 사람은 신중히 사용할 것

13) 폴리에톡실레이티드레틴아마이드 0.2% 이상 함유 제품: 폴리에톡실레이티드레틴아마이드는 「인체적용시험자료」에서 경미한 발적, 피부건조, 화끈감, 가려움, 구진이 보고된 예가 있음

14) 부틸파라벤, 프로필파라벤, 이소부틸파라벤 또는 이소프로필파라벤 함유 제품(영·유아용 제품류 및 기초화장용 제품류(3세 이하 영유아가 사용하는 제품) 중 사용 후 씻어내지 않는 제품에 한함): 3세 이하 영유아의 기저귀가 닿는 부위에는 사용하지 말 것

2 [별표 2] 착향제의 구성 성분 중 알레르기 유발 성분

연번	성분명	CAS 등록번호
1	아밀신남알	CAS No 122-40-7
2	벤질알코올	CAS No 100-51-6
3	신나밀알코올	CAS No 104-54-1
4	시트랄	CAS No 5392-40-5
5	유제놀	CAS No 97-53-0
6	하이드록시시트로넬알	CAS No 107-75-5
7	아이소유제놀	CAS No 97-54-1
8	아밀신나밀알코올	CAS No 101-85-9
9	벤질살리실레이트	CAS No 118-58-1
10	신남알	CAS No 104-55-2
11	쿠마린	CAS No 91-64-5
12	제라니올	CAS No 106-24-1
13	아니스알코올	CAS No 105-13-5
14	벤질신나메이트	CAS No 103-41-3
15	파네솔	CAS No 4602-84-0
16	부틸페닐메틸프로피오날	CAS No 80-54-6
17	리날룰	CAS No 78-70-6
18	벤질벤조에이트	CAS No 120-51-4
19	시트로넬올	CAS No 106-22-9
20	헥실신남알	CAS No 101-86-0
21	리모넨	CAS No 5989-27-5
22	메틸 2-옥티노에이트	CAS No 111-12-6
23	알파-아이소메틸아이오논	CAS No 127-51-5
24	참나무이끼 추출물	CAS No 90028-68-5
25	나무이끼 추출물	CAS No 90028-67-4

※ 다만, 사용 후 씻어내는 제품에는 0.01% 초과, 사용 후 씻어내지 않는 제품에는 0.001% 초과 함유하는 경우에 한한다.

기능성화장품 심사에 관한 규정
[시행 2023. 9. 21.]

■1 [별표 1] 독성시험법

1. 단회투여독성시험

가. 실험 동물: 랫드 또는 마우스

나. 동물수: 1군당 5마리 이상

다. 투여 경로: 경구 또는 비경구 투여

라. 용량 단계: 독성을 파악하기에 적절한 용량 단계를 설정한다.

만약, 2,000mg/kg 이상의 용량에서 시험 물질과 관련된 사망이 나타나지 않는다면 용량 단계를 설정할 필요는 없다.

마. 투여 횟수: 1회

바. 관찰

 ※ 독성증상의 종류, 정도, 발현, 추이 및 가역성을 관찰하고 기록한다.

 ※ 관찰 기간은 일반적으로 14일로 한다.

 ※ 관찰 기간 중 사망례 및 관찰 기간 종료 시 생존례는 전부 부검하고, 기관과 조직에 대하여도 필요에 따라 병리조직학적 검사를 행한다.

2. 1차피부자극시험

가. Draize 방법을 원칙으로 한다.

나. 시험 동물: 백색 토끼 또는 기니픽

다. 동물수: 3마리 이상

라. 피부: 털을 제거한 건강한 피부

마. 투여 면적 및 용량: 피부 1차 자극성을 적절하게 평가 시 얻어질 수 있는 면적 및 용량

바. 투여 농도 및 용량: 피부 1차 자극성을 평가하기에 적정한 농도와 용량을 설정한다. 단일 농도 투여 시에는 0.5mL(액체) 또는 0.5g(고체)을 투여량으로 한다.

사. 투여 방법: 24시간 개방 또는 폐쇄첩포

아. 투여 후 처치: 무처치하지만 필요에 따라서 세정 등의 조작을 행해도 좋다.

자. 관찰: 투여 후 24, 48, 72시간의 투여 부위의 육안 관찰을 행한다.

차. 시험 결과의 평가: 피부 1차 자극성을 적절하게 평가 시 얻어지는 채점법으로 결정한다.

3. 안점막자극 또는 기타점막자극시험

가. Draize 방법을 원칙으로 한다.

나. 시험 동물: 백색 토끼

다. 동물수: 세척군 및 비세척군당 3마리 이상

라. 투여 농도 및 용량: 안점막 자극성을 평가하기에 적정한 농도를 설정하며, 투여 용량은 0.1mL(액체) 또는 0.1g(고체)한다.

마. 투여 방법: 한쪽 눈의 하안검을 안구로부터 당겨서 결막낭내에 투여하고 상하안검을 약 1초간 서로 맞춘다. 다른 쪽 눈을 미처치 그대로 두어 무처치 대조안으로 한다.

바. 관찰: 약물 투여 후 1, 24, 48, 72시간 후에 눈을 관찰

사. 기타 대표적인 시험 방법은 다음과 같은 방법이 있다.

    (1) LVET(Low Volume Eye Irritation Test) 법

    (2) Oral Mucosal Irritation test 법

    (3) Rabbit/Rat Vaginal Mucosal Irritation test 법

    (4) Rabbit Penile mucosal Irritation test 법

4. 피부감작성시험

가. 일반적으로 Maximization Test을 사용하지만 적절하다고 판단되는 다른 시험법을 사용할 수 있다.

나. 시험 동물: 기니픽

다. 동물수: 원칙적으로 1군당 5마리 이상

라. 시험군: 시험 물질감작군, 양성대조감작군, 대조군을 둔다.

마. 시험 실시 요령: Adjuvant는 사용하는 시험법 및 adjuvant 사용하지 않는 시험법이 있으나 제1단계로서 Adjuvant를 사용하는 사용법 가운데 1가지를 선택해서 행하고, 만약 양성 소견이 얻어진 경우에는 제2단계로서 Adjuvant를 사용하지 않는 시험 방법을 추가해서 실시하는 것이 바람직하다.

바. 시험 결과의 평가: 동물의 피부 반응을 시험법에 의거한 판정 기준에 따라 평가한다.

사. 대표적인 시험 방법은 다음과 같은 방법이 있다.

    (1) Adjuvant를 사용하는 시험법

        (가) Adjuvant and Patch Test

        (나) Freund's Complete Adjuvant Test

        (다) Maximization Test

        (라) Optimization Test

        (마) Split Adjuvant Test

    (2) Adjuvant를 사용하지 않는 시험법

        (바) Buehler Test

        (사) Draize Test

        (아) Open Epicutaneous Test

5. 광독성시험

가. 일반적으로 기니픽을 사용하는 시험법을 사용한다.

다. 시험 동물: 각 시험법에 정한 바에 따른다.

라. 동물수: 원칙적으로 1군당 5마리 이상

마. 시험군: 원칙적으로 시험 물질투여군 및 적절한 대조군을 둔다.

바. 광원: UV-A 영역의 램프 단독, 혹은 UV-A와 UV-B 영역의 각 램프를 겸용해서 사용한다.

사. 시험 실시 요령: 자항의 시험 방법 중에서 적절하다고 판단되는 방법을 사용한다.

아. 시험 결과의 평가: 동물의 피부 반응을 각각의 시험법에 의거한 판정 기준에 따라 평가한다.

자. 대표적인 방법으로 다음과 같은 방법이 있다.

    (1) Ison법

    (2) Ljunggren법

    (3) Morikawa법

    (4) Sams법

(5) Stott법

6. 광감작성시험

가. 일반적으로 기니픽을 사용하는 시험법을 사용한다.

다. 시험 동물: 각 시험법에 정한 바에 따른다.

라. 동물수: 원칙적으로 1군당 5마리 이상

마. 시험군: 원칙적으로 시험 물질투여군 및 적절한 대조군을 둔다.

바. 광원: UV−A 영역의 램프 단독, 혹은 UV−A와 UV−B 영역의 각 램프를 겸용해서 사용한다.

사. 시험 실시 요령: 자항의 시험 방법 중에서 적절하다고 판단되는 방법을 사용한다. 시험 물질의 감작유도를 증가시키기 위해 adjuvant를 사용할 수 있다.

아. 시험 결과의 평가: 동물의 피부 반응을 각각의 시험법에 의거한 판정 기준에 따라 평가한다.

자. 대표적인 방법으로 다음과 같은 방법이 있다.

(1) Adjuvant and Strip법

(2) Harber법

(3) Horio법

(4) Jordan법

(5) Kochever법

(6) Maurer법

(7) Morikawa법

(8) Vinson법

7. 인체사용시험

(1) 인체 첩포 시험: 피부과 전문의 또는 연구소 및 병원, 기타 관련기관에서 5년 이상 해당 시험 경력을 가진 자의 지도하에 수행되어야 한다.

(가) 대상: 30명 이상

(나) 투여 농도 및 용량: 원료에 따라서 사용 시 농도를 고려해서 여러 단계의 농도와 용량을 설정하여 실시하는데, 완제품의 경우는 제품 자체를 사용하여도 된다.

(다) 첩부 부위: 사람의 상등부(정중선의 부분은 제외) 또는 전완부등 인체사용시험을 평가하기에 적정한 부위를 폐쇄첩포한다.

(라) 관찰: 원칙적으로 첩포 24시간 후에 patch를 제거하고 제거에 의한 일과성의 홍반의 소실을 기다려 관찰·판정한다.

(마) 시험 결과 및 평가: 홍반, 부종 등의 정도를 피부과 전문의 또는 이와 동등한 자가 판정하고 평가한다.

(2) 인체 누적첩포시험: 대표적인 방법으로 다음과 같은 방법이 있다.

(가) Shelanski and Shelanski 법

(나) Draize 법 (Jordan modification)

(다) Kilgman의 Maximization 법

8. 유전독성시험

가. 박테리아를 이용한 복귀돌연변이시험

(1) 시험 균주: 아래 2 균주를 사용한다.

Salmonella typhimurium TA98(또는 TA1537), TA100(또는 TA1535)

(상기 균주 외의 균주를 사용할 경우: 사유를 명기한다.)

(2) 용량 단계: 5단계 이상을 설정하며 매 용량마다 2매 이상의 플레이트를 사용한다.

(3) 최고 용량

1) 비독성 시험 물질은 원칙적으로 5mg/plate 또는 5μℓ/plate 농도

2) 세포독성 시험 물질은 복귀돌연변이체의 수 감소, 기본 성장균층의 무형성 또는 감소를 나타내는 세포독성 농도.

(4) S9 mix를 첨가한 대사활성화법을 병행하여 수행한다.

(5) 대조군: 대사활성계의 유, 무에 관계없이 동시에 실시한 균주-특이적 양성 및 음성 대조물질을 포함한다.

(6) 결과의 판정: 대사활성계 존재 유, 무에 관계없이 최소 1개 균주에서 평판당 복귀된 집락수에 있어서 1개 이상의 농도에서 재현성 있는 증가를 나타낼 때 양성으로 판정한다.

나. 포유류 배양세포를 이용한 체외 염색체이상시험

(1) 시험 세포주: 사람 또는 포유동물의 초대 또는 계대배양세포를 사용한다.

(2) 용량 단계: 3단계 이상을 설정한다.

(3) 최고 용량

1) 비독성 시험 물질은 5μl/mL, 5mg/mL 또는 10mM 상당의 농도

2) 세포독성 시험 물질은 집약적 세포 단층의 정도, 세포 수 또는 유사분열 지표에서의 50% 이상의 감소를 나타내는 농도

(4) S9 mix를 첨가한 대사활성화법을 병행하여 수행한다.

(5) 염색체 표본은 시험 물질 처리 후 적절한 시기에 제작한다.

(6) 염색체 이상의 검색은 농도당 100개의 분열중기상에 대하여 염색체의 구조 이상 및 숫적 이상을 가진 세포의 출현 빈도를 구한다.

(7) 대조군: 대사활성계의 유, 무에 관계없이 적합한 양성과 음성대조군들을 포함한다. 양성대조군은 알려진 염색체 이상 유발 물질을 사용해야 한다.

(8) 결과의 판정: 염색체 이상을 가진 분열중기상의 수가 통계학적으로 유의성 있게 용량 의존적으로 증가하거나, 하나 이상의 용량 단계에서 재현성 있게 양성반응을 나타낼 경우를 양성으로 한다.

다. 설치류 조혈세포를 이용한 체내 소핵 시험

(1) 시험 동물: 마우스나 랫드를 사용한다. 일반적으로 1군당 성숙한 수컷 5마리를 사용하며 물질의 특성에 따라 암컷을 사용할 수 있다.

(2) 용량 단계: 3단계 이상으로 한다.

(3) 최고 용량

1) 더 높은 처리용량이 치사를 예상하게 하는 독성의 징후를 나타내는 용량. 또는

2) 골수 혹은 말초혈액에서 전체 적혈구 가운데 미성숙 적혈구의 비율 감소를 나타내는 용량 시험 물질의 특성에 따라 선정한다.

(4) 투여 경로: 복강 투여 또는 기타 적용 경로로 한다.

(5) 투여 횟수: 1회 투여를 원칙으로 하며 필요에 따라 24시간 간격으로 2회 이상 연속 투여한다.

(6) 대조군은 병행 실시한 양성과 음성 대조군을 포함한다.

(7) 시험 물질 투여 후 적절한 시기에 골수도말표본을 만든다. 개체당 1,000개의 다염성적혈구에서 소핵의 출현 빈도를 계수한다. 동시에 전적혈구에 대한 다염성적혈구의 출현 빈도를 구한다.

(8) 결과의 판정: 소핵을 가진 다염성적혈구의 수가 통계학적으로 유의성 있게 용량 의존적으로 증가하거나, 하나 이상의 용량 단계에서 재현성 있게 양성반응을 나타낼 경우를 양성으로 한다.

2 [별표 2] 기준 및 시험 방법 작성 요령

① 일반적으로 다음 각 호의 사항에 유의하여 작성한다.

　1. 기준 및 시험 방법의 기재 형식, 용어, 단위, 기호 등은 원칙적으로 「기능성화장품 기준 및 시험 방법」(식품의약품안전처 고시)에 따른다.

　2. 기준 및 시험 방법에 기재할 항목은 원칙적으로 다음과 같으며, 원료 및 제형에 따라 불필요한 항목은 생략할 수 있다.

번호	기재항목	원료	제제
1	명칭	○	×
2	구조식 또는 시성식	△	×
3	분자식 및 분자량	○	×
4	기원	△	△
5	함량 기준	○	○
6	성상	○	○
7	확인 시험	○	○
8	시성치	△	△
9	순도 시험	○	△
10	건조 감량, 강열 감량 또는 수분	○	△
11	강열잔분, 회분 또는 산불용성회분	△	×
12	기능성 시험	△	△
13	기타 시험	△	△
14	정량법(제제는 함량 시험)	○	○
15	표준품 및 시약·시액	△	△

　※ 주) ○ 원칙적으로 기재
　　　　△ 필요에 따라 기재
　　　　× 원칙적으로는 기재할 필요가 없음

　3. 시험 방법의 기재

　　기준 및 시험 방법에는 「기능성화장품 기준 및 시험 방법」(식품의약품안전처 고시)의 통칙, 일반시험법, 표준품, 시약·시액 등에 따르는 것을 원칙으로 하고 아래 "시험 방법 기재의 생략" 경우 이외의 시험 방법은 상세하게 기재한다.

　4. 시험 방법 기재의 생략

　　식품의약품안전처 고시(예 「기능성화장품 기준 및 시험 방법」, 「화장품 안전기준 등에 관한 규정」 등), 「의약품의 품목허가·신고·심사규정」(식품의약품안전처 고시) 별표 1의2의 공정서 및 의약품집에 수재된 시험 방법의 전부 또는 그 일부의 기재를 생략할 수 있다. 다만, 식품의약품안전처 고시 및 공정서는 최신판을 말하며 최신판에서 삭제된 품목은 그 직전판까지를 인정한다.

　5. 「기능성화장품 기준 및 시험 방법」(식품의약품안전처 고시) 및 공정서에 수재되지 아니한 시약·시액, 기구, 기기, 표준품, 상용표준품 또는 정량용 원료를 사용하는 경우, 시약·시액은 순도, 농도 및 그 제조 방법을, 기구는 그 형태 등을 표시하고 그 사용법을 기재하며, 표준품, 상용표준품 또는 정량용 원료(이하 "표준품"이라 한다)는 규격 등을 기재한다.

② 기준 및 시험 방법의 작성 요령은 다음 각 호와 같다.

　1. 원료 성분의 기재 항목 작성 요령

　　다음의 기재 형식에 따라 각목의 기준 및 시험 방법을 설정한다.

　　가. 명칭

원칙적으로 일반명칭을 기재하며 원료 성분 및 그 분량난의 명칭과 일치되도록 하고 될 수 있는 대로 영명, 화학명, 별명 등도 기재한다.

나. 구조식 또는 시성식

「기능성화장품 기준 및 시험 방법」(식품의약품안전처 고시)의 구조식 또는 시성식의 표기 방법에 따른다.

다. 분자식 및 분자량

「기능성화장품 기준 및 시험 방법」(식품의약품안전처 고시)의 분자식 및 분자량의 표기 방법에 따른다.

라. 기원

합성성분으로 화학구조가 결정되어 있는 것은 기원을 기재할 필요가 없으며, 천연추출물, 효소 등은 그 원료 성분의 기원을 기재한다. 다만, 고분자화합물 등 그 구조가 유사한 2가지 이상의 화합물을 함유하고 있어 분리·정제가 곤란하거나 그 조작이 불필요한 것은 그 비율을 기재한다.

마. 함량 기준

(1) 원칙적으로 함량은 백분율(%)로 표시하고 (   ) 안에 분자식을 기재한다. 다만, 함량을 백분율(%)로 표시하기가 부적당한 것은 역가 또는 질소 함량 그 외의 적당한 방법으로 표시하며, 함량을 표시할 수 없는 것은 그 화학적 순물질의 함량으로 표시할 수 있다.

(2) 불안정한 원료 성분인 경우는 그 분해물의 안전성에 관한 정보에 따라 기준치의 폭을 설정한다.

(3) 함량 기준 설정이 불가능한 이유가 명백한 때에는 생략할 수 있다. 다만, 그 이유를 구체적으로 기재한다.

바. 성상

색, 형상, 냄새, 맛, 용해성 등을 구체적으로 기재한다.

사. 확인시험

(1) 원료 성분을 확인할 수 있는 화학적시험 방법을 기재한다. 다만, 자외부, 가시부 및 적외부흡수스펙트럼측정법 또는 크로마토그래프법으로도 기재할 수 있다.

(2) 확인시험 이외의 시험 항목으로도 원료 성분의 확인이 가능한 경우에는 이를 확인시험으로 설정할 수 있다. 예를 들면, 정량법으로 특이성이 높은 크로마토그래프법을 사용하는 경우에는 중복되는 내용을 기재하지 않고 이를 인용할 수 있다.

아. 시성치

(1) 원료 성분의 본질 및 순도를 나타내기 위하여 필요한 항목을 설정한다.

(2) 시성치란 검화가, 굴절률, 비선광도, 비점, 비중, 산가, 수산기가, 알코올수, 에스텔가, 요오드가, 융점, 응고점, 점도, pH, 흡광도 등 물리·화학적 방법으로 측정되는 정수를 말한다.

(3) 시성치의 측정은 「기능성화장품 기준 및 시험 방법」(식품의약품안전처 고시) [별표 10] 일반시험법에 따르고, 그 이외의 경우에는 시험 방법을 기재한다.

자. 순도시험

(1) 색, 냄새, 용해 상태, 액성, 산, 알칼리, 염화물, 황산염, 중금속, 비소, 황산에 대한 정색물, 동, 석, 수은, 아연, 알루미늄, 철, 알칼리토류금속, 일반이물, 유연물질 및 분해생성물, 잔류용매 중 필요한 항목을 설정한다. 이 경우 일반이물이란 제조공정으로부터 혼입, 잔류, 생성 또는 첨가될 수 있는 불순물을 말한다.

(2) 용해 상태는 그 원료 성분의 순도를 파악할 수 있는 경우에 설정한다.

차. 건조 감량, 강열 감량 또는 수분

「기능성화장품 기준 및 시험 방법」(식품의약품안전처 고시) [별표 10] 일반시험법의 각 해당 시험법에 따라 설정한다.

카. 강열잔분

「기능성화장품 기준 및 시험 방법」(식품의약품안전처 고시) [별표 10] 일반시험법의 Ⅰ. 원료 3. 강열잔분시험법에 따라 설정한다.

타. 기능성시험

필요한 경우 원료에 대한 기능성 시험 방법 등을 설정한다.

파. 기타 시험

위의 시험 항목 이외에 품질 평가 및 안전성·유효성 확보와 직접 관련이 되는 시험 항목이 있는 경우에 설정한다.

하. 정량법

정량법은 그 물질의 함량, 함유 단위 등을 물리적 또는 화학적 방법에 의하여 측정하는 시험법으로 정확도, 정밀도 및 특이성이 높은 시험법을 설정한다. 다만, 순도시험항에서 혼재물의 한도가 규제되어 있는 경우에는 특이성이 낮은 시험법이라도 인정한다.

거. 표준품 및 시약·시액

(1) 「기능성화장품 기준 및 시험 방법」(식품의약품안전처 고시)에 수재되지 아니한 표준품은 사용 목적에 맞는 규격을 설정하며, 「기능성화장품 기준 및 시험 방법」(식품의약품안전처 고시) 또는 「의약품의 품목허가·신고·심사규정」(식품의약품안전처 고시) 별표 1의2의 공정서 및 의약품집에 수재되지 아니한 시약·시액은 그 조제법을 기재한다.

(2) 표준품은 필요에 따라 정제법(해당 원료 성분 이외의 물질로 구입하기 어려운 경우에는 제조방법을 포함한다.)을 기재한다.

(3) 정량용 표준품은 원칙적으로 순도시험에 따라 불순물을 규제한 절대량을 측정할 수 있는 시험 방법으로 함량을 측정한다.

(4) 표준품의 함량은 99.0% 이상으로 한다. 다만, 99.0% 이상인 것을 얻을 수 없는 경우에는 정량법에 따라 환산하여 보정한다.

2. 제제의 기재 항목 작성 요령

다음의 기재 형식에 따라 각 목의 기준 및 시험 방법을 설정한다.

가. 제형: 형상 및 제형 등에 대해서 기재한다.

나. 확인시험: 원칙적으로 모든 주성분에 대하여 주로 화학적시험을 중심으로 하여 기재하며, 자외부·가시부·적외부흡수스펙트럼측정법, 크로마토그래프법 등을 기재할 수 있다. 다만, 확인시험 설정이 불가능한 이유가 명백할 때에는 생략할 수 있으며 이 경우 그 이유를 구체적으로 기재한다.

다. 시성치: 원료 성분의 시성치 항목 중 제제의 품질 평가, 안정성 및 안전성·유효성과 직접 관련이 있는 항목을 설정한다.
⑩ pH

라. 순도시험

(1) 제제 중에 혼재할 가능성이 있는 유연물질(원료, 중간체, 부생성물, 분해생성물), 시약, 촉매, 무기염, 용매 등 필요한 항목을 설정한다.

(2) 제제화 과정 또는 보존 중에 변화가 예상되는 경우에는 필요에 따라 설정한다.

마. 기능성시험: 필요한 경우 자외선차단제 함량시험 대체시험법, 미백측정법, 주름개선효과 측정법, 염모력시험법 등을 설정한다.

바. 함량시험

(1) 다른 배합 성분의 영향을 받지 않는 특이성이 있고 정확도 및 정밀도가 높은 시험 방법을 설정한다.

(2) 정량하고자 하는 성분이 2성분 이상일 때에는 중요한 것부터 순서대로 기재한다.

사. 기타 시험: 「화장품 안전기준 등에 관한 규정」(식품의약품안전처 고시)에 따른다.

아. 표준품 및 시약·시액: 원료 성분의 기재 항목 작성 요령의 해당 항에 따른다.

3. 기준

가. 함량 기준: 원료 성분 및 제제의 함량 또는 역가의 기준은 표시량 또는 표시역가에 대하여 다음 각 사항에 해당하는 함량을 함유한다. 다만, 제조국 또는 원개발국에서 허가된 기준이 있거나 타당한 근거가 있는 경우에는 따로 설정할 수 있다.

(1) 원료 성분: 95.0% 이상

(2) 제제: 90.0% 이상. 다만, 「화장품법 시행규칙」 제2조제7호의 화장품 중 치오글리콜산은 90.0~110.0%로 한다.

(3) 기타 주성분의 함량 시험이 불가능하거나 필요하지 않아 함량 기준을 설정할 수 없는 경우에는 기능성시험으로 대체할 수 있다.

나. 기타 시험 기준: 품질관리에 필요한 기준은 다음과 같다. 다만, 근거가 있는 경우에는 따로 설정할 수 있다. 근거자료가 없어 자가시험성적으로 기준을 설정할 경우 3롯트당 3회 이상 시험한 시험성적의 평균값(이하 "실측치"라 한다.)에 대하여 기준을 정할 수 있다.

    (1) pH: 원칙적으로 실측치에 대하여 ±1.0으로 한다.

    (2), (3) <삭제>

    (4) 염모력 시험: 효능·효과에 기재된 색상으로 한다.

3 [별표 3] 자외선 차단 효과 측정 방법 및 기준

제1장 통칙

1. 이 기준은 「화장품법」 제4조의 규정에 의하여 피부를 곱게 태워주거나 자외선으로부터 피부를 보호하는 데 도움을 주는 기능성화장품의 자외선차단지수와 자외선A 차단 효과의 측정 방법 및 기준을 정한 것이다.

2. 자외선의 분류: 자외선은 200~290nm의 파장을 가진 자외선C(이하 UVC라 한다.)와 290~320nm의 파장을 가진 자외선B(이하 UVB라 한다.) 및 320~400nm의 파장을 가진 자외선A(이하 UVA라 한다.)로 나눈다.

3. 용어의 정의: 이 기준에서 사용하는 용어의 정의는 다음과 같다.

    가. "자외선차단지수(Sun Protection Factor, SPF)"라 함은 UVB를 차단하는 제품의 차단 효과를 나타내는 지수로서 자외선차단제품을 도포하여 얻은 최소홍반량을 자외선차단제품을 도포하지 않고 얻은 최소홍반량으로 나눈 값이다.

    나. "최소홍반량(Minimum Erythema Dose, MED)"이라 함은 UVB를 사람의 피부에 조사한 후 16~24시간의 범위내에, 조사영역의 전 영역에 홍반을 나타낼 수 있는 최소한의 자외선 조사량을 말한다.

    다. "최소지속형즉시흑화량(Minimal Persistent Pigment darkening Dose, MPPD)"이라 함은 UVA를 사람의 피부에 조사한 후 2~24시간의 범위 내에, 조사영역의 전 영역에 희미한 흑화가 인식되는 최소 자외선 조사량을 말한다.

    라. "자외선A차단지수(Protection Factor of UVA, PFA)"라 함은 UVA를 차단하는 제품의 차단 효과를 나타내는 지수로 자외선A차단제품을 도포하여 얻은 최소지속형즉시흑화량을 자외선A차단제품을 도포하지 않고 얻은 최소지속형즉시흑화량으로 나눈 값이다.

    마. "자외선A차단등급(Protection grade of UVA)"이라 함은 UVA 차단 효과의 정도를 나타내며 약칭은 피·에이(PA)라 한다.

제2장 자외선차단지수(SPF) 측정 방법

4. 피험자 선정: 피험자는 [부표 1]의 피험자 선정 기준에 따라 제품당 10명 이상을 선정한다.

5. 시험 부위: 시험은 피험자의 등에 한다. 시험 부위는 피부손상, 과도한 털, 또는 색조에 특별히 차이가 있는 부분을 피하여 선택하여야 하고, 깨끗하고 마른 상태이어야 한다.

6. 시험 전 최소홍반량 측정: 피험자의 피부유형은 [부표 1]의 설문을 통하여 조사하고, 이를 바탕으로 예상되는 최소홍반량을 결정한다. 피험자의 등에 시험 부위를 구획한 후 피험자가 편안한 자세를 취하도록 하여 자외선을 조사한다. 자외선을 조사하는 동안에 피험자가 움직이지 않도록 한다. 조사가 끝난 후 16~24시간 범위 내의 일정 시간에 피험자의 홍반 상태를 판정한다. 홍반은 충분히 밝은 광원하에서 두 명 이상의 숙련된 사람이 판정한다. 전면에 홍반이 나타난 부위에 조사한 UVB의 광량 중 최소량을 최소홍반량으로 한다.

7. 제품 무도포 및 도포 부위의 최소홍반량 측정: 피험자의 등에 무도포 부위, 표준시료 도포 부위와 제품 도포 부위를 구획한다. 손가락에 고무재질의 골무를 끼고 표준시료와 제품을 해당량만큼 도포한다. 상온에서 15분간 방치하여 건조한 다음 제품 무도포 부위의 최소홍반량 측정과 동일하게 측정한다. 홍반 판정은 제품 무도포 부위의 최소홍반량 측정과 같은 날에 동일인이 판정한다.

8. 광원 선정: 광원은 다음 사항을 충족하는 인공광원을 사용하며, 아래의 조건이 항상 만족되도록 유지, 점검한다.

　가. 태양광과 유사한 연속적인 방사스펙트럼을 갖고, 특정피크를 나타내지 않는 제논 아크 램프(Xenon arc lamp)를 장착한 인공태양광조사기(solar simulator) 또는 이와 유사한 광원을 사용한다.

　나. 이때 290nm 이하의 파장은 적절한 필터를 이용하여 제거한다.

　다. 광원은 시험 시간 동안 일정한 광량을 유지해야 한다.

9. 표준시료: 낮은 자외선차단지수(SPF20 미만)의 표준시료는 [부표 2]의 표준시료를 사용하고, 그 자외선차단지수는 4.47±1.28이다. 높은 자외선차단지수(SPF20 이상)의 표준시료는 [부표 3]의 표준시료를 사용하고, 그 자외선 차단지수는 15.5±3.0이다.

10. 제품 도포량: 도포량은 2.0mg/cm^{2}으로 한다.

11. 제품 도포면적 및 조사부위의 구획: 제품 도포면적을 24cm^2 이상으로 하여 0.5cm^2 이상의 면적을 갖는 5개 이상의 조사 부위를 구획한다. 구획방법의 예는 아래 그림과 같다.

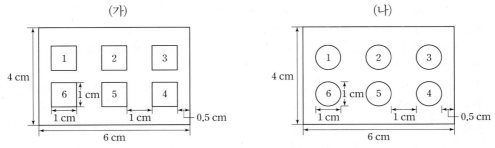

(가로 6cm×세로 4cm=24cm^2)

12. 광량 증가: 각 조사부위의 광량은 최소홍반이 예상되는 부위가 중간(예 3 또는 4 위치)이 되도록 조절하고 그에 따라 등비적(예상 자외선차단지수(SPF)가 20 미만인 경우 25% 이하, 20 이상 30 미만인 경우 15% 이하, 30 이상인 경우 10% 이하) 간격으로 광량을 증가시킨다. 예를 들어, 예상 자외선차단지수(SPF)가 25인 제품의 경우 최소홍반이 예상되는 광량이 X라면 순차적으로 15%씩 광량을 증가시켜 0.76X, 0.87X, 1.00X, 1.15X, 1.32X, 1.52X가 되도록 광량을 증가시킨다.

13. 자외선차단지수 계산: 자외선차단지수(SPF)는 제품 무도포 부위의 최소홍반량(MEDu)과 제품 도포 부위의 최소홍반량(MEDp)를 구하고 다음 계산식에 따라 각 피험자의 자외선차단지수(SPFi)를 계산하여 그 산술평균값으로 한다. 자외선차단지수의 95% 신뢰구간은 자외선차단지수(SPF)의 ±20% 이내이어야 한다. 다만 이 조건에 적합하지 않으면 표본수를 늘리거나 시험 조건을 재설정하여 다시 시험한다.

- 각 피험자의 자외선차단지수(SPFi) = $\dfrac{\text{제품 도포 부위의 최소홍반량(MEDp)}}{\text{제품 무도포 부위의 최소홍반량(MEDu)}}$

- 자외선차단지수(SPF) = $\dfrac{\sum \text{SPF}i}{n}$ (n: 표본수)

- 95% 신뢰구간 = (SPF−C)～(SPF+C)

- C = t 값 × $\dfrac{S}{\sqrt{n}}$ (S: 표준편차, t 값: 자유도)

표. t 값

n	10	11	12	13	14	15	16	17	18	19	20
t 값	2.262	2.228	2.201	2.179	2.160	2.145	2.131	2.120	2.110	2.101	2.093

14. 자외선차단지수 표시 방법: 자외선차단화장품의 자외선차단지수(SPF)는 자외선차단지수 계산 방법에 따라 얻어진 자외선차단지수(SPF) 값의 소수점 이하는 버리고 정수로 표시한다(예 SPF30).

제3장 내수성 자외선차단지수 (SPF) 측정 방법

1. 시험 조건

　가. 시험은 시험에 영향을 줄 수 있는 직사광선을 차단할 수 있는 실내에서 이루어져야 한다.

　나. 욕조가 있는 실내와 물의 온도를 기록하여야 한다.

　다. 실내 습도를 기록하여야 한다.

　라. 물은 다음 사항을 만족하여야 한다.

　　1) 수도법 수질 기준에 적합하여야 한다.

　　2) 물의 온도는 23~32℃이어야 한다.

　마. 욕조는 다음 사항을 만족하는 크기이어야 한다.

　　1) 피험자의 시험 부위가 완전히 물에 잠길 수 있어야 한다.

　　2) 피험자의 등이 욕조 벽에 닿지 않으며 편하게 앉을 수 있어야 한다.

　　3) 물의 순환이나 공기의 분출 시 직접 피험자의 등에 닿지 않아야 한다.

　　4) 피험자의 적당한 움직임에 방해를 주지 않아야 한다.

　바. 물의 순환 또는 공기 분출: 물의 순환이나 공기 분출을 통하여 전단력을 부여하여야 한다.

2. 시험 방법: 시험 예시 – [부표 4]

　내수성 시험 방법에 따른 자외선차단지수 및 내수성 자외선차단지수는 동일 실험실에서 동일 피험자를 대상으로 동일 기기를 사용하여 동일한 시험조건에서 측정되어야 한다.

　가. [별표 3] 자외선 차단 효과 측정 방법 및 기준의 제2장 자외선차단지수(SPF) 측정 방법에 따라 시험한다. 다만, 제품 도포 후 건조 및 침수 방법은 아래와 같다.

　나. 제품 도포 후 건조: 제품을 도포한 후 제품에 기재된 건조시간만큼 자연 상태에서 건조한다. 따로, 건조 시간이 제품에 명기되어 있지 않는 경우에는 최소 15분 이상 자연 상태에서 건조한다.

　다. 침수 방법은 다음과 같이 실시한다. 다만, 입수할 때 제품의 도포 부위가 물에 완전히 잠기도록 하고, 피험자의 등이 욕조 벽에 닿지 않으며 편하게 앉을 수 있어야 한다. 또한, 물의 순환이나 공기의 분출 시 직접 피험자의 등에 닿지 않아야 한다.

　　1) 내수성 제품

　　　㉮ 20분간 입수한다.

　　　㉯ 20분간 물 밖에 나와 쉰다. 이때 자연 건조되도록 하고 제품의 도포 부위에 타월 사용은 금지한다.

　　　㉰ 20분간 입수한다.

　　　㉱ 물 밖에 나와 완전히 마를 때까지 15분 이상 자연 건조한다.

　　2) 지속내수성 제품

　　　㉮ 20분간 입수한다.

　　　㉯ 20분간 물 밖에 나와 쉰다. 이때 자연 건조되도록 하고 제품의 도포 부위에 타월 사용은 금지한다.

　　　㉰ 20분간 입수한다.

　　　㉱ 20분간 물 밖에 나와 쉰다. 이때 자연 건조되도록 하고 제품의 도포 부위에 타월 사용은 금지한다.

　　　㉲ 20분간 입수한다.

　　　㉳ 20분간 물 밖에 나와 쉰다. 이때 자연 건조되도록 하고 제품의 도포 부위에 타월 사용은 금지한다.

　　　㉴ 20분간 입수한다.

　　　㉵ 물 밖에 나와 완전히 마를 때까지 15분 이상 자연 건조한다.

　라. 이후 [별표 3] 자외선 차단 효과 측정 방법 및 기준의 제2장 자외선차단지수(SPF) 측정 방법에 따라 최소홍반량 측정시험을 실시한다.

마. 계산

1) 제2장 자외선차단지수(SPF) 측정 방법의 자외선차단지수 계산에 따라 자외선차단지수 및 내수성 자외선차단지수를 구한다.

2) 피험자 내수성 비(%)

$$피험자\ 내수성\ 비(\%) = \frac{(SPF_\text{내} - 1)}{(SPF - 1)} \times 100$$

＊ $SPF_\text{내}$: 각 피험자의 내수성 자외선차단지수

＊ SPF: 각 피험자의 자외선차단지수

3) 평균 내수성비: 평균 내수성비는 피험자 개개의 내수성비의 평균이다.

4) 내수성비 신뢰구간: 평균 내수성비 신뢰구간은 편 방향 95% 신뢰구간으로 표시하며, 계산은 다음과 같다.

$$내수성비\ 신뢰구간(\%) = 평균\ 내수성비(\%) - (t\ 값 \times \frac{S}{\sqrt{n}})$$

(S: 표준편차, n: 피시험자 수, t 값: 자유도)

표. t 값

n	10	11	12	13	14	15	16	17	18	19	20
t 값	1.833	1.812	1.796	1.782	1.771	1.761	1.753	1.746	1.740	1.734	1.729

바. 시험의 적합성 및 판정

1) 시험의 적합성: 자외선차단지수의 95% 신뢰구간은 자외선차단지수(SPF)의 ±20% 이내이어야 한다. 다만, 이 조건에 적합하지 않으면 표본수를 늘리거나 시험조건을 재설정하여 다시 시험한다.

2) 판정: 내수성비 신뢰구간이 50% 이상일 때 내수성을 표방할 수 있다.

3. 내수성자외선차단지수 표시 방법: 내수성, 지속 내수성

제4장 자외선A차단지수 측정 방법

1. 피험자 선정: 피험자는 [부표 5]의 피험자 선정 기준에 따라 제품당 10명 이상을 선정한다.

2. 시험 부위: 시험은 피험자의 등에 한다. 시험 부위는 피부 손상, 과도한 털, 또는 색조에 특별히 차이가 있는 부분을 피하여 선택하여야 하고, 깨끗하고 마른 상태이어야 한다.

3. 시험 전 최소지속형즉시흑화량 측정: 피험자의 피부 유형은 [부표 1]의 설문을 통하여 조사하고, 피험자의 등에 시험 부위를 구획한 후 피험자가 편안한 자세를 취하도록 하여 자외선을 조사한다. 자외선을 조사하는 동안에 피험자가 움직이지 않도록 한다. 조사가 끝난 후 2~24시간 범위 내의 일정 시간에 피험자의 흑화 상태를 판정한다. 충분히 밝은 광원하에서 두 명 이상의 숙련된 사람이 판정한다. 전면에 흑화가 나타난 부위에 조사한 자외선A의 광량 중 최소량을 최소지속형즉시흑화량으로 한다.

4. 제품 무도포 및 도포 부위의 최소지속형즉시흑화량 측정: 피험자 등에 표준시료 도포 부위와 제품 도포 부위를 구획한다. 손가락에 고무재질의 골무를 끼고 표준시료 및 제품을 해당 량만큼 도포한다. 상온에서 15분간 방치하여 건조한 다음 제품 무도포 부위의 최소지속형즉시흑화량(MPPD) 측정과 동일하게 측정한다. 판정은 제품 무도포 부위의 최소지속형즉시흑화량 측정과 같은 날에 동일인이 판정한다.

5. 광원의 선정: 광원은 다음 사항을 충족하는 인공광원을 사용하며, 아래의 조건이 항상 만족되도록 유지, 점검한다.

가. UVA 범위에서 자외선은 태양광과 유사한 연속적인 스펙트럼을 가져야 한다. 또, UVA I(340~400nm)와 UVA II(320~340nm)의 비율은 태양광의 비율(자외선A II/ 총 자외선A=8~20%)과 유사해야 한다.

나. 과도한 썬번(sun burn)을 피하기 위하여 파장 320nm 이하의 자외선은 적절한 필터를 이용하여 제거한다.

6. 표준시료의 선정: [부표 6] 자외선A차단지수의 낮은 표준시료(S1)는 제품의 자외선A차단지수가 12 미만일 것으로 예상될 때만 사용하고, 그 자외선A차단지수는 4.4±0.6이다. [부표 7] 자외선A차단지수의 높은 표준시료(S2)는 제품의 자외선A차단지수에 대한 모든 예상 수치에서 사용할 수 있으며, 그 자외선A차단지수는 12.7±2.0이다.

7. 제품 도포량: 도포량은 $2mg/cm^2$으로 한다.

8. 제품 도포면적 및 조사 부위의 구획: 제품 도포면적을 $24cm^2$ 이상으로 하여 $0.5cm^2$ 이상의 면적을 갖는 5개 이상의 조사 부위를 구획한다. 구획방법은 자외선차단지수 측정 방법과 같다.

9. 광량 증가: 각 조사 부위의 광량은 최소지속형즉시흑화가 예상되는 부위가 중간(예 3 또는 4 위치)이 되도록 조절하고 그에 따라 등비적 간격으로 광량을 증가시킨다. 증가 비율은 최대 25%로 한다. 예를 들어, 최소지속형즉시흑화가 예상되는 광량이 X라면 순차적으로 25%씩 광량을 증가시켜 0.64X, 0.80X, 1.00X, 1.25X, 1.56X, 1.95X가 되도록 광량을 증가시킨다.

10. 자외선A차단지수 계산: 자외선A차단지수(PFA)는 제품 무도포 부위의 최소지속형즉시흑화량(MPPDu)과 제품 도포 부위의 최소지속형즉시흑화량(MPPDp)을 구하고, 다음 계산식에 따라 각 피험자의 자외선A차단지수(PFAi)를 계산하여 그 산술평균값으로 한다. 이때 자외선A차단지수의 95% 신뢰구간은 자외선A차단지수(PFA) 값의 ±17% 이내이어야 한다. 다만, 이 조건에 적합하지 않으면 표본수를 늘리거나 시험조건을 재설정하여 다시 시험한다.

- 각 피험자의 자외선A차단지수(PFAi) $= \dfrac{\text{제품 도포 부위의 최소 지속형 흑화량(MPPDp)}}{\text{제품 무도포 부위의 최소 지속형 즉시 흑화량(MPPDu)}}$
- 자외선A차단지수(PFA) $= \dfrac{\sum \text{PFA}i}{n}$ (n: 표본수)
- 95% 신뢰구간 $= (PFA - C) \sim (PFA + C)$
- C $= t$값 $\times \dfrac{S}{\sqrt{n}}$ (S: 표준편차, t 값: 자유도)

표. t 값

n	10	11	12	13	14	15	16	17	18	19	20
t 값	2.262	2.228	2.201	2.179	2.160	2.145	2.131	2.120	2.110	2.101	2.093

11. 자외선A차단등급 표시 방법: 자외선차단화장품의 자외선A차단지수는 자외선A차단지수 계산 방법에 따라 얻어진 자외선A차단지수(PFA) 값의 소수점 이하는 버리고 정수로 표시한다. 그 값이 2 이상이면 다음 표와 같이 자외선A차단등급을 표시한다. 표시 기재는 자외선차단지수와 병행하여 표시할 수 있다(예 SPF30, PA$^+$).

자외선A차단등급 분류

자외선A차단지수 (PFA)	자외선A차단등급 (PA)	자외선A차단 효과
2 이상 4 미만	PA+	낮음
4 이상 8 미만	PA++	보통
8 이상 16 미만	PA+++	높음
16 이상	PA++++	매우 높음

[부표 1]

자외선차단지수 측정 방법의 피험자 선정 기준

피부질환이 없는 18세 이상 60세 이하의 신체 건강한 남녀로서 다음 피험자 선정을 위한 설문지 양식을 통하여 질문을 하고 아래 Fitzpatrick의 피부유형 분류 기준표에 따라 피부유형 I, II, III형에 해당되는 사람을 선정한다. 다만, 자외선 조사에 의한 이상 반응이나, 화장품에 의한 알러지 반응을 보인 적이 있는 사람, 광감수성과 관련 있는 약물(항염증제, 혈압강하제 등)을 복용하는 사람은 제외한다.

Fitzpatrick의 피부유형 분류 기준표

유형	설명	MED(mJ/cm^2)
I	항상 쉽게(매우 심하게) 붉어지고, 거의 검게 되지 않는다.	2~30
II	쉽게(심하게) 붉어지고, 약간 검게 된다.	25~35
III	보통으로 붉어지고, 중간 정도로 검게 된다.	30~50
IV	그다지 붉어지지 않고, 쉽게 검게 된다.	45~60
V	거의 붉게 되지 않고, 매우 검게 된다.	60~80
VI	전혀 붉게 되지 않고 매우 검게 된다.	85~200

피험자 선정을 위한 설문지

이름: 나이: 성별: 남   여

1) 최근 1년간 병원에 간 일이 있습니까?   예, 아니오
   예에 답한 사람은 병원에 간 이유 혹은 병명을 다음에 쓰고, 아래의 모든 질문에 답해주세요. 아니요에 답한 사람은 3) 이후
   의 질문에 답해 주세요.

2) 의사로부터 생활의 제한을 받는 일이 있습니까?   예, 아니오
   있다면, 그 이유를 적어 주시기 바랍니다.

3) 지금까지 태양광선(일광)에 의해 심한 증상이 나타난 적이 있습니까?   예, 아니오
   있다면, 언제, 어디서, 어떤 증상이 나왔는지 적어 주시기 바랍니다.

4) 민감피부입니까?   예, 아니오
   예의 경우는 그렇게 생각하는 이유를 적어 주시기 바랍니다.

5) 피부질환 치료를 위한 피부외용제를 사용하고 있습니까?   예, 아니오
   있다면, 약의 이름과 어떤 부위에 사용하고 있는지 적어 주시기 바랍니다.

6) 피부질환 치료를 위한 내복약을 사용한 적이 있습니까?   예, 아니오
   있다면, 복용 이유를 적어 주시기 바랍니다.

7) 여성만 답해주세요. 임신 중 혹은 수유 중입니까?   예, 아니오

8) 태양에 노출되지 않고 겨울철을 지낸 후에, 자외선차단제를 바르지 않고 30~45분 정도 태양에 처음 노출된 후의 피부 상태
   에 대하여 답해 주세요.

   I.   항상 쉽게(매우 심하게) 붉어지고, 거의 검게 되지 않는다.
   II.   쉽게(심하게) 붉어지고, 약간 검게 된다.
   III. 보통으로 붉어지고, 중간 정도로 검게 된다.
   IV.   그다지 붉어지지 않고, 쉽게 검게 된다.
   V.   거의 붉게 되지 않고, 매우 검게 된다.
   VI.   전혀 붉게 되지 않고 매우 검게 된다.

[부표 2]

낮은 자외선차단지수의 표준시료 제조 방법

처방 8% 호모살레이트

	성분	분량(%)
A	라놀린(Lanoline)	5.00
	호모살레이트(Homosalate)	8.00
	백색페트롤라툼(White Petrolatum)	2.50
	스테아릭애씨드(Stearic acid)	4.00
	프로필파라벤(Propylparaben)	0.05
B	메칠파라벤(Methylparaben)	0.10
	디소듐이디티에이(Disodium EDTA)	0.05
	프로필렌글라이콜(Propylene glycol)	5.00
	트리에탄올아민(Triethanolamine)	1.00
	정제수(Purified water)	74.30

제조 방법 A와 B의 각 성분의 무게를 달아 A와 B를 각각 따로 77~82℃로 가열하면서 각각의 성분이 완전히 녹을 때까지 교반한다. A를 천천히 B에 넣으면서 유화가 형성될 때까지 계속하여 교반한다. 계속 교반하면서 상온(15~30℃)까지 냉각한다. 총량이 100g이 되도록 정제수로 채운 후 잘 섞는다.

저장 방법 및 사용 기한 20℃ 이하에서 보관하고 제조 후 1년 이내에 사용한다.

[부표 3]

높은 자외선차단지수의 표준시료 제조 방법

처방

	성분	분량(%)
A	세테아릴알코올 · 피이지-40캐스터오일 · 소듐세테아릴설페이트(Cetearyl Alcohol (and) PEG-40 Caster Oil (and) Sodium Cetearyl Sulfate)	3.15
	데실올리에이트(Decyl oleate)	15.00
	에칠헥실메톡시신나메이트(Ethylhexyl Methoxycinnamate)	3.00
	부틸메톡시디벤조일메탄(Butyl methoxydibenzoylmethane)	0.50
	프로필파라벤(Propylparaben)	0.10
B	정제수(Purified water)	53.57
	페닐벤즈이미다졸설포닉애씨드(Phenylbenzimidazole Sulfonic Acid)	2.78
	45% 소듐하이드록사이드액(Sodium hydroxide(45% solution))	0.90
	메칠파라벤(Methylparaben)	0.30
	디소듐이디티에이(Disodium EDTA)	0.10
C	정제수(Purified water)	20.00
	카보머 934P(Carbomer 934P)	0.30
	45% 소듐하이드록사이드액(Sodium hydroxide(45% solution))	0.30

제조방법 A의 각 성분의 무게를 달아 정제수에 넣고 75~80℃까지 가열한다. B의 각 성분의 무게를 달아 정제수에 넣어 80℃까지 가열하고, 가능하면 맑은 액이 될 때까지 끓인 후 75~80℃까지 식힌다. C의 각 성분의 무게를 달아 정제수에 카보머 934P를 분산시킨 후 45% 소듐하이드록사이드액으로 중화한다. B를 교반하면서 A를 넣고 이 혼합액을 교반하면서 C를 넣고 3분간 균질화시킨다. 소듐하이드록사이드 또는 젖산을 가지고 pH를 7.8~8.0으로 조정하고 상온까지 냉각한다. 총량이 100g이 되도록 정제수로 채운 후 잘 섞는다.

저장 방법 및 사용 기한 20℃ 이하에서 보관하고 제조 후 1년 이내에 사용한다.

[부표 4]

내수성 자외선차단지수(SPF) 시험 방법 예시

1. 1일째
   가. 무도포 부위의 최소홍반량 (MEDu)을 결정한다.
   나. 제품을 자외선차단지수 측정 부위에 도포한다.
   다. 상온에서 15분 이상 방치하여 건조한다.
   라. [별표 3] 자외선차단 효과 측정 방법 및 기준의 제2장 자외선차단지수(SPF) 측정 방법에 따라 무도포 및 제품 도포 부위에 광을 조사한다.

2. 2일째
   가. 무도포 및 제품 도포 부위의 최소홍반량을 결정한다.
   나. 제2장 자외선차단지수(SPF) 측정 방법에 따라 자외선차단지수를 구한다.
   다. 제품을 내수성 자외선차단지수 측정 부위에 도포한다.
   라. 상온에서 15분 이상 방치하여 건조한다.
   마. [별표 3] 자외선차단 효과 측정 방법 및 기준의 제3장 내수성 자외선차단지수(SPF) 측정 방법 2. 시험 방법에 따라 입수와 건조를 반복한 후 건조한다.
   바. [별표 3] 자외선 차단 효과 측정 방법 및 기준의 제2장 자외선차단지수(SPF) 측정 방법에 따라 제품 도포 부위에 광을 조사한다.

3. 3일째
   가. 제품 도포 부위의 최소홍반량을 결정한다.
   나. 2일째 결정된 무도포 부위의 최소홍반량을 이용하여 [별표 3] 자외선 차단 효과 측정 방법 및 기준의 제2장 자외선차단지수(SPF) 측정 방법 중 자외선차단지수 계산에 따라 내수성 자외선차단지수를 구한다.

[부표 5]

자외선A차단지수 측정 방법의 피험자 선정 기준

[부표 1]의 피험자 선정 기준에 따른다. 다만, [부표 1]의 Fitzpatrick의 피부유형 분류기준표의 유형 II, III, IV에 해당되는 사람을 선정한다.

[부표 6]

자외선A차단지수의 낮은 표준시료(S1) 제조 방법

	성분	분량(%)
A	정제수(Purified water)	57.13
	디프로필렌글라이콜(Dipropylene glycol)	5.00
	포타슘하이드록사이드(Potassium Hydroxide)	0.12
	트리소듐이디티에이(Trisodium EDTA)	0.05
	페녹시에탄올(Phenoxyethanol)	0.30
B	스테아릭애씨드(Stearic acid)	3.00
	글리세릴스테아레이트SE(Glyceryl Monostearate, selfemulsifying)	3.00
	세테아릴알코올(Cetearyl Alcohol)	5.00
	페트롤라툼(Petrolatum)	3.00
	트리에칠헥사노인(Triethylhexanoin)	15.00
	에칠헥실메톡시신나메이트(Ethylhexyl Methoxycinnamate)	3.00
	부틸메톡시디벤조일메탄(Butylmethoxydibenzoylmethane)	5.00
	에칠파라벤(Ethylparaben)	0.20
	메칠파라벤(Methylparaben)	0.20

제조 방법 A의 각 성분의 무게를 달아 정제수에 넣어 70℃로 가열하여 녹인다. B의 각 성분들의 무게를 달아 70℃로 가열하여 완전히 녹인다. A에 B를 넣어 혼합물을 유화하고, 호모게나이저(homogenizer) 등을 가지고 유화된 입자의 크기를 조절한다. 유화된 액을 냉각하여 표준시료로 한다.

저장 방법 및 사용 기한 차광용기에 담아 20℃ 이하에서 보관하고 제조 후 12개월 이내에 사용한다.

[부표 7]

자외선A차단지수의 높은 표준시료(S2) 제조 방법

	성분	분량(%)
A	정제수(Purified water)	62.445
	프로필렌글라이콜(Propylene glycol)	1.000
	잔탄검(Xanthan gum)	0.600
	카보머(Carbomer)	0.150
	디소듐이디티에이(Disodium EDTA)	0.080
B	옥토크릴렌(Octocrylene)	3.000
	부틸메톡시디벤조일메탄(Butylmethoxydibenzoylmethane)	5.000
	에칠헥실메톡시신나메이트(Ethylhexyl Methoxycinnamate)	3.000
	비스에칠헥실옥시페놀메톡시페닐트리아진(Bis-ethylhexyloxyphenol-methoxyphenyltriazine)	2.000
	세틸알코올(Cetylcohol)	1.000
	스테아레스-21(Steareth-21)	2.500
	스테아레스-2(Steareth-2)	3.000
	다이카프릴릴카보네이트(Dicaprylyl carbonate)	6.500
	데실코코에이트(Decylcocoate)	6.500
	페녹시에탄올(Phenoxyethanol), 메칠파라벤(Methyl -paraben), 에칠파라벤(Ethylparaben), 부틸파라벤(Butylparaben), 프로필파라벤(Propylparaben)	1.000
C	사이클로펜타실록산(Cyclopentasiloxane)	2.000
	트리이에탄올아민(Triethanolamine)	0.225

제조 방법 A의 각 성분의 무게를 달아 정제수에 넣어 75℃로 가열하여 녹인다. B의 각 성분들의 무게를 달아 75℃로 가열하여 완전히 녹인다. A에 B를 넣어 혼합물을 유화하고, 40℃까지 식힌다. 유화를 계속하면서 A와 B의 혼합물에 C의 재료들을 첨가한다. 총량이 100g이 되도록 정제수로 채운 후 잘 섞는다.

저장 방법 및 사용 기한 차광용기에 담아 20℃ 이하에서 보관하고 제조 후 13개월 이내에 사용한다.

4 [별표 4] 자료제출이 생략되는 기능성화장품의 종류

1. 피부를 곱게 태워주거나 자외선으로부터 피부를 보호하는 데 도움을 주는 제품의 성분 및 함량

「화장품법 시행규칙」[별표 3] 1. 화장품의 유형(의약외품은 제외한다.) 중 영·유아용 제품류 중 로션, 크림 및 오일, 기초화장용 제품류, 색조화장용 제품류에 한한다.

연번	성분명	최대 함량
1	〈삭제〉	〈삭제〉
2	드로메트리졸	1.0%
3	디갈로일트리올리에이트	5.0%
4	4-메칠벤질리덴캠퍼	4.0%
5	멘틸안트라닐레이트	5.0%
6	벤조페논-3	5.0%
7	벤조페논-4	5.0%
8	벤조페논-8	3.0%
9	부틸메톡시디벤조일메탄	5.0%
10	시녹세이트	5.0%
11	에칠헥실트리아존	5.0%
12	옥토크릴렌	10%
13	에칠헥실디메칠파바	8.0%
14	에칠헥실메톡시신나메이트	7.5%
15	에칠헥실살리실레이트	5.0%
16	〈삭제〉	〈삭제〉
17	페닐벤즈이미다졸설포닉애씨드	4.0%
18	호모살레이트	10%
19	징크옥사이드	25%(자외선 차단 성분으로서)
20	티타늄디옥사이드	25%(자외선 차단 성분으로서)
21	이소아밀p-메톡시신나메이트	10%
22	비스-에칠헥실옥시페놀메톡시페닐트리아진	10%
23	디소듐페닐디벤즈이미다졸테트라설포네이트	산으로 10%
24	드로메트리졸트리실록산	15%
25	디에칠헥실부타미도트리아존	10%
26	폴리실리콘-15(디메치코디에칠벤잘말로네이트)	10%
27	메칠렌비스-벤조트리아졸릴테트라메칠부틸페놀	10%
28	테레프탈릴리덴디캠퍼설포닉애씨드 및 그 염류	산으로 10%
29	디에칠아미노하이드록시벤조일헥실벤조에이트	10%

2. 피부의 미백에 도움을 주는 제품의 성분 및 함량

제형은 로션제, 액제, 크림제 및 침적 마스크에 한하며, 제품의 효능·효과는 "피부의 미백에 도움을 준다."로, 용법·용량은 "본품 적당량을 취해 피부에 골고루 펴 바른다. 또는 본품을 피부에 붙이고 10~20분 후 지지체를 제거한 다음 남은 제품을 골고루 펴 바른다(침적 마스크에 한함.)"로 제한한다.

연번	성분명	함량
1	닥나무 추출물	2.0%
2	알부틴	2.0~5.0%
3	에칠아스코빌에텔	1.0~2.0%
4	유용성 감초 추출물	0.05%
5	아스코빌글루코사이드	2.0%
6	마그네슘아스코빌포스페이트	3.0%
7	나이아신아마이드	2.0~5.0%
8	알파-비사보롤	0.5%
9	아스코빌테트라이소팔미테이트	2.0%

3. 피부의 주름 개선에 도움을 주는 제품의 성분 및 함량

제형은 로션제, 액제, 크림제 및 침적 마스크에 한하며, 제품의 효능·효과는 "피부의 주름개선에 도움을 준다."로, 용법·용량은 "본품 적당량을 취해 피부에 골고루 펴 바른다. 또는 본품을 피부에 붙이고 10~20분 후 지지체를 제거한 다음 남은 제품을 골고루 펴 바른다(침적 마스크에 한함.)"로 제한한다.

연번	성분명	함량
1	레티놀	2,500IU/g
2	레티닐팔미테이트	10,000IU/g
3	아데노신	0.04%
4	폴리에톡실레이티드레틴아마이드	0.05~0.2%

4. 모발의 색상을 변화(탈염·탈색 포함)시키는 기능을 가진 제품의 성분 및 함량

제형은 분말제, 액제, 크림제, 로션제, 에어로졸제, 겔제에 한하며, 제품의 효능·효과는 다음 중 어느 하나로 제한한다.

(1) 염모제: 모발의 염모(색상) ⑩ 모발의 염모(노랑색)

(2) 탈색·탈염제: 모발의 탈색

(3) 염모제의 산화제

(4) 염모제의 산화제 또는 탈색제·탈염제의 산화제

(5) 염모제의 산화보조제

(6) 염모제의 산화보조제 또는 탈색제·탈염제의 산화보조제

용법·용량은 품목에 따라 다음과 같이 제한한다.

(1) 3제형 산화염모제

제1제 ○g(mL)에 대하여 제2제 ○g(mL)와 제3제 ○g(mL)의 비율로 (필요한 경우 혼합순서를 기재한다.) 사용 직전에 잘 섞은 후 모발에 균등히 바른다. ○분 후에 미지근한 물로 잘 헹군 후 비누나 샴푸로 깨끗이 씻고 마지막에 따뜻한 물로 충분히 헹군다. 용량은 모발의 양에 따라 적절히 증감한다.

(2) 2제형 산화염모제

제1제 ○g(mL)에 대하여 제2제 ○g(mL)의 비율로 사용 직전에 잘 섞은 후 모발에 균등히 바른다. (단, 일체형 에어로졸제*의 경우에는 "(사용 직전에 충분히 흔들어) 제1제 ○g(mL)에 대하여 제2제 ○g(mL)의 비율로 섞여 나오는 내용물을 적당량 취해 모발에 균등히 바른다."로 한다.) ○분 후에 미지근한 물로 잘 헹군 후 비누나 샴푸로 깨끗이 씻고 마지막에 따뜻한 물로 충분히 헹군다. 용량은 모발의 양에 따라 적절히 증감한다.

* 일체형 에어로졸제: 1품목으로 신청하는 2제형 산화염모제 또는 2제형 탈색·탈염제 중 제1제와 제2제가 칸막이로 나뉘어져 있는 일체형 용기에 서로 섞이지 않게 각각 분리·충전되어 있다가 사용 시 하나의 배출구(노즐)로 배출되면서 기계적(자동)으로 섞이는 제품

(3) 2제형 비산화염모제

먼저 제1제를 필요한 양만큼 취하여 (탈지면에 묻혀) 모발에 충분히 반복하여 바른 다음 가볍게 비벼준다. 자연 상태에서 ○분 후 염색이 조금 되어갈 때 제2제를 (필요 시, 잘 흔들어 섞어) 충분한 양을 취해 반복해서 균등히 바르고 때때로 빗질을 해준다. 제2제를 바른 후 ○분 후에 미지근한 물로 잘 헹군 후 비누나 샴푸로 깨끗이 씻고 마지막에 따뜻한 물로 충분히 헹군다. 용량은 모발의 양에 따라 적절히 증감한다.

(4) 3제형 탈색·탈염제

제1제 ○g(mL)에 대하여 제2제 ○g(mL)와 제3제 ○g(mL)의 비율로 (필요한 경우 혼합순서를 기재한다.) 사용 직전에 잘 섞은 후 모발에 균등히 바른다. ○분 후에 미지근한 물로 잘 헹군 후 비누나 샴푸로 깨끗이 씻고 마지막에 따뜻한 물로 충분히 헹군다. 용량은 모발의 양에 따라 적절히 증감한다.

(5) 2제형 탈색·탈염제

제1제 ○g(mL)에 대하여 제2제 ○g(mL)의 비율로 사용 직전에 잘 섞은 후 모발에 균등히 바른다. (단, 일체형 에어로졸제의 경우에는 "사용 직전에 충분히 흔들어 제1제 ○g(mL)에 대하여 제2제 ○g(mL)의 비율로 섞여 나오는 내용물을 적당량 취해 모발에 균등히 바른다."로 한다.) ○분 후에 미지근한 물로 잘 헹군 후 비누나 샴푸로 깨끗이 씻는다. 용량은 모발의 양에 따라 적절히 증감한다.

(6) 1제형(분말제, 액제 등) 신청의 경우

① "이 제품 ○g을 두발에 바른다. 약 ○분 후 미지근한 물로 잘 헹군 후 비누나 샴푸로 깨끗이 씻는다." 또는 "이 제품 ○g을 물 ○mL에 용해하고 두발에 바른다. 약 ○분 후 미지근한 물로 잘 헹군 후 비누나 샴푸로 깨끗이 씻는다."

② 1제형 산화염모제, 1제형 비산화염모제, 1제형 탈색·탈염제는 1제형(분말제, 액제 등)의 예에 따라 기재한다.

(7) 분리 신청의 경우

① 산화염모제의 경우: 이 제품과 산화제(H_2O_2 ○w/w% 함유)를 ○:○의 비율로 혼합하고 두발에 바른다. 약 ○분 후 미지근한 물로 잘 헹군 후 비누나 샴푸로 깨끗이 씻는다. 1인 1회분의 사용량 ○~○g(mL)

② 탈색·탈염제의 경우: 이 제품과 산화제(H_2O_2 ○w/w% 함유)를 ○:○의 비율로 혼합하고 두발에 바른다. 약 ○분 후 미지근한 물로 잘 헹군 후 비누나 샴푸로 깨끗이 씻는다. 1인 1회분의 사용량 ○~○g(mL)

③ 산화염모제의 산화제인 경우: 염모제의 산화제로서 사용한다.

④ 탈색·탈염제의 산화제인 경우: 탈색·탈염제의 산화제로서 사용한다.

⑤ 산화염모제, 탈색·탈염제의 산화제인 경우: 염모제, 탈색·탈염제의 산화제로서 사용한다.

⑥ 산화염모제의 산화보조제인 경우: 염모제의 산화보조제로서 사용한다.

⑦ 탈색·탈염제의 산화보조제인 경우: 탈색·탈염제의 산화보조제로서 사용한다.

⑧ 산화염모제, 탈색·탈염제의 산화보조제인 경우: 염모제, 탈색·탈염제의 산화보조제로서 사용한다.

구분	성분명	사용할 때 농도 상한
I	p-니트로-o-페닐렌디아민	1.5%
	니트로-p-페닐렌디아민	3.0%
	2-메칠-5-히드록시에칠아미노페놀	0.5%
	2-아미노-4-니트로페놀	2.5%
	2-아미노-5-니트로페놀	1.5%
	2-아미노-3-히드록시피리딘	1.0%
	5-아미노-o-크레솔	1.0%
	m-아미노페놀	2.0%
	o-아미노페놀	3.0%
	p-아미노페놀	0.9%
	염산 2,4-디아미노페녹시에탄올	0.5%
	염산 톨루엔-2,5-디아민	3.2%
	염산 m-페닐렌디아민	0.5%
	염산 p-페닐렌디아민	3.3%
	염산 히드록시프로필비스(N-히드록시에칠-p-페닐렌디아민)	0.4%
	톨루엔-2,5-디아민	2.0%
	m-페닐렌디아민	1.0%
	p-페닐렌디아민	2.0%
	N-페닐-p-페닐렌디아민	2.0%
	피크라민산	0.6%
	황산 p-니트로-o-페닐렌디아민	2.0%
	황산 p-메칠아미노페놀	0.68%
	황산 5-아미노-o-크레솔	4.5%
	황산 m-아미노페놀	2.0%
	황산 o-아미노페놀	3.0%
	황산 p-아미노페놀	1.3%
	황산 톨루엔-2,5-디아민	3.6%
	황산 m-페닐렌디아민	3.0%
	황산 p-페닐렌디아민	3.8%
	황산 N,N-비스(2-히드록시에칠)-p-페닐렌디아민	2.9%
	2,6-디아미노피리딘	0.15%
	염산 2,4-디아미노페놀	0.5%
	1,5-디히드록시나프탈렌	0.5%
	피크라민산 나트륨	0.6%
	황산 2-아미노-5-니트로페놀	1.5%
	황산 o-클로로-p-페닐렌디아민	1.5%

		황산 1-히드록시에칠-4,5-디아미노피라졸	3.0%
		히드록시벤조모르포린	1.0%
		6-히드록시인돌	0.5%
II		α-나프톨	2.0%
		레조시놀	2.0%
		2-메칠레조시놀	0.5%
		몰식자산	4.0%
		카테콜	1.5%
		피로갈롤	2.0%
III	A	과붕산나트륨사수화물 과붕산나트륨일수화물 과산화수소수 과탄산나트륨	
	B	강암모니아수 모노에탄올아민 수산화나트륨	
IV		과황산암모늄 과황산칼륨 과황산나트륨	
V	A	황산철	
	B	피로갈롤	

※ I란에 있는 유효 성분 중 염이 다른 동일 성분은 1종만을 배합한다.

※ 유효 성분 중 사용 시 농도 상한이 같은 표에 설정되어 있는 것은 제품 중의 최대 배합량이 사용 시 농도로 환산하여 같은 농도 상한을 초과하지 않아야 한다.

※ I란에 기재된 유효 성분을 2종 이상 배합하는 경우에는 각 성분의 사용 시 농도(%)의 합계치가 5.0%를 넘지 않아야 한다.

※ III A란에 기재된 것 중 과산화수소수는 과산화수소로서 제품 중 농도가 12.0% 이하이어야 한다.

※ 제품에 따른 유효 성분의 사용 구분은 아래와 같다.

(1) 산화염모제

① 2제형 1품목 신청의 경우: I란 및 IIIA란에 기재된 유효 성분을 각각 1종 이상 배합하고 필요에 따라 같은 표 II란 및 IV란에 기재된 유효 성분을 배합한다.

② 1제형(분말제, 액제 등) 신청의 경우: I란에 기재된 유효 성분을 1종류 이상 배합하고 필요에 따라 같은 표 II란, IIIA란 및 IV란에 기재된 유효 성분을 배합할 수 있다.

③ 2제형 제1제 분리신청의 경우: I란에 기재된 유효 성분을 1종류 이상 배합하고 필요에 따라 같은 표 II란 및 IV란에 기재된 유효 성분을 배합할 수 있다.

(2) 비산화염모제: VA란 및 VB란에 기재된 유효 성분을 각각 1종 이상 배합하고 필요에 따라 같은 표 IIIB란에 기재된 유효 성분을 배합한다.

(3) 탈색 · 탈염제

① 2제형 1품목 신청, 1제형 신청의 경우: IIIA란에 기재된 유효 성분을 1종류 이상 배합하고 필요에 따라서 같은 표 IIIB란 및 IV란에 기재된 유효 성분을 배합한다.

② 2제형 제1제 분리신청의 경우: IIIA란, IIIB란 또는 IV란에 기재된 유효 성분을 1종류 이상 배합한다.

(4) 산화염모제의 산화제 또는 탈색·탈염제의 산화제: ⅢA란에 기재된 유효 성분을 1종류 이상 배합하고 필요에 따라 같은 표 Ⅳ란에 기재된 유효 성분을 배합한다.

(5) 산화염모제의 산화보조제 또는 탈색·탈염제의 산화보조제: Ⅳ란에 기재된 유효 성분을 1종류 이상 배합한다.

효능·효과	신청 방식	제형		I란	II란	III란 A	III란 B	IV란	V란 A	V란 B
염모제	산화염모 1품목신청	1제형(1)		○	(○)	○		(○)		
		1제형(2)		○	(○)					
		2제형	제1제	○	(○)			(○)		
			제2제			○				
		3제형	제1제	○	(○)			(○)		
			제2제			○				
			제3제					(○)		
	산화염모 분리신청	2제형		○	(○)			(○)		
	비산화염모 1품목신청	1제형							○	○
		2제형	제1제					(○)		○
			제2제						○	○
탈색·탈염제	1품목신청	1제형(1)				○	○	(○)		
		1제형(2)				○		(○)		
		2제형(1)	제1제				○	(○)		
			제2제			○		(○)		
		2제형(2)	제1제					○		
			제2제			○				
		3제형	제1제				○	(○)		
			제2제			○		(○)		
			제3제					(○)		
	분리신청	2제형(1)	제1제				○	(○)		
		2제형(2)	제1제			○	(○)			
		2제형(3)	제1제					○		
산화염모제의 산화제로 사용			분리신청			○		(○)		
탈색·탈염제의 산화제로 사용						○		(○)		
산화염모제, 탈색·탈염제의 산화제로 사용						○		(○)		
산화염모제의 산화보조제로 사용								○		
탈색·탈염제의 산화보조제로서 사용								○		
산화염모제, 탈색·탈염제의 산화보조제로 사용								○		

※ ○: 반드시 배합해야 할 유효 성분

　(◎): 필요에 따라 배합하는 유효 성분

※ 다만, 3제형 산화염모제 및 3제형 탈색·탈염제의 경우에는 제3제가 희석제 등으로 구성되어 유효 성분을 포함하지 않을 수 있다.

※ 다만, 2제형 산화염모제에서 제2제의 유효 성분인 ⅢA란의 성분이 제1제에 배합되고 제2제가 희석제 등으로 구성되어 유효 성분을 포함하지 않는 경우에도 제2제를 1개 품목으로 신청할 수 있다.

5. 체모를 제거하는 기능을 가진 제품의 성분 및 함량

제형은 액제, 크림제, 로션제, 에어로졸제에 한하며, 제품의 효능·효과는 "제모(체모의 제거)"로, 용법·용량은 "사용 전 제모할 부위를 씻고 건조시킨 후 이 제품을 제모할 부위의 털이 완전히 덮이도록 충분히 바른다. 문지르지 말고 5~10분간 그대로 두었다가 일부분을 손가락으로 문질러 보아 털이 쉽게 제거되면 젖은 수건[(제품에 따라서는) 또는 동봉된 부직포 등]으로 닦아 내거나 물로 씻어낸다. 면도한 부위의 짧고 거친 털을 완전히 제거하기 위해서는 한 번 이상(수일 간격) 사용하는 것이 좋다."로 제한한다.

연번	성분명	함량
1	치오글리콜산 80%	치오글리콜산으로서 3.0~4.5%

※ pH 범위는 7.0 이상 12.7 미만이어야 한다.

6. 여드름성 피부를 완화하는 데 도움을 주는 제품의 성분 및 함량

유형은 인체세정용제품류(비누조성의 제제)로, 제형은 액제, 로션제, 크림제에 한한다(부직포 등에 침적된 상태는 제외함). 제품의 효능·효과는 "여드름성 피부를 완화하는 데 도움을 준다."로, 용법·용량은 "본품 적당량을 취해 피부에 사용한 후 물로 바로 깨끗이 씻어낸다."로 제한한다.

연번	성분명	함량
1	살리실릭애씨드	0.5%

Chapter 05

기능성화장품 기준 및 시험 방법
[시행 2020. 12. 30.]

1 [별표 1] 통칙

1. 이 고시는 「화장품법」 제4조제1항 및 「화장품법 시행규칙」 제9조 제1항에 따라 기능성화장품 심사를 받기 위하여 자료를 제출하고자 하는 경우, 기준 및 시험 방법에 관한 자료 제출을 면제할 수 있는 범위를 정함을 목적으로 한다.
2. 이 고시의 영문명칭은 "Korean Functional Cosmetics Codex"라 하고, 줄여서 "KFCC"라 할 수 있다.
3. 이 고시에 수재되어 있는 기능성화장품의 적부는 각 조의 규정, 통칙 및 일반시험법의 규정에 따라 판정한다.
4. 제제를 만들 경우에는 따로 규정이 없는 한 그 보존 중 성상 및 품질의 기준을 확보하고 그 유용성을 높이기 위하여 부형제, 안정제, 보존제, 완충제 등 적당한 첨가제를 넣을 수 있다. 다만, 첨가제는 해당 제제의 안전성에 영향을 주지 않아야 하며, 또한 기능을 변하게 하거나 시험에 영향을 주어서는 아니된다.
5. 이 고시에서 규정하는 시험 방법 외에 정확도와 정밀도가 높고 그 결과를 신뢰할 수 있는 다른 시험 방법이 있는 경우에는 그 시험 방법을 쓸 수 있다. 다만, 그 결과에 대하여 의심이 있을 때에는 규정하는 방법으로 최종의 판정을 실시한다.
6. 화장품 제형의 정의는 다음과 같다.
   가. 로션제란 유화제 등을 넣어 유성 성분과 수성 성분을 균질화하여 점액상으로 만든 것을 말한다.
   나. 액제란 화장품에 사용되는 성분을 용제 등에 녹여서 액상으로 만든 것을 말한다.
   다. 크림제란 유화제 등을 넣어 유성 성분과 수성 성분을 균질화하여 반고형상으로 만든 것을 말한다.
   라. 침적마스크제란 액제, 로션제, 크림제, 겔제 등을 부직포 등의 지지체에 침적하여 만든 것을 말한다.
   마. 겔제란 액체를 침투시킨 분자량이 큰 유기분자로 이루어진 반고형상을 말한다.
   바. 에어로졸제란 원액을 같은 용기 또는 다른 용기에 충전한 분사제(액화기체, 압축기체 등)의 압력을 이용하여 안개모양, 포말상 등으로 분출하도록 만든 것을 말한다.
   사. 분말제란 균질하게 분말상 또는 미립상으로 만든 것을 말하며, 부형제 등을 사용할 수 있다.
7. "밀폐용기"라 함은 일상의 취급 또는 보통 보존상태에서 외부로부터 고형의 이물이 들어가는 것을 방지하고 고형의 내용물이 손실되지 않도록 보호할 수 있는 용기를 말한다. 밀폐용기로 규정되어 있는 경우에는 기밀용기도 쓸 수 있다.
8. "기밀용기"라 함은 일상의 취급 또는 보통 보존상태에서 액상 또는 고형의 이물 또는 수분이 침입하지 않고 내용물을 손실, 풍화, 조해 또는 증발로부터 보호할 수 있는 용기를 말한다. 기밀용기로 규정되어 있는 경우에는 밀봉용기도 쓸 수 있다.
9. "밀봉용기"라 함은 일상의 취급 또는 보통의 보존상태에서 기체 또는 미생물이 침입할 염려가 없는 용기를 말한다.
10. "차광용기"라 함은 광선의 투과를 방지하는 용기 또는 투과를 방지하는 포장을 한 용기를 말한다.
11. 물질명 다음에 (   ) 또는 [   ] 중에 분자식을 기재한 것은 화학적 순수물질을 뜻한다. 분자량은 국제원자량표에 따라 계산하여 소수점 이하 셋째 자리에서 반올림하여 둘째 자리까지 표시한다.

12. 이 기준의 주된 계량의 단위에 대하여는 다음의 기호를 쓴다.

미터	m	데시미터	dm
센터미터	cm	밀리미터	mm
마이크로미터	μm	나노미터	nm
킬로그람	kg	그람	g
밀리그람	mg	마이크로그람	μg
나노그람	ng	리터	L
밀리리터	mL	마이크로리터	μL
평방센티미터	cm^2	수은주밀리미터	mmHg
센티스톡스	cs	센티포아스	cps
노르말(규정)	N	몰	M 또는 mol.
질량백분율	%	질량대용량백분율	w/v%
용량백분율	vol%	용량대질량백분율	v/w%
질량백만분율	ppm	피에이치	pH
섭씨 도	℃		

13. 시험 또는 저장할 때의 온도는 원칙적으로 구체적인 수치를 기재한다. 다만, 표준온도는 20℃, 상온은 15~25℃, 실온은 1~30℃, 미온은 30~40℃로 한다. 냉소는 따로 규정이 없는 한 1~15℃ 이하의 곳을 말하며, 냉수는 10℃ 이하, 미온탕은 30~40℃, 온탕은 60~70℃, 열탕은 약 100℃의 물을 뜻한다. 가열한 용매 또는 열용매라 함은 그 용매의 비점 부근의 온도로 가열한 것을 뜻하며 가온한 용매 또는 온용매라 함은 보통 60~70℃로 가온한 것을 뜻한다. 수욕상 또는 수욕중에서 가열한다 라 함은 따로 규정이 없는 한 끓인 수욕 또는 100℃의 증기욕을 써서 가열하는 것이다. 보통 냉침은 15~25℃, 온침은 35~45℃에서 실시한다.

14. 통칙 및 일반시험법에 쓰이는 시약, 시액, 표준액, 용량분석용표준액, 계량기 및 용기는 따로 규정이 없는 한 일반시험법에서 규정하는 것을 쓴다. 또한 시험에 쓰는 물은 따로 규정이 없는 한 정제수로 한다.

15. 용질명 다음에 용액이라 기재하고, 그 용제를 밝히지 않은 것은 수용액을 말한다.

16. 용액의 농도를 (1→5), (1→10), (1→100) 등으로 기재한 것은 고체물질 1g 또는 액상물질 1mL를 용제에 녹여 전체량을 각각 5mL, 10mL, 100mL 등으로 하는 비율을 나타낸 것이다. 또 혼합액을 (1 : 10) 또는 (5 : 3 : 1) 등으로 나타낸 것은 액상물질의 1용량과 10용량과의 혼합액, 5용량과 3용량과 1용량과의 혼합액을 나타낸다.

17. 시험은 따로 규정이 없는 한 상온에서 실시하고 조작 직후 그 결과를 관찰하는 것으로 한다. 다만, 온도의 영향이 있는 것의 판정은 표준온도에 있어서의 상태를 기준으로 한다.

18. 따로 규정이 없는 한 일반시험법에 규정되어 있는 시약을 쓰고 시험에 쓰는 물은 정제수이다.

19. 액성을 산성, 알칼리성 또는 중성으로 나타낸 것은 따로 규정이 없는 한 리트머스지를 써서 검사한다. 액성을 구체적으로 표시할 때에는 pH값을 쓴다. 또한, 미산성, 약산성, 강산성, 미알칼리성, 약알칼리성, 강알칼리성 등으로 기재한 것은 산성 또는 알칼리성의 정도의 개략(槪略)을 뜻하는 것으로 pH의 범위는 다음과 같다.

pH의 범위

미산성	약 5~약 6.5	미알칼리성	약 7.5~약 9
약산성	약 3~약 5	약알칼리성	약 9~약 11
강산성	약 3 이하	강알칼리성	약 11 이상

20. 질량을 "정밀하게 단다."라 함은 달아야 할 최소 자리수를 고려하여 0.1mg, 0.01mg 또는 0.001mg까지 단다는 것을 말한다. 또 질량을 "정확하게 단다"라 함은 지시된 수치의 질량을 그 자리수까지 단다는 것을 말한다.

21. 시험할 때 n자리의 수치를 얻으려면 보통 (n+1)자리까지 수치를 구하고 (n+1)자리의 수치를 반올림한다.

22. 시험 조작을 할때 "직후" 또는 "곧"이란 보통 앞의 조작이 종료된 다음 30초 이내에 다음 조작을 시작하는 것을 말한다.

23. 시험에서 용질이 "용매에 녹는다 또는 섞인다"라 함은 투명하게 녹거나 임의의 비율로 투명하게 섞이는 것을 말하며 섬유 등을 볼 수 없거나 있더라 매우 적다.

24. 검체의 채취량에 있어서 "약"이라고 붙인 것은 기재된 양의 ±10%의 범위를 뜻한다.

2 **[별표 2] 피부의 미백에 도움을 주는 기능성화장품 각조**

[별표 3] 피부의 주름 개선에 도움을 주는 기능성화장품 각조

[별표 4] 자외선으로부터 피부를 보호하는 데 도움을 주는 기능성화장품 각조

[별표 5] 피부의 미백 및 주름 개선에 도움을 주는 기능성화장품 각조

[별표 6] 모발의 색상을 변화시키는 데 도움을 주는 기능성화장품 각조

[별표 7] 체모를 제거하는 데 도움을 주는 기능성화장품 각조

[별표 8] 여드름성 피부를 완화하는 데 도움을 주는 기능성화장품 각조

[별표 9] 탈모 증상의 완화에 도움을 주는 기능성화장품 각조

[별표 10] 일반시험법

법령 바로가기

Chapter 06

화장품법 시행규칙
[시행 2023. 6. 22.]

1 [별표 3] 사용할 때의 주의사항<개정 2022. 2. 18.>

1. 공통사항

가. 화장품 사용 시 또는 사용 후 직사광선에 의하여 사용부위가 붉은 반점, 부어오름 또는 가려움증 등의 이상 증상이나 부작용이 있는 경우에는 전문의 등과 상담할 것

나. 상처가 있는 부위 등에는 사용을 자제할 것

다. 보관 및 취급 시 주의사항

　1) 어린이의 손이 닿지 않는 곳에 보관할 것

　2) 직사광선을 피해서 보관할 것

2. 그 밖에 화장품의 안전정보와 관련하여 화장품의 유형별 · 함유 성분별로 식품의약품안전처장이 정하여 고시하는 사항

2 [별표 4] 화장품 포장의 표시 기준 및 표시 방법<개정 2022. 2. 18.>

1. 화장품의 명칭

다른 제품과 구별할 수 있도록 표시된 것으로서 같은 화장품책임판매업자 또는 맞춤형화장품판매업자의 여러 제품에서 공통으로 사용하는 명칭을 포함한다.

2. 영업자의 상호 및 주소

가. 영업자의 주소는 등록필증 또는 신고필증에 적힌 소재지 또는 반품 · 교환 업무를 대표하는 소재지를 기재 · 표시해야 한다.

나. "화장품제조업자", "화장품책임판매업자" 또는 "맞춤형화장품판매업자"는 각각 구분하여 기재 · 표시해야 한다. 다만, 화장품제조업자, 화장품책임판매업자 또는 맞춤형화장품판매업자가 다른 영업을 함께 영위하고 있는 경우에는 한꺼번에 기재 · 표시할 수 있다.

다. 공정별로 2개 이상의 제조소에서 생산된 화장품의 경우에는 일부 공정을 수탁한 화장품제조업자의 상호 및 주소의 기재 · 표시를 생략할 수 있다.

라. 수입화장품의 경우에는 추가로 기재 · 표시하는 제조국의 명칭, 제조회사명 및 그 소재지를 국내 "화장품제조업자"와 구분하여 기재 · 표시해야 한다.

3. 화장품 제조에 사용된 성분

가. 글자의 크기는 5포인트 이상으로 한다.

나. 화장품 제조에 사용된 함량이 많은 것부터 기재·표시한다. 다만, 1퍼센트 이하로 사용된 성분, 착향제 또는 착색제는 순서에 상관없이 기재·표시할 수 있다.

다. 혼합원료는 혼합된 개별 성분의 명칭을 기재·표시한다.

라. 색조화장용 제품류, 눈화장용 제품류, 두발염색용 제품류 또는 손발톱용 제품류에서 호수별로 착색제가 다르게 사용된 경우 '± 또는 +/−'의 표시 다음에 사용된 모든 착색제 성분을 함께 기재·표시할 수 있다.

마. 착향제는 "향료"로 표시할 수 있다. 다만, 착향제의 구성 성분 중 식품의약품안전처장이 정하여 고시한 알레르기 유발 성분이 있는 경우에는 향료로 표시할 수 없고, 해당 성분의 명칭을 기재·표시해야 한다.

바. 산성도(pH) 조절 목적으로 사용되는 성분은 그 성분을 표시하는 대신 중화반응에 따른 생성물로 기재·표시할 수 있고, 비누화 반응을 거치는 성분은 비누화 반응에 따른 생성물로 기재·표시할 수 있다.

사. 법 제10조제1항제3호에 따른 성분을 기재·표시할 경우 영업자의 정당한 이익을 현저히 침해할 우려가 있을 때에는 영업자는 식품의약품안전처장에게 그 근거자료를 제출해야 하고, 식품의약품안전처장이 정당한 이익을 침해할 우려가 있다고 인정하는 경우에는 "기타 성분"으로 기재·표시할 수 있다.

4. 내용물의 용량 또는 중량

화장품의 1차 포장 또는 2차 포장의 무게가 포함되지 않은 용량 또는 중량을 기재·표시해야 한다. 이 경우 화장비누(고체 형태의 세안용 비누를 말한다.)의 경우에는 수분을 포함한 중량과 건조 중량을 함께 기재·표시해야 한다.

5. 제조번호

사용기한(또는 개봉 후 사용기간)과 쉽게 구별되도록 기재·표시해야 하며, 개봉 후 사용기간을 표시하는 경우에는 병행 표기해야 하는 제조연월일(맞춤형화장품의 경우에는 혼합·소분일)도 각각 구별이 가능하도록 기재·표시해야 한다.

6. 사용기한 또는 개봉 후 사용기간

가. 사용기한은 "사용기한" 또는 "까지" 등의 문자와 "연월일"을 소비자가 알기 쉽도록 기재·표시해야 한다. 다만, "연월"로 표시하는 경우 사용기한을 넘지 않는 범위에서 기재·표시해야 한다.

나. 개봉 후 사용기간은 "개봉 후 사용기간"이라는 문자와 "○○월" 또는 "○○개월"을 조합하여 기재·표시하거나, 개봉 후 사용기간을 나타내는 심벌과 기간을 기재·표시할 수 있다.

(예시: 심벌과 기간 표시) 개봉 후 사용기간이 12개월 이내인 제품

12M

12월(또는 개월)

7. 기능성화장품의 기재·표시

가. 제19조제4항제7호에 따른 문구는 법 제10조제1항제8호에 따라 기재·표시된 "기능성화장품" 글자 바로 아래에 "기능성화장품" 글자와 동일한 글자 크기 이상으로 기재·표시해야 한다.

나. 법 제10조제1항제8호에 따라 기능성화장품을 나타내는 도안은 다음과 같이 한다.
   1) 표시 기준(로고모형)

   2) 표시 방법
      가) 도안의 크기는 용도 및 포장재의 크기에 따라 동일 배율로 조정한다.
      나) 도안은 알아보기 쉽도록 인쇄 또는 각인 등의 방법으로 표시해야 한다.

❸ [별표 7] 행정처분의 기준<개정 2023. 6. 22.> 중 개별 기준

2. 개별 기준

위반 내용	1차 위반	2차 위반	3차 위반	4차 이상 위반
가. 화장품제조업 또는 화장품책임판매업의 다음의 변경 사항 등록을 하지 않은 경우				
1) 화장품제조업자·화장품책임판매업자(법인의 경우 대표자)의 변경 또는 그 상호(법인인 경우 법인의 명칭)의 변경	시정명령	제조 또는 판매 업무정지 5일	제조 또는 판매 업무정지 15일	제조 또는 판매 업무정지 1개월
2) 제조소의 소재지 변경	제조 업무정지 1개월	제조 업무정지 3개월	제조 업무정지 6개월	등록취소
3) 화장품책임판매업소의 소재지 변경	판매 업무정지 1개월	판매 업무정지 3개월	판매 업무정지 6개월	등록취소
4) 책임판매관리자의 변경	시정명령	판매 업무정지 7일	판매 업무정지 15일	판매 업무정지 1개월
5) 제조 유형 변경	제조 업무정지 1개월	제조 업무정지 2개월	제조 업무정지 3개월	제조 업무정지 6개월
6) 화장품을 직접 제조(또는 위탁)하거나 수입한 화장품을 유통·판매하는 화장품책임판매업을 등록한 자의 책임판매 유형 변경	경고	판매 업무정지 15일	판매 업무정지 1개월	판매 업무정지 3개월
7) 수입대행형 거래를 목적으로 화장품을 알선·수여하는 화장품책임판매업을 등록한 자의 책임판매 유형 변경	수입대행업무정지 1개월	수입대행업무정지 2개월	수입대행업무정지 3개월	수입대행업무정지 6개월
나. 거짓이나 그 밖의 부정한 방법으로 등록·변경등록 또는 신고·변경신고를 한 경우	등록취소 또는 영업소 폐쇄			

다. 시설을 갖추지 않은 경우				
1) 제조 또는 품질검사에 필요한 시설 및 기구의 전부가 없는 경우	제조 업무정지 3개월	제조 업무정지 6개월	등록취소	
2) 작업소, 보관소 또는 시험실 중 어느 하나가 없는 경우	개수명령	제조 업무정지 1개월	제조 업무정지 2개월	제조 업무정지 4개월
3) 해당 품목의 제조 또는 품질검사에 필요한 시설 및 기구 중 일부가 없는 경우	개수명령	해당 품목 제조 업무정지 1개월	해당 품목 제조 업무정지 2개월	해당 품목 제조 업무정지 4개월
4) 화장품을 제조하기 위한 작업소의 기준을 위반한 경우				
가) 쥐·해충 및 먼지 등을 막을 수 있는 시설을 갖추지 않은 경우	시정명령	제조 업무정지 1개월	제조 업무정지 2개월	제조 업무정지 4개월
나) 작업대나 가루를 제거하는 시설 등 제조에 필요한 시설 및 기구를 갖추지 않은 경우	개수명령	해당 품목 제조 업무정지 1개월	해당 품목 제조 업무정지 2개월	해당 품목 제조 업무정지 4개월
라. 맞춤형화장품판매업의 변경신고를 하지 않은 경우				
1) 맞춤형화장품판매업자의 변경신고를 하지 않은 경우	시정명령	판매 업무정지 5일	판매 업무정지 15일	판매 업무정지 1개월
2) 맞춤형화장품판매업소 상호의 변경신고를 하지 않은 경우				
3) 맞춤형화장품조제관리사의 변경신고를 하지 않은 경우				
4) 맞춤형화장품판매업소 소재지의 변경신고를 하지 않은 경우	판매 업무정지 1개월	판매 업무정지 2개월	판매 업무정지 3개월	판매 업무정지 4개월
마. 맞춤형화장품판매업자가 시설기준을 갖추지 않게 된 경우	시정명령	판매 업무정지 1개월	판매 업무정지 3개월	영업소 폐쇄
바. 결격사유 중 어느 하나에 해당하는 경우	등록취소			
사. 국민보건에 위해를 끼쳤거나 끼칠 우려가 있는 화장품을 제조·수입한 경우	제조 또는 판매 업무정지 1개월	제조 또는 판매 업무정지 3개월	제조 또는 판매 업무정지 6개월	등록취소
아. 안전성 및 유효성에 관하여 심사를 받지 않거나 보고서를 제출하지 않은 기능성화장품을 판매한 경우				
1) 심사를 받지 않은 기능성화장품을 판매한 경우	판매 업무정지 6개월	판매 업무정지 12개월	등록취소	
2) 보고하지 않은 기능성화장품을 판매한 경우	판매 업무정지 3개월	판매 업무정지 6개월	판매 업무정지 9개월	판매 업무정지 12개월
자. 영유아 또는 어린이가 사용할 수 있는 화장품의 제품별 안전성 자료를 작성 또는 보관하지 않은 경우	판매 또는 해당 품목 판매 업무정지 1개월	판매 또는 해당 품목 판매 업무정지 3개월	판매 또는 해당 품목 판매 업무정지 6개월	판매 또는 해당 품목 판매 업무정지 12개월

차. 화장품제조업자 등의 준수사항을 이행하지 않은 경우				
1) 품질관리 기준에 따른 화장품책임판매업자의 지도·감독 및 요청에 따르지 않은 경우	시정명령	제조 또는 해당 품목 제조 업무정지 15일	제조 또는 해당 품목 제조 업무정지 1개월	제조 또는 해당 품목 제조 업무정지 3개월
2) 제조관리기준서·제품표준서·제조관리기록서 및 품질관리기록서를 작성·보관하지 않은 경우				
가) 제조관리기준서, 제품표준서, 제조관리기록서 및 품질관리기록서를 갖추어 두지 않거나 이를 거짓으로 작성한 경우	제조 또는 해당 품목 제조 업무정지 1개월	제조 또는 해당 품목 제조 업무정지 3개월	제조 또는 해당 품목 제조 업무정지 6개월	제조 또는 해당 품목 제조 업무정지 9개월
나) 작성된 제조관리기준서의 내용을 준수하지 않은 경우	제조 또는 해당 품목 제조 업무정지 15일	제조 또는 해당 품목 제조 업무정지 1개월	제조 또는 해당 품목 제조 업무정지 3개월	제조 또는 해당 품목 제조 업무정지 6개월
3) 시설 및 기구의 위생관리, 정기 검진, 유해물질의 유출 등을 위반한 경우				
4) 품질관리를 위해 필요한 사항을 화장품책임판매업자에게 제출하지 않았거나 원료 및 자재의 입고, 완제품의 출고에 대한 시험·검사 및 검정, 수탁자에 대한 관리·감독 및 기록의 유지·관리를 하지 않은 경우				
5) 화장품책임판매업자의 품질관리 기준을 이행하지 않은 경우				
가) 책임판매관리자를 두지 않은 경우	판매 또는 해당 품목 판매 업무정지 1개월	판매 또는 해당 품목 판매 업무정지 3개월	판매 또는 해당 품목 판매 업무정지 6개월	판매 또는 해당 품목 판매 업무정지 12개월
나) 작성된 품질관리 업무 절차서의 내용을 준수하지 않은 경우				
다) 품질관리 업무 절차서를 작성하지 않거나 거짓으로 작성한 경우	판매 업무정지 3개월	판매 업무정지 6개월	판매 업무정지 12개월	등록취소
라) 그 밖의 품질관리 기준을 준수하지 않은 경우	시정명령	판매 또는 해당 품목 판매 업무정지 7일	판매 또는 해당 품목 판매 업무정지 15일	판매 또는 해당 품목 판매 업무정지 1개월
6) 화장품책임판매업자의 책임판매 후 안전관리 기준을 이행하지 않은 경우				
가) 책임판매관리자를 두지 않은 경우	판매 또는 해당 품목 판매 업무정지 1개월	판매 또는 해당 품목 판매 업무정지 3개월	판매 또는 해당 품목 판매 업무정지 6개월	판매 또는 해당 품목 판매 업무정지 12개월
나) 안전관리 정보를 검토하지 않거나 안전 확보 조치를 하지 않은 경우				
다) 그 밖의 책임판매 후 안전관리 기준을 준수하지 않은 경우	경고	판매 또는 해당 품목 판매 업무정지 1개월	판매 또는 해당 품목 판매 업무정지 3개월	판매 또는 해당 품목 판매 업무정지 6개월

7) 그 밖의 화장품책임판매업자의 준수사항을 이행하지 않은 경우	시정명령	판매 또는 해당 품목 판매 업무정지 1개월	판매 또는 해당 품목 판매 업무정지 3개월	판매 또는 해당 품목 판매 업무정지 6개월
8) 소비자에게 유통·판매되는 화장품을 임의로 혼합·소분한 경우	판매 업무정지 15일	판매 업무정지 1개월	판매 업무정지 3개월	판매 업무정지 6개월
9) 판매장 시설·기구의 정기 점검, 위생관리, 혼합·소분 안전관리 기준을 준수하지 않은 경우	판매 또는 해당 품목 판매 업무정지 15일	판매 또는 해당 품목 판매 업무정지 1개월	판매 또는 해당 품목 판매 업무정지 3개월	판매 또는 해당 품목 판매 업무정지 6개월
10) 맞춤형화장품 판매내역서를 작성·보관하지 않은 경우	시정명령			
11) 맞춤형화장품 판매 시 소비자에게 내용물·원료의 내용 및 특성, 사용 시의 주의사항을 설명하지 않은 경우	시정명령	판매 또는 해당 품목 판매 업무정지 7일	판매 또는 해당 품목 판매 업무정지 15일	판매 또는 해당 품목 판매 업무정지 1개월
12) 맞춤형화장품 사용과 관련된 부작용 발생사례에 대해 지체 없이 식품의약품안전처장에게 보고하지 않은 경우	시정명령	판매 또는 해당 품목 판매 업무정지 1개월	판매 또는 해당 품목 판매 업무정지 3개월	판매 또는 해당 품목 판매 업무정지 6개월
카. 회수 대상 화장품을 회수하지 않거나 회수하는 데에 필요한 조치를 하지 않은 경우	판매 또는 제조 업무정지 1개월	판매 또는 제조 업무정지 3개월	판매 또는 제조 업무정지 6개월	등록취소
타. 회수계획을 보고하지 않거나 거짓으로 보고한 경우	판매 또는 제조 업무정지 1개월	판매 또는 제조 업무정지 3개월	판매 또는 제조 업무정지 6개월	등록취소
파. 화장품책임판매업자가 화장품의 안전용기·포장에 관한 기준을 위반한 경우	해당 품목 판매 업무정지 3개월	해당 품목 판매 업무정지 6개월	해당 품목 판매 업무정지 12개월	
하. •1차 포장 또는 2차 포장에 화장품의 명칭, 영업자의 상호 및 주소, 해당 화장품 제조에 사용된 모든 성분(인체에 무해한 소량 함유 성분 등 총리령으로 정하는 성분은 제외), 내용물의 용량 또는 중량, 제조번호, 사용기한 또는 개봉 후 사용기간, 가격, 기능성화장품의 경우 "기능성화장품"이라는 글자 또는 기능성화장품을 나타내는 도안으로서 식품의약품안전처장이 정하는 도안, 사용할 때의 주의사항, 그 밖에 총리령으로 정하는 사항을 기재·표시하지 않는 경우 •1차 포장에 화장품의 명칭, 영업자의 상호, 제조번호, 사용기한 또는 개봉 후 사용기간을 표시하지 않은 경우				
1) 위와 동일한 내용을 전부를 기재하지 않은 경우	해당 품목 판매 업무정지 3개월	해당 품목 판매 업무정지 6개월	해당 품목 판매 업무정지 12개월	

2) 위와 동일한 내용을 거짓으로 기재한 경우	해당 품목 판매 업무정지 1개월	해당 품목 판매 업무정지 3개월	해당 품목 판매 업무정지 6개월	해당 품목 판매 업무정지 12개월
3) 위와 동일한 내용의 일부를 기재하지 않은 경우	해당 품목 판매 업무정지 15일	해당 품목 판매 업무정지 1개월	해당 품목 판매 업무정지 3개월	해당 품목 판매 업무정지 6개월
거. 위와 동일한 내용 및 화장품 포장의 표시 기준 및 표시 방법을 준수하지 않은 경우	해당 품목 판매 업무정지 15일	해당 품목 판매 업무정지 1개월	해당 품목 판매 업무정지 3개월	해당 품목 판매 업무정지 6개월
너. 한글로 읽기 쉽도록 기재·표시(단, 한자 또는 외국어를 함께 적을 수 있고 수출용 제품은 그 수출 대상국의 언어로 적을 수 있음) 하지 않고, 성분명을 표준화된 일반명으로 사용하지 않은 경우	해당 품목 판매 업무정지 15일	해당 품목 판매 업무정지 1개월	해당 품목 판매 업무정지 3개월	해당 품목 판매 업무정지 6개월
더. 법 제13조를 위반하여 화장품을 표시·광고한 경우				
1) • 의약품으로 잘못 인식할 우려가 있는 내용, 제품의 명칭 및 효능·효과 등에 대한 표시·광고를 한 경우 • 기능성화장품, 천연화장품 또는 유기농화장품이 아님에도 불구하고 제품의 명칭, 제조방법, 효능·효과 등에 관하여 기능성화장품, 천연화장품 또는 유기농화장품으로 잘못 인식할 우려가 있는 표시·광고를 한 경우 • 사실 유무와 관계없이 다른 제품을 비방하거나 비방한다고 의심이 되는 표시·광고를 한 경우	해당 품목 판매 업무정지 3개월(표시위반) 또는 해당 품목 광고 업무정지 3개월(광고위반)	해당 품목 판매 업무정지 6개월(표시위반) 또는 해당 품목 광고 업무정지 6개월(광고위반)	해당 품목 판매 업무정지 9개월(표시위반) 또는 해당 품목 광고 업무정지 9개월(광고위반)	
2) • 의사·치과의사·한의사·약사·의료기관 또는 그 밖의 자(할랄화장품, 천연화장품 또는 유기농화장품 등을 인증·보증하는 기관으로서 식품의약품안전처장이 정하는 기관은 제외)가 이를 지정·공인·추천·지도·연구·개발 또는 사용하고 있다는 내용이나 이를 암시하는 등의 표시·광고를 한 경우(다만, 화장품, 기능성화장품, 천연화장품, 유기농화장품의 정의에 부합되는 인체 적용시험 결과가 관련 학회 발표 등을 통하여 공인된 경우에는 그 범위에서 관련 문헌을 인용할 수 있으며, 이 경우 인용한 문헌의 본래 뜻을 정확히 전달하여야 하고, 연구자 성명·문헌명과 발표연월일을 분명히 밝혀야 함) • 외국제품을 국내제품으로 또는 국내제품을 외국제품으로 잘못 인식할 우려가 있는 표시·광고를 한 경우				

위반내용	1차 위반	2차 위반	3차 위반	4차 위반
• 외국과의 기술제휴를 하지 않고 외국과의 기술제휴 등을 표현하는 표시·광고를 한 경우 • 경쟁상품과 비교하는 표시·광고는 비교대상 및 기준을 분명히 밝히고 객관적으로 확인될 수 있는 사항만을 표시·광고하여야 하며, 배타성을 띤 "최고" 또는 "최상" 등의 절대적 표현의 표시·광고를 한 경우 • 사실과 다르거나 부분적으로 사실이라고 하더라도 전체적으로 보아 소비자가 잘못 인식할 우려가 있는 표시·광고 또는 소비자를 속이거나 소비자가 속을 우려가 있는 표시·광고를 한 경우 • 품질·효능 등에 관하여 객관적으로 확인될 수 없거나 확인되지 않았는데도 불구하고 이를 광고하거나 법 제2조제1호에 따른 화장품의 범위를 벗어나는 표시·광고를 한 경우 • 저속하거나 혐오감을 주는 표현·도안·사진 등을 이용하는 표시·광고를 한 경우 • 국제적 멸종위기종의 가공품이 함유된 화장품임을 표현하거나 암시하는 표시·광고를 한 경우	해당 품목 판매 업무정지 2개월(표시위반) 또는 해당 품목 광고 업무정지 2개월(광고위반)	해당 품목 판매 업무정지 4개월(표시위반) 또는 해당 품목 광고 업무정지 4개월(광고위반)	해당 품목 판매 업무정지 6개월(표시위반) 또는 해당 품목 광고 업무정지 6개월(광고위반)	해당 품목 판매 업무정지 12개월(표시위반) 또는 해당 품목 광고 업무정지 12개월(광고위반)
러. 실증자료 제출 명령을 어겨 표시·광고 행위 중지 명령을 받았으나 이를 위반하여 표시·광고한 경우	해당 품목 판매 업무정지 3개월	해당 품목 판매 업무정지 6개월	해당 품목 판매 업무정지 12개월	
머. 법 제15조를 위반하여 다음의 화장품을 판매하거나 판매의 목적으로 제조·수입·보관 또는 진열한 경우				
1) 전부 또는 일부가 변패(變敗)되거나 이물질이 혼입 또는 부착된 화장품	해당 품목 제조 또는 판매 업무정지 1개월	해당 품목 제조 또는 판매 업무정지 3개월	해당 품목 제조 또는 판매 업무정지 6개월	해당 품목 제조 또는 판매 업무정지 12개월
2) 병원미생물에 오염된 화장품	해당 품목 제조 또는 판매 업무정지 3개월	해당 품목 제조 또는 판매 업무정지 6개월	해당 품목 제조 또는 판매 업무정지 9개월	해당 품목 제조 또는 판매 업무정지 12개월
3) 사용상의 제한이 필요한 원료에 대하여 식품의약품안전처장이 고시한 사용 기준을 위반한 화장품				
4) 식품의약품안전처장이 고시한 화장품의 제조 등에 사용할 수 없는 원료를 사용한 화장품	제조 또는 판매 업무정지 3개월	제조 또는 판매 업무정지 6개월	제조 또는 판매 업무정지 12개월	등록취소
5) 식품의약품안전처장이 고시한 유통화장품 안전관리 기준에 적합하지 않은 화장품				
가) 실제 내용량이 표시된 내용량의 90퍼센트 이상 97퍼센트 미만인 화장품	시정명령	해당 품목 제조 또는 판매 업무정지 15일	해당 품목 제조 또는 판매 업무정지 1개월	해당 품목 제조 또는 판매 업무정지 2개월

나) 실제 내용량이 표시된 내용량의 80퍼센트 이상 90퍼센트 미만인 화장품	해당 품목 제조 또는 판매 업무정지 1개월	해당 품목 제조 또는 판매 업무정지 2개월	해당 품목 제조 또는 판매 업무정지 3개월	해당 품목 제조 또는 판매 업무정지 4개월
다) 실제 내용량이 표시된 내용량의 80퍼센트 미만인 화장품	해당 품목 제조 또는 판매 업무정지 2개월	해당 품목 제조 또는 판매 업무정지 3개월	해당 품목 제조 또는 판매 업무정지 4개월	해당 품목 제조 또는 판매 업무정지 6개월
라) 주원료의 함량이 기준치보다 10퍼센트 미만 부족한 경우	해당 품목 제조 또는 판매 업무정지 15일	해당 품목 제조 또는 판매 업무정지 1개월	해당 품목 제조 또는 판매 업무정지 3개월	해당 품목 제조 또는 판매 업무정지 6개월
마) 주원료의 함량이 기준치보다 10퍼센트 이상 부족한 경우	해당 품목 제조 또는 판매 업무정지 1개월	해당 품목 제조 또는 판매 업무정지 3개월	해당 품목 제조 또는 판매 업무정지 6개월	해당 품목 제조 또는 판매 업무정지 12개월
바) 그 밖의 기준에 적합하지 않은 화장품				
6) 사용기한 또는 개봉 후 사용기간(병행 표기된 제조연월일을 포함한다)을 위조·변조한 화장품	해당 품목 제조 또는 판매 업무정지 3개월	해당 품목 제조 또는 판매 업무정지 6개월	해당 품목 제조 또는 판매 업무정지 12개월	
7) 그 밖에 법 제15조 각 호에 해당하는 화장품	해당 품목 제조 또는 판매 업무정지 1개월	해당 품목 제조 또는 판매 업무정지 3개월	해당 품목 제조 또는 판매 업무정지 6개월	해당 품목 제조 또는 판매 업무정지 12개월
버. 검사·질문·수거 등을 거부하거나 방해한 경우	판매 또는 제조 업무정지 1개월	판매 또는 제조 업무정지 3개월	판매 또는 제조 업무정지 6개월	등록취소
서. 시정명령·검사명령·개수명령·회수명령·폐기명령 또는 공표명령 등을 이행하지 않은 경우	판매 또는 제조 업무정지 1개월	판매 또는 제조 업무정지 3개월	판매 또는 제조 업무정지 6개월	등록취소
어. 회수계획을 보고하지 않거나 거짓으로 보고한 경우	판매 또는 제조 업무정지 1개월	판매 또는 제조 업무정지 3개월	판매 또는 제조 업무정지 6개월	등록취소
저. 업무정지기간 중에 업무를 한 경우로서				
1) 업무정지기간 중에 해당 업무를 한 경우(광고 업무에 한정하여 정지를 명한 경우는 제외)	등록취소			
2) 광고의 업무정지기간 중에 광고 업무를 한 경우	시정명령	판매 업무정지 3개월		

천연화장품 및 유기농화장품의 기준에 관한 규정 [시행 2019. 7. 29.]

1 본문

제1장 총칙

제1조(목적) 이 고시는 「화장품법」 제2조제2호의2, 제2조제3호 및 제14조의2제1항에 따른 천연화장품 및 유기농화장품의 기준을 정함으로써 화장품 업계·소비자 등에게 정확한 정보를 제공하고 관련 산업을 지원하는 것을 목적으로 한다.

제2조(용어의 정의) 이 고시에서 사용하는 용어의 정의는 다음과 같다.

1. "유기농 원료"란 다음 각 목의 어느 하나에 해당하는 화장품 원료를 말한다.
   가. 「친환경농어업 육성 및 유기식품 등의 관리·지원에 관한 법률」에 따른 유기농수산물 또는 이를 이 고시에서 허용하는 물리적 공정에 따라 가공한 것
   나. 외국 정부(미국, 유럽연합, 일본 등)에서 정한 기준에 따른 인증기관으로부터 유기농수산물로 인정받거나 이를 이 고시에서 허용하는 물리적 공정에 따라 가공한 것
   다. 국제유기농업운동연맹(IFOAM)에 등록된 인증기관으로부터 유기농 원료로 인증받거나 이를 이 고시에서 허용하는 물리적 공정에 따라 가공한 것
2. "식물 원료"란 식물(해조류와 같은 해양식물, 버섯과 같은 균사체를 포함한다) 그 자체로서 가공하지 않거나, 이 식물을 가지고 이 고시에서 허용하는 물리적 공정에 따라 가공한 화장품 원료를 말한다.
3. "동물에서 생산된 원료(동물성 원료)"란 동물 그 자체(세포, 조직, 장기)는 제외하고, 동물로부터 자연적으로 생산되는 것으로서 가공하지 않거나, 이 동물로부터 자연적으로 생산되는 것을 가지고 이 고시에서 허용하는 물리적 공정에 따라 가공한 계란, 우유, 우유단백질 등의 화장품 원료를 말한다.
4. "미네랄 원료"란 지질학적 작용에 의해 자연적으로 생성된 물질을 가지고 이 고시에서 허용하는 물리적 공정에 따라 가공한 화장품 원료를 말한다. 다만, 화석연료로부터 기원한 물질은 제외한다.
5. "유기농유래 원료"란 유기농 원료를 이 고시에서 허용하는 화학적 또는 생물학적 공정에 따라 가공한 원료를 말한다.
6. "식물유래, 동물성유래 원료"란 제2호 또는 제3호의 원료를 가지고 이 고시에서 허용하는 화학적 공정 또는 생물학적 공정에 따라 가공한 원료를 말한다.
7. "미네랄유래 원료"란 제4호의 원료를 가지고 이 고시에서 허용하는 화학적 공정 또는 생물학적 공정에 따라 가공한 별표 1의 원료를 말한다.
8. "천연 원료"란 제1호부터 제4호까지의 원료를 말한다.
9. "천연유래 원료"란 제5호부터 제7호까지의 원료를 말한다.

제2장 천연화장품 및 유기농화장품의 기준

제3조(사용할 수 있는 원료) ① 천연화장품 및 유기농화장품의 제조에 사용할 수 있는 원료는 다음 각 호와 같다. 다만, 제조에 사용하는 원료는 별표 2의 오염물질에 의해 오염되어서는 아니 된다.

1. 천연 원료
2. 천연유래 원료
3. 물
4. 기타 별표 3 및 별표 4에서 정하는 원료

② 합성원료는 천연화장품 및 유기농화장품의 제조에 사용할 수 없다. 다만, 천연화장품 또는 유기농화장품의 품질 또는 안전을 위해 필요하나 따로 자연에서 대체하기 곤란한 제1항 제4호의 원료는 5% 이내에서 사용할 수 있다. 이 경우에도 석유화학 부분(petrochemical moiety의 합)은 2%를 초과할 수 없다.

제4조(제조공정)
① 원료의 제조공정은 간단하고 오염을 일으키지 않으며, 원료 고유의 품질이 유지될 수 있어야 한다. 허용되는 공정 또는는 금지되는 공정은 별표 5와 같다.
② 천연화장품 및 유기농화장품의 제조에 대해 금지되는 공정은 다음 각 호와 같다.
 1. 별표 5의 금지되는 공정
 2. 유전자 변형 원료 배합
 3. 니트로스아민류 배합 및 생성
 4. 일면 또는 다면의 외형 또는 내부구조를 가지도록 의도적으로 만들어진 불용성이거나 생체지속성인 1~100나노미터 크기의 물질 배합
 5. 공기, 산소, 질소, 이산화탄소, 아르곤 가스 외의 분사제 사용

제5조(작업장 및 제조설비)
① 천연화장품 또는 유기농화장품을 제조하는 작업장 및 제조설비는 교차오염이 발생하지 않도록 충분히 청소 및 세척되어야 한다.
② 작업장과 제조설비의 세척제는 별표 6에 적합하여야 한다.

제6조(포장)
천연화장품 및 유기농화장품의 용기와 포장에 폴리염화비닐(Polyvinyl chloride(PVC)), 폴리스티렌폼(Polystyrene foam)을 사용할 수 없다.

제7조(보관)
① 유기농화장품을 제조하기 위한 유기농 원료는 다른 원료와 명확히 표시 및 구분하여 보관하여야 한다.
② 표시 및 포장 전 상태의 유기농화장품은 다른 화장품과 구분하여 보관하여야 한다.

제8조(원료조성)
① 천연화장품은 별표 7에 따라 계산했을 때 중량 기준으로 천연 함량이 전체 제품에서 95% 이상으로 구성되어야 한다.
② 유기농화장품은 별표 7에 따라 계산하였을 때 중량 기준으로 유기농 함량이 전체 제품에서 10% 이상이어야 하며, 유기농 함량을 포함한 천연 함량이 전체 제품에서 95% 이상으로 구성되어야 한다.
③ 천연 및 유기농 함량의 계산 방법은 별표 7과 같다.

제9조(자료의 보존)
화장품의 책임판매업자는 천연화장품 또는 유기농화장품으로 표시·광고하여 제조, 수입 및 판매할 경우 이 고시에 적합함을 입증하는 자료를 구비하고, 제조일(수입일 경우 통관일)로부터 3년 또는 사용기한 경과 후 1년 중 긴 기간 동안 보존하여야 한다.

제10조(재검토기한)
「훈령·예규 등의 발령 및 관리에 관한 규정」에 따라 2020년 1월 1일을 기준으로 매 3년이 되는 시점(매 3년째의 12월 31일까지를 말한다)마다 그 타당성을 검토하여 개선 등의 조치를 하여야 한다.

2 [별표 1] 미네랄 유래 원료

아래 미네랄 유래 원료의 Mono-, Di-, Tri-, Poly-, 염도 사용 가능하다.
- 구리가루(Copper Powder CI 77400)
- 규조토(Diatomaceous Earth)
- 디소듐포스페이트(Disodium Phosphate)
- 디칼슘포스페이트(Dicalcium Phosphate)
- 디칼슘포스페이트디하이드레이트(Dicalcium phosphate dihydrate)
- 마그네슘설페이트(Magnesium Sulfate)
- 마그네슘실리케이트(Magnesium Silicate)
- 마그네슘알루미늄실리케이트(Magnesium Aluminium Silicate)
- 마그네슘옥사이드(Magnesium Oxide CI 77711)
- 마그네슘카보네이트(Magnesium Carbonate CI 77713(Magnesite))
- 마그네슘클로라이드(Magnesium Chloride)
- 마그네슘카보네이트하이드록사이드(Magnesium Carbonate Hydroxide)
- 마그네슘하이드록사이드(Magnesium Hydroxide)
- 마이카(Mica)
- 말라카이트(Malachite)
- 망가니즈비스오르토포스페이트(Manganese bis orthophosphate CI 77745)
- 망가니즈설페이트(Manganese Sulfate)
- 바륨설페이트(Barium Sulphate)
- 벤토나이트(Bentonite)
- 비스머스옥시클로라이드(Bismuth Oxychloride CI 77163)
- 소듐글리세로포스페이트(Sodium Glycerophosphate)
- 소듐마그네슘실리케이트(Sodium Magnesium Silicate)
- 소듐메타실리케이트(Sodium Metasilicate)
- 소듐모노플루오로포스페이트(Sodium Monofluorophosphate)
- 소듐바이카보네이트(Sodium Bicarbonate)
- 소듐보레이트(Sodium borate)
- 소듐설페이트(Sodium Sulfate)
- 소듐실리케이트(Sodium Silicate)
- 소듐카보네이트(Sodium Carbonate)
- 소듐치오설페이트(Sodium Thiosulphate)
- 소듐클로라이드(Sodium Chloride)
- 소듐포스페이트(Sodium Phosphate)
- 소듐플루오라이드(Sodium Fluoride)
- 소듐하이드록사이드(Sodium Hydroxide)
- 실리카(Silica)
- 실버(Silver CI 77820)
- 실버설페이트(Silver Sulfate)
- 실버씨트레이트(Silver Citrate)
- 실버옥사이드(Silver Oxide)

- 실버클로라이드(Silver Chloride)
- 씨솔트(Sea Salt, Maris Sal)
- 아이런설페이트(Iron Sulfate)
- 아이런옥사이드(Iron Oxides CI 77480, 77489, 77491, 77492, 77499)
- 아이런하이드록사이드(Iron Hydroxide)
- 알루미늄아이런실리케이트(Aluminium Iron Silicates)
- 알루미늄(Aluminum)
- 알루미늄가루(Aluminum Powder CI 77000)
- 알루미늄설퍼이트(Aluminium Sulphate)
- 알루미늄암모니움설퍼이트(Aluminium Ammonium Sulphate)
- 알루미늄옥사이드(Aluminium Oxide)
- 알루미늄하이드록사이드(Aluminium Hydroxide)
- 암모늄망가니즈디포스페이트(Ammonium Manganese Diphosphate CI 77742)
- 암모늄설페이트(Ammonium Sulphate)
- 울트라마린(Ultramarines, Lazurite CI 77007)
- 징크설페이트(Zinc Sulfate)
- 징크옥사이드(Zinc oxide CI 77947)
- 징크카보네이트(Zinc Carbonate, CI 77950)
- 카올린(Kaolin)
- 카퍼설페이트(Copper Sulfate, Cupric Sulfate)
- 카퍼옥사이드(Copper Oxide)
- 칼슘설페이트(Calcium Sulfate CI 77231)
- 칼슘소듐보로실리케이트(Calcium Sodium Borosilicate)
- 칼슘알루미늄보로실리케이트(Calcium Aluminium Borosilicate)
- 칼슘카보네이트(Calcium Carbonate)
- 칼슘포스페이트와 그 수화물(Calcium phosphate and their hydrates)
- 칼슘플루오라이드(Calcium Fluoride)
- 칼슘하이드록사이드(Calcium Hydroxide)
- 크로뮴옥사이드그린(Chromium Oxide Greens CI 77288)
- 크로뮴하이드록사이드그린(Chromium Hydroxide Green CI 77289)
- 탤크(Talc)
- 테트라소듐파이로포스페이트(Tetrasodium Pyrophosphate)
- 티타늄디옥사이드(Titanium Dioxide CI 77891)
- 틴옥사이드(Tin Oxide)
- 페릭암모늄페로시아나이드(Ferric Ammonium Ferrocyanide CI 77510)
- 포타슘설페이트(Potassium Sulfate)
- 포타슘아이오다이드(Potassium iodide)
- 포타슘알루미늄설페이트(Potassium aluminium sulphate)
- 포타슘카보네이트(Potassium Carbonate)
- 포타슘클로라이드(Potassium Chloride)
- 포타슘하이드록사이드(Potassium Hydroxide)
- 하이드레이티드실리카(Hydrated Silica)

- 하이드록시아파타이트(Hydroxyapatite)
- 헥토라이트(Hectorite)
- 세륨옥사이드(Cerium Oxide)
- 아이런 실리케이트(Iron Silicates)
- 골드(Gold)
- 마그네슘 포스페이트(Magnesium Phosphate)
- 칼슘 클로라이드(Calcium Chloride)
- 포타슘 알룸(Potassium Alum)
- 포타슘 티오시아네이트(Potassium Thiocyanate)
- 알루미늄 실리케이트(Alumium Silicate)

3 [별표 2] 오염 물질

- 중금속(Heavy metals)
- 방향족 탄화수소(Aromatic hydrocarbons)
- 농약(Pesticides)
- 다이옥신 및 폴리염화비페닐(Dioxins & PCBs)
- 방사능(Radioactivity)
- 유전자변형 생물체(GMO)
- 곰팡이 독소(Mycotoxins)
- 의약 잔류물(Medicinal residues)
- 질산염(Nitrates)
- 니트로사민(Nitrosamines)

상기 오염 물질은 자연적으로 존재하는 것보다 많은 양이 제품에서 존재해서는 아니 된다.

4 [별표 3] 허용 기타 원료

다음의 원료는 천연 원료에서 석유화학 용제를 이용하여 추출할 수 있다.

원료	제한
베타인(Betaine)	
카라기난(Carrageenan)	
레시틴 및 그 유도체(Lecithin and Lecithin derivatives)	
토코페롤, 토코트리에놀(Tocopherol/Tocotrienol)	
오리자놀(Oryzanol)	
안나토(Annatto)	
카로티노이드/잔토필(Carotenoids/Xanthophylls)	
앱솔루트, 콘크리트, 레지노이드(Absolutes, Concretes, Resinoids)	천연화장품에만 허용
라놀린(Lanolin)	

피토스테롤(Phytosterol)	
글라이코스핑고리피드 및 글라이코리피드(Glycosphingolipids and Glycolipids)	
잔탄검	
알킬베타인	

석유화학 용제의 사용 시 반드시 최종적으로 모두 회수되거나 제거되어야 하며, 방향족, 알콕실레이트화, 할로겐화, 니트로젠 또는 황(DMSO 예외) 유래 용제는 사용이 불가하다.

5 [별표 4] 허용 합성 원료

1. 합성 보존제 및 변성제

원료	제한
벤조익애씨드 및 그 염류(Benzoic Acid and its salts)	
벤질알코올(Benzyl Alcohol)	
살리실릭애씨드 및 그 염류(Salicylic Acid and its salts)	
소르빅애씨드 및 그 염류(Sorbic Acid and its salts)	
데하이드로아세틱애씨드 및 그 염류(Dehydroacetic Acid and its salts)	
데나토늄벤조에이트, 3급부틸알코올, 기타 변성제(프탈레이트류 제외) (Denatonium Benzoate and Tertiary Butyl Alcohol and other denaturing agents for alcohol(excluding phthalates))	(관련 법령에 따라) 에탄올에 변성제로 사용된 경우에 한함
이소프로필알코올(Isopropylalcohol)	
테트라소듐글루타메이트디아세테이트(Tetrasodium Glutamate Diacetate)	

2. 천연 유래와 석유화학 부분을 모두 포함하고 있는 원료

분류	사용 제한
디알킬카보네이트(Dialkyl Carbonate)	
알킬아미도프로필베타인(Alkylamidopropylbetaine)	
알킬메칠글루카미드(Alkyl Methyl Glucamide)	
알킬암포아세테이트/디아세테이트(Alkylamphoacetate/Diacetate)	
알킬글루코사이드카르복실레이트(Alkylglucosidecarboxylate)	
카르복시메칠 – 식물 폴리머(Carboxy Methyl – Vegetal polymer)	
식물성 폴리머 – 하이드록시프로필트리모늄클로라이드 (Vegetal polymer – Hydroxypropyl Trimonium Chloride)	두발/수염에 사용하는 제품에 한함
디알킬디모늄클로라이드(Dialkyl Dimonium Chloride)	두발/수염에 사용하는 제품에 한함
알킬디모늄하이드록시프로필하이드로라이즈드식물성단백질 (Alkyldimonium Hydroxypropyl Hydrolyzed Vegetal protein)	두발/수염에 사용하는 제품에 한함

석유화학 부분(petrochemical moiety의 합)은 전체 제품에서 2%를 초과할 수 없다.
석유화학 부분은 다음과 같이 계산한다.
– 석유화학 부분(%)=(석유화학 유래 부분 몰중량/전체 분자량)×100
이 원료들은 유기농이 될 수 없다.

6 [별표 5] 제조공정

1. 허용되는 공정

가. 물리적 공정

물리적 공정 시 물이나 자연에서 유래한 천연 용매로 추출해야 한다.

구분	공정명	비고
물리적 공정	흡수(Absorption)/흡착(Adsorption)	불활성 지지체
	탈색(Bleaching)/탈취(Deodorization)	불활성 지지체
	분쇄(Grinding)	
	원심분리(Centrifuging)	
	상층액분리(Decanting)	
	건조(Desiccation and Drying)	
	탈(脫)고무(Degumming)/탈(脫)유(De—oiling)	
	탈(脫)테르펜(Deterpenation)	증기 또는 자연적으로 얻어지는 용매 사용
	증류(Distillation)	자연적으로 얻어지는 용매 사용(물, CO₂ 등)
	추출(Extractions)	자연적으로 얻어지는 용매 사용(물, 글리세린 등)
	여과(Filtration)	불활성 지지체
	동결건조(Lyophilization)	
	혼합(Blending)	
	삼출(Percolation)	
	압력(Pressure)	
	멸균(Sterilization)	열처리
	멸균(Sterilization)	가스 처리(O₂, N₂, Ar, He, O₃, CO₂ 등)
	멸균(Sterilization)	UV, IR, Microwave
	체로 거르기(Sifting)	
	달임(Decoction)	뿌리, 열매 등 단단한 부위를 우려냄
	냉동(Freezing)	
	우려냄(Infusion)	꽃, 잎 등 연약한 부위를 우려냄
	매서레이션(Maceration)	정제수나 오일에 담가 부드럽게 함
	마이크로웨이브(Microwave)	
	결정화(Settling)	
	압착(Squeezing)/분쇄(Crushing)	
	초음파(Ultrasound)	
	UV 처치(UV Treatments)	
	진공(Vacuum)	
	로스팅(Roasting)	
	탈색(Decoloration, 벤토나이트, 숯가루, 표백토, 과산화수소, 오존 사용)	

나. 화학적 · 생물학적 공정

석유화학 용제의 사용 시 반드시 최종적으로 모두 회수되거나 제거되어야 하며, 방향족, 알콕실레이트화, 할로겐화, 니트로겐 또는 황(DMSO 예외) 유래 용제는 사용이 불가하다.

구분	공정명	비고
화학적 · 생물학적 공정	알킬화(Alkylation)	
	아마이드 형성(Formation of amide)	
	회화(Calcination)	
	탄화(Carbonization)	
	응축/부가(Condensation/Addition)	
	복합화(Complexation)	
	에스텔화(Esterification)/에스테르결합전이반응(Transesterification)/에스테르교환(Interesterification)	
	에텔화(Etherification)	
	생명공학기술(Biotechnology)/자연발효(Natural fermentation)	
	수화(Hydration)	
	수소화(Hydrogenation)	
	가수분해(Hydrolysis)	
	중화(Neutralization)	
	산화/환원(Oxydization/Reduction)	
	양쪽성 물질의 제조공정 (Processes for the Manufacture of Amphoterics)	아마이드, 4기화반응(Formation of amide and Quaternization)
	비누화(Saponification)	
	황화(Sulphatation)	
	이온교환(Ionic Exchange)	
	오존분해(Ozonolysis)	

2. 금지되는 공정

구분	공정명	비고
금지되는 제조공정	탈색, 탈취(Bleaching–Deodorisation)	동물 유래
	방사선 조사(Irradiation)	알파선, 감마선
	설폰화(Sulphonation)	
	에칠렌옥사이드, 프로필렌옥사이드 또는 다른 알켄옥사이드 사용 (Use of ethylene oxide, propylene oxide or other alkylene oxides)	
	수은화합물을 사용한 처리(Treatments using mercury)	
	포름알데하이드 사용(Use of formaldehyde)	

7 [별표 6] 세척제에 사용 가능한 원료

- 과산화수소(Hydrogen peroxide/their stabilizing agents)
- 과초산(Peracetic acid)
- 락틱애씨드(Lactic acid)
- 알코올(이소프로판올 및 에탄올)
- 계면활성제(Surfactant)
  - 재생가능
  - EC50 or IC50 or LC50 > 10mg/l
  - 혐기성 및 호기성 조건하에서 쉽고 빠르게 생분해될 것(OECD 301 > 70% in 28 days)
  - 에톡실화 계면활성제는 상기 조건에 추가하여 다음 조건을 만족하여야 함
    · 전체 계면활성제의 50% 이하일 것
    · 에톡실화가 8번 이하일 것
    · 유기농 화장품에 혼합되지 않을 것
- 석회장석유(Lime feldspar-milk)
- 소듐카보네이트(Sodium carbonate)
- 소듐하이드록사이드(Sodium hydroxide)
- 시트릭애씨드(Citric acid)
- 식물성 비누(Vegetable soap)
- 아세틱애씨드(Acetic acid)
- 열수와 증기(Hot water and Steam)
- 정유(Plant essential oil)
- 포타슘하이드록사이드(Potassium hydroxide)
- 무기산과 알칼리(Mineral acids and alkalis)

8 [별표 7] 천연 및 유기농 함량 계산 방법

1. 천연 함량 계산 방법

천연 함량 비율(%)＝물 비율＋천연 원료 비율＋천연유래 원료 비율

2. 유기농 함량 계산 방법

유기농 함량 비율은 유기농 원료 및 유기농유래 원료에서 유기농 부분에 해당되는 함량 비율로 계산한다.

가. 유기농 인증 원료의 경우 해당 원료의 유기농 함량으로 계산한다.

나. 유기농 함량 확인이 불가능한 경우 유기농 함량 비율 계산 방법은 다음과 같다.

1) 물, 미네랄 또는 미네랄유래 원료는 유기농 함량 비율 계산에 포함하지 않는다. 물은 제품에 직접 함유되거나 혼합 원료의 구성 요소일 수 있다.

2) 유기농 원물만 사용하거나, 유기농 용매를 사용하여 유기농 원물을 추출한 경우 해당 원료의 유기농 함량 비율은 100%로 계산한다.

3) 수용성 및 비수용성 추출물 원료의 유기농 함량 비율 계산 방법은 다음과 같다. 단, 용매는 최종 추출물에 존재하는 양으로 계산하며 물은 용매로 계산하지 않고, 동일한 식물의 유기농과 비유기농이 혼합되어 있는 경우 이 혼합물은 유기농으로 간주하지 않는다.

- 수용성 추출물 원료의 경우

1단계: 비율(ratio)＝[신선한 유기농 원물/(추출물－용매)]

비율(ratio)이 1 이상인 경우 1로 계산

2단계: 유기농 함량 비율(%)＝{[비율(ratio)×(추출물－용매)/추출물]＋[유기농 용매/추출물]}×100

- 물로만 추출한 원료의 경우: 유기농 함량 비율(%)＝(신선한 유기농 원물/추출물)×100

- 비수용성 원료인 경우: 유기농 함량 비율(%)＝(신선 또는 건조 유기농 원물＋사용하는 유기농 용매)/(신선 또는 건조 원물＋사용하는 총 용매)×100

- 신선한 원물로 복원하기 위해서는 실제 건조 비율을 사용하거나(이 경우 증빙자료 필요) 중량에 아래 일정 비율을 곱해야 한다.

나무, 껍질, 씨앗, 견과류, 뿌리	1 : 2.5	잎, 꽃, 지상부	1 : 4.5
과일(예 살구, 포도)	1 : 5	물이 많은 과일(예 오렌지, 파인애플)	1 : 8

4) 화학적으로 가공한 원료의 경우(예 유기농 글리세린이나 유기농 알코올의 유기농 함량 비율 계산)

유기농 함량 비율(%)＝{(투입되는 유기농 원물－회수 또는 제거되는 유기농 원물)/(투입되는 총 원료－회수 또는 제거되는 원료)}×100

최종 물질이 1개 이상인 경우 분자량으로 계산한다.

에듀윌이
너를
지지할게

ENERGY

길이 가깝다고 해도
가지 않으면 도달하지 못하며,
일이 작다고 해도
행하지 않으면 성취되지 않는다.

– 순자(荀子)

맞춤형화장품 조제관리사
실전 모의고사

모바일로
간편하게
채점하기

| 성명 | | 수험번호 | | | | | | | | | | | 120분 |

– 시작을 알릴 때까지 페이지를 넘기지 마십시오. –

01

다음 「화장품법」에 대한 설명 중 올바른 것을 고르시오. (8점)

① 「화장품법」은 화장품의 제조·판매에 관한 사항만을 규정함으로써 국민보건 향상과 화장품 산업의 발전에 기여하기 위한 목적으로 제정되었다.

② 화장품은 의약품법에 포함되어 있다가 화장품의 특성에 부합되는 관리와 화장품 산업의 경쟁력 배양을 위한 제도 마련을 위한 「화장품법」이 제정되었다.

③ 「화장품법 시행규칙」의 목적은 「화장품법 시행령」에서 위임된 사항과 그 시행에 필요한 사항만을 규정하는 것이다.

④ 「화장품법 시행령」의 목적은 「화장품법」에서 위임된 사항과 그 시행에 필요한 사항만을 규정하는 것이다.

⑤ 「화장품법」령의 체계로서 「화장품법」은 대통령령, 「화장품법 시행령」은 총리령, 「화장품법 시행규칙」은 법률에 의해 이루어진다.

02

다음 화장품책임판매업 회사에 근무하는 직원 A, B가 나눈 [대화] 중 틀린 것을 모두 고르시오. (10점)

┤ 대화 ├

A: 안녕하세요. 이번에 화장품책임판매관리사로 입사하신 분이시죠?

B: 네, 안녕하세요. ㉠ 올해 맞춤형화장품조제관리사 시험에 합격해서 화장품책임판매관리자로 채용되었습니다.

A: 축하합니다. ㉡ 작년까지 저희 업체의 상시근로자 수가 5명이라 대표님이 화장품책임판매관리자를 겸직하셨는데요. ㉢ 올해부터 상시근로자 수가 10명이 되면서 겸직이 불가하게 되어 B씨를 채용하게 되었습니다. 지금부터 업무를 소개해 드릴게요.

B: ㉣ 화장품책임판매관리자는 품질관리 업무와 안전확보 업무를 총괄한다고 알고 있습니다.

A: 네, 맞습니다. ㉤ 품질관리 업무 시 필요하시면 화장품제조업자, 맞춤형화장품판매업자 등의 관계자에게 지시가 아닌 문서를 통해서 언제든 연락하실 수 있습니다. 또한 ㉥ 품질관리에 관한 기록은 제품의 출하일로부터 3년간 보관하셔야 합니다.

① ㉠, ㉡, ㉢

② ㉢, ㉤, ㉥

③ ㉡, ㉢, ㉣

④ ㉢, ㉣, ㉥

⑤ ㉠, ㉤, ㉥

03

다음 [대화]에서 A는 맞춤형화장품판매업자, B는 맞춤형화장품조제관리사, C는 맞춤형화장품 매장에서 근무하는 직원이다. 벌금 및 과태료의 범위가 큰 것부터 옳게 나열한 것을 고르시오. (14점)

┌─ 대화 ─────────────────────────────┐

⊙ A: 이 제품은 판매 목적이 아닌 제품의 홍보·촉진 등을 위해 미리 소비자가 시험·사용하도록 제조된 제품인데요. 지금 재고가 부족하니 이 제품부터 판매합시다.

C: 네, 고객님께서 찾으셨던 제품인데 진열해 두었다가 고객님 오시면 판매할게요.

© A: B씨, 요즘에 매장이 너무 바빠서 화장품 안전성 확보 및 품질관리 교육에 참석할 시간이 없을 것 같으니 올해는 참석하지 마세요. 제가 못 간다고 미리 이야기할게요.

B: 네, 알겠습니다. 매장이 바빠서 어쩔 수가 없겠네요.

© A: B씨가 지난달에 그만둔 뒤로 맞춤형화장품조제관리사를 채용하기가 힘드네요. 당분간 C씨가 맞춤형화장품 조제 업무 좀 계속해 주세요.

C: 네, 제가 원료 특징에 대해 공부를 해보니 화장품 혼합·소분 업무가 어렵지 않네요.

② A: B씨, 이 원료는 동물실험을 실시한 원료라서 피부에 좀 더 안전하고 효과가 좋을 거예요. 맞춤형화장품 제조 시 고객님들께 이 원료도 혼합해서 판매해 주세요.

B: 네, 알겠습니다. 동물실험을 통해서 안전성과 유효성을 평가한 원료로 제품을 제조하면 고객님들도 더 안심하고 사용할 수 있겠네요.

└────────────────────────────────────┘

① ⊙ - © - © - ②
② © - ② - ⊙ - ©
③ ⊙ - ② - © - ©
④ © - ⊙ - © - ②
⑤ ⊙ - © - © - ② - ©

04

화장품책임판매업자의 의무 및 등록과 관련한 내용으로 옳지 않은 것은? (10점)

① 화장품의 품질관리기준 및 책임판매 후 안전관리에 관한 기준을 마련해야 한다.
② 화장품책임판매관리자를 선임해야 하는 의무가 있다.
③ 등록신청서 및 구비 서류를 첨부하여 소재지 관할 지방식품의약품안전청장에 제출해야 한다.
④ 화장품책임판매업 등록대장에는 화장품책임판매업자의 성명 및 생년월일을 기재해야 한다.
⑤ 책임판매관리자, 책임판매 유형, 화장품책임판매업소의 소재지 변경은 화장품책임판매업의 변경등록 대상이다.

05

다음 [대화]를 읽고 올바른 내용을 고르시오. (10점)

┌─ 대화 ─────────────────────────────┐

A: 이번에 ① 광고 업무정지 기간 중에 광고 업무를 했더니 1차 위반으로 등록취소 처분을 받게 되었어요.

B: 그렇군요.

C: 이번에 기능성화장품 심사를 받으려고 하는데 기간이 너무 오래 걸리는 것 같더라고요. 그래서 판매 먼저 하다가 심사 받으려고 하는데 괜찮겠죠?

B: 안 돼요. ② 심사를 받지 않거나 거짓으로 보고하고 기능성화장품을 판매하는 경우 1차 위반 시 판매 업무정지 6개월이에요.

C: 아, 그래요? 정말 큰일 날 뻔했네요. 감사합니다.

B: 저도 ③ 두 달 전에 제조공장을 옆 건물로 새로 이사해서 오늘 지방식품의약품안전청장에게 변경신고를 진행하려고요.

A: ④ 제조소의 소재지 변경을 1차 위반하면 업무정지 3개월에 해당하니 얼른 다녀오세요.

B: 네. 감사합니다.

C: 요즘 식품의 형태·냄새·색깔·크기·용기 및 포장 등을 모방하여 섭취 등 식품으로 오용될 우려가 있는 화장품은 회수 대상이라면서요.

B: 맞아요. ⑤ 식품 모방 화장품 위반이 적발되면 1년 이하의 징역 또는 1천만 원 이하의 벌금에 해당되기 때문에 조심해야 해요.

└────────────────────────────────────┘

136

06

다음 중 「개인정보 보호법」에 근거한 고객정보 관리 및 상담에 관한 내용으로 올바르지 않은 것을 고르시오. (10점)

① 개인정보를 폐기할 때에는 개인정보가 복구 또는 재생되지 않도록 조치해야 한다.

② 개인정보처리자가 제3자에게 개인정보의 처리 업무를 위탁할 때에는 문서에 의해야 한다.

③ 개인정보가 유출된 경우, 사고 경위를 파악해 7일 이내 정보주체에게 유출된 개인정보의 항목, 유출된 시점과 경위, 개인정보처리자의 대응 조치 및 피해 구제절차 등을 알려야 한다.

④ 영업양도에 따라 개인정보 이전이 이뤄질 경우, 미리 정보주체에게 그 사실을 알리면 본래의 목적으로만 이용할 수 있다.

⑤ 영상정보처리기기를 설치·운영하는 자는 정보주체가 쉽게 인식할 수 있도록 설치 목적 및 장소, 촬영 범위 및 시간, 관리책임자 성명 및 연락처가 적힌 안내판을 설치해야 한다.

07

다음 「개인정보 보호법」에 관한 내용 중 옳지 않은 것을 고르시오. (10점)

① 지인들에게 청첩장을 발송하기 위해 전화번호를 수집하는 사람은 개인정보처리자로 칭할 수 있다.

② 개인정보처리자로부터 고용되어 개인정보를 처리하는 직원은 개인정보취급자이지만 개인정보처리자가 될 수 없다.

③ 개인정보처리자는 처리 목적에 필요한 범위 내에서 개인정보의 최신성을 보장해야 한다.

④ 개인정보주체는 개인정보 처리에 동의했더라도 추후 처리 정지, 삭제 및 파기를 요구할 권리를 지닌다.

⑤ 집배원이 개인정보가 기록된 우편물을 전달하는 경우는 개인정보 처리로 볼 수 없다.

08

다음 중 화장품에 사용되는 기능이 다른 하나를 고르시오. (8점)

① 유성원료　　　　② 산화방지제
③ 색제　　　　　　④ 고분자화합물
⑤ 용제

09

다음 [보기] 중 화장품 원료의 특성에 맞는 해당 성분끼리 바르게 연결된 것을 고르시오. (8점)

┌─ 보기 ─┐
ㄱ 탄화수소: 미네랄 오일, 페트롤라튬, 에칠트라이실록세인
ㄴ 고급 알코올: 세틸알코올, 세테아릴알코올, 변성알코올
ㄷ 고급 지방산: 팔미틱애씨드, 올레익애씨드, 미리스틱애씨드
ㄹ 식물성 오일: 올리브 오일, 로즈힙 오일, 마유
ㅁ 왁스: 비즈 왁스, 라놀린, 파라핀
ㅂ 실리콘 오일: 사이클로메티콘, 다이메티콘, 사이클로테트라실록세인

① ㄱ, ㄴ　　　　　② ㄷ, ㅂ
③ ㄷ, ㄹ　　　　　④ ㄹ, ㅂ
⑤ ㄴ, ㅁ

10

화장품 조제 시 보존제를 혼합하여 사용할 때의 장점으로 적절하지 않은 것을 고르시오. (8점)

① 저항성 균의 출현을 억제하는 효과
② 저항성 미생물의 사멸 또는 억제
③ 생화학적 상승 효과 유발
④ 보존제의 총 사용량 감소
⑤ 타깃 균에 한정된 항균 효과 발휘

11

다음은 화장품 성분별 특성에 따른 취급 및 보관 방법에 관한 설명이다. 올바르지 않은 것을 고르시오. (8점)

① 화기성 성분은 반드시 지정된 인화성 물질 보관함에 보관 또는 밀봉하여 화기에서 멀리 보관해야 한다.
② 비타민 E는 불안정한 구조를 지니며, 빛과 열에 약해 변질되기 쉽기 때문에 안전성을 유지시켜주는 용기가 필요하다.
③ 정제수는 금속이온이 없는 고순도 물을 사용하되, 만약을 대비해 제품 내 금속이온봉쇄제를 첨가한다.
④ 제품 내에 유성 성분을 배합 시 항산화 기능을 가지는 성분을 같이 배합한다.
⑤ 원료 보관 시 미생물 오염 방지를 위하여 건조한 곳에 보관해야 한다.

12

다음 [보기] 중 「천연화장품 및 유기농화장품의 기준에 관한 규정」 별표 1 미네랄 유래 원료이자 별표 6 세척제에 사용 가능한 원료에 해당하는 원료를 모두 고르시오. (10점)

┌─ 보기 ┐
㉠ 과산화수소	㉡ 석회장석유
㉢ 락틱애씨드	㉣ 정유
㉤ 소듐카보네이트	㉥ 무기산과 알칼리
㉦ 소듐하이드록사이드	㉧ 포타슘하이드록사이드

① ㉠, ㉧
② ㉤, ㉦, ㉧
③ ㉡, ㉢, ㉥, ㉦
④ ㉢, ㉣, ㉥, ㉦, ㉧
⑤ ㉠, ㉡, ㉤, ㉦, ㉧

13

다음은 「천연화장품 및 유기농화장품의 기준에 관한 규정」에 대한 내용이다. 올바르지 않은 것을 고르시오. (10점)

① 원료의 제조공정은 간단하고 원료 고유의 품질이 유지될 수 있어야 하므로 질소, 아르곤가스 분사제는 금지되는 공정이다.
② 품질 또는 안전을 위해 필요하나 따로 자연에서 대체하기 곤란한 합성원료는 5% 이내에서 사용할 수 있으며, 이 경우에도 석유화학 부분은 2%를 초과할 수 없다.
③ 레시틴, 카라기난, 라놀린, 피토스테롤은 천연원료에서 석유화학 용제를 이용해 추출할 수 있다.
④ 과산화수소, 락틱애씨드, 알코올(이소프로판올 및 에탄올), 석회장석유는 세척제에 사용 가능한 원료이다.
⑤ 물리적 공정 시 물이나 자연에서 유래한 천연 용매로 추출해야 한다.

14

「화장품 사용할 때의 주의사항 및 알레르기 유발 성분 표시에 관한 규정」과 관련하여 [보기]의 성분이 함유된 제품의 공통사항으로 옳은 것을 고르시오. (8점)

┌─ 보기 ┐
카민, 코치닐추출물, 부틸페닐메틸프로피오날

① 눈에 접촉을 피하고 눈에 들어갔을 때 즉시 씻어내야 한다.
② 신장 질환이 있는 사람은 사용 전에 의사와 상의해야 한다.
③ 알레르기가 유발될 수 있기 때문에 알레르기가 있는 사람은 신중히 사용해야 한다.
④ 제품에 해당 함량을 표기해야 한다.
⑤ 사용 후 씻어내는 제품에 사용되는 성분이다.

15

[보기]는 어느 클렌징 폼에 대한 용량, 전성분의 함량을 나타낸 것이다. 「화장품 사용할 때의 주의사항 및 알레르기 유발 성분 표시에 관한 규정」 별표 2 착향제의 구성 성분 중 알레르기 유발 성분에 대한 내용으로, 전성분에 알레르기 유발 성분을 표시해야 하는 성분은 총 몇 개인지 고르시오.

(14점)

제품명	용량	성분명	함량(g)
클렌징폼	100g	정제수	37.26
		포타슘코코일글리시네이트	25.5
		디소듐코코일글루타메이트	20
		호호바 오일	6
		글리세린	5
		1,2 헥산디올	3
		메틸2-옥티노에이트	0.03
		카보머	0.05
		하이드록시시트로넬알	0.1
		알로에베라 추출물	0.6
		황금 추출물	0.5
		병풀 추출물	0.5
		라벤더 오일	0.08
		레몬 오일	0.25
		소나무이끼 추출물	0.005
		파파야열매 추출물	0.7
		헥세티딘	0.25
		시트로넬올	0.1
		제라니올	0.005
		시트릭애씨드	0.06
		다이소듐이디티에이	0.01

① 1개
② 2개
③ 3개
④ 4개
⑤ 없음

16

「화장품 사용할 때의 주의사항 및 알레르기 유발 성분 표시에 관한 규정」 별표 1 화장품의 유형과 유형별·함유 성분별 사용할 때의 주의사항 표시 문구와 관련된 내용으로 옳은 것을 고르시오. (12점)

① 눈에 접촉을 피하고 눈에 들어갔을 때는 즉시 씻어낼 것 - 실버나이트레이트 함유 제품, 포름알데하이드 0.05% 이상 함유 제품의 표시 문구이다.
② 사용 시 흡입되지 않도록 주의할 것 - 스테아린산아연 함유 제품의 표시 문구이며, 색조화장용 제품류 중 파우더 제품에 한하여 표시한다.
③ 신장 질환이 있는 사람은 사용 전에 의사, 약사, 한의사와 상의할 것 - 카민 함유 제품에 해당하는 표시 문구이다.
④ 「인체적용시험자료」에서 구진과 경미한 가려움이 보고된 예가 있음 - 알부틴 2% 이상 함유 제품에 해당하는 표시 문구이다.
⑤ 「인체적용시험자료」에서 경미한 발적, 피부건조, 화끈감, 가려움, 구진이 보고된 예가 있음 - 폴리에톡실레이티드레틴아마이드 0.5% 이상 함유 제품에 해당하는 표시 문구이다.

17

다음은 「화장품 안전기준 등에 관한 규정」 별표 2 사용상의 제한이 필요한 원료 중 보존제에 대한 내용이다. 사용한도 등 기준에 대한 설명으로 옳지 <u>않은</u> 것을 찾으시오.

(12점)

① 벤잘코늄클로라이드, 브로마이드 및 사카리네이트는 사용 후 씻어내는 제품과 기타 제품에 벤잘코늄클로라이드로서 사용한도가 다르다.

② 아이오도프로피닐부틸카바메이트(IPBC)는 입술에 사용되는 제품, 에어로졸(스프레이에 한함) 제품, 보디 로션 및 보디 크림에만 사용 가능하다.

③ 메칠이소치아졸리논 혹은 메칠클로로이소치아졸리논과 메칠이소치아졸리논 혼합물은 사용상 제한이 필요한 보존제로서 사용 후 씻어내는 제품에 사용한도만큼 사용 가능하며 기타 제품에는 사용금지이다.

④ 폴리에이치씨엘과 클로로부탄올, 글루타랄은 사용상 제한이 필요한 보존제로서 사용한도만큼 사용 가능하나 에어로졸(스프레이에 한함) 제품에는 사용금지이다.

⑤ 벤제토늄클로라이드는 점막에 사용되는 제품에는 사용금지이다.

18

다음 [보기]를 읽고, ㉠, ㉡, ㉢에 들어갈 말로 옳은 것을 고르시오. (8점)

| 보기 |

• (㉠)은(는) 점토 광물을 희석제로 사용하는 안료로 색상에는 영향을 주지 않으며, 착색 안료의 희석제로 색조를 조정하고 제품의 전연성, 부착성 등 사용감과 제품의 제형화 역할을 한다.

• (㉡)은(는) 진주(펄)광택이나 금속광택을 부여하여 질감을 변화시키는 안료이다.

• (㉢)은(는) 자연계에 존재하는 식물로부터 유래된 색소이다.

	㉠	㉡	㉢
①	텔크	운모티탄	산화아연
②	마이카	이산화타이타늄	라이코펜
③	적색산화철	산화아연	이산화타이타늄
④	마이카	운모티탄	라이코펜
⑤	흑색산화철	이산화타이타늄	산화아연

19

[보기]는 「화장품 안전 기준 등에 관한 규정」 별표 1(사용할 수 없는 원료), 별표 2(사용상의 제한이 필요한 원료)와 관련된 내용이다. 이 중 사용상의 제한이 필요한 원료만으로 바르게 연결된 것은? (10점)

┌ 보기 ┐

ⓐ 2,4 - 디클로로벤질알코올, 2,2,2 - 트리브로모에탄올, 하이드로아비에틸 알코올, 알킨알코올 그 에스텔, 에텔 및 염류
ⓑ 3,3' - 디클로로벤지딘, p - 클로로 - m - 크레졸, 1,4 - 디클로로부트 - 2 - 엔, 3,3' - 디클로로벤지딘설페이트
ⓒ 메칠 2 - 옥티노에이트, 메칠레소르신, 4,4' - 메칠렌디아닐린, N - 메칠아세타마이드

└──────┘

	ⓐ	ⓑ	ⓒ
①	2,2,2 - 트리브로모에탄올	p - 클로로 - m - 크레졸	N - 메칠아세타마이드
②	알킨알코올 그 에스텔, 에텔 및 염류	3,3' - 디클로로벤지딘	4,4' - 메칠렌디아닐린
③	하이드로아비에틸 알코올	1,4 - 디클로로부트 - 2 - 엔	메칠레소르신
④	2,4 - 디클로로벤질알코올	p - 클로로 - m - 크레졸	메칠 2 - 옥티노에이트
⑤	2,4 - 디클로로벤질알코올	3,3' - 디클로로벤지딘설페이트	N - 메칠아세타마이드

20

다음 [보기]를 읽고 옳은 것을 찾으시오. (12점)

┌ 보기 ┐

• 제품명: (수입) 촉촉 튼살 기능성 크림
• 내용량: 30mL
• 전성분: 정제수, 베타글루칸, 글리세린, 호호바 오일, 세테아릴알코올, 캐모마일꽃 추출물, 흰목이버섯 추출물, 겨우살이 추출물, 소듐하이알루로네이트, 판테놀, 아스코빅애씨드, 시어버터, 페녹시에탄올, 다이소듐이디티에이

└──────┘

① 「화장품법」 제13조제1항제1호와 관련하여 '임신선, 튼살'은 금지 표현이기 때문에 제품명의 '튼살'은 잘못된 표현이다.
② 해당 제품은 내용량이 30mL로, 10mL 초과 50mL 이하에 해당하여 '질병의 예방 및 치료를 위한 의약품이 아님'이라는 문구를 생략할 수 있다.
③ 해당 제품은 전성분 표시의 생략이 가능하지만, 기능성화장품의 원료인 아스코빅애씨드는 기재·표시 사항에 해당한다.
④ 해당 제품에는 제조국 명칭, 제조회사명, 소재지가 기재·표시되어야 한다.
⑤ 본 제품은 3세 이하의 영유아 제품류 또는 4세 이상부터 13세 이하까지의 어린이가 사용할 수 있는 제품임을 표시·광고하는 제품이 아니기 때문에 지정·고시된 보존제의 함량을 반드시 기재·표시하지 않아도 된다.

21

다음 [보기]에서 설명한 각 성분 중 수용성 성분으로 연결된 것을 찾으시오. (10점)

┤ 보기 ├

ㄱ 자외선으로부터 피부를 보호하는 데 도움을 주는 성분: 드로메트리졸트리실록산, 페닐벤즈이미다졸설포닉애씨드, 옥틸메톡시신나메이트

ㄴ 피부미백에 도움을 주는 성분: 알파-비사보롤, 닥나무 추출물, 아스코빌테트라이소팔미테이트

ㄷ 피부의 주름 개선에 도움을 주는 성분: 아데노신, 폴리에톡시레이티드레틴아마이드, 레티닐팔미테이트

	ㄱ	ㄴ	ㄷ
①	페닐벤즈이미다 졸설포닉애씨드	닥나무 추출물	아데노신
②	드로메트리졸트 리실록산	알파-비사보롤	아데노신
③	옥틸메톡시신나 메이트	닥나무 추출물	폴리에톡시레이티 드레틴아마이드
④	페닐벤즈이미다 졸설포닉애씨드	아스코빌테트라 이소팔미테이트	레티닐팔미테이트
⑤	옥틸메톡시신나 메이트	아스코빌테트라 이소팔미테이트	레티닐팔미테이트

22

「기능성화장품 심사에 관한 규정」 별표 4 자료제출이 생략되는 기능성화장품의 종류와 관련한 설명으로 **틀린** 것은? (8점)

① 자외선 차단제는 영·유아 제품류 중 로션, 크림 및 오일, 기초화장용 제품류, 색조화장용 제품류가 해당된다.

② 피부 미백에 도움을 주는 제품의 제형은 로션제, 액제, 크림제 및 침적 마스크가 해당한다.

③ 피부 주름 개선에 도움을 주는 제품의 제형은 로션제, 액제, 크림제 및 침적 마스크가 해당한다.

④ 여드름성 피부를 완화하는 데 도움을 주는 제품의 유형은 인체 세정용 제품류로 제형은 액제, 로션제, 크림제, 에어로졸제에 한하며 부직포 등에 침적된 상태는 제외한다.

⑤ 모발의 색상을 변화시키는 기능을 가진 제품의 제형은 분말제, 액제, 크림제, 로션제, 에어로졸제, 겔제가 해당된다.

23

화장품 제조관리 및 품질관리를 위한 「우수화장품 제조 및 품질관리기준(CGMP)」의 4대 기준서 중 [보기]의 내용이 반드시 포함되어야 하는 기준서를 고르시오. (10점)

┤ 보기 ├

원자재·반제품·완제품의 기준 및 시험 방법

① 제품표준서

② 제조관리기준서

③ 품질관리기준서

④ 제조위생관리기준서

⑤ 제조공정기준서

24

[보기]는 「화장품 안전 기준 등에 관한 규정」의 별표 2의 사용상의 제한이 필요한 원료 중 염모제 성분에 대한 내용이다. 이 중 화장품에 사용할 수 없는 염모제 성분을 모두 고른 것은? (12점)

┤ 보기 ├

ⓐ 염산 2,4 - 디아미노페녹시에탄올

ⓑ o - 아미노페놀

ⓒ m - 아미노페놀

ⓓ p - 아미노페놀

ⓔ 염산 m - 페닐렌디아민

ⓕ 염산 p - 페닐렌디아민

ⓖ 황산 m - 페닐렌디아민

ⓗ m - 페닐렌디아민

ⓙ p - 페닐렌디아민

ⓚ 카테콜(피로카테콜)

ⓛ 레조시놀

ⓜ 2 - 메칠레조시놀

ⓝ 피로갈롤

① ⓐ, ⓑ, ⓕ, ⓜ, ⓝ

② ⓑ, ⓔ, ⓗ, ⓚ, ⓝ

③ ⓒ, ⓖ, ⓗ, ⓚ, ⓜ

④ ⓓ, ⓖ, ⓚ, ⓛ, ⓝ

⑤ ⓔ, ⓗ, ⓙ, ⓛ, ⓝ

25

화장품 위해 평가가 필요한 경우가 <u>아닌</u> 것을 고르시오. (8점)

① 불법으로 유해 물질을 화장품에 혼입한 경우

② 안전구역을 근거로 사용한도를 설정할 경우

③ 화장품 성분 위해성에 대한 안전 이슈가 있을 경우

④ 인체 위해의 유의한 증거가 없음을 검증할 경우

⑤ 비의도적 오염 물질의 기준 설정이 필요한 경우

26

다음은 어느 화장품의 [전성분]이다. 이 중 ㉠, ㉡, ㉢, ㉣을 대체 가능한 성분끼리 바르게 연결한 것을 고르시오.
(10점)

┤ 전성분 ├

정제수, ㉠ 글리세린, 호호바 오일, 소듐하이알루로네이트, 미네랄 오일, ㉡ 다이메티콘, 칸데릴라 왁스, 녹차 추출물, 옥틸도데칸올, 폴리솔베이트20, ㉢ 잔탄검, 병풀 추출물, 알로에베라 추출물, ㉣ 나이아신아마이드, 페녹시에탄올, 유제놀, 다이소듐이디티에이

	㉠	㉡	㉢	㉣
①	부틸렌글라이콜	사이클로메티콘	카복시비닐폴리머	닥나무 추출물
②	부틸렌글라이콜	아이소헥사데칸	폴리비닐알코올	알부틴
③	부틸렌글라이콜	오조케라이트	구아검	아스코빅애씨드
④	페트롤라툼	사이클로메티콘	구아검	에칠아스코빌에텔
⑤	페트롤라툼	아이소헥사데칸	카복시비닐폴리머	유용성 감초 추출물

27

「화장품 안전 기준 등에 관한 규정」 별표 2 사용상의 제한이 필요한 원료 중 기타 사용제한이 있는 원료에 대한 내용으로 ㉠, ㉡, ㉢ 모두 올바른 것을 고르시오. (12점)

┤ 보기 ├
- 성분명: 치오글라이콜릭애씨드, 그 염류 및 에스텔류
- 사용한도
  - 퍼머넌트웨이브용 및 헤어스트레이트너 제품에 치오글라이콜릭애씨드로서 (㉠)%
  - 제모용 제품에 치오글라이콜릭애씨드로서 (㉡) %
  - 염모제에 치오글라이콜릭애씨드로서 (㉢) %

	㉠	㉡	㉢
①	10	0.5	0.5
②	11	5	1
③	11	1	2
④	12	5	1
⑤	12	0.5	2

28

내용물 또는 원료의 입고 및 보관 방법에 관한 내용으로 옳지 않은 것은? (8점)

① 원료가 입고되면 포장 훼손 여부와 용기 표면에 주의사항이 있는지 확인한다.

② 원료를 거래처로부터 받아 원료의 구매요구서와 성적서, 현품이 일치하는가를 살핀 후 원료 입출고관리대장에 기록해야 한다.

③ 화장품 원료는 바닥과 벽에 닿지 않도록 보관해야 한다.

④ 혼동과 오염 방지, 자원의 효율적 관리, 품질의 항상성 유지를 위해 분리 또는 구획 등의 방법으로 보관해야 한다.

⑤ 위험물인 경우 위험물 보관 방법에 따라 구획이 정확히 나뉜 위험물 취급 장소에 보관해야 한다.

29

[보기]를 읽고, 「화장품 안전기준 등에 관한 규정」 중 미생물 관리 기준에 부합하지 <u>않는</u> 화장품을 고른 것은? (12점)

┤ 보기 ├

알로에 베이비 수딩 로션(LOT 2024-03-11-01)	
세균수	228개/g
진균수	273개/g
대장균	불검출
순한 베이비 선크림(LOT 2024-03-11-02)	
세균수	382개/100g
진균수	402개/100g
대장균	불검출
깨끗한 폼클렌징(LOT 2024-03-11-03)	
세균수	15개/g
진균수	9개/g
대장균	20CFU/g 검출
순한 아이 메이크업 리무버(LOT 2024-03-11-04)	
세균수	213개/g
진균수	284개/g
대장균	불검출

① 알로에 베이비 수딩 로션(LOT 2024 - 03 - 11 - 01)
　순한 베이비 선크림(LOT 2024 - 03 - 11 - 02)

② 깨끗한 폼클렌징(LOT 2024 - 03 - 11 - 03)
　순한 아이 메이크업 리무버(LOT 2024 - 03 - 11 - 04)

③ 알로에 베이비 수딩 로션(LOT 2024 - 03 - 11 - 01)
　깨끗한 폼클렌징(LOT 2024 - 03 - 11 - 03)

④ 순한 베이비 선크림(LOT 2024 - 03 - 11 - 02)
　순한 아이메이크업 리무버(LOT 2024 - 03 - 11 - 04)

⑤ 모두 부합하지 않음

30

다음 중 용어 정의가 <u>잘못</u> 연결된 것을 고르시오. (10점)

① 품질보증 – 제품이 적합 판정 기준에 충족될 것이라는 신뢰를 제공하는 데 필수적인 모든 계획되고 체계적인 활동을 말한다.

② 일탈 – 규정된 합격 판정 기준에 일치하지 않는 검사, 측정 또는 시험 결과를 말한다.

③ 제조번호(뱃치번호) – 일정한 제조단위분에 대하여 제조관리 및 출하에 관한 모든 사항을 확인할 수 있도록 표시된 번호로서 숫자·문자·기호 또는 이들의 특정적인 조합을 말한다.

④ 재작업 – 적합 판정 기준을 벗어난 완제품, 벌크제품 또는 반제품을 재처리하여 품질이 적합한 범위에 들어오도록 하는 작업을 말한다.

⑤ 공정관리 – 제조공정 중 적합 판정 기준의 충족을 보증하기 위하여 공정을 모니터링하거나 조정하는 모든 작업을 말한다.

31

「우수화장품 제조 및 품질관리 기준(CGMP)」에 따른 직원의 위생에 대한 내용으로 옳지 <u>않은</u> 것은? (10점)

① 작업장 내에서 신규 직원에게는 위생교육, 기존 직원에게는 정기적 교육을 실시하고, 적절한 위생관리 기준 및 절차를 마련하고 제조소 내의 모든 직원은 이를 준수해야 한다.

② 작업소 및 보관소 내의 모든 직원은 화장품의 오염을 방지하기 위해 규정된 작업복을 착용해야 한다. 내용물이 노출되는 곳의 작업복 착용은 '캡 – 작업복(상의) – 작업복(하의)' 순으로 하며, 탈의는 역순으로 한다.

③ 제품 품질과 안전성에 악영향을 미칠지도 모르는 건강 조건을 가진 직원은 원료, 포장, 제품 또는 제품 표면에 직접 접촉하지 말아야 한다. 명백한 질병 또는 피부에 외상이 있는 직원은 증상이 회복되거나 의사가 제품 품질에 영향을 끼치지 않을 것이라고 진단할 때까지 제품과 직접적인 접촉을 하여서는 안 된다.

④ 제조 구역별 접근 권한이 있는 작업원 및 방문객은 가급적 제조, 관리 및 보관 구역 내에 들어가지 않도록 하고, 불가피한 경우 사전에 직원 위생에 대한 교육 및 복장 규정에 따르도록 하고 감독해야 한다.

⑤ 직원은 별도의 지역에 의약품을 제외한 개인적인 물품을 보관해야 하며, 음식 및 음료수 섭취, 껌 씹기 및 흡연 등은 제조 및 보관 지역과 분리된 지역에서만 해야 한다.

32

「우수화장품 제조 및 품질관리 기준(CGMP)」에 따라 건물은 제품의 제형, 현재 상황 및 청소 등을 고려하여 설계되어야 한다. 이와 관련하여 [보기]를 읽고 ㉠, ㉡에 들어갈 적절한 것을 고르시오. (12점)

┤ 보기 ├

- 인동선과 물동선의 흐름경로를 교차오염의 우려가 없도록 적절히 설정한다.
- 교차가 불가피할 경우 작업에 (㉠)을/를 만든다.
- 사람과 대차가 교차하는 경우 (㉡)을/를 충분히 확보한다.
- 공기의 흐름을 고려한다.

	㉠	㉡
①	유효폭	시간차
②	유효폭	휴식시간
③	휴식시간	유효폭
④	시간차	유효폭
⑤	시간차	휴식시간

33

다음은 「우수화장품 제조 및 품질관리 기준(CGMP)」에 따른 청정도 등급과 관리 기준에 대한 [대화]이다. 옳은 내용을 모두 고른 것은? (14점)

┤ 대화 ├

A: ㉠ 화장품 제조시설은 화장품의 내용물이 노출되어 제조하는 곳이니 당연히 초고성능 필터(HEPA 필터)를 설치하려고 합니다.

B: 그렇지 않아요. ㉡ 초고성능 필터를 설치한 작업장에서 일반적인 작업을 실시하면 바로 필터가 막혀버려서 오히려 작업 장소의 환경이 나빠질 수 있어요. 그래서 목적에 맞는 필터를 선택해서 설치하는 것이 중요합니다.

C: 맞아요. ㉢ 화장품 제조라면 적어도 중성능 필터의 설치를 권장하고, 고도의 환경 관리가 필요하면 고성능 필터(HEPA 필터)의 설치가 바람직합니다.

A: 그렇군요. 감사합니다.

B: ㉣ 1등급의 청정도 엄격 관리 대상 시설의 경우 청정 공기 순환은 10회/hr 이상 또는 차압관리를 진행하고, 관리 기준으로는 낙하균 30개/hr 또는 부유균 200개/m³로 관리해야 해요.

C: 그럼 포장재나 원료 보관소의 관리 기준은 어떻게 되나요?

B: ㉤ 포장재나 원료보관소는 4등급에 해당하는 시설이기 때문에 차압관리와 Pre-필터 온도조절, 탈의, 포장재의 외부 청소 후 반입할 수 있도록 관리하면 됩니다.

C: 네, 감사합니다.

① ㉠, ㉣
② ㉡, ㉤
③ ㉡, ㉢
④ ㉢, ㉤
⑤ ㉣, ㉤

34

화장품 제조 시 물에 대한 내용으로 알맞지 <u>않은</u> 것을 찾으시오. (10점)

① 물의 품질 적합기준은 사용 목적에 맞게 규정하여야 하며, 정제수를 사용할 때에는 수돗물과 달리 염소이온 등의 살균 성분이 들어 있지 않으므로 미생물 번식이 쉽기 때문에 재사용하거나 장기간 보존한 정제수를 사용해서는 안 되며, 정제수에 대한 품질기준을 정해 놓고 사용할 때마다 품질을 측정해서 사용해야 한다.
② 물의 품질은 정기적으로 검사해야 하고 필요 시 미생물학적 검사를 실시하여야 한다.
③ 물 공급 설비는 물의 정체와 오염을 피할 수 있도록 설치되어야 하며, 물의 품질에 영향이 없고 살균처리가 가능해야 한다.
④ 일반적으로는 정제수는 상수를 이온교환수지 통을 통과시키거나 증류 또는 역삼투(R/O) 처리를 해서 제조한다.
⑤ 정제수에 대한 품질검사는 원칙적으로 매월 1회 제조 작업 전에 실시하는 것이 좋다.

35

[보기]는 비누의 제조 방법에 관한 설명이다. ㉠, ㉡에 들어갈 알맞은 것을 고르시오. (8점)

┤보기├
• (㉠): 지방산과 알칼리를 직접 반응시켜 비누를 얻는 방법
• (㉡): 유지를 알칼리로 가수분해, 중화하여 비누와 글리세린을 얻는 방법

	㉠	㉡
①	중화법	검화법
②	중화법	염화바륨법
③	검화법	중화법
④	검화법	염화바륨법
⑤	염화바륨법	중화법

36

[보기]는 제조 및 품질관리에 필요한 설비로서 저울과 관련된 내용이다. ㉠, ㉡, ㉢에 들어갈 알맞은 것을 고르시오. (10점)

┤보기├
저울은 매일 영점을 조정하고, 주기별로 점검을 실시해야 한다. 점검 항목들에 대한 판정 기준은 다음과 같다.
• 영점: (㉠) 설정 확인
• 수평: 수평임을 확인
• 저울 정기 점검: 직선성과 정밀성은 ±(㉡)% 이내, 편심오차 ±(㉢)% 이내

	㉠	㉡	㉢
①	0	0.1	0.1
②	0	0.5	0.1
③	0	1	1
④	1	0.1	0.1
⑤	1	0.5	0.1

37

다음 중 세제 성분의 특성에 대한 내용으로 옳지 <u>않은</u> 것은? (10점)

① 용제는 계면활성제의 세정 효과를 증대시키며, 대표적 성분으로는 알코올, 벤질알코올, 글리콜 등이 있다.
② 계면활성제는 다양한 세정 작용으로 이물질을 제거하며, 대표적 성분으로는 알킬설페이트, 지방산알칸올아미드, 비누 등이 있다.
③ 살균제는 미생물 살균, 음이온 계면활성제 등의 특성을 지니며, 대표적 성분으로는 페놀유도체, 4급 암모늄 화합물 등이 있다.
④ 연마제는 기계적 작용에 의한 세정 효과를 증대시키며, 대표적 성분으로는 클레이, 석영, 칼슘카보네이트 등이 있다.
⑤ 금속이온봉쇄제는 세정 효과를 증대시키며, 대표적 성분으로는 소듐글루코네이트, 소듐트리포스페이트 등이 있다.

38

[보기]에서 반제품 보관 시 용기에 표시해야 하는 사항을 모두 고른 것은? (10점)

┌─ 보기 ┐
ⓐ 명칭 또는 확인코드
ⓑ 제조번호
ⓒ 완료된 공정명
ⓓ 필요한 경우에는 보관조건
ⓔ 제조 부서 및 담당자 이름
ⓕ 반제품 제조 용량
└────────┘

① ㉠, ㉡, ㉻
② ㉠, ㉡, ㉢, ㉣
③ ㉡, ㉢, ㉤
④ ㉠, ㉡, ㉤, ㉻
⑤ ㉡, ㉤, ㉻

39

화장품 중 미생물 발육저지물질과 항균성을 중화시킬 수 있는 중화제의 연결로 올바르지 않은 것을 고르시오. (14점)

화장품 중 미생물 발육저지물질	항균성을 중화시킬 수 있는 중화제
① 비구아니드	레시틴, 사포닌, 폴리솔베이트80
② 4급 암모늄 화합물, 양이온성 계면활성제	레시틴, 사포닌, 폴리솔베이트80, 도데실황산나트륨, 지방알코올의 에틸렌옥사이드 축합물
③ 알데하이드, 포름알데하이드 －유리 제제	글리신, 히스티딘
④ 페놀 화합물	레시틴, 사포닌, 아민, 황산염, 메르캅탄, 아황산수소나트륨, 치오글리콜산나트륨
⑤ 금속염(Cu, Zn, Hg), 유기－수은 화합물	아황산수소나트륨, L－시스테인－SH－화합물, 치오글리콜산

40

다음 중 설비·기구의 위생 상태 판정 방법 중 린스 정량법에 해당하는 것을 고르시오. (8점)

① HPLC와 UV 확인법
② TOC와 면봉 시험법
③ 육안 판정과 TOC
④ UV와 콘택트 플레이트법
⑤ TLC와 CFU수 측정법

41

[보기]는 안전용기·포장을 사용해야 하는 품목에 대한 내용이다. ㉠, ㉡, ㉢에 들어갈 올바른 것을 고르시오. (8점)

┌─ 보기 ┐
• (㉠)을 함유하는 네일 에나멜 리무버 및 네일 폴리시 리무버
• 어린이용 오일 등 개별 포장당 탄화수소류를 10% 이상 함유하고 운동점도가 21cst(센티스톡스)(섭씨 40℃ 기준) 이하인 (㉡) 타입의 액체 상태의 제품
• 개별 포장당 메틸살리실레이트를 (㉢)% 이상 함유하는 액체 상태의 제품
└────────┘

	㉠	㉡	㉢
①	에탄올	에멀젼	5.0
②	에탄올	비에멀젼	10
③	아세톤	에멀젼	10
④	아세톤	비에멀젼	5.0
⑤	아세톤	액체	5.0

42

[보기]는 「화장품 안전 기준 등에 관한 규정」 별표 4 유통화장품 안전관리 시험 방법에 대한 내용이다. ㉠, ㉡에 들어갈 올바른 것을 고르시오. (8점)

┌─ 보기 ──────────────────────────────┐
유통화장품 안전관리 시험 방법과 관련하여 이미다졸리디닐우레아에서 검출될 수 있는 성분인 (㉠)은/는 (㉡)의 시험 방법을 이용하여 검출할 수 있다
└─────────────────────────────────────┘

	㉠	㉡
①	프탈레이트류	액체크로마토그래프 – 절대검량선법
②	포름알데하이드	기체크로마토그래프 – 수소염이온화검출기를 이용한 방법
③	니켈, 안티몬, 카드뮴	액체크로마토그래프 – 절대검량선법
④	포름알데하이드	기체크로마토그래프법 – 질량분석기를 이용하는 방법
⑤	포름알데하이드	액체크로마토그래프 – 절대검량선법

43

「화장품 안전 기준 등에 관한 규정」 중 유통화장품 안전관리 기준에 대한 내용으로 화장품을 제조하면서 인위적으로 첨가하지 않았으나 제조 또는 보관 과정 중 비의도적으로 유래된 사실이 객관적인 자료로 확인되고, 기술적으로 완전한 제거가 불가능한 경우 해당 물질의 검출 허용한도를 두고 있다. [보기] 중 이 기준에 부적합하여 판매가 <u>불가능한</u> 제품에 해당하는 것을 고르시오. (12점)

┌─ 보기 ──────────────────────────────┐
㉠ 아이라이너에서 $30\mu g/g$ 니켈이 검출되었다.
㉡ 립밤에서 $35\mu g/g$ 니켈이 검출되었다.
㉢ 아이크림에서 $10\mu g/g$ 카드뮴이 검출되었다.
㉣ 폼 클렌저에서 $80\mu g/g$ 디옥산이 검출되었다.
㉤ 퍼머넌트 웨이브 제품에서 $99\mu g/g$ 디부틸프탈레이트가 검출되었다.
└─────────────────────────────────────┘

① ㉠, ㉢ 　　　　② ㉣, ㉤

③ ㉡, ㉢ 　　　　④ ㉡, ㉤

⑤ ㉢, ㉣

44

「화장품 안전 기준 등에 관한 규정」 별표 4 유통화장품 안전관리 시험 방법 중 포름알데하이드 시험 방법과 포름알데하이드가 검출될 수 있는 성분으로 연결이 올바른 것을 찾으시오. (10점)

① 유도결합플라즈마 – 질량분석기(ICP–MS)를 이용하는 방법 – 디엠디엠하이단토인, 쿼터늄 – 15

② 액체크로마토그래프법 – 절대검량선법 – 디아졸리디닐우레아, 에탄올

③ 유도결합플라즈마 – 질량분석기(ICP–MS)를 이용하는 방법 – 메텐아민, 옥토크릴렌

④ 액체크로마토그래프법 – 절대검량선법 – 메텐아민, 디아졸리디닐우레아

⑤ 기체크로마토그래프 – 질량분석기를 이용한 방법 – 소듐하이드록시메칠아미노아세테이트, 에탄올

45

작업소의 시설 적합 기준에 대한 내용으로 올바르지 <u>않은</u> 것을 고르시오. (8점)

① 제조하는 화장품의 종류·제형에 따라 적절히 구획·구분되어 있어 교차오염의 우려가 없어야 한다.

② 바닥은 넘어지지 않도록 거친 표면을 지니고 소독제 등의 부식성에 저항력이 있어야 한다.

③ 환기가 잘 되고 청결해야 하며, 외부와 연결된 창문은 가능한 열리지 않도록 해야 한다.

④ 작업소 전체에 적절한 조명을 설치하고, 파손될 경우를 대비한 제품 보호 조치를 마련해 두어야 한다.

⑤ 각 제조 구역별 청소 및 위생관리 절차에 따라 효능이 입증된 세척제 및 소독제를 사용해야 한다.

46

제조 설비·기구의 구성 재질에 대한 내용으로 적절하지 <u>않은</u> 것을 찾으시오. (10점)

① 탱크 – 공정 단계 및 완성된 포뮬레이션 과정에서 공정 중 또는 보관용 원료를 저장하기를 위해 사용되는 용기이며, 스테인리스 스틸 #304 또는 #316이 가장 광범위하게 사용된다.

② 펌프 – 고점도의 액체에 한하여 한 지점에서 다른 지점으로 이동시키기 위해 사용하며, 많이 움직이는 젖은 부품들로 구성되고 종종 하우징(Housing)과 날개차(Impeller)는 닳는 특성 때문에 다른 재질로 만들어져야 한다.

③ 호스 – 화장품 생산 작업에 훌륭한 유연성을 제공하기 때문에 한 위치에서 또 다른 위치로 제품의 전달을 위해 화장품 산업에서 광범위하게 사용하며, 강화된 식품등급의 고무 또는 네오프렌, 타이곤, 또는 강화된 타이곤, 폴리에칠렌 또는 폴리프로필렌, 나일론 등의 구성 재질을 사용한다.

④ 이송파이프 – 제품을 한 위치에서 다른 위치로 운반하며, 은 유리, 스테인리스 스틸 #304 또는 #316, 구리, 알루미늄 등으로 구성되어 있다.

⑤ 혼합과 교반 장치 – 제품의 균일성을 얻기 위해 또는 희망하는 물리적 성상을 얻기 위해 사용되며, 전기화학적인 반응을 피하기 위해서 믹서의 재질이 믹서를 설치할 젖은 부분 및 탱크와의 공존이 가능한지를 확인해야 한다.

47

화장품 제조 시 교차오염을 피하기 위한 방법으로 올바르지 <u>않은</u> 것을 고르시오. (8점)

① 원료칭량은 혼합이 아닌 개별로 실시한다.

② 파우더 원료의 경우, 칭량 시 분진으로 인한 교차오염이 발생할 수 있기 때문에 후드를 가동하여 교차오염을 최소화한다.

③ 칭량 시 사용 도구는 각 원료별로 구분하여 사용한다.

④ 원료보관소와 칭량실은 구획되어야 한다.

⑤ 모든 드럼의 윗부분은 이송 전 또는 칭량 구역에서 개봉 후 검사하고 깨끗해야 하며, 실제 칭량한 원료인 경우를 제외하고 적합하게 뚜껑을 덮어놓아야 한다.

48

다음 중 완제품 보관 검체의 주요사항으로 알맞지 <u>않은</u> 것을 고르시오. (8점)

① 제품을 그대로 보관한다.

② 각 뱃치를 대표하는 검체를 보관한다.

③ 일반적으로는 각 뱃치별로 제품 시험을 두 번 실시할 수 있는 양을 보관한다.

④ 제품을 가장 안정한 조건에서 보관한다.

⑤ 사용기한 경과 후 1년간 또는 개봉 후 사용기간을 기재하는 경우에는 제조일로부터 1년간 보관한다.

49

[보기]를 읽고, ㉠에 들어갈 내용을 찾으시오. (10점)

> ── 보기 ──
> • (㉠)은(는) 적합 판정 기준을 벗어난 완제품 또는 벌크제품을 재처리하여 품질이 적합한 범위에 들어오도록 하는 작업을 말한다.
> • (㉠)(으)로 충진량이 기준에 미치지 못한 경우, 부족한 충전량만큼을 세팅하여 충전 공정을 반복한다. 로트 착인이 되지 않아 완제품 기준에 부적합한 경우, 로트 착인 공정을 다시 행함으로써 완제품 기준에 맞추어 작업한다.

① 기준일탈

② 재작업

③ 적합 판정 기준

④ 공정관리

⑤ 일탈

50

[보기]를 읽고, 포장 및 용기에 관한 시험 방법으로 ㉠, ㉡에 들어갈 옳은 내용을 고르시오. (10점)

┌─ 보기 ─────────────────────────────────┐
(㉠) 방법
- 황산과의 중화반응 원리를 이용하여 유리병 내부에 존재하는 (㉡)을(를) 측정
- 고온다습한 환경에 유리병 용기를 방치 시 발생하는 표면의 (㉡)화 변화량 측정
└───────────────────────────────────────┘

	㉠	㉡
①	유리병 내부 압력시험	알칼리
②	유리병 열 충격시험	내압 강도
③	유리병 표면 알칼리 용출량시험	알칼리
④	유리병 내부 압력시험	내압 강도
⑤	유리병 표면 알칼리 용출량시험	내열성 및 내한성

51

다음 중 [보기]의 내용이 용기 기재사항에 포함되어야 하는 검체의 종류는 무엇인가? (8점)

┌─ 보기 ─────────────────────────────────┐
- 명칭 또는 확인 코드
- 제조번호 또는 제조단위
- 검체 채취 일자 또는 기타 적당한 날짜
- 가능한 경우 검체 채취 지점
└───────────────────────────────────────┘

① 반제품용 검체
② 시험용 검체
③ 보관용 검체
④ 완제품 보관용 검체
⑤ 불합격 판정용 검체

52

미백 크림에 대한 품질보증서이다. [보기]의 유통화장품의 안전관리 기준에 따른 분석 중 옳은 것을 고르시오. (14점)

시험 항목	시험 결과
pH	4.5
세균수	320개/g(mL)
진균수	402개/g(mL)
수은	0.1μg/g 이하 검출
안티몬	불검출
비소	50μg/g 이하 검출
카드뮴	10μg/g 이하 검출
포름알데하이드	1,500μg/g 이하 검출
녹농균	불검출
대장균	불검출
황색포도상구균	불검출
알부틴	2.5g
히드로퀴논	1ppm 검출

┌─ 보기 ─────────────────────────────────┐
㉠ 액상 제품의 pH 기준은 3.0~9.0이지만 크림 제품이기 때문에 유형별 추가 안전관리 기준에는 해당사항이 없다.
㉡ 화장품 미생물 허용한도는 총호기성생균수 500개/g(mL) 이하로 관리되어야 하기 때문에 적합하지 않다.
㉢ 알부틴은 피부미백에 도움을 주는 기능성화장품 성분 함량인 2.0~5.0% 범위 내에서 분석되었기 때문에 적합하다.
㉣ 수은, 비소, 카드뮴은 유통화장품 안전관리 기준의 검출 허용한도를 초과하지 않아 적합하다.
㉤ 포름알데하이드는 검출 허용한도 1,000μg/g 이하를 초과하여 유통화장품 안전관리 기준에 적합하지 않다.
㉥ 알부틴을 2% 이상 함유하고 있기 때문에 「인체적용시험자료」에서 구진과 경미한 가려움이 보고된 예가 있음의 주의사항 문구가 표시되어야 한다.
㉦ 히드로퀴논이 1ppm 검출되었기 때문에 위해성 등급은 '가'이며, 회수를 시작한 날부터 15일 이내에 회수되어야 한다.
└───────────────────────────────────────┘

① ㉠, ㉡, ㉢
② ㉡, ㉢, ㉥
③ ㉢, ㉤, ㉦
④ ㉡, ㉣, ㉥
⑤ ㉢, ㉥, ㉦

53

다음 중 맞춤형화장품판매업소의 소재지 변경 시 제출해야 되는 서류가 <u>아닌</u> 것을 고르시오. (8점)

① 건축물관리대장
② 혼합·소분 장소·시설 등을 확인할 수 있는 세부 평면도 및 상세 사진
③ 사업자등록증
④ 맞춤형화장품판매업 신고필증
⑤ 맞춤형화장품조제관리사 자격증 사본

54

다음 중 영업 금지 내용에 해당되지 <u>않는</u> 것을 고르시오.

(8점)

① 고형비누의 휴대를 용이하게 하기 위해 젤리와 유사한 모형과 크기로 만들어 판매하였다.
② 작년에 출시된 제품의 포장지의 색상이 너무 어두워 보여 산뜻한 색상으로 바꾸기 위해 기존 포장지 위에 덧붙여 판매하였다.
③ 판매를 위해 병원 미생물에 오염된 화장품을 진열하였다.
④ 기능성화장품 심사를 받기 위해 서류를 제출한 직후 기능성화장품으로 판매하였다.
⑤ 피부 탄력에 효과가 있는 코뿔소 뿔 추출물을 사용한 화장품을 판매하였다.

55

다음 중 맞춤형화장품으로 판매할 수 있는 제품으로 알맞은 것을 고르시오. (10점)

① 피부 측정 결과 수분 부족 피부인 고객을 위해 맞춤형화장품조제관리사가 A사의 베이스크림에 메칠렌글라이콜 1%를 혼합하였다.
② 각질이 들떠 불만인 고객을 위해 맞춤형화장품조제관리사가 5mm의 고체플라스틱이 함유된 스크럽제를 소분하였다.
③ 맞춤형화장품조제관리사는 고객에게 향을 테스트하게 한 후, B 향수에 머스크자일렌 성분을 추가해 향료 원액 8% 중 머스크자일렌을 0.5%로 맞춰 원하는 향을 조제하였다.
④ 맞춤형화장품조제관리사가 트러블로 고민하는 고객을 위해 비누 베이스에 티트리잎에센스를 혼합한 고형비누를 소분하였다.
⑤ 화장품책임판매업자가 아데노신 0.04%가 함유된 기능성화장품에 대한 심사를 받아 맞춤형화장품판매업자에게 글리세린 0.5%를 혼합한 제품을 제공하였다.

56

다음 중 화장품 표시·광고의 표현 범위 및 기준과 관련하여 금지 표현끼리 연결된 것을 고르시오. (10점)

㉠	㉡
① 항염·진통	붓기 완화
② 세포 활력(증가), 세포 또는 유전자(DNA) 활성화	콜라겐 증가, 감소 또는 활성화
③ 제품에 특정 성분이 들어 있지 않다는 '무(無) ○○' 표현	피부 독소를 제거 (디톡스, Detox)
④ 기저귀 발진	미세먼지 차단, 미세 먼지 흡착 방지
⑤ 無(무) 스테로이드 제품	면역 강화, 항알레르기

57

[보기]는 어린이 사용 화장품의 한 예시이다. 이러한 제품의 표시 · 광고와 관련한 내용으로 옳지 <u>않은</u> 것을 고르시오. (10점)

| 보기 |

① 제품 및 제조방법에 대한 설명 자료의 작성 및 보관이 필요하다.
② 광고의 경우 방문광고 또는 실연(實演)에 의한 광고에서 어린이 화장품임을 특정하여 표시하는 경우도 해당된다.
③ 제품의 효능 및 효과에 대한 증명 자료의 작성 및 보관이 필요하다.
④ 화장품의 안전성 평가 자료의 작성 및 보관이 필요하며, 안전성 자료는 1차 포장에 사용기한을 표시하는 경우, 마지막으로 제조 · 수입된 제품의 사용기한 만료일 이후 1년까지의 기간을 말한다.
⑤ 표시의 경우 1차 포장 또는 2차 포장에 어린이가 사용할 수 있는 화장품임을 특정하여 표시하며, 이때 화장품의 명칭에 어린이에 관한 표현이 표시되는 경우를 포함한다.

58

[보기]는 제품의 포장 용기에 관한 설명이다. ㉠, ㉡에 들어갈 내용으로 올바른 것을 고르시오. (8점)

| 보기 |

• (㉠)란 병 입구의 외경이 몸체에 비해 작은 용기를 말한다.
• (㉡)란 내용물을 압축가스나 액화가스의 압력에 의해 분출되도록 만든 용기를 말한다.

	㉠	㉡
①	세구용기	에어로졸용기
②	세구용기	원통형용기
③	광구용기	에어로졸용기
④	광구용기	에어로졸용기
⑤	파우더용기	광구용기

59

[보기]의 맞춤형화장품 혼합 및 소분과 관련한 내용 중 옳은 것을 모두 고르시오. (10점)

| 보기 |

㉠ 절대점도를 같은 온도의 액체의 밀도로 나눈 값을 농도라고 한다.
㉡ 원료 및 내용물의 냄새 기준 중 냄새가 없다고 기재한 것은 냄새가 없거나 거의 냄새가 없는 것을 뜻한다.
㉢ %는 질량백분율을, ppm은 질량백만분율를 나타내는 단위이다.
㉣ 온도의 표시는 셀시우스법에 따르며, 화장품 원료의 시험은 별도의 규정이 없는 한 10~20℃에서 실시한다.
㉤ 제품의 pH를 측정할 때에는 유리전극을 단 pH 미터를 쓴다.

① ㉠, ㉡, ㉢   ② ㉡, ㉢, ㉤
③ ㉠, ㉢, ㉣   ④ ㉡, ㉢, ㉣
⑤ ㉠, ㉡, ㉤

60

[보기]는 맞춤형화장품판매업 신고대장에 대한 내용이다. ㉠, ㉡, ㉢에 들어갈 내용으로 올바른 것을 고르시오. (10점)

| 보기 |

맞춤형화장품판매업자가 판매업소로 신고한 소재지 외의 장소에서 (㉠)개월의 범위에서 한시적으로 같은 영업을 하려는 경우 해당 맞춤형화장품판매업 신고대장에 맞춤형화장품판매업 (㉡) 사본과 맞춤형화장품조제관리사 (㉢)을 첨부하여 제출해야 한다.

	㉠	㉡	㉢
①	1	신고필증	자격증 사본
②	1	등록필증	신분증 사본
③	2	등록필증	신분증 사본
④	3	신고필증	자격증 사본
⑤	3	등록필증	신분증 사본

61

기능성화장품 심사에 관한 규정 중 독성시험 방법과 특징이 바르게 연결된 것은? (12점)

① 단회 투여 독성시험 – 백색 토끼 또는 기니피그를 대상으로 독성증상의 종류, 정도, 발현, 추이 및 가역성을 관찰하고 기록한다.

② 1차 피부 자극시험 – 랫드 또는 마우스 10마리 이상을 대상으로 1회 투여 후 24, 48, 72시간 시점에 투여 부위를 육안으로 관찰한다.

③ 피부 감작성시험 – 기니피그를 대상으로 일반적으로 Maximi-zation Test를 사용하며, 동물의 피부반응을 시험법에 의거한 판정 기준에 따라 평가한다.

④ 광감작성시험 – 랫드 또는 마우스를 대상으로 시험물질의 감작유도를 증가시키기 위해 Adjuvant를 사용할 수 있다.

⑤ 유전 독성시험 – 반드시 피부과 전문의 또는 연구소 및 병원, 기타 관련기관에서 5년 이상 해당 시험 경력을 가진 자의 지도하에 수행되어야 한다.

62

다음 맞춤형화장품에 관한 내용 중 옳은 것을 고르시오.
(10점)

① 맞춤형화장품은 고객의 피부타입과 문제점에 맞춰 조제된 제품으로 부작용이 발생할 수 없다.

② 맞춤형화장품은 고객의 피부에 따른 조제가 결정되기에 판매가격을 표시할 수 없어 판매 시 고객에게 안내한다.

③ 맞춤형화장품판매업소에 대한 위생 환경 모니터링 후 그 결과를 기록하고 판매업소의 위생 환경 상태를 관리해야 한다.

④ 사회·문화적으로 개인의 취향이 중시됨에 따라 화장품 역시 개인 맞춤형 서비스를 위해 원료와 원료 및 내용물의 혼합이 가능하도록 탄생한 것이다.

⑤ 맞춤형화장품은 혼합 조건이 달라지더라도 안전성을 유지할 수 있다.

63

[보기]를 읽고, ㉠, ㉡, ㉢에 들어갈 내용으로 올바른 것을 고르시오. (14점)

> ─ 보기 ─
>
> 실증 자료 제출 명령을 어겨 표시·광고 행위 중지 명령을 받았으나 이를 위반하여 표시·광고를 한 경우, 해당 품목 판매 업무 정지 기간은 1차 위반 (㉠), 2차 위반 (㉡), 3차 위반 (㉢)에 해당한다.

	㉠	㉡	㉢
①	1개월	2개월	3개월
②	2개월	4개월	6개월
③	3개월	6개월	12개월
④	1개월	3개월	6개월
⑤	3개월	6개월	9개월

64

혼합 시 제형의 안정성을 감소시키는 요인에 대한 설명 중 옳지 않은 것은? (10점)

① 믹서의 회전속도가 느린 경우 원료 용해 시 용해시간이 길어지고, 폴리머 분산 시 수화가 어려워지므로 덩어리가 생겨 메인 믹서로 이송 시 필터를 막아 이송을 어렵게 할 수 있다.

② 제조 온도가 설정 온도보다 지나치게 높을 경우 가용화제의 친수성과 친유성의 정도를 나타내는 HLB가 바뀌면서 운점 이상의 온도에서는 가용화가 깨져 제품의 안정성에 문제가 생길 수 있다.

③ W/O 형태의 유화제품 제조 시 수상의 투입 속도를 느리게 할 경우 제품의 제조가 어렵거나 안정성이 극히 나빠질 가능성이 있다.

④ 휘발성 원료의 경우 유화 공정 시 혼합 직전에 투입해야 한다.

⑤ 유화 입자의 크기가 달라지면 외관 성상 또는 점도가 달라지거나 원료의 산패로 인해 제품의 냄새, 색상 등이 달라질 수 있다.

65

맞춤형화장품과 관련한 내용으로 옳지 <u>않은</u> 것을 찾으시오.
(10점)

① 맞춤형화장품조제관리사 자격시험은 거짓이나 그 밖의 부정한 방법으로 자격시험에 응시한 사람 또는 자격시험에서 부정행위를 한 사람에 대하여는 그 자격시험을 정지시키거나 합격을 무효로 하고 있으며, 이 경우 자격시험이 정지되거나 합격이 무효가 된 사람은 그 처분이 있은 날부터 3년간 자격시험에 응시가 불가하다.
② 맞춤형화장품조제관리사의 결격사유로는 정신질환자, 피성년후견인, 마약류의 중독자, 금고 이상의 형을 선고받고 집행이 끝나지 않았거나 집행을 받지 않기로 확정되지 않은 자, 맞춤형화장품조제관리사의 자격이 취소된 날부터 1년이 지나지 않은 자가 해당된다.
③ 다른 사람에게 자기의 성명을 사용하여 맞춤형화장품조제관리사 업무를 하게 하거나 자격증을 양도 또는 대여한 경우 자격이 취소된다.
④ 맞춤형화장품조제관리사가 아닌 자는 맞춤형화장품조제관리사 또는 이와 유사한 명칭을 사용하지 못하며, 이와 유사한 명칭을 사용한 경우 100만 원 이하의 과태료에 해당한다.
⑤ 맞춤형화장품조제관리사는 화장품 안전성 확보 및 품질관리 교육을 매년 이수할 의무가 있으며, 교육 시간은 4시간 이상, 8시간 이하이다.

66

다음 중 맞춤형화장품의 특성을 분석할 때 사용하는 도구·기기만 묶인 것을 고르시오. (8점)

① 디스펜서, 디지털발란스, 비커
② 항온수조, 온도계, 핫플레이트
③ 융점 측정기, pH 미터, 점도계
④ 호모게나이저, 디스퍼, 핸드블렌더
⑤ 시약스푼, 스패츌러, 헤라

67

다음은 맞춤형화장품판매업자의 준수사항에 대한 설명이다. 옳지 <u>않은</u> 것을 고르시오. (8점)

① 맞춤형화장품 판매 후 부작용 발생이 있음을 알았다면 7일 이내 식품의약품안전처장에게 신속히 보고해야 한다.
② 맞춤형화장품판매업자는 제조번호, 사용기한 또는 개봉 후 사용기간, 판매일자 및 판매량이 표기된 판매내역서를 작성 후 보관하여야 한다.
③ 혼합·소분을 위해 일회용 장갑을 착용할 경우 손을 소독하거나 세정할 의무는 없다.
④ 맞춤형화장품의 원료 목록 및 생산실적도 기록·보관해 관리해야 한다.
⑤ 맞춤형화장품판매업자는 원료와 내용물의 입고, 사용, 폐기 내역 등에 대해 기록·관리해야 한다.

68

화장품의 주요 제조 공정 설비 과정에서 서로 섞이지 않는 두 액체 중 한 액체가 다른 액체에 미세한 입자 형태로 균일하게 혼합되는 현상이 발생하는 경우가 있다. 이 현상의 제품 공정 설비로 옳지 않은 것은? (8점)

① 용해 탱크
② 열교환기
③ 냉각기
④ 여과 장치
⑤ 리본믹서

69

화장품 성분의 안전 일반사항에 대한 내용으로 옳지 않은 것은? (8점)

① 피부를 투과한 화장품 성분은 국소적으로는 영향을 미치나 전신작용에는 영향을 미칠 수 없다.

② 사용하고자 하는 성분은 식품의약품안전처장이 화장품의 제조에 사용할 수 없는 원료로 지정고시한 것이 아니어야 하며 사용한도에 적합해야 한다.

③ 불순물 간의 상호작용 가능성이 생물학적 유해인자 함유 가능성을 유발할 수 있기 때문에 특별한 주의를 기울여야 한다.

④ 화장품 성분의 안전성은 노출 조건에 따라 달라질 수 있다.

⑤ 화장품 성분은 경우에 따라 단독 또는 혼합물일 수 있으며, 최종 제품의 안전성을 확보하기 위해 원료 성분의 안전성이 확보되어야 한다.

70

[보기]를 읽고 ㉠, ㉡에 들어갈 내용으로 올바른 것을 고르시오. (12점)

┤ 보기 ├

• (㉠)은(는) 광택이 우수하며, 부식이 잘 되지 않아 에어로졸 관, 광택용기 등에 사용된다.

• (㉡)은(는) AS 수지의 내충격성을 향상시킨 소재로 향료, 알코올에 취약하고 도금 소재로 이용된다.

	㉠	㉡
①	ABS 수지	놋쇠, 황농
②	스테인리스 스틸	ABS 수지
③	소다석회유리	폴리염화비닐
④	놋쇠, 황농	스테인리스 스틸
⑤	스테인리스 스틸	폴리에틸렌테레프탈레이트

71

다음은 맞춤형화장품조제관리사 A와 고객 B가 「화장품 사용할 때의 주의사항 및 알레르기 유발 성분 표시에 관한 규정」 별표 2 착향제의 구성 성분 중 알레르기 유발 성분과 관련하여 나눈 [대화]이다. A가 제시한 착향제 성분 중 알레르기 유발 성분 표시가 필요한 성분의 개수를 고르시오. (14점)

┤ 대화 ├

B: 이 제품은 제가 조금 전에 구매한 보습 보디 로션 100g인데요, 무향이라 좋아하는 향을 넣고 싶어요.

A: 네, 아래와 같은 착향제 성분을 사용해서 보디 로션에 총 향료를 2g만 첨가해 드리겠습니다.

성분명	CAS 등록번호	함량
㉠ 나무이끼 추출물	90028 - 67 - 4	0.6%
㉡ 파네솔	4602 - 84 - 0	0.4%
㉢ 시트로넬올	106 - 22 - 9	0.3%
㉣ 리모넨	5989 - 27 - 5	0.7%

B: 감사합니다.

① 1개　　　　　　　② 2개
③ 3개　　　　　　　④ 4개
⑤ 없음

72

[보기] 중 맞춤형화장품 판매내역서를 작성·보관할 때 기재해야 하는 사항을 모두 고르시오. (10점)

┤ 보기 ├

㉠ 제품명
㉡ 제조번호(식별번호)
㉢ 제품 판매 담당자
㉣ 고객명과 연락처
㉤ 사용기한 또는 개봉 후 사용기간
㉥ 판매일자 및 판매량
㉦ 판매 가격

① ㉠, ㉡, ㉤　　　　　　② ㉡, ㉢, ㉣
③ ㉡, ㉤, ㉥　　　　　　④ ㉣, ㉥, ㉦
⑤ ㉢, ㉣, ㉦

73

다음 중 피부노화에 악영향을 주는 것으로 적절하지 <u>않은</u> 것은? (8점)

① 당아미노글라이칸의 감소
② 탄력섬유의 변성
③ 피부혈관의 면적 증대
④ 콜라겐의 감소
⑤ 각질형성주기가 길어지면서 각질층이 두꺼워짐

74

다음 중 탈모에 대한 설명으로 올바른 것을 고르시오. (8점)

① 지루성 피부염, 건선 등으로 인해 탈모가 나타날 수 있다.
② 대머리 유전인자가 많을수록 대머리가 될 가능성이 높아지며, 특히 어머니보다 아버지 쪽 유전자의 영향을 더 받는다.
③ 스트레스가 쌓이면 자율부신경의 부조화로 인해 모발의 발육이 저해된다.
④ 뇌하수체, 갑상선, 부신피질 호르몬은 모발과 관계가 있으나, 난소나 고환에서 분비하는 호르몬은 모발과 관련이 없다.
⑤ 동물성 지방의 섭취 부족은 모근의 영양공급을 악화시켜 탈모의 원인이 될 수 있다.

75

[보기]를 읽고 ㉠, ㉡, ㉢, ㉣에 들어갈 내용으로 올바른 것을 고르시오. (10점)

┤ 보기 ├

'각화주기(각질형성주기)'는 기저층에서 만들어진 세포가 모양이 변하며 각질층까지 올라와 일정 기간 머무르다가 탈락되는 주기를 말한다. 이는 '기저세포 (㉠)과정 – 유극세포에서의 (㉡)과정 – 과립세포에서의 (㉢)과정 – 각질세포에서의 (㉣)과정'으로 나타난다.

	㉠	㉡	㉢	㉣
①	분열	자기분해	합성·정비	재구축
②	자기분해	합성·정비	재구축	분열
③	합성·정비	재구축	자기분해	분열
④	분열	합성·정비	자기분해	재구축
⑤	자기분해	합성·정비	재구축	분열

76

[보기]의 설명에 해당하는 시험 방법으로 옳은 것은? (14점)

┤ 보기 ├

가. 일반적으로 Maximization Test를 사용하지만 적절하다고 판단되는 다른 시험법 사용 가능
나. 시험동물: 기니피그
다. 동물 수: 원칙적으로 1군당 5마리 이상
라. 시험 실시 요령: Adjuvant는 사용하는 시험법과 사용하지 않는 시험법이 있으나 제1단계로서 Adjuvant를 사용하는 시험법 가운데 한 가지를 선택해서 행하고, 만약 양성소견이 얻어진 경우에는 제2단계로서 Adjuvant를 사용하지 않는 시험법을 추가해서 실시하는 것이 바람직함
마. 시험 결과의 평가: 동물의 피부반응을 시험법에 의거한 판정 기준에 따라 평가함

① 피부 감작성시험   ② 연속 피부 자극시험
③ 광감작성시험   ④ 인체 첩포시험
⑤ 유전 독성시험

77

다음 화장품 가격 표시제 실시 요령과 관련한 설명 중 옳지 않은 것은? (8점)

① 화장품 가격 표시의 의무는 일반소비자에게 판매하는 자에게 있다.
② 화장품 가격 표시의 대상은 국내에서 제조되거나 수입되어 국내에서 판매되는 모든 화장품이 해당된다.
③ 방문판매업·후원방문판매업, 통신판매업은 화장품판매업자에게 가격 표시 의무가 있다.
④ 소매 점포에서 일반소비자에게 화장품을 판매하는 경우 소매업자(직매장 포함)에게 가격 표시 의무가 있다.
⑤ 다단계판매업의 경우는 책임판매업자에게 가격 표시 의무가 있다.

78

다음 중 피부의 주름을 측정하는 방법으로, 실리콘을 이용하여 피부 표면 상태를 그대로 복제하여 측정하는 것은 무엇인가? (8점)

① 전기 전도도
② 피부 산성도
③ 레플리카
④ 경피수분손실량
⑤ 카트리지 필름

79

다음 [보기]를 읽고, ㉠, ㉡, ㉢에 들어갈 단어들이 바르게 연결된 것을 고르시오. (10점)

┌─ 보기 ┐

각질층은 피부의 보습 유지와 외부 물질의 침입을 막는 피부 장벽의 역할을 담당한다. 필라그린은 각질층 형성에 중요한 역할을 하는 단백질로, 각질층 내의 (㉠)에 의해 분해된 것이다. 필라그린은 각질층에서 (㉡), 카복시펩티데이스 등의 활동에 의해서 최종적으로 (㉢)을/를 구성하는 아미노산으로 분해된다.

	㉠	㉡	㉢
①	알라닌분해효소	카복시펩티데이스	단백질
②	알라닌분해효소	엔도펩티데이스	아미노산
③	유당분해효소	카복시펩티데이스	천연보습인자(NMF)
④	단백질분해효소	엔도펩티데이스	단백질
⑤	단백질분해효소	아미노펩티데이스	천연보습인자(NMF)

80

다음은 피부의 생리구조에 관한 설명이다. 조직학적 구조가 다른 하나를 설명하고 있는 것은 무엇인가? (10점)

① 두께는 0.04mm(눈꺼풀)에서 1.6mm(손바닥)까지 부위별로 두께의 차이가 있다.
② 최외각층의 pH는 4.5~5.5이다.
③ 무정형의 기질과 섬유성 단백질로 구성되어 있다.
④ 세라마이드, 자유지방산, 콜레스테롤의 혼합으로 이루어진 지질이 보습인자로 역할을 한다.
⑤ 자연보습인자를 구성하는 수용성의 아미노산은 필라그린이 최외각세포의 하층으로부터 표층으로 이동함에 따라 효소에 의해 분해된 것이다.

81

식품의약품안전처장에 의해 지정된 화장품의 제조 등에 사용할 수 없는 원료 및 보존제, 색소, 자외선 차단제 등과 같이 특별히 사용상의 제한이 필요한 원료를 제외한 원료는 업자의 책임하에 사용하도록 한 것을 원료의 (㉠)시스템이라고 한다. ㉠에 들어갈 말을 쓰시오. (8점)

82

[보기]에 제시된 업무를 담당하는 기관명을 작성하시오. (8점)

┤ 보기 ├

- 화장품제조업 또는 화장품책임판매업의 등록 및 변경등록
- 영업자의 폐업, 휴업 등 신고의 수리
- 과징금 및 과태료의 부과·징수
- 영업소의 폐쇄명령
- 등록의 취소

83

다음은 개인정보를 목적 외 용도로 이용·제공할 수 있는 경우에 대해 정리한 표이다. ㉠에 들어갈 말을 쓰시오. (12점)

항목	제공 가능여부		
	개인정보 처리자	정보통신 서비스제공자	(㉠)
정보주체로부터 별도의 동의를 받은 경우	○	○	○
다른 법률에 특별한 규정이 있는 경우	○	○	○
개인정보를 목적 외의 용도로 이용하거나 이를 제3자에게 제공하지 아니하면 다른 법률에서 정하는 소관 업무를 수행할 수 없는 경우로서 보호위원회의 심의·의결을 거친 경우	×	×	○
범죄의 수사와 공소의 제기 및 유지를 위해 필요한 경우	×	×	○
법원의 재판업무 수행을 위해 필요한 경우	×	×	○

84

[보기]를 읽고, ㉠, ㉡, ㉢에 들어갈 말을 쓰시오. (10점)

┤ 보기 ├

이 제품은 (㉠)을/를 완화하는 데 도움을 주는 화장품으로, 유형은 (㉡)(으)로 비누 조성의 제제이며, 제형은 액제, 로션제, 크림제로 한한다(부직포 등에 침적된 상태는 제외함). 또한 (㉢) 0.5% 함량 시 자료 제출이 생략되는 기능성화장품 고시 성분으로 알려져 있다.

85

천연화장품 및 유기농화장품에 허용되는 물리적 공정 중 증기 또는 자연적으로 얻어지는 용매를 사용한 공정명을 (㉠)(이)라고 하며, 불활성 지지체를 사용한 (㉡)은/는 물리적인 공정에 해당하나 동물 유래를 사용한 (㉡)은/는 금지되는 제조공정에 해당한다. ㉠, ㉡에 들어갈 말을 쓰시오. (10점)

86

[보기]를 읽고, 식품의약품안전처에서 지정하고 있는 ㉠(자외선 차단 성분명), ㉡(사용한도)을 숫자로 기입하시오. (12점)

┤ 보기 ├

- (㉠)은(는) 광안정화제, 자외선 차단제의 배합 목적을 가지고 있음
- 사용한도 (㉡)%
- 흡입을 통해 사용자의 폐에 노출될 수 있는 제품에는 사용하지 말 것
- 니트로화제를 함유하고 있는 제품에는 사용금지

87

[보기]는 한 제품의 용량과 전성분을 표기한 것이다. 해당 제품에 기재·표시되어야 하는 성분명을 모두 골라 기입하시오. (10점)

- 제품명: 순한 베이비 녹차 크림
- 용량: 100g
- 전성분

성분명	함량(%)
녹차잎수	45
정제수	32
부틸렌글라이콜	10
세틸알코올	5
1,2-헥산다이올	3
소듐하이알루로네이트	2
판테놀	1
글라이콜릭애씨드	0.03
베타인	0.5
녹차추출물	0.6
오미자추출물	0.1
4-하이드록시벤조익애씨드	0.1
카보머	0.05
잔탄검	0.6
향료	0.001
티타늄디옥사이드	0.014
다이소듐이디티에이	0.005

88

[보기]를 읽고, ㉠, ㉡에 들어갈 말과 ㉢에 들어갈 숫자를 작성하시오. (10점)

식품의약품안전처장은 (㉠) 평가가 끝나기 전이라도 국민의 안전과 건강을 위한 사전 예방적 조치가 필요한 경우에는 사업자에 대하여 위원회의 심의를 거쳐 해당 (㉡)의 생산·판매 등을 일시적으로 금지할 수 있다. 또한 일시적으로 생산·판매 등이 금지된 (㉡)의 생산·판매 등을 한 자는 (㉢)년 이하의 징역 또는 (㉢)천만 원 이하의 벌금에 처한다.

89

화장품 제조 시 유화된 내용물의 유화입자 크기를 관찰할 때 사용하는 기기를 (㉠)(이)라고 하며, 액체의 반고형 제품의 유동성을 측정할 때 사용하는 기기를 (㉡)(이)라고 한다. ㉠, ㉡에 들어갈 알맞은 말을 쓰시오. (8점)

90

[보기]를 읽고, ㉠, ㉡에 들어갈 적절한 내용을 작성하시오. (10점)

화장품의 유효성 또는 기능에 관한 자료 중 (㉠) 자료는 인체 모발을 대상으로 효능·효과에서 표시한 (㉡)을/를 입증하는 자료이다.

91

[보기]에 기술된 표준품들이 공통적으로 사용되는 평가 방법을 기입하시오. (10점)

┤ 보기 ├

제품 표준견본, 원료 표준견본, 충진 위치견본, 색소원료 표준견본, 향료 표준견본, 라벨 부착 위치견본, 벌크제품 표준견본, 용기·포장재 표준견본

92

[보기]를 읽고, ㉠, ㉡, ㉢에 들어갈 단어를 작성하시오.
(10점)

┤ 보기 ├

멜라닌형성세포는 (㉠   )을/를 형성하여 피부색과 털색을 결정하며, (㉠   )와/과 (㉡   ), (㉢   )은/는 피부색 결정의 중요한 요인이다.

93

[보기]를 읽고, ㉠, ㉡, ㉢에 들어갈 말을 작성하시오. (10점)

┤ 보기 ├

• (㉠   ) 또는 어린이 사용 화장품 (㉡   ) 자료의 작성 및 보관 시 주체는 (㉢   )이다.
• 보관기간이 만료된 문서는 책임판매관리자의 책임하에 폐기한다.

94

[보기]의 표현 중 화장품법 제13조 「화장품 표시·광고 실증에 관한 규정」을 위반한 금지 표현, 실증 자료가 필요한 표현의 개수를 차례대로 기입하시오. (14점)

┤ 보기 ├

㉠ 세포 성장을 촉진시키는 화장품
㉡ 피부 재생, 세포 재생에 도움을 주는 화장품
㉢ ○○ 병원에서 추천하는 안전한 화장품
㉣ 수분감 30% 개선 효과, 피부결 20% 개선, 2주 경과 후 피부톤 개선
㉤ 메디슨(Medicine), 드럭(Drug), 코스메슈티컬(Cosmeceutical) 등을 사용한 의약품 오인 우려 표현
㉥ 모발의 손상을 개선해주는 화장품

95

[보기]는 어느 성분에 관한 설명이다. 적합한 성분명을 기입하시오. (10점)

┤ 보기 ├

• 화학식: $C_{36}H_{60}O$ 알
• 성상: 엷은 황색~황적색의 고체 또는 유상의 물질로 약간의 특이한 냄새가 있으며, 냉소에 보관할 때 일부는 결정화된다.
• 산가: 2.0 이하(20g, 제1법)
• 정량법: 이 원료의 표시량에 따라 약 50,000IU에 해당하는 양을 정밀하게 달아 에탄올·이소프로판올 혼합액을 1:1로 넣고 10mL를 정확하게 취한다. 에탄올·이소프로판올 혼합액을 1:1을 넣어 100mL로 하고 필요하면 여과하여 여액을 검액으로 한다. 별도로 표준품 약 50,000IU에 해당하는 양을 정밀하게 달아 검액과 같이 조작하여 표준액으로 하고 표준액과 시험 검액의 피크면적을 구한다.
• 조작조건: 검출기로서 자외부흡광광도계(측정파장 326nm)

96

[보기]의 ㉠, ㉡, ㉢에 들어갈 적절한 말을 기입하시오.

(10점)

┤ 보기 ├

기능성화장품 중 (㉠)의 기능을 회복하여 가려움 등의 개선에 도움을 주는 화장품에는 '(㉡) 및 치료를 위한 (㉢)이/가 아님'이라는 문구가 표시되어야 한다.

97

[보기]의 ㉠, ㉡에 들어갈 내용을 기입하시오. (10점)

┤ 보기 ├

(㉠)은/는 피부에 자극을 줄 수 있는 화학물질이나 물리적 자극물질에 일정 (㉡)와/과 일정 시간 이상 노출이 되면 모든 사람에게 일어날 수 있는 피부염을 말한다.

98

[보기]를 읽고, ㉠, ㉡, ㉢, ㉣에 들어갈 말을 쓰시오. (14점)

┤ 보기 ├

• 모근의 최하층에 위치하며, 세포가 빈틈없이 짜여있는 (㉠)은/는 모세혈관이 엉켜 있고 이로부터 두발을 성장시키는 영양분과 산소를 운반하고 있다. 이 영양분을 받은 (㉡)이/가 분열·증식을 통해 각화하면서 위쪽으로 두발을 만들면서 두피 밖으로 밀려나온다.

• 두발에서의 퍼머넌트·염색 시술 원료
 – (㉢)은/는 머리카락 속의 멜라닌 색소를 파괴하여 두발 원래의 색을 지운다.
 – (㉣)은/는 모표피를 손상시켜 염료와 과산화수소가 속으로 잘 스며들 수 있도록 한다.

99

[보기]를 읽고, ㉠, ㉡에 들어갈 말을 쓰시오. (10점)

┤ 보기 ├

• (㉠)은/는 피부의 최외각층으로 외부 물질의 침입을 막고 있으며, 표피의 유극층에는 (㉡)이/가 존재하여 면역반응 조절에 관여한다.

• (㉡)은/는 외부 이물질인 항원을 면역담당세포 T－림프구에 전달하는 역할을 한다.

100

다음 원료규격서 내용 중 ㉠에 들어갈 단어를 기입하시오.

(10점)

색상	흰색
pH(25℃)	5.0~7.0
굴절률(20℃)	1.252~1.301
중금속	10ppm 미만
(㉠)	< 100cfu/mL
포장단위	10kg PET

정답 및 해설

eduwill

01	02	03	04	05	06	07	08	09	10
④	②	④	④	②	③	①	②	②	⑤
11	12	13	14	15	16	17	18	19	20
②	②	①	③	③	④	②	④	④	④
21	22	23	24	25	26	27	28	29	30
①	④	①	②	①	①	②	⑤	③	②
31	32	33	34	35	36	37	38	39	40
⑤	④	③	⑤	①	②	③	⑤	④	①
41	42	43	44	45	46	47	48	49	50
④	⑤	③	④	②	②	⑤	⑤	②	③
51	52	53	54	55	56	57	58	59	60
②	⑤	⑤	②	⑤	⑤	②	①	⑤	①
61	62	63	64	65	66	67	68	69	70
③	③	③	③	②	③	①	⑤	①	②
71	72	73	74	75	76	77	78	79	80
④	③	③	①	④	①	⑤	③	⑤	③

01

정답 ④

해설 ①「화장품법」은 화장품의 제조·수입·판매 및 수출 등에 관한 사항을 규정함으로써 국민보건 향상과 화장품 산업의 발전에 기여함을 목적으로 한다.
② 화장품은 약사법에서 의약품 등의 범위에 포함되어 있었으며, 화장품의 특성에 부합되는 적절한 관리 및 경쟁력 배양을 위해 화장품 관련 규정을 분리하여「화장품법」이 제정되었다.
③「화장품법 시행규칙」의 목적은「화장품법」및「화장품법 시행령」에서 위임된 사항과 그 시행에 필요한 사항을 규정하는 것이다.
⑤「화장품법」은 법률,「화장품법 시행령」은 대통령령,「화장품법 시행규칙」은 총리령에 의해 이루어진다.

02

정답 ②

해설 ㉡, ㉢ 상시근로자 수가 10명 이하인 화장품책임판매업을 경영하는 자가 책임판매관리자 자격 기준에 해당한다면 책임판매관리자를 둔 것으로 본다. 즉, 대표가 책임판매관리자를 겸직

할 수 있다.
㉤ 화장품책임판매관리자는 품질관리 업무 시 필요에 따라 화장품제조업자, 맞춤형화장품판매업자 등 그 밖의 관계자에게 문서로 연락하거나 지시할 수 있다.
㉥ 화장품책임판매관리자는 품질관리에 관한 기록을 작성하고, 제조일 또는 수입일로부터 3년간 보관해야 한다.
㉠ 맞춤형화장품조제관리사 자격시험에 합격한 사람은 화장품책임판매관리자가 될 수 있다.
㉣ 화장품책임판매관리자는 절차서에 따라 품질관리 업무와 안전확보 업무를 총괄하여 업무가 적정하고 원활하게 수행되는 것을 확인하고 기록·보관한다.

03

정답 ④

해설 ㉢ 맞춤형화장품조제관리사를 두지 않은 맞춤형화장품판매업자, 등록하지 않은 자가 제조한 화장품 또는 제조·수입하여 유통·판매한 자 – 3년 이하 징역 또는 3천만 원 이하의 벌금
㉠ 판매 목적이 아닌 제품의 홍보·판매 촉진 등을 위해 미리 소비자가 시험·사용하도록 제조 또는 수입된 화장품을 판매하거나 판매할 목적으로 보관·진열한 자 – 1년 이하 징역 또는 1천만 원 이하의 벌금
㉡ 영업자의 의무를 위반하여 교육을 받지 않은 경우 – 200만 원 이하의 벌금(책임판매관리자가 화장품의 안전성 확보 및 품질관리에 관한 교육을 받지 않은 경우는 50만 원의 과태료)
㉣ 동물실험을 실시한 화장품 또는 원료를 사용하여 제조(위탁제조 포함) 또는 수입한 화장품을 유통·판매한 자 – 100만 원의 과태료

04

정답 ④

해설 화장품책임판매업 등록대장에는 화장품책임판매업자(화장품책임판매업을 등록한 자)의 성명 및 주민등록번호(법인인 경우에는 대표자의 성명 및 주민등록번호 등)를 기재해야 한다.

05

정답 ②

해설 ① 광고 업무정지 기간에 광고 업무를 한 경우 1차 위반 시 시정명령 처분을 받는다.

③ 변경 사유가 발생한 날로부터 30일(행정구역 개편에 따른 소재지 변경일 경우에는 90일) 이내 해당 서류를 제출해야 한다.

④ 제조소 소재지 변경 1차 위반 시 업무정지 1개월에 해당한다.

⑤ 식품 모방 화장품 위반 적발 시 3년 이하의 징역 또는 3천만 원 이하의 벌금에 해당한다.

06

정답 ③

해설 개인정보가 유출된 경우 개인정보처리자는 정보주체에게 유출 내용을 지체 없이 통지해야 한다. 이때 유출된 개인정보의 항목, 유출 시점과 경위, 피해 최소화를 위해 정보주체가 할 수 있는 방법, 개인정보처리자의 대응 조치 및 피해 구제 절차 등을 알려야 한다.

07

정답 ①

해설 지인들에게 청첩장을 발송하기 위해 전화번호를 수집하는 것은 업무 목적이 아니기 때문에 개인정보처리자에 해당하지 않는다.

08

정답 ②

해설 ①, ③, ④, ⑤는 부형제이지만, ②는 첨가제이다.

- 부형제: 유탁액을 만드는 데 쓰이며, 주로 물, 오일, 왁스, 유화제로 제품에서 가장 많은 부피를 차지함
- 첨가제: 화장품의 화학반응이나 변질을 막고 안정된 상태로 유지하기 위해 첨가하는 성분으로, 보존제나 산화방지제 등을 말함

09

정답 ②

해설 ㉠ 에칠트라이실록세인은 실리콘 오일에 해당한다.
㉡ 변성알코올은 에탄올에 해당한다.
㉢ 마유는 동물성 오일에 해당한다.
㉣ 파라핀은 탄화수소류에 해당한다.

10

정답 ⑤

해설 화장품 조제 시 보존제를 혼합하여 사용할 경우, 다양한 균에 대한 항균 효과가 발휘되는 장점이 있다.

③ 생화학적 상승 효과란 다양한 특성을 가진 보존제를 혼합하여 사용할 경우, 하나의 보존제를 사용할 때보다 미생물에 대한 활성범위가 넓어지면서 보존력에 대한 상승 효과가 나타나는 것을 말한다. ㉑ 파라벤 + 페녹시에탄올 혼합물

11

정답 ②

해설 불안정한 구조를 지니며, 빛과 열에 약해 변질되기 쉽기 때문에 안전성을 유지시켜주는 용기가 필요한 것은 비타민 A이다.

12

정답 ②

해설 ㉠, ㉡, ㉢, ㉣, ㉤은 「천연화장품 및 유기농화장품의 기준에 관한 규정」 별표 6 세척제에 사용 가능한 원료이며, 별표 1 미네랄 유래 원료에는 해당되지 않는다.

13

정답 ①

해설 질소, 아르곤가스, 산소, 공기, 질소, 이산화탄소 외의 분사제 사용은 금지되는 공정이다.

14

정답 ③

해설 [보기]의 성분은 모두 알레르기 유발 성분이다.

15

정답 ③

해설 클렌징 폼은 사용 후 씻어내는 제품으로 0.01% 초과 시 알레르기 성분 표시 대상이다. 제시된 클렌징 폼에는 알레르기 유발 성분으로서 메틸2-옥티노에이트, 하이드록시시트로넬알, 시트로넬올, 제라니올이 사용되었다.

- 클렌징 폼(100g) 제품에 메틸2-옥티노에이트 0.03g 사용 시 0.03g/100g×100＝0.03%이며, 0.01%를 초과하므로 표시 대상이다.
- 클렌징 폼(100g) 제품에 하이드록시시트로넬알과 시트로넬올을 각각 0.1g 사용 시 0.1g/100g×100＝0.1%이며, 0.01%를 초과하므로 표시 대상이다.

• 클렌징 폼(100g) 제품에 제라니올 0.005g 사용 시 0.005g/100g ×100 ＝0.005%이며, 0.01%를 초과하지 않으므로 표시 대상이 아니다.

16

정답 ④

해설 ① 실버나이트레이트 함유 제품의 표기 문구에는 해당되나, 포름알데하이드 0.05% 이상 함유 제품은 '포름알데하이드 성분에 과민한 사람에게 신중히 사용할 것'이 표시 문구이다.
② 기초화장용 제품류 중 파우더 제품에 한하여 표시한다.
③ 알루미늄 및 그 염류 함유 제품(체취방지용 제품류에 한함)에 해당하는 표시 문구이다.
⑤ 폴리에톡실레이티드레틴아마이드 0.2% 이상 함유 제품에 해당하는 표시 문구이다.

17

정답 ②

해설 아이오도프로피닐부틸카바메이트(IPBC)는 입술에 사용되는 제품, 에어로졸(스프레이에 한함) 제품, 보디 로션 및 보디 크림에는 사용 금지이다.
① 벤잘코늄클로라이드, 브로마이드 및 사카리네이트는 사용 후 씻어내는 제품에 벤잘코늄클로라이드로서 0.1%, 기타 제품에 벤잘코늄클로라이드로서 0.05%로 사용할 수 있다.

18

정답 ④

해설 ㉠은 체질안료, ㉡은 진주광택안료, ㉢은 천연색소이다.
백색안료는 하얗게 나타낼 목적으로 사용하는 안료로, 산화아연과 이산화타이타늄이 있다.

19

정답 ④

해설 ㉠ 사용제한 원료 중 보존제로서 2,4-디클로로벤질알코올의 사용한도는 0.15%이다.
㉡ 사용제한 원료 중 보존제로서 p-클로로-m-크레졸의 사용한도는 0.04%(점막에 사용되는 제품에는 사용금지)이다.

㉢ 사용제한 원료 기타 사용제한 원료로서 메칠 2-옥티노에이트의 사용한도는 0.01%(메칠옥틴카보네이트와 병용 시 최종 제품에서 두 성분의 합은 0.01%, 메칠옥틴카보네이트는 0.002%)이다.

20

정답 ④

해설 ① 기능성화장품의 심사(보고)된 '효능·효과' 표현은 제외 사항이다.
② 튼살로 인한 붉은 선을 엷게 하는 데 도움을 주는 화장품 등의 기능성화장품에는 '질병의 예방 및 치료를 위한 의약품이 아님'이라는 문구가 기재·표시되어야 한다. 내용량(중량)이 10mL(g) 초과 50mL(g) 이하인 화장품은 전성분 표시를 생략할 수 있다.
③ 아스코빅애씨드(비타민 C)는 수용성 비타민 중 하나로, 기능성화장품의 원료에 해당하지 않는다.
⑤ 식품의약품안전처장이 사용한도를 고시한 원료는 기재·표시해야 하는 사항으로, [보기] 중 페녹시에탄올이 해당된다.

21

정답 ①

해설 페닐벤즈이미다졸설포닉애씨드, 닥나무 추출물, 아데노신은 수용성 성분이다.

22

정답 ④

해설 여드름성 피부를 완화하는 데 도움을 주는 제품의 유형에 에어로졸제는 해당되지 않는다.

23

정답 ①

해설 **제품표준서 포함사항**
• 제품명
• 작성연월일
• 효능·효과(기능성화장품의 경우) 및 사용상의 주의사항
• 원료명, 분량 및 제조단위당 기준량
• 공정별 상세 작업내용 및 제조공정 흐름도

- 공정별 이론 생산량 및 수율 관리기준
- 작업 중 주의사항
- 원자재·반제품·완제품의 기준 및 시험 방법
- 제조 및 품질관리에 필요한 시설 및 기기
- 보관조건
- 사용기한 및 개봉 후 사용기간
- 변경이력
- 제조지시서
- 그 밖에 필요한 사항

24

정답 ②

해설 o-아미노페놀, 염산 m-페닐렌디아민, m-페닐렌디아민, 카테콜(피로카테콜), 피로갈롤은 유전독성 가능성을 배제할 수 없다는 평가에 따라 2023년 8월 22일부터 해당 성분이 포함된 제품은 제조·수입할 수 없다.

25

정답 ①

해설 불법으로 유해 물질을 화장품에 혼입한 경우는 위해평가가 불필요한 경우이다.

26

정답 ①

해설 ㉠ 대표적인 보습제(폴리올)로 글리세린, 부틸렌글라이콜 등이 있다.
㉡ 대표적인 실리콘 오일류로 사이클로메티콘, 다이메티콘, 사이클로테트라실록세인, 사이클로펜타실록세인 등이 있다.
㉢ 고분자화합물(폴리머) 중 대표적인 점증제로 구아검, 아라비아검, 잔탄검, 카복시비닐폴리머(카보머) 등이 있다.
㉣ 피부 미백 기능성 고시 원료로 유용성 감초 추출물, 알파-비사보롤, 닥나무 추출물, 알부틴, 에칠아스코빌에텔, 아스코빌글루코사이드, 아스코빌테트라이소팔미테이트, 마그네슘아스코빌포스페이트, 나이아신아마이드가 있다.

27

정답 ②

해설 **치오글라이콜릭애씨드, 그 염류 및 에스텔류**
- 퍼머넌트 웨이브용 및 헤어 스트레이트너 제품에 치오글라이콜릭애씨드로서 11%(다만, 가온2욕식 헤어 스트레이트너 제품의 경우에는 치오글라이콜릭애씨드로서 5%, 치오글라이콜릭애씨드 및 그 염류를 주성분으로 하고 제1제 사용 시 조제하는 발열2욕식 퍼머넌트웨이브용 제품의 경우 치오글라이콜릭애씨드로서 19%에 해당하는 양)
- 제모용 제품에 치오글라이콜릭애씨드로서 5%
- 염모제에 치오글라이콜릭애씨드로서 1%
- 사용 후 씻어내는 두발용 제품류에 2%

28

정답 ⑤

해설 위험물인 경우 위험물 보관방법에 따라 구획이 아닌 옥외 위험물 취급 장소에 보관해야 한다.

29

정답 ③

해설 알로에 베이비 수딩 로션은 영유아용 제품류로, 총호기성생균수가 501개/g(mL)로 화장품 미생물 허용한도인 500개/g(mL)를 초과하였으며, 대장균은 모든 화장품에서 불검출되어야 한다.

30

정답 ②

해설 일탈이란 제조 또는 품질관리 활동 등의 미리 정해진 기준을 벗어나 이루어진 행위를 말한다. 규정된 합격 판정 기준에 일치하지 않는 검사, 측정 또는 시험 결과는 '기준일탈'을 의미한다.

31

정답 ⑤

해설 직원은 의약품을 포함한 개인적인 물품을 별도의 지역에 보관해야 한다.

32

정답 ④

해설 ㉠ 교차가 불가피할 경우 작업에 시간차를 만든다.
㉡ 사람과 대차가 교차하는 경우 유효폭을 충분히 확보한다.

33

정답 ③

해설 ㉠ 화장품 제조시설은 중성능 필터의 설치를 권장한다.
㉣은 2등급에 해당하는 관리 기준이다.
㉤은 3등급에 해당하는 관리 기준이다.

34

정답 ⑤

해설 정제수에 대한 품질검사는 원칙적으로 매일 제조 작업 전에 실시하는 것이 좋다.

35

정답 ①

해설 염화바륨법은 유리알칼리 시험 방법 중 하나로, 모든 연성 칼륨 비누 또는 나트륨과 칼륨이 혼합된 비누를 얻을 수 있다.

36

정답 ②

해설 **저울의 검사, 측정 및 관리**
• 매일 영점을 조정하고, 주기별로 점검을 실시할 것
• 검사, 측정 및 시험 장비의 정밀도를 유지·보존할 것

점검 항목	영점	수평	저울 정기 점검
점검 주기	매일	매일	1개월에 한 번
점검 시기	가동 전	가동 전	–
점검 방법	영점 설정 확인	육안 확인	표준 분동으로 실시
판정 기준	'0' 설정 확인	수평임을 확인	• 직선성: ±0.5% 이내 • 정밀성: ±0.5% 이내 • 편심오차: ±0.1% 이내

이상 시 조치사항	수리의뢰 및 필요 조치	자가 조절 후 수리의뢰 및 필요 조치	필요 조치

37

정답 ③

해설 살균제는 미생물 살균, 양이온 계면활성제 등의 특성을 지닌다.

38

정답 ②

해설 반제품은 품질이 변하지 아니하도록 적당한 용기에 넣어 지정된 장소에서 보관해야 하며 용기에 다음 사항을 표시해야 한다.
• 명칭 또는 확인코드
• 제조번호
• 완료된 공정명
• 필요한 경우에는 보관 조건(최대 보관기한을 설정)

39

정답 ④

해설 • 페놀 화합물: 레시틴, 폴리솔베이트80, 지방알코올의 에틸렌 옥사이드 축합물, 비이온성 계면활성제
• 이소치아졸리논, 이미다졸: 레시틴, 사포닌, 아민, 황산염, 메르캅탄, 아황산수소나트륨, 치오글리콜산나트륨

40

정답 ①

해설 린스 정량법은 호스나 틈새기의 세척 판정에 적합하며, 수치로 결과 확인이 가능하다. 대표적으로 HPLC, TLC, TOC, UV 확인법 등이 있다.

41

정답 ④

해설 **안전용기·포장 기준**

안전용기·포장을 사용해야 하는 품목	• 아세톤을 함유하는 네일 에나멜 리무버 및 네일 폴리시 리무버 • 어린이용 오일 등 개별 포장당 탄화수소류를 10% 이상 함유하고 운동점도가 21cst(센티스톡스)(섭씨 40℃ 기준) 이하인 비에멀젼 타입의 액체 상태의 제품 • 개별 포장당 메틸살리실레이트를 5.0% 이상 함유하는 액체 상태의 제품
안전용기·포장 대상 기준	• 안전용기·포장은 성인이 개봉하기는 어렵지 않고, 5세 미만의 어린이는 개봉하기 어렵게 설계·고안되어야 함 • 일회용 제품, 용기 입구 부분이 펌프 또는 방아쇠로 작동되는 분무용기 제품, 압축 분무용기 제품(에어로졸 제품 등)은 대상에서 제외함

42

정답 ⑤

해설 포름알데하이드는 포름알데하이드 계열 보존제인 디아졸리디닐우레아, 디엠디엠하이단토인, 2-브로모-2-나이트로프로판-1, 3-디올, 벤질헤미포름알, 소듐하이드록시메칠아미노아세테이트, 이미다졸리디닐우레아, 쿼터늄-15 등을 사용하는 화장품에서 검출될 수 있으며, 시험 방법으로는 액체크로마토그래프-절대검량선법이 있다.

43

정답 ③

해설 ⓛ 니켈의 색조화장용 제품류의 검출 허용한도는 30μg/g 이하이다.
ⓒ 카드뮴의 검출 허용한도는 5μg/g 이하이다.

44

정답 ④

해설 포름알데하이드는 액체크로마토그래프법을 이용하여 시험하며, 포름알데하이드 계열의 보존제인 메텐아민, 이마다졸리디닐우레아 등에서 검출될 수 있다.

45

정답 ②

해설 작업소의 바닥, 벽, 천장은 가급적 청소하기 쉽도록 매끄러운 표면을 지니고, 소독제 등의 부식성에 저항력이 있어야 한다.

46

정답 ②

해설 펌프는 다양한 점도의 액체를 한 지점에서 다른 지점으로 이동시키기 위해 사용한다.

47

정답 ⑤

해설 모든 드럼의 윗부분은 이송 전 또는 칭량 구역에서 개봉 전에 검사해야 한다.

48

정답 ⑤

해설 완제품 보관 검체는 사용기한 경과 후 1년간 또는 개봉 후 사용기간을 기재하는 경우에는 제조일로부터 3년간 보관한다.

49

정답 ②

해설 ① 기준일탈: 규정된 합격 판정 기준에 일치하지 않는 검사, 측정 또는 시험 결과
③ 적합 판정 기준: 시험 결과의 적합 판정을 위한 수적인 제한, 범위 또는 기타 적절한 측정법
④ 공정관리: 제조공정 중 적합 판정 기준의 충족을 보증하기 위해 공정을 모니터링하거나 조정하는 모든 작업
⑤ 일탈: 제조 또는 품질관리 활동 등의 미리 정해진 기준을 벗어나 이루어진 행위

50

③

• 유리병 내부 압력시험
- 유리 소재의 화장품 용기의 내압 강도를 측정
- 병의 중량과 두께가 동일할 때 타원형일수록, 모서리가 예리할수록 내압 강도가 낮음
- 디자인이 화려하고 독특한 용기는 내부압력에 취합하여 파손 사고를 예방하기 위해 시험
• 유리병 열 충격시험
- 유리병 용기의 온도 변화에 따른 내구력을 측정
- 유리병 제조 시 열처리 과정에서 발생하는 불량을 방지하기 위해 시험

51

②

시험용 검체는 오염되거나 변질되지 않도록 채취하고, 채취한 후에는 원상태에 준하는 포장을 해야 하며, 검체가 채취되었음을 표시하여야 한다.

52

⑤

㉠ 액상 제품은 영유아용 제품류(영유아용 샴푸, 영유아용 린스, 영유아 인체 세정용 제품, 영유아 목욕용 제품은 제외함), 눈화장용 제품류, 색조화장용 제품류, 두발용 제품류(샴푸, 린스는 제외함), 면도용 제품류(셰이빙 크림, 셰이빙 폼은 제외함), 기초 화장용 제품류(클렌징 워터, 클렌징 오일, 클렌징 로션, 클렌징 크림 등 메이크업 리무버 제품은 제외함) 중 로션, 크림 및 이와 유사한 제형의 액상 제품을 말한다.
㉡ 화장품 미생물 허용 한도는 총호기성생균수 1,000개/g(mL) 이하로 관리되기 때문에 적합하다.
㉣ 수은은 $1\mu g/g$ 이하, 비소는 $10\mu g/g$ 이하, 카드뮴은 $5\mu g/g$ 이하가 검출 허용한도이다. 비소, 카드뮴의 검출 허용한도가 초과되어 부적합하다.
㉤ 포름알데하이드의 검출 허용한도는 $2,000\mu g/g$ 이하로 관리되기 때문에 적합하다.

53

⑤

자격증 사본은 맞춤형화장품조제관리사의 변경 시 제출해야 한다.

54

②

화장품의 포장을 훼손 또는 위조·변조한 화장품은 판매금지 대상이다.

영업금지

다음에 해당하는 화장품을 판매(수입대행형 거래를 목적으로 하는 알선·수여를 포함)하거나 판매할 목적으로 제조·수입·보관 또는 진열을 금지한다.
• 심사를 받지 않았거나 보고서를 제출하지 않은 기능성화장품(④)
• 전부 또는 일부가 변패된 화장품
• 병원미생물에 오염된 화장품(③)
• 이물이 혼입되었거나 부착된 화장품
• 화장품에 사용할 수 없는 원료를 사용하였거나, 유통화장품 안전관리 기준에 부적합한 화장품
• 코뿔소 뿔 또는 호랑이 뼈와 그 추출물을 사용한 화장품(⑤)
• 보건위생상 위해가 발생할 우려가 있는 비위생적인 조건 또는 시설 기준에 부적합한 시설에서 제조된 화장품
• 용기나 포장이 불량하여 화장품이 보건위생상 위해를 발생시킬 우려가 있는 경우
• 사용기한 또는 개봉 후 사용기간(제조연월일을 포함)을 위조·변조한 화장품
• 식품의 형태·냄새·색깔·크기·용기 및 포장 등을 모방하여 섭취 등 식품으로 오용될 우려가 있는 화장품(①)

55

⑤

① 메칠렌글라이콜은 사용할 수 없는 원료이다.
② 5mm 이하의 고체플라스틱은 사용할 수 없는 원료이다.
③ 머스크자일렌은 원액 8% 이하일 경우 0.4%까지 허용되는 사용제한 원료이다.
④ 고형비누는 맞춤형화장품에 해당하지 않는다.

56

정답 ⑤

해설 ① 붓기 완화 - 인체적용시험 자료로 입증할 수 있다.
② 콜라겐 증가, 감소 또는 활성화 - 주름 완화 또는 개선 기능성
화장품으로서 이미 심사받은 자료에 포함되어 있거나 해당 기
능을 별도로 실증한 자료로 입증할 수 있다.
③ 제품에 특정 성분이 들어 있지 않다는 '무(無) ○○' 표현 - 시험
분석자료로 입증할 수 있다.
④ 미세먼지 차단, 미세먼지 흡착 방지 - 인체적용시험 자료로 입
증할 수 있다.

57

정답 ②

해설 어린이 사용 화장품의 경우 방문광고 또는 실연(實演)에 의
한 광고는 제외한다.

58

정답 ①

해설 • 원통형용기: 마스카라, 아이라이너 등
• 광구용기: 병 입구의 외경이 몸체외경과 비슷한 용기(핸드크림,
영양크림)
• 파우더용기: 페이스 파우더, 베이비 파우더 등

59

정답 ②

해설 ㉠ 절대점도를 같은 온도의 액체의 밀도로 나눈 값을 운동
점도라고 한다.
㉣ 온도의 표시는 셀시우스법에 따르며, 화장품 원료의 시험은 별
도의 규정이 없는 한 상온(15~25℃)에서 실시한다.

60

정답 ①

해설 맞춤형화장품판매업자가 판매업소로 신고한 소재지 외의
장소에서 1개월의 범위에서 한시적으로 같은 영업을 하려는 경우
해당 맞춤형화장품판매업 신고대장에 맞춤형화장품판매업 신고필
증 사본과 맞춤형화장품조제관리사 자격증 사본을 첨부하여 제출
해야 한다.

61

정답 ③

해설 ① 단회 투여 독성시험 - 랫드 또는 마우스를 대상으로 하
며, 독성증상의 종류, 정도, 발현, 추이 및 가역성을 관찰하고 기
록한다.
② 1차 피부 자극시험 - 백색 토끼 또는 기니피그 3마리 이상을
대상으로 하며, 1회 투여 후 24, 48, 72시간 시점에 투여 부위
를 육안으로 관찰한다.
④ 광감작성시험 - 일반적으로 기니피그를 대상으로 하며, 시험물
질의 감작유도를 증가시키기 위해 Adjuvant를 사용할 수 있다.
⑤ 유전 독성시험 - 박테리아를 이용한 복귀 돌연변이시험, 포유
류 배양세포를 이용한 체외 염색체이상시험, 설치류 조혈세포
를 이용한 체내 소핵시험이 있다.

62

정답 ③

해설 ① 피부에 따라 부작용이 발생할 수 있다.
② 고객에게 제품명과 가격이 포함된 정보를 제시하여야 한다.
④ 원료와 원료의 혼합은 조제에 해당되지 않고, 제조에 해당한다.
⑤ 맞춤형화장품은 혼합 조건에 따라 제품의 안정성이 변화될 수
있다는 단점이 있다.

63

정답 ③

해설 실증 자료 제출 명령을 어겨 표시·광고 행위 중지 명령을
받았으나 이를 위반하여 표시·광고를 한 경우, 해당 품목 판매 업
무정지 기간은 1차 위반 3개월, 2차 위반 6개월, 3차 위반 12개월
에 해당한다.

64

정답 ③

해설 W/O 형태의 유화제품 제조 시 수상의 투입 속도를 빠르게 할 경우 제품의 제조가 어렵거나 안정성이 극히 나빠질 가능성이 있다.

65

정답 ②

해설 맞춤형화장품 조제관리사의 결격사유로는 정신질환자, 피성년후견인, 마약류의 중독자, 금고 이상의 형을 선고받고 집행이 끝나지 않았거나 집행을 받지 않기로 확정되지 않은 자, 맞춤형화장품조제관리사의 자격이 취소된 날부터 3년이 지나지 않은 자가 해당된다.

66

정답 ③

해설 융점 측정기는 물질의 녹는점, pH 미터는 제품의 pH, 점도계는 제품의 점도를 측정하여 제품의 특성 분석 시 사용할 수 있다.
①은 주로 소분 및 계량, ②는 원료의 가열 및 가열 시 온도 측정, ④는 원료의 혼합·교반, ⑤는 주로 원료를 위생적으로 덜어내거나 소분·계량 시 사용한다.

67

정답 ①

해설 맞춤형화장품 판매 후 부작용 발생이 있음을 알았다면 15일 이내 식품의약품안전처에 신속히 보고해야 한다.

68

정답 ⑤

해설 제시된 현상은 '유화'로, 리본믹서는 파우더 혼합 분산 제품(페이스파우더, 팩트, 아이섀도 등)의 공정 설비이다.

69

정답 ①

해설 피부를 투과한 화장품 성분은 국소 및 전신작용에 영향을 미칠 수 있으며, 다른 성분은 해당 성분의 피부투과에 영향을 줄 수 있다.

70

정답 ②

해설 • 놋쇠, 황동: 금과 유사한 색상으로 코팅, 도금, 도장 작업을 첨가한 것으로, 팩트·립스틱 용기, 코팅용 소재에 사용된다.
• 소다석회유리: 대표적인 투명유리로 산화규소, 산화칼슘, 산화나트륨에 소량의 마그네슘, 알루미늄 등의 산화물을 함유하고 있다. 화장수·유액 용기에 사용된다.
• 폴리염화비닐(PVC): 투명성, 성형 가공성이 우수하고 저렴하며 샴푸·린스 용기, 리필 용기에 사용된다.
• 폴리에틸렌테레프탈레이트(PET): 투명성, 광택성, 내약품성이 우수하며 딱딱하고, 화장수·유액·샴푸·린스 용기에 사용된다.

71

정답 ④

해설 보디 로션은 씻어내지 않는 제품이므로 0.001%를 초과하는 경우 알레르기 유발 성분을 표시해야 한다.
㉠ 향료 2g에 함유된 나무이끼 추출물 0.6%는 2g×0.006(0.6%)=0.012g, 보디 로션 100g에 함유된 나무이끼 추출물 0.012g은 0.012g/100g×100=0.012%이며, 0.001%를 초과하므로 표시 대상이다.
㉡ 향료 2g에 함유된 파네솔 0.4%는 2g×0.004(0.4%)=0.008g, 보디 로션 100g에 함유된 파네솔 0.008g은 0.008g/100g×100=0.008%이며, 0.001%를 초과하므로 표시 대상이다.
㉢ 향료 2g에 함유된 시트로넬올 0.3%는 2g×0.003(0.3%)=0.006g, 보디 로션 100g에 함유된 시트로넬올 0.006g은 0.006g/100g×100=0.006%이며, 0.001%를 초과하므로 표시 대상이다.
㉣ 향료 2g에 함유된 리모넨 0.7%는 2g×0.007(0.7%)=0.014g, 보디 로션 100g에 함유된 리모넨 0.014g은 0.014g/100g×100=0.014%이며, 0.001%를 초과하므로 표시 대상이다.

72

정답 ③

해설 아래 내용이 포함된 맞춤형화장품 판매내역서(전자문서로 된 판매내역서를 포함함)를 작성·보관할 것
- 제조번호(맞춤형화장품의 경우 식별번호를 제조번호로 함)
- 사용기한 또는 개봉 후 사용기간
- 판매일자 및 판매량

73

정답 ③

해설 피부혈관의 면적 증대가 아닌 면적 감소가 피부노화에 악영향을 준다.

74

정답 ①

해설 ② 대머리 유전인자는 아버지보다 어머니 쪽 유전자의 영향을 더 받는다.
③ 스트레스는 자율신경의 영향을 받는다.
④ 난소나 고환에서 분비하는 호르몬도 모발과 관련이 있다.
⑤ 동물성 지방의 과다섭취가 탈모의 원인이 될 수 있다.

75

정답 ④

해설 각화주기(각질형성주기)는 '기저세포 분열 과정 – 유극세포에서의 합성·정비 과정 – 과립세포에서의 자기분해 과정 – 각질세포에서의 재구축 과정'으로 나타난다.

76

정답 ①

해설 ② 연속 피부 자극시험: 피부에 반복적으로 투여했을 때 나타나는 자극성을 평가하며, 동물에 2주간 반복 투여한다.
③ 광감작성시험: 광조사를 하여 자외선에 의해 생기는 접촉 감작성(접촉 알레르기)을 평가한다.
④ 인체 첩포시험: 등, 팔 안쪽에 폐쇄 첩포하여 피부 자극성이나 감작성(알레르기)을 평가한다.

⑤ 유전 독성시험: 박테리아를 이용한 돌연변이시험으로, 염색체 이상을 유발하는지 설치류를 통해 시험하고 안전성을 평가한다.

77

정답 ⑤

해설 다단계판매업의 경우 화장품을 판매하는 자에게 가격 표시 의무가 있다.

78

정답 ③

해설 ① 전기 전도도: 전기 전도도가 높아질수록 전해질 이온이 많아 이를 통해 각질층의 피부 수분량을 측정할 수 있음
② 피부 산성도: pH의 범위는 0~14로, 0에 가까울수록 산성, 7은 중성, 14에 가까우면 알칼리성 상태로 구분하며, 이상적인 피부 pH는 4.5~5.5의 약산성을 나타냄
④ 경피수분손실량: 피부 표면에서 증발되는 수분량을 의미함
⑤ 카트리지 필름: 피부에 일정 시간 밀착시킨 후 카트리지 필름의 투명도를 통해 유분량을 측정함

79

정답 ⑤

해설 필라그린은 각질층 형성에 중요한 역할을 하는 단백질이다. 각질층에서 아미노펩티데이스, 카복시펩티데이스 등이 단백질을 분해해서 만들며 최종적으로 천연보습인자(NMF)를 구성하는 아미노산으로 분해된다.

80

정답 ③

해설 ①, ②, ④, ⑤는 표피, ③은 진피에 대한 설명이다.

단답형

81	네거티브
82	지방식품의약품안전청
83	공공기관
84	㉠ 여드름성 피부, ㉡ 인체 세정용 제품류, ㉢ 살리실릭애씨드
85	㉠ 탈(脫) 테르펜(Deterpenation), ㉡ 탈색, 탈취 (Bleaching-Deodorisation)
86	㉠ 메톡시프로필아미노사이클로헥시닐리덴에톡시에틸사이아노아세테이트, ㉡ 3.0
87	녹차잎수, 글라이콜릭애씨드, 4-하이드록시벤조익애씨드 **해설** • 성분명을 제품 명칭의 일부로 사용한 경우 성분명과 함량 - 녹차잎수(45%) • 화장품에 들어있는 성분 중 과일산(AHA)의 종류 - 글라이콜릭애씨드 • 3세 이하의 영유아용 제품류 또는 4세 이상부터 13세 이하까지의 어린이가 사용할 수 있는 제품임을 특정하여 표시·광고하려는 경우 보존제의 함량 - 4-하이드록시벤조익애씨드
88	㉠ 위해성, ㉡ 인체적용제품, ㉢ 3
89	㉠ 광학현미경, ㉡ 경도계
90	㉠ 염모효력시험, ㉡ 색상
91	관능평가
92	㉠ 멜라닌, ㉡ 헤모글로빈, ㉢ 카로티노이드
93	㉠ 영유아, ㉡ 안전성, ㉢ 화장품책임판매업자
94	4개, 2개 **해설** ㉠, ㉡, ㉢, ㉤은 금지 표현이며, ㉣, ㉥은 인체적용시험 자료 또는 인체 외 시험자료로 입증이 필요한 표현이다.
95	레티닐팔미테이트
96	㉠ 피부장벽, ㉡ 질병의 예방, ㉢ 의약품
97	㉠ 접촉 피부염, ㉡ 농도
98	㉠ 모유두, ㉡ 모모세포, ㉢ 과산화수소, ㉣ 암모니아
99	㉠ 각질층, ㉡ 랑게르한스세포
100	미생물

국가자격검정 답안지
(맞춤형화장품조제관리사)

답 안 표 기 란

문번	1	2	3	4	5	문번	1	2	3	4	5	문번	1	2	3	4	5	문번	1	2	3	4	5
1	①	②	③	④	⑤	21	①	②	③	④	⑤	41	①	②	③	④	⑤	61	①	②	③	④	⑤
2	①	②	③	④	⑤	22	①	②	③	④	⑤	42	①	②	③	④	⑤	62	①	②	③	④	⑤
3	①	②	③	④	⑤	23	①	②	③	④	⑤	43	①	②	③	④	⑤	63	①	②	③	④	⑤
4	①	②	③	④	⑤	24	①	②	③	④	⑤	44	①	②	③	④	⑤	64	①	②	③	④	⑤
5	①	②	③	④	⑤	25	①	②	③	④	⑤	45	①	②	③	④	⑤	65	①	②	③	④	⑤
6	①	②	③	④	⑤	26	①	②	③	④	⑤	46	①	②	③	④	⑤	66	①	②	③	④	⑤
7	①	②	③	④	⑤	27	①	②	③	④	⑤	47	①	②	③	④	⑤	67	①	②	③	④	⑤
8	①	②	③	④	⑤	28	①	②	③	④	⑤	48	①	②	③	④	⑤	68	①	②	③	④	⑤
9	①	②	③	④	⑤	29	①	②	③	④	⑤	49	①	②	③	④	⑤	69	①	②	③	④	⑤
10	①	②	③	④	⑤	30	①	②	③	④	⑤	50	①	②	③	④	⑤	70	①	②	③	④	⑤
11	①	②	③	④	⑤	31	①	②	③	④	⑤	51	①	②	③	④	⑤	71	①	②	③	④	⑤
12	①	②	③	④	⑤	32	①	②	③	④	⑤	52	①	②	③	④	⑤	72	①	②	③	④	⑤
13	①	②	③	④	⑤	33	①	②	③	④	⑤	53	①	②	③	④	⑤	73	①	②	③	④	⑤
14	①	②	③	④	⑤	34	①	②	③	④	⑤	54	①	②	③	④	⑤	74	①	②	③	④	⑤
15	①	②	③	④	⑤	35	①	②	③	④	⑤	55	①	②	③	④	⑤	75	①	②	③	④	⑤
16	①	②	③	④	⑤	36	①	②	③	④	⑤	56	①	②	③	④	⑤	76	①	②	③	④	⑤
17	①	②	③	④	⑤	37	①	②	③	④	⑤	57	①	②	③	④	⑤	77	①	②	③	④	⑤
18	①	②	③	④	⑤	38	①	②	③	④	⑤	58	①	②	③	④	⑤	78	①	②	③	④	⑤
19	①	②	③	④	⑤	39	①	②	③	④	⑤	59	①	②	③	④	⑤	79	①	②	③	④	⑤
20	①	②	③	④	⑤	40	①	②	③	④	⑤	60	①	②	③	④	⑤	80	①	②	③	④	⑤

※ 감독위원 서명

서 명

※감독위원 서명이 없으면 무효 처리됩니다.

※ 결표 시 자기

결표 ○

※감독위원은 결시자만 표기하시오.
※수험자는 표기하지 마시오.

문제지 형별

A형 Ⓐ

B형 Ⓑ

성명	서명
생년월일	
종목 및 등급	

수험번호

0	⓪	⓪	⓪	⓪	⓪	⓪
1	①	①	①	①	①	①
2	②	②	②	②	②	②
3	③	③	③	③	③	③
4	④	④	④	④	④	④
5	⑤	⑤	⑤	⑤	⑤	⑤
6	⑥	⑥	⑥	⑥	⑥	⑥
7	⑦	⑦	⑦	⑦	⑦	⑦
8	⑧	⑧	⑧	⑧	⑧	⑧
9	⑨	⑨	⑨	⑨	⑨	⑨

● 성명, 생년월일, 종목 및 등급, 수험번호가 잘못 인쇄되었을 경우에는 답안지에 정정하지 마시고 감독위원에게 알려 주시야 합니다.

● 실격처리 기준
1. 문제지형별(A형, B형)을 표기하지 않았거나 모두 표기 하였을 경우
2. 답안지를 구기거나 훼손 또는 낙서를 하여 파독할 수 없을 경우
3. 답안지에 감독위원 확인 서명이 없을 경우

● 부정행위를 한 수험자는 즉시 퇴실 조치되며 해당 시험은 무효처리 됩니다.

● 선택형 답안표기 주의사항
1. 검정색 사인펜을 사용하지 않으면 실격 처리됩니다.
2. 답안표기는 문제당 1개만 개답게 표기해야 합니다.
3. 답안은 수정테이프를 사용하여 수정가능합니다.

● 단답형 답안작성 주의사항
1. 검정색 볼펜을 사용하지 않으면 실격 처리되며, 정자로 작성해야 합니다. 오타의 경우 오답처리 됩니다.
2. 답안정정시 정정부분을 두 줄(=)로 긋고 다시 기재해야 합니다.

[수정한 문번 확인란]

수정한 문번	수정한 문번의 개수	수험자 서명
예)2, 16, 34	( )개	서 명

	81		86		91		96
	82		87		92		97
	83		88		93		98
	84		89		94		99
	85		90		95		100

※응시자는 절대 표기 금지
(표기시 부정행위 처리)

※채점자 기입란

81	①	②
82	①	②
83	①	②
84	①	②
85	①	②
86	①	②
87	①	②
88	①	②
89	①	②
90	①	②
91	①	②
92	①	②
93	①	②
94	①	②
95	①	②
96	①	②
97	①	②
98	①	②
99	①	②
100	①	②

응시자 본인이 응시
하였음을 서명함!

성명:

_____ (서명)

실전 모의고사 &
빈출 법령노트

2025 최신판

에듀윌 맞춤형화장품 조제관리사
한권끝장 + 모의고사 8회분

고객의 꿈, 직원의 꿈, 지역사회의 꿈을 실현한다

에듀윌 도서몰
book.eduwill.net

• 부가학습자료 및 정오표: 에듀윌 도서몰 > 도서자료실
• 교재 문의: 에듀윌 도서몰 > 문의하기 > 교재(내용, 출간) / 주문 및 배송

꿈을 현실로 만드는
에듀윌

DREAM

공무원 교육
- 선호도 1위, 신뢰도 1위! 브랜드만족도 1위!
- 합격자 수 2,100% 폭등시킨 독한 커리큘럼

자격증 교육
- 9년간 아무도 깨지 못한 기록 합격자 수 1위
- 가장 많은 합격자를 배출한 최고의 합격 시스템

직영학원
- 검증된 합격 프로그램과 강의
- 1:1 밀착 관리 및 컨설팅
- 호텔 수준의 학습 환경

종합출판
- 온라인서점 베스트셀러 1위!
- 출제위원급 전문 교수진이 직접 집필한 합격 교재

어학 교육
- 토익 베스트셀러 1위
- 토익 동영상 강의 무료 제공

콘텐츠 제휴 · B2B 교육
- 고객 맞춤형 위탁 교육 서비스 제공
- 기업, 기관, 대학 등 각 단체에 최적화된 고객 맞춤형 교육 및 제휴 서비스

부동산 아카데미
- 부동산 실무 교육 1위!
- 상위 1% 고소득 창업/취업 비법
- 부동산 실전 재테크 성공 비법

학점은행제
- 99%의 과목이수율
- 16년 연속 교육부 평가 인정 기관 선정

대학 편입
- 편입 교육 1위!
- 최대 200% 환급 상품 서비스

국비무료 교육
- '5년우수훈련기관' 선정
- K-디지털, 산대특 등 특화 훈련과정
- 원격국비교육원 오픈

에듀윌 교육서비스 **공무원 교육** 9급공무원/소방공무원/계리직공무원 **자격증 교육** 공인중개사/주택관리사/손해평가사/감정평가사/노무사/전기기사/경비지도사/검정고시/소방설비기사/소방시설관리사/사회복지사1급/대기환경기사/수질환경기사/건축기사/토목기사/직업상담사/전기기능사/산업안전기사/건설안전기사/위험물산업기사/위험물기능사/유통관리사/물류관리사/행정사/한국사능력검정/한경TESAT/매경TEST/KBS한국어능력시험·실용글쓰기/IT자격증/국제무역사/무역영어 **어학 교육** 토익 교재/토익 동영상 강의 **세무/회계** 전산세무회계/ERP정보관리사/재경관리사 **대학 편입** 편입 영어·수학/연고대/의약대/경찰대/논술/면접 **직영학원** 공무원학원/소방학원/공인중개사 학원/주택관리사 학원/전기기사 학원/편입학원 **종합출판** 공무원·자격증 수험교재 및 단행본 **학점은행제** 교육부 평가인정기관 원격평생교육원(사회복지사2급/경영학/CPA) **콘텐츠 제휴·B2B 교육** 교육 콘텐츠 제휴/기업 맞춤 자격증 교육/대학취업역량 강화 교육 **부동산 아카데미** 부동산 창업CEO/부동산 경매 마스터/부동산 컨설팅 **주택취업센터** 실무 특강/실무 아카데미 **국비무료 교육(국비교육원)** 전기기능사/전기(산업)기사/소방설비(산업)기사/IT(빅데이터/자바프로그램/파이썬)/게임그래픽/3D프린터/실내건축디자인/웹퍼블리셔/그래픽디자인/영상편집(유튜브) 디자인/온라인 쇼핑몰광고 및 제작(쿠팡, 스마트스토어)/전산세무회계/컴퓨터활용능력/ITQ/GTQ/직업상담사

교육문의 1600-6700 www.eduwill.net

eduwill